Adaptive System Planning Methodology for
Environment Risk Management

環境と防災の土木計画学

Yoshimi Hagihara
萩原良巳 [著]

京都大学学術出版会

Adaptive System Planning Methodology for Environment Risk Management
*
HAGIHARA Yoshimi
Kyoto University Press, 2008
ISBN978-4-87698-742-9

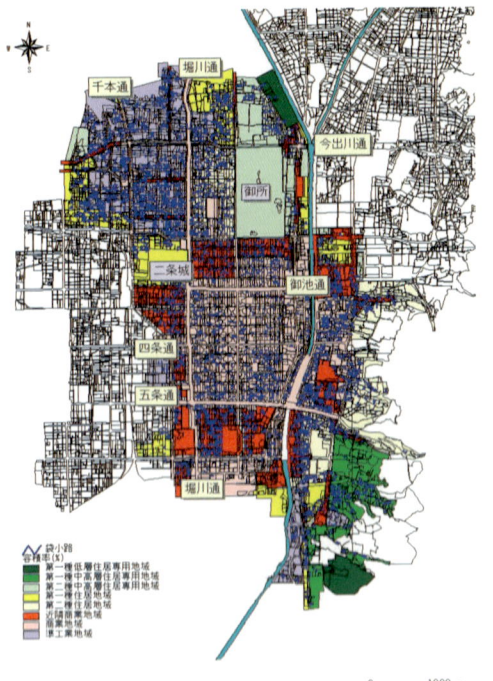

京都市の用途地域と震災リスクの極めて高い袋小路の分布[上]と袋小路の実例[下](2004年5月著者撮影). 事例2.1, 7.4参照.

バングラデシュのヒ素汚染地域［上］とインドの汚染された飲料水用ポンプ［下］（いずれも2002年11月著者撮影）．事例2.3, 3.9, 3.12, 4.3参照．

インドのファラッカ堰建設のため水の少ないバングラデシュのガンジス川（2002年11月著者撮影）．事例8.6参照

四国吉野川第十堰［上］と河口堰反対表示パネル［下］（いずれも 2000 年 6 月著者撮影）．事例 7.2，8.5 参照．

まえがき

　本書は，著者の建設コンサルタント会社勤務時代の開発研究のゼミノートと執筆した研究年報，東京都立大学大学院を主とした岐阜大学・鳥取大学両大学院における「環境システム解析」講義ノート，流通科学大学商学部の「地域計画論」講義ノート，京都大学工学部地球工学科の「社会システム計画論」講義ノート，そして同大学院土木システム工学専攻「土木計画論特論」「環境システムモデリング」ならびに都市環境工学専攻の「自然・社会環境防災計画学」講義ノートをベースに執筆したものである．

　この35年以上の間に大きな教育システムの変化があり，小学校教育では，既に連合王国やドイツなどで失敗しつつあったゆとり教育を実行した．また，受験に出ないところは教えないし勉強しなくてもよいという中高教育の風潮の結果のすべての負債を大学に押し付けるようになってきた．いわば，子供の白痴化教育の結果として，本来（自他力的に）基本的な知識を若い脳に詰めるだけ詰め込んで，1人の人間として「何を考えるか」を考えるcapabilityを育成する，人文科学・社会科学・自然科学という広い視野と知性を育む広い基盤を，大学受験科目の軽減や大学教養部の廃止さらには学部専門課程の必須科目の最小化という形で，教育システムから排除してきた．

　この影響は，真に「世のため人のための学問」である人間社会を取り扱う土木工学（市民工学；civil engineering⇔軍事工学 military engineering），とりわけ土木計画学に深刻な影響を与えつつある．少子化時代の大学教育に関する危機感とこれに対する実際の研究室教育（教えなければならないが，学生自らが育つ環境を提供するサービス）活動の実践により，卒業論文が全文審査付論文になることがそんなに困難ではない学部4回生も多数いることを確認してきた．以上が本書執筆の動機である．以下に，本書の目的を述べよう．

(1) 学生教育：現在の，京都大学の土木計画学の学部教育では，その理念や基礎応用数学さらには方法論のシステム化という点において，（必須科目でないため）著者が学んだ約40年前から大幅に後退している（例えば定理の証明などが難解で

あるから省略されている．解法 (algorithm) に偏重しているため数学的記述によるシステムモデルの心がわからない）．このため，多くの学生にとって真に重要な基礎力の養成が困難である．そして，より勉強をしたいという向学心に燃える学部学生に勉学の機会を奪う結果ともなっている．

また，大学院教育においては，個別リサーチのための手法はもちろんとして，土木計画学にとって最も重要な総合的 (Integrated) な論理構築能力育成が必要である．個別的かつアルゴリズム的に取り扱うことから総合的に取り扱うために，システムズ・アナリシスを導入し，適応的計画方法論 (Adaptive Planning Methodology) の基礎的・実際的な有効性を示すとともに，問題解決だけではなく独創的な問題の構成能力を高め，学生の創造力や構想力を養成する．

(2) 若手研究者や実務家のための実際的なモデリングの提示；実際には，対象地域（都市・地域，国際地域）の特性により適応計画システムの骨格は変わらないとしても，その内容は，種々の制約を受ける．そして，システムズ・アナリシスで重要なキーワードは以下のようになる．すなわち，Criteria（計画の公正な基準），Conflicts（目的間あるいは主体間の競合），Uncertainty and Risk（将来の不確実性とリスク），Institutions（情報開示や生活者（住民はこの一部である）参加などの制度）である．

本書では，数学的理論だけでなく，24年の実務経験をもつ著者が実際にかかわりをもった地域・都市や流域・水循環圏を対象に，上記の4つのキーワードを意識しながら，システムモデリングを中心とした豊富な（例題ではなく）60 近い【適用例】や【事例】を紹介する．これは，著者が実際の問題にぶつかり，現実に理論と実際のギャップを乗り越えるのに苦労したから，（考えていることがうまくいかなかった場合やうまくいった場合の）ノウハウを提示することが，若手研究者や実務家の読者に現実的かつ実際的な意味で有益であると思うからである．

(3) 新しい「環境と災害の双対性」概念と世界で最も深刻な水資源問題を中心とした適用例と事例の提示；環境と災害には双対性 (duality) が存在する．簡単に言えば，阪神・淡路大震災でも明らかなように，環境の質の向上は防災の質の向上となる．つまり，(max 環境質 = min 災害) である．従来の研究（ならびに学会）は，主に自然的な現象面だけに着目し，環境は環境だけで防災は防災だけで研究が構成されているが，現実の人間社会では両者が絡み合い，これらが双対関係にある．この意味で，従来型の研究では，計画方法論として真の意味で有益かつ有

機的な総合化がなされていない．本書では，この概念を強調し，具現化した事例研究をも示す．そして，現在の土木計画学の研究の中心が交通問題や経済学的問題等に偏重しているため，主として地球上の人類と生態系の生存に不可欠な水資源問題を中心に，経済学的効率性より社会的公正に重きを置いた都市・地域ならびに国際問題の環境と防災の計画方法論を提示する．

次に，本書の構成を述べることにしよう．本書は学生の教育をも目的としているから，各章の配列は計画プロセスに従い，各章は最低限必要な手法（古典的であるが，実際的な意味で社会に役に立つ）の説明とその具体的実践的な例により構成されている．このため，計画方法論としては1つの主題で構成されているものを各章に割り振ることになり，同じ主題が各章にまたがる場合もある．以下に各章の概説を行なおう（（*）は著者の講義のレベル）．

1．環境と防災の計画学序説；ここでは，第2次世界大戦後の日本の環境問題（環境政策）と国際開発計画の歴史的変遷を概観し，21世紀に入って計画論的に世界でも日本でも「社会的な平均値」が意味を持たなくなってきたことを論じ，環境に優しい土木計画学ではなく，欧米と日本の環境認識の差異を示し，アジアに目を向け，日本では環境との対話を中心とした土木計画学の必要性を論じる．そして，これを実践するための適応システムとしてシステムズ・アナリシス（問題の明確化⇒社会調査⇒計画情報の縮約化のための分析⇒代替案の目的と境界条件設定のための分析⇒代替案の設計⇒評価⇒コンフリクトマネジメント）を用いた計画方法論を提案する．（学部・大学院共通）

2．問題の明確化と社会調査；問題の明確化手法として，非定形的なKJ法と定形的でアルゴリズム的なISM法を紹介し，問題の明確化を具体的にどのように行うかを示し，特にアンケートを中心とした防災計画における社会調査を例にして両手法を駆使した調査票の設計法を説明し，標本抽出法を示す．また，このとき最も重要な母集団と標本の関係を保障する確率論における大数の法則と中心極限定理の重要性を説き，統計で嘘をつかない方法と格差（階層）社会の分布形の表現法と，このような社会における標本の無作為抽出の無意味さを論じる．（学部・大学院共通）

3．多変量解析法；多変量解析の適応領域を4つに分類（異常値の検出，因子軸の抽出，予測問題への利用，要因分析）し，重回帰分析，主成分分析，判別分析，クラスター分析，数量化理論を解説すると共に，これらの分析は単に計画情報への変

換に過ぎないことを強調する．また，モデルパラメータの同定のための最小二乗法適用のための誤差分布の3つの仮定のうち2つは承服できないが，これを満たすとすれば非常に都合がよいことを指摘し，理論とは承服できない仮定を用いて構成される場合もあることを示す．さらにこの方法を用いて得られる推計結果が最小分散不偏推定量であることを保障するガウス–マルコフの定理を詳述する．（学部・大学院共通）

4．心理・行動分析法；最小二乗法とは異なるモデルパラメータの同定法である最尤法を紹介し，データのもつフィッシャー情報量とクラメル・ラオの下限値を導入した後，最尤推定量の性質ならびに検定の漸近論を示す．次に，最尤法を用いる因子分析法（多変量分析法に分類される場合もある）を説明し，潜在変数導入による因果関係の仮説検証が可能な共分散構造分析法を示す．そして，1860年の精神物理学（psycophysics）に起源をもつ個人の選択理論である離散選択モデルの形成過程を（心理学者と経済学者の争点を中心に）説明し，最新の研究動向を提示する．（一部学部・大学院）

5．静的最適化；まず，最適化手法の分類を行い，線形計画法の枠組みでグラフ理論を適用した事例を示す．次に線形計画法における双対性に重点を置いた定理やこの双対性とラグランジュ乗数の関係を説明し，混合整数計画法や目標計画法を事例で説明する．また，非線形計画の中核であるキューン・タッカーの束縛資格条件（必要条件）を詳述し，鞍点と十分条件を示すとともに双対関数に言及する．そして，実際的な（数値解析法でも良く使われる）制約条件付き非線形計画の手法を分類し解説を加える．最後に，階層システム論の一般概念を説明し，大規模システムやコンフリクト状態における統合変数による社会システムの制度設計への適用可能性を論じる．（一部学部・大学院）

6．動的システムと最適化；最初に，社会システムの持続可能性とは何かを数学モデルで記述する．すなわち，社会システムの構造とはたらき，社会システムの変化過程，社会システムの平衡と安定性，エルゴード的過程という順序で考察する．次に，本書は土木計画学を対象としているのでカルマンフィルターなどのオンライン制御システムを対象とせず，オフラインの動的（非線形微分方程式）システムのモデルパラメータの同定問題を取り上げ，ニュートン・ラプソン法の関数空間への一般化である準線形化手法を紹介する．そして，最適化手法である動的計画法と最大原理を述べる．前者は合衆国で開発され，後者はロシアで開発され

た．前者は「最適性の原理」を前提とした実際的な適応制御でアルゴリズム的である．後者は理論的に美しい最適制御である．なお，後者の厳密な証明には大幅な紙面と数学的な素養が必要であるため，読者の便を考え直感的に理解できる導出法を示す．（大学院）

7．**費用便益と多基準分析**；まず，費用便益分析とその厚生経済学的基礎を言及し，環境の価値とその経済的評価につい論じる．次に公平性概念とアローの不可能性定理を紹介し，費用便益分析の限界を明示化する．そして評価手法として多基準分析法を説明する．これらには多目的最適化モデルも含まれ，また作為的に結果を操作できる手法も多い．これらの点に特に注意するように記述する．なお，ここでも多基準分析を用いることにより社会的コンフリクト状態における合意形成への可能性を探る．（一部学部・大学院）

8．**コンフリクト分析とマネジメント**；まず，社会システムの標準形ゲームによる表現を示し，コアを中心とした協力ゲームを説明する．次にコンフリクト分析手法と進化ゲームを説明し，コンフリクトマネジメントの可能性を論じる．なお，この部分は『コンフリクトマネジメント－水資源の社会リスク』（萩原良巳・坂本麻衣子；勁草書房，2006）で多くのことをすでに書いているので，本書では，上記の本で書いていないことと，コンフリクトマネジメントのエッセンスのさわりを記述した．（一部学部・大学院）

　以上が，本書執筆の動機・目的・構成である．ここで紙面の都合上，記述を割愛した手法について断っておこう．それらは，統計的手法である実験計画法，現象の分析手法のグラフ理論，待合せ理論，信頼性理論，システムダイナミクス等のシミュレーション手法，マクロな計量経済モデル，産業連関表やマルコフ連鎖を用いたI/O分析手法，時系列分析手法，カルマンフィルター等などである．もちろん，著者は，これらを用いて調査と研究を行ってきたが内容が多岐にわたるため，一部の実験計画法やグラフ理論，信頼性理論の考え方等は【事例研究】の中で取りあげ，読者の更なる向学心を刺激することにした．また，I/O分析は多くの場合数値あわせが必須となるため特に記述する必要がないと考えた．計量経済モデルやシミュレーション手法はコンセプトを形成すれば直ちにアルゴリズムに入るため，数学的基礎力の養成には向かないと考え割愛した．時系列分析やフィルター理論には確率過程論や確率制御システム論が必要となるが，本書では最適制御論を記述しているので割愛した．さらに，本書は基礎力を養成すること

も大きな目的であるので，確率計画法・ファジー計画法や統計的決定理論それに複雑性理論等を割愛した．このような意味で，本書で提示した手法は基礎的・限定的で古典的である．しかしながら，本書の内容を理解すれば，読者は，かなり多くの現実の計画課題を自分で作成し，計画論的に実現できるようになるであろうと確信している．土木計画学が世の中を情報社会から知識社会，そして知性社会から知恵社会へ変換する役割を担う時代に入ってきたようである．

 2006.8.15（第2次世界大戦敗戦記念日）

著者

た．前者は「最適性の原理」を前提とした実際的な適応制御でアルゴリズム的である．後者は理論的に美しい最適制御である．なお，後者の厳密な証明には大幅な紙面と数学的な素養が必要であるため，読者の便を考え直感的に理解できる導出法を示す．（大学院）

7．**費用便益と多基準分析**；まず，費用便益分析とその厚生経済学的基礎を言及し，環境の価値とその経済的評価につい論じる．次に公平性概念とアローの不可能性定理を紹介し，費用便益分析の限界を明示化する．そして評価手法として多基準分析法を説明する．これらには多目的最適化モデルも含まれ，また作為的に結果を操作できる手法も多い．これらの点に特に注意するように記述する．なお，ここでも多基準分析を用いることにより社会的コンフリクト状態における合意形成への可能性を探る．（一部学部・大学院）

8．**コンフリクト分析とマネジメント**；まず，社会システムの標準形ゲームによる表現を示し，コアを中心とした協力ゲームを説明する．次にコンフリクト分析手法と進化ゲームを説明し，コンフリクトマネジメントの可能性を論じる．なお，この部分は『コンフリクトマネジメント－水資源の社会リスク』（萩原良巳・坂本麻衣子；勁草書房，2006）で多くのことをすでに書いているので，本書では，上記の本で書いていないことと，コンフリクトマネジメントのエッセンスのさわりを記述した．（一部学部・大学院）

　以上が，本書執筆の動機・目的・構成である．ここで紙面の都合上，記述を割愛した手法について断っておこう．それらは，統計的手法である実験計画法，現象の分析手法のグラフ理論，待合せ理論，信頼性理論，システムダイナミクス等のシミュレーション手法，マクロな計量経済モデル，産業連関表やマルコフ連鎖を用いたI/O分析手法，時系列分析手法，カルマンフィルター等などである．もちろん，著者は，これらを用いて調査と研究を行ってきたが内容が多岐にわたるため，一部の実験計画法やグラフ理論，信頼性理論の考え方等は【事例研究】の中で取りあげ，読者の更なる向学心を刺激することにした．また，I/O分析は多くの場合数値あわせが必須となるため特に記述する必要がないと考えた．計量経済モデルやシミュレーション手法はコンセプトを形成すれば直ちにアルゴリズムに入るため，数学的基礎力の養成には向かないと考え割愛した．時系列分析やフィルター理論には確率過程論や確率制御システム論が必要となるが，本書では最適制御論を記述しているので割愛した．さらに，本書は基礎力を養成すること

も大きな目的であるので，確率計画法・ファジー計画法や統計的決定理論それに複雑性理論等を割愛した．このような意味で，本書で提示した手法は基礎的・限定的で古典的である．しかしながら，本書の内容を理解すれば，読者は，かなり多くの現実の計画課題を自分で作成し，計画論的に実現できるようになるであろうと確信している．土木計画学が世の中を情報社会から知識社会，そして知性社会から知恵社会へ変換する役割を担う時代に入ってきたようである．

2006.8.15（第2次世界大戦敗戦記念日）

著者

目　　次

口絵 ……………………………………………………………………………… i
まえがき ………………………………………………………………………… v

第1章　環境と防災の計画学序説 ……………………………………… 1

1.1　環境問題，環境政策，国土開発計画の変化過程と日本社会の病弊 …… 1
　1.1.1　今日的環境問題　2
　1.1.2　1950-60年代：経済成長による自然・社会環境の劣悪化　2
　1.1.3　1970年代：豊かさの質の問題が顕在化した時代　4
　1.1.4　1980年代：環境価値の評価とバブル経済の時代　6
　1.1.5　1990年代：社会の2極化と欺瞞的環境にやさしい時代　7
　1.1.6　2000年代：平均値が意味を持たなくなった
　　　　　社会的コンフリクトの時代　9
1.2　土木計画学と環境との対話 ……………………………………………… 10
　1.2.1　吉川土木計画学　10
　1.2.2　環境との対話　15
1.3　適応システムとしての計画方法論 ……………………………………… 24
　1.3.1　「地域」・「計画」そして「環境」のシステムとは何か　24
　1.3.2　都市における水環境問題　27
　1.3.3　適応的計画方法論　32

第2章　問題の明確化と社会調査 ……………………………………… 43

2.1　問題の明確化 ……………………………………………………………… 43
　2.1.1　KJ法　44
　2.1.2　ISM法　53

xi

2.2 社会調査 …………………………………………………………… 63
　2.2.1 社会調査のプロセス　63
　2.2.2 調査票の設計　65
2.3 標本の抽出 ………………………………………………………… 75
　2.3.1 サンプル数の決定方法　75
　2.3.2 サンプリングの方法　77
2.4 現地調査と集計 …………………………………………………… 77
　2.4.1 現地調査の方法　78
　2.4.2 サンプリングの実施　80
　2.4.3 調査票の配布・回収・集計　80
2.5 分析と解釈 ………………………………………………………… 81
2.6 格差社会システムの分布 ………………………………………… 91
　2.6.1 母集団と標本　91
　2.6.2 大数の法則と平均値　93
　2.6.3 中心極限定理と正規分布　96
　2.6.4 階層社会の分布形とは何か　97

第3章　多変量解析法 …………………………………………………… 101

3.1 多変量解析法とは ………………………………………………… 101
　3.1.1 対象の分割—異常値の検出　101
　3.1.2 因子軸の抽出　102
　3.1.3 予測問題への利用　103
　3.1.4 要因分析と数量化の方法　105
3.2 重回帰分析 ………………………………………………………… 106
　3.2.1 重回帰分析とは　106
　3.2.2 パラメータの推計　107
　3.2.3 最小二乗法の性質　108
　3.2.4 線形回帰モデルの推計精度　113
　3.2.5 回帰による推定の信頼区間　116
3.3 主成分分析 ………………………………………………………… 118

3.3.1　主成分分析とは　118
　3.3.2　主成分の導出　119
3.4　判別分析 ………………………………………………………… 128
　3.4.1　2群の線形判別関数の導出　128
　3.4.2　新しい標本の判別と誤判別の確率　129
　3.4.3　一般の場合の判別得点　131
　3.4.4　2群の判別　132
3.5　クラスター分析 ………………………………………………… 135
　3.5.1　クラスター分析とは　135
　3.5.2　分析手法の概要　138
　3.5.3　最短距離法　139
　3.5.4　最長距離法　139
　3.5.5　メジアン法　140
　3.5.6　重心法　140
　3.5.7　群平均法　141
　3.5.8　可変法　141
　3.5.9　ウォード法　141
　3.5.10　モード法　143
3.6　数量化理論 ……………………………………………………… 147
　3.6.1　数量化理論とは何か　147
　3.6.2　数量化理論第Ⅰ類　149
　3.6.3　数量化理論第Ⅱ類　154
　3.6.4　数量化理論第Ⅲ類　170
　3.6.5　数量化理論第Ⅳ類　179

第4章　心理・行動分析法 ……………………………………… 183

4.1　最尤法 …………………………………………………………… 183
　4.1.1　最尤法の考え方と定式化　183
　4.1.2　フィッシャー情報量　185
　4.1.3　クラーメル・ラオの下限　186

    4.1.4　最尤推定量の性質　188
    4.1.5　多次元のパラメータ　191
    4.1.6　検定の漸近論　191
  4.2　因子分析 …………………………………………………………… 193
    4.2.1　因子分析とは　194
    4.2.2　因子分析モデル　194
    4.2.3　因子負荷量の推定　196
    4.2.4　因子軸の回転（規準バリマックス法）　199
    4.2.5　因子得点の推定　199
  4.3　共分散構造分析モデル …………………………………………… 211
    4.3.1　構造方程式とは　211
    4.3.2　構造方程式モデルの定式化　213
    4.3.3　構造方程式モデルの母数の推定　213
    4.3.4　代表的な分析モデル　215
    4.3.5　モデルの評価　216
    4.3.6　モデルの解釈　218
  4.4　離散選択モデル …………………………………………………… 242
    4.4.1　離散的な反応モデル　242
    4.4.2　離散選択モデルの基礎　244
    4.4.3　確率的決定モデル　245
    4.4.4　ランダム（確率的）効用モデル　249
    4.4.5　多項ロジットモデル　255
    4.4.6　ネステッドロジットモデル　256
    4.4.7　離散選択モデルの推定と検定　257

第5章　静的最適化 …………………………………………………… 277

  5.1　最適化手法の分類 ………………………………………………… 277
  5.2　古典的非制約最適化問題 ………………………………………… 279
  5.3　古典的等号制約問題 ……………………………………………… 281
  5.4　ニュートン-ラプソン法 ………………………………………… 282

5.5 線形計画法 ……………………………………………………………… 283
　5.5.1 一般モデル　283
　5.5.2 線形計画法における双対性　286
　5.5.3 ラグランジュ乗数と線形計画法における双対性　290
　5.5.4 混合整数計画法　310
　5.5.5 多目標計画法　323
5.6 非線形計画法 ……………………………………………………………… 330
　5.6.1 凸性　330
　5.6.2 キューン-タッカー条件　333
　5.6.3 鞍点と十分条件　340
　5.6.4 双対関数　347
　5.6.5 非線形計画法の手法　348
5.7 階層システム最適化 …………………………………………………… 375
　5.7.1 一般階層構造　376
　5.7.2 分解原理　378
　5.7.3 一般問題の定式化　404

第6章　動的システムと最適化 ……………………………………………… 435

6.1 社会システムの持続可能性とは何か ……………………………… 435
　6.1.1 社会システムの構造とはたらき　435
　6.1.2 システムの変化過程　442
　6.1.3 システムの平衡と安定性　446
　6.1.4 エルゴード的過程　453
6.2 準線形化による動的システムのパラメータの同定 ……………… 460
　6.2.1 一般化されたニュートン・ラプソン法　460
　6.2.2 準線形化によるパラメータの決定　462
6.3 動的計画法 ………………………………………………………………… 480
　6.3.1 DP過程の構造　480
　6.3.2 最適性原理による数学的定式化　481
6.4 最大原理 …………………………………………………………………… 499

xv

6.4.1　ポントリヤーギンの最大原理　499
6.4.2　アルゴリズムの導出　502
6.4.3　アルゴリズムの拡張　505
6.4.4　生態モデルの安定性と最適制御　509
6.4.5　水資源と環境　516

第7章　費用便益分析と多基準分析 …………… 553

7.1　費用便益分析 ………………………………………… 555
  7.1.1　費用便益分析の概観　555
  7.1.2　費用便益分析の厚生経済学的基礎　556
  7.1.3　費用便益分析（CBA）のプロセス　568
7.2　環境の価値とその経済的評価 ………………………… 574
  7.2.1　環境の価値　575
  7.2.2　環境の経済的評価手法　576
7.3　公平性とアローの不可能性定理による費用便益分析の限界 …… 579
  7.3.1　カルドアーヒックス基準に対する批判　579
  7.3.2　CBAに対する他の批判　586
7.4　多基準分析 …………………………………………… 587
  7.4.1　多基準分析手法　587
  7.4.2　多基準意思決定分析の手順　634
  7.4.3　多基準分析手法の適用可能性　640
  7.4.4　合成多基準評価法の事例を通した考察　641

第8章　コンフリクト分析とマネジメント …………… 669

8.1　社会システムの標準形ゲームによる表現 ……………… 671
8.2　社会システムの特性関数形協力ゲームによる表現 …… 681
  8.2.1　特性関数形2人協力ゲーム　681
  8.2.2　特性関数によるシステムの同定　684
  8.2.3　部分と全体の関係の安定性　685

8.3　コンフリクト分析（序数型非協力ゲーム理論） ……………………… 718
　8.4　進化ゲームの理論 …………………………………………………… 737
　8.5　コンフリクトマネジメント ……………………………………………… 741
　8.6　コンフリクトにおける合意形成と均衡解の安定性 …………………… 745
　　8.6.1　着目する数学的安定性の概要　745

あとがき ………………………………………………………………………… 755
索　　引 ………………………………………………………………………… 761

適用例と事例

【事例2.1】京都市上京区の抱える問題の明確化（KJ法）……………………… 48
【事例2.2】屋久島における猿害に関する地域生活者の問題の明確化（ISM法）
　　　　　………………………………………………………………………… 55
【事例2.3】バングラデシュにおける飲料水ヒ素汚染軽減のための
　　　　　社会環境調査（クラメールの関連係数）………………………… 83
【適用例3.1】流域特性から見た流出負荷量の構造（重回帰分析）…………… 117
【事例3.2】芦田川流域（中国地方）の渇水被害の計量化（主成分分析）…… 122
【適用例3.3】地域環境汚染排水水質ランク（判別分析）……………………… 133
【適用例3.4】ダム湖で遊ぶ観光客の交通選択手段の判別（判別分析）……… 133
【適用例3.5】水域の環境基準点の適正化（クラスター分析）………………… 143
【事例3.6】水辺空間の遊び形態の分類（クラスター分析）…………………… 144
【適用例3.7】開発途上地域の水需要構造分析（数量化理論第Ⅰ類）………… 150
【適用例3.8】堤防の漏水の判別評価（数量化理論第Ⅱ類）…………………… 156
【事例3.9】バングラデシュ農村部における水の満足度の判別関数の作成
　　　　　（数量化理論第Ⅱ類）……………………………………………… 161
【適用例3.10】生活者参加型河川改修代替案評価のための計画情報の抽出
　　　　　（数量化理論第Ⅱ類，クラメールの関連係数，多基準評価）…… 163
【適用例3.11】渇水期節水行動の分析（数量化理論第Ⅲ類）………………… 173
【事例3.12】バングラデシュ農村の不幸せ関数の作成（数量化理論第Ⅲ類，
　　　　　シナリオ分析）…………………………………………………… 175

【適用例3.13】渇水期節水行動の分類（数量化理論第Ⅳ類） ……………… 181
【事例4.1】淀川流域北摂4市の遊び空間としての公園配置評価と利用者心理
　　　　　（ボロノイ領域，階層システム，クラスター分析，空間評価，因子
　　　　　分析） ……………………………………………………………… 201
【事例4.2】屋久島における生物保全認識構造（共分散構造分析） …………… 220
【事例4.3】バングラデシュ飲料水ヒ素汚染生活者の安全な水への欲求度
　　　　　（共分散構造分析） ……………………………………………… 227
【事例4.4】水辺環境に関する認識構造（共分散構造分析） …………………… 235
【事例4.5】水辺利用行動選択モデルの作成（離散選択モデル） ……………… 259
【事例5.1】下水処理水を再利用した環境と防災のための水辺創生計画
　　　　　（階層システム，グラフ理論，多目的線形計画法） ……………… 291
【事例5.2】貯水池整備計画（混合整数計画法，DP） …………………………… 315
【適用例5.3】効率性と公平性のバランスを考慮した治水計画規模決定
　　　　　（多目標計画法） ………………………………………………… 326
【適用例5.4】環境汚染と都市開発のバランスを考慮した水資源配分
　　　　　（多目標計画法） ………………………………………………… 328
【適用例5.5】環境の外部性：「汚染者負担原則」と「排出基準と課徴金」
　　　　　（キューン－タッカー定理） ……………………………………… 353
【適用例5.6】地震災害リスク軽減のための水辺公園計画
　　　　　（キューン－タッカー定理） ……………………………………… 357
【適用例5.7】河川環境保全のための下水処理施設計画
　　　　　（非線形計画法，実行可能方向法） ……………………………… 363
【事例5.8】エントロピーモデルによる治水のための計画降雨群決定
　　　　　（洪水氾濫解析，多次元情報経路，非線形計画法，反復尺度法） ‥ 366
【事例5.9】河川水質保全のための中央政府と地方政府の対話型分権制度設計
　　　　　（階層システム，分解原理） ……………………………………… 381
【事例5.10】生活環境と自然環境（水質保全）を考慮した多目的補助金
　　　　　配分制度設計（階層システム，分解原理） ……………………… 389
【事例5.11】沿岸海域への環境インパクトを内部化した地域水資源配分
　　　　　（海域汚濁シミュレーション，汚濁インパクトマトリクス，
　　　　　階層システム，分解原理） ………………………………………… 395

【事例5.12】想定被害地区間のバランスを考慮した多階層河川改修計画
　　　　　　（実験計画法，多階層非線形計画，Boxのコンプレックス法，
　　　　　　公平性評価）·· 418
【適用例6.1】土地利用を考慮した洪水流出モデルのパラメータの同定
　　　　　　（準線形化）·· 464
【事例6.2】農業用水を考慮した流域水循環モデルのパラメータの同定
　　　　　　（準線形化，非線形計画法）·· 469
【適用例6.3】水資源配分問題のモデル化（DP）·· 484
【適用例6.4】渇水被害最小化のための最適ダム操作（確率DP）····················· 487
【事例6.5】確率分布の型紙による渇水期貯水池群操作モデリング
　　　　　　（確率DP，多変量解析）··· 491
【事例6.6】不完全情報下における計画降雨の決定モデリング（DP）············ 496
【適用例6.7】アメニティに着目した高齢社会地域構造の変化過程（最大原理）
　　　　　　··· 506
【適用例6.8】数理生態モデルと最適制御（最大原理）······································· 515
【事例6.9】地域を結ぶ河川水量負荷状態方程式のモデル化·························· 519
【事例6.10】河川状態方程式による下水道面整備計画過程
　　　　　　（最大原理，線形計画法）··· 521
【事例6.11】河川状態方程式による地域水資源配分計画過程
　　　　　　（最大原理，線形計画法）··· 532
【事例6.12】河川状態方程式による多目標地域水資源配分計画過程
　　　　　　（最大原理，多目標線形計画法）··· 539
【適用例7.1】地域環境計画への費用便益分析の適用（最大原理）············· 571
【事例7.2】吉野川第十堰問題のコンフリクトと合意形成を考慮した
　　　　　　代替案の評価モデル（満足関数）··· 597
【適用例7.3】河川改修優先度決定問題（コンコーダンス分析）·················· 616
【事例7.4】京都市市街地の袋小路と高齢者に着目した震災弱地域の診断
　　　　　　（線形加法モデル，モンテカルロシミュレーション）······················· 619
【事例7.5】安定性と安全性による淀川水循環圏の震災リスク診断
　　　　　　（合成多基準評価法，グラフ理論）·· 642
【事例7.6】震災リスク軽減のための水辺創生計画

　　　　　　　（双対グラフ，避難シミュレーション，減災効果分析）……………654
【事例8.1】自然の脅威を極大とした治水規模決定問題（2人ゲーム理論）…674
【適用例8.2】大気汚染リスクを考慮した広域ゴミ処理施設の費用配分
　　　　　　　モデル分析（リスク関数，コア）………………………………692
【事例8.3】長崎大水害（1982）によるダム再編成にともなう費用配分（コア）
　　　　　　　………………………………………………………………………697
【事例8.4】広域水利用システムにおける市町村提携
　　　　　　（グラフ理論，コア，仁，線形計画法）………………………706
【事例8.5】吉野川第十堰におけるコンフリクト分析
　　　　　　（GMCR，主成分分析）………………………………………724
【事例8.6】インド・バングラデシュのガンジス河におけるファラッカ堰
　　　　　　運用に関するコンフリクトの安定性（GMCR，進化ゲーム）……750

環境と防災の計画学序説

1.1 環境問題,環境政策,国土開発計画の変化過程と日本社会の病弊

　1945年8月15日の第2次世界大戦の敗戦以来,日本は形の上では戦争を放棄し平和国家を目指して経済至上主義を貫き,一時の繁栄を享受しバブルに浮かれ(Japan as NO.1,中流意識90%,意味のある平均値の存在),私たちの多額の税金を援助という形で近隣諸国に投入し,合衆国にも「思いやり予算」として少なくとも毎年2000億円を支払ってきた.しかしながら,ドイツとは異なり未だ戦後処理が解決しておらず,2005年に国連常任理事国入りを目指したものの中国や韓国の反対はもとよりASEAN諸国の一国の支持も得られず,合衆国にも見放された(Japan as in Shade of China,中流意識の分極化,意味のない平均値の存在).

　そして,2005年には,「勝ち組」や「負け組」あるいは総選挙で「刺客」などという言葉が安易にマスコミで使用され,「社会的正義」や「社会的公正」という言葉が死語化しつつあるようである.さらに22世紀の初頭には現在の日本の人口は半減するという推定値も示されている.一体これはどういうことであろうか？ 私たちは何をしてきたのであろうか？　何を考えなければならないのであろうか？　次の世代に何を残せばいいのだろうか？　等など.このような自問自答のためには,日本における環境問題の変化,環境政策・国土開発政策のパラダイムの変化過程を振り返ってみることも必要であろう.以下では環境問題を中心に環境・国土開発政策のパラダイムの変化過程を概観しよう.

1.1.1　今日的環境問題

　環境問題の内容は年の移り変わりとともに大きく変化してきている．かつて，環境という表現よりも公害とよばれていた頃には，特定の企業による汚染が問題となり，汚染の発生者としての主に企業の行動に焦点があてられてきた．

　しかしながら，時とともに汚染の発生者が不特定多数になるとともに，公害とよばれていた頃のように一方が加害者で他方が被害者であるという図式がもはや成立しなくなりつつある．われわれすべてが環境破壊の被害者であるとともに加害者ともなっているのである．たとえば，車は今や人々の生活に欠かせないものとなっているが，車の運転者としては大気汚染の発生者であり，沿道に住む住民としては大気汚染の被害者なのである．また，家庭からの廃水は河川や海を汚染し，河川や海での生態系の破壊やレジャーを限られたものとしている．まさに，生活者の行動の見直しが問われている．

　また，今日，地球環境問題が緊急の課題となっており，環境への配慮は決して経済発展の阻害ではなく，むしろ経済発展のためにも環境への配慮が必要であるということが国際的にも共通の認識となってきている．しかしながら，地球温暖化防止のための京都議定書は発効したが，その欺瞞性も問題になっている．もっと身近な問題では，ごみなどの分別におけるような高齢者問題やだれが緑を管理するのかという過疎地域社会問題，日常時の飲料水水質の安全や震災時の安全問題，公共と官の非対称よる社会環境の悪化問題，凶悪犯罪の増加，都市・地域における災害と環境の双対性[1]認知の欠落による官学の縦割り構造問題，人・物・情報（含金）・などのグローバル化における循環型社会の時空間問題等などがある．

1.1.2　1950-60年代：経済成長による自然・社会環境の劣悪化

　1950年代の後半に日本は高度経済成長の緒についた．1964年のときに東京オリンピックがあり，新幹線が走った．状況は規模こそ違うが今の中国とそっくりな時代がしばらく続いた．その直前の1962年に第1次全国総合開発計画が策定された．その基本理念は「国土の均衡ある発展」であった．そして時代の変化に少しずつ適応しながら基本理念を変えずに4次にわたり策定されてきた．しかしながら予想を上回る高度経済成長は大都市への人口と産業の集中を招き，過密・

表1.1 環境問題・環境政策・国土計画の変遷[2]

環境問題と環境政策の変遷	国土計画の変遷
第Ⅰ期　1950～1960年代 　いわゆる公害問題 　　公害対策基本法（公害防止計画） 　　環境基準 　　地域住民の健康と財産を保障	特定地域総合開発計画 （電源開発） 1960　太平洋ベルト地帯構想 （国民所得倍増計画） 1962　全国総合開発計画（一全総） 　　　拠点開発方式
第Ⅱ期　1960～1970年代 　生活環境の整備 　住みやすい環境の確保 　アメニティ 　生活環境の質の指標 　環境管理計画	1969　新全総 　　　巨大開発方式 　　　高速交通通信ネットワーク 1977　三全総 　　　定住構想 　　　素材型重化学工業→ 　　　サービス・高度組立産業
第Ⅲ期　1980年代 　都市型環境問題 　（窒素酸化物・廃棄物） 　地域環境管理計画 　環境評価指標 　広域環境管理計画	1987　四全総 多極分散型国土の形成 交流ネットワーク構想
第Ⅳ期　1990年代 　地球環境問題 　環境基本法 　化学物質問題（環境ホルモン等） 京都議定書(1997採択；2002締結)	1998　21世紀の国土のグランド・デザイン （新しい全国総合開発計画） 多軸型国土構造
第Ⅴ期　21世紀 　持続可能な社会へ	2003　新たな国土計画体系の構築に向けて 地域が主体，モビリティの向上　社会資本の ハード施策・ソフト施策の適切な組み合わせ， 情報公開に基づく合意形成と多様な主体の参加

過疎問題と環境問題を一層深刻にした．70年安保闘争が激しくなってきた1969年に新全国総合開発計画が策定され，全国土に開発可能性を拡大することにより国土利用の均衡化を目指すことになった．

　1950年代及び1960年代の高度経済成長期を通じて，公共及び民間部門は，いずれも環境に十分な配慮を行うことなしに投資を進めた．その結果，急速な経済成長の一方で公害問題が頻発した．主として産業活動に伴って排出される重金属

や化学物質などが，大気や水質，土壌など人々の生活基盤を汚染した．

深刻な環境汚染の進行や自然環境への不可逆的な損害が生じただけでなく，水俣病，イタイイタイ病や大気汚染によるぜん息など汚染による深刻な健康被害が引き起こされた．これらの原因となった原因物質を排出した企業の責任を問う公害（本来ならば殺人傷害）裁判が起こり，大きな社会問題となった．そこで汚染の健康におよぼす影響の評価が重ねられ，大気や水質，土壌などの対象別に汚染度の限界を定める環境基準がつくられた．

このような公害に対しては，一部の地方公共団体（東京都，大阪府）が，工場公害防止条例を制定した（1949～1960）が，その内容は知事の改善勧告，立ち入り調査等の最小限の規制措置にすぎなかった．また国の公害対策としては 1957 年に水質法（公共用水域の水質保全・工場排水等の規制）が制定された．これらの初期の公害立法は公害の種類ごとに最小限の規制を定めたものであり，いわば対症療法的な性格をもつものであった．環境保全のための制度的な枠組みは，1960 年代末から 1970 年代にかけての集中的な法制定及びその実施によって確立された．まず公害対策基本法が 1967 年に，大気汚染防止法が 1968 年に制定された．公害対策基本法の基本的な目的は，大気汚染，水質汚濁，土壌汚染，騒音，振動，地盤沈下及び悪臭（これらは典型 7 公害とよばれる）の防止により，人の健康と生活環境を保全することである．その対策として，排出に対する規制，土地利用・施設立地への規制，汚染防止施設の設置，監視，調査・研究，助成措置等を規定している．また，公害対策基本法に基づいて，企業を対象に公害発生源を防除し規制することを主たる狙いとした「公害防止計画」が策定された．

1.1.3 1970 年代：豊かさの質の問題が顕在化した時代

70 年安保闘争の激しくなってきた 1969 年に新全国総合開発計画が策定され，全国土に開発可能性を拡大することにより国土利用の均衡化を目指すことになった．1970 年代に入り，第 1 次石油ショックを契機に安定成長期に移行したが，サラリーマンの給料はうなぎのぼりであり，環境問題も悪化の一途をたどった．1977 年に策定された第 3 次全国総合開発計画は，総合的な生活圏整備の立ち遅れを認識し，定住圏構想を計画方式として採用し，大都市圏への人口と産業の集中を抑制する政策に転換した．しかし，環境問題の解決は非常に遅れていた．

公害対策基本法の後，いわゆる「公害国会（1970 年）」において，国会は 14 の環

境関連法律の制定または改正を行った．この中で，いわゆる「経済との調和条項」（これは環境政策の中に経済発展への配慮を求めるものであった）が公害対策基本法その他の法律から削除された．また，1971年に国の公害調整を新たな視点から推進するために，環境庁が設置された．

この間，公害問題や地域問題に対する生活者の意識の高まり，さらには，石油ショックによって，巨大開発の見直しなどが検討されるようになった．こうして，まがりなりにも公害対策は軌道にのり，産業界や企業も公害の自主規制なしには活動をしづらくなり，世間の監視の目も厳しくなった．このようにして公害への取り組みのコンセンサスが形成された．

1970年代には，公害発生源における大気・水の排出基準が地域制定制から，全国一律となった．また，排出基準に違反した者に直罰主義が採用された．また，大気・水について特定の有害物質に起因する人の健康被害については無過失責任主義原則が導入された．公害健康被害の補償等に関する法律（1973年）は，汚染者の負担による健康被害者への補償を制度化した．さらに，PCBによる食品汚染事件と環境汚染をきっかけに，新たな化学品の製造・輸入に先だって審査を義務づける制度が制定された．この他，有害廃棄物の処分に関する規制も数次にわたり強化された．

一方，公害防止事業費事業者負担法の制定によって，国・地方公共団体の行う公害防止事業に関する事業者負担の仕組みが創設された．この仕組みによって環境汚染という社会的費用の一部が，「汚染者負担の原則」に基づいて事業者の負担に還元され，環境汚染に係わる経済的負担の公平が促進されるようになった．

以上のような環境保全対策は，経済構造の変化や石油ショックによる省エネルギー・資源志向によって，大気における硫黄酸化物や水質に関する有害物質などに関して大きな改善をもたらすこととなった．

自然環境保全に関する枠組みも同様に強化されていった．それ以前から，自然公園法をはじめとして自然保護対策を規定した法律がいくつか存在していたが，これらの法律の対応範囲は限られており，統一的な実施も困難であった．そこで，自然環境保全法（1972年）により，自然環境保全のための基本的な枠組みが定められた．

1972年の公共事業に関する環境影響評価実施の閣議決定を受けて，環境影響評価の手続もこの時期に整備された．環境影響評価に関する総合的な法制度はない

ため，環境影響評価は，個別法律，1984 年の閣議決定及び関連する技術指針，また地方公共団体の条例・要綱等に基づき行われてきた．1970 年代になると，ある程度の物質的な充足も達成され，いわゆる豊かさ志向が生まれ，人々の環境問題への関心が高まった．1977 年の OECD レポートにおいて「日本の環境政策は汚染を減少させるのにはおおいに成功したが，環境に対する不満を除去することには成功しなかった」と指摘されたことにより，行政レベルでのいわゆるアメニティに対する関心が喚起された[1]．

　生活環境の整備と住みやすい環境の確保が新しい課題となった．各自治体では，「生活環境の質の指標」を定め，施策を講じようとする動きが活発になる．たとえば，緑被率や道路率，住居率などを重視し，都市づくりなどに反映させようとした．こうして従来の公害防止一辺倒の環境行政から，都市のアメニティ追及型の，いわば「環境を管理・創造する」発想へと転換する．そして，豊かでうるおいのある街づくりが主要な課題となった．各自治体でも「環境管理計画」がつくられた．

1.1.4　1980 年代：環境価値の評価とバブル経済の時代

　1980 年代に入り，東京圏への人口と高度な都市機能の集中が進み，1987 年の第4 次全国総合開発計画においては，2000 年を目標として多極分散型の国土形成を目標とした．

　1970 年代の後半から 1980 年代にかけ，都市圏の拡大に伴い広域的な大気や水域の汚染，自然環境の喪失，廃棄物の増大，ヒートアイランド現象など多種多様な都市環境問題が深刻化してきた．こうした問題は都道府県の枠を超えた問題である．そこで環境庁が中心となり「広域環境管理計画」が作成された．その理念としてうるおいと持続性のある人間―環境系の形成がうたわれ，それに向けての基本方針として都市生態系に配慮した都市システム，環境に配慮した社会システムの形成，環境資源の持続的利用，地球ならびに地域環境への配慮の徹底などがあげられている．

　1980 年代は，新規の法制定は極めて限られ，残された環境問題への対策は既存の公害防止及び自然環境保全の枠組みの中で進められた．公害健康被害補償制度もその改正により事実上廃止された．この時期の主要な問題は，大都市圏における自動車からの窒素酸化物による大気汚染や有機物質による水質汚濁であった．

1982年には窒素酸化物削減のため総量規制が導入された．1983年には水質汚濁防止法が改正され，東京湾，伊勢湾及び瀬戸内海に有機汚濁に関する総量規制が導入された．湖沼水質保全特別措置法（1984年）により，水利用上重要な湖沼の指定と湖沼保全のための総合的な計画に基づく対策が行われるようになった．

一方，1980年代には，1970年代の「生活環境の整備」の流れをくみつつ，さらに豊かでうるおいのある街づくりをしようという動きが出てきた．その際に配慮されたことのひとつは，住民の快適さ（アメニティ）に対する主観的な評価を重視しようという方向性である．

1985年に「公害の少なさ」「自然とのふれあい」「都市美とゆとり」というような観点から，身近な環境の数値化を目ざす環境評価指標が，北九州市や東京都など多くの自治体でつくられ，これを目標に地域環境管理計画などの策定がなされている．

また，森林や水辺の価値を「景観保全」「自然と親しむ場の提供」「地域の歴史や文化の保全」「生活環境の安定」など幅広い視点でとらえ，その価値を見直すことで保全への方向づけをしようという努力もなされた．これは，人間にとって，自然環境がもつ価値とは何かを見直す，わが国における重要な第一歩とみることもできる．

1.1.5　1990年代：社会の2極化と欺瞞的環境にやさしい時代

1990年代に入り，バブルの最盛期を迎え，特に東京圏への人口と高度な都市機能の集中が進み，東京の一人勝ちの様相を呈してきた．第4次全国総合開発計画の多極分散型の国土形成を目標としていたが，北海道では札幌のみが，九州では福岡のみが，全国規模では東京と名古屋のみが発展し，大阪は沈滞した．1992年にバブル経済がはじけ，1994年になって第4次全国総合開発の総合的検討結果が公表された．そこでは以下のことが唱われた．

① 新しい交流圏の形成と一体感のもてる国土の構築
② 魅力と活力にとんだ多様な地域社会の形成
③ 地球時代への積極的な対応
④ 適正な国土資源の管理と自然と共存する経済社会の構築
⑤ 国土基盤の整備方向

しかしながら皮肉にも，1995年1月の阪神淡路大震災が起こった．約6500の死者をだし，いまなおその後遺症に苦しみ高齢化した被災者の孤独死が後を絶たないのである．

　さて1980年代末になって，地球環境問題の重要性が認識されるようになった．国の課題全体の中で環境問題に新たに重要な位置が与えられ，環境と開発に関する国際協力のために積極的に対応することとなった．国際的な協力の面では，すでに，オゾン層保護，有害廃棄物の輸出入，絶滅に瀕した野生生物の保護等に関するさまざまな条約などが締結されている．1992年にはブラジルのリオデジャネイロで国連環境開発会議（地球サミット）が開かれた．この会議では，21世紀に向けて国家と個人の行動原則である「環境と開発に関するリオ宣言」，その行動計画である「アジェンダ21」等が採択された．

　地球温暖化に関しては，地球環境保全に関する関係閣僚会議が1990年に地球温暖化防止行動計画を策定した．1997年12月には地球温暖化防止京都会議（COP3）が開催され，温室効果ガスの排出量について，2008年から2012年までの削減目標を定めた「京都議定書」が採択された．

　一方，国内の環境問題に関しては，大都市圏における自動車からの窒素酸化物排出削減のための総合的対策，産業廃棄物及び有害廃棄物の適切な処分，リサイクリングと廃棄物発生抑制等の推進のため新たな法律が制定された．

　しかしながら，今日の環境政策の対象領域の広がりに対処し，特に大都市における窒素酸化物による大気汚染及び生活排水による閉鎖性水域などにおける水質汚濁などの都市・生活型公害問題，増え続ける廃棄物の問題，地球環境問題等に対して適切な対策を講じていくためには既存の法律では不十分であった．そこで，経済社会システムのあり方や行動様式を見直していくための新しい枠組みが必要となってきた．

　環境基本法（「環境基本法」及び「環境基本法の施行に伴う関係法律の整備等に関する法律」）はこのような背景のもとに，1993年11月に公布，施行された．環境基本法の基本的な理念としては，1）環境の恵沢の享受と継承等，2）環境への負荷の少ない持続的発展が可能な社会の構築等，3）国際的協調による地球環境保全の積極的推進，が挙げられている．

　さらに，国，地方公共団体，事業者及び国民の環境の保全に係る責務を明らか

にしている．この基本法に基づいて環境基本計画が1994年に策定された．

その後，環境に関連する多くの法律（いわゆる廃棄物基本法等）が国内外の関心の高まりを受けて成立した．なかでも先進国では一番成立の遅かった環境影響評価法がようやく1997年に成立，1999年6月から全面施行されている．

環境アセスメントとは，「環境政策目標の合理的達成の観点から，ある事業の立案から実施の課程で，その事業が環境に与える影響を事前に調査・予測・評価し，その事業を実施するかどうか，環境への影響を最小にするにはどうしたらよいか，他に適切な代替案がないかなどを検討すること」とされている．以前の制度のもとでは，環境基準を達成するかどうかが評価の視点であった．新しい制度のもとでは，それに加えて環境影響を回避・提言するために最善の努力がされているかどうかがチェックされることになる．

なお，国による都市環境政策としては，環境庁（現環境省）の提唱するエコポリス，建設省（現国土交通省）の提唱するエコシティなどがある．エコポリスは公害防止，自然の保護，アメニティづくりや地球への負荷の削減および人間性の復権を唱っている．エコシティ計画の目標は「地球にやさしい（環境汚染・負荷の少ないこと）」と「アメニティ豊かなまち」であり，物質のリサイクル，省エネルギー，快適な居住という3つを柱にした都市環境づくりを唱っている．

1.1.6 2000年代：平均値が意味を持たなくなった 社会的コンフリクトの時代

こうして21世紀に入った．そして，この10年間で何が起こったのであろうか？　連合王国やドイツで失敗した「ゆとり教育」の導入とその失敗社会，幼児や小学生等弱者を狙う凶悪犯罪の増加社会，高等教育の矮小化社会，教育現場や企業におけるいじめ社会，産業界や金融機関の企業倫理の崩壊とリストラやフリーター社会，ホームレスの増加などにみられる高齢者福祉の切捨てもしくは縮小社会，山間部過疎地域の高齢者棄民社会，年間自殺者が3万人を超える異常社会，女性が安心して子供を産めない社会，社会的に認知された下流社会，自然・環境災害多発社会，国際的に尊敬されない社会，日本の50年後が見えない社会．これは一体何だろう？

1.2 土木計画学と環境との対話

1.2.1 吉川土木計画学

　石原藤次郎先生などの提唱により，いちはやく1958年に京都大学で土木計画学が開講され，土木計画の科学化に関する研究が積み重ねられた．1964年に至り，土木学会のなかに「土木計画学研究委員会」が創設され土木計画学シンポジウムが開催された．第1回は土木計画の理念が，第2回は需要予測と計画目標等の問題，第3回は計量化の問題が議論された．著者もこれらの初期の活動に参加し，富士山麓の須走で多くの大学の（当時）若手の先生方の夢を聞き自分も夢をしゃべる（リーダー格の2人の教授の間でいびきと歯軋りのステレオで一睡もできなかった）楽しい思い出をもっている．

　著者が大学院修士課程の学生であったとき，指導教官の著書『土木計画とOR』[3]が出版された．この著書は土木計画の学問的体系化をはかっていくための1つの方法として，土木計画の問題を計画システムとして科学化していくことの可能性の追求と，計画手法としてのORの有用性を実証しようとしたものであった．この内容を学部と大学院で受講した．大学紛争のはしりの時代でもあったせいか，真剣に世のため人のためとは何だろうと，生意気にも専門性を通して考えていた．でも，何かがおかしい．

　以下では土木計画のルーツを明らかにするため，まず今でも新鮮な，約半世紀前の『土木計画とOR』の3章「土木計画の作成」の要点を長くなるが言及する．ここでは，「課題計画」「計画作成の段階」「試案（代替案）」「問題の発見」「分析」「評価」「総合」「計画における不確実性」「実施計画」の順に書かれていてかなり重い議論がなされている．例えば「ちょっと見ると，この無駄な馬鹿馬鹿しいようにさえ見える課題計画（実行しなかった無数の計画）が，実は計画の最も本質的な姿を示しているのである」ということを自然科学面における工学研究と社会科学面における研究を対比しながら論じ，課題計画を中心にして計画作成を論じている．問題の発見の部分では「予備計画は構想力によって生みだされる．すなわち計画者の過去の見聞・かん・想像あるいは思いつきによって組み立ててもよいものである」．分析のところでは「計画のための分析の一般的な方針を簡単に言

うと，計画の作業をするに必要な現象の諸要素と，その要素間の相互関係を発見することだというに尽きる．どんなにむずかしい計画の場合でも，分析の方針はこれ以外にない」，「さて重要要素間の関係をいかにして発見するか．これは分析の作業の中で最も困難な，そして最も重要な道程である．これを合目的に解決しないために，多くの計画がひずめられ，あるいはここで挫折して計画がまとまらなくなってしまう．しかも，その一番大切なところへきて残念ながら一般的な解決法のようなものはない．土木計画がいまだ科学としての体系をなすに至っていない原因の1つは，実はこの点にある」と述べ，「構想力を活用して大胆に，帰納的な，発見的な推理を用いて新しい関係を求め，これを数学的あるいは理論的に立証して利用し，さらに数多くの土木計画の問題にぶつかり，事例研究を積み重ね，重要要素間に横たわる普遍的法則性の発見につとめ，演繹的推理を重要視した計画論体系の確立をはかることが，土木計画の科学化の最終目標である」と言い切っている．評価のところでは「土木計画の任務は，人間の幸福，社会の福祉増進とは何かという形而上学的な思惟から始めなければならない」，「価値基準の設定を同時に行わなければならないであろう」そして「絶えず目的が意識され，合目的的に合理性を持って貫かれる土木計画は，常に新しい価値観によって統御され，自然科学と同様，人文科学をも含めて総合統一された基盤の上に立った新たな思惟と行動の体系によって形作られねばならないと考える」と論じている．次に総合では，これと分析の関係を論じ，計画における不確定性では「少なくとも不確定性を問題にしない立場からは，計画という概念は成立しない」，最後の実施計画では「実施計画とは，計画と実際を対照しやすいように，そして食い違いを早期に発見しやすいように書き替えられた計画」と表現している．

　先に述べた何かがおかしいとは何かが解ってきたのは，修士課程を出て建設コンサルタンツ会社に勤めて多くの実務を経験してからのことであった．実際の仕事では，土木計画とORは殆んど有用ではなく，壮大な土木計画の科学化なんてのは夢のまた夢であった．殆んど答えのでている計画の合理化や予算を獲得するためだけの計画などをやらされていた．いくつかは新しいモデル分析的開発研究に取り組んだが，設計中心の会社内での計画専門家の金食い虫と軽視され侮蔑されていた．学会等における社会的地位も最悪であった．それでも，数少ない理解のある会社やクライアントの先輩たちにお願いして，できるだけ現場に出ることができた．現場に行くことによって始めて自分の目指していたのが官庁土木計画

の体系化を考えていたのに気がついた．このことに気がつき，官庁計画論の匂いのする論文をすべて非難・批判するようなことをやっていた．一方では，どのような仕事も断らず，「数多くの土木計画の問題にぶつかり……」事例を積み上げていた．だが，自分のやっていることがばらばらでどこに位置付けて良いのか分からなかった．そのようなときに，吉川の次の著書『最新土木計画学』[4]が出版された．これは入門書として執筆されたものであるが，前著で学んだ弟子としては数学的には物足りなかった．ただ，前著の3～4章を循環的なシステムズ・アナリシス（複雑な問題を解決するために意志決定者の目的を的確に定義し，代替案を体系的に比較評価し，もし必要とあれば新しく代替案を開発することによって，意志決定者が最善の代替案を選択するための助けとなるよう設計された体系的な方法である）で表現してあった．これを図1.1に示す．

　この図は，計画プロセスを，(1)問題の明確化　(2)調査　(3)分析　(4)代替案の設計　(5)解釈と評価，の流れで示したものである．こうして，自分のばらばらな仕事を，この枠組み構造で位置付けることができるようになった．この(1)(2)(5)で生活者参加を明示的に表現できる．しかしながら，意志決定者とは何かが頭にこび

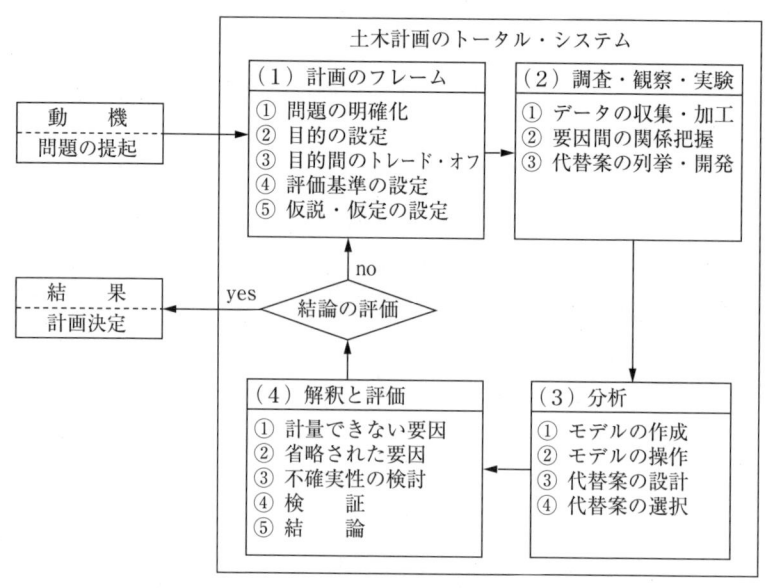

図1.1　土木計画の策定プロセス

りついていた．その後，吉川は『土木計画と OR』の応用編として『地域計画の手順と手法』[5]，さらに教科書として『新体系土木工学 52—土木計画のシステム分析』[6] を出版し，5 年以上の歳月をかけ，8 名の弟子と共に『土木計画学演習』[7] を出版した．その序文で「土木計画の策定に当っては，高邁なビジョンと豊かな創造性が求められるのはいうまでもないが，それと同時に，その計画は緻密な論理に支えられ説得力のあるものでなくてはならない．このため，土木計画にたずさわるものは，日常的にいろいろな文化や芸術に関心をもち，その香りに接することによって自己啓発に努めるとともに，科学的な計画論理という武器をもつためのふだんの努力を要請されよう」と述べている．そして，再び 14 名の弟子を結集し，あの阪神淡路大震災の年に，21 世紀へのロマン『21 世紀の都市と計画パラダイム』[8] を出版した．そしてこの 1 章で「計画論におけるパラダイムの転換」を論じている．

まず，カオス的世界観と計画論では「これまでの社会システムの構築は多くの場合，暗黙のうちに機械論的パラダイムにもとづいて行われてきた．機械や施設の計画・設計・施工・運用で大きな成果を収めてきた考え方を，社会システムの構築にも適用してきたのである．ものごとを分析的，決定論的に考え，全体を部分にわけ，それを合成することによって全体を再構築できるとする考え方である．この方法は部分的に成功しているが多くの人はこれでよいとは考えていない．直観的に何かが欠けていると判断している．社会は機械とは異なり，複雑であり生き物的であり，結果が論理の積み重ねどおりにならず予測不可能性の面が多い．また，偶然性によって左右されることも多く，結果として多様性が生じてくるものと理解されている．したがって，機械論的パラダイムで構築された社会システムを運用していく過程で，生起してくる生き物的特性を考慮していくノウハウが不可欠である」と論じ，「カオス理論（非線形確定力学系の対極的ふるまいの普遍性を核心とする理論体系．19 世紀から非線形確定力学系における構造にアトラクターとリミットサイクルがあることが知られてり，前者は安定構造を後者は生命に特有なリズム現象の発露を理解するアナロジーとして考えられていた．）における重要な発見はローレンツよるストレンジアトラクターであり，

① わずか 3 次元の簡単な非線形確定力学系が，ランダムさ，ノイズ，ゆらぎ，確率性，複雑性を生み出す，

② ミクロの動き（例，微分方程式）が複雑性の中にも大域的構造の転換を生み出す，という点にある．」と指摘し，「カオス理論の主張は，ミクロのレベルの非線形確定系はより上位のレベルから見て意味のある構造を生み出し，かつ，驚くほどの複雑性と予測不可能性を伴う」ことに言及し，「カオス論的パラダイムが，全体として21世紀の新しい社会システムへの変化のガイドラインになる」と期待を表している．

次に，有機的計画論へのパラダイム転換では，シナジェティクス計画論を，地域・都市と生物組織の類似点に着目して，理論の中心となる以下の4つの現象間の密接な関連

① 高度なコーディネーション
② 安定性と適応性との間のバランス
③ 競争と協力との間のバランス
④ 自己組織化

に着目して論じている．そして，「都市を多くのノードとリンクで表現すると，これらのノードとリンクの結びつきによって，都市の構造，都市のパターンが形成されるが，これをコントロール・パラメータと考える．これらのコントロール・パラメータが，都市における人・物・金・情報・文化の流れを決めることになる．シナジェティクスにより，これらのコントロール・パラメータをどのように決めれば，自己組織化原理によって望ましい都市構造，望ましい都市パターンが形成されるかについて研究を深めていくことが重要である」と論じ，さらに人と自然の共生による地域社会の持続可能な発展論を日本とヨーロッパの文化的背景をもとに論じている．

吉川土木計画学は，何もない戦後から始まり，高度経済成長や安定経済，そしてバブル経済とその破綻の時代の変化において，ある意味で平均値が意味を持つ社会の物質的・精神的豊かさを追求した国土・地域・都市計画のロマンのパラダイムの科学化を行ってきたといえるだろう．こうして，私たちの弟子の多くはどこかに「世のため人のため」という気持ちを持ち続けることができ，「何を考え，何をすればいいのか」を，成否を別にして，主体的に実行して来たのではなかろうか．

半世紀以上に渡って構築されてきた吉川土木計画学のパラダイムは，少なくとも後半世紀ぐらい持続可能であろう．平均値が意味を持つ社会では一々自分がどこにいるかを確認する必要はないが，平均値が意味を持たない社会では，自分がどこにいるかを確認しながら研究する必要が生じることになる．従って，多くの場合，平均値が意味を持たないと想定される 21 世紀の日本でも地球でも通用する土木計画学とは何かを問い続けることが必要となるであろう．吉川土木計画学が「平均値が意味のある社会における物質的・精神的豊かさのための土木計画学」に対して，私は「平均値が意味を持たない社会における環境と防災のための土木計画学」として考えている．この議論に入る前に，後述するように環境と防災には双対性があるから，防災の話を割愛して，環境との対話について述べることにしよう．

1.2.2 環境との対話

(1) 環境政策の経済的手段[9]

環境問題は，さまざまな活動がもたらす社会（他の活動主体や環境）への負の影響（外部不経済効果）による費用（社会的費用）を活動主体が考慮しないことから生じているとみなされる．たとえば，河川の上流で生産を行う企業や家庭からの廃水によって，下流で生産者や消費者が水の利用にあたって水を浄化することが必要となるような場合である．このような外部性の内部化（企業や家庭が活動水準を決める際に，自らの活動による外部性を考慮に入れさせる）のための手法としては，直接規制によるものと間接規制によるものとがある．

直接規制としては，排出量に一定の上限を設ける排出量規制，生産工程・設備・原材料などの指定，生産物の品質規制，製品・工程の使用禁止などがあり，環境を劣化させる活動を直接に制限・禁止するものである．たとえば，上記の例で言えば，上流の企業や家庭からの排水量を一定量減らすように基準を設定することである．一方，間接規制は，経済的手段によるものであり，税や課徴金といった市場メカニズムを用いて各経済主体に，その活動が環境に及ぼす影響の程度を意識させ，それまでの活動を変更させる誘因を与えることで，所与の環境目標を達成しようというものである．たとえば，上記の場合には，排水量当たりあるいは生産量当たりにいくらかの税（提唱者の名をとって，ピグー税とよばれる）や課徴金を課して排水量を減らす方向へ誘導するものである．

OECD（経済協力開発機構）が，加盟国にとっての汚染者管理基本原則とした「汚染者負担原則（PPP）」は，以下の点を唱っている．

① 財やサービスの価格は生産の総費用，これには使われているすべての資源の費用も含まれる，を反映すべきである．
② 市場の失敗（空気や水に適当な価格が付けられていない）があるときに，環境資源の使用や悪化による費用を汚染者に内部化させる．
③ 環境の使用を経済の枠組みに入れるために経済的手段（税，課徴金，排出権取引など）を用いる．
④ 国際的には，PPP は各国間での協調が必要である．

経済理論的には環境政策としては，直接規制よりも経済的手段による方が優れているとされている．その理由としては，まず第1に，規制による政策より汚染削減努力を経済全体を通じて効率的に実施できそうだ，ということである．各経済主体は，通常それぞれ異なった汚染削減能力を持っている．経済的手段が適用されると，削減能力の低い経済主体は相対的に少ない汚染削減を，高い削減能力を持った経済主体は相対的に多くの汚染削減を行うというように，各経済主体は自らにとって最適な行動を取り，結果として，汚染削減に要する総費用は最も小さくなる．そのとき，各経済主体の限界費用（追加的に1単位の生産を行うための費用）は等しくなる．それに対して一律に汚染削減を行わせる直接規制の場合には，各経済主体の自由裁量の余地がないため，経済的な非効率が生じるのである．

第2に規制より経済的手段を使うほうが必要な情報が少なくてすむ．つまり，直接規制によって効率的な汚染削減量の配分を行おうとすれば，政策当局は各企業・家計の汚染削減能力に関する情報を得なければならない．現状では個々の企業や家計に関する情報はきわめて限られているので，それらを正確に把握することはほぼ不可能である．これに対して，経済的手段の場合は理論的には社会全体の被害総額（社会的費用）に関する情報が得られればよい．個々の家計や企業の情報まで知る必要はないので，情報入手の費用ははるかに少なくてすむといえる．

第3には，技術革新のためのインセンティブとなること，が挙げられる．直接規制の場合には，いったん基準を満たしてしまうとそれ以上汚染を削減しようとするインセンティブは働かない．それに対して，経済的手段の場合には，社会全体として基準を満たしても各経済主体にはなお負担額が残るので，それを節約す

るため更に汚染を削減しようとするであろう．したがって，技術革新に対するインセンティブは働き続けることになる．

第4に，税の場合には，税収が他の既存の税の肩代わりとなりうることが挙げられている．

しかし，経済的手段よりも直接規制の方がより望ましい場合もある．例えば，不可逆的な被害が発生することが予想され，緊急に対策を取る必要がある場合や，汚染物質の場所的および時間的集中が問題となる場合は規制の方が望ましいとされている．要は，直接規制と経済的手段は代替的に用いたり，補完的に用いたり，問題に応じて使い分けられることが必要である．

環境政策における経済的手段として以下では，環境税，排出権取引制度，補助金，デポジット・リファンド制に関して簡単にみることにしよう．

1）環境税

環境税の導入に関しては，OECD（経済協力開発機構）による対日審査報告書でも環境税などの経済的手段の導入が提言されているが，わが国では未だ実現されていない．しかし，政府税制調査会の答申（中期答申，2000年7月）において環境税として炭素税の創設が盛り込まれ，さらに，環境庁（現・環境省）も環境税の導入の検討を始めている．二酸化炭素排出防止のための環境税はすでに，北欧諸国（スウエーデン，ノルウエー，デンマーク，フィンランド）やオランダで炭素税などの形で導入されている．

炭素税は二酸化炭素を排出する経済活動に対して，二酸化炭素の発生量に応じて課せられる税（課徴金）である．石油や石炭を燃やすことにより二酸化炭素が発生するので，石油・石炭の販売業者に炭素税を課すこととするものである．この炭素税は石油や石炭をエネルギーや原材料としてつくられる製品の価格に転嫁されて，最終的には消費者が負担することになる．エネルギー価格や石油・石炭からつくられる製品の価格が高くなれば，生産者や消費者はその消費を減らそうとするであろう．また，生産者は二酸化炭素の排出を少なくする技術開発をこころがけるようになるであろう．たとえば，ガソリンが高くなれば，燃費の小さい車を購入するようになるであろう．炭素税が高くなるにつれて，ガソリン車やディーゼル車の購入が控えられるようになれば，それらの代替財としての電気自動車の販売が進むこととなる．

全体として，税・課徴金制度そのものは，新たな取引形態等を作る必要がなく，

通常の取引の中に組み込みやすいという利点を有している．しかし，以下のような欠点が挙げられている．まず，対象となる財に適当な代替財（車の場合の電気自動車やマイカーに代わる公共交通）が存在しなければ，環境負荷の少ない財への需要のシフトが起こらない．このため，効果は十分には現れず，負担感のみが残ることになりかねない．次に，対象となる財の種類と市場構造によっては，所得分配上，逆進的となる可能性がある．また，収入の使途特定化が行われると，支出額から負担水準が決められることもあり得ることとなり，本来の目的（環境保全）から離れることになる．さらに，環境保全には国際協調が不可欠であり，税・課徴金に関しても，少なくとも主要国においては，実施の時期，対象，負担の大きさ等に関し，一定の協調を行う必要がある．また，既存の税制や科金等を含めた全体の枠組みの中で検討が行われることも必要であろう．

2）排出権取引制度

　排出権取引制度とは，社会全体における環境汚染物質の許容排出量をあらかじめ設定し，企業，工場などの各主体ごとに一定量を排出権という形態で割り当てる．ついで，汚染物質を排出する主体間の排出権に関する取引市場を作り，全体として効率的に排出削減を図ろうとする制度である．

　最近では，京都議定書実施に向けて地球温暖化防止のための二酸化炭素排出削減のためにこの制度を導入しようということが考えられている．まず，二酸化炭素の排出限度量を各国に割り当てる．それが各国の排出権となる．すると，経済活動が活発でたくさんの二酸化炭素を排出しなければならない国は国際的な排出権取引市場において他の国から排出権を買い経済活動を維持することとなる．多くの場合，買い手の国は先進国で，売り手は発展途上国と考えられるため，先進国から途上国への資金環流としても注目されている．しかし，限度量を割り当てる時点での排出量が既得権となることも考えられ，限度量の決定が大きな問題であろう．なお，排出権取引制度は，現在米国の一部の地域で既に実施され，制度として定着している．

3）補助金

　汚染を削減する排出者に対し補助金を与えることによっても，汚染物質の排出削減を促すことができる．汚染削減1単位当たり，税・課徴金と同額の補助金を与えれば，同一の汚染削減効果が生まれる．しかし，所得分配の面や汚染者負担の原則（PPP）の観点からも一般的には補助金は環境保全のためには望ましい政

策手段とは言えない．OECDを始めとして，一般的には補助金は特別の場合を除いて厳しく制限されるべきだと考えられている．

4）デポジット・リファンド制度

デポジット・リファンド制度（以下，デポジット制度）は，環境汚染の可能性のある製品に預託金（デポジット）を課し，その製品がリサイクルのために，貯蔵所，処分場，リサイクルセンターなどに戻されたときに預託金の払い戻し（リファンド）が行われるという制度である．ヨーロッパを中心として，飲料容器，乾電池，自動車などについて，デポジット制度が幅広く適用されている．この制度は製品の安全な処理やリサイクルを誘導し，廃棄物総量を削減する効果を持つ．

しかし，この制度は，再生資源の回収率を挙げるためのシステムであるため，それを受け入れ，リサイクルする市場を前もって整備しておくことが必要である．リサイクルされた製品，たとえば，新聞や牛乳パックの再生品としてのトイレットペーパーが売れなければ新聞などの回収は進まないことになる．また，たとえば，二酸化炭素排出削減のための炭素税が導入されるとエネルギー・コストは高くなる．この場合には，純パルプからの生産費用と再生品の生産費用との比較が必要となることも考えられる．したがって，リサイクルのために必要となる他の資源・エネルギーなどを見極めトータルとして導入の是非を考えることが必要であろう．

(2) **環境と対話する暮らし**[1]**とは何か？**

今日の都市地域的および地球環境問題は，特に第2次世界大戦後，限りない欲望を満たすためにあらゆる資源（土地，水，森林，鉱物資源などおよび，人間をも含む）を効率よく利用しようとしてきた結果ともいえよう．この過程で，数少ない豊かな国と非常に多くの貧しい国が生じてきた．豊かな国のここに至っての反省は，貧しい国にとっては，実に身勝手なものであり，今日の地球環境問題は，南北問題であり，極めて政治的な問題となっている．私達先進国の人間にはどのような行動が必要なのであろうか．以下では，生活者として可能な行動をみてゆくこととしよう．

1）循環型社会の形成

近年，日常生活から出されるごみの量が急激に増え，その処理のための費用の増大やごみの処分地不足が大きな問題となっている．1人が1日に出すごみの量

（日常生活ベース）は1980年には1日1000グラム程度であったが，1995年には1105グラムになっている．このようなごみの多くは新聞の折り込み広告，スーパーや商店での買い物の包装や袋，自動販売機からの飲料コップや缶など売る方にとっても買う方にとっても経済的なメリットがあるものである．例えば，スーパーなどでのプラスチック包装は，販売経費の軽減や長時間営業を可能にし，消費者にとっては仕事や外出の帰りの買い物を可能にしている面がある．

　ごみの処理は地方公共団体のサービスとして無料で行われてきた．しかし，ごみの増大によるごみ焼却費用の増大やその処分地の不足などは地方団体にとって大きな問題となっている．そこで，粗大ごみの有料化，事業系ごみの有料化に加えて，家庭から出される一般ごみについてもいくつかの地方団体では有料としており，今後有料化の導入を検討している地方団体は多い．有料化とは，先にみた環境への社会的費用を消費者に負担させようとする試みでもある．たとえば，家庭ごみが有料になれば，その支出を減らすためにはごみの量を減らすことが必要となる．消費者としては少しでもごみの量を減らすために，今までむだに捨てていた資源ごみ（新聞紙，牛乳パック，缶，びんなど）をリサイクルにまわそうという気持ちになるだろう．また，買い物のときにもごみになりそうな物は買わないようにするということも考えるだろう．

　さらに，消費者としてはごみの増大ばかりでなく原料資源，たとえば，包装フィルムやペットボトルなどのプラスチック製品の原料としての石油資源や，ビールや清涼飲料水の容器としてのアルミ缶のアルミや製品化のためのエネルギーなどを考慮してなお便利さを買うのかということを考えることも必要であろう．消費者が環境問題を考慮に入れてプラスチックを用いた商品や缶入り飲料を買わなくなれば，売り手の方は商品の形態を変えざるを得なくなり，結果的にごみの量は減少し，資源の消費が減ることとなろう．このように，消費者が財・サービスを購入するときに，その財・サービスが環境問題の観点からみて購入に値するか否か判断できるようにしようとの試みは緑の消費者運動とよばれている．

　しかし，消費者の努力だけではごみの量を減らすことは困難である．社会全体として廃棄物の発生抑制を図ることが必要である．そのために，廃棄物の発生抑制，循環資源の循環的な利用及び適正な処分を確保し，天然資源の消費を抑制し，環境への負荷をできる限り低減する社会の形成を目指して，循環型社会形成推進基本法が2000年5月に成立した．基本法では循環型社会の形成に向け，国，地方

公共団体，生活者（事業者及び国民）の役割分担を明確化している．特に，事業者・国民の「排出者責任」の明確化，ならびに生産者が，自ら生産する製品等について使用され廃棄物となった後まで一定の責任を負う「拡大生産者責任」の一般原則が示されている．

2）企業などの活動と環境

環境基本計画ではあらゆる者が環境への負荷の少ない持続可能な経済社会を構築する役割を有するとされている．こうした中，企業や政府なども環境保全のために積極的な行動をとるようになってきている．

近年，企業も積極的に情報開示を行う傾向がみられるようになってきた．これは第1に環境アカウンタビリティ（説明責任）の履行であり，第2に消費者，投資者，地域住民からの支持の獲得のためと考えられている．その手段としては，環境報告書，環境会計，PRTR制度，環境ラベル等が挙げられる．

環境報告書は，事業活動に伴って発生する環境に対する影響の程度やその影響を削減するための自主的な取組をとりまとめて公表するものである．

環境会計は，環境保全への取組を効率的かつ効果的に推進していくことを目的として，事業活動における環境保全に関するコストとその効果を可能な限り定量的（金額又は物量ベース）に把握し公表するための仕組みである．

PRTR（Pollutant Release and Transfer Register）制度は，1999年に成立した「特定化学物質の環境への排出量の把握等及び管理の改善の促進に関する法律」において制度化が図られている．これは，事業者による化学物質の自主的な管理の改善を促進し，環境の保全上の支障を未然に防止することを目的として導入されたものである．

消費者がグリーン購入を行うためには環境に配慮した製品やサービスについての適切な情報が必要となる．環境ラベルはこのような情報を示すものであり，エコマーク，グリーンマーク，エネルギースターなどがある．エコマークは1996年より，製品の製造，流通，消費，廃棄の各段階からなるライフサイクル全体を通して，様々な環境負荷の総合的な低減を考慮した認定基準に基づいて貼付されている．

3）環境と対話する

生活者が上述のような行動を取りやすくするためには，生活者が人間と環境の関わりについて理解と認識を深めることが必要であり，そのための情報や知識を

習得するために学校などでの早い段階での環境教育が望まれるところである．

「環境」はかつて我が国では「私たちを包込む無尽蔵で不死身の世界」であると考えられていた．私たちはその一部であり，その内部に渾然一体として存在していた．その前では，私たち人間は吹き飛ばされるほどにか弱く，頼りない，だが，その懐にとびこめば限りない大地の恵も与えてくれるものであった．このとき，環境は森羅万象，生きとし生けるものと一義的であった．それが近代化の過程で（特にヨーロッパの近代的認識観の影響を受けて）環境は私たち認識主体から切り離されて外部化され，対象化されてきた．このとき，環境は私たちの周りに広がる無尽蔵で不死身の実在的外部世界とみなされるようになった．つまり，環境は私たちにとってよそものとなったのである．開発はそのようなよそものを対象とし，それを改変し，より得て勝手に都合よく利用する営みであった．それは無尽蔵で不死身のはずであったから，開発は環境にとって敵ではありえなかった．

これが，私たちのかつての初期の土木計画学の発想であった．そして，ひどい環境破壊（災害）と環境汚染（災害）の結果，最近では地球に優しいとか環境に優しいという言葉が安易に学会や巷で使われるようになってきた．しかし，極端なことをいえば，本当に，「（地球・地域・都市）環境に優しくあるためには人類は絶滅するか原始時代の人口に戻るしかない」のではなかろうか？　当然そんなことはできないだろう．幸か不幸か日本の人口は後100年ぐらいで半減するといわれている．従って，このシナリオで100年後を考えた地域・都市の課題計画（部分的にはこれにもとづく実験）を作成しておくことも無駄ではなかろう．

例えば，過疎地域の林業従事者の撃滅により管理不能に陥っている，（春には花粉症をもたらし多くの人々を苦しめ，豪雨時には斜面崩壊の原因となる）江戸時代から営々と築きあげてきた杉林や檜林を，植林以前の本当の自然（雑木林，ブナ林，照葉樹林）に戻すことも考えておかなければならないだろう．これは自然生態システムの復活・再生課題計画である．また，大都市域では，この100年で利便性や快適性（主として道路や衛生）のために破壊した都市の水辺を復活・再生し，地震災害や浸水災害などの防災・減災（アメニティやエコロジカル）空間を基本要素としたゆとりや安全性と快適性のために社会・生態環境課題計画を作成することも重要になるだろう．これらが夢物語でないことを100年ぐらい前に建立された明治神宮の森が雄弁に物語っている．ドイツのライン渓谷のシュバルツバルト（黒い森）もまた人工的に再生されたものである．この課題計画の方向を図1.2に

示そう．

　日本文化は，本来自然（天然・大自然）の懐で育まれ，社会（ソシオ）環境を右図のように認識（レンマの論理）してきた．そして，そのことが当たり前（潜在意識）であったために，無防備にも，この150年間の近代化過程で，左図のような（天然・大自然をソシオのコントロール化，大自然の征服）欧米の環境認識（ロゴスの論理）を素朴に善（顕在意識）として受け入れてきた．

　この結果，文化的にも自己矛盾がいたるところで見受けられるようになり，特に社会全体が自信喪失したようなときに，その方向性を見失い右往左往し，社会現象そのものがマスコミ等の力（膨大な偏った情報）により操作され流行（ファッション）化し，刹那的欲望や権力と快楽を（金力や情報操作力を含む物理的 and/or 精神的）暴力で追求し，社会的に恵まれない他者に無神経になってきている．日本では，21世紀に入ってから，この現象が加速されてきているようである．表面的・一時的（であってほしいが）ヒステリー（他者の注意をひき，その支持を期待するという合目的性が本人の意識しない形で含まれる精神症状，自己顕示欲性格）社会に突入し，それを実行する人に人気が集まるという現象が窺える．このような自己顕示欲性格社会に任せておいては将来のビジョンを設計することは殆んど不可能であろう．従って，土木計画学でも，図1.2の矢印が示すように，日本の環境認識の中に欧米の環境認識を内部化し（6層の階層環境システムの認識），人口減少時代に適応した物質的欲望の充実を制約とし精神的に成熟した新しい日本文化の華（行動が世界に感動を呼び起こす魅力）を咲かせるための多様な社会基盤をソフトとハードのテクノロジーをどのように組み合わせて作成するかという課題計画の重要性が高まるのではなかろうか．つまり，土木工学は少なくとも100年ぐらい

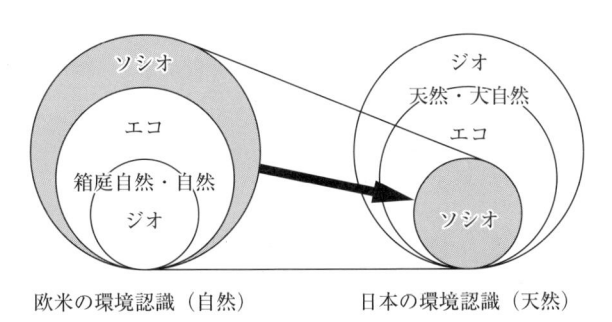

図1.2　水と緑の計画学の方向

（あるいはそれ以上）社会に影響を与え続けるものづくりの学問であるから，計画学においても，当然，未来のビジョンの課題計画と現実の実行計画の両方が強調されることになろう．つまり，「与えられたものを解く」⇒「問題を作成して解く」⇒「実行可能性にもとづく未来の夢やロマンを模索して課題を作成して適応的に解く」という時代に変化しているようである．

そして，1人の生活者として，これから私たちはたかだか環境の一部にしかすぎないんだという認識のもとで私たちの身の回りから（ソシオ・エコ・ジオ）環境のことを考えよう．そのためには，環境を物質的にも精神的にももっと見近なものとし，私たち生活者は，環境から一方的に恩恵を得るのではなく，また，一方的に優しくするということではなく，民俗学的な意味で「環境と対話する」という姿勢で謙虚に環境からの反応もみながら暮らしてゆくことが必要であろう．

1.3 適応システムとしての計画方法論

1.3.1 「地域」・「計画」そして「環境」のシステムとは何か[1]

「地域とは，陸圏・水圏・気圏に画定されてはいるが，必ずしも連続でなくてもよい，変化する空間であり，ある認識された環境に意図的に刻印された，以下の本質的な特性のうち少なくとも2つを有するネットワークである．

① 生活者相互に何らかの認識された関係がある．
② 個性と自律性をもった少なくとも1つの，多くの場合複数の，極（都市）をめぐる有機的なシステムを有する．
③ このシステムは，競争的 (and/or) 協調的に全体システムの中で統合されている．そして，上記の関係とシステムを規定するものは，文化・物質・情報である．」

つぎに，計画の定義は以下のようである．

「計画システムとは，「主体」，「目的」，「手段」，および「環境」を基本概念として構成されるシステムで，主体が，目的と手段との関係を何らかの形で認知し，その結果を評価することによって適切な手段を選択し，環境に作用する目的合理的行動体系である．」

1 環境と防災の計画学序説

　この2つを組み合わせて，地域（都市域）計画システムが定義されることになるが，環境をどのように認識するかという問題が残されている．

　環境システムの認識については，図1.3のように考えることとする．地球物理的法則で支配されるシステムを「ジオシステム」と呼ぶ．生態学的法則によって支配されるシステムを「エコシステム」と呼ぶ．最後に人間や社会のふるまいを支配するルールによって，動かされるシステムを「ソシオシステム」と呼ぶ．

　とくに近代的といわれる日本の都市は，図1.3のソシオとジオを逆に発想しているようである（図1.2参照）．ソシオに組み込まれたエコとジオは疑似自然であり，これを箱庭自然ということにする．この辺の日本の発想は，「ヨーロッパの近代化の論理」を「文明化」と呼び，この純粋な模倣の結果生じたものと考えられる．

　いわゆるヨーロッパの近代化の論理はロゴスの論理で，簡単にいえば「あることがAであれば，それは非Aではない.」ということである．それに対して，われわれのアジアの論理はレンマの論理[10]で，「あることは，Aでもなければ非Aでもなく，Aでもあれば非Aでもある.」ということになる．これは禅でいう「相

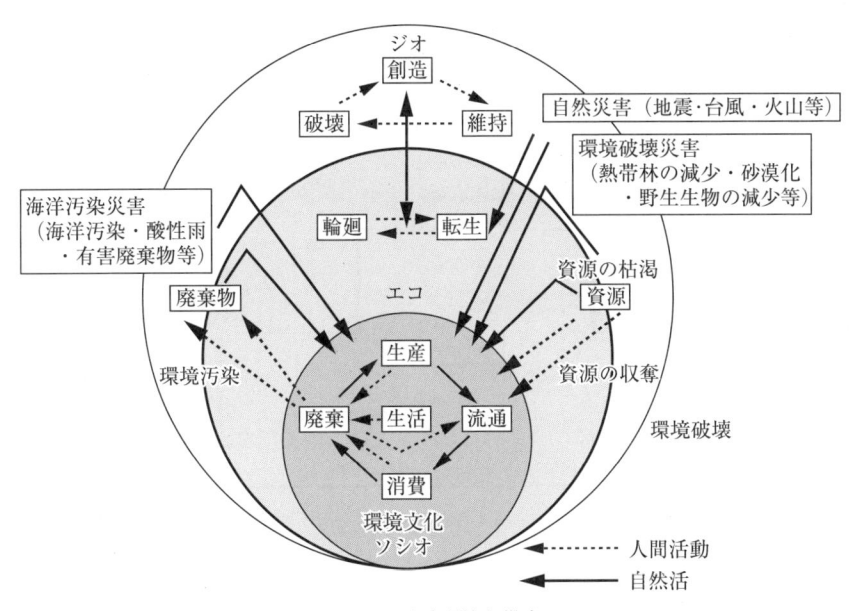

図1.3　地球環境と災害

25

待」あるいは「空」の哲学である.

つぎに中・長期的な環境変化と計画の関係を図1.4のように認識すれば，上述の生活者と都市環境の関わりが見えてくる．

ところで，日本は欧米のように社会基盤が成熟しないままに，この10数年経済が停滞（あるいは縮小）し，より（高齢社会における）生活者の環境質の向上が叫ばれるようになってきた．かつての日本の高度成長やバブル時代や今の中国のようにブレークダウン方式ではなく，生活者の発想からのボトムアップ方式がより重要になってきている．こうして図1.3の社会システムの構造で示したようにソシオ・エコ・ジオ環境と生活者の空間階層システムにおける役割と関連をマトリクスとして記述することから始める環境計画が必要となってきている．当然のことながら，この時，誰のための環境かを考える必要がある．あたりまえのことではあるが生活者が共有できるものでなければならない．このため，当然，生活者は次の3Cに責任を負うことになる．つまり，

　　　Commitment（かかわる），Concern（関心をもつ），Care（いとおしむ）

である．これが，環境マネジメントの基本的なコンセプトである．そうでなければ，環境が真に生活者のものにはならないのは自明のことである．このとき，生活者の計画に関する「情報への参加」と「決定への参加」の2点が重要であることを指摘しておこう．

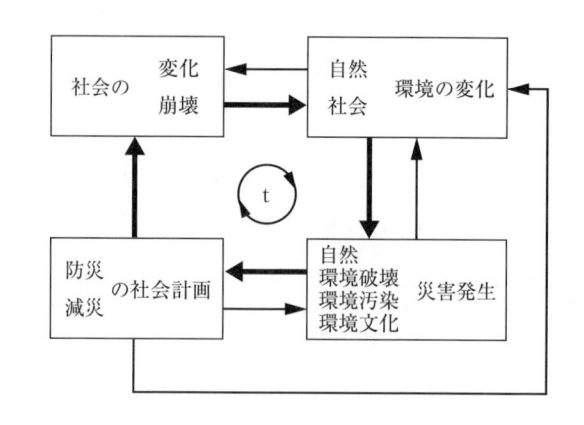

図1.4　社会環境変化と防災・減災計画の循環過程

1.3.2 都市における水環境問題[11]

(1) 都市水環境とは何か

都市に降った雨はどこへ行きどのような水災害や水環境問題を引き起こすのかという問題の認識のためには，まず流域における水循環と水環境を明らかにしなければならない．水は，太陽からのエネルギーを受け，蒸発・降雨・流出という自然の水循環を営んでいる．都市において私たち人間は，この自然の水循環プロセスに働きかけ，また制御しようとして，水利用システム（貯水池・上水道・下水道・都市河川等）という人工的な水循環システムを構築しながら，都市活動を支えてきた．

都市に生活する人々は，都市という生活空間のなかで生活している．さらにその空間は様々な都市環境の要素によって特性付けられている．このような都市環境要素は大きく，すでに述べたように都市自然（ジオ・エコ）環境，都市社会（ソシオ）環境に分類できる．そして，この場合の自然環境は箱庭自然と言えよう．

雨水は，都市水環境というシステムの入力であり，当然のことながらこれら都市水環境と様々な接点を持つと考えられる．したがって，雨水管理は都市水環境の特性を方向付けるものであると考えてよいであろう．しかし，これまでの都市計画では，都市全体の水環境をどのように整えていったらよいかという発想がなかった．これはここの建築デザイン，河川の一区間のみの親水的な修景が行われても，都市デザイン，水辺のグランドデザインなど，都市全体の環境計画がなされてこなかったといってよいと言える[1]．雨水に関していえば，それがリスクを伴うもの，邪魔者として扱われてきたがために，都市環境に活かす方途がいくつもあるにもかかわらず，その前に速やかに排除するシステムが形成され，いざ活用しようとすると後戻りを余儀なくされてしまうのである．雨水を活かすためには，再び雨と人との距離を小さくしようという動機付けが必要である．

(2) 都市水循環のリスク

大都市（圏）における水循環システムの有するリスクは大きく分けて以下の5種類が考えられる．すなわち，

(a) 浸水リスク

(b) 渇水リスク
(c) 環境汚染リスク
(d) 生態リスク（含む人間の健康リスク）
(e) 震災リスク（震災時の水循環システムの崩壊や消火用水の確保等）

である．上の順序はリスクのおおよそのリターン・ピリオドの小ささに着目して並べたものである．ただし，(d)と(e)は未知の要因が支配的なリスクで，(c)と(d)は極めて密接な関係があるリスクである．そして，これらのリスクの軽減があるレベル（計画目標）以内に落ち着いて，はじめて都市の水環境の再生（創生）」の議論が可能となる．ここで，雨との関係で上記のリスクを考えてみれば，震災リスクは雨とは結果的に関連するが直接的ではない．広い意味での生態リスクは，環境汚染リスクの結果生じることになる．そして，渇水リスクは少雨時に生じるものである．したがって，大都市（圏）における雨水計画におけるリスクとして浸水リスクと環境汚染リスクの2つに着目して議論を展開することにしよう．そして，この2つのリスクは，合流式下水道を有する大都市で大きな水環境問題となっていることに注意をしておこう．雨水に起因する都市水災害と水環境問題は深く都市の水循環と関わりを持っている．また，都市化の過程は，都市域の水循環において，上下水道をはじめとする人工的な水循環システムにおける重要性を高めてきた．特に下水道の主たる機能は，生活廃水等の排除と処理，住環境の快適性の確保ならびに公共用水域の水質保全があげられる．しかしながら，いくつかの政令都市で100％の下水道整備率を達成しているにもかかわらず水環境問題が解決できないのは何故なのであろうか．これには以下のようなことが考えられる．

① 下水道をはじめ，従来の水質保全対策は点源から排出される有機性汚濁を主たる制御対象としてきたに過ぎない．
② 都市化に伴う不浸透率の増大に対して，雨水を速やかに排除するという機能を優先させたことから，流域の保水力を失い低水時の流量低下をもたらした．
③ 源頭水源を有しない都市河川では，下水道の整備形態によっては，流下流量を減少させることとなった．

つまり，下水道整備は，縦割り的・単一機能的に汚水・雨水を「収集→処理→放

流」といった下水道機能の追求を第一目的とし計画され，目的と手段をごちゃまぜにしたのである．しかしながら，下水道だけで水環境問題を解決できるはずはないが，下水道とその他の水環境に関わる計画とが相互に関連する要因も多岐にわたり増加している．このことを踏まえ，以下では都市雨水の問題を考えよう．

① 雨水の直接流出の問題：建物と道路ばかりになって不浸透化が進んだ都市域において，都市雨水の多くが都市河川に直接流出している．このため，豪雨時には常に浸水リスクが増大し，小雨時には低水流量減少をもたらし都市河川の水質改善効果は現れにくい．

② 雨天時汚濁の問題：都市域では，合流式下水道の雨天時越流水や道路面排水に起因する汚濁負荷量が総放流負荷量に占める割合が相対的に大きくなっている．雨天時負荷に起因する水域水質悪化が水辺の景観に悪影響を与えている．

③ 汚濁から汚染の問題：都市域では，多様な有害化学物質が生産され使用されているが，その管理は個人や企業（の個人）に任されている．しかしながら，個人はほとんど化学物質に関する情報を与えられていない．そして，行政はそうした化学物質の使用を認めておきながら，その取り扱いや廃棄に関してほとんど対策をとっていない．また，車の排ガスの中にも石油燃焼副生物が含まれているが，これを管理する者がなく，降雨とともに流出してくる．さらに，ゴミ焼却施設やその最終処分地そして産業廃棄物場からダイオキシンや未知の化学物質が降雨とともに流出してくるのである．

(3) 浸水リスクと環境汚染リスクの相違点と共通点

都市にとって，雨とは水資源をもたらすとともに，都市域の生態系の維持，都市の快適性，さらには，人間の感性の面に対しさまざまな恵沢をもたらすものである．その一方で，豪雨の際は，浸水被害をもたらす可能性がある．また，雨水流出に伴う有機性汚濁負荷，栄養塩類負荷の流出は，受水域に対する水質汚濁源となるほか，雨水流出は有害化学物質，病原微生物の水系放出の主要な経路であると考えられている．すなわち，都市雨水流出は，浸水による生命・財産の損失というリスクのほか，水環境への汚濁インパクトならびに環境汚染リスクをもたらすものであるということができる．浸水という現象が，都市という人間活動の

場としての環境に負の影響をもたらすものであり，都市雨水に起因する環境リスクのひとつの側面であると認識し，環境汚染リスクと併せて「都市雨水起因環境リスク」と呼ぶこととする．都市雨水起因リスクとしての浸水リスクと環境汚染リスクは，時空間的な被害の現れ方など，その特性において大きな相違点があるが，それぞれのリスクの軽減は都市雨水管理の目的を構成するものであり，リスクをもたらす背景要因において共通するところが少なくないと考えられる．都市雨水流出が関わるリスクを対象とし，リスクを受ける環境を図1.6のように認識する．

図1.5では，ジオとエコがソシオにとっての存在基盤となっている．こうした環境認識のもとで，環境に及ぼすリスクの総体を環境リスクと定義すれば，都市雨水に起因する環境リスクは，ジオシステムに属する降雨に起因するリスクであるが，被害を拡大する要因はソシオシステムのなかに存在し，さらにはエコシステムの変容も被害拡大要因にあげることができる．そして環境汚染リスクはソシオシステム，エコシステムに及ぶ．こうして，浸水リスク，環境汚染リスクは，それぞれ以下のように定義（環境汚染リスクは再定義）される．

① 浸水リスク：降雨によって生命・財産に与えられる被害の確率と重大さの測度

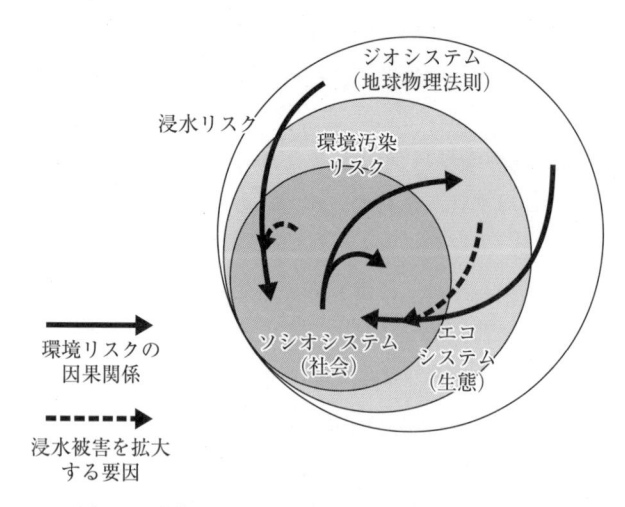

図1.5 環境の認識と都市雨水に起因する環境リスク

1 環境と防災の計画学序説

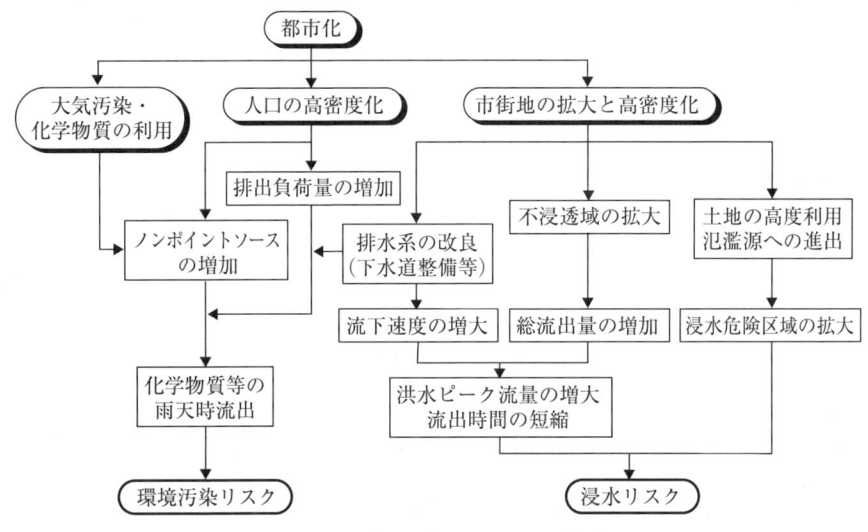

図1.6　浸水・環境リスクの問題構造

② 環境汚染リスク：雨水流出を媒介として，人間の生命の安全や健康，生態系に望ましくない結果をもたらす可能性を示す概念

ここで，これらのリスクの定義に相違が見られるが，これは，浸水リスクが過去に経験されてきたリスクであり，浸水状況のシミュレーションなどにより，（比較的容易に）降雨流出と浸水の程度の関連を量的に把握できるのに対し，環境汚染リスクは，人体・環境への影響が長期的，複合的で，原因物質，汚染源などを特定することが容易でないため，雨水流出を媒介として危険がもたらされる可能性を示す「概念」であると言うことができる．

(4) 都市雨水起因環境リスクの発生構造

都市雨水起因リスクとしての浸水リスクと環境汚染リスクの管理を考えるためには，その問題の構造を明らかにしておく必要がある．図1.6は，浸水リスク，環境汚染リスクをもたらしてきた要因構造をおもに都市部に限った現象面から示したものである．この図から，次の3つの要因を指摘することができる．これらは，今日の資源環境問題や廃棄物問題を生じさせてきた原因と同じであるということができよう．

① 都市活動の拡大を是とし，そこから発生する費用を後始末的に支払ってきたことてきたこと．
② 環境保全をかえりみず，都市に必要な資源の開発，化学物質の利用を是としてきたこと．
③ 不要なものは短絡的に遠くへ持ち去ろうとしてきたこと．

浸水リスクと環境汚染リスクの被害発生の形態特性は相違点が大きい．しかしながら，リスクをもたらす背景要因が，都市構造，社会構造，社会制度，そして社会倫理や，森林管理が不能となった上流水源地域の過疎・高齢社会などというソシオシステムそのものに関わっているという点では共通しているということができる．こうして，私たちは20世紀のつけを21世紀に持ち越したことになる．

1.3.3 適応的計画方法論[1)12)]

システムズ・アナリシスの定義「複雑な問題を解決するために意思決定者の目的を的確に定義し，代替案を体系的に比較評価し，もし必要とあれば新しく代替案を開発することによって，意思決定者が最善の代替案を選択するための助けとなるように設計された体系的な方法である．」とシステムの定義から，適応的計画プロセスは図1.7のように構成される．

システムズ・アナリシスの一連のプロセスは「問題の明確化」，「調査」，「分析1（情報の縮約化）」，「分析2（代替案作成のための境界条件）」，「計画代替案の設計」，「評価」，そしてコンフリクトマネジメントによって構成され，意思決定を含まない．意思決定者の手助けとなるような問題解決のプロセスの合理化を目的としているのである．

ここでは，意志決定者が最終的には生活者であるという認識のもとで，生活者参加を前提とした水辺の計画プロセスとして記述してみよう．

すでに，1.3.1で，生活者の計画への参加形態は，大きく「情報への参加」と「決定への参加」に分けられるということと3C（Commitment（かかわる），Concern（関心をもつ），Care（いとおしむ））をとおして，参加主体としての自己認識の拡大，責任を伴う意識的な参加が生活者参加の必要条件であることを述べた．これは水辺が，本来都市生活者のものであるという認識から当然の条件である．

1 環境と防災の計画学序説

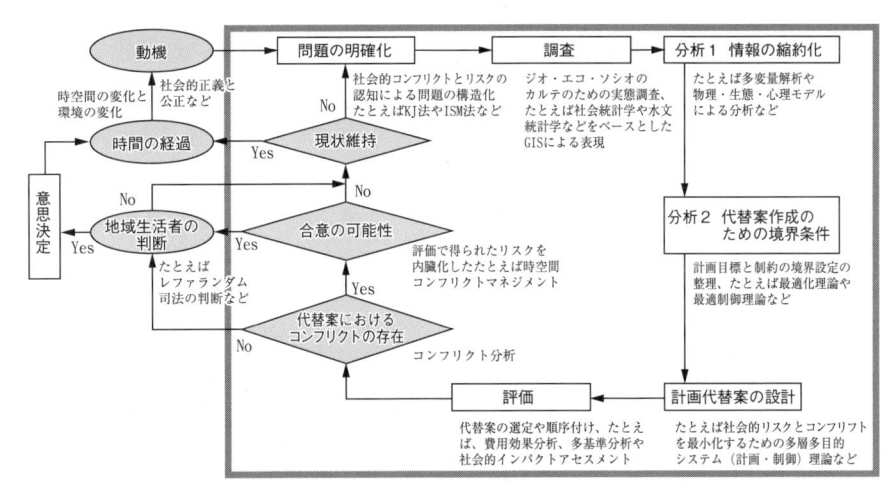

図1.7 適応的計画プロセス

(1) 問題の明確化

多くの場合，「計画をたてる」というとすぐに，「問題」を解決するための対策（代替案）を検討することに一気に結びつけて短絡的に考えてしまいがちである．水辺計画でいえば，「ふるさとの川整備事業」，「マイタウンマイリバー整備事業」，「多自然型川づくり」など多くの地域，場所で事業化されつつあるが，それらの事業目的が一気に対策に向かっている．たとえば，「まちづくりの一端を形成し，それを支援する」，「人と自然の共生の場づくり」といった目標を掲げながら，水辺がどのように地域生活者に欲求され，その結果としてまちづくりにどのような影響をもたらすのか，また共生の場がどこに，どの程度必要とされているのか等に関する分析手順が必ずしも明確ではない．つまり，都市全体あるいは地域全体で環境や防災を考えるという視座が欠落しているのである．また，様々な水辺整備事業に対する批判の一端として金太郎あめ的であるとか，柄は立派であるが押しつけがましいといった表現が多いことにも留意する必要がある．これは，多くの水辺整備事業が河川改修等に合わせて，河川のあるスポットで計画・実施されるからである．

こうして，水辺計画の策定にあたっては，「そもそも何を問題にすべきであり，それにはどのような要因が関係しあっているのか」をできるだけ第3者にわかる形で（客観的に）明らかにすることから始めるのが基本であるといえる．これを

「問題の明確化」の段階と呼ぶ.

さて,「問題の明確化」を行うには次のようにすればよい

① 問題が複雑で，非定形（簡単に記述できない構造をもっている場合）であればあるほど，異なった考えや発想をもった人たち（専門家や都市生活者など）をあつめて，自由発想形式によるブレーンストーミングを行うことが望ましい．これにより問題を構成する要因とその関係を構造として把握することができる．

② この段階での問題の構造の記述は，ブレーンストーミングに参加した人たちの共通の問題認識を定性的に表現したものであればとりあえず十分である．

③ 「問題の明確化」により，計画の目標を大まかに設定することができる．この段階で既に代替案（複数であってもよい）の概要が特定されることもあるが，必ずしもそれが明示されていない場合もあることに留意したい．

以上が一般的な手順であるが，水辺計画においては，計画のフレーム，つまり，生活者にとって水辺とは何か（What），つまりどのように認識しているのか，誰が水辺と何をしたいか（Who），誰がどこの水辺にくるのか（Where），そして，どのように代替案を設計するのか（How）を明確化する方向で，どのような（地域固有の特性を踏まえて）問題があるのかを構造化することが望ましい．これらのうち3Wは，生活者の計画への情報参加を，そして1Hは計画への決定参加を前提としていることを強調しておこう．

(2) **調査**

「調査」を文字どおり，「何かわからない事項を明らかにすること」であると考えると，「調査」は上述の「何を問題として調べればよいかを明らかにする」（「問題の明確化」の）段階からすでにはじまっていることになる．しかし，ここでは，この最初の段階の後に続き，「問題となっている実態の（一部）にメスを入れ，それがどのような仕組み（メカニズム）や状態になっているかを浮き彫りにしていくためのデータ収集・加工および解析」の段階のみを指して，「調査」と呼ぶ．

つまり，「問題の明確化」で大まかに想定された「問題の構造」を念頭に置きながら，これを実際のデータにより定形的・定量的に検証する．「調査」はデータの

収集と，それを用いた整理・加工・解析の段階からなる．

水辺計画においては，特に現地調査が重要で，現地観測・実験，地域生活者の社会調査などを行う必要がある．さらに，局所的な（ミクロな）水辺に限定するのでなく，都市全体の環境保全や環境創生（再生）という視点と防災・減災という視点を複眼的にもった（マクロな）調査（つまり，気候，地形，動植物の分布，歴史，生業，交通や流通，土地利用，法規制などの調査）も必要である．

ミクロな調査としては，具体的には，次のような調査が考えられる．

① 水辺のソシオ環境の調査：生活者アンケート調査（に基づく，地域生活者の水辺の質に関する欲求，水辺（ジオ・エコ）に関する認識と行動，生活の場としての社会経済の状態，水辺の価値の評価の調査など），都市・地域の計画ならびに実際の変化の調査など
② 水辺のエコ環境の調査：水辺の生物調査など
③ 水辺のジオ環境の調査：流量・水質・形状・土砂挙動・地形の調査など
④ 上記①②③の関連調査，例えば土砂生成過程と生物の関係調査など

なお，後の2つは水辺属性調査とひとくくりにして調査される場合が多い．いずれにしても生活者と水辺の対話を促進するためには，調査は現場主義でなければならない．

なお，これら以外の調査の典型的なものとしては，流域水文学的（降雨・流出）調査，都市域水循環圏システムモデルによる調査[13)14)]や開発途上国における GPS による地図つくりから始める調査[55)]もある．

(3) 分析Ⅰ（情報の縮約化）

かつてのシステムズ・アナリシスではこの段階は「予測」がくることになっている．しかし，水辺空間の場合，（生活者が何人来るかというような「予測」の問題というよりは，前述したように，生活者が水辺と対話しながら自然との共生を実感したり，そして災害時に役立つための，「ゆとり」のインフラストラクチュアという側面が強い．このため，「予定」のための「分析」という段階をここに導入する．

ここで，大胆に「予測」と「予定」の違いを述べておこう．「予測」とは過去の実績を構造化した未来の「姿」であり，「予定」とは将来の理念を構造化した未来

の「姿」であるといえる．つまりこの段階は，将来の理念を構造化するための「分析」段階と位置づけることができるのである．このような点が「需要追随型」の従来の計画（例えば，現実の交通や水利用などの計画）プロセスとは異なるのである．

したがって，ここにおける分析は，問題の明確化でも指摘したように，「都市生活者にとって水辺とは何か」，「誰が水辺と何をしたいのか」，「誰が水辺に来ているのか」を明らかにすることである．これらが明らかになれば，将来，水辺空間に何を「予定」しておけばよいか，すなわち「代替案の設計」のための有効な情報を得ることができる．

具体的には，計画対象の水辺構成要素とその属性を明らかにし，水辺に対する生活者の選好構造を明らかにする．このため，「水辺の属性」→「アクセスビリティ」→「生活者の水辺の認識」→「生活者の水辺に対する行動」という一連の分析をとおして，将来の望ましい水辺の「姿」をスケッチすることになる[16]．なお「認識」とは，水辺の状態を人間の五感をもちいて認知することである．また，「選好（preference）」とは，経済学の用語を使えば，地域生活者が水辺の構成要素の様々な組み合わせに対して抱く価値評価のことである．この価値評価は，ただちに計測できるものではないため，地域生活者の水辺に対する「（好き・嫌い）の意識」と「（行く・行かない）という行動」の側面から間接的にとらえることもできる．ここでよく用いられる数学モデルは多変量モデル，共分散構造モデル，ロジットモデル，時系列モデル等である．

(4) **分析Ⅱ（代替案作成のための境界条件）**

以上は都市生活者と水辺というミクロな関係の分析であったが，都市の環境・防災というマクロな視点から地域特性を分析しておかなければならない．つまり，気候，地形，動植物の分布，歴史，生業，交通や流通，土地利用，法規制などの多重分析などをとおし，地域の隠れた魅力としてのポテンシャルの発見，地域の希少性，個性を発見し，「歴史と文化のネットワーク」と「水と緑のネットワーク」を形成するための分析を行う必要がある．このとき，社会システムを安定化するためにシステムの「要素の機能」と「要素間のネットワーク」をコントロール・パラメータ（もしくは変数）とした分析の重要性が増してくるであろう．したがって，次の段階の代替案の設計は，計画対象が局所的であったとしても，都市・

地域全体における位置づけが明確に分析されている必要がある．すなわち，計画目標と制約の質的な境界設定を，例えば最適化理論や最適制御理論を用いて，行なう必要性がある．

(5) **代替案の設計**

この段階では，「計画目標」や「制約条件」をできる限り定量的に明示する．この場合，議論の大まかな方向として，たとえば，水辺計画で，「高齢者や身障者のための整備」か，それとも「子供たちのための整備」を想定するのかにより，以降の計画内容の検討の仕方が変わってくる．このように設計の大まかな方向性や骨格に相当する「代替案のタイプ」を特定することが議論の出発点になり，これが明確化されたものが計画目標となる．こうして，計画目標や制約条件が明示的に設定されると，その条件のもとで合理的で適切な「代替案(alternatives)の具体的で詳細な内容」を特定することになる．なお，このように全体の目標に対して，それを達成するための各代替案がさらに下位の個別計画において計画目標とみなしうる場合，このような関係を「目的関連性」という．

しかしながら，都市全体の水辺を対象とするような複雑な問題の場合，あらゆる選定条件をあらかじめ明示し，定量化することは困難である．また，たとえそれがある程度できても，必ずしも両立しない複数の目標の間の競合関係(「トレードオフ」の関係)が存在し，コンフリクトが存在する場合も多い．そしてそれらをすべて最大限に充足する代替案を見いだすことは不可能であるが，例えば，社会的リスクとコンフリクトを最小化するための多層多目的システム(計画・制御)問題として取り扱うこともできよう．

水辺は個々に個性を有しており，人間の五感を刺激することで都市生活者にその存在を発信する．このため，ジオ・エコの視点から，個々の水辺について，特に強調すべき，個性化すべき，保全すべきデザイン要素の抽出を行い，デザインの方向性を見いだす一方，ソシオの視点から，周辺地域の特性(たとえば，高齢者が多い，生活者の意識の質，水辺の空間的な自由度(法制度)など)を重ね合わせ，まず個別の水辺計画の目標を設定し，水系一体あるいは都市全体としての目的関連性を明らかにする必要がある．換言すれば，都市・地域全体としての水辺デザインのコンセプトの作成を行うことが，まず必要となる．ここで重要なことは「多様性と統合性」という相矛盾した概念によるコンセプトの構成である．同時に「効

37

用(utility)」と「公正(equity)」という相矛盾する評価基準を用いた代替案の設計である．

都市域の中小河川は，上中下流などで異なる属性をもち，さらに複数の河川が流下する．そして，水辺計画の個別代替案の作成においては，水辺固有の自由度の中で，それらに個々の役割を見出し，都市において多様な水辺を創出し，都市全体で補完的な機能の統合をはかり，地域住民が多様な自然と共生することができる水辺（水と緑）のネットワークを形成することが「ゆとり（この双対としての減災）」の計画につながっていく．

以上のような考え方のもとに，たとえば，水辺の魅力による生活者の誘致圏でもって評価する水辺計画の代替案を，数理計画法を用いて，設計する方法などが考えられる[17]．さらに，道路などのために埋め立てられた都市河川を，下水処理水の再利用で，（防災・減災とアメニティのための空間として）水辺創生・再生計画代替案を作成することも重要となろう．

(6) 評価

今までの段階を経て，前提条件付きの「合理的で適切な」代替案が（いくつか）設計されたならば，いよいよそれを総合的な視点から解釈し，評価することによって，より包括的な意味での「合理的で適切な」代替案を絞り込み，特定する段階になる．

ここでは再度，水辺計画の「全体目標」つまり，「全体として最終的に何が達成されるべきか」が問われることになる．その上で「代替案の設計」の段階で設定された「計画目標」が「全体目標」に十分に整合し，効果的に寄与しうるものかどうか再検討されることになる．

つぎに，投資効果や資金・財政的制約，技術制約などを総合的に考慮すると全体目標に対する貢献度（パフォーマンス，性能）や実行可能性の点で各計画代替案相互の優劣の評価を行う必要が出てくる．この際，そのような評価や基準が不可欠となる．具体的には費用便益分析や費用効果分析などが実際行われているが，前者については1.4で述べた生活者特性の分布や1.5.4で述べた限界を十分クリアして用いなければならない．最近では，環境経済学の分野で，様々な方法で，環境価値の経済的評価法が提案されている[18]が，水辺についても，いまだこれといった決め手はない．そして，水辺の防災・減災の価値の経済的評価法も存在し

ない.

　上のような基準で優劣がつけられたとしても問題はまだありうる．計画の効果を受ける人たちや社会（受益主体）の立場の違いによって効果の評価の仕方に大きな隔たりが生じうることがある．価値観が多様化し，高い生活の質（安全の質・社会の質・生活の質・環境の質）を求める社会になってきた今日ではこのことはますます顕著になってきている．さらに水辺が都市システムの「ゆとり」として，安全の質と環境の質の向上に寄与することを誰もが納得しても，この質の向上のために喜んで（仮に代替地があったとしても）土地を提供しようという人は稀少である．

　この問題は，競合する達成目標の間に生じる「トレードオフ」といわれるやっかいな問題である．これらの異なる達成目標を各自がそれぞれ最大限に達成しようとすると，競合が生じ，もはや他の達成目標をいまより犠牲にしない限り，当の達成目標の達成度を向上させることができないような状態になる．このような目標間の競合状態は，「パレート最適」な状態と呼ばれる．このとき，目標間にトレードオフが生じているという．

　水辺計画の評価の段階では，上述の問題点が生じたときにはそのような対応を行うとして，たとえば以下のような評価軸で，すなわち

① 公平性（地域住民の水辺利用機会の拡大）
② 多様性（多様な水辺デザイン）
③ 創造性（新たな水辺の創造）
④ 効率性（経済性）

というような視点（多基準分析）から合意の可能性のある計画代替案を作成する．
　いずれにしても，この評価の段階は全体的視点からの検討と再修正の必要性の吟味を行う総合化の段階であり，計画の総仕上げの段階であるともいえる．

(7) コンフリクトマネジメント

　(6)の段階を経ても，たとえばかつての長良川河口堰問題[18]や現在の吉野川第十堰問題[19]のような「開発か環境か」という，鋭い対立が生じる場合も多い．
　コンフリクトマネジメントにおいては，まず，「代替案におけるコンフリクトの存在の可能性」を調べ，そして「合意の可能性」を探る．この段階で問題がない

という結論が出たとしても，まだ意思決定には踏み込まない．意思決定の前に一度生活者の判断を通すことが，公共事業計画としての水辺計画の本来の目的的にも，また手続き的公正という観点からも重要である．住民の判断としては，たとえば吉野川第十堰問題で行われた（徳島市）住民投票や，川辺川ダムにおける司法への訴えなどがあげられる．

合意の可能性がない場合，もう一度問題の明確化からシステムズ・アナリシスのプロセスを始めるか，もしくは現状を維持し，社会環境などの外的変化を待つ．ここで現状を維持することは，結果的にずるずると現状に甘んじることを意味するわけではない．図1.3に示すように，社会はジオ・エコ・ソシオが相互に影響を与えながら存在するものであり，これらは図1.4のように時間と共に変化する．このような社会システムの変化を当然とし，その変化を待ち，それに応じて再び計画を立てることを目的的に行うのである．逆に，何らかの意思決定が行われた場合でも，社会のシステムが時間と共に変化することを忘れてはならない．変化に応じて改めて計画を立案するのである．このような視点を持ち合わせない計画は柔軟性に欠け，都市・地域のニーズから乖離して当初の目的だけが暴走すれば，新たなコンフリクトの火種ともなりかねない．

図1.1のシステムズ・アナリシスでは「意思決定を含まない」という特徴が見られるように，かつて計画学と意思決定という行為は一線を画するものであった．しかしながら，水辺計画は公共の目的を持ち，その結果は地域の生活者に還元される．そして，その生活者は多様な価値観を持つ集団であり，また，その価値観は時間の経過に伴って変化する．昨今の計画の策定プロセスにおける生活者参加（public involvement）の機運の高まりから，このような生活者の多様な価値観を計画に反映することが今後ますます望まれるようになってきている．様々な価値観を有する人々が計画にかかわるようになれば，彼らの間で意見の衝突（コンフリクト）が起こることになる．今後このようなコンフリクトの発生は避けられないものとなるであろう．

コンフリクトというものは，たとえば一度なんらかの悪い均衡状態に落ち着いてしまうと，そこから良い均衡状態へ向けて抜け出すことが非常に困難になったり，後手後手な対応がかえって信頼感を損なう原因となったりすることがある．コンフリクトの発生が予想される場合には，計画の早い段階で，それまでに作成した代替案の背景と，もたらされる原因を公開し，コンフリクトの本質的な争点

を明らかにするのが良い．水辺計画をはじめ土木計画の対象は公共の事業であるため，しかるべき情報公開がなされれば，ステイクホルダーはそれぞれの価値観のもとで合理性をもってふるまい得ると考えられる．このように条件付合理的な議論がなされ得る場を早期に確保することが，コンフリクトの本質的な争点を明らかにし，時間の経過に伴う人々の価値観の変化に対して柔軟さを持ち合わせた計画を行う上で必要な条件であるといえるだろう．

以上の議論から，動的な（あるいは，適応的な）コンフリクトマネジメント[12]が必要になるであろう．

(8) 意志決定

以上のプロセスは，「計画参加者」（情報提供や意思表明をする人，都市生活者なども含む）の協力を得ながら「分析家」（計画担当者）が中心となって進められる一連の「情報処理過程」とみなすことができる．そして，ある種の意志決定が情報処理の過程に埋め込まれているはずである．ただ，それらはあくまで，採択・実施を伴う「最終的意志決定」を留保された「仮の意志決定」であり，いわば「参考意見つきの情報」レベルにとどまっている．そして，生活者の判断，たとえば住民投票などに，に任せることになる．われわれの行う計画学は計画を行うための情報処理過程を科学的に支援する事を任務としているが，ひとえに政治的任務である意志決定そのものとは一線を画するものであることを確認しておこう．

こうして，ある意思決定がなされ事業が実施されれば，また時間の経過とともに，たとえば高齢社会や新たな貧富の差の拡大などの「社会環境」や社会環境の変化に伴う「自然環境」が変化し，新たな動機が生まれてくる．人が生きているかぎり計画の輪廻は続くのである．

以上が，水辺計画の図1.7のシステムズ・アナリシスによる適応的計画プロセスである．

なお，実際には，対象地域の特性によりシステムの骨格は変わらないとしても，その内容は，種々の制約を受けることを断っておく．そして，システムズ・アナリシスで重要なキーワードを，今一度確認しておけば，以下のようになる[20]．

① Criteria（計画の公正な基準）
② Conflicts（目的間あるいは主体間の競合）

③ Uncertainty and Risk（将来の不確実性とリスク）
④ Institutions（情報開示や生活者（住民はこの一部である）参加などの制度）

参考文献

1） 萩原良巳・萩原清子・高橋邦夫：『都市環境と水辺計画―システムズ・アナリシスによる』勁草書房，1998
2） 萩原清子編著：『新・生活者から見た経済学』文眞堂，2001
3） 吉川和広：『土木計画と OR』丸善，1969
4） 吉川和広：『最新土木計画学』森北出版，1975
5） 吉川和広：『地域計画の手順と手法』森北出版，1978
6） 吉川和広：『新体系土木工学 52―土木計画のシステム分析』技報堂，1980
7） 吉川和広編著，木俣昇・春名攻・田坂隆一郎・萩原良巳・岡田憲夫・山本幸司，小林潔司・渡辺晴彦共著：『土木計画学演習』森北出版，1985
8） 吉川和広編著：『21世紀の都市と計画パラダイム』丸善，1995
9） 萩原清子編著：『都市の環境創造―環境と対話する都市―』東京都立大学都市研究所，1995
10） 鈴木秀夫：『自然と民族，（民族とは何か）』民族の世界史 1，山川出版，1991
11） 堤武・萩原良巳編著：『都市環境と雨水計画―リスクマネジメントによる』勁草書房，2000
12） 萩原良巳・坂本麻衣子：『コンフリクトマネジメント―水資源の社会リスク』勁草書房，2006
13） 萩原良巳・清水康生・坂本麻衣子・西村和司：震災時における淀川水循環圏の安定性と安全性―水辺環境創生による減災をめざして―，京都大学防災研究所年報 第 48 号 B，pp. 877-899，2005
14） 萩原良巳・岡田憲夫・多々納裕一編著：『総合防災学への道』京都大学学術出版会．2006
15） 萩原良巳・坂本麻衣子・福島陽介・萩原清子・酒井彰・山村尊房・畑山満則：バングラデシュにおける飲料水のヒ素汚染災害に関する社会環境分析，地域学研究，第 36 巻，第 1 号，pp. 189-200，2006
16） Hagihara, Y., Takahashi., K. and K. Hagihara: 'A Methodology of Spatial Planning for Waterside Area', Studies in Regional Science, Vol. 25, No. 2, pp. 19-45, 1995
17） 高橋邦夫・萩原良巳・清水丞・酒井彰・中村彰吾：「都市域における水辺計画の作成プロセスに関する研究」，環境システム研究，Vol. 24，pp. 1-12，土木学会，1996
18） 坂本麻衣子・萩原良巳：長良川河口堰問題を対象とした開発と環境のコンフリクトに関する分析，水文・水資源学会誌，pp. 44-54，2005
19） 佐藤祐一・萩原良巳：水資源開発におけるステイクホルダー間のコンフリクトと合意形成を考慮した代替案の評価モデルに関する研究，水文・水資源学会誌，pp. 635-647，2004
20） 萩原良巳：「水資源と環境」，京都大学防災研究所水資源研究センター報告第 15 号，pp. 51-71，1995

2 問題の明確化と社会調査

2.1 問題の明確化

　社会環境が複雑化してくるに伴って，水資源環境計画が担う問題も複雑化してきた．このような状況にあって，今日の計画では，目的論的な分析だけでは不十分であって，問題そのものの把握から出発するとともに，計画に伴う影響をできるだけ広範囲に把握していくことが重要となってきている．

　それには，人間の直観力，経験などを組織的に利用することを考えていく必要がある．問題の明確化手法と呼ばれるものは，それらを組織的に活用することを目的として開発されてきたもので，ブレーンストーミング，デルファイ法，発想法，構造化手法等々がある．本章ではKJ法とISM法と呼ばれる2つの手法について説明する．KJ法[1]とは，提唱者である川喜多二郎の頭文字をとって名づけられた手法であって，発想法の一つである．一方，ISM法[2]は，J. N. Warfieldによって提唱されたInterpretive Structural Modelingの略記であって，構造化手法の一つである．

　両手法に共通するところは，

① 問題の明確化のために衆知を集める必要があるとする参加型のシステムである．
② ブレーンストーミングなどで抽出した要素を，言葉を手掛りとして構造化する定性的な手法である．

③ 結果を視覚的な図解やグラフを用いて示すシステムである．

等々である．異なるところは，KJ法は非アルゴリズム的であって，コンピュータを用いず，すべて人力的であるに対して，ISM法はアルゴリズム的であって，コンピュータによる支援を基本としていること，KJ法では要素間の多重な関係を図解に組み込めるが，ISM法では「推移的」な関係のみで，結果は階層構造のグラフとなること，等々である．

以上の概念から推測されるように，これらの手法を適用することによって，われわれの直感や経験的判断に基づく問題の認識は，それらを構成する要素と，それらの間の関係によって一つのまとまりとして図解されてくる．「問題の明確化」は，この図解を批判的に検討し，直感や経験的判断に含まれる'あいまいさ'や矛盾点を除去し，それらがもつ正の面を活用することによって達成される．

これら手法に共通する結果の図解は，また，他の人びととのコミュニケーションのための共通の土俵にもなる．そのために，これらの手法は，コンセンサスを得るための対話を支援するシステムとしても利用される．

本節の目的は，

① 各手法の適用プロセスの理解と追体験
② 各手法の特徴と機能の理解
③ 各手法の適用領域の発見

にある．

「問題の明確化」の次の段階は「社会調査」であるが，この問題の明確化のためにも，何度も現地に出向き「観察」や「ヒアリング」等々の現地（社会）調査を行なうことが必要となる．つまり，「問題の明確化」と「（社会）調査」を行ったり来たりして，やっと次の「社会調査」の段階へ行く．つまり，「問題の明確化」に「社会調査」の一部が「入れ子」になっていることに注意してもらいたい．

2.1.1 KJ法

(1) 生活者参加の位置づけ[3]

KJ法は，A型図解とB型文章化の2つのプロセスにより構成される．図2.1はA型図解の基本プロセスを示したものである．

2 問題の明確化と社会調査

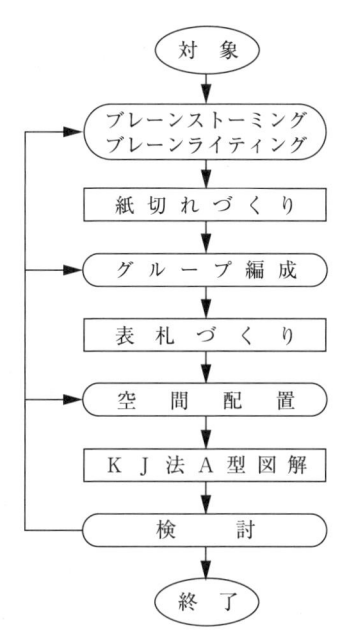

```
         対　象
           ↓
   ┌→ ブレーンストーミング
   │   ブレーンライティング
   │       ↓
   │    紙切れづくり
   │       ↓
   ├→  グループ編成
   │       ↓
   │    表札づくり
   │       ↓
   ├→   空間配置
   │       ↓
   │   KJ法A型図解
   │       ↓
   └→    検　討
           ↓
         終　了
```

図 2.1　KJ 法 A 型図解の基本プロセス

　まず，生活者（ここでは生活者の一部である住民）参加に関連があると思われる事柄を自由に書き出してみた．その結果，表 2.1 に示すような，32 枚の紙切れ（カード）が得られた．次に，これらの紙切れをテーブルの上に広げ，「相互に呼び合うもの」，「離れヒトは無理してどこかに押し込めない」というルールで，いくつかのグループに編成した．そして，それらのグループをうまく表現できる表札がつくれる場合には，表札カードを追加，作成した．表 2.1 のイ〜ホは，このようにして作成した表札カードである．

　次のステップは，これらの紙切れをうまく配置して，生活者参加に伴う諸論点が明確に示せる図解を求めることである．この場合のルールは，「大分けより小分けへ」である．図 2.2 は，このようなルールで求めた紙切れの空間配置の一例である．

　空間配置の良否を判断する 1 つの方法は，「空間配置が意味するところの内容を試みに口のなかでつぶやいてみる」ことである．もし，「それらがすらすらと説明でき，内容がつながった言葉になったら」，それは良い配置であると一応判断で

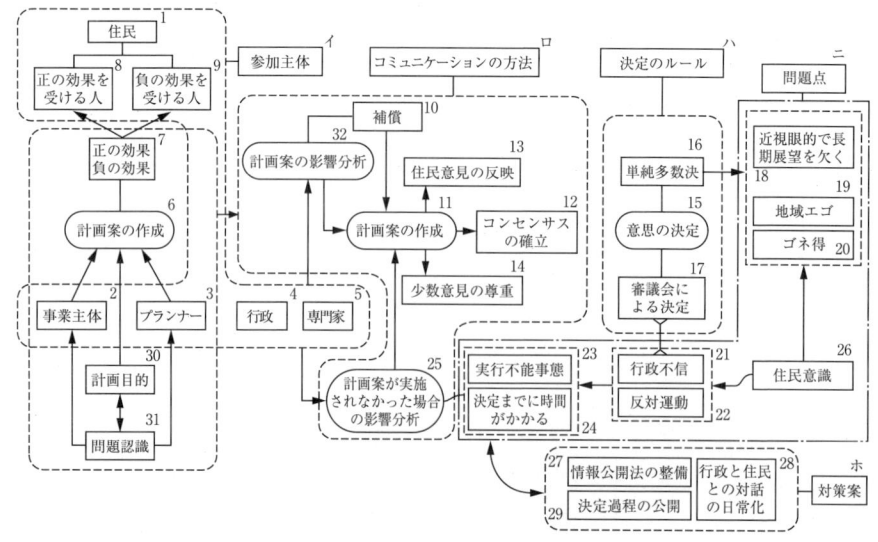

図2.2 生活者参加をめぐる問題構造のA型図解

表2.1 生活者参加をめぐる関連事項のリスト

番号	内容	番号	内容
1	住民	20	ゴネ得
2	事業主体	21	行政不信
3	プランナー	22	反対運動
4	行政	23	実行不能事態
5	専門家	24	決定までに時間がかかる
6	計画案の作成	25	計画案が実行されなかった場合の分析
7	正の効果, 負の効果	26	住民意識
8	正の効果をうける人	27	情報公開法の整備
9	負の効果を受ける人	28	行政と住民の対話の日常化
10	補償	29	決定過程の公開
11	計画案の説明	30	計画目的
12	コンセンサスの確立	31	問題認識
13	住民意見の反映	32	計画案の影響分析
14	少数意見の尊重	イ	参加主体
15	意思の決定	ロ	コミュニケーションの方法
16	単純多数決	ハ	決定のルール
17	審議会による決定	ニ	問題点
18	近視眼的で長期的展望を欠く	ホ	対策案

きる．図2.2の配置についていえば，立場，経験，知識などを異にする多くの主体の参加が考えられる．したがって，これらの主体間でのコミュニケーションという問題が重要となる．また，コミュニケーションとは区別した形で，「決定」についてのルールが必要となる．これらの各部分に関連して，数多くの問題点が指摘でき，対策がいくつか考えられる．これらについてさらに検討していけば，有効な生活者参加の方式が考案できるであろうという形で，一応説明できる．したがって，図2.2の図解は，この問題を考えていく出発点として利用できるレベルにあるものといえよう．

さて，この図解をもとにして，生活者参加に伴う諸論点を整理してみると，

① 参加者の構成，② コミュニケーションの方法，③ 決定のためのルール

という3つの大きな課題がある．そして，これら課題が，さらにいくつかの問題点を抱えていることがわかる．

次に，もう少し詳しく見ると，③の決定のためのルールについては，問題点が具体的に指摘されているが，他の課題についてはそれがなされていない．したがって，③については一応の対策も考えられてはいるが，他についてはそれもないという結果になっていることがわかる．

この点を反省し，紙切れの追加，作成を行い，図解をより幅広いものとしていく努力が必要となる．たとえば，公開ヒアリングでよくみられる「言い放し」という問題等は，②との関係で追加されなければならないものの1つであろう．そうすれば，その対策の1つとして，本節のKJ法や次節のISM法といった手法の活用も，思い浮かんでくるだろう．

最後に図2.2の図解は，計画のプロセスの構造化にもなっていることを指摘しておく．そしてその3つのサブプロセス：「計画案の作成」，「計画案の説明」，「意思決定」のおのおので，①が問題となる．参加主体のカテゴリーの1つである生活者の参加が考えられる局面も，したがって3つあることになる．前2段階への参加がいわゆる『情報への参加』であり，第3段階への参加が『決定への参加』である．いずれにしても，あるサブプロセスでの参加者の構成が，他のサブプロセスの活動内容に反映されてくることを念頭において，生活者参加の問題を考えていく必要があることを，図2.2の図解は示しているといえる．

【事例 2.1】 京都市上京区の抱える問題の明確化

(1) 問題の明確化の背景と目的

人間は毎日様々な生活のための活動を行っている．その活動は，家族構成や個人の属性（性別，年齢，職業，環境）と時間（平日・休日，季節）によって多様である．地震災害がいつ発生するかわからない現在では，「どのような人がいつ，何処にいるか」の情報は緊急時の避難行動を計画する上で重要と思われる．

京都市上京区では避難行動及び避難生活に支障がある高齢者が，災害に対して脆弱な老朽木造家屋や長屋，袋小路などが多い地域（災害弱地域）に密に居住している．阪神・淡路大震災でも明らかなように，このような地域では，他の地域よりも大きな被害（建築物の倒壊，延焼，建築物の倒壊による避難路の遮断，それらによる人的被害）を受けると予想される．一方，老朽木造家屋などが集中する地域には，古くからの地域文化が受け継がれているところが多い．災害に強いからとコンクリート建造物が乱立するようになれば，地域住民（ここではあえて生活者という言葉を使わない）のコミュニティの形成は難しく，そのために地域の環境文化の伝統は衰退しやすい．このように，歴史的背景が関わるために再開発が難しいという現状がある．さらに，現在，日本は世界で最も速く人口の高齢化が進行している．このような中で，近い将来，日本の人口比率の多くを占める高齢者に関する調査・研究は重要性が高い．

以上のことから，地域の高齢者とその地域の歴史や文化等の環境を考慮した住民同士の繋がりの重視による防災・減災計画を立案する必要がある．ここでは，地域防災・減災計画の基礎情報の作成を目的として，災害弱地域を定義すると共に災害弱地域に居住する高齢者の日常の生活行動や災害時の避難行動について調査・分析するために KJ 法を用いて地域が抱える問題の明確化を行う．

(2) KJ 法による上京区の問題の明確化[4]

京都市は，花折断層系・黄檗断層系・西山断層系の３つの活断層による被害が予想されている．その中でも上京区は特に花折断層系（予想震度７），黄檗断層系（予想震度６強）による大規模被害の可能性が高く，早急な対応が必要とされている．上京区は京都市の中でも高齢者の割合が高く，旧市街地ということもあり，老朽木造家屋や袋小路が多く存在する．さらに日本の多くの都市で起こっているように，都市の空洞化として若者が郊外に移転している．この結果，小学校の廃校などの少子化問題が起こり，高齢化問題をより深刻なものとしている．また，

御所や寺社施設などの文化遺産が多く，しかも建物の高さ制限が厳しく，危険は承知でも容易に再開発を行えないという現状である．

以上のことから，数100回にわたる現地調査をもとに，図2.1のKJ法A型図解の基本プロセスを用いて，上京区の抱える問題を図解した．まず，現地調査に行って確認した事を議論して問題の関連事項リストを作成し，グループ編成や表札づくりの後，その近接性を議論し，図解を行った．これを何度も繰り返し，問題の構造図として整理し，さらにそこから推測されることを次回の現地調査で調べるという繰り返しにより問題構造を整理した．その結果，図2.3を得た．

以下では，得られた図解をもとに問題の明確化を行うこととする．

① 建物景観：現状としてはコンクリート建造物と木造家屋が乱立している状態である．地元には，無形文化，伝統工芸，碑，寺社施設などが多い．また，景観保全地区の指定や景観を考慮したマンションの建設などという変化が現れている．景観保全の結果として開発を妨げることになり，災害に弱い老朽木造家屋や路地が残るという問題がある．

② 商い：商店街には老舗が多く残っている．商店の利用客は中高齢者が多く，

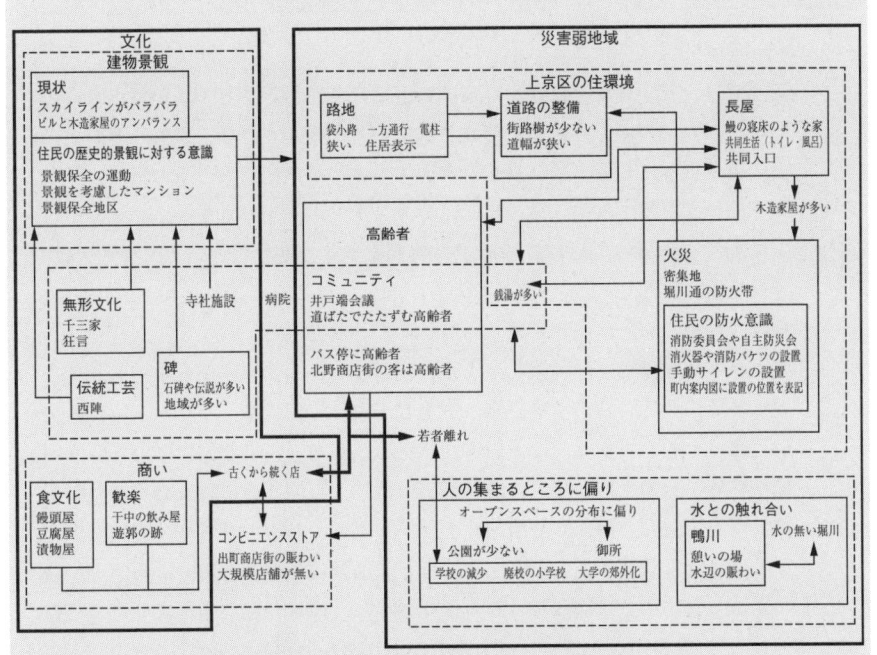

図2.3 KJ法による上京区の問題の明確化

表2.2 災害時の危険性からみた袋小路の形態パターン

No	袋小路の形態特性	該当数	入口数	行き止まり数	角数	No	袋小路の形態特性	該当数	入口数	行き止まり数	角数
1		811	1	1	0	12		4	2	2	4
2		171	1	1	1	13		18	2	2	5
3		57	1	1	2	14		10	2	2	6
4		58	1	2	2	15		3	3	1	4
5		33	1	2	2	16		2	2	1	9
6		2	1	2	4	17		4	2	3	6
7		25	1	2	3	18		1	1	3	4
8		6	2	1	2	19		3	1	1	6
9		10	2	1	3	20		1	4	2	11
10		1	1	3	3	21		1	1	5	9
11		1	2	2	4						

老舗では，昔から地元住民が馴染みの客となり，店と客との長い付き合いの結果，賑わいのある商店街が形成されていると推測される．馴染み客だけの商店街が残り，若者が離れ高齢者が大半を占める商店街へと変わっていくという問題がある．一方，コンビニエンスストアの利用客は多い．

③　高齢者：長屋の生活者として，高齢者を多く見かけた．一方，高齢者は，寺社施設，商店街，銭湯，道端での井戸端会議などでも見かけることが多い．様々な場所でコミュニティを求めていると推測される．

④　上京区の住環境：住居は，古くから残っている木造家屋が大半であり，長屋も多い．多くの地域で建築物が密集しており，防火帯となりうる幅員の広い道路はわずかである．こういった状況は地震や火災に対して弱いという問題がある．そのためか住民の防火意識は高く，町内ごとに防火委員会や自主防災部を設置し，消火器や消防バケツ，手動サイレンの設置や，町内案内図にそのような設備の位置を表記するなど，活動は活発である．

⑤　路地・袋小路：京都独特の町の作りゆえに，路地の数が非常に多く，一方通行，狭い幅員の道が多い．袋小路を利用したかぎ型の駐車場なども有るが，

車の利用台数は多くない．また，袋小路に張り付いている家屋は木造家屋がほとんどであり，長屋が多い．このように火災などの被害を受けやすく，逃げ場が無いところに多くの高齢者が住んでいるという問題がある．

⑥ 人の集まる場所の偏り：公園が少なく，それらの多くは小規模なものである．しかし，一方で御所という大規模なオープンスペースがある．また，鴨川の右岸高水敷は全ての世代が楽しめる憩いの場となっているが，堀川には水が流れておらず憩いの場とはなっていない．幾つかの廃校があり少子化の影響と推測される．また，大学の郊外移転が起こっている．このように人の集まる場所に偏りが見られる．

以上より，上京区の特性として以下のことがいえる．すなわち，老朽木造家屋が多いがそれらの多くは袋小路に張り付いている．また，袋小路の生活者は，高齢者が多い．さらに，袋小路が面した道路にも幅員の狭い道路が多い．一方，避難場所（オープンスペース）は数少なく，再開発できない地域が多く，災害に対しては極めて悪い環境である．以上の考察から，本研究では災害に弱い要素として高齢者と袋小路，災害に強い要素としてオーンスペースに着目して分析を進めていく必要がある．

以上の結果，震災時におけるリスク要因として以下の6項目に着目することが重要という共通認識を得た．

① 高齢者（65歳以上）：迅速な避難行動が難しく，多くの状況で他の世代の助けが必要である．また，避難生活でも孤独になりやすいために，孤独死の問題がある．
② 老朽木造家屋：地震による倒壊，火災，延焼などの危険性が高い．特に，長屋は生活している人も多く，人的被害も大きいと考えられる．
③ 幅員の狭い道路：幅員の狭い道路は，避難路としては危険であり，また防火帯としても機能しない．狭いことにより緊急車両の通行も難しく，救助や消火活動にも支障がある．そのために，延焼により被害地域を拡大させる可能性がある（以下図2.3参照）．
④ 袋小路：幅員の狭い道路の中でも，幅員が2m程度の行き止まりになっている路地がある．このような路地は，狭く入り組んでいるものが多い．さらに，避難路が限定されるにも関わらず建築物の倒壊によって避難路が遮断されやすく危険性が極めて高い．表2.2に震災時の危険性から見た袋小路の形態特性を示す．

⑤ オープンスペースの少なさ：本研究では災害が発生し避難の必要が生じた時（火災，建築物の倒壊など）に避難できる安全な空間のことと定義する．したがって，延焼などを防ぐ防火帯の役割を果たす広い道路もオープンスペースとして考える．このような空間が少ない地域では，安全な場所への迅速な避難が難しく避難場所まで距離があるために，危険な場所での生活を強いられるなどの可能性があり危険性が高い．

⑥ 消火栓からのホースの届きにくい範囲：火災が発生した場合には，延焼を防ぐためにも迅速な消火活動が必要とされる．しかし，道路事情などにより，消防車などの到着が難しい場合は消火栓の存在が重要視される．ただし，位置が固定のためにホースの長さに限界があり（消火栓の設置要領から 60 m と仮定した），図 2.4 に示すように範囲外の地域は延焼の可能性がきわめて高い．また，消火器などとは異なり誰でも扱えるわけではないという問題もある．

結論として災害弱地域とは，危険度が高い袋小路が多くその袋小路で生活している高齢者の多い町丁目と定義することができよう．

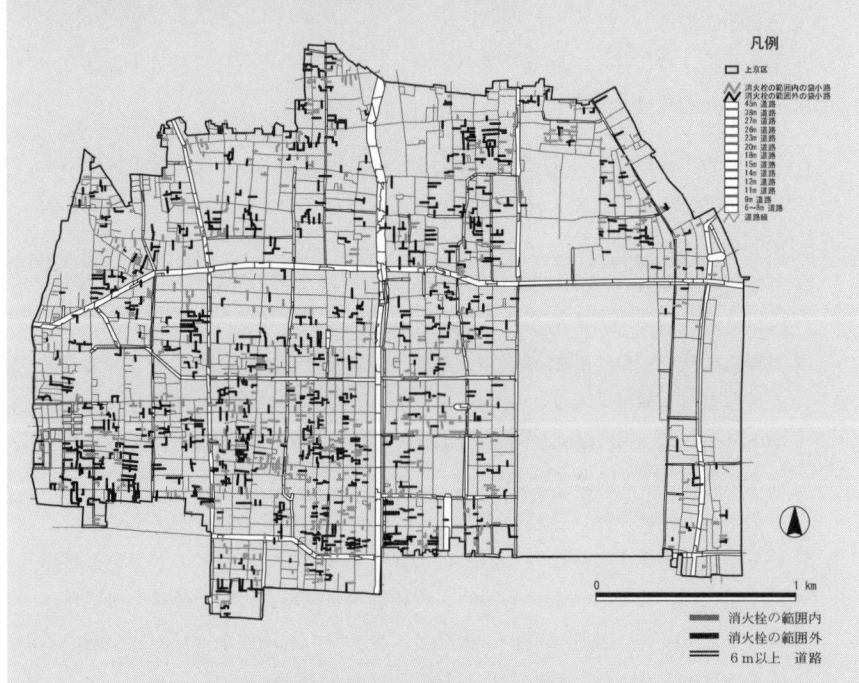

図 2.4 消火栓からの放水の届きにくい危険な袋小路の分布

2.1.2 ISM法

(1) 問題の明確化の背景と目的[5]

　屋久島におけるヒアリングを中心とした現地調査の結果，農業従事者の場合，猿害により生活が脅かされる状況であり，自然保護政策や世論に対する反撥や不満が聞かれた．なお，猿害の発生に関しては，多くが照葉樹林の伐採と関連付けて認識されていた．また，林業従事者・木工加工業者は，これまでの林業政策による大規模伐採について，自然環境を大きく攪乱してきたことは認めているものの，時代の要請や圧力により，避けがたい状況であったと述べている．しかし，長年現場に携わってきた経験から，森林に関する知識や理解は深く，仮に自然林の保全が事業として運営されるとすれば貢献できるとも答えている．一方，あるエコツーリストは，現在，照葉樹林の材としての価値はないため，照葉樹林を維持するためには，観光資源としての利用可能性を探るべきとして，葉や樹形などが美しい樹種の群生林をつくるなど，いくつかのアイディアを述べている．

　これらの情報は断片的であるが，照葉樹林やサルと関わってきた個々の経験が独自の価値観を育んでおり，保全行動にも影響を及ぼすと考えられる．つまり，保全とは行動にほかならず，ある対象の保全可能性を論じるためには，行動の背景にある意識，さらには，意識を左右する価値観を探ることが必要となる．したがって，保全対象をどのような価値でもって存在を意識しているかを知ることで，保全行動のインセンティブを明らかにする必要がある．

　また，ここでは，保全対象と関わった経験以外に，保全行動に影響を及ぼす要因として，生活の安定感をあげた．つまり，生活の安定感とは，地域生活者の日常において，最も重要な課題であり，生息地との関わりが日常とかけ離れている場合は，生活に余裕がなければ，保全行動にはいたらず，森林関連産業従事者のように生活と直接結びついている場合には，生息地に生活に安定感をもたらす経済的な価値があれば，保全行動にいたるであろうと考え，地域生活者が保全行動へ移るには，ある程度の生活の安定感，あるいは満足感が前提条件としてあると仮定し，地域生活者の保全行動にいたる意識構造を明らかにすることを目的とする．

(2) ISM法の適用プロセス

図2.5にISM法による要素の構造化プロセスを示し，以下説明する．

ISM法は，まず，要素iが，要素jに影響を与えておれば$n_{ij}=1$，そうでない場合は，$n_{ij}=0$として初期関係行列Oをつくり，単位行列Iを加えて2値関係行列Bをつくる．ただし，$i=j$のときは，すべて0とする．また，行列Bの各要素を以下ではn'_{ij}とする．

$$B = O + I \tag{2.1.1}$$

そして，Nの要素について関連付けを行い，構造化する．このBのべき乗をブール演算で$B^k = B^{k+1}$となるまで計算し，その行列B^kを可達行列Rと置き換える．なお，ブール演算とは下記のとおりである．

1+1=1，1+0=1，0+1=1，0+0=0
1×1=1，1×0=0，0×1=0，0×0=0

この可達行列より，各要素群t_iに対して，

可達集合 $R(t_i) = \{t_j | n'_{ij} = 1\}$ (2.1.2)

先行集合 $A(t_i) = \{t_j | n'_{ji} = 1\}$ (2.1.3)

を求める．簡単にいうと，可達集合$R(t_i)$を求めるには，Bのt_iの行をみて「1」

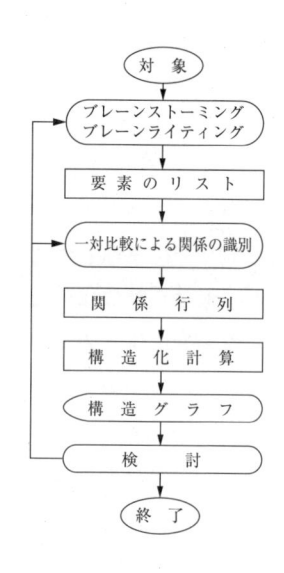

図2.5 ISMによる構造化プロセス

になっている列 t_j を求めればよく，先行集合 $A(t_i)$ を求めるには，B の t_j の行をみて「1」になっている行 t_i を求めればよい．

要素群のレベルの決定は，この可達集合と先行集合を用いて，つぎの

$$R(t_i) \cap A(t_i) = R(t_i) \tag{2.1.4}$$

共通集合を逐次求めることにより行われる．最初に式 (2.1.4) を満たす要素を求め，これを第1レベル (L_1) とする．すなわち，

$$L_1 = \{i_1\} \tag{2.1.5}$$

である．次に要素 i_1 を消去して，同様に式 (2.1.4) を満たす要素を逐次抽出しこれを第2レベル (L_2) とし，階層構造を作っていくことができる．

【事例 2.2】屋久島における猿害に関する地域生活者の問題の明確化[5]

(1) 問題要素の抽出

地域生活者の保全行動にいたる意識構造を明らかにするため，まず下記の3つの視点を設定し，各視点に関わる要素を抽出した．

① 生活の安定感
② 生物 (照葉樹林・ヤクシマザル) との関わり
③ 猿害 (ヤクシマザルとの関わり)

保全行動にいたる基本プロセスは，まず，対象と関わった「経験」から「対象を認識」し，認識した対象について思考する「意識」を経て，保全の「意志」を有し，行動にいたると仮定した (図2.6)．実際は，保全行動から逆方向へのフィードバック (点線矢印) も考えられるが，ここでは，一時点での意識調査に過ぎないため，フィードバックについては考慮しない．なお，ここで扱う用語の定義を次に示す．

経験 (experience)：認識としていまだ組織化されていない，事実の直接的把握[1]．
認識 (cognition)：知識とほぼ同じ意味だが，知識が主として知りえた成果を指すのに対して，知る作用および成果の両者をさすものである[1]．したがって，直接的な経験あるいは学習等から得た「知識」，および知る作用として動機となり得る「興味・関心」，あるいは，知りえた成果に対して生じる「感情」，「誇り」まで含めるものと定義する．
意識 (consciousness)：認識し，思考する心の働き．感覚的知覚に対して，純粋

に内面的な精神活動[6]．通常，われわれが現在直接経験している心的現象の総体をさす[7]．

① 頭に浮かんでいること．
② 「経験」または「体験」しうる能力．
③ 神経系の受容が中枢にもたらす効果
④ 脳髄の活動の主観的側面
⑤ 環境に対する自我の態度．外界の事物を知り，それに影響を与えるものとする能力

などを意味する[7)8)]．ここでは，何らかの対象を認識し，思考するなかで生じる「要望・願望」，あるいは，「価値」を含めるものと定義する．

意志（will）：ある行動をとることを決意し，かつそれを生起させ，持続させる心的機能．物事をなしとげようとする，積極的な志[6]．欲求充足の手段・目的関係は人間においては複雑な階層的秩序を構成し，これの整然たる統一が保たれて1つの全体的人格ができあがり，意志行為はこのような人格によって統制される行動であるとされる[7]．

そこで，まず，〈生活の安心感〉，〈生物との関わり〉，〈猿害経験〉，《生物保全意識》に関して数名でブレーンストーミングを行い，保全行動に至るプロセスに関連すると思われるキーワード（63個）を出し合い，それらを生物保全意識の構成要素とした．次に，各要素を，図2.6に示した保全行動の基本プロセスモデルにおいて，それぞれ相当するプロセス（意志・意識・認識・経験）にグループ分けした．そして，KJ法を用いて，表2.3に示すように，要素の内容の類似性着目して①～

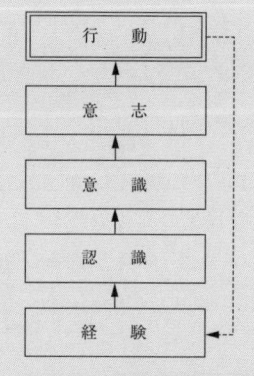

図2.6 保全行動の基本プロセス

表2.3 要素群のリスト

番号	内容	番号	内容
①	自然に対する保全意志・行動	⑪	猿害に対する認識
②	自然に対する保全・共生意識	⑫	サルとの遭遇経験
③	島外の評価に対する意識	⑬	猿害経験
④	自然に対する認識	⑭	生活に対する意識
⑤	自然に対する印象	⑮	生活に対する認識
⑥	照葉樹林に対する保全意識	⑯	生活の快適性・安全性
⑦	照葉樹林の利用	⑰	職業に対する意識
⑧	猿害に対する意識	⑱	職業の将来性
⑨	サルとの共生意識	⑲	職業に対する誇り
⑩	サルに対する感情	⑳	職業の安定性

⑳の要素群に集約した.

1) 生活の安定感に関する要素群

生活の安定感に関する要素群は，日常生活と職業にわけ，それぞれ意識・認識・経験に相当するキーワードを各要素としてグループ化した．つまり，日常生活に関する要素は，⑭島民であることの意識，⑮生活の認識・誇り，⑯生活の快適性・安全性，職業に関しては，⑰職業に対する意識，⑱職業の将来性，⑲職業の誇り，⑳職業の安定性である.

2) 生物との関わりに関する要素群

次に，対象とのかかわりに関するする要素として，照葉樹林については⑦照葉樹林の利用，ヤクシマザルについては，⑫サルとの遭遇経験および⑬猿害経験を挙げた.

3) 猿害に関する要素群

猿害に対する意識を生物保全の意識構造に位置付けるため，前述の⑬猿害経験に加え，⑪猿害に対する認識，⑧猿害に対する意識を挙げた．また，⑧猿害に対する意識に影響すると考えられる⑩サルに対する感情は，定義によれば認識に含まれるが，猿害の主な被害者である農業従事者と島民全般との比較を想定し，被害を受けていない一般回答も得られる要素として，独立させて質問を設けた.

4) 生物保全意識に関する要素群

最終的に生物保全における意識構造を明らかにすることが目的であるため，《生物保全意識》に関連する5つの要素群（①自然の保全に対する意志・行動，②自然の保全・共生に対する意識，⑥照葉樹林の保全意識，⑨サルとの共生意識）を1つのカテゴリーに集約した.

5) その他の要素群

要素群③島外の評価に対する意識,④自然に対する認識,および⑤自然に対する印象については,生物保全意識,生活の安定感,生物との関わり,および猿害に含まれない要素群として分類した.

(2) ISM法による要素群の構造化

 i 2値関係行列をつくる(表2.4, 式(2.1.1)).
 ii 可達行列をつくる(表2.5, 式(2.1.2)).

可達行列と先行集合の共通集合を作りレベル1を決定する(式(2.1.4), 表2.6). こうして,次式を得る.

$$L_1 = \{1\} \tag{2.1.6}$$

この結果,この階層構造の総レベル数は7レベルとなる.また,これらをレベルごとに配置すれば,式(2.1.7)となる.この式のTは,レベルごとに順序を整理

表2.4　2値関係行列(B: Binary Matrix)

i \ i	1	2	3	4	5	6	7	8	9	10	11	12	13	14	15	16	17	18	19	20
1	1	0	0	0	0	0	0	0	0	0	0	0	0	0	0	0	0	0	0	0
2	1	1	0	0	0	1	0	0	1	0	0	0	0	0	0	0	0	0	0	0
3	0	0	1	0	1	0	0	0	0	0	0	0	0	0	1	0	0	0	0	0
4	0	1	0	1	0	1	0	0	1	0	0	0	0	0	0	0	0	0	0	0
5	0	0	0	0	1	0	0	0	0	0	0	0	0	0	1	0	0	0	0	0
6	1	0	0	0	0	1	0	0	0	0	0	0	0	0	0	0	0	0	0	0
7	0	0	0	1	0	1	1	0	0	0	0	0	0	0	0	0	0	0	0	0
8	0	0	0	0	1	0	1	1	0	0	0	0	0	0	0	0	0	0	0	0
9	1	0	0	0	0	0	0	1	0	0	0	0	0	0	0	0	0	0	0	0
10	0	0	0	0	0	0	1	1	1	0	0	0	0	0	0	0	0	0	0	0
11	0	0	0	0	0	0	0	1	0	0	0	0	0	0	0	0	0	0	0	0
12	0	0	0	0	0	0	0	1	0	1	0	0	0	0	0	0	0	0	0	0
13	0	0	0	0	0	0	1	1	1	0	1	0	0	0	0	0	0	0	0	0
14	0	1	0	0	0	0	0	0	0	0	0	0	1	0	0	0	0	0	0	0
15	0	0	0	0	0	0	0	0	0	0	0	0	0	1	1	0	0	0	0	0
16	0	0	0	0	0	0	0	0	0	0	0	0	0	0	1	1	0	0	0	0
17	0	1	0	0	1	0	1	0	0	0	0	0	0	0	0	1	0	0	0	0
18	0	0	0	0	0	0	0	0	0	0	0	0	0	0	0	1	1	0	0	0
19	0	0	0	0	0	1	0	0	0	0	0	0	0	0	0	0	1	0	1	0
20	0	0	0	0	0	0	0	0	0	0	0	0	0	0	0	0	0	1	1	1

表2.5 可達行列（R: Reachability Matrix）

j / i	1	2	3	4	5	6	7	8	9	10	11	12	13	14	15	16	17	18	19	20
1	1	0	0	0	0	0	0	0	0	0	0	0	0	0	0	0	0	0	0	0
2	1	1	0	0	0	1	0	0	1	0	0	0	0	0	0	0	0	0	0	0
3	1	1	1	0	1	1	0	0	1	0	0	0	0	1	1	0	0	0	0	0
4	1	1	0	1	0	1	0	0	1	0	0	0	0	0	0	0	0	0	0	0
5	1	1	0	0	1	1	0	0	1	0	0	0	0	1	1	0	0	0	0	0
6	1	0	0	0	0	1	0	0	0	0	0	0	0	0	0	0	0	0	0	0
7	1	1	0	1	0	1	1	0	1	0	0	0	0	0	0	0	0	0	0	0
8	1	0	0	0	0	1	0	1	1	0	0	0	0	0	0	0	0	0	0	0
9	1	0	0	0	0	0	0	0	1	0	0	0	0	0	0	0	0	0	0	0
10	1	0	0	0	0	0	0	1	1	1	0	0	0	0	0	0	0	0	0	0
11	1	0	0	0	0	1	0	0	1	0	1	0	0	0	0	0	0	0	0	0
12	1	0	0	0	0	0	0	0	1	0	0	1	0	0	0	0	0	0	0	0
13	1	0	0	0	0	1	1	1	1	0	1	0	1	0	0	0	0	0	0	0
14	1	1	0	0	0	0	0	0	0	0	0	0	0	1	0	0	0	0	0	0
15	1	1	0	0	0	1	0	0	1	0	0	0	0	1	1	0	0	0	0	0
16	1	1	0	0	0	1	0	0	1	0	0	0	0	1	1	1	0	0	0	0
17	1	1	0	0	0	1	0	1	1	0	0	0	0	0	0	0	1	0	0	0
18	1	1	0	0	0	1	0	1	1	0	0	0	0	0	0	0	1	1	0	0
19	1	1	0	0	0	1	0	1	1	0	0	0	0	0	0	0	1	0	1	0
20	1	1	0	0	0	1	0	1	1	0	0	0	0	0	0	0	1	1	1	1

した行列式である．そして，レベルごとの要素群と表2.5の可達行列より，隣接するレベル間の要素の関係は骨格行列Sとして求められる（表2.7）．これらの隣接するレベル間の要素群を図解すれば，図2.7に示す構造グラフが得られる．これが，想定される地域生活者の自然の保全行動に関する意識構造ということになる．

図2.7は，各要素群間の関連と構造全体における各カテゴリーの位置関係を示す．各レベルは，最上位レベルの要素群との結びつきの序列を表し，要素群間の結線は上位レベルの要素群jに下位レベルの要素群iが直接影響している因果関係を示す（ただし，矢印の向きはiからj方向）．したがって，入力のない要素群は，意識構造の中でより根源的な要因であることを示す．図2.7では，レベル5に位置する生物との関わりカテゴリーの3要素群（⑦照葉樹林の利用，⑫サルとの遭遇経験，⑬猿害経験）が，他の要素群の入力を受けない要素群であり，最上位レベルに位置する生物保全意識カテゴリーの要素群に対し，より根源的な要素群

$$T = \begin{array}{c|ccc|cc|ccccc|cccccc|ccc|c} & t_1 & t_6 & t_9 & t_2 & t_8 & t_4 & t_{10} & t_{11} & t_{14} & t_{17} & t_7 & t_{12} & t_{13} & t_{15} & t_{18} & t_{19} & t_5 & t_{16} & t_{20} & t_3 \\ \hline t_1 & 1 & 0 & 0 & 0 & 0 & 0 & 0 & 0 & 0 & 0 & 0 & 0 & 0 & 0 & 0 & 0 & 0 & 0 & 0 & 0 \\ \hline t_6 & 1 & 1 & 0 & 0 & 0 & 0 & 0 & 0 & 0 & 0 & 0 & 0 & 0 & 0 & 0 & 0 & 0 & 0 & 0 & 0 \\ t_9 & 1 & 0 & 1 & 0 & 0 & 0 & 0 & 0 & 0 & 0 & 0 & 0 & 0 & 0 & 0 & 0 & 0 & 0 & 0 & 0 \\ \hline t_2 & 1 & 1 & 1 & 0 & 0 & 0 & 0 & 0 & 0 & 0 & 0 & 0 & 0 & 0 & 0 & 0 & 0 & 0 & 0 & 0 \\ t_8 & 1 & 1 & 1 & 0 & 1 & 0 & 0 & 0 & 0 & 0 & 0 & 0 & 0 & 0 & 0 & 0 & 0 & 0 & 0 & 0 \\ \hline t_4 & 1 & 1 & 1 & 0 & 1 & 0 & 0 & 0 & 0 & 0 & 0 & 0 & 0 & 0 & 0 & 0 & 0 & 0 & 0 & 0 \\ t_{10} & 1 & 1 & 1 & 0 & 1 & 0 & 1 & 0 & 0 & 0 & 0 & 0 & 0 & 0 & 0 & 0 & 0 & 0 & 0 & 0 \\ t_{11} & 1 & 1 & 1 & 0 & 1 & 0 & 0 & 1 & 0 & 0 & 0 & 0 & 0 & 0 & 0 & 0 & 0 & 0 & 0 & 0 \\ t_{14} & 1 & 1 & 1 & 1 & 0 & 0 & 0 & 0 & 0 & 0 & 0 & 0 & 0 & 0 & 0 & 0 & 0 & 0 & 0 & 0 \\ t_{17} & 1 & 1 & 1 & 1 & 1 & 0 & 0 & 0 & 0 & 1 & 0 & 0 & 0 & 0 & 0 & 0 & 0 & 0 & 0 & 0 \\ \hline t_7 & 1 & 1 & 1 & 1 & 0 & 1 & 0 & 0 & 0 & 0 & 0 & 0 & 0 & 0 & 0 & 0 & 0 & 0 & 0 & 0 \\ t_{12} & 1 & 1 & 1 & 1 & 0 & 0 & 1 & 0 & 0 & 0 & 0 & 1 & 0 & 0 & 0 & 0 & 0 & 0 & 0 & 0 \\ t_{13} & 1 & 1 & 1 & 1 & 0 & 0 & 1 & 1 & 0 & 0 & 0 & 1 & 0 & 0 & 0 & 0 & 0 & 0 & 0 & 0 \\ t_{15} & 1 & 1 & 1 & 1 & 0 & 0 & 0 & 0 & 1 & 0 & 0 & 0 & 0 & 1 & 0 & 0 & 0 & 0 & 0 & 0 \\ t_{18} & 1 & 1 & 1 & 1 & 1 & 0 & 0 & 0 & 0 & 1 & 0 & 0 & 0 & 0 & 1 & 0 & 0 & 0 & 0 & 0 \\ t_{19} & 1 & 1 & 1 & 1 & 1 & 0 & 0 & 0 & 0 & 1 & 0 & 0 & 0 & 0 & 0 & 1 & 0 & 0 & 0 & 0 \\ \hline t_5 & 1 & 1 & 1 & 1 & 0 & 0 & 0 & 0 & 1 & 0 & 0 & 0 & 0 & 1 & 0 & 0 & 1 & 0 & 0 & 0 \\ t_{16} & 1 & 1 & 1 & 1 & 0 & 0 & 0 & 0 & 1 & 0 & 0 & 0 & 0 & 1 & 0 & 0 & 0 & 1 & 0 & 0 \\ t_{20} & 1 & 1 & 1 & 1 & 0 & 0 & 0 & 0 & 1 & 0 & 0 & 0 & 0 & 1 & 1 & 0 & 0 & 0 & 1 & 0 \\ \hline t_3 & 1 & 1 & 1 & 1 & 0 & 0 & 0 & 0 & 1 & 0 & 0 & 0 & 0 & 1 & 0 & 0 & 1 & 0 & 0 & 1 \end{array} \quad (2.1.7)$$

と位置付けられる.

猿害カテゴリーは，レベル3からレベル5に位置する3要素群（⑧猿害に対する意識,⑪猿害に対する認識,⑬猿害経験）であり，このうち，⑧猿害に対する意識は②自然の保全・共生に対する意識と同レベルの要素として⑥照葉樹林の保全意識および⑨サルとの共生意識に影響を与える構造となっている.

レベル4からレベル6の7要素群（⑭生活に対する意識,⑮生活に対する認識,⑯生活の快適性・安全性,⑰職業に対する意識,⑱職業の将来性,⑲職業に対する誇り,⑳職業の安定性）は，生活の安定感カテゴリーであり，⑯生活の快適性・安全性,⑳職業の安定性が,⑮生活に対する認識,⑱職業の将来性,⑲職業に対する誇りという「認識」に影響し,⑭島民であることの

意識,⑰職業に対する意識といった「意識」に至り,②自然の保全・共生意識,⑧猿害に対する意識に影響していることが示される.

2 問題の明確化と社会調査

表2.6 可達集合 $R(t_i)$ と先行集合 $A(t_i)$

t_i	$R(t_i)$	$A(t_i)$	$R(t_i) \cap A(t_i)$	$R(t_i) \cap A(t_i) = R(t_i)$
1	1	1,2,3,4,5,6,7,8,9,10,11,12,13,14,15,16,17,18,19,20	1	○
2	1,2,6,9	2,3,4,5,7,14,15,16,17,18,19,20	2	
3	1,2,3,5,6,9,14,15	3	3	
4	1,2,4,6,9	4,7	4	
5	1,2,5,6,9,14,15	3,5	5	
6	1,6	2,3,4,5,6,7,8,10,11,12,13,14,15,16,17,18,19,20	6	
7	1,2,4,6,7,9	7	7	
8	1,6,8,9	8,10,11,12,13,17,18,19,20	8	
9	1,9	2,3,4,5,7,8,9,10,11,12,13,14,15,16,17,18,19,20	9	
10	1,6,8,9,10	10,13	10	
11	1,6,8,9,11	11,12,13	11	
12	1,6,8,9,11,12	12	12	
13	1,6,8,9,10,11,13	13	13	
14	1,2,6,9,14	3,5,14,15,16	14	
15	1,2,6,9,14,15	3,5,15,16	15	
16	1,2,6,9,14,15,16	16	16	
17	1,2,6,8,9,17	17,18,19,20	17	
18	1,2,6,8,9,17,18	18,20	18	
19	1,2,6,8,9,17,19	19,20	19	
20	1,2,6,8,9,17,18,19,20	20	20	

表2.7 骨格行列（S：Skelton Matrix）

i \ i	1	6	9	2	8	4	10	11	14	17	7	12	13	15	18	19	5	16	20	3
1	1	0	0	0	0	0	0	0	0	0	0	0	0	0	0	0	0	0	0	0
6	1	1	0	0	0	0	0	0	0	0	0	0	0	0	0	0	0	0	0	0
9	1	0	1	0	0	0	0	0	0	0	0	0	0	0	0	0	0	0	0	0
2	0	1	1	1	0	0	0	0	0	0	0	0	0	0	0	0	0	0	0	0
8	0	1	1	0	1	0	0	0	0	0	0	0	0	0	0	0	0	0	0	0
4	0	0	0	1	0	1	0	0	0	0	0	0	0	0	0	0	0	0	0	0
10	0	0	0	0	1	0	1	0	0	0	0	0	0	0	0	0	0	0	0	0
11	0	0	0	0	1	0	0	1	0	0	0	0	0	0	0	0	0	0	0	0
14	0	0	0	1	0	0	0	0	1	0	0	0	0	0	0	0	0	0	0	0
17	0	0	0	1	1	0	0	0	0	1	0	0	0	0	0	0	0	0	0	0
7	0	0	0	0	0	1	0	0	0	0	1	0	0	0	0	0	0	0	0	0
12	0	0	0	0	0	0	0	1	0	0	0	1	0	0	0	0	0	0	0	0
13	0	0	0	0	0	0	1	1	0	0	0	0	1	0	0	0	0	0	0	0
15	0	0	0	0	0	0	0	0	1	0	0	0	0	1	0	0	0	0	0	0
18	0	0	0	0	0	0	0	0	0	1	0	0	0	0	1	0	0	0	0	0
19	0	0	0	0	0	0	0	0	0	1	0	0	0	0	0	1	0	0	0	0
5	0	0	0	0	0	0	0	0	0	0	0	0	0	1	0	0	1	0	0	0
16	0	0	0	0	0	0	0	0	0	0	0	0	0	1	0	0	0	1	0	0
20	0	0	0	0	0	0	0	0	0	0	0	0	0	0	1	1	0	0	1	0
3	0	0	0	0	0	0	0	0	0	0	0	0	0	0	0	0	1	0	0	1

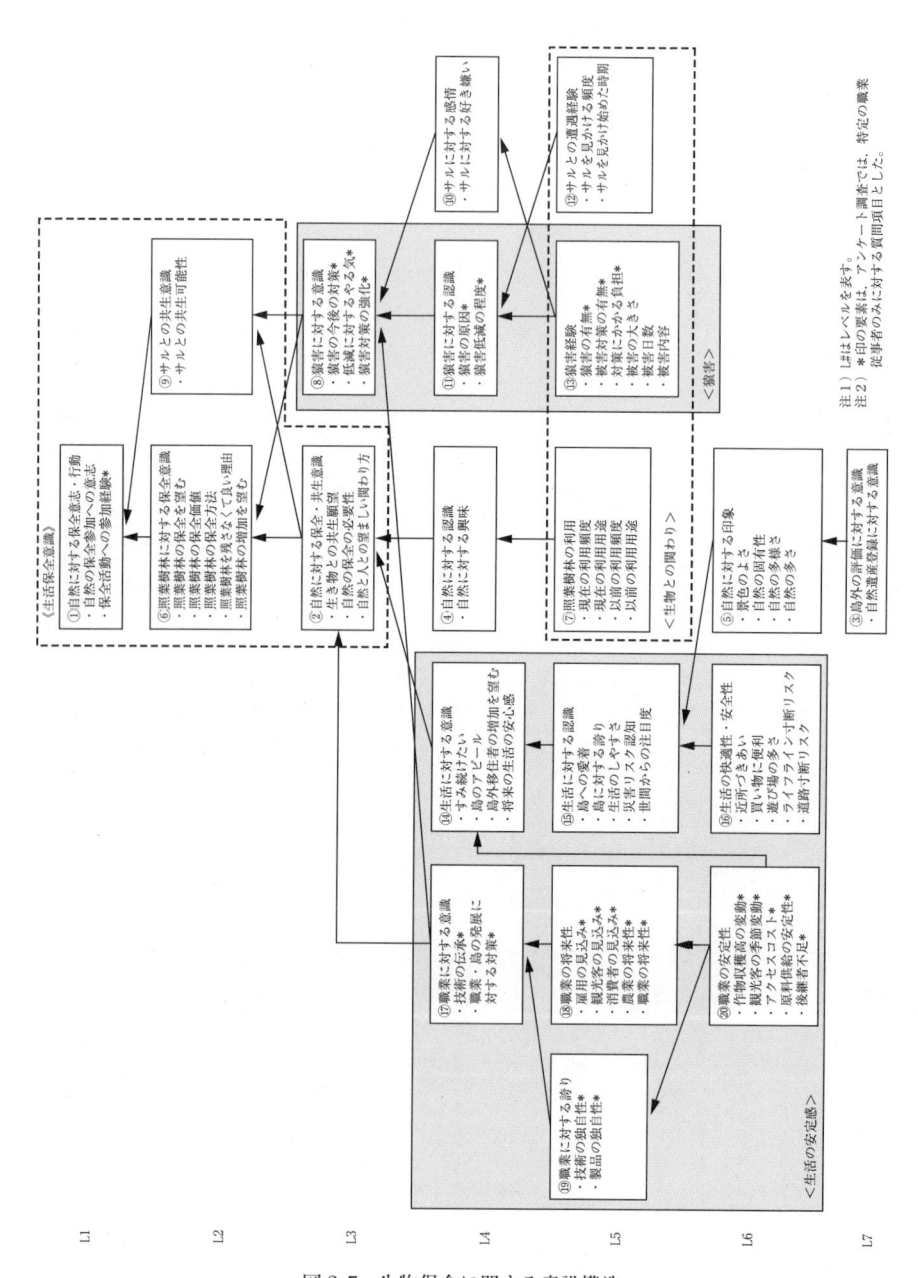

図 2.7 生物保全に関する意識構造

2.2 社会調査[9]

2.2.1 社会調査のプロセス

　調査には，第1章で述べた，ジオ・エコ・ソシオ調査とそれらの関連調査[10]が必要であり，地理情報システム（GIS）の利用を前提として，ここではソシオ調査の一部であるアンケートによる社会調査について述べることとする．

　母集団が正規分布をなす統計学をベースとした，社会調査は，「一定の社会または社会集団における社会現象を，現地調査によって観察し，統計的推論のための資料を得ることを目的とした一連のプロセス」あると定義される[11]．しかしながら，統計学を用いない社会調査も多くある．例えば，階層システムモデルを用いた都市域の水循環調査[12]やGPSを用いた開発途上国などにおける地域の社会地図づくり調査[13]等などあるが，以下では統計学を用いることを前提として議論を進めることにしよう．

　さて，社会調査の方法としては大きく2つの方法が考えられる．すなわち，調査内容があらかじめどの程度厳格に規定されているかによって構成的方法か非構成的方法かに分かれる．後者の例としては深層面接法のように質問したい主題だけが示されていて，どのようなアプローチでその主題に接近するかは一切面接者に任されているような方法があげられる．このような調査方法は，たとえば土木計画の調査では取り上げることは殆んどなく，多くの場合は構成的方法，とくに質問文構成法（質問紙法）がとられる．この方法はすべての被調査者に対して完全に固定された質問をすることが原則として要求されるような高度に構成された方法である．質問紙法による社会調査の一般的プロセスを示せば図2.8となる．以下これを説明しよう．

(1) **調査目的の明確化**

　ここでは，調査の動機となった実際の具体的な問題意識を整理し，これを調査課題にまで煮詰めるという作業が行われる．この段階は，調査プロセス全体の中で最も基本的であるにもかかわらず，実際には軽視されることの多かった部分である．この段階において重要なことは，問題を要約し，調査課題を明確化するた

```
        ⓢ
         ↓
(1) 調 査 目 的 の 明 確 化
         ↓
(2) 調 査 方 法 の 決 定
         ↓
(3) 標 本 抽 出 設 計
         ↓
(4) 現 地 調 査 の 遂 行
         ↓
(5) 集 計 ・ 分 析 解 釈
         ↓
        Ⓔ
```

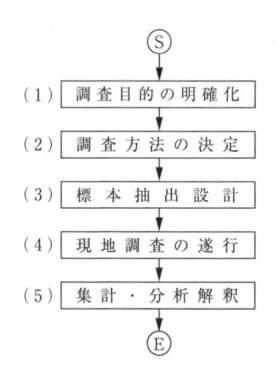

図 2.8　社会調査の一般的プロセス

めに，具体的で明確な作業仮設ないしは論理図式を用意するということである．

(2) **調査方法の決定**

調査課題に対するアプローチ方法について検討する．このとき，以下の３つのプロセスを踏む．

① 調査対象範囲の設定
② 現地調査方法の決定
③ 調査票の設計

まず，調査対象の設定とは，調査対象地域の選定および調査対象母集団の決定を意味している．なお，この決定に際しては，調査目的との対応ばかりではなく，実際には調査対象地域の協力の程度，調査日数および費用も考慮する必要がある．次に，現地調査方法の決定とは，質問紙法の場合，調査票の配布・回収方法を検討することである．最後に，調査票の設計とは，(1)で明らかにされた調査課題を具体的な質問項目に変換し，調査票の形式にまとめあげることである．具体的には，質問項目の選定，質問順序の決定さらには質問文と選択肢の作成を行う．この設計は極めて重要であり，この成否は調査の成否を決定的にする．ここでは第２章で述べた ISM 法を用いることとする．

(3) **標本抽出設計**

調査目的に照らして必要となる精度を統計学的に検討し，さらに調査人員・期

間・費用を考慮して調査する対象の一部を一定の原理によって標本として抽出する．この抽出方法に理論的根拠を与えているのが標本論である．

(4) **現地調査の遂行**

以上の検討をもとに現地での直接的なデータ収集を行う．

(5) **集計・分析解釈**

ここでは，現地調査の結果得られたデータを単純集計表やクロス集計表といった統計表にまとめるとともに，調査課題についての検討を(1)で用意した作業仮説ないし論理図式に従って行う．分析手法としては後述する多変量解析などが使われる場合が多い．

2.2.2 調査票の設計

調査票は，現地調査の最も重要な道具であり，この作成は，社会調査の成否を決定的にする．この調査票の設計では，質問項目の選定，質問順序の決定，さらに質問文や選択肢の決定を行う．従来の調査票の設計は，その設計者の経験をもとに行われてきた面が強く，またその設計プロセスそのものが曖昧であったため，調査目的を十分満足しない質問項目の選択あるいは冗長な質問項目の存在，さらに質問順序の論理的一貫性の欠如等のために回答者に困惑を与える場合も少なくなかった．そこで，このような調査票設計上の問題を解決するためにKJ法とISM法を導入した調査票設計プロセス[14]の一例を図2.9に示す．この図のように，調査票設計プロセスは，3つのサブプロセスにより構成されている．ここでは，図2.9に示すプロセスのうち重要な「調査課題の明確化のプロセス」と「調査項目の設定と共通認識の形成プロセス」を中心に述べる．

(1) **調査課題の明確化のプロセス**

調査の目的，立場を明確にし，調査票の設計のための共通認識形成プロセスである．

　ⅰ　調査課題の抽出（ステップ①，②）：実際の調査項目は，調査目的を具体化した目的・意図に対して設定されることから，ブレーンストーミングにより，

```
        S
        │
①  調査票、作成の目的・立場の明示化
        │
②  Brain Storming による調査項目の抽出
        │
③  討議による調査項目の集約化
    (Category 作成)
        │
   NO  ◇ 合意に達したか？    (項目の内容認識)
        │ YES
④  Category の討議プロセスにおける位置づけ
    (目的・制約・入出力・シナリオ)
        │
⑤  各 Category を構成する
    Component の設定
        │
   NO  ◇ 合意に達したか？
        │ YES
⑥  Component 間の因果関連
    構造の把握
        │
⑦  Component 間の論理性の解釈
        │
   NO  ◇ 合意に達したか？  (CategoryとCamponent
        │ YES              の内容ならびに関連の認識)
⑧  各 Component を構成する
    Parameter の設定
        │
⑨  質問項目の選択と質問順序の決定
        │
⑩  調査票の作成
        │
        E

(注) ┌ Category(大項目)
     │ Comprnent(中項目)
     └ Paranater(小項目)
```

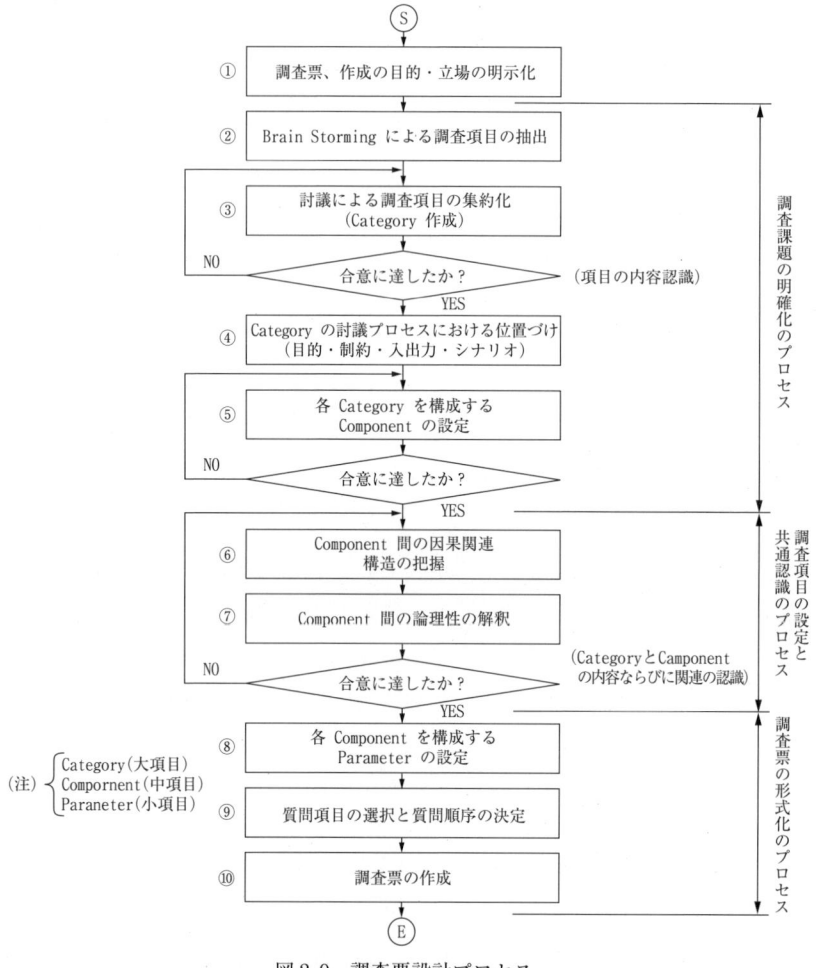

図2.9 調査票設計プロセス

参加者全員の自由な考えにもとづく具体的な調査課題の抽出を行う

ii 調査課題の集約による調査大項目（category）の設定とその階層構造化（ステップ③）：ブレーンストーミングにより抽出された項目は，参加者の自由な発想によるものであり，概念的に同一であったり，あるいは類似な意味の持つものもある．このため，KJ法を用いて各項目の概念の包含関係に着目し，大項目を設定し，項目間の推移性をもとにISM法を用いて大項目を階層化する．

(2) 調査項目の設定と共通認識の形成プロセス

調査課題に対応する調査大項目を，調査票における具体的な質問を考慮して，概念の分割を行う．

i 調査大項目の概念を説明する調査中項目 (component) の設定 (ステップ④)：すでにある大項目を構成する中項目は構成されているが，これらが調査可能か否かを吟味し，また，調査可能で欠落しているものは何かを議論することにより，大項目を構成し，分割する中項目を設定する．

ii 調査中項目の計画プロセスにおける位置づけ (ステップ⑤)：抽出された中項目の表す概念が，図 2.10 に示す計画プロセスのどこに位置づけられるかを規定し，参加者の共通認識を形成する．

iii 調査中項目間の因果関連構造の検討 (ステップ⑥，⑦)：ステップ④，⑤で設定された中項目について，その項目間の因果関連構造を ISM 法を用いて項目間の論理性の解釈を行う．つまり，ISM 法により得られた因果関連構造図をもとに，ある調査項目の内容を把握するためには，どの項目の分析が必要か，あるいはどの項目の分析で十分か，また逆にある調査項目の内容把握はどのような項目の分析を可能とするかといった点を明らかにする．

(3) 調査票の形式化のプロセス

前述の(2)のプロセスの結果得られた中項目関連図をもとに，実際の質問項目の設定を行う．

i 質問項目の設定 (ステップ⑧)：ここでは，ステップ④で設定した中項目について，質問項目となる小項目 (Parameter) の抽出を行う．これは(2)のiii と同様な方法で行われる．

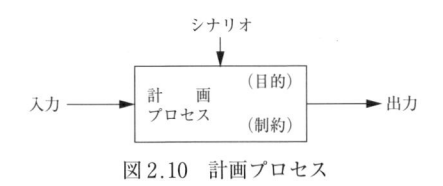

図 2.10　計画プロセス

ⅱ 質問項目の選択と質問順序の決定(ステップ⑨):これらは Category-Component-Parameter の階層構造と Category 間の構造図,Component 間の因果関連構造図によって行われる.具体的には次の事例で示すことにする.

ⅲ 調査票の作成(ステップ⑩):これには,言葉の表現技術が要求される.調査目的と対象者の特性により多様である.ここでは調査小項目を調査票の形式に整えるに際して留意すべきこととして次のような一般的なルール[11]を示しておこう.

a) 個々の質問のなかに,また各質問の間に論理的な問題を含んだ点はないか.
b) 質問の内容は回答者にとって現実性のあるものとなっているか.
c) 質問の内容は回答者にとって質的にふさわしいものとなっているか.
d) 調査課題に対して質問の内容は十分に絞り込まれているか.
e) 質問の意図する回答のあり方が具体的に十分明確なものとなっているか.
f) 質問の全体的な配列が回答者とのコミュニケーションを阻害したり歪めたりする心配はないか.
g) 質問文中の事項や用語の表現および活用は正確か.
h) 質問およびカテゴリーの数は適切か.
i) 調査全体のデザインは,回答者にとって答えやすいものとなっているか.
j) 調査票のデザインは,回収後の集計・分析のために配慮されているか.

以上の留意点のうち a)〜f) については,前述のステップ⑦までの検討で回避することが可能である.ルール g) はいわゆる Wording の問題といわれ,わかりやすい,慣れたことばや文章であるように心がけること,つまり曖昧なことば,主観的なことば,そして難しいことばは使わないようにすることが必要である.また,回答を誘導するようなことばや文章は回避するようにしなければならない.ルール h) は,回収率や有効率に強い影響を与える.

したがって,情報参加している回答者の協力を得られるように,質問が具体的でしかも必要不可欠な最小限のものであるかどうかよく検討しておくことが重要である.ルール i) j) は,調査票設計の総仕上げに関するものである.ルール i) については調査者が回答者と調査票を介してのみ接触することになるため,回答者とのコミュニケーションが円滑化されるように調査表全体の意匠にも十分な工

夫が必要である．最後のルール j) は，調査結果の集計作業の効率化にかかわるものである．そして，分析のための配慮はすでに ISM 法を用いた Category や Component の階層構造化の段階で，すでにターゲットは定まっているはずである．

(4) 調査票設計プロセスの事例

前述の調査票設計プロセス（図 2.9）の具体的な実施手順を，ここでは治水計画のための流域住民意識調査における適用事例として示す．対象流域は四国の洪水常襲流域である．

この調査の目的は，治水計画のために流域住民の情報参加を求め，これにより計画の多次元評価システムを作成することにある．前項のステップ②〜③より，表 2.8 に示す 17 の具体的な調査課題を得た．これは調査大項目の原案である．しかしながら，これらの項目は討議参加者の自由な発想に基づくものであり，概念的に類似なものや同一のものを含んでいる可能性がある．そこで，各概念の包含関係に着目して，ISM 法を適用することにより項目関連構造図を作成し，これをもとに項目の整理統合を行うことにした．こうして，試行錯誤と議論を繰り返し，表 2.8 に対応して得られた構造図として，図 2.11 を得た．

この図から，破線で囲まれた項目群が統合できることがわかる．したがって，調査大項目は，調査票記入者の属性（フェイスシート）を加えて，14 項目に統合・整理した．

次に，前項のステップ④⑤により，これら 14 大項目の概念を説明する中項目の抽出を行なう．

中項目は抽象的な大項目より具体的である．抽出方法は，すでに大項目を設定するために用いた KJ 法の結果も考慮しながら，再度ブレーンストーミングを行い，議論を重ね，結果として表 2.9 を得た．さらに，これらの中項目が図 2.10 に示した計画プロセスのどこに位置づけられるかを規定し，各項目に関する参加者の共通認識の形成を図った．結果は図 2.9 に併示した．

ステップ⑥⑦により，表 2.9 に示した中項目間の関連構造を ISM 法により決定し，項目間の論理性の解釈，すなわち項目間の関連を因果関係でとらえる．これにより目的としている内容を調査結果から語るための検討，つまりある項目の設定や質問順序の決定のための情報を得ることができる．この結果を，図 2.12

表 2.8 具体的な調査課題（生活者のうち住民を対象）

調査目的		治水対策決定の際の評価基準設定のための情報としての住民意識の把握
調査課題	1	望ましい治水対策イメージの把握
	2	治水事業の評価イメージの把握
	3	地区間の対立点と一体感の把握
	4	治水対策手段の選好と規模・配置の願望把握
	5	住民の治水対策行動の把握[注1]
	6	水防活動の実態把握
	7	治水安全度の指標抽出
	8	利水・環境保全機能イメージ把握
	9	現状の治水事業に対する信頼感把握
	10	治水事業と他事業の競合関係に対する意識の把握[注2]
	11	洪水被害経験の把握
	12	各河川事業の目的間の対立・調和に関するイメージ把握
	13	あるべき河川の機能と地域に関する住民意識把握
	14	住民の生活・河川への満足度の把握
	15	居住地区状態（水害危険度）の把握
	16	治水に関する知識レベルの把握
	17	治水機能イメージの把握

注1）住民の被災時（後）の行動・対策，治水対策手段に対する住民の対応，あるいは水害ニュース等の情報入手などを総称
注2）他事業とは河川事業以外のもの

に示す．この図より，たとえば以下のようなことが明らかとなる．

i 治水対策の規模・配置に関する流域生活者の意識は，生活者の選好度(27)，用地買収に関する生活者の対応(10)，河川事業の目的間の競合(26)，地区間の対立点・一体感等の分析により把握が可能となることがわかる．またその結果の評価は，その項目の上位レベルにある，治水事業の恩恵に関する意識(29)あるいは生活満足度(2)等の分析により行うことができることがわかる．

ii 生活者意識のマクロ的な構造が，図 2.13 のように同定された．すなわち，

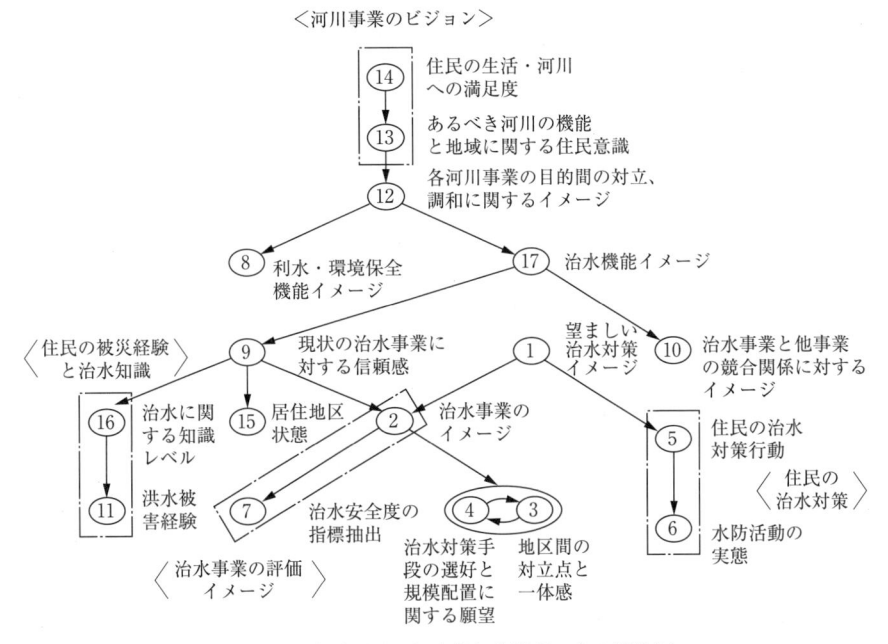

図2.11 大項目間の概念的包含関係による構造図

　調査目的から見て，とくに重要となる「治水対策の選好」は「河川とのふれあい」，「生々しい水害に対する意識」から把握することができ，治水対策の生活者意識への波及効果，「河川との日常的ふれあい」から分析される「河川に対する理念」を把握した上で「生活意識」において評価が可能となる．

　最後に，表3.2に示す中項目に対して，実際の設問項目となる小項目の抽出を最初のブレーンストーミングや文献調査，そしてさらなるブレーンストーミングを経て，結果として図2.14を得た．

　以上の手順からも明らかなように，調査項目を大・中・小と設定することにより，調査項目の概念が明確になる．こうして，項目間の関連構造の把握がしやすくなると同時に調査項目の漏れも防ぐことが可能となる．そして，何にもまして重要なことは次の分析のためのベクトルが見えてくることである．

表2.9 調査大項目と中項目

No.	大項目	No.	中項目	計画プロセスでの位置付け
1.	河川事業のビジョン	①	住民の河川への親近感	制約
		②	住民の生活満足度	入力
		③	望ましい河川像	外乱
		④	望ましい流域像	外乱
2.	利水,環境保全機能イメージ	⑤	望ましい利水機能	制約
		⑥	望ましい環境保全機能	制約
3.	治水機能イメージ	⑦	水害と土地利用の関連	入力
		⑧	水害と生活様式の関連	入力
4.	治水事業と他事業の競合関係に対する意識	⑨	治水事業と他事業の競合関係に関するイメージ	外乱
5.	望ましい治水対策イメージ	⑩	用地買収への住民の対応	制約
		⑪	洪水調節方式の評価イメージ	入力
		⑫	河道改修方式の評価イメージ	入力
		⑬	氾濫源管理方式の評価イメージ	入力
		⑭	砂防方式の評価イメージ	入力
6.	現状の治水事業に対する信頼度	⑪	洪水調節方式の評価イメージ	入力
		⑫	河道改修方式の評価イメージ	入力
		⑬	氾濫源管理方式の評価イメージ	入力
		⑭	砂防方式の評価イメージ	入力
7.	住民の治水対策	⑮	治水事業への住民参加に関する意識	外乱
		⑯	避難の実態	出力
		⑰	水防活動の実態	入力
		⑱	災害補償の実態	出力
8.	治水事業の評価イメージ	⑲	治水事業の利水への影響に関するイメージ	制約
		⑳	治水事業の影響保全への影響に関するイメージ	制約
9.	居住地区状況	㉑	居住地区の水害危険度	入力
10.	住民の被災経験と治水知識	㉒	被災経験	入力
		㉓	河川の歴史に関する知識	外乱
		㉔	治水に関する知識	外乱
11.	地区間の対立点と一体感	㉕	地区間の対立点と一体感	目的
12.	各河川事業の目的間の対立・調和に関するイメージ	㉖	各河川事業の目的間の対立・調和に関するイメージ	外乱
13.	治水対策手段の選好と規模・配置の願望	㉗	治水機能からみた治水対策手段の判断	入力
		㉘	住民の総合的判断による治水対策の選好	出力
		㉙	治水事業の恩恵に関する意識	目的
(14)	記入者の属性	㉚	アンケート記入者の属性	──

2 問題の明確化と社会調査

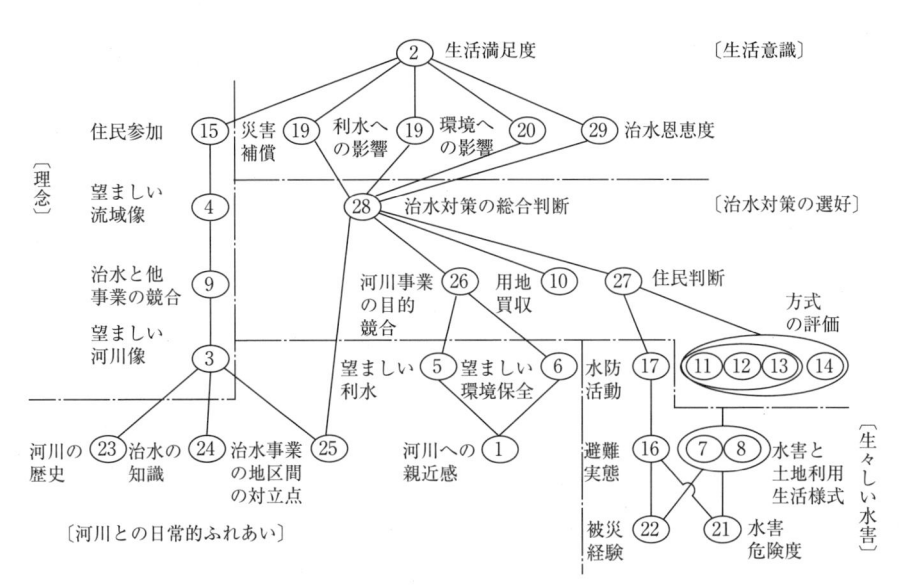

図2.12 中項目間の因果関連構造

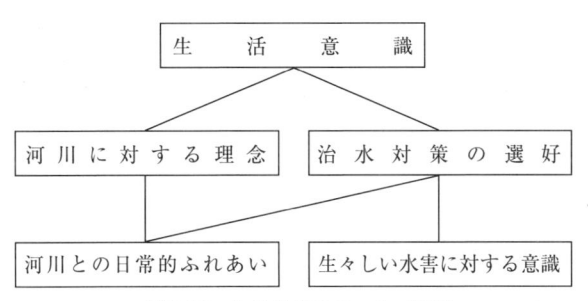

図2.13 生活者意識のマクロ構造

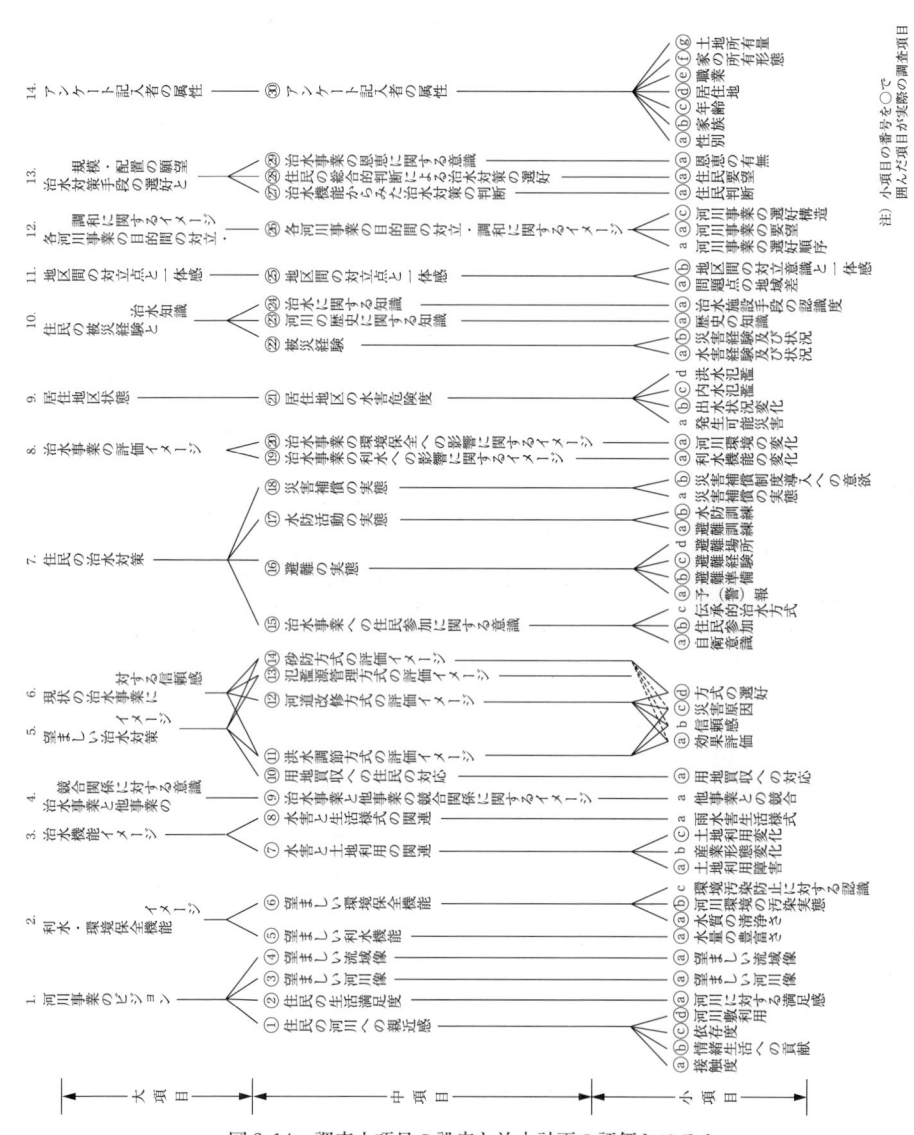

図2.14 調査小項目の設定と治水計画の評価システム

2.3 標本の抽出

ここでは，サンプリング理論[15]に基づき，調査目的に照らして必要となる精度を統計学的に検討し，さらに調査人員・期間・費用を考慮して調査対象の一部を一定の原理によって抽出する．

まず，問題となるのはサンプルの大きさをどの程度にするかということである．このとき，サンプル数を決める前に，調査する標識（状態量か構成比率か？）は何か，何を調査するのかを決め，次に精度をどのくらいにするかを決めなければならない．

2.3.1 サンプル数の決定方法

(1) 標識に状態量を用いる場合のサンプル数の決定

サンプル数の決定のためには，まず精度を決める必要がある．このためには，母集団の大きさ N，母集団の分散 σ^2，母集団の平均 $\bar{X}$ の程度を知る必要がある．母集団の大きさ N は統計書等から容易にとらまえることができるが，その平均や分散は未知の場合が殆どである．そこで，まずプリテスト等を行うことにより平均や分散を推定しておく必要がある．ここでは推定された母集団の分散を σ'^2 としておこう．

次に精度を上げるためには，標本平均の分散 $\sigma_{\bar{x}}^2$ を小さくすれば良い．そして，精度の程度は，母集団平均 $\bar{X}$ の大きさに対して相対的に決めてやれば良い．こうして，サンプルの大きさを決めるための相対精度 $k(\sigma_{\bar{x}}/X)$ を導入する．なお，ここで k は信頼度をあらわすパラメータである．さて，

$$k\frac{\sigma_{\bar{x}}}{X}=a \tag{2.3.1}$$

とおくと，この相対精度は，信頼係数 k を一定とすれば，信頼区間の程度を示すことになる．また，$a\bar{X}=k\sigma_{\bar{x}}$ であるから，$a\bar{X}$ は精度を示すことになる．そこで $a\bar{X}=b$ とおいて，これからサンプル数を決定することにする．

σ'^2 を母集団の推定値とすれば，標本平均の分散は

$$\sigma_{\bar{x}}=\sqrt{\frac{N-n}{N-1}\cdot\frac{\sigma'^2}{n}} \tag{2.3.2}$$

であるから，

$$k\sqrt{\frac{N-n}{N-1}\cdot\frac{\sigma'^2}{n}}=b \tag{2.3.3}$$

を満足するように，サンプルの大きさ n を決定しなければならない．こうして，式(2.3.3)より

$$n\geq\frac{N}{\left(\frac{b}{k}\right)^2\cdot\frac{N-1}{\sigma'^2}+1} \tag{2.3.4}$$

を満足する最小の整数 n をサンプル数とすれば良いことがわかる．

(2) 標識に構成比率を用いる場合のサンプル数の決定

　生活者意識調査などでは推定すべきものが比率である場合が多い．この比率の場合も前述の状態量と同様な考え方で必要サンプル数の決定ができる．

　サンプルの比率 p の分散は，母集団での比率を P とすれば，

$$\sigma_p=\sqrt{\frac{N-n}{N-1}\cdot\frac{P(1-P)}{n}} \tag{2.3.5}$$

とあらわされる．ここで，N, n は各々母集団の大きさとサンプルの大きさである．

　式(2.3.5)は前述の式(2.3.2)と同様な意味を持っているから，相対精度 k における母集団比率 P' を用いれば，式(2.3.1)と同様に次の2式を得る．

$$k\frac{\sigma_P}{P}=a \tag{2.3.6}$$

$$a=k\sqrt{\frac{N-n}{N-1}\cdot\frac{1}{n}\cdot\frac{1-P}{P}} \tag{2.3.7}$$

こうして a を一定にして，サンプル数 n を次式で求めることができる．

$$n\geq\frac{N}{\left(\frac{a}{k}\right)^2\cdot\frac{P}{1-P}(N-1)+1} \tag{2.3.8}$$

式(2.3.8)より，n は P が小さくなるほど大となることがわかる．相対精度が一定ならば，推定しようとする比率 P が小さいほどサンプル数 n は大きくしなければならない．例えば，ダム建設に関するいくつかの項目に関する「反対・賛成」の比率を捉えようとする場合，最も低い比率が想定される項目に注目して，その比率を必要な精度で推定するために必要なサンプル数 n を決定すればよいということになる．

2.3.2　サンプリングの方法

サンプル数が決定されれば，次は実際にサンプルを抽出（サンプリング）することになる．この場合，特にどのような方法で抽出するかが重要な問題となる．標本調査法の理論は，標本が無作為抽出されることを前提としているため，抽出方法が悪ければ見かけ上は無作為であっても実際はそうでない場合もある．こうして，最も重要な標本の母集団に対する代表性が保障されなくなってしまう場合がある．

標本抽出に無作為抽出法を適用する場合の注意を以下に示す．

① 標本抽出には偶然の要素（例えば，ランダムに抽出する）を入れること．
② 標本が母集団を正しく代表するためには偏った標本を選ばないこと．
③ 標本誤差をおさえ，推定精度を高めるためには，多数の標本をとること．

実際のサンプリングに際しては，調査の目的や対象の特性あるいは実施の難易度などを考慮して妥当な抽出方法を選択すれば良い．具体的な方法を示せば，例えば表2.10のようになる．

2.4　現地調査と集計

調査票を作成し，調査対象を決定すれば，次は現地調査の実施である．この場合どのような方法を採用しても実際に調査にとりかかると予想外の事態に遭遇することがしばしばある．ここでは，主として郵便調査法による実際の現地調査の経験を踏まえて，その実施過程における留意すべき技術的課題について述べる．

表2.10 標本抽出法の概略と特徴

標本抽出方式	概　略	特　徴
①単純 　無作為抽出	母集団から直接に無作為抽出する。従って標本の抽出確率はすべて等確率である。	この手法を基準に，他の手法の精度等が議論される。抽出調査に労力時間・費用がかかりすぎる。
②等間隔抽出	単純無作為抽出法の抽出時の煩雑さを改良し，インターバル（N/n）を設定し，スタートをランダムに決め，そのインターバル毎に抽出。	インターバルのとり方により特定の性格が現われる可能性がある。
③2段 　無作為抽出	各段で抽出単位を変える。例えば1次抽出単位を市町村とし，その抽出された市町村から世帯（2次抽出単位）を抽出する。	調査対象が全国単位等の広い地域を対象としている場合有効。推定の制度は単純無作為よりおちる。
④層別 　無作為抽出	層内等質，層間異質となるように母集団を層別し，各層ごとに無作為抽出する。	層別毎の分散は，既存の資料等で調べておく必要がある。推定の精度は単純無作為抽出法より高い。
⑤2相 　無作為抽出	最初に第1次の標本を抽出しておおまかな調査を行なって層別を行なう。この層毎にさらに詳しい調査のために抽出する。	同一サンプルに対してある期間継続して調査する時，脱落サンプルに対処する際に有効である。

2.4.1　現地調査の方法

　標準化された均質なデータを得るために，2.3.2で述べた手順により作成した調査票を用いた調査の実施には，以下のようなものが考えられる．

① 　面接調査法
② 　留置調査法
③ 　郵便調査法
④ 　集合調査法
⑤ 　電話調査法

　これらの調査方法は，各々の方法が持っている長所や短所を考慮して，具体的な調査の諸条件によっては組み合わせて利用される．これらの概要と長所・短所を整理すれば，表2.11を得る．
　この表からも明らかなように，個々の調査方法は各々長所や短所を有している

2 問題の明確化と社会調査

表2.11 現地調査の概要

1) 面接調査法（interviewing method）：調査員（interviewer）が被調査者（interviewee）を訪問して，一定の調査票に従って被調査者に質問し，その答を調査員自身が記録する方法である．この方法の長短はつぎのごとくである．
(a) 調査票の回収率が高い．
(b) 本人自身の答を得ることができ，代人でごまかされる危険が少ない．
(c) 質問をよく被調査者に理解させることができる．したがって無回答を少なくし，正確な回答を得る確率が大きい．
(d) 費用がかかるので調査地域を限ることによる標本誤差（sampling error）が大きい．
(e) 被調査者が不在などで調査ができない場合，追求訪問（call back）が必要であり，調査員の労力，費用は非常に大きい．
(f) 調査員の記録の不一致がある．

2) 留置調査法：調査員が被調査者の家を訪問して調査票を渡し被調査者に記入してもらう方法である．この方法の長短は以下のごとくである．なお，このように被調査者自身に答を記入させる調査方法を自記式（self-administration）という．
(a) 調査票の回収率はやや高い．
(b) 被調査者本人が答えたかどうかわからない．
(c) 質問をよく理解させることができないから無回答が多くなり，正確な回答を得ることが困難である．
(d) 面接調査よりも調査地域を拡大することができる．
(e) 追求訪問をしないから調査員の労力，費用は面接調査よりは少なくてすむ．
(f) 自記式の欠点が大きい．

3) 郵便調査法（mail survey）：調査票を被調査者に郵便で送り，記入した調査票を返送してもらう方法である．
(a) 調査票の回収率が非常に低くなることがある．
(b) 調査票が正しく本人の手に渡るかどうかわからない．したがって，被調査者本人が答えたかどうか疑わしい．
(c) 質問の内容をよく理解さすことができないから，正確な回答を得ることが困難であり，また無回答も多い．
(d) 費用がかからないので他のどの方法よりも調査地域を拡大することができる．
(e) 追求訪問をしないから調査員の労働，費用は面接調査法よりはるかに少なくてすむ．
(f) 自記式の欠点が大きい．

4) 集合調査法：一定の場所に被調査者を集めて説明し，いっせいに被調査者自身に答を記入さす方法である．
(a) 出席率はあまりよくないから調査票の回収率も低い．
(b) 本人自身の答を得ることができて代人でごまかされる危険が少ない．
(c) 質問をよく理解さすことができ，正確な回答を得る可能性が大きく，また無回答を少なくすることができる．
(d) 費用は面接調査法より少なくてすむので面接調査法より幾分調査地域を拡大することができる．
(e) 追求訪問をしないから調査員の労力，費用は面接調査法よりは少なくてすむ．
(f) 集った被調査者のうちの1人の発言でも大きなゆがみを起こさせる危険がある．

5) 電話調査法：電話の持主（または電話の利用が容易な人）を被調査者として調査員が電話で接触し，情報を収集する．
(a) 面接法とくらべれば，直接的に本人をとらえやすい．
(b) 声の上からであるが，大体本人の確認ができる．
(c) 説明の可能性があるから誤解のチェックができる．
(d) 不完全票が少なく，回収率が相対的に高い．
(e) 費用は，安い．
(f) 面接していないからことわりやすい．
(g) 簡単なことしかきけない．深みのある質問を発することは困難である．
(h) もともと電話をもつ世帯しか調査できない．

ことから，実際の調査にとってどの方法が最適であるかは一概に決定できない．このため，経験から得た判断のための一般的基準を示し，調査方法の比較を行った結果を表2.12に示しておく．この表から，調査に伴うコストの制約がなければ面接調査法や留置調査法が好ましいといえる．

表 2.12 現地調査法の比較

比較基準＼調査方法	面接	留置	郵送	電話	集合
1．対象の捉えやすさ	×	○	○	▲	×
2．秘密保持への信用性	△	○	○	△	▲
3．調査員の影響性	×	△	○	△	△
4．内容の説明可能性	○	△	×	▲	△
5．回収層の偏り	○	○	▲	△	○
6．回収率	○	○	×	△	○
7．回答率	○	△	×	△	○
8．回答の質的制約	○	△	△	×	△
9．回答の量的制約	○	△	△	×	△
10．人的コスト	×	△	○	△	○
11．時間的コスト	△	△	×	○	○
12．金銭コスト	×	△	○	△	○

(注) ○は明白に優位，×は劣位，△はどちらともいえない．
▲はどちらかといえば優位，△はどちらかといえば劣位．

2.4.2 サンプリングの実施

ここでは，調査目的に応じた母集団を決定することおよびその母集団を最もよく表している信頼性の高いサンプリング台帳を入手することである．場合によっては，プライバシー問題で入手できない台帳も存在する．

また，サンプリングにより母集団を代表するサンプリングリストを作る場合，一定の期間内に必要最小限の回収票を確保するために，例えば不在・転居・拒否・非該当等のことを考慮に入れて，それだけ余分の票数を選定することも考えおく必要がある．

2.4.3 調査票の配布・回収・集計

この段階で初めて被調査者と接触することになる．この場合，被調査者に「お願い状」を配布発送して調査の協力を求めることや，調査実施者側の方で調査の具体的進行過程についてのルールを決めておく必要がある．

さて，回収が完了すれば調査票の内容を点検する．点検は，サンプル番号の確

認から始まって調査票の記入漏れや誤記入の有無を調べる．これにより，分析から除く脱落票を明らかにする．

次は，各調査票の回答の記号化，すなわちコーディングを行う．コーディングにさいしては無回答の取り扱いに注意する必要がある．

2.5 分析と解釈

現地調査で得られたデータはまず単純集計やクロス表といった統計表に整理される．ここでは，これらを基礎として調査課題について検討を行う．分析は2.2で述べたように調査票の設計段階で用意した作業仮説ないしは論理図式に従って進められる．すなわち，調査票の設計段階においてISM法による調査項目間の定性的な因果関連構造の把握を行っている．これは，調査課題の解釈のための論理図式，すなわちイメージモデルである．

ここでは，このイメージモデルを現地調査によって得られたデータにより定量的に検討していく．この分析手順を図2.16に示す．なお，分析手法は後述する．

手順1：調査票の設計段階で作成したイメージモデルによって，「ある項目の

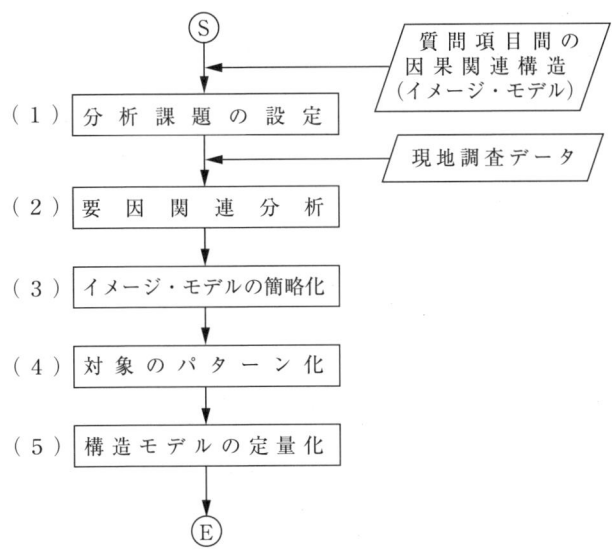

図2.16 イメージモデルから構造モデルへ

内容把握のためには，どの項目の分析が必要か」「ある項目の内容把握により，どの項目の分析が可能か」という分析課題を明らかにする．

手順2：現地調査によって得られたデータを用いて，分析課題について検討する．具体的にはイメージモデルに従って質問項目（要因）相互の関連をクロス集計表をベースに検討する．この分析により，イメージモデルにおける要因関連の妥当性を検討し，必要ならばイメージモデルの修正を行う．この分析では要因間の関連を定量化するために属性相関係数や順位相関係数等が用いられる．たとえば，クラメールの関連係数[9)28)]は，用いた項目間の関連の強さを表し，次式で表現される．

$$クラメールの一般化\phi係数 = \left[\frac{\chi^2}{\{N(k-1)\}}\right]^{\frac{1}{2}} \qquad (2.5.1)$$

これは，0.00～1.00の範囲で，2つの要因が完全に独立なときは0.00となり，完全な関連のときは1.00の最大値をとる．一般に0.1以上で関連があるとされる．ただしχ^2はカイ2乗値，Nはサンプル数，kは2項目のカテゴリー数（選択肢の数）の少ない方の数である．

なお，χ^2（カイ自乗値）は，観測度数と期待度数とのズレを定量化する測度として用いられ，

$$\chi^2 = \sum_{i=1}^{r}\sum_{j=1}^{c}\frac{(n_{ij}-E_{ij})^2}{E_{ij}}$$

で表される．ここでn_{ij}は観測度数であり，要因Xのカテゴリーiと，要因Yのカテゴリーjをみたすサンプル数を示す．また，E_{ij}は期待度数であり，

$$E_{ij} = N(P_{Xi})(P_{Yj})$$

である．ただしP_{Xi}は要因Xのiカテゴリーでの発生確率，P_{Yj}は要因Yのjカテゴリーでの発生確率で次式で表される．

$$P_{Xi} = \frac{1}{N}\sum_{j=1}^{c}n_{ij} \qquad P_{Yj} = \frac{1}{N}\sum_{i=1}^{r}n_{ij}$$

手順3：ここでは，要因関連分析により把握された要因相互の関連状況をもとに，関連の強い要因群から代表要因を抽出することやあるいは関連の強い要因を組合わせてパターン化を図ることにより，調査課題に係わる本質的な要因を明らかにすることによりイメージモデルを簡略化する．

手順4：対象のパターン化を行う．ここでの対象とは，現地調査の対象となった個々のサンプルである．このパターン化の目的はサンプルの特性毎に構造を単純化することにある．

手順5：パターン毎にイメージモデルを定量化する．

【事例2.3】バングラデシュにおける飲料水ヒ素汚染軽減のための社会環境調査[17]

現在，世界各地で地下水のヒ素汚染が発見されている．なかでも，バングラデシュは，経済的な貧しさ，多様な大災害（洪水，渇水，塩害など），識字率（50％未満）を考えると，地下水ヒ素汚染に対して最も脆弱な地域のつとして挙げることができるだろう[18]．バングラデシュでは，飲料水のほとんどを井戸から得ており，現在，地下水のヒ素汚染が全国的な問題となっている．地下帯水層におけるヒ素の流出過程は未だ不確定な部分が多いが，ヒ素に汚染された水を飲みつづけると，皮膚病やガンなどの多様な症状をきたすことが分かっている[19][20]．しかし，バングラデシュでは，大災害による被害や経済的な貧しさにより，ほとんど自力で有効な対策がなされておらず，他国や様々な機関からの技術的・経済的支援に頼っているのが現状である．

しかしながら，実際に現地を観察してみると，こういった支援も効果を果たしていないものが多いことが分かる．こういった支援の多くは，単にヒ素を除去できる装置を現地に置いてくるというもので，現地では，使い勝手が悪い，メンテナンスが難しく費用も高い，本当にヒ素を除去できるのか分からないなどといった理由で実際には受け入れられていないのである．ヒ素汚染問題を考えるには，まず，現地の状況を把握し，その受容性を十分考慮する必要があるといえるだろう．そこで，本節では，

1）現地のヒ素汚染問題を考えるには，現地の社会環境を把握しなければならない．

2）飲料水ヒ素汚染問題は現地住民が抱える多くの問題の1つである．

といった観点から，現地で受容可能な代替案を総合的に考察することを最終的な目的とし，まず調査票を作成し，実際に現地でインタビュー調査を行うことにした．

(1) 現地調査の概要

現地 NPO(Non-Profit Organization)である EPRC(Environment and Population Research Center)の全面的な協力により現地調査を行った．調査地域は，現地 NPO の意見を参考にし，洪水被害，ヒ素汚染状況，調査費用を考慮し，選定を行った．というのも，洪水被害の大きい地域では，雨季では調査がほとんど不可能となり，またヒ素汚染がひどく人的被害が大きければ，我々日本人が行くことにより，現地の人々に過剰な期待を与えてしまう可能性があるためである．以上より，調査対象地域としたのは Manikganj 地方の Singair（首都ダッカから西へ約 27 km）にある，2 つの村，Azimpur（アゼンプル）及び Glora（グローラ）である．

Singair において，アゼンプルは最もヒ素に汚染された地域の 1 つで，経済的にも貧しく，一方グローラは最もヒ素に汚染されていない地域の 1 つで，経済的にも比較的豊かである．なお人口，識字率，tubewell（地下水を汲み上げるポンプ式の井戸でヒ素に汚染されている可能性がある）の数は，おおよそ，アゼンプルでは 4,000 人，25％，400 個であり，グローラでは 1,500 人，53％，300 個である．図 -1 に Singair の位置と全国の井戸のヒ素汚染状況[1]を示す．図 2.17 によれば全国的に見ると対象地域のヒ素汚染状況は中程度と考えられる．

現地インタビュー調査は EPRC のスタッフにより，2003 年 9 月から 11 月にかけて行われ，著者らが同行したのは 9 月 3 日から 8 日である．インタビュー調査で用いた調査票は KJ 法と ISM 法を用いて著者達で作成した（日本語で作成後，英語，ベンガル語に翻訳した）．この調査票は，1）個人情報，2）飲料水に対する行動，3）飲料水に対する認識，4）ヒ素被害を緩和するためのオプション，5）現在の生活状況に関する 5 つの大項目から成り，質問項目は全 50 項目である．なお現地インタビュー調査で得たサンプル数はアゼンプルで 110，グローラで 103 である．

現地調査で観察した限りでは，アゼンプルの 1 つの集落だけで十数個のヒ素除去フィルターがあった．しかし，使用されているものは，そのうち 2 つのみで，住民たちだけでメンテナンスを行うことができ，安全性を頼されているものは 1 つだけであった．このフィルターは付近住民で共有しているとのことである．

また，ヒ素に汚染されておらず（現地ではヒ素に汚染された井戸を赤，汚染さ

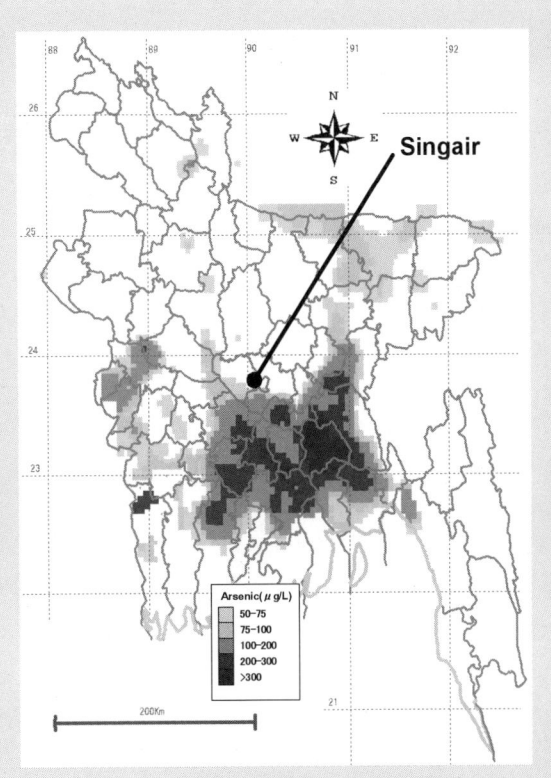

図 2.17 Singair の位置とヒ素汚染状況[1]

れていない井戸を緑に塗って区別している),水質的にも信頼できる井戸は 1 つで,これは 7 年前に造られた個人所有の井戸であった.この井戸は付近住民で共有されており,中には 15 分以上かけて汲みにくる人もいるとのことである.この井戸の所有者によれば,飲料用のみのために汲みに来られる分には問題ないとのことであった.しかしながら,付近住民で共有されているフィルターの場合,9ヶ月前に導入され,今まで 1 度もメンテナンスが行われておらず,安全性は不明であるが使用されていた.

(2) 調査票の作成
以下の 5 つの段階を通じて,質問紙を作成した.
1) 質問項目素案の作成
生活者のヒ素汚染に対する認知,汚染飲料水に対する意識の構造を明らかにす

るための質問項目を，調査グループで検討した．対象地域における社会的な脆弱性と受容性を計量化するために必要と思われる質問項目をブレインストーミングにより作成し，それらを集めたものを素案とした．この段階では質問は約100項目であった．

2）質問項目の分類と項目の絞込み

1）での素案をKJ法により経験，現在の飲料水，ヒ素の知識，水汲み，ヒ素に関する意識，飲料水に対する安全意識，利用意思，協力意思の9つのグループに分類し，重複した項目や，調査の目的から外れた項目を取り除くことで，項目を絞った．

社会調査は，バングラデシュの現地協力者を調査員（インタビュアー）として訪問面接形式で行う．このことを考慮し，調査員の違いによる質問項目への認識の相違を押え，短期間の調査で，多くの調査結果を得られることを目的として，以下の点に考慮し，質問項目の絞込みと修正を行った．a）質問文を簡潔にする，b）専門用語をなくし，誰もが理解できる言葉で表現する，c）意味や範囲が不明確な言葉は使わない（使う場合は説明をつける），d）誘導的な質問をしない，e）1つの質問で複数のことを聞かない，f）必要以上にプライバシーにふれない，g）質問相手を明確にする，h）自由回答方式をなくし，選択形式をとる．

これにより質問項目は約50項目に絞られた．

3）質問順序の検討

9つのグループに分類した上記の質問項目をISM法により構造化した．この結果，これまでの「経験」が「現在の行動」・「ヒ素に関する知識と意識」を決定しており，これにより「飲料水に対する意識」の中にリスクという考え方が追加される．この意識が，飲料水に対する不安感を募らせ，オプションの必要性を認識させることによって「オプションに対する考え」が変化し，利用意思やそのための活動への参加意思が生まれるという構造になった．この構造化にもとづき質問項目の順序を決定した．

4）質問紙の翻訳

調査対象地域はバングラデシュであり，調査員は現地住民であるため，質問紙の翻訳が必要となる．まず(3)の結果を英訳し，研究グループでのチェックを行った．これより明らかになった，質問項目の不明確な部分を修正し，さらにベンガル語訳を現地協力者に行ってもらった．

5）プレテストの実施と最終調整

調査グループが現地調査のため対象地域を訪れた際に，本調査実施前に限られ

た数の人々に対して行う準備調査であるプリテストを調査員に2回行ってもらい，そのたびに質問項目や回答選択肢に関する疑問点を挙げてもらった．日本との文化の違いや，翻訳段階での翻訳者の誤認識によりいくつかの修正が必要となったため，質問項目を修正した．2回目の修正版をもって，完成とした．質問票は5つの大項目【個人情報】，【水に関する行動】，【水に関する知識】，【オプションの使用】，【生活状況】からなり，項目数は50である．

(3) 調査の実施

現地で実際インタビューを行ったのは，現地NPOである，EPRC(ENVIRONMENT AND POPULATION RESEARCH CENTER)のRajib氏，Azad氏，Tofayel氏である．なお，インタビューに日本人が関わると，回答者に対して何らかのバイアスを与えてしまう恐れがあるため，日本人はインタビューに関わらないようにした．

我々の現地調査後，現地NPOによりインタビューが行われた．進捗状況を管理するため，50サンプルごとに日本に送付する形をとり，全200サンプルがそろったのは4ヵ月後だった．幸い紛失はなかったものの，現地の郵便事情を考えると郵便物の紛失の恐れがあるため，現地でコピーを取り，EPRCでコピーを保管，原版を日本に送ることとした．

現地調査で観た限りでは，アゼンプルの1つの集落だけで，十数個のヒ素除去フィルターがあった．しかし，使用されているものは，2つで，住民たちだけでメンテナンスを行え，安全性にも信頼できるとされているものは1つだけだった．このフィルターは付近住民で共有しているとのことである．

(4) 単純集計とその考察

1) 単純集計結果

アゼンプル110サンプル，グローラ103サンプルに関して，アゼンプル(A)，グローラ(G)，アゼンプルとグローラの合計(A＋G)としてその集計結果をまとめた．

2) 単純集計結果の考察

アゼンプルとグローラにおいて，比較的大きな違いがあったのは，識字，職業，井戸の色，水に関する行動や心理，薬が手に入りやすいか否か，である．これはアゼンプルが貧しくて，ヒ素汚染が激しく，比較的商店などが近くにある，にぎやかな地域であること，またグローラが豊かで，ヒ素汚染が少なく，商店などが

全くない地域であるということを考えれば，ほぼ当然な結果といえるだろう．また知識や関心に関することは，2つの村で似たような結果であった．すなわち汚染程度にかかわらず，ほとんどの住民はヒ素汚染に関する知識や関心をもっているようで，安全性の改善のためにはコスト（金銭的 and/or 肉体的）をかけるといっている人も多く，ヒ素汚染に対する意識の高さがうかがえる．ただ，ヒ素が技術的に除去できることを知らない人も多い．また，現在悩んでいることに関しては，ほぼ半数の人が仕事や収入に悩みを持っており，次にヒ素問題を悩んでいる人が多いが，悩みが多すぎてしぼれないという人が3分の1を占めている．現地住民は経済的な貧しさやヒ素汚染問題だけではなく，多様な問題を抱えているといえるだろう．またヒ素汚染リスクの情報の入手手段は，コミュニティー関連（近所の人，コミュニティー，家族），メディア関連（テレビ，ラジオ），キャンペーン関連（キャンペーン，テスター）と大きく3種に分けて考えると，特にメディアが大きな役割を担っていることがわかった．

(5) 項目間の関連分析

質問項目の関連性を明らかにするため，各大項目ごとに式(2.16)のクラメールの関連係数を用いて，項目間の関連の強さを明らかにする．ここでは項目間の一般的な関連をみるため，2つの村の合計213サンプルを用いた．結果の1例（大項目4：ヒ素被害を緩和するためのオプション）を表2.13及び図2.18に示す．

なお，表2.13では，関連係数が0.1以上0.2未満を関連ありとし"○"，0.2以上0.3未満をやや強い関連ありとし"◎"，0.3以上を強い関連ありとし"●"で表現している．また図2.18は，0.3以上の強い関連を太線で，0.2以上のやや強い関連を細線で表現している（ここでは，複数選択可の項目は除外している）．なお大項目4における項目は，『|31|井戸の使用』，『|32|自分の家の井戸が飲料用 and/or 料理用である』，『|33|ヒ素汚染に関心ある』，『|34|ヒ素被害緩和のために工夫している』，『|36|安全な井戸を使用している』，『|39|井戸を地域で共有したい』，『|41|安全な水を得るために何らかの負担をしても良い』，『|42|安全性の向上に金 and/or 労力をかけても良い』，『|43|水質の改善に金 and/or 労力をかけても良い』，『|44|水量の改善に金 and/or 労力をかけても良い』，である．ただし項目の前に付いている数字は，調査票で用いた通し番号である．ここで得た，項目間の関連の強い集合は，質問に対して回答がほとんど同じ反応を示しているといえる．

以上のクラメールの関連係数から代表項目を選定するとともに，後の分析目的

表 2.13 大項目 4 内での関連

	31	32	33	34	36	39	41	42	43	44
31		○			○		○	○		
32			○	●	●					
33				◎	◎		○	○		○
34					●		○	○		○
36							○	○		
39								◎	○	○
41								○	●	◎
42									●	●
43										●
44										

○：0.1〜0.2　◎：0.2〜0.3　●：0.3 以上

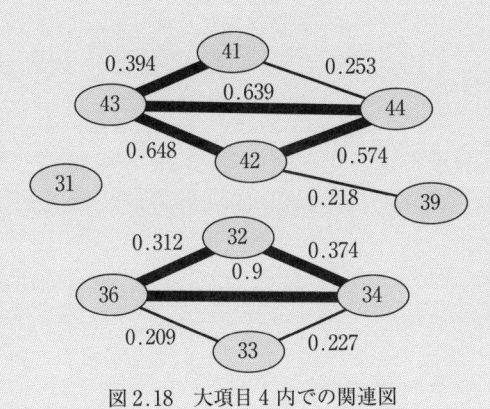

図 2.18　大項目 4 内での関連図

表 2.14 主要項目の調査結果（単純集計）

項目		カテゴリー	アゼンプル（人）	グローラ（人）
{3}	識字	Yes	49	80
		No	60	22
{7}	家族数	4 人以下	32	31
		5, 6 人	44	44
		7 人以上	34	28
{15}	現在の飲料水に満足している	Yes	27	60
		No	83	43
{17}	水運びは肉体的に苦痛である	Yes	77	18
		No	33	83
{32}	自分の家の井戸は飲料用 and/or 料理用である	Yes	67	94
		No	42	8
{34}	ヒ素被害緩和のために工夫している	Yes	64	53
		No	54	50
{41}	安全な水を得るために何らかの負担をしても良い	Yes	90	80
		No	19	22
{51a}	ヒ素に悩んでいる	Yes	42	41
		No	68	62
{51b}	仕事／収入に悩んでいる	Yes	51	51
		No	59	59
{51c}	psychological	Yes	28	38
		No	82	65
{53}	薬が手に入る	Yes	73	49
		No	37	52

に照らし合わせて論理的に意味のある項目を表2.14に示すことにしよう．

2.6 格差社会システムの分布

現在の日本社会の多くの側面において，社会的平均が意味を持たなくなり，経済的な勝組みか負組みかが流行として喧伝されている．そして，負組みの中に高齢者や要介護者等を含み厳しい社会環境の整備が自立だとか民営化等という政策として実行されている．簡単に言えば，日本社会全体が白内障（知的老齢症候群）にかかり，ぼーっとしか社会現象が見えず，スポット的なつまらない社会現象や論理的におかしい詭弁を，スポットライトを受けているという理由だけで，それがいいんだという錯覚に陥り，仕方がないからこれしかないと思い込み，社会的弱者（自分自身も含め）を無視し，大勢に乗り遅れないように，自らマインドコントロールを仕掛けていると言えよう．

社会現象を理解しようとするとき，一般的に目的論的に意味のある社会特性に着目（モデル化）して考えるという手法をとる．社会システムは，個々の社会作用素（個人，コミュニティ，都市・地域，国等）のはたらきと社会作用素間の関係を表す構造により構成される．そして，このシステムに時間軸を導入し，社会システムの安定性の議論が重要となる．しかしながらその前に，この社会システムを構成する作用素をどのように認識しているかという議論を行う必要がある．このため，社会分布とは何かを考えなければならない．これを統計学の基礎理論における前提条件と仮定を土木計画学の視座から考えてみよう．

2.6.1 母集団と標本

統計学では社会作用素（以下個人と考える）の集合を母集団（population）や標本（sample）という．母集団は社会を構成する全体の集団で，これに対して母集団の中から選ばれる一部分の集まりのことを標本という．従って，誰のための計画かという問題に対して，どのような母集団を対象とするか，そしてどのような標本を採択するかが非常に重要な問題となる．例えば，1961年の伊勢湾台風大水害や1995年の阪神淡路大震災の被災経験（多くは環境質の悪い生活）者とその他の人のリスク認知の差の拡大が進んでいる．世界（特に開発途上国）でも21世紀に入ってからの日本でも，貧富の差が拡大している．後者では所得のジニ係数[21)22)]（不平

等を図る尺度，平等であれば0に近づき，不平等であれば1に近づく．そして，この値が0.5であるとは総所得の1/4の人が3/4の所得を得ている状態を表す）が21世紀に入って0.5に近づいている．仏独型より英米型に向かっている．最近の中国や開発途上国では，経済発展とともに，富める人はより富み貧しい人はより貧しくなってきている．日本社会も貧富の差に応じて消費行動が2極化してきている．土木計画者はこのような社会における平均とか偏差とは何かを改めて問う必要がある．このため，統計学の最も美しい正規分布を構成する前提条件とは何かをまず明らかにしよう．それは，どのような母集団を対象とし，標本をどのように選択するかの問題でもある．

例えば都市・地域の生活者が，被災経験の有無と貧富で4つのグループで構成されているとしよう．そして被災経験者は少なく貧しい人が多いとする．これが本来の母集団であるとしよう．なんらかの都市・地域全域的な計画を作成するとしよう．このとき，どのような標本を採ればよいのかが問題になる．統計学の教えるところによれば，標本は代表的標本でなければならないと教え，最も単純でわかりやすい方法は，単純無作為抽出法であると教えてくれる．

問題は統計学の理論体系にあるのではなく，何を目的とした計画かによって母集団をどのように見，標本をどのように選択するかという問題であろう．経済的成長をし続け，豊かなアメニティを追求し，そして高水準のハイテク化と民間の災害保険なども含めた高福祉高負担の地域・都市の計画を平均的な指標で作成するとしよう．もしそうならば，1つの極の被災経験者で貧しい人たちは（算術平均値の上昇に寄与できないという理由で）災害保険会社からはもちろん計画者からも無視され，もう1つの極の生活環境質の高い被災経験のない富める人たちを中心に計画していくほうが算術平均的な目標達成が容易で効率的であることが推察できよう．このとき公共とは何かということが問題になろう．

私たちが社会システムを考えるとき，多くの場合統計学を使う．まず，統計学を用いて「うそ」をつかないためにはどのようなことに注意が必要かを一般的に以下に述べておこう[23]．

① 統計の作成：例えば，算術平均，幾何平均，中央値，最頻値で地域・都市の平均的姿をイメージするかが重要になる．算術平均では貧しい人の影は薄くなるが，少なくとも中央値や最頻値では陽に貧しい人が出てくること

になる．こうして，ジニ係数が極めて高い都市・地域（国）でその平均像を記述するためには算術平均が意味をもたないことがわかる．

② 調査方法：例えば，標本数の多少と算術平均が意味を持つか持たないかによって調査方法が変わる．

③ 隠蔽したデータ：算術平均と中央値が異なっている場合，どちらの平均値を使用しているかを明らかにしなければならない．また，ある大災害で死者数のうち60％が高齢者であるというためには，高齢者の生活の質が低かったのかどうかという知識を伴わなければどのような意味があるかを考えなければならない．同様に，最近やっと公表されるようになった，ある都市・地域で，大地震でおおよそ10000人が死亡するという推計値が公表されても，どのような条件が重なったときにどのような属性の人が死亡するのかがイメージできなければ，この推計値はどのような意味を持つだろうか．

以上のほかに，統計的結果を解釈するときに問題のすりかえを行なっていないか，そして本当に意味のある結果なのかどうかを十分考える必要がある．次に，統計学で最も基本となる確率論の多くは極限の形で述べられている．以下これについて考えてみよう．

2.6.2 大数の法則と平均値[24)25)26)]

一般に，ある事象 A の起こる確率 $P(A)=p$ が与えられているとき，n 回独立試行を行なって A が x 回起こる確率は，次式のような 2 項分布 $B_{n,p}(x)$ (binomial distribution) で与えられる．

$$f(x) = {}_nC_x p^x (1-p)^{n-x} \quad (x=0,1,2,\cdots,n) \tag{2.6.1}$$

なお，平均と分散はそれぞれ $\mu=np$，$\sigma^2=np(1-p)$ であることが知られている．

2項分布で n を大きくすれば，この分布はだんだん対称形になる（注；μ を固定して n を大きくしていくとポアソン分布になり，1日の交通事故数や1ヶ月の有感地震の回数など，非常に多数の人や物の中で，あまり起こらない事柄によく当てはまる分布）．確率変数 X が平均値から標準偏差の α 倍以上離れている確率は全体の $1/\alpha^2$ より小さい（$1-1/\alpha^2$ より大きい）ことを表すチェビシェフの不等式

$$\frac{1}{\alpha^2} \geq P(|X-\mu| \geq \alpha\sigma) \Leftrightarrow 1 - \frac{1}{\alpha^2} \leq P(|X-\mu| \geq \alpha\sigma) \tag{2.6.2}$$

で，先の平均と偏差を代入すれば，任意の正数 α に対して，次式が成立する．

$$P(|X-np| \leq \alpha\sqrt{np(1-p)}) \geq 1 - \frac{1}{\alpha^2}$$

また，確率 P は 1 を越えることはないから，上式のカッコ内の両辺を n で割ると次式を得る．

$$1 \geq P\left(\left|\frac{X}{n}-p\right| \leq \alpha\sqrt{\frac{p(1-p)}{n}}\right) \geq 1 - \frac{1}{\alpha^2} \tag{2.6.3}$$

ここで，α をどのように大きくしても，$\sqrt{n}$ をそれよりもっと大きくすれば，$\alpha\sqrt{p(1-p)/n}$ はいくらでも小さくすることができる．$\alpha\sqrt{p(1-p)/n}$ を ε と書けば式 (2.6.3) は次式となる．

$$1 \geq P\left(p-\varepsilon \leq \frac{X}{n} \leq p+\varepsilon\right) \geq 1 - \frac{1}{\alpha^2} \tag{2.6.4}$$

ここで，α を十分大きくとれば，式 (2.6.4) の確率は 1 に限りなく近づく．そして，n を α^2 に比べて十分大きくすれば，ε は非常に小さくなるから，X/n が p に近い値をとる確率がほとんど 1 になることを示している．こうして，つぎの法則を得る．

大数の法則：1 回 1 回の試行で，ある事象 A が起こるかどうかは何ともいえないが，試行回数を増せば増すほど，その事象の起こる割合は一定の値 p に近づいてくる ⇒ 2 項分布 $B_{n,p}(x)$ で $t=x/n$ とおいて $n\to\infty$ とすると，t の分布はディラックのデルタ $\delta_p(t)$ に近づく．

なお，ディラックのデルタとは以下のような性質をもつと定義する．

$$\delta_a(x) = \begin{cases} 0 & (x \neq a) \\ \infty & (x = a) \end{cases}, \quad \text{ここに} \int_{-\infty}^{\infty}\delta_a(x)dx=1, \quad \int_{-\infty}^{\infty}\delta_a(x)f(x)dx=f(a)$$

チェビシェフの不等式は 2 項分布だけでなく，どのような分布に対しても当てはまるから，式 (2.6.4) から，大数の法則は $n\to\infty$ のとき $X/n=p$ であることを主

張する．これを形式的に記述すれば以下のようになる．

弱大数の法則：確率変数列 $X_1, X_2, X_3, \cdots\cdots$ が独立（無限個の確率変数が独立であるというのは，そのうちの任意の有限個の確率変数が独立なこと）で，平均値 μ と有限の分散の同じ分布関数をもつとする．このとき任意の $\varepsilon>0$ に対して次式が成立する

$$\lim_{n\to\infty} P\left\{\left|\frac{X_1+\cdots+X_n}{n}-\mu\right|<\varepsilon\right\}=1 \tag{2.6.5}$$

強大数の法則：$\{X_n\}$ は上の条件を満たすものとし，任意の $\varepsilon>0$, $\delta>0$ に対して，ある番号 $N=N(\varepsilon,\delta)$ が存在し，すべての $\gamma>0$ に対して次式が成立する．

$$\lim_{n\to\infty} P\left\{\left|\frac{X_1+\cdots+X_n}{n}-\mu\right|<\varepsilon, n=N, N+1,\cdots, N+\gamma\right\}\geq 1-\delta \tag{2.6.6}$$

$\{X_n\}$ を1つの確率空間上の可測関数と考えれば，上式は次のようになる．

$$P\left\{\lim_{n\to\infty}\frac{X_1+\cdots+X_n}{n}=\mu\right\}=1 \tag{2.6.7}$$

以上が大数の法則の説明である．何ら前提条件を考えずに結果，$n\to\infty$ のとき $X/n=p$, だけで社会システムの平均を考えてよいのかどうかという問題が生じる．この議論は理論の是非の問題ではないことは自明であろう．社会システムで考えなければならないことは，母集団から抽出した標本の特性を表す確率変数列が本当に独立であるかどうか，平均値をもってしても意味があるのかどうか，さらに本当に有限の分散の同じ分布関数をもつのかどうかであろう．たとえば，社会調査で何とか平均値らしきものがわかったとしても分散が有限かどうかわからない場合はどうすればよいのか（有限だと仮定し，どのような分布形をもっているかわからないような場合は，チェビシェフの不等式を用いて議論は可能である[25]が）等など，社会システムで平均を考える場合，理論の前提条件や仮定を十分に考える必要があろう．式(2.6.7)のような算術平均が標本数を増加させれば平均値になるという論理の前提と，この平均値の意味の有無を，2.6.1で言及した母集団の設定と重ね合わせて社会システムでは真剣に考えなければならない．次に統計学のよりどころとなる確率論における中心極限定理を考え，社会システムを正規分布を中心として考えることの是非を議論しよう．

2.6.3 中心極限定理と正規分布

中心極限定理：確率変数列 $\{X_n\}$ が独立で，平均値 μ と X_n の共通の分散 σ^2 をもつとするとき次式が成立する．

$$\lim_{n\to\infty} P\left\{a \leq \frac{X_1+\cdots+X_n-n\mu}{\sqrt{n}\,\sigma} \leq b\right\} = \frac{1}{\sqrt{2\pi}} \int_a^b e^{-\frac{x^2}{2}} dx \tag{2.6.8}$$

2項分布 (2.6.1) では，x は $0,1,2,\cdots$ という離散変数であったが，式 (2.6.8) では連続変数と考えている．式 (2.6.8) の右辺は，平均 0 分散 1 の標準正規分布 $N(0,1)$ である．この証明を詳述することが本項の目的ではないので，その証明プロセス[26]を略述しておこう．

準備：$f(t)=\dfrac{1}{\sqrt{2\pi}}e^{-\frac{(t-\mu)^2}{2\sigma^2}}$ で定義される分布を，平均 μ，分散 σ^2 の正規分布とよび，$N(\mu,\sigma^2)$ で表し，$x=\dfrac{t-\mu}{\sqrt{2}\,\sigma}$ とおき，$\dfrac{1}{\sqrt{\pi}}\int_{-\infty}^{\infty} e^{-x^2}dx=1$ を示し，この分布の平均と分散が μ, σ^2 となることを確認する．

証明方針：2項分布 $B_{n,p}(x)$ で $t=x/n$ とおいて $n\to\infty$ とすると，t の分布はディラックのデルタ $\delta_p(t)$ に近づくことがわかっているが，x/n ではなく $t=(x-\mu_x)/\sigma_x$ とおき $n\to\infty$ にすると，その分布が $N(0,1)$ に近づくことを証明する．

証明プロセス：ただし，以下 $p+q=1$ とする．

i 極限では，t は連続変数になるから $\Delta x=\sigma_x\Delta t=\sqrt{Npq}\,\Delta t$, $f_n(t)\Delta t=B_{n,p}(x)\Delta x$ となる．

ii $f_n(t)$ を展開し，スターリングの公式 $n!\sim\sqrt{2\pi}\,n^{n+1/2}e^{-n}$ と $t=(x-np)/\sqrt{npq}$ の関係式を用いて，次式を導く．

$$f_n(t) \sim \frac{1}{\sqrt{2\pi}}\left(1+\sqrt{\frac{q}{np}}\,t\right)^{-np-\sqrt{npq}\,t-\frac{1}{2}}\left(1-\sqrt{\frac{p}{nq}}\,t\right)^{-nq+\sqrt{npq}\,t-\frac{1}{2}}$$

iii つぎにこの右辺の $\sqrt{2\pi}$ 倍を A とおいて $-\log A$ を考え，x が十分小なとき $\log(1+x)=x-\dfrac{x^2}{2}+O(x^3)$ という性質を用いて次式を導く．
$-\log A=\dfrac{1}{2}(p+q)t^2+O(n^{-\frac{1}{2}})$

iv $\log A$ の極限を求める．以下のような結果を得る．
$\lim_{n\to\infty}\log A=-\dfrac{1}{2}t^2 \Rightarrow \lim_{n\to\infty}f_n(t)=\dfrac{1}{\sqrt{2\pi}}e^{-\frac{t^2}{2}}$

右辺は $N(0,1)$ であることがわかり，証明を終える．

ここでの前提条件は確率変数列 $\{X_n\}$ が独立で，平均値 μ と X_n の共通の分散 σ^2 をもつということであった．私たちが社会システムをじーっと眺めたとき意味のある平均値と共通の分散をもっているとみなす根拠が本当にあるのだろうか．そして，もちろん中心極限定理が成り立たない分布も存在する．以下では21世紀になってより貧富の差が激しくなってきた日本や国際社会の正規分布の1次結合を用いた格差社会分布を作成しよう．

2.6.4 階層社会の分布形とは何か[27]

命題：$x_i(i=1,2,\cdots,n)$ が互いに独立で，その分布が正規分布 $N(\mu_i,\sigma_i{}^2)$ のとき，$y=c_0+\sum_{i=1}^{n}c_ix_i$ は平均；$\mu_y=c_0+\sum_{i=1}^{n}c_i\mu_i$，分散；$\sigma_y{}^2=\sum_{i=1}^{n}c_i{}^2\sigma_i{}^2$ の正規分布に従う．これを証明するためには，次の3つの簡単な場合：すなわち，

① x が $N(\mu,\sigma^2)$ の分布のとき，$x+c$ は $N(\mu+c,\sigma^2)$ の分布に従う．

② x が $N(\mu,\sigma^2)$ の分布のとき，cx は $N(c\mu,c^2\sigma^2)$ の分布に従う．

③ x_1,x_2 が独立で $N(\mu_i,\sigma_i{}^2)(i=1,2)$ の分布のとき x_1+x_2 は $N(\mu_1+\mu_2,\sigma_1{}^2+\sigma_2{}^2)$ の分布に従う．

を示し，これらを順次組合わせればよい．ただし，x_1, x_2, x_3 が独立なら x_1+x_2 と x_3 も独立であるという付加的な注意，あるいは x_1, x_2 が独立なら x_1+c, cx_1 と x_2 も独立，などの注意が必要である．ここでは証明を割愛するが，①②は直感的に自明であるが，③の証明は複雑であることを断っておこう．問題は社会システムで③の解釈が錯誤しやすいので説明をしておこう．

先進国のような所得の高いグループ（たとえば日本）の所得の分布が正規分布と考えよう．また非常に所得の低いグループ（たとえばバングラデシュ）の所得の分布も正規分布と考えよう．この2つのグループの分布は当然独立であり，これらをかきまぜて所得の分布を調査したら，やはり正規分布になるのか，ふたこぶラクダのような分布にならないのか．

これは自然な疑問であり，陥りやすい誤解である．2つのグループをまぜる，合併集合を作って，その分布を見るというのと，変数 x_1+x_2 の分布というのは異なる概念なのである．x,y を独立な1変数として2つの分布 $p(x)$, $q(y)$ があると

97

き，x も y も所得のように等質なものとして，合併集合の分布とは $\alpha p(x)+\beta q(y)$，((α,β) は集団の比率) のことであり，x_1+x_2 の分布とは，文字通り x の値と y の値を加えること，たとえば日本人の所得にバングラデシュ人の所得を加えた所得の分布であって，決して2つのグループをかき混ぜた，混成グループの所得の分布ではない．混成グループの分布

$$\alpha p(x)+\beta q(y)=\frac{\alpha}{\sqrt{2\pi}\sigma_1}e^{-(x-\mu_1)^2/2\sigma_1^2}+\frac{\beta}{\sqrt{2\pi}\sigma_2}e^{-(x-\mu_2)^2/2\sigma_2^2} \qquad (2.6.9)$$

は，見ればわかるように $\mu_1=\mu_2$ かつ $\sigma_1=\sigma_2$ というナンセンスな場合を除いて，正規分布ではなく，極端な場合はふたこぶラクダのようなものになる．

③は，2つの正規分布の和は，また正規分布で，和の平均は平均の和になり，和の分散は分散の和になる，という誤解しやすい表現が，このような誤解を招くことになる．

だが，このような誤解で，日本の貧富の差はそれほどでもないというような詭弁的論調につなげることだけは避けたいものである．つまり，もし x_1；富裕層の所得，x_2；貧困層の所得であるとしたら，x_1+x_2 の分布 $N(\mu_1+\mu_2,\sigma_1^2+\sigma_2^2)$ では貧困層は富裕層に圧倒され無視される分布になろう．このためには，私たちも社会システムを語るとき，社会全体の正規分布の平均をもとにした社会指標に別離を告げ，式(2.6.9)に示されるような不公平な分布形をもとに社会的正義や社会的公正を実現する社会システム計画論を展開することが必要となろう．たとえば，$\min|\mu_1-\mu_2|$ と $\min\sigma_2$ を実現するために社会作用（ノード機能）と社会構造（リンク機能）をコントロール・ベクトルパラメータとした（たとえば水と緑を基層とした）環境と防災の計画方法論を構築することが必要となろう．

参考文献

1) 川喜田二郎：『発想法』，中公新書，1967
2) Warfield, J. N.: Structuring Complex Systems, Battel Monograph, 1974
3) 吉川和広編著（木俣昇・春名攻・田坂隆一郎・萩原良巳・岡田憲夫・山本幸司・小林潔司・渡辺晴彦）：『土木計画学演習』，森北出版，1985
4) 亀田寛之・萩原良巳・清水康生：京都市上京区における災害弱地域と高齢者の生活行動に関する研究，環境システム研究論文集 Vol. 28, pp. 141-149, 2000

5) 森野真理・萩原良巳・神谷大介・坂本麻衣子：自然の非利用価値に対する「誇り」の影響，地域学研究第34巻第3号，pp. 311-324, 2004
6) 新村出編：「広辞苑第五版」，岩波書店，1998
7) 下中直人：「心理学事典」，平凡社，1981
8) 石崎俊・波多野誼余夫：「心理学事典」，共立出版，1992
9) 萩原良巳・西澤常彦：河川計画のための社会調査に関する研究，NSC研究年報 Vol. 12, No. 4, 特定研究(10), ㈱日水コン・システム開発室，1984
10) 萩原良巳・萩原清子・高橋邦夫：『都市環境と水辺計画――システムズアナリシスによる』，勁草書房，1998
11) 西田春彦・新睦人：『社会調査の理論と技法Ⅰ，Ⅱ』，川島書店，1976
12) 清水康生・秋山智広・萩原良巳：都市域における人工系水循環モデルの構築に関する研究，環境システム研究論文集 Vol. 28, pp. 277-284, 土木学会，2000
13) 萩原良巳・畑山満則・坂本麻衣子・福島陽介：バングラデシュにおける飲料水ヒ素汚染災害の軽減に関する研究，京都大学防災研究所年報第49号B, pp. 789-818, 2006
14) 堤武・萩原良巳・上田育世・西沢常彦：実態調査による下水道の必要性に関する考察，第17回衛生工学研究討論会論文集，pp. 9-14, 1981
15) 脇本和昌：『標本抽出理論』，槇書店，1970
16) 岸根卓郎：『理論・応用統計学』，養賢堂，1966
17) 萩原良巳・萩原清子・酒井彰・山村尊房・畑山満則・神谷大介・坂本麻衣子・福島陽介：バングラデシュにおける飲料水ヒ素汚染に関する社会環境調査，京都大学防災研究所年報，第45号B, pp. 15-34, 2004
18) Hossian M.: British Geological Survey Technical Report, Graphosman World Atlas, Graphosman. 1996.
19) D. G. Kinniburgh and P. L. Smedly: Arsenic contamination of groundwater in Bangladesh Vol. 2: Final report, pp. 3-16, 2000.
20) N. Singh, P. Bhattacharga and G. Jacks：Women and Water: The relevance of gender perspective in integrated water resources management in rural India, poster session, ICWRER 2002 Dresden, Germany, 2002.
21) 宮嶋勝：『公共計画の評価と決定理論』，企画センター，1982
22) 三浦展：『下流社会』光文社新書，2005
23) ダレル・ハレ：『統計でウソをつく法』講談社，1968
24) 赤摂也：『確率論入門』培風館，1958
25) 魚返正：『確率論』朝倉書店，1968
26) 薩摩順吉：『確率・統計』岩波書店，1989
27) 小針明宏：『確率・統計入門』岩波書店，1973
28) H. Cramér: Mathematical Methods of Statistics, Princeton University Press 1946.

3 多変量解析法

3.1 多変量解析法とは[1]

多変量解析法で取り扱うデータは，基本的には表 3.1 に示すような n 個の対象について測られた p 種類（次元）の特性の数値である．n 個の対象はある定義された集団の構成要素であるが，その集団は単一の等質集団である必要はなく，性質を異にする集団の混合であっても良い．p 種類の特性はいずれも対象ごとに異なる値をとり，なんらかの統計的分布に従うとすれば，これらは変量となり，かつ，特性間には大なり小なりの相関があるのがふつうである．互いに相関をもつ変量についてのデータを，多変量データという．

あらゆる統計的手法はデータの要約 (reduction of data) を目的とする．多変量解析法は多変量データの要約を行うことにより，複雑な現象を単純化（見えやすい，理解しやすい）する方法とも言える．

多変量解析法が良く使われまた期待されている局面を要約すれば，以下の 4 項目となる．

3.1.1 対象の分割 ── 異常値の検出

多変量データを用いて，一見バラバラなデータの「似たもの同士」を集めることにより，クラスター（集落）をつくり，その上，異常なデータをも見つけようとする場合である．この「似たもの同士」をつくる時に距離概念が必要になる．

このとき，重要な役割を果たすのが以下のように定義されるマハラノビスの

表3.1 多変量データ

対象 No.			特	性		
	x_1	x_2	$\cdots$	x_i	$\cdots$	x_p
1	x_{11}	x_{12}	$\cdots$	x_{1i}	$\cdots$	x_{1p}
2	x_{21}	x_{22}	$\cdots$	x_{2i}	$\cdots$	x_{2p}
$\vdots$	$\vdots$	$\vdots$		$\vdots$		$\vdots$
α	$x_{\alpha 1}$	$x_{\alpha 2}$	$\cdots$	$\boxed{x_{\alpha i}}$	$\cdots$	$x_{\alpha p}$
$\vdots$	$\vdots$	$\vdots$		$\vdots$		$\vdots$
n	x_{n1}	x_{n2}	$\cdots$	x_{ni}	$\cdots$	x_{np}
平 均	$\bar{x}_1$	$\bar{x}_2$	$\cdots$	$\bar{x}_i$	$\cdots$	$\bar{x}_p$
標準偏差	s_1	s_2	$\cdots$	s_i	$\cdots$	s_p

分散・共分散行列　　　　左の逆行列

$$V = \begin{pmatrix} V_{11} & V_{12} & \cdots & V_{1p} \\ V_{12} & V_{22} & \cdots & V_{2p} \\ \cdots & \cdots & \ddots & \cdots \\ V_{1p} & V_{2p} & \cdots & V_{pp} \end{pmatrix} \quad V^{-1} = \begin{pmatrix} V^{11} & V^{12} & \cdots & V^{1p} \\ V^{12} & V^{22} & \cdots & V^{3p} \\ \cdots & \cdots & \ddots & \cdots \\ V^{1p} & V^{2p} & \cdots & V^{pp} \end{pmatrix}$$

ただし　　$\bar{x}_i = \sum_{\alpha=1}^{n} x_{\alpha i}/n, \quad \bar{x} = (\bar{x}_1, \bar{x}_2, \cdots, \bar{x}_p)^t$

$V_{ij} = \sum_{\alpha=1}^{n} (x_{\alpha i} - \bar{x}_i)(x_{\alpha j} - \bar{x}_j)/(n-1), \quad VV^{-1} = I$

相関係数　　$r_{ij} = V_{ij}/\sqrt{V_{ii}V_{jj}}, \quad R = (r_{ij})$

(汎)距離 D である．

$$D_{\alpha\beta}^2 = (x_\alpha - x_\beta)' V^{-1} (x_\alpha - x_\beta) \tag{3.1.1}$$

ここに，$'$ は転置を表す．また x_α, x_β は α 対象と β 対象との観測値ベクトルで，V^{-1} は表3.1で定義した分散・共分散行列の逆行列である．

いわゆる，ユークリッド距離は式(3.1.1)において V^{-1} がない場合を言う．もし共分散（したがって相関）がすべて0であれば，V は各 x_i の分散 V_{ii} を対角要素とする対角行列となるから，基準化されたユークリッド距離となる．

3.1.2 因子軸の抽出

3.1.1では，p 次元空間における n 点の相互の距離だけを問題にしたので，座標軸をどのように回転しても距離は不変であった．ここでは，意味のある，本質

的な情報をになう座標軸とは何かを考え，それを抽出する場合である．この本質的なものを因子軸 z と呼ぶ．そうすると，

$$z = l^t x \tag{3.1.2}$$

と書ける．l は係数（重み）ベクトルで t は転置を意味する．意味のある軸とは，情報量の多い軸であり，変動が 0 の軸は何の情報ももたないことから，z の選択は，z の分散が最大

$$V[z] = l^t V l \Rightarrow \max. \tag{3.1.3}$$

という規準に従って行われる．この解は分散・共分散行列 V の最大固有値 λ_1 に対応する固有ベクトル l_1 を l とすることにより得られる．p 次元空間における全変動がただ 1 つの主成分だけに要約される場合は少ないから，先の z を z_1 として，第 2，第 3，……の主成分を求めることがある．これらは V の第 2，第 3 の大きさの固有値に対応する固有ベクトルを係数にして得られ，主成分はすべて相互に無相関であるという特徴をもつ．

3.1.3　予測問題への利用

　説明変数をベクトル x，目的変数または外的規準をベクトル y とすれば，予測が可能であるためには y と x との間に数学的モデルが確立されていなければならない．これを，

$$y = f(x) + \varepsilon \tag{3.1.4}$$

と書く．ε は x で説明しつくせない y の変動部分であり，関数 f の形は，一般には不明である．しかし，y を 1 つだけ，ベクトル x の要素の変動係数があまり大きくはなく，かつ，要素自身には種々の関数形（$x_i^2, \log x_i, 1/x_i \log(x_i+c)$ など）を含んでよいことにすると

$$y = \beta x + \varepsilon \tag{3.1.5}$$

という，未知パラメータ $\{\beta\}$ に関する 1 次式で近似することができる．ここで，ε を，期待値 0，分散 σ^2（一定）をもつ確率変数であると仮定すると，式 (3.1.5) は重回帰モデルと呼ばれる．

このようなモデルを想定した上で，未知パラメータ $\{\beta\}$ の推定値を求めるためには，n 個の対象に関して，$\{x_\alpha ; y_\alpha\}$ $(\alpha=1, 2, \cdots, n)$ という観測データが得られる必要がある．$\{\beta\}$ の最小2乗推定値 $\{b\}$ は，それを用いて得られる回帰推定値を

$$\widehat{y}_\alpha = b x_\alpha \quad (\alpha=1, 2, \cdots, n) \tag{3.1.6}$$

と書くと，y_α と $\widehat{y}_\alpha$ の差の2乗和（残差平方和，residual sum of squares (RSS) と呼ぶ）を最小にする，すなわち

$$RSS = \sum_{\alpha=1}^{n} (y_\alpha - \widehat{y}_\alpha)^2 \Rightarrow \min. \tag{3.1.7}$$

という規準に従って求められる．

目的変数 y が分類値（カテゴリー・データ）である場合（例えば，カテゴリー A, B, C のどれかに分類する），この手法は判別分析法と呼ばれる．カテゴリーが A, B 2つのときは，その両者を最もよく判別するベクトル x の1次式 z (これを線形判別関数と呼ぶ）を求めておけば，所属不明の新しい対象 x_0 については，それから判別関数値 z_0 を計算することにより，A, B どちらかへの所属を予測することができる．カテゴリーが g 個あるときには，${}_gC_2$ 個の判別関数が求められるが，そのうち線形独立なものは $(g-1)$ 個だけである．これによる判別は，n 組のデータから計算した g 個のカテゴリーの重心 $\bar{x}^{(k)}(k=1, 2, \cdots, g)$ と新しい対象 x_0 とのマハラノビス距離が最小のカテゴリーに属させることと同じこととなる．g 個のカテゴリーがあるとき，その判別を最も良くするような少数個の因子軸を抽出することも場合によっては考えなければならない．

説明変数 x の方がカテゴリカル・データのみであるときは，重回帰分析は普通の分散分析となり，判別関数法は多重分割表の処理法となる．この両者は数量化理論では，それぞれ数量化I類・II類と呼ばれる．x がカテゴリカル・データであるときは，偏回帰係数 $\{b\}$ を求める正規方程式の係数行列が"特異"となることが多いので，その解を求めるときには何らかの制約条件を導入する必要がある．つまり，$\{b\}$ 自身は「推定可能 (estimable)」ではなく，差 $b_1 - b_2$ のような特定の関数のみが「推定可能」となる．しかし，y を予測することにおいては，重回帰分析や判別分析とまったく同じである．

以上に述べた諸手法は，所与の n 組のデータについて，説明変数 x と目的変数 y の値が得られていることが前提であった．しかし，目的変数 y の値は観測可能

でなく,モデルのなかで仮説的に定義されるだけの場合がある.その代表的なものが因子分析法である.

3.1.4 要因分析と数量化の方法

3.1.3では重回帰分析,判別分析,因子分析などを予測の手法として述べたが,目的変数 y の変動に,説明変数 x の要素がそれぞれどの程度寄与するか,すなわち,各説明変数の寄与率を評価するための要因分析の方法とも解釈できる.例えば,寄与率を評価するために,(標準)偏回帰係数 (b_i, b_i') や重相関係数 R の表現

$$R^2 = \sum_{i=1}^{p} b_i S_{iy} \tag{3.1.8}$$

の右辺の各項 $b_i S_{iy}$ を用いることがある.しかしながら,説明変数間に相関がある場合は適当ではない.説明変数の要素 x_i がすべて相互に無相関であれば,

$$R^2 = \sum_{i=1}^{p} b_i'^2 = \sum_{i=1}^{p} r_{iy}^2 \tag{3.1.9}$$

となって,各 x_i の寄与率は $b_i'^2 = r_{iy}^2$ であると明確に定義することができる.しかし,相関があればこれは不可能である.

しかしながら,説明変数に優先順位をつけ,その順に $x_1, x_2, \cdots$ と記号化し,x_1 単独の寄与率,x_1 に x_2 を付加したときの寄与率の増分,x_1, x_2 に x_3 を付加したときの寄与率の増分,……,というように定義して,寄与率を求めることができる.$R_{12\cdots k, y}$ を $x_1, x_2, \cdots, x_k$ 用いたときの重相関係数とすると,

$$R_{12\cdots p, y}^2 = r_{1y}^2 + (R_{12, y}^2 - r_{1y}^2) + \cdots + (R_{12\cdots p, y}^2 - R_{12\cdots (p-1)\cdot y}^2) \tag{3.1.10}$$

と書け,この右辺の各項が,上に定義したような,$x_1, x_2, \cdots, x_p$ の寄与率となる.当然のことながら,この分解は説明変数の順序を取り替えると変わり,一意的ではない.

説明変数がそれぞれ s_j $(j=1, 2, \cdots, g)$ 個のカテゴリーをもつ g 個のアイテムから構成されているとする数量化I類では,偏回帰係数自身,またはそれをちょっと加工した数字を,そのカテゴリーに付与した数量(カテゴリースコア)は3.1.3で述べたように制約条件の与え方によって変わるので,「推定可能」ではない.同じアイテムのカテゴリースコアの差は「推定可能」であるが,この差も,他のアイテムの取捨によって変わる.もちろん,アイテムが相互に独立であれば,説明

変数が相互に無相関の場合と同様に，各アイテムの寄与率を求めることができる．しかし，現実のデータではそういう場合はほとんど起こり得ない．カテゴリースコアはアイテムとカテゴリーの選択に依存する量であるということに十分留意する必要がある．

以上のことから，予測の手法を要因分析の有効な手法と考えることには困難が大きい．各説明変数の寄与率を何らかの方法で算出したいときには，

① 連続変数の場合：説明変数相互の相関をほとんど0にする，少なくとも0.3以下にする．
② カテゴリカル・データの場合：アイテム間の独立性をできるだけ保持する（例えば）2.5で述べたクラメールの関連係数でチェックする）．

ことが必要である．このためには，説明変数やアイテムの選び方を工夫しなければならない．それが困難な場合，上述のように，説明変数またはアイテムに優先順位をつけ，1つずつ付加したときの寄与率の増分で評価する以外にはない．

3.2　重回帰分析[1)2)]

3.2.1　重回帰分析とは

重回帰分析とは，目的変数 y の値を最もよく推定または予測するために，一組の説明変数 $x_1, x_2, \cdots, x_p$ の線形結合（1次式）を求める手法である．その線形結合は

$$\hat{y} = b_0 + b_1 x_1 + \cdots + b_p x_p \tag{3.2.1}$$

であらわされ，重回帰式と呼ばれる．ここで，b_0 を定数項，b_i を y の x_i に対する偏回帰係数（partial regression coefficient），$\hat{y}$ を回帰推定値または回帰予測値と呼ぶ．記号 $\hat{y}$ を用いるのは，観測値 y と区別するためである．目的変数 y は規準変数（criterion variable），説明変数は予測変数（predictor variable）ともいう．

式(3.2.1)における定数項 b_0 と偏回帰係数 b_i の値は，以下に述べる重回帰モデルを前提とし，表3.1に示したような n 個の観測データ $\{y_\alpha; x_{\alpha 1}, x_{\alpha 2}, \cdots, x_{\alpha p}\}$ （$\alpha = 1, 2, \cdots, n$）を用いて

$$Q = \sum_{\alpha=1}^{n}(y_\alpha - \widehat{y}_\alpha)^2 \Rightarrow \min. \tag{3.2.2}$$

という規準に従って求められる．この規準は，y_α と $\widehat{y}_\alpha$ の相関を最大にすることと同等である．

3.2.2 パラメータの推計

いま，式(4.2.1)の定数項も説明変数に含ませ，定数項では常に $x_1=1$ が成立していると考えよう．そして，次のような列ベクトルと行列を導入する．

$$y = \begin{bmatrix} y_1 \\ \cdot \\ \cdot \\ \cdot \\ y_n \end{bmatrix}, \quad b = \begin{bmatrix} b_1 \\ \cdot \\ \cdot \\ b_p \end{bmatrix}, \quad X = \begin{bmatrix} 1 & x_{12} & \cdot & \cdot & x_{1p} \\ & & & & \cdot \\ \cdot & & & & \cdot \\ \cdot & & & & \\ 1 & x_{n2} & & & x_{np} \end{bmatrix}$$

y は目的変数の（標本）観測値ベクトル，b はパラメータベクトル，X は説明変数の観測値に関する n 行 p 列の行列である．X の第1列がすべて1になっているのは，b_1 が定数であることを示している．これらの列ベクトルと行列を用いて，n 個の（標本）観測値の組を記述すれば，次式を得る．

$$y = Xb \tag{3.2.3}$$

そして，式(3.2.2)の誤差の2乗和は $(y-Xb)^t(y-Xb)$ となる．ここに記号 t はベクトルまたは行列の転置を表す．そして，最小二乗法 (method of least squares) による正規方程式 (normal equations) は，二乗誤差をパラメータ b で偏微分し，偏導関数を0とおけば

$$(y - X\widehat{b})^t X = 0$$

で与えられる．この方程式のカッコをはずしてベクトル $\widehat{b}$ について解くことにしよう．行列演算の規則により，$(X\widehat{b})^t = \widehat{b}^t X^t$ であるから，

$$y^t X - \widehat{b}^t X^t X = 0 \Rightarrow \widehat{b}^t X^t X = y^t X$$

となる．両辺の転置をとれば

$$X^t X b = X^t y \tag{3.2.4}$$

となる．行列 X^tX が正則，つまり逆行列が存在すれば，パラメータ b の推計値 $\hat{b}$ は

$$\hat{b}=(X^tX)^{-1}X^ty \tag{3.2.5}$$

によって与えられる．

行列 X^tX が正則でなければならないということは，重共線性 (multicolinearity) が存在しない条件であることに注意しておこう．重共線性の問題とは，説明変数の間に互いに強い相関関係があり，それぞれの変数の影響を別々に分離して計測することが困難な場合に生じる．具体的には，重共線性が強くなれば，回帰パラメータの推定値の分散が大きくなり，推定値の信頼性が極めて低くなるという問題が生じる．

3.2.3 最小二乗法の性質

(1) **誤差分布の導入**

以上では，線形回帰モデルの誤差項の確率分布に関して何の仮定も設けなかった．モデルの推計精度を求めたり，モデルの統計的な性質を調べようとすると誤差の確率分布についてある仮定を設けなければならない．明示的に誤差項を表す ε を導入した回帰モデルを次式のように示す．

$$Y=Xb+\varepsilon \tag{3.2.6}$$

ただし，$\varepsilon^t=(\varepsilon_1, \varepsilon_2, \cdots, \varepsilon_n)$ である．

ここで，確率変数 ε_i に関して以下のような仮定を置く．

仮定1：**不偏性**：誤差項の期待値は常にゼロである． $E[\varepsilon_i]=0$

仮定2：**等分散性**：誤差項の分散は標本に無関係に一定値 σ^2 をとる．
$$E[\varepsilon_i^2]=V(\varepsilon_i)=\sigma^2$$

仮定3：**無相関性**：誤差項は互いに独立である． $E[\varepsilon_i\varepsilon_j]=Cov(\varepsilon_i, \varepsilon_j)=0 \quad (i\neq j)$

なお，上記の記号 E は期待値を表している．

仮定1は誤差の期待値がゼロになることを意味している．仮定2は誤差のばらつきの尺度である分散が標本によって大きくなったり小さくなったりすることは

ないとしている．仮定3は異なった標本観測値の誤差の間に相関関係がないことを意味している．これらの仮定のうち2と3を厳密に満足させるような線形回帰モデルを作成することはほとんど不可能に近い．したがって，線形回帰モデルはなんらかの意味で現象を近似するモデルだと考えざるをえない．

(2) 推定量とは

以上の3つの仮定が成立すれば，最小二乗法による推定量はいくつかの望ましい性質をもっていることがわかっている．この前に，ある一つの確率変数 X を取り上げ，推定量の考え方を説明する．

確率変数 X がある確率密度関数 $f(X/\theta)$ にしたがって分布しているものとする．θ は確率分布の特性を表すパラメータ（ベクトル）である．たとえば，正規分布の場合には，平均値と分散がパラメータとなる．同一の確率分布に従う n 個の確率変数の組 $(X_1, \cdots, X_n)$ の標本観測値を $(x_1, \cdots, x_n)$ とする．θ は確率変数 $X_i (i=1, \cdots, n)$ を支配している確率分布であるが，事前には未知である．得られた標本観測値 $(x_1, \cdots, x_n)$ から，逆にパラメータ θ の値を求めることになる．つまり，推定の基本問題は「確率密度関数 $f(X/\theta)$ のパラメータ θ を最もよく推計するような関数 $d(X_1, \cdots, X_n)$ を求める」問題となる．このように，パラメータ θ を推定するために用いる確率変数 $(X_1, \cdots, X_n)$ の関数 $d(X_1, \cdots, X_n)$ を θ の推定量と呼ぶ．

(3) 不偏推定量

ある推定量 d が推定量 d' よりもよいという基準として，最も直感的にわかりやすいのは「推定量の分布の平均」を比較するという方法が考えられる．つまり，パラメータ θ の推定量 $\hat{\theta}$ が真のパラメータ θ のまわりに分布しているのがよいことは明らかである．このことを推定値にバイアス（偏り）がないといい．バイアスのない推定量を不偏推定量（unbiased estimator）という．式で記述すれば，$\hat{\theta}=d(X_1, \cdots, X_n)$ と表すと，

$$E[\hat{\theta}]=\theta \tag{3.2.7}$$

となるような推定量 d を不偏推定量と呼ぶ．

ここで注意しておきたいことは，式 (3.2.7) は，ある標本観測値 $(x_1, \cdots, x_n)$ にも

とづいて計算されたパラメータ $\hat{\theta}$ が真の値 θ と一致することを意味しないということである．この式は，「いくつもの」標本観測値からなんども推定量を求めたとき，得られた推定量はおおむね真のパラメータ θ のまわりに集まっているということをいっているにすぎない．

それでは，「いくつもの」標本観測値が得られない場合，つまり1回かぎりの標本観測値に対してできる限り望ましい推定値を求めようという考え方もあってもよい．このような考え方は次章で述べる最尤推定法で改めて取り上げることとする．

以上のことから不偏性が推定量として満足すべき望ましい性質であることがわかった．このとき，最小二乗法が不偏推定量を与えることを保証する．

『性質1：式(3.2.5)で与えられる推定量は b の不偏推定量である．』

この性質は $(X^tX)^{-1}$ と X^t が確率変数でないこと，そして仮定1（誤差項の期待値はつねに0）を用いることにより容易に証明される．

さて，1回限りの標本抽出でできるだけ真のパラメータ値に近い推定値求めるためには，真のパラメータのまわりでの推定値の「散らばり」が小さいほど望ましいことは自明である．あらゆる不偏推定量の中で推定量の「散らばり」，すなわち分散が最小となるような推定量を「最小分散不偏推定量」と呼ぶ．線形モデルで，これが存在することが示せるが，このためにはパラメータ b の分散・共分散を求めておく必要がある．

『性質2：$Y_1, \cdots, Y_n$ が無相関で，共通の分散 σ^2 をもつならば，$\hat{b}$ の共分散行列は次式のようになる．

$$E[(\hat{b}-b)(\hat{b}-b)^t] = \sigma^2(X^tX)^{-1} \qquad (3.2.8)』$$

これは，共分散行列の各要素の定義式に，確率変数からなる行列の期待値はその要素の期待値からなる行列であるという性質を用い，Y_i が互いに無相関で共通の分散 σ^2 をもち，$\sigma_{ij}=0\ (i \neq j)$，$\sigma_{ii}=\sigma^2$ となることに留意し，式(3.2.8)の左辺を性質1を用いて展開すれば容易に証明される．ただし，逆行列 $(X^tX)^{-1}$ が対称行列であること，行列の演算規則で，$(AB)^t=B^tA^t$ が成立することを使う．

性質2より，σ^2 の値がわかっていれば，推定量 b の精度を行列 X^tX より求め

ることができる.つまり,性質2より,各パラメータの分散値は分散共分散行列 $\sigma^2(X^tX)^{-1}$ の対角要素として求まる.各パラメータの分散を $V(b_j)$ とし,Y_i が互いに独立な正規分布に従って分布していると仮定すれば,式(3.2.5)より $\hat{b}_j$ は Y_i の1次結合であるから正規分布に従うことがわかる.したがって,確率変数 $Z_j(j=1,\cdots,p)$

$$Z_j = \frac{\hat{b}_j - b_j}{\sqrt{V(\hat{b}_j)}} \tag{3.2.9}$$

は標準正規分布に従う.$\hat{b}_j$ の95%信頼区間は $P(|Z_j| \leq Z) = 0.95$ となる区間 $|Z_j| \leq Z$ で表される.ここに,P は標準正規分布に従う.上記の Z を標準正規分布表から求めれば,1.96という値を得る.こうして,$\hat{b}_j$ の95%の信頼区間は

$$\hat{b}_j \pm 1.96\sigma_{b_j}$$

となる.

以上では,σ^2 が既知であると考えて議論を進めてきたが,未知の場合は σ^2 の値をなんらかの方法で推定しなければならない.このことについては後に取り扱うこととする.

前に,最小二乗推定量は不偏推定量であると述べた.そして,これがある種のモデルに対して上記で求めた分散値 $V(b)$ を最小にすることがわかっている.式(3.2.5)に示したように最小二乗推定量は標本観測値 y に関する線形式となっており,線形推定量となっている.$\hat{b}$ が不偏推定量であることにより,(a_i を任意定数として)

$$E[\hat{b}] = \sum_i a_i E[Y_i]$$

となる.ここで,任意の線形推定量 $\tilde{b}$ の分散を $V(\tilde{b})$,最小二乗推定量 $\hat{b}$ の分散を $V(\hat{b})$ とすれば,

$$V(\tilde{b}) \geq V(\hat{b})$$

が成立し,最小二乗推定法による推計結果は最小分散不偏推定量を与えることが次の定理[3]で保障される.

『【ガウス－マルコフの定理】：線形モデル式，$Y=Xb+\varepsilon$ に関する任意の推定可能関数 $l^t b$ について $l^t \hat{b}$ が一意的に最小分散不偏推定量を与える．ただし，$b=\hat{b}$ は正規方程式，$X^t X b = X^t y$ を満たす任意の最小二乗解である．

〔証明〕ここでは rank(X) が b の次元 p に等しい場合のみ証明しよう．この場合，任意の線形関数と b が推定可能で，正規方程式も次の一意的な最小二乗解を持つ．

$$\hat{b}=(X^t X)^{-1} X^t y$$

いま任意の線形式 $l^t b$ に対し

$$l^t \hat{b} = l^t (X^t X)^{-1} X^t y$$

を構成すれば，期待値操作は線形だから次式を得る．

$$E(l^t \hat{b}) = l^t (X^t X)^{-1} X^t E(y) = l^t (X^t X)^{-1} X^t X b = l^t b$$

$l^t \hat{b}$ が $l^t b$ の不偏推定量であることがわかる．特に以下の関係に注意しよう．

$$l = \left(0, 0, \cdots, \overset{(i)}{1}, 0, \cdots, 0\right) \Rightarrow E(\hat{b}_i) = b_i$$

次に $l^t \hat{b}$ とは別に，勝手な不偏推定量 $t(y) = L^t y$ を考え，両者の差を次のように定義する．

$$l^t \hat{b} - L^t y = \{l^t (X^t X)^{-1} X^t - L^t\} y \equiv \theta^t y$$

このとき不偏性から，すべての b に対して $E(L^t y) = l^t b$ であるから，$E(\theta^t y) = \theta^t X b \equiv 0$ が任意の b について成り立たなければならないので次式が成立する．

$$\theta^t X = 0 \qquad\qquad (3.2.10)$$

一般に 2 つの確率変数 X, Y に対して $V(X+Y) = V(X) + 2\mathrm{Cov}(X, Y) + V(Y)$ が成り立つから，$L^t y$ の分散は以下のようになる．

$$V(L^t y) = V(l^t \hat{b} - \theta^t y) = V(l^t \hat{b}) - 2\mathrm{Cov}(l^t (X^t X)^{-1} X^t y, \theta^t y) + V(\theta^t y)$$

一方，誤差 ε が等分散，無相関の仮定を満たすとき，2 つの確率変数

3 多変量解析法

$$\alpha^t y = \sum \alpha_i y_i, \quad \beta^t y = \sum \beta_i y_i$$

の共分散は

$$\mathrm{Cov}(\alpha^t y, \beta^t y) = \mathrm{Cov}(\alpha^t \varepsilon, \beta^t \varepsilon) = \sum \alpha_i \beta_i \sigma^2 = (\alpha^t \beta) \sigma^2 \tag{3.2.11}$$

となるから，次式が成立する．

$$\mathrm{Cov}(l^t (X^t X)^{-1} X^t y, \theta^t y) = l^t (X^t X)^{-1} X^t \theta \cdot \sigma^2$$

ところで，これは式 (3.2.10) より 0 で，分散は非負であるから，次式が成立する．

$$V(L^t y) = V(l^t \hat{b}) + V(\theta^t y) \Rightarrow V(L^t y) \geq V(l^t \hat{b}) \tag{3.2.12}$$

ここに，$L^t y$ は任意の不偏推定量であるから，これで $l^t \hat{b}$ が最小分散不偏推定量であることが証明されたことになる．また，等号は $\theta^t y = 0$，すなわち $L^t y = l^t \hat{b}$ のときに成り立つ．』

この定理が成立するため，他の線形推定量と比べ最小二乗法は非常に望ましい性質をもっていることが保証される．次に，もし誤差項が正規分布に従っていると仮定すれば，さらに強い結論が導ける．つまり，どのようなパラメータ値に対しても最小二乗推定量は常に分散が最小となることが保証される．最小二乗推定量は「一様最小分散不偏推定量」となっている．また，最小二乗推定量は，後述する最尤推定量にもなっている．

3.2.4 線形回帰モデルの推計精度

ここでは，作成したモデルがどの程度現象を再現できているのかを検討する方法について述べることとする．

まず，説明変数 Y は平均値 0 に基準化されているとして説明を行う．このとき，$Y = X\hat{b} + \varepsilon$ において，$X^t \varepsilon = 0$ と $\varepsilon^t X = 0$ が成立することに着目すれば，

$$Y^t Y = (X\hat{b} + \varepsilon)^t (X\hat{b} + \varepsilon) = \hat{b} X^t X \hat{b} + \varepsilon^t \varepsilon$$

が成立する．ここで TSS を二乗の総和（Y の変動），RSS を回帰（説明される）の

総和，そして ESS を残差（説明されない）の総和と表せば，決定係数 R^2 は次式となる．

$$R^2 = \frac{RSS}{TSS} = 1 - \frac{\varepsilon^t \varepsilon}{Y^t Y} = \frac{\hat{b} X^t X \hat{b}}{Y^t Y} \tag{3.2.13}$$

となる．さらに，従属変数の平均が 0 でない場合には，$Y = Z + \bar{Y}e = X\hat{b} + \varepsilon$ と表すことにする．Z は Y の $\bar{Y}e$ からのかい離を表す確率変数である．また，$e = (1, 1, \cdots, 1)^t$ は単位ベクトルである．この結果，決定変数は次式となる．

$$R^2 = 1 - \frac{\varepsilon^t \varepsilon}{(Y - \bar{Y}e)^t (Y - \bar{Y}e)} = \frac{\hat{b} X^t X \hat{b} - n \bar{Y}^2}{(Y - \bar{Y}e)^t (Y - \bar{Y}e)} \tag{3.2.14}$$

重相関係数 R は線形回帰モデルのあてはまりのよさを調べる重要な指標ではあるが，その値の大小だけでモデルのよさを判断できない．たとえば，R を大きくするためには TSS を不変のままにして，RSS を増加させれば（説明変数をどんどん追加すれば）よい．

意味のある変数だけを選びながら，なおかつ推計精度の高い回帰モデルを作るために，自由度調整済み決定変数 $\bar{R}^2$ を次のように定義する．

$$\bar{R}^2 = 1 - \frac{V(\varepsilon)}{V(Y)}$$

ここに，

$$V(\varepsilon) = \frac{\sum_i \varepsilon_i^2}{n - p} = \frac{\varepsilon^t \varepsilon}{n - p}$$

$$V(Y) = \frac{\sum_i (Y_i - \bar{Y})^2}{n - 1} = \frac{(Y_i - \bar{Y}e)^t (Y - \bar{Y}e)}{n - 1}$$

である．なお，n は標本の数，p は説明変数の数である．こうして，自由度調整済み決定変数は，以下のように書くことができる．

$$\bar{R}^2 = 1 - \frac{\varepsilon^t \varepsilon (n - 1)}{(Y - \bar{Y}e)^t (Y - \bar{Y}e)(n - p)} \tag{3.2.15}$$

こうして，式 (3.2.14) と式 (3.2.15) より，次の関係式が得られる．

$$\bar{R}^2 = 1 - (1 - R^2) \frac{n - 1}{n - p} \tag{3.2.16}$$

次に上記の決定変数 R^2 の有意性を検定するために F 値を説明する．F 値は次式で示される．

$$F_{k-1,n-p} = \frac{R^2}{1-R^2} \frac{n-p}{p-1} \tag{3.2.17}$$

$n-1$ と $n-p$ の自由度を持つ F 値は，$\hat{b}_2 = \cdots = \hat{b}_p = 0$ という帰無仮説を検定するために用いられる．この仮説が正しければ，$R^2(F)$ が 0 にきわめて近いものと期待する．特に，これらの値が 0 であれば，モデルはまったく説明力をもっていないことになる．

すでにパラメータの信頼区間について述べた．この考え方を拡張すれば，従属変数の変動に対する各説明変数の貢献度を容易に検討することができる．問題は通常誤差項の分散 σ^2 の値がわからないことにある．したがって，パラメータの分散共分散行列（式 (3.2.8) の左辺）を計算するためには，スカラー σ^2 の推定値を決定しなければならない．分散共分散行列の推定量に対する自然な選択は，前述した $V(\varepsilon) = \varepsilon^t \varepsilon / (n-p)$ である．ここで結論だけ示せば，「$V(\varepsilon)$ は σ^2 の不偏推定量である」ことが証明されている．

$\hat{b}$ は，3.2.3 で述べた性質により，平均 b，分散 $\sigma^2 (X^t X)^{-1}$ をもつ正規分布に従う確率変数である．したがって，

$$\frac{\hat{b}_j - b_j}{\sigma \sqrt{V_j}}$$

は標準正規分布に従う確率変数であり，σ が既知なら $\hat{b}_j$ の信頼区間を調べるために用いることができる．ただし，V_j は分散共分散行列を σ^2 で除した行列 $(X^t X)^{-1}$ の第 j 行第 j 列の対角要素である．σ が未知の場合，確率変数

$$t_{n-p} = \frac{\hat{b}_j - b_j}{V(\varepsilon) \sqrt{V_j}}$$

が自由度 $n-p$ の t 分布に従うことを利用すればよい．ここでは，t 値を仮説 $H_0 : \hat{b}_j = b_j^0$ を検定することに利用する．対立仮説として $H_1 : \hat{b}_j \neq b_j^0$ を設定する．ここで，$\hat{b}_j$ の値が b_j^0 より大きくかけ離れていれば，この仮説は棄却されると考える．

次に，仮説の信頼性の水準を表す有意水準として c_0 を設定する．この値として 0.95 あるいは 0.90 が採用されることが多い．ここで，t 値の絶対値がある水準以下に収まる確率 $P(|t_{n-p}| \leq t_0)$ がちょうど c_0 となるような臨界的な t_0 値を求める．推定した $\hat{b}_j$ の値を用いて算定した t 値の絶対値がこの t_0 値より大きければ，仮説 H_0 を棄却することができる．特に，パラメータ $\hat{b}_j$ が十分な説明力を有

しているかどうかを検定したい場合には，推定値 $\hat{b}_j$ を仮説 $H_0: \hat{b}_j=0$ に対して検討すればよい．もし，t 値が十分に大きければ，仮説 H_0 は棄却される．

3.2.5 回帰による推定の信頼区間

n 組の観測データに基づいて重回帰式が得られた後，説明変数が特定のベクトル値 x_0 をとるときの y の母平均 η_0 を推定する問題を考える．

この回帰推定式は，次のように表現することもできる．すなわち，

$$\hat{y}_0 = \bar{y} + x_0{}^t b \tag{3.2.18}$$

ここで，x_0 は偏差ベクトル $x_0 = (x_{01}-\bar{x}, \cdots, x_{0p}-\bar{x})^t$ である．

最小二乗法の性質より，$S = X^t X$ とすれば，

$$E[\hat{y}_0] = \eta_0$$
$$V[\hat{y}_0] = V[\bar{y}] + x_0{}^t V[b] x_0 = \sigma^2 \left[\frac{1}{n} + x_0{}^t S^{-1} x_0\right] \tag{3.2.19}$$

を得る．いま，特定点 x_0 と重心 $\bar{x}$ とのマハラノビスの平方距離を偏差ベクトル x_0 を用いて，

$$D_0^2 = x_0{}^t V^{-1} x_0 = x_0{}^t (S/n-1) x_0$$

と表すと，

$$V[\hat{y}_0] = \sigma^2 \left(\frac{1}{n} + \frac{D_0^2}{n-1}\right) = c_0 \sigma^2 \tag{3.2.20}$$

と書ける．これより，D_0^2 が大きくなるほど，すなわち，重心から離れるほど，$\hat{y}_0$ の分散は大きくなることがわかる．

σ^2 をその不偏推定値 V_e で置き換えたときの，$\hat{y}_0$ の推定標準偏差を s_0 で表すと，η_0 の 95%信頼区間は

$$\eta_0 : \hat{y}_0 \pm t(n-p-1; 0.05) s_0 \tag{3.2.21}$$

ただし，

$$s_0 = \sqrt{c_0 V_e} = \sqrt{\left(\frac{1}{n} + \frac{D_0^2}{n-1}\right) V_e}$$

で与えられる．

次に，説明変数が特定の値 x_0 をとるときの未来の y の値 y_0 を予測する問題を考える．y_0 もまた確率変数であり，

$$y_0 = \eta_0 + \varepsilon_0 = \beta x_0 + \varepsilon_0$$

と表せるから，その予測値としては，式 (4.2.18) と同じ $\hat{y}_0$ が用いられる．このとき y_0 と $\hat{y}_0$ は独立であるから，

$$E[y_0 - \hat{y}_0] = \eta_0 - \eta_0 = 0$$

$$V[y_0 - \hat{y}_0] = V[y_0] - V[\hat{y}_0] = \sigma^2(1 + c_0) = \sigma^2\left(1 + \frac{1}{n} + \frac{D_0^2}{n-1}\right) \quad (3.2.22)$$

となる．この分散の平方根で，σ^2 の代わりに V_e を用いる値を s_p で表し，予測の標準誤差 (standard error for prediction) と呼ぶことにすると，x_0 における未来の観測値 y_0 が 95% の確率ではいると予測される区間は次式で与えられる．

$$y_0 : \hat{y}_0 \pm t(n-p-1 ; 0.05) s_p \quad (3.2.23)$$

$$s_p = \sqrt{(1+c_0)V_e} = \sqrt{\left(1 + \frac{1}{n} + \frac{D_0^2}{n-1}\right) V_e}$$

【適用例 3.1】流域特性から見た流出負荷量の構造[4]

霞ヶ浦に流入する 19 の流域の流出負荷量の流域特性から見た構造を重回帰モデルとして表現しなさい．なおある時期の流域特性を表 3.2 に示す．
（解）　y (流出負荷量) $= -42.18 - 0.610 x_1$ (山林面積) $+ 0.196 x_2$ (総面積)

$$+ 291.1 x_3 \text{(流量)}\quad (\text{重相関係数} r = 0.975)$$

この式から流出負荷量の減少に山林面積が寄与しているという結果になっている．当然のことながら実際はもっと複雑である．読者自身が推計精度と推定信頼区間を求めよ．

表 3.2 流域特性データ

流域 No.	流出負荷量 kg/日	山林面積 ha	総面積 ha	流量 m³/s
1	480.6	260.3	2030	0.349
2	1070.3	10720.7	32780	4.093
3	517.0	633.8	3660	0.651
4	370.5	641.1	2530	0.580
5	1025.8	5509.3	19520	2.244
6	1130.8	7059.4	20900	4.717
7	270.3	145.6	1280	0.554
8	907.2	2013.0	7930	1.791
9	92.5	882.9	3070	0.484
10	163.4	501.1	2390	0.548
11	47.4	286.3	1920	0.039
12	102.4	730.3	2570	0.492
13	97.6	206.4	1580	0.110
14	293.7	1417.2	4390	1.023
15	861.1	4217.0	12840	3.569
16	82.7	399.9	1840	0.427
17	70.3	129.7	390	0.135
18	23.7	93.5	360	0.067
19	58.6	473.6	1650	0.122

3.3 主成分分析

3.3.1 主成分分析とは[1]

　主成分分析とは，p 個の特性値をもつ情報を，少数の m 個の総合特性値（主成分）に要約する手法である．この総合特性値は，次式のように，もとの p 個の変数の 1 次式

$$z = lx \tag{3.3.1}$$

で表される．ここに，

$$z = (z_1, \cdots, z_m)^t, \quad x = (x_1, \cdots, x_p)^t,$$

$$l = (l_1, \cdots, l_k, \cdots, l_m)^t = \begin{bmatrix} l_{11} & \cdot & \cdot & l_{1p} \\ \cdot & & & \cdot \\ \cdot & & & \cdot \\ l_{m1} & \cdot & \cdot & l_{mp} \end{bmatrix}$$

で，ただし，

$$l_k^t l_k = 1 \quad (k = 1, \cdots, m) \tag{3.3.2}$$

である．これらの主成分の係数 $\{l_{ki}\}$ は，m 個の主成分が互いに無相関で，かつ，もとの p 個の変数の持つ情報をできるだけ多く集めるように定められる．各主成分への各変数の寄与の仕方を後述の因子負荷量によって吟味することにより，p 個の変数の分類が，また n 個の対象（標本）のとる主成分の値を吟味することにより，集団の異質性の検出や，対象のセグメンテーションを行うことができる．

3.3.2 主成分の導出

式 (3.3.1) の中で，まず z_1 の係数 $\{l_{1i}\}$ は，x 空間における変動の情報のできるだけ多くの部分を z_1 に集中するように求める．このためには，z_1 の分散

$$\begin{aligned} V[z_1] &= \sum_{\alpha=1}^{n} (z_{\alpha 1} - \bar{z})^2/(n-1) = \sum_{\alpha=1}^{n} \left\{ \sum_{i=1}^{p} l_{1i}(x_{\alpha i} - \bar{x}_i) \right\}^2/(n-1) \\ &= \sum_{i=1}^{p} \sum_{j=1}^{p} l_{1i} l_{1j} \sum_{\alpha=1}^{n} (x_{\alpha i} - \bar{x}_i)(x_{\alpha j} - \bar{x}_j)/(n-1) = \sum_{i=1}^{p} \sum_{j=1}^{p} l_{1i} l_{1j} V_{ij} \end{aligned} \tag{3.3.3}$$

（ここに V_{ij} は x_i と x_j との共分散）

を最大にすればよい．この問題は制約条件つき最適化問題で，式 (3.3.2) の条件の下で式 (3.3.3) を最大化する問題である．ラグランジュの未定乗数 λ を用いれば，

$$Q = \sum_{i=1}^{p} \sum_{j=1}^{p} l_{1i} l_{1j} V_{ij} - \lambda \left(\sum_{i=1}^{p} l_{1i}^2 - 1 \right) \Rightarrow \max. \tag{3.3.4}$$

を解けばよい．すなわち，

$$\frac{\partial Q}{\partial l_{1i}} = 0 \rightarrow \sum_{j=1}^{p} l_{1j} V_{ij} - \lambda l_{1i} = 0 \quad (i = 1, \cdots, p) \tag{3.3.5}$$

これを，$i = 1, \cdots, p$ について書きおろすと，

$$(V_{11} - \lambda)l_{11} + V_{12}l_{12} + \cdots\cdots + V_{1p}l_{1p} = 0$$
$$V_{12}l_{11} + (V_{22} - \lambda)l_{12} + \cdots\cdots + V_{2p}l_{1p} = 0$$

$$\cdots\cdots\cdots\cdots \quad (3.3.6)$$

$$V_{1p}l_{11}+V_{2p}l_{12}+(V_{pp}-\lambda)l_{1p}=0$$

となる．これは未知数 $l_{11},\cdots,l_{1p}$ についての p 個の連立 1 次方程式であり，定数項はすべて 0 であるので，$l=0$ も解として得るが，これは無意味であり，式 (3.3.6) の p 個の方程式は 1 次独立ではあってはならない．したがって，係数の行列式が 0 となるように λ を決定すればよい．こうして，次式を得る．

$$|V-\lambda I|=\begin{bmatrix} V_{11}-\lambda & V_{12} & \cdot & \cdot & V_{1p} \\ V_{12} & V_{22}-\lambda & \cdot & \cdot & V_{2p} \\ \cdot & \cdot & & & \cdot \\ \cdot & \cdot & & & \cdot \\ V_{1p} & V_{2p} & \cdot & \cdot & V_{pp}-\lambda \end{bmatrix}=0 \quad (3.3.7)$$

式 (3.3.7) は λ についての p 次の多項式であり，行列 V は非負定符号であることから，その p 個の根は，すべて非負の実数である．そこで，それらの根の大きさの順に並べて，

$$\lambda_1 \geq \lambda_2 \geq \cdots \geq \lambda_p \geq 0 \quad (3.3.8)$$

とする．この $\{\lambda_k\}(k=1,2,\cdots,p)$ は行列 V の固有値である．

この固有値を式 (3.3.5) に代入すると，この p 個の式のうち少なくとも 1 つは 1 次独立ではなくなるので，その残りの $(p-1)$ 個の式を，式 (3.3.2) とともに解いて係数 $\{l_{ki}\}(k=1,\cdots,p)$ を求める．これは行列 V の固有値 λ_k に関する固有ベクトルと呼ばれる．このようにして式 (3.3.4) を満足する p 個の解が得られるが，ここで求めたいのは式 (3.3.4) を最大にするものである．このために，p 個の解を式 (3.3.3) に代入すると，これらの解がいずれも式 (3.3.5) を満足することから

$$V[z_k]=\sum_{i=1}^{p}\sum_{j=1}^{p}l_{1i}l_{1j}V_{ij}=\sum_i 1_{ki}(\lambda_k l_{ki})=\lambda_k \sum l_{ki}{}^2=\lambda_k \quad (3.3.9)$$

を得る．こうして，この分散を最大にするものは，最大固有値 λ_1 に対応する固有ベクトル $\{l_{1i}\}$ を係数とするものである．こうして第 1 主成分 z_1 の係数が求められた．

次に，第 2 主成分 z_2 の係数 $\{l_{2i}\}$ を求める．このとき，z_1 と z_2 の共分散は 0 で

なければならないから，

$$Cov[z_1, z_2] = \sum_i \sum_j l_{1i} l_{2j} V_{ij} = \sum_j l_{2j}(\lambda_1 l_{1j}) = 0 \quad \Rightarrow \quad \sum_i l_{1i} l_{2i} = 0 \tag{3.3.10}$$

を得る．この条件の下で，式(3.3.4)に相当する式（制約条件が2つになっていることに注意）を改めて書くと

$$Q = \sum_i \sum_j l_{2i} l_{2j} V_{ij} - \lambda \left(\sum_i l_{2i}^2 - 1\right) - 2\mu \left(\sum_i l_{1i} l_{2i}\right) \Rightarrow \max. \tag{3.3.11}$$

$$\partial Q / \partial l_{2i} = 0 \quad \rightarrow \quad \sum_j l_{2j} V_{ij} - \lambda l_{2i} - \mu l_{1i} = 0 \tag{3.3.12}$$

を得る．これに l_{1i} をかけて i について加えると

$$\sum_i l_{1i} \left(\sum_j l_{2j} V_{ij} - \lambda l_{2i} - \mu l_{1i}\right) = 0$$

となる．これを式(3.3.5)，式(3.3.10)そして式(3.3.2)に注意して整理すれば

$$\sum_j l_{2j} \lambda_1 l_{1j} - \lambda \sum_i l_{1i} l_{2i} - \mu = 0 \quad \Rightarrow \mu = 0$$

を得る．こうして，$\{l_{2i}\}$ は行列 V の固有ベクトルとして求めればよいことがわかる．$\{l_{1i}\}$ はすでに z_1 に用いられているので，第2番目に大きい固有値 λ_2 に対応する固有ベクトル $\{l_{2i}\}$ が，ここで求めるものであることがわかる．

こうして，『式(3.3.1)に示した m 個の主成分の係数は，分散・共分散行列 V の固有値の，大きい順に並べた m 個に対応する固有ベクトルによって与えられる』ことがわかった．

ところが，分散・共分散行列 V から出発した主成分分析は，そこで用いた測定単位に決定的に支配される場合がある．このようなときには，測定単位を基準化し

$$x'_{\alpha i} = (x_{\alpha i} - \bar{x}_i) / s_i \tag{3.3.13}$$

として，平均0，分散1にしてから主成分分析を行えばよい．このとき $x'_{\alpha i}$ の分散・共分散行列 V' は，$x_{\alpha i}$ の相関行列 R に一致するので，上述の固有値問題は，相関行列 R に適用すればよい．

以上のようにして得られた主要な主成分の性質を，以下にあげておく．

① 主成分 z_k の分散は，固有値 λ_k に等しい．

② p 個の固有値の和が，分散・共分散行列の trace に等しい．すなわち，

$$\sum_{k=1}^{p} \lambda_k = trace(V) = \sum_{i=1}^{p} V_{ii} \qquad (3.3.14)$$

であることから，m 個の主成分の寄与率は，分散・共分散行列 V から出発したとき

$$\sum_{k=1}^{m} \lambda_k / \sum_{i=1}^{p} V_{ii} \qquad (3.3.15)$$

で与えられる．相関行列 R から出発したときは

$$\sum_{k=1}^{p} \lambda_k = trace(R) = p \qquad (3.3.16)$$

となるので，m 個の主成分の寄与率は

$$\sum_{k=1}^{m} \lambda_k / p \qquad (3.3.17)$$

となる．

③ 各主成分は互いに無相関である．$Cov[z_k, z_{k'}] = 0 \quad (k \neq k')$

④ 主成分 z_k ともとの特性値 x_i との相関は次式で与えられ，因子負荷量と呼ぶ（ここで $s_i = \sqrt{V_{ii}}$ とおく）．

$$r(z_k, x_i) = \frac{Cov[z_k, x_i]}{\sqrt{V[z_k] \cdot V[x_i]}} = \frac{\sum l_{kj} V_{ij}}{\sqrt{\lambda_k V_{ii}}} = \frac{\lambda_k l_{ki}}{\sqrt{\lambda_k V_{ii}}} = \frac{\sqrt{\lambda_k} l_{ki}}{s_i} \qquad (3.3.18)$$

⑤ 第 k 主成分に対する因子負荷量の s_i を重みとする2乗和は λ_k に等しい．

$$\sum_{i=1}^{p} s_i^2 \cdot r^2(z_k, x_i) = \lambda_k \sum_{i=1}^{p} l_{ki}^2 = \lambda_k \qquad (3.3.19)$$

⑥ m 個の主成分のもとの変数 x_i に対する寄与率 ν_i は次式で与えられる．

$$\nu_i = \sum_{k=1}^{m} r^2(z_k, x_i) = \sum_{k=1}^{m} \lambda_k l_{ki}^2 / s_i^2 \qquad (3.3.20)$$

【事例3.2】 芦田川流域（中国地方）の渇水被害の計量化[5)6)]

(1) 渇水被害とマスメディア

渇水災害を観察すると，被害の形態や性質が多種多様である．これは渇水被害が各地域の風土・伝統・産業構造・社会構造・歴史など，自然・社会環境に根ざ

しており，水消費者のライフスタイルにも影響を受けている．したがって，渇水被害を，個々のデータを積み上げて分析することも可能ではあるが，その被害がどの程度の事実であるのかが明確にできない．渇水時の情報処理システムを示せば図3.1のように描くことができる[6]．この図からも明らかなようにマスコミの影響を無視するわけにはいかない．

このため，ここでは新聞記事をもとに渇水被害を記述し，流域生活者の不安感による心理的被害と実被害を合成した被害を分析しよう．

(2) データ作成手順

対象流域は芦田川で，渇水の期間は新聞がはじめて渇水を報じた1973年7月

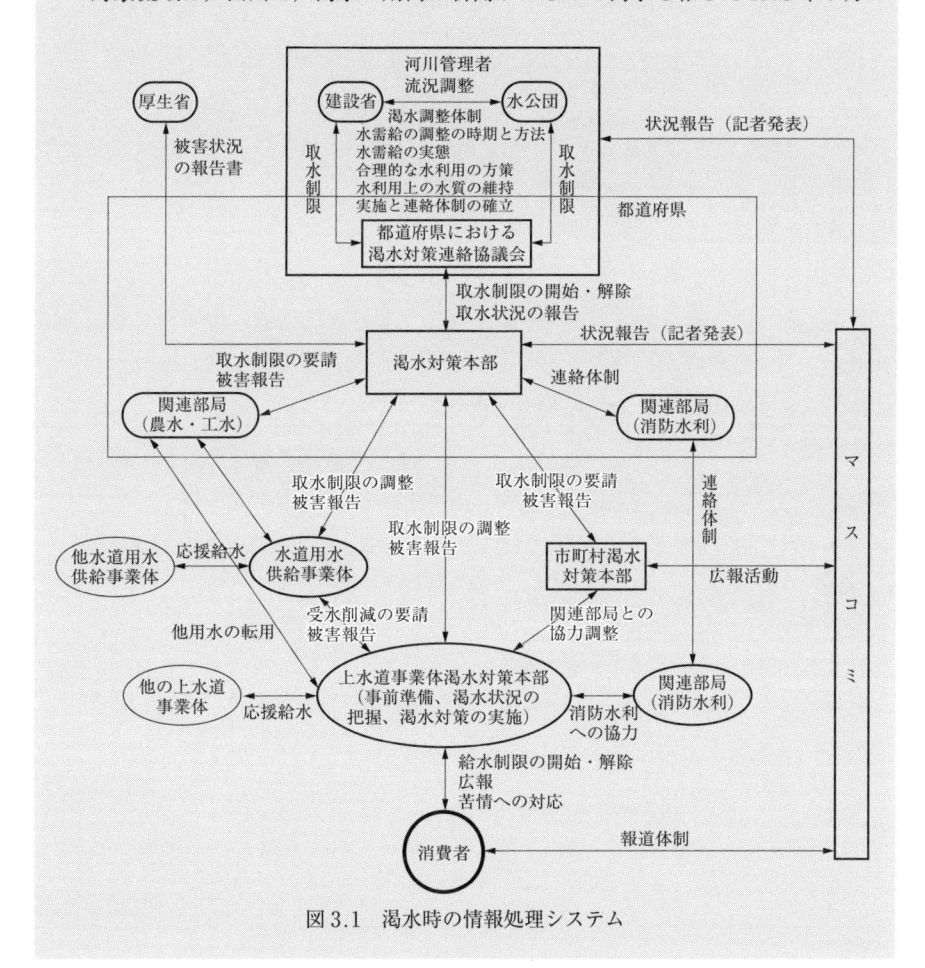

図3.1 渇水時の情報処理システム

15日から9月10日で，全国紙，地方紙の4紙の記事をデータとした．抽出した膨大な被害記事を整理し表3.3のように被害項目を設定した．そしてこれらの記事を被害の大小によって表3.4に示すような5段階評価を行った．

次に記事のでた日に渇水被害のランクに応じて「被害度」を与え「被害が新しく与えられるまで被害度は変わらない」という仮定をおき，日々の被害が累加されるかされないかを基準に，以下のように被害項目に得点を与えることにした．

表3.3 被害項目の設定

被害項目	記事例
住民不満	プール閉鎖
上水給水制限	水圧15%カット
上水被害	臭い水道
住民将来不安	あと10日分
中小企業給水制限	50%制限
大企業給水制限	25%制限へ
大企業被害	工場閉鎖
大企業水確保策	下水から工水
農水確保策	A川枯れる
農業被害	水田にひびわれ
農民不満	農業団体不満
ダム貯水量	600万トンわる
大企業不満	市へ要望，再起不能の恐れ

表3.4 渇水被害評価

ランク＼被害項目	1	2	3	4	5
住民不満	あまり困らない	少々困る	困る	我慢できる	我慢できない
上水給水制限	10%まで	20%まで	40%まで	40%以上	時間給水
上水被害	でていない	ではじめる	明らかにでている	被害大	被害甚大
住民将来不安	不安ない	少々不安	不安	大いに不安	絶望・パニック
中小企業給水制限	20%以下	30%以下	40%以下	40%以上	STOP
大企業給水制限	30%以下	50%以下	80%以下	保安用水のみ	STOP
大企業被害	操業時間短縮	一時休止	工場閉鎖	全面閉鎖（保安のみ）	完全閉鎖
大企業水確保策	回収強化	海水切り替え	下水から取水	タンカー送水	策なし
農水確保策	困らない	少々困る	ため池，かん水	ため池以外	策なし
農業被害	でていない	ではじめる	明らかにでている	被害大	被害甚大
農民不満	しかたない	少々不満	不満あり	不満大	要求，請願
ダム貯水量	600万トン以上	300万トン以上	200万トン以上	100万トン以上	100万トン以下
大企業不満	容認	内部努力	有	陳情	反発

表3.5 渇水被害得点データ

項目	7/15	20	25	30	8/5	10	15	20	25	30	9/5	10
住民不満 y_1	1	12	18	21	21	17	23	28	30	20	10	7
住民将来不安 y_2	1	10	18	20	23	20	26	31	28	30	10	10
上水給水制限 y_3	1	1	1	1	2	1	1	3	3	1	1	1
上水被害 y_4	1	12	27	40	46	51	60	75	90	95	101	106
大企業水確保 y_5	1	13	24	30	30	30	30	33	38	40	32	24
大企業給水制限 y_6	1	2	2	3	2	4	3	2	3	2	1	
大企業不満 y_7	1	12	27	32	37	43	43	40	39	35	31	28
大企業被害 y_8	1	13	28	45	65	88	108	128	147	163	178	191
中小企業給水制限 y_9	1	2	2	5	3	4	4	3	1	1	1	1
農水確保 y_{10}	1	13	26	30	30	28	30	32	39	40	19	13
農民不満 y_{11}	1	10	18	22	27	27	30	32	37	26	12	10
農業被害 y_{12}	1	13	28	45	65	81	108	128	148	168	178	191
ダム貯水量 y_{13}	1	2	2	2	3	4	4	5	4	3	2	1

表3.6 主成分分析結果(因子負荷量)

被害項目	第1主成分	第2主成分	第3主成分
住民不満	0.889	−0.271	0.266
住民将来不安	0.969	−0.070	0.056
上水給水制限	0.563	0.003	0.791
上水被害	0.628	0.654	−0.140
大企業水確保	0.936	0.168	−0.136
大企業給水制限	0.650	−0.436	−0.489
大企業不満	0.938	−0.022	−0.227
大企業被害	0.577	0.676	−0.164
中小企業給水制限	0.305	−0.656	−0.407
農水確保	0.928	−0.120	0.026
農民不満	0.945	−0.213	0.155
農業被害	0.574	0.682	−0.152
ダム貯水量	0.847	−0.268	0.174
累積寄与率(%)	66	83	93

① ある期間の影響が累加されるもの:心理的な被害項目は,不安や不満で,これらの被害の大きさは,時間とともに負荷が累積していく学習関数とした.そして,不安や不満は,同一被害項目が10日に1回報道されていることをもとに,これらは10日継続すると仮定した.このグループは「住民不満」「住

民の将来不満」「大企業水確保策」「大企業不満」「農水確保」「農民不満」である．

② 影響が累加されないもの：給水制限に関する被害項目の被害は，貯水量・流量などを

③ 影響が累加されないもの：給水制限に関する被害項目の被害は，貯水量・流量などを情報として決定され，過去の給水制限に依存しないものとして日々の得点を与えることとした．このグループは「上水給水制限」「大企業給水制限」「中小企業給水制限」「ダム貯水量」である．

④ 実質的な被害：渇水開始点からの被害を累加して得点を与える．このグループは「上水被害」「農業被害」「大企業被害」である．

こうして，表3.5の渇水被害得点を得る．このデータに主成分分析を施せば，表3.6の結果を得る．この結果，主成分の解釈を行えば以下のようになる．

第1主成分（z_1）；住民の不安感による心理的被害
第2主成分（z_2）；上水・農水の実質的被害
第3主成分（z_3）；工水と上水の給水制限のトレード・オフ

こうして，渇水期間中の，これらの主成分と主成分の寄与率を重みとした総合渇水被害特性値（P）の時間変化を示せば図3.2を得る．

図3.2より心理的被害（z_1）は渇水開始日から増加を続け，8月20日に最大となり，降雨のため急激に減少をはじめる．実質的被害（z_2）は，初期段階の変化は小さいが，渇水が長引くにつれ増加し始める．初期においては，工水給水制限を強化することによって，上農水の被害はある程度抑えられるが，渇水が長引くにつれ，これらの被害が出始めること示している．給水制限のトレード・オフ（z_3）は，ゼロの周りで正になったり負になったりする．8月5日と8月25日以降の降雨の際には正側に大きく変動するが，8月10日以降無降雨であるので，正側に徐々に変化している．そして総合特性値（P）は，渇水開始以来増加し続けるが，8月20日以降急激に減少する．

以上，新聞記事を分析することにより，渇水被害が総合的に表現することができることを示した．

(3) 渇水の実被害と心理的被害

ここでは，新聞記事の分析から得た渇水被害特性値（P）と，渇水時の水資源状態量との相関を調べ，相関係数の高い状態量を説明変数とし，総合特性値を目的

3 多変量解析法

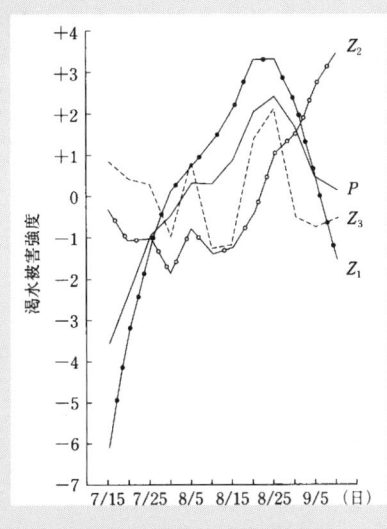

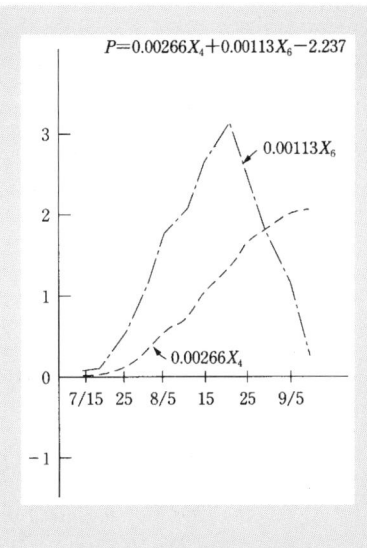

図3.2　総合渇水被害の変化　　　図3.3　説明変数の変化

変数とする渇水被害関数を重回帰モデルで表現する．これによって，定性的な特性値に定量的な意味づけができることになる．

　総合特性値は，不足流量総和値，不足流量二乗和，ダム貯水不足量，ダム不足貯水二乗値，ダム不足貯水総和値と 0.73 以上の相関をもつ．以下同様にして，各主成分と相関の高い水資源状態量を求める．この結果，第3主成分と相関の高い状態量がないことがわかった．このため重回帰分析から第3主成分を省くことにした．

　選択した説明変数は総合特性値と相関が高い5状態量で，総合特性値ならびに主成分の回帰式を求め，統計的に（重相関係数ならびに F 値が）優位な被害関数を求めると次式を得た．

$$P = 0.00266 x_4 + 0.00113 x_6 - 2.237 \tag{3.3.21}$$

ここに，x_4；不足流量二乗和 $((m^2/s)^2)$，x_6；不足貯水量二乗値 $((100{,}000 m^3)^2)$ である．

　x_4 は地域社会の実質的な被害が不足流量の二乗和できく説明変数であり，x_6 は不安・不満が新聞などのマスメディアや風評によって増幅する不足貯水量二乗値である．これらの渇水期間中の変化を図3.3に示す．

　この説明変数の変化からも明らかなように，渇水被害は実被害に比べ，マスメ

ディアなどの報道による心理的な被害のほうが初期の段階では断然大きく，降雨があっても，実被害は増加し続けているにもかかわらず心理的な被害が急激に減少していることがわかる．こうして，渇水期間中の被害関数を物理的な実被害と心理的な虚被害で記述することにより，より現実的な渇水被害現象が表現できたことになる．

3.4 判別分析[1)]

3.4.1 2群の線形判別関数の導出

G_1, G_2 と呼ばれる2つの p 変量母集団は，母平均ベクトル μ^1, μ^2 は異なる（かもしれない）が，母分散・共分散行列 Σ は等しいと仮定する．両群からそれぞれ大きさ n_1, n_2 の標本が得られたとすると，その観測データを $x=(x_1,\cdots,x_p)^t$ で表すことができる．このとき，平均値の差のベクトル d は

$$d=\bar{x}^1-\bar{x}^2=(d_1,\cdots,d_p)^t \quad d_i=\bar{x}_i^1-\bar{x}_i^2 \quad (i=1,\cdots,p)$$
$$\bar{x}_i^m=\sum_{\alpha=1}^{n_m} x_{\alpha i}^m/n_m \quad (m=1,2)$$

$\mu^1-\mu^2$ の不偏推定量であり，分散・共分散行列 V は

$$V=(V_{ij}) \quad V_{ij}=(S_{ij}^1+S_{ij}^2)/(n_1+n_2-2) \quad S_{ij}^m=\sum_{\alpha=1}^{m}(x_{\alpha i}^m-\bar{x}_i^m)(x_{\alpha j}^m-\bar{x}_j^m) \quad (m=1,2)$$

Σ の不偏推定値である．

このとき，2群を最もよく判別する1次式

$$z=l^t(x-\bar{x})=\sum_{i=1}^{p} l_i(x_i-\bar{x}_i) \quad (\bar{x}=(\bar{x}_1,\cdots,\bar{x}_p),\ \bar{x}_i=(\bar{x}_i^1+\bar{x}_i^2)/2) \tag{3.4.1}$$

を後述の基準で求め，これを線形判別関数（linear discriminant function）と呼ぶ．

これを用いると，この2群のどちらかに属することは確かであるがそのいずれに属するかは明らかではない新しい標本 x_0 について，$z_0=l^t(x_0-\bar{x})$ の値を求め，その正・負に従って（後述）x_0 の帰属を決めることができる．

式(3.4.1)の z の両群での平均の差と群内分散は次式のように記述できる．

$$G_1 \text{群平均}: \bar{z}^1=l^t(\bar{x}^1-\bar{x}),\quad G_2 \text{群平均}: \bar{z}^2=l^t(\bar{x}^2-\bar{x})$$

3 多変量解析法

平均値の差：$d_z = \bar{z}^1 - \bar{z}^2 = l^t(\bar{x}^1 - \bar{x}^2) = l^t d = \sum_{i=1}^{p} l_i d_i$ (3.4.2)

G_1 群内平方和：$S_1 = \sum_{\alpha=1}^{n_1} (z_\alpha^1 - \bar{z}^1)^2 = \sum_{ij} l_i l_j S_{ij}^1 = l^t S^1 l$

G_2 群内平方和：（同様にして）$S_2 = l^t S^2 l$

群内分散：$V_z = (S_1 + S_2)/(n_1 + n_2 - 2) = \sum_i \sum_j l_i l_j V_{ij} = l^t V l$ (3.4.3)

線形判別関数 z の係数ベクトル l の値は，z の平均値の差の 2 乗を群内分散で割った値を最大にするという基準を用いることとする．式(3.4.2)，式(3.4.3)の表現を用いると，それは次のように表現できる．

$$\theta = \frac{d_z^2}{V_z} = \frac{(l^t d)^2}{l^t V l} \Rightarrow \max. \quad (3.4.4)$$

この解は，明らかに連立 1 次方程式

$$Vl = cd$$

の解として得られ，そして，係数 l はその比だけが一意的に定まるものであるから，c は任意に選ぶことができる．ここでは，$c=1$ とすると

$$l = V^{-1} d \quad (3.4.5)$$

と書ける（V^{-1} は V の逆行列）．

式(3.4.5)から，z についての 2 群の距離は，p 次元空間における 2 群の重心 $\bar{x}^1$，$\bar{x}^2$ の間のマハラノビス平方距離 D_p^2 にあたることがわかる．なぜなら

$$d_z = l^t d = d^t V^{-1} l = (\bar{x}^1 - \bar{x}^2)^t V^{-1} (\bar{x}^1 - \bar{x}^2) = D_p^2 \quad (3.4.6)$$

また，z の群内分散も D_p^2 に等しくなる．すなわち，

$$V_z = l^t V l = l^t d = D_p^2 \quad (3.4.7)$$

以上のことから，判別式 z の標準偏差 s_z は次のように書くことができる．

$$s_z = \sqrt{V_z} = D_p = \sqrt{d_z} \quad (3.4.8)$$

3.4.2 新しい標本の判別と誤判別の確率

線形判別関数の平均値から，z の総平均 $\bar{\bar{z}}$ は

$$\bar{z}=(\bar{z}^1+\bar{z}^2)/2=l'(\bar{z}^1+\bar{z}^2-2\bar{x})=0$$

となるから，$\bar{z}^1 > \bar{z}^2$ のとき，新しい標本 $z_0 = l'(x_0 - \bar{x})$ に対しては

$$x_0 \in G_1 \quad (if\ z_0 > 0), \quad x_0 \in G_2 \quad (if\ z_0 < 0) \tag{3.4.9}$$

と判別すればよいことがわかる．

いま，$x_1, \cdots, x_p$ は両群内でほぼ正規分布をするとすれば，その1次結合である z は正規分布により近づくから，n_1, n_2 が十分大きいときには誤判別の確率を正規表から近似的に求めることができる．

$$\bar{z}^1 = -\bar{z}^2 = d_z/2 = D_p^2/2$$

であるので，G_1 群の個体が誤って G_2 群に属すると判定される確率は，式(3.4.9)の判別方式によれば，

$$\Pr[z<0|G_1] = \Phi(-\bar{z}^1/s_z) = \Phi\left(-\frac{D_p^2/2}{D_p}\right) = \Phi(-D_p/2) \tag{3.4.10}$$

と書ける．ここで，Φ は正規分布の下側確率を示すこととする．一方，G_2 群の個体が誤って G_1 群に属すると判定される確率は

$$\Pr[z>0|G_2] = 1 - \Phi(-\bar{z}^2/s_z) = \Phi(-D_p/2) \tag{3.4.11}$$

となり，式(3.4.10)と一致する．

ところで，上の判別方式は，新しい標本 x_0 が G_1, G_2 のどちらかの群に属することを前提として，その一方に判別する規則を与えるものである．しかし，x_0 が G_1, G_2 群のどちらにも属さないことも考えておかなければならない．このような場合，x_0 と G_1, G_2 群の平均とマハラノビス平方距離も求めておくのがよい．すなわち，

$$D_{01}^2 = (x_0 - \bar{x}^1)'V^{-1}(x_0 - \bar{x}^1), \quad D_{02}^2 = (x_0 - \bar{x}^2)'V^{-1}(x_0 - \bar{x}^2) \tag{3.4.12}$$

この D_{01}^2, D_{02}^2 は，$x_1, \cdots, x_p$ の分布に p 次元正規分布を仮定でき，かつ，V, $\bar{z}^1$, $\bar{z}^2$ を Σ, μ^1, μ^2 とみなせるときには，ともに自由度 p の χ^2 分布をするので，このどちらもが，たとえば，その5％点 $\chi^2(p; 0.05)$ を超えるときには，新しい標本 x_0 は G_1 にも G_2 にも属さないと判定される．

なお,

$$D_{01}^2 - D_{02}^2 = -2z_0 \tag{3.4.13}$$

と書けることわかっているから,

$$D_{01}^2 > D_{02}^2 \text{ のとき } z_0 < 0 \Rightarrow x_0 \in G_2, \quad D_{01}^2 < D_{02}^2 \text{ のとき } z_0 > 0 \Rightarrow x_0 \in G_1$$

ということになり,新しい標本をマハラノビス平方距離が小さい方の群に割り付けることに一致し,これは判別関数による判別と同じことであることがわかる.

3.4.3 一般の場合の判別得点

以上の議論をより一般化するためには次の3点がわかっていなければならない.

① g 個の群における p 変量測定値 $x=(x_1,\cdots,x_p)^t$ の確率密度:$P_1(x),\cdots,P_g(x)$
② 新しい対象が取り出される集団における,g 群の出現割合(事前確率):$\pi_1,\cdots,\pi_g$
③ 第 k 群の対象を誤って第 l 群に判別したときの損失量:$L_{kl}(k \neq l, k,l = 1,\cdots,g)$

このとき,新しい対象の観測値 x_0 が与えられると,それが第 k 群に属するとするときの判別得点(スコア)は次のように定義できる.

$$S_k = -\{\pi_1 P_1(x_0) L_{1k} + \cdots \pi_g P_g(x_0) L_{gk}\} \quad (k=1,\cdots,g) \tag{3.4.13}$$

ここで,$L_{kk}=0$ である.右辺の { } 内の値は,第 k 群以外の群に属するとしたときの損失量の期待値を示すから,これに負符号をつけた S_k が最大の群にこの対象を割り付ければよいというルールができる.このルールは期待損失を最小にするものである.

ところで,上の各群の確率密度 $P_k(x)$ や事前確率 π_k,および損失量 L_{kl} の正確な値は自明ではない.実際的には,誤判別の頻度を最小にするという基準が有効である.このときの最適判定は,新しい測定値 x_0 がその群に属する事後確率が最大になるような群にそれを振付けることである.言い換えると,第 k 群の判別得点を

$$S_k = \pi_k P_k(x_0) \tag{3.4.12}$$

として，S_k を最大にすることである．

x の分布がどの群でも p 変量正規分布に従うと仮定できるときには，その母平均ベクトルを μ_k，母分散・共分散行列を Σ_k とすると，確率密度は

$$P_k(x) = (2\pi)^{-p/2} |\Sigma_k|^{-1/2} \exp\left\{-\frac{1}{2}(x-\mu_k)^t \Sigma^{-1}(x-\mu_k)\right\} \quad (k=1,\cdots,g) \tag{3.4.13}$$

と書ける．これを式 (3.4.12) に代入し，その自然対数をとり，どの k にも共通な項 $(2\pi)^{-p/2}$ を削除すると，第 k 群に対する式 (3.4.12) と等価な判別得点として

$$S_k = -\frac{1}{2}\log|\Sigma_k| - \frac{1}{2}(x-\mu_k)\Sigma^{-1}(x-\mu_k) + \log\pi_k \tag{3.4.14}$$

を得る．これは，x についての2次式であるから，2次判別得点と呼ばれ，この値が最大になる群 k に，対象 x は割付けられる．

もし分散・共分散行列 Σ_k がどの群でも一定で，$\Sigma_k = \Sigma (k=1,\cdots,g)$ とおけるなら，式 (3.4.14) の各項のなかで

$$-\frac{1}{2}\log|\Sigma| - \frac{1}{2}x^t \Sigma^{-1} x$$

の部分は，すべての S_k に共通となるから，この部分を除くと，式 (3.4.14) と等価な判別得点として

$$S_k = (\mu_k^t \Sigma^{-1})x - \frac{1}{2}\mu_k^t \Sigma^{-1}\mu_k + \log\pi_k \tag{3.4.15}$$

を得る．これは，x の1次式であるから，線形（1次）判別得点と呼ばれる．

3.4.4 2群の判別

群が2つのときに，上の線形判別得点を用いると，比較はただ1つであるから，差 $S_1 - S_2$ の正負によって判別ができる．$L(x)$ を x の1次式として

$$S_1 - S_2 = L(x) - c \tag{3.4.16}$$

$$L(x) = (\mu_1^t - \mu_2^t)\Sigma^{-1} x \tag{3.4.17}$$

$$c = \frac{1}{2}\left(\mu_1^t \Sigma^{-1}\mu_1 - \mu_2^t \Sigma^{-1}\mu_2\right) + \log\pi_2 - \log\pi_1$$

と書くことができる．

母平均ベクトル μ_1, μ_2, 母分散・共分散行列 Σ を，標本の大きさ n_1, n_2 が十分大きいとして，その平均ベクトル $\bar{x}^1$, $\bar{x}^2$, 分散・共分散行列 V で置き換え，式(3.4.5)を用いれば

$$\hat{L}(x) = (\bar{x}^1 - \bar{x}^2)' V^{-1} x = d' V^{-1} x = l' x \tag{3.4.18}$$

を得る．これは，式(3.4.1)に他ならない．

この $\hat{L}(x)$ を用いる判別点は，3.4.2節の場合と少し異なる．式(3.4.17)より

$$\hat{L}(x) \geq c \Rightarrow x \in G_1 \quad \hat{L}(x) \leq c \Rightarrow x \in G_2 \tag{3.4.19}$$

となる．

【適用例3.3】地域環境汚染排水水質ランク[4]

ある流域の24市町村のBOD発生水質濃度とこれに影響すると考えられる社会・経済的要因を調査した結果，表3.7のデータを得た．環境政策のために排水水質ランクを表3.8のように3つに分類することになった．表3.7のデータを用いて，排水水質ランクを判別する関数を作成せよ．

（解）判別関数：$z = -2.84 + 0.085 x_1 - 0.033 x_2 - 0.007 x_3 + 0.86 x_4$

　　　判別効率；30.7, 判別率；0.75

【適用例3.4】ダム湖で遊ぶ観光客の交通選択手段の判別[4]

マイカーとマストラ利用客の調査を行なったところ，所要時間と費用差の比 (x_1) とアクセス所要時間差 (x_2) が，両手段の選択行動に関係していることが判明した．

① 両グループでの (x_1, x_2) の平均値が，マイカー $(80, 25)$, マストラ $(50, 33)$ で，分散・共分散行列を次式で与えられるとして，両グループの判別関数を求めよ．

$$\Sigma = \begin{bmatrix} 81 & 36 \\ 36 & 25 \end{bmatrix}$$

表3.7 流域市町村データ

市町村No.	人口(人)	工業出荷額(百万円)	農地面積(100ha)	建築床面積(1000m^2)	排水水質濃度(ppm)
1	208266	51561	29.94	5797.7	101.43
2	53475	30387	7.22	1439.7	120.15
3	57456	142889	14.56	1505.3	114.99
4	57020	14409	17.88	1436.5	147.87
5	75508	29333	16.79	2074.2	152.55
6	52081	28783	15.35	1447.8	162.02
7	55987	17254	14.64	1038.3	139.13
8	35550	3547	8.60	783.2	105.11
9	7899	691	4.39	247.9	148.19
10	10023	1478	1.00	202.0	142.10
11	16892	7608	4.16	362.1	122.69
12	5321	2347	2.59	126.7	126.50
13	6269	1190	3.25	116.8	153.32
14	6450	2781	2.06	95.1	122.83
15	20988	4129	11.16	629.4	162.22
16	9413	5871	3.86	248.2	138.61
17	6573	0623	5.13	210.6	188.50
18	12915	7340	5.91	337.4	127.61
19	8516	5049	4.71	266.9	125.12
20	21205	11765	5.97	402.5	119.40
21	4483	1061	1.37	34.9	141.40
22	14831	6992	0.93	299.6	130.34
23	17355	11784	7.22	401.0	133.52
24	7645	1625	2.19	130.7	120.14

表3.8 排水水質データ

排水水質ランク	排水水質濃度(ppm)
低	125未満
中	125〜145未満
高	145以上

② $x_1=70$, $x_2=30$ として,この観光客がマイカーを選択するか,マストラを選択するかを予測せよ.

(解) 1) $\Sigma^{-1} = \begin{bmatrix} 81 & 36 \\ 36 & 25 \end{bmatrix}^{-1} = \dfrac{1}{729}\begin{bmatrix} 25 & -36 \\ -36 & 81 \end{bmatrix}$, $\delta = \begin{bmatrix} 80 & -50 \\ 25 & -33 \end{bmatrix}$ であるから,判

別関数の係数ベクトル a は次式となる．$a = \begin{bmatrix} a_1 \\ a_2 \end{bmatrix} = \Sigma^{-1} \delta = \begin{bmatrix} 1.42 \\ -2.37 \end{bmatrix}$．こうして以下の判別関数が得られる．$z = 1.42(x_1 - 65) - 2.37(x_2 - 29)$

③ 上式に $x_1 = 70$，$x_2 = 30$ を代入すれば，$z = 2.56 > 0$ となり，マハラノビスの汎距離が $D_1^2 < D_2^2$ となるため，この観光客はマイカーを選択するだろう．

3.5 クラスター分析

3.5.1 クラスター分析とは[1]

クラスター分析 (cluster analysis) は，対象 (個体) に関する複数個の計測値を基礎に「似たもの同士」をかたまり (クラスター) に集める手法である．生物学においては数値分類 (numerical taxonomy) という言葉が古くから分類の一手法として使われてきた．

クラスター分析の扱う分類という操作は対象の性質を数値による表現ですべて置き換えているので，固有の諸科学とは独立の一般論となる．この点は他の数理統計の手法と同様である．異なる点は，数理科学が体系の中に構造についてのモデルをもっているのに対し，クラスター分析はそのようなモデルをもっていない点にある．したがって，実際にクラスター分析を応用するとき，仮説の検定や母数の推定というような型にはまった方式がないため分析の過程で勘や経験の蓄積がものをいう傾向をもつ．そのような意味で「記述統計学」のジャンルに入る．

クラスター分析は，対象とする個体についての観測値から分類の操作のための計算法を多数用意している．しかしながら，対象全体をどのくらいの個数のかたまりに分けるかが分析に先立ってわかっている場合が少ない．一定のモデルから出発した理論でないため，いろいろなことが分析における分岐点となり，試行錯誤を覚悟しなければならない．

クラスター分析では分類したい対象があり，その対象について測定したデータの組がある．これらのデータを特性値と呼ぶこととする．一般に観測データについては以下の4種類を考えればよい．

① 連続型変量　② 順位数　③ 非順位数　④ 0-1型変数

②③は④で記述することが可能であるから，以下では①と④を基本として取り扱うことにする．

ここでは次の記号を用いる．n：対象（個体）の個数，p：特性値の個数，m：求められたクラスターの個数，$x_{\alpha i}$：α番目の対象の第i番目の特性値の値

このようなデータをもとに対象を分類するのであるが，似たもの同士を集めるためには，類似度（似ている度合い），もしくは似ていない度合いすなわち距離をどのように測るかを決める必要がある．

(1) 連続型変量の場合

$$x_\alpha = {}^t(x_{\alpha 1}, \cdots, x_{\alpha p}) \tag{3.5.1}$$

$$x_\beta = {}^t(x_{\beta 1}, \cdots, x_{\beta p}) \tag{3.5.2}$$

ユークリッド距離：$d_{\alpha\beta}^2 = \sum_{i=1}^{p}(x_{\alpha i} - x_{\beta i})^2$ (3.5.3)

重みつきのユークリッド距離：$d_{\alpha\beta}^2 = \sum_{i=1}^{p} k_i(x_{\alpha i} - x_{\beta i})^2$ (3.5.4)

マハラノビスの距離：$d_{\alpha\beta}^2 = {}^t(x_\alpha - x_\beta)\Sigma^{-1}(x_\alpha - x_\beta)$ (3.5.5)

ただし，Σはp変量の分散・共分散行列である．なお，式(3.5.3)の代わりに

$$d_{\alpha\beta}^2 = \sum_{i=1}^{p}(x_{\alpha i} - x_{\beta i})^2 / p \tag{3.5.6}$$

もよく用いられる．

(2) 0-1型変数の場合

対象αと対象βについてp個の変数が0または1をとるとして，表3.5.1をつくる．

ここでは，Aはαの変数が1であるとき，それに対応するβの変数が1のものの総数で，これを$\alpha:1$，$\beta:1$のときと表せば，Bは$\alpha:0$，$\beta:1$，Cは$\alpha:1$，$\beta:0$，Dは$\alpha:0$，$\beta:0$の場合の総数である．このA，B，C，Dから次のような各種の尺度が作られる．

表3.5.1 0-1型変数

β \ α	$x=1$	$x=0$
$x=1$	A	B
$x=0$	C	D

$\dfrac{B+C}{p}$, $\dfrac{A+D}{p}$, $\dfrac{A}{A+B+C}$

類似度および距離を表 3.5.2 に示す．表のうち 1 と 3 を除いたものが 0-1 型変

表 3.5.2　類似度と距離

番号	式の形
1	ユークリッド距離　$\sum (x_{\alpha i}-x_{\beta i})^2/p$
2	0-1 型データのユークリッド距離　$(B+C)/p$
3	相関係数　r_{ik}
4	$\dfrac{A+D}{p}$
5	$\dfrac{A}{A+B+C}$
6	$\dfrac{2A}{2A+B+C}$
7	$\dfrac{2(A+D)}{2(A+D)+(B+C)}$
8	$\dfrac{A}{A+2(B+C)}$
9	$\dfrac{A+D}{A+D+2(B+C)}$
10	$\dfrac{A}{B+C}$
11	$\dfrac{A+D}{B+C}$
12	$\dfrac{(A+D)-(B+C)}{p}$
13	$\dfrac{A}{p}$
14	$\dfrac{1}{2}\left\{\dfrac{A}{A+C}+\dfrac{A}{A+B}\right\}$
15	$\dfrac{1}{4}\left\{\dfrac{A}{A+C}+\dfrac{A}{A+B}+\dfrac{D}{B+D}+\dfrac{D}{C+D}\right\}$
16	$\dfrac{A}{\sqrt{(A+C)(A+B)}}$
17	$\dfrac{AD}{\sqrt{(A+B)(A+C)(B+D)(C+D)}}$
18	$\dfrac{AD-BC}{\sqrt{(A+B)(A+C)(B+D)(C+D)}}$
19	$\dfrac{AD-BC}{AD+BC}$

（注）p は変数の個数．2 を unmatching coefficient，4 を matching coefficient，5 を similarity coefficient，13 をラッセル―ラオ (Russel-Rao) の係数という．

数に関するものである．

3.5.2　分析手法の概要

以下に説明する8種の手法のうち7種は「組み合わせ的手法 (combinatorial method)」といわれるものである．

まず，階層的手法 (hierarchical method) を説明する．この手法はクラスターの形成過程のコンセプトを記述する手法である．いま，n 個の対象に1から n までの番号を与えておく．そして最初に各対象をそれぞれ1つのクラスターと考え，この分類を C_0 ($C_0=\{1,\cdots,n\}$) とする．次の段階で1と2，3と4と5がクラスターを形成したとする．この段階を C_1 ($C_1=\{1\text{-}2,3\text{-}4\text{-}5,6,7,\cdots,n\}$) とする．このように m 回の結合の過程を経て $C_0, C_1, \cdots, C_m$ という分類系列が得られる．階層的というのは C_i が C_{i-1} の要素の結合によってできる場合をいう．上の例でいえば C_1 の次の分類として $C_2=\{1\text{-}3,2\text{-}4\text{-}5,6,\cdots\}$ というような，クラスター同士の間で対象（個体）の交換が起こる場合は階層的ではない．

この階層的手法のうち，次のような特別の場合を考える．まず，n 個の個体を n 個のクラスターと考える．次に $d_{\alpha\beta}$ を $\alpha-$ クラスターと $\beta-$ クラスター間の距離と定義する．いま，すべての α, β について最小の $d_{\alpha\beta}$ を d_{hl} とする．この最小の距離をもつ $h-$ クラスターと $l-$ クラスターの2つを結合する．このような操作を $(n-2)$ 回繰り返せば，最後に2つのクラスターが残る．$h-$ クラスターと $l-$ クラスターを結合して $g-$ クラスターができるときに，$g-$ クラスターに属さない $f-$ クラスターと $g-$ クラスターとの距離 d_{fg} が，結合する前の距離 d_{fh}, d_{fl}, d_{hl} だけから得られれば，このクラスター分析を組み合わせ的手法と定義する．いま，距離としてユークリッド距離を用い，d_{fg} の計算式として次式を考える．

$$d_{fg}=\alpha_h d_{fh}+\alpha_l d_{fl}+\beta d_{hl}+\gamma |d_{fh}-d_{fl}| \tag{3.5.7}$$

ここで，$\alpha_h, \alpha_l, \beta, \gamma$ はすべてパラメータである．第1，2項は結合する前の $h, l-$ クラスターと $f-$ クラスターとの距離，また第3項は $h, l-$ クラスター間の距離が新しい距離にどのくらい影響するか示す．そして，第4項は以下で述べる最短距離法と最長距離法にのみ使う．

3.5.3 最短距離法 (nearest neighbor method)

これは古くからある便利な手法である．クラスターとクラスターの類似度として，それぞれのクラスターに含まれている最も近い対象（個体）間の距離を採用する．このとき，$f-$ クラスターと $g-$ クラスターの距離は次式で表される．

$$d_{fg} = \frac{1}{2}d_{fh} + \frac{1}{2}d_{fl} - \frac{1}{2}|d_{fh} - d_{fl}| = \begin{cases} d_{fl}(d_{fh} \geq d_{fl}) \\ d_{fh}(d_{fh} < d_{fl}) \end{cases} \quad (3.5.8)$$

この手法は single linkage 法ともいわれる．

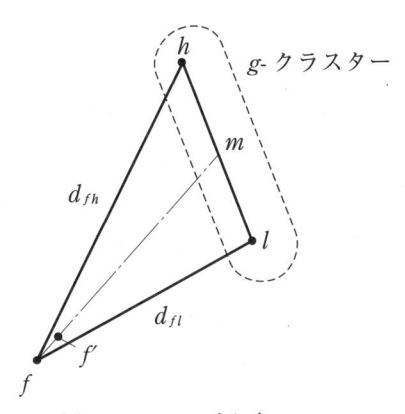

図 3.5.1 d_{fg} の出し方

図 3.5.1 に示すように，いま h と l が各 1 個の対象からなるものとしてこれらが $g-$ クラスターを作るとき，$d_{fh} > d_{fl}$ とすれば最短距離法の d_{fg} は d_{fl} となる．$g-$ クラスターの中心を m としたとき，d_{fg} として d_{fl} をとれば，f と m との距離が図で f の点は f' 点に移ると考えられる．このように，クラスターとクラスターが結合すると，その周りの部分が結合した部分に近づくようになるが，周りの部分そのものの距離は変わらない．つまり，クラスターの結合によって空間は濃縮され，点と点の間に鎖状のクラスターができることになる．この濃縮という特徴から見て，この方法の分類感度は低いことがわかる．

3.5.4 最長距離法 (furthest neighbor method)

最短距離法とは逆で，類似度をクラスター内の最も遠い点の間の距離を用い次

式を得る.

$$d_{fg} = \frac{1}{2}d_{fh} + \frac{1}{2}d_{fl} + \frac{1}{2}|d_{fh} - d_{fl}| = \begin{cases} d_{fh}(d_{fh} \geq d_{fl}) \\ d_{fl}(d_{fh} < d_{fl}) \end{cases} \quad (3.5.9)$$

最長距離法はクラスターを結合することによって,結合しない部分は結合した部分から離れる現象が起こる.つまり,クラスターに属さない対象がクラスターから離れていく傾向,空間の拡散が起こる.この手法は分類感度が高いといえる.

3.5.5 メジアン法 (median method)

この方法は上記2種の方法のそれぞれの欠点を補うため d_{fg} を d_{fh} と d_{fl} の中間値にしようという折衷法である.この場合,式(3.5.7)のパラメータは $\alpha_h = \alpha_l = \frac{1}{2}$, $\beta = -1/4$, $\gamma = 0$ となり,次に述べる重心法で $n_h = n_l = 1$, $n_g = 2$ とすれば得られる.

3.5.6 重心法 (centroid method)

上記3つの方法はクラスターに含まれる点の数を無視している.重心法は各クラスターの点の数の差異と関係を考える手法である.

$h-$, $l-$, $g-$ クラスターの個数をそれぞれ n_h, n_l, n_g とし,各クラスターの点が重心に集中していると考える.このとき,$n_g = n_h + n_l$ で,距離は次式で与えられる.

$$\begin{aligned} d_{fg}^2 &= \sum_{i=1}^{p}[x_{fi} - (n_h x_{hi} + n_l x_{li})/n_g]^2 \\ &= \sum_{i=1}^{p}\left[\frac{n_h}{n_g}(x_{fi} - x_{hi})^2 + \frac{n_l}{n_g}(x_{fi} - x_{li})^2 - \frac{n_h}{n_g} \cdot \frac{n_l}{n_g}(x_{hi} - x_{li})^2\right] \\ &= \frac{n_h}{n_g}d_{fh}^2 + \frac{n_l}{n_g}d_{fl}^2 - \frac{n_h}{n_g} \cdot \frac{n_l}{n_g}d_{hl}^2 \end{aligned} \quad (3.5.10)$$

式(3.5.10)は式(3.5.7)の特別な場合で,後者は1次の関係式で前者は2次となっている.しかしながら,式(3.5.7)で $d \rightarrow d^2$ と置き換え,

$$d_{fg}^2 = \alpha_h d_{fh}^2 + \alpha_l d_{fl}^2 + \beta d_{hl}^2 + \gamma |d_{fh}^2 - d_{fl}^2| \quad (3.5.11)$$

パラメータを

$$\alpha_h = n_h/n_g, \quad \alpha_l = n_l/n_g, \quad \beta = -\alpha_h \alpha_l, \quad \gamma = 0 \quad (3.5.12)$$

3 多変量解析法

とすれば，式 (3.5.10) を得ることができる．以下では，d_{fg} を式 (3.5.7)，式 (3.5.10) の両方の意味で用いる．

3.5.7 群平均法（group-average method）

$f-$，$g-$ 内にある 2 つの点 α，β の距離を $c_{\alpha\beta}$ とすれば，

$$d_{fg}^2 = \frac{1}{n_f n_g} \sum_\alpha \sum_\beta c_{\alpha\beta}^2 \tag{3.5.12}$$

と定義する．このとき，γ，δ を $h-$，$l-$ クラスターの点とすれば，群平均法では

$$\begin{aligned} d_{fg}^2 &= \frac{n_h}{n_g} \cdot \frac{1}{n_f n_h} \sum_\alpha \sum_\gamma c_{\alpha\gamma}^2 + \frac{n_l}{n_g} \cdot \frac{1}{n_f n_l} \sum_\alpha \sum_\delta c_{\alpha\delta}^2 \\ &= \frac{n_h}{n_g} d_{fh}^2 + \frac{n_l}{n_g} d_{fl}^2 \end{aligned} \tag{3.5.13}$$

と書ける．式 (3.5.11) の係数を次のようにおくこととなる．

$$\alpha_h = n_h/n_g, \quad \alpha_l = n_l/n_g, \quad \beta = \gamma = 0 \tag{3.5.14}$$

群平均法では空間密度を不変にし，空間が濃縮されたり拡散されたりすることはない．

3.5.8 可変法（flexible method）

もし式 (3.5.11) で，

$$\alpha_h = \alpha_l, \quad \beta < 1, \quad \gamma = 0, \quad \alpha_h + \alpha_l + \beta = 1 \tag{3.5.15}$$

とすれば，β の値によって結合後の空間密度を制御することができる．β の値が 1 に近づくほど結合後の空間が濃縮され，最短距離法の場合と同じように鎖状のクラスターができる．逆に負の値をとれば，結合することによって空間の拡散が起こる．経験的には β は小さい負値を取ればよいといわれている．よく取られているのは $-1/4 \leq \beta \leq 0$ である．

3.5.9 ウォード法（Ward method）

ここでは，$g-$ クラスターに属するすべての点の，クラスター平均値からの偏

差平方和 I_g を情報損失量（loss of information）と定義し，これを次式のように表す．

$$I_g = \sum_\alpha \sum_i (x_{\alpha i} - \bar{x}_i)^2 \tag{3.5.16}$$

ここに，$x_{\alpha i}$ は n_g 個の点を含む $g-$ クラスター内の α 番目の個体の第 i 特性の値を示し，$\bar{x}_i$ は $g-$ クラスター内の第 i 特性値の平均値を示す．$h-$，$l-$ クラスターが $g-$ クラスターとなるとき偏差平方和の増加量を ΔI とすれば，

$$\Delta I = I_g - I_h - I_l \tag{3.5.17}$$

となる．この ΔI の最小な2つのクラスターを結合させていけば分類の手法が生まれる．この場合には，

$$d_{fg}^2 = \frac{1}{(n_f + n_g)} \left[(n_f + n_g) d_{fh}^2 + (n_f + n_g) d_{fl}^2 - n_f d_{fl}^2 \right] \tag{3.5.18}$$

となる．すなわち，式(3.5.11)で

$$\alpha_h = \frac{n_f + n_h}{n_f + n_g}, \quad \alpha_l = \frac{n_f + n_l}{n_f + n_g}, \quad \beta - \frac{-n_f}{n_f + n_g}, \quad \gamma = 0 \tag{3.5.19}$$

とおいたことになる．

表3.5.3 組合せ的な手法のパラメータ

手法 \ パラメータ	α_h	α_l	β	γ	利用する式
(1) 最短距離法	$\frac{1}{2}$	$\frac{1}{2}$	0	$-\frac{1}{2}$	d
(2) 最長距離法	$\frac{1}{2}$	$\frac{1}{2}$	0	$\frac{1}{2}$	d
(3) メジアン法	$\frac{1}{2}$	$\frac{1}{2}$	$-\frac{1}{4}$	0	d
(4) 重心法	$\frac{n_h}{n_g}$	$\frac{n_l}{n_g}$	$-\frac{n_h n_l}{n_g^2}$	0	d^2
(5) 群平均法	$\frac{n_h}{n_g}$	$\frac{n_l}{n_g}$	0	0	d^2
(6) ウォード法	$\frac{n_f + n_h}{n_f + n_g}$	$\frac{n_f + n_l}{n_f + n_g}$	$-\frac{n_f}{n_f + n_g}$	0	d_2

（注）左軸はインプットのための手法番号．また，右端の d，d^2 の記述は結合の式で用いる距離の定義の区分を示す．可変性は(7)で $\alpha_h = \alpha_l$，$\beta < 1$，$\gamma = 0$，$\alpha_h + \alpha_l + \beta = 1$，利用する式は d^2．

上記のことを総合すると，可変法を除いてそれぞれの手法のパラメータは表3.5.3のようになる．

3.5.10 モード法

モード法は1変数のヒストグラム分析において，モードとして最大頻度の区間の値を採用するのと同じように，分割した単位領域の中に観測する対象が最も多く入っているところを密度最大としてとらえ，ある密度以上の領域は，稠密な領域と考えて，その稠密な点を中心にクラスターを形成する．

各対象の p 個の特性値から p 次元空間の点が定まるものとして各点から第1近接点，第2近接点，第3近接点以下，第 k 近接点までの距離の表を作り，この表の中で k を固定して，距離の最小のものを選んで操作を行う．モード法は，最初に与えられた n 個の点はクラスターを形成していないと考える点で，組合せ法と異なる発想である．

【適用例3.5】水域の環境基準点の適正化[4]

八戸湾（図3.5.2）に設置された水質環境基準点において，水質指標の1つであるCODが過去5年間日単位で観測された．このCODの日単位の5年間の変動傾向の水質環境基準点の類似性を見るため相関分析を行なった．この結果，表3.5.4の相関係数を得た．これを用いて，水質環境基準点間の類似性の指標とみなして水質環境基準点の分類を行なえ．

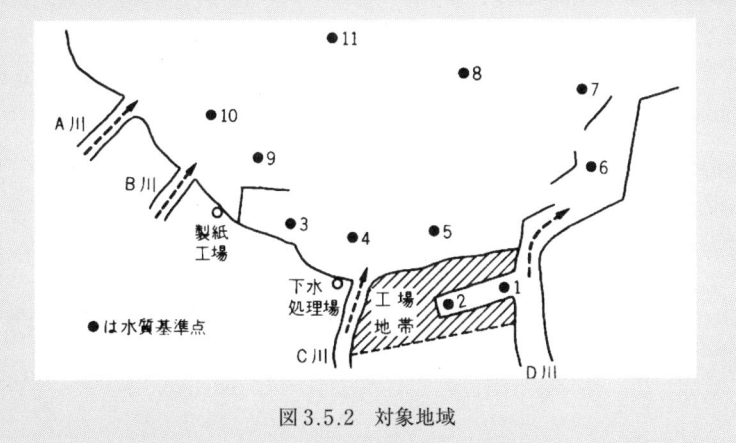

図3.5.2　対象地域

表 3.5.4 基準点間の相関係数

	1	2	3	4	5	6	7	8	9	10	11
1	1.000										
2	0.904	1.000									
3	0.276	0.412	1.000								
4	0.216	0.294	0.332	1.000							
5	0.032	0.630	0.284	0.430	1.000						
6	0.335	0.509	0.198	0.192	0.325	1.000					
7	0.419	0.514	0.320	0.411	0.347	0.596	1.000				
8	0.154	0.405	0.367	0.354	0.460	0.432	0.644	1.000			
9	0.029	0.251	0.007	−0.041	0.023	0.052	0.187	−0.121	1.000		
10	0.819	0.589	−0.318	−0.328	0.113	0.509	0.447	0.359	0.026	1.000	
11	0.465	0.533	0.540	0.527	0.422	0.688	0.525	0.512	0.054	0.427	1.000

表 3.5.5 クラスター分析結果

クラスター	基準点番号
A	1, 2
B	6, 7, 8, 11
C	4, 5
D	3
E	9
F	10

（解）結果を表 3.5.5 に示す．この結果から，COD 指標から見るかぎりにおいて，クラスター A, B, C の中から観測基準点数を削減することが可能なことがわかる．このようなことは，いろんな問題，例えば河川環境基準点や水文観測点等などにも適用可能性があることがわかる．

【事例 3.6】水辺空間の遊び形態の分類[7]

　水辺空間の利用のほとんどは，様々な行動を楽しむことを目的としている．特に目的を持たなくても，無意識的に癒しを求め，安らぎを見出したり，人とか鳥とか木々や草花とかと話ができたりすることを楽しんでいるであろう．つまり，水辺の利用行動は楽しさを感じる，楽しさを目的とした行動で，このような行動を「遊び」とする．「遊び」は広く遊戯一般にわたる意味のほか，緊張の弛み，娯

楽，暇つぶし，気晴らし，遠足，浪費，賭け事，怠惰などの形態も持っている．さらに何かを演じる，あるものを表現する，模倣するという形態にも使われる．ヨハン・ホイジンガーは「遊び」の概念[8]を次のように定義している．『遊びとは，あるはっきり定められた時空間の範囲内で行われる自発的な行為もしくは活動である．それは自発的に受け入れられた規則に従っている．その規則はいったん受け入れられた以上は絶対的な拘束力を持っている．遊びの目的は行為そのものの中にある．それは緊張と歓びの感情を伴い，またこれは日常生活とは別のものという意識に裏付けられている．』そして，『人間は遊ぶ存在』であると述べている．ここでは遊びを「水辺空間で自発的に行われ，楽しさを感じる行動」としておこう．

水辺空間は日常的には「遊び空間」で，非日常的（例えば大震災時）には避難などの「減災空間」である．このため水辺空間の日常性に着目しよう．水辺の現地

表3.5.6 遊び形態のクラスター分析結果

クラスター		特徴	遊び
うつす遊び	a	水辺や樹木，遊歩道を重要とする遊び．場所を移す，景色を移す遊び．	・ジョギング・ウォーキング・自転車・写生する・写真撮影・散歩・犬の散歩
演じる遊び	b	広場を重要とする遊び．鬼や技を演じる遊び．	・ローラーブレード・スケートボード・ラジオ体操・ダンスの練習・花火・ラジコン
水と触れあう遊び	c	ため池や河川敷の水辺を重要とする遊び．	・石投げ・魚釣り・バードウォッチング・鳥に餌をやる・ボートに乗る・ザリガニつり・魚を見る・水に入る
遊具を使う遊び	d	遊具を重要とする遊び．	・土管・うんてい・ブランコ・タイヤとび・アスレチック・シーソー・ジャングルジム・砂遊び・すべり台・地球塔・ままごと
留まる遊び	e	水辺や休憩施設を重要とする遊び．ある場所に留まって行う遊び．	・休憩・楽器の演奏・歌の練習・人の観察・雑談する・昼寝・読書・ひなたぼっこ・バーベキュー
草花と触れあう遊び	f	地面が草花であることを重要とする．	・芝生に転がる・花摘み・バッタとり・花の首飾りつくり
広場で行う遊び	g	広場を重要とする遊び．	・野球・ゲートボール・キックベース・サッカー・バドミントン・バレー・フラフープ・かけっこ・キャッチボール・ゴルフ
樹木と触れあう遊び	h	樹木を重要とする遊び．	・木登り・セミとり・実を拾う・落ち葉を拾う

図3.5.3 遊びのデンドログラム

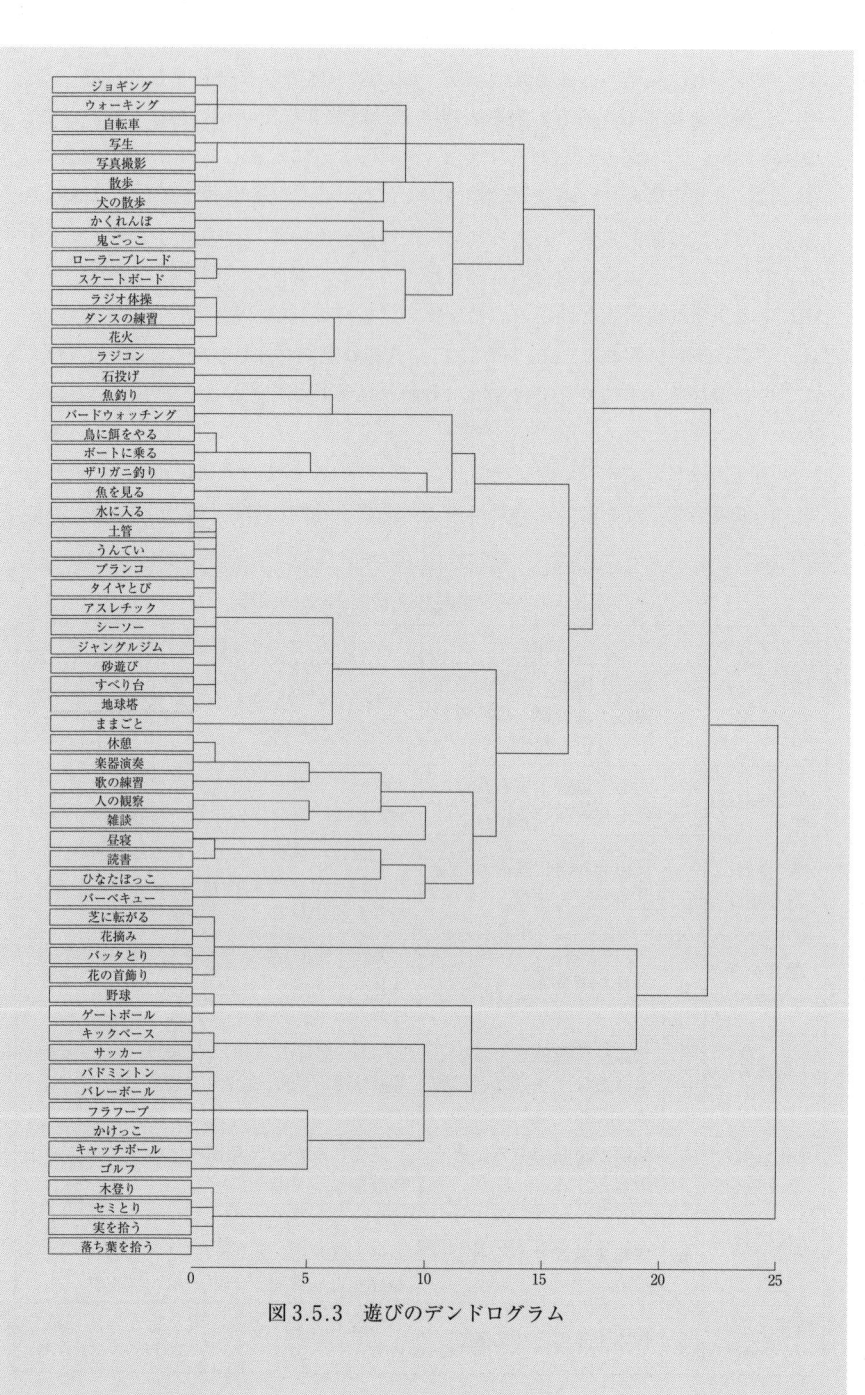

調査で日常的な61種類の遊びの形態が観察された．そして，遊びの形態と水辺の構成要素（水辺の属性，土と緑の状態，休憩施設やトイレの有無等）との関係を観察する．

クラスター分析を用いるためには，遊びのあいだの類似度を定義する必要がある．類似度を遊びの特性値で定義する．特性値は各遊びの形態に対して水辺の構成要素が必要であれば2，あるほうが好ましい場合は1，関係がなければ0として与える．そして，類似度の測度として，いろいろ考えた結果，式(3.5.3)のユークリッド距離を用いることにする．こうして，各遊形態に関する水辺構成要素の重要度の得点を特性値とし，類似度を最も単純なユークリッド距離で定義し，3.5.4の最長距離法を用いてクラスター分析を行った．この結果，図3.5.3のデンドログラムを得た．

何を楽しんでいるかという遊びの形態と，遊びに関する水辺の構成要素を考慮してクラスターを決定したことになる．各クラスターのラベルとその特徴，そしてクラスターに含まれる遊びを表3.5.6に示しておこう．こうして，水辺空間と配置の評価ができる．

3.6 数量化理論

3.6.1 数量化理論とは何か[9]

数量化理論（quantification theory）とは定性的属性の各カテゴリーに「適当な数値」を与えて定量的変数の場合と同様に多変量解析を施す理論である．数量化理論は，外的基準のある場合とない場合に分けて説明される．問題にしている複数の属性に付与すべき数量を決定するための外的基準（external criteria）とは，たとえば予測したい従属変数，あるいはそこに個体が判別される群を意味する．すなわち，複数の属性を用いて，ある定量的変数の値を予測する方法が数量化第I類で，ある複数の群に判別する方法が数量化第II類である．これに対し，数量化のための外的な基準がなくても，問題にしている属性相互間の内部的関係に基づいて数量化を行い，属性または個体（の集まり）の相互的位置関係（constellation）を明らかにする方法が，数量化第III類と第IV類である．以下ではこの理論で使用される独特な記号法を紹介する．

数量化理論は，態度測定から出発しているので，一般的に『n個の個体につい

て，それぞれ k_j 個のカテゴリーを持つ R 個の属性』を考慮していると想定することができる．このとき，次式に示すダミー変数を導入する．いま i 番目の個体が j 番目の属性に関し k 番目のカテゴリーに反応するときのみ 1，他の (k_j-1) 個のカテゴリーに反応した時には 0 の値をとる，ダミー変数 $\delta_i(jk)$ という量を導入する．すなわち，

$$\delta_i(jk)=\begin{cases}1 & (\text{カテゴリー}k\text{に反応したとき}) \\ 0 & (k\text{以外のカテゴリーに反応したとき})\end{cases} \tag{3.6.1}$$

このとき，$\delta_i(jk)$ については次に示す関係式が成立する．ただし n_{jk} は j 属性の k カテゴリーに反応した個体の総数である．

$$\sum_{k=1}^{k_j}\delta_i(jk)=1 \quad (3.6.2) \qquad \sum_{i=1}^{n}\delta_i(jk)=n_{jk} \quad (3.6.3)$$

$$\sum_{k=1}^{k_j}\sum_{i=1}^{n}\delta_i(jk)=n \quad (3.6.4)$$

また個体 i が j 属性の k カテゴリーに反応したとすれば，

$$\delta_i(jk)\delta_i(jk')=\begin{cases}1 & (k=k') \\ 0 & (k\neq k')\end{cases} \tag{3.6.5}$$

いま，R 個のそれぞれの属性の，k_j のそれぞれのカテゴリーに対し，$x_{jk}(j=1,\cdots,R\,;\,k=1,\cdots,k_j)$ なる数値を与えるとき，個体 i に対する新しい合成変数を次のように定義する．

$$\alpha_i=\sum_{j=1}^{R}\sum_{k=1}^{k_j}\delta_i(jk)\,x_{jk} \tag{3.6.6}$$

数量化理論とは，このときの数値 x_{jk} の与え方に関する理論である．式 (3.6.6) はダミー変数を用いた重回帰式で判別関数に相当する．

さらにもう 1 つの新しい記号 $f_{lm}(jk)$ 導入する．すなわち，

$$\sum_{i=1}^{n}\delta_i(lm)\,\delta_i(jk)=f_{lm}(jk) \tag{3.6.7}$$

これは j 属性と l 属性のクロス集計における k 行 m 列のマスの度数，すなわち j 属性の k カテゴリーと l 属性の m カテゴリーとに同時に反応する個体の総数を表している．これに関しては以下の関係式が成立する．

$$f_{lm}(jk)=f_{jk}(lm) \quad (3.6.8) \qquad \sum_{m=1}^{m_j}f_{lm}(jk)=n_{jk} \quad (3.6.9)$$

$$\sum_{k=1}^{k_j} f_{lm}(jk) = n_{lm} \quad (3.6.10) \qquad \sum_{m=1}^{m_j}\sum_{k=1}^{k_j} f_{lm}(jk) = n \quad (3.6.11)$$

$$f_{lm}(jk) = 0 \quad (j=1, \ k \neq m) \quad (3.6.12)$$

なお,数量化理論では数量化された各属性の偏相関係数(Ⅰ類においては外的基準との偏相関,その他では合成変数との偏相関)を各属性の規定力の大きさとして用いているが,同時に,偏相関とほとんど比例するという経験的事実に基づいて,所与の属性に属するカテゴリーに与えられた数値のうち,最大のものと最小のものとの差(数値 x_{jk} のレンジ)すなわち,

$$d_j = \max_k (x_{jk}) - \min_k (x_{jk})$$

をもって,偏相関の代用としている.

3.6.2 数量化理論第Ⅰ類[9]

Ⅰ類は,ある定量的変数 Y があるとき,この変数の値を R 個の定性的属性 X_j から予測するモデルである.ここでは,式(3.6.5)の合成変数と従属変数 Y との相関係数 $\rho_{Y\alpha}$ を最大になるよう x_{jk} を決定すればよい.

相関係数は一般に,原点の選び方に無関係であるから,原点を $(\bar{Y}, \bar{\alpha})$ にとると

$$\rho_{Y\alpha} = \frac{1}{n}\sum_{i=1}^{n} Y_i \alpha_i / \sigma_Y \sigma_\alpha \tag{3.6.13}$$

$$\sigma_Y^2 = \frac{1}{n}\sum_{i=1}^{n} Y_i^2, \quad \sigma_\alpha^2 = V_\alpha = \frac{1}{n}\sum_{i=1}^{n} \alpha_i^2 \tag{3.6.14}$$

となる.そこで,

$$\frac{\partial \rho}{\partial x_{lm}} = 0 \quad (l=1,\cdots,R\,;\,m=1,\cdots,m_l) \tag{3.6.15}$$

を満足する x_{lm} を求めればよい.この結果,次の連立方程式を得る.

$$\sum_{i=1}^{n} Y_i \delta_i(lm) = n_{lm} x_{lm} + \sum_j\sum_k' f_{lm}(jk) x_{jk} \quad (l=1,\cdots,R\,;\,m=1,\cdots,m_l) \tag{3.6.16}$$

ここに,$\sum\sum'$ は $j=l$, $k=m$ が同時に成立する場合を除いて j と k をすべての範囲にわたって $\sum$ することを意味している.

こうして,上述の連立方程式を x_{lm} について解けばよいことになる.しかしながら,式(3.6.16)は不定の連立方程式であるので,この式において $(R-1)$ 個の式

と $(R-1)$ の x を除いて解くことになる．しかし，$\rho_{Y\alpha}$ を最大にする x_{jk} の値は式 (3.6.16) で求められたものだけでなく，この式で求められた x_{jk} に対して，

$$x'_{jk} = x_{jk} + l_j$$

という変換をして得られる任意の x'_{jk} もまた，$\rho_{Y\alpha}$ 最大という条件を満たす．そこで数量化理論では，

$$\sum_{k=1}^{k_j} x'_{jk} n_{jk} = 0 \tag{3.6.17}$$

となるように次のような変換を行うこととなる．

$$x'_{jk} = x_{jk} - \sum_k x_{jk} n_{jk} / n \tag{3.6.18}$$

これは，各アイテムごとにカテゴリーの総和が0になるようにそろえる操作である．

【適用例3.7】開発途上地域の水需要構造分析[4)10)]

中国の北京郊外の村で水需要構造を調査することになった．30家族に表3.6.1の調査項目（アイテム）と外的基準として原単位（1人1日あたりの水使用量）をインタヴュー調査した．その結果，表3.6.2を得た．これらのデータを用いて数量化第Ⅰ類を用いて分析してみよう．（なお，家族数が5人以上というのは3世代が一緒に生活している状態を示している．）

(1) 分析に必要なデータの作成

クロス集計表を作る．これは2つのアイテム・カテゴリーに同時に反応するサ

表3.6.1　調査項目

アイテム	カテゴリー
1．家族数	1．2人以下 2．3〜4人 3．5人以上
2．水洗便所の有無	1．有 2．無
3．風呂水再利用の有無	1．有 2．無

表 3.6.2 調査結果

No.	原単位 (l/人・日)	アイテム1 1	アイテム1 2	アイテム1 3	アイテム2 1	アイテム2 2	アイテム3 1	アイテム3 2
1	265	○			○			○
2	260	○			○			○
3	255	○			○		○	
4	250	○			○		○	
5	245	○				○		○
6	240	○				○		○
7	235	○				○		○
8	250	○				○		○
9	230	○				○	○	
10	235	○				○	○	
11	225		○		○			○
12	230		○		○			○
13	220		○		○		○	
14	225		○		○		○	
15	220		○		○		○	
16	230		○		○		○	
17	215		○			○		○
18	210		○			○		○
19	220		○			○	○	
20	210		○			○	○	
21	200		○			○	○	
22	210			○	○			○
23	205			○	○			○
24	200			○	○		○	
25	195			○	○		○	
26	190			○	○		○	
27	200			○		○		○
28	180			○		○		○
29	175			○		○	○	
30	160			○		○	○	
計	219.5	10	11	9	15	15	16	14

注) 原単位の計は平均値

ンプル数 $f_{lm}(jk)$ を表 3.6.3 のように求める．式 (3.6.16) の連立方程式を解けばよい．この式の $f_{lm}(jk)$ はクロス集計そのものである．$\sum_{i=1}^{n} Y_i \delta_i(lm)$ はアイテム l, カテゴリー m に反応するすべての外的基準（原単位）の累積和であり，表 3.6.2 のサンプルについて計算すれば，表 3.6.4 を得る．表 3.6.3，表 3.6.4 に必要な

データがあるから式(3.6.8)で基準化した式(3.6.6)を解けばよいのだが，このままでは解けない．この理由は表3.6.3のクロス集計表から明らかなように

$$f_{lm}(lm) = \sum_k f_{jk}(lm) \quad (j \neq l)$$

の関係が各行（列）にあるため，すべての行（列）が線形独立ではない．

そこで，2番め以降の要因すべてについて，その要因の1つのカテゴリーの x_{jk} を0とおく．ここでは2番め以降の要因の第1カテゴリーを選ぶことにする．こうして解くべき連立1次方程式として次式を得る．

$$\begin{bmatrix} 10 & 0 & 0 & 6 & 6 \\ 0 & 11 & 0 & 5 & 4 \\ 0 & 0 & 9 & 4 & 4 \\ 6 & 5 & 4 & 15 & 8 \\ 6 & 4 & 4 & 8 & 14 \end{bmatrix} \begin{bmatrix} x_{11} \\ x_{12} \\ x_{13} \\ x_{22} \\ x_{32} \end{bmatrix} = \begin{bmatrix} 2.465 \\ 2.405 \\ 1.715 \\ 3.205 \\ 3.170 \end{bmatrix} \Rightarrow \begin{bmatrix} x_{11} \\ x_{12} \\ x_{13} \\ x_{22} \\ x_{32} \end{bmatrix} \cong \begin{bmatrix} 252 \\ 224 \\ 195 \\ -17 \\ 10 \end{bmatrix}$$

表3.6.3　クロス集計表

		アイテム1			アイテム2		アイテム3	
		1	2	3	1	2	1	2
アイテム1	1	10	0	0	4	6	4	6
	2	0	11	0	6	5	7	4
	3	0	0	9	5	4	5	4
アイテム2	1	4	6	5	15	0	9	6
	2	6	5	4	0	15	7	8
アイテム3	1	4	7	5	9	7	16	0
	2	6	4	4	6	8	0	14

表3.6.4 原単位の累積和と平均

アイテムm	カテゴリーl	サンプル数	累積和	平均原単位
1	1	10	2645	246.5
	2	11	2405	218.6
	3	9	1715	190.6
2	1	15	3380	225.3
	2	15	3205	213.7
3	1	16	3415	213.4
	2	14	3170	226.4

表3.6.5 基準化されたカテゴリー数量とレンジ

アイテム	カテゴリー	カテゴリー数量	加重平均	基準化された カテゴリー数量	レンジ
1. 家族数	1. 2人以下 2. 3〜4人 3. 5人以上	251.902 223.607 194.557	224.324	27.578 −0.717 −29.767	57.345
2. 水洗便所の有無	1. 有 2. 無	0 −18.664	−9.332	9.332 −9.332	18.664
3. 風呂水再利用の有無	1. 有 2. 無	0 9.660	4.508	−4.508 5.152	9.660

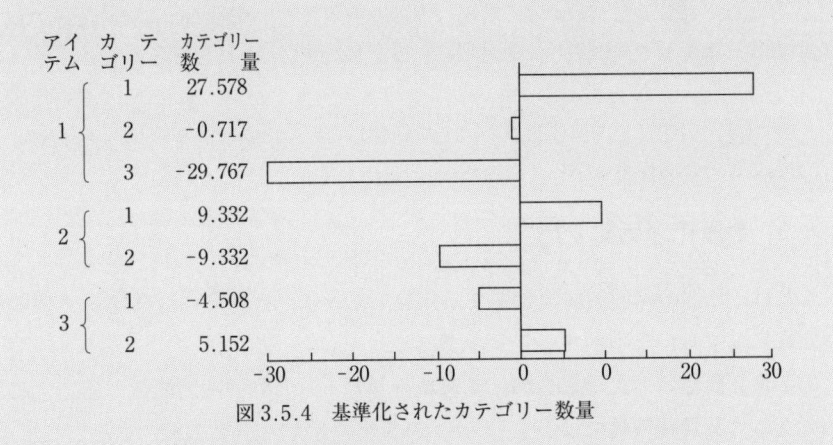

アイテム	カテゴリー	カテゴリー数量
1	1	27.578
	2	−0.717
	3	−29.767
2	1	9.332
	2	−9.332
3	1	−4.508
	2	5.152

図3.5.4 基準化されたカテゴリー数量

アイテム	アイテムレンジ
1 家　族　数	57.345
2 水洗便所の有無	18.664
3 風呂水再利用の有無	6.660

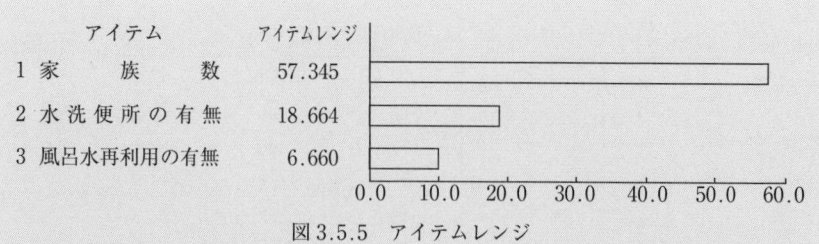

図 3.5.5　アイテムレンジ

(2) 計算結果のまとめと精度

基準化した計算結果を表 3.6.5 に示す．基準化されたカテゴリー数量の各要因における最大と最小の差は，各要因の外的基準に対する説明の程度を示している．表 3.6.5 のレンジはこのようにして求めたものである．分析結果の精度は，外的基準のヒアリング結果と推定値の相関係数で見れば，0.968 で良好である．

(3) 結果の総合解釈

表 3.6.5 の基準化されたカテゴリー数量と各要因のレンジを図示すれば，図 3.5.4，図 3.5.5 となる．要因のレンジが大であるほど原単位の大小に対する寄与の程度が高いことから，図 3.5.5 に示すように，家族数の寄与が最も高いことがわかる．

また，図 3.5.4 をみると，家族数が多くなると原単位が少なくなるという関係があり，いわゆる規模の経済性が効いていることがわかる．また，水洗トイレの有無では「有」のほうが，風呂水再利用の有無では「無」のほうが各々原単位が大となっていることがわかる．結局，世帯の 1 人当たりの原単位は家族数が少ないほど，水洗トイレがあり，風呂水再利用がされていないほど大きくなることがわかる．

以上は，例題として問題をきわめて単純化したものであり，実際はもっと複雑であることが想像できよう．

3.6.3　数量化理論第 II 類[9]

これは，R 個の定性的属性に関する知見をもとに，それぞれの個体が T 個の群のどれに属するかを判別するモデルである．

第 I 類と同様に，式 (3.6.6) の合成関数を考える．これは判別関数に相当するものである．数量化理論では，もし，x_{jk} の数値の与え方がうまくいくとしたとき，T 個の群の区分を縦軸にとり，α を横軸にとったときの相関比の二乗 η^2 が 1 に

3 多変量解析法

近い値をとると考え，この値が最大となるように x_{jk} の数値を決定する．

η^2 は級間分散を全分散で割ったもので，$\eta^2 = \sigma_b^2/\sigma^2$ である．そして，ここでは，t を群の番号，t 郡内で j 属性の k カテゴリーに反応する個体の数を $n_{jk(t)}$ とすれば，以下の式を得る．すなわち，

$$\eta^2 = \sigma_b^2/\sigma^2 \Rightarrow \max. \quad (3.6.19) \qquad \sigma^2 = \frac{1}{n}\sum_{i=1}^{n}\alpha_i^2 - \bar{\alpha}^2 \quad (3.6.20)$$

$$\sigma_b^2 = \sum_{t=1}^{T}\frac{n_t}{n}(\bar{\alpha}_t - \bar{\alpha})^2 \quad (3.6.21) \qquad n_{jk(t)} = \sum_{i(t)=1}^{n_j}\delta_{i(t)}(jk) \quad (3.6.22)$$

$$\bar{\alpha}_t = \frac{1}{n_t}\sum_{i(t)=1}^{n_j}\alpha_{i(t)} = \frac{1}{n_t}\sum_j\sum_k n_{jk(t)}x_{jk} \quad (3.6.23)$$

である．式 (3.6.19) を満たす x_{jk} を求めるためには，η^2 を x_{uv} で偏微分しそれらを 0 とおけばよい．すなわち，

$$\frac{\partial \eta^2}{\partial x_{uv}} = 0 \Rightarrow \frac{\partial \sigma_b^2}{\partial x_{uv}} = \eta^2 \frac{\partial \sigma^2}{\partial x_{uv}} \tag{3.6.24}$$

を得る．この式を式 (3.6.20) から (3.6.23) を用いて展開し整理をすれば行列記号で次式を得る．

$$Hx = \eta^2 Fx \tag{3.6.25}$$

ただし，H, F はそれぞれ $(k_1+\cdots+k_R)$ 次の正方行列，x は同じ次数の縦ベクトルで，

$$H = [h_{uv}(jk)], \quad F = [f_{uv}(lm) - n_{jm}n_{uv}/n], \quad x = [x_{11}, x_{12}, \cdots, x_{Rk_R}]^t \tag{3.6.26}$$

である．式 (3.6.25) を解くということは，結局 $F^{-1}H$ の固有値を求めることである．

なお，I 類と同様に，このようにして求めた x_{jk} に，式 (3.6.17), (3.6.18) の変換を施し，各アイテムごとにカテゴリーの総和が 0 になるようにそろえておく．

特別な場合として $T=2$ を以下に示そう．x_{jk} の数値が最終的には式 (3.6.25) で与えられることは同じであるが，H が少し簡単になる．すなわち，第 jk 番目の要素を $n_{jk(1)}/n_1 - n_{jk(2)}/n_2$ とする縦ベクトルを h_1 と書けば，次式を得る．

$$Fx = \frac{n_1 n_2}{n}h_1{}^t h_1 = \frac{n_1 n_2}{n}h \tag{3.6.27}$$

155

【適用例 3.8】堤防の漏水の判別評価[4]

河川堤防の漏水発生有無の判別を考えよう．ここでは例題であるため，漏水に関係がありそうなアイテムを 4 つ取り上げ表 3.6.6 に示す．そして 26 堤防を調査した結果，表 3.6.7 を得た．このとき漏水の有無に寄与する要因の順序を決定することを考えよう．

表 3.6.6　アイテムとカテゴリー

アイテム	カテゴリー
1. 堤防高／天端高	1. 2.0 以下 2. 2.0 以下
2. 堤防横断工作物	1. 有 2. 無
3. 河川横断工作物	1. 有 2. 無
4. 警戒水位超過時間	1. 〜12 時間 2. 12〜24 時間 3. 24 時間以上

(1) 必要データの作成と結果

表 3.6.7 の調査結果を外的基準ごとに集計し，式 (3.6.22) に対応する外的基準によるグループ別集計を示せば表 3.6.8 となる．そして，例題 3.7 と同様にクロス集計表を作成すれば表 3.6.9 となる．この例題で解くべき方程式は，外的基準が 2 つであるから式 (3.6.27) である．この場合 F は式 (3.6.26) の第 2 項で，$h_1^t h_1$ は

$$h = \frac{1}{n_1}\sum_{i=1}^{n_1}\delta_{i1} - \frac{1}{n_2}\sum_{i=1}^{n_2}\delta_{i2}$$

である．マトリクス F のつくり方は表 3.6.9 から $n_{jm}n_{uv}/n$ を差し引けばよい．こうして表 3.6.10 のマトリクスを得る．表 3.6.9 より上式を用いて h を計算すれば次のようになる．

$h = (0.615\ \ -0.615\ \ 0.385\ \ -0.385\ \ 0.538\ \ -0.538\ \ -0.385\ \ 0\ \ 0.385)$

以上で F と h を求めることができたが，このままでは式 (3.6.26) を解くことができない．これは F のすべての行（あるいは列）ベクトルが線形独立ではないからである．例えば，第 1 行と第 2 行は単に符号が異なるだけである．そこで F の

うち，各要因からカテゴリー1を除くことにする．この除き方としては判別にあまり関係ないものを選ぶことが考えられるが，ここでは各要因のはじめのカテゴリーを除くこととする．こうして次式を得る．

$$\begin{bmatrix} 6.46 & 1.92 & 1.00 & -0.69 & -2.15 \\ 1.92 & 6.35 & 0.50 & -0.39 & -1.81 \\ 1.00 & 0.50 & 6.50 & 1.00 & -1.50 \\ -0.69 & -0.39 & 1.00 & 5.54 & -2.77 \\ -2.15 & -1.81 & -1.50 & -2.77 & 5.89 \end{bmatrix} \begin{bmatrix} x_{12} \\ x_{22} \\ x_{32} \\ x_{42} \\ x_{43} \end{bmatrix} = 6.5 \begin{bmatrix} -0.62 \\ -0.39 \\ -0.54 \\ 0.0 \\ 0.39 \end{bmatrix}$$

表3.6.7 堤防の漏水に関する調査結果

サンプル番号	漏水		アイテム1		アイテム2		アイテム3		アイテム4		
	有	無	1	2	1	2	1	2	1	2	3
1	○		○		○		○				○
2	○		○			○	○				○
3	○		○		○		○				○
4	○		○			○		○	○		
5	○		○		○			○	○		
6	○		○		○		○			○	
7	○			○	○		○			○	
8	○		○		○			○		○	
9	○			○	○			○			○
10	○		○			○	○				○
11	○		○		○			○			○
12	○		○			○	○			○	
13	○		○			○		○			○
14		○		○	○		○			○	
15		○		○	○			○	○		
16		○	○		○			○	○		
17		○	○			○		○	○		
18		○	○		○		○		○		
19		○	○		○			○	○		
20		○	○		○			○			○
21		○	○		○		○		○		
22		○	○			○	○		○		
23		○		○	○		○		○		
24		○	○		○			○			○
25		○	○		○			○	○		
26		○	○			○	○		○		
計	13	13	14	12	15	11	13	13	9	8	9

表3.6.8　グループ別集計

外的基準		アイテム1		アイテム2		アイテム3		アイテム4		
		1	2	1	2	1	2	1	2	3
漏水有	13	11	2	10	3	10	3	2	4	7
漏水無	13	3	10	5	8	3	10	7	4	2
計	26	14	12	15	11	13	13	9	8	9

表3.6.9　クロス集計

		アイテム1		アイテム2		アイテム3		アイテム4		
		1	2	1	2	1	2	1	2	3
アイテム1	1	14	0	10	4	8	6	2	5	7
	2	0	12	5	7	5	7	7	3	2
アイテム2	1	10	5	15	0	8	7	3	5	7
	2	4	7	0	11	5	6	6	3	2
アイテム3	1	8	5	8	5	13	0	4	3	6
	2	6	7	7	6	0	13	5	5	3
アイテム4	1	2	7	3	6	4	5	9	0	0
	2	5	3	5	3	3	5	0	8	0
	3	7	2	7	2	6	3	0	0	9

表3.6.10　マトリクスF

$$\begin{pmatrix} 6.462 & -6.462 & 1.923 & -1.923 & 1.000 & -1.000 & -2.846 & 0.692 & 2.154 \\ -6.462 & 6.462 & -1.923 & 1.923 & -1.000 & 1.000 & 2.846 & -0.692 & -2.154 \\ 1.923 & -1.923 & 6.346 & -6.346 & 0.500 & -0.500 & -2.192 & 0.385 & 1.807 \\ -1.923 & 1.923 & -6.346 & 6.346 & -0.500 & 0.500 & 2.192 & -0.385 & -1.807 \\ 1.000 & -1.000 & 0.500 & -0.500 & 6.500 & -6.500 & -0.500 & -1.000 & 1.500 \\ -1.000 & 1.000 & -0.500 & 0.500 & -6.500 & 6.500 & 0.500 & 1.000 & -1.500 \\ 2.846 & 2.846 & -2.192 & 2.192 & -0.500 & 0.500 & 5.885 & -2.769 & -3.116 \\ 0.692 & -0.692 & 0.385 & -0.385 & -1.000 & 1.000 & -2.769 & 5.538 & -2.769 \\ 2.154 & -2.154 & 1.807 & -1.807 & 1.500 & -1.500 & -3.116 & -2.769 & 5.885 \end{pmatrix}$$

(2) 結果とその精度

上式の解は $x^t = 6.5[-0.07 \quad -0.03 \quad -0.07 \quad 0.01 \quad 0.02]$ で，右辺の係数を基準化すれば，表3.6.11が得られる．結果の精度は相関比で評価され，表3.6.12に示す．相関比は約0.79と良好である．

(3) 判別分点と判別成功率

表3.6.11の結果から各サンプルの得点（サンプルの属する各要因のカテゴ

表3.6.11 結果のまとめ

アイテム	カテゴリー	サンプル数	カテゴリー数量	平均値	基準化されたカテゴリー数量	レンジ
1．堤防高／天端史高	1．2.0以下 2．2.0以上	14 12	0 -0.0686	-0.0317	0.0317 -0.0369	0.0686
2．堤防横断工作物	1．有 2．無	15 11	0 -0.0282	-0.0119	0.0119 -0.0163	0.0282
3．河川横断工作物	1．有 2．無	13 13	0 -0.0673	-0.0337	0.0337 -0.0337	0.0673
4．警戒水位超過時間	1．〜12時間 2．12〜24時間 3．24時間以上	9 8 9	0 0.0116 0.0199	0.0105	-0.0150 0.0011 0.094	0.0199

表3.6.12 結果の精度

項　目	値
全分散 σ^2	0.003728
級間分散 σ_b^2	0.002349
分散比 $\eta^2 = \sigma_b^2/\sigma_2$	0.6301
相関比 η	0.7938

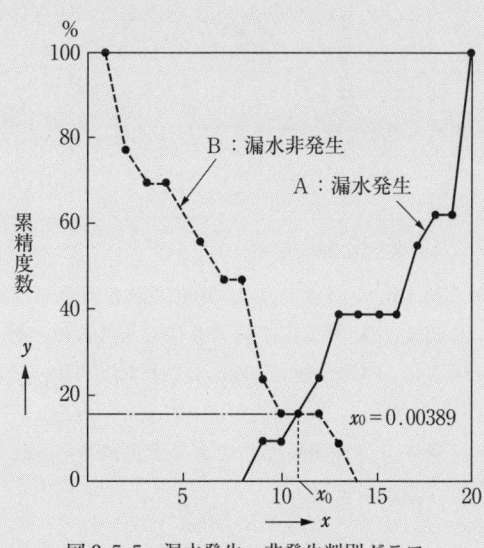

図3.5.5 漏水発生・非発生判別グラフ

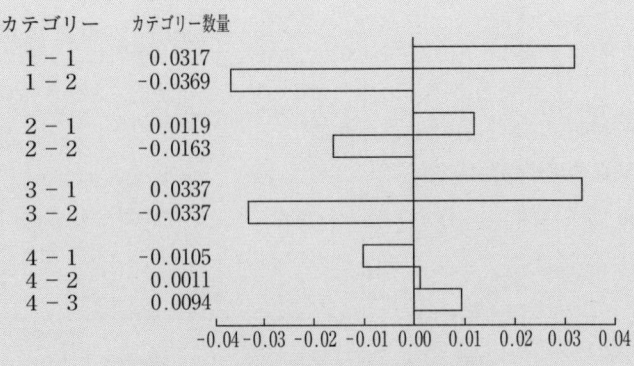

カテゴリー	カテゴリー数量
1-1	0.0317
1-2	-0.0369
2-1	0.0119
2-2	-0.0163
3-1	0.0337
3-2	-0.0337
4-1	-0.0105
4-2	0.0011
4-3	0.0094

図 3.5.6　基準化されたカテゴリー数量

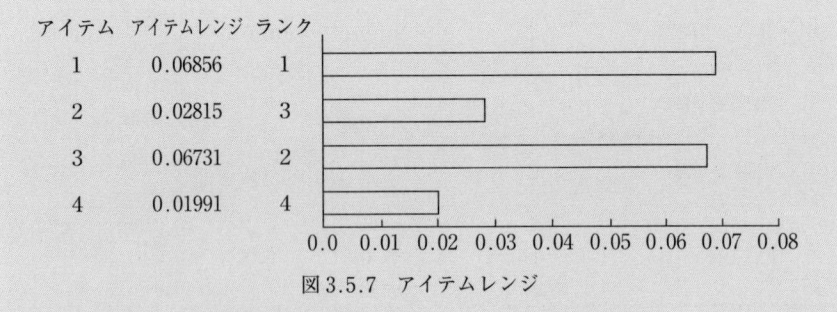

アイテム	アイテムレンジ	ランク
1	0.06856	1
2	0.02815	3
3	0.06731	2
4	0.01991	4

図 3.5.7　アイテムレンジ

リーに与えられた数値の和)を出して，何点以上を「漏水発生」と決めたらよいか，またそのときの判別成功率は何%ぐらいであるかをみておこう．

図 3.5.5 は各サンプルの得点を表 3.6.11 から計算して，漏水発生と非発生の累積度数を図示したものである．ここで求める判断の分点 x_0 は両者の曲線の交点 x の値で，この誤判断は交点の y の値である．この場合，$x_0 \cong 0.004$ で判別成功率は 84.6% であった．

(4) 結果の総合解釈

表 3.6.11 の各要因の基準化されたカテゴリー数量とレンジを示せば，それぞれ図 3.5.6, 図 3.5.7 のようになる．この分析では，各要因のレンジは堤防高/天端高，河川横断工作物，堤防横断工作物，警戒水位超過時間の順となる．こうして，堤防高/天端高が 2.0 以上で，堤防工作物と河川横断物を有し，警戒水位超過時間が 12 時間以上である洪水にさらされた堤防では漏水が発生しやすいと言うことができる．

表 3.6.13　分析結果

j	番号	カテゴリー k		アゼンプル スコア X_{jk}	レンジ	順位	グローラ スコア X_{jk}	レンジ	順位
1	{3}	1	Yes	0.2034	0.3688	7位	−0.0819	0.3758	4位
		2	No	−0.1655			0.2939		
2	{7}	1	4人以下	0.5026	0.8967	2位	−0.1640	0.3887	3位
		2	5, 6人	−0.0599			−0.0261		
		3	7人以上	−0.3941			0.2247		
3	{17}	1	Yes	−0.2661	0.8629	3位	−0.0469	0.0564	7位
		2	No	0.5968			0.0095		
4	{32}	1	Yes	0.3269	0.8327	4位	0.0248	0.3131	5位
		2	No	−0.5059			−0.2883		
5	{34}	1	Yes	0.2868	0.6976	5位	0.5765	1.2131	1位
		2	No	−0.4107			−0.6366		
6	{41}	1	Yes	0.0087	0.5272	6位	−0.0436	0.2000	6位
		2	No	−0.4385			0.1565		
7	{51 a}	1	Yes	−0.5861	0.9647	1位	−0.6688	1.1074	2位
		2	No	0.3787			0.4386		
判別中点・判別的中率				0.2492　78.5%			−0.1990　83.2%		

【事例 3.9】バングラデシュ農村部における水の満足度の判別関数の作成[11]

ここでは，事例 2.3 の表 2.14 を用いて，2 つの村の住民の飲料水に対する満足度に起因するものを明確化するため，村別に数量化理論第Ⅱ類を用いて分析を行う．すなわち，『{15} 現在の飲料水に満足している』という項目を外的基準とし，判別関数を作成する．説明変数に関しては，以下のような基準で選択を行った．

① 他項目との強い関連が多い項目
② 水の満足度を考える上で重要であると思われる項目
③ 単純集計において大きな片寄りがない項目
④ 似たような内容の項目がある場合には，概念的に広い項目

ただし，①に関しては，各大項目内で，他項目との強い関連を多く有している

と分析された項目を選ぶ．これは各大項目内において説明力が大きい項目を選ぶことを意味する．なぜなら，他項目との強い関連を多く有していれば，その項目1つで，より多くの項目を説明できると考えられるからである．

このようにして選んだ項目を集め，さらに，選んだ項目内でクラメールの関連係数を出し，『|15| 現在の飲料水に満足しているか』と関連が強すぎる項目を外す．関連が強すぎるとは，質問に対して，ほとんど同じ反応を示していると考えられるためである．

以上より，説明変数として選んだ項目は以下の7項目で『|3| 識字可能』，『|7| 家族数』，『|17| 水運びは肉体的に苦痛である』，『|32| 自分の家の井戸は飲料用 and/or 料理用である』『|34| ヒ素被害緩和のために工夫している』，『|41| 安全な水を得るために何らかの負担をしても良い』，『|51a| ヒ素に悩んでいる』である．数量化理論第Ⅱ類を用いた分析結果を表3.6.13に示す．

(1) アゼンプル

表3.6.13のレンジに着目すれば，『|51a| ヒ素に悩んでいる』，『|7| 家族数』，『|17| 水運びは肉体的に苦痛である』，『|32| 自分の家の井戸は飲料用 and/or 料理用である』，『|34| ヒ素被害緩和のために工夫している』，『|41| 安全な水を得るために何らかの負担をしても良い』，『|3| 識字可能』，といった順に，水の満足度に寄与していることがわかる．

ここで，アゼンプルにおけるサンプル i の水の満足度の判別関数は

$$\alpha_i = \sum_{j=1}^{7} \sum_{k=1}^{k_j} \delta_i(jk) x_{jk} \begin{cases} \geq 0.2492 & (\text{水に満足}) \\ < 0.2492 & (\text{水に不満}) \end{cases} \quad (\text{判別的中率 } 78.5\%)$$

となる．ただし，

$$\delta_i(jk) = \begin{cases} 1 & (i \text{番目のサンプルが項目のカテゴリーに反応}) \\ 0 & (j \text{番目のサンプルが} j \text{項目の} k \text{カテゴリー以外に反応}) \end{cases}$$

(2) グローラ

同様に『|34| ヒ素被害緩和のために工夫している』，『|51a| ヒ素に悩んでいる』，『|7| 家族数』『|3| 識字可能』，『|32| 自分の家の井戸は飲料用 and/or 料理用である』，『|41| 安全な水を得るために何らかの負担をしても良い』，『|17| 水運びは肉体的に苦痛である』，といった順に，水の満足度に寄与していることがわかる．

グローラにおける水の満足度の判別関数は

$$\alpha_i = \sum_{j=1}^{7}\sum_{k=1}^{k_j} \delta_i(jk) x_{jk} \begin{cases} \geq -0.1990 & (\text{水に満足}) \\ < -0.1990 & (\text{水に不満}) \end{cases} \quad (\text{判別的中率} \quad 83.2\%)$$

である.

これらの各々の式より,それぞれの村の住民が,水に満足と思っているか否かを推定できることとなる.そして,満足度を高めるにはレンジの高い項目を重視する必要がある.すなわち,ヒ素に対する悩みの解消はもちろんのこと,社会環境も十分に考慮する必要性があると言える.また,水の満足度の構成要因及びその寄与の強さは村によって異なることが分かる.

【事例3.10】生活者参加型河川改修代替案評価のための計画情報の抽出[9]

すでに,2.2.2で,河川改修計画を例として,社会調査プロセスでもとりわけ重要な調査票の設計を説明した.ここでは2.2.2を受けて調査結果の分析例を示すことにしよう.目的は治水計画作成プロセスにおいて流域生活者の情報参加を求めることにある.具体的にいえば以下のようになる.まず1つめは,地域別に生活者の河川改修代替案の選好構造を明らかにして代替案を抽出する場合で,2つめは生活者意識を評価要因として代替案の順序付けを行う場合である.このため,次の4つの分析が必要になる.

分析1:生活者の河川満足度や河川状態要因への意識
分析2:河川満足度を規定する代表要因
分析3:代表要因の相互の関連
分析4:地域別に代表要因と河川改修代替案選好との関連

図3.6.8の左側に,河川改修状態要因,評価要因との関係と,それに関する生活者意識を示している.

(1) 現況河川改修に関する生活者意識

ここでの生活者意識とは,具体的には,河川への満足度と自然的状態要因に関する意識である.地域とは対象流域をいくつかの類似した特性を(主成分分析やクラスター分析等で)まとめて分割したものである.これを図3.6.9に示し,表3.6.14に現状の地域別河川改修状態に関する生活者意識を示す.同表には参考として,堤防の有無についても示しておいた.

生活者意識に関しては,状態要因に関する意識として「水害経験」「洪水時排水状況」「被害危険度」「洪水変化」を示し,河川満足度は上覧に示しておいた.こ

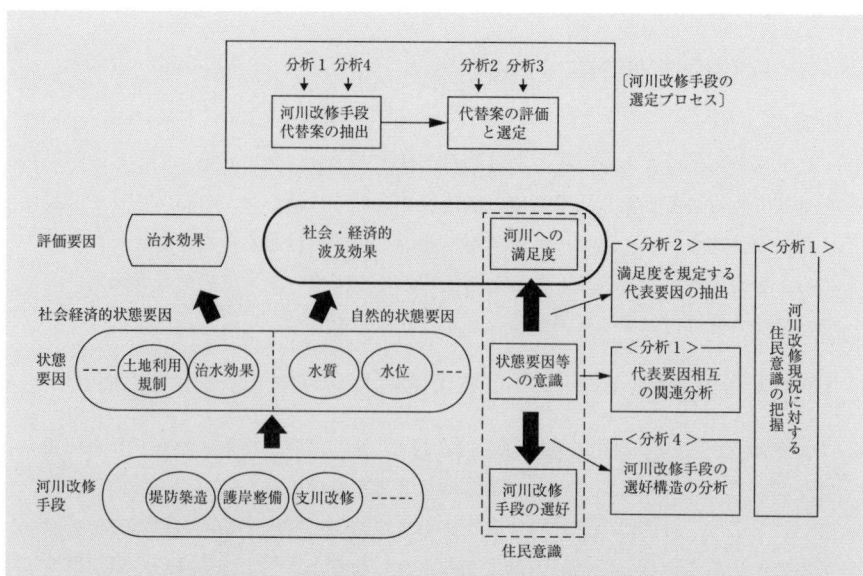

図3.6.8　分析内容と河川改修代替案の選定プロセス

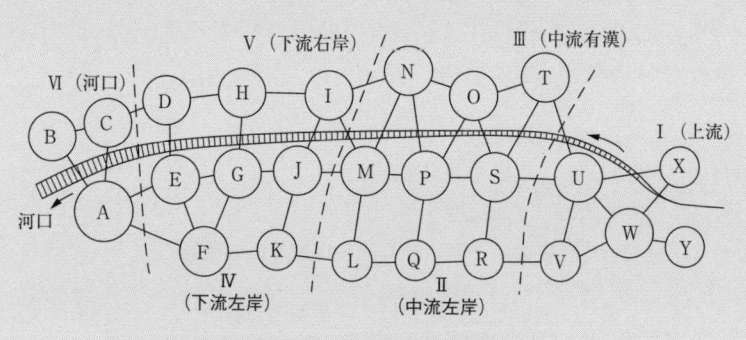

図3.6.9　吉野川流域分割図

の表から明らかなように，中流部には洪水被災経験者が多く，下流部では洪水時排水に悩まされていることがわかる．中・下流部は上流部に比べて洪水被害の危険性を感じている生活者が多い（ただし，上流部では斜面崩壊などによる土砂災害が多いことを断っておく）．

(2) 河川満足度を規定する要因の抽出

アンケート項目のうち「河川満足度」のカテゴリーを5段階とし，説明要因は

表3.6.14 現況河川改修状態に関する生活者意識

(%)

		アンケート項目	カテゴリー	分割域Ⅰ (上流)	分割域Ⅱ (中流左岸)	分割域Ⅲ (中流右岸)	分割域Ⅳ (下流左岸)	分割域Ⅴ (下流右岸)	分割域Ⅵ (河口)
住民意識	状態要因に対する住民意識	河川満足度	満足	7.5	7.4	6.0	15.3	8.5	9.5
			満足	39.8	55.7	48.0	15.2	19.9	13.3
		事業恩恵	受けている	36.5	43.8	44.0	53.0	31.9	44.0
			受けていない	24.8	31.7	19.1	11.0	27.1	15.3
		洪水変化	減った	54.0	68.9	66.9	58.8	42.9	49.8
			減らない	9.0	7.0	8.6	5.2	8.3	2.8
		水害経験	有	20.2	50.5	61.6	37.4	21.6	26.4
			無	79.8	49.5	38.4	62.6	78.4	73.6
		洪水時排水状況	悪い	30.9	37.0	34.5	51.4	51.5	51.9
			良い	30.7	34.3	21.3	14.2	14.3	19.8
		被害危険度	感じる	30.9	61.2	65.2	57.7	58.0	57.4
			感じない	65.9	38.4	32.0	37.1	38.6	40.5
	現状での堤防の有無			無	無	無	有	有	有

21項目である．要因分析結果を表3.6.15に示す．この表のレンジの大きな項目に○を示し，「大変満足」に寄与しているカテゴリーも示しておいた．表3.6.16に大きなレンジの項目とカテゴリーを示す．

レンジの大きな要因を見ると，アンケート中項目『望ましい河川像・利水機能』に対応する「川の魅力」「水質」があげられる．また，『治水方式の評価イメージ』としての「ダムへの信頼感」「堤防への信頼感」「排水状況」のレンジが高い．そして，『居住地区の水害危険度』の中では，「水害危険度」が高く，さらに『被災経験』を表す「水害被害の有無」，『河川事業の目的間コンフリクト・調和に関するイメージ』を表す「川の認識」，『治水事業の恩恵』を表す「洪水変化」と「事業恩恵」もレンジが高く，河川満足度に影響をあたえていることがわかる．以上の要因は，河川の自然的状態に関する意識と考えることができ，河川改修代替案の実施による自然状態要因が予測できれば「河川満足度」がどのように変化するかがわかることになる．

次にこの意識と満足度がどのようなメカニズムで関連し合っているかをみるためにはカテゴリースコアを眺める必要がある．ここでは簡単に結果のみ述べてお

表 3.6.15　要因分析結果（外的基準；河川満足度）

アンケート中項目	アンケート小項目	レンジ	カテゴリー	アンケート中項目	アンケート小項目	レンジ	カテゴリー
①住民の河川への親近感	生活への貢献	◎	「どちらとも言えない」	㉑居住地区の水害危険度	水害危険度	◎	「全く感じない」
	S川へ行く頻度（遊び・散歩）				台風時洪水状況		
	頻度（釣り）		「よく行く」		洪水時水位		
	〃 （運動）				洪水時間		
	〃 （仕事）				洪水回数		
	〃 （洪水時）	○	「満足している」	㉒被災経験	水害被害	◎	「経験ない」
②住民の生活満足度	生活満足度			⑳治水事業の環境への影響	景観変化		
	生活の仕方						
	生活充実感	○		㉓地区間の対立点・一体感	改修重点地点	○	
③望ましい河川像	川の魅力	◎	「公園・広場」「非常に良い」	㉕河川事業の目的間の対立・調和	川の認識		
⑤望ましい利水機能	水質	◎	「良い」	㉔治水の知識	用語の知識（年超過確率）		
⑧水害と生活様式の関連	水害対策				〃 〔ダムカット〕		
⑨治水事業との競合イメージ	改修or保護				〃 〔計画高水流量〕		
⑩用地買収への住民の対応	用地買収				ダムの知識		
	改修可能性			㉕治水事業の恩恵	洪水変化	◎	「非常に減った」
⑪〜⑬治水方式の評価イメージ	ダムへの信頼感	◎	「非常に頼もしい」		事業思想	◎	「受けている」
	堤防への信頼感	◎	「頼もしい」	㉚アンケート記入者の属性	性別		
⑪〜⑬治水方式の評価イメージ	川幅				年齢		
	排水状況	◎	「非常に良い」		学歴		
⑮治水事業への住民参加	住民参加				職業		
	住民対立の原因				地位		
⑯避難の実態	避難経験				家族数		
	避難方法				世帯収入		
	洪水ニュース				居住開始年		
⑰水防活動の実態	水防訓練				家の種類	○	
					川への距離	○	
					耕地面積		

こう．「水質が良いほど，ダムや堤防への信頼感が高いほど，排水状況が良いほど，洪水が減ったと意識しているほど，治水事業の恩恵を受けていると意識しているほど」満足度が高く，逆に「水害経験がある，危険を感じているほど」不満が高い．ここで特に注目すべきは，「川の魅力」で「川の野球場，サイクリング道，公園，広場」を川の魅力と感じるほど満足と回答する傾向があることである．河川満足度は「自然的要因」だけでなく「人為的要因」によっても構成されていることがわかる．このような情報は水辺計画の必要性を示唆していると言えよう．

表3.6.16　大きなレンジの項目とカテゴリー

項目 \ 番号	1	2	3	4	5	6	7
1．生活への貢献	非常に貢献	貢献	貢献していない	全く貢献してない	どちらともいえない	わからない	
2．川の魅力	フナ・小鳥・虫など	あし、草花・水草など	川の風	川の野球場・サイクリング道	公園・広場	魅力感じない	その他
3．水質	非常に良い	良い	普通	悪い	非常に悪い	わからない	
4．ダムへの信頼感	非常に頼もしい	頼もしい	普通	不安	非常に不安	わからない	
5．堤防への信頼感	〃	〃	〃	〃	〃	〃	
6．水害被害	ある	ない					
7．排水状況	非常に良い	良い	普通排水施設	悪い排水施設	非常に悪い	わからない	
8．被害危険度	全く感じない	あまり感じない	少し感じる	非常に感じる	わからない		
9．洪水変化	非常に減った	減った	わからない	増えた	どちらとも言えない	わからない	
10．事業恩恵	受けている	受けていない	どちらとも言えない	わからない			

(3) 要因相互の関連構造

　ここでは，χ^2分布検定による質問項目間の独立性の検定と，属性相関係数の1つであるクラマーの関連係数を用いて考えよう．図3.6.10に，地域別選好要因の構造を示している．この図は，関連の把握が容易なようにクラマー値が0.3以上のものについて，要因間を結んで関連の強さを表したものである．以下では，地域別の要因構造より，地域に共通な構造と固有な構造に着目する．

　共通構造としては，図の黒太線に示すように，高い相関関係にある「水害経験」と「被害危険度」，「ダム信頼感」と「堤防信頼感」，「事業恩恵」と「洪水変化」の3つの関係があげられる．これをクロス集計を参考として解釈を行うと，「水害経験」と「被害危険度」では，水害経験のあるものほど被害の水害被害の危険性を感じていることが理解された．また，「事業恩恵」と「洪水変化」では，洪水が減ったと思っている人ほど事業の恩恵を受けていると感じている．さらに，「ダム信頼感」と「堤防信頼感」については，河川に対する信頼感として，同じ意義を有する要因とみなせる．このため，前の2つの要因関連は因果関係を後の1つは治水という視点から生活者意識では同じと言える．

　次に，地域固有な関連に着目すれば以下のようなことがわかる．すなわち，「排水状況」と「被害危険度」の関連は上流のみ弱く，他の地域では強い．これをク

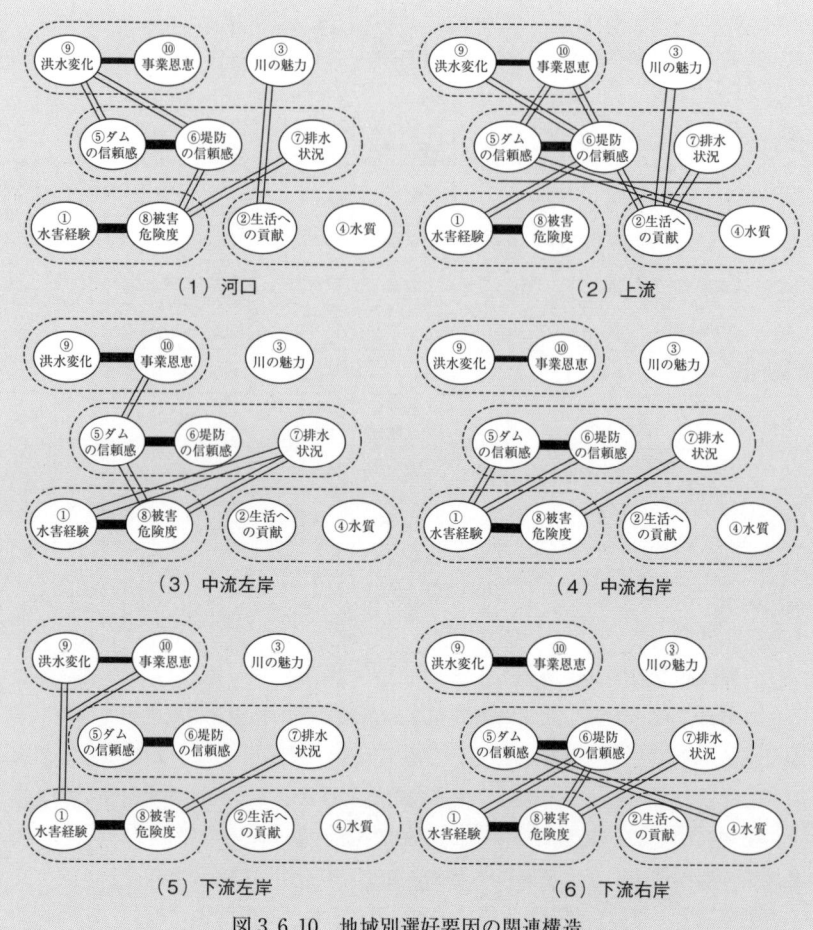

図 3.6.10 地域別選好要因の関連構造

ロス集計を用いて解釈すれば，排水状況が悪いために被害の危険性を感じているということができる．また，上流と河口では「川の魅力」と「生活への貢献」，河口と下流右岸では「水質」と「ダムの信頼感」の関連が強い．さらに，上流，中下流左岸は「堤防・ダムの信頼感」と「水害経験・被害危険度」との関連が弱いのに対し，河口，中下流右岸は関連が強いことがわかる．

ただし，以上の調査の実施段階では環境や利水の項目は少ないことを断っておく．今後，もっと枠組みの広い河川環境（治水，利水，社会・生態環境等）調査が必要である．このとき，現在日本が抱えている，たとえば「環境か開発か」とい

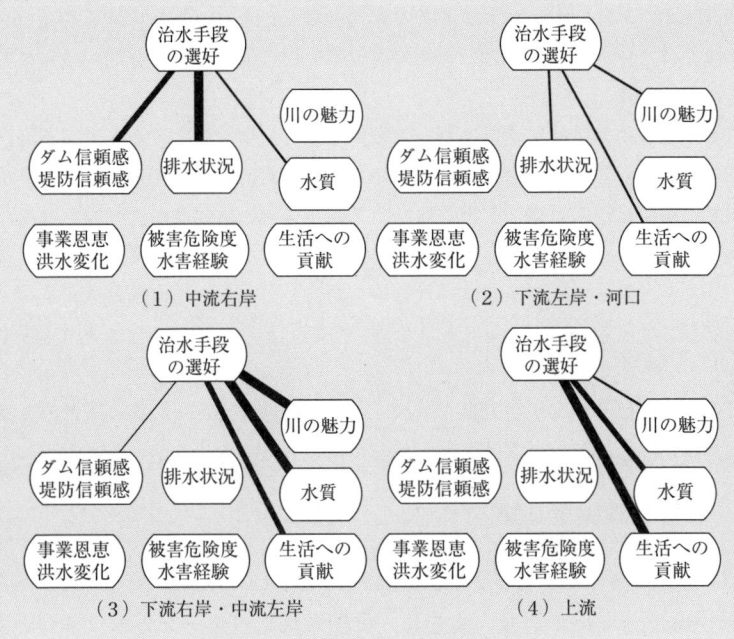

図3.6.11 地域別代替案の選好構造

(1) 中流右岸
(2) 下流左岸・河口
(3) 下流右岸・中流左岸
(4) 上流

うような，水に関する多種多様なコンフリクトがあぶりだされてくるはずである．

(4) 河川改修代替案の選好構造

ここでは，河川改修代替案として3つ考えることにしよう．そして，その代替案を外的基準とした数量化理論第Ⅱ類で要因分析を行い，代替案の選好に影響を与える要因を明らかにする．なお，代替案は以下のものである．

① 内水対策・支川改修　② 堤防の新築　③ 堤防の改築・補修・護岸整備

この結果を図3.6.11に示す．この構造図は，内水対策と外水との判別を示すレンジの大きさによって要因間を太線で結んだものである．

まず，特徴的な選好構造の違いは上流と中流右岸に見られる．上流は「生活への貢献」「水質」さらに「川の魅力」といった水害や洪水といった要因と関連のない構造となっている．一方，中流右岸では，「排水状況」や「ダム・堤防信頼感」という洪水に影響される要因と関連が強い選好構造になっている．この選好構造

は表3.6.14にみられるように実際の水害経験（上流20.2%，中流右岸61.6%）と無縁ではない．そして，この両極の構造の中間に他の地域が位置づけられていることがわかる．

以上の地域別の選好構造により，地域によって河川改修代替案を選ぶ要因が異なることがわかる．この選好の内部構造をクロス集計により把握すれば，排水状況が悪い場合は排水対策・支川改修を，ダム・堤防の信頼度が低い場合は堤防の新築・補強を望んでいることがわかる．また，水質が悪く河川事業が生活に貢献していないと思っている場合は内水対策を期待している．川の魅力を「草花・風物」としている場合は内水対策を「公園・広場」としている場合は堤防・護岸を期待している．

以上のように，アンケート調査をベースとした分析から，地域生活者の意識からみた河川改修代替案の評価のための計画情報の抽出方法を示すことができた．

3.6.4 数量化理論第Ⅲ類[10]

これは n 個の個体が l 個の2分法的属性に反応しているとき，予測すべき外的基準（external criterion）のないままに，上記の反応パターンのみに基づいて，内部的に意味のある数値を，n 個の個体の l 個の属性に対して，与える1つの方法である．

そこで属性に $x_j (j=1, \cdots, l)$ と適当な数値を与え，個体タイプにはそれぞれの個体が＋に反応した属性の x_j の値の平均を $y_i (i=1, \cdots Q)$ として与えれば，

$$\rho = \frac{\sigma_{xy}}{\sigma_x \sigma_y} = \frac{S_{xy}}{\sqrt{S_x}\sqrt{S_y}} \Rightarrow \max. \tag{3.6.28}$$

とできるはずである．したがって，ρ が最大になるように x_j（および y_i）を与えれば，それらは最も内的に意味のある数値になっていると推測される．この意味で第Ⅲ類はパターン分類の数量化とも呼ばれる．

まず記号を定義する．

$$\delta_i(j) = \begin{cases} 1 & (i が j に＋に反応したとき) \\ 0 & (i が j に－に反応したとき) \end{cases} \tag{3.6.29}$$

ここで，l_i；個体タイプ i に属する個体1人が＋に反応した属性数，s_i；i タイプに属する個体の数，n_j；属性 j に＋に反応した個体の数，とすると，

$$l_i = \sum_{j=1}^{l} \delta_i(j) \quad (i=1, \cdots, Q) \tag{3.6.30}$$

3 多変量解析法

$$n = \sum_{i=1}^{Q} = s_i \qquad (3.6.31)$$

$$n_j = \sum_{i=1}^{Q} s_i \delta_i(j) \qquad (3.6.32)$$

また y_i は上記の趣旨により，次のように定義される．

$$y_i = \frac{1}{l_i} \sum_{j=1}^{l} \delta_i(j) x_j \quad (i=1, \cdots, Q) \qquad (3.6.33)$$

なお，ここで注意すべきことは x と y の相関係数 ρ が従来のようなものではない若干特殊な相関表をもとに計算されることである．この場合の相関表では，以下の特徴がある．

① 度数を数える単位は個体でなく反応であり，1人の個体は同時にいくつもの属性に反応する．
② 各横行は1人の個体の反応パターンを表しているだけでなく，タイプごとに s_i 人の反応を表している．
③ 度数を数える単位は個体でなく反応であり，1人の個体は同時にいくつもの属性に反応する．
④ 各横行は1人の個体の反応パターンを表しているだけでなく，タイプごとに s_i 人の反応を表している．

これを示せば，次の表 3.6.17 のようになる．

表 3.6.17　反応パターンの相関表

個体＼カテゴリー	1	2	3	⋯	R
1	v		v		
2		v	v		
⋮				⋯	
n	v		v		v

すなわち，この相関表の i 行 j 列のマスの度数は $s_i \delta_i(j)$ で，もしそのマスに∨印がなければこれは0に等しく，∨印があれば s_i に等しい．また i 行の行和は $\sum_j s_i \delta_i(j) = s_i l_i$ であり，j 列の列和は $\sum_j s_i \delta_i(j) = n_j$ で，全体の合計（総度数）を T とおけば，次式を得る．

$$T=\sum_i\sum_j s_i\delta_i(j)=\sum_i s_i l_i=\sum_j n_j \tag{3.6.34}$$

式(3.6.28)を実行するために，$\bar{x}$, $\bar{y}$, S_x, S_y, S_{xy} を計算しておく必要がある．結果のみを示せば以下のようになる．

$$\bar{x}=\frac{1}{T}\sum_j n_j x_j, \quad \bar{y}=\bar{x}$$
$$S_x=\sum_j n_j x_j^2-\sum_j\sum_k b_{jk}x_j x_k$$
$$S_y=\sum_j\sum_k h_{jk}x_j x_k$$
$$S_{xy}=S_y$$

ただし，

$$\left.\begin{array}{l} a_{jk}=\sum_i \dfrac{s_i}{l_i}\delta_i(j)\delta_i(k) \\[6pt] b_{jk}=\dfrac{1}{T}n_j n_k \\[6pt] h_{jk}=a_{jk}-b_{jk} \end{array}\right\} \tag{3.6.35}$$

である．こうして，これらを式(3.6.28)に代入し，x_k で偏微分し，これを 0 とおき，最終的には次式を得る．

$$Ax=\rho^2 Nx \tag{3.6.36}$$

ここに，x; x_k を要素とするベクトル，A; a_{jk} を jk 要素とする行列，N; n_k を要素とする対角行列である．この連立方程式を x_k について解くということは，$N^{-1}A$ の固有ベクトルを求めることに他ならない．固有ベクトルは，固有根 ρ^2 に重根がなければ l 個存在するが，最大根 $^1\rho^2$ が十分に大きければ，2番目に大きい根 $^2\rho^2$，3番目に大きい根 $^3\rho^2$ をもとめ，それに対応する，^2x, ^3x を求める必要がある．

つぎに，属性 j, k 間の親近性を示す指標として

$$d_{jk}=\sqrt{\sum_{\lambda=1}^{l}(^\lambda x_j-^\lambda x_k)^2} \tag{3.6.37}$$

を定義することができる．なお l は固有根の数である．

y の値は x が求められたのち，式(3.6.33)によって得られる．y の値もまた，^1y, ^2y, ^3y, ……と数種のものが得られることとなる．

3 多変量解析法

最後に，Ⅲ類モデルとⅡ類モデルが本来の目的が異なるにもかかわらず，モデルの数学的性質が同じであることに注意されたい．

【適用例 3.11】 渇水期節水行動の分析[4),13)]

渇水期に，各家庭がどのような節水行動を行っているかを調査した．調査項目は表 3.6.18 のようなものであり，調査結果は表 3.6.19 のようになった．この結果をもとに分析を行おう．式 (3.6.36) を解けばよい，すなわち $N^{-1}A$ の固有ベクトルを求めることであった．分析に必要なデータは式 (3.6.35) の第 1 項と式 (3.6.36) の A である．

これらを作成して式 (3.6.36) の固有値問題をヤコビ法などを用いて解き，固有値と固有ベクトルを求めればよい．ここでは固有値の値 $\rho_1^2 = 0.2663$, $\rho_2^2 = 0.2263$ のみを提示しておこう．

固有値に対応するカテゴリー数量 x_j を求め，これを用いて式 (3.6.33) のサンプル数量 y_i を計算する．これらのカテゴリー数量，サンプル数量を図示すれば，図 3.6.12，図 3.6.13 を得る．図 3.6.12 より第 1 軸の値が大きくなるほど節水行動において水使用機器の変更を行い，小さくなるほど機器にたよらず日常的な工夫による節水を行っている．また，第 2 軸は日常的な節水行動と非日常的な行動の対照を示していると解釈できる．図 3.5.9 はサンプル数の散布を示している．これについての解釈は読者にゆずることにしよう．

表 3.6.18 節水行動の種類

	節水行動
1	洗濯時にためすすぎをする
2	洗濯時に泡切り脱水をする
3	風呂残り湯を洗濯に用いる
4	風呂残り湯を掃除に用いる
5	洗車はバケツを使う
6	風呂水はたきかえして使う
7	節水コマを蛇口につける
8	トイレの便器を節水型にかえる

173

表 3.6.19 節水行動パターン $\delta_i(j)$

サンプル \ 節水行動	カテゴリー 1	2	3	4	5	6	7	8	計
1	1	1	1	1	1	1	1	1	8
2	1	1	1	1	1	1	0	0	6
3	1	1	1	1	1	0	0	0	5
4	1	1	1	1	0	0	0	0	4
5	1	1	1	0	0	0	0	0	3
6	1	1	1	0	1	0	0	0	4
7	1	0	1	1	0	0	0	0	3
8	1	1	0	0	0	0	0	0	2
9	0	0	1	1	0	0	0	0	2
10	1	0	1	0	0	0	0	0	2
11	1	1	1	0	0	1	0	0	4
12	1	0	1	1	0	0	1	0	4
13	1	1	0	1	0	1	0	0	4
14	1	0	1	0	0	1	1	0	4
15	1	0	0	0	1	0	0	1	3
16	1	0	1	1	0	0	1	1	5
17	0	0	1	1	1	0	0	0	3
18	1	0	0	1	1	0	0	0	3
計	16	9	14	11	7	5	4	3	69

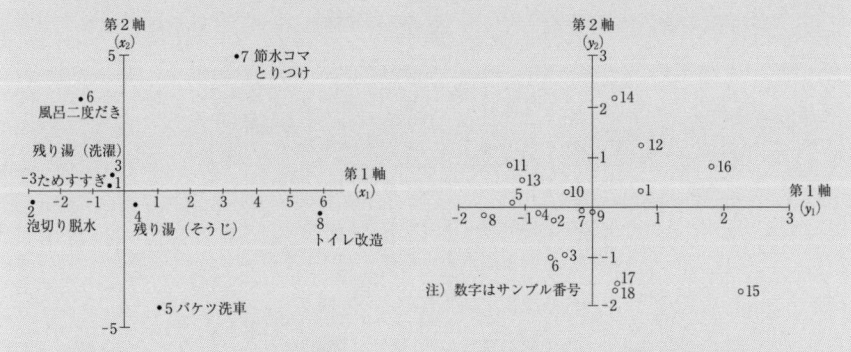

注) $\delta_i(j) = \begin{cases} 1 : i \text{サンプルが} j \text{カテゴリーに対応するとき} \\ 0 : \text{その他のとき} \end{cases}$

図 3.6.12 カテゴリー散布図   図 3.6.13 サンプル数量の散布図

3 多変量解析法

【事例3.12】バングラデシュ農村の不幸せ関数の作成[12]

【事例2.3】で調査した両村における住民の不幸せさを表すため,数量化理論第Ⅲ類を用いて分析を行う.ここでの不幸せさとは現地調査や単純集計をもとに想定した,現地住民における相対的な不幸せさである.説明変数は事例3.9の結果を参考にしたうえで,住民の不幸せさに強く関係すると思われる項目で,なおかつ単純集計によって比較的ばらつきのある項目を選択した.さらに,数量化理論第Ⅲ類により,できるだけ少数の軸に多くの情報を集約でき,モデルとして有意なものを変数として抽出した.この結果,変数として抽出した項目は以下の8項目で,『|3| 識字可能』,『|7| 家族数が少ない』,『|15| 現在の飲料水に満足している』,『|17| 水運びは肉体的に苦痛でない』,『|51a| ヒ素に悩んでいる』,『|51b| 仕事/収入に悩んでいる』,『|51c| psychological』,『|53| 薬が手に入る』である.ただし,水に関する項目は,『|15| 現在の飲料水に満足している』で代表することとする.なお,『|51c| psychological』とは,"様々な悩みを抱えて心理的にまいっている状態である" という意味で用いている.

分析結果の1例(アゼンプルに関して)を図3.6.14及び表3.6.20に示す.これらの図表で正及び負でその絶対値の大きいものに着目し,軸の解釈を行った.ここでは,1軸を水に関する満足感の軸,2軸を悩みの軸,3軸を生活の豊かさの軸と解釈した.表3.6.21にアゼンプル及びグローラの3軸までの軸の解釈と,その寄与率を示す.

寄与率とは,その軸の説明力を表している.ゆえに,ここで各項目のスコアに軸の寄与率をかけ合わせたものの総和を,その項目の得点と定義する[9].ただし,

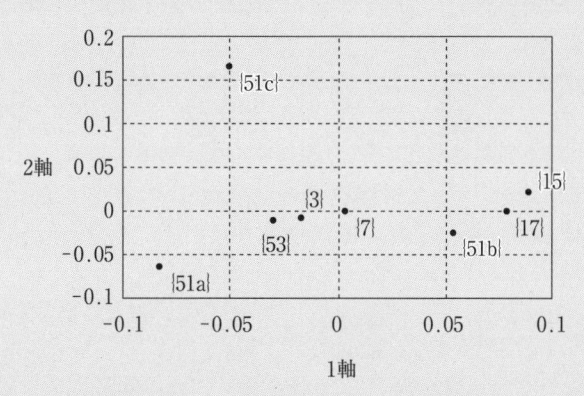

図3.6.14 スコア分布グラフ(アゼンプル)

表3.6.20 軸別のスコア（アゼンブル）

1軸 X_{1j}		2軸 X_{2j}		3軸 X_{3j}	
{51a}	−0.083	{51a}	−0.064	{17}	−0.083
{51c}	−0.051	{51b}	−0.026	{3}	−0.065
{53}	−0.030	{53}	−0.011	{15}	−0.042
{3}	−0.017	{3}	−0.007	{53}	−0.010
{7}	0.003	{7}	−0.001	{51a}	−0.008
{51b}	0.053	{17}	−0.001	{51c}	0.018
{17}	0.078	{15}	0.022	{7}	0.044
{15}	0.089	{51c}	0.166	{51b}	0.083

表3.6.21 軸の解釈

	アゼンブル	グローラ
1軸	水に関する満足感 25.2%	悩みと水の満足感 28.1%
2軸	悩み 20.8%	悩みと生活状況 19.4%
3軸	生活の豊かさ 15.0%	生活の豊かさ 15.9%

ここでは3軸までを考え，不幸せさを示す方向を正とする．

ここで，アゼンブルにおけるサンプル i の不幸せ関数は

$$D_i = -\frac{25.2}{l_i}\sum_{j=1}^{8}\delta_i(j)x_{1j} + \frac{20.8}{l_i}\sum_{j=1}^{8}\delta_i(j)x_{2j} + \frac{15.0}{l_i}\sum_{j=1}^{8}\delta_i(j)x_{3j}$$

と定義する．ただし，

$$\delta_i(j) = \begin{cases} 1 & (i\text{番目のサンプルが}j\text{項目に反応}) \\ 0 & (i\text{番目のサンプルが}j\text{項目に反応しない}) \end{cases}$$

である．また，l_i とは，サンプル i が対象とする8項目において，反応する項目の数で，x_{rj} とは r 軸における j 項目のスコアを表す．

同様にグローラにおけるサンプル i の不幸せ関数は次式となる．

$$D_i = -\frac{28.1}{l_i}\sum_{j=1}^{8}\delta_i(j)x_{1j} + \frac{19.4}{l_i}\sum_{j=1}^{8}\delta_i(j)x_{2j} - \frac{15.9}{l_i}\sum_{j=1}^{8}\delta_i(j)x_{3j}$$

不幸せ関数の D_i の値が，正でその絶対値が大きければ相対的に不幸せで，一

表3.6.22　不幸せに関する各項目の得点

j	項目名	アゼンプル	グローラ
1	{3} 識字可能	-0.69417	0.107076
2	{7} 家族数4人以下	0.555727	-2.16949
3	{15} 水に満足	-2.41378	1.299371
4	{17} 水運び苦痛ない	-3.22323	0.396022
5	{51a} ヒ素心配	0.626394	-1.34232
6	{51b} 仕事/収入心配	-0.61212	-1.09315
7	{51c} psychological	4.995888	4.615948
8	{53} 薬手に入る	0.388253	-1.64643
	累積寄与率	60.9%	63.4%

方負でその絶対値が大きければ相対的に不幸せでないといえる．

ここで各項目ごとの寄与率を考慮した得点を表3.6.22に示す．すなわち，アゼンプルとグローラにおける項目jの寄与率を考慮した得点x_jはそれぞれ

$$x_j = -25.2x_{1j} + 20.8x_{2j} + 15.0x_{3j} \quad x_j = -28.1x_{1j} + 19.4x_{2j} - 15.9x_{3j}$$

と表される．

表3.6.22より，両村ともに『{51c} psychological』が不幸せな方向に大きく寄与していることが分かる．すなわち，現地住民の不幸せさとは，水の問題だけではなく，非常に複雑であり，不幸せさを減少させるには総合的な取り組みが必要であるといえる．

次に【事例3.9】も加えて，この両村の比較考察を行うことにしよう．

(1) 水の満足度の比較

水の満足度を構成する要因として，レンジの高いものを表3.6.23に示す．これよりアゼンプルとグローラの水の満足度の構成要因の違いが分かる．また表より，水の満足度への影響の方向性に関しては，アゼンプルでは識字可能，家族数少ない，より安全な水を得るためにコストをかけるといった方向が満足である方向に影響する．

しかし，逆にグローラでは，識字不可能，家族数多い，より安全な水を得るためにコストをかけないといった方向が満足である方向に影響している．両村にお

表 3.6.23 水の満足度の主要因

アゼンプル	グローラ
{51a} ヒ素への悩み	{34} ヒ素被害緩和のために工夫している
{7} 家族数	{51a} ヒ素への悩み
{17} 水運びの苦痛	{7} 家族数
{32} 自分の井戸が飲料用 and/or 料理用	{3} 識字

ける項目のレンジに関して，その違いが大きく異なったものは『{17} 水運びは肉体的に苦痛である』である．これは，汚染のひどいアゼンプルでは，安全な水を得るために，遠くまで汲みに行くが，グローラでは，あまり汚染されていないため，自分の家の井戸や近くの井戸で飲料水をまかなえるためであろう．

また，両村とも『{51a} ヒ素に悩んでいる』という項目が水の満足度に大きな影響を与えているが，それ以外の『{7} 家族数』や『{17} 水運びは肉体的に苦痛である』といった項目も無視できないことが分かる．

(2) 不幸せさの比較

不幸せ関数に関しては，両村とも『{51c} psychological』といったことが不幸せさに大きく影響しており，アゼンプルにおいては，『{15} 現在の飲料水に満足している』，『{17} 水運びは肉体的に苦痛でない』といった水に関する項目が不幸せではない方向に大きく影響している．グローラにおいては，『{15} 現在の飲料水に満足している』，『{17} 水運びは肉体的に苦痛でない』が，不幸せである方向に働いてしまっている．これは，不幸せさの定義において，水に関する項目の影響が，『{51c} psychological』の影響に比べ相対的にかなり小さかったためであると考えられる．

(3) シナリオ分析

ここで，両村において，水運びの肉体的な苦痛の解消及びヒ素による悩みの解消ができたというシナリオを仮定したとき，水の満足度と不幸せさに関するサンプルの変化を考察する．すなわち，ここでは特に飲料水に関する項目のみに着目し，それらの改善の重要性を考察することにより，代替案の方向性を示すことを目的とする．なお不幸せさに関しては，その平均値を基準にし，平均以上を不幸せ，平均以下を不幸せでないとした．両村にこのシナリオを適用した結果を表

表3.5.24　シナリオの適用結果

	アゼンプル		グローラ	
	適用前	適用後	適用前	適用後
①	29	93	21	23
②	43	4	13	11
その他	35	10	66	66

3.5.24に示す．なお①とは，水に満足かつ不幸せでないサンプルの数を表し，②とは，水に不満かつ不幸せであるサンプル数を表す．

　これによれば，アゼンプルでは，〔②水に不満/不幸せ〕から〔①水に満足/不幸せでない〕という方向に大きく移動したが，グローラではほとんど変化がなかった．これは，アゼンプルにおいては，水の満足度を考えるとき，『|17| 水運びは肉体的に苦痛である』，『|51a| ヒ素に悩んでいる』の2項目のレンジは非常に大きく（3位と1位），さらに不幸せを考えるとき，『|15| 現在の飲料水に満足している』，『|17| 水運びは肉体的に苦痛でない』の得点が負でその絶対値が大きい（不幸せでない方向性を持つ）ことに起因する．一方，グローラでは，これらの操作によってはあまり変化が観られない．というのも，この2項目は水の満足度に対するレンジは7位と2位であり，『|17| 水運びは肉体的に苦痛である』に関しては，レンジが圧倒的に小さくほとんど水の満足度に影響を与えない．さらに不幸せに関しては，『|15| 現在の飲料水に満足している』，『|17| 水運びは肉体的に苦痛でない』が不幸せな方向に働いてしまっているためである．

　これらの結果より，アゼンプルに関しては，肉体的な苦痛の緩和およびヒ素の悩みの解消が水の満足度の向上，さらには不幸せの減少に対して非常に有効であるが，グローラに関してはほとんど有効ではないといえる．すなわち，汚染のひどいアゼンプルでは，とにかく安全な飲料水を手軽に得ることが人々にとって特に重要であると考えられるが，汚染の少ないグローラでは飲料水の問題はそれほど重要ではないといえる．

　以上の結果から，飲料水ヒ素汚染問題の総合的な解決には，画一的でなく，地域にあった方法論を作成する必要があるといえる．

3.6.5　数量化理論第Ⅳ類[9]

　このモデルは，n個の個体もしくは属性があったとき，n個の間の相互の親近

性を表す何らかの量 e_{ij} の行列が与えられるとして，この行列をもとにして n 個の個体に内的に意味をもつ一次元的数値を与えるものである．その特徴は，ただ相互に親近性が強い固体 i と j の間では e_{ij} が大きくなるようなものであればよい．このモデルはクラスター分析と問題の性質が似ている．その相異は，クラスター分析が個体の定性的な分類にとどまっているのに対し，IV類モデルは個体に対し数量的配列を与える点にある．

さて，この理論では，n 個の個体（または属性）に与えられる数値 x_i が内的に意味をもつためには，親近性がより強い個体の間で，その数値の差が小さくなければならないとする．したがって，次式を得る．

$$Q = -\sum_{i=1}^{n}\sum_{j=1}^{n} e_{ij}(x_i - x_j)^2 \Rightarrow \max. \tag{3.6.38}$$

ここで，x の分散を一定にしておかなければ Q の大小の議論ができない．このため，x の分散一定，$\bar{x}=0$ （計算の便宜のため）という条件のもとに Q が最大になるようにする．これを表せば次式となる．

$$G = \frac{Q}{\sigma_x^2} \Rightarrow \max. \quad (\sigma_x^2 = \frac{1}{n}\sum_{i=1}^{n} x_i^2) \tag{3.6.39}$$

この式を満足する x_i を求めればよいのであるから，これで上式を偏微分し 0 とおいて整理すれば，

$$\sigma_x^2 \frac{\partial Q}{\partial x_l} = Q \frac{\partial \sigma_x^2}{\partial x_l} \quad (l=1, \cdots, n) \tag{3.6.40}$$

となる．ここで，$a_{ij} = e_{ij} + e_{ji}$ とおき，$G/n = \lambda$ とおいて上式を展開，整理すれば，次のような式を得ることができる．すなわち，

$$Ax = \lambda x \tag{3.6.41}$$

ただし，

$$A_{ij} = \begin{cases} a_{ij} & (i \neq j) \\ -\sum_{j \neq i}^{n} a_{ij} & (i=j) \end{cases} \tag{3.6.42}$$

である．こうして，求めるべき x は行列 A の固有ベクトルであることがわかる．

【適用例3.13】渇水期節水行動の分類[4),13)]

【適用例3.11】の結果を用いて数量化第Ⅳ類を施そう．このためには節水行動の親近性の測度を次式のように定義しておこう．

$$e_{lm} = \sum_{i=1}^{n} \delta_i(l)\delta_i(m) \quad (l,m=1,\cdots,R\,;\,l\neq m) \tag{3.6.43}$$

ここに，n はサンプル数，R はカテゴリー数である．

まず e_{lm} を求めれば対称行列 E を得る．A_{ij} は (e_{lm}) が対称行列であるから容易につくれ，これも対称行列となる．これより $A=(A_{ij})$ の固有値とこれに対応する固有ベクトルを求めればよい．ここでは固有値の値のみ示す．すなわち，$\lambda_1=41.33$，$\lambda_2=37.11$ である．固有ベクトルを用いて，節水行動の散布図を描くと図3.6.15を得る．この図より，第1象限に位置する節水行動はきわめて日常的な行動上の工夫であり，第2象限のトイレの改造や第4象限の節水コマの取り付けと言うような水使用機器の変更とは大きく隔たっていることがわかる．

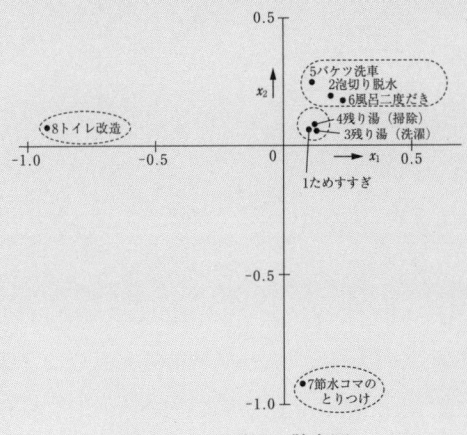

図3.6.15 要因の散布図

参考文献

1) 奥野忠一・久米均・芳賀敏郎・吉澤正：『〔改訂版〕多変量解析法』，日科技連，1981
2) 飯田恭敬・岡田憲夫：『土木計画システム分析（現象分析編）』，森北出版，1992
3) 東京大学教養学部統計学教室編：『自然科学の統計学』，東京大学出版会，1992

4）吉川和広編著（木俣昇・春名攻・田坂隆一郎・萩原良巳・岡田憲夫・山本幸司・小林潔司・渡辺晴彦）：『土木計画学演習』，森北出版，1985
5）萩原良巳：「水資源計画・管理システムの情報処理システムとシステム理論」，『水文・水資源ハンドブック（水文・水資源学会編）』，pp. 319-327，朝倉書店，1997
6）萩原良巳：「渇水被害の計量化」，『防災学ハンドブック（京都大学防災研究所編）』，334-337，朝倉書店，2001
7）神谷大介・坂元美智子・萩原良巳・吉川和広：「都市域における環境防災からみた水・土・緑の空間配置に関する研究」，環境システム研究論文集 Vol. 29, pp. 207-214, 2001
8）日本レクレーション協会監修：『遊びの大辞典』，東京書籍，1989
9）萩原良巳・中川芳一・森野彰夫・蔵重俊夫：住民意識を考慮した治水計画事例研究，NSC研究年報，Vol. 10, No. 3, pp. 22-33, 1982
10）安田三郎・海野道郎：『社会統計学（改訂2版）』，丸善，1977
11）萩原良巳・小泉明・西沢常彦・今田俊彦：「アンケート調査をもとにした水需要構造ならびに節水意識分析」，第15回衛生工学研究討論会講演論文集，pp. 188-193, 1979
12）福島陽介・萩原良巳・畑山満則・萩原清子・山村尊房・酒井彰・神谷大介：「バングラデシュにおける飲料水ヒ素汚染に関する社会調査とその分析」，環境システム論文集，pp. 21-28, 2004
13）萩原良巳・小泉明・渡辺晴彦：「アンケート調査をもとにした都市の水需要構造—家庭用水を対象とする」，地域学研究，第11巻，pp. 171-183, 1981

4

心理・行動分析法

4.1 最尤法

4.1.1 最尤法の考え方と定式化[1]

前章 3.2.3 では，最小二乗法が推定値を求めるルールとして不偏性，一様最小分散性といった非常に望ましい性質をいくつかもっていることを示した．最尤法も，最小二乗法とは異なった意味で，望ましい性質をいくつかもっている．どちらの推定法が望ましいかは一概に言えない．

最小二乗法は線形回帰モデルのパラメータ値を求めるルールで，何回も繰り返し推定値を求めた場合に，推定値の期待値が真の値に近くなるという望ましさをもっていることを示した．つまり，推定値を求めるルールの望ましさを問題にした．この「推定量はルールである」という考え方を採用すれば，あるルールの妥当性は「平均的」にしか成立しない．個々のデータにもとづいてモデルを作成したり，ある一連の仮説に対して適切な判断を下すような場合，モデルや仮説の妥当性を「平均的に議論する」ことはできない．このようなことから，1回の試行における結果の確からしさをある確率によって表現し，与えられた観測データに対してできるだけ望ましいモデルを作成するという考え方も出てくる．

最尤法の基本的な考え方は，母集団パラメータ θ の推定値として，現在手元にある標本を取り出す確率（あるいは確率密度）を最大にするような θ の値を求める方法である．いま，簡単な図 4.1.1 を用いて最尤法の基本的な考え方を説明する．

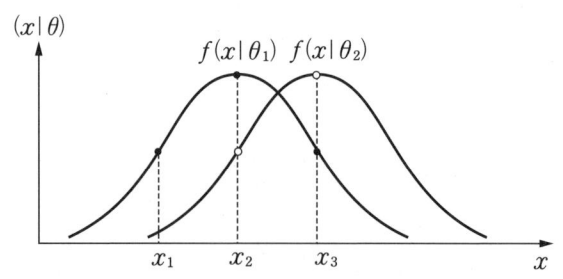

横軸上の三つの点は標準観測値である．尤度は確率密度関数値の積を表す．可能な θ の値が θ_1 と θ_2 の2個だけなら，一見して $L(\theta_1) > L(\theta_2)$ であることがわかる．この場合，最尤推定値は θ_1 である．

図 4.1.1　最尤法の考え方

ここで，母集団を支配する確率分布のパラメータ θ が未知であるとする．そして，この母集団に含まれる標本の観測値が条件付確率密度関数 $f(x|\theta)$ に従って分布すると考える．図 4.1.1 は 2 つの異なるパラメータ θ_1, θ_2 に対応する確率密度関数を示している．いま，標本観測値として，x_1, x_2, x_3 が得られたとする．このときこれら 3 つの標本観測値は，どちらの確率密度関数に従って分布していると考えるのが妥当か？　この図の場合，$f(x|\theta_1)$ のほうが「もっともらしい」と思われる．この「もっともらしさ」を計測するために，各標本点から確率密度関数までの距離（確率密度）の積を考える．

$$L_1 = \prod_{j=1}^{3} f(x_j|\theta_1), \quad L_2 = \prod_{j=1}^{3} f(x_j|\theta_2)$$

この積 L_i $(i=1,2)$ は，パラメータの真値がそれぞれ $\theta_i (i=1,2)$ のときに，標本観測値の組 (x_1, x_2, x_3) の確率密度の積 L_i が最も大きくなるような確率密度関数からの標本サンプルであると考えるのが最も妥当であると思われる．

以上の話を拡張すれば以下のようになる．すなわち，母集団から n 個の標本をランダムに抽出し，その観測値が $X_1 = x_1, \cdots, X_n = x_n$ で，パラメータの真値が θ であった場合，標本観測値の組 $(x_1, \cdots, x_n)$ が抽出される同時確率密度は

$$L(\theta) = f(x_1, \cdots, x_n | \theta) = \prod_{i=1}^{n} f(x_i|\theta) \tag{4.1.1}$$

と表される．式 (4.1.1) の標本観測値の組 $(x_1, \cdots, x_n)$ の値は定数であるから，この式の左辺はパラメータ θ だけの関数である．$L(\theta)$ は現在入手している標本観測

値が実現する同時確率密度，すなわち尤度（もっともらしさの程度，likelihood）を θ の関数として表現したものであり，尤度関数と呼ばれる．最尤法では，このような尤度関数を最大にするような $\hat{\theta}$ を求めることとなる．

このような $\hat{\theta}$ の値は標本観測値の組 $(x_1, \cdots, x_n)$ に対してただ1つだけ求められるとする（$\hat{\theta}$ は標本観測値の関数）と，$\hat{\theta} = g(X_1, \cdots, X_n)$ は大きさ n の標本にもとづく最尤推定量（maximum likelihood estimator）であるという．最尤推定値を求めるためには尤度をパラメータ θ で偏微分した方程式 $\partial L / \partial \theta = 0$ の解を求めればよい．しかし，一般にこの方程式の解を直接求めるには計算法が繁雑になるから，対数尤度関数 $\ln L(\theta)$ を偏微分して最尤推定量を求めることが多い．

なお，確率変数 X が k 個のパラメータ $\theta_1, \cdots, \theta_k$ に依存する分布に従うとき，その密度関数を $f(x | \theta_1, \cdots, \theta_k)$ とすれば，標本観測値の組 $(x_1, \cdots, x_n)$ に対する尤度関数は

$$L(\theta) = \prod_{i=1}^{n} f(x | \theta_1, \cdots, \theta_k) \tag{4.1.2}$$

で定義される．ベクトルパラメータ θ の推定値は $L(\theta)$ を最大にするようなパラメータの集合 $(\hat{\theta}_1, \cdots, \hat{\theta}_k)$ として定義される．最尤推定量は上述に示した方法で求めることができる．次に，データの持つ情報量を考えよう．

4.1.2　フィッシャー情報量[2]

原点を通る線形回帰モデル

$$y = \beta x + \varepsilon, \quad y = (y_1, \cdots, y_n)^t, \quad x = (x_1, \cdots, x_n)^t, \quad \varepsilon = (\varepsilon_1, \cdots, \varepsilon_i)^t \tag{4.1.3}$$

で，誤差 ε_i が正規分布 $N(0, \sigma^2)$ に従っているとする．いま，簡単のため，σ^2 は既知とし，傾き β を推定する問題を考える．このとき，対数尤度は次式となる．

$$\begin{aligned}
\ln L(\beta) &= \ln\left[(2\pi\sigma^2)^{-\frac{n}{2}} exp\left\{-\frac{(y-\beta x)^t(y-\beta x)}{2\sigma^2}\right\}\right] \\
&= -\frac{n}{2}\ln(2\pi\sigma^2) - \frac{1}{2\sigma^2}(y-\beta x)^t(y-\beta x)
\end{aligned} \tag{4.1.4}$$

これを最大にする β は線形モデルに対する最小二乗解にほかならない．このとき，最尤推定量は

$$\hat{\beta} = x^t y / x^t x \tag{4.1.5}$$

のように得られる．式 (4.1.4) は β に関する 2 次式である．$\ln L(\beta)$ の 2 階微分は

$$\frac{\partial^2 \ln L(\beta)}{\partial \beta^2} = -x^t x / \sigma^2 \tag{4.1.6}$$

となり，

$$(x^t x / \sigma^2)^{-1} = (x^t x)^{-1} \sigma^2 \tag{4.1.7}$$

は $\hat{\beta}$ の分散であることがわかる．分散が小さければ小さいほど正確さをあらわすという意味で，$x^t x / \sigma^2$ はデータ y のもつ情報量を表しており，これをフィッシャー情報量と呼ばれる．

一般には，対数尤度の 2 階微分はデータ y に依存するので，y が密度関数 $f_\theta(y)$ に従っているときに期待値をとると

$$I(\theta) = -E\left\{\frac{\partial^2 \ln L(\theta)}{\partial \theta^2}\right\} = -E\left\{\frac{\partial^2 \ln f_\theta(y)}{\partial \theta^2}\right\} \tag{4.1.8}$$

となる．これをフィッシャー情報量と呼ぶ．さらに，ベクトルパラメータ $\theta = (\theta_1, \cdots, \theta_p)^t$ のときは，

$$I_{ij}(\theta) = -E\left\{\frac{\partial^2 \ln L(\theta)}{\partial \theta_i \partial \theta_j}\right\} = -E\left\{\frac{\partial^2 \ln f_\theta(y)}{\partial \theta_i \partial \theta_j}\right\} \tag{4.1.9}$$

を (i, j) を要素とする $p \times p$ 行列 $I(\theta)$ をフィッシャー情報行列 (Fischer's Information Matrix) とよぶ．

4.1.3 クラーメル・ラオの下限[2]

データ y が密度関数 $f_\theta(y)$ に従っているとして 1 次元の未知パラメータ θ の推定を考える．この推定量 $d(y)$ が不偏であるためには，おのずと分散はある程度より小さくできないことが想定される．

統計量 $d(y)$ が θ の不偏推定量であるということは，

$$\int d(y) f_\theta(y) \, dy = \theta, \quad (y = (y_1, \cdots, y_n)^t, \quad dy = dy_1 dy_2 \cdots dy_n) \tag{4.1.10}$$

と表される．なお，積分は n 次元空間全域にわたる定積分である．この式の両辺を θ で微分すれば，

$$\int d(y)\{\partial f_\theta(y)/\partial\theta\}dy = 1 \tag{4.1.11}$$

が得られる．ただし，密度関数 $f_\theta(y)$ は微分・積分の順序が交換できるなどの正則条件を満たしているものとする．次に，全域での $f_\theta(y)$ の積分

$$\int f_\theta(y)\,dy = 1 \tag{4.1.12}$$

の両辺を θ で微分すれば

$$\int \{\partial f_\theta(y)/\partial\theta\}dy = 0 \tag{4.1.13}$$

が得られる．式 (4.1.11) に定数 θ を付け加えて

$$\int \{d(y)-\theta\}\{\partial\ln f_\theta(y)/\partial\theta\}f_\theta(y)\,dy = E[\{d(y)-\theta\}\cdot\{\partial\ln f_\theta(y)/\partial\theta\}] = 1 \tag{4.1.14}$$

と表され，これは $g(y)=d(y)-\theta$ と $h(y)=\partial\ln f_\theta(y)/\partial\theta$ の共分散が 1 であることを意味している．一般に相関係数の絶対値は 1 以下であるから，

$$\frac{\{Cov(g,h)\}^2}{V(h)\cdot V(g)} = \frac{1}{V\{d(y)\}\cdot V\{\partial\ln f_\theta(y)/\partial\theta\}} \leq 1 \tag{4.1.15}$$

が成立し，不偏推定量 $d(y)$ の分散に関して，不等式

$$V\{d(y)\} \geq 1/V\{\partial\ln f_\theta(y)/\partial\theta\} \tag{4.1.16}$$

が成り立つ．これにより，不偏推定量の分散には，これ以上は小さくできない下限が設定される．次に，この不等式とフィッシャー情報量との関連を示そう．

式 (4.1.13) より

$$E(\partial\ln f_\theta(y)/\partial\theta) = 0 \tag{4.1.17}$$

が成立することに注意すれば，式 (4.1.16) の右辺の分母が

$$V\{\partial\ln f_\theta(y)/\partial\theta\} = E\{\partial\ln f_\theta(y)/\partial\theta\}^2 \tag{4.1.18}$$

となることがわかる．また，

$$\frac{\partial^2\ln f_\theta(y)}{\partial\theta^2} = \frac{\partial}{\partial\theta}\left\{\frac{\partial f_\theta(y)/\partial\theta}{f_\theta(y)}\right\} = \frac{\partial^2 f_\theta(y)/\partial\theta^2}{f_\theta(y)} \cdot \frac{1}{f_\theta(y)} - \left\{\frac{\partial f_\theta(y)/\partial\theta}{f_\theta(y)}\right\}^2 \tag{4.1.19}$$

の期待値をとると，右辺第 1 項は

$$\int \frac{\partial^2 f_\theta(y)}{\partial \theta^2} \cdot \frac{1}{f_\theta(y)} \cdot f_\theta(y)\, dy = \int \frac{\partial^2 f_\theta(y)}{\partial \theta^2}\, dy$$

となる．これは式(4.1.13)の両辺を θ で微分したものであるから 0 である．こうして右辺第 2 項から，等式

$$-E\left\{\frac{\partial^2 \ln f_\theta(y)}{\partial \theta^2}\right\} = E\left\{\frac{\partial \ln f_\theta(y)}{\partial \theta}\right\}^2 \tag{4.1.20}$$

が得られる．これが式(4.1.18)，つまり不等式(4.1.16)の右辺の分母を与えている．これはまた式(4.1.8)のフィッシャー情報量 $I(\theta)$ の別表現になっている．

こうして，式(4.1.16)は次のように書ける．

$$V\{d(y)\} \geq \frac{1}{I(\theta)} \tag{4.1.21}$$

これをクラーメル・ラオの不等式 (Cramer-Rao's inequality)，また右辺をクラーメル・ラオの下限 (Cramer-Rao's Lower Bound) という．

クラーメル・ラオの下限を達成する不偏推定量を有効推定量 (efficient estimator) という．有効推定量は，その定義から最小分散不偏推定量であるが，その逆は必ずしも成り立たない．

4.1.4 最尤推定量の性質[2]

(1) 一致性

簡単のため密度関数 $f_\theta(y)$ がただ 1 つの未知パラメータ θ で定められている場合を考える．このとき，n 個の独立なデータ $y = (y_1, \cdots, y_n)^t$ から求めた最尤推定量 $\hat{\theta}_n$ は n が十分に大きいとき，密度関数が正則という下で真の値 θ_o に確率収束する．

すなわち，任意の $\varepsilon > 0$ に対して

$$\lim_{n \to \infty} \Pr\{|\hat{\theta}_n - \theta_o| \leq \varepsilon\} = 1 \tag{4.1.22}$$

が成り立つ．最尤推定値のこの性質を一致性 (consistency) という．

以下に略証を示しておこう．ただし，$\hat{\theta}_n$ の標本の大きさを示す添字 n は自明であるから省略しよう．いま，対数尤度が

$$\log L(\theta) = \sum_{i=1}^{n} \log f_\theta(y_i)$$

と表されているから,最尤推定量 $\hat{\theta}$ は,次の尤度方程式の解である($1/n$ は便宜的).

$$\frac{1}{n}\cdot\frac{\partial \log L(\theta)}{\partial \theta} = \frac{1}{n}\sum_{i=1}^{n}\frac{\partial \log f_\theta(y_i)}{\partial \theta} = 0$$

上式の中央は,n 個の同一分布に従う独立な確率変数 $\partial \log f_\theta(y_i)/\partial \theta$ ($i=1,\cdots,n$) の平均なので,大数の法則より $E_{\theta_0}\{\partial \log f_\theta(y)/\partial \theta\}$ に確率収束する(ここに,$E(\cdot)$ は $\int \cdot f_{\theta_0}(y)\,dy$ を意味する).この極限値は定数であるが,θ の関数のみならず θ_0 にも依存しているから,$\mu_{\theta_0}(\theta)$ と書こう.ここで,$\mu_{\theta_0}(\theta)$ は

$$\int_{-\infty}^{\infty}\frac{\partial f_\theta(y)}{\partial \theta}\cdot\frac{1}{f_\theta(y)}\bigg|_{\theta=\theta_0}f_{\theta_0}(y)\,dy = \int_{-\infty}^{\infty}\frac{\partial f_\theta(y)}{\partial \theta}\bigg|_{\theta=\theta_0}dy$$

で,式(4.1.12)(4.1.13)で示したように 0 となる.こうして θ_0 は方程式 $\mu_{\theta_0}(\theta)=0$ の1つの解であるが,もしこの解がただ1つの解なら,各 n に対する上述の尤度方程式の解 $\hat{\theta}_n$ も $n\to\infty$ のとき確率収束して,$\hat{\theta}_n \to \theta_0$ とならなければならないといえよう.

(2) 漸近有効性

最尤推定量は n を大きくすると真の値に近づくことがわかったが,真の値の周りにどのくらいのばらつきを持つ推定量なのかを知っておく必要がある.そして,区間推定や検定の問題を考えるときには期待値,分散だけでなく標本分布も知っておく必要がある.

これらについては,$y_1,\cdots,y_n$ が互いに独立に密度関数 $f_\theta(y)$ に従っているときは最尤推定量の定義式

$$\frac{\partial \ln L(\theta)}{\partial \theta}\bigg|_{\theta=\hat{\theta}} \equiv \sum_{i=1}^{n}\frac{\partial \ln f_\theta(y_i)}{\partial \theta}\bigg|_{\theta=\hat{\theta}} = 0 \tag{4.1.23}$$

をテイラー展開して $(1/n)$ より高次の項を無視することにより,以下のように求められる.

式(4.1.23)は $\hat{\theta}$ の関数である.これを $\hat{\theta}=\theta_0$ の周りで展開すれば次式が得られる.

$$\sum_{i=1}^{n}\frac{\partial \ln f_\theta(y_i)}{\partial \theta}\bigg|_{\theta=\theta_0} + (\theta-\theta_0)\sum_{i=1}^{n}\frac{\partial^2 \ln f_\theta(y_i)}{\partial \theta^2}\bigg|_{\theta=\theta^*} = 0 \tag{4.1.24}$$

ただし，θ^* は $\hat{\theta}$ と θ_o の間の値である $((\theta^*-\hat{\theta})(\theta^*-\theta_o)<0$ を満たす）が，n を大きくすると $\hat{\theta}$ が θ_o に一致するため，θ^* も θ_o に一致する．したがって，最尤推定量の漸近的性質を調べるときには，θ^* は θ_o に等しいとおける．ここで $y_i(i=1,\cdots,n)$ が独立に同一の分布に従うことから，式(4.1.24)の左辺第1項の $\sum$ の内容と第2項の $\sum$ の内容をそれぞれ z_i, w_i とおけば，これらも独立同一分布に従う．そこで，式(4.1.24)を $\sqrt{n}$ で割って

$$\frac{1}{\sqrt{n}}\sum_{i=1}^{n}z_i+\sqrt{n}(\hat{\theta}-\theta_o)\cdot\frac{1}{n}\sum_{i=1}^{n}w_i=0 \tag{4.1.25}$$

と表現すると，n が十分大きいとき

① $(z_1+\cdots+z_n)/\sqrt{n}$ は中心極限定理により漸近的に正規分布に従い，
② $(w_1+\cdots+w_n)/n$ は大数の法則によってその期待値は確率収束する．

まず，z_i の期待値は式(4.1.17)に示したように0となる．次に分散も式(4.1.24)に示したように次式となる．

$$V(z_i)=E\left\{\frac{\partial \ln f_\theta(y)}{\partial \theta}|_{\theta=\theta_0}\right\}^2=I_1(\theta) \tag{4.1.26}$$

また，w_i では，$\theta^*\approx\theta_o$ とすると式(4.1.24)より

$$E_{\theta_0}(w_i)\approx E_{\theta_0}\left\{\frac{\partial^2 \ln f_\theta(y)}{\partial \theta^2}/_{\theta=\theta_0}\right\}=-I_1(\theta) \tag{4.1.27}$$

が得られる．

したがって，n が大きいとき，これらを式(4.1.25)に代入して整理すれば，u を正規分布 $N(0, I_1(\theta_0))$ に従う確率変数として

$$\sqrt{n}(\hat{\theta}-\theta_0)\approx u/I_1(\theta) \qquad \text{（分布が同一）}$$

という表現が得られる．$u/I_1(\theta)$ の分布は，u に対し分散が $1/(I_1(\theta))^2$ 倍されるから，$\sqrt{n}(\hat{\theta}-\theta_0)$ の漸近分布は，正規分布 $N(0, 1/\{I_1(\theta)\})$ である．つまり，

『最尤推定量 $\hat{\theta}$ は θ_0 の周りにばらつき，n が十分大であれば，その漸近分散は $1/\{nI_1(\theta)\}$，漸近分布は正規分布 $N(\theta_0, 1/nI_1(\theta_0))$ である．このことは $\hat{\theta}$ が θ_0 の周りにばらつくオーダーが $n^{-\frac{1}{2}}$ であることを示している．』

以上が最尤推定量の漸近分布として知られているものである．漸近分散はク

ラーメル・ラオの下限に等しいから，最尤推定量は「漸近的に有効な（asymptotically efficient）」推定量であることがわかる．なお，漸近分散は n が十分に大きくなれば0になるから，正確には $\sqrt{n}\hat{\theta}$ の漸近分散が $1/I_1(\theta_0)$ というのが正しい表現である．

4.1.5 多次元のパラメータ

1次元パラメータの場合と本質的なところは同じなので結果のみを記す．

データ $y=(y_1,\cdots,y_n)^t$ が p 次元のパラメータ $\theta=(\theta_1,\cdots,\theta_p)^t$ によって定められる密度関数 $f_\theta(y)$ に従っているとする．いま，データ y に対するフィッシャーの情報行列を

$$I(\theta) = -E\left\{\frac{\partial^2 \ln f_\theta(y)}{\partial\theta\partial\theta^t}\right\} \tag{4.1.28}$$

と表すと，適当な正則条件の下で，最尤推定量 $\hat{\theta}$ が θ の漸近的に有効な推定量であること，および θ の真の値が θ_0 であるとき $\sqrt{n}(\hat{\theta}-\theta_0)$ の漸近分布は，データ1個あたりの情報行列 $I_1(\theta)=I(\theta)/n$ によって p 次元正規分布 $N_p(0,(I_1(\theta_0))^{-1})$ となることが示される（$^{-1}$ は逆行列を表す）．

4.1.6 検定の漸近論

(1) 最尤推定量にもとづく検定

1次元パラメータの場合を考える．データ $y=(y_1,\cdots,y_n)^t$ の尤度が $L(\theta)=f_\theta(y)$ で与えられているとき，次の仮説を導入する．

$$\text{帰無仮説}\quad H_0:\theta=\theta_0,\quad \text{対立仮説}\quad H_1:\theta=\theta_1 \tag{4.1.29}$$

そして検定する有意水準を α とする．ここでは最尤推定量の漸近分布にもとづいて検定を構成する．

帰無仮説 H_0 の下で $\sqrt{n}(\hat{\theta}-\theta_0)$ が漸近的に正規分布 $N(\theta_0,1/nI_1(\theta_0))$ に従うことを利用すると，$\theta_1>\theta_0$ の場合に棄却域

$$\sqrt{nI_1(\theta_0)}(\hat{\theta}-\theta_0)>z_\alpha \tag{4.1.30}$$

が得られる．ただし，$I_1(\theta)=I(\theta)/n$ はデータ1個当りのフィッシャー情報量である．ここで，z_α は標準正規分布の上側の確率が α となる点である．

(2) 尤度比検定

帰無仮説 H_0 を一般の複合対立仮説

$$H_2 : \theta \neq \theta_0 \qquad (\theta_0\text{以外のすべての可能性を考える})$$

に対して検定するには

$$\frac{L(\hat{\theta})}{L(\theta_0)} = \frac{f_{\hat{\theta}}(y)}{f_{\theta_0}(y)} > c \tag{4.1.31}$$

のような棄却域を考える．この棄却域は最尤推定量にもとづく両側検定と漸近的に同等である．また，この方式はその形から尤度比検定 (likelihood ratio test) とよばれる．

この検定を有意水準 α となるように定数 c を求めてみよう．対数尤度 $\ln L(\theta_0)$ を $\theta_0 = \hat{\theta}$ の周りでテイラー展開し，2次の項までとれば次式を得る．

$$\ln L(\theta_0) = \ln L(\hat{\theta}) + \frac{\partial \ln L(\theta)}{\partial \theta}\bigg|_{\theta=\hat{\theta}}(\theta_0 - \hat{\theta}) + \frac{1}{2}\frac{\partial^2 \ln L(\theta)}{\partial \theta^2}\bigg|_{\theta=\theta^*}(\theta_0 - \hat{\theta})^2 \tag{4.1.32}$$

ただし，$(\theta^* - \theta_0)(\theta^* - \hat{\theta}) < 0$

この右辺第2項は最尤推定量の定義により0である．第3項は

$$\frac{1}{2} \cdot \frac{1}{n} \cdot \frac{\partial^2 \ln L(\theta)}{\partial \theta^2}\bigg|_{\theta=\theta^*} \cdot \{\sqrt{n}(\hat{\theta} - \theta_0)\}^2$$

と書き直すことができ，係数

$$\frac{1}{n} \cdot \frac{\partial^2 \ln L(\theta)}{\partial \theta^2}\bigg|_{\theta=\theta^*}$$

は H_0 の下で n が十分大きければ $-I_1(\theta_0)$ に確率収束するので，

$$2\ln \frac{L(\hat{\theta})}{L(\theta_0)} \to \{\sqrt{nI_1(\theta_0)}(\hat{\theta} - \theta_0)\}^2 \tag{4.1.33}$$

がいえる．式 (4.1.33) の右辺は，H_0 の下で，最尤推定量を θ_0 と漸近分散で規準化したものの二乗であるから漸近的に自由度1の分布 $\chi^2(1)$ に従う．これで尤度比検定の棄却域

$$2\ln \frac{L(\hat{\theta})}{L(\theta_0)} > \chi^2_\alpha(1) \quad (= z^2_{\alpha/2}) \tag{4.1.34}$$

が導かれた．なお，尤度比検定が最尤推定量 $\hat{\theta}$ にもとづく両側検定と漸近的に同等であることもわかった．

(3) エフィシイェント・スコア

帰無仮説 H_0(式(4.1.29))の検定を構成するもう1つの方法は尤度の対数のパラメータによる1階偏微分 $\partial \ln f_\theta(y)/\partial \theta$ にもとづくもので,$\delta=\theta_1-\theta_0>0$ でかつ十分小さいとき,尤度比の対数についての近似式

$$\ln\{f_{\theta_1}/f_{\theta_0}\} \fallingdotseq \partial \ln f_\theta(y)/\partial \theta |_{\theta=\theta_0} \cdot \delta$$

によっている.この $\partial \ln f_\theta(y)/\partial \theta$ をエフィシイェント・スコア (efficient sccore) という.これにもとづき

$$n^{-\frac{1}{2}} \cdot \frac{\partial \ln f_\theta(y)}{\partial \theta}|_{\theta=\theta_0} > c \tag{4.1.35}$$

のような棄却域を考えることができる.具体的に,エフィシイェント・スコアにもとづく有意水準 α の検定は,エフィシイェント・スコアに $\theta=\theta_0$ を代入した式の H_0 の下でこの期待値は0となる.一方式(4.1.35)の左辺の漸近分散は $I(\theta_0)$ であるから,式(4.1.35)の左辺の H_0 の下での漸近分布は $N(0, I(\theta_0))$ に等しい.したがって,$c=z_\alpha\sqrt{I_1(\theta_0)}$ とすればよいことがわかる.

4.2 因子分析

因子分析は多変量解析の1手法と考えてもよいが,本書では,パラメータ推定に最尤法を用いることや,後述の共分散構造分析との関連で本章に入れることにした.因子分析には,探索的因子分析と検証的因子分析がある[3].どちらも観測変数間の相関関係の背後に「共通した原因がある」と考え,それを探る多変量解析法である.両者の違いは次の点である.前者は共通した原因(共通因子,又は単に因子)の数やどの因子がどの観測変数に影響しているかがわからないときに行う方法である.一方,後者は因子の数および影響を及ぼす観測変数をあらかじめ設定してモデル化し,データを用いてその因果関係を明らかにする方法である.

また,探索的因子分析はマーケティングリサーチではメンタルマップ[4]の作成に使用されている.メンタルマップとはある対象群を対象者がどのように認知しているか,言い換えれば各対象をどのように差別化しているかを表現したものである.このとき,探索的因子分析の因子は対象群を認知する主要な軸であるとともに差別化するための軸でもある.

4.2.1 因子分析とは[3]

p 個の変量（特性）$\{x_1, \cdots, x_p\}$ に関し，n 組の対象（個体，標本，サンプルともいう）についての観測データが表 4.2.1 のように与えられているとする．

表 4.2.1 のデータでは一般には変量間に何らかの関連があり，その関連具合の強弱を表す尺度の 1 つとして相関係数行列が用いられる．因子分析における基本的な考え方は「観測，分析の対象となる多変量間の相関は各変量に潜在的に共通に含まれている少数個の因子（共通因子，common factor）によって生ずる」ということであり，このことを前提として観測された相関行列から，共通因子を見つけ出すこと，および各変量への共通因子の含まれ具合を分析することが因子分析の主たる課題となる．

4.2.2 因子分析モデル

表 4.2.1 の $x_{\alpha i}$ は各変量ごとに次のように規準化する．すなわち実際に観測された $x_{\alpha i}^*$ から

$$x_{\alpha i} = \frac{x_{\alpha i}^* - \bar{x}_{\alpha i}^*}{s_i^*} \quad \begin{pmatrix} i=1, \cdots, p \\ \alpha=1, \cdots, n \end{pmatrix}$$

ここに，

$$\bar{x}_i^* = \sum_{\alpha=1}^{n} x_{\alpha i}^* / n, \quad s_i^* = \sqrt{\sum_{\alpha=1}^{n}(x_{\alpha i}^* - \bar{x}_i^*)^2/(n-1)}$$

となる変換で得られるものとする．観測されたデータは上述のように規準化した

表 4.2.1 因子分子のためのデータ

変数＼個体	x_1	x_2	$\cdots$	x_i	$\cdots$	x_p	
1	x_{11}	x_{12}	$\cdots$	x_{1i}	$\cdots$	x_{1p}	
2	x_{21}	x_{22}	$\cdots$	x_{2i}	$\cdots$	x_{2p}	
3	x_{31}	x_{32}	$\cdots$	x_{3i}	$\cdots$	x_{3p}	$= \underset{(n \times P)}{X}$
$\vdots$	$\vdots$	$\vdots$		$\vdots$		$\vdots$	
α	$x_{\alpha 1}$	$x_{\alpha 2}$	$\cdots$	$x_{\alpha i}$	$\cdots$	$x_{\alpha p}$	
$\vdots$	$\vdots$	$\vdots$		$\vdots$		$\vdots$	
n	x_{n1}	x_{n2}	$\cdots$	x_{ni}	$\cdots$	x_{np}	

ものを以下では前提とする．この場合分散・共分散行列は相関行列と一致する．
標本分散・共分散行列 S はデータ行列 X を用いて以下のようになる．

$$S = X^t X/(n-1) \tag{4.2.1}$$

こうして，次の因子分析モデルを得る．

$$x = Af + \varepsilon \tag{4.2.2}$$

ここに，$x=(x_1,\cdots,x_p)^t$, $A=(a_{ik})(m \times p \text{行列})$, $f=(f_1,\cdots,f_m)^t$, $\varepsilon=(\varepsilon_1,\cdots,\varepsilon_p)^t$ である．ここで，m は因子数，$f_1,\cdots,f_m$ は共通因子，$\varepsilon_1,\cdots,\varepsilon_p$ は各変量に固有のもので特殊因子（specific factor）と呼ばれる．a_{ik} は第 i 変量に対する第 k 共通因子の因子負荷量（factor loading）と呼ばれ，x_i に対する因子 f_k の含まれ具合を示す量である．

この式 (4.2.2) の構造を調べる場合，一般性を失うことなく次のような仮定をおくことができる．

$$\left. \begin{array}{l} E[f_k]=0, \ E[\varepsilon_i]=0 \\ V[f_k]=1, \ V[\varepsilon_i]=v_i \\ Cov[f_k,f_{k'}]=0 \ (k \neq k') \\ Cov[\varepsilon_i,\varepsilon_{i'}]=0 \ (i \neq i'), \ Cov[\varepsilon_i,f_k]=0 \end{array} \right\} \begin{pmatrix} k=1,\cdots,m \\ i=1,\cdots,p \end{pmatrix} \tag{4.2.3}$$

上記の仮定から，

$$V[x_i] = c_{ii} = \sum_{k=1}^{m} a_{ik}^2 + v_i (= h_i^2 + v_i), \ Cov[x_i,x_j] = c_{ij} = \sum_{k=1}^{m} a_{ik} a_{jk} \ (i \neq j)$$

となり，式 (4.2.2) は，次式のようになる．

$$C = A^t A + V \ (V = diag(v_1,\cdots,v_p)) \tag{4.2.4}$$

ただし，母分散・共分散行列を $C=(c_{ij})$ としている．また v_i には特殊因子と標本誤差の分散が混じっているため，これを残差分散（residual variance）と呼ぶことにする．なお，$\sum_{k=1}^{m} a_{ik}^2 (=h_i^2)$ は共通度（communality）と呼ばれ，この値が大きいほど共通因子で説明される割合が大きくなる．

さて式 (4.2.4) において $m \times m$ の正規直交行列 T を導入して因子負荷行列 A に直交回転を施す．すなわち，$B=AT$ で定義される新たな行列 B を導入すると

$$B^tB = AT^t(AT) = AT^tTA = A^tA$$

となり，式(4.2.4)は，

$$C = B^tB + V$$

とも書くことができる．

このことは因子負荷行列 A には回転の任意性があることを示し，実用的な立場からは適当な回転によって解釈のしやすい因子を探しだすことが，前述のように因子分析の重要な課題となっている．

4.2.3　因子負荷量の推定

ここでは，与えられた標本分散・共分散行列に対する尤度を最大にする母パラメータとして因子負荷量行列 A，残差分散行列 V を求める方法を取り上げる．なお，最尤法による求解は固有値・固有ベクトルを何度も反復して解かなければならないことを断っておく．

$x_1,\cdots,x_p$ が多次元正規分布に従い，その分散・共分散行列が正則であるとき標本分散・共分散行列 S はウィシャート（Wishart）分布に従う．なおウィシャート分布[37]は χ^2 分布を多変量に一般化したもので，この確率密度関数 ϕ は次式のようになる．

$$\phi(C,S) = K|C|^{-\frac{n-1}{2}}|S|^{\frac{n-p-2}{2}} exp\left\{-\frac{1}{2}(n-1)\sum_{i,j} s_{ij}c^{ij}\right\} \qquad (4.2.5)$$

ここに，K は定数，n は対象数，s_{ij}, c^{ij} はそれぞれ S, C^{-1} の要素である．p が 1 で，この x_1 の分散が 1 の場合，Wishart 分布は χ^2 分布になる．

最尤推定法では密度関数を最大にする未知パラメータを求めるが，この場合の未知パラメータは式(4.2.4)の構造を持つ行列 C すなわち A および V である．

式(4.2.5)をパラメータ A, V について最大にすることは次式を最小にすることと同じである．

$$\phi(A,V) = \ln|C| + tr(SC^{-1}) - \ln|S| - p \qquad (4.2.6)$$

式(4.2.6)は式(4.2.5)の対数をとり，A, V に関係のない項を除いて導いた．第3項，第4項は $\phi(A,V)$ の値がある特定の量となるように付加したものである．

式(4.2.6)がパラメータ A, V について最小となるためには次の両式を満たさな

くてはならない．

$$\partial \phi(A, V)/\partial A = 0 \tag{4.2.7}$$
$$\partial \phi(A, V)/\partial A = 0 \tag{4.2.8}$$

式(4.2.7)は

$$\frac{\partial \phi(A, V)}{\partial A} = \frac{\partial \ln|C|}{\partial A} + \frac{\partial tr(SC^{-1})}{\partial A} = 0 \tag{4.2.9}$$

となり，これに

$$\partial \ln|C|/\partial A = 2C^{-1}A$$
$$\partial tr(SC^{-1})/\partial A = -2C^{-1}SC^{-1}A$$

を代入して整理すると次式を得る．

$$SC^{-1}A = A \tag{4.2.10}$$

さらにこの式に

$$C^{-1} = V^{-1} - V^{-1}A(I + A'V^{-1}A)^{-1}A'V^{-1} \tag{4.2.11}$$

を代入して C^{-1} を消去すると次の基本方程式を得る．

$$(V^{-1/2}SV^{-1/2})(V^{-1/2}A) = (V^{-1/2}A)(I + A'V^{-1}A) \tag{4.2.12}$$

ここで，

$$I + A'V^{-1}A = diag(\theta_1, \cdots, \theta_m) = \Theta \tag{4.2.13}$$

という制約をつけると，式(4.2.12)は行列 $V^{-1/2}SV^{-1/2}$ に関し，$I+A'V^{-1}A$ の対角要素が固有値，$V^{-1/2}A$ が固有ベクトルとなることを表している．式(4.2.13)の制約を付けることは A に直交変換の任意性があるので可能である．

式(4.2.12)は V が未知なのでただちに固有値問題を解くことはできない．しかし，V を何らかの方法で仮定すれば，式(4.2.7)を満たす解として A を次のように求めることができる．

式(4.2.12)の固有値を $\theta_1, \cdots, \theta_m$ は降順に並べられているとし，対応する長さ1の固有ベクトルを $\omega_1, \cdots, \omega_m$ とする．ω_k を各列とする行列を $\Omega(p \times m)$ と表して

おく．式(4.2.13)より，

$$A^t V^{-1} A = (A^t V^{-1/2})(A^t V^{-1/2})^t = \Theta - I \tag{4.2.14}$$

となる．$A^t V^{-1/2}$ の各行を $b_k^t (k=1,\cdots,m)$ とすると，式(4.2.14)は

$$b_k^t b_{k'} = \delta_{kk'}(\theta_k - 1), \quad \delta;クロネッカーのデルタ \tag{4.2.15}$$

となっている．一方

$$\omega_k^t \omega_{k'} = \delta_{kk'} \tag{4.2.16}$$

であり，b_k は ω_k と定数倍異なるだけであるから，

$$b_k = \sqrt{\theta_k - 1}\, \omega_k \tag{4.2.17}$$

の関係式が得られる．式(4.2.17)をまとめて行列表現すると

$$V^{-1/2} A = \Omega(\Theta - I)^{1/2} \Rightarrow A = V^{1/2} \Omega(\Theta - I) \tag{4.2.18}$$

で求められることがわかる．V を与えると A が求められるから，われわれの問題は V をパラメータとする関数 $\phi(A, V)$ の最小値問題を解くことに帰せられた．この解法として，収束性がよくかつ反復回数の少ないフレッチャー－パウエル(Fletcher-Powell)法を使うことが考えられる．

　因子数の決め方にもいくつかの方法がある．最尤推定法で因子負荷量行列を求める場合には，式(4.2.12)からもわかるように，$V^{-1/2} S V^{-1/2}$ の固有値が1より大きくなくてはならないので因子数の上限は

① $V^{-1/2} S V^{-1/2}$ の固有値で1より大きいものに抑えられる．このほかに一般によく使われる規準としては，
② S (相関行列として) の固有値で1より大きいものの数
③ $S - \{diag(S^{-1})\}^{-1}$ の固有値で正のもの
④ $m \leq p + \dfrac{1}{2} - \dfrac{\sqrt{8p+1}}{2}$

などがある．

4.2.4 因子軸の回転（規準バリマックス法）

因子の解釈は，因子負荷量を見て行われる，あるいは確認される．因子負荷量の絶対値が，各因子について，1に近いものと0に近いものに分離できれば，それだけ因子の解釈が容易となる．これを実現するために「各因子について因子負荷量の2乗値の分散を最大にする」という規準で因子軸に直交回転を施す方法がバリマックス法である．斜交回転もあるが，ここでは割愛する．

規準バリマックス法の基準という意味は，正規直交変換で不変な共通度 h_i^2 で各行の要素を割ったうえでバリマックス法を適用するということである．因子負荷量をこのように規準化して各変数を m 次元空間に射影すると m 次元球面上に映し出される．直観的には球面上で変量が最も集まっている中心に第1の因子軸をおき，第2の因子軸をそれと直交した空間で変量が集まっている中心を貫くということになる．

規準バリマックス法では，因子負荷量行列 A の各要素 a_{ik} を共通度 h_i^2 により $a_{ik} \leftarrow a_{ik}/h_i (i=1,\cdots,p; k=1,\cdots,m)$ ここで $h_i^2 = \sum_{k=1}^{m} a_{ik}^2$ と変換し，回転後の行列 $B=(b_{ik})$ の列ごとの二乗値の分散の総和

$$Q = \sum_{k=1}^{m} \frac{1}{p} \left\{ \sum_{i=1}^{p} (b_{ik}^2)^2 - \frac{1}{p} \left(\sum_{i=1}^{p} b_{ik}^2 \right)^2 \right\} \tag{4.2.19}$$

を最大とするような直交行列 $T(m \times m)$ を見つけ，

$$B = AT \tag{4.2.20}$$

によって生成される B を新たな因子負荷量行列とする．

4.2.5 因子得点の推定

因子負荷量が推定され，因子の解釈がなされると，観測対象となった個体（標本）に対し各共通因子のとる得点（因子得点，factor score）を推定することも実用上しばしば有用となる．因子得点によって，主成分分析の場合と同様，個体の分類等が可能となるからである．

因子得点の求め方もいろいろあり，利用目的などによって使い分けられる．ここでは代表的な方法の1つである回帰による方法のみを説明するにとどめる．

回帰による方法では k 番目の因子の得点 $f_{\alpha k} (\alpha = 1,\cdots,n; k=1,\cdots,m)$ が観測さ

れているとして，その x_α に対する回帰式

$$\hat{f}_{\alpha k} = b_k^t x_\alpha$$

によって因子得点 $\hat{f}_{\alpha k}$ を推定する．

その解として得られる因子得点行列 F は，

$$\underset{(n\times m)}{F} = \underset{(n\times p)}{X} \underset{(n\times p)}{S^{-1}} \underset{(p\times m)}{A} \tag{4.2.21}$$

と表される．式(4.2.21)は次のように導かれる．

重回帰分析の場合と同じように，最小2乗法を用いて，

$$Q_k = \sum_{\alpha=1}^{n}(f_{\alpha k} - \hat{f}_{\alpha k})^2 \Rightarrow \min. \tag{4.2.22}$$

とする回帰係数 b_k を求めることとなる．上式を変形すると

$$\begin{aligned}Q_k &= \sum_\alpha f_{\alpha k}^2 - 2\sum_\alpha f_{\alpha k}\hat{f}_{\alpha k} + \sum_\alpha \hat{f}_{\alpha k}^2 \\ &= f_k^t f_k - 2b_k^t X^t f_k + b_k^t X^t X b_k\end{aligned} \tag{4.2.23}$$

ただし，$f_k^t = (f_{1k}, \cdots, f_{nk})$ である．

式(4.2.23)の右辺に $X = FA^t + E$，$X^t X/(n-1) = S$ を代入し，因子得点の残差に対する直交性 $F^t E = 0$，および各因子の正規直交性 $F^t F/(n-1) = I$ を考慮すれば，

$$Q_k^t = 1 - 2b_k^t a_k + b_k^t S b_k, \quad Q_k^t = (n-1)Q_k \tag{4.2.24}$$

を得る．ここで a_k は k 番目の因子の負荷量で $A = (a_1, \cdots, a_m)$ である．

Q_k^t を最小にするために b_k で偏微分した式を0とおくと

$$\frac{\partial Q_k^t}{\partial b_k} = -2a_k + 2S b_k = 0 \tag{4.2.25}$$

となり，最小二乗解として次式が求まる．

$$b_k = S^{-1} a_k \tag{4.2.26}$$

この b_k を用いて因子得点行列を計算する式が式(5.2.21)である．回転後の因子得点行列 G は

$$G = XS^{-1}B = XS^{-1}AT = FT \tag{4.2.27}$$

によって計算できる．特に回転前・後の行列 A, B が既知の場合，回転行列 T は

$$T=(A^tV^{-1}A)^{-1}A^tV^{-1}B \tag{4.2.28}$$

となることが実際の計算では利用できる．

【事例 4.1】淀川流域北摂 4 市の遊び空間としての公園配置評価と利用者心理

(1) 地域環境変化[5]

公園・緑地，河川，ため池は行政の管理部署が異なるため，計画相互の関係が考慮されておらず，都市域全体としての計画が行われていない．しかしながら，生活者の自然と触れあいたいというニーズや，空間を利用するという行動からみれば，これら全ての空間を対象にした空間計画を行うことが望ましいと考えられる．

事例対象である北摂地域は，高度経済成長期を経て，大阪万国博覧会（1970年）の開催や千里ニュータウンをはじめとする住宅地建設等の大規模開発が行われ，自然環境が急激に破壊され，同時に人為的な社会環境の変化も著しいところである．2000 年の人口は 4 市で約 105 万人（吹田市；34.9 万人，茨木市；26.2 万人，高槻市；35.8 万人，摂津市；8.6 万人）であり，大阪市・京都市のベッドタウンとなっている．まず，この地域全体の自然・社会環境がどのように変化してきたかを「住宅地」，「商業業務地」および「耕作地」，「樹林地」，「水辺」の経年変化で捉える．千里ニュータウン開発が始まった 1960 年ごろから現在までの土地利用変化を図 4.2.1〜4.2.3 に示す．なお，「1960 年ごろ」と記述しているのは，地図作成年が図葉毎に異なっていたためである．また，環境変化と開発過程の関係では，1960 年ごろでは，樹林地と耕作地が北摂地域の大部分を占めていた．千里丘陵も樹林地であり，住宅地は点在しているにすぎなかった．その後，1964 年の東京オリンピックの開催にあわせて，日本の主要交通施設である名神高速道路および東海道新幹線が建設された．そして，1970 年の万国博覧会の開催までに千里ニュータウンが整備され，同時に阪急千里線や北大阪急行等，吹田市を中心に大阪市とこの地域を結ぶ交通施設が整備された．鉄道沿線に住宅地・商業・業務用地が整備されていき，人口は急激に増加していった．市街地の立地は鉄道沿線という交通の利便性の高いところから進展しており，市街地はさらに北部の丘陵部や南部の淀川沿岸部等という外延方向へ拡大していることがわかる．この結果，

樹林地等の緑はそのつながりを失うこととなった.

(2) 空間の階層的分類[6),7)]

　この地域は3つの活断層系地震(有馬高槻・上町・生駒)によって甚大な被害が想定されている地域であり,神戸と地形や交通形態などが似ている.このため日常時だけを想定した空間計画であってはならない.まず,対象地域にある1ha以上の自然的空間の空間特性と利用実態に関する現地調査を行った.調査は主に,大震災時の火災を考慮した避難空間としての利用を考えたためである.

① 空間特性(規模,休憩施設,広場,水辺の有無および形態等)
② 利用実態(利用目的・利用グループ・利用者の年齢層等)

　①は②に大きく影響していることが現地調査より観察された.つまり,空間によって利用者層や利用目的(遊び)が異なっているということである.また,空間規模の違いによって利用実態が大きく異なることが観察された.空間分類はその規模に着目することとした.なお,分類基準は,誘致距離と規模によって行っている都市公園の分類[8),9)]を参考にした.そして,自然的空間を4つの階層に分類

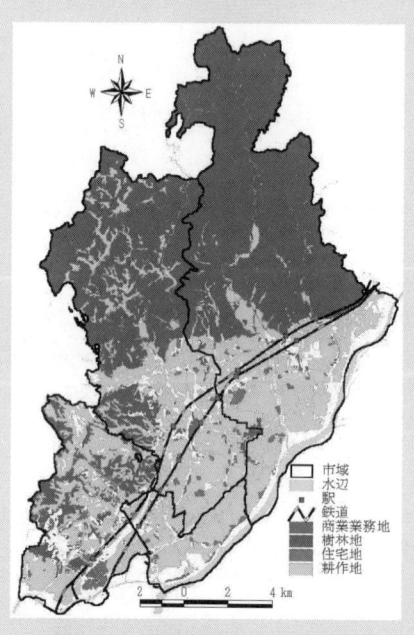

図4.2.1　1960年ごろの土地利用 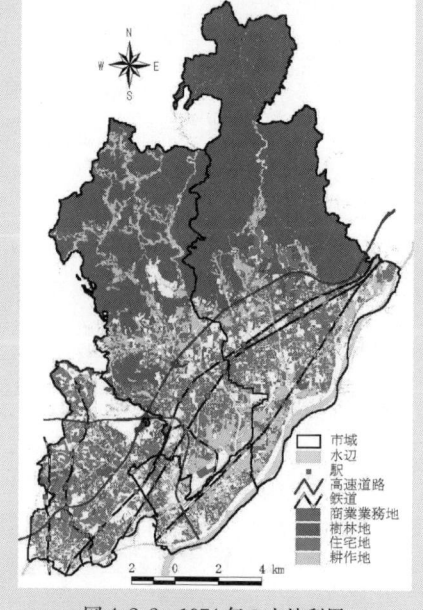　　　　　　図4.2.2　1974年の土地利用

4 心理・行動分析法

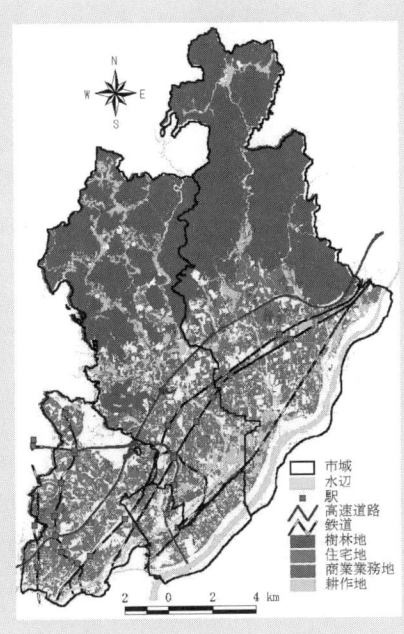

図4.2.3 1996年の土地利用

することとした．規模の小さい方から順に「近隣レベル」(2ha を標準, 空間数は34, 以下同様),「地区レベル」(4ha, 10),「市レベル」(10ha, 5),「広域レベル」(30ha, 3) である．ただし，淀川は5つの整備区間毎に分けて数えている．

次に，階層間の関係について分析を行う．ここでは，居住地から最も近い空間を表現することができるボロノイ領域[10]を用いて，階層間の関係について述べることとする．ここでボロノイを用いるのは，日常時の自然と触れあう機会の公平性を考えるにあたり，居住地から空間までの距離は最も重要な要因であると考えたためである．

ボロノイ領域とは，平面上における自然的空間の点の座標を $P_i(x_i, y_i)$ として与えたとき，空間 P_i の領域 $V_n(P_i)$ が次式で表される領域のことである．

$$V_n(P_i) = \{P | d(p, p_i) \leq d(p, p_j),\ j \neq i, j = 1, 2, \cdots, n\}$$

ここで，p は任意の点の座標を表し，p_i, p_j は空間 i, j の座標を表し，$d(p, p_i)$ は p と p_i の距離を表している．つまり，住民が最も近い空間を利用すると仮定すれば，ボロノイ領域は空間の勢力圏を表していることになる．

階層毎に各自然的空間を母点としたボロノイ領域を設定し，4階層のボロノイ図を重ねあわせると，各階層の空間が他の階層に対して関係圏を持っていることがわかる（図4.2.4）．この図は，各階層のボロノイ領域が1つ上の階層のどのボロノイ領域に含まれるかを，矢印を用いて表現したものである．ここで，空間選択行動を考えると，利用者は空間までの距離が近いことを好むであろう．しかし，近い空間が好ましい空間でなかったり，その時の利用目的を達成することの出来ない空間であれば，少し離れても好ましい空間を探すであろう．このように考えれば，この階層化は空間選択における選択肢を表現したものであり，利用者が距離の最も近い各階層の自然的空間を選択すると仮定すれば，選択行動を表現していると考えられる．ある空間のボロノイ領域が大きいということは，その空間の周辺に同階層の空間がないことを表している．つまり，この空間は周辺地域において重要性が高いと考えられる．

　このように階層的に自然的空間を眺めることによって，各階層の関係を見ることができるだけでなく，利用者にとっては市の境界に関係なく選択肢が存在する

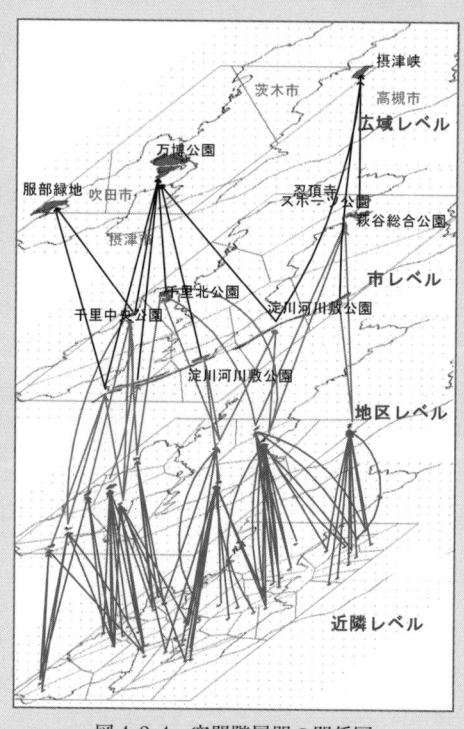

図4.2.4　空間階層間の関係図

4 心理・行動分析法

ことがわかる．実際，個人の住んでいる市の空間のみを利用しているのではないため，隣接する市は互いに空間の質を考慮した配置計画を行うべきであるといえる．空間の利用実態および空間に対する印象について，北摂地域の住民を対象にしたアンケート調査を行った．調査は1999年10月である．この調査の目的は，各自然的空間の利用実態を明らかにすることと空間の構成要素と利用者心理との関係を明らかにすることである．具体的な調査項目と内容を表4.2.2に示しておく．調査票の作成，サンプル数の決定などの考え方は第2章で詳述したとおりであり，ここでは結果のみを示そう．この調査では，母集団の数 N に対象地域の世帯数（399528世帯），信頼度を95％（$k=1.96$），精度 $\varepsilon=5$，母比率 P を0.5として必要サンプル数を決定すれば，必要サンプル数 n は384となる．なお，信頼度を90％（$k=1.65$）とすると，n は271となる．

調査方法には，郵便調査法を主に用いたが，回収率の低さを考慮し，留置調査法も併用した．サンプルの抽出は，郵便調査法では電話帳を用いた等間隔の無作為抽出で行った．この抽出で選ばれなかった町丁目について，留置調査法を行った．結論は，観察結果どおり，規模の小さい空間は散歩・散策目的の利用が多く，大きい空間は自然と触れあう遊びが多いという傾向が見られ，市・広域レベルではグループで利用することが多く，特に，広域レベルの空間は家族で利用されることが多く，規模が大きい空間の方が滞在時間は長いことがわかった．空間階層毎に利用実態が異なっているといえる．

【事例3.6】で水辺空間の遊び形態の分類をクラスター分析でもって行ったことを思い出しておこう．この結果を用いて以下議論を行う．

現在の公園・緑地計画では，誘致距離や1人当たり公園面積といった数値目標

表4.2.2　アンケート調査項目

調査項目	内容
個人属性	性別・年齢・住所・家族構成等
利用実態に関する質問	利用する・しない利用する空間（名称・頻度・移動手段・滞在時間・利用グループ・利用目的・満足度・空間特性に関する評価）
自然的空間の特性に関する質問	距離的に行きやすい・交通の便がよい・駐車（輪）場が多い・広い樹木が多い・草花が多い・鳥が多い・昆虫が多い・生物が多い休憩施設が多い・遊歩道が多い・遊び場が多い・手入れが行き届いている
利用者心理に関する質問	自然と触れあいやすい・やすらぎを感じる・身近に感じるのんびりできる・個性的だと感じる・行きやすい・静かだと感じる景色や風景がよい・季節感を感じる・歴史を感じる

が主に掲げられており[11]，類似した空間ばかりであるという批判もある[12),13]．つまり，利用者が行う質的な遊びを考慮していないのである．自然的空間の配置計画では，空間の質（空間の構成要素およびその組み合わせ）を考慮した配置を行わなければならない．なぜなら，空間の質によって遊びが異なるからである．例えば，水辺のある空間でしか水に親しむ遊びはできないのである．

(3) 空間とその配置の評価[14]

ここでは，自然的空間の構成要素と遊びの形態のクラスター分析結果の関係から空間配置の評価を行う．まず，これらの関係を表4.2.3に示しておく．これは各分類のクロス要素を，重要なものに1，重要でないものを0として表したものである．これをもとに，各空間でどの遊びができるか，どの遊びに対して好ましい空間であるかを表現し，配置の評価を行う．

表4.2.3 構成要素の分類と遊びの分類の関係

構成要素			遊び a	b	c	d	e	f	g	h
水辺		ため池	1	0	1	0	0	0	0	0
		河川	1	0	1	0	1	0	0	0
		せせらぎ	1	0	0	0	0	0	0	0
		人工水路	1	0	0	0	0	0	0	0
樹木	密	土	0	0	0	0	0	0	0	1
	疎	土	1	0	0	0	0	0	0	1
		草	1	0	0	0	0	1	0	1
		舗装	1	1	0	0	0	0	0	1
	囲	土	1	1	0	0	0	0	1	1
		草	1	0	0	0	0	1	1	1
		舗装	1	1	0	0	0	0	0	1
	無	土	0	1	0	0	0	0	1	0
		草	0	0	0	0	0	1	1	0
休憩施設		四阿	0	0	0	0	1	0	0	0
		ベンチ	0	0	0	0	1	0	0	0
遊歩道			1	0	0	0	0	0	0	0
遊具			0	0	0	1	0	0	0	0

なお，近隣レベルは住民にとって最も身近な空間であるため，交通施設（国道・高速道路・鉄道）や河川による分断を考慮し，これらによって分断された地区毎に評価を行う．それ以外は分断が利用にあまり影響しないと考え，居住地から近い空間を表現するボロノイ領域を用いて評価を行う．これを用いる理由は，前述したように，空間の隣接関係が表現できるとともに，遊びからみた空間の質の偏在を表現できるからである．

各空間および階層毎の空間配置の評価は，各空間でできる遊びの数と，8つの遊びのクラスターに対して各々重要な構成要素の数で行う．つまり，前者は空間の遊びからみた多様性の評価であり，後者は個々の遊びのクラスターからみた空間の好ましさの評価である．

近隣レベルから順に，評価結果の1例を図4.2.5に示す．なお，図中の記号は表4.2.3に対応しており，各地区およびボロノイ領域で出来る遊びを表している．これらの図から，以下のことがわかる．すなわち，

① 住民にとって最も身近な近隣レベルにおいて，名神高速道路以北の地区では多くの遊びができ，南東部の淀川に近づくにつれて遊びが限定されていくことがわかる．また，吹田市南・西部に水と触れあう遊びができない地区が集まっていることがわかる．実際，吹田市には河川が少ないため「水と触れあう遊び」は行いにくくなっている．しかしながら，市内のどこからでも比較的自然と触れあいやすくなっている．

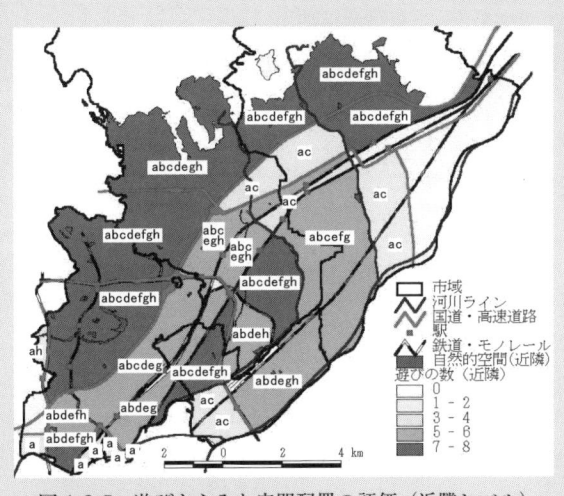

図4.2.5 遊びからみた空間配置の評価（近隣レベル）

② 地区レベルと市・広域レベルの結果より，吹田市北部から茨木市西部にかけて，遊びの多様性からみた評価が高いことがわかる．これは万博公園を中心とした地域にある空間では，利用者にとって多様な遊びが可能なことを表している．この地域は近隣レベルの評価も高いため，遊びからみた自然環境が良い地域であるといえる．前章の結果を踏まえると，計画的に緑を残しながら開発された地域は，遊びから見ても好ましいことがわかる．

③ 階層間の関係を考慮すると，阪急京都線およびJR東海道本線の間に位置する地域は，近隣レベルでは遊びの多様性からみた評価が低く，さらに，市・広域レベルではボロノイ辺の近くに位置する．ボロノイ辺が近くにあるということは，自然的空間から遠いことを意味している．つまり，この地域の住民は身近に自然が少なく，さらにできる遊びも限られているということである．これより，この地区を南北に縦断する安威川および芥川の遊びからみた重要性は高く，また，高槻駅の南に位置する地区レベルの空間である城跡公園は，この地域の住民にとって非常に貴重な空間であることがわかる．

④ 淀川沿岸の地域は近隣レベルでの評価は低く，この地域の地区レベルの空間である若園公園（茨木市）と城跡公園（高槻市）のボロノイ領域が大きくなっている．つまり，この地域の住民にとって淀川河川敷公園は非常に重要な空間であることがわかる．この空間は河川の堤外地にあることを考慮すると，樹木の多い空間を新たに創成する必要が高い．

次に多くの地区で出来ない遊びであった「草花と触れあう遊び」に着目して評価を行う．この遊びに関係する構成要素（表4.2.3）の数が多くなるにしたがって，草花と触れあいやすいと考え，この数で評価を行うこととする．近隣レベルの結果のみを図4.2.6に示す．この図で値が0となっているボロノイ領域は，この遊びができないことを表し，さらに，値が1より2の方がこの遊びからみて好ましい空間であることを意味している．

近隣・地区レベルでは，空間の隣接関係を考慮して，この遊びができるように空間配置もしくは空間の構成要素を変更することが，遊びの多様性からみて好ましいといえる．

以上の分析から，計画的に緑を残しながら開発された吹田市の北部より，鉄道沿線から外延的に開発された茨木市・高槻市の中部の方が，遊びの多様性からみた評価が低いことがわかる．また，高槻市の市・広域レベルの空間が，淀川および北部山麓部にあるため，鉄道沿線のように早くから都市化が進行した地域では，多様な遊びができる空間と人が多く生活する場が離れていることがわかる．この

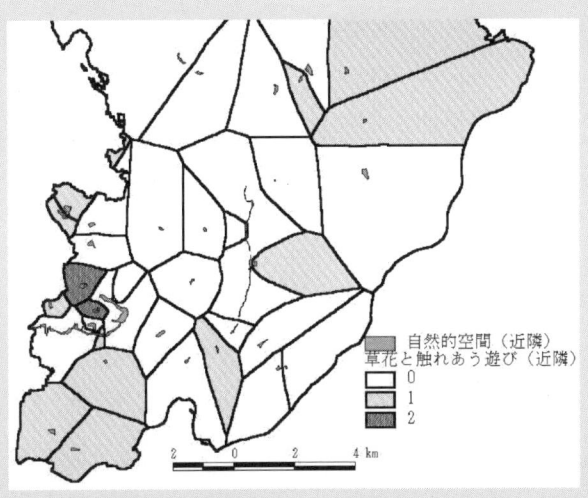

図4.2.6 草花と触れあう遊びからみた好ましさ（近隣レベル）

ため，淀川河川公園のボロノイ領域が大きくなり，高槻市において，この空間の重要性は高いといえる．

(4) 利用者心理

ここでは，表4.2.4の項目を用いて，心理的要因と構成要素の潜在変数（直接観察不可能な変数）を斜交解の因子分析で求めることとする．

因子分析における軸の回転方法には，一般に，直交解のバリマックス法，直交解のプロマックス法，斜交解のプロマックス法があるが，ここでは最後の方法を用いる．この理由は，利用者の空間に対する印象である潜在変数が，空間の総体やその組み合わせより構成され，各々の潜在変数を独立と見なせないと考えたためである．なお，因子間の相関が全て無相関であれば直交解のモデルである．この仮定を設けない場合が斜交解のモデルである．

空間階層別に心理的要因と空間の構成要素に関する因子分析を行った結果を，表4.2.5と表4.2.6に示す．なお，かっこ内の数値は各因子の固有値から算出される寄与率を表している．寄与率は最大で100であり，この値は説明力の大きさを表している．

これらの表より，「居心地の良さ」が心理的印象として重要であり，「自然の豊かさ」が物理的印象として重要であることがわかる．また，この分析では，潜在

表 4.2.4　心理的要因と構成要素に関する調査項目

心理的要因	構成要素
行きやすい	交通の便がよい
自然と触れあいやすい	駐車（輪）場が多い
やすらぎを感じる	樹木が多い
のんびり出来る	草花が多い
静か	鳥が多い
景色や風景がよい	昆虫が多い
季節感を感じる	生物が多い
歴史を感じる	休憩施設が多い
身近に感じる	遊歩道が多い
個性的だと感じる	広い
	遊び場が多い
	手入れが行き届いている

表 4.2.5　心理的要因に関する階層別の探索的因子分析の結果

階層 因子	近隣	地区	市	広域
第1因子 (寄与率%)	居心地の良さ (45.9)	居心地の良さ (43.2)	郷愁 (45.2)	居心地の良さ (42.2)
第2因子 (寄与率%)	個性 (13.7)	風土 (17.8)	親近感 (20.6)	個性 (13.4)

表 4.2.6　構成要素に関する階層別の探索的因子分析の結果

階層 因子	近隣	地区	市	広域
第1因子 (寄与率%)	自然の豊かさ (32.8)	自然の豊かさ (37.7)	自然の豊かさ (32.9)	自然の豊かさ (36.5)
第2因子 (寄与率%)	施設の充実度 (17.0)	施設の充実度 (14.9)	活動しやすさ (16.0)	施設の充実度 (13.6)

変数に階層毎の違いがみられなかった．つまり，利用者は空間認知に関して，空間階層による違いを考慮していないということである．しかし，アンケートで設定した項目が少なかったため，違いが見られなかったとも考えられる．さらに，利用者の空間認知は階層ではなく，他の要因による影響が大きい可能性もある．このことについては，今回のアンケートではサンプル数が少ないため，これ以上

の空間分類を行うことは困難であり，今後の課題である．

　ここでは，この事例の発展方向について少し述べておこう．日常時にのみに着目した自然的空間計画について論じることはできる．しかしながら，この地域は3つの活断層系地震（有馬高槻・上町・生駒）によって甚大な被害が想定されている地域であり，日常時だけを想定した空間計画であってはならない．地域住民にとって自然的空間は，日常時の遊び空間であるとともに，震災時には避難や火災の延焼防止・遅延の機能を有する減災空間である．減災のことを考えない自然的空間計画であっては，北摂地域も阪神・淡路大震災で大きな被害を受けた神戸市と同様の被害をうけることになりかねない．この震災時を想定した自然的空間計画についても論じなければならない．防災・減災という視点から北摂地域の問題点を探り，地震による被害の中で，人命の被害をまず最小化しなければならない．この命を守るために住民自身が行う行動が避難行動であり，このとき，自然的空間は避難のためにも重要である．環境と防災の関係が双対であることが理解されよう．したがって，この事例は下水処理水の再利用などによる公園緑地を当然含む水辺創生計画に向かっていくことになる[14)15)16)17)18)]．

4.3　共分散構造分析モデル

4.3.1　構造方程式とは

　構造方程式モデル（structural equation model, SEM）は多変量解析法（multivariate analysis method）の1つであり，その代表的な推定アルゴリズムや分析の特性によって，LISREL（linear structural relationships）モデル，共分散構造モデル（covariance structure model）とも呼ばれている．構造方程式モデルは多様な潜在変数（latent variables）をモデルシステム内に定義可能であり，複雑な要素が絡み合った現象に，構成概念（construct）を導入して分析するのに適したモデルである．構成概念とは「その存在を仮定することにより，複雑にこみ入った現象を比較的単純に理解することを目的とした概念」を指し，それを表現するために導入された直接観測不可能な変数を潜在変数と呼ぶ．

　構造分析モデルは，同様に構成概念を用いる因子分析（factor analysis）や因果関係を規定するパス解析（path analysis）や重回帰分析（multiple regression analysis），質的データの分析手法である数量化理論（Hayashi's quantification theory)の代表的な多変量解析法の一般形として定義することができる.

共分散構造モデルを広義に捉えると,「測定方程式」だけを用いたもの及び「構造方程式」だけを用いたものも共分散構造モデルと位置づけられる.これらのモデルは,表4.3.1に示すように従来の「多変量解析」を含んでいる.つまり,共分散構造モデルは,多変量解析のいろいろなモデルを統合したモデルである.

構造分析モデルは,1970年代にその理論的基礎が形成され,ソフトの開発とともに90年代になって,特に交通行動分析の分野で数多く用いられ,90年代後半から水辺行動分析などでも用いられるようになった.広範に用いられるようになった理由は以下に示す3点である.

① 潜在変数を導入することが可能で,潜在変数を仮定した因果関係の仮説検証が可能であること
② 各種変数間の因果関係の設定が柔軟性に富み,因果構造をモデル化するのに非常に役に立つこと
③ 各種多変量解析の一般形として,汎用性が高いこと

表4.3.1 共分散構造モデルの種類

測定方程式だけ	測定方程式と構造方程式	構造方程式だけ
(確認的)因子分析 分散成分の推定モデル 主成分分析 多方法多特性行列分析 古典的テストモデル 一般化可能性係数の推定モデル ワイナー・シンプレックス・モデル	MIMICモデル 多重指標モデル PLSモデル 高次因子分析 シンプレックス構造モデル 重判別分析 正準相関分析 数量化Ⅲ類 サーカムプレックス構造モデル パネルデータ分析	パス解析 　（逐次モデル） 　（非逐次モデル） 単回帰分析 重回帰分析 同時方程式モデル 多変量回帰分析 分散分析 共分散分析 多変量分散分析 多変量共分散分析 判別分析 数量化Ⅰ類, 数量化Ⅱ類

転載：豊田ら, 原因をさぐる統計学—共分散構造分析入門, 講談社, p.104

4.3.2 構造方程式モデルの定式化

構造方程式モデルの一般形は構造方程式 (structural equation) と測定方程式 (measurement equation) の2種類によって構成されている．構造方程式は潜在変数間の因果関係を示す式で，測定方程式は多くの潜在変数とその観測変数 (observed variables) の間の関係を表現するものである．この一般形は以下のように示される．

構造方程式：$\eta = \mathrm{B}x + \Gamma\xi + \zeta$　　　　　　　　　　　　　(4.3.1)
測定方程式：$x = \mu_x + \mathrm{K}\eta + \Lambda\xi + \varepsilon$　　　　　　　　　　　(4.3.2)

ここに，μ_x は x の期待値で，B，Γ，K，Λ は未知パラメータ行列である．その他はいずれも潜在変数であるが，潜在変数およびその観測変数 x，η，ξ を構造変数，確率的に変動する要因 ε，ζ を誤差変数と定義する．次に内生変数 (endogenous variables) と外生変数 (exogenous variables) を区別する．前者は上記の両式のいずれかの左辺に配される変数 (x, η) で，後者はそうでない変数 (ξ) である．観測変数とは変数が直接データとして観測されるもので，直接観測されないものが潜在変数である．つまり，ξ は外生的潜在変数，x は内生的観測変数，η は内生的潜在変数である．上述の表記の代わりに観測方程式を外生変数と内生変数に分離した

$$x_\xi = \Lambda_\xi \xi + \varepsilon_\xi, \quad x_\eta = \Lambda_\eta \eta + \varepsilon_\eta \tag{4.3.3}$$

という表記も用いられる．

この定式化より，構造方程式だけを取り出すと同時方程式やパス解析の一般形であること，測定方程式だけを取り出すと因子分析の一般形であることが示され，パラメータの特定化に応じて様々な多変量解析を構造方程式モデルの枠組の中で行うことができる．

4.3.3 構造方程式モデルの母数の推定

構造方程式モデルの推定は，一般的には最尤推定法が用いられるが，いくつかのケースで最小2乗法が用いられる．ここで，先に定義された構造方程式および測定方程式を変形して，この共分散行列を未知パラメータの関数として構造化す

る．

$$\begin{aligned}
E(xx^t) &= E[(K\eta+\Lambda\xi+\varepsilon)(K\eta+\Lambda\xi+\varepsilon)] \\
&= E(K\eta\eta^tK^t+\Lambda\xi\xi^t\Lambda^t+\varepsilon\varepsilon^t) \\
&= E[K(I-B)^{-1}(\Gamma\xi+\zeta)(\Gamma\xi+\zeta)^t(I-B)^{-1t}K^t+\Lambda\xi\xi^t\Lambda^t+\varepsilon\varepsilon^t] \\
&= E[K(I-B)^{-1}(\Gamma\xi\xi^t\Gamma^t+\zeta\zeta^t)^t(I-B)^{-1t}K^t+\Lambda\xi\xi^t\Lambda^t+\varepsilon\varepsilon^t] \\
&= K(I-B)^t(\Gamma\Psi\Gamma^t+\Phi)^t(I-B)^{-1t}K^t+\Lambda\Psi\Lambda^t+\Theta
\end{aligned} \quad (4.3.4)$$

ここに，Ψ，Φ，Θ はそれぞれ ξ，ζ，ε の共分散行列である．

θ を推定母数全体を表現したベクトルとすれば，この構造方程式モデルより導出される共分散行列にはすべての未知パラメータが含まれ，これを $\Sigma(\theta)$ と表現できる．これを構造化共分散行列と定義する．構造化共分散行列を十分統計量である標本共分散行列に近づけることが，最尤推定法，最小2乗法いずれを用いる場合においても未知パラメータ推定の基本的方向となる．

(1) 最尤推定法

観測変数 x が次式に示すような確率密度関数をもつ多変量正規分布に従っていると仮定する．

$$f(x|\mu,\theta)=(2\pi)^{-n/2}|\Sigma(\theta)|^{-1/2}exp\left[-\frac{1}{2}(x-\mu)^t\Sigma(\theta)^{-1}(x-\mu)\right] \quad (4.3.5)$$

ここに，μ は期待値ベクトル，θ は推定母数ベクトル，n は内生的観測変数の次元を示す．

このとき，同じ母集団から標本ベクトル $X=(x_1,\cdots,x_n)$ が独立に観測されたとすれば，その同時生起確率密度は，個々の標本が観測される確率密度の積で表現される．この対数をとり，母数に関連する項目だけに簡略化したものを次式に示す．

$$F_{ML}=tr(\Sigma(\theta)^{-1}S)-\ln|\Sigma(\theta)^{-1}| \quad (4.3.6)$$

ただし，一般的には母数に関係のない項をいくつか残した次式が尤度関数として使われる．

$$F_{ML}=tr(\Sigma(\theta)^{-1}S)-\ln|\Sigma(\theta)^{-1}S|-n \quad (4.3.7)$$

ここに，S は標本共分散行列，Σ は推定共分散行列，n は観測変数の次元である．こうして，S, n が与えられた条件下で，式 (4.3.7) を θ について最大化すれば，母数 θ の最確値が求まる．

(2) 最小二乗法

十分統計量である標本共分散行列 S と，母数の関数である構造化共分散 $\Sigma(\theta)$ の各要素との差を残差として設定すれば，残差2乗和は以下のようになる．

$$f_{LS}(\theta) = tr[\{S-\textstyle\sum(\theta)\}\{S-\textstyle\sum(\theta)\}'] \tag{4.3.8}$$

この式を最小化する θ が，推定される母数ベクトルとなる．

標本共分散行列が直接求められない場合は，推定標本共分散を代わりに用いることになる．この場合，重み付け最小2乗基準を用いる必要がある．この理由は，推定標本共分散 $\hat{S}$ 自体が推定値であり，その確からしさが一様でないからである．一般的には重みとして，推定相関係数行列の共分散行列の逆行列を用いる．これを次式に示す．

$$f_{GLS}(\theta) = tr[\{S-\textstyle\sum(\theta)\}W^{-1}\{S-\textstyle\sum(\theta)\}'] \tag{4.3.9}$$

ここに，W は推定標本共分散行列である．こうして，上式を最小化する θ が最確値となり，推定標本共分散の各要素の確からしさを考慮した推定値が求められることとなる．

4.3.4 代表的な分析モデル

(1) 多重指標モデル (multiple indicator model)

図 4.3.1 に示した多重指標モデルは，観測変数がすべて潜在要因の指標であり，1つの潜在変数に対して複数の観測変数が存在している場合を示している．一般的な因子分析で仮定される構造と類似しているが，構成概念間にもパスを仮定することが可能であり，より柔軟なモデルの定式化が可能となる．

(2) 多重指標多重原因モデル (MIMIC model)

図 4.3.2 に示した多重指標多重原因モデルは，観測変数に外生変数と内生変数の2群が存在する場合に用いられるモデルである．観測可能な多数の要因を原因

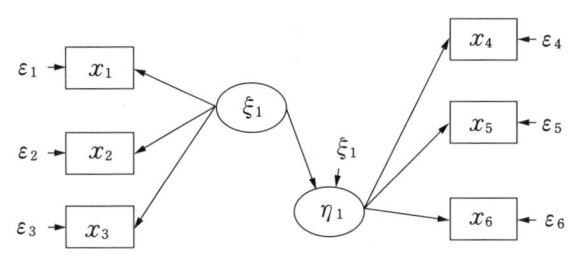

図 4.3.1　多重指標モデル

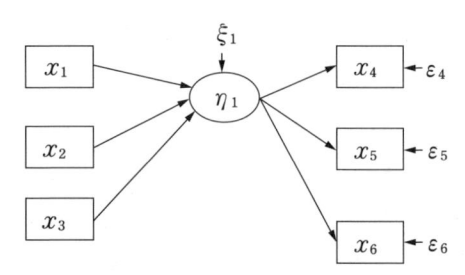

図 4.3.2　MIMIC モデル

側と結果側に分類し，少数の構成概念を通じてそれらの観測変数間の構造を仮定するものである．

4.3.5　モデルの評価

(1)　χ^2 検定

最尤推定法を用いて推定されたモデルは，帰無仮説：「構成されたモデルは正しい」に対して，標本数が十分大きいときは式 (4.3.7) で定義された最大尤度 F_{ML} を用いて

$$\chi^2 = (N-1)F_{ML} \tag{4.3.10}$$

が自由度 (degrees of freedom)

$$df = \frac{1}{2}n(n+1) - p \tag{4.3.11}$$

の χ^2 分布に従うことを利用して，モデル全体の有意性を χ^2 検定することができる．ただし，n は観測変数の数であり，自由度の右辺第 1 項は標本共分散行列の独立な要素数を示し，p は未知パラメータの数である．この場合注意すべきこと

は χ^2 値は標本数に大きな影響を受けることである．標本数が多ければ多いほど一般的にモデルの良し悪しに関係なく棄却されてしまうことが多い．

(2) **GFI** (goodness of fit indicator), **AGFI** (adjusted goodness of fit indicator)

適合度を示す指標として χ^2 ほどサンプル数に依存しない指標として，次に示す GFI が提案されている．

$$GFI = 1 - \frac{tr((\sum(\hat{\theta})^{-1}(S-\sum(\hat{\theta})))^2)}{tr((\sum(\hat{\theta})^{-1}S)^2)} = 1 - \frac{tr((\sum(\hat{\theta})^{-1}S-I)^2)}{tr((\sum(\hat{\theta})^{-1}S)^2)} \quad (4.3.12)$$

ここに，I は単位行列である．

GFI は検定指標ではないが，適合度の高さの指標として用いることができる．経験的に 0.9 以上が望ましいとされているが，観測変数の数が多くなった場合には適合度は低下する．また，GFI は自由度が小さくなると見かけ上の適合度が改善されるという性質があるため，自由度の影響を修正した適合度指標として，次式に示す AGFI が提案されている．

$$AGFI = 1 - \frac{n(n+1)}{2df}(1-GFI) \quad (4.3.13)$$

自由度を無意味に小さくしたとき，この値は小さくなるようになっている．

(3) 情報量基準

統計モデルに対する汎用的な適合度指標である赤池の情報量基準 (Akaike's information criterion ; AIC) を構造方程式モデルの適合度の指標として採用することもできる．

$$AIC = \chi^2 - 2df \quad (4.3.14)$$

AIC はより小さい値を示すものがモデルの適合度が高いことを示している．これは，また標本数の影響を受けるため，標本数の影響を取り除いた CAIC (consistent Akaike's information criterion) や SBC (Schwarz's Bayesian Criterion) も提案されている．

$$CAIC = \chi^2 - (\ln(N)+1)\,df \quad (4.3.15)$$
$$SBC = \chi^2 - \ln(N)\,df \quad (4.3.16)$$

(4) **RMSEA** (root mean square error of approximation)

指定されたモデルによって規定される分布と，データから計算される真の分布との乖離を1自由度あたりの量として示した指標のRMSEAがあり，より小さい値が当てはまりの良いモデルであるといえる．

$$RMSEA = \sqrt{max\left(\frac{F_{ML}}{df} - \frac{1}{N}, 0\right)} \tag{4.3.17}$$

一般的にこの値が0.05以下であれば当てはまりの良いモデルであるとされ，1.0以上であれば当てはまりが悪いと判断されている．

(5) **モデルの部分的評価**

個別の推定パラメータに対して評価を行う場合は，各パラメータに対してt検定を行う．ここでこの値が高いからといって因果関係が強いという解釈にはならないことを注意しておかなければならない．

4.3.6 モデルの解釈

(1) **直接効果**

4.3.2で示した構造方程式モデルを再掲する．

$$\eta = B\eta + \Gamma\xi + \zeta \tag{4.3.1}$$

直接効果とは，変数ηの変動に対する各変数の変動の中で直接的な因果関係によるものを指し，式(4.3.1)中の変数η，ξがそれぞれ分散が1に標準化されている場合，B，Γがそれぞれの直接効果となる．また，構造誤差変数のζは，一般に構造パラメータが1に標準化され，分散が異なるが，すべての変数の分散を1に標準化した次式では，誤差変数ζの直接効果をΔとして計測することができる．

$$\eta^* = B^*\eta^* + \Gamma^*\xi^* + \Delta\zeta^* \tag{4.3.18}$$

ここで，＊のついた変数は分散が1に標準化されていることを示している．

(2) 総合効果

構造方程式モデルは，複雑な因果関係を構築することが可能であるため，2つの変数間において直接的な影響のほかにも，他の潜在変数の変動を通じた影響が存在することが多い．これらを含めてある変数の変動が他のある変数の変動へ及ぼすすべての影響を総合効果と呼ぶ．図4.3.3に示したパス図では，変数Aから変数Cへ及ぶ影響は，変数Aと変数Cの間を結ぶ矢印（直接効果）以外にも，変数Aの変動が変数Bに影響し，その連鎖的な帰結として変数Cが変動するという関係も存在する．これらを含めて変数Aから変数Cへの影響を総合効果と呼ぶ．

総合効果は，このように直接効果をつなぎ合わせることにより求めることができるが，一般的には式(5.3.1)を変形したη^*の誘導形 (reduced form) より求めることができる．

$$\eta^* = (1-B^*)^{-1}(\Gamma^*\xi^* + \Delta\zeta^*) \tag{4.3.19}$$

ここで，$(1-B^*)^{-1}\Gamma^*$がξ^*の総合効果を示し，$(1-B^*)^{-1}\Delta$がζ^*の総合効果を示している．

(3) 間接効果

総合効果より直接効果を差し引いたものが間接効果と呼ばれる．ここでは例として下記のような構造方程式を仮定する．

$$\eta_1^* = \gamma_1^*\xi_1^* + \gamma_2^*\xi_2^* + \delta_1^*\zeta_1^* \tag{4.3.20}$$

$$\eta_2^* = \beta_1^*\eta_1^* + \gamma_3^*\xi_1^* + \gamma_4^*\xi_2^* + \delta_2^*\zeta_2^* \tag{4.3.21}$$

ここで，式(4.3.21)に式(4.3.20)を代入すると

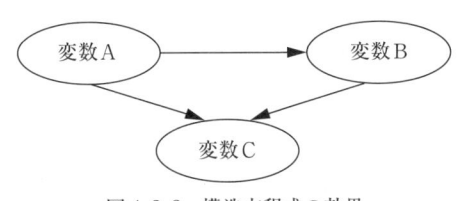

図4.3.3 構造方程式の効果

$$\eta_2^* = \beta_1^*(\gamma_1^*\xi_1^* + \gamma_2^*\xi_2^* + \delta_1^*\zeta_1^*) + \gamma_3^*\xi_1^* + \gamma_4^*\xi_2^* + \delta_2^*\zeta_2^*$$

となり，ξ_1^* が η_2^* に与える影響は $\beta_1^*\gamma_1^* + \gamma_3^*$ で表され，これは式(4.3.19)の $(1-B^*)^{-1}\Gamma^*$ で表される総合効果である．ここから直接効果である γ_3^* を除いた間接効果は $\beta_1^*\gamma_1^*$ となり，ξ_1^* が η_1^* を通じて η_2^* に与える効果を意味している．

【事例4.2】屋久島における生物保全認識構造

(1) 観測変数と潜在変数の設定

アンケートでは，生物と生活に関する5段階回答形式の質問を回答者共通27項目，農業従事者にはそれに猿害・農業に関する質問9項目を加えた計36項目設け，観測変数とした（表4.3.2）．

表4.3.2でXにあたる観測変数は状態量を表し，Yにあたる観測変数は将来に対する意志・希望に関する変数である．ここでは生物保全における課題として猿害に着目しているため，これらの観測変数から構成される潜在変数として，サルとサルの生息適地である照葉樹林をキーワードとし，生物に関しては，【η_1 自然の保全意識】，【η_2 照葉樹林の価値】，【η_3 サルに対する感情】，生活に関しては【η_4 生活の満足感】，農業従事者に対しては【η_5 猿害の負担感】を設定した．

(2) 潜在変数のMIMICモデル

潜在変数を表現するために，本章では，原因 x と結果 y の2群の観測変数が1つの潜在変数を介して因果関係を表す構造（図4.3.2）をとるMIMICモデルを適用する．図4.3.4から図4.3.8に，潜在変数 η_1 から η_5 のMIMICモデルを示す．図中のかっこ（ ）内の数値はP値を表す．

図4.3.2を例にモデルの構造を説明すると，このモデルは，【X3 サルが好き】，【X5 自然に対し興味がある】という2つの原因と，【Y2 サルとの共生可能】，【Y3 生き物と共生したい】，〈Y5 自然の保全活動へ参加したい〉という3つの結果の関係を【η_1 自然の保全意識】という潜在変数を導入することによって表現している．このモデルの適合度は高く（GFI = 0.95），因果係数の大きさから，2つの要因のうち，直接的には【X3 サルが好き】が〈η_1 自然の保全意識〉の要因としてより強く影響していることがわかる．なお，2つの変数間の相関係数が高い場合は，2変数の共変動によって負担感に影響していると解釈できる．また，〈η_1 自然の保全意識〉は3つの結果のうち【Y3 生き物と共生したい】結果としてより

表 4.3.2 観測変数のリスト

カテゴリー	変数番号	質問項目
生物	X 1	現在照葉樹林の利用頻度が高い
	X 2	以前照葉樹林の利用頻度が高かった
	X 3	サルが好き
	X 4	サルを昔からみかける
	X 5	自然に対し興味がある
	X 6	自然が多い
	X 7	自然が多様である
	X 8	自然が個性的である
	Y 1	照葉樹林の増加を望む
	Y 2	サルと共生可能
	Y 3	生き物と共生したい
	Y 4	自然の保全が必要
	Y 5	自然の保全活動へ参加したい
生活	X 9	近所づきあいが多い
	X 10	買物に便利
	X 11	自然の遊び場が多い
	X 12	生活しやすい
	X 13	景色がよい
	X 14	自然災害が少ない
	X 15	ライフライン寸断リスクが小さい
	X 16	道路寸断リスクが小さい
	X 17	島外から注目されている
	X 18	島への愛着がある
	X 19	島を誇りと思う
	Y 6	将来の生活を安心と思う
	Y 7	島にすみ続けたい
	Y 8	島をアピールしたい
農業・猿害	X 20	被害対策の負担が大きい
	X 21	サルによる被害が大きい
	X 22	サルによる被害日数が多い
	X 23	猿害は以前に比べ増えている
	X 24	作物収穫高が安定している
	X 25	後継者がいる
	X 26	農業の将来性がある
	Y 9	対策を一層強化したい
	Y 10	被害をもっと減らしたい

標本数	205	GFI	0.95
χ^2乗値	29.37	AGFI	0.85
P値	0.000	RMSEA	0.16

X3 サルが好き →0.82(0.00)→ η1 自然の保全意識
X5 自然に対し興味がある →0.22(0.00)→ η1

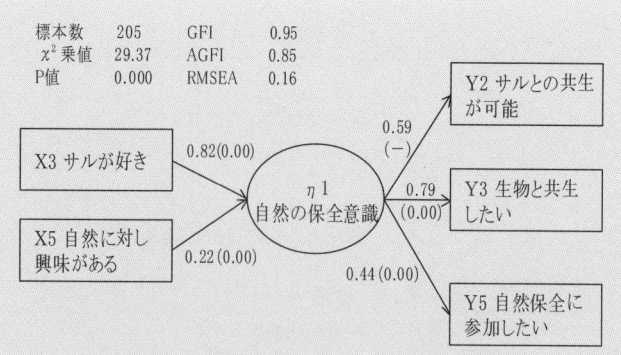

η1 →0.59(-)→ Y2 サルとの共生が可能
η1 →0.79(0.00)→ Y3 生物と共生したい
η1 →0.44(0.00)→ Y5 自然保全に参加したい

図4.3.4 「自然の保全意識」のMIMICモデル

標本数	200	GFI	0.98
χ^2乗値	12.45	AGFI	0.93
P値	0.029	RMSEA	0.09

X1 照葉樹林現在の利用頻度 →0.24(0.01)→ η2 照葉樹林の利用価値
X5 自然に対し興味がある →0.44(0.00)→ η2

η2 →0.56(-)→ Y1 照葉樹林の増加を望む
η2 →0.41(0.00)→ Y3 生物と共生したい
η2 →0.72(0.00)→ Y4 自然保全が必要

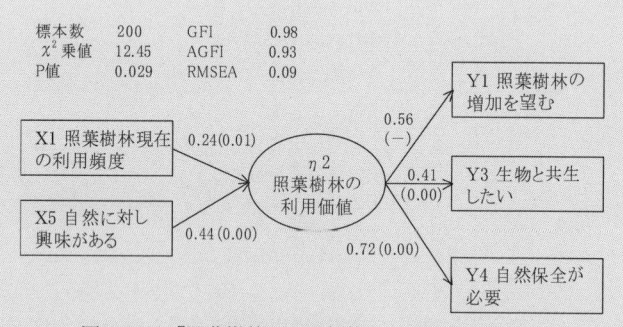

図4.3.5 「照葉樹林の利用価値」のMIMICモデル

標本数	206	GFI	0.97
χ^2乗値	17.54	AGFI	0.91
P値	0.004	RMSEA	0.11

X3 サルが好き →0.80(0.00)→ η3 サルに対する感情
X8 自然が個性的である →0.25(0.00)→ η3

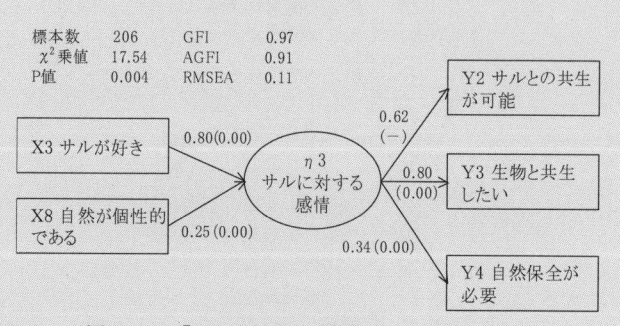

η3 →0.62(-)→ Y2 サルとの共生が可能
η3 →0.80(0.00)→ Y3 生物と共生したい
η3 →0.34(0.00)→ Y4 自然保全が必要

図4.3.6 「サルに対する感情」のMIMICモデル

強く表れていることがわかる．個々の潜在変数を表現するMIMICモデルは，全ての結果において統計的に有意な結果が得られた．つまり，ここで設定した5つの潜在変数は地域生活者および農業従事者の認識構造を表す変数として有効であ

4 心理・行動分析法

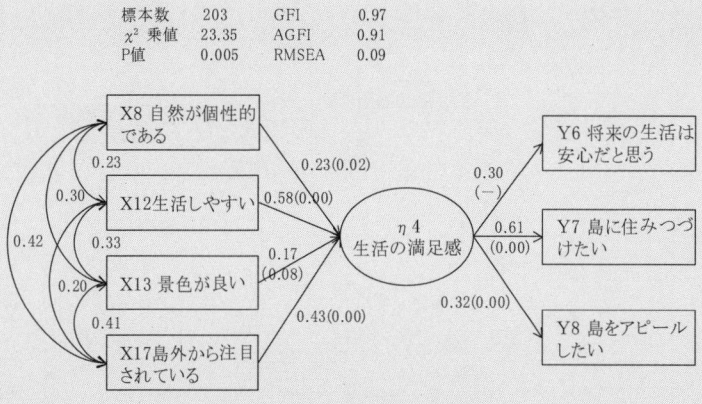

```
標本数    203      GFI    0.97
χ² 乗値   23.35    AGFI   0.91
P値       0.005    RMSEA  0.09
```

図4.3.7 「生活の満足感」のMIMICモデル

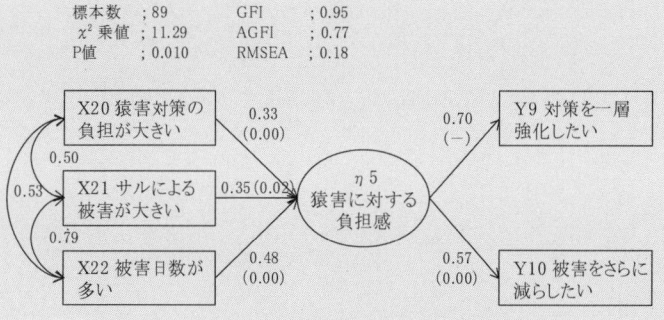

```
標本数   ; 89       GFI    ; 0.95
χ² 乗値  ; 11.29    AGFI   ; 0.77
P値      ; 0.010    RMSEA  ; 0.18
```

図4.3.8 「猿害に対する負担感」のMIMICモデル

る．これより，以下の分析ではこれらの潜在変数を用いて，生物保全の認識構造を明らかにする．

(3) 生活の満足感と生物保全意識に関する認識構造

ここではまず，上述の潜在変数を用いて地域生活者全体と農業従事者の認識構造に関するモデル化を行う．なお，猿害の被害を受けているのは農業従事者だけであるため，$\eta 1 \sim \eta 4$の潜在変数を用いてモデル化を行うこととした．なお，地域生活者の生物保全インセンティブを探るため，設定した潜在変数のうち，【自然の保全意識】を認識構造の到達点とし他の潜在変数が保全意識に影響を及ぼすという因果関係を想定し，図4.3.9，図4.3.10に示す地域生活者全体と農業従事者

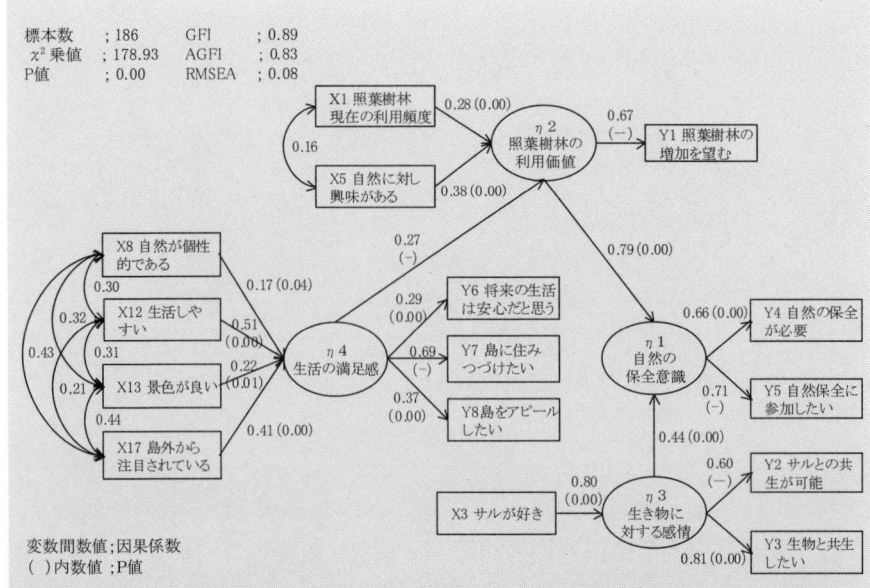

標本数　　；186　　　GFI　　；0.89
χ^2乗値　；178.93　AGFI　；0.83
P値　　　；0.00　　RMSEA；0.08

```
                        ┌─X1 照葉樹林 ┐  0.28(0.00)
                        │  現在の利用頻度│─────────→┌η2       ┐  0.67
                    0.16│              │           │照葉樹林の│  (-)   ┌Y1 照葉樹林の┐
                        └─X5 自然に対し┘           │利用価値  │───────→│増加を望む   │
                          興味がある               └──────────┘        └─────────────┘
                                   0.38(0.00)↗
   ┌X8 自然が個性┐                      0.27
   │的である     │  0.17(0.04)           (-)                    0.79(0.00)
   └─────────────┘                     ↗                                       0.66(0.00) ┌Y4 自然の保全┐
 0.30                              0.29                                                   │が必要       │
   ┌X12 生活しや┐ 0.51         ┌Y6 将来の生活┐                                            └─────────────┘
0.32│すい         │ (0.00)      │は安心だと思う│ ┌η4       ┐      ┌η1       ┐
   └─────────────┘             └─────────────┘ │生活の満足感│──→│自然の     │  0.71
0.43                           0.69             │            │    │保全意識   │  (-)    ┌Y5 自然保全に┐
 0.21┌X13 景色が良い┐ 0.22     ┌Y7 島に住み  ┐ └────────────┘    └───────────┘        │参加したい   │
     └───────────────┘(0.01)   │つづけたい    │                                          └─────────────┘
 0.44                           └─────────────┘
     ┌X17 島外から ┐ 0.41(0.00) 0.37           0.44(0.00)
     │注目されている│           ┌Y8島をアピール┐
     └──────────────┘           │したい        │                       0.60 ┌Y2 サルとの共┐
                                └──────────────┘                       (-)   │生が可能     │
                                              ┌X3 サルが好き┐  0.80         └─────────────┘
                                              └──────────────┘  (0.00) ┌η3         ┐
                                                                       │生き物に   │
                                                                       │対する感情 │  0.81(0.00) ┌Y3 生物と共生┐
                                                                       └───────────┘            │したい       │
                                                                                                └─────────────┘
```

変数間数値；因果係数
（ ）内数値；P値

図4.3.9　地域生活者全体の生活の満足感と生物保全意識の因果モデル

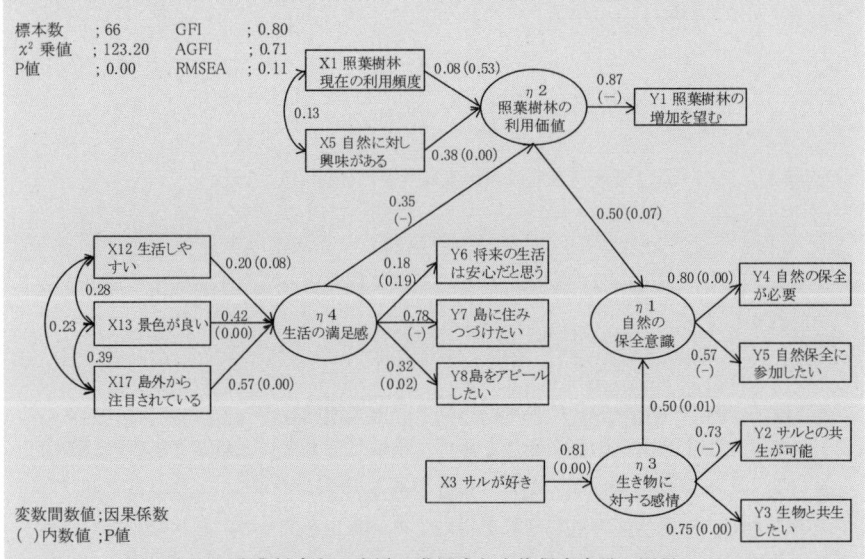

標本数　　；66　　　GFI　　；0.80
χ^2乗値　；123.20　AGFI　；0.71
P値　　　；0.00　　RMSEA；0.11

```
                        ┌─X1 照葉樹林 ┐  0.08(0.53)
                        │  現在の利用頻度│─────────→┌η2       ┐  0.87
                    0.13│              │           │照葉樹林の│  (-)   ┌Y1 照葉樹林の┐
                        └─X5 自然に対し┘           │利用価値  │───────→│増加を望む   │
                          興味がある               └──────────┘        └─────────────┘
                                   0.38(0.00)↗
                                         0.35
                                         (-)                    0.50(0.07)
                                       ↗                                       0.80(0.00) ┌Y4 自然の保全┐
   ┌X12 生活しや┐ 0.20(0.08)                                                             │が必要       │
   │すい         │                                                                        └─────────────┘
   └─────────────┘            0.18                 ┌η4       ┐      ┌η1       ┐
 0.28                        (0.19)┌Y6 将来の生活┐│生活の満足感│──→│自然の     │
   ┌X13 景色が良い┐ 0.42          │は安心だと思う││            │    │保全意識   │  0.57   ┌Y5 自然保全に┐
0.23└───────────────┘(0.00)       └─────────────┘└────────────┘    └───────────┘  (-)    │参加したい   │
 0.39                        0.78  ┌Y7 島に住み  ┐                                         └─────────────┘
   ┌X17 島外から ┐ 0.57(0.00)(-)  │つづけたい    │
   │注目されている│                 └─────────────┘
   └──────────────┘            0.32 ┌Y8島をアピール┐               0.50(0.01)
                               (0.02)│したい        │
                                    └──────────────┘                       0.73 ┌Y2 サルとの共┐
                                              ┌X3 サルが好き┐  0.81         (-)   │生が可能     │
                                              └──────────────┘  (0.00) ┌η3       ┐└─────────────┘
                                                                       │生き物に   │
                                                                       │対する感情 │  0.75(0.00) ┌Y3 生物と共生┐
                                                                       └───────────┘            │したい       │
                                                                                                └─────────────┘
```

変数間数値；因果係数
（ ）内数値；P値

図4.3.10　農業従事者の生活の満足感と生物保全意識の因果モデル

の認識構造の分析結果を得た．

図4.3.9より，地域生活者全体では，【自然の保全意識】に対して【生き物に対する感情】よりも【照葉樹林の利用価値】が強く，【生活の満足感】は，【照葉樹林の利用価値】を介して間接的に【自然の保全意識】に関与することがわかる．これに対し，農業従事者のみの因果モデルでは，【照葉樹林の利用価値】から【自然の保全意識】へ向けての因果係数が0.50であり，地域生活者全体のモデルより小さく，【生き物に対する感情】から【自然の保全意識】へ向けての因果関係が0.50であることから，〈照葉樹林の利用価値〉と〈生き物に対する感情〉は≪生物保全意識≫に対し，因果関係の強さは同等であることが示されている．図4.3.10に示す農業従事者のみの分析におけるGFIは約0.8であり，モデルの適合度は上述した経験的な値よりは低い．この原因としては次のことが考えられる．1つめは，サンプル数が少ないため，ある一つのサンプルがモデルに適合しない（モデルから大きく離れる）とき，十分大きなサンプルがあるときと比べ，それがGFIに大きく影響している．また，2つめとしてデータの分布が正規分布でないことが考えられる．しかし，モデル全体のP値から，統計的に有意であり，モデルの構造は仮説検定において採択されている．また，GFIが0.8であることから，データの8割は説明できており，因果係数のP値も信頼性のある結果が得られているため，農業従事者のみの因果モデルも生物の保全インセンティブを論じる上で採択した．

(4) 猿害を考慮した農業従事者の認識構造

農業従事者の保全意識はサル害を無視して考えられるものではない．したがって，【猿害に対する負担感】を新たな潜在変数として加え，認識構造の差異について考察する．すなわち，図4.3.10のモデルに【猿害に対する負担感】を組み込んだモデルを想定する．農業従事者のみのデータを用いてこのモデルを分析した結果を図4.3.11に示す．これより，【猿害に対する負担感】は【生き物に対する感情】に影響を与えるのでなく，他の潜在変数と比べると，【自然の保全意識】に対する因果係数の絶対値は小さいが，負の影響を及ぼしていることがわかる．したがって，農業従事者の【自然の保全意識】を高めるためには，猿害の低減が必要であるといえる．

(5) 認識構造の差異に関する考察

ここでは，図4.3.9〜図4.3.11の潜在変数間の因果係数の直接効果と間接効

```
標本数  ；66      GFI   ；0.80
x²乗値 ；186.99  AGFI  ；0.72
P値    ；0.00    RMSEA ；0.08
```

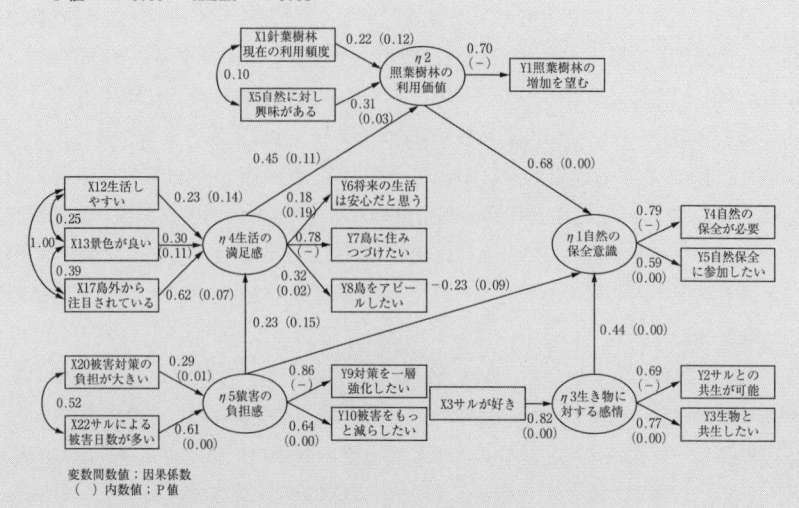

図4.3.11 「猿害の負担感」を考慮した農業従事者の因果モデル

果の違いについて考察を行うこととする．まず，3つのモデルの直接効果と間接効果を表5.3に示す．これより，直接効果では，【$\eta4$ 生活の満足感】から【$\eta2$ 照葉樹林の利用価値】への値が地域生活者全体より農業従事者の方が高い値を示し，さらに猿害を考慮することによって高い値になっていることがわかる．農業従事者に着目すれば【$\eta2$ 照葉樹林の利用価値】から【$\eta1$ 自然の保全意識】への値が高くなっている．これは，現地調査を踏まえると，農業従事者は，照葉樹林自体が農作物の栽培地ではないが，畑の管理の合間に山の手入れを行うなど，かつてより緊密な利用を行ってきた．また，食材や薬草を採集する場としても利用している．つまり，農業従事者は，日常生活での照葉樹林との関わりが一般の地域生活者より強く，また，生活の満足感が照葉樹林の利用価値に及ぼす因果関係も強いといえる．間接効果においては，農業従事者の生活の満足感と生物保全意識に猿害を考慮するによって【$\eta4$ 生活の満足感】から【$\eta1$ 自然の保全意識】の因果係数の値が高くなっている．これは，農業従事者にとって猿害が生活の満足感に対して影響を及ぼすことによって，間接的に自然の保全意識に影響を及ぼしていると言うことである．これより，農業従事者にとって，生活の満足感を説明する場合，猿害に関する要因を省くわけにはいかないといえる．逆に，図5.9より【$\eta5$

表 4.3.3 潜在変数間の直接効果と間接効果

効果	因果関係	島民全体	農業従事者	猿害を考慮
直接効果	$\eta 2 \to \eta 1$	0.79	0.50	0.68
	$\eta 3 \to \eta 1$	0.44	0.50	0.44
	$\eta 4 \to \eta 2$	0.27	0.35	0.45
	$\eta 5 \to \eta 1$			−0.23
	$\eta 5 \to \eta 4$			0.23
間接効果	$\eta 4 \to \eta 1$	0.21	0.18	0.38
	$\eta 5 \to \eta 1$			0.07
	$\eta 5 \to \eta 2$			0.11

猿害の負担感】が【$\eta 4$ 生活の満足感】に影響を及ぼし，また，【$\eta 1$ 自然の保全意識】に対しては負の影響を及ぼす関係があるため，猿害の負担感を取り除いた場合，【$\eta 4$ 生活の満足感】から【$\eta 2$ 照葉樹林の利用価値】に対するパス係数は大きくなると考えられ，一般島民よりも自然の保全意識は強まることが考えられる．

【事例 4.3】バングラデシュ飲料水ヒ素汚染生活者の安全な水への欲求度[26], [27]

(1) 分析の前提

2 度の現地調査を通して，事例対象地域以外のいくつかの村で実際に導入された非常に多くのヒ素除去代替技術を見ることが出来た．しかしながら，実際に効果を果たしていないものも多かった．すなわち，現地住民に受け入れられ，継続的に使用されていたものは意外と少なかったのである．安全な飲料水を供給すべく導入された代替技術は，導入後はしばらく住民に使用されるが，現状のチューブウェルに比べて，使いにくい，水の味が悪い，メンテナンスの仕方が分からない，そもそもヒ素中毒患者をみたことがなく，自分も 10 年以上赤井戸を使用しているが健康上問題がない，導入された代替技術が誰のものなのかわからないので故障すれば使い続けるつもりはない，など様々な理由によって，使用されなくなるのである．

さらに，比較的近場に安全な井戸がある場合ですら，その井戸を使用せず，自分のバリ内の汚染された井戸を飲用用として使用し続けるというケースも多く見受けられた．ここでも同様に，水の味が悪い，さらに，遠いといった理由を聞く

ことが出来た．

現地住民に尋ねると，以上のような様々な理由が返ってくるが，これらは本質的には，住民の潜在的なヒ素汚染に対する意識や生活状況に起因するものではないかと考えられる．多くの住民は経済的に困窮しているため，ヒ素汚染に対する対策をするだけの余裕が持てず，また，ヒ素による中毒症状は数十年後に現れるため，ヒ素に対する不安感も持ちにくいのではないかと考えられる．

【事例2.3】の続きとして，アゼンプルにおけるデータを用い，潜在変数として，ヒ素に対する不安感，生活安定感，水運びストレス，安全な飲料水に対する欲求度を導入し，共分散構造分析を用いて，これらの潜在変数の因果関係を構造化する．そして，この構造化を踏まえ，今回の調査対象地域のバシャイルボグにおいて見受けられたような，比較的近くにある安全な井戸（深井戸）にアクセスしないという現象を解釈する．

(2) 潜在変数のモデル化

現地調査を踏まえ，ブレインストーミングにより，安全な飲料水に対する欲求度を構成すると考えられる潜在変数として，ヒ素に対する不安感，現状の生活の安定感，水運びのストレスを抽出した．これらの潜在変数を用いて，安全な飲料水に対する欲求度を最終到達点とした多重指標モデルを構造化する．なお，以下インタビューで得た観測変数を｜ ｜で表し，導入する潜在変数を【 】で表す．

1）ヒ素に対する不安感

現地調査によれば，ヒ素汚染に対する不安感が欠如していると思われる住民を多く観察できた．特に，対象地域には明らかなヒ素中毒患者がおらず，ヒ素は数十年間かけて人体に蓄積し，皮膚病やガンになること，さらにヒ素の濃度によっては，仮に基準値を超えていても人体に影響を与えない場合もあることを考えると，差し迫った不安感を持ちにくいと考えられる．

ここで，【ヒ素に対する不安感】を以下のモデルで表現する．

図4.3.12　ヒ素に対する不安感のモデル化

ここで用いる観測変数は，｜自分の井戸に色が付いている｜，｜ヒ素の有害性を知っている｜，｜自分や子供の将来の健康が不安である｜である．すなわち，自分の

井戸に色が付いており，ヒ素汚染が自分の非常に身近な現象であることを強く感じていること，ヒ素の有毒性を良く知っていることが，ヒ素に対する不安感を上昇させ，結果として，自分や子供の将来の健康が不安になるという構造を仮定している．

2）現状の生活の安定感

現地調査によれば，どちらかというと裕福な人の方が，ヒ素に対する何らかの対策を行う意識が高いことが感じ取れた．そこで，現状の【生活安定感】を，以下のモデルで表現する．ここで用いる観測変数は，|識字可能|，|薬の手に入りやすさ|，|病院に行けること|，|自分自身以外の問題を考える余裕がある|である．

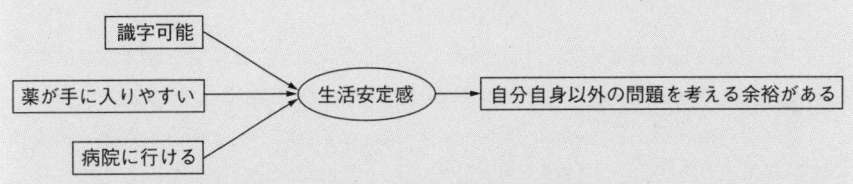

図4.3.13　生活安定感のモデル化

すなわち，識字可能であること，薬が手に入りやすいこと，病院に行けることにより生活の安定感を規定し，その結果として，自分自身以外の問題を考えるだけの余裕があることとなる．

3）水運びに関するストレス

現状の使用している水利施設に対する水運びのストレスは，欲求度に影響を与えと考えられる．すなわち，水運びのストレスが大きいことは，遠くの安全な井戸にアクセスしていることを意味しており，小さいことは自分の家の汚染された井戸を飲んでいると考えられる．
【水運びストレス】を，以下のモデルで表現する．

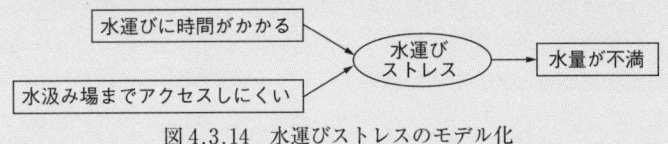

図4.3.14　水運びストレスのモデル化

ここで用いる観測変数は，|水運びに時間がかかる|，|水汲み場までアクセスしにくい|，|水量に不満感がある|である．水運びにかかる時間や水汲み場へのアクセスのしにくさが，水運びのストレスを生み出し，飲料水の水量に満足できなくなることとなる．

4）安全な飲料水に対する欲求度

　安全な飲料水に対する欲求度が高ければ，代替技術を紹介してほしいという意識や，安全な水を得るために（金銭的 and/or 肉体的な）負担を惜しまないという意識を持つようになることが考えられる．

　そこで，【安全な飲料水に対する欲求度】を以下のようにモデル化する．

```
代替技術に関する知識 → 欲求度 → 代替技術を紹介して欲しい
                            → 安全な水を得るのに負担してもよい
```

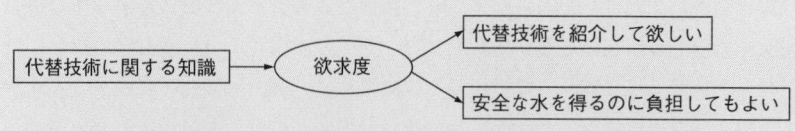

図 4.3.15　安全な飲料水に対する欲求度のモデル化

　ここで用いる観測変数は，|代替技術に関する知識|，|代替技術を紹介して欲しい|，|安全な水を得るのに金銭的 and/or 肉体的負担してもよい|である．すなわち，代替技術に関する知識が，安全な飲料水に対する欲求度を高め，また，欲求度が高まることにより，技術を導入して欲しいと思う，安全な水を得るために負担する気がある，という状態になると仮定する．

(3)　観測変数の単純集計

　ここで用いる観測変数に関するアゼンプルでのインタビュー回答の単純集計結果を表 4.3.3 に示す．

　共分散構造分析では，通常連続変数が用いられる．また，離散変数に関しても，連続変数と見なすためには，5段階評価以上（7段階評価，9段階評価等）が望ましいとされているが，ここでは，3段階評価で分析を行っている．3段階評価では，モデルによって推定された数値の精度が粗くなると考えられるが，データの制約もあるため，変数間の因果関係の大きさの度合いや正負を表現するという目的のもとで3段階評価を用いている．なお，連続変数であることが問題となるのは内生変数のみであり，外生変数に関しては，重回帰分析等と同様，ダミー変数として 1-0 変数を用いることが可能である．

(4)　分析結果と考察

　(3)において示した潜在変数を用いて，安全な飲料水に対する欲求度を最終到達点とした多重指標モデルの構造化を行う．すなわち，ヒ素の不安感，生活安定感，水運びストレスが安全な飲料水に対する欲求度の原因となっていることをモデル化する．構造化した図を図 4.3.15 に示す．この図では省略しているが，全ての

表4.3.4①　単純集計結果①

潜在変数	使用する観測変数	カテゴリー	回答数
ヒ素の不安感	自分の井戸に色	付いている	83
		付いていない	25
	ヒ素の有害性	良く知っている	89
		聞いたことはある	17
		全く知らない	3
	自分や子供の将来の健康	非常に不安がある	83
		少し不安がある	20
		問題ない	6
生活安定感	識字	可能	49
		不可能	60
	薬	手に入りやすい	68
		どちらともいえない	5
		困難	37
	→困難である理由 （複数回答可）	金銭的余裕がない	31
		薬屋まで遠い	14
	病院	良くいく	58
		ひどい病気のときだけ	50
		行けない	2
	→行けない理由 （複数回答可）	金銭的余裕がない	1
		病院まで遠い	1
	自分以外の問題を考える	よく考える	47
		めったに考えない	21
		日々の生活で考える余裕がない	42

内生変数には誤差変数を導入している．

　サンプル数は98，自由度58，GFIは0.855，AGFIは0.772，RMSEAは0.094であり，GFIが0.9を下回ったが，適合度は良好であると考えられる．図4.3.16において，これらは全て標準化された係数である．すなわち，各潜在変数の分散は1，平均は0になっており，各係数は−1から1の間をとる．

　図4.3.16より，

図 4.3.16　多重指標モデル

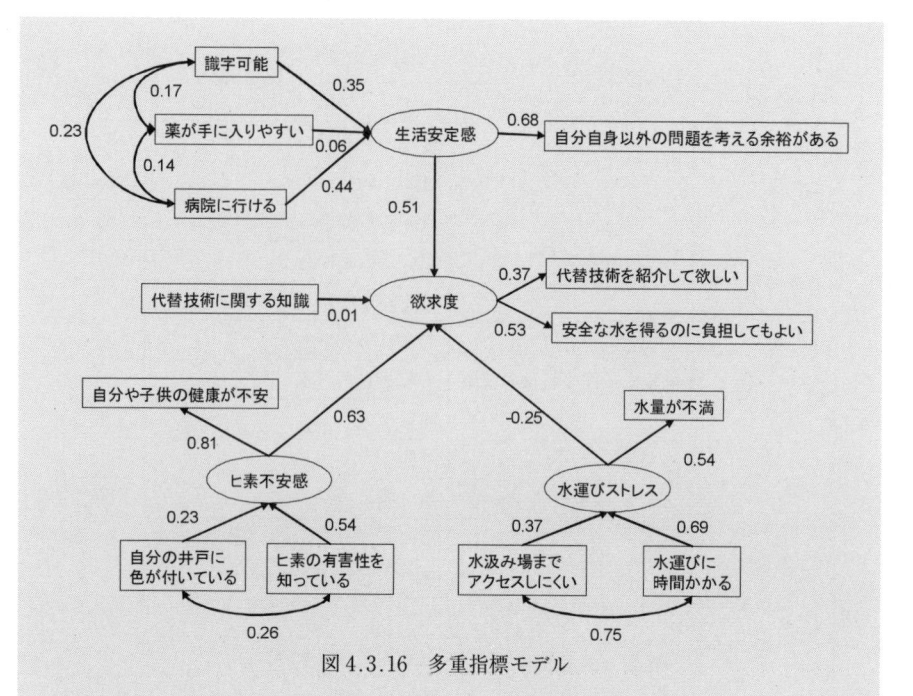

【生活安定感】$= 0.35 \times$ {識字可能} $+ 0.06 \times$ {薬が手に入りやすい}
　　　　　　$+ 0.44 \times$ {病院に行ける} $+ d_1$

【ヒ素不安感】$= 0.54 \times$ {ヒ素の有害性を知っている}
　　　　　　$+ 0.23 \times$ {自分の井戸に色が付いている} $+ d_2$

【水運びストレス】$= 0.37 \times$ {水汲み場までアクセスしにくい}
　　　　　　$+ 0.69 \times$ {水運びに時間かかる} $+ d_3$

となる．ただし，$d_k (k = 1,2,3)$ は誤差変数である．ここで用いた観測変数により，【生活不安定感】の約 31% ($0.35^2 + 0.06^2 + 0.44^2$)，【ヒ素不安感】の約 34% ($0.54^2 + 0.23^2$)，【水運びストレス】の 61% ($0.37^2 + 0.69^2$) が説明されている．

さらに，

【欲求度】$= 0.63 \times$【ヒ素不安感】$- 0.25 \times$【水運びストレス】
　　　　　$+ 0.51 \times$【生活安定感】$+ 0.01 \times$ {代替技術に関する知識} $+ d_4$

という構造式が成り立つことが分かる．ここに，d_4 は誤差変数である．

なお，【ヒ素不安感】，【水運びストレス】，【生活安定感】，{代替技術に関する知識} によって【欲求度】の約 72% ($0.63^2 + 0.25^2 + 0.51^2 + 0.01^2$) が説明されることとなる．

図4.3.16の結果を以下で考察する．

安全な飲料水に対する欲求度が高まれば，代替技術を紹介して欲しい，安全な水を得るのに（金銭的 and/or 肉体的）負担したいという状態，すなわち，安全な飲料水を得るために，現状改善のために何かしたいと考える状態になることが分かる．ここで，代替技術に関する知識の影響はほぼゼロであった．表4.3.4②からも，代替技術に関する知識を持っている人は約4割程度と多くないことが分かる．したがって何も技術に対するイメージがないまま，何らかの対策をしたいと答えている人が多いことが推察される．

ヒ素の不安感は欲求度に正の影響を与える．すなわち，ヒ素に対する情報を持っており，ヒ素の危険性を認識していれば，ヒ素に対する不安感が高まり，その結果欲求度が高まって，何らかの対策をしたいという意識を持つようになることが分かる．

表4.3.4②　単純集計結果②

潜在変数	使用する観測変数	カテゴリー	回答数
水運びストレス	水運びにかかる時間	かなりかかる	42
		少しかかる	38
		全くかからない	30
	水汲み場へのアクセス	簡単	59
		どちらともいえない	11
		しにくい	40
	水量満足	満足	65
		どちらともいえない	21
		不満	24
代替技術の受容度	代替技術について	よく知っている	29
		少し知っている	18
		知らない	62
	ヒ素問題に対する代替技術	強く導入して欲しいと望む	35
		どちらかというと望む	66
		必要ない	9
	安全な水を得ることへの負担	強く負担したいと思う（金銭的 and 肉体的）	36
		負担したい（金銭的 or 肉体的）	44
		負担したくない	19

水運びストレスは欲求度に負の影響を与える．すなわち，水運びのストレスが高いと，それだけ欲求度が下がると考えられる．これは，すでに水運びのストレスを感じている人は，安全な井戸を利用している人が多く，すでに安全な水を飲んでいる分だけ，特に新たに何かをしようとする気持ちにならないと考えられる．逆に，水運びのストレスを感じていない人は，近くにある赤井戸を飲んでいる人が多く，その危険性を認識しているため欲求度が高くなる傾向があると考えられる．

生活の安定感は，欲求度に正の影響を与える．すなわち，生活状況が安定している人（医者に行く，識字可能であることから，比較的裕福な人であると解釈できる）は，何らかの対策をしようとする意識が高いことが分かる．生活が安定しているために，ヒ素という目に見えないものに対して対策をしたいと思えるようになると解釈できるだろう．

以上の因果関係と，各観測変数の説明力を総合的に考慮すると，各潜在変数の因果モデルにおける仮定は妥当であったと考えられる．したがって以下では，設定した各潜在変数の命名をそのまま用いることとする．

(5) 安全な飲料水に対する欲求度の解釈

安全な飲料水に対する欲求度の構成要因としては，生活安定感とヒ素の不安感が特に大きな要因であることが分かった．これらの2つの潜在変数の規定力は約66%（$0.63^2+0.51^2$）であるのに対し，水運びストレスの規定力は約6%（0.25^2）程度であるので，本質的なモデルの簡略化という目的のもと，安全な飲料水に対する欲求度が生活安定感とヒ素の不安感という2つの指標によって表されると近似して考えることとする．

以下で，欲求度を構成する生活安定感とヒ素の不安感に関して考察する．

まず，現地では安全な飲料水を得ることが何らかの負担（水運びの負担，代替技術を維持管理する金銭的 and/or 肉体的・精神的負担，代替技術を導入する金銭的 and/or 肉体的・精神的負担等）を伴うものである．このためヒ素が目に見えず，さらに被害も分からないこと，さらに多くの住民は日々の生活にすら困窮し，ヒ素問題を考えるだけの余裕がないということを考えると，ヒ素汚染対策のために安全な飲料水を求めようとする意欲は個人の生活安定感とヒ素の不安感によって変化すると考えられる．すなわち，欲求度は，安全な飲料水を求めようとする意欲であり，この欲求度が大きければ，安全な飲料水を得るのに負担をかけても良いと思うようになり，逆に欲求度が小さい人は，安全な飲料水を得るために負担を

かけたくないと思っている人であると解釈できる．

　以上を踏まえ，安全な飲料水に対する欲求度と水運びのストレスを用いて水運び行動を以下で考察する．

　欲求度が大きいと，それだけ安全な水を欲しており，水運びのストレスが大きくても，緑井戸までアクセスし続けることとなる．逆に欲求度が小さいと，安全な水を強く欲しているわけではないので，遠くにある緑井戸までの負担を受け入れることが出来ず，結果として近くにある汚染された赤井戸の水を飲むこととなる．

　なお，現地調査では，ほとんどの場合，人々は決まった井戸を飲料用として使用していることを観察できた．例えば，赤井戸を使用している人は，ごくまれに安全な緑井戸まで水をくみに行くことはあっても，基本的に自分の家にある赤井戸を使用し続けている．逆に，緑井戸を使用している人は，ごくまれに自分の家の赤井戸を使用することもあるが，基本的に緑井戸を使用し続けている．

　以上の考察から，短期的には，深井戸などの代替技術を導入することにより水利施設までの水運びのストレスが減り，住民の欲求度との兼ね合いによりアクセスできる水利施設が増え，汚染された赤井戸の水を飲む住民の数が減少すると考えられる．また長期的には，教育等によって，ヒ素の健康リスクの科学的な認知を促すことで不安感が増長し，安全な飲料水に対する欲求度が増加することにより（欲求度を構成する要素のうち住民の生活安定感は容易に上昇するものではないが，ヒ素に対する不安感を高めることは可能であると考えられる），赤井戸の水を飲む住民の数が減少することが期待できよう．すなわち，ハード的な対策による住民の水運びストレスの減少，また，ソフト的な対策による欲求度の増加という2通りのアプローチにより，現在赤井戸を飲む人の数は減少し，ヒ素汚染被害は軽減すると考えられる．

　今後の展開として，水運びのストレスを数学的にモデル化し，住民の水運びのストレスを定量的に示し，水運びストレスのモデルと安全な飲料水に対する欲求度のモデルを合わせて用いることで，水運びのストレスの軽減のための計画プロセスが必要となる．

【事例4.4】水辺環境に関する認識構造[22), 28), 29)]

(1) 水辺の魅力を示す総合指標（測定方程式）

　水辺を利用するか/利用しないかの選択には，水辺にどの程度人を引き付ける魅力があるかが重要となる．水辺の魅力を生活環境という側面から捉えると，か

つてWHO（世界保健機構）が提唱した安全性，健康性（健全性），利便性，快適性の4つの評価項目がある．ここでは，水辺環境の評価項目としてこの4つの視点に着目する．

川崎市の二ヶ領本川を対象としたアンケート調査では，水辺環境に対する感覚的な指標として，「風景や景観の良さ」，「歩きやすさ」，「静かさ」，「近づきやすさ」，「危険を感じない」，「気軽さ」，「わかりやすさ」，「親しみやすさ」などの指標に5段階評価を行なった．これらの指標変数を用いて，上記の4つの評価視点との関係を整理すると，以下のようになる．

① 安全性は，水辺での安心感に該当し，「歩きやすさ」，「危険を感じない」や「近づきやすさ」などの指標変数と関係深い．，
② 健全性は，水辺の親近感に代表され，「気軽さ」や「親しみやすさ」などの指標変数と関係深い．
③ 利便性は，水辺での活動のしやすさに該当し，「歩きやすさ」，「近づきやすさ」や「場所のわかりやすさ」などの指標変数と関係深い．
④ 快適性は，水辺の雰囲気の良さに代表され，「風景や景観の良さ」や「静かさ」などの指標変数と関係深い．

ここでは，上記4つの評価項目から導出される総合的な評価指標（潜在変数）を用いて測定方程式を構築する．

(2) 潜在変数を構成する要素（構造方程式）

水辺環境の認識構造を構成する潜在変数は，水辺環境を構成する要素と因果関係を有する．二ヶ領本川を対象としたアンケート調査では，二ヶ領本川の水辺環境を構成する要素として，表4.3.5に示す18要素（観測変数）を取り上げている．

(1) 安全性：水辺での安心感
(2) 健全性：水辺の親近感
(3) 利便性：水辺での活動のしやすさ
(4) 快適性：水辺の雰囲気の良さ

(3) 分析データ

分析に用いた水辺環境に対する認識データは，被験者が現在の水辺環境の状況を5段階で評価した結果を用いている（表4.3.5参照）．本来，この種のデータは，順序尺度であるが，分析では間隔尺度としてみなして使用している．

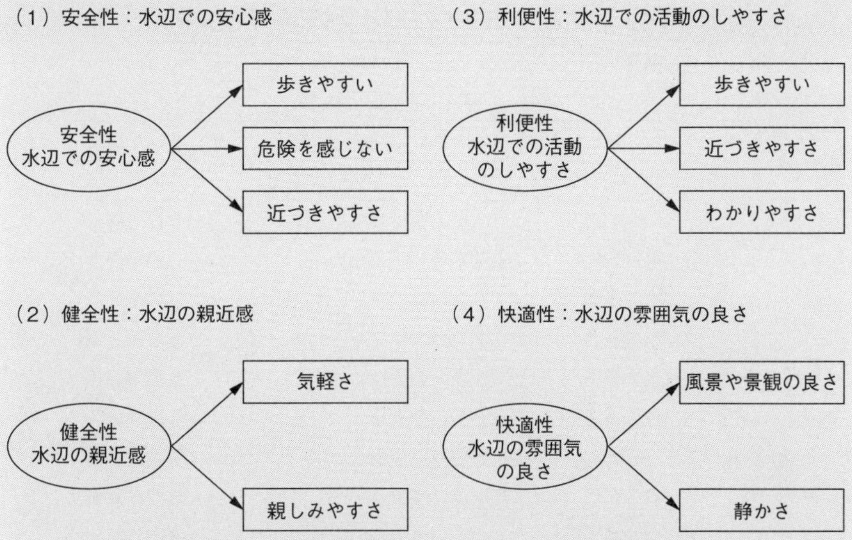

4 心理・行動分析法

(1) 安全性：水辺での安心感
- 安全性 水辺での安心感 → 歩きやすい
- 安全性 水辺での安心感 → 危険を感じない
- 安全性 水辺での安心感 → 近づきやすさ

(2) 健全性：水辺の親近感
- 健全性 水辺の親近感 → 気軽さ
- 健全性 水辺の親近感 → 親しみやすさ

(3) 利便性：水辺での活動のしやすさ
- 利便性 水辺での活動のしやすさ → 歩きやすい
- 利便性 水辺での活動のしやすさ → 近づきやすさ
- 利便性 水辺での活動のしやすさ → わかりやすさ

(4) 快適性：水辺の雰囲気の良さ
- 快適性 水辺の雰囲気の良さ → 風景や景観の良さ
- 快適性 水辺の雰囲気の良さ → 静かさ

図4.3.17　水辺環境の認識構造に係る潜在変数の関連構造

なお，順序尺度の観測変数を連続変数とみなして解析に用いることに関しては，今回のような5件法（5段階の評価）の場合は，連続変数とみなして解析に用いることに問題がないことが既往の種々の研究で示されている．また，より明確な水辺利用行動選択に係る水辺環境に対する認識構造の分析を行うために，表4.3.6に示した類型サンプルにより分析を行った．

(4) 水辺環境に対する認識構造（潜在変数）の推定とモデル評価

先に示した二ヶ領本川の河川環境に対するアンケートデータを用いて，水辺の魅力を構成している潜在変数の抽出を行なう．

MIMICモデルのパラメータ推定は，構造方程式と測定方程式から求められる理論的な共分散行列をアンケートで得られた標本共分散行列に適合させるように行なった．推定には最尤推定法を用いた．

水辺環境に対する認識構造モデルの評価は，観測データとの適合度の観点から，適合度指標（GFI）が0.9以上，RMSEAが0.05以下，及び各パラメータ値のt値が1.96以上を目安に行って潜在変数を抽出した上で，「構成されたモデルが正しい」という帰無仮説の採択確率であるp値が0.5以上の潜在変数を二ヶ領本川における水辺環境に対する認識構造と認定した．

表4.3.5 二ヶ領アンケートによる観測変数と指標変数

No	調査項目	内容	形式
観 測 変 数			
1	水質の良さ	水がきれい⇔汚い	5段階評価
2	臭いの有無	いやな臭いがしない⇔する	5段階評価
3	ゴミの有無	ゴミが少ない⇔多い	5段階評価
4	水量の多さ	水量が多い⇔少ない	5段階評価
5	木の多さ	木が多い⇔少ない	5段階評価
6	花の多さ	花が多い⇔少ない	5段階評価
7	草の多さ	草が多い⇔少ない	5段階評価
8	魚の多さ	魚が多い⇔少ない	5段階評価
9	昆虫の多さ	昆虫が多い⇔少ない	5段階評価
10	鳥の多さ	鳥が多い⇔少ない	5段階評価
11	人の多さ	人が多い⇔少ない	5段階評価
12	歩道の有無	遊歩道や歩道が多い⇔少ない	5段階評価
13	堤防の傾斜	堤防が緩やか⇔急勾配	5段階評価
14	遊ぶ場所の有無	遊ぶ場所が多い⇔少ない	5段階評価
15	公園の有無	公園が多い⇔少ない	5段階評価
16	休む場所の有無	休む場所が多い⇔少ない	5段階評価
17	トイレの有無	トイレが多い⇔少ない	5段階評価
18	駐車(輪)場の有無	駐車(輪)場が多い⇔少ない	5段階評価
指 標 変 数			
19	風景の良さ	風景や景観がよい⇔悪い	5段階評価
20	歩きやすさ	歩きやすい⇔歩きにくい	5段階評価
21	静かさ	静かである⇔騒がしい	5段階評価
22	近づきやすさ	水際まで降りやすい⇔にくい	5段階評価
23	危険の有無	危険を感じない⇔感じる	5段階評価
24	気軽さ	気軽に行ける⇔行けない	5段階評価
25	わかりやすさ	場所がわかりやすい⇔にくい	5段階評価
26	親しみやすさ	親しみやすい川⇔親しみにくい川	5段階評価

表4.3.6　サンプルの類型パターン

アイテム		全体的の印象の良し悪し		
	カテゴリー	悪い印象を持っている	良い印象を持っている	合計
利用の有無	河川を利用する	類型2 18人	類型1 181人	199人
	河川を利用しない	類型4 47人	類型3 113人	160人
	合計	65人	294人	359人

(5) 水辺環境に対する認識構造(潜在変数)の抽出

モデル推定の結果，データの適合度の観点から，表4.3.6に示す水辺環境に対する認識構造(潜在変数)を抽出することができた．

① η_1：水辺の雰囲気の良さ；「風景や景観の良さ」と「静かさ」の指標変数から，「水辺の雰囲気の良さ」を表す潜在変数が抽出できた．この「水辺の雰囲気の良さ」は，「水のきれいさ」「ゴミの有無」「花の多さ」「歩道の有無」により構成されている．この潜在変数の推定結果は，「モデルが正しい」という帰無仮説の採択確率p値が0.5を超え，推定したモデルがどの程度データを説明しているかを示すGFI (Goodness of Fit Index；適合度指標)が0.9を超え，モデルの分布と真の分布との乖離の度合いを示すRMSEAが0.05を下回っているので，よく適合している．

② η_2：水辺への親近感；「気軽に行ける」と「親しみやすさ」の指標変数から，「水辺への親近感」を表す潜在変数が抽出できた．この「水辺への親近感」は，「木の多さ」「鳥の存在」「堤防が緩やか(護岸の傾斜)」により構成されている．この潜在変数の推定結果は，p値が0.5を超え，GFIが0.9を超え，RMSEAが0.05を下回っているので，よく適合している．

③ η_3：水辺での活動のしやすさ；「歩きやすさ」と「場所のわかりやすさ」から「水辺での活動のしやすさ」を表す潜在変数を抽出した．この「水辺での活動のしやすさ」は，「歩道の有無」「遊ぶ場所の有無」「駐車場の有無」により構成されている．しかし，この推定結果は，構造方程式におけるパラメータのt値はすべて1.96を超えて有効な構造が得られているが，p値が0.5を下回っているので十分に適合しているとはいえない．

④ η_4：水辺への安心感；「歩きやすさ」と「危険を感じない」から「水辺への安

表 4.3.7 線形構造方程式モデルの推定結果

観測変数	潜在変数	η_1 雰囲気のよさ		η_2 親近感		η_3 活動しやすさ		η_4 安心感	
構造方程式		パラメータ	t値	パラメータ	t値	パラメータ	t値	パラメータ	t値
	$x1$ 水がきれい	0.192	2.32	0	−	0	−	0	−
	$x2$ ゴミがない	0.076	1.08	0	−	0	−	0	−
	$x3$ 木が多い	0	−	0.179	2.83	0	−	0	−
	$x4$ 花が多い	0.288	3.84	0	−	0	−	0	−
	$x5$ 鳥が多い	0	−	0.114	1.94	0	−	0	−
	$x6$ 歩道がある	0.345	4.42	0	−	0.244	3.05	0.285	3.47
	$x7$ 堤防が緩やか	0	−	0.228	3.47	0	−	0.118	1.33
	$x8$ 遊ぶ場所がある	0	−	0	−	0.385	4.87	0.332	4.10
	$x9$ 駐車場がある	0	−	0	−	0.245	2.71	0	−
測定方程式		パラメータ	t値	パラメータ	t値	パラメータ	t値	パラメータ	t値
	$y1$ 風景や景観がよい	1.000	−	0	−	0	−	0	−
	$y2$ 歩きやすい	0	−	0	−	1.000	−	1.000	−
	$y3$ 静かである	0.402	4.26	0	−	0	−	0	−
	$y4$ 危険を感じない	0	−	0	−	0	−	0.795	6.31
	$y5$ 気軽に行ける	0	−	1.000	−	0	−	0	−
	$y6$ 場所がわかりやすい	0	−	0	−	0.432	4.20	0	−
	$y7$ 親しみやすい	0	−	1.294	5.90	0	−	0	−
モデル評価	χ^2値	1.75		1.22		1.98		4.51	
	自由度	3		2		2		2	
	P−値	0.63		0.54		0.37		0.11	
	GFI（適合度指標）	1.00		1.00		0.99		0.99	
	RMSEA	0.00		0.00		0.00		0.10	

心感」を表す潜在変数を抽出を試みた．この「水辺への安心感」は，「歩道の有無」「堤防の傾き」「遊ぶ場所（スペース）の有無」により構成される構造が見られるが，モデルの適合度が悪い．

4 心理・行動分析法

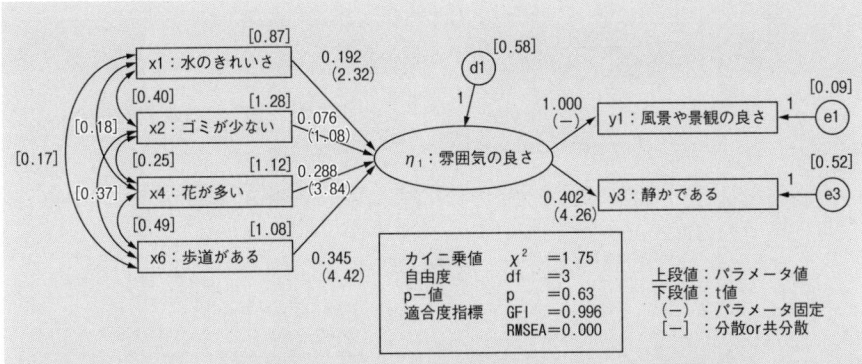

図4.3.18 潜在変数「η_1：水辺の雰囲気の良さ」に対する認識構造

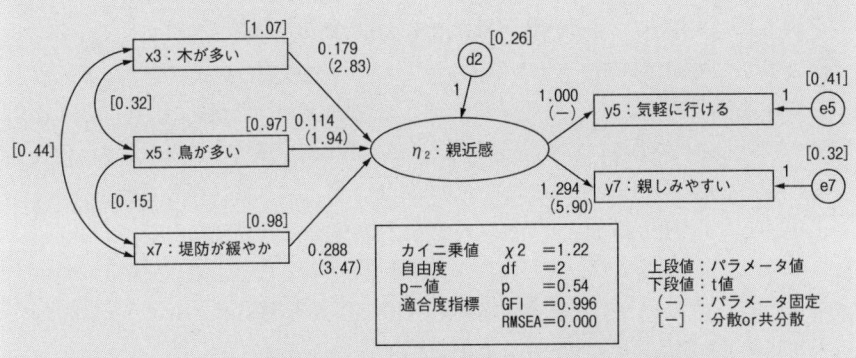

```
        [0.87]
x1：水のきれいさ       0.192
                    (2.32)
    [0.40]   [1.28]
[0.18] x2：ゴミが少ない   0.076
                    (1.08)              [0.58]                      [0.09]
    [0.25]   [1.12]                      d1              1.000    y1：風景や景観の良さ ← e1
[0.17] x4：花が多い    0.288      η1：雰囲気の良さ  1   (—)
                    (3.84)                                         [0.52]
[0.37]  [0.49]   [1.08]                                  0.402   y3：静かである ← e3
       x6：歩道がある   0.345                              (4.26)
                    (4.42)
```

カイニ乗値　χ^2 ＝1.75　　上段値：パラメータ値
自由度　　　df ＝3　　　　　下段値：t値
p一値　　　p ＝0.63　　　　（—）：パラメータ固定
適合度指標　GFI＝0.996　　　[—]：分散or共分散
　　　　　　RMSEA＝0.000

図4.3.19 潜在変数「η_2：水辺の親近感」に対する認識構造

```
        [1.07]
x3：木が多い         0.179
                  (2.83)
   [0.32]                                   [0.26]                      [0.41]
[0.44]  [0.97]    0.114                      d2              1.000    y5：気軽に行ける ← e5
    x5：鳥が多い    (1.94)       η2：親近感      1   (—)
                                                                     [0.32]
   [0.15]  [0.98]                                           1.294    y7：親しみやすい ← e7
    x7：堤防が緩やか 0.288                                    (5.90)
                  (3.47)
```

カイニ乗値　χ^2 ＝1.22　　上段値：パラメータ値
自由度　　　df ＝2　　　　　下段値：t値
p一値　　　p ＝0.54　　　　（—）：パラメータ固定
適合度指標　GFI＝0.996　　　[—]：分散or共分散
　　　　　　RMSEA＝0.000

図4.3.19 潜在変数「η_2：水辺の親近感」に対する認識構造

```
        [1.09]
x6：歩道がある       0.244
                  (3.05)
   [0.50]                                   [0.43]                      [0.29]
        [1.14]    0.385                      d3              1.000    y2：歩きやすい ← e2
[0.26] x8：遊ぶ場所がある (4.87)   η3：活動しやすさ  1   (—)
                                                                     [0.60]
   [0.29]  [0.70]                                           0.432    y6：場所がわかりやすい ← e6
    x9：駐車場がある 0.245                                    (4.20)
                  (2.71)
```

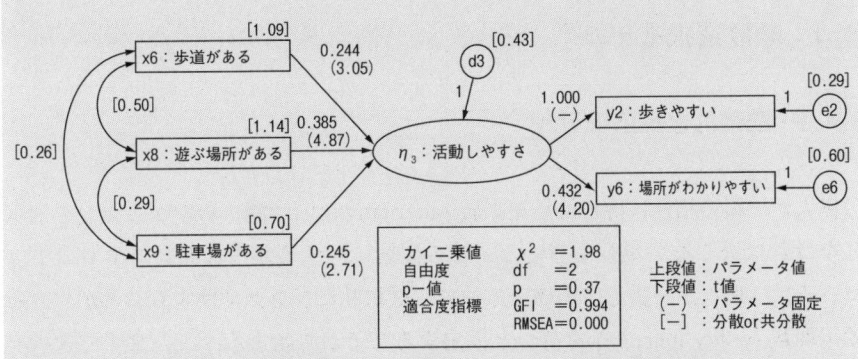

カイニ乗値　χ^2 ＝1.98　　上段値：パラメータ値
自由度　　　df ＝2　　　　　下段値：t値
p一値　　　p ＝0.37　　　　（—）：パラメータ固定
適合度指標　GFI＝0.994　　　[—]：分散or共分散
　　　　　　RMSEA＝0.000

図4.3.20 潜在変数「η_3：活動しやすさ」に対する認識構造

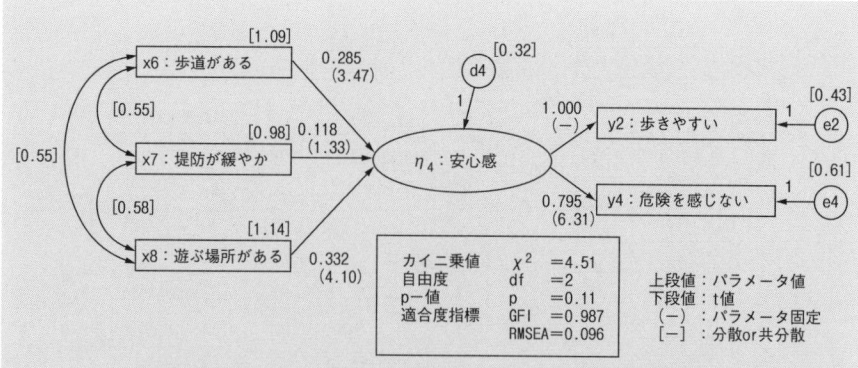

図4.3.21 潜在変数「η_4：水辺の安心感」に対する認識構造

(6) 二ヶ領本川における水辺環境に対する認識構造の認定

ここで，「構成されたモデルが正しい」という帰無仮説の採択確率であるp値が0.5以上の潜在変数は，表4.3.6に示すように「水辺の雰囲気の良さ」と「水辺への親近感」である．したがって，二ヶ領本川では，風景や景観の良さに代表される「水辺の雰囲気の良さ」と，気軽に行けることに代表される「水辺への親近感」を表す潜在変数が水辺環境に対する認識構造として認定できる．

水辺の計画を行うとは，水辺環境の認識構造を理解したうえで，表4.3.6の類型4（嫌い・行かない）の生活者を類型1（好き・行く）に移行できるような魅力ある水辺環境の創造であるということができよう．

4.4 離散選択モデル[30]

4.4.1 離散的な反応モデル

個人が一組の相互に排他的な選択肢（alternatives：代替案）の中から1つを選択しなければならない場合を考える．この問題に対する新古典派経済学者のアプローチは，個人が一貫して明確な方法で，選択肢にランク付けすることができる効用関数（utility function）を持つと仮定することから始まる．この意味で選択プロセスは確定論的（deterministic）である．心理学者にとっては，多くの場合，選択は確率的（probabilistic）過程とみなされる．この見方は人間行動における矛盾によって動機付けられる．前者は，個人が選択肢の属性の中で，明解に他の属性

より好ましい属性を認知する場合は有効であるが，そのようなモデルは，多くの偶然性を排除して成立する．

離散選択モデル (discrete choice model) の起源は 1860 年の精神物理学 (psycophysics) にまでさかのぼる．このモデルは選択対象から受ける刺激とそれに関する反応の関係を説明するものであった．このときの反応は「特定の出来事が起こるか起こらないか」であり，本質的に離散的であった．

刺激に対する反応メカニズムのモデル化は以下のような簡単なものである．すなわち，対象 k が忍耐 (tolerance) τ_k を有し，s_k で計測される刺激 (stimulus) を受けたとき，実験対象 (被験者，実験動物など) の反応は，肯定的な場合 ($y_k=1$, $s_k>\tau_k$)，否定的な場合 ($y_k=0$, $s_k\leq\tau_k$) という離散的な結果をもたらすものであった．生物学の実験においては，同じ実験動物が同じ刺激に対してたびたび異なる反応を示すことが知られている．このようなことから，忍耐は確率変数であるから，忍耐度も確率変数と理解されている．

忍耐の累積確率分布を $F(\cdot)$，刺激に対して肯定的に反応する確率を P_k とすれば次式を得る．

$$P_k=\Pr(y_k=1)=F_k(s_k) \tag{4.4.1}$$

次に，個体ではなく統計的に同じような性質 (statistically identical) を持つグループを考える．つまり，個々の対象は同じ確率法則に従って行動すると考える．個々の反応の「きまぐれ (variability)」に対して，このようなグループの (2次的) 反応の「きまぐれ」はなくなることはないが減少すると考えられる．そして，さらにグループ内の個々が独立に反応するとすれば，刺激に対して肯定的に反応する確率は次式で与えられる．

$$P=F(s) \tag{4.4.2}$$

ここに $F(\cdot)$ は忍耐 τ を変数とする累積確率分布を示している．対象の忍耐が独立な複数の要素の下で十分大きな標本数の結果であるならば，中心極限定理 (central limit theorem) により，確率変数 τ は正規分布に従い，式 (4.4.2) は次式となる．

$$P=\frac{1}{\sqrt{2\pi}}\int_{-\infty}^{(s-\bar{\tau})/\sigma}exp\left(-\frac{x^2}{2}\right)dx \tag{4.4.3}$$

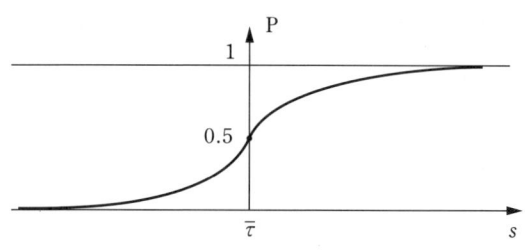

図 4.4.1 刺激 s の確率関数 P

ここで $\bar{\tau}$, σ は τ の平均と標準偏差である．この関数を図 4.4.1 に示す．

このモデルはプロビットモデル (probit model) とよばれている．このモデルの問題点は平均値を中心として勾配が σ の増加に対して単調に変化し，忍耐の気まぐれが大きくなるほど，反応が滑らかになることにある．そして，モデルが閉じていない．このため，正規分布と形が似ていてしかも閉じているロジステック分布に τ（平均値と標準偏差は同じ）が従うという仮定が提唱されるようになった．これを示せば次式となる．

$$P = \frac{1}{1 + exp[(-\pi\sqrt{3})(s - \bar{\tau}/\sigma)]} \tag{4.4.4}$$

このことから，離散選択モデルをロジットモデル (logit model) と（も）呼ぶようになった．

4.4.2 離散選択モデルの基礎

いま，1 つの選択肢を有限の選択肢集合 A から選ばなければならない個人を考える．ただし，この集合には「それ以外」という要素も存在する．新古典派経済理論は，個人が完全な識別能力と無限の情報処理能力を持ち，はっきりした一貫した方法で，すべての選択肢にランクを付けることを前提としている．そして，この個人はベストな選択ができ，全く同じ状況の下でこの選択を繰り返すと仮定している．これを形式的に表現すれば，個人は，選択集合 A のもとで定義される選好関係 (preference relation) $\succ$ をもつ以下の公理を満足することになる．

① 完全性 (Completeness) ： $a \succ b$ or $b \succ a$ for all $a, b \in A$ with $a \neq b$
② 反射性 (Reflexivity) ： $a \succ a$ for all $a \in A$
③ 推移性 (Transitivity) ： $a \succ b$ and $b \succ c \Rightarrow a \succ c$ for $a, b, c \in A$

A は有限であるから，$a^* \succ a$ for all $a \in A$ で定義される最適選択肢 $a^* \succ \in A$ が存在する．この公理から，いつでも，個人の選好を表す（確定的な）効用関数を作成することが可能となる．すなわち，$a \succ b$ であれば $U(a) \geq U(b)$ を満たす効用関数 $U(\cdot)$ が存在し，集合 A で U を最大にする選択肢 a^* が存在することとなる．

このアプローチは多くの心理学者や経済学者に常に批判されてきた．たとえば Tversky は「いくつかの選択肢の中で選択に直面するとき，人々はたびたび不確実性と不一致性を経験し，人々はたびたびどれを選択したらいいか確信を持てず，一見同じように見える条件の下でも同じ選択を行わない．観測された不一致性や報告された不確実性を説明するために，選択行動は確率的プロセスとみなさなければならない．」と述べている．

4.4.3 確率的決定モデル

ここで示すモデルは，異なる選択肢の効用は決定論的ではあるが選択プロセスは確率的である．これらのモデルでは，個人は最高の効用をもたらす選択肢を選ぶ必要はなく，種々の可能な選択肢を選ぶ確率を持っているとする．これは『限定合理性（bounded rationality）』という考え方につながる．何故なら，個人は自身にとって「最高」のものを選択する必要がないからである．

(1) ルース・モデル

ルース（Luce）によって提案された選択公理は選択集合 A の異なる部分集合で定義された選択確率間における関係を規定するものである．この公理は以下のように記述される．

『$S \subseteq T$ であるような任意の $S \subseteq A$ と $T \subseteq A$ に関して，
(i) もし，与えられた $a \in S$ が，すべての $b \in T$ について $P(a, b) \neq 0, 1$ ならば

$$P_T(a) = P_T(S) \cdot P_S(a) \tag{4.4.5}$$

(ii) もし，ある $a, b \in T$ について $P(a, b) = 0$ ならば，すべての $S \subseteq T$ について

$$P_T(S) = P_{T-\{a\}}(S - \{a\}) \tag{4.4.6}$$

ルースが述べているように，この選択公理は確率理論に由来しない選択確率に

追加制約を課す．選択公理の(ii)の意味するところは，いくつかのある $b \in T$ との一対比較においてある選択肢 $a \in T$ は決して選択されないということである (perfect discscriminatory power)．こうして，集合 T の他の選択肢の選択確率になんら影響を与えることなく選択肢 a は削除される．すなわち，$P_T(a)=0$ である．次に選択公理(i)は面白いことを暗示している (less innocuous)．これはパス独立特性 (path-independence property) と対応している．すなわち，選択肢 a が集合 T で選択される確率は，2段階プロセスにおいては a を含む T の部分集合 S に依存しないことを示している．つまり，個人はまず部分集合 S を考慮し，次に S から特別な要素 a を選択するということになる．以上のことから，われわれの関心は選択公理(i)に向かい，この公理から以下の重要な定理が導かれる．

『定理1 (Luce 1959)：すべての $a, b \in A$ について $P(a,b) \neq 0, 1$ を仮定すれば，A において以下のような式で定義される正の実数値関数 (positive real-valued function) u が存在する場合にのみ限り (if and only if) 選択公理(i)は満足される．

$$P_S(a) = \frac{u(a)}{\sum_{b \in S} u(b)} \tag{4.4.7}$$

さらに，この関数は正の定数を乗じても一意的である．』

〔証明〕1) すべての $a \in A$ について，$u(a) = \alpha P_A$ とおく．ただし，α は正の定数である．すると，式(4.4.5)は

$$P_S(a) = \frac{P_A(a)}{P_A(S)} = \frac{\alpha P_A(a)}{\sum_{b \in S} \alpha P_A(b)} = \frac{u(a)}{\sum_{b \in S} u(b)}$$

となり，式(4.4.7)となる．

2) 式(4.4.7)を満たす，他の関数 u' が存在するものとする．すると u の定義から

$$u(a) = \alpha P_A(a) = \frac{\alpha u'(a)}{\sum_{b \in A} u'(b)}$$

ここで，$\alpha' = \alpha / \sum_{b \in A} u'(b)$ とおけば，$u(a) = \alpha' u'(a)$ となる．（証明終）

関数 $u(a)$ は選択肢 a の（正の定数を掛けても）決定論的「効用」と解釈できる．$u(a)$ はいつも正で有限であるから，$P_S(a)$ は正で1より小さい．式(5.4.7)より選択された a の確率は a の効用であれば増加するし，他の選択肢の効用であれば減少する．これは直感と一致している．

次に $u(a)$ の対数変換を行い，式 (4.4.7) を書き直せば次式を得る．

$$P_S(a) = \frac{exp\{\ln u(a)\}}{\sum_{b \in S} exp\{\ln u(b)\}} \tag{4.4.8}$$

これは，後述する多項ロジットモデル (multinomial logit model) に相当する．こうして，定理1と式 (4.4.8) は同等であることがわかる．

2項の場合は式 (4.4.8) で $n=2$ とすれば，

$$P(a, b) = [1 + exp(\ln u(b) - \ln u(a))]^{-1}$$

となり，式 (4.4.4) と同じ形式となる．

つぎに，あまり目立たないが，選択公理の含意（暗示）として，この公理が〔「無関係な選択肢からの独立 (independence from irrelevant alternatives, IIA)」⇒「加えられた選択肢の不適切さ (irrelevance of added alternatives)」の説明（解釈）を伴っていることである．要するに，これは「2つの選択肢の選択確率の比は，その選択肢の確定効用のみに影響を受け，選択肢集合に含まれる他の選択肢の影響を受けない」ということである．

このコンセプトは社会選択理論の中で Arrow によって前面に持ち出された．今までの文脈で，この特性は次のように定式化される．すなわち，$S \subseteq T$ であるすべての $S \subseteq A$, $T \subseteq A$ と，すべての $a \in S$, $b \in S$ について次式が成立する．

$$\frac{P_S(a)}{P_S(b)} = \frac{P_T(a)}{P_T(b)} \tag{4.4.9}$$

この証明は，式 (4.4.9) の左辺と右辺が，式 (4.4.7) により，ともに $u(a)/u(b)$ になることによりなされる．この式の表現から a と b の選択確率比が a と b を含む集合と独立であることを示している．これは反直感的な (counterintuitive) 結果を導く．たとえば「青バス・赤バスのパラドックス (blue bus/red bus paradox)」が良い例である．

(2) ツヴェルスキー・モデル

ツヴェルスキー (Tversky) によって提案されたモデルでは，1つの選択肢の選択は確率過程とみなされている．これは最後に1つの選択肢が残るまで他の選択肢が削除されていく過程である．各々の選択肢はそれを具体化する特性のリスト（ベクトル）で記述され，これらの特性の要素は有・無という2つ値により構成さ

れている．本来2つの値でないものについては閾値 (threshold) を設定することにより2つの値に変換できると考えている．各々の特性要素は，個人にとって重要性を表現する正の尺度値 (scale value) あるいは「効用値 (utility value)」が割り当てられている．

　この1つの選択肢を選ぶプロセスは以下のように行われる：最初の1つの特性要素が選択され，この特性要素を有していないすべての選択肢が削除される．そして，2番目の特性要素が，選択肢の残りの選択集合から選択肢を削除する基準として選ばれる．これを繰り返し，もはや削除が不可能になるまで続ける．もし，1つの選択肢が残っていれば，これが個人によって選ばれた選択肢で，複数の選択肢が残っていればこれらの選択肢は等確率で選ばれる．すべての段階で，残っている選択肢を削除する基準としての特性要素の選択確率は尺度値に依存する．選択確率はいま考えている選択肢の特定の特性にのみ基礎を置いている．

　異なる削除系列 (sequences) は可能であるから，特定の選択肢を選ぶ確率は，この選択肢で終わるすべての系列の確率の総和となる．このアプローチは辞書式選好順序付け (lexicographic preference ordering) と似ていることに注意されたい．

　以上の一般的な手順は次のようなアルゴリズムに要約される．

　ステップ1：すべての選択肢に共通する特性を削除する．
　ステップ2：残った特性の1つを選ぶ
　ステップ3：この特性を持っていない選択肢を削除する
　ステップ4：もし残った選択肢が同じ特性を持っているならば終了．
　　　　　　そうでなければ，ステップ2に戻る．

　以下では，より定式的に記述する．各々の特性要素に対して「効用」を特定化する非負の関数 u が存在するとする．選択集合 $S \subseteq A$ において，選択肢に共通な特性が削除された後に残される特性の数を s で表す．そして，S_i を特性要素 $i(i=1,\cdots,s)$ を含む選択肢の集合とする．Tversky (1972) によって提案された「状況によって削除 (elimination by aspects, EBA)」モデルでは，選択肢 $a \in S$ が選ばれる確率は次式のように与えられる．

$$P_S(a) = \sum_{i=1}^{s} \frac{u_i}{\sum_{j=1}^{s} u_j} P_{S_i}(a) \tag{4.4.10}$$

集合 S において，すべての選択肢に対してすべての特性が共通であるとき，

$P_S(a)=1/|S|$ と仮定する．ここに $|S|$ は S の要素の数である．$S_i \subseteq S$ であるから式 (4.4.10) は反復的 (recursive) である．$P_S(a)$ は確率 $P_{S_i}(a)$ の重みづき総和で，確率 $P_{S_i}(a)$ は特性要素 $i(=1,\cdots,s)$ を共通に有している選択肢の集合 S_i から選ばれる a の確率である．重み $u_i/\sum_{j=1}^{s} u_j$ は選択される特性 $i(i=1,\cdots,s)$ の確率である．確率 $P_{S_i}(a)$ はまた順番に式 (4.4.10) と同様な式で定義される．

ここで，若干のコメントを述べれば，ルースモデルは Tversky モデルの特別なケースで，このモデルは IIA を課すことはない．

4.4.4 ランダム（確率的）効用モデル

確率的あるいはランダム効用 (stochastic or random utility) 理論は心理学的というよりは新古典派経済学に近い．

(1) Thurstone モデル

ランダム効用理論の起源は，心理学の実験結果を説明する試みまでさかのぼることができる．Thurstone は心理実験の反応の変動を説明するために以下の考えを基礎としたモデルを提案した．

① 与えられた刺激はある「興奮」あるいはある「心理状態」を引き起こし，これはランダム変数の認識 (the realization of a random variable) である．
② 2つの刺激を比較するために実験された個人の反応は，刺激によって引き起こされる「興奮」を表す2つのランダム変数の認識の比較に帰着する．

このアプローチは生物学におけるモデル化と類似している．こうして，1945年に Thurstone は選択理論を提案し，現代ランダム効用理論の創始者となった．現在の Thurstone 理論の解釈は「効用というものは時々刻々と変化する，そして意思決定プロセスは，最大の金銭的な効用をもたらす選択肢を入念に選ぶ単純な固定されたルールから構成される (the utilities are assumed to vary from moment to moment, and the decision process consists of the simple fixed rule of picking the alternative with the largest *monetary* utility)」となる．

このアプローチを経済理論にリンクさせるために，個人は新古典派理論に従属している「経済人種 (Homo Economicus)」の種々のタイプより構成されていると想定する．個人の知性に依存した，特別な経済人種を選び，個人は対応する決定

論的効用に従って合理的な行動を行う．このアプローチでは，集合 A における選択肢の価値はランダム変数となり，$u_1+\varepsilon_1, \cdots, u_n+\varepsilon_n$ と表される．$u_1, \cdots, u_n$ は選択肢にかかわる尺度値（sczcale value）で，$\varepsilon_1, \cdots, \varepsilon_n$ はランダム変数である．ここで，$\varepsilon=(\varepsilon_1, \cdots, \varepsilon_n)$ の累積分布関数 F はルベーグ測度の意味で「絶対連続（absolutely continuous）」とする．すなわち，どの定数 α について，$i \neq j$ であれば $\Pr(\varepsilon_i-\varepsilon_j=\alpha)=0$ が成立する．そして，もし，ε_i の平均が 0（それ以外の場合は ε_i の平均をスカラー u_i に足す）であれば，選択確率は次式のようになる．

$$P_A(i)=\Pr\left[u_i+\varepsilon_i=\max_{j=1,\cdots,n}(u_j+\varepsilon_j)\right], \quad i=1,\cdots,n \tag{4.4.11}$$

この表現は Thurstone (1927) によって提案された「比較判定法」と形式上等価である．

(2) 経済学的解釈

計量経済学者のアプローチは概念的に非常に異なる．同じ選択集合 A に直面している母集団を考え，与えられた選択肢を選んでいる母集団の一部を決定しようとする．そして，母集団を，観測可能な社会経済的な要因をもとに均質な部分母集団に，分割可能と考える．さらに，各個人は A で定義された決定論的効用関数 U を有すると考えている．しかしながら，理論モデル作成者は個人の選択に影響を与える特性の観測は不完全で，効用関数 U についても不完全な知識しか持ち合わせないと考える．そして，関数 U を効用の観測可能な特性で説明しつくせる既知部分 u と U と u の差 e の 2 つに分割する．こうして，各々の $i=1,\cdots,n$ について選択肢 i の効用を次式で与える．

$$U_i=u_i+e_i \tag{4.4.12}$$

しかしながら，e が観測不能であるから，ランダム変数 ε_i（平均 0）を導入し，上式をランダム変数の式に書き直す．

$$\tilde{U}_i \equiv u_i+\varepsilon_i \tag{4.4.13}$$

ここで，u_i は観測可能あるいは計測可能効用とよばれ，i 番目の選択肢に対する部分母集団の選好を表す．一方 ε_i は部分母集団の構成員の特異な好みの差を反映している．こうして，アットランダムに選ばれた個人が選択肢 i を選ぶ確率は

次式で与えられる．

$$P_A(i) = \Pr(\tilde{U}_i = \max_{j=1,\cdots,n} \tilde{U}_j), \quad i=1,\cdots,n \tag{4.4.14}$$

こうして，選択確率は個人の効用最大化という原則によって組み立てられる．ただし，ここで議論された確率的なアプローチの正当性は以前の議論と全く異なる．ここでは，個人の決定ルールと効用関数は決定論的である．

情報不足による不確実性を整理すれば，以下のようになる．

① 観測されない特性（選択における潜在意識）
② 個人効用の観測されない変動（選好のばらつきと選好異種混合の増加による変動）
③ 計測誤差（完全ではありえない）
④ 関数形特定化の失敗（例えば，線形関数を仮定することの無理）

モデルは，もし母集団の類似の個人をグループ化し，関数uが個人選択に影響を与える主たる観測可能要素を含んでいれば，より満足のいくものとなる．

実際の認識論的差異にもかかわらず，2つのアプローチは同じ選択確率を導いた．心理学者は本質的に個人選択に関心をもち，経済学者は集計した需要を強調している．そして，「集計的なレベルでは，観測された需要の分布に与える影響において，好みにおける個人内・個人間の変動の見分けがつかない」といわれている．

統計的に同一で独立なN個人の母集団を考えよう．前者の仮定では，選択は同一の確率分布に支配される．しかし実際の選択は一般に個人のある面や他の面によって異なる．後者は，特別の選択肢を選ぶ個人の選択確率は他の個人の選択に独立であることを暗示する．

このような仮定の下で選択分布は平均を$\tilde{X}_i$とする次式を満たす．

$$\tilde{X}_i = NP_A(i), \quad i=1,\cdots,n \tag{4.4.15}$$

これは選択肢iの（期待）需要である．もし，Nが十分大きければ，この分布の標準偏差$1/\sqrt{N}$は減少し，$\tilde{X}_i$は集計需要のよい近似になる．

(3) 2項離散選択モデル (binary discrete choice model)

選択確率を決定するためにはランダム変数 ε_i の分布を特定しなければならない. $f(x)$ を $\varepsilon(\equiv\varepsilon_2-\varepsilon_1)$ の密度関数とする. すると u_1-u_2 の ε の累積密度関数の値として

$$P_A(1) = \int_{-\infty}^{u_1-u_2} f(x)\,dx$$

を得る.

最も簡単な ε の分布は区間 $[-L, L]$ の一様分布である. このとき,

$$f(x) = \begin{cases} 1/2L & if \quad x \in [-L, L] \\ 0 & otherwise \end{cases}$$

選択肢1の選択確率は, 以下の線形確率モデル (linear probability model) となる.

$$P_A(1) = \begin{cases} 0 & if \quad u_1-u_2 < -L \\ \dfrac{u_1-u_2}{2L} + \dfrac{1}{2} & if \quad -L \leq u_1-u_2 \leq L \\ 1 & if \quad L < u_1-u_2 \end{cases} \quad (4.4.16)$$

つぎにランダム変数 ε が正規分布に従う場合を示す. もし, ε_1, ε_2 を十分大きい数の観測不能の総計とみなせば, これらの分布は中心極限定理により正規分布となる. これらの各々の平均を0, 分散を σ_1^2, σ_2^2, 共分散を σ_{12} とすれば, ε もまた正規分布に従う変数で, 平均が0で分散が $\sigma^2 = \sigma_1^2 + \sigma_2^2 - 2\sigma_{12}$ となる. こうして,

$$P_A(1) = \frac{1}{\sqrt{2\pi}\sigma} \int_{-\infty}^{u_1-u_2} exp\left(-\frac{x^2}{2\sigma^2}\right) dx \quad (4.4.17)$$

となる. これを2項プロビットモデル (binary probit model) と呼ぶ. そして, 式 (4.4.3) と同じ形式で, 1927年に Thurstone によって提案された比較判定法におけるモデルと対応している.

式 (4.4.17) は閉じてないので, この式と同等で, しかも扱いやすい (4.4.3参照) モデルで代用したくなる. この代用モデルは2項ロジットモデル (binomial logit model) とよばれ, ε がロジスティック分布 (ε の分布関数を $1/(1+exp(-x/\mu))$ とする) に従うとして得られる. このとき ε の平均は0, その分散は $\pi^2\mu^2/3$ となる. こうして, 1の選択確率は次式となる.

$$P_A(1) = \frac{1}{1 + exp\left[-(u_1 - u_2)/\mu\right]} = \frac{exp(u_1/\mu)}{exp(u_1/\mu) + exp(u_2/\mu)} \quad (4.4.18)$$

この式はまた，式(4.4.8)で $n=2$，$\ln u(a) = u_1/\mu$，$\ln u(b) = u_2/\mu$ とおけば得られる．μ の変化 $(0 < \mu' < \mu'' < \infty)$ の影響を図4.4.2に示す．

S字型は μ の値が高くなるほどよりはっきりする．曲線は $P_A(1) = 1/2$ の $u_1 - u_2$ で変曲点をもつ．$P_A(1)$ は u_1 が u_2 より大きい（小さい）とき，ある μ に関して減少（増大）する．

新古典派の決定論的選択モデルは上記3つのモデルで極限をとったものである．すなわち，$u_1 \neq u_2$ とした式(4.4.16)で $L \to \infty$ とすれば，$u_1 = max\{u_1, u_2\}$ の場合のみに限り $P_A(1) = 1$ となる．これはまた，プロビットモデルで極限 $\sigma \to \infty$，ロジットモデルで極限 $\mu \to 0$ をとることで同様の結果が得られる．もしもこのようなパラメータが極値に向かえば，個人の行動はまったく予測不可能で，このとき $P_A(1) = P_A(2) = 1/2$ となる．

(4) 多項離散選択モデルの誘導

ここでは，$n (\geq 2)$ 選択肢と，R^n 空間で定義された累積分布 $F(x_1, \cdots, x_n)$ をもつ n ランダム変数 $\varepsilon_1, \cdots, \varepsilon_n$ がある場合を考える．選択肢 i のランダム効用は次式で与えられる．

$$\tilde{U}_i = u_i + \varepsilon_i \quad i = 1, \cdots, n$$

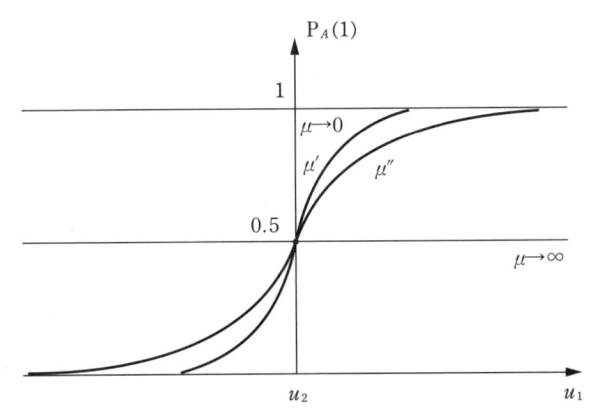

図4.4.2 異なる μ の値にロジットモデルの選択確率

ここに ε_i の平均は 0 である．これを加法的ランダム効用 (additive random utility, ARUM) とよぶ．対応する確率密度関数は $f(x_1, \cdots, x_n)$ で表され，この関数は R^n の凸部分集合 B で定義される．

i を選ぶ確率は式 (4.4.14) から次のように書ける．

$$P_A(i) = \Pr(\varepsilon_1 - \varepsilon_i \leq u_i - u_1, \cdots, \varepsilon_n - \varepsilon_i \leq u_i - u_n) \quad i = 1, \cdots, n$$

ε_i が独立で同一な分布 (identically and independently distribuited ; i. i. d) であると仮定する．F を ε_i の共通な累積分布，f を対応する密度関数とする．ある ε_i の実現値 x が与えられたとき，選択肢 i は確率密度 $\prod_{j \neq i} F(u_i - u_j + x)$ で選ばれる．すべての実現値を考えると次式を得る．

$$P_A(i) = \int_{-\infty}^{\infty} f(x) \prod_{j \neq i} F(u_i - u_j + x) \, dx \tag{4.4.19}$$

次に ε_i が独立で同一な分布でないとき，$\varepsilon_j - \varepsilon_i$, $j=1, \cdots, n$, $j \neq i$ の確率密度関数を見つけなくてはならない．$f(x_1, \cdots, x_n)$ において変数変換 $x_j \equiv y_j + x_i$ ($j=1, \cdots, n, j \neq i$) を行い，x_i のすべての値について積分すれば，求める密度関数は次式となる．

$$g^i(y_1, \cdots, [y_i], \cdots y_n) = \int_{-\infty}^{\infty} f(y_1 + x_i, \cdots, x_i, \cdots, y_n + x_i) \, dx_i \quad i = 1, \cdots, n$$

こうして，次式を得る．

$$P_A(i) = \int_{-\infty}^{u_i - u_1} \cdots \left[\int_{-\infty}^{u_i - u_i} \right] \cdots \int_{-\infty}^{u_i - u_n} g^i(y_1, \cdots, [y_i], \cdots y_n) \, dy_n \cdots [dy_i] \cdots dy_1 dx_i \tag{4.4.20}$$

ここで，記号 $[\cdot]$ は対応する変数が除外されることを意味する．上式の代替として $P_A(i)$ を $\varepsilon_1, \cdots, \varepsilon_n$ の累積分布関数 F で以下のように記述することもできる．

$$P_A(i) = \int_{-\infty}^{\infty} \int_{-\infty}^{u_i - u_1} \cdots \left[\int_{-\infty}^{u_i - u_i} \right] \cdots \int_{-\infty}^{u_i - u_n} f(y_1 + x_i, \cdots, x_i, \cdots, y_n + x_i) \, dy_n \cdots [dy_i] \cdots dy_1 dx_i$$

$x_i \equiv x, y_j \equiv z_j - x$, $j=1, \cdots, n$, $j \neq i$ とすると，次式となる．

$$P_A(i) = \int_{-\infty}^{\infty} \int_{-\infty}^{u_i + x - u_1} \cdots \left[\int_{-\infty}^{u_i + x - u_i} \right] \cdots \int_{-\infty}^{u_i + x - u_n} f(z_1, \cdots, x, \cdots, z_n) \, dz_n \cdots [dz_i] \cdots dz_1 dx$$

$$= \int_{-\infty}^{\infty} F_i(u_i + x - u_1, \cdots, x, \cdots, u_i + x - u_n) \, dx \quad i = 1, \cdots, n \tag{4.4.21}$$

ここに，F_i は x_i に関する F の導関数である．直感的に式 (4.4.21) は以下のように述べることができる．すなわち，各々の x の値について，式 (4.4.21) の積分は確率密度で，ε_i は与えられた x をとり，すべての $j \neq i$ に対して $\varepsilon_j \leq u_i + x - u_j$ である．すべての可能な x の値について積分すると選択肢 i が選ばれる確率が与えられる．

たとえば，2つの選択肢があり，2に対して1を選ぶ確率は，

$$P(1,2) = \Pr(\varepsilon_2 \leq u_1 + \varepsilon_1 - u_2) = \int_{-\infty}^{\infty} \int_{-\infty}^{u_1+x-u_2} f(x, z_2) \, dz_2 dx$$

となる．ランダム変数 ε_i にどのような分布が与えられても，選択確率は式 (4.4.21) で決定される．

4.4.5 多項ロジットモデル (multinominal logit model)

ここでは，ランダム効用アプローチを多項ロジットモデルに応用する．

『定理2 (Holman and Marley)：2重指数分布に対して ε_i を $i.i.d.$ であると仮定すると，

$$F(x) = \Pr(\varepsilon_i \leq x) = exp - \left[exp - \left(\frac{x}{\mu} + \gamma \right) \right] \tag{4.4.22}$$

と記述できる．ここに，γ はオイラーの定数 (Euler's constant, ≈ 0.5772) で，μ は正定数である．このとき，選択確率は次式で与えられる．

$$P_A(i) = \frac{exp(u_i/\mu)}{\sum_{j=1}^{n} exp(u_j/\mu)} \tag{4.4.23}』$$

［証明］式 (4.4.22) に対応する密度関数は次のように与えられる．

$$f(x) = \frac{1}{\mu} \left[exp - \left(\frac{x}{\mu} + \gamma \right) \right] \left\{ exp - \left[exp - \left(\frac{x}{\mu} + \gamma \right) \right] \right\}$$

式 (4.4.22) から

$$F(u_i + x - u_j) = exp - \left[exp - \left(\frac{u_i + x - u_j}{\mu} \right) \right] \quad i, j = 1, \cdots, n, \quad i \neq j$$

ここで，次の変数変換を行う．すなわち，$\delta = exp\left[-\left(\frac{x}{\mu} + \gamma \right) \right]$，$y_j = exp(u_j/\mu)$ とすると，

$$P_A(i) = \int_0^\infty exp(-\delta) \prod_{j=1}^n \left[\gamma xp\left(-\frac{\delta y_j}{y_i}\right) \right] d\delta = \int_0^\infty exp\left[-\delta\left(\sum_{j=1}^n \frac{y_j}{y_i}\right)\right] d\delta$$

これを積分すれば,

$$P_A(i) = -\frac{y_i}{\sum_{j=1}^n y_j} \left\{ exp\left[-\delta \sum_{j=1}^n \frac{y_j}{y_i}\right] \right\}_0^\infty = \frac{y_i}{\sum_{j=1}^n y_j}$$

これは, $y_i = exp(u_i/\mu)$ であるから, 式 (4.4.23) と等価である. (証明終)

他の表現をとれば, もし, ε_i が, 平均 0, 分散 $\mu^2\pi^2/6$ の2重指数分布に従うならば, これは, ガンベル分布 (2重指数型の極値分布) となり, 選択確率は多項ロジットモデル (multinominal logit model) で与えられる.

より強い2重指数と多項ロジットの関係が次の定理より得られる.

『定理3 (Yellot, 1977) : $n \geq 3$ とし, ε_i は $i.i.d.$ で共通分布関数が R で厳密な単調増加関数であれば, ε_i が2重指数分布に従う場合にのみ選択確率は多項ロジットで与えられる.』

4.4.6 ネステッドロジットモデル (nested logit model)

IIA 制約を避ける1つの方法は2段階プロセスとして選択をモデル化することによって行うことができる. 選択集合 A を, 数種類の観察しうる共通の特性でグループ化された, A_l に分割する: $A = \{A_l ; 1, \cdots, l\}$. ここで, 個人は, 1) ある確率で部分集合 A_l を選択すると仮定し, 2) A_l から選択肢の効用に依存する確率にもとづいてある特定の選択肢を選ぶと仮定する. これらの段階で各々の多項ロジットモデルを使うことを考える. 個人は第1段階で A_l を選び, 第2段階で, 次式の確率で, 選択肢 $i \in A_l$ を選ぶ.

$$P_{A_l}(i) = \frac{exp(u_i/\mu_2)}{\sum_{j \in A_l} exp(u_j/\mu_2)} \tag{4.4.24}$$

ここに, μ_2 は正の定数である.

第1段階で, 特定の部分集合 A_l を選択するためには, 個人は対応する部分集合の効用を評価しなければならない. この適切な評価を見つけるために次式で記述される効用の最大値の期待値を用いることができる.

$$S_l = E\left(\max_{j \in A_l} \tilde{U}_j\right) = \mu_2 \ln \sum_{j \in A_l} exp\left(\frac{u_j}{\mu_2}\right) \tag{4.4.25}$$

こうして，集合 A から A_l を選ぶ確率は，μ_1 を正の定数として，次のようになる．

$$P_A(A_l) = \frac{exp(S_l/\mu_1)}{\sum_{k=1}^{m} exp(S_k/\mu_1)} \tag{4.4.26}$$

選択肢 $i \in A_l \in A$ を選ぶ確率は式(4.4.24)(4.4.26)より次式となる．

$$P_i = P_A(A_l) \cdot P_{A_l}(i) = \frac{exp(S_l/\mu_1)}{\sum_{k=1}^{m} exp(S_k/\mu_1)} \cdot \frac{exp(u_i/\mu_2)}{\sum_{j \in A} exp(u_j/\mu_2)} \tag{4.4.27}$$

このモデルはネステッド多項ロジットモデル(Nested Multinominal Logit Model, NMNL)として知られている．この手順を図示すれば，図4.4.3のようになる．

2階層決定レベル間の相互依存性は式(4.4.27)の関係で表現されている．この定式化の良いところは，2つの選択肢 i と j が同じ部分集合 A_l に属していないとき IIA 特性を気にしなくても良いことにある．

4.4.7 離散選択モデルの推定と検定

モデル分析において，説明変数の関数形を決めたり，誤差項に用いる確率変数を特定の分布形に仮定したりすることをモデルの特定化(specification)という．離散選択モデルにおいて，それぞれの選択肢の効用関数にどのような説明変数を用いるかを決めることである．通常モデルの特定化には，前もってこの変数は入るべきだという理論的側面と，推定・検定を行いながら用いるべき変数を決めていく経験的側面の両面が必要である．

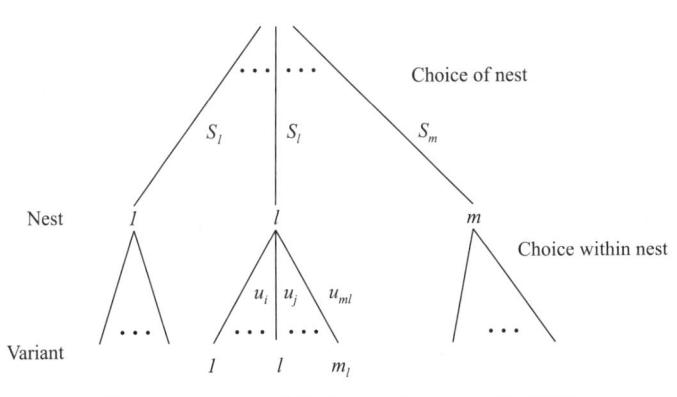

図4.4.3 ネステッド多項ロジットモデルの連続選択

(1) 最尤法によるモデルの推定

離散選択モデルは，非集計モデル (disaggregate model) と呼ばれるように個人個人の選択データを用いてモデル推定がなされる．個人個人の選択確率が未知パラメータを含む理論式で与えられたとき，推計データに最も適合する方法として最尤推定法が最も一般的に用いられる．

離散選択モデルのもとでの，データの尤度は選択確率を用いて次のように表される．

$$L=\prod_{j=1}^{m}\prod_{i=1}^{n}P_j(i)^{d_{ij}} \tag{4.4.28}$$

ここに，理論モデルが多項ロジットモデルである場合，$P_j(i)$ は式 (4.4.23) において，個人 j が選択集合 A から選択肢 i を選択する確率を示し，d_{ij} は個人 j が選択肢 i を選択したとき 1，そうでないとき 0 である．実際のモデル推定では，推計計算の簡便性のため式 (4.4.28) の両辺の対数を取った対数尤度関数を未知パラメータに関して最大にする．

$$\ln L = \ln d_{ij} \sum_{j=1}^{m}\sum_{i=1}^{n}\ln P_j(i) \to max. \tag{4.4.29}$$

多項ロジットモデルの対数尤度関数は大局的に凹であり，最大化の 1 階の条件，すなわち上式の未知パラメータに関する 1 次の微分係数を 0 として連立方程式を解けばよいことが証明されている (McFadden, 1974)．しかしながら，この式は選択確率式からわかるように，未知パラメータに関して非線形である．このため後述の Newton-Raphson 法などの数値解析法が必要となる．

(2) パラメータ推計値の統計的性質と検定

統計的に推定されたパラメータ値は，データすなわちサンプルに依存し，異なるサンプルを用いて同じモデルを推定すれば当然異なるパラメータ推定値を得る．つまりパラメータ推定値は確率変数であり，そのためにばらつきがある．最尤推定法によって得られるパラメータ推定値は，すでに記述したように，一致性 (consistency)，漸近的有効性 (asymptotic efficiency)，漸近的正規分布 (asymptotic normality) という統計学的に望ましい性質をもっていることがわかっている．すなわち，サンプル数が十分大きくなると，パラメータ値の分布は，クラメール・ラオの分散下限になる正規分布に近づき，その期待値は真値に近づいていく．

なお，パラメータ値の分散の推定値は，式(4.4.29)の対数尤度関数から求めることができる．この式を最大化する際に用いるヘッセ行列（式(4.4.29)をそれぞれのパラメータで2回微分した行列）の逆行列に負号をつけたものがパラメータの分散共分散行列の推定値になる．

これを用いて，パラメータの信頼性についての統計的検定を行うことができる．最もよく行われる検定は，それぞれのパラメータが0から統計的に有意に離れているかどうか，すなわち，各説明変数が効用値に影響を与えているかどうかの検定である．検定値はパラメータ推定値をその推定値の標準偏差の推定値で除した値で，最尤推定量の漸近的正規性からt検定となる．この値の絶対値が1.96以上であれば，有意水準5％で十分0から離れているといえる．

モデル全体としてサンプルにどれくらい適合しているかを検定するために尤度比検定を用いる．これについては，すでに4.1.6で記述した．

【事例4.5】水辺利用行動選択モデルの作成 [22), 28), 29)]

(1) 水辺利用行動選択モデルの説明力の検証
1）潜在変数を含んだ水辺利用行動選択モデルの推定

【事例4.4】で抽出した4つの潜在変数を，水辺利用行動選択に関わる効用関数の特性変数に盛り込んで，ロジットモデルのパラメータ推定を行った．具体的には，アンケート調査で得られた個別の環境要素（観測変数）に対する5段階の評価値から，表4.3.7に示した構造方程式を用いて各潜在変数の評価値を算出する．そして，その値を水辺利用行動選択に関わる効用関数の特性変数値として与え，ロジットモデルのパラメータ推定を行なった．

4つの潜在変数について，t値が低い潜在変数を特性変数から削除していく変数選択を段階的に整理した結果を表4.4.1に示す．

2）水辺利用行動選択モデルにおける説明力の検証

表4.4.1の変数選択のケース1及びケース2を見ると，共分散構造分析の結果，モデルの適合度が悪かった「水辺での活動のしやすさ」や「水辺への安心感」を表す潜在変数はいずれもt値が低くなっており，結果的に棄却された．

一方，共分散構造分析の結果，モデルの適合度が高く，潜在変数として抽出された「水辺の雰囲気の良さ」及び「水辺への親近感」は，ケース3においていずれもt値が1.96（信頼率95％）を超えており，統計的な説明力があることが示さ

表4.4.1 潜在変数を考慮した水辺利用行動選択モデルのパラメータ推定結果

	ケース1		ケース2		ケース3		ケース4	
	パラメータ	t値	パラメータ	t値	パラメータ	t値	パラメータ	t値
η_1：雰囲気の良さ	1.65	2.74	1.64	2.74	1.84	3.67	2.13	5.30
η_2：水辺への親近感	1.38	1.49	1.31	1.70	1.61	2.25	–	–
η_3：活動のしやすさ	0.32	0.26	0.17	0.33	–	–	–	–
η_4：水辺への安心感	−0.20	−0.13	–	–	–	–	–	–
河川までの距離	−0.0002	−0.15	−0.0002	−0.21	−0.0003	−0.26	−0.0009	−0.85
時間的ゆとりがある	0.96	1.83	0.93	1.93	0.86	1.86	0.88	2.03
水辺に関心がある	2.35	4.69	2.33	5.05	2.35	5.26	2.25	5.67
ρ^2	0.56		0.56		0.57		0.55	

れている．

以上のことから，二ヶ領本川では，水辺利用の有無を規定する潜在変数として，「水辺の雰囲気の良さ」及び「水辺への親近感」を取り上げることができることがわかった．

3）潜在変数化の有効性

表4.4.2に示すように，個別要素を直接ロジットモデルの特性変数とした場合，必ずしもすべての個別要素が説明力を持つとは限らない．例えば，ケース3の場合では，「ゴミがない」や「花が多い」のt値が低くなっており，「鳥が多い」に至っては符号が逆転している．

その意味では，このような潜在変数の導入は，個別要素として単独では水辺利用行動に対する統計的説明力が弱い変数が，水辺利用行動と関連する部分の情報を総合的に集約した潜在変数を介在して水辺利用の有無の意思決定に寄与するモデルづくりが可能となる．

(2) 表明選好データを用いた水辺利用行動選択モデル

【事例4.4】と(1)における水辺環境に対する認識データは，実際の水辺に対する認知と実際の利用行動などについて，生活者へのアンケート調査により得られた結果である．つまり，いずれの水辺環境に対する認識データも水辺の環境状態を認知するための情報が現在の環境状態に限られたRP（revealed preference：顕示的）データである．

4 心理・行動分析法

表4.4.2 ロジットモデルの推定結果
[個別要素を特性変数とした場合]

特性変数		ケース3		
		パラメータ	t値	評価
認識データ	水がきれい	1.381	3.89	
	ゴミがない	0.050	0.18	×
	木が多い	0.643	2.00	
	花が多い	0.290	0.96	×
	鳥が多い	−0.283	−0.95	×
	歩道がある	0.489	1.72	×
	堤防が緩やか	0.567	2.03	
	河川までの距離	−0.001	−0.63	
	時間的ゆとりがある	0.980	1.81	
	関心がある	2.887	5.10	
$\rho 2$		0.63		

×：認識データでt値が1.96（信頼率95%）以下

　現時点における水辺利用の有無に関して，どのような水辺の環境要素が寄与しているかを把握するためには，現時点における実際の利用行動の結果と現在の水辺の環境状態に対する認識データ，いわゆるRPデータに基づくことが有効である．

　しかしながら，今後の水辺整備に関する計画情報を得るためには，各々の水辺がどのように生活者に親しみを持たれ，利用される水辺整備を行う場合に，生活者が何を望み，水辺環境のどのような要素を改善するとどのような利用行動をとるのか，といった周辺生活者の水辺整備への意向に関する情報を収集し，分析する必要がある．このような場合，水辺の利用行動の選択に寄与する全てのパラメータを推定するためには，RPデータのみを用いることは情報が現在の状態に限られているという点で，説明力のある有効な特性変数の同定に不利に働くことが考えられる．

　仮想的な状況を想定した場合に被験者が採るであろう利用行動は，被験者の水辺整備に対する選好意思の現れであり，仮想的に想定した状況における代替案に対する選好を表明したデータがSP（stated preference：表明選好）データといわれている．このSPデータを活用すると，現存しない状況を想定した場合の選択結

表 4.4.3　RP データと SP データの特徴の比較 [33]

	RP データ	SP データ
選好情報	・実際の利用行動の結果 ・市場における行動と一致 ・水辺に行く／行かないの「選択結果」	・仮想の状況における意思表示 ・実際の行動と不一致の可能性 ・水辺に行く／行かないの「選択結果」
代替案	・現存しない特性変数は取り扱えない	・現存しない特性変数も取り扱える
属性	・測定誤差があることが多い ・属性値の範囲が限られている ・属性値間で重共線が大きいことがある	・測定誤差はない ・属性値の範囲を拡張できる ・属性値間の相関を制御できる
選択肢	・不明瞭	・明瞭

果が得られることから，水辺利用の有無に関わる特性変数間のトレードオフの情報を幅広く予測モデルに取り込むことができる利点がある．

このような RP データと SP データを活用して選択モデルの推定精度及び操作性を高める研究は，特に新商品の開発や販売のための情報源となるマーケティング・リサーチの分野で広く行われている．近年，土木計画の分野でも交通需要分析の需要予測に SP データを用いることが多くなっている[33)34)35]．

ここでは，まず RP データと SP データの特徴を整理する．次に，RP データを用いた場合の水辺利用行動の選択に寄与する特性変数と，生活者の改善希望内容とを比較して，今後の水辺整備に関する計画情報を得るためのモデル推定には RP データのみによるモデル推定では限界があることを示す．さらに，従来 RP データのみでパラメータ推定を行っていた水辺利用行動選択モデルの推定精度及び操作性を高めるために，RP データと SP データを同時に用いて，SP データが有する上記の利点を活用した水辺利用行動選択モデルの改良を行う．最後に，RP データと SP データを同時に用いた水辺利用行動選択モデルと RP データのみを用いた水辺利用行動選択モデルとをモデルの推定精度及び操作性に関して比較し，SP データを活用することの有効性について検証する．

(3) RP データと SP データの特徴

RP データは実際の水辺の利用行動に基づく顕示的データであるために，データそのものの信頼性が高い．しかし，RP データからランダム効用理論に基づく離散的選択モデルを推定する際には，特性変数に関する情報が現在の水辺の環境

表 4.4.4 全体サンプルによるロジットモデルのパラメータ推定結果[再掲]

特性変数		認識変数全体			同定結果	
		パラメータ	t値	評価	パラメータ	t値
水辺環境に対する認識データ	水がきれい	0.232	1.21		0.212	1.85
	いやな臭いがしない	0.046	0.24		−	−
	ゴミが少ない	−0.104	−0.69		−	−
	水量が多い	0.102	0.52		−	−
	木が多い	0.000	0.00		−	−
	花が多い	−0.049	−0.27		−	−
	草が多い	0.129	0.79		−	−
	魚が多い	0.035	0.24		−	−
	昆虫が多い	−0.103	−0.49		−	−
	鳥が多い	−0.006	−0.03		−	−
	人が多い	−0.034	−0.19		−	−
	遊歩道や歩道が多い	0.032	0.20		−	−
	堤防が緩やかである	0.023	0.13		−	−
	遊ぶ場所が多い	−0.210	−1.04		−	−
	公園が多い	−0.128	−0.57		−	−
	休む場所が多い	0.417	2.11	●	0.318	2.91
	トイレが多い	0.270	1.33		−	−
その他	河川までの距離	−0.001	−1.45	●	−0.002	−3.70
	時間的ゆとりがある	0.163	0.58		−	−
	関心がある	1.072	3.50	●	1.145	6.37
サンプル数		N=248			N=345	
的中率	全体	−			65.5%	
	利用する	−			80.4%	
	利用しない	−			46.4%	
尤度比		$\rho 2 = 0.11$			$\rho 2 = 0.11$	

注)●:パラメータの符号条件及びt値検定(t値≧1.96)を満足するもの.

状態に限られているため,説明力のある有効な特性変数の同定が難しい場合がある.この原因としてRPデータ特有の1)変数間の重共線性,2)特性変数値のばらつきが小さいこと,又は3)ある変数に対するデータが得られないことなど

があげられる．

一方，SPデータは仮想的な状況下における行動への意思表明データであるため，SPデータ特有の種々のバイアス（例えば，実際の行動を正当化したり，政策を有利な方向に操縦するバイアスなど）を含んでいると言われ，SPデータにより推定されたモデルの信頼性が疑問視される場合がある．しかし，SPデータが仮想的な状況下における意思表明データであるため，実際には存在しない特性変数の導入や特性変数の定義域の拡大など，推定モデルの操作性の面での推定精度の向上に期待が大きい．

(4) RPモデルと改善希望内容の比較

RPデータに基づく水辺利用行動選択モデル（RPモデル）は，【事例4.4】で示したように，二ヶ領本川では，「水のきれいさ」，「休む場所の有無」，「河川までの距離」，「二ヶ領本川への関心の有無」が行く/行かないを規定する効用の特性変数としてあげられる．つまり，RPデータに基づく水辺利用行動選択モデルでは，水辺環境として「水のきれいさ」と「休む場所の有無」が水辺利用の有無に寄与していることが示された．

二ヶ領アンケートの中で，現在の水辺環境に対する改善希望要素を質問したところ，表4.4.5に示す結果が得られた．

具体的には，最も改善希望が多いのは「水をきれいにする」である．また，「水をきれいにする」という環境改善が，現在二ヶ領本川を利用していない人を改善後に利用へ転じるという回答が最も多かった．次いで，「ゴミをなくす」「トイレをつくる」「休む場所をつくる」などの改善希望が上位を占めている．

このように，今後の水辺整備を考えた場合，RPデータのみを用いたRPモデルでは，住民が希望する環境要素がモデルの中に反映されていない．これは，RPデータのみを用いるモデル推定の限界を示しているものと判断される．

(5) RPデータとSPデータによる同時推定法

1) 基本的な考え方

一般に，RPデータとSPデータを統計的に融合することの利点は，RPデータだけからでは正確に推定できないパラメータをSPデータの情報によって同定するとともに，SPデータに含まれるバイアスやランダム・エラーを修正することであると言われている．

ここに，水辺の環境評価にRPデータに加えて，このSPデータを活用するこ

表4.4.5 改善希望要素と改善後の行動変化

順位		現況評価	総数	現在利用していない			現在利用している			不明
				計	改善後の行動		計	改善後の行動		
					変わらない	もっと行く		変わらない	もっと行く	
1	水をきれいにする	-0.114	237	100	36	64	134	31	103	3
2	ゴミをなくす	-0.138	184	71	33	38	111	24	87	2
3	休む場所をつくる	-0.162	110	49	13	36	59	11	48	2
4	トイレをつくる	-0.670	143	50	19	31	93	22	71	0
5	木を多く植える	-0.005	106	47	17	30	57	9	48	2
6	花を多く植える	-0.025	98	47	17	30	50	14	36	1
7	遊歩道や歩道をつくる	0.094	55	33	10	23	20	2	18	2
8	公園をつくる	-0.320	68	31	10	21	36	6	30	1
9	いやな臭いをなくす	0.128	51	29	12	17	22	7	15	0
10	遊ぶ場所をつくる	-0.139	43	19	3	16	24	2	22	0
11	魚を増やす	0.175	46	19	4	15	26	5	21	1
12	水量を増やす	-0.173	64	21	9	12	43	8	35	0
13	駐車(輪)場をつくる	-0.571	45	20	8	12	24	8	16	1
14	草を多く植える	0.061	20	8	2	6	12	0	12	0
15	鳥を増やす	-0.180	19	9	3	6	10	2	8	0
16	堤防を緩やかにする	-0.003	21	6	2	4	15	3	12	0
17	昆虫を増やす	-0.249	20	5	1	4	15	3	12	0
18	人が来るようにする	-0.128	17	12	8	4	5	0	5	0
	全体			377	167	65	102	210	52	158	0

注1) 順位は現在利用していない人が利用するようになる人数の多い順である.
注2) 現況評価は，5段階評価に，非常に良い：1, やや良い：0.5, どちらとも：0, やや悪い：-0.5, 非常に悪い：-1の得点を与えて，構成比により加重平均した値である.

との利点は，以下の点にある.

① 水辺整備により現在の環境状態が変化したり，新たな要素が加わった場合に生活者がどのような利用行動を採るか把握することができる，信頼性の高いモデル推定が期待できる.
② RPデータとSPデータを同時に用いることにより，SPデータに含まれる

種々のバイアスを修正できる．

2）RP データと SP データを同時に用いたロジットモデルの推定法

森川ら（1992）によれば，RP データと SP データの同時推定法として以下の手順が示されている[33]．

① フレームワーク

RP モデル

$$u_{in}^{RP} = \beta' x_{in}^{RP} + \alpha' w_{in}^{RP} + \varepsilon_{in}^{RP}$$
$$= v_{in}^{RP} + \varepsilon_{in}^{RP} \qquad (4.4.30)$$

$$d_n^{RP}(i) = \begin{cases} 1 : if\ alternative\ i\ is\ chosen \\ 0 : otherwise \end{cases} \qquad (4.4.31)$$

$$(i=1, \cdots, I_{in}^{RP}, n=1, \cdots, N^{RP})$$

ここに，u_{in} は個人 n の代替案 i に対する総効用，v_{in} は個人 n の代替案 i に対する効用の確定項，ε_{in} は個人 n の代替案 i に対する効用のランダム項，$d_n(i)$ は個人 n の代替案 i の選択ダミー，x_{in}, w_{in} は個人 n の代替案 i に対する説明変数ベクトル，α, β は未知係数ベクトル，I_n は個人 n の選択肢集合に含まれる代替案の数，N はデータに含まれる代替案の数である．

SP モデル

$$u_{in}^{SP} = \beta' x_{in}^{SP} + \gamma' z_{in}^{SP} + \varepsilon_{in}^{SP}$$
$$= v_{in}^{SP} + \varepsilon_{in}^{SP} \qquad (4.4.32)$$

$$d_n^{SP}(i) = \begin{cases} 1 : if\ alternative\ i\ is\ chosen \\ 0 : otherwise \end{cases} \qquad (4.4.33)$$

$$(i=1, \cdots, I_{in}^{SP}, n=1, \cdots, N^{SP})$$

ここに，x_{in} は RP モデルと SP モデルで共通の係数ベクトル β を持つ説明変数ベクトル，w_{in}, z_{in} はそれぞれ RP モデル，SP モデルで異なる係数を持つ説明変数ベクトル，$\gamma' z_{in}$ が SP バイアス及び SP データにしか含まれない属性項を表している．

ランダム項の分散の関係

$$Var(\varepsilon_{in}^{RP}) = \mu^2 Var(\varepsilon_{in}^{SP}), \forall i, n \qquad (4.4.34)$$

ここに，ε_{in}：個人 n の代替案 i に対する効用のランダム項

μ：ランダム項の分散の違いを表すスケール・パラメータ

② 段階推定法

この方法は，RP データ及び SP データの基づくモデルの尤度関数を段階的に最大化することによりモデルパラメータの非線形性を避けて推定する方法である．以下に，その手順を示す．

STEP 1

$$L^{SP}(\beta, \gamma, \mu) = \sum_{n=1}^{N^{SP}} \sum_{i=1}^{I^{SP}} d_n^{SP}(i) \cdot \log(P_n^{SP}(i)) \tag{4.4.35}$$

SP モデルの対数尤度関数を最大化して，パラメータ推定値，$\mu\beta$ 及び $\mu\gamma$ を推定し，次式の合成値を計算する．

$$t_{in}^{RP} = \mu\beta' x_{in}^{SP} \tag{4.4.36}$$

STEP 2

式 (4.4.36) で算出した合成値を含む RP モデルの効用関数，

$$v_{in}^{RP} = \lambda t_{in}^{RP} + \alpha' w_{in}^{RP} \tag{4.4.37}$$

に基づく RP モデルで，

$$L^{RP}(\alpha, \beta) = \sum_{n=1}^{N^{RP}} \sum_{i=1}^{I^{RP}} d_n^{RP}(i) \cdot \log(P_n^{RP}(i)) \tag{4.4.38}$$

を最大化して最尤推定値 λ 及び α を推定する．そして，次のスケールパラメータなどの各種パラメータ値を計算する．

$$\hat{u} = 1/\hat{\lambda}, \quad \hat{\beta} = \mu\beta/\hat{u}, \text{ and } \hat{\gamma} = \mu\gamma/\hat{u} \tag{4.4.39}$$

STEP 3

x^{SP} と z^{SP} を $\hat{u}$ 倍した SP データを作成し，RP データを併せて RP モデルと SP モデルを同時推定する．

STEP 4：モデルによる予測

推定に使用するモデルは，実際の選択行動を表す式 (4.4.30) の RP モデルである．つまり，期待効用の予測値は，

$$\hat{v}_{in}^{RP} = \hat{\beta}' x_{in}^{RP} + \hat{\alpha}' w_{in}^{RP} \tag{4.4.40}$$

で与えられる．

SPモデルとして，新たな特性変数を加える必要がある場合には，その特性変数の効用項を RP モデルの効用関数に加えて予測を行う．すなわち，その際予測に用いる期待効用値は，

$$\hat{v}_{in}^{RP} = \hat{\beta}' x_{in}^{RP} + \hat{\alpha}' w_{in}^{RP} + \tilde{\tilde{\gamma}} \tilde{z}_{in}^{SP} \tag{4.4.41}$$

で与えられる．ここに，$\tilde{z}_{in}^{SP}$ は z_{in}^{SP} の部分ベクトルであり，$\tilde{\gamma}$ は $\hat{\gamma}$ の部分ベクトルである．

(6) RP データと SP データによる同時推定

1) SP データ（改善後の選択結果）

水辺環境改善後の水辺利用行動の変化は，【事例4.4】で示したアンケートにより，現在の水辺環境に対する改善希望要素を質問の後に，希望改善要素が改善された後に水辺利用に変化があるか否かを尋ねたものである[36]．

SPデータ（改善後の利用行動の選択結果）は，図4.4.4に示す考え方で作成した．この結果，希望した改善がなされた後の水辺利用（水辺に行く／行かない）に対する行動選択は，表4.4.6に示すように変化するとの意思表示があった．

また，改善後における当該要素に対する認識データは，改善を希望する人としない人では評価値が異なると仮定して，希望していない人に対して希望する人の評価に便宜的に2倍のウェイトを与えた．

2) SP モデルの推定

ここでは，生活者の改善希望情報を水辺利用行動選択モデルに付加するために，周辺生活者が二ヶ領本川の利用に当たって改善を希望している上位5つの環境要素を取り上げ，希望改善要素が改善された後に水辺利用の変化の有無に対する意思表示データをもとに，SPモデルを検討した．

分析の結果，表4.4.7に示すように，SP1：水をきれいにした場合，SP2：休む

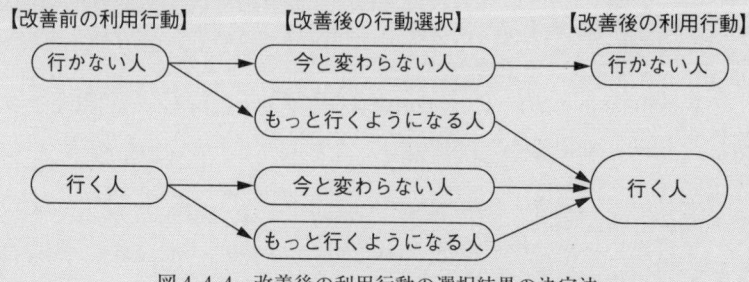

図4.4.4 改善後の利用行動の選択結果の決定法

4 心理・行動分析法

表4.4.6 環境改善後の行動変化

データ		RP合計	SP		
	項目		行かない	行く	未回答
RP	行かない	175	65	102	8
	行く	215	0	210	5
	未回答	5	−	−	5
SP合計		395	65	312	18

表4.4.7 上位5要素の改善に伴うSPモデルの推定結果

特性変数		SP1:水質改善		SP2:ゴミをなくす		SP3:木を多く植える		SP4:休む場所の整備		SP5:トイレの整備	
		パラメータ値	t値	パラメータ値	t値	パラメータ値	t値	パラメータ値	t値	パラメータ値	t値
水がきれい	5段階評価	0.1246	0.83	−	−	−	−	0.3316	2.58	0.4246	3.20
ゴミをなくす	5段階評価	−	−	−0.0689	−0.55	−	−	−	−	−	−
木が多い	5段階評価	−	−	−	−	0.0014	0.01	−	−	−	−
休む場所がある	5段階評価	−	−	−	−	−	−	0.2431	1.97	−	−
トイレがある	5段階評価	0.3262	1.64	−	−	0.4768	2.72	−	−	0.4324	2.36
河川までの距離	実測値	−0.0015	−1.93	−0.0025	−3.59	−0.0011	−1.55	−0.0013	−1.84	−0.0022	−2.99
関心がある	0-1ダミー変数	0.9996	3.17	0.8573	3.09	1.3437	4.52	0.5979	2.20	0.9651	3.24
水質の改善希望の有無	有:2, 無:1	0.8525	3.53	−	−	−	−	−	−	−	−
ゴミの改善希望の有無	有:2, 無:1	−	−	0.4501	2.60	−	−	−	−	−	−
木の改善希望の有無	有:2, 無:1	−	−	−	−	0.5378	2.22	−	−	−	−
休む場所の改善希望の有無	有:2, 無:1	−	−	−	−	−	−	0.7099	3.32	−	−
トイレの改善希望の有無	有:2, 無:1	−	−	−	−	−	−	−	−	0.9929	4.08
サンプル数		N=306		N=324		N=328		N=323		N=306	
尤度の初期値		$L(0)=-212.1$		$L(0)=-224.6$		$L(0)=-210.7$		$L(0)=-223.9$		$L(0)=-212.1$	
尤度の最終値		$L(\beta)=-145.5$		$L(\beta)=-179.7$		$L(\beta)=-172.9$		$L(\beta)=-179.8$		$L(\beta)=-163.8$	
尤度比		$\rho2=0.31$		$\rho2=0.20$		$\rho2=0.18$		$\rho2=0.20$		$\rho2=0.23$	

場所を整備した場合, SP3:トイレを設置した場合に関して, 統計的に有意なSPモデルを導き出すことができた.

3) RPデータとSPデータを同時に用いたロジットモデルの推定

以下では, SP1:水をきれいにした場合, SP2:休む場所を整備した場合, SP3:トイレを設置した場合のSPモデルを用いて水辺利用行動選択モデルを改良す

る．

(3)で示した同時推定法に基づいて，RP データと SP データ用いた水辺利用行動選択モデルを推定した．以下に，計算手順を示す．

STEP 1 : 1) RP データによるロジットモデルの推定

まず，RP データを用いて，水辺利用の有無に係る間接効用関数を推定する．その結果，以下に示す水辺利用を規定する間接効用関数（確定項 v_{in}^{RP}：RP モデル）が推定される．

RP モデル

$$\left.\begin{aligned}v_{in}^{RP}=&0.251536\times\text{【水がきれい】}\cdots\cdots[2.08]\\&+0.347143\times\text{【休む場所がある】}\cdots\cdots[2.86]\\&+0.088759\times\text{【トイレがある】}\cdots\cdots[0.60]\\&-0.001955\times\text{【河川までの距離】}\cdots[-2.88]\\&+1.309338\times\text{【関心がある】}\cdots[5.02]\end{aligned}\right\} \quad (4.4.42)$$

尤度比 $\rho^2=0.127$，ここに [ ] の値は t 値を示す．

2) SP データによるロジットモデルの推定結果

次に，SP データを用いて，改善希望要素を改善した場合の SP モデルを推定する．上位5つの環境要素を取り上げ，希望改善要素が改善された後に水辺利用の変化の有無に対する SP データをもとに，SP モデルを検討した結果，以下に示す SP1：水をきれいにした場合，SP2：休む場所を整備した場合，SP3：トイレを設置した場合に関する SP モデルを導き出すことができた．

① SP1：「水をきれいにする」に対する SP モデル

$$\left.\begin{aligned}v_{in}^{SP1}=&0.124561\times\text{【水がきれい】}\cdots\cdots[0.83]\\&+0.326191\times\text{【トイレがある】}\cdots[1.64]\\&-0.001510\times\text{【河川までの距離】}\cdots[-1.93]\\&+0.999566\times\text{【関心がある】}\cdots[3.17]\\&+0.852535\times\text{【水質改善希望の有無】}\cdots[3.53]\end{aligned}\right\} \quad (4.4.43)$$

尤度比 $\rho^2=0.314$，ここに [ ] の値は t 値を示す．

② SP2：「休む場所をつくる」に対する SP モデル

$$\left.\begin{aligned}v_{in}^{SP2}=&0.331623\times\text{【水がきれい】}\cdots[2.58]\\&+0.243118\times\text{【休む場所がある】}\cdots[1.97]\\&-0.001333\times\text{【河川までの距離】}\cdots[-1.83]\\&+0.597949\times\text{【関心がある】}\cdots[2.20]\\&+0.709912\times\text{【休む場所の改善希望の有無】}\\&\qquad\cdots[3.32]\end{aligned}\right\} \quad (4.4.44)$$

尤度比 $\rho^2=0.197$，ここに [ ] の値は t 値を示す．

③ SP3：「トイレを整備する」に対する SP モデル

$$\begin{aligned}
v_{in}^{SP3} = & 0.424562 \times \text{【水がきれい】} \cdots [3.20] \\
& +0.432415 \times \text{【トイレがある】} \cdots [2.36] \\
& -0.002191 \times \text{【河川までの距離】} \cdots [-2.99] \\
& +0.965143 \times \text{【関心がある】} \cdots [3.24] \\
& +0.992910 \times \text{【トイレの改善希望の有無】} \\
& \qquad\qquad \cdots [4.08]
\end{aligned} \tag{4.4.45}$$

尤度比 $\rho^2=0.228$，ここに [ ] の値は t 値を示す．

STEP 2：スケールパラメータの算出

ここでは，各 SP モデルについて，RP モデルと共通する特性変数を用いて，式(4.4.36)に示す t 合成値を算出し，その t 合成値を含む RP モデルを推定する．そして，各 SP モデルのスケールパラメータは式(4.4.39)で算出される．

① SP1：「水をきれいにする」に対するスケールパラメータ

a）t 合成値

$$\begin{aligned}
t_{in}^{RP1} = & 0.124561 \times \text{【水がきれい】} \\
& +0.326191 \times \text{【トイレがある】} \\
& -0.001510 \times \text{【河川までの距離】} \\
& +0.999566 \times \text{【関心がある】}
\end{aligned} \tag{4.4.46}$$

b）t 合成値を含む RP モデルの推定

$$\begin{aligned}
v_{in}^{RP1} = & 1.285693 \times \text{【t合成値】} \cdots [4.92] \\
& +0.104739 \times \text{【休む場所がある】} \cdots [1.00]
\end{aligned} \tag{4.4.47}$$

尤度比 $\rho^2=0.08$，ここに [ ] の値は t 値を示す．

c）スケールパラメータの算出

$$\mu_1 = 1/\lambda_1 = 1/1.285693 = 0.7778 \tag{4.4.48}$$

② SP2：「休む場所をつくる」に対するスケールパラメータ

a）t 合成値

$$\begin{aligned}
t_{in}^{RP2} = & 0.331623 \times \text{【水がきれい】} \\
& +0.243118 \times \text{【休む場所がある】} \\
& -0.001333 \times \text{【河川までの距離】} \\
& +0.597949 \times \text{【関心がある】}
\end{aligned} \tag{4.4.49}$$

b）t 合成値を含む RP モデルの推定

$$\begin{aligned}
v_{in}^{RP2} = & 1.322529 \times \text{【t合成値】} \cdots [5.82] \\
& -0.166043 \times \text{【トイレがある】} \cdots [-2.27]
\end{aligned} \tag{4.4.50}$$

尤度比 $\rho^2=0.107$，ここに [ ] の値は t 値を示す．

c) スケールパラメータの算出

$$\mu_2 = 1/\lambda_2 = 1/1.322529 = 0.756127 \tag{4.4.51}$$

③ SP3：「トイレを整備する」に対するSPモデル
a) t 合成値

$$\left.\begin{aligned}t_{in}^{RP3} = &\ 0.424562 \times 【水がきれい】\\ &+ 0.432415 \times 【トイレがある】\\ &- 0.002191 \times 【河川までの距離】\\ &+ 0.965143 \times 【関心がある】\end{aligned}\right\} \tag{4.4.52}$$

b) t 合成値を含むRPモデルの推定

$$\left.\begin{aligned}v_{in}^{RP3} = &\ 0.415247 \times 【t合成値】 \cdots [2.57]\\ &+ 0.107310 \times 【休む場所がある】 \cdots [-2.27]\end{aligned}\right\} \tag{4.4.53}$$

尤度比 $\rho^2 = 0.030$，ここに [ ] の値は t 値を示す．

c) スケールパラメータの算出

$$\mu_3 = 1/\lambda_3 = 1/0.415247 = 2.4082 \tag{4.4.54}$$

STEP 3：RPデータとSPデータによるロジットモデルの同時推定

　各SPモデルの特性変数値をそれぞれスケールパラメータ μ 倍したSPデータを作成し，RPデータを併せて，RPモデルとSPモデルを同時推定する．その結果を以下に示す．

RP＋SP1＋SP2＋SP3 モデル

$$\left.\begin{aligned}v_{in}^{RP+SP1+SP2+SP3} = &\ 0.217162 \times 【水がきれい】 \cdots [4.48]\\ &+ 0.308288 \times 【休む場所がある】 \cdots [3.48]\\ &+ 0.092695 \times 【トイレがある】 \cdots [1.51]\\ &- 0.001040 \times 【河川までの距離】 \cdots [-3.97]\\ &+ 0.736522 \times 【関心がある】 \cdots [7.26]\\ &+ 0.938373 \times 【水質の改善希望の有無】 \cdots [7.74]\\ &+ 0.825264 \times 【休む場所の改善希望の有無】 \cdots [5.58]\\ &+ 0.177014 \times 【トイレの改善希望の有無】 \cdots [2.57]\end{aligned}\right\} \tag{4.4.55}$$

尤度比 $\rho^2 = 0.199$，ここに [ ] の値は t 値を示す．

4) 推定結果と考察

RPデータとSPデータを同時に用いた水辺利用行動選択モデルの推定結果を表4.4.8に示す．これから以下のことが明らかになった．

① RPモデルでは，説明力がない「トイレ」に関する特性変数が取り込まれている．

表4.4.8 RPデータとSPデータを同時に用いたモデル推定結果

項目	評価値	RPモデル パラメータ値	t値	SP1 水をきれいにする パラメータ値	t値	SP2 休む場所をつくる パラメータ値	t値	SP3 トイレを整備する パラメータ値	t値	RP+SP1+SP2+SP3 パラメータ値	t値
水がきれい	5段階評価	0.2515	2.08	0.1246	0.83	0.3316	2.58	0.4246	3.20	0.2172	4.48
休む場所がある	5段階評価	0.3471	2.86	−	−	0.2431	1.97	−	−	0.3083	3.48
トイレがある	5段階評価	0.0888	0.60	0.3262	1.64	−	−	0.4324	2.36	0.0927	1.51
河川までの距離	実測値	−0.0020	−1.93	−0.0015	−1.93	−0.0013	−1.84	−0.0022	−2.99	−0.0010	−3.97
関心がある	0-1ダミー変数	1.3093	3.17	0.9996	3.17	0.5979	2.20	0.9651	3.24	0.7365	7.26
水質の改善希望の有無	有:2,無:1	−	−	0.8525	3.53	−	−	−	−	0.9384	7.74
休む場所の改善希望の有無	有:2,無:1	−	−	−	−	0.7099	3.32	−	−	0.8253	5.58
トイレの改善希望の有無	有:2,無:1	−	−	−	−	−	−	0.9929	4.08	0.1770	2.48
SP1のスケールパラメータ		−	−	−	−	−	−	−	−	0.7778	4.92
SP2のスケールパラメータ		−	−	−	−	−	−	−	−	0.7561	5.82
SP3のスケールパラメータ		−	−	−	−	−	−	−	−	2.4082	2.57
サンプル数		N=322		N=306		N=323		N=306		N=1235	
尤度の初期値		L(0)=−223.2		L(0)=−212.1		L(0)=−223.9		L(0)=−212.1		L(0)=−856.1	
尤度の最終値		L(β)=−194.9		L(β)=−145.5		L(β)=−179.8		L(β)=−163.8		L(β)=−685.9	
尤度比		$\rho^2=0.13$		$\rho^2=0.31$		$\rho^2=0.20$		$\rho^2=0.23$		$\rho^2=0.20$	
的中率 全体		66.8%		−	−	−	−	−	−	66.8%	
的中率 利用しない人		48.6%		−	−	−	−	−	−	58.0%	
的中率 利用する人		80.4%		−	−	−	−	−	−	73.4%	

② 各特性変数の t 値が大きく向上している.
③ モデル全体の説明力を示す尤度比が向上している.
④ 的中率を見ると,全体としては向上していないが,選択肢別の的中率の乖離が改善されている.

①の「トイレ」要素に関しては,二ヶ領本川周辺には現況でトイレが設置されていないため,周辺生活者の評価が非常に悪い(表4.4.5参照).しかし,トイレがなくても二ヶ領本川を利用する人がいるため,結果的にRPモデルで「トイレ」要素を特性変数として取り込むことができなかった.しかし,トイレ設置を希望する人は多く,改善後に行動変化する人の割合が多いため,そのSPデータを用いることにより,「トイレ」要素を特性変数として取り込むことができたと考えられる.

また、④の的中率に関しては、RPモデルの場合、特性変数の影響力が「関心がある」と「河川までの距離」に集中していたが、SPデータを用いることにより、認識変数に対する影響力が向上して、バランスのある効用関数が同定されたためと考えられる。

参考文献

1) 飯田恭敬・岡田憲夫編著：『土木計画システム分析』，森北出版，1992
2) 東京大学教養学部統計学教室編：『自然科学の統計学』，東京大学出版会，1992
3) 芝祐啓：『因子分析法』，東京大学出版会，1979
4) 片平秀樹：『マーケティング・サイエンス』，東京大学出版会，1987
5) 神谷大介・吉澤源太郎・萩原良巳・吉川和広：「都市域における自然的空間の整備計画に関する研究」，環境システム研究論文集 Vol. 28, pp. 367-374, 土木学会，2000
6) M. D. Mesarovic, D. Macko, and Y. Takahara：『Theory of Hierarchical, Multilevel, Systems』，Academic Press, 1970
7) 神谷大介・萩原良巳：「都市域の自然的空間利用における心理的要因と整備内容に関する研究」，土木計画学研究・論文集，No. 18, pp. 267-273, 2001
8) 内山正雄：『都市緑地の計画と設計』，彰国社，1987
9) 小野佐和子：『こんな公園がほしい』，築地書館，1997
10) 岡部篤行・鈴木敦夫：『シリーズ現代人の数理3　最適配置の数理』，朝倉書店，1992
11) 土木学会編：『土木工学ハンドブック』，技報堂，1989
12) 中山徹：『大阪の緑を考える』，東方出版，1994
13) 都市環境デザイン会議関西ブロック：『URBANDESIGN 都市環境デザイン13人が語る理論と実際』，学芸出版社，1995
14) 神谷大介・萩原良巳：「減災のための都市域における公園緑地の整備計画に関する研究」，京都大学防災研究所年報，第44号，B-2, pp. 79-85, 2001
15) 神谷大介・坂元美智子・萩原良巳・吉川和広：「都市域における環境防災からみた水・土・緑の空間配置に関する研究」，環境システム研究論文集 Vol. 29, pp. 207-214, 2001
16) 神谷大介・萩原良巳：「都市域における環境創成による震災リスク軽減のための計画代替案の作成に関する研究」，環境システム研究論文集 Vol. 30, pp. 119-125, 2002
17) 神谷大介・萩原良巳・畑山満則：「避難行動に着目した自然的空間の減災価値評価に関する研究」，環境システム研究論文集 Vol. 31, pp. 67-73, 2003
18) 神谷大介・萩原良巳・畑山満則：「都市域における水辺創成による震災リスクの軽減に関する研究」，地域学研究第34巻第1号，pp. 1-82, 2004
19) 北村隆一・森川高行編著：『交通行動の分析とモデリング』，技法堂，2002
20) 豊田秀樹：『共分散構造分析［入門編］構造方程式モデリング』，朝倉書店，1998
21) 狩野裕・市川雅教：「共分散構造分析」，日本統計学会チュートリアルセミナー資料，1998
22) 萩原清子・萩原良巳・清水丞：「都市域における水辺の環境評価」，環境科学会誌，Vol. 14, No. 6, pp. 555-566, 2001
23) 豊田秀樹・前田忠彦・柳井晴夫：『原因を探る統計学共分散構造分析入門』，講談社ブルーバックス，1992

24) 森野真理・萩原良巳・坂本麻衣子:「地域社会における生息地の保全インセンティヴに関する分析」, 環境システム研究論文集 Vol. 31, pp. 9-17, 2003
25) 神谷大介・森野真理・萩原良巳・内藤正明:「屋久島における生活の安定感と生物保全意識との因果関係」, ランドスケープ研究, pp. 775-778, 2003
26) 福島陽介・萩原良巳・畑山満則・萩原清子・山村尊房・酒井彰・神谷大介:「バングラデシュにおける飲料水ヒ素汚染に関する社会調査とその分析」, 環境システム論文集, pp. 1-28, 2004
27) 萩原良巳・萩原清子・酒井彰・山村尊房・畑山満則・神谷大介・坂本麻衣子・福島陽介:「バングラデシュにおける飲料水のヒ素汚染に関する社会調査」, 京都大学防災研究所年報, 第47号 B, pp. 15-34, 2004
28) 清水丞・萩原清子・萩原良巳:「認識データを用いた水辺の環境評価, 水文・水資源学会誌」, Vol. 15, No. 2, pp. 152-163, 2002
29) 清水丞・萩原清子・萩原良巳:「潜在変数を考慮した水辺利用行動選択モデルの環境評価への適用」, 第13回環境情報科学論文集, pp. 155-160, 1999
30) S. P. Anderson, A. Palma, and J. F. Thhisse:『Discrete Choice Theory of Product Differentiation』, The MIT Press, 1992
31) 萩原良巳・萩原清子・高橋邦夫:『都市環境と水辺計画』, 勁草書房, 1998
32) 清水丞・張昇平・萩原清子・萩原良巳:「都市域における河川利用行動の選択行動に関する研究」, 土木学会第25回環境システム研究, pp. 633-639, 1997
33) 森川高行・M. Ben—Akiva:「RPデータとSPデータを同時に用いた非集計行動モデルの推定法」, 交通工学, Vol. 27, No. 4, pp. 21-30, 1992
34) 森川高行:「ステイテイッド・プリファレンス・データの交通需要予測モデルへの適用に関する整理と展望」, 土木学会論文集, Vol. 413, IV -12, pp. 9-18, 1990
35) 森川高行:「個人選択モデルの再構築と新展開」, 土木計画学研究・講演集, No. 17, pp. 13-24, 1995
36) 張昇平・萩原清子・萩原良巳・清水丞:「水辺環境整備計画における非集計行動モデルの適用方法」, 京都大学防災研究所水資源研究センター研究報告, 第18号, pp. 129-135, 1998
37) 竹村彰通:多変量推測統計の基礎, 共立出版, 1991

5 静的最適化

5.1 最適化手法の分類

一般的な最適化問題は次のような目的関数と制約条件でモデル化される.

$$\max f(x) \quad \text{subject to} \quad g(x) \leq b \tag{5.1.1}$$

そして，目的関数と制約条件の性質により，モデルは次のように分類される.

① 線形か非線形か
② 決定論的か確率論的か
③ 静的か動的か
④ 集中パラメータか分布パラメータか

ここで一般的なシステム計画的手順を示せば以下のようになる.

① システムのすべての要素を詳細に分析する.
② 核心的なデータを収集する.
③ どのような手法を用いるかを考え，サブシステム間の関連を分析し，問題の総合的な数学モデルを定式化する.
④ 定式化されたモデルを解き妥当性を検討する．これは以下のように行われる.
　 ⅰ）上記式 (5.1.1) で定式化された問題の解を求めるためにアルゴリズムを

　　　　開発する.
　　　ⅱ) 問題を解くための最適化手法のコンピュータプログラムを作成する.
　　　ⅲ) システムモデルの変数のパラメータ化と解の安定性を検討する.
⑤　解を実施する.

次に静的な最適化問題に関連する数理計画モデルを分類するとは以下のようになる.

① 非制約問題 (Unconstrained problem)

$$\min_{x} f(x) \tag{5.1.2}$$

② 古典的等号制約問題 (Classical equality constraint problem)

$$\min_{x} f(x) \quad \text{subject to } g_j(x)=b_j, \; j=1,2,\cdots,m \tag{5.1.3}$$

③ 非線形計画法 (Nonlinear programming)

$$\min_{x} f(x) \quad \text{subject to } g_j(x) \geq b_j, \; j=1,2,\cdots,m \tag{5.1.4}$$

ここに $f(x)$ and|or $g_j(x)$ は非線形関数である.

④ 線形計画法 (Linear programming)

$$\min_{x} c^T x \quad \text{subject to } Ax \geq b \tag{5.1.5}$$

ここに A は係数マトリクスで, b は制約ベクトルである.

⑤ 二次計画法 (Quadratic programming)

$$\min_{x \geq 0} x^T Q x + c^T x \quad \text{subject to } Ax \geq b \tag{5.1.6}$$

ここに A と Q は係数マトリクスである.

⑥ 分離計画法 (Separable programming)

$$\min_{x} \sum_{i=1}^{n} f_i(x_i) \quad \text{subject to } Ax \geq b, \; x \geq 0 \tag{5.1.7}$$

⑦ 離散計画法 (Discrete programming)

上記の数学モデルで変数が離散的である場合. その代表的なものは整数計画法

(Integer programming) で，実数と整数が変数であれば混合整数計画法 (Mixed integer programming) である．また，ここに離散的な動的計画法 (Dynamic programming) も入る．

5.2 古典的非制約最適化問題 (Classical unconstraint problem)

一般的な非制約問題は以下のように定式化される．

$$\min_x f(x) \tag{5.1.2}$$

ここに，$f(x)$ は線形あるいは非線形関数である．もし $f(x)$ が微分可能であれば，最小化の必要十分条件は解析的に得られる．停留 (stationary) 条件は関数の局所的最小値の必要条件ではあるが十分条件ではない．停留点は最小値，最大値あるいは変曲点である．

ここで，システム理論の安定性の議論でよく出てくる定値形式の定義をしておこう．マトリクス A を $n \times m$ 型，x と y をそれぞれ n 次元ベクトル，m 次元ベクトルとする．このとき，x と Ay の内積 $f(x, y)$ は次式となり，

$$f(x, y) = (x, Ay) = xAy = \sum_{i=1}^{n} \sum_{j=1}^{m} a_{ij} x_i y_j$$

これを双 1 次形式という．そして $n=m$ で $y=x$ とすれば次の 2 次形式となる．

$$f(x) = (x, Ax) = xAx = \sum_{i=1}^{n} \sum_{j=1}^{n} a_{ij} x_i x_j$$

このとき，$x \neq 0$ に対して，次の定義がなされる．

$xAx > 0$；正定値 (positive definite)

$xAx \geq 0$；非負定値 (positive semidefinite)

$xAx < 0$；負定値 (negative definite)

$xAx \leq 0$；非正定値 (negative semidefinite)

$xAx \geq 0$ で $xAx < 0$；非定値 (indefiniteness)

停留点の必要条件：点 $x = x^o$ が関数 $f(x)$ の停留点であるための必要条件は $x = x^o$ における $f(x)$ の勾配 (gradient) が 0 である．これを式で記述すれば以下のようになる (t は転置)．

$$\nabla_x f(x^o)=0, \text{ where } \nabla_x f(x)=\left[\frac{\partial f(x)}{\partial x_1}, \frac{\partial f(x)}{\partial x_2}, \cdots, \frac{\partial f(x)}{\partial x_n}\right]^t \tag{5.2.1}$$

最小値の十分条件：点 $x=x^o$ が関数 $f(x)$ の局所的最小値であるための十分条件は以下に示されるヘジアン（Hessian）マトリクス $H[f(x)]$ が正定値（positive definite）である．

$$H[f(x)]=\begin{bmatrix} \dfrac{\partial^2 f}{\partial x_1^2} & \dfrac{\partial^2 f}{\partial x_1 \partial x_2} & \cdots\cdots & \dfrac{\partial^2 f}{\partial x_1 \partial x_n} \\ \dfrac{\partial^2 f}{\partial x_2 \partial x_1} & \dfrac{\partial^2 f}{\partial x_2^2} & \cdots\cdots & \dfrac{\partial^2 f}{\partial x_2 \partial x_n} \\ \cdots\cdots & \cdots\cdots & \cdots\cdots & \cdots\cdots \\ \dfrac{\partial^2 f}{\partial x_n \partial x_1} & \dfrac{\partial^2 f}{\partial x_n \partial x_2} & \cdots\cdots & \dfrac{\partial^2 f}{\partial x_n^2} \end{bmatrix} \tag{5.2.2}$$

このヘジアンマトリクスが対称であることに注目しておこう．このマトリクスに要求される必要十分条件は正定値で，主小行列式がすべて正となることである．これはシルベスターの定理（Sylvester's theorem）で与えられる．この定理は以下のようなものである．

【シルヴェスターの定理】『$n\times n$ 型対称正則マトリクス H が正定値形式であるための必要十分条件は，H の主小行列式（the leading principal minors）がすべて正となることである．すなわち，

$$H=\begin{bmatrix} a_{11} & a_{12} & \cdots & a_{1n} \\ a_{21} & a_{22} & \cdots & a_{2n} \\ \cdots & \cdots & \cdots & \cdots \\ a_{n1} & a_{n2} & \cdots & a_{nn} \end{bmatrix}=(a_{ij}) \quad (a_{ij})=(a_{ji}) \tag{5.2.3}$$

とすれば，$\det H=|H|>0$ でかつ

$$a_{11}>0, \quad \begin{vmatrix} a_{11} & a_{12} \\ a_{21} & a_{22} \end{vmatrix}>0, \quad \begin{vmatrix} a_{11} & a_{12} & a_{13} \\ a_{21} & a_{22} & a_{23} \\ a_{31} & a_{32} & a_{33} \end{vmatrix}>0, \cdots\cdots \tag{5.2.4}$$

となることである．（また，H が負定値形式となるための必要十分条件は

$\det H=|H|<0$ でかつ主小行列が交互に符号を変えることであることも知られている.)

同様に,最大値を与える十分条件はヘジアンマトリクス $H[f(x)]$ が負定値である.必要十分条件は,H が負定値で,すべての奇数の主小行列が負定値で,すべての偶数の主小行列が正定値である.』(この証明[49)50)] は著者が大学1年のとき学んだものであるので省略する.)

5.3 古典的等号制約問題（classical equality constraint problem）

ここでは次式で与えられる一般的な等号制約の非線形最適化問題を考える.

$$\min_x f(x) \quad \text{(5.3.1)}$$
$$\text{where } f(x) \in C^1 \quad g_j(x) \in C^2 \quad j=1,2,\cdots,m$$

なお,C^1,C^2 はそれぞれ連続関数の集合と連続1階微分を有する関数の集合を表す.このときラグランジュ関数 L は次式となる.

$$L(x,u)=f(x)+\sum_{j=1}^m u_j[g_j(x)-b_j] \quad (5.3.2)$$

なお,$u^t=(u_1,\cdots,u_m)$ である.

L の停留点の必要条件は次式となる.

$$\frac{\partial L}{\partial x_i}=0 \Rightarrow \frac{\partial f(x)}{\partial x_i}+\sum_{j=1}^m u_j\frac{\partial g_j(x)}{\partial x_i}=0 \quad i=1,2,\cdots,n \quad (5.3.3)$$

$$\frac{\partial L}{\partial u_k}=0 \Rightarrow \frac{\partial f(x)}{\partial u_k}+\sum_{j=1}^m [g_j(x)-b_j]\frac{\partial u_j}{\partial u_k}=0 \quad k=1,2,\cdots,m \quad (5.3.4)$$

ここに

$$\frac{\partial u_j}{\partial u_k}=\delta_{ik}, \quad \delta_{ik}=\begin{cases}1(j=k)\\0(j\neq k)\end{cases} \quad (5.3.5)$$

である.ラグランジュ関数 L はいくつもの重要な性質をもっているため後で再び議論する.

5.4 ニュートン‐ラプソン法 (Newton-Raphson method)

次の n 個の未知変数を有する n 次元同時方程式系の根の近似系列を決定する問題を考える.

$$f(x) = f_i(x_1, x_2, \cdots, x_n) = 0 \quad i = 1, 2, \cdots, n \tag{5.4.1}$$

x_0 を初期近似とすれば, 次式を得る.

$$f(x) \cong f(x_0) + J(x_0)(x - x_0) \tag{5.4.2}$$

ここに $J(x_0)$ は $x = x_0$ におけるヤコビアン行列 (Jacobian matrix) である.

新しい近似式は次のようにして得られる.

$$f(x) = 0 \Rightarrow f(x_0) + J(x_0)(x - x_0) = 0 \tag{5.4.3}$$
$$f(x_0) + J(x_0)x_1 - J(x_0)x_0 = 0$$

あるいは

$$x_1 = x_0 - J(x_0)^{-1} f(x_0) \quad J(x_0)^{-1} \neq 0 \tag{5.4.4}$$

これから次の再帰方程式 (recurrence equation) を得る.

$$x_n = x_{n-1} - J(x_{n-1})^{-1} f(x_{n-1}) \tag{5.4.5}$$

ここに,

$$J(x_{n-1}) = \begin{bmatrix} \dfrac{\partial f_1}{\partial x_1} & \dfrac{\partial f_1}{\partial x_2} & \cdots & \dfrac{\partial f_1}{\partial x_n} \\ \dfrac{\partial f_2}{\partial x_1} & \dfrac{\partial f_2}{\partial x_2} & \cdots & \dfrac{\partial f_2}{\partial x_n} \\ \cdots & \cdots & \cdots & \cdots \\ \dfrac{\partial f_n}{\partial x_1} & \dfrac{\partial f_n}{\partial x_2} & \cdots & \dfrac{\partial f_n}{\partial x_n} \end{bmatrix}_{x = x_{n-1}} \tag{5.4.6}$$

5.5 線形計画法 (linear programming)

線形計画法は静的線形モデル（すべての線形目的関数と線形制約条件は代数形式で表現される）を解くために線形計画法はきわめて効果的な最適化手法である.

5.5.1 一般モデル

マトリクス表現で線形計画法は次式のように表される.

$$\min_x \{f(x) = c^T x\} \quad \text{subject to } x \geq 0, \ Ax \leq b \tag{5.5.1}$$

ここに,

$$c^t = (c_1, c_2, \cdots, c_n), \quad x^t = (x_1, x_2, \cdots, x_n), \quad b^t = (b_1, b_2, \cdots, b_m),$$

$$A = \begin{bmatrix} a_{11} & \cdots & a_{1n} \\ \cdots & \cdots & \cdots \\ a_{m1} & \cdots & a_{mn} \end{bmatrix}$$

である.

【定義】解：式(5.5.1)の制約条件 ($Ax \leq b$) を満たす集合 x_j は解である. 実行可能解 (feasible solution)：式(5.5.1)の2つの制約条件を満たす解は実行可能である. 最適実行可能解 (optimal feasible solution)：式(5.5.1)の目的関数を最適化（最大化あるいは最小化）する実行可能解は最適解である.

(1) シンプレックス法の原理[1)2)]

式(5.5.1)の通常のアルゴリズムとしてはシンプレックス法 (simplex method) がある. この原理は以下のようになる.

スラック (slack) を付け加えた次の線形計画の問題を考えてみよう.

$$\left.\begin{array}{l} \max_x f(x) = cx \\ Ax = b \end{array}\right\} \tag{5.5.2}$$

where $c = (c_1, \cdots, c_n, c_{n+1}, \cdots, c_{n+m}), \quad x^t = (x_1, \cdots, x_n, x_{n+1}, \cdots, x_{n+m})$

$$A = \begin{bmatrix} a_{11} & a_{12} & \cdots & a_{1,n+m} \\ a_{21} & a_{22} & \cdots & a_{2,n+m} \\ \cdots & \cdots & \cdots & \cdots \\ a_{m1} & a_{m2} & \cdots & a_{m,n+m} \end{bmatrix}$$

ここで，m は条件式の数で，n は変数の数である．

目的関数の処理について述べよう．制約条件を消去法で変換し，未知ベクトル x を x_m までと x_{m+1} 以後とに分割して，後者を右辺に移せば次式を得る．

$$\begin{bmatrix} x_1 \\ x_2 \\ \cdots \\ x_m \end{bmatrix} = \begin{bmatrix} b_1 \\ b_2 \\ \cdots \\ b_m \end{bmatrix} - \begin{bmatrix} b_{1,m+1} & \cdots & \cdots & b_{1,n+m} \\ b_{2,m+1} & \cdots & \cdots & b_{2,n+m} \\ \cdots & \cdots & \cdots & \cdots \\ b_{m,m+1} & \cdots & \cdots & b_{m,m+n} \end{bmatrix} \begin{bmatrix} x_{m+1} \\ x_{m+2} \\ \cdots \\ x_{n+m} \end{bmatrix} \tag{5.5.3}$$

この式より明らかなように，ベクトル $x_{m+1}, \cdots, x_{n+m}$ は任意にとることができる．これを任意に1組定めた上で，この関係式によって $x_1, \cdots, x_m$ を定めれば，$x_1, x_2, \cdots, x_{n+m}$ が，上記のスラックを付け加えた制約 $Ax=b$ の解となる．

いま，上式において，

$$x_{m+1} = x_{m+2} = \cdots = x_{n+m} = 0 \tag{5.5.4}$$

と定めると，もし

$$b \geq 0 \tag{5.5.5}$$

ならば

$$x_1 = b_1, x_2 = b_2, \cdots, x_m = b_m \tag{5.5.6}$$

となる．このとき式 (5.5.4) (5.5.6) を式 (5.5.3) の実行可能基底解 (feasible basic solution) という．

次に，この実行可能基底解においては式 (5.5.4) が成立しているが，いまこれと，これ以外の解との利害得失を比較することを考えよう．そのためには $x_{m+1}, \cdots, x_{n+m}$ をいろいろに動かしてその影響を見ればよい．このため，まず式 (5.5.3) を目的関数 $f(x)$ に代入すれば次式を得る．

$$f(x) = w_0 - (w_{m+1}x_{m+1} + \cdots + w_j x_j + \cdots + w_{n+m}x_{n+m}) \tag{5.5.7}$$

$$\text{where } w_0 = c_1 b_1 + \cdots + c_m b_m \tag{5.5.8}$$

$$-w_j = c_j - (c_1 b_{1j} + \cdots + c_m b_{mj}) \tag{5.5.9}$$

ここで,

$$z_j = c_1 b_{1j} + \cdots + c_m b_{mj} \tag{5.5.10}$$

とおけば,

$$w_j = z_j - c_j \tag{5.5.11}$$

式(5.5.3)の表す実行可能基底解では, $x_{m+1} = x_{m+2} = \cdots = x_{n+m} = 0$ だから,

$$f(x) = w_0 \tag{5.5.12}$$

となる. もしすべての b_i が非負ならば, x_j を0より正の方向に少し動かすことは可能である. いま $x_{m+1}, \cdots, x_{n+m}$ の中の1つの x_j だけを動かし, それ以外は0のままにしておくと, もし $w_j > 0$ ならば $f(x)$ は c_j の割合で減少する. また逆に $w_j < 0$ ならば $f(x)$ は c_j の割合で増加する. いずれにしても x_j を0にするか, あるいはできる限り大きくすることが有利になる. 後者の場合は $x_1, \cdots, x_m$ のうちのどれか1つが0になるところまでいく. このようにして, $j = m+1, \cdots, n+m$ のすべてについて x_j を $f(x)$ が大きくなるように動かしていくと, 最適解に達したときは, 結局 n 個の変数が0になる. すなわち最適解は1つの実行可能基底解である. 以上の考察から次の定理が導かれる.

『【定理1:基底定理】線形計画問題の最適解は, 実行可能基底解の中から探し出すことができる. 次にもし, すべての $j(j = m+1, \cdots, n+m)$ について,

$$w_j = z_j - c_j \geq 0 \tag{5.5.13}$$

となれば, 現在の実行可能基底解は隣接するどの解と比較しても有利である』

『【定理2】1つの実行可能基底解が最適であるための条件は, もとの方程式をその実行可能基底解を表わす式(5.5.3)に変形し, それから求めた w_j について, 式(5.5.13)が成立することである. もしこれが成立しなければ, その成立しな

い j について，x_j を基底に含むより有利な実行可能基底解が存在する.』

式 (5.5.13) をシンプレックス基準 (simplex criterion) という. 1つの実行可能基底解が与えられたとき，シンプレックス基準で判定を行い，成立しなければ，より有利な隣接の実行可能基底解に移って再び判定を試みる. これを繰り返すと有限回の後にシンプレックス基準による判定が成立して最適解に達する. この方法による計算手順 (アルゴリズム) を方式化したものをシンプレックス表 (simplex tableau) という.

以上がシンプレックス法の原理であるが，タブローに含まれる情報の多くは使用されないということに着目した,「改訂シンプレックス法」や次に説明する双対性に着目した「双対シンプレックス法」などが開発されている.

5.5.2 線形計画法における双対性[1)2)] (duality)

双対概念は非常に多くの重要な問題に応用できる. 例えば概念的に (災害 → min.) ⇔ (環境の質 → max.) は双対関係にあることがわかる. この双対概念が本来の環境防災と考えられるが明示的に行っている研究は皆無に等しい.

線形計画における主問題 (primal problem) と双対問題を次のように定義する.

$$
(1) \left. \begin{array}{c} \max_{x} \{f(x) = cx\} \\ s.t \\ x \geq 0, Ax \leq b \end{array} \right\} \quad (2) \left. \begin{array}{c} \min_{u} \{G(u) = ub\} \\ s.t \\ u \geq 0, uA \geq c \end{array} \right\} \quad (5.5.14)
$$

ここに，u は双対変数のベクトル，シャドウプライス (shadow prices), 帰属価格 (imputed values) として知られている. 双対の双対は主問題である.

さて，線形計画の問題では，制約条件を等号の形，$Ax = b$, $x \geq 0$ で考える場合が多い. このとき，式 (5.5.14) は次のようになる.

$$
\left. \begin{array}{l} (3) \quad \max_{x} cx, \\ (4) \quad \min_{u} ub, \end{array} \right. s.t. \left. \begin{array}{l} Ax = 0, \quad x \geq 0 \\ uA \geq 0 \end{array} \right\} \quad (5.5.15)
$$

この双対問題では，u の符号には制約がないことに注意しておこう. この証明は以下に述べるとおりである.

〔証明〕(3) の制約条件を2組の不等号式で置き換えて，$Ax \leq b$ $Ax \geq b$ $x \geq 0$ の

5 静的最適化

とき $\max cx$ を求めることとする。すなわち，拡大した $(2mn)$ 行列 $\begin{pmatrix} A \\ -A \end{pmatrix}$, $2m$ 次元ベクトル $\begin{pmatrix} b \\ -b \end{pmatrix}$ を考えると，双対システムは $\tilde{u}=v-w$ なる $2m$ 次元ベクトルに対し，

$$
\left.\begin{array}{ll}
(5) \quad \begin{pmatrix} A \\ -A \end{pmatrix} x \leq \begin{pmatrix} b \\ -b \end{pmatrix} & (6) \quad (v,w)\begin{pmatrix} A \\ -A \end{pmatrix} \geq c \\
\quad\quad x \geq 0 & \quad\quad (v,w) \geq 0 \\
\quad\quad \max cx & \quad\quad \min (v,w)\begin{pmatrix} b \\ -b \end{pmatrix}
\end{array}\right\} \quad (5.5.16)
$$

となる．ここに $u=v-w$, $v\geq 0$, $w\geq 0$ であるから符号の制約はない．

この形で述べた双対システムが(1), (2)の形を含むことは，最大値問題の制約条件にスラック変数 y を入れて等号の形にすると次の問題となる．

$$
\left.\begin{array}{ll}
(7) \quad (A,E)\begin{pmatrix} x \\ y \end{pmatrix} = b & (8) \quad u(A,E) \geq (c,0) \\
\quad\quad \begin{pmatrix} x \\ y \end{pmatrix} \geq 0 & \quad\quad \min ub \\
\quad\quad \max(c,0)\begin{pmatrix} x \\ y \end{pmatrix} &
\end{array}\right\} \quad (5.5.17)
$$

このとき $u\geq 0$ の条件は，$u(A,E)\geq (c,0)$ より自動的に得られている．

『【双対定理】線形計画の主問題が最適解として x^o を持てば，双対問題も最適解 u^o を持ち，

$$cx^o = u^o b$$

【存在定理】線形計画の主問題，双対問題がともに実行可能解を持てば，ともに最適解を持つ．

〔存在定理の証明〕まずただちにわかる性質として，x, u がそれぞれ線形計画の主問題および双対問題の実行可能解ならば，

$$cx \leq ub$$

とくに，$cx^o = u^o b$ ならば，x^o，u^o は最適解である．なぜならば，

$$cx = \sum_{j=1}^{n} c_j x_j \leq \sum_{j=1}^{n}\left(\sum_{i=1}^{m} u_i a_{ij}\right) x_j = \sum_{i=1}^{m}\left(\sum_{j=1}^{n} a_{ij} x_j\right) \leq \sum_{i=1}^{m} u_i b_i \tag{5.5.18}$$

とくに，$cx^o = u^o b$ とすると，実行可能な u に対し，

$$u^o b = cx^o \leq ub \tag{5.5.19}$$

だから，u^o は最小値問題の最適解である．

〔双対定理の証明〕主問題(1)にスラック変数を導入して等号にした双対システム式(5.5.17)を考える．いま主問題の最適解 x^o が求まっているとする．$(m, m+n)$ 行列 (AE) を列ベクトルで表し，

$$(A, E) = (Q_1, Q_2, \cdots, Q_n, Q_{n+1}, \cdots, Q_{n+m}) \tag{5.5.20}$$

とすると，m 組の基底ベクトル $Q_{i_1}, Q_{i_2}, \cdots, Q_{i_m}$ が求まる．これらのベクトルがつくる行列を

$$B = (Q_{i_1}, Q_{i_2}, \cdots, Q_{i_m}) \tag{5.5.21}$$

とすると，最終タブローの列ベクトルは次式のように書くことができる．

$$x^o = B^{-1} b \quad x_j = B^{-1} Q_j \tag{5.5.22}$$

さらに行ベクトル $(c, 0)$ を B のベクトルに対応する成分に制限した m 次元ベクトル（シンプレックス乗数）を $c_B = (c_{l_1}, c_{l_2}, \cdots, c_{l_m})$ と表す．こうして，次式を得る．

$$z_j = \sum_{i=1}^{m} c_{l_i} x_{i_j} = c_B B^{-1} Q_j \tag{5.5.23}$$

従って，$u^o = c_B B^{-1}$ とおくと，

$$u^o(A, E) = c_B B^{-1}(A, E) = (c_B B^{-1} A, c_B B^{-1}) \tag{5.5.24}$$

となり，これは B を底にとったときの $z = (z_1, z_2, \cdots, z_{n+m})$ に一致していることがわかる．B を底にとったとき，最適解 x^o が得られたとしたから，シンプレッ

クス基準，$z_j-c_j \geq 0$ から $z \geq (c, 0)$，すなわち，

$$u^o(A, E) = (u^o A, u^o) \geq (c, 0) \implies u^o A \geq 0 \quad u^o \geq 0 \tag{5.5.25}$$

となるから，u^o は双対線形計画で実行可能で，存在定理により

$$u^o b = c_B B^{-1} b = c x^o \tag{5.5.26}$$

となる.』

なお最大値問題で最適解を持たないとき，すなわち $cx \to \infty$ のときは，任意の実行可能な x, u に対して，$cx \leq ub$ だから，双対問題にも実行可能解がないことがわかり，$ub \to \infty$ のとき主問題にに実行可能解がないともいえる.

主問題が「資源配分問題で目的関数がコスト関数」であるような場合の双対問題を解釈すれば次のようになる．「主問題における各々の資源 i に関係する双対変数 u_j は資源 i の1単位当たりの (価格や) 価値の次元を持つ．すなわち，双対変数の次元は資源の円／単位である．もしも双対問題に対する解を変えることなく資源 i の1単位量を増加することができるならば，u_j によりコストの最小値を減少させることができる．これは機会コストの解釈の基礎概念である．つまり，「(費用→最小化) ⇔ (帰属価値→最大化)」という構図になっている．

いままでは線形計画問題の係数 a_{ij}, b_i, c_j などは，与えられた一定の値をとり，全く変化しないものと考えてきた．線形計画問題を解いてしまってから，問題の条件，すなわち係数が修正されたり，変化したときに，新しい係数の値に対する最適解を求めたり，すでに求めた解が最適のままで動かせる係数の範囲を求めなければならないときがある．このことは，条件の変化する問題に，線形計画法が使えるばかりでなく，線形計画法の解を実施するうえでも重要な情報となる．このような方法を感度分析 (sensitivity analysis) という．この他にパラメトリックプログラミング (parametric programming) や整数計画法 (integer programming)，輸送問題，割当問題 (assignment problem) など，特殊線形計画法があることを断っておく.

5.5.3 ラグランジュ乗数 (Lagrange multipliers) と線形計画法における双対性[3]

ここでも，スラック変数 (slack variables) を導入した線形計画問題を考える．

$$\left. \begin{aligned} &\min_{x}\{f(x)=c^{T}x\} \\ &\quad s.t \\ &\quad x \geq 0, Ax=b \end{aligned} \right\} \tag{5.5.27}$$

このときラグランジュ関数は次式となる．

$$L=\sum_{i=1}^{n}c_{i}x_{i}+\sum_{j=1}^{m}u_{j}(\sum_{i=1}^{n}a_{ij}x_{i}-b_{j}) \tag{5.5.28}$$

最適解の必要条件は次のようになる．

$$\frac{\partial L}{\partial x_{i}}=0,\ i=1,2,\cdots,n \tag{5.5.29}$$

$$\frac{\partial L}{\partial u_{j}}=0,\ j=1,2,\cdots,m \tag{5.5.30}$$

この両式を解けば以下のようになる．

$$\frac{\partial L}{\partial x_{i}}=c_{i}+\sum_{j=1}^{m}u_{j}a_{ij}=0 \ \Rightarrow \ c_{i}=-\sum_{j=1}^{m}u_{j}^{*}a_{ij} \tag{5.5.31}$$

$$\frac{\partial L}{\partial u_{j}}=\sum_{i=1}^{n}a_{ij}x_{i}-b_{j}=0 \tag{5.5.32}$$

式 (5.5.32) を式 (5.5.28) に代入すれば次式を得る．

$$L=\sum_{i=1}^{n}c_{i}x_{i}^{*}+\sum_{j=1}^{m}u_{j}^{*}(0)=\sum_{i=1}^{n}c_{i}x_{i}^{*}=f(x^{*}) \tag{5.5.33}$$

式 (5.5.31) を式 (5.5.28) に代入すれば次式を得る．

$$L=\sum_{i=1}^{n}\sum_{j=1}^{m}u_{j}^{*}a_{ij}x_{j}^{*}-\sum_{i=1}^{n}\sum_{j=1}^{m}u_{j}^{*}a_{ij}x_{i}^{*}-\sum_{j=1}^{m}u_{j}^{*}b_{j}$$
$$\Rightarrow L=-\sum_{j=1}^{m}u_{j}^{*}b_{j} \ \Rightarrow \ f(x)=-\sum_{j=1}^{m}u_{i}^{*}b_{j} \tag{5.5.34}$$

式 (5.5.34) は双対問題の目的関数を表現していることがわかる．u_j は双対変数でまたシンプレックス乗数でもある．式 (5.5.34) により主問題と双対問題に対する解が等しいことが分かる．こうして主問題の最小化が双対問題の最大化になっていて，このため，式 (5.5.34) の符号が反対になっている．

こうして以下の重要な結果を得る．

$$\frac{\partial f}{\partial b_j} = -u_j \quad j=1, 2, \cdots, m \tag{5.5.35}$$

【事例 5.1】下水処理水を再利用した環境と防災のための水辺創生計画[4)5)6)]
（線形計画法）

ここでは，環境と防災の視座から，大都市域水循環システムを再構成するため下水処理水の再利用による水辺創生計画モデルを線形計画法でモデル化する．水辺創生の目的は，大都市域で，特に20世紀後半に利便性のために取り壊され水辺を，震災時に防災・減災用水確保や避難空間として利用すると共に日常時の都市生活者のアメニティ向上を図るというものである．ここでのコンセプトは，震災時のリスク軽減計画と平常時の環境計画は双対の関係にあるという理解と認識によって構成されている．すなわち，中長期的にみて「災害リスクの軽減は環境の質の向上と表裏一体の関係にある．」ということを概念的（哲学的）だけでなく，大都市域で実証できる計画モデルを作成することが大きな目的である．以下では淀川水循環圏を対象として考えることにしよう．

(1) 下水処理水を利用した水辺創生の背景と
   階層的水循環システムのイメージモデル[5)]

産業従業者の集中した地域や住宅密集地域，また，水面積の少ない地域では過去の水辺を再生 (recreate) することによりアメニティを高めることが必要である．震災時には，水辺は，火災に対しては貴重な消防用水を提供する．延焼の危険性の高い木造住宅密集地域では貴重な水資源である．京都市・大阪市・神戸市では，消防水利の約90％を消火栓に依存している．しかし，阪神・淡路大震災の経験から，水道が震災後の3日間ぐらいは全く使用できない状況が想定される．この時期の消防用水は貯留水に頼らざるを得ないが，その全てを水道水の貯留で賄うのは不可能である．今後，このような事態が想定される地域に，貯留施設を

随所に設けた水辺(水路と空間)を整備することは防災・減災上の意義が高い.水路を流れる水が下水処理水(高度処理水)であれば,都市部には多量に存在するため,消防用水だけでなくトイレ用水や他の雑用水として(流水としても貯留水としても)利用価値が高い.

　震災時に都市で必要とされる水量(水質)は,地震発生後の時間経過により異なる.すなわち,どのような場面でどのような水を供給できるかということが重要となる.図5.5.1に,このようなときの行政体間の情報のやり取りと行動を模式的に表しておく[7].阪神・淡路大震災では地震直後に発生した大規模な火災に対する消防用水が必要となった.トイレ用水は火事が収まった後,断水が長期化するにつれてその必要性が高まり,飲料水はこの間,常に必要であった.また,震災時は水環境汚染の被害が顕著に現れる場面でもある.河川上流の工場やし尿処理場などの施設が被災した時,有害物質が水道水源へ流入し下流の取水口では取水ができなくなることが予想される.またクリーニング店の破壊によるトリクロロエチレンの地下水汚染により地下水の利用も(長期にわたって)限定される.

　上記の場面を想定した時に,まず水道施設における施設内貯留や水道連絡管の利用が考えられるが,震災時には水道が断水する可能性があるため震災後の3日間は貯留水が有効となる[7].しかし,施設内貯留だけではその水量に限りがあるため,都市域に大量に存在する下水処理水を有効利用することが考えられる.

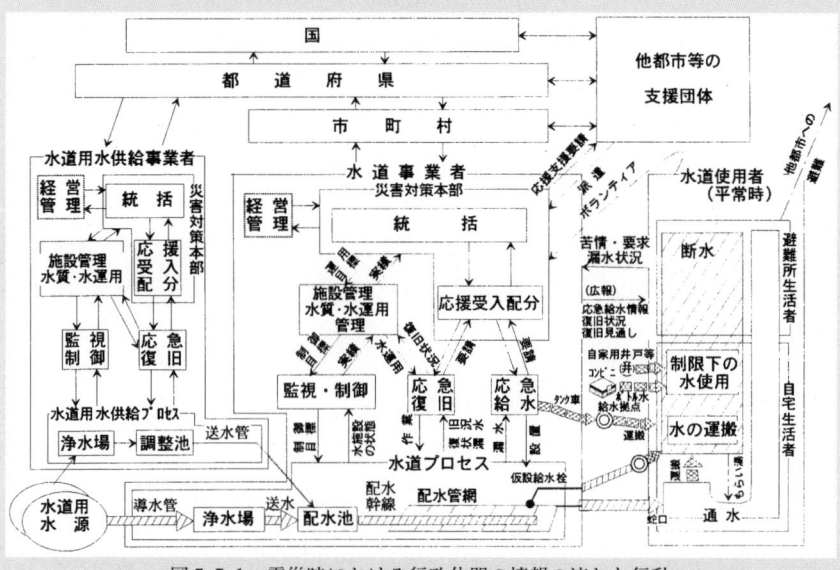

図5.5.1　震災時における行政体間の情報の流れと行動

下水処理水を利用した水辺創生水路の位置付けは地震後3日間とそれ以降で状況を分けて考えよう．阪神・淡路大震災の際に火災が鎮火するのに必要な日数が3日程度であったことから始めの3日間は消防用水と飲料用水に利用することを想定する．このため，水辺の水路や隣接公園などのオープンスペースの各所に消防用水を確保するための貯留施設（貯留点と称する）を設け，処理水を都市域に循環させることを考える．

また，それ以降については，水道が復旧するまで，トイレ用水の需要が高まるため，貯留点から取水を行うものとする．

上述した場面を想定して，水辺創生水路を都市活動レイヤーに設定した大都市域水循環システムの再構成の概念を図5.5.2に示す．

(2) 水循環ネットワークの構造安定性の評価指標の作成

図5.5.2の評価主体は都市生活者である．震災時に都市生活者の水確保が可能であるか否かとの観点から大都市域水循環システムを評価する．

水循環システムを評価するにあたり，震災時の都市生活者に対して水供給が連続して行われるシステムを安定とする．そして，水供給の基準値を満たす程度を「安定性」と定義する．以下では，ノードとリンクとループのコントロール・パラ

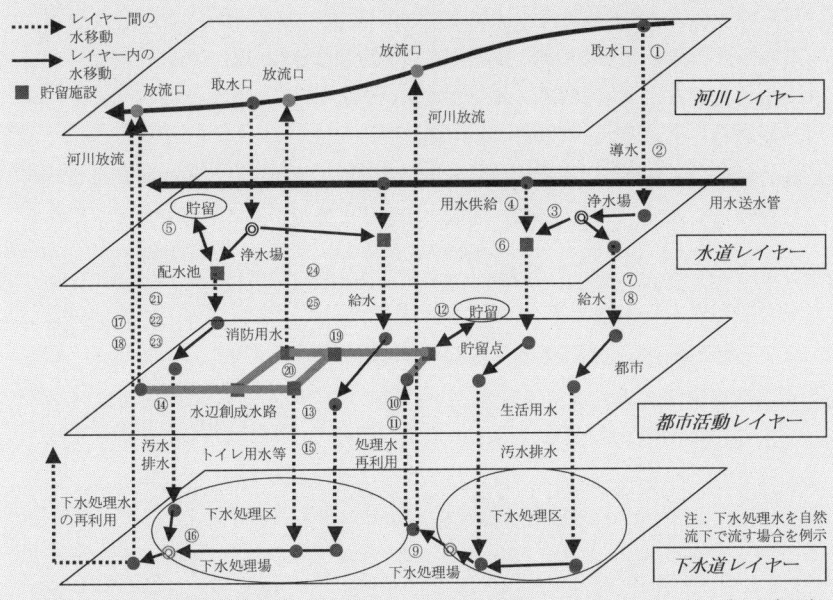

図5.5.2 大都市域水循環システムの再構成の概念（番号については以下の3）を参照）

メータ化を行なおう．

1）ネットワーク構造のモデル化[8]~[12]

ネットワーク（network）という言葉はグラフ（graph）と殆ど同義語として使われているが，単にノード（node）とリンク（link）とそれらの間の接続関係だけが与えられている場合はグラフといい，その上をものが移動したり，動いたりする場合にはネットワークと呼んで区別することが多い．ここでは，河川，水道，下水道から構成される大都市域水循環システムの有する構造を「輸送」・「水質変換」・「貯留」という特性で区別するのではなく，震災ハザードに対する構造特性（点的か線的か）に注目して，グラフ理論を適用したネットワークとしてモデル化する．以下にモデル化の方法について述べる．

まず，図5.5.2に示した大都市域水循環システムをネットワークとして表す方法を述べる．施設をグラフの用語に変換する．

① 水質変換機能を有する施設；浄水場や下水処理場はノードとして記述する．また，都市生活者の水利用は，水道水（浄水）を汚水に変換するという意味で都市代表点と称するノードで表すものとする

② 輸送機能を有する施設；送水管や汚水管渠などの水輸送機能を有する施設はリンクとして記述する．ただし，管路の結節点と各管路のシステム境界にはノードを設けるものとする．

③ 貯留機能を有する施設；配水池や施設内貯留施設，都市内貯留施設といった貯留施設は，グラフ理論のループを用いて表す．すなわち，ループ管に貯留容量に相当する太さと長さを与えて表現する．

④ その他の施設；水道取水口，処理水放流口の表現は，河川横断方向の中央に基準点を仮定し，堤内地にある取水場と放流施設をノードと考える．このモデル化により，取水施設，放流施設の被災をノード・リンクの機能停止・切断として表現する．

こうして，図5.5.2に示した大都市域水循環システムネットワークは，ノードとそれらを結ぶリンクおよびループから構成されることとなる．同図におけるネットワークの構成要素を表5.5.1に示す．ただし，貯留点とは，前述のように水辺創生のために都市に送られてきた下水処理水を消防用水や生活用水として利用する貯留施設である．また，同表の記述方法により表記したネットワークモデルを図5.5.3に示す．ただし，下水道システムにはループが皆無であるから図5.5.3は簡略化されている．また，ネットワークの境界となる河川流入点，流出

点や用水流入点，流出点が端点（terminal）となる．

表5.5.1 大都市域水循環システム構成要素のネットワークとしての記述

ネットワークの構成要素	レイヤー			
	河川	水道	都市活動	下水道
ノード	河川流入点 基準点 河川流出点	取水場 浄水場 配水池 施設内貯留施設 用水流入点 用水流出点 用水供給点	都市代表点 都市内貯留施設 （貯留点） 給水点	下水処理場 放流施設
リンク	河川流路	幹線管路 （導水管） （送水管） （主要配水管）	水辺創生水路	下水道幹線 （汚水管） （放流管）
ループ	−	配水池 施設内貯留施設	都市内貯留施設	−

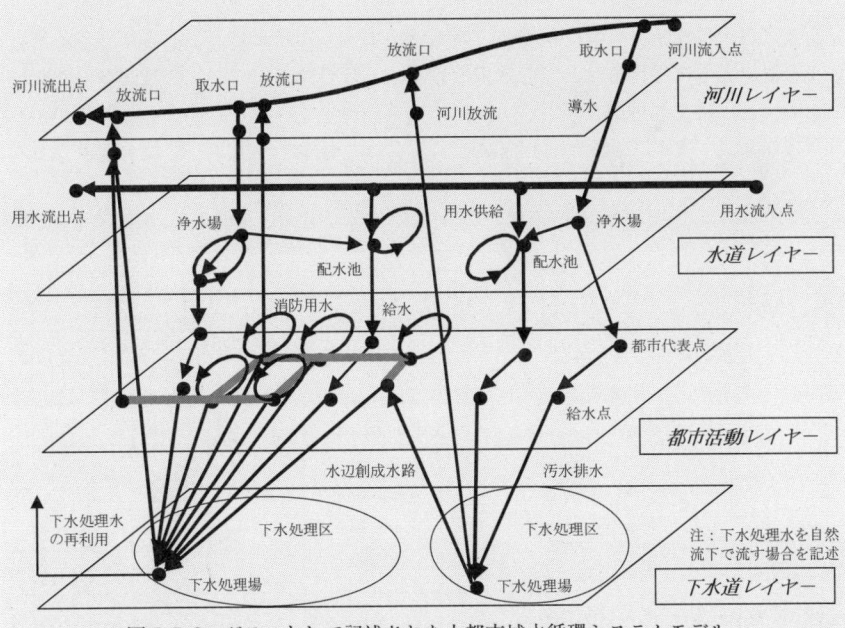

図5.5.3 グラフとして記述された大都市域水循環システムモデル

2）ネットワークの連結行列としての記述

大都市域水循環システムのレイヤー間の構造の特徴を知ることを目的に，図5.5.3に表したグラフを河川レイヤー，水道レイヤー，都市活動レイヤー及び下水道レイヤーに注目して図5.5.4のように簡略化して記述することができる．同図では，レイヤーを1つのノードとして考え，水循環をノード，リンク，ループの3つで表現している．ただし，ここでいうループは，レイヤー内の水循環を意味している．このように表すことにより，大都市域水循環システムの全体構造を明確にすることができる．

さらに，ネットワークの構造は，連結行列（connected matrix）として表すことができる．表5.5.2は，図5.5.4をAからIまでの部分に輸送量，リンクの強さ（太さ），リンク間の距離，ノード数といった指標を記述することによりネットワークの構造特性を記述することができる連結行列である．

3）ネットワーク構造安定性の評価指標[4]

ネットワーク構造の評価の視点としては，構成要素であるノードやリンク，ループに着目する方法や循環の経路を考慮することが考えられる．ノードに着目した場合には，そのノードの数やノードに何本のリンクが結ばれているかにより安定性を考えることができる．また，リンクに着目した場合にはリンクの太さによって安定性を評価することができる．例えば，取水した水を都市生活者に届けるまでを対象とした場合には，同じ水量を輸送する場合でも，リンクの数が多くそれらのリンクの太さに偏りがない方が，震災の影響を受けにくく安定した水供給が可能である．また，水輸送の経路（パス：path）に着目した場合には，カスケード

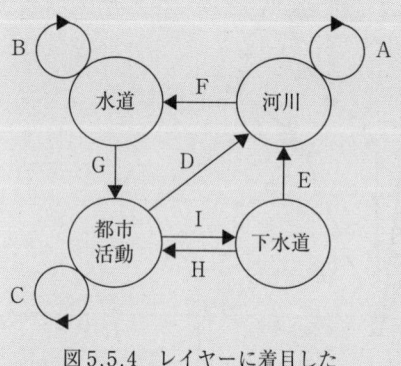

図5.5.4 レイヤーに着目したネットワーク

表5.5.2 連結行列によるネットワーク表示

型よりもサイクル型の方が水の確保は安定である．このように，ネットワークの安定性を表す指標は，着目する構成要素により複数存在する．

ここでは，ネットワーク構造を評価する視点として，ノードに対してはその「数」，リンクに対しては「数」，「長さ」，「太さ（容量）」，ループはその「容量」を，さらに，それらを組み合わせた「パス」を考えるものとする．以上の観点から，表5.5.3に示す13の評価指標を考案した．これらの指標は，「被災」状況として，「ノードの機能停止」と「リンクの切断」を表現するために用いる．なお，これらの13の指標の関連を図5.5.5に示しておく．

4）水辺創生モデルの定式化

図5.5.2で示した大都市域水循環システムにおける水の流れを定式化する．この図では下水処理水を自然流下で流す場合を例示しているが，以下に説明する方法により下水処理水を上流に圧送する場合も定式化が可能である．

定式化は各レイヤー内にノードを定義することにより，ノードの対応関係として水の輸送を表現する．具体的には，水道レイヤーで取水施設と浄水場，下水道レイヤーで下水処理場と放流施設，都市活動レイヤーで水供給点（都市代表点）と都市内の貯留点を考える．ただし，水道の施設内貯留や下水処理水の都市内貯留については，期間内に貯留水が利用されることを仮定し，単位を管路流量と同じ次元（例えば$m^3/日$）として定式化する．

以上により大都市域水循環システム全体の水循環を定式化した後，都市活動レイヤーと下水道レイヤーに対象を絞り，下水処理水を各都市に配分する水辺創生モデルの目的関数と制約条件を示す．

5）大都市域水循環システムの定式化[5]

各ノードの対応関係として水循環の水量的な連続関係を表現する．以下で丸括弧の番号で示した項目の大都市域水循環システムでの位置付けを図5.5.2中に同じ番号で示した．

・河川の取水施設 i（$i=1,\cdots,a：a$は取水口の数）
・水道事業体の浄水場 j（$j=1,\cdots,b：b$は浄水場の数）
・市町村 k（$k=1,\cdots,c：c$は市町村の数）
・下水処理場 l（$l=1,\cdots,d：d$は下水処理場の数）
・放流施設 m（$m=1,\cdots,e：e$は放流口の数）
・貯留点 n（$n=1,\cdots,f：f$は貯留点の数）

a　河川取水口からの取水量

河川取水口からの取水量を表すベクトルを q^1 とする（図5.5.2の番号①）．

表5.5.3 ネットワーク構造の特性を表す指標

番号	指標名	式	定義	解釈	指標の対象 数	距離	容量	経路
①	点連結度	$k(N) = \min|A|$	ネットワークN点集合Vの部分集合V'が$N-V'$を非連結とする最小の点切断集合Aにおける点（ノード）の個数．	点切断集合はネットワークを非連結とする．点連結度が大きいほどネットワークの連結が強く構造が安定となる．	○			
②	辺連結度	$k_1(N) = \min|K|$	ネットワークNの辺の集合Eの部分集合E'が$G-E'$を非連結とする最小の辺切断集合Kの辺（リンク）の個数．	辺連結度が大きいほどネットワークの連結が強く構造が安定となる．なお，辺の数でなく容量でも辺連結度を定義できる．この場合には，最大流最小切断の定理を用いて最小容量を与える切断集合を求めることが可能である．	○		○	
③	ノードに対するリンクの比率	$r(N) = \dfrac{\sum d_N(x)}{|V(N)|}$	ネットワークNの各ノードに接続するリンクの個数$d_N(x)$（次数）の総和を全ノードの数$|V(N)|$（位数）で除した値．	ノードに対するリンクの比率が高いほどネットワークは密となり，連結が強く構造が安定となる．	○			
④	ノードに接続するリンクの流量のばらつき	$V_x = \dfrac{\max(f_x^h) - \min(f_x^h)}{\sum f_x^h}$	任意のノードxに流入するリンクhの流量の最大と最小の差をノードxに流入する全水量で除した値．	ノードに流入するリンクの流量のばらつきが低いほど，複数の水供給経路から同程度の水が送られてくることになり，当該ノードへの水供給は構造的に安定であると考える．	○		○	
⑤	平均離心数	$\sum e(x)/|V(N)|$	ネットワークNの任意のノードxから測られる最大距離である離心数$e(x)$の総和を位数により除した数．	ノード・リンク数が同じ時，平均離心数が小さいほどネットワークは空間的に相対的に構造が密であり，管延長密度が高いことを意味する．	○	○		
⑥	冗長なパスの数	$P_r(x,y) = \sum (x,y)$	x, yをネットワークN内の隣接しないノードとしたとき，可到達な経路x, yの総数を冗長なパスの数とする．	任意のノードxから，他の任意のノードyまでの経路を考えるとき，複数の経路$x-y$が存在し，その数が多い程，水循環は構造的に安定している．	○			○
⑦	冗長なパスの流量のばらつき	$V_{pr} = \dfrac{\max q_r(x,y) - \min q_r(y,y)}{\sum q_r(x,y)}$	冗長なパス$r(x,y)$を流れる水量$q_r(x,y)$の最大と最小の差を冗長なパスを流れる全水量で除した値．	同程度の流量が流れる冗長なパスが存在する時は，被害が分散されるため水供給は構造的に安定であると考える．	○		○	○
⑧	冗長なパスの貯留容量比率	$V_{rs} = \dfrac{\sum S_i(x)}{\sum q_r(x)}$	冗長な経路(x,y)上にある貯留施設jの著流量S_jの総和を冗長なパスの全容量で除した値．	パス上のリンクが切断された場合でも，貯留水を利用することにより水供給が可能である．貯留比率が高ければネットワークの構造は安定であると考える．	○		○	○
⑨	内素なパスの数	$P_b(x,y) = \sum (x,y)$	x, yをネットワークN内の隣接しないノードとしたとき，x, y以外にノードを共有しない可到達な経路$p(x,y)$の総数を内素なパスの数とする．	内素なパスが多いことは，水供給系統の独立経路が多いことを意味する．内素なパスの数が多いほど水供給は構造的に安定である．連結度と内素なパスの存在の関係をメンガーの定理を利用して知ることができる．	○			○

298

	項目	式	説明	意義			
⑩	内素なパスの流量のばらつき	$Vp_b = \dfrac{max q_p(x,y) - min q_p(x,y)}{\sum q_p(x,y)}$	内素なパス $p(x,y)$ の流量 $q_p(x,y)$ の最大と最小の差を内素なパスを流れる全流量で除した値.	内素なパスの送水量のばらつきが小さければ被害が分散されるため水供給は構造的に安定であると考える.	○	○	○
⑪	内素なパスの貯留容量比率	$Vis = \dfrac{\sum S_i(x,y)}{\sum q_i(x,y)}$	内素な経路 (x,y) 上にある貯留施設 i の貯留量 S_i の総和を内素なパスの全容量で除した値.	パス上のリンクが切断された場合でも, 貯留水を利用することにより水供給が可能である. 貯留比率が高ければネットワークの構造は安定であると考える.		○	○
⑫	サイクル階数	$Cr(N) = \sum d_N(x) - |V(N)| - 1$	ネットワーク N において, サイクルが残らないように除去しなければならないリンクの最小数をサイクル階数という.	サイクル階数が多いほど, 当該ノードを中心として水を循環利用していることを意味する. 従って, サイクル内を流れる水量を利用することができる. サイクル階数が大きいほどネットワークの水供給は構造的に安定であると考える.	○	○	
⑬	サイクル比率	$\gamma = \sum c(x,y) / \sum (x,y)$	任意のノード x から, 他の任意のノード y までの経路数がサイクルを有するパス $c(x,y)$ である比率.	水供給が困難となった場合でも, サイクル上のリンクが切断されない限り, サイクル内の貯留水の利用が可能であるため, サイクル比率が高いほど水供給は構造的に安定であると考える.	○		○
⑭	サイクル流量比率	$\beta = q_c(x,y) / q_r(x,y)$	サイクルを有するパスに流れる流量 $q_c(x,y)$ と全経路を流れる $q_r(x,y)$ の比率.	水供給が困難となった場合でも, サイクル上のリンクが切断されない限り, サイクル内の貯留水の利用が可能であるため, サイクル形態で供給される流量の割合が高い程, 水供給は構造的に安定であると考える.		○	○

④⑦⑩⑭で用いる流量は断面に流速を仮定することで与える.
注1:最小切断集合とは N の点集合 V の部分集合 V' で $N-V'$ が非連結になる場合の最小の集合をいう.
注2:次数とは N のノード v に接続するリンクの個数をいい $d^N(v)$ で表す.
注3:位数とは N のノードの数をいい $|V(N)|$ で表す.
注4:$max(f_i^l)$ はノード i に接続するリンクの送水量 f_i^l の最大流量を表す.
注5:$min(x_i^l)$ はノード i に接続するリンクのま送水量 f_i^l の最小流量を表す.
注6:離心数とは, N の任意のノード v から測られる最大距離をいい, $e(v)$ で表す.
注7:「冗長なパス」とは, v_1, v_2 を N 内の隣接しないノードとしたときの全ての v_1–v_2 パスとする.
注8:$max(f_i^r)$ はノード i に接続する冗長なパスの送水数量 f_i^r の最大流量を表す.
注9:$min(f_i^r)$ はノード i に接続する冗長なパスの送水量 f_i^r の最小流量を表す.
注10:N の異なるノード v_1, v_2 を結ぶ v_1–v_2 パスが v_1, v_2 以外にノードを共有しない時このパスを内素という.
注11:$max(f_i^p)$ は各内素なパスの送水量 f_i^p の最大流量を表す.
注12:$min(f_i^p)$ は各内素なパスの送水量 f_i^p の最小流量を表す.

$$q^1 = (q_1^1 \cdots q_i^1 \cdots q_a^1) \quad q_i^1 \leq q_i^r \tag{5.5.36}$$

q_i^1:河川取水口 i からの取水量　　q_i^r:取水口 i の水利権量

b　水道事業体浄水場の浄水量

　河川取水量を水道浄水場に導水する比率を表すマトリクスを M^1 とする(同②). また, 浄水場の浄水量を表すベクトルを q^2 とする(同③).

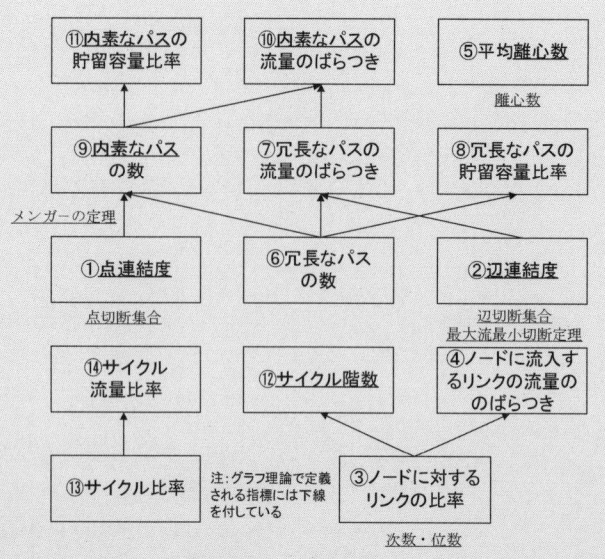

図5.5.5　指標間の関連

$$M^1 = \begin{bmatrix} M^1_{11} & \cdots & \cdots & \cdots & M^1_{1b} \\ \vdots & \ddots & & & \vdots \\ \vdots & & M^1_{ij} & & \vdots \\ \vdots & & & \ddots & \vdots \\ M^1_{a1} & \cdots & \cdots & \cdots & M^1_{ab} \end{bmatrix} \quad (5.5.37)$$

$$q^2 = q^1 M^1 = (q^2_1 \cdots q^2_j \cdots q^2_b) \quad (5.5.38)$$

M^1_{ij}：取水口 i での取水量の浄水場 j への導水比率　q^2_j：浄水場 j の浄水量

c　水道用水供給事業体からの受水量

水道用水供給事業体が浄水場（配水池）に送る送水量を表すベクトルを q^3 とする（同④）．

$$q^3 = (q^3_1 \cdots q^3_j \cdots q^3_b) \quad (5.5.39)$$

q^3_j：浄水場 j の給水区域における水道用水供給事業体からの受水量

d　浄水場からの全給水量

水道施設内に貯留されている浄水量を表すベクトルを q^α とする（同⑤）．また，浄水場の全浄水量を表すベクトルを q^4 とする（同⑥）．

$$q^\alpha = (q_1^\alpha \cdots q_j^\alpha \cdots q_b^\alpha) \tag{5.5.40}$$

$$q^4 = q^2 + q^3 + q^\alpha = (q_1^4 \cdots q_j^4 \cdots q_b^4) \tag{5.5.41}$$

q_j^α：浄水場 j 内（浄水場系内）に貯留されている浄水量 q_j^4：浄水場 j の持つ全浄水量

e　浄水場から市町村へ送られる浄水量

浄水場の持つ浄水を市町村に配分する比率を表すマトリクスを M^2 とする（同⑦）．また，浄水場 j から市町村 k へ送られる浄水量を表すベクトルを q^5 とする（同⑧）．

$$M^2 = \begin{bmatrix} M_{11}^2 & \cdots & \cdots & \cdots & M_{1c}^2 \\ \vdots & \ddots & & \iddots & \vdots \\ \vdots & & M_{jk}^2 & & \vdots \\ \vdots & \iddots & & \ddots & \vdots \\ M_{b1}^2 & \cdots & \cdots & \cdots & M_{bc}^2 \end{bmatrix} \tag{5.5.42}$$

$$q^3 = q^4 M^2 = (q_1^5 \cdots q_k^5 \cdots q_c^5) \tag{5.5.43}$$

M_{jk}^2：浄水場 j の浄水を市町村 k へ配分する比率 q_k^5：市町村 k へ送られる全浄水量

f　下水処理場から市町村へ配分する下水処理水量（水辺創生水路による）

下水処理場の処理水の再利用率を式 (5.5.44) に示す対角マトリクス X^α で表す（同⑨）．また，下水処理場から再利用する処理水を市町村に配分する比率を表すマトリクスを式 (5.5.45) に示す X^β で表す（同⑩）．下水処理場から水辺創生水路により市町村へ送水する処理水量を表すベクトルは式 (5.5.46) で表される q^6 となる（同⑪）．なお，下水処理場 l の処理水量を表すベクトルを式 (5.5.47) の q^7 で与える．

$$X^\alpha = \begin{bmatrix} X_1^\alpha & & & & 0 \\ & \ddots & & & \\ & & X_l^\alpha & & \\ & & & \ddots & \\ 0 & & & & X_d^\alpha \end{bmatrix} \quad 0 \le X_l^\alpha \le 1 \tag{5.5.44}$$

$$X^\beta = \begin{bmatrix} X^\beta_{11} & \cdots & \cdots & \cdots & X^\beta_{1c} \\ \vdots & \ddots & & \iddots & \vdots \\ \vdots & & X^\beta_{lk} & & \vdots \\ \vdots & \iddots & & \ddots & \vdots \\ X^\beta_{d1} & \cdots & \cdots & \cdots & X^\beta_{dc} \end{bmatrix} \quad \sum_{k=1}^{c} X^\beta_{lk} = 1 \tag{5.5.45}$$

$$q^6 = q^7 X^\alpha X^\beta = (q^6_1 \cdots q^6_k \cdots q^6_c) \quad (5.5.46) \qquad q^7 = (q^7_1 \cdots q^7_l \cdots q^7_d) \quad (5.5.47)$$

X^α_l：下水処理場 l の下水処理水の再利用率

X^β_{lk}：下水処理場 l で処理された下水処理水の市町村 k への配分比率（第1行より d 行へ処理場地盤高の降順の並びとする）

q^6_k：市町村 k へ送られる下水処理水量　　q^7_l：下水処理場 l の下水処理量

g　市町村に貯留されている浄水の貯留量

市町村の貯留点に貯留されている処理水量を表すベクトルを q^8 とする（同⑫）．

$$q^8 = (q^8_1 \cdots q^8_n \cdots q^8_f) \tag{5.5.48}$$

q^8_n：貯留点 n に貯留されている下水処理水量

h　下水処理場に流入してくる汚水量

市町村で使用された水道水の各下水処理場への流入比率を表すマトリクスを M^3 で表す（同⑭）．一方，貯留点に送られてきた下水処理水量を q^9 とする．この処理水の生活用水としての利用率を対角マトリクス X^7 で表す（同⑬）．貯留点で生活用水として利用した処理水の各処理場への流入比率をマトリクス M^4 で表す（同⑮）．以上より，処理場への流入汚水量 q^7 は式(5.5.53)となる（同⑯）．

$$M^3 = \begin{bmatrix} M^3_{11} & \cdots & \cdots & \cdots & M^3_{1d} \\ \vdots & \ddots & & \iddots & \vdots \\ \vdots & & M^3_{kl} & & \vdots \\ \vdots & \iddots & & \ddots & \vdots \\ M^3_{c1} & \cdots & \cdots & \cdots & M^3_{cd} \end{bmatrix} \quad (5.5.49) \qquad q^9 = (q^9_1 \cdots q^9_n \cdots q^9_f) \quad (5.5.50)$$

$$X^7 = \begin{bmatrix} X^7_1 & & & & 0 \\ & \ddots & & & \\ & & X^7_n & & \\ & & & \ddots & \\ 0 & & & & X^7_f \end{bmatrix} \quad 0 \leq X^7_n \leq 1 \tag{5.5.51}$$

$$M^4 = \begin{bmatrix} M^4_{11} & \cdots & \cdots & \cdots & M^4_{1d} \\ \vdots & \ddots & & \cdot\cdot & \vdots \\ \vdots & & M^4_{nl} & & \vdots \\ \vdots & \cdot\cdot & & \ddots & \vdots \\ M^4_{f1} & \cdots & \cdots & \cdots & M^4_{fd} \end{bmatrix} \quad (5.5.52)$$

$$q^7 = q^5 M^3 + (q^9 + q^8) X^7 M^4$$
$$= (q^7_1 \cdots q^7_l \cdots q^7_d) \quad (5.5.53)$$

M^3_{kl}：市町村 k で使用した水道水の下水処理場 l への流入比率

q^9_n：貯留点 n へ水辺創成水路を通じて送られてきた下水処理水量

X^7_n：貯留点 n における下水処理水の生活用水としての利用率

M^4_{nl}：貯留点 n から取水した処理水の下水処理場 l への流入比率

i 下水処理場から河川へ放流される処理水量

河川へ放流される処理水量の各放流口への放流比率を表すマトリクスを M^5 とし (同⑰), 下水処理場から河川へ放流される下水処理水量をベクトル q^8 で表す (同⑱).

$$M^5 = \begin{bmatrix} M^5_{11} & \cdots & \cdots & \cdots & M^5_{1e} \\ \vdots & \ddots & & \cdot\cdot & \vdots \\ \vdots & & M^5_{lm} & & \vdots \\ \vdots & \cdot\cdot & & \ddots & \vdots \\ M^5_{d1} & \cdots & \cdots & \cdots & M^5_{de} \end{bmatrix} \quad (5.5.54)$$

$$q^8 = \{q^7(I - X^\alpha)\} M^5 = (q^8_1 \cdots q^8_m \cdots q^8_e) \quad (5.5.55)$$

M^5_{lm}：下水処理場 l への下水処理水の河川の放流口 m への放流割合

q^8_m：放流口 m から放流される下水処理水量　　I：単位マトリクス

j 市町村から貯留点へ送られる下水処理水

市町村に送られてきた下水処理水を貯留点へ配分する比率を表すマトリクスを M^6 とし (同⑲), 貯留点へ送られる下水処理水量を表すベクトルを q^9 とする (同⑳).

$$M^6 = \begin{bmatrix} M^6_{11} & \cdots & \cdots & \cdots & M^6_{1f} \\ \vdots & \ddots & & \cdot\cdot & \vdots \\ \vdots & & M^6_{kn} & & \vdots \\ \vdots & \cdot\cdot & & \ddots & \vdots \\ M^6_{c1} & \cdots & \cdots & \cdots & M^6_{cf} \end{bmatrix} \quad (5.5.56)$$

$$q^9 = q^6 M^6 = (q^9_1 \cdots q^9_n \cdots q^9_f) \quad (5.5.57)$$

M^6_{kn}：市町村 k に送られてきた下水処理水の貯留点 n への配分比率

q^9_n：貯留点 n へ送られる下水処理水量

k　貯留点から河川へ放流される下水処理水量

貯留点に送られてくる処理水の河川への放流割合を表す対角マトリクスを X^δ とし（同㉑），処理水の各河川への直接放流比率を表すマトリクスを M^7 とする（同㉒）以上より，貯留点から河川へ放流される下水処理水量を表すベクトルを q^{10} で表す（同㉓）．

$$X^\delta = \begin{bmatrix} X^\delta_1 & & & & 0 \\ & \ddots & & & \\ & & X^\delta_n & & \\ & & & \ddots & \\ 0 & & & & X^\delta_f \end{bmatrix} \quad 0 \leq X^\delta_n \leq 1 - X^\gamma_n \tag{5.5.58}$$

$$M^7 = \begin{bmatrix} M^7_{11} & \cdots & \cdots & \cdots & M^7_{1e} \\ \vdots & \ddots & & \reflectbox{$\ddots$} & \vdots \\ \vdots & & M^7_{nm} & & \vdots \\ \vdots & \reflectbox{$\ddots$} & & \ddots & \vdots \\ M^7_{f1} & \cdots & \cdots & \cdots & M^7_{fe} \end{bmatrix} \tag{5.5.59}$$

$$q^{10} = (q^9 + q^\beta) X^\delta M^7 = (q^{10}_1 \cdots q^{10}_m \cdots q^{10}_e) \tag{5.5.60}$$

X^δ_n：貯留点 n に送水・貯留された下水処理水の河川への放流比率

M^7_{nm}：貯留点 n から放流される下水処理水の放流口 m への直接放流比率

q^{10}_m：貯留点から放流口 m への直接放流量

l　消防用水等の河川への流出量

貯留点の処理水を消防用水等として使用した後に各河川放流口へ間接流出する比率を表すマトリクスを M^8 とする（同㉔）．M^8 により，河川への間接流出量を表すベクトル q^{11} は式(5.5.62)となる（同㉕）．

$$M^8 = \begin{bmatrix} M^8_{11} & \cdots & \cdots & \cdots & M^8_{1e} \\ \vdots & \ddots & & \reflectbox{$\ddots$} & \vdots \\ \vdots & & M^8_{nm} & & \vdots \\ \vdots & \reflectbox{$\ddots$} & & \ddots & \vdots \\ M^8_{f1} & \cdots & \cdots & \cdots & M^8_{fe} \end{bmatrix} \tag{5.5.61}$$

$$q^{11} = (q^9 + q^\beta)(I - X^\gamma - X^\delta) M^8 = (q^{11}_1 \cdots q^{11}_m \cdots q^{11}_e) \tag{5.5.62}$$

M_{nm}^8：貯留点 n から放流される下水処理水の放流口 m への間接流出比率

q_m^{11}：消防用水等の放流口 m への間接流出量

6）水循環システムの連続式

ここでは大都市域水循環システムの水の流れを記述する．ただし，システム内の貯留水を利用する場合とする．

a 河川レイヤーへの流入と流出

下水処理場から河川に放流される放流水量 q^8，貯留点から河川に直接放流される放流水量 q^{10} および消防用水等による河川への間接流出量 q^{11} が河川レイヤーに流入するが，この水量は，河川取水口から取水した水量 q^1，水道用水供給事業体から受水した水量 q^3，水道施設内の浄水貯留量 q^α，貯留点の処理水貯留量 q^β の和に等しい．

$$\sum_{m=1}^{e} q_m^8 + \sum_{m=1}^{e} q_m^{10} + \sum_{m=1}^{e} q_m^{11} = \sum_{i=1}^{a} q_i^1 + \sum_{j=1}^{b} q_j^3 + \sum_{j=1}^{b} q_j^\alpha + \sum_{n=1}^{f} q_n^\beta \tag{5.5.63}$$

b 水道レイヤーへの流入と流出

確保される全浄水量 q^4 と浄水場から市町村へ送られる浄水量 q^5 は等しい．

$$\sum_{j=1}^{b} q_j^4 = \sum_{k=1}^{c} q_k^5 \tag{5.5.64}$$

c 都市活動レイヤーへの流入と流出

浄水場から送られてくる浄水量 q^5，水辺創生水路を通じて下水処理場から送られてくる処理水量 q^6 及び貯留点の処理水貯留量 q^β が都市活動レイヤーに存在し，これらは市町村で利用された浄水と貯留点で生活用水として利用された処理水が汚水として下水処理場へ流入する量 q^7，貯留点から直接河川に放流される処理水量 q^{10} 及び貯留点で消防用水等として使われて河川へ間接流出する水量 q^{11} の和と等しい．

$$\sum_{k=1}^{c} q_k^5 + \sum_{k=1}^{c} q_k^6 + \sum_{n=1}^{f} q_n^\beta = \sum_{l=1}^{d} q_l^7 + \sum_{m=1}^{e} q_m^{10} + \sum_{m=1}^{e} q_m^{11} \tag{5.5.65}$$

d 下水道レイヤーへの流入と流出

下水処理場に流入してくる汚水量 q^7 は，下水処理場が河川に放流する下水処理水量 q^8 と水辺創生水路により市町村に送る下水処理水量 q^6 の和と等しい．

$$\sum_{l=1}^{d} q_l^7 = \sum_{m=1}^{e} q_m^8 + \sum_{k=1}^{c} q_k^6 \tag{5.5.66}$$

e 河川流量の連続条件

上流の流量基準点 R から下流の $R+1$ の間で流量の連続条件を示す. $q^1 q^8 q^{10} q^{11}$ がその間の取水量と放流量を表すならば，河川流量に関して次式が成立する.

$$q^{R+1} = q^R - \sum_{i=1}^{a} q_i^1 + \sum_{m=1}^{e} q_m^8 + \sum_{m=1}^{e} q_m^{10} + \sum_{m=1}^{e} q_m^{11} \tag{5.5.67}$$

q^R：河川の流量基準点 R における流量

f 下水処理水の循環の記述

式(5.5.46)で表される処理水の再利用量 q_k^6 の右辺に順次対応する式を代入することにより式(5.5.68)を得る．同式を用いて下水処理水の循環の定式化について説明する．

$$q^6 = \{(q^1 M^1 + q^3 + q^\alpha) M^2 M^3 + (q^6 M^6 + q^\beta) X^\gamma M^4\} X^\alpha X^\beta \tag{5.5.68}$$

同式は，決定変数 X^α, X^β, X^γ が掛け合わされた非線形式となっている．また，q^6 が両辺に現れており処理水が循環すること（feedback）が表現されている．右辺の第1項は市町村で使用された水道浄水が下水処理場に流入することを示し，第2項は水辺創生水路を流れる処理水及び貯留水が生活用水として利用され再び処理場に流入することを表している．

7）目的関数と制約条件

a 震災時の目的関数と制約条件

震災時に市町村が必要とする処理水量と下水処理場が配分する処理水量との乖離を最小にすることを目的関数として定式化する．

$$\text{minimize} \sum_{k=1}^{c} (q_k^d - q_k^6) \tag{5.5.69}$$

q_k^d：震災時に市町村 k で必要となる消防用水量またはトイレ用水量等
q_k^6：下水処理場から市町村 k へ送る下水処理水量（式(5.5.68)より与えられる）

そして，震災時に市町村が必要とする水量以上に下水処理水を配分しないことを次のように制約式とする．

$$q_k^d \geq q_k^6 \tag{5.5.70}$$

b 平常時の目的関数と制約条件

水辺創生水路を流れる水量と水辺周辺の誘致人口が多いほどアメニティが向上

すると考え[13]，アメニティが最大になるように処理水を配分することを目的関数として定式化する．

$$\text{maximize} \sum_{k=1}^{c}(E_k^1 \times q_k^6) \tag{5.5.71}$$

ただし，
$E^1=(E_1^1 \cdots E_k^1 \cdots E_c^1),\ E_k^1=U \times S_k \times T_k + R_k$
E_k^1：市町村 k に送水することによるアメニティ効果（人）
U：水辺創生水路の誘致距離（定数とする：km）
S_k：水路のルート上に位置する市町村の人口密度（人／km²）
T_k：市町村 k までの水路の距離（km）
R_k：処理水を配分する市町村 k の人口（人）

次に震災時の被害の軽減を考えた下水処理水の配分量と平常時のアメニティの向上を考えた下水処理水の配分水量の差を許容する限度として調整定数を設け，次のように制約式とする．この調整定数は震災時の必要水量を基準としている．

$$\left|\frac{q_k^e - q_k^6}{q_k^d}\right| \leq S \tag{5.5.72}$$

q_k^e：震災時を想定した時に市町村 k に送られる下水処理水量
S：調整定数

これで水辺創生計画のモデル化ができたことになる．モデルの際立った特徴を述べれば以下のような非線形多目的モデルになっている．

① 震災時と日常時の2つの目的関数をもつ（多目的問題）．
② 下水処理水の再利用で水辺を創生する feedback を有している（非線形問題）

これをそのまま解くことは面倒ではあるが，不可能ではない．しかしながら，よく考えてみると，「日常時のアメニティ空間も重要ではあるが，災害時の人命や財産の保全のほうがもっと重要ではないか」とだれもが思いつくはずだろう．そうすると，2つの目的関数に優先度をつけることができる．

こうして，まず震災時を優先してこのモデルを解き，この結果得られた解を用いて日常時を解くという方針が出てくる．つまり，2段階で解くアルゴリズムを開発すればいいことになる．結果は，ここで作成したモデルでは，多目的性を保持しながら非線形の問題を解決することができた．

以下では淀川右岸地域を対象とした事例研究の結果を要約して述べることにす

る．

(3) 淀川右岸地域の事例研究の結果の要約[5)6)]

ここではまず，淀川水循環圏で下水処理水を水辺創生に使える地域を選定した．まず，①淀川水循環圏で，震度7以上が想定される6つのそれぞれの活断層系（花折，西山，有馬・高槻，生駒，上町，六甲）大震災で，どの地域が機能麻痺をおこし，どの地域が間接被害を受けるかを「調査・分析」した結果[4)]，下水処理水を利用できるのは中・下流の5地域に限定された．そして，②活断層系大震災が複数想定され，人口や密集家屋それに幹線交通網等が集中し，下水処理場が多数存在している地域として淀川右岸地域（豊中・池田・吹田・高槻・茨木・箕面・摂津・島本）を選定した．

この地域は，人口が約170万人で，新幹線・高速道路・幹線国道・JR・私鉄などが平行して走る，淀川と山で挟まれた狭窄地域である．地形的にも社会基盤もまったく神戸とよく似ている地域である．この地域は4つの活断層系（有馬・高槻，生駒，上町，六甲）の大震災が想定されているが，これらは同時に起こるわけではない．以下では，この地域で比較的被害が軽微な生駒断層系の大震災を前提とした（この理由は後で述べる）ときの，水辺創生計画の結果を提示する．

まず，地域内の処理場と市町村及び市町村相互の送水経路は，両者を結ぶ最短経路である直線を仮定し，隣接関係と標高を考慮した関係行列を作成しISM[14)]（Interpretive Structural Modeling）の援用により，処理水の送水可能経路を決定した．

震度7で壊滅的打撃を受けると想定されている都市は高槻・茨木・摂津で，機能不全をきたすと想定する下水処理場は淀川右岸高槻処理場である．上記の送水経路から，下水処理水を送れる処理場は猪名川流域原田処理場（→吹田）と吹田市正雀処理場（→高槻→摂津→吹田）の2つである．次に

a 被災都市の必要水量の算定，b 正雀処理場の能力検討　c 処理水の送水可能量の確定を行う．こうして，線形計画問題を解くことになる．得られた結果を以下に示す．

ⅰ）直接被害区域の消防用水を対象とした主な結果；正雀処理場の処理水が少ないことから火災が発生した場合，消防活動を十分に行うだけの処理水を配分することができないことが分かった（充足率0.49）．

ⅱ）直接被害区域のトイレ用水を対象とした主な結果；トイレ用水の必要水量は消防用水に比べ少ないため正雀処理場の下水処理水の利用だけで，必要水量を満

たすことができる（充足率1.00）．

　なお，留意すべきことは，開水路の途中に貯留点として消防用の都市内貯留施設を設けておけば，トイレ用水の必要水量だけを考えた下水処理水量の配分であっても消火用水を確保できる．

iii）直接被害区域と間接被害区域のトイレ用水を対象とした主な結果；水環境汚染を想定すると，下水処理水の送水が可能でかつ必要水量が発生する都市として吹田市が加わる．この時，正雀処理場の処理水量だけで吹田市，高槻市，摂津市への必要水量を全て賄うことができる．水環境汚染を考えた場合，地域のすべての7市1町が下水処理水を必要としていることになったが，そのうち3市以外に処理水を送ることができない．処理場が下水を排除するという，これまでの下水道の政策から考えれば効率のよい施設配置であるが，下水を河川に放流するだけではなく，災害時や日常の（エコも考えた）アメニティ空間の水資源として利用するという観点からみた場合には，適切な配置ではない．

iv）ネットワークの構造安定性の評価；水辺創生水路を導入することにより，吹田市，高槻市，摂津市は下水処理場から処理水の送水を受けることとなる．この結果，冗長なパスの数（指標⑥）は，吹田市（2→11），高槻市（1→3），摂津市（1→3）と増加する．水供給経路が多数となったことにより水供給は構造的に安定になった．

　さらに，内素なパスの数（指標⑨）は，吹田市（2→4），高槻市（1→2），摂津市（1→2）へと増加した．パスが増加した給水点では，独立な水供給経路が確保されたことになり，この意味でも水供給は構造的に安定になったと言える．

　以上が主な結果であるが，なぜ生駒断層系の大震災に着目したかの理由を述べておく．この地域では，上町断層系や有馬・高槻断層系の被害想定は生駒断層系に比べ非常に大きい．そのとき，創生した水辺の流水（幾つかの地点で開閉できる装置を作れば使い勝手のよい貯留水に変身する）や貯留水を利用できることになる．この場合，貯留分を除けば，水路の流水の利用可能量は，（断面）×（延長）に比例する．これは災害時に莫大な利用可能な水資源である．次に，例えば，上町系の被害を想定したとき，地域の下水処理場がすべて機能不全となっていても（このときもちろん水道は断水していると想定），この水を使えるし，3日間の不足分については（中・長期的に）下水処理場の再編成を行えばよい．このとき，下水処理場の規模の経済性を放棄した，環境と災害のために，処理区と処理場の集中から分散化にシフトするという発想の転換で「位置と能力の最適配置」計画（それほど困難と思わないが）を作成すればよい．最初の問いは，中長期的にものを

考える場合，何でもかんでも最悪の状態を想定して向かうと絶望的でしかない場合が多く，またそれよりも軽微な状態が起こった場合，過剰投資となるからである．このため，単一目的の追求でなく多目的化しておくことも重要となる．

最後に，このような災害時の水資源の問題，エネルギーの問題，交通問題，ロジスティックスの問題などを総合防災学としてシステム化（マニュアル化ではない）する必要があることを述べておこう．

5.5.4 混合整数計画法（mixed integer programming）[15]

(1) 小数法

整数計画問題（integer programming）を解くための小数法とは，変数が整数という制約を一時はずして，線形計画問題として解いてしまう理論である．

整数計画問題を次のように書く．「制約条件

$$\sum_{j=1}^{n} c_j x_j = z, \quad \sum_{j=1}^{n} a_{ij} x = b_i, \quad i=1, \cdots, m \tag{5.5.73}$$

のもとで，z を最小にする整数 $x_j \geq 0$ $(j=1, \cdots, n)$ をみつけよ．ただし，a_{ij}, b_i, c_j は与えられた整数の定数とする．」x_j に対する整数条件を除く，すなわち x_j が非整数値をとることも許すと仮定して作った連続変数問題をシンプレックス法で解くと，式 (5.5.73) の方程式は次のように最適解の形式に変換される．

$$z = \bar{z}_0 + \sum_{j=1}^{t} \bar{c}_j x, \quad x_{t+i} = \bar{b}_i + \sum_{j=1}^{t} \bar{a}_{ij} x_j, \quad i=1, \cdots, m \tag{5.5.74}$$

ここで最初の $t=n-m$ 個の変数を非基底変数に，残りの m 個の変数を基底変数に選んである．式 (5.5.74) は最適な基底形式だから，$\bar{c}_j \geq 0$, $\bar{b}_i \geq 0$ であり，連続変数問題の最適解は，基底変数が $x_{t+i} = \bar{b}_i$，非基底変数は $x_j = 0$ である．その上，この解ですべての $\bar{b}_i$ が整数ならば，問題 (5.5.74) は解けている．$\bar{b}_i$ のどれかが非整数値をとっていたら，式 (5.5.74) から整数解を求めていく．問題 (5.5.73) は次のことと同値である．「式 (5.5.74) の目的関数と制約条件のもとで z を最小にする整数 $x_j \geq 0$ $(j=1, \cdots, n)$ を求めよ．」

式 (5.5.74) から最適整数解を得るための方法は，次の変換をほどこして変数の変換を繰り返すことである．

$$x_j = d_j + \sum_{k=1}^{t} d_{jk} y_k, \quad j=1, \cdots, t \tag{5.5.75}$$

整定数 d_j, d_{jk} は問題を解いていく反復手順の過程でつくられるものである．

まず，式 (5.5.74) をパラメータ (y_j；補助変数) を用いて次のように変換する．

$$z = \bar{z}_0 + \sum_{j=1}^{t} c_j y_j, \quad x_j = y_j \geq 0 \quad (j=1,\cdots,t), \quad x_{t+j} = \bar{b}_i + \sum_{j=1}^{t} \bar{a}_{ij} y_j \quad (i=1,\cdots,m)$$
(5.5.76)

式 (5.5.75) を使って式 (5.5.74) から x_j を消去し，次のような等価な問題にする．
「制約

$$z = z'_0 + \sum_{j=1}^{t} c'_j y_j$$

$$x_j = d_j + \sum_{k=1}^{t} d_{jk} y_k \quad (j=1,\cdots,t) \qquad (5.5.77)$$

$$x_{t+j} = b'_i + \sum_{j=1}^{t} a'_{ij} y_j \quad (i=1,\cdots,m)$$

のもとで，z を最小にする整数 $y_j \geq 0$ ($j=1,\cdots,t$) を求めよ．ここで定数 z'_0, c'_j, b'_i, a'_{ij} は変換の過程で次のように置いたものである．

$$z'_0 = \bar{z}_0 + \sum_{j=1}^{t} \bar{c}_j d_j, \quad c'_j = \sum_{k=1}^{t} \bar{c}_k d_{kj} \quad (j=1,\cdots,t),$$

$$b'_j = \bar{b}_i + \sum_{j=1}^{t} \bar{a}_{ij} d_j \quad (i=1,\cdots,m), \quad a'_{ij} = \sum_{k=1}^{t} \bar{a}_{ik} d_{kj} \ (\text{for } \forall i, j) \rfloor$$

これらの定数が，c'_j は $c'_j \geq 0$ および，d_j と b'_i は非負整数というものであれば式 (5.5.77) の最小解は $z = z'_0$, $y_j = 0$ ($j=1,\cdots,t$) である．そして，式 (5.5.73) と (5.5.74) の最小解は $x_j = d_j$ ($i=1,\cdots,m$), $x_{t+i} = b'_i$ ($i=1,\cdots,m$) で与えられる．

(2) 非最適解の改善[15]

等価な問題 (5.5.77) を造り，有限回の反復で最適条件 $c'_j \geq 0$，整数 $d_j \geq 0$，整数 $b'_j \geq 0$ を導くような変換 (5.5.75) のみつけかたを示そう．

式 (5.5.77) を次のように書く．

$$x = \beta + \sum_{j=1}^{t} a_j y_j \qquad (5.5.78)$$

ここに，$x = (x_1, \cdots, x_n)^t$, $\beta = (z'_0, d_1, \cdots, d_t, b'_1, \cdots, b'_m)^t$, $a_j = (c'_j, \cdots, d_t, a'_{1j}, \cdots, a'_{mj})^t$ である．最初は式 (5.5.76) も式 (5.5.78) の形で与えられるが，そのとき $\beta = (\bar{z}_0, 0, \cdots, 0, \bar{b}_1, \cdots, \bar{b}_m)^t$ であり，$a_j = (\bar{c}_j, 0, \cdots, 0, 1, 0, \cdots, \bar{a}_{1j}, \cdots, \bar{a}_{mj})^t$ である．

a_j の第 $j+1$ 項に1がある．以下ではアルゴリズムを有限回で終わらせるための辞書式順序 (lexicographic order) を説明しておこう．

一般に，ベクトル R が少なくとも1つ非ゼロ成分をもち，そのうちの最初の成分が正のときに辞書式に0より大きい，あるいは辞書式に正という．ベクトル $S-R$ が辞書式に正，すなわち $S-R \succ 0$ のときに R は S より辞書式に小さいといい，$R \prec S$ と書く．記号 $\prec$, $\succ$ は，それぞれ，辞書式に小，大を意味すると定める．

さて，a_j を辞書式に正に保つことによって有限なアルゴリズムが保証される．もし式 (5.5.76) を式 (5.5.78) の形式に書くと，すべての $\bar{c}_j \geqq 0$ だから，$a_j \succ 0$ である．ある反復のところで式 (5.5.78) が $a_j \succ 0$, β の目的関数以外のすべての成分が非負，および β の少なくとも1つの成分が非整数値，という形になっているとしよう．β の成分が非整数値の行を1つ選ぶ．その式を

$$x_0 = \beta_0 + \sum_{j=1}^{t} a_j y_j \tag{5.5.79}$$

としよう．$q = \{b_0\} - b_0 > 0$, $p_j = a_j - [a_j] \geqq 0$ と定義すると，式 (5.5.79) は次のように書ける．

$$x_0 - \sum_{j=1}^{t} [a_j] y_j = b_0 - \sum_{j=1}^{t} p_j y_j \tag{5.5.80}$$

この左辺を整数 y と定義すると，$y \geqq \{b_0\}$ あるいは整数 $y' \geqq 0$ に対して $y - y' = \{b_0\}$ である．式 (5.5.80) から次式を得る．

$$y' = -q + \sum_{j=1}^{t} p_j y_j \geqq 0 \tag{5.5.81}$$

この式は整数値 x_0 をつくり出すために y_j が満足しなければならない新しい制約条件である．b_0 は負でもよいので目的関数の行からこの新しい制約条件ができることもあるということに注意されたい．有限アルゴリズムを作るためには，式 (5.5.79) の行を選ぶときに β の非整数値成分のうちで一番上のものを用いる．したがって上式の x_0 は z かある x_j となる．

次に，添字 s を次式の規則で選ぶことにしよう．

$$\frac{1}{p_s} a_s = l - \min_{j \in J^+} \frac{1}{p_j} a_j$$

なお，J^+ は $a_j \succ 0$ の添字の集合を表し，a_s は $j \in J^+$ の a_j のうちで辞書式に最小

をとることを表している．制約条件 (5.5.81) は次式のように書き直せる．

$$y'_s = -q + \sum_{j \neq s} p_j y_j + p_s y_s \tag{5.5.82}$$

これを用いて，式 (5.5.78) から y_s を消去すると，次のようになる．

$$x = \beta' + \sum_{j=1}^{t} a'_j y_j \tag{5.5.83}$$

ここに，

$$\beta' = \beta + \frac{q}{p_s} a_s, \quad a'_j = a_j - \frac{p_j}{p_s} a_s (j \neq s), \quad a'_s = \frac{1}{p_s} a_s \tag{5.5.84}$$

であり，y'_s は新しい変数 y_s で置き換えてある．さらに β', a'_j を β, a_j と定義し直せば，式 (5.5.83) は再び式 (5.5.78) の形で $a_j > 0$ のものとなる．

この後のアルゴリズムは β の全成分が負でなければ，連続問題の最適解を得たことになる．そして，解のすべての成分が整数であれば，問題は解けており解は $x = \beta$ で，終了となる．そうでなければ，目的関数の行以外で最も負の β 成分の行を選び，その値を $(-b_0, a_1, \cdots, a_t)$ とする．そして $q = b_0$, $p_j = a_j (j = 1, \cdots, t)$ とおいて式 (5.5.84) に戻ることになる．

(3) 混合整数計画法[15]

混合整数計画問題も式 (5.5.73) のように表せるが，すべての変数 x_j が整数値をとるように制約されていない．

整数値をとらなければならない変数に対応する β の成分が非整数ならば，まだ最小解に達していない．そういう行の 1 つを選ぶ．その行の式を次式に示す．

$$x_0 = b_0 + \sum_{j=1}^{t} a_j y_j \tag{5.5.85}$$

b_0 は非整数で，x_0 は値を整数に制限された変数の 1 つとする．上式を次式のように書く．

$$x_0 = b_0 \sum_{j \in J^+} a_j y_j + \sum_{j \in J^-} a_j y_j$$

もし

$$\sum_{j \in J^+} a_j y_j + \sum_{j \in J^-} a_j y_j \leq 0$$

ならば，$x_0 \leq b_0$ で，また $x_0 \leq \{b_0\}-1$ であるから次式が成立する．

$$\sum_{j \in J^+} a_j y_j + \sum_{j \in J^-} a_j y_j \leq q-1$$

ただし $q=\{b_0\}-b_0>0$ だから

$$\sum_{j \in J^-} a_j y_j \leq q-1 \quad \Rightarrow \quad -\sum_{j \in J^-} \frac{q}{1-q} a_j y_j \geq q$$

と書ける．そこで，確かに次式が成立する．

$$\sum_{j \in J^+} a_j y_j - \sum_{j \in J^-} \frac{q}{1-q} a_j y_j \geq q \tag{5.5.86}$$

他方,

$$\sum_{j \in J^+} a_j y_j + \sum_{j \in J^-} a_j y_j \geq 0$$

のときは，$x_0 \geq b_0$ で，また $x_0 \geq \{b_0\}$ でもあるから次式を得る．

$$\sum_{j \in J^+} a_j y_j + \sum_{j \in J^-} a_j y_j \geq q \quad \Rightarrow \quad \sum_{j \in J^+} a_j y_j \geq q$$

こうして，再び式 (5.5.86) を得る．いずれの場合も式 (5.5.86) が成立する．

混合整数計画問題では，方程式 (5.5.81) を次式に置き換える．

$$y' = -q + \sum_{j \in J^+} a_j y_j - \sum_{j \in J^-} \frac{q}{1-q} a_j y_j \geq 0 \tag{5.5.87}$$

そして，次の定義を行なう．

$$p_j = \begin{cases} a_j, & (j \in J^+) \\ -\dfrac{q}{1-q} a_j, & (j \in J^-) \end{cases}$$

そして，式 (5.5.78) の新しい形式 (5.5.83) をつくる．

もし変数 y_j のいくつかが整数ならば式 (5.5.87) よりも強い制約式をつくることもできる．整数 x_j に対する式 (5.5.78) の式の 1 つが $x_j = y_j$ であるならば，y_j が整数であることは明らかである．そうでなければ，y_j は非整数である．式 (5.5.85) を次式のように書く．

$$x_0 = b_0 + \sum_{j \in I} a_j y_j + \sum_{j \in F^+} a_j y_j + \sum_{j \in F^-} a_j y_j \tag{5.5.88}$$

ただし，I；y_jが整数であるような添字jの集合，F^+；y_jが非整数でありまた$a_j>0$であるような添字jの集合，F^-；y_jが非整数でありまた$a_j<0$であるような添字jの集合，と定義する．$j\in I$に対して次の両式が成立するとする．

$$a_j=[a_j]+f_j \text{ if } f_j\leq q \quad (5.5.89) \qquad a_j=\{a_j\}-g_j \text{ if } g_j<1-q \quad (5.5.90)$$

なお，I^+；式(5.5.89)が成り立つ添字$j\in I$の集合，I^-；式(5.5.90)が成り立つ添字$j\in I$の集合と定義する．こうして式(5.5.88)を次式のように書くことができる．

$$y=b_0+\sum_{j\in I^+}f_j y_j+\sum_{j\in F^+}a_j y_j-\sum_{j\in I^-}g_j y_j+\sum_{j\in F^-}a_j y_j$$

このyは

$$y=x_0-\sum_{j\in I^+}[a_j]y_j-\sum_{j\in I^-}\{a_j\}y_j$$

である．こうして，式(5.5.81)にかわる式として同じ形式の次式を得る．

$$y'=-q+\sum_{j=1}^{t}p_j y_j\geq 0$$

ただし，p_jの値は次の4通りある．

$$p_j=\begin{cases} f_j(j\in I^+) \\ a_j(j\in F^+) \\ q/(1-q)\cdot g_j(j\in I^-) \\ -q/(1-q)\cdot a_j(j\in F^-) \end{cases}$$

新しい制約式は，おそらく，前よりもp_sの値は小さくβ'は辞書式に大きくなるという意味で，より強い制約式である．混合整数計画問題の収束性も，zを整数と制約し，また式(5.5.85)のために選ばれる四角のある成分のうちの1番上のものであるならば，整数問題の場合とまったく同様であるといえる．

【事例5.2】貯水池整備計画（混合整数計画法，DP[16]）

ここでは，環境と防災の現実にかかわる問題と密接に関わる「なにを，どこに，いつ，いかに」なすかという問題を数理計画問題としてとりあげる．このため単

純な線形計画法の適用は困難であるため，混合整数計画法と後に出てくる動的計画法を用いた事例研究のモデリングの部分を示すこととした．なお，混合整数計画法の基礎の基礎は線形計画法である．

(1) モデリングの背景と目的

現在の開発途上国では，都市の巨大化や食糧生産ならびに経済発展のため，水資源開発は依然として重要と考えられている．日本においても，20世紀後半に，大規模な水資源開発が行われ，その計画を引きずり，21世紀になって，「開発か環境か」という鋭い社会的コンフリクトが生じている．

1975年ごろに大規模なシステムダイナミクスモデルを用いて日本の水需給シミュレーションを行ったところ，2000年前後で日本ではダムが建設できなくなるという結論を出した[17]．当時は環境問題よりも経済発展重視の（水俣病に代表される公害というより殺人傷害事件が噴出していた）時代であったが，モデルに「開発効率」という概念を導入しただけでこの結論が出た．30年近い年月の経過で社会の変化（よい方向か悪い方向かは不問にして）は激しいが，以下に提示するモデルは，環境問題を目的あるいは制約に組み込めばたやすく現代バージョンに修正できること，また現在の日本よりもむしろ開発途上国で役に立つモデルであることを断っておく．

さて，新規水資源をダム貯水池に依存する（依存せざるをえない）場合を考える．このような水資源開発計画を考える場合，「代替案」作成のための入力として，地質や水文（ジオ），生態（エコ），そして水需要（ソシオ）条件を「調査」「分析」で（決定論的，確率論的，ファジー論的な）有意な情報に変換した後，（計画目的論的に）ダムサイト候補地と開発可能水量が与えられる．ここで代替案作成と抽出のため（の評価方法は沢山あるが，これは代替案の「評価と解釈」で行う），一番ベーシックで簡単な（開発途上国では一番重要な）経済性を考えたダム建設の「規模・配置・工程」計画代替案の抽出を行うことにしよう．つまり，ここでの目的は「どこに，いつ，どれぐらいの規模の」ダム貯水池を作ればよいかを明らかにすることである．

一般に，ダムサイトの候補地がいくつか考えられる場合，基本的には次の2つの条件が課せられる．

① ダム開発水量が，当該ダムの貯水容量のみならず他のダム（とりわけ上流部）の貯水容量の大小に影響を受ける．

② ダム建設は大規模工事であり規模の経済性が仮定できる．小規模ダムの建

設は，技術的経済的に不利であるため，つくるとしても最低の規模が与えられる．

この2つの条件は，本質的にはダムを「つくるか，つくらないか」というON-OFF状態を問題に持ち込むことになる．つまり，この，「つくる・つくらない」の決定は，ダム建設問題において重要な位置を占め，数理計画における一種の組合せ問題を形成する．

また，条件2は経済性より環境重視という立場に立てば，たとえば，生態学的観点からダムサイトの選定と規模の制約を課すことになる．あるいは，環境重視を目的関数に加えれば「多目的最適化問題」としてモデリングを行えばよい．環境保全のためどのような生態変化も認めないという条件を課すと実行可能空間がなくなるから問題にならない．

(2) 水利施設規模配置計画の定式化

ここでは，目標最終年における需要を充足し，経済的に有利な水利施設の組合せパターン抽出のための数理モデルを定式化する．この際，対象とする水利施設はダムと取水施設とする．そして，M個のダムサイトからN個の取水施設を通して，L個の都市に水供給を行う場面を想定する（図5.5.6参照）．この問題を，まず各施設を「つくる・つくらない」の判断を含むため，0-1整数変数を含む非線形混合整数計画（Mixed Integer Programming, MIP）として定式化する．

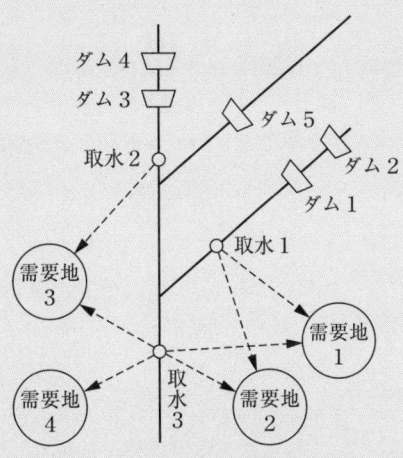

図5.5.6 事例研究対象吉野川流域のモデル図

1) モデルの定式化

① ダム i の開発水量 q_i は,そのダム容量 v_i と,それに影響を及ぼすダム群 I_i の容量により決まる.

$$q_i = f_i(v_i, V_i), \quad V_i = \{v_j | j \in I_i\} \quad i=1,\cdots,M \tag{5.5.91}$$

② ダム i の容量に関しては,つくるとした場合に上下限が設定される.

$$v_i = 0 \quad \text{or} \quad v_i^{\min} \leq v_i \leq v_i^{max} \quad i=1,\cdots,M \tag{5.5.92}$$

③ 取水点 j で,維持流量 r_j と取水量 w_j を充足させる流量 Q_j がある.

$$Q_j = \sum_{k \in E_j} q_k - \sum_{k \in H_j} w_k \geq r_j + w_j \quad j=1,\cdots,N \tag{5.5.93}$$

ただし,Q_j;地点 j より上流のダムの開発水量の総和から途中で取水される分を除いた流量,E_j;地点 j より上流のダムの集合,H_j;地点 j より上流の取水施設の集合

④ 取水施設を作るとした場合,その規模に上下限が設定される.

$$w_j = 0 \quad \text{or} \quad w_j^{\min} \leq w_j \leq w_j^{max} \quad j=1,\cdots,N \tag{5.5.94}$$

⑤ 取水施設から各都市まではあらかじめ設定された導水ネットワークで水供給がなされ,必ず需要は充足される.

$$w_j = \sum_{k \in G_j} x_{jk} \quad j=1,\cdots,N \quad (5.5.95) \qquad d_k = \sum_{k \in F_k} x_{jk} \quad k=1,\cdots,L \quad (5.5.96)$$

ただし,x_{jk};取水点 j から都市 k へ送水される水量,G_j;取水点 j から送水される都市の集合,F_k;都市 k への送水源の集合

⑥ ダム・取水施設の建設コストは,つくる場合とそうでない場合に分けて以下のように定義される.

$$\text{ダム};C_i^D = \begin{cases} 0 \\ g_i(v_i) \end{cases} \quad i=1,\cdots,M \tag{5.5.97}$$

$$\text{取水施設};C_j^W = \begin{cases} 0 \\ h_j(w_j) \end{cases} \quad j=1,\cdots,N \tag{5.5.98}$$

⑦ つくる・つくらない 0-1 変数を導入する.これらをダム;μ_i,取水施設;

ε_j とする.

以上の準備の下に,施設規模配置計画問題は以下のようにモデル化される.

$$\min\left(\sum_{i=1}^{M}C_i^D+\sum_{j=1}^{N}C_j^W\right) \qquad (5.5.99)$$

$$\text{subject to } q_i=f_i(v_i,V_i) \quad i=1,\cdots,M \qquad (5.5.100)$$

$$v_i^{\min}\mu_i \leq v_i \leq v_i^{\max}\mu_i \quad i=1,\cdots,M \qquad (5.5.101)$$

$$Q_j=\sum_{k\in E_j}q_k-\sum_{k\in H_j}w_k \geq r_j+w_j \quad j=1,\cdots,N \qquad (5.5.102)$$

$$w_j^{\min}\varepsilon_j \leq w_j \leq w_j^{\max}\varepsilon_j \quad j=1,\cdots,N \qquad (5.5.103)$$

$$w_j=\sum_{k\in G_j}x_{jk} \quad j=1,\cdots,N \qquad (5.5.104)$$

$$d_k=\sum_{k\in F_k}x_{jk} \quad k=1,\cdots,L \qquad (5.5.105)$$

$$\mu_i,\varepsilon_j \equiv 0 (\text{mod}1) \quad i=1,\cdots,M \quad j=1,\cdots,N \qquad (5.5.106)$$

こうして,いくつかの仮定をおいて,できるだけ初めの問題に忠実に数学モデル化を行った.しかし,式(5.5.99),式(5.5.97)(5.5.98)の目的関数と制約式(5.5.100)に含まれる関数 g_i, h_j, f_i は非線形である.つまり,式(5.5.99)~式(5.5.106)の最適化問題は非線形混合整数計画問題としてモデル化された.一般に,これを解くことはほとんど不可能である.従って,非線形関数の線形近似を行う必要が生じる.

2) 非線形関数の線形近似

a ダム開発水量関数 f_i の線形近似

いま,$I_i=\{j\}$,すなわち当該ダムが上流のダム1個の影響を受けるとする.このとき,式(5.5.100)は $q_i=f_i(v_i,v_j)$ という2変数関数となる.ここで,実際にダム i とダム j の容量 v_i, v_j について,いくつかの実行可能な特定容量の組合せによる利水計算を通して q_i が得られているとしよう.すなわち,$v_i=(v_i^0,\cdots,v_i^{n_i})$, $v_j=(v_j^0,\cdots,v_j^{n_j})$ という実行可能な系列ベクトルを考え,これらによってつくられる平面上の f_i 値でマトリクス $q_i(q_i^{kl}=f_i(v_i^k,v_j^l),k=0,\cdots,n_i,l=0,\cdots,n_j)$ を決定する.これは国によってマニュアル化されている利水計算法を使用すれば可能であるから,ベクトルの隣接する要素間を線形補間する.こうして v_i の近似として以下の式を得る.

$$v_i\sum_{k=0}^{r_h}\lambda_i^k v_i^k \quad (5.5.107) \qquad \sum_{k=0}^{r_h}\lambda_i^k=1, \quad \lambda_i^k \geq 0 \quad (5.5.108)$$

$$\lambda_i^k \leq \delta_i^{k-1}+\delta_i^k \quad k=0,\cdots,n_i \quad (5.5.109) \qquad \sum_{k=0}^{r_h}\delta_i^k=1 \quad (5.5.110)$$

$$\delta_i^k \equiv 0(\text{mod}1) \quad k=0,\cdots,n_i-1 \quad (5.5.111)$$

なお,記法 $a\equiv b(\text{mod}m)$ は a が法(modulo)m に関して b と合同:2つの整数 a

と b はおのおのを m で割った剰余がともにある値 r であるとき，およびそのときにかぎり，法 m に関して合同であるという．

また開発水量 q_i は f_i を近似して次式のようになる．

$$q_i = \sum_{k=0}^{r_h} \sum_{i=0}^{n_i} \lambda_i^k q_i^{kl} \lambda_i^l = \lambda_i q_i \lambda_j \tag{5.5.112}$$

式(5.5.112)は2次形式となっているが，一般的には $|I_i|+1$ 次形式となる．

b　ダム建設費用関数 g_i の線形近似

ダム i の特定容量 v_i の系列ベクトル $(v_i^0, \cdots, v_i^{n_i})$ に対応する建設コストの系列ベクトル a_i を $(a_i^0, \cdots, a_i^{n_i})$ とすれば，g_i は以下のように表現できる．

$$g_i(v_i) = g_i(\lambda_i) = \sum_{k=0}^{n_i} \lambda_i^k a_i^k, \quad v_i^0 = 0 \tag{5.5.113}$$

c　取水施設建設費用関数 h_j の線形近似

取水量 w_j に対する特定値系列ベクトル $(w_j^0, \cdots, w_j^{l_j})$ に対応する建設コスト b_j の系列ベクトル $(b_j^0, \cdots, b_j^{l_j})$ が得られるならば，以下の近似式を得る．

$$w_j \sum_{k=0}^{l_i} \xi_j^k w_j^k \quad (5.5.114) \qquad \sum_{k=0}^{l_i} \xi_j^k = 0 \quad (5.5.115)$$

$$\xi_j^k \leq \varsigma_j^{k-1} + \varsigma_j^k \quad k=1, \cdots, l_i \quad (5.5.116) \qquad \sum_{k=0}^{l_i-1} \varsigma_j^k = 1 \quad (5.5.117)$$

$$\varsigma_j^k \equiv 0 (\bmod 1) \quad k=1, \cdots, l_i-1 \quad (5.5.118)$$

また，h_j は次式のように近似することができる．

$$h_j(w_j) = h_j(\xi_j) = \sum_{k=0}^{l_i} \xi_j^k b_j^k, \quad w_j^0 = 0 \tag{5.5.119}$$

次に開発水量 q_i の式(5.5.112)が2次形式であるので，この線形近似を行わなければならない．このため，次の仮定をおく．すなわち，対象とするダム i の上流にあるダムの建設レベルが離散的に設定されるとする．そうであれば次式を得る．

$$q_i = \sum_{k=0}^{n_i} \lambda_i^k q_i^k \quad \text{if } v_j = v_j^l$$

そして η_j^l という 0-1 変数を導入すれば，上式は次式のように書き換えることができる．

$$\sum_{k=0}^{n_i} \lambda_i^k q_i^{kl} - (1-\eta_j^l)M \leq q_i \leq \sum_{k=0}^{n_i} \lambda_i^k q_i^{kl} + (1-\eta_j^l)M \quad l=1, \cdots, n_j \tag{5.5.120}$$

$$\sum_{l=0}^{n_j} \eta_j^l = 1 \quad \eta_j^l = \begin{cases} 0 & \text{if } v_j = v_j^l \\ 1 & \text{if } v_j = v_j^l \end{cases} \tag{5.5.121}$$

d 非線形モデルの線形モデルへの変換

以上のことから非線形混合整数計画問題が以下のような線形混合整数計画問題に近似されたことになる．

$$\min\left(\sum_{i=1}^{M}\sum_{k=0}^{n_i}\lambda_i^k a_i^k + \sum_{j=0}^{N}\sum_{k=0}^{l_j}\xi_j^k b_j^k\right) \tag{5.5.122}$$

subject to eqs. (5.5.101)〜(5.5.111), (5.5.114)〜(5.5.118), (5.5.120)(5.5.121)

(3) ダム建設工程計画

ここでは(2)の線形混合整数計画問題で得られた最終年の水利施設建設パターンを受けて，それをどの順序で建設するかという工程計画のための情報作成を目的としたモデルを考える．この場合注意すべきことは，ダム i の開発水量に関して，他のダムの建設順序が影響を及ぼすということである．

ここでは，T 期の段階的建設を考えることにしよう．そして，目的を全体期間の建設コストの最小化とおこう．このような問題の定式化には，6で詳述する動的計画法（DP）の適用をただちに思いつく．（したがって，ここの部分は6を学習してから戻ってもよいだろう．しかしながら，計画の一連の文脈を保持するため，一応ここでモデル化を行っておこう．）

対象施設をダムに限定し，M 個のダムを T 期内に建設するものと考えよう．ダム i を t 期に建設するかどうかを変数 x_{it} で表す．期間 t で建設す場合は1で，そうでない場合は0となる変数とする．当然，次式が成立する．

$$\sum_{t=1}^{T} x_{it} = 1 \quad i=1,\cdots,M \tag{5.5.123}$$

t 期までのダム建設パターン $\hat{x}^t$ とし，次式のように定義する．

$$\hat{x}^t = \sum_{t=1}^{t} x_t$$

また，$\hat{x}^t$ に対するダム i の開発水量を $h_i(\hat{x}^t)$ で表す．このとき t 期における x_t の建設コストは以下のようになる．

$$g(x_t) = (1+\gamma)^{T-t} c x_t \tag{5.5.124}$$

ここに，γ；利子率，$c=(c_1,\cdots,c_M)$；各ダムの建設コスト，である．こうして t 期までの建設コスト $f_t(\hat{x}^t)$ は，（後述の）最適性の原理により，再帰方程式として以下のようになる．

$$f_t(\hat{x}^t) = \min[g(x_t) + f_{t-1}(\hat{x}^t - x_t)] \quad (5.5.125)$$

$$\sum_{i=1}^{M} h_i(\hat{x}^t) \geq q^t \quad (5.5.126)$$

$$f_T(\hat{x}^T) = f_T(1) \quad (5.5.127)$$

ここに，q^t は t 期の需要水量と河川維持流量の総和である．

以上でモデリングは終わったことになる．「どれぐらいの規模の，どこに，いつ」ダムをつくればいいのかという問いに，経済性のみを考えた代替案が作成できるツールができたことになる．そしてこのモデルに必要な入力は，ソシオとしては，例えば地域の時空間水需要量やダム湖のリクレーション価値など，エコとしては，例えば維持流量とダム建設による生態系の変化データなど，ジオとしては集水域の降雨・流出の時空間データと利水計算結果データなどが必要となる．これらはシステムズアナリシスのプロセスでは「調査」と「分析」に該当する．それでも，このモデルは経済性のみに着目したモデルで，いくつかの仮定を動かすことによって，経済性を重視した代替案グループを形成するに過ぎない．次の段階の「評価」に行く前に異なる視点からの代替案を作成するツールをもっと準備するか，あるいは経済性に着目した代替案グループを「評価」に持ち込み，異なる視点の評価項目を用いて総合評価を行うかの岐路にある．

事例研究の結果（25ヵ年計画）の詳細（参考文献16）参照）は紙面の都合上割愛するが，重要と思われる結論のみ以下に簡単に述べることにしよう．

（与えられた時空間水需要予測値を固定したとき）

① 各ダムの開発効率（単位水量あたりの建設コスト）の評価ができる．これにより建設しても意味がないダムがわかる．

② 取水施設に無駄なものがあることがわかる．（総需要量の変化をもとに感度分析を行った結果）

③ ある量を超えると大幅なコスト増加になる場合がある．このため，この流域の水資源開発は，需要抑制を考え，3～9m³/sec の開発が望ましい．（工程計画の結果）

④ 当然，開発効率の大きいダムから建設される．効率の悪いダムは建設されない．

以上が吉野川流域の事例研究の結果の要約である．現在のようにダムによる水資源開発が環境問題として取り上げられなかった時代の，経済性にのみ着目したモデル分析でもここまでいえたが，この論文を発表した1980年当時，誰も耳を貸

さなかったのが印象的である.

5.5.5 多目標計画法 (goal programming)[18)19)20]

(1) 概念と満足度

多目標計画法とは, ある制約条件の下で複数の目標をバランスよく達成する問題に対して解を求める計画手法である.

ここで G ベクトルの意味を考えてみよう. G^0 は最低の水準であるから, もし計画者が段階的に目標水準に到達するよう考えれば, このベクトルは直線ではなく図 5.5.7 のようにジグザグになることが容易にイメージできよう. しかしながら, G^0 と G^s は比較的容易につかめるのに対して中間のジグザグした部分ベクトルを正確につかむことは困難である. このため, 実用的で簡単であると言う理由で G ベクトルを考えていることを断っておく. そして, この G ベクトルの方向は次式で表すことができる.

$$\lambda_k = g_k^s - g_k^0 \quad k=1,\cdots,m \tag{5.5.128}$$

ここで意思決定の価値体系として効用関数のタイプとして, 等効用線が G ベクトルの諸点を頂点として直角に折れ曲がっている図 5.5.8 に示すような L 字型の効用関数を想定しよう.

各目標の達成度を厳密に $\lambda_1,\cdots,\lambda_m$ の割合で増大させるのではなく, 達成度の最小のものによって満足度が規制されると考えよう. 社会システムで眺めてみれ

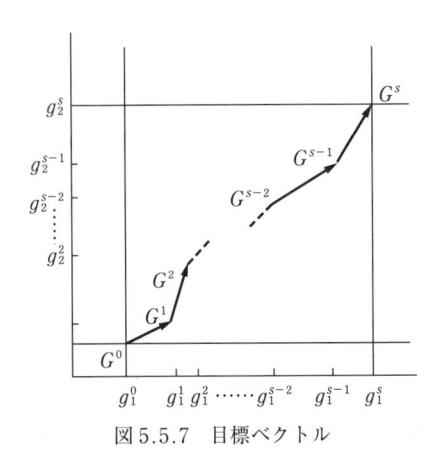

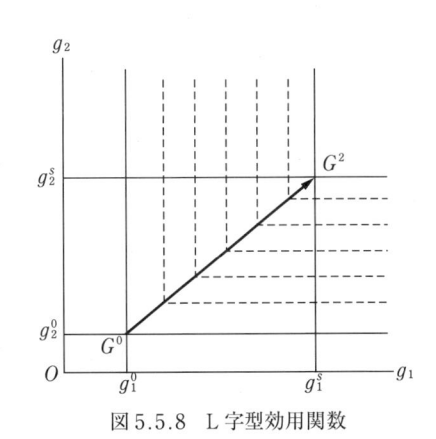

図 5.5.7 目標ベクトル　　　　図 5.5.8 L 字型効用関数

ば最も困っている人を基準に考えるということになろう．この考え方を数学的に表現すれば次式を得る．

$$\min_k \left\{ \frac{g_k(x) - g_k^0}{\lambda_k} \right\} \to \max \tag{5.5.129}$$

つまり，マックスミニ線形計画法に帰着させる．

次に満足度をどのように表現するか考えてみよう．G 空間上の任意の点における式 (5.5.131) の値を G ベクトル上の長さに対応させて表すことを考える．G ベクトル上の任意の点 G_k の効用を長さ $|G^0 \to G^k|$ で表す．次に目標が満足水準に達しないリグレット（負効用）の程度を $-|G^s \to G^k|$ で表すことにする．G ベクトルの単位ベクトル u は次式のように書くことができる．

$$u = \left[\frac{\lambda_1}{\sqrt{\sum_{i=1}^m \lambda_i^2}}, \cdots, \frac{\lambda_m}{\sqrt{\sum_{i=1}^m \lambda_i^2}} \right] \tag{5.5.130}$$

$g_i(x)$ が g_i^0 を超過する分を c_i^0 とすれば，目標空間上の点 $G(x)$ の効用は次のように表すことができる．

まず，$g_i(x) < g_i^s (c_i^0 < g_i^s - g_i^0)$ である $g_i(x)$ が 1 つでも存在する場合とそれ以外の場合を書けば次の両式を得る．

$$U = \min_i \left(\frac{c_i^0}{u_i} \right) = |G^0 \to G^k| \tag{5.5.131}$$

$$U = \frac{g_i^s - g_i^0}{u_i}, \ (i \text{ は } 1, \cdots, m \text{ の任意の 1 つ}) \tag{5.5.132}$$

そして，すべての i について $g_i \geq g_i^s$ の領域を「満足ゾーン」と呼ぶ．

実際上，満足水準からみたリグレットを最小にするという定式化のほうが便利なので $g_i(x)$ が g_i^s から不足する分 $d_i^s = g_i^s - g_i(x)$，$i = 1, \cdots, n$ を考えると不効用を次式のように表すことができる．

$$V = \max_i \left[\frac{d_i^s}{u_i} \right] \tag{5.5.133}$$

(2) **線形計画法による解法**

いま，m 個の目標 $G_1, \cdots, G_m$ の達成水準が非負の決定変数 $x_i (i = 1, \cdots, n)$ の 1 次

関数

$$g_k(x) = \sum_{i=1}^{n} a_{ki} x_i \quad k=1,\cdots,m \tag{5.5.134}$$

によって定義されているものとする．

ここで，目標 G_k の満足水準を g_k^s とし，これと $\sum_{i=1}^{n} a_{ki} x_i$ の差を y_k^s, z_k^s という2つの補助変数で表すと次式を得る．

$$\sum_{i=1}^{n} a_{ki} x_i + y_k^s - z_k^s = g_k^s \quad k=1,\cdots,m \tag{5.5.135}$$

この関係を2目標の例で図解すると図5.5.9のようになる．
なお，g_1^0, g_2^0 は最低の水準を表すものとする．1）は2つの目標を共に最大化し，2）は g_1 を最大化，g_2 を最小化する場合である．

普通の場合種々の制約条件がつくから，これを次式のように表しておこう．

$$\sum_{i=1}^{n} b_{ji} x_i \leq B_j \quad (j=1,\cdots,l) \tag{5.5.136}$$

この式から，複数目標のすべてを満足水準 g_k^s 以上（すべての y_k^s をゼロ）にすることはできない場合が多い．こうして，目標の不達成による不満足度の程度をできるだけ小さくするように $x_i(i=1,\cdots,n)$ を決定することが問題となる．このため式(5.5.128)の目標ベクトルを考える．この目標ベクトルはすでに述べたように G ベクトルと呼ばれ，図5.5.9に示してある．

次に各 $y_k^s(k=1,\cdots,m)$ の間に

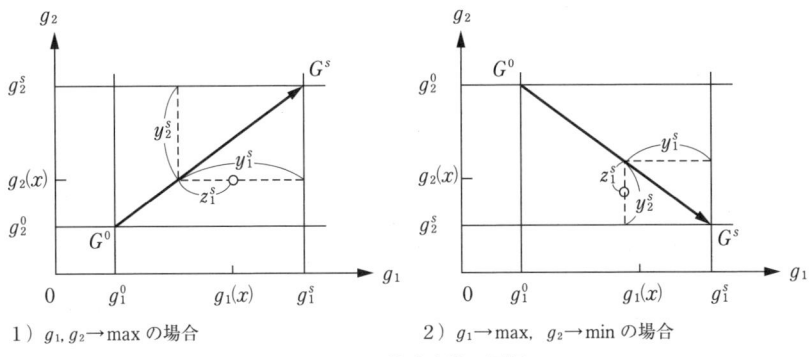

1）$g_1, g_2 \to \max$ の場合　　　　2）$g_1 \to \max$, $g_2 \to \min$ の場合

図5.5.9　補助変数の図解

$$y_1^s/\lambda_1 = \cdots, y_k^s/\lambda_k \tag{5.5.137}$$

という関係をつけ，z_k^s を制約のないスラック変数とする．ここで

$$\mu_k = \lambda_1/\lambda_k \quad k=1,\cdots,m \tag{5.5.138}$$

とおくと，式(5.5.137)は次式となる．

$$\mu_1 y_1^s = \mu_2 y_2^s = \cdots = \mu_m y_m^s \tag{5.5.139}$$

そして，L字型効用関数を導入してあるから，多目標の達成度ベクトルλを厳格に要求する代わりに式(5.5.129)の目的関数を用いることにしよう．

以上のことから，多目標計画法は以下の線形計画問題となる．

$$\text{目的関数；} y_k^s \to \min. \quad (k \text{ は } 1,\cdots,m \text{ の任意の1つ}) \tag{5.5.140}$$

$$\text{制約条件；} \sum_{i=1}^{n} b_{ji} x_i \leq B_j \quad (j=1,\cdots,l) \tag{5.5.136}$$

$$\sum_{i=1}^{n} a_{ki} x_i + y_k^s - z_k^s = g_k^s \quad k=1,\cdots,m \tag{5.5.135}$$

$$\sum_{i=1}^{n} a_{ki} x_i \geq g_k^0 \quad k=1,\cdots,m \tag{5.5.141}$$

$$\mu_1 y_1^s = \mu_2 y_2^s = \cdots = \mu_m y_m^s \tag{5.5.139}$$

$$\text{where } \mu_k = \lambda_1/\lambda_k \quad (5.5.138), \quad \lambda_k = g_k^s - g_k^0 \quad (5.5.128)$$

$$x_i, y_k^s, z_k^s \geq 0 \quad (i=1,\cdots,n, k=1,\cdots,m) \tag{5.5.142}$$

【適用例5.3】効率性と公平性のバランスを考慮した治水計画規模決定（多目標計画法）[21)22)]

流域内の想定洪水氾濫区域に対する治水事業の規模決定に当たっては，全体での効率性を上げるとともに，区域間の公平性を保つように計画する必要がある．効率性や公平性の指標は種々あるが，ここでは

効率性：流域全体での想定被害の最小化
公平性：年当たりの氾濫確率の差の最小化

を取りあげて，流域を上・下流の2つに分けたときの治水規模を計画高水流量として考えよう．

区域 i（上流 $i=1$, 下流 $i=2$) に対して，計画高水流量を x_i として，氾濫確率を F_i と想定被害 D_i を次式で近似する．

$$F_i = \hat{F}_i + \sum_{k=1}^{2} a_{ki}(x_k - \hat{x}_k), \quad D_i = \hat{D}_i + \sum_{k=1}^{2} b_{ki}(x_k - \hat{x}_k) \quad (i=1, 2)$$

ただし，$\hat{x}_i$, $\hat{F}_i$, $\hat{D}_i$ はそれぞれ現況の値を示す．a_{ki}, b_{ki} は区域 k の計画高水流量が変化したときの区域 i における氾濫確率と想定被害のそれぞれの変化量である．また，治水事業コストは $C = \sum_{k=1}^{2} C_k(x_k - \hat{x}_k)$ で表され，その予算が $\hat{C}$ であるとしたとき，氾濫確率，想定被害を現況より改善し，かつ現況の区域差以内にするという条件を満たす計画規模決定問題を考えよう．

この問題を定式化すると以下のようになる．

目的関数；$\hat{F}_1 + \sum_{k=1}^{2} a_{k1}(x_k - \hat{x}_k) - \hat{F}_2 - \sum_{k=1}^{2} a_{k2}(x_k - \hat{x}_k) \to \min$

$\hat{D}_1 + \sum_{k=1}^{2} b_{k1}(x_k - \hat{x}_k) - \hat{D}_2 + \sum_{k=1}^{2} b_{k2}(x_k - \hat{x}_k) \to \min$

制約条件；$x_i \geq \hat{x}_i$, $\sum_{k=1}^{2} a_{ki}(x_k - \hat{x}_k) \leq 0$, $\sum_{k=1}^{2} b_{ki}(x_k - \hat{x}_k) \leq 0$, $(i=1, 2)$

$\sum_{k=1}^{2} C_k(x_k - \hat{x}_k) \leq \hat{C}$

$\sum_{k=1}^{2} a_{k1}(x_k - \hat{x}_k) - \sum_{k=1}^{2} a_{k2}(x_k - \hat{x}_k) \leq 0$, $\sum_{k=1}^{2} b_{k2}(x_k - \hat{x}_k) - \sum_{k=1}^{2} b_{k1}(x_k - \hat{x}_k) \leq 0$

表5.5.4 に示すように設定したパラメータ値のもとで $\hat{C} = 1000$ として解領域とパレート最適解を求めれば図5.5.10と図5.5.11を得る．パレート領域はBC線分である．

次に，許容水準は現況に，満足水準を氾濫確率の差がなく想定被害が0としたときの解を求めてみれば以下のようになる．すなわちC点では，$x_1^* = 14.73$ (10^3m/s), $x_2^* = 20.42$(10^3m/s), $F_1^* = 22.45$(%), $F_2^* = 16.0$(%), $F_1^* - F_2^* = 6.45$(%), $D_1^* = 20.9$(億円)，$D_2^* = 146.4$(億円)，$D_1^* + D_2^* = 167.3$(億円) である．この場合，上流域の氾濫確率が改善されるが下流域では変化がない．しかしながらB点を採用すれば，氾濫確率の差が11.45%とひろがるが逆に総想定被害は50.4億円に

表5.5.4　パラメータの設定値

i, k	現況の計画高水流量 (10^3m^3/s) $\hat{x}_i$	現況のはんらん確率 (%) F_i	現況の想定被害 (億円) D_i	はんらん確率単位変化量 (%/10^3m^3/s)		想定被害の単位変化量 (億円/10^3m^3/s)		工事費用 (億円/10^3m^3/s) C_k
				a_{1i}	a_{2i}	b_{1i}	b_{2i}	
1：上流	11.3	31	38	−2.5	0	−5	0	17.4
2：下流	17.0	16	1275	2.5	−2.5	−55	−275	36.0

図 5.5.10　実行可能領域

図 5.5.11　目標空間

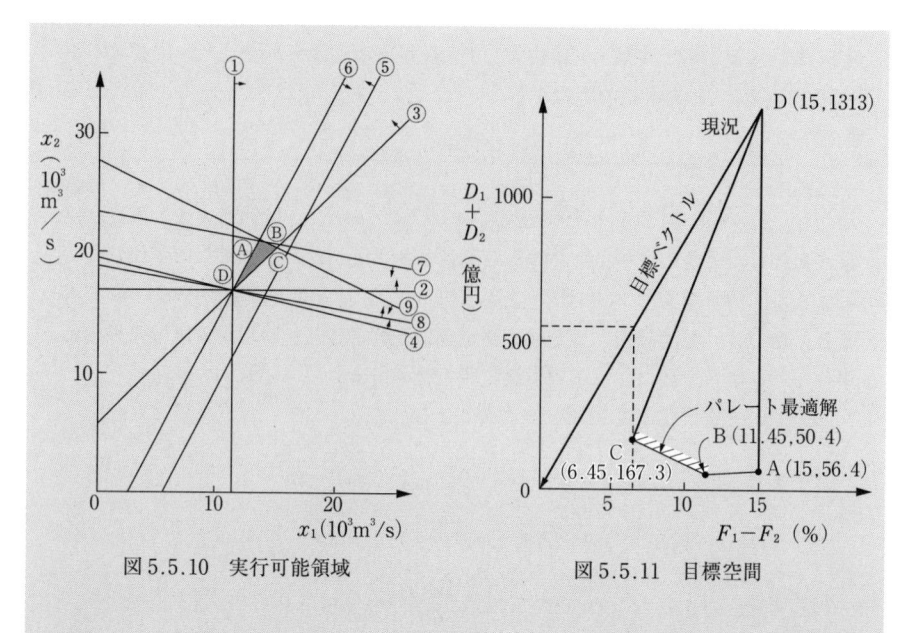

減少する．こうして，どのパレート最適領域の解を選べばよいのかという新しい問題が生じることになる．

【適用例 5.4】環境汚染と都市開発のバランスを考慮した水資源配分（多目標計画法）[23]

かつての日本でもそうであったが，アジアの多くの国では河川の水質保全が緊急の課題になってきている．このときメガシティの下水道の整備が重要な位置を占める．しかし，ある流域においては，近い将来人口の急増が予想されているのに対して，下水道の普及が遅れ気味であり，放置しておけば河川の汚染がひどくなるという問題を抱えている．このため，実現可能な下水道の普及状況のもとで，受け入れることのできる人口を最大にし，かつ

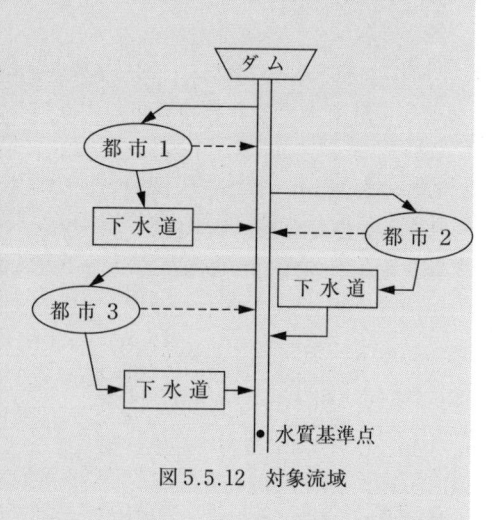

図 5.5.12　対象流域

表5.5.5 各都市の水利用

記号 内容 都市	w_i 水使用 原単位 (m³/s/千人)	m_i 水需要 量下限 (m³/s)	M_i 水需要 量上限 (m³/s)	u_i 下水道 整備率 (%)	b_i 市街地か らの流出 負荷原単 位 (ppm)	e_i 下水処理 後の流失 負荷原単 位 (ppm)	q_i 農地から の流出負 荷 (g/s)
都市 1	0.007	1.0	1.5	30	80	20	0.08
2	0.008	2.0	2.5	50	100	10	0.15
3	0.009	2.8	3.2	70	150	5	0.10

河川の水質ができるだけ良くなるように，流域内各都市への水資源の配分を計画することになった．

この流域には図5.5.10に示すように3つの都市が存在し，各都

表5.5.6 許容・満足水準

	許容水準	満足水準
受水人口（千人）	$\underline{P}=700$	$\bar{P}=800$
汚濁負荷量（g/s）	$\underline{L}=350$	$\bar{L}=300$

市における下水道整備状況や水利用の状況は表5.5.5のように予測されている．流域内の人口 P と下流地点での汚濁負荷量 L は次式のようにモデル化されている．

$$P=\sum_{i=1}^{3}x_i/\omega_i \rightarrow \max, \quad L=\sum_{i=1}^{3}\{b_i(1-u_i)x_i+e_iu_ix_i+q_i\} \rightarrow \min$$

ただし x_i は都市 i への水資源配分量を示す．ここで，表5.5.6の許容水準，満足水準のもとで，バランスよく配分することにしよう．このため，この問題を多目標計画法でモデル化すれば次式が得られる．

$$z=\varepsilon_p \rightarrow \min$$
$$\sum_{i=1}^{3}x_i/\omega_i+\varepsilon_P-\eta_L=\bar{P}, \quad \sum_{i=1}^{3}x_i/\omega_i \geq \underline{P}$$
$$\sum_{i=1}^{3}\{b_i(1-u_i)x_i+e_iu_ix_i+q_i\}-\varepsilon_L+\eta_L=\bar{L}, \quad \sum_{i=1}^{3}\{b_i(1-u_i)x_i+e_iu_ix_i+q_i\} \leq \underline{L}$$
$$\sum_{i=1}^{3}x_i \leq X, \quad m_i \leq x_i \leq M_i(i=1,2,3), \quad (\underline{P}/\bar{P})\varepsilon_L-(\underline{L}/\bar{L})\varepsilon_P=0$$

ただし，ε_P, η_P, ε_L, η_L は満足水準，許容水準との乖離を示し，X は水資源開発可能量を表している．このモデルを用いて，開発可能水資源量が6.5m³/sである場合，妥協解としての水資源配分は次のようになる．$x^*=(1.3,\cdots,2.8)(m^3/s)$, $(P^*, L^*)=(745,327)$（千人，g/s）

5.6 非線形計画法（nonlinear programming）

　局所的最適解を持たないことが保証されるようなクラスの非線形計画法を定義することができる．これらは凸計画問題と呼ばれ，まずこの問題について考える．

5.6.1 凸性[24]

(1) 凸性の要約

【定義1】ある点の集合内の任意の2点を取り，それらを結ぶ線分もまたその集合内にあるとき，その集合を凸集合という．

　線形計画問題の制約集合は凸集合であった．x_1 と x_2 の2点間を結ぶ線分は次のような集合である．

$$S=\{x|x=\lambda x_1+(1-\lambda)x_2,\ 0\leq\lambda\leq 1\} \tag{5.6.1}$$

【定義2】関数 $f(x)$ のグラフ上の任意の2点を結ぶ線分がグラフの下側に存在しないとき $f(x)$ を凸関数といい，グラフの上側に存在しないとき凹関数という．

　$f(x)$ の（凸）定義域内のすべての x_1, x_2 および $0\leq\lambda\leq 1$ なるすべての λ に対して次式が成立するとき，この関数は凸関数である．

$$f(\lambda x_1+(1-\lambda)x_2)\leq\lambda f(x_1)+(1-\lambda)fx_2 \tag{5.6.2}$$

この式において厳密に不等式が成り立つとき強意の凸関数である．

　『【定理1】凸計画問題の任意の局所的な最小点は大域的最小点である．』
　『【定理2】$f(x)$ が凸関数のとき，任意のスカラー k に対して集合 $R=\{x|f(x)\leq k\}$ は凸である．』
　『【定理3】いくつかの凸集合の共通集合は凸集合である．』

　定理2と定理3を用いると，次のことがいえる．問題

$$\min f(x)\quad \text{subject to } g_i(x)\leq b_i\quad i=1,\cdots,m \tag{5.6.3}$$

が与えられたとき，関数 $f(x)$ と $g_i(x)$ がともに凸ならば，凸計画問題である．このことは次の理由により正しい．

① 各集合 $R_i = \{x | g_i(x) \leq b_i\}$ は定理 2 から凸集合である.
② 制約集合 R は R_i の共通集合で,定理 3 から凸集合である.

線形関数は凸関数であるから,線形計画問題は凸計画問題である.こうして,問題の目的関数と制約関数が凸であるかどうか調べることにより,凸計画問題であるかどうかを判定することができる.だから,もう少し凸関数の性質を調べることにしよう.

『【定理 4】 $f(x)$ が連続な 1 階および 2 階偏導関数を持つならば,次のことはすべて等価である.
(a)　$f(x)$ が凸関数である.
(b)　任意の 2 点 x_1, x_2 に対して $f(x_1) \geq f(x_2) + \nabla f'(x_2)(x_1 - x_2)$
(c)　$f(x)$ の 2 階偏導関数のマトリクスが,すべての点 x に対して半正定値である.』

定理の(b)では,任意の点で評価した関数 $f(x_1)$ が他の任意の点 x_2 を通る接平面の下側に存在することはないことを述べている.

『【定理 5】 半正定値の 2 次形式は凸関数である.』
これは定理 4(c)から直接得られる.
『【定理 6】 凸関数の正係数の線形結合は凸関数である.』
『【定理 7】 $f(x)$ が凸関数であるための必要十分条件は,すべての固定した x, s に対して 1 次元関数 $g(\alpha) = f(x + \alpha s)$ が凸関数であることである.』

$f(x + \alpha s)$ とは,点 x を通る s 方向の直線上の点で評価した関数のことであるから,定理 7 の内容は,凸関数が任意の直線に沿っても凸関数になっているということである.これは,n 変数の与えられた関数が凸かどうかを調べる方法を与えている.なぜなら n 次元空間において $g(\alpha)$ が凸でないような直線が存在すれば,$f(x)$ もまた凸でないことになる.

(2)　**等式条件を含む問題**
これまでは,等式,不等式の制約条件を両方持つ問題については考えなかった.このような問題を取り扱う際の理論上の主な困難さは,$g(x)$ が非線形であるなら

ば，集合 $R=\{x|g(x)=0\}$ は一般に凸集合ではないという事実によっている．そして，一般には集合 R は曲面でありこの曲面上を結ぶ線分は一般に曲面に含まれない．これらのことより，問題

$$\left.\begin{array}{l}\min f(x)\\ \text{subject to } g_i(x)\leq 0, \quad i=1,\cdots,m\\ \quad\quad\quad\quad h_j(x)=0, \quad j=1,\cdots,r<n\end{array}\right\} \tag{5.6.4}$$

は，$h_j(x)$ のいずれかが非線形関数であるならば，$x_1,\cdots,x_n$ を変数とする凸計画問題にならないかもしれない．

　多くの場合，等式制約はいくつかの変数の消去に用いられ，不等式制約のみのより少ない変数の問題に変換される．例えば，等式が高次非線形で，解析的に解くことが困難な場合でも，数値的に解くことは重要である．そのようなアプローチが土木計画や水資源環境計画，さらに水文学の分野や構造工学・土質工学の分野でもよく行われている．例えば，構造設計における等式とは，かけた荷重に対する構造内の応力とたわみと設計パラメータに関する式などで見受けられる．

(3) 凸性 (convexity) の役割

　凸性は望ましい性質であるが，現実問題の多くは非凸計画問題である．さらに，非線形関数が凸関数であるかどうか判定する簡単な方法がないので，非線形計画の凸性を判定する簡単な方法はない．それではなぜ凸計画問題が研究されてきたのだろうか．その主な理由は以下の2点である．

① 凸性の仮定のもとでは，数理計画法の分野で多くの重要な数学的結果が導き出されている．
② 凸性の仮定のもとで得られた結果から，しばしばさらに一般的な問題の性質に対して見通しが与えられる．ときには，そのような結果は非凸計画問題にも適用されるが一般にはより弱い形である．

　例えば，問題が凸でないとき，ある与えられた計算方法で非線形計画問題の大域的最小点がえられるということを証明することは一般に不可能である．しかしながら，非凸計画問題に対して多くのこのような計算方法を用いて少なくとも局所的最小点は見つけることはできる．凸性を仮定することは方法を導くための基

礎を与え，こうして得られた方法はさらに一般的な状況に対しても適用できるようになる．

従って，凸性は動的システム計画の研究における線形性の役割と同じ役割を果たしている．例えば，線形理論から得られた多くの結果が，非線形制御系の計画に用いられるのである．

5.6.2 キューン-タッカー条件[24] (the Kuhn-Tucker condition)

非線形計画法の分野で最も重要な理論的結果はKuhn-Tucker条件である．これらの条件は，いかなる線形計画や多くの非線形計画問題においても，局所的であろうと大域的であろうと制約条件つきの最適解では必ず満足されねばならない．それらは多くのアルゴリズムを開発するための基礎を与える．さらに多くのアルゴリズムの停留基準，すなわち局所的な制約条件つき最適点に到達したかどうかを判定する停留基準は，それらから直接導き出される．

まず，Kuhn-Tucker条件を理解するうえで必要な錐体（cones）の概念を説明する．

〔定義〕錐体とは，x が集合 R 内の点のとき，$\lambda \geq 0$ に対して λx もまた R に属しているような集合のことである．凸錐体とは凸集合である錐体のことである．

この定義から，ベクトルの有限集合のすべての非負線形結合の集合は凸錐体である．すなわち，集合 R

$$R = \{x | x = \lambda_1 x_1 + \cdots + \lambda_m x_m, \ \lambda_i \geq 0, \ i = 1, \cdots, m\}$$

は凸錐体であることが容易に示される．なお，ベクトル $x_1, \cdots, x_m$ を錐体の生成ベクトルという．

(1) キューン-タッカー条件

この条件は次の事実に基づいている．すなわち，いかなる制約条件つきの最適解において，問題の変数の許容されるどんな（微小）変化も目的関数を改善することはない．このことを数学的に記述すれば以下のようになる．

「もし，f とすべての g_i が微分可能であれば，問題

$$\min f(x) \quad \text{subject to } g_i(x) \leq 0, \quad i=1,\cdots,m \tag{5.6.5}$$

において，x^o が制約条件つき最適解（最小解）であるための必要条件は，x^o で ∇f が境界上の制約式（binding constraints）（x^o で等式としてなりたつ制約式）の負の方向の勾配ベクトルより生成される錐体内にあることである．」

これを詳しく説明すれば以下のようになる．∇f が上で記述した錐体内にあるためには，∇f は境界上の制約式の負方向の勾配ベクトルの非負線形結合でなければならない．すなわち，次のような u_i^o が存在しなければならない．

$$\nabla f(x^o) = \sum_{i \in I} u_i^o (-\nabla g_i(x^o)) \quad u_i^o \geq 0 \quad i \in I \tag{5.6.6}$$

ここに，I は境界上の制約式の添字の集合である．

これらの結果は $g_i(x) < 0$ のときは，その係数 u_i^o をゼロと定義することにより，すべての制約式を含めて言いなおすことができる．つまり，$g_i(x)=0$ のときは $u_i^o \geq 0$ であり，$g_i(x) < 0$ のときは $u_i^o = 0$ となる．すなわち，$u_i^o g_i(x^o)$ はすべての i についてゼロとなる．従って，条件 (5.6.6) は次のようになる．

$$\nabla f(x^o) = \sum_{i \in I} u_i^o (-\nabla g_i(x^o)) \tag{5.6.7}$$

$$u_i^o \geq 0, \quad u_i^o g_i(x^o) = 0, \quad g_i(x) \leq 0, \quad i=1,\cdots,m \tag{5.6.8}$$

関係式 (5.6.7)(5.6.8) は Kuhn-Tucker 条件の普通の表現形式である．

(2) ラグランジュ乗数 (Lagrange multipliers)

Kuhn-Tucker 条件は，等式制約条件つき問題に関する古典的なラグランジュ未定乗数法の結果と密接に関係している．ラグランジュ関数 (Lagrangian)

$$L(x,u) = f(x) + \sum_{i=1}^{m} u_i g_i(x) \tag{5.6.9}$$

をつくる．ここで，u_i は不等式制約式 $g_i(x) \leq 0$ に関するラグランジュ乗数である．このとき式 (5.6.7)(5.6.8) は $L(x,u)$ が式 (5.6.8) を満たす点 (x^o, u^o) で，x に関して停留点でなければならないことを表している．L の停留条件は等式制約の場合と同じである．ここでの制約式は不等号であるから，式 (5.6.8) の付加的条件が

必要となる.

(3) キューン-タッカー条件の誘導 (derivation of the Kuhn-Tucker conditions)

キューン-タッカー条件は'ほとんどの'非線形計画問題における局所的最適解を得るための必要条件である. この誘導を以下に示す.

式 (5.6.5) に再び戻ろう. ここで関数 f と g_i はすべて微分可能と仮定する. x^o を局所的最適解とし, x^o の小さな摂動 (perturbations) を考えよう. つまり, x^o の摂動 x^o+y を考える. そして,

$$B^o=\{i|g_i(x)=0\} \tag{5.6.10}$$

を x^o における境界上の制約式の添字の集合 (the index set of the binding constraints at x^o) とする. その他のすべての制約式は負となっているから, 十分小さな摂動 y はこれらの制約式に影響しない. 従って, すべての許される摂動の集合, すなわち正数 α のある範囲内で $x^o+\alpha y$ が実行可能である y の集合を特定化するためには, B^o 内の添字を持つ制約式だけを考えればよい. これらの制約式において y は次式を満たさなければならない.

$$g_i(x^o+y) \leq 0, \quad i \in B^o \tag{5.6.11}$$

g_i は, 仮定より微分可能であるから, x^o のまわりでテイラー展開すれば次式を得る.

$$g_i(x^o)+\nabla g_i^t(x^o)y+0(y) \leq 0, \quad i \in B^o \tag{5.6.12}$$

ここで, $0(y)$ は 2 次以上の項を表し, (微小な摂動を考えているから) これは無視できる. こうして, $g_i(x^o)=0$ と併せ, 許容される摂動の条件式 (5.6.12) は次式となる.

$$\nabla g_i^t(x^o)y \leq 0, \quad i \in B^o \tag{5.6.13}$$

しかしながら, 逆は真ではない. 逆が真であるためには, いくつかの条件を付け加えなければならない. 以下この問題を考えるために, Kuhn and Tucker によって提起された次のような 3 つの制約式を考えよう.

$g_1(x) = -x_1 \leq 0$, $g_2(x) = -x_2 \leq 0$, $g_3(x) = -(1-x_1)^3 + x_2 \leq 0$ (図5.6.1参照)

制約集合は $x_1 = 1$, $x_2 = 0$ で, 外向きの'尖点 (cusp)'をもつ. そこでは曲線 $(1-x_1)^3$ の値と1階と2階の微分係数はゼロである. 最適解を $x^o = (1, 0)$ とすれば, $B^o = \{2, 3\}$ となり, 不等式(5.6.13)は次式となる.

$$\nabla g_2^t(x^o)y = -y_2 \leq 0 \quad \nabla g_3^t(x^o)y = y_2 \leq 0$$

摂動ベクトル ($y_1 = 1$, $y_2 = 0$) はこれらの不等式を満たしているが, 制約集合の外に向かっている. 従って, 式(5.6.13)を満足するが許容されない摂動が存在しうる. このため, このようなことが起こらないようにするための条件を追加する必要がある. このことを考えるための準備をしておこう.

次のような集合を定義する.

$$Z_1^o = \{y | \nabla g_i^t(x^o)y \leq 0,\ i \in B^o,\ \nabla f^t(x^o)y \geq 0\} \tag{5.6.14}$$

$$Z_2^o = \{y | \nabla g_i^t(x^o)y \leq 0,\ i \in B^o,\ \nabla f^t(x^o)y < 0\} \tag{5.6.15}$$

$$Z_3^o = \{y | \nabla g_i^t(x^o)y > 0,\ \text{for some } i \in B^o\} \tag{5.6.16}$$

これらの集合は共通部分をもたず, 任意のベクトル $y \in E^n$ は3つのうちの1つに属する. このような定義をおこなった理由を説明すれば以下のとおりである. もし x^o が局所的最適解 (最小値) であれば, x^o から許される摂動は目的関数 f の値を減少させることがない. しばらくの間, 摂動ベクトル y は, 式(5.6.13)を満たすときに限り (if and only if), 許容される場合を仮定する. このとき, もし x^o が局所的最適解であれば, 式(5.6.13)を満足するすべての y は次式を満たさなければならない.

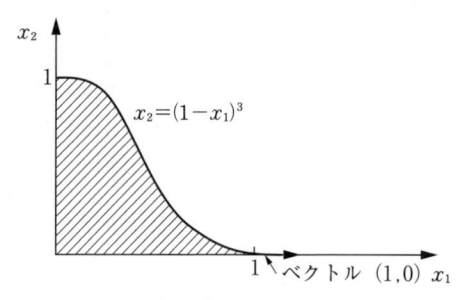

図5.6.1 尖点をもつ制約集合

$$\nabla f^t(x^o)y \geq 0 \tag{5.6.17}$$

このとき,式 (5.6.15) の Z_2^o は空集合 (ϕ) で以下のように表す.

$$Z_2^o = \phi \tag{5.6.18}$$

次に式 (5.6.18) が式 (5.6.7) における乗数 u^o が存在するための必要十分条件であることを示そう.この証明には次の定理が必要とである.

【ファルカスの補助定理 (Farkas' lemma)】
$\{P_0, P_1, \cdots, P_\gamma\}$ を任意のベクトルの集合とする.このとき

$$P_0 = \sum_{i=1}^{\gamma} \beta_i P_i \tag{5.6.19}$$

を満足する $\beta_i \geq 0$ が存在するための必要十分条件は,

$$P_i^t y \geq 0, \quad i = 1, \cdots, \gamma \tag{5.6.20}$$

を満たすすべての y について

$$P_i^t y \geq 0 \tag{5.6.21}$$

となっていることである.

〔証明〕⇒:式 (5.6.19) が成り立つと仮定しよう.このとき

$$P_0^t y = \sum_{i=1}^{\gamma} \beta_i P_i^t y, \quad \beta_i \geq 0$$

従って,すべての式 (6.20) を満たす y について $P_0^T y \geq 0$ である.

⇐:もし式 (5.6.20) と (5.6.21) が成り立っているならば,線形計画問題

$$\min P_0^t \quad \text{subject to } P_i^t y \geq 0, \quad i = 1, \cdots, \gamma$$

は最適解をもつ.この双対問題は実行可能であり,有限な最適解をもつ.このときの双対問題の制約式は,$\beta_1, \cdots, \beta_\gamma$ を変数として次式のようになる.

$$\sum_{i=1}^{\gamma} \beta_i P_i = P_0, \quad \beta_i \geq 0$$

これらが実行可能であるから,補助定理は証明された.(証明終)

【定理1】 次の非線形計画問題を考え，以下の2つの仮定をおく．

$$\min f(x) \quad \text{subject to } g_i(x) \leq 0, \quad i=1,\cdots,m \tag{5.6.5}$$

(a) f とすべての g_i は微分可能で，(b) x^o は局所的最適解（最小点）とする．このとき，

$$\nabla f(x^o) + \sum_{i=1}^{m} u_i^o \nabla g_i(x^o) = 0 \tag{5.6.22}$$

$$u_i^o g_i(x^o) = 0, \quad i=1,\cdots,m \tag{5.6.23}$$

を満たす乗数 $u_i^o \geq 0$ が存在するためには

$$Z_2^o = \phi \tag{5.6.24}$$

のとき，かつ，そのときに限る．

〔証明〕ベクトル $\nabla f(x^o)$，$-\nabla g_i(x^o)$，$i \in B^o$ を Farkas の補助定理におけるベクトル $\{P_0, P_1, \cdots, P_r\}$ とする．このとき

$$\nabla f(x^o) = \sum_{i \in B^o} u_i^o (-\nabla g_i(x^o))$$

のような u_i^o，$i \in B^o$ が存在するための必要十分条件は式 (5.6.13) を満たすすべての y について

$$\nabla f^T(x^o) y \geq 0$$

が成り立っていることである．すなわち，$Z_2^o = \phi$ が成り立つとき，かつ，そのときに限る．ここで，$i \notin B^o$ について，$u_i^o = 0$ と定義すれば，式 (5.6.22) が成り立ち，$(u_i^o, g_i(x^o))$ の各対のうち少なくとも一方がゼロであるから式 (5.6.23) が成立する．（証明終）

上の定理はキューン-タッカー条件が局所的最適解に関する必要条件である計画問題のクラスを完全に限定している．これは $Z_2^o = \phi$ であるようなクラスである．これをチェックすることは容易ではない．先の例は，制約集合の境界上における特異点や尖点がある場合であった．以下に $Z_2^o = \phi$ を保証する十分条件の知見をいくつか示すこととしよう．

① すべての制約関数は線形である.
② すべての制約関数は凸で,制約集合は空でなく内点をもつ.
③ 境界上にきている制約式の勾配は線形独立である.
④ キューン-タッカーの束縛資格条件 (Constraint Qualification)

この最後の条件を詳しく検討しよう.

(4) キューン-タッカーの束縛資格条件

まず E^n における弧 (arc) $\alpha(\theta)$ を n 個の関数のベクトルを次式のように定義する.

$$\alpha(\theta) = (\alpha_1(\theta), \cdots, \alpha_n(\theta))$$

ここで,$\alpha(\theta)$ は閉区間 $[0, \delta]$,$\delta > 0$ に属するすべての θ について定義されている.もし $\alpha_i(\theta)$ が微分可能ならば,この弧は微分可能であり,このときその接線ベクトルは次のように与えられる.

$$D\alpha(\theta) = \left(\frac{d\alpha_1}{d\theta}, \cdots, \frac{d\alpha_n}{d\theta} \right)$$

もし,$\alpha(\theta) = x^o$ なら,弧は点 x^o から生ずる (emanate) といい,$D\alpha(\theta) = y$ なら,弧は点 θ においてベクトル y に接する.もし,$0 \leq \theta \leq \delta$ を満たすすべての θ に対して $\alpha(\theta) \in R$ ならば,弧は集合 $R \subseteq E^n$ に属する.

点 x^o は式 (5.6.5) の制約式を満たし,すべての制約関数 g_i は微分可能と仮定する.このとき,もし不等式 (5.6.13) を満足するすべての y が x^o から生じている微分可能な弧に接し,制約集合に含まれるならば,キューン-タッカーの束縛資格条件が x^o で成り立つ.

【定理2】次のことを仮定する.
(a) 式 (5.6.5) におけるすべての関数 f,g_i は微分可能である.
(b) x^o は式 (5.6.5) の局所的最適解 (最小点) である.
(c) x^o において,キューン-タッカーの束縛資格条件が成り立つ.

このとき,点 x^o でキューン-タッカー条件 (6.22) (6.23) が成り立つ次のベクトルが存在する.

$$u^o = (u_1^o, \cdots, u_m^o) \geq 0$$

〔証明〕定理 1 より，$Z_2^0 = \phi$ を示すだけで十分である．y は不等式 (5.6.13) を満たすとしよう．もし，そのような y が存在しないならば，$Z_2^0 = \phi$ であり，定理は証明される．

式 (5.6.13) を満たす y が存在する場合，束縛資格条件により，y は点 x^o において弧 $\alpha(\theta)$ に接する．すなわち，$D\alpha(0) = y$ である．弧は x^o から生じるから $\alpha(0) = x^o$ である．

関数 $f(\alpha(\theta))$ によって与えられた弧にそった目的関数 f の挙動を考えよう．x^o は最適解で，すべての $\theta \in [0, \delta]$ に対して $\alpha(\theta)$ は実行可能であるから，すべての $\theta \in [0, \delta]$ に対して

$$f(\alpha(\theta)) \geq f(\alpha(\theta))$$

が成立する．f と α は微分可能であるから，上式が成り立つための必要十分条件は，

$$\frac{df(\alpha(\theta))}{d\theta}\bigg|_{\theta=0} = \nabla f^T(\alpha(0)) D\alpha(0) \geq 0$$

である．ここで，$\alpha(0) = x^0$, $D\alpha(0) = y$ であるから

$$\nabla f^T(x^o) y \geq 0$$

を得る．したがって，$y \in Z_1^0$ であり，$Z_2^0 = \phi$ である．（証明終）

Kuhn-Tucker の束縛資格条件は前に述べた例において，点 $(1, 0)$ で成り立たないことを確認しておこう．なぜなら，ベクトル $y = (1, 0)$ は点 $(1, 0)$ から生じ，制約集合に含まれるどの弧にも接していないからである．

5.6.3 鞍点 (saddle points) と十分条件

いままでの結果から，Kuhn-Tucker 条件の必要性だけが示され，凸計画問題，非凸計画問題の両方について成り立つことがわかった．それらを適用するにあたって，主たる制限は目的関数と制約関数が微分可能でなければならないことである．再びラグランジュ関数に注目すれば，微分可能性を仮定しなくても成り立つ他の条件がある．これらは鞍点基準 (saddle point criteria) で，ほとんどすべて

の数理計画問題の与えられた点が最適であるための十分条件となっている．もし問題が凸計画であり，束縛資格条件を満たすならば，鞍点条件は必要十分である．この結果は，もし問題が凸計画で，すべての関数が微分可能であるならば，Kuhn-Tucker 条件はまた必要十分条件であるということを証明するために用いることができる．

ここで考える問題は，いままでより若干一般的な形で，次式に示す．

$$\min f(x) \quad \text{subject to } g_i(x) \leq 0, \quad i=1, \cdots, m \quad x \in S \tag{5.6.25}$$

これを原問題とよぶ．変数 x は n 次元ベクトルで，S は E^n の任意の部分集合，f と g_i は S 上で定義された任意の実数値関数である．集合 S は何らかの付加的制約を課すのに用いられる．例えば，S は整数値を成分とする n 次元ベクトルの集合であってもよい．

この問題に対応したラグランジュ関数は次式で与えられる．

$$L(x, u) = f(x) + \sum_{i=1}^{m} u_i g_i(x), \quad u_i \geq 0 \tag{5.6.26}$$

【定義】$u^o \geq 0$, $x^o \in S$ なる点 (x^o, u^o) は，次の条件を満たすとき $L(x, u)$ の鞍点である．

$$L(x^o, u^o) \leq L(x, u^o), \quad \text{for all } x \geq 0 \tag{5.6.27}$$

$$L(x^o, u^o) \geq L(x^o, u), \quad \text{for all } u \geq 0 \tag{5.6.28}$$

すなわち，x^o が S 上で $L(x, u^o)$ を最小にし，u^o がすべての $u \geq 0$ に関して $L(x^o, u)$ を最大にすることを示している．次の定理は $L(x, u)$ の鞍点に関する必要十分条件を与える．

【定理1】$u^o \geq 0$, $x^o \in S$ とする．このとき (x^o, u^o) が $L(x, u)$ の鞍点であるための必要十分条件は

(a) x^o は S 上で $L(x, u^o)$ を最小にする． (5.6.29)

(b) $g_i(x^o) \leq 0 \quad i=1, \cdots, m$ (5.6.30)

(c) $u_i^o g_i(x^o) = 0 \quad i=1, \cdots, m$ (5.6.31)

〔証明〕$\Rightarrow$：関係式 (5.6.27) は条件(a)と等価である．式 (5.6.28) によって

$$f(x^o) + \sum_{i=1}^{m} u_i^o g_i(x^o) \geq f(x^o) + \sum_{i=1}^{m} u_i g_i(x^o) \text{ for all } u_i \geq 0 \tag{5.6.32}$$

すなわち

$$\sum_{i=1}^{m}(u_i-u_i^o)g_i(x^o)\leq 0 \quad \text{for all } u_i\geq 0 \tag{5.6.33}$$

もし，(b)がある i について成り立たないならば，u_i を式(6.33)が成り立たないように十分大きくとることができる．それゆえ，(b)が成り立たなければならない．もし，すべて $u_i=0$ なら，式(5.6.33)は次式となる．

$$\sum_{i=1}^{m}u_i^o g_i(x^o)\geq 0 \tag{5.6.34}$$

しかし，$u_i^o\geq 0$ と $g_i(x^o)\leq 0$ は

$$\sum_{i=1}^{m}u_i^o g_i(x^o)\leq 0 \tag{5.6.35}$$

であるから，上式は等式でなければならない．各項は同符号であるから，(c)が成り立つ．

⇐：条件(a)は式(6.27)と等価である．(c)より

$$L(x^o, u^o)=f(x^o) \tag{5.6.36}$$

定義より

$$L(x^o, u)=f(x^o)+\sum_{i=1}^{m}u_i g_i(x^o) \tag{5.6.37}$$

$g_i(x^o)\leq 0$ より，すべての $u_i\geq 0$ に対して $u_i g_i(x^o)$ の項は非正である．それを式(6.37)の右辺から引くと

$$L(x^o, u)\leq f(x^o)=L(x^o, u^o) \quad \text{for all } u\geq 0 \tag{5.6.38}$$

となり，これは式(5.6.28)である．（証明終）

鞍点条件(a)～(c)と Kuhn-Tucker 条件の類似性に注意しよう（それらは凸で微分可能な計画問題のときに等価であることが証明される）．条件(b)と(c)は両者に共通である．条件(a)はラグランジュ関数の停留条件をその最小化によって置き換えている．この最小化による定式化には以下のような利点がある．すなわち，階層システムの部分的問題が最小化問題となることを保証し，微分可能でない関数，離散的な制約集合などをもつ計画問題の取り扱いも可能とする．

【定理2；鞍点の十分性】 もし，(x^o, u^o) が $L(x, u)$ の鞍点であるならば，x^o は原問題 (5.6.25) の解である．

〔証明〕(x^o, u^o) は鞍点であるから，定理1の条件(a)〜(c)が成立している．いま，

$$g(x) = (g_1(x), \cdots, g_m(x))$$

とおけば，条件(a)は次式となる．

$$f(x^o) + u^o g(x^o) \leq f(x) + u^o g(x) \quad \text{for all } x \in S \tag{5.6.39}$$

条件(c)より，$u_i^0 g_i(x^0) = 0$ であるから，上式は

$$f(x^o) \leq f(x) + u^o g(x) \quad \text{for all } x \in S \tag{5.6.40}$$

$g(x \leq 0)$ を満たすすべての点 $x \in S$ に対して（原問題の実行可能なすべての x に対して），$u^o g(x)$ の項は非正である．その結果，式 (5.6.40) は，式 (5.6.25) の $g_i(x) \leq 0 (i = 1, \cdots, m)$，$x \in S$ を満たすすべての x に対して次式を得る．

$$f(x^o) \leq f(x) \tag{5.6.41}$$

従って，x^o は原問題の解である．（証明終）

定理2は S が有限集合であったり，f か g_i が凸でないような問題を含む任意の数理計画法に適用できる．もちろん，鞍点はそれらの問題に存在しないかもしれない．現在のところ凸計画問題に限り鞍点の存在が保証されている．

次の定理は凸の目的関数と制約関数をもつ問題に対する鞍点の存在を述べている．

【定理3】 S を E^n の凸部分集合，f を S 上で定義された凸関数，$g(x) = (g_1(x), \cdots, g_m(x))^T$ を S 上で定義された凸関数のベクトルとする．$g(x) < 0$ のような点 $x \in S$ が存在すると仮定する．もし x^o を $g(x) < 0$，$x \in S$ のもとで $f(x)$ を最小にする点と仮定するならば，(x^o, u^o) が次の式の鞍点であるような $u^o \geq 0$ が存在する．

$$L(x, u) = f(x) + u g(x) \tag{5.6.42}$$

逆に，もし (x^o, u^o) が $L(x, u)$ の鞍点であるならば，x^o は $g(x) < 0$, $x \in S$ のもとで $f(x)$ を最小にする点である．

【補助定理1；分離定理 (separation theorem)】 A と B を E^n の凸部分集合とする．A は内点を有し，A の内点は B に含まれないと仮定する．このとき A と B を分離する超平面が存在する．すなわち

$$cx \leq \alpha \quad \text{for all } x \in A \qquad cx \geq \alpha \quad \text{for all } x \in B \tag{5.6.43}$$

を満たすゼロでないベクトルと定数 α が存在する．

〔定理3の証明〕定理の逆の部分は，凸性や正則性（例えば，束縛資格条件）を仮定せず定理2で証明されている．残りの部分を証明するために，2つの凸集合をつくり補助定理を用いてそれらを超平面で分離する方針をとる．分離によって得られる不等式を用いて，鞍点の必要十分条件である定理1の条件(a)〜(c)を導く．

E^n の2つの部分集合 A と B を次のように定義する．

$$A = \{(y_0, y) | y_i \geq f(x), \ y \geq g(x) \quad \text{for some } x \in S\} \tag{5.6.44}$$
$$B = \{(y_0, y) | y_0 \geq f(x^o), \ y \leq 0 \quad i = 1, \cdots, m\} \tag{5.6.45}$$

E^n におけるこれら2つの集合は図5.6.2のように描くことができる．集合 B は，点 $(f(x^o), 0)$ を原点とする第3象限である．集合 A は次式の関数のグラフと上方のすべての点である．

$$w(y) = \inf\{f(x) | g(x) \leq y, \ x \in S\} \tag{5.6.46}$$
$$y_2 \geq y_1 \Rightarrow w(y_2) \leq w(y_1) \tag{5.6.47}$$

式 (5.6.47) は関数 $w(y)$ が非増加関数であることを示している．次にこの定理の仮定から，$w(y)$ が凸であることを示すのは容易である．こうして A は凸集合である．$f(x^o)$ は最小値であるから，A と B は共通の内点をもたない．

B は内点をもつから，補助定理1を用いて，図5.6.2に示すように，A 方向の法線ベクトルをもつ超平面によって，これらの集合を分離することができる．これから次の不等式が導かれる．

$$v_o y_o + vy \geq v_o z_o + vz \quad \text{for all } \begin{pmatrix} y_o \\ y \end{pmatrix} \in A, \ \text{for all } \begin{pmatrix} z_o \\ z \end{pmatrix} \in B \tag{5.6.48}$$

5 静的最適化

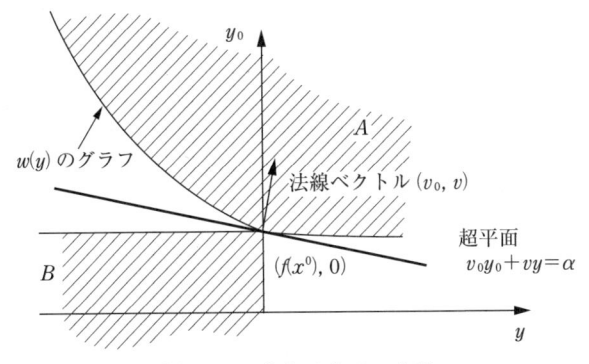

図5.6.2 集合 A と B の分離

もし (v_0, v) のどれかの成分が負であるならば，対応する (z_0, z) の成分を式 (5.6.48) が満たされなくなるほど十分に負にすることができる．従って，(v_0, v) はすべての非負の成分よりなり，少なくとも1つは正の値である．

ここで，$v_0 > 0$ であることを示そう．$(f(x^o), 0) \in B$ と，すべての $x \in S$ に対し $(f(x), g(x)) \in A$ であるから，式 (5.6.48) は次式のようになる．

$$v_0 f(x) + v g(x) \geq v_0 f(x^o) \quad \text{for all } x \in S \tag{5.6.49}$$

もし $v_0 = 0$ なら，式 (5.6.49) より次式を得る．

$$v g(x) \geq 0 \quad \text{for all } x \in S \tag{5.6.50}$$

ここで v は少なくとも1つの正の成分をもつ．しかしながらこれは $g(x) \leq 0$，すなわち $v g(x) < 0$ のような少なくとも1つの要素 $x \in S$ が存在するという仮定に反している．従って，$v_0 > 0$ である．$u^o = v / v_0$ としよう．このとき式 (5.6.49) は次式となる．

$$f(x) + u^o g(x^o) \geq f(x^o) \quad \text{for all } x \in S \tag{5.6.51}$$

この式で $x = x^o$ とすれば

$$u^o g(x^o) \geq 0 \tag{5.6.52}$$

を得る．しかし

345

$$u^o \geq 0, \quad g(x^o) \leq 0 \quad \Rightarrow \quad u^o g(x^o) \leq 0 \tag{5.6.53}$$

結局,式(5.6.52)(5.6.53)により次式を得る.

$$u^o g(x^o) = 0 \tag{5.6.54}$$

式(5.6.54)を(5.6.51)に加えれば次式を得る.

$$L(x^o, u^o) = f(x^o) + u^o g(x^o) \leq L(x, u^o) = f(x) + u^o g(x) \quad \text{for all } x \in S \tag{5.6.55}$$

これは $L(x, u^o)$ が S 上で x^o において最小化されることを意味している.関係式(5.6.54)(5.6.55)と $g(x^o) \leq 0$ は,定理1の (x^o, u^o) が鞍点であるための必要十分条件(a)〜(c)である.(証明終)

【Kuhn-Tucker条件の十分性】

もし定理3の仮定に追加して目的関数と制約関数の微分可能性という仮定が加えられるなら,Kuhn-Tucker条件が必要十分条件であることが示される.再び次の問題を考えよう.

$$\min f(x) \quad \text{subject to } g_i(x) \leq b_i \quad i=1,\cdots,m \tag{5.6.3}$$

これは式(5.6.25)で $S=E^n$ とおくことにより得られる.このとき次の定理を得る.

【定理4】上の問題で次の仮定をおく.

(a) f とすべての g_i は凸で微分可能である.
(b) $g(x) = (g_i(x), \cdots, g_m(x))^T < 0$ を満たす点 x が存在する.

このとき,x^o が問題の解であるための必要十分条件は,点 (x^o, u^o) で Kuhn-Tucker条件を満足するような m 次元ベクトル $u^o \geq 0$ が存在すること,すなわち

$$\nabla_x L(x^o, u^o) = 0, \quad u^o g(x^o) = 0 \tag{5.6.56}$$

が成り立つことである.ここでラグランジュアンを次式に示す.

$$L(x, u) = f(x) + u g(x) \tag{5.6.57}$$

〔証明〕定理3より x^o が最適解であるための必要十分条件は,(x^o, u^o) が

$L(x, u)$ の鞍点であるような $u^o \geq 0$ が存在することである．定理1より (x^o, u^o) が鞍点であるための必要十分条件は，次式 (5.6.29)～(5.6.31) で示されるようなものであった．

(a)　x^o は S 上で $L(x, u^o)$ を最小にする．
(b)　$g_i(x^o) \leq 0 \quad i = 1, \cdots, m$
(c)　$u_i^o g_i(x^o) = 0 \quad i = 1, \cdots, m$

$u^o \geq 0$ であるから，$L(x, u^o)$ は凸関数の正係数の1次結合である．従って，$L(x, u^o)$ は凸関数である（(1)の凸性の要約で述べた定理6）．仮定(a)より，f とすべての g_i は微分可能であるから，$L(x, u^o)$ もまた微分可能である．従って，x^o で $L(x, u^o)$ が制約条件なしの最小点をとるための必要十分条件は以下のようになる．

$$\nabla_x L(x^o, u^o) = 0$$

この式と条件(c) $u_i^o g_i(x^o) = 0 \quad i = 1, \cdots, m$ を合わせれば，定理が証明されたことになる．（証明終）

上の結果から，Kuhn-Tucker 条件は，束縛資格条件を満足する微分可能な凸計画問題の最適解に関して確実な判定法を与える．

式 (5.6.56) の経済的解釈は非常に有益である．ある効かない i 番目の制約式 $(g_i(x^o) < 0)$ は，最適点 x^o で i 番目の資源を余剰化していることを意味している．結果として，関連するラグランジュ乗数 u_i^o（限界便益，シャドウプライス）は0でなければならない．換言すれば，もしもある資源がとことん使われないで最適解を得た場合，その資源の有効性の増加なくして，もはや改善の余地がないことがわかる．

5.6.4　双対関数[3]（the dual function）

非線形計画法における双対関数は線形計画法における双対変数と同様な性質をもっている．式 (6.57) のラグランジアンの双対関数 $H(u)$ は次のように記述される．

$$H(u) = \min_{x \geq 0} L(x, u) \tag{5.6.58}$$

双対関数の領域 D は次式のようになる.

$$D=\{u|u\geq 0, \exists \min_{x\geq 0} L(x, u)\} \tag{5.6.59}$$

双対問題は次のように定義される.

$$\max_{u} H(u) \quad \text{subject to } u\in D \tag{5.6.60}$$

以下，有益ないくつかの双対関数の特性をまとめておこう.

① 主問題と双対問題の最適解が等しい場合にのみ $L(x, u)$ の鞍点は存在するから，次の双対問題の双対は主問題であるという関係式を得る.

$$\min_{x\geq 0} \max_{u\geq 0} L(x, u) = \max_{u\geq 0} \min_{x\geq 0} L(x, u) \tag{5.6.61}$$

② 双対関数と主問題の目的関数の間には以下の関係が成立する.

$$H(u)\leq f(x) \tag{5.6.62}$$

③ 点 (x^o, u^o) は次の3つの条件を満たす場合のみ $L(x, u)$ の制約下の鞍点である.
 a) x^o は主問題の解である.
 b) u^o は双対問題の解である.
 c) $H(u)=f(x)$

5.6.5 非線形計画法の手法[33]

制約条件つき最適化問題は，制約条件のない問題に比べると一般に解きにくい．しかし，現実的な問題はすべてが制約条件つきといっても過言ではない．このため，ここでは制約条件つき最適化問題を考えることにしよう.

(1) 制約条件つき非線形最適化手法の適用性の概観

制約条件つき非線形最適化に対する理論的根拠は Kuhn-Tucker 条件である．これはすでに述べたようにラグランジュ関数の鞍点問題と等価である.

この理論は解の満足する条件を示したもので実際の計算アルゴリズムを与えるものではないが，この理論が示す「制約条件つき最適化問題の最適点においてど

のような微小変化も目的関数値を改良することはできない」という内容はほとんどの計算手法の基本的な考え方になっている．このような計算手法を分類すると図5.6.3のようになる．

　この図に示したように，制約条件つき非線形最適化手法は大きく傾斜（探索）法と試行（探索）法に分類される．いずれも広い意味での「山登り法」とみなせるが，目的関数の改善において傾斜法が導関数による勾配や共役勾配を求めその勾配に沿って探索するのに対し，試行法は勾配を用いず乱数発生などによる探索を行う．

　傾斜法は勾配の計算を必要とし，探索の各ステップごとに基本的に1次元探索を行うことになる．このためプログラムは通常複雑なものとなり計算速度も遅い．しかし，解の精度は比較的良好で，実行可能領域を解の近傍で設定することが可能な場合，計算速度の問題も無視しうる．つまり，パラメータの精度が高く求められ，しかも概略の値が設定できるような場合には適用性が高い．

　試行法は勾配を用いず，1次元探索を行わないためプログラムは比較的簡単で，概略の解の値を探索することに，計算時間も早く有効である．しかし，解への収束が単調でないため，計算途中での収束の見通しは困難である．また傾斜法に比べ離散的な探索を行うため，解の精度も低くなる場合もある．パラメータの値がオーダー的にしか予見できないような場合のように，制約領域を広くとらざるを得ず，厳密な精度を要求されない場合には有効である．

　上述の傾斜法と試行法で実際に計算するアルゴリズムは，制約条件のとり扱いにより，さらに実行可能方向法とペナルティ関数法の2つに分類される．また，厳密には実行可能方向法の範疇に入るが，3つめとして線形計画法による近似解を求める線形近似法もある．

　実行可能方向法は原問題に忠実なアルゴリズムであり，実行可能領域の範囲で最適解を探索する最も基本的な方法である．ペナルティ関数法は制約条件を犯すことに対するペナルティを導入し，制約条件なし最適問題に置きかえ，ペナルティを徐々に変化させ，最適解に到達する方法である．線形近似法は原問題を線形計画問題に近似し，得られた解を用いて再び線形計画問題を設定し，逐次的に解を求める方法である．

　以上のことから制約条件の取り扱いに関してはもっとも簡素でしかも基本的アルゴリズムを構成する実行可能方向法に着目し，パラメータの精度の高さを要求

され，その概略値が与件の場合には傾斜法のうち広く利用されている Zotendijk の許容方向法を用い，パラメータの概略値を知ることを目的とし，その値もオーダー的にしか予見できないような場合には Box のコンプレックス法を用いるようにすればよい．ただし，モデル自体が収束しやすく，しかも現象を良好にモデル化しているためパラメータ同定結果が安定しているような場合は，従来からの制約条件なしの最小2乗法がアルゴリズムの簡単さ，計算の速さから最も優れていることはいうまでもない．

(2) **許容方向法**

許容方向法は 1960 年に Zotendijk が従来の制約条件のない場合の最急降下法を制約条件がある場合に拡張したもので，実行可能方向法の最も基本的な手法とみなされている．まず，次のような最大化問題を考える．

$$\max f(x) \tag{5.6.63}$$

$$Ax \leq b, \quad x \geq 0 \tag{5.6.64}$$

ただし，ベクトル $x=(x, \cdots, x_n)$，行列 $A=(a_{ij})$，$(i=1, \cdots, m, \; j=1, \cdots, n)$ である．また，$f(x)$ は連続な1階の導関数を持つとする．いま探索のステップが l であるとすると，x^l が実行可能領域 R の中かあるいは境界かで解の更新方向 $\gamma^l = (\gamma_1^l, \cdots, \gamma_n^l)(\|\gamma\| \leq 1)$ を次のように設定する．

① x^l が R の内部にあるとき

目的関数変化量の最大化は勾配ベクトル方向であるから

$$\gamma^l = \nabla f(x^l) \tag{5.6.65}$$

とする．なお ∇ は勾配ベクトルであることを示す．

② x^l が R の境界にあるとき

目的関数変化量 $\nabla f(x^l)\gamma^l$ が最大になるように γ を決めるが，このとき制約領域内に方向が向く必要条件 $a_i\gamma^l(a_ix^l=b_i)$ および $\gamma_j^l \geq 0(x_j \geq 0)$ を考慮して次の問題を解く．得られる γ^l は有効方向 (usable direction) と呼ばれる．

$$\nabla f(x^l)\gamma^l \to \max \tag{5.6.66}$$

$$a_i\gamma^l \leq 0 \quad (a_ix^l=b_i) \tag{5.6.67}$$

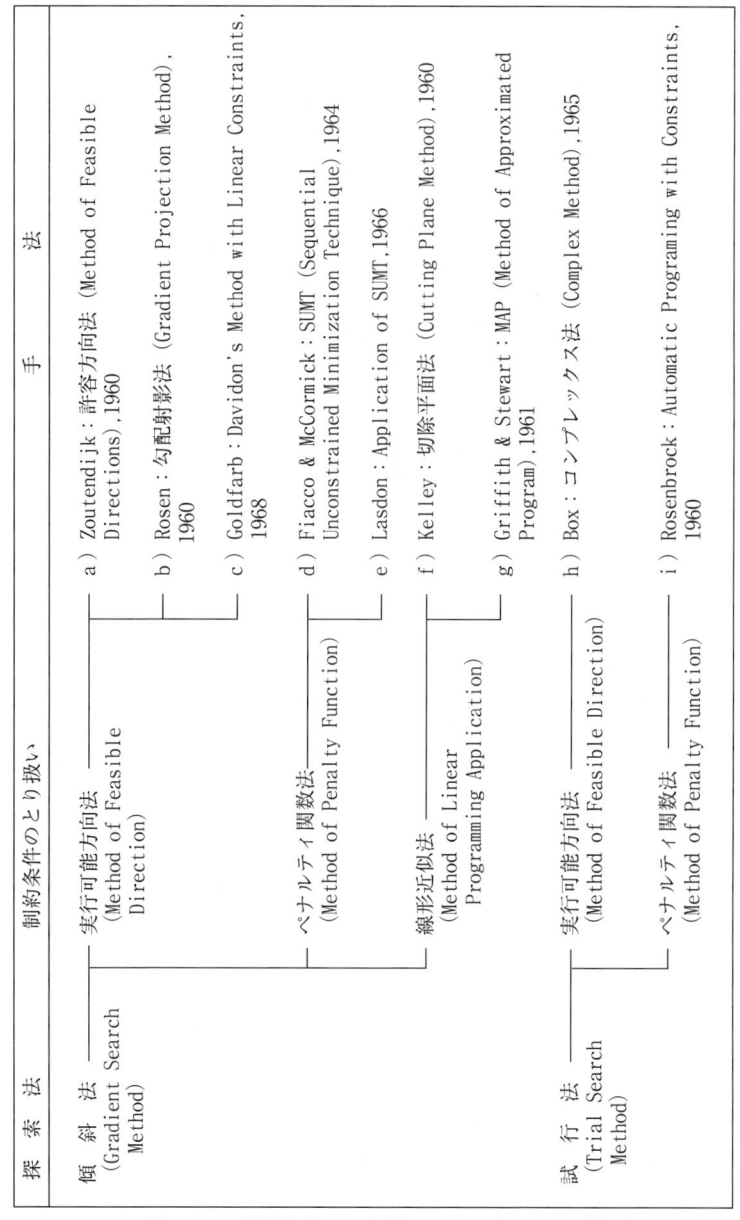

探索法	制約条件のとり扱い	手法
傾斜法 (Gradient Search Method)	実行可能方向法 (Method of Feasible Direction)	a) Zoutendijk：許容方向法 (Method of Feasible Directions), 1960 b) Rosen：勾配射影法 (Gradient Projection Method), 1960 c) Goldfarb：Davidon's Method with Linear Constraints, 1968
	ペナルティ関数法 (Method of Penalty Function)	d) Fiacco & McCormick：SUMT (Sequential Unconstrained Minimization Technique), 1964 e) Lasdon：Application of SUMT, 1966
	線形近似法 (Method of Linear Programming Application)	f) Kelley：切除平面法 (Cutting Plane Method), 1960 g) Griffith & Stewart：MAP (Method of Approximated Program), 1961
試行法 (Trial Search Method)	実行可能方向法 (Method of Feasible Direction)	h) Box：コンプレックス法 (Complex Method), 1965
	ペナルティ関数法 (Method of Penalty Function)	i) Rosenbrock：Automatic Programing with Constraints, 1960

図5.6.3　制約条件つき非線形最適化手法の分類[19]

$$\gamma_j^l \geq 0 \quad (x_j = 0) \tag{5.6.68}$$

$$\|\gamma^l\| \leq 1 (\to 1 \leq \gamma_k^l \leq 1, \quad k=1,\cdots,n) \tag{5.6.69}$$

これは,線形計画法の問題である.これで方向が決まるので次にステップ幅を決める必要がある.このため次の段階が踏まれる.

「ステップ1」:許容ステップ幅の設定

許容ステップ幅は式 (6.64) から,次のように規定される.

$$\alpha_{c,1} = \begin{cases} \min\{(b_i - a_i x^l)/a_i \gamma^l\} & (a_i \gamma^l > 0) \\ a_{\max}^l & \text{not } \exists i (a_i \gamma^l > 0) \end{cases} \tag{5.6.70}$$

$$\alpha_{c,2} = \begin{cases} \min\{-x_j^l / \gamma_j^l\} & (\gamma_j < 0, x_j > 0 \\ a_{\max}^l & \text{not } \exists j (\gamma_j < 0, x_j > 0) \end{cases} \tag{5.6.71}$$

結局許容ステップ幅は次式で求めることとなる.

$$\alpha_c^* = \min(\alpha_{c,1}, \alpha_{c,2}) \tag{5.6.72}$$

「ステップ2」:ステップ幅 $\hat{\alpha}_l$ の決定

ステップ幅は $0 \leq \alpha \leq \alpha_c^l$ の範囲で1次元探索法により $f(x+\alpha\gamma)$ を最大にする α を決定する.

結局以上のプロセスを繰り返し,

$$\nabla f(x) \cdot \gamma^l \leq 0 \tag{5.6.73}$$

となるところで解が見出される.

(3) コンプレックス法

コンプレックス法は,1965年に Box が Hext らのシンプレックス法を不等号条件を有する非線形最適化問題を取り扱うことができるように発展させたものである.コンプレックス法で考えている問題は

$$a_i \leq x_i \leq b_i (i=1,\cdots,m), \quad A_j \leq g_j(x) \leq B_j (j=1,\cdots,n) \tag{5.6.74}$$

のもとで,m 次元ベクトル x についての目的関数

$$F(x) \to \min \tag{5.6.75}$$

を満たす x を求めることである.

コンプレックス法では，まず複体 (Complex) の初期条件を設定する．この方法は複体の頂点の数を k とすると，まず初期解を 1 つ実行可能領域で仮定し，さらに，

$$u_i = a_i + \gamma_i(b_i - a_i) \quad (i=1,\cdots,m), \quad u_j = A_j + \gamma_j(B_j - A_j) \quad (j=m+1,\cdots,n) \tag{5.6.76}$$

として，γ_i を $0 \leq \gamma_i \leq 1$ の範囲で乱数として与えることにより，残りの $(k-1)$ 個の頂点を定め，結局 k 組の $u^l = (u_1^l, \cdots, u_{m+n}^l)$ $(l=1,\cdots,k)$ を求め複体を構成する．次いで最大の目的関数値を有する頂点を $u^k(u_1^k,\cdots,u_m^k,u_{m+1}^k,\cdots,u_{m+n}^k)$，この点を除く残りの頂点の重心を $u^o = (u_1^o,\cdots,u_{m+n}^o)$ とする．次に

$$u_T^o = (1+\alpha)u^o - \alpha u_k \quad (\alpha > 1) \tag{5.6.77}$$

によって u_T^o を求め，これが制約領域に入っていれば，この点に u^k を移動させ複体の更新を行う．もし，u_T^o が制約外であれば，制約を満たさない要素 $u_p (1 \leq p \leq m+n)$ を制約領域の境界にもってくる．また u_T^o が最大の目的関数をもつならば，u_T^o を u^o との中点にもってくる．こうして定まった u_T^o に u_k を移動させて複体を更新する．以上の操作を繰り返すと，複体は一点に収束し，この点を問題の解として出力する．

ところが例えば，変数が 2 個でコンプレックスを 3 角形として作成すると，2 点が境界上にあったとき，ここからコンプレックスを移動することにより，3 点とも 1 つの境界上に並んでしまい，複体が線分となるいわゆる縮退が起こり，計算がストップする可能性がある．この場合には普通，式 (5.6.74) により，初期複体を再構成する等の方法が用いられる．

【適用例 5.5】 環境の外部性：「汚染者負担原則」と「排出基準と課徴金」[19]

ここでは，まず環境の外部性 (environmental externalities) を扱うために税体系の利用可能性を，次いで環境の外部性の制御について，社会厚生 (social welfare) の観点からモデル論的（理論的？）に考える．

(1) 汚染者負担原則 (polluter pays' principle)

河川，湖沼や沿岸海域などの公共水域を汚染している工場があるとしよう．その企業の生産量を q とする．企業の生産活動より生じる汚染量 p は生産量と次の関係がある．

$$p = f(q), \quad (dp/dq) > 0 \tag{5.6.78}$$

単位価格 π_q という貨幣尺度で計られたこの生産の社会的効用 (social (dis) utility) は $\pi_q q$ で示され，一方，貨幣尺度で計られた汚染の社会的(不)効用は $\pi_p p$ (π_p；汚染1単位当りの社会的損害額)で示される．生産費は総生産 q ばかりではなく水質汚染に対する削減投資 (abatement investment) によっても決定される．すなわち，

$$c = g(q, p), \quad (\partial c/\partial q) > 0 \quad (\partial c/\partial p) < 0 \tag{5.6.79}$$

私的費用に加えて，水質の改善やアメニティ空間の創造 (たとえば水辺公園の新設整備) のために公的な費用が新投資としてなされなければならない．この公的費用関数は以下のように表される．

$$d = h(p) \quad (\partial d/\partial p) > 0 \tag{5.6.80}$$

ところで，社会厚生 w に対する q と p の総貢献度は，次式のように表される．

$$w = \pi_q q - \pi_p p - g(q,p) - h(p) = \pi_q q - \pi_p f(q) - g(q, f(q)) - h(f(q)) \tag{5.6.81}$$

社会厚生の最適貢献度に対する (制約なしの最適化の) 1階の条件は次のようになる．

$$\frac{\partial w}{\partial q} = \pi_q - \pi_p \frac{\partial f(q)}{\partial q} - \frac{\partial g(q, f(q))}{\partial q} - \frac{\partial h(f(q))}{\partial q} = 0 \tag{5.6.82}$$

この条件は，もし生産の限界社会効用 (marginal social utility) (すなわち，その価格) が (限界汚染費用＋限界私的生産物) と (汚染削減費用＋限界公的削減費用) に等しいならば，生産と汚染の最適水準が達成されることを示している．

私的な最適決定は次のような条件 (「価格は限界費用に等しい」) に反映されている．すなわち，

$$\pi_q = \frac{\partial g(q, f(q))}{\partial q} \tag{5.6.83}$$

政府が汚染1単位当り税 t を課するとしよう．このとき，私的総収益

(revenues) r は

$$r = \pi_q - g(q,p) - tf(q) = \pi_q - g(q,f(q)) - tf(q) \tag{5.6.84}$$

となる．こうして最適な私的決定は，

$$\pi_q = \frac{\partial g(q,f(q))}{\partial q} + t\frac{\partial h(f(q))}{\partial q} \tag{5.6.85}$$

と表される．ここで，生産物価格は（私的限界費用＋限界汚染税）に等しい．

汚染による社会的不効用，すなわち $\pi_p p + h(p)$ を補償するためには，税は

$$t\frac{\partial f(q)}{\partial q} = \pi_p \frac{\partial f(q)}{\partial q} + \frac{\partial h(f(q))}{\partial q} \tag{5.6.86}$$

を満たすように課せられるべきである．この式は，限界汚染税が（限界汚染損害額＋限界公的削減費）と等しくなる水準で生産量が定められることを示している．このルールは『汚染者負担原則』の基礎と考えることができる．

(2) 排出基準と課徴金

環境の外部性の分野における政府干渉の正当性は，環境の外部効果をこうむっている弱い立場にいる生活者（市場参加者），あるいはそれをこうむってはいないがそれを除去することができない生活者を保護するという目的がある．新鮮な空気やきれいな水や静かで心休まる環境は，本来，公共政策によって保護されるべき集合財（collective goods）であることは一般に受け入れられている．汚染や騒音がある場合，空気や水や静寂は価値財と考えられ，その財の供給は，パレート最適均衡（Pareto-optimal equilibrium）（社会システムではその構成員の誰か（少数派）の効用を下げない限り社会全体（多数派）の効用を上げることができない状態）にある場合，不十分である場合が多い．

公共政策の範囲内で，汚染を減少させたり，環境の外部効果を規制したり，市場の均衡を回復させたりするための適切なルールを定式化することはどちらかといえば困難であるということを断っておく．

環境の外部性の規制の種類は大きく分けて2つに区別される．1つは直接規制（例えば，基準）と間接規制（例えば，課徴金や補助金）に区別される．新鮮な空気やきれいな水のような集合財の最適供給は基準（effluent standards）の設定や課徴金（effluent charges）などの公的制度によって達成されうる．どちらの規制も排出を減少させる．換言すれば，価格のついていない環境財の使い過ぎを減少させることを意図している．基準が排出率の最大値を提示するのに対して，課税体系は1単位当りの排出に税を課すことによって，より低い排出に導く．より低

い排出率は生産活動や都市活動の規模を減少させるか，あるいは別の（ハードとソフト）技術を採用するかのどちらかによって達成されうる．

排出課徴金の明白な欠点は，課徴金が「汚染の権利」を意味するところにある．さらに問題は，排出1単位当りの税が社会的限界費用を反映していなければならないということである．しかしながら，実際には，汚染の費用は非常に推定しがたい．

基準制度は行政上容易であるが，基本問題は基準の水準が生産や雇用の社会的損失に対して評価されなければならないということである．マクロ経済の観点からは，排出基準の採用が最小費用（汚染防止費用と損害費用）の状態を導くことは保証されない．

排出基準のみを課するときの重大な欠点は，費用最小化を意図する市場参加者を最大許容水準の汚染物の排出へ向かわせることである．課徴金の場合には，排出に関する課徴金を最小にするため，より一層新しい技術の利用や排出水準の減少に向かわせる．排出を減少させる補助金制度（a system of subsidies）は新しい削減技術の導入に関して同じ効果をもたらす．

課徴金制度の採用に関する他の問題は，分離不可能な，相互的な外部性の状況において生じる．もし課徴金制度が社会的限界費用に基づいているならば，最適課徴金水準は他の市場参加者の活動に依存する．したがって画一的な環境政策は実行不可能である．

以上の議論の留意点は2つの基準，すなわち，環境政策の（削減費用と損害費用という点に関する）効率性（efficiency）と有効性（efficacy）に基づいている．環境政策のための選択は，これら2つの側面を同時に考慮しなければならない．

現実には，「混合された」政策が使用されることが多い．この場合，基準は（特に，分解不能な，あるいは危険汚染物の）排出の総量を制限するために利用され，排出課徴金は排出に罰金を課すことによって許容水準以下で，環境の質の改善を行わせるために利用される．

課徴金と基準の混合制度に関する政策問題は，すでに記述したモデルに基づいて説明できる．（地方，地域あるいは中央）政府は残存している汚染に対する課徴金制度に加えて，汚染の最大許容水準を課しているものとする．もし許容水準が$\bar{p}$で示されるならば，式(5.6.81)で表された社会厚生モデルは次のように拡張される．

$$w = \pi_q q - \pi_p f(q) - g(q, f(q)) - h(f(q)), \quad f(q) \leq \bar{p} \tag{5.6.87}$$

私的収入の制約条件付き最大化の1階の条件はキューン・タッカーのラグランジュ条件より導出される.

q の最適値を求めるラグランジュ関数は

$$L = \pi_q q - g(q, f(q)) - tf(q) - u\{f(q) - \overline{p}\} \qquad (5.6.88)$$

となる.ここで,u は汚染の許容水準に関連した非負のラグランジュ乗数である.制約条件付の最大化の1階の条件は次式に示される.

$$\pi_q \leq \frac{\partial g\{q, f(q)\}}{\partial q} + t\frac{\partial f(q)}{\partial q} + u\frac{\partial f(q)}{\partial q} \qquad (5.6.89a)$$

$$u\{f(q) - \overline{p}\} = 0 \qquad (5.6.89b)$$

条件 (5.6.89b) は,シャドウ・プライス u が正であれば,汚染制約条件が実際に働いていることを示している.一方,もし許容水準が働いていないならば $(f(q)<0)$,そのとき $u=0$ である.そしてこの場合,条件 (5.6.89a) は(私的な最適条件として)式 (5.6.85) が成立することを要求している.もし,汚染基準が働いているならば,そのとき生産物価格は(限界生産費＋限界課税＋限界汚染物)のシャドウ・ヴァリュー (shadow value) に等しくなる.汚染による社会的不効用に関する補償ルール式 (6.86) は,許容水準が働いているかいないかにかかわらず,ここでは等しく成立している.生産物価格や限界生産費や均衡状態における汚染のシャドウ・プライスが与えられれば,最適課税は直ちに計算できる.

一国における環境管理の程度と環境規制の方法は,関連する経済組織の制度に依存している.明らかに,環境問題に立ち向かえる能力によって経済組織を判断されるかもしれないが,しかし,この判断はむしろ狭い見方であるといえよう.市場組織や中央集権組織や分権化組織は,その効率性と有効性によって評価されるだけでなく,人道的責任 (human responsibility) や管理 (stewardship) のために体制が提供する基本的な動機や機会によって評価されるべきであろう.

【適用例 5.6】 地震災害リスク軽減のための水辺公園計画[23)33)34)]（キューン-タッカー定理）

ここでは,阪神淡路大震災で特に被害が大きかった神戸市長田区や京都の 7000 近くもある袋小路（図 5.6.3 参照）の密集している地域を考えよう.特に京都の袋小路には多くの高齢者が居住し,家族構成は単独あるいは夫婦のみが多く,家計は豊かではない.京都では文化財や町家（町屋）の文化や観光の視点から,そ

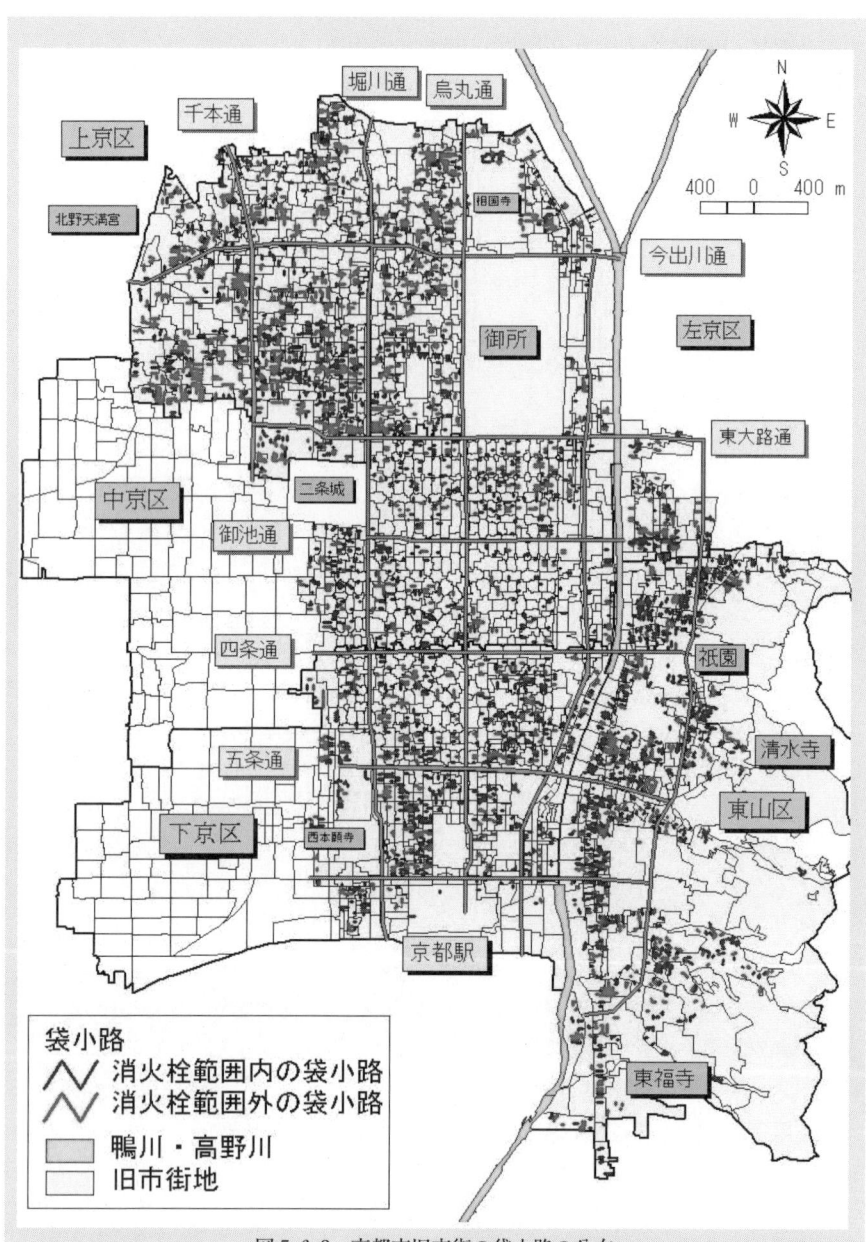

図 5.6.3 京都市旧市街の袋小路の分布

れらの（特に地震）防災について広く議論されつつあるが，袋小路の高齢生活者の居住空間については，「手が付けられない（絶望的）」ということで，放置されている地域である．実際，高齢者の実態調査（アンケート調査や病院・福祉施設等でのヒアリング調査等）の結果はさておき，日常的に何十回と繰り交わした会話は次のようなものであった．

「（地震がおこったらどうしゃはるんや？）→（うちの生きてるまにきませんのや）→（なんでや？）→（そんなことゆうてもいきていけまへんがな）→（そんなこといわんと，ちょっとでも，家を地震につようでけへんのかいな？）→（うちもうそうながないし，おかねもあらへん）」

京都のビジョンに基づく都市計画の実施は，平安時代の中国の（左京を洛陽，右京を長安とよび，右京が衰退したため，幕末には京洛とよび，都へ行くことを上洛とよんだ．）「模倣計画」と秀吉時代の（洛中洛外の定義を御土居で取り囲んで具現化した）「戦略都市計画」，そして，あえて言えば，明治期の琵琶湖疎水建設を中心とした「水利都市計画」の3回にしかすぎない．

平安時代の自然に存在した水辺と排水を重視して建設された多くの水辺は，時代とともに，戦乱や時の権力者たちの意向で，減少したり増加したりしてきた．決定的な減少は明治時代からはじまり，戦後加速的に減少し，現在の京都の旧市街には図5.6.3でも示したように，水辺があるのは鴨川だけになってしまった[35]．政令指定都市で都市公園が最も少ないという栄誉を京都がうけるようになってしまったのである．

このような京都のネガティブな側面を共有し，しかも震災リスクの高い都市は京都以外にも沢山ある．このような都市に，少なくとも100年後を考えイメージし，事例5.1で述べた「下水処理水を利用した環境と防災のための水辺創生計画」を考えることは無意味ではない．なぜなら，今の私たちだけが，次のそして次の次の世代のために考えることができるからである．

いま，京都の中心部（歴史が古く，文化の蓄積も大きい）のように，住宅や商業施設が無秩序に密集し，水辺がなく公園もないが，いつ起こるかわからない震災リスクのみが特に高い地域（地区）をイメージしよう．その地域の生活者たちは，いままで震災を考えないように生きてきたが，今生きてる自分たちも含め，次世代に誇りをもって手渡せる「まち」づくりを総論として合意したとする．そして，無秩序に密集した地域に，防災と環境のための水辺を中心とした環境防災公園を創（傷つける，はじめる）生（生かす，うむ）し，現在の町を，明示的に歴史と文化を日常的感覚に再生させる，人と人の物理的に触れ合う「まち」づくりを具体

的に構想するようになったとする.

　この結果，明治時代に形成された 1 つの旧小学区で，構想計画が立ち上がり，図 5.6.4 に示すような 500m × 1000m の矩形の土地を対象に，南西の隅と北東の隅に矩形の 2 つの土地（区画 A，区画 B）を形成し，ここを換地用地として当該地区全体に無秩序に分散して現在居住や営業している人々が移転することになった．区画 A と区画 B の他の 1 つの隅はいずれも，対象地区の北東−南西軸方向の対角線上に設ける案が採用された．また，区画 B によって切り取られた後に残った南東の隅の矩形の区画 C は，将来の世代がその利用を考える保留地として残すことが合意されている．そして区画 A，B，C を切り取った後に残った土地は公共用地として，日常的には水辺を中心とした（貯留施設をもつ）ふれあい多様性生態公園や人の道や乗り物の道等を設けることにした．全体の意見は，環境と防災の観点から，公共用地をできるだけ広く確保したいと思っているが，それには次の 3 つの条件が必要と決まった．

① 現在の対象地区全体の土地価格（単価 × 総面積 = 50（万円/m^2）×（500 × 1000m^2）= 25 × 10^{10} 円）と，換地後の区画 A と B とを合わせた土地価格（区画 A の単価（1.25 × 10^6 円/m^2）× A の面積 + 区画 B の単価（1 × 10^6 円/m^2）× B の面積）が等しくなるようにする．

② 東西方向の辺の 8 割以上の長さを区画 A と区画 B とが占有してはならない．

③ 最低限の保留地（区画 C）を確保するため，区画 C の南側の辺の長さは，

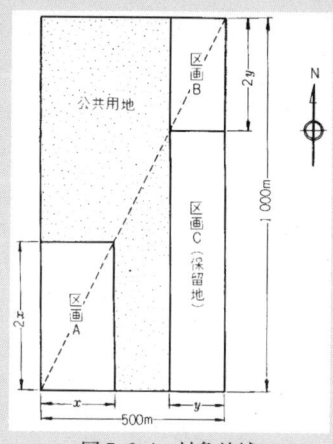

図 5.6.4　対象地域

最低 50m 以上でなければならない．

以上が生活者が考えている問題である．これを Kuhn-Tucker の定理を用いて解くことにしよう．

区画 A と区画 B の南側の辺の長さを，それぞれ $x(\mathrm{m})$, $y(\mathrm{m})$ とする．公共用地の面積を最大にすることは，区画 A, B, C の総面積を最小にすることである．従って目的関数は以下のようになる．

$$z = 2x_2 + 1000y \to \min \tag{5.6.90}$$

次に条件①②③と x, y の条件は以下のように定式化される．

$$2.5 \times 10^6 x^2 + 2 \times 10^6 y^2 = 25 \times 10^{10} \to 5x^2 + 4y^2 = 5 \times 10^6 \tag{5.6.91}$$

$$x + y \leq 400 \tag{5.6.92}$$

$$50 \leq y \tag{5.6.93}$$

$$x, y \geq 0 \tag{5.6.94}$$

さて，Kuhn-Tucker の定理によれば，最適解であるための必要条件は，$x, y \geq 0$ のときラグランジュ乗数 λ, μ_1, μ_2 を導入したラグランジュ関数

$$L(x, y, \lambda, \mu_1, \mu_2) = 2x^2 + 1000y + \lambda(5x^2 + 4y^2 - 5 \times 10^6) \\ + \mu_1(x + y - 400) + \mu_2(50 - y) \tag{5.6.95}$$

において，

$$\frac{\partial L}{\partial x} = \frac{\partial L}{\partial y} = \frac{\partial L}{\partial \lambda} = 0 \tag{5.6.96}$$

$$\mu_1 \frac{\partial L}{\partial \mu_1} = 0 \text{ かつ } \mu_1 \geq 0 \quad (5.6.97) \qquad \mu_2 \frac{\partial L}{\partial \mu_2} = 0 \text{ かつ } \mu_2 \geq 0 \quad (5.6.98)$$

で与えられる．まず，$x, y > 0$ を仮定すれば，次の 3 つの場合を考えることになる．

 i) $\mu_1 > 0$, $\mu_2 = 0$ ii) $\mu_1 = 0$, $\mu_2 > 0$ iii) $\mu_1 = 0$, $\mu_2 = 0$

次に $x, y > 0$ 以外の 3 つの場合を考える．

 iv) $x = 0$, $y > 0$ v) $x > 0$, $y = 0$ vi) $x = 0$, $y = 0$

この結果，

 i （極小解がない），ii （極小解が存在），iii （極小解はない）

iv（極小解はない），v（極小解はない），vi（極小解はない）

となりiiのみ極小解をもつからこれが最適解である．以上を整理すれば結局，$x^o=313$m，$y^o=50$m，$z^o=2.64\times10^5$m^{2}で，ラグランジュ乗数は$\lambda^o=-0.4$，$\mu_1^o=0$，$\mu_2^o=840$である．

ラグランジュ乗数 λ^o の意味は式(5.6.95)において $\lambda^o(5x^{o2}+4y^{o2}-5\times10^6)$ の項の（ ）の部分が微小量1単位増加したときの目的関数 z（ラグランジュ乗数の項は結果的にすべて0になるので，結局 L は z と同じ値をとる）の増加量を表している．λ^o が負の値をとっているのは，このとき L は $|\lambda|\times1$ 単位微小変動量だけ減少することを意味している．ラグランジュ乗数 $\mu_1^o=0$ は，これに対応する不等号制約式が実質的には不用である（他の条件が充足されれば自動的に充足される）ことを意味している．同様に $\mu_2^o=840$ は式(5.6.95)において $\mu_2^o(50-y^o)$ の項の（ ）の部分が微小量1単位増加したときの目的関数 z の増分が 840×1 単位微小変動量であることを示している．つまり $50-y^o\leq0$ なる右辺の定数項が1単位減少するのにともなって最小値の値 z^o はさらに $\mu_2^o\times1$ 単位微小変動量だけ劣化することを表している．

ところで，いままでの問題は公共用地を最大化することを目的としていたが，まったく逆の最小化する意見，つまり自分たちが自由にできるスペースと保留地の面積を最大化したいと思っている意見も無視するわけにはいかない．この場合目的関数を「最小化」から「最大化」にするという問題になる．このとき，不等式に対応する μ_1，μ_2 の符号は反対になる．つまり最適解であるための必要条件は，$x,y\geq0$ のとき，

$$\frac{\partial L}{\partial x}=\frac{\partial L}{\partial y}=\frac{\partial L}{\partial \lambda}=0 \quad \mu_1\frac{\partial L}{\partial \mu_1}=0 \text{かつ} \mu_1\leq0 \quad \mu_2\frac{\partial L}{\partial \mu_2}=0 \text{かつ} \mu_2\leq0$$

となり，最適解は以下のようになる．

$x^o=0$m，$y^o=354$m，$z^o=3.54\times10^5$m^2

このように，もしも，まったく異なる意見（代替案）が存在する場合，この地域の生活者は異なる意見で真っ2つに分かれる場合もある．この異なる意見を歩み寄らせるにはどうしたらよいかという問題も重要な地域問題である．これは後に述べる社会的コンフリクト問題である．

【適用例5.7】 河川環境保全のための下水処理施設計画[23]（実行可能方向法）

　ある地域の下水処理施設の建設において処理水の放流先である河川の水質基準を満たす条件の下でどれだけの施設規模とすることが最も経済的かを考えよう．過去の日本，そして現在の中国などでは，とにかくなんでもかんでも，都市の水に溶け込んだ汚染物質をすべて下水道施設で引き受けるという立場である．結果としては，例えば上海では，不十分な処理水をパイプで海域へ誘導している．知らない間に，この大量の汚染物質は，日本の近海を明示的に汚染するだろう．中国は大気と海洋の汚染の外部性を，まったく考慮していないことになる．いずれにしても，環境面からみれば，なんでもかんでも下水で面倒を見るのではなく，適正な（つまり，「環境を破壊しない」という意味での sustainable）施設計画（本質的には施設が受け入れる都市活動や産業活動の適正化）が必要となる．ここでは，簡単な例で，経済効率という視点だけでも，施設の適正規模が決定できる非線形計画問題を示す．

　図5.6.5に示すような単純なシステムのもとで定式化すれば，以下のようになる．

目的関数：下水処理施設費用最小化　　　　　　　$f = C_w(y) \to \min$　　(5.6.99)

制約条件：① 排水量は利水量と一致する．　　　$x + y = D$　　(5.6.100)

　　　　　② 水質基準を満たすこと．　$B_o Q_o + ax + by \leq B(Q_o + D)$　(5.6.101)

　　　　　③ 非負条件　　　　　　　　　　　　　$x, y \geq 0$　　(5.6.102)

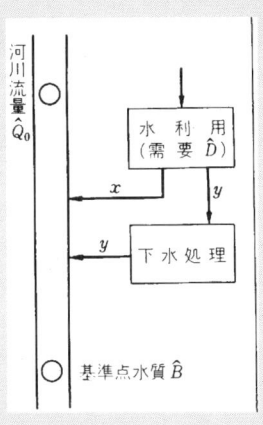

図5.6.5　利水システムの模式図

式(5.6.84)の費用関数が $C_w(y)=300y^{0.7}$ (100万円) である y の非線形関数である．ここで次のパラメータのもとに最適な下水処理施設規模 y^* (1000m³/日) を求めることになる．

$$D=20, \quad Q_o=20, \quad B_o=5, \quad B=10, \quad a=10, \quad b=5$$

なお，前の2つの単位は (1000m³/day) で，後ろの4つの単位は ppm である．

以上から，以下の式を得る．

$$f=300y^{0.7} \to \min \tag{5.6.103}$$
$$x+y=20 \quad (5.6.104) \qquad 4x+y \leq 60 \quad (5.6.105)$$
$$x \geq 0 \quad (5.6.106) \qquad y \geq 0 \quad (5.6.107)$$

これらは Kuhn-Tucker 定理を用いても解けるが，ここでは制約条件がすべて線形であることに着目して，Zoutendijk の実行可能方向法で解を求めてみよう．

ステップ1；初期実行可能解の設定

すべての排水を下水処理するものとすれば，$x^{(0)}=(x^0, y^0)^T=(0, 20)^T$ となる．

ステップ2；解の改善方向探索問題の作成

改善方向を $h=(r, s)$ とすると，まずこれが許容方向でなければならない．許容方向とは，制約条件の領域から外れることがない方向のことである．$x^{(0)}$ の不等号制約式を等号に変える．すなわち，活性化する（このとき $x^{(0)}$ は制約式の領域の境界上にある）ときに h はその方向に制限が加えられる．活性化していない場合にはいずれの方向でも領域内にあるので問題にしなくてもよい．

さて $x^{(0)}$ が活性化する条件は，$x+y=20$，$x=0$ の2つである．これらの条件において $x^{(1)}=x^{(0)}+\delta \cdot h$，$\delta>0$ であるとすれば，次式を得る．

$$(0+\delta \cdot r)+(20+\delta \cdot s)=20 \;\Rightarrow\; \delta(r+s)=0 \;\Rightarrow\; r+s=0 \tag{5.6.108}$$
$$(0+\delta \cdot r) \geq 0 \;\Rightarrow\; \delta \cdot r \geq 0 \;\Rightarrow\; r \geq 0 \tag{5.6.109}$$

h を正規化するために $|r| \leq 1$, $|s| \leq 0$ の制約を加える．

一方，この許容方向に $x^{(1)}=x^{(0)}+\delta \cdot h$ を求めたときの目的関数はテイラー展開の1次までとれば，次式となる．

$$f(x^{(0)}+\delta \cdot h)=f(x^{(0)})+\delta \cdot \nabla f(x^{(0)}) \cdot h \tag{5.6.110}$$

この式の右辺第2項の内積は $\nabla f(x^{(0)}) \cdot h < 0$ でかつ小さい方がよい．そして，こ

れを目的関数として先の h の許容条件より改善方向探索問題は次式のように定式化される．

$$\nabla f(x^{(0)}) \cdot h = 85.49s \to \min \tag{5.6.111}$$
$$r+s=0, \ |r| \leq 1, \ |s| \leq 0 \tag{5.6.112}$$

ここで $\nabla f(x^{(0)}) \cdot h \to \min$ とするのは $\nabla f(x^{(0)}) \cdot h$ が目的関数の増加方向を示すため，これと逆方向（$\nabla f(x^{(0)}) \cdot h$ を 180°回転した方向）になる h を求めることに相当する．

ステップ3：改善方向探索問題の求解と最適性のチェック

上記においてこの解が $\nabla f(x^{(0)}) \cdot h \geq 0$ を満たせば，解はこれ以上改善されず，この線形計画問題の最適解であることになる．現在のところまだ最適解は得られない．

ステップ4：ステップ幅 δ の上限の設定

ステップ幅の上限は，$x^{(0)}$ で活性化していない条件 $4x+y \leq 60$, $y \geq 0$ で決まる．

$$x^{(1)} = x^{(0)} + \delta \cdot h^* = \begin{pmatrix} 0 \\ 20 \end{pmatrix} + \delta \begin{pmatrix} 1 \\ -1 \end{pmatrix} = \begin{pmatrix} \delta \\ 20-\delta \end{pmatrix}$$

を代入すると，それぞれ $4\delta+20-\delta \leq 60$, $20-\delta \geq 0$ かつ $\delta > 0$ であるから，次のようになる．$0 < \delta \leq 40/3$

ステップ5：ステップ幅の設定

上で求めた範囲で

$$\min_{0 < \delta \leq 40/3} \{f(x^{(0)} + \delta \cdot h^*)\} = \min_{0 < \delta \leq 40/3} \{300(20-\delta)^{0.7}\} \tag{5.6.113}$$

なる δ を求める．これは1次元探索問題である．このとき黄金分割法でも解けるが，解析的に求めることにしよう．この目的関数は単調減少であるから，$\delta^* = 40/3$ のときが最小であるから，

$$x^{(1)} = x^{(0)} + \delta^* \cdot h^* = \begin{pmatrix} 0 \\ 20 \end{pmatrix} + \frac{40}{3} \begin{pmatrix} 1 \\ -1 \end{pmatrix} = \begin{pmatrix} 40/3 \\ 20/3 \end{pmatrix}$$

が求められる．以上で $x^{(0)}$ から $x^{(1)}$ を求めることができたので，ステップ2から同様の手順を繰り返すことになる．

ステップ2'：解の改善方向探索問題の作成

解 $x^{(1)}$ により2つの制約条件が次のように活性化される．$x+y=20$, $4x+y=60$ この条件に対し改善方向を h とすると，$x^{(2)} = x^{(1)} + \delta \cdot h$ において h が許容方向となる条件は $r+s=0$, $4r+s \leq 0$ である．h の正規条件を加えて改善方向探索問

題は次の線形計画問題となる．

$$\nabla f(x^{(1)}) \cdot h = 118.86 s \to \min \tag{5.6.114}$$
$$r+s=0, \quad 4r+s \leq 0, \quad |r| \leq 1, \quad |s| \leq 0 \tag{5.6.115}$$

ステップ3′：改善方向探索問題の求解と最適性のチェック

前の式(5.6.114)(5.6.115)の解は $h^* = (0.0)$ で目的関数は $\nabla f(x^{(1)}) \cdot h = 0$ となる．従って，これ以上の解の改善はありえない．

以上のことから，最適解は $x^* = 40/3$, $y^* = 20/3$, $f^* = 1132$ を得る．この結果は，水利用のすべてを下水処理することが経済的に最適でない場合もあることを示唆している．つまり，河川の水質環境保全は下水処理だけにまかせておけば経済的合理性に欠ける場合もあることを示唆している．

【事例5.8】エントロピーモデルによる治水のための計画降雨群決定[36)37)38)]
　　　　（反復尺度法）

山がちな中小河川や狭隘河川では，シャープな形状の洪水が短時間のうちに生起する傾向にある．計画降雨の決定については，統計論的立場から立場から不確実性下における意思決定問題として，「治水水準として定められた総雨量とピーク降雨量を制約として，計画区間への流出量が最大となる降雨波形を(後述の)ダイナミックプログラミングにおける関数方程式でモデル化した」[39)40)]．ここで得られた計画降雨は，治水計画代替案作成のための計画入力として位置づけられる．しかしながら，治水計画代替案は種々の洪水調節施設を含むため，種々の計画降雨群を設定し，代替案の分析・評価を行うことが重要となる．このようなことから，ここでは，代替案の内容に応じ，降雨規模別に降雨波形の生起確率を与えるモデルを提示しよう．

この場合の基本的考えは，やはり不確実性下における意思決定問題で，降雨のランダム性に着目したものである．自然は決して人に優しくないという事実から，降雨はある意思をもって流域に及ぼす被害を最大化するように行動するが，実現する現象は極めてランダム性が高いものと考える．このため，エントロピー・モデルにおける多次元情報経路問題[41)]としてモデリングを行なおう．

(1) 計画降雨群決定モデル

降雨波形は，降雨規模と流域の治水施設により，治水効果に与えるインパクトが異なることは自明である．わが国の通常の流域であれば，比較的降雨資料は豊

富であり，降雨のパターン化とその頻度の生起確率は得られる場合が多い．ところが，降雨規模が大きくなるとデータ数が限られるため，計画上必要とされる降雨規模別の降雨波形の生起確率の設定は，統計学の立場から，困難となる．このため，ここではアンサンブル的に得られる降雨波形の生起確率は与件として，降雨規模別分布を推定する方法を考えることにしよう．このとき，不確実性下における意思決定問題として，治水計画上安全側となるように，計画降雨群は，対象とする治水計画代替案により設定結果が異なるという立場をとろう．

計画降雨群の設定にあたり，「降雨（自然）はある意志（悪意）をもち，人々が一生懸命つくった流域の治水施設の効果を最小化するような行動をすると考え，その結果ある波形が実現する」と仮定しよう．このとき，人智の及ばない降雨現象のランダム性を表現するためつまり波形選択のあいまいさを表すエントロピー最大化問題を考えよう．このような波形設定は1980年代の未曾有の長崎大水害や最近の名古屋や新潟県の大震災と大水害などの経験を意識している．

いま，降雨波形を $A_i(i=1,\cdots,m)$，計画降雨規模 $R_j(j=1,\cdots,n)$ とすれば，降雨の行動パターンは図5.6.5のように一般的に表現される．すなわち，降雨には大きく①ある固定規模の治水効果を考慮する固定層と②特定の計画規模をの治水効果を特に意識することなく行動する非固定層からなるものと考える．そして，このうちの前者が特定の降雨規模に対する治水効果を最小化する行動をとると考えよう．このとき，各波形の生起確率 $P(A_i)$ は過去のデータ分析から予見と考える．こうして，エントロピーモデルにおける多次元情報経路問題として，図5.6.5の内部構造が推定される．以下では，内部構造の推定から計画降雨群の作

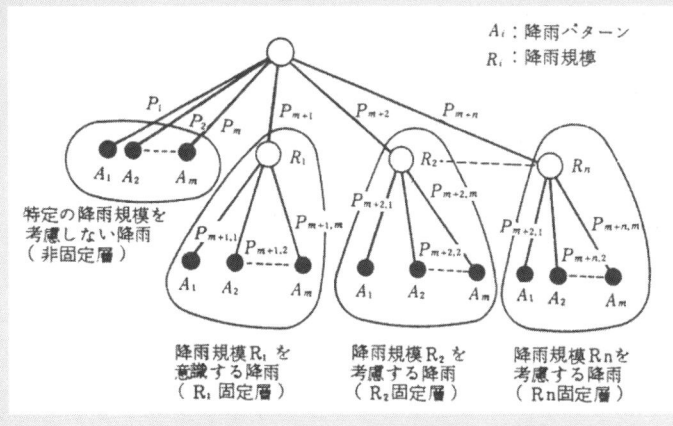

図5.6.5　多因子情報経路による降雨の分類

成に至るモデリングを示すことにしよう．

ステップ1：降雨規模別降雨波形の条件つき生起確率の推定

この問題は，エントロピー最大化，治水効果最小化という目的から1次元経路問題として，次式のように定式化される．

$$H_i / \sum_{j=1}^{n} l_{ij} P_{ij} \to \max \tag{5.6.116}$$

$$\text{subject to } \sum_{j=1}^{n} P_{ij} = 1, \quad P_{ij} \geq 0 \tag{5.6.117}$$

ここに，P_{ij}；降雨規模 i を選択する降雨波形 j の条件つき生起確率，$H_i = \sum_{i=1}^{m} P_{ij} \log P_{ij}$；降雨規模 i を選択する降雨の波形選択に関する条件つきエントロピー，l_{ij}；降雨規模 i について波形 j を選択したときの治水効果，である．この解は，まず次式の正根を求める．

$$\sum_{j=1}^{n} W_i^{-l_{ij}} = 1, \text{ where } W_i = 2^{H_i / \bar{l}_i}, \bar{l}_i = \sum_j l_{ij} P_{ij} \tag{5.6.118}$$

このような方程式の正根は，つねに1つ存在して1つにかぎることがフロベニウス (Frobenius) によって証明されている．この正根を W_{io} とすれば，求める選択比率は

$$P_{ij} = W_{io}^{-l_{ij}}$$

で与えられる．ただし，l_{ij} は互いに素な整数である．

ステップ2：内部構造の同定

残された降雨規模を選択しないグループの各波形別の生起確率と降雨規模を選択するグループの各々についての生起確率を求めよう．この問題は降雨全体の挙動がランダム性が強いと考えているから，次のようなエントロピー最大化問題として定式化される．

$$H = -\sum_{i=1}^{m} P_i \log P_i + \sum_{i=m+1}^{m+n} + P_i H_i \to \max \tag{5.6.119}$$

$$\text{subject to } \sum_{i=m+n}^{m+n} P_i = 1 \quad P_i + \sum_{j=m+1}^{m+n} P_i P_{ij} = P(A_i) \text{ for } i=1,\cdots,m \tag{5.6.120}$$

ここに，$P_i (i=1,\cdots,m)$；降雨規模を選択しないグループの波形 i の生起確率で，$P_i (i=m+1,\cdots,m+n)$；降雨規模 $(i=m+1,\cdots,m+n)$ を選択するグループの生起確率である．また，条件付確率 P_{ij}，条件付エントロピー H_i はステップ1より既知である．これは非線形計画問題である．しかしながら，利便性を考え，以下に示す反復尺度法で解を求めることにする．まず，問題を次式のように変形する．

$$D = \sum_{i=1}^{m+n} P_i \log \frac{P_i}{q_i} \to \max.$$

s.t. $\sum_{i=1}^{m+n} a_{si} P_i = h_s \ (s=1,\cdots,m), \quad \sum_{i=1}^{m+n} P_i = 1, \quad \sum_{i=1}^{m+n} q_i = 1$

ここに，a_{si}；波形 S の降雨規模 i に対する条件付生起確率，h_s；波形 S の生起確率．である．そして，q_i は次式により与えられる．

$$q_i = \begin{cases} 1/\sigma & \text{for } i=1,\cdots,m \\ W_i^{\bar{l}_i}/\sigma & \text{for } i=m+1,\cdots,m+n \end{cases}$$

$$\sigma = m + \sum_{j=m+1}^{m+n} W_j^{\bar{l}_j} \quad \bar{l}_j = \sum_{j=1}^{m} l_{jk} P_{jk} \quad \text{for } j=m+1,\cdots,m+n$$

アルゴリズムは初期条件 $P_i^{(0)} = q_i$ を設定し $h_s^{(k)} = \sum_{i=1}^{s} a_{si} P_i^{(k)}$，$P_i^{(k+1)} = P_i^{(k)} \prod_{s=1}^{c} (h_s/h_s^{(k)})^{a_{si}}$ を $P_i^{(k+1)} \cong P_i^{(k)}$ となるまで $k=0 \sim k+1$ 回反復計算すればよい．

以上の手順により，降雨波形の降雨強度別の生起確率が推定されることになるが，評価基準としての治水効果は，治水計画代替案ごとに異なる．従って計画降雨群も計画代替案の数だけ設定されることになる．

ステップ3：計画降雨群の設定

ステップ2までで，図5.6.5の内部構造を推定したが，このうち非固定層は，計画論的な意味で安全側に立てば，考える必要がない．固定層全体に占める各降雨規模別の波形選択比率を求め，これを各降雨規模別の計画降雨波形の生起確率とすればよいだろう．

従来の計画方法論では計画降雨を固定して治水施設を評価する方法がとられてきたが，ここで紹介した方法は，人間の考える代替案に対して自然はそれぞれに対して最悪のシナリオを用意するという「災害リスクに関する人間と自然のイタチごっこ」を表現したモデルになっている．

(2) モデルの適用事例

1）シナリオ

ここでは，典型的な狭隘河川である四国の肱川（計画高水流量 $4,700\mathrm{m}^3/\mathrm{s}$）を考えよう．肱川は図5.6.6に示すように氾濫形態から3つの地区に分割され，上流A地区と中流のC，D地区は遊水効果を持っている．また，上流には治水ダムが建設されており，上流からの流量を一定率一定量カット方式により $1,500\mathrm{m}^3/\mathrm{s}$ をカットしている．また，この流域は地形的制約から河川改修が困難な状況にあり，現在のところ，特に支川Ⅱの合流点下流はほとんど無堤状態である．

治水計画案としては，無堤状態と基準点流量 $4,000\mathrm{m}^3/\mathrm{s}$ の築堤河道の2ケース

を考えよう．そして降雨規模として日降雨量の超過確率で1/100（日降雨量270mm/日）と1/30（日降雨量230mm/日）の2ケース，また，降雨波形としては前方集中型，中央集中型，後方集中型の3ケースとし，過去の資料がないので等確率で出現するものと考え，確率降雨強度曲線としてはクリーブランド型を設定する．さらに降雨継続時間におけるピーク出現時刻の比率を前方集中型0.1，中央集中型0.5，後方集中型0.9と設定しよう．これらを表5.6.1～5.6.3に示しておこう．

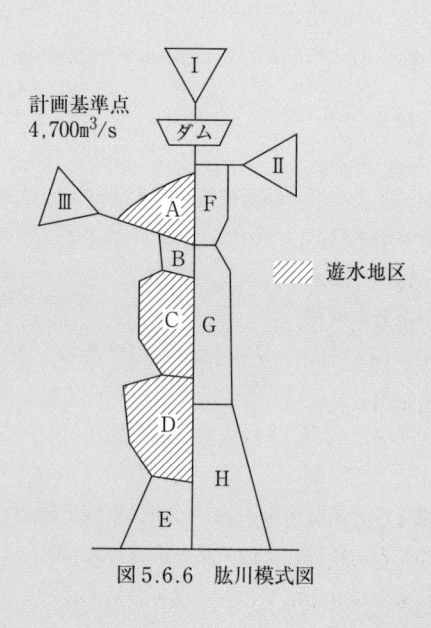

図5.6.6 肱川模式図

表5.6.1 検討対象

	ケース1	ケース2	ケース3
治水計画案	無堤	4,000 m³/s	―
降雨規模	1/100	1/30	―
降雨波形	前方型	中央型	後方型

表5.6.2 波形別生起確率

降雨波形	生起確率
前方集中型	0.333
中央集中型	0.333
後方集中型	0.333

表5.6.3 確率降雨強度曲線

降雨規模	確率降雨強度曲線
1/100	$r = 1409/(t^{0.6} + 2.99)$
1/30	$r = 1184(t^{0.6} + 2.64)$

2）洪水氾濫解析

以上の条件の下，氾濫解析により被害額（の逆数）として設定した治水効果を推定する．図5.6.6に示したA，C，D地区以外は拡散型とし，本川水位と氾濫水位を等しいもの考え，A，C，D地区は貯留型とし，簡単のためエンゲルス公式による氾濫量をもとに湛水位を求めた[22]．また，流出計算は総合貯留関数により求め，河道は貯留関数により，洪水波形の変形を考慮した．図5.6.7は，降雨波形別の流出解析結果の一例をしめしたものである．前方→中央→後方の順にピーク流量が大きくなっていることが理解されよう．また，図5.6.8は，最終的に得られた想定被害額を示したものである．

3）降雨波形生起に関する内部構造の推定

まず，氾濫解析により得られた想定被害額の逆数を治水効果として，1次元情報経路モデルにより，降雨規模別の各波形の条件付生起確率を表5.6.4に示す．

この結果，式(5.6.100)～(5.6.104)により次式で示されるエントロピー最大化問題として図5.6.9に示す降雨波形生起分布の内部構造の推定が行われる．

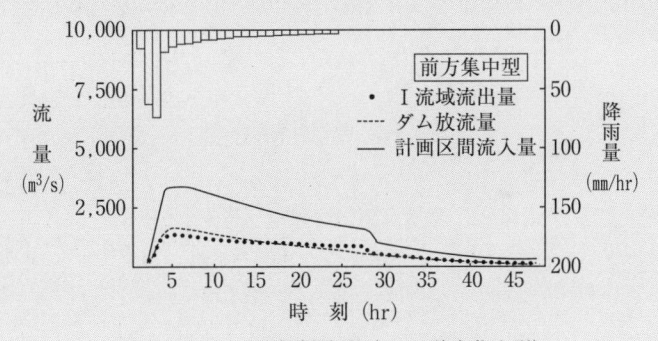

図5.6.7-1　流出解析結果（1/30　前方集中型）

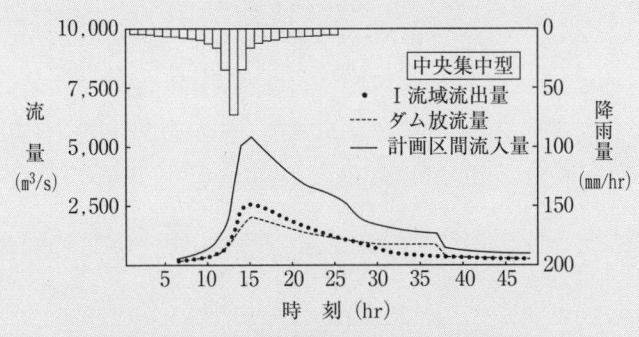

図5.6.7-2　流出解析結果（1/30　中央集中型）

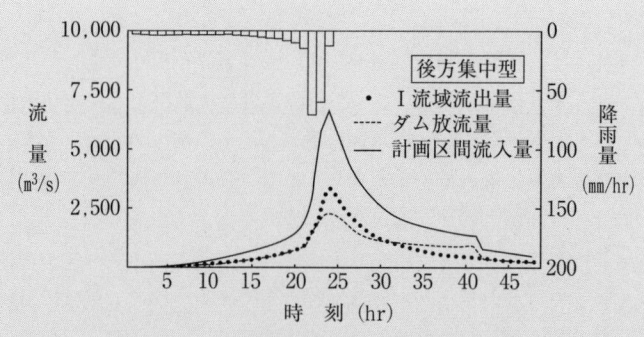

図5.6.7-3 流出解析結果（1/30 後方集中型）

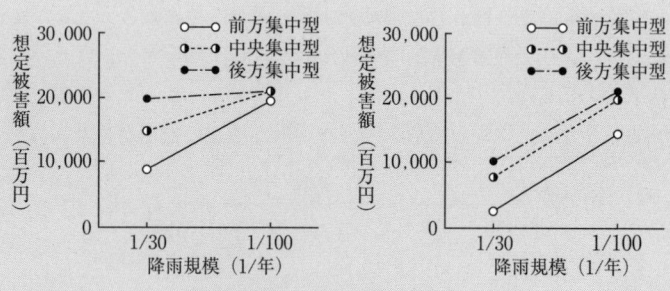

図5.6.8 被害額推定結果

表5.6.4 降雨波形の条件付正規確率推定結果

No.	河道条件	降雨規模	降雨波形	想定被害額	治水効果	正規確率
				百万円		
1	無堤	1/100	前方	20,105	1	0.333
2			中央	21,272	1	0.333
3			後方	20,760	1	0.334
4		1/30	前方	8,510	7	0.170
5			中央	14,784	4	0.363
6			後方	19,878	3	0.468
7	4000 m^3/s 河道	1/100	前方	15,333	3	0.236
8			中央	21,066	2	0.382
9			後方	22,115	2	0.382
10		1/30	前方	2,705	27	0.074
11			中央	8,009	9	0.419
12			後方	10,515	7	0.507

5 静的最適化

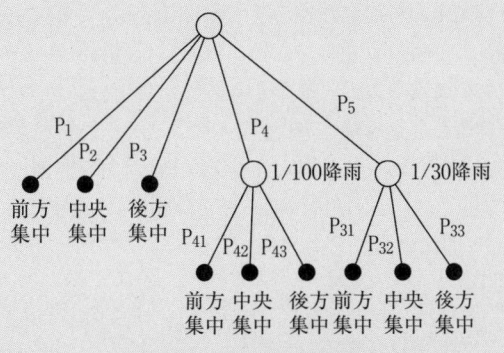

図5.6.9 降雨波形生起構造

$$D=\sum_{i=1}^{5}P_i\log\frac{P_i}{q_i}\to\max \quad \text{s.t.} \quad \sum_{i=1}^{5}a_{si}P_i=h_i \quad (s=1\sim3)$$

ここに，$q=\{q_i\}$，$a=\{a_{si}\}$，$h=\{h_i\}$は次のとおりである．ただしqとaの上段は「無堤」下段は「4,000m³/s河道」を表している．

$$q=\begin{cases}(0.1138 & 0.1138 & 0.1138 & 0.3413 & 0.3173)^t\\(0.1191 & 0.1191 & 0.1191 & 0.3595 & 0.2932)^t\end{cases}$$

$$a=\begin{cases}\begin{pmatrix}1 & 0 & 0 & 0.333 & 0.170\\0 & 1 & 0 & 0.333 & 0.363\\0 & 0 & 1 & 0.334 & 0.468\end{pmatrix}\\\begin{pmatrix}1 & 0 & 0 & 0.236 & 0.074\\0 & 1 & 0 & 0.382 & 0.419\\0 & 0 & 1 & 0.382 & 0.507\end{pmatrix}\end{cases}$$

$$h=(0.333 \quad 0.333 \quad 0.333)^t$$

この非線形計画問題を反復尺度法により解き，内部構造を推定した結果を図5.6.10に示す．この図から最終的には表5.6.7のように，降雨の波形選択行動を整理することができる．

これらの図表より次のようなことがわかる．まず固定層のうち，1/100降雨規模固定層は，1/100降雨量のもとでは全川にわたり氾濫するため，波形の治水効果に対する影響が少なくなり，4,000m³/s河道の前方型を除き，ほぼ等確率で波形選択を行う傾向にある．一方，1/30降雨規模固定層については，流出量が大きく，治水効果に与える影響の大きい後方型を選択する傾向にあり，前方型は選択の割合が小さい．そしてその傾向は，ある程度改修の進んだ4,000m³/s河道で顕著である．これは，破堤氾濫という大きな被害を誘発する可能性が後方型の場合に高いため，降雨にとって都合が良いと考えられるためである．

次に，これらの結果から治水計画における計画降雨決定を行うには，非固定層はその性格上考える必要性が少ないため，固定層に着目すれば良いことになる．すなわち，固定層の各波形の生起確率を固定層全体の生起確率で割ることにより降雨規模別の各降雨波形生起確率が設定される．こうして計画降雨群が確率分布を考えた形で定まることになり，治水計画代替案の分析・評価に対する計画入力が作成される．図5.6.11に計画降雨群の設定結果を示しておこう．

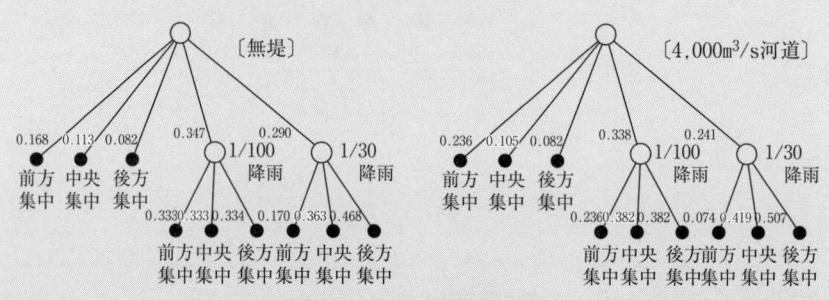

図5.6.10 内部構造推定結果

表5.6.5 降雨の波形選択行動

河道条件	無堤				4000m³/s河道（1/24）			
波形層	前方型	中央型	後方型	計	前方型	中央型	後方型	計
非固定層	0.168 (0.46)	0.113 (0.31)	0.082 (0.23)	0.363	0.236 (0.56)	0.103 (0.24)	0.082 (0.20)	0.421
1/100降雨規模固定層	0.115 (0.33)	0.115 (0.33)	0.115 (0.33)	0.345	0.080 (0.24)	0.129 (0.38)	0.129 (0.38)	0.338
1/30降雨規模固定層	0.05 (0.17)	0.105 (0.36)	0.136 (0.47)	0.292	0.018 (0.007)	0.101 (0.42)	0.122 (0.51)	0.241
計	0.333	0.333	0.333	1.0	0.333	0.333	0.333	1.0

（　）内の数値は，各層内で占める割合を示す。

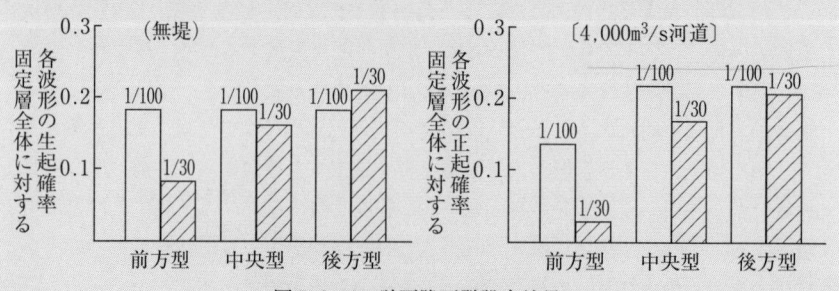

図5.6.11 計画降雨群設定結果

以上の結果を要約すれば以下のようになる．ここで対象とした流域においては，1）降雨規模が大きい程各降雨波形の生起確率は均等化した設定，2）降雨規模が小さい場合は，中央ないしは後方集中型にウェイトを置いた生起確率の設定が妥当である．

5.7 階層システム最適化（multilevel optimization）

水資源問題における社会環境・生態環境・物理環境を含むような大規模システムの研究は（個別モデルの解を求めるという最適化も重要であるが）システムそのもののモデリングが極めて重要であることを強調されなければならない．そして，仮にモデル化ができたとしても，その分析の困難性に圧倒される場合が多い．この理由は高次元性（多すぎる変数の数）や複雑性（変数間の結合や相互作用の非線形性）にある．

次のようなジレンマにしばしば出会う．現実のシステムを極めて忠実に表現した詳細で総合的なモデルが望ましいが，このような現実的なモデルは，一般的にあまりにも複雑で解を求める戦略（最適化方法論）ができるとしても困難すぎる場合がほとんどである．このようなジレンマの多くは，システムモデルのはなはだしい（例えば線形化のような）単純化で解決されてきた．

階層的アプローチ（hierarchical-multilevel approach）は基本的には以下のような2つから構成される．すなわち，大規模で複雑なシステムの分解（decomposition）とそれに続くシステムを「独立な」サブシステムにモデル化することである．この分散化（decentralized）のアプローチは，ストレータ（strata）・レイヤー（layers）・エシェロン（echelons）という概念を使って，下位のレベルのサブシステムの分析と理解，そして高位のレベルに対して，より少ないサブシステムの情報を送ることを可能にする．

この分解は擬似変数（pseudovariables）と呼ばれる新しい変数を導入することによって行われる．こうして各々のサブシステムは，異なる最適化手法を応用し，サブシステムの目的関数や制約式と同様に，サブシステムモデルそのものの特性に基づき，分離的かつ独立的に最適化される．これを「第1レベルの解（a first level solution）」と呼ぶ．サブシステムは結合変数（coupling variables）で結ばれる．この結合変数は全体システムの最適解に達するために第2あるいはより高次レベ

ルで巧みに扱われる．これを「第2あるいは高次レベルの解（the second or higher level solution）」と呼ぶ．サブシステムの独立性を保持する1つの方法は以下のようになされる．すなわち，第1レベルのサブシステムの最適性の条件の1つあるいはもっとをゆるめ，第2レベルでこれらの条件を満足させればよい．以下に分解と階層的最適化の特質を示す．

① 複雑なシステムの概念的単純化（Conceptual implification of complex systems）
② 次元の削減（Reduction in dimensionality）
③ プログラミングと計算手順の単純化（Simple programming and computational procedures）
④ より現実的なシステムモデルの作成（More realistic system models）
⑤ サブシステム間の相互作用の許容（Interactions among subsystems are permissible）
⑥ 静的・動的システムへの応用性（Applicability to both static and dynamic systems）
⑦ サブシステムの解に対して異なる最適化手法が可能（Different optimization techniques to subsystems' solution）
⑧ 既往のモデルが使用可能（Use of existing models）
⑨ 変数の経済学的解釈ができる（Economic interpretation of the variables）
⑩ 多目的分析に応用可能（Applicable to multi-objective analysis）

5.7.1 一般階層構造（general hierarchical structure）[25]

階層システムあるいは構造は階層様式でアレンジされたサブシステムの集合である．各々のサブシステムは，全体システムのある特定化された側面に関心を持ち，階層システムで特定されたレベルを占める．ある与えられたレベルのサブシステムの操作は直接的かつ明白に上位レベルのサブシステムの影響を受ける．上位レベルのサブシステムの影響は下位レベルのサブシステムの制約となり，上位サブシステムの行動と目標における重要度の優先性を反映する．ここで注意すべきことは，より高次レベルの実行性は下位レベルのサブシステムの行動と成果に依存しているということである．以下では大規模複雑システムで取り扱われる3

種類の階層構造を説明する．

(1) **多ストレータ階層**（multistrata hierarchy）

これは大規模複雑システムのモデリングにおけるジレンマを解決するために考案された．コンフリクトはモデリングにおける単純化（理解のための必要条件で，結果として解を求める戦略応用しやすい）と大規模複雑システムの多数の行動的側面を説明するモデルの能力との間で生じる．記述的なこの種の階層のレベルはストレータ (strata) と呼ばれる．より下位のストレータでは（より上位より）システムのより詳細で専門的な記述を行う．各々のストレータ (stratum) はそれぞれのコンセプトと原理を有し，システムの異なる側面で機能する．

(2) **多レイヤー階層**（multilayer hierarchy）

この階層システムは複雑な意思決定状況で現れる．ほとんどすべての現実生活における意思決定状況で，些細なことではあるが重要な状態がある．それは「遅れとそれによる決定の怠慢を避けるべきか」と「状況をより理解するための時間をとるべきか」というようなものである．レイヤーは，本質的には，意思決定の複雑性のレベルである．より下位のパラメータはより高次の問題の解によって固定され，すべてのサブ問題が解かれたときオリジナル問題の解が得られる．このような方法における複雑な意思決定階層は以下の3つの基本相との関連で現れる．

① 操作的な目的と制約の決定
② 情報の収集と不確実性の低減
③ 行動の好ましいコースの選択

(3) **多エシェロン階層**（multiechelon hierarchy）

これは明らかに多数の相互関係をもつサブシステムより構成されるとわかる大規模複雑システムで現れる．大規模複雑システムを構成する種々のサブシステム間の相互関係を扱う．各々のサブシステムはそれぞれある目的関数の最適化あるいは望ましいレベルを満足させる目的追求システムである．

1つのエシェロンにあるサブシステム間のコンフリクトはより高次のエシェロ

ンサブシステムが解決する．コンフリクトの解決である統合（coordination）は干渉（intervention）により遂行される．これはより上位のエシェロンサブシステムにより自由に操作されるサブシステムの目的関数のある変数を含ませることにより可能である．干渉としては以下のようなものが考えられる．

① 目的への干渉（goal intervention）；目的に関連する要素に影響する
② 情報への干渉（information intervention）；成果の期待に影響する
③ 制約への干渉（constraint intervention）；役に立つ代替行動に影響する

「すべてのサブシステムが，指示された制約内で自身の目的に沿って働くとき，システムの全体の目標（goals）が達成される．」という仮定は特に重要である．

【要約】
1 高次のサブシステムはシステム全体の大きいあるいは広い側面に関心をもつ
2 高次のサブシステムはより長い計画期間（に関心）をもつ
3 高次のサブシステムはより下位のサブシステムに対して行動の優先をもつ

5.7.2 分解原理 （decomposition principle）[2)24)25)]

(1) 分解原理の概念

次の線形計画問題を考えよう．

制約条件式；
$$\left.\begin{array}{l} B_1 x_1 = b_1 \\ B_2 x_2 = b_2 \\ \cdots \\ B_n x_n = b_n \\ A_1 x_1 + \cdots + A_n x_n = b \end{array}\right\} \quad (5.7.1)$$

目的関数； $z = cx = c_1 x_1 + \cdots + c_n x_n \to \min \quad (5.7.2)$

式 (5.7.1) の最後の制約式はシステム全体を束縛するもので，それ以外は独立な制約式となっている．$x_1, \cdots, x_n$ の次元を $n_1, \cdots, n_n$，$b_1, \cdots, b_n$ の次元を $m_1, \cdots, m_n$，b の次元を m とする．

いま，(5.7.1) の $B_j x_j = b_j$ で定められる凸多面体の端点を $x_{j_1}, \cdots, x_{j_{k_j}}$ とすれば，$B_j x_j = b_j$ を満足する任意の x_j は次のように表される．

$$x_j = s_{j_1} x_{j1} + \cdots + s_{jk_j} x_{jk_j} \tag{5.7.3}$$
$$\text{where } s_{j_1} + \cdots + s_{jk_j} = 1, \quad s_{jk} \geq 0 \quad (k=1, \cdots, k_j) \tag{5.7.4}$$

いま端点 $x_{jk}(k=1, \cdots, k_j)$ に対する $A_j x_j$, $c_j x_j$ の値を次式で表しておこう.

$$p_{jk} = A_j x_{jk}, \quad c_{jk} = c_j x_{jk} \tag{5.7.5}$$

すると，問題は s_{jk} を変数とする次の線形計画問題に帰着する.

$$\sum_{k=1}^{k_j} s_{jk} = 1, \quad \sum_{j,k} p_{jk} s_{jk} = b \quad (j=1, \cdots, n) \tag{5.7.6}$$
$$z = \sum_{j,k} s_{jk} c_{jk} \to \min \tag{5.7.7}$$

式(5.7.6)の$(n+m)$個の制約条件式の両辺に後で定める未定シンプレックス乗数 $\pi_{01}, \cdots, \pi_{0n}, \pi_1, \cdots, \pi_m$ を乗じ式(5.7.7)の両辺から減ずると次式を得る.

$$\begin{aligned}
& z - (\pi_{01} + \cdots + \pi_{0n}) - (\pi_1, \cdots, \pi_m) b \\
&= \sum_{j,k} s_{jk} c_{jk} - \sum_{j,k} \pi_{0j} s_{jk} k \sum_{j,k} (\pi_1, \cdots, \pi_m) p_{jk} s_{jk} \\
&= \sum_{j,k} s_{jk} (c_{jk} - \pi_{0j} - (\pi_1, \cdots, \pi_m) p_{jk})
\end{aligned} \tag{5.7.8}$$

この式の最後の行は全部で$(k_1 + \cdots, +k_n)$個あり，いま$(n+m)$個の未定シンプレックス乗数 $\pi_{01}, \cdots, \pi_{0n}, \pi_1, \cdots, \pi_m$ を適当に選んで$(k_1 + \cdots, +k_n)$個の $c_{jk} - \pi_{0j} - (\pi_1, \cdots, \pi_m) p_{jk}$ のうちちょうど$(n+m)$個を0にし(この$(n+m)$個のうちには $j=1, \cdots, n$ の各々が少なくとも1つずつ含まれていなければならない. これは式(5.7.6)のはじめの式が $j=1, \cdots, n$ について成り立たねばならないからである.)，残りの$((k_1 + \cdots, +k_n) - (n+m))$個を非負に選ぶことができれば(最適性の条件)，$s_{jk} \geq 0$ であるから，s_{jk} の如何にかかわらず式(5.7.8)の右辺は非負であるから次式が成立する.

$$z \geq (\pi_{01} + \cdots + \pi_{0n}) + (\pi_1, \cdots, \pi_m) b$$

等号が成立するのは$((k_1 + \cdots, +k_n) - (n+m))$個の非負の $c_{jk} - \pi_{0j} - (\pi_1, \cdots, \pi_m) p_{jk}$ に対する s_{jk} を0とおき

$$c_{jk} - \pi_{0j} - (\pi_1, \cdots, \pi_m) p_{jk} = 0 \tag{5.7.9}$$

となる j, k に対する s_{jk} を

$$\sum_{k=1}^{k_j} s_{jk} = 1 \quad (j=1, \cdots, n) \tag{5.7.10}$$

になるように選んだときに成立する．この場合，最適解は次式のようになる．

$$z_{\min} = (\pi_{01} + \cdots + \pi_{0n}) + (\pi_1, \cdots, \pi_m)b \tag{5.7.11}$$

式(5.7.9)をすべての j について成り立たせるためには式(5.7.9)を満足する $(n+m)$ 個の中には少なくとも必ず1つずつの $j=1, \cdots, n$ を含んでいなければならない．

(2) アルゴリズム

まず試みに任意の $(n+m)$ 個の x_{jk} (少なくとも必ず1つずつの $j=1, \cdots, n$ を含んでいなければならない) を選び，これをもとにして式(5.7.9)を満たす $(n+m)$ 個の方程式を $\pi_{01}, \cdots, \pi_{0n}, \pi_1, \cdots, \pi_m$ について解き，これらの解をもとに $j=1, \cdots, n$ について次式を求める．

$$\delta_j = \min_{B_j x_j = b_j} b_j(c_j x_j - \pi_{0j} - [\pi_1, \cdots, \pi_m]A_j x_j) \tag{5.7.12}$$

この式は式(5.7.9)を解いて求めたシンプレックス乗数 $\pi_{01}, \cdots, \pi_{0n}, \pi_1, \cdots, \pi_m$ がすべての j, k について，$c_{jk} - \pi_{0j} - (\pi_1, \cdots, \pi_m)p_{jk}$ を非負にするか否かを示すもので，すべての j について

$$\delta_j \geq 0 \quad (j=1, \cdots, n) \tag{5.7.13}$$

なら，上に選んだシンプレックス乗数の値の組が最適性の条件を満たしていることになる．

最適性の条件を満たしていないときは式(5.7.9)の j, k に対応する s_{jk} 以外のものを非負に選んだ方がよい．このためには例えば式(5.7.13)の最小値を与える端点 x_{jk} あるいはこれに対応する c_{jk}, p_{jk} を非負に選べば，そうでない場合に比べ式(5.7.8)の最終行を一般に小さくすることができる．s_{jk} をこのように選ぶためには s_{jk} の制約式(5.7.6)を満たす範囲内で式(5.7.8)が最小になるように選べばよい．ただし，式(5.7.6)の $\sum_k, \sum_{j,k}$ はそれまで現れたすべての x_{jk} (はじめに選んだ $(n+m)$ 個の x_{jk} にその後(5.7.12)から得られた x_{jk} を加えたもの) についての和をとるものとする．結局式(5.7.6)の制約条件のもとで次式を最小にすることに他

ならない．

$$z = \sum_{j,k} s_{jk} c_{jk} \tag{5.7.14}$$

この s_{jk} についての線形計画は式(5.7.6)の制約条件式が$(n+m)$個なので，$(n+m)$個の s_{jk} が非負になるのみであるから，この非負の $(n+m)$ 個の s_{jk} に対応する x_{jk} あるいは c_{jk} をもとにして新しく $(n+m)$ 個の方程式(5.7.9)を $\pi_{01}, \cdots, \pi_{0n}, \pi_1, \cdots, \pi_m$ について解き，再び前に述べたと同様のことを繰り返し，すべての j について式(5.7.12)の δ_j が非負になるまで繰り返せばよい．

この操作が有限回で終わることは $B_j x_j = b_j$ の端点 x_{jk} の数が有限なことから保証される．また各々の繰り返しごとに式(5.7.6)と式(5.7.14)の線形計画の目的関数の最小値が単調に小さくなっていくことからも明らかである．以上の操作は 1) 式(5.7.9)の $(n+m)$ 元線型方程式を解くこと, 2) (5.7.12)の線形計画を解くこと，3) 式(5.7.6)(5.7.14)の線形計画を解くこと帰着する．

分解原理は当初大規模問題を効率的に解くアルゴリズムとして評価されてきたが，計画論的にはそれですまない重要な分析手法でもあることに気がつく人は少ない．例えば，日本では地方分権論が盛んであるが，その制度設計に関して分析的な考察が十分ではない．分解原理のアルゴリズムは対話型の意思決定プロセスでもある．このことを実証するために事例を示そう．この事例は水質保全を目的とした限定的なものではあるが一般システム論的に考えれば制度設計のための本質的なヒントを含んでいることに気づくことができよう．このため階層システムにおけるスラック変数の意味や部分と全体の関係をも考えてみよう．

【事例5.9】河川水質保全のための中央政府と地方政府の対話型分権制度設計（階層システム，分解原理）[26)27)]

多くの国の行政は中央政府と地方政府によって行われている．そして，その構造は複雑な階層システムを構成し，上位の政府が下位の政府に対し何らかの形で介入する．日本の場合，国から地方公共団体に支出される地方譲与税・地方交付税・国庫支出金があり，これらによって地方に介入している．このうち国庫支出金は使途を特定して交付されている．本来，この特定補助金は公共サービスの消費量を増加させるという資源配分の調整を目的としている．公共サービスの消費

量を増加させる必要がある根拠には大きく2つの根拠がある．

① 経済的根拠；公共サービスの利益が拡散して他の地方公共団体にも及ぶ（スピル・オーバー効果）場合．
② 政治的根拠；価値財としての性格を持つ公共サービスの場合．

しかしながら，この使途の厳しい（縦割り行政の一律的な基準に基づく硬直化した）特定化が制度疲労を起こしている．国庫支出金は条件付補助金とも称されているので以下では単に補助金とよぶことにしよう．

ここでは，かつての日本ならびに高度成長中の中国をはじめとするアジアの近隣諸国をイメージし，河川や湖沼それに沿岸海域の水質汚染防止に有効な下水道整備における補助金配分の制度設計を考えよう．

ここで提案する補助金配分は各地方公共団体の独自性を考慮しつつ，いくつかの地方公共団体からなる地域の水質保全に最大の効果をもたらすことを目的としている．そして補助率はすべての地方公共団体の補助金要請額を考慮に入れて一律ではなく地方公共団体別に決められる．この補助金配分の決定プロセスは国と地方公共団体から構成される2レベル・システムでの意思決定プロセスとなっている．

(1) 補助金配分モデル

公共用水（河川・湖沼・湾・沿岸海域等）の水質保全のための下水道計画を考える．対象となる各都市はその成熟度に対応して独自に人口に関する下水道普及率の目標を有しているものとする．また，国から各都市への下水道事業補助財源（M）は決まっているものとする．従来は各都市の事業費に一律に補助率を決め必ずしも水質保全の効果的な補助金配分になっていなかったという反省のもとに，今回は水質保全に最も効果のある補助率を決定するために，国と各都市との対話型で，補助率を決定する制度設計を行うことになった．

こうして，上記の制約のもと，公共水域の水質をできるかぎり美しくするために，国はいったいどのようにMを配分し，かつ各都市は自らの土地利用計画の特性をどのように考慮した下水道計画を策定すべきか，さらに，この決定プロセスにおける国と各都市の対話型情報交換はいかにあるべきかということが問題となった．まずこの問題を線形計画法でモデル化しよう．

上記のことより制約条件は①補助額に関する制約，②下水道整備の制約，③普及率の制約であり，決定変数をx_{0i}（都市iの下水道投資額に対する国の補助額の

割合), x_{ij}(都市 i の用途地域 j の下水道整備率)とすれば,これらはそれぞれ次のようになる(記号については図5.7.1,表5.7.1参照).

$$\sum_{i=1}^{n} M_i = \sum_{i=1}^{n} I_i x_{i0} \leq M \tag{5.7.15}$$

$$\sum_{j=1}^{r} a_i S_{ij} x_{ij} \leq (1+x_{i0}) I_i \quad (i=1,\cdots,n \quad j=1,\cdots,r) \tag{5.7.16}$$

$$\sum_{j=1}^{r} \varepsilon_{ij} S_{ij} x_{ij} \geq P_i \gamma_i \quad (i=1,\cdots,n \quad j=1,\cdots,r) \tag{5.7.17}$$

また目的関数は都市群の総負荷削減量を最大にすればよいから次式となる.

$$L' = \sum_{i=1}^{n} \sum_{j=1}^{r} \{(1-f_{ij}) l_{ij} S_{ij} (1-x_{ij}) + (l_{ij} - eq_{ij}) S_{ij} x_{ij}\} \to \max \tag{5.7.18}$$

この式の { } の第1項はいわゆるノンポイント流出負荷量の自然的な削減量で

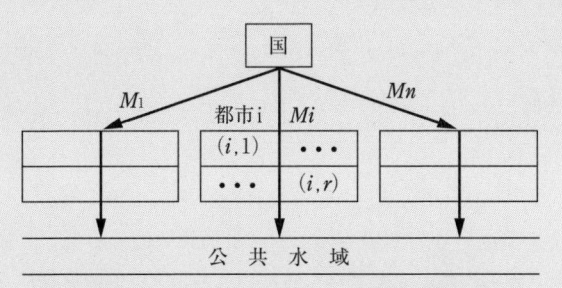

図5.7.1　2レベル・システムモデルの概念図

表5.7.1　データセット

i	1					2					3					単位
j	1	2	3	4	計	1	2	3	4	計	1	2	3	4	計	
S_{ij}	100	20	1000	500	1620	667	20	200	250	1137	1333	80	200	1000	2613	ha
P_i					80					120					250	万人
f_{ij}	0.8	0.9	0.95	1.0		0.8	0.9	0.95	1.0		0.8	0.9	0.95	1.0		
l_{ij}	1.01	0.02	0.03	0.07		1.01	0.02	0.03	0.07		1.01	0.02	0.03	0.07		t/ha・日
q_{ij}	40	120	90	150		40	120	90	150		40	120	90	150		m³/ha・日
I_i					10					20					40	億円
γ_i					0.6					0.8					0.7	
ε_{ij}	150	250	50	20		150	250	50	20		150	250	50	20		人/ha

注)　$e=5\times10^{-6}$ (t/m³)　$M=40$(億円)　$a_i=0.04$(億円/ha)
　　$j=1$:住居地区,$j=2$:商業地区,$j=3$:準工業地区,$j=4$:工業地区
　　S_{ij}:都市 i の用途 j の面積,P_i:都市 i の人口,f_{ij}:流達率,l_{ij}:汚濁負荷量,q_{ij}:排水量,I_i:下水道投資上限値,γ_i:計画目標普及率,ε_{ij}:人口密度,e:プラントの放流水質,a_i:下水道整備単価

第2項は下水処理場の人為的な削減負荷量である．ここで $d_{ij}=(f_{ij}l_{ij}-eq_{ij})S_{ij}$ とおいて L' の定数項を省くと目的関数は次式のように簡略化される．

$$L=\sum_{i=1}^{n}\sum_{j=1}^{r}d_{ij}x_{ij}\to \max \tag{5.7.19}$$

以上のモデルは線形計画法で直ちに解ける．しかしながら，今後の公共水域の水質保全を目的とした補助金配分のあり方を国と地方の対話型意思決定プロセスとして制度設計を行うためには，少し遠回りをする必要がある．

(2) 2レベル・システム間の意思決定プロセス

一般的な議論を行うために式(5.7.15)～(5.7.17)と(5.7.19)を標準的な式(5.7.1)(5.7.2)の形式に直しておこう．このとき次の式(以下0行の次元は r, t は転置，$i=1,\cdots,n$ を示す)を得る．

$$A_i=[I_i, 0, \cdots, 0], \quad b_0={}^t[M, 0, \cdots, 0], \quad b_i=[I_i/a_i-P_i\gamma_i]^t, \quad c_i=[0, d_{i1}, \cdots, d_{ir}]$$

$$B_i=\begin{bmatrix} I_i/a_i & S_{i1} & \cdots & S_{ir} \\ 0 & -\varepsilon_{i1}S_{i1} & \cdots & -\varepsilon_{ir}S_{ir} \end{bmatrix} \quad x_i=[x_{i0}\ x_{i1}\ \cdots\ x_{ir}]^t$$

さて，図5.7.2は国（中央政府）と各都市（地方政府）からなる2レベル・システムである．この図の R は公共水域，E は目的関数値を示す．この図のような2レベル・システムの意思決定プロセスは以下のように分解原理によるアルゴリズムのプロセスで記述することができる．以下その手順を示す．

手順1) 初めに，各 i について $B_ix_i\leq b_i$ を満たす $(1+n)$ 個の独立した初期端点を選ぶ[46]．都市 i は国に独自の下水道計画を伝える．この計画は x_{ik} と $c_{ik}=c_ix_{ik}$ によって表される．ここに，$x_{ik}(k=1,\cdots,K_i)$ は各 i について $B_ix_i\leq b_i$ を

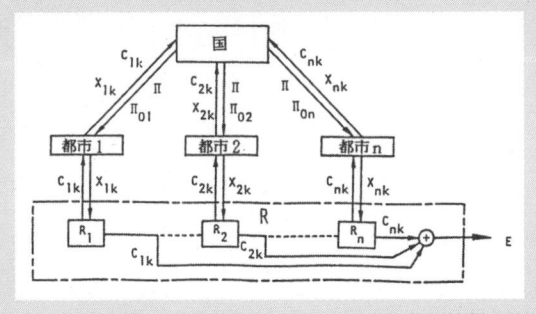

図5.7.2 国と都市からなる2レベル・システム間の情報の流れ

満たす実行可能解の k 番めの端点で K_i は端点の数である．また b_i は都市 i の目標下水道普及率と下水道整備予算の上限値を示している．

手順 2) 国は削減負荷量 c_{ik} と要請補助金額 M_{ik} ($=A_i x_i$; 都市 i からの要請額) を知 (得) る．なお国は A_i の値を事前情報として知っているものと想定すれば，これらの情報をもとに国はこの地域全体への補助金総額を考慮し，次式によって統合変数 (シンプレックス乗数) $\pi, \pi_{01}, \cdots, \pi_{0n}$ を決定する．

$$c_{ik} = \pi_{0i} + \pi M_{ik} \quad \text{for } \forall i \tag{5.7.20}$$

ただし，$\pi = \partial E/\partial M$, $\pi_{0i} = \partial E/\partial b_i$ (for $\forall i$) で，各々の単位はトン／日・円，トン／円である．こうして国は統合変数 $\pi, \pi_{01}, \cdots, \pi_{0n}$ を各都市に伝える．

手順 3) 各都市の目標削減負荷量がこれらの統合変数 $\pi, \pi_{01}, \cdots, \pi_{0n}$ により決定される．すなわち，$\pi_{0i} + \pi A_i x_i$ (for $\forall i$) である．$A_i x_i$ は都市 i への補助額であるから国によって決定される目標削減負荷量 $\pi_{0i} + \pi A_i x_i$ は実際には補助額 $M_i = A_i x_i$ の関数である．各都市は目標下水道普及率を満足するように補助金をする．明らかに，都市の要請する補助金額が多くなればなるほど目標削減負荷量は多くなる．各都市は負荷量の多い用途地区の下水道整備を優先することが必要になるが，このような地区の人口密度が低い場合 (都市部の中小商産業の集積地区) も少なくない．こうして，各都市は多大の補助金要請と目標削減負荷量の増大というトレード・オフに直面することになる．かくして，各都市は次の最適基準 δ_i を最大にする線形計画問題を解くことになる．

$$\delta_i = \max(c_i x_i - \pi_{0i} - \pi A_i x_i) \quad \text{s.t. } B_i x_i \leq b_i \tag{5.7.21}$$

そして，$K+1$ 番めの代替計画案として，$x_{i,K+1}$ とそのときの削減負荷量 $c_{i,K+1} = c_i x_{i,K+1}$ を得る．そして各都市は式 (5.7.21) の線形計画問題の結果の新代替計画案を国に伝える．

手順 4) 式 (5.7.16)(5.7.17) は $B_i x_i \leq b_i$ の実行可能集合が凸であるからどのような解 $x_i \geq 0$ も端点の凸結合で表される．国はすべての i について $\delta_i \leq 0$ を要求する．すなわち，削減負荷量 $c_{i,K+1}$ が目標値 $\pi_{0i} + \pi A_i x_i$ に等しいか，それよりも小さいという条件である．また，都市 i の新計画による削減負荷量は手順 2) で与えられた計画による削減負荷量より小さいという条件でもある．すべての i について $\delta_i \leq 0$ を満たせば，国は手順 2) で得られた M_{ik} と x_{ik} を用いて σ_{ik} に関する次式を解くことになる．

$$\sum_i \sigma_{ik} = 1 \text{ (for } \forall i), \quad \sum_i \sum_k \sigma_{ik} M_{ik} = M, \quad \sigma_{ik} \geq 0 \text{ (for } \forall i, j) \tag{5.7.22}$$

国の問題式(5.7.22)は各都市の代替計画案に割り当てる適当なウェイトの集合をみつけることであり，このウェイトによって全体としての新代替計画案が作られる．すなわち，σ_{ik} によって国は都市 i の最適計画を次式のように決定する．

$$x_i^0 = \sum_k \sigma_{ik} x_{ik} \tag{5.7.23}$$

手順5） もし，条件 $\delta_i \leq 0$ を満たさない都市があれば，国は以下の線形計画問題を σ_{ik} (for $\forall i, j$) に関して解く．

$$\left. \begin{array}{l} z = \sum_i \sum_k \sigma_{ik} c_{ik} \to \max \\ \sum_k \sigma_{ik} = 1, \ \sum_i \sum_k \sigma_{ik} M_{ik} = M, \ \sigma_{ik} \geq 0 \end{array} \right\} \tag{5.7.24}$$

ここで $\sum$ はこのプロセスまでに各都市から送られてきた代替計画案のすべてを含んでいる．

意思決定プロセスは式(5.7.24)から得られる σ_{ik} に対応する新しい計画 x_{ik} を使って手順2）から手順4）までが繰り返される．この式(5.7.24)の問題は地域全体としての総削減負荷量を最大にするように国の補助金制約のもとで各都市の計画をうまく組み合わせる調整を行う問題である．

以上を要約すれば次のように言える．2レベル・システムの情報交換において，各都市は常に2つの情報，すなわち各都市独自の計画 x_{ik} とこの計画による削減負荷量 c_{ik} を国に伝えている．一方，国は各都市に常に2つの情報，統合変数（シンプレックス乗数）π と各 i の $\pi_{01}, \cdots, \pi_{0n}$ を伝えている．河川を最大限美しくしようとして，各都市は独自の計画を分権的に立てることができ，これに対して国は各都市の独自性を考慮しながら各都市の計画を調整しながら限られた（資源である）補助金を配分している．

ここで提示した意思決定プロセスでは最近問題になっている，いわゆる「情報の非対称性」はない．情報の非対称性とは，例えば式(5.7.24)を解かずに国が σ_{ik} を陳情や政治的暗躍の結果決定することであり，また式(5.7.24)の1番めの制約条件を無視したり，各都市がでたらめな削減負荷量 c_{ik} を申告することなどによって生じる現象であろう．この意味で環境や防災のような広範囲に影響を与える問題に限って，狭い範囲の地方自治体にその責任を丸投げで押し付けることが，果たして納税者である生活者の幸せにつながるかどうか疑問である．より良い制

(3) 神奈川県金目川流域への適用事例

すでに社会調査の結果として，この流域3都市のデータセットを表5.7.1に示した．以下これを用いて(2)の意思決定プロセスを解いてみよう．

ステップ1；初期実行可能計画

まず各都市の個別制約条件式(5.5.157)(5.5.158)を満たす基底解（実行可能な端点）を各都市ごとに1つずつ求めた上で，さらにこれらと独立な1つの端点を求めることから始まる（このような端点を機械的に求めるには，例えば2段階法のうちの1段階めを終了した時点以降の解を必要なだけ拾い出せばよい）．このような4つの端点から図5.7.3，図5.7.4のような2つの初期実行可能解が得られる．

これらの計画案はそれぞれ41.5（トン／日）の負荷量を削減するため39.6, 78.5（億円）の補助金を必要とする．補助金制約条件は$M=40$（億円）であるから，手順5)の問題を解いて，これら2つの計画案を調整（ウェイトσ_{ik}によって1次結合する．ここに$i=1,\cdots,n,\ k\geq m+n$）する．

ステップ2；第1回調整案

初期実行可能計画の調整は，統合変数（シンプレックス乗数）を求めることから始まる．こうして，$(\pi\ \pi_{01}\ \pi_{02}\ \pi_{03})=(1.17\ -5.92\ -1.46\ 1.47)$を得る．この結果，統合変数により各都市の目標削減負荷量が国から次のように指示される．

$$-5.92+11.7x_{01},\quad -1.46+23.32x_{02},\quad 1.47+46.64x_{03}$$

明らかに国から補助金x_{0i}を受ければ受けるほど都市iの目標負荷削減量は増加する．こうして次の3つの部分的最適化問題（下位計画問題）を得る．

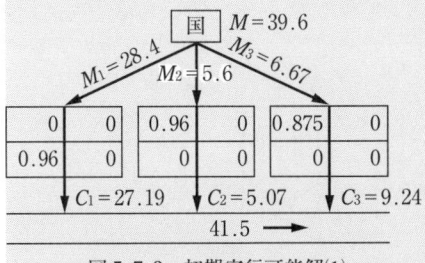

図5.7.3 初期実行可能解(1)

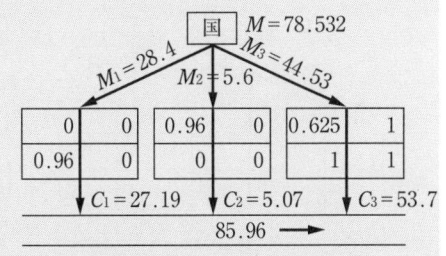

図5.7.4 初期実行可能解(2)

$$\delta_1 = \max_{B_1 x_1 = b_1} \left\{ [0.792 \ 0.352 \ 28.32 \ 19.85] \begin{bmatrix} x_{11} \\ x_{12} \\ x_{13} \\ x_{14} \end{bmatrix} \right\} + 5.92 - 11.7 x_{10}$$

$$\delta_2 = \max_{B_2 x_2 = b_2} \left\{ [5.28 \ 30.35 \ 5.66 \ 9.93] \begin{bmatrix} x_{21} \\ x_{22} \\ x_{23} \\ x_{24} \end{bmatrix} \right\} + 1.46 - 23.32 x_{20}$$

$$\delta_3 = \max_{B_3 x_3 = b_3} \left\{ [10.56 \ 1.42 \ 5.66 \ 39.7] \begin{bmatrix} x_{31} \\ x_{32} \\ x_{33} \\ x_{34} \end{bmatrix} \right\} - 1.47 - 46.64 x_{30}$$

これらの線形計画問題を解くと図5.7.5に示す第1回調整案を得る．しかしながらこの場合，最適性基準 δ_i はそれぞれ，3.1，0.7，2.9となり満たさない．従って再調整が必要となり式(5.5.165)の線形計画問題を解けば以下のウェイトを得る．

$$(\sigma_{12} = \sigma_{22} \quad \sigma_{32} \quad \sigma_{33}) = (1.00 \quad 1.00 \quad 0.08 \quad 0.92)$$

ステップ3：第2回調整案

国はいままで提出された各都市のすべての計画案を検討し，新たに各都市の目標削減負荷量を次のように指示する．

$$-1.96 + 11.0 x_{10}, \quad -0.42 + 21.9 x_{20}, \quad 4.60 + 44.1 x_{30}$$

今回の x_{i0} の係数は，第1回調整案より小さくなっていることに注意しよう．こうしてステップ2と同様に図5.7.6を得る．この場合最適性基準を満たしている．

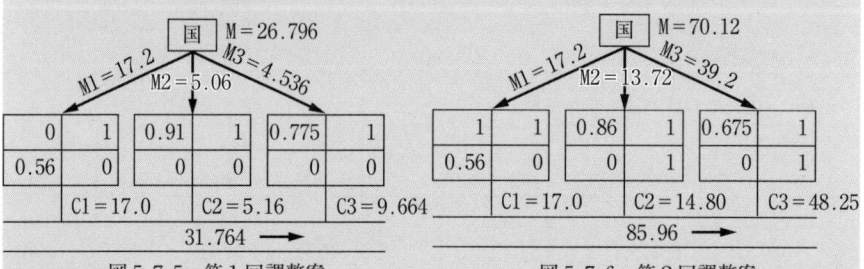

図5.7.5　第1回調整案　　　　図5.7.6　第2回調整案

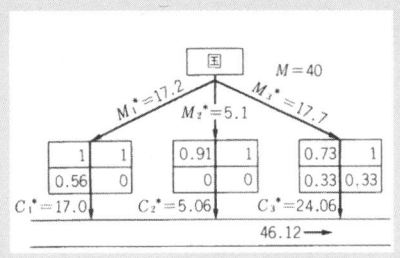

図5.7.7 最終調整案(最適解)

ステップ4;最終調整案(最適解)
　第2回調整案が最適性基準 $\delta_i \leq 0$ を満たしているので,今までの計画案のすべてを調整し図5.7.7を得る.
　こうして,国の補助財源の最適配分は都市1へ17.2億円,都市2に5.1億円,都市3に17.7億円となり,削減負荷量はそれぞれ17,5.06,24.06(トン／日)である.

【事例5.10】生活環境と自然環境(水質保全)を考慮した多目的補助金配分制度設計(階層システム,分解原理)[28]

　【事例5.9】を発展させ多目的補助金配分モデルを考えてみよう.これまで,いろいろな形の補助金制度の効果分析が行われている.多くの研究は地方公共団体の支出がどれだけ変化したかというような総額での変化を考察の対象としている.しかしながら,補助金が交付されることによって,意図したように支出が刺激されたか,補助金を受けるべき地方公共団体なり生活者のために使われたか,支出によって当初の目的が達成されたかというような視点からの評価が必要であろう.以上のことから,ここでは提案する補助金制度の評価をサービス水準と財政力の2点で行うことにしよう.

(1) 2レベル・システムにおける補助金配分モデル
　前の事例と同様に n 個の都市からなる地域を考え,各都市が独自の下水道整備計画を有している状況を想定しよう.ただし,この計画は次の2つの目的を有しているとする.1)自然環境の改善(公共水域の水質改善),2)生活改善,である.このような話は,特に開発途上国や東アジア諸国でよく見受けられる話である.日本を例に,過去の日本では制度上できなかった制度設計を考えることにしよう.

問題は，2レベル・システムに対応し，かつ2つの目的を考慮した補助金配分がどのように行われるのが望ましいかということである．特定補助金の交付形態は，ある公共サービスの水準を一定水準にしようという国の意図に合ったものである．しかしながら，決められた用途にしか使えないということで地方公共団体の自主性が認められない．これに対して，一般補助金の使途は地方公共団体の裁量に委ねられるので地方公共団体の自主性が尊重されるが，すべてこの形の補助金であると地方公共団体の中には国の意図するサービスの水準に達しないものも現れる可能性がある．

　前の事例の補助金モデルは，この地域に対する一括補助金を考えているので，特定補助金と一般補助金の利点が生かされている．つまり，前のモデルでは，国は地域全体として下水道のサービスの最低水準を確保でき，一方地方公共団体は独自性を反映させることができたのである．以下2つの目的をもつモデル化を行おう．

〔目的関数〕
① 生活環境水準の最大化

　これは下水道サービスの利用可能性で示されるから次式を得る．

$$\max \omega_1 = \sum_{i=1}^{n} \sum_{j=1}^{r} \varepsilon_{ij} s_{ij} x_{ij} \tag{5.7.25}$$

　i；都市番号，j；用途番号，ε_{ij}；人口密度，s_{ij}；面積，x_{ij}；下水道整備率（決定変数）

② 削減負荷量の最大化

$$\max \omega_2 = \sum_{i=1}^{n} \sum_{j=1}^{r} d_{ij} x_{ij}, \quad d_{ij} = (f_{ij} l_{ij} - e q_{ij}) s_{ij} \tag{5.7.26}$$

　f_{ij}；ノンポイントソース負荷量（河川などへの）流達率，l_{ij}；汚濁負荷量，e；下水処理プラントの放流水質

〔制約条件〕
③ 地域全体の補助金制約

$$\sum_{i=1}^{n} \alpha_i I_i = M \tag{5.7.27}$$

　M；地域全体の補助金総額，I_i；下水道事業費の上限，α_i；I_i に対する補助率，決定変数

④ 各都市の下水道普及率の達成

$$\sum_{j=1}^{r} \varepsilon_{ij} s_{ij} x_{ij} \geq P_i \gamma_i \quad \text{for } \forall i \tag{5.7.28}$$

P_i；総人口，γ_i；目標下水道整備率

⑤ 各都市の予算制約

$$\sum_{j=1}^{r} a_{ij} s_{ij} x_{ij} \leq (1+\alpha_i) I_i \quad \text{for } \forall i \tag{5.7.29}$$

a_{ij}；下水道建設単価

以下では，2つの目的を考慮するに際して，国は決定基準の順位付けを行い，その順位の高い目的関数が先に決定されるように計画を行うと考えよう．このため，2つの目的関数の優先順位を交互に考え2つのケースを考えよう．これをモデル化すれば次のようになる．

(ケース1；生活環境の改善を優先)

手順1

$$\max \omega_1 = \sum_{i=1}^{n} \sum_{j=1}^{r} \varepsilon_{ij} s_{ij} x_{ij}$$

s.t. $\sum_{j=1}^{r} \varepsilon_{ij} s_{ij} x_{ij} \geq P_i \gamma_i \quad \text{for } \forall i, \quad \sum_{j=1}^{r} a_{ij} s_{ij} x_{ij} \leq (1+\alpha_i) I_i \quad \text{for } \forall i, \quad \sum_{i=1}^{n} \alpha_i I_i = M$

手順2

$$\max \omega_2 = \sum_{i=1}^{n} \sum_{j=1}^{r} d_{ij} x_{ij}$$

s.t. $\sum_{j=1}^{r} \varepsilon_{ij} s_{ij} x_{ij} \geq P_i \gamma_i \quad \text{for } \forall i, \quad \sum_{j=1}^{r} a_{ij} s_{ij} x_{ij} \leq (1+\alpha_i) I_i \quad \text{for } \forall i, \quad \sum_{i=1}^{n} \alpha_i I_i = M,$

$\sum_{j=1}^{r} \varepsilon_{ij} s_{ij} x_{ij} \geq \beta_1 \omega_1^0$

(ケース2；自然環境の改善を優先)

手順1

$$\max \omega_2 = \sum_{i=1}^{n} \sum_{j=1}^{r} d_{ij} x_{ij}$$

s.t. $\sum_{j=1}^{r} \varepsilon_{ij} s_{ij} x_{ij} \geq P_i \gamma_i \quad \text{for } \forall i, \quad \sum_{j=1}^{r} a_{ij} s_{ij} x_{ij} \leq (1+\alpha_i) I_i \quad \text{for } \forall i, \quad \sum_{i=1}^{n} \alpha_i I_i = M$

手順2

$$\max \omega_1 = \sum_{i=1}^{n} \sum_{j=1}^{r} \varepsilon_{ij} s_{ij} x_{ij}$$

s.t. $\sum_{j=1}^{r} \varepsilon_{ij} s_{ij} x_{ij} \geq P_i \gamma_i \quad \text{for } \forall i, \quad \sum_{j=1}^{r} a_{ij} s_{ij} x_{ij} \leq (1+\alpha_i) I_i \quad \text{for } \forall i, \quad \sum_{i=1}^{n} \alpha_i I_i = M,$

$\sum_{j=1}^{r} \varepsilon_{ij} s_{ij} x_{ij} \geq \beta_2 \omega_2^0$

ここに，$\beta_i(\beta_i \leq 1 ; i=1,2)$ は ω_i（目的関数値）の許容範囲である．すなわち，手順1の最適化で得られる ω_i の最適値が最大限どこまで下がってよいかを示すもので，国によって決められるとしよう．ケース1では，まず生活環境が最大化され，次に与えられた β_1 のもとで自然環境が最大化される．ケース2はまったく逆である．事例5.9で示したように2階層意思決定プロセスでは各ステップごとに各都市の独自計画が提示され，それを国が統合し調整を行うことになる．紙面の都合上この繰り返しプロセスの説明を割愛する．

(2) 補助金配分モデルの適用

1）現行補助金制度のもとでの下水道計画

下水道事業の内訳は，公共下水道，流域下水道，都市下水道，特定公共下水道およびその他で，それぞれの事業に細かく補助率がつけられている．国の補助制度は，国庫補助率と補助対象事業の範囲から構成されている．表5.7.2は公共下水道について最終的な負担割合を示したものである．

現行制度では，補助金配分に関しては単一目的だけが考慮されている．そこで，

表5.7.2　公共下水道事業の最終的負担割合

総事業費	処理場費	補助対象 0.9	国　費　2/3	0.600
			起　債　1/3×3/4	0.225
			地方費　1/3×1/4	0.075
		対象外 0.1	起　債　9/10	0.09
			地方費　1/10	0.01
	管渠費	補助対象 0.7	国　費　6/10	0.42
			起　債　4/10×3/4	0.21
			地方費　4/10×1/4	0.07
		対象外 0.3	起　債　9/10	0.27
			地方費　1/10	0.03
	用地費	補助対象 1.0	国　費　6/10	0.60
			起　債　4/10×3/4	0.30
			地方費　4/10×1/4	0.10
		対象外 0		

現行制度のもとで，各々単一の目的，すなわち，生活環境の改善（ケース3），自然環境の改善（ケース4）の場合について表5.7.3のデータを用いて求めた下水道計画を表5.7.4に示す．

2) 適正補助金配分計画による下水道計画[28]

表5.7.3のデータを用いてケース1とケース2を解いた結果を表5.7.4に示

表5.7.3 事例のデータセット

(i,j)	S_{ij} (ha)	P_{ij} (10^3人)	d_{ij} (トン/日)	I_i (億円)	γ_i	ε_{ij} (人/ha)
(1,1)	101	15	0.8			150
(1,2)	20	5	0.4			250
(1,3)	1010	50	28.3			50
(1,4)	505	10	19.9			20
計（都市1）	1636	80		10	0.6	
(2,1)	677	100	5.3			150
(2,2)	20	5	0.4			250
(2,3)	202	10	5.7			50
(2,4)	253	5	10.0			20
計（都市2）	1152	120		20	0.8	
(3,1)	1354	200	10.6			150
(3,2)	82	20	1.4			250
(3,3)	202	10	5.7			50
(3,4)	1011	20	39.7			20
計（都市3）	2649	250		40	0.7	

表5.7.4 現行補助制度のもとでの下水道計画

	項　目	ケース3			ケース4		
		都市1	都市2	都市3	都市1	都市2	都市3
1	整備率						
	第1地区	1.00	1.00	1.00	1.00	0.85	0.70
	第2地区	1.00	1.00	1.00	1.00	1.00	1.00
	第3地区	0.31	0.82	1.00	0.31	0.12	0.00
	第4地区	0.00	0.00	0.09	0.00	1.00	0.70
2	普及人口（10^3人）	36	113	231	36	96	174
3	普及率	0.45	0.94	0.93	0.45	0.80	0.70
4	補助金（億円）	7.0	14.0	29.0	7.0	14.0	29.0
5	汚濁負荷削減量（トン/日）	9.92	10.28	21.22	9.92	15.46	36.66
6	地域普及人口（10^3人）	380			306		
7	地域総汚濁削減量（トン/日）	41.42			62.04		
8	補助金総額（億円）	50			50		

す．なお，β_1 と β_2 を議論の結果，$0.83 \leq \beta_1 \leq 1.0$，$0.70 \leq \beta_2 \leq 1.0$ の範囲として計算している．表5.7.5の結果のままではどちらのケースでも唯一の解は得られず，最終的な決定は計画担当者に委ねられることになる．ここでは2つのケースの最適妥協解を求めてみることにしよう．すなわち，各 β_1, β_2 に対応する目的関数値の中から次の問題を満足する β_1 あるいは β_2 の場合の計画を求めることになる．問題は以下のように定式化できる．

$$\min \left[\left| \frac{[\omega_1^o - \omega_1(x)]}{\omega_1^o} \right| + \left| \frac{[\omega_2^o - \omega_2(x)]}{\omega_2^o} \right| \right] \tag{5.7.30}$$

$$\text{subject to } x \in S, \quad \begin{vmatrix} \left| \frac{[\omega_1^o - \omega_1(x)]}{\omega_1^o} \right| < \left| \frac{[\omega_2^o - \omega_2(x)]}{\omega_2^o} \right| & if\ case1 \\ \left| \frac{[\omega_1^o - \omega_1(x)]}{\omega_1^o} \right| > \left| \frac{[\omega_2^o - \omega_2(x)]}{\omega_2^o} \right| & if\ case2 \end{vmatrix}$$

$$\omega_1(x) \leq \omega_1^o, \quad \omega_2(x) \leq \omega_2^o$$

ここで，$x \in S$ は上述のモデルの手順1と手順2の制約条件を満たすものであることを示している．上式を解いて，ケース1，すなわち生活環境改善が優先される場合には $\beta_1 = 0.90$ に対応する計画が選ばれ，ケース2，すなわち自然環境改善が優先される場合には $\beta_2 = 1.0$ に対応する計画が選ばれることになった．この結果を表5.7.6に示す．

この表から次のようなことがいえる．現行制度では各都市への配分額は，7, 14, 29（億円）であるが，ここで示した多目的補助金配分額はどちらの目的が優先されるかによって配分額は変化している．国にとっては同じ財政負担であっても，ケース1～4のサービス水準は地域レベル，都市レベルとも異なった結果が得られている．

試みに，各都市が目標普及率を達成しているケース2と同じ計画を立てる場合に現行補助金制度のもとでの補助金額と各都市の負担額を求めると表5.7.7のよ

表5.7.5　ケース1とケース2の結果

β_1 ケース1	β_2 ケース2	地域普及人口（10^3人）	地域汚濁負荷削減量（トン/日）
0.83	1.00	319	58.43
0.85	0.97	326	56.62
0.90	0.89	346	51.83
0.95	0.80	366	46.61
1.00	0.70	384	40.85

表5.7.6 ケース1とケース2の妥協解

項目		ケース1			ケース2		
		都市1	都市2	都市3	都市1	都市2	都市3
1	整備率						
	第1地区	1.00	0.89	0.91	1.00	0.86	0.77
	第2地区	1.00	1.00	1.00	1.00	1.00	1.00
	第3地区	0.36	0.00	0.00	0.36	0.00	0.00
	第4地区	1.00	0.46	0.00	1.00	1.00	0.07
2	普及人口（10^3 人）	48	96	202	48	96	175
3	普及率	0.6	0.8	0.8	0.6	0.8	0.7
4	補助金（億円）	29.2	9.0	11.6	29.2	13.8	7.0
5	汚濁負荷削減量（トン/日）	31.19	9.62	11.02	31.19	14.82	12.33
6	地域普及人口（10^3 人）		346			319	
7	地域総汚濁削減量（トン/日）		51.83			58.43	
8	補助金総額（億円）		50			50	
9	トレード・オフ係数		$\beta_1 = 0.90$			$\beta_2 = 1.00$	

表5.7.7 現行補助金制度のもとでのケース2の計画に対する補助金と各都市の負担額

補助金総額	各都市への補助金（億円）			各都市への補助金（億円）		
	都市1	都市2	都市3	都市1	都市2	都市3
50.48	16.46	14.20	19.82	22.74	19.60	27.38

うになる．この表より，地域レベルでの補助金総額の増加はわずかであるが，各都市の負担額をみると，都市1では予算額の2倍以上となり，下水道の整備を他の公共サービスを犠牲にしても行うか否かの選択を迫られることになる．これに対して都市3は当初40億円の予算を見積もったが，これをかなり下回る負担ですむことになり，残余を他の公共サービスの支出に回すことができるようになる．

なお，ここでの事例対象地域の特定を避けることにする．理由は傷つけたくないからである．

【事例5.11】沿岸海域への環境インパクトを内部化した地域水資源配分[29)30)]

従来の地域計画では沿岸海域（や湖沼など）の水質環境は内部化された計画要素として取り扱われず，単に計画が作成された後の結果の出力もしくはチェックとして，いわゆるきわめて狭いコンセプトの環境インパクトアセスメントの一部を構成するものであった．これは数理計画モデルと力学を中心とする現象分析モ

デルを取り扱う専門性の違いによるモデル間の統合が困難であったことに原因があるようである．ここでは，環境インパクトアセスメントを計画要素として内部化した地域水資源配分問題を取り上げる．

(1) ジオシステムとソシオシステムの計画学的接点[44]

ここでは，水の計画にとって重要な，ジオシステムを代表する水域の汚染伝播モデルとソシオシステムの人間活動と水域の接点についての計画学的な議論をしておこう．

1) 汚染伝播モデル

自然の水系において汚染物質が媒体である水に運ばれて伝播していく過程を記述する基礎式は連続の収支式から導かれる．収支式の一般系は次式のようなものである．

$$\frac{\partial f}{\partial t} = R(f) - div(vf) + S \tag{5.7.31}$$

ここに，fは水質水量を示す状態変数で，左辺は時間当たり蓄積量，右辺はそれぞれ生成消滅割合，流体による移送割合，そして排出源放出強度を表している．なおvは速度ベクトルである．この式中の状態変数fにどのような物理量を与えるかによって各種の収支式が導かれるが，水汚染については，fが流体の「運動量」，「質量」，「熱量」，そして「濃度」という4つが基礎となる．これらの収支式に加えて速度項（「運動」）を記述する$R(f)$と流体の「物性」を表す状態方程式が与えられると，水域の汚染状況を解析する基礎式が揃ったことになる．これらの6種の式が互いにどのような関係にあるかを要約したのが図5.7.8である．

周知のごとく運動方程式と連続の式が流れの場の情報vを与え，これを受けて汚染物質の拡散方程式が解かれる．このとき，対象汚染物質の変化特性R，すなわち，反応，沈降，冷却などの情報が必要である．ところで状態方程式は水温と密度の関係を与えるもので，鉛直温度分布が流体に及ぼす影響を規定する．このループがフィードバックしているので，厳密にはすべての方程式を連立して解かねばならない．しかし，一般にはこれを解くのは困難であり，状況に応じて大幅な近似化を余儀なくされる．

第1段階の近似は，流れvがある時間平均値$\bar{v}$と乱れ成分v'に分けられるということ，そして，このv'が乱れ拡散係数として扱えるという仮定のもとで遂行される．結果はナヴィエストークスの式，物質濃度と温度を状態変数として通常いわれるところの拡散方程式が2つ，そして温度変動幅を小と仮定した状態方程式である．

5 静的最適化

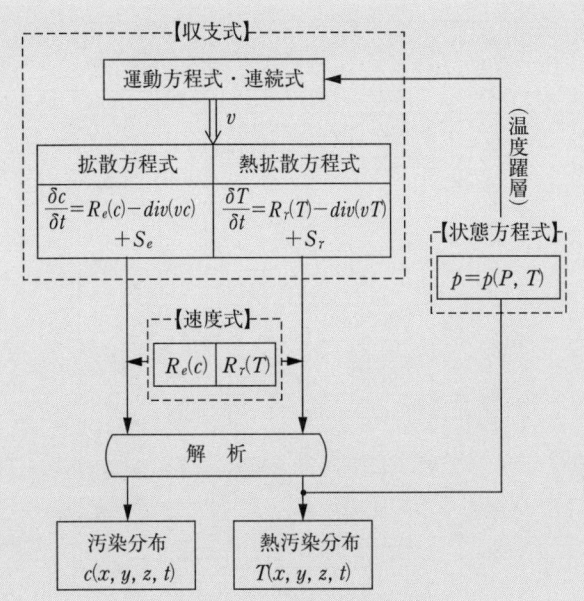

```
┌─ 【収支式】 ──────────────┐
│   ┌──────────────┐         │
│   │ 運動方程式・連続式 │◄────────┐
│   └──────────────┘         │      │
│          │ v                │      │（温度躍層）
│   ┌──────┬──────┐           │      │
│   │拡散方程式│熱拡散方程式│           │      │
│   │$\frac{\delta c}{\delta t}=R_e(c)-div(vc)$│$\frac{\delta T}{\delta t}=R_T(T)-div(vT)$│   │ ┌─【状態方程式】─┐
│   │$+S_e$│$+S_T$│           │      │ │ $p=p(P,T)$ │
│   └──────┴──────┘           │      │ └──────────┘
└─────┬─────────┬─────────────┘      │
      │         │                    │
   ┌─【速度式】─┐                     │
   │ $R_e(c)$ │ $R_T(T)$ │           │
   └──────────┘                     │
      │         │                    │
   ┌──────────────┐                  │
   │    解　析    │◄─────────────────┘
   └──────────────┘
      │         │
  ┌───────┐ ┌────────┐
  │汚染分布│ │熱汚染分布│
  │$c(x,y,z,t)$│ │$T(x,y,z,t)$│
  └───────┘ └────────┘
```

図5.7.8　基礎式の相互関係

　第2段階の近似は，4つもある独立変数(x, y, z, t)をどのように減らすかにある．もちろん対象水域が海のように3次元的拡がりをもつものか，河川のように1次元的形状であるかによってもこの選択は支配されるが，それ以上にモデルをどのような目的に使おうとするかにかかっている．ここでは偏微分方程式から出発した近似の順序を表5.7.8に示す．

　2）人間活動と水域の接点

　水域からみた人間活動の評価は，多くの場合，環境容量[45]に依存すると考えられる．つまり，人間の習性が活動の活発化を指向するという前提に立つとき容量の大小によって活動のレベルが規定，換言すれば評価される．

　ところで，この環境容量という概念は非常にあいまいで，概ね次の4つのことを意味しているようである．

(a) 汚染浄化能，
(b) 環境場の物理的拡がり，
(c) 生態系影響の限界，
(d) 許容排出総量

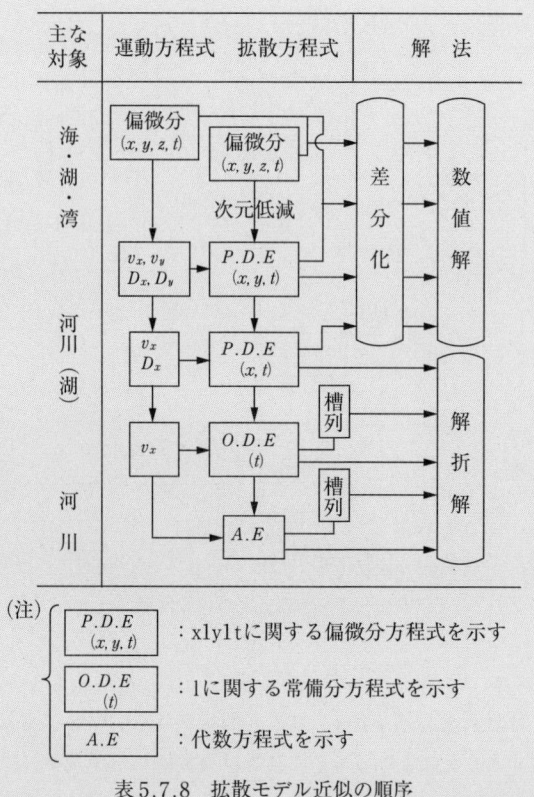

主な対象	運動方程式	拡散方程式	解法	

[図：拡散モデルの構造図]

(注)
- $P.D.E\ (x, y, t)$：x|y|tに関する偏微分方程式を示す
- $O.D.E\ (t)$：tに関する常微分方程式を示す
- $A.E$：代数方程式を示す

表5.7.8　拡散モデル近似の順序

これらは，いずれも人間活動による環境への廃棄物放出によって汚染がもたらされる一連の過程のどれかの項に対応している．そこで，この過程を記述する基礎式との対応において，上記の4つの定義を位置づけてみよう．

式(5.7.31)の f を汚染レベル C に置き換えれば次式を得る．

$$\text{基礎式}: \frac{\partial C}{\partial t} + div(vC) - S + R = 0 \tag{5.7.32}$$

$$\text{平均化}: \int_T dt \int_V dv \left[\frac{\partial C}{\partial t} + div(vC) - S + R \right] = 0 \tag{5.7.33}$$

$$\text{汚染値}: C = C(S, R, v, V, T) \leq C^* \tag{5.7.34}$$

$$\text{許容排出量}: S(C^*, R, v, V, T) \leq S^* \tag{5.7.35}$$

上記のことから理解されるのは，(a)の定義は式(5.7.32)の R の項をどのように

評価するかを述べたものであり，(b)は式(5.7.33)の積分領域 V という項をいかに決めるかを，そして(c)は式(5.7.34)の C^*（汚染レベルの許容限界）をどのように設定すべきかを指示したものであると解釈できる．そして，これら諸条件が明確に設定された時点で，式(5.7.35)によって許容排出強度 S^*（または，これにもとづいた許容人間活動量）が規定されることになる．言い換えると(a)(b)(c)は(d)を求めるための前提条件として重要な要因，視点を指示したものである．従ってどれを環境容量の定義とするかは議論の余地はあるにしても，少なくとも(a)～(c)それ自体は制御可能量ではなく，最終的に求められた(d)がはじめて規制や計画などの制御量として用いられるものである．

(d)を水環境の問題に置き換えて考えてみれば，人間活動の水配分と水利用プロセスを含む水循環圏そのものが制御対象となることが明らかである．つまり(d)の水環境容量というものは人間活動ひいては社会環境システムそのものの評価になっている．

(2) 地域水資源配分モデル

対象とする瀬戸内海山口県の沿岸地域には M 個 $(i=1,\cdots,M)$ の地区があり，かつ沿岸海域には N 個 $(h=1,\cdots,N)$ のチェックポイント（水質環境基準点）があるものとする．さらに，各地区には，産業の立地因子に関する検討の結果 L 個 $(j=1,\cdots,L)$ の産業が予定されているとする．あるいは，もしすでに産業が立地しているならば，この計画は，さらに水資源をどのように配分するかという問題になる．ここでの目的は，この地域の所得を最大化するために沿岸海域への汚濁インパクトを考慮しながら各地区の L 個の産業に各々どれだけの水配分を行えばよいか，ということである．なお，用地原単位，用水原単位，エネルギー原単位，COD負荷原単位は社会調査の結果を利用し，ここでは与件としよう．

また地区 i からチェックポイント h への汚濁インパクト係数は，図5.7.9に示すような，各汚濁源からの汚濁1単位の放流とチェックポイントの汚濁状況を関連づける，沿岸海域汚濁シミュレーション結果[29)30)]を用いて計算し次式を得た．

$$A = \begin{bmatrix} 0.1 & 4.0 & 1.1 & 2.0 & 0.3 & 0.3 & 0.3 & 1.5 & 0.3 & 0.2 & 0.8 \\ 0.0 & 0.2 & 0.0 & 0.0 & 0.2 & 0.3 & 1.6 & 2.1 & 3.4 & 3.0 & 1.2 \\ 0.4 & 0.1 & 4.0 & 0.1 & 0.0 & 0.0 & 0.0 & 0.0 & 0.0 & 0.0 & 0.0 \\ 0.2 & 0.4 & 0.3 & 0.3 & 0.1 & 0.0 & 0.0 & 0.3 & 0.0 & 0.1 & 0.0 \\ 0.1 & 0.1 & 0.2 & 0.2 & 0.0 & 0.1 & 0.1 & 0.2 & 0.1 & 0.1 & 0.1 \\ 0.0 & 0.0 & 0.0 & 0.0 & 0.0 & 0.8 & 0.3 & 0.8 & 1.0 & 1.8 & 0.1 \end{bmatrix}$$

$$= (a_1^t, \cdots, a_M^t) \tag{5.7.36}$$

ⓘ：投入点　ⓗ：水質環境基準点

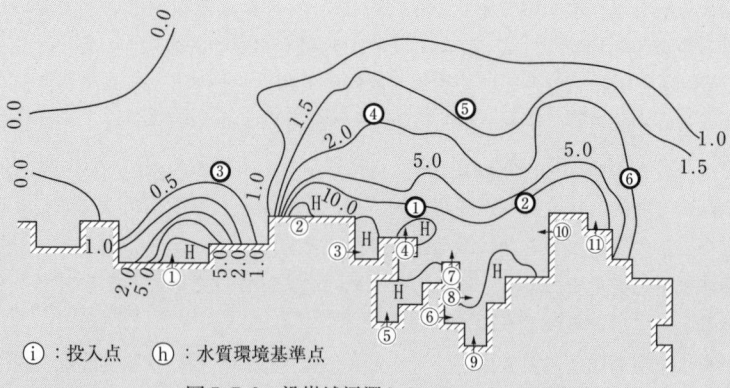

図5.7.9　沿岸域汚濁シミュレーション

ただし，$a_i=(a_{i1},\cdots,a_{ih},\cdots,a_{iN})$ である．以下では水配分計画を2レベル・システムの線形計画法としてモデル化しよう．

まず，用いる記号をの意味を示そう．i；地区番号，j；産業番号，h；チェックポイント番号で，それぞれの個数は M, L, N である．Q_{ij}；生産水準，Q_j；目標生産水準，S_i；用地供給可能面積，W_i；水資源供給可能量，E_i；エネルギー供給可能量，s_j；用地原単位，w_j；用水原単位，e_j；エネルギー原単位，u_j；COD負荷原単位，a_{ih}；地区 i からチェックポイント h への汚濁インパクト係数，D_h；目標水質環境基準値，c_{ij}；所得係数．以下モデル化を行う．

各地区における各産業の立地可能な土地，用水供給量，エネルギー供給量は限られているので各々次式を得る．

$$\sum_{j=1}^{L}s_jQ_{ij}\leq S_i, \quad \sum_{j=1}^{L}w_jQ_{ij}\leq W_i, \quad \sum_{j=1}^{L}e_jQ_{ij}\leq E_i$$

次に，地域全体としては，まず各産業に目標水準が決められ，海域の水質環境基準値を満たさなければならないから各々以下のようになる．

$$\sum_{i=1}^{M}Q_{ij}\leq Q_j, \quad \sum_{i=1}^{M}\sum_{j=1}^{L}a_{ih}u_jQ_{ij}\leq D_h$$

目的関数は地域全体としての所得の最大化であるから次式を得る．

$$\sum_{i=1}^{M}\sum_{j=1}^{L}c_{ij}Q_{ij}\rightarrow \max$$

こうして，海域への汚濁インパクトをも制約とした（内部化した）地域活動計画モデルは次のように2レベル・システムとして得られる．

$$BQ_1 \leq b_1$$
$$BQ_2 \leq b_2$$
$$\cdots$$
$$BQ_i \leq b_i$$
$$\cdots$$
$$BQ_M \leq b_M$$
$$IQ_1 + IQ_2 \cdots + IQ_i \cdots + IQ_M \leq V$$
$$A_1Q_1 + A_2Q_2 \cdots + A_iQ_i \cdots + A_MQ_M \leq D$$
$$C_1Q_1 + C_2Q_2 \cdots + C_iQ_i \cdots + C_MQ_M \to \max$$

ただし，

$$b_i = \begin{bmatrix} S_i \\ W_i \\ E_i \end{bmatrix}, \ B = \begin{bmatrix} s \\ w \\ e \end{bmatrix} = \begin{bmatrix} s_1 & \cdots & s_L \\ w_1 & \cdots & w_L \\ e_1 & \cdots & e_L \end{bmatrix}, \ I = \begin{bmatrix} 1 & \cdots & 0 \\ \cdots & \cdots & \cdots \\ 0 & \cdots & 1 \end{bmatrix}, \ A_i = \begin{bmatrix} a_{i1}u_1 & \cdots & a_{i1}u_L \\ \cdots & \cdots & \cdots \\ a_{iN}u_1 & \cdots & a_{iN}u_L \end{bmatrix}$$

$$Q_i = [Q_{i1}, \cdots, Q_{iL}]^t, \ V = [Q_1, \cdots, Q_L]^t, \ D = [D_1, \cdots, D_L]^t, \ C_i = [c_{i1}, \cdots, c_{iL}]^t$$

この地域活動（水配分）計画モデルは地区としての部分と地域全体としての部分の2つのレベルより構成される2レベル・システムの構造を成している．すなわち，各地区には，用地，用水，エネルギー制約があり，地域全体としてはL個の産業の目標生産水準と海域の水質環境基準の制約があり，全体としての所得の最大化を目的としたモデルである．

(3) 瀬戸内海のコンビナートへの適用

対象沿岸地域には11個の地区があり角逐には各々8つの産業の立地が予定されている．また，この地域が面している沿岸海域には6個の水質環境のチェックポイント（図5.7.9参照）がある．表5.7.9～5.7.13に調査結果をもとにしたデータを示す．

海域の水質環境基準値の制約を地域活動計画作成段階に含めた本モデルが，目標水質環境基準の変化によりどのように有効に働き，地域活動計画に影響を与えるかをみるために目標水質環境基準値を2種類採用した．つまり，表5.7.12に示すように，ケース2はケース1より目標水質環境基準値の制約が厳しくなっている．

ケース1とケース2の結果は表5.7.14，表5.7.15に示すとおりである．このモデルでは，両ケースとも化学肥料産業への水配分は0となっている．これは，化学肥料産業の生産による海域の汚濁インパクトが大きすぎるためである．ケー

表5.7.9 原単位

項目 産業	要地原単位 (m^2/トン)	用水原単位 (トン/トン)	エネルギー原単位 (kwh/トン)	COD負荷単位
食料品	2.38	6.75	0.27	0.2321
石油化学	0.2	2.0	0.03	0.0249
機械	11.2	45.0	1.85	0.0027
紙・パルプ	6.75	290.0	0.44	0.2203
ゴム	2.0	100.0	4.56	0.0068
繊維	40.0	2400.0	0.23	0.0562
化学肥料	1.1	40.0	0.03	0.3867
非鉄金属	1.0	65.0	0.05	0.0201

表5.7.10 所得係数（10^7円/10^3トン）

地区 産業	1	2	3	4	5	6	7	8	9	10	11
食料品	48.02	48.10	48.28	48.29	48.03	48.01	47.96	48.02	48.29	48.15	48.10
石油化学	4.34	4.09	4.96	5.05	4.52	4.32	4.36	4.24	4.52	4.46	3.23
機械	302.76	304.62	306.12	305.48	304.54	303.92	304.40	304.22	306.18	304.79	303.62
紙・パルプ	32.97	33.57	31.80	31.14	30.90	31.13	30.95	31.87	32.77	33.13	33.47
ゴム	687.46	686.78	690.68	690.42	690.17	688.10	688.99	686.52	690.27	689.12	685.91
繊維	288.41	292.18	279.68	274.49	273.11	273.85	273.29	278.74	288.12	289.99	291.32
化学肥料	2.60	2.83	2.92	2.71	2.64	2.60	2.75	2.22	3.00	2.90	2.72
非鉄金属	16.10	16.00	15.83	15.76	15.72	15.57	15.57	15.56	15.97	16.04	15.91

表5.7.11 資源制約

項目 \ 地区	1	2	3	4	5	6	7	8	9	10	11
用地供給 ($10^3 m^2$)	8,123	1,290	22,995	8,307	1,960	7,364	2,707	2,323	8,757	5,315	5,328
用水供給 (10^3 トン)	43,800	47,450	110,000	25,915	32,850	1,830	20,805	78,110	119,720	26,280	36,500
エネルギー供給 (10^3 kwh)	2,805	437	7,926	2,882	669	2,547	926	792	3,036	1,801	1,852

表5.7.12 水質環境基準値

ケース \ チェック・ポイント	1	2	3	4	5	6
1	8	8	2	2	2	2
2	4	4	1	1	1	1

表5.7.13 目標生産水準

産　業	目標生産水準 (10^3トン)
食　料　品	548
石 油 化 学	4306
機　　　械	4015
紙・パルプ	514
ゴ　　　ム	41
繊　　　維	20
化 学 肥 料	187
非 鉄 金 属	2766

表5.7.14 ケース1の結果

産業＼地区	1	2	3	4	5	6	7	8	9	10	11
食　料　品	1,559.25				1,923.75	209.25					
石 油 化 学			4,226		4,386						
機　　　械		2,160	89,595	25,920	1,035		6,525	4,770	29,610	21,015	
紙・パルプ	42,340				23,780	1,740	14,210				36,540
ゴ　　　ム			4,100								
繊　　　維		45,600						2,400			
化 学 肥 料											
非 鉄 金 属			12,025		1,755			70,590	90,090	5,265	
残　　　余	0	0	0	0	0	0	0	0	0	0	

表5.7.15 ケース2の結果

産業＼地区	1	2	3	4	5	6	7	8	9	10	11
食　料　品	411.75				3,172.5	114.75					
石 油 化 学					4,558						
機　　　械		5,175	67,725	21,825			4,950	9,315	30,240	21,015	20,430
紙・パルプ											
ゴ　　　ム				4,100							
繊　　　維			24,000						19,200	4,800	
化 学 肥 料											
非 鉄 金 属	43,355		17,940		25,155	1,690	15,860		59,995		15,795
残　　　余	0	42,267	0	0	0	0	0	68,777	11,123	0	0

ス2では紙・パルプ産業も0配分となっている．これは目標基準値が厳しくなったためである．なお，食品産業と紙・パルプ産業のCOD負荷原単位はほとんど同じであるが，所得係数が後者のほうが小さいため配分されないという結果になった．

ケース2において，地区2, 8, 9で水配分に余裕が生じている．これは式(5.7.36)で示した汚濁インパクトマトリクスからも明らかなようにチェックポイント1.2に及ぼす影響が大であるため制限が加わったのである．

このように，計画作成段階に海域への水質環境インパクトを内部化することにより，水質環境を悪化させ所得係数が低い産業の立地が見送られることになる．このような企業がこの地域に立地するためには，負荷原単位を下げ所得係数を上げる企業努力が必要となることを示している．

従来型の計画では，産業立地などを上位計画に位置づけ，水質環境を改善する計画を下位計画としていたため環境改善が困難であった．このような点からも水資源と環境から産業立地という地域計画の制度変更を伴う設計が重要で，それが不可能でないことを，ここで提示したモデルが主張しているといえよう．

5.7.3 一般問題の定式化[3)24)25)]

まず，異なる2つの視点から分解された1つの地域を考えよう．このサブ地域はお互い他の地域と重複しているとする．ここでは具体的に議論するため，1つの分解は水文学的視点で，もう1つの分解は目標あるいは機能的視点で行われると仮定する．後者の分解のサブ地域では，都市用水，灌漑，就航，レクレーションなどの特別な機能に関心があるとする．ここで，ある地域Rのシステム最適化問題を定義し，それを用いて水資源システムに対する重複分解 (overlapping decomposition) を説明しよう．

地域Rのシステム全体の最適問題を次式で表す．

$$\max_m f(y, u, m, \alpha), \quad \text{subject to } g(y, u, m, \alpha) \leq 0, \quad y = H(u, m, \alpha) \tag{5.7.37}$$

ここに，y；アウトプットベクトル，u；インプットベクトル，m；決定変数ベクトル，α；モデルパラメータベクトル，g；制約条件ベクトル，である．

ここで，地域アウトプットの関係がシステム全体の最適問題であると考えれば次式を得る．

$$\max_{m} f(u, m, \alpha), \quad \text{subject to } g(u, m, \alpha) \leq 0 \tag{5.7.38}$$

ここに，$f(u, m, \alpha)$ はスカラー関数で，この値はシステム全体の評価値（an indication of the overall system performance）である．（多くの水資源システムの評価は目標と目的のベクトルで記述されるが，今の段階では多目的関数の導入の話は，階層システム問題を複雑にするだけなのでここでは議論しないでおこう．）

これから，地域 R は N 地域に分解されているとして考えよう．i 番めのサブ地域 R_i の最適問題は以下のように表現される．

$$\max_{mi} f_i(x_i, u_i, m_i, \alpha_i, \sigma), \quad \text{subject to } g_i(x_i, u_i, m_i, \alpha_i, \sigma) \leq 0 \quad i=1,...,N \tag{5.7.39}$$

ここに σ は分解を可能にする統合変数（coordination (pseudo) variables）ベクトルである．ベクトルの添え字 i はサブベクトルを表し，x_i は他のサブ地域からサブ地域 R_i へのインプットベクトルである．一般にサブ地域は，それらのインプットとアウトプットで結び付けられている．これを記述すれば次式を得る．

$$x_i = \sum_{j=1}^{N} C_{ij} y_j, \quad y_i = H(x_i, u_i, m_i, \alpha_i) \quad i=1,...,N \tag{5.7.40}$$

ここに，y_i；サブ地域 R_i のアウトプットベクトル，C_{ij}；連結行列（coupling matrices）である．サブ地域の最適化問題の特定は特定の分解と統合化の方法に依存する．

例えば，地域全体の最適化問題が，サブ地域の変数が分離可能であるような形であれば，地域全体の最適化問題は次式で記述される．

$$\max_{mi} \sum_{i=1}^{N} f_i(x_i, u_i, m_i, \alpha_i) \quad \text{subject to } g_i(x_i, u_i, m_i, \alpha_i) \leq 0 \quad i=1,...,N \tag{5.7.41a}$$

$$y_i = H(x_i, u_i, m_i, \alpha_i), \quad x_i = \sum_{j=1}^{N} C_{ij} y_j \quad i=1,...,N \tag{5.7.41b}$$

(1) 非実行可能あるいは相互均衡方法
(nonfeasible or interaction balance methods)

この方法は，サブ地域を切り離し結合変数に価格を付け加えることにより，独立的なサブ地域最適化問題を定式化する．統合変数のベクトル σ は価格ベクトルでサブ地域目的関数に加わっている．i 番めのサブ地域の最適化問題を示せば次式のようになる．

$$\begin{aligned}&\max_{m_i,x_i}\left\{f_i(x_i,u_i,m_i,\alpha_i)+\left(\sum_{j=1}^{N}\sigma_j C_{ij}\right)y_j-\sigma_i x_i\right\}\\&g_i(x_i,u_i,m_i,\alpha_i)\leq 0,\quad y_i=H_i(x_i,u_i,m_i,\alpha_i)\end{aligned} \quad (5.7.42)$$

他のサブ地域からサブ地域 R_i に入ってくるインプット x_i はあたかもフリーに操作できるがごとく取り扱われる．

　サブ地域は，それぞれの目的関数に導入された価格によって統合される．この統合価格は，相互均衡の結合方程式(5.7.40)を満足するサブ地域最適解を認めることにしよう．もし最適なサブ地域解が結合方程式を満たすならば，これらの解は地域全体の最適解となる．それゆえに，コーディネーターの目的は結合誤差を0にすることにある．

　双対ギャップをなくせば（主問題の制約式がきく），実際のところ，統合価格は全体の目的関数（式(5.7.40)のサブ地域の目的関数の最適値の総計）を最小化する．この関数は，一般的に，統合者にとって利用できない．しかしながら，この関数が，価格に関していつも凸であれば，サブ地域の最適解は，価格に関する勾配でただちに与えられる．特に，式(5.7.40)の結合方程式における誤差はその勾配で表現される．コーディネーターは，必然的に，価格を調整する方向を得るため結合誤差を利用することになる．他方ではコーディネーターは全体の双対目的関数の接線近似を作るために利用する．こうして近似関数を最小化することにより新しい価格を手に入れることになる．

(2) **実行可能法 (feasible methods)**

　実行可能法は，サブ地域結合変数を固定することにより独立なサブ地域の最適化問題を形式化する．統合変数ベクトル σ はサブ地域間で移動するアウトプットベクトルである．とりわけ i 番めのサブ地域最適問題は次式となる．

$$\max_{m_i} f_i(x_i,u_i,m_i,\alpha_i) \quad \text{subject to } g_i(x_i,u_i,m_i,\alpha_i)\leq 0 \quad (5.7.43a)$$
$$\sigma_i-H_i(x_i,u_i,m_i,\alpha_i)=0,\quad \sum_{j=1}^{N}C_{ij}\sigma_j-x_i=0 \quad (5.7.43b)$$

サブ地域はサブ地域間で移動するアウトプットで結ばれている．

　σ の統合値はサブ地域の最適値の合計を最大にする実行可能なアウトプットである．この関数は，一般的には，コーディネーターにとって利用可能ではない．

しかしながら，統合化の σ の必要条件は実行可能な特定化されたアウトプットで，サブ地域の限界リターンはすべて等しい．移動する特定化されたアウトプットはありうることである．このことを保証するための十分な情報をサブ地域はコーディネーターに与えなければならない．

(3) **相互予想方法** (interaction prediction methods)

この方法はサブ地域にインプットとアウトプットの価格の予想値 (predicted values) を与える方法である．サブ地域はこれらの予想が正しい (最終結果が予想どおりになる) と仮定する．統合変数のベクトル σ は2つのサブベクトルから構成される．σ_x；サブ地域のインプットの予想インプットベクトル，σ_y；サブ地域のアウトプットの価格ベクトル．この場合，i 番めのサブ地域最適化問題は以下のようになる．

$$\max_{m_i} f_i(x_i, u_i, m_i, \alpha_i) + \sigma_{iy} y_i \quad \text{subject to } g_i(x_i, u_i, m_i, \alpha_i) \leq 0 \quad (5.7.44\text{a})$$
$$\sigma_{ix} - x_i = 0, \quad y_i = H_i(x_i, u_i, m_i, \alpha_i) \quad (5.7.44\text{b})$$

サブ地域はサブ地域のインプットとアウトプットの価格の予想値で統合される．サブ地域を統合するために σ の満足すべき条件は地域全体の最適値を得るための必要条件である．予想値が正しくなければならない場合を考える．つまり，サブ地域の最適解は結合条件 (5.7.39b) を満足しなければならないし，予想インプット値に関する地域限界リターン (marginal return) と共にアウトプットに割り当てられる価格は以下の双対結合条件 (dual coupling constraints) を満たさなければならない．

$$\sigma_{iy} = -\sum_{j=1}^{N} \lambda_j C_{ji} \quad (5.7.45)$$

ここに，λ_j；予想インプット値 σ_{jx} に関する j 番目のサブ地域の限界リターン．ここで，コーディネーターの必要な仕事は，サブ地域の結合条件 (5.7.41b) の誤差と式 (5.7.45) の双対結合条件を使って，予想をアップデートすることである．

(4) **重複分解の一般式** (general formation of an overlapping decomposition)

地域 R が水文学的に N に分解されているとする．地域全体の最適化問題はこの分解されたサブ地域変数で表現され式 (5.7.41) で与えられている．同様に，目

的あるいは機能の観点から分解が得られ，R が M に分解されていると考えよう．地域全体の最適化問題は，2番めの分解によるサブ地域の変数を用いて，次のように表現される．

$$\max_{mk} \sum_{k=1}^{M} f^k(x_k, u_k, m_k, \alpha_k) \quad \text{subject to} \quad g^k(x_k, u_k, m_k, \alpha_k) \leq 0 \quad k=1, ..., M \tag{5.7.46a}$$

$$y^k = H(x_k, u_k, m_k, \alpha_k), \quad x^k = \sum_{k=1}^{M} C^{kj} y^j \quad k=1, ..., M \tag{5.7.46b}$$

2つの分解の間に次のような関係を仮定しよう．地域の水文学的側面と目的機能的側面の相互作用は次の式(5.7.47)で与えられるベクトル u_i と u^k をサブ地域モデルに導入することによってなされる．換言すれば，ベクトル u_i は i 番めの水文学的サブ地域に適切に関連する目的機能インプットを含み，逆に u^k に同じことがいえると仮定する．こうして，2つの分解を結合する関係式を次式のように表現する．

$$u_i = \sum_{k=1}^{M} B^{ik} y^k \quad i=1, 2, ..., N \quad u^k = \sum_{i=1}^{N} B_{ki} y_i \quad k=1, 2, ..., M \tag{5.7.47}$$

マトリクス B^{ik} と B_{ki} は結合マトリクスで，一方の分解のサブ地域のアウトプットがもう一方の分解のサブ地域に影響を与えることを示すものである．

明らかに，前節で議論した方法論が2つの分解の統合 (coordinating overlapping decomposition) に使える．ここでは，統合の方法論に必要なサブ地域の目的関数と制約条件式の定式化を行う．

非実行可能あるいは相互均衡方法では次式に示す付加したサブ地域の目的関数が必要である．

$$\left. \begin{array}{l} f_i(x_i, u_i, m_i, \alpha_i, \sigma) + \left(\sum_{k=1}^{M} \lambda^k B_{ki} \right) y_i - \lambda_i u_i \\ f^k(x^k, u^k, m^k, \alpha^k, \sigma) + \left(\sum_{i=1}^{N} \lambda_i B^{ik} \right) y^k - \lambda^k u^k \end{array} \right\} \tag{5.7.48}$$

ただし，サブ地域に制約条件式は追加されていない．サブ地域ではインプット u_i と u^k は自由に取り扱われる．重複分解の統合は，サブ地域の目的関数に導入された「価格 (price)」λ_i と λ^k でなされる．ここでの追加 (augmentation) は，ある与えられた分解を統合するために必要な追加である．

実行可能法はサブ地域の目的関数を変えることなく以下のような制約条件式を

追加する方法である．

$$\lambda_i - H(x_i, u_i, m_i, \alpha_i) = 0 \quad u_i - \sum_{k=1}^{M} \lambda^k B_{ki} = 0$$
$$\lambda^k - H^k(x^k, u^k, m^k, \alpha^k) = 0 \quad u^k - \sum_{i=1}^{N} \lambda_i B^{ik} = 0$$
(5.7.49)

重複分割の統合化は，サブ地域のアウトプット y_i と y^k の指定された値 λ_i と λ^k で行われる．

相互予想方法では，サブ地域の目的関数に次式のような追加が必要となる．

$$\left. \begin{array}{l} f_i(x_i, u_i, m_i, \alpha_i, \sigma) + \lambda_{iy} y_i \\ f^k(x^k, u^k, m^k, \alpha^k, \sigma) + \lambda^{ky} y^k \end{array} \right\}$$
(5.7.50)

そして，サブ地域に次の制約条件が課せられる．

$$u_i = \lambda_{iu}, \quad u^k = \lambda^{ku}$$
(5.7.51)

重複分解の統合は，サブ地域のインプット u_i と u^k の「予想値」とアウトプット y_i と y^k の「価格」を用いて行われる．

(5) 実行可能と非実行可能分解（feasible and nonfeasible decomposition）

(2)では実行可能分解と相互バランスモデルとして知られている非実行可能分解の一般式を示した．この2つの方法は互いに双対であると見ることができる．実行可能分解では，制約条件をいつも満たしながら状態変数のイタレーションを行う．非実行可能分解では，収束が完了するまで制約条件を満たさないままラグランジェ乗数のイタレーションを行う．

ここではまず，2つの分解法のメカニズムの理解を深めるため，簡単な非制約最適化問題をとりあげ説明しよう．そして制約付き最適化問題の方法論に入ることにしよう．さらに，種々の第2レベルの統合方法を紹介し，分解されたシステムとの関連を示すことにしよう．

次の問題を考える．

$$\min_{x_1, x_2} \{ f(x_1, x_2) = (x_1 - 2)^2 + x_1 x_2 + (x_2 - 1)^2 \}$$
(5.7.52)

この簡単な最適化問題は2つの決定変数 x_1, x_2 をもち，これらは $x_1 x_2$ で結合され

ている．例えば，これらの変数はそれぞれ N と M という次元を持つベクトルで，ある社会の異なるコミュニティに関連していると考えることもできよう．もし結合項 x_1x_2 がなければ，問題は分離可能で分解は必要でなくなる．

システムの結合を解くため，次式の擬似変数 σ を導入しよう．

$$x_1 = \sigma \tag{5.7.53}$$

変数 x_1 は結合項にあれば，常に σ で置き換えられるとする．こうして，非制約最適化問題 (5.7.52) は，以下の等号制約最適化問題に置き換えられる．

$$\min_{x_1, x_2}\{f(x_1, x_2) = (x_1-2)^2 + \sigma x_2 + (x_2-1)^2\} \quad \text{subject to } x_1 = \sigma \tag{5.7.54}$$

式 (5.7.54) は次式のラグランジェ関数を導入すれば簡単に解ける．

$$L(x_1, x_2, \sigma, \lambda) = (x_1-2)^2 + \sigma x_2 + (x_2-1)^2 + \lambda(x_1-\sigma) \tag{5.7.55}$$

式 (5.7.55) は実行可能あるいは非実行可能の両方で解ける．理解を深めるため，式 (5.7.52) の問題は，式 (5.7.55) のラグランジェ関数にサドルポイントを存在させるための条件を満足しないように設定してある．式 (5.7.52) を計算すれば，直ちに次の解を得る．

$$x_1^* = 1 \quad x_2^* = 0 \quad f(x_1^*, x_2^*) = 1$$

1）実行可能分解 (feasible decomposition)

実行可能分解では，擬似変数 σ は 2 階層最適化問題の第 2 レベルで決定される．式 (5.7.55) の 2 つのサブラグランジェ関数は以下のようになる．

$$L(x_1, x_2, \sigma, \lambda) = L_1(x_1, \lambda \,;\, \sigma) + L_2(x_2 \,;\, \sigma) \tag{5.7.56}$$
$$\text{where} \quad L_1(x_1, \lambda \,;\, \sigma) = (x_1-2)^2 + \lambda(x_1-\sigma) \tag{5.7.57}$$
$$L_2(x_2 \,;\, \sigma) = \sigma x_2 + (x_2-1)^2 \tag{5.7.58}$$

サブラグランジェアン中の独立変数である擬似変数 σ は（；）の後で示され，第 1 レベル最適化問題では既知パラメータとして扱われる．図 5.7.10 に第 1 レベルと第 2 レベル間の情報の移動を示しておこう．

5 静的最適化

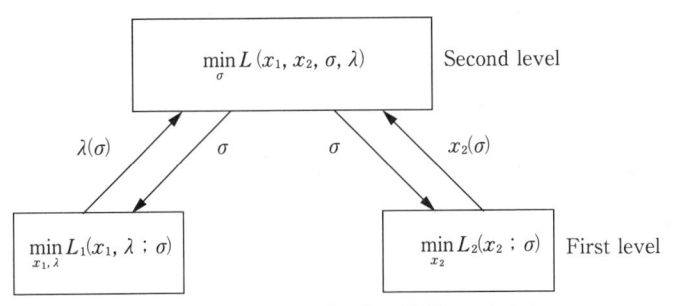

```
         ┌─────────────────────────┐
         │  min L(x₁, x₂, σ, λ)    │   Second level
         │   σ                     │
         └─────────────────────────┘
         ↗↘         ↓       ↓      ↖↙
      λ(σ)          σ       σ        x₂(σ)
    ┌──────────────┐           ┌──────────────┐
    │ min L₁(x₁,λ;σ)│           │ min L₂(x₂;σ) │   First level
    │  x₁,λ        │           │   x₂         │
    └──────────────┘           └──────────────┘
```

図 5.7.10　実行可能分解の情報のやりとり

(i) 第1レベル最適化

階層構造の第1レベルには2つのサブシステムがある．サブシステム1には，x_1とλの独立な決定変数があるように見える．しかしながら，後に示すようにそうではない．

サブシステム1のL_1とL_2の停留必要条件は以下のようになる．

サブシステム1；

$$\frac{\partial L_1}{\partial x_1} = 2(x_1-2)+\lambda = 0 \;\Rightarrow\; \lambda = 2(2-x_1) \tag{5.7.59}$$

$$\frac{\partial L_1}{\partial \lambda} = x_1-\sigma \;\Rightarrow\; x_1=\sigma \tag{5.7.60}$$

式(5.7.59)と(5.7.60)を組み合わせれば次式を得る．

$$\lambda(\sigma)=4-2\sigma \tag{5.7.61}$$

サブシステム2；

$$\frac{\partial L_2}{\partial x_2} = 2(x_2-1)+\sigma = 0 \;\Leftrightarrow\; x_2(\sigma)=1-0.5\sigma \tag{5.7.62}$$

第2レベルで決定されるσのいかなる値に対しても，式(5.7.61)と(5.7.62)は，第1レベルのサブシステム1, 2に対応する最適決定を与える．明らかに最小値であるための十分条件のチェックもしておかなければならない．

(ii) 第2レベル最適化

第2レベルで，全体のラグランジアン式(5.7.55)が，以下のように最適化される．

$$dL = \frac{\partial L}{\partial x_1}dx_1 + \frac{\partial L}{\partial x_2}dx_2 + \frac{\partial L}{\partial \lambda}d\lambda + \frac{\partial L}{\partial \sigma}d\sigma = 0 \tag{5.7.63}$$

x_1, x_2, そして λ は, 第1レベルで任意に (勝手に) 選択されるから, 次のことがわかる.

$$dx_1 = dx_2 = d\lambda = 0 \tag{5.7.64}$$

そして, ラグランジアン L が最小値を有すると仮定すれば, 第2レベルの唯一の決定変数 σ に関して, L を最小化する勾配型アルゴリズム (gradient-type algorithm) を利用することになる. このとき σ は次式のように表現される.

$$\sigma^{(k+1)} = \sigma^{(k)} - \Delta \frac{\partial L}{\partial \sigma}(\sigma^k) \quad \Delta > 0 \tag{5.7.65}$$

この式に $\partial L/\partial \sigma$ を代入すると, 次式を得る.

$$\sigma^{(k+1)} = \sigma^{(k)} - \Delta[x_2(\sigma^{(k)}) - \lambda(\sigma^{(k)})] \tag{5.7.66}$$

ここで, 添字 (k) はイタレーション回数を示す. 結果を要約すれば第2レベルの最適化問題は反復的に, 式 (5.7.61), (5.7.62), そして (5.7.66) を用いて解くことができる.

(iii) 反復解 (iterative solution)

反復手順は σ の初期値 (例えば, $\sigma^{(1)} = 1$) を与えることから始まる. 便宜的に第1と第2レベルの相互関係の式のリストを再掲しておく.

$$\lambda(\sigma) = 4 - 2\sigma \tag{5.7.61}$$
$$x_2(\sigma) = 1 - 0.5\sigma \tag{5.7.62}$$
$$\sigma^{(k+1)} = \sigma^{(k)} - \Delta[x_2(\sigma^{(k)}) - \lambda(\sigma^{(k)})] \tag{5.7.66}$$

$\sigma^{(1)} = 1$ を式 (5.7.61) と (5.7.62) に代入すれば, 次の値を得る.

$\lambda^{(1)} = 2$, $x_2^{(1)} = 0.5$, $x_1^{(1)} = 1$, そして $f^{(1)}(1, 0.5) = 1.75$

2回めの反復は適当なステップサイズ Δ を選択して始める. ここでは $\Delta = 0.5$ とし, 式 (5.7.61) と (5.7.62) に代入すれば, 以下の結果を得る.

$$\sigma^{(2)} = 1 - 0.5[0.5 - 2] = 1.75$$

同様に，この値を式 (5.7.24) と (5.7.25) に代入すれば，以下の結果を得る．

$\lambda^{(2)} = 0.5$, $x_2^{(2)} = 0.125$, $x_1^{(2)} = 1.75$, そして $f^{(2)}(1.75, 0.125) = 1.05$

最後に，3回めの反復を $\Delta = 0.4$ とすれば，

$\sigma^{(3)} = 1.75 - 0.4[0.125 - 0.5] = 1.9$

これを式 (5.7.24) と (5.7.25) に代入すれば，以下の結果を得る．

$\lambda^{(3)} = 0.2$, $x_2^{(3)} = 0.05$, $x_1^{(3)} = 1.9$, そして $f^{(3)}(1.9, 0.05) = 1.008$

反復手順は，最初に与えた評価規準，例えば $|f^{(k+1)} - f^{(k)}| < 0.05 f^{(k+1)}$ を満たせば打ち切ることになる．分解された問題が最適解に急速に収束していることがわかる．

2) 非実行可能分解 (nonfeasible decomposition)

ラグランジェ関数におけるサドルポイントの存在は非実行分解の核心である．双対概念はこの分解の基本である．擬似変数は第1レベル決定される．このレベルではラグランジェ乗数が主要な役割を演じる．したがって，式 (5.7.55) のラグランジアンは次のように分解される．

$$L(x_1, x_2, \sigma, \lambda) = L_1(x_1 ; \lambda) + L_2(x_2, \sigma ; \lambda) \tag{5.7.67}$$

$$\text{where} \quad L_1(x_1 ; \lambda) = (x_1 - 2)^2 + \lambda x_1 \tag{5.7.68}$$

$$L_2(x_2, \sigma ; \lambda) = \sigma x_2 + (x_2 - 1)^2 - \lambda \sigma \tag{5.7.69}$$

図 5.7.11 にレベル間の情報のやりとりを示す．

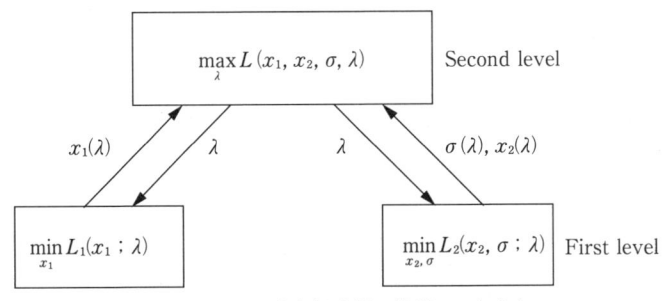

図 5.7.11 非実行分割の情報のやりとり

(i) 第1レベル最適化

サブシステム1の決定変数を x_1, サブシステム2の決定変数を x_2, σ とすれば, L_1 と L_2 の停留必要条件は次式となる.
サブシステム1;

$$\frac{\partial L_1}{\partial x_1} = 2(x_1-2)+\lambda=0 \quad \Rightarrow \quad x_1(\lambda)=2-0.5\lambda \tag{5.7.70}$$

サブシステム2;

$$\frac{\partial L_2}{\partial x_2} = 2(x_2-1)+\sigma=0 \quad \Rightarrow \quad \sigma=2(1-x_2) \tag{5.7.71}$$

$$\frac{\partial L_2}{\partial \sigma} = x_2-\lambda=0 \quad \Rightarrow \quad x_2=\lambda \tag{5.7.72}$$

式 (5.7.72) を式 (5.7.71) に代入すれば次式を得る.

$$\sigma(\lambda)=2(1-\lambda) \tag{5.7.73}$$

第2レベルで決定される任意の λ に対し, 式 (5.7.70)(5.7.72) そして (5.7.73) は第1レベルのサブシステム1と2に対応する最適決定を与える. もちろん最小にする十分条件にチェックは言うまでもない.

(ii) 明示的コーディネーター (explicit second-level coordinators)

すべての第1レベルの決定変数をラグランジェ乗数の明示的な関数で記述できる場合, 明示的な第2レベルのコーディネーターが使える. 第2レベルの唯一の変数はラグランジェ乗数 λ であるから, ラグランジェ関数の停留の必要条件は次式で与えられる.

$$\frac{dL}{d\lambda} = x_1-\sigma=0 \tag{5.7.74}$$

第1レベルにおける x_1 と σ は, 式 (5.7.70)(5.7.73) により λ に関して明示的に与えられるから, 式 (5.7.74) に λ をそのまま代入すれば次式を得る.

$$2-0.5\lambda=2(1-\lambda) \quad \Rightarrow \quad \lambda=0$$

この値を第1レベルの変数に入れれば, 次の値を得る.

$$x_1(\lambda)=2, \ x_2(\lambda)=0, \ \sigma(\lambda)=2, \ \text{そして} f(2,0)=1$$

この解は分解をしなくても得られ, 全体の最適解である.

(iii) 双対コーディネーター (dual second-level coordinator)

非実行分解は双対定理の利用と応用に優れた機会を与えてくれる．特に，第1レベルの最適化が本来の決定変数と擬似変数に関する主問題を解くとみなせる場合は双対定理の意義が分かる．このとき，第2レベルの最適化は双対変数（つまりラグランジェ乗数）に関する双対問題を解くことになる．第1レベルのサブシステム（主問題）の解は，もしもラグランジアンがサドルポイントをもてば，第2レベルのシステム（双対問題）の解に収束する．
(ここで例として用いている問題のラグラジアンにはサドルポイントがないことに注意)

式(5.7.55)のラグランジェ関数にサドルポイントがあると仮定する．第2レベルのコーディネーターの仕事はλに関するラグランジェ関数を最大にすることである．こうして双対定理より第2レベルの目的関数は次式となる．

$$\max_{\lambda \in D} L(x_1^o, x_2^o, \sigma^o, \lambda) \tag{5.7.75}$$

ここに，x_1^o, x_2^o, σ^o はサブシステムの解（主問題の解）で，D はキューン・タッカー条件を満足するすべてのλの集合である．

式(5.7.75)の最大化は勾配型アルゴリズムで行うことができる．λに関するラグラジアンを最大化する再帰方程式は次のように描くことができる．

$$\lambda^{(k+1)} = \lambda^{(k)} + \Delta' \frac{\partial L}{\partial \lambda}(\lambda^{(k)}) \quad \Delta' > 0 \tag{5.7.76}$$

ここに，Δ' はステップサイズである．さて，

$$\frac{\partial L}{\partial \lambda} = x_1(\lambda) - \sigma(\lambda) = 1.5 \tag{5.7.77}$$

であるから，これを式(5.7.76)に代入すれば次式を得る．

$$\lambda^{(k+1)} = \lambda^{(k)} + \Delta \lambda^{(k)} \quad \Delta = 1.5 \Delta' \tag{5.7.78}$$

ここで興味深いことがわかる．すなわちλの初期値が0でない限り再帰方程式(5.7.65)は決してλの最適値を得ることができないということである．初期値として負の値を与えるとλはより小さくなり続け，正の値を与えるとより大きくなり続ける．従って，λは0に収束することはない．勾配型アルゴリズムの失敗はサドルポイント存在の必要条件を満たしていない，つまりx_1^o, x_2^o, σ^o に関す

るラグラジアンの最小値が存在しないということである．これを最小値の十分条件のためのヘシアンマトリクスで調べてみよう．

ラグランジアンのヘシアンマトリクスは以下のようになる．

$$H = \begin{bmatrix} \dfrac{\partial^2 L}{\partial x_1^2} & \dfrac{\partial^2 L}{\partial x_1 \partial x_2} & \dfrac{\partial^2 L}{\partial x_1 \partial \sigma} \\ \dfrac{\partial^2 L}{\partial x_2 \partial x_1} & \dfrac{\partial^2 L}{\partial x_2^2} & \dfrac{\partial^2 L}{\partial x_2 \partial \sigma} \\ \dfrac{\partial^2 L}{\partial \sigma \partial x_1} & \dfrac{\partial^2 L}{\partial \sigma \partial x_2} & \dfrac{\partial^2 L}{\partial \sigma^2} \end{bmatrix} \tag{5.7.79}$$

サブシステム1の決定変数 x_1 がサブシステム2の決定変数 x_2, σ と結合していない2つのサブシステムにラグランジアン分解されている．従って，ヘシアンのクロスターム (cross-term) $\partial^2 L/\partial x_1 \partial x_2$ と $\partial^2 L/\partial x_1 \partial \sigma$ は消滅する．結果のヘシアンは次のようになる．

$$H = \begin{bmatrix} 2 & 0 & 0 \\ 0 & 2 & 1 \\ 0 & 1 & 0 \end{bmatrix} \tag{5.7.80}$$

シルヴェスターの定理によれば，最小値である十分条件はすべてのヘシアンの主小行列 (major minors of Hessian) が正定値 (positive definite) であることだった．しかしながら，式 (5.7.80) の行列式の値は -2 で，十分条件を満たしていない．さらにサドルポイント存在の必要条件も満たしていないこともわかる．ここで，わざと失敗の例を詳しく説明してきたのは，成功の例より，失敗の例から学ぶことが多いからである．多くの論文や書物は成功例ばかりが書かれている．もちろん多くの成功例がある．特にラグランジェ乗数の経済学的解釈は，コーディネーターの役割研究を階層システムアプローチの最も有望な1つにしている．

(iv) ニュートン・ラプソンコーディネーター

ニュートン・ラプソンコーディネーターは古典的なニュートン・ラプソン法をもとにしている．サブシステムの相互作用を分離する擬似変数を組み込んだ式 (5.7.81) の誤差関数 $E(\lambda)$ を導入する．ここでは式 (5.7.60) の差とする．

$$E(\lambda) = x_1(\lambda) - \sigma(\lambda) \tag{5.7.81}$$

この式は擬似変数のベクトルに拡張できる．ニュートン・ラプソン法は，再帰方程式を用いて，次式の根を見つける方法である．

$$E(\lambda) = 0 \tag{5.7.82}$$

$$\lambda^{(k+1)} = \lambda^{(k)} - \Delta E(\lambda^{(k)}) \left[\frac{dE(\lambda^{(k)})}{d\lambda} \right]^{-1} \quad 0 \leq \Delta \leq 1 \tag{5.7.83}$$

ここで $dE(\lambda^{(k)})/d\lambda \neq 0$ が要求される．連鎖のルールを用いれば x_1 と σ で式(5.7.83)を書き直すことができる．つまり，次式が成立する．

$$\frac{dE(\lambda)}{d\lambda} = \frac{\partial E(\lambda)}{\partial x_1} \frac{\partial x_1(\lambda)}{\partial \lambda} + \frac{\partial E(\lambda)}{\partial \sigma} \frac{\partial \sigma(\lambda)}{\partial \lambda}, \quad \frac{\partial E(\lambda)}{\partial x_1} = 1, \quad \frac{\partial E(\lambda)}{\partial \sigma} = -1 \tag{5.7.84}$$

こうして，次式が得られる．

$$\frac{dE(\lambda)}{d\lambda} = \frac{\partial x_1(\lambda)}{d\lambda} - \frac{\partial \sigma(\lambda)}{d\lambda} \tag{5.7.85}$$

式(5.7.84)と(5.7.85)を式(5.7.83)に代入すれば次式を得る．

$$\lambda^{(k+1)} = \lambda^{(k)} - \Delta [x_1(\lambda^{(k)}) - \sigma(\lambda^{(k)})] \left[\frac{\partial x_1(\lambda)}{\partial \lambda} - \frac{\partial \sigma(\lambda)}{\partial \lambda} \right]^{-1} \tag{5.7.86}$$

原問題に最小値が存在し，$\partial x_1(\lambda)/\partial \lambda - \partial \sigma(\lambda)/\partial \lambda$ が存在しかつ特異点でなければ，式(5.7.86)の収束は保証される．まず，$\lambda^{(0)}$ の値を最初に推測し，式(5.7.86)の右辺のすべての要素が第1レベルの最適化で決定される．

例に戻り，式(5.7.70)と(5.7.73)を思い出そう．これらは $x_1(\lambda) = 2 - 0.5\lambda$，$\sigma(\lambda) = 2(1-\lambda)$ であった．これらの式から $\partial x_1(\lambda)/\partial \lambda = -0.5$ と $\partial \sigma(\lambda)/\partial \lambda = -2$ を得，次式を得る．

$$\left[\frac{\partial x_1(\lambda)}{\partial \lambda} - \frac{\partial \sigma(\lambda)}{\partial \lambda} \right]^{-1} = 0.67 \tag{5.7.87}$$

式(5.7.86)にこれらの値を代入すれば次式を得る．

$$\lambda^{(k+1)} = (1-\Delta)\lambda^{(k)} \quad 0 \leq \Delta \leq 1 \tag{5.7.88}$$

注目すべきことは，初期推定 $\lambda^{(0)}$ が正であれば $\lambda^{(1)}$ は小さくなる（$0 \leq \Delta \leq 1$ で最適値に収束するか，あるいは $\Delta=1(\lambda=0)$ で最適値）．反対に負であれば，$\lambda^{(1)}$ はより大きくなる（$0 \leq \Delta \leq 1$ で最適値に収束するか，あるいは $\Delta=1(\lambda=0)$ で最適値）．もしニュートン・ラプソン法で収束するならば，2次で収束することが知られている．

【事例5.12】想定被害地区間のバランスを考慮した多階層河川改修計画[22)43)]
（多階層非線形計画）

　事例対象流域は【事例5.8】と同じ四国の肱川（図5.6.6参照）としよう．そして築堤を主とした段階的河川改修計画問題を考えよう．段階的整備により，投資効果を考慮しつつ堤防を完成させる場合，その途中段階では河川に沿った各地の治水レベルにアンバランスが生じざるを得ない場合が多々ある．従って，沿川各地区間の調整を図りつつ，全体として地域生活者の合意形成が可能な公平性を目的とした制度設計が必要となる．このことを階層システム論で考えることにしよう．具体的には，まず各地区毎の改修が他の地区の治水レベルへ及ぼす影響を考慮し，各地区の改修規模を変数とした年平均被害想定推定式を実験計画法[47)] にもとづく氾濫解析により作成する方法を提示する．次に，ある一定の投資レベルに対し，流域の被害を最小化する投資配分問題として改修規模決定モデルを作成する．このモデルの適用に際して，流域レベルと各地区レベルの2階層意思決定モデルと認知し，遊水効果を有し，他の地区への影響が大きな地区の改修規模を調整変数とした調整プロセスを経て最終合意に至る過程を明らかにする．いくつもの投資レベルに関する複数の最適解の中から，当面目指すべき治水計画の段階について，公平性の観点から選択する考え方を示すことにしよう．

(1) 対象流域

　典型的な上流盆地・下流狭窄の肱川（他にも京都府の由良川や熊本県の球磨川等）で，計画高水流量 $5,200\mathrm{m}^3/\mathrm{s}$，無害流量 $3,000\mathrm{m}^3/\mathrm{s}$ である．図5.7.12に示すように氾濫形態より8つの地区から構成され，上流の盆地の地区Aと中流の遊水池地区C, Dの締切りが懸案となっている．地区特性を表5.7.16に示してお

図5.7.12 流域図

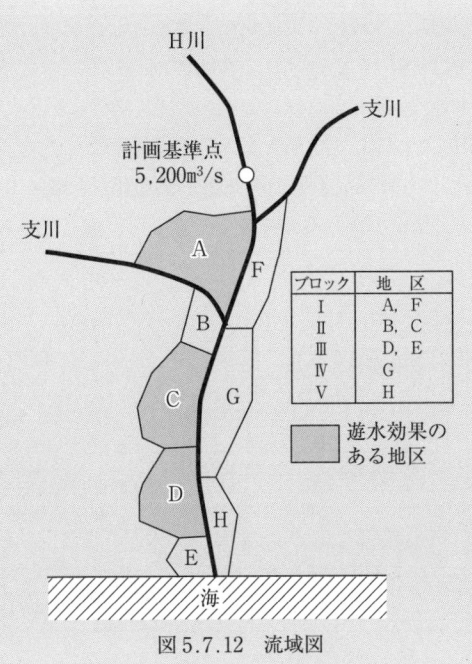

ブロック	地区
I	A, F
II	B, C
III	D, E
IV	G
V	H

表5.7.16 地区特性

地区	人口 (人)	面積 (ha)	人口密度 (人/ha)	農地面積 (ha)	農地比率
A	495.0	8,404	17.0	308.0	0.62
B	5.6	104	18.4	1.3	0.22
C	81.2	262	3.2	52.6	0.65
D	83.1	1,062	12.8	63.0	0.76
E	30.6	680	22.2	16.6	0.54
F	95.7	688	7.2	58.3	0.61
G	42.3	363	8.6	39.8	0.94
H	38.8	208	5.3	30.6	0.79

く．なお，図に示すように行政的には5市町村からなる流域である．

(2) 階層的改修規模決定モデル

年平均被害額は，改修規模を各地区毎の洪水疎通能力 (m^3/s) で表し，この任意の組合せに対する流域全体の年平均被害額を示すものと考えることにしよう．この作成手順を図5.7.13に示す．同手順の氾濫シミュレーションについては，

年平均被害額を実験値，各地区の築堤規模を要因とした実験計画法で行うことにした．そして，要因レベルを2レベル（3,000m³/s，5,000m³/s）とし，着目した交互作用（地区間の関連）を図5.7.14に示す．なお，割付に際しては3因子以上の交互作用を考えないことにし，結果を表5.7.17に示す．

まず，分析手順に示した築堤規模別流量遊水量曲線は，地区A，C，Dについては図5.7.15のとおりで，川幅程度の破堤を想定して，エンゲルス公式により遊水

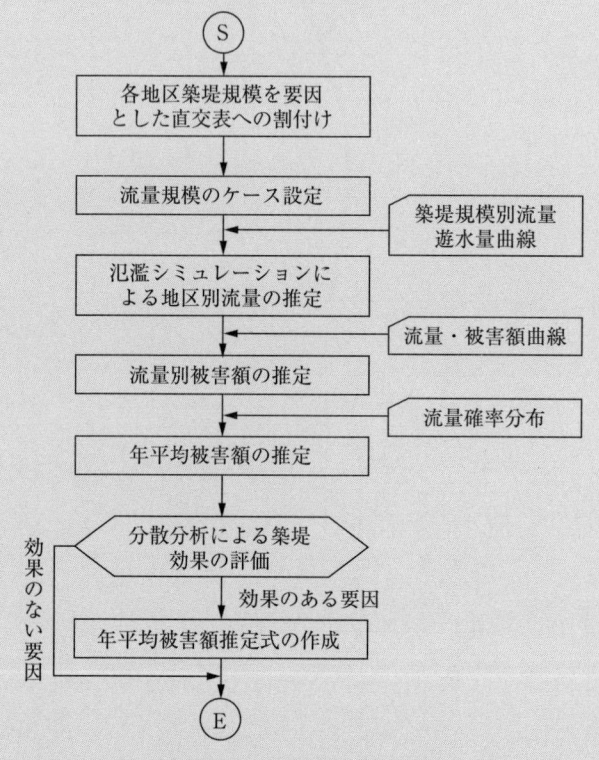

図5.7.13 改修効果の分析手順

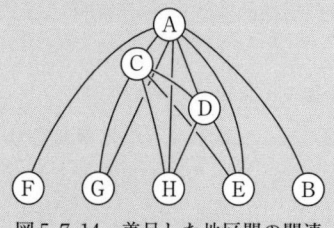

図5.7.14 着目した地区間の関連

表5.7.17 割付結果

群番号	1	2	3				4							5																	
列番号 No.	(1)	(2)	(3)	(4)	(5)	(6)	(7)	(8)	(9)	(10)	(11)	(12)	(13)	(14)	(15)	(16)	(17)	(18)	(19)	(20)	(21)	(22)	(23)	(24)	(25)	(26)	(27)	(28)	(29)	(30)	(31)
1	1	1	1	1	1	1	1	1	1	1	1	1	1	1	1	1	1	1	1	1	1	1	1	1	1	1	1	1	1	1	1
2	1	1	1	1	1	1	1	1	1	1	1	1	1	1	1	2	2	2	2	2	2	2	2	2	2	2	2	2	2	2	2
3	1	1	1	1	1	1	1	2	2	2	2	2	2	2	2	1	1	1	1	1	1	1	1	2	2	2	2	2	2	2	2
4	1	1	1	1	1	1	1	2	2	2	2	2	2	2	2	2	2	2	2	2	2	2	2	1	1	1	1	1	1	1	1
5	1	1	1	2	2	2	2	1	1	1	1	2	2	2	2	1	1	1	1	2	2	2	2	1	1	1	1	2	2	2	2
6	1	1	1	2	2	2	2	1	1	1	1	2	2	2	2	2	2	2	2	1	1	1	1	2	2	2	2	1	1	1	1
7	1	1	1	2	2	2	2	2	2	2	2	1	1	1	1	1	1	1	1	2	2	2	2	2	2	2	2	1	1	1	1
8	1	1	1	2	2	2	2	2	2	2	2	1	1	1	1	2	2	2	2	1	1	1	1	1	1	1	1	2	2	2	2
9	1	2	2	1	1	2	2	1	1	2	2	1	1	2	2	1	1	2	2	1	1	2	2	1	1	2	2	1	1	2	2
10	1	2	2	1	1	2	2	1	1	2	2	1	1	2	2	2	2	1	1	2	2	1	1	2	2	1	1	2	2	1	1
11	1	2	2	1	1	2	2	2	2	1	1	2	2	1	1	1	1	2	2	2	2	1	1	2	2	1	1	2	2	1	1
12	1	2	2	1	1	2	2	2	2	1	1	2	2	1	1	2	2	1	1	1	1	2	2	1	1	2	2	1	1	2	2
13	1	2	2	2	2	1	1	1	1	2	2	2	2	1	1	1	1	2	2	2	2	1	1	1	1	2	2	2	2	1	1
14	1	2	2	2	2	1	1	1	1	2	2	2	2	1	1	2	2	1	1	1	1	2	2	2	2	1	1	1	1	2	2
15	1	2	2	2	2	1	1	2	2	1	1	1	1	2	2	1	1	2	2	1	1	2	2	2	2	1	1	1	1	2	2
16	1	2	2	2	2	1	1	2	2	1	1	1	1	2	2	2	2	1	1	2	2	1	1	1	1	2	2	2	2	1	1
17	2	1	2	1	2	1	2	1	2	1	2	1	2	1	2	1	2	1	2	1	2	1	2	1	2	1	2	1	2	1	2
18	2	1	2	1	2	1	2	1	2	1	2	1	2	1	2	2	1	2	1	2	1	2	1	2	1	2	1	2	1	2	1
19	2	1	2	1	2	1	2	2	1	2	1	2	1	2	1	1	2	1	2	2	1	2	1	2	1	2	1	1	2	1	2
20	2	1	2	1	2	1	2	2	1	2	1	2	1	2	1	2	1	2	1	1	2	1	2	1	2	1	2	2	1	2	1
21	2	1	2	2	1	2	1	1	2	1	2	2	1	2	1	1	2	1	2	2	1	2	1	1	2	1	2	2	1	2	1
22	2	1	2	2	1	2	1	1	2	1	2	2	1	2	1	2	1	2	1	1	2	1	2	2	1	2	1	1	2	1	2
23	2	1	2	2	1	2	1	2	1	2	1	1	2	1	2	1	2	1	2	1	2	1	2	2	1	2	1	1	2	1	2
24	2	1	2	2	1	2	1	2	1	2	1	1	2	1	2	2	1	2	1	2	1	2	1	1	2	1	2	2	1	2	1
25	2	2	1	1	2	2	1	1	2	2	1	1	2	2	1	1	2	2	1	1	2	2	1	1	2	2	1	1	2	2	1
26	2	2	1	1	2	2	1	1	2	2	1	1	2	2	1	2	1	1	2	2	1	1	2	2	1	1	2	2	1	1	2
27	2	2	1	1	2	2	1	2	1	1	2	2	1	1	2	1	2	2	1	2	1	1	2	2	1	1	2	2	1	1	2
28	2	2	1	1	2	2	1	2	1	1	2	2	1	1	2	2	1	1	2	1	2	2	1	1	2	2	1	1	2	2	1
29	2	2	1	2	1	1	2	1	2	2	1	2	1	1	2	1	2	2	1	2	1	1	2	1	2	2	1	2	1	2	1
30	2	2	1	2	1	1	2	1	2	2	1	2	1	1	2	2	1	1	2	1	2	2	1	2	1	1	2	1	2	1	2
31	2	2	1	2	1	1	2	2	1	1	2	1	2	2	1	1	2	2	1	1	2	2	1	2	1	1	2	1	2	2	1
32	2	2	1	2	1	1	2	2	1	1	2	1	2	2	1	2	1	1	2	2	1	1	2	1	2	2	1	2	1	1	2
列名	a	a		a			a	a			a				a	a			a			a	a			a		a			a
		b	b		b	b			b	b		b	b				b	b		b	b			b	b		b		b	b	
			c	c	c	c				c	c	c	c					c	c	c	c				c	c	c	c			
				d	d	d	d	d	d	d												d	d	d	d	d	d	d			
												e	e	c	e	e	e	e	e	e	e	e	e	e	e	e	e	e	e	e	e
割付け	A	B	A	E	A	D	e	C	A	e	e	C	e	e	e	F	A	e	C	e	C	C	e	e	D	A	H	A	D	G	A
			B		E	H			C				F	H				D	G			E	H			D					G

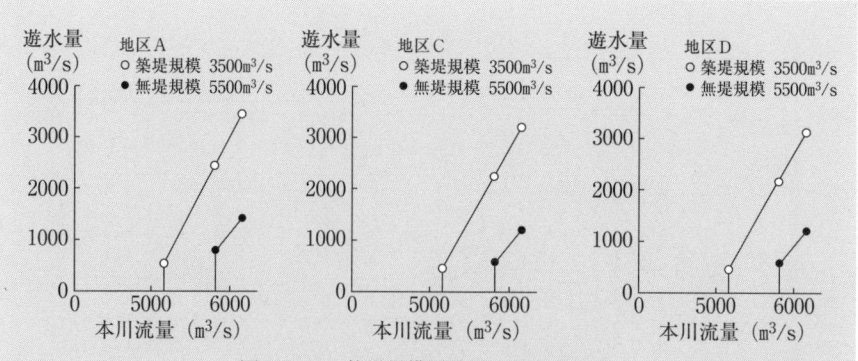

図5.7.15 築堤規模別流量・遊水量曲線

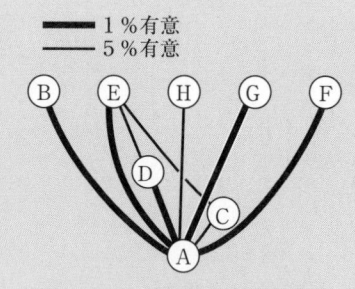

図5.7.16 地区間の関連有意性

量を推定した．次に表5.7.17の割付にもとづいて年平均被害額の推定を行い，各要因の効果を調べ分散分析を行った結果を表5.7.18，表5.7.19に示す．この結果，5％有意水準に対し主効果はすべて有意で，交互作用は図5.7.16に示したように地区Aに関しては予め設定したすべての関係が有意で，地区C, Dについては双方とも地区Eとのみ有意であった．以上の結果から，年平均被害額推定式は次のような2次形式で表される．

$$D=\sum_{i=1}^{n}\alpha_i \frac{(m_i-x_i)}{\Delta x_i}+\sum_{i=1}^{n}\sum_{j=1}^{n}\beta_{ij}\frac{(m_i-x_i)}{\Delta x_i}\frac{(m_j-x_j)}{\Delta x_j}+\nu \qquad (5.7.89)$$

ここに，i, j：地区名，n：地区数，$\alpha_i, \beta_{ij}, \nu$：それぞれ主効果，交互作用効果，平均効果，$x_i$：築堤規模，$\Delta x_i$：築堤規模間隔，$m_i$：平均築堤規模，を表す．なお，$\alpha_i, \beta_{ij}$は表5.7.19の水準平均値の総平均により設定される．式(5.7.89)に関する検証を図5.7.20のように行ったところ，十分な精度をもつことが確認された．

こうして，各地区の改修規模の最適化問題は，被害最小を目的として次式のように定式化することができる．

表5.7.18 要因効果（百万円/年）

列名	水準間の総編差	要因効果	二乗和
1 A	3,481.11	108.78	378,691.30
2 B	1,186.55	37.08	43,996.85
3 A B	-968.09	-30.25	29,287.47
4 E	436.71	13.65	5,959.85
5 A E	-370.09	-11.57	4,280.21
6 D H	-75.65	-2.36	178.84
7 e	28.91	0.90	26.12
8 C	369.45	11.55	4,265.41
9 A C	-152.27	-4.76	724.57
10 e	-0.03	-0.00	0.00
11 e	0.01	0.00	0.00
12 C E	-156.07	-4.88	761.18
13 e	152.37	4.76	725.52
14 e	41.05	1.28	52.66
15 e	-42.19	-1.32	55.63
16 F	3,994.05	124.81	498,513.70
17 A F	-2,363.15	-73.85	174,514.90
18 e	51.57	1.61	83.11
19 C H	-53.71	-1.68	90.15
20 e	2.61	0.08	0.21
21 C D	-6.27	-0.20	1.23
22 e	0.01	0.00	0.00
23 e	0.01	0.00	0.00
24 e	122.11	3.82	465.96
25 D E	-184.33	-5.76	1,061.80
26 A H	-204.25	-6.38	1,303.69
27 H	254.35	7.95	2,021.68
28 A D	-372.93	-11.65	4,346.15
29 D	524.87	16.40	8,609.02
30 G	372.75	11.65	4,341.96
31 A G	-256.73	-8.02	2,059.70

$$D = \sum_{i=1}^{n} \alpha_i \frac{(m_i - x_i)}{\Delta x_i} + \sum_{i=1}^{n} \sum_{j=1}^{n} \beta_{ij} \frac{(m_i - x_i)}{\Delta x_i} \frac{(m_j - x_j)}{\Delta x_j} + \nu \to \min \quad (5.7.90)$$

$$x_{\min} \leq x_i \leq x_{\max} \quad (5.7.91) \qquad 0 \leq \sum_{i \in K} C_i (x_i - x_{\min}) \leq C_{K,\max} \quad (5.7.92)$$

ここに，$x_{\min}$；現在の整備レベル（3,000m³/s），$x_{\max}$；最終目標の計画高水流量（5,200m³/s）である．また，$C_{K,\max}$；流域市町村（K）への総事業費制約を示す．

表5.7.19 分散分析表

列　名	水準平均値（百万円／年）		自由度	二乗和	分散	F値
	第一水準	第二水準				
1 A	810.67	593.10	1	378,691.30	378,691.30	2,687.262
2 B	738.96	664.80	1	43,996.85	43,996.85	312.210
4 E	715.53	688.23	1	5,959.85	5,959.85	42.292
8 C	713.43	690.34	1	4,265.41	4,265.41	30.268
16 F	826.70	577.07	1	498,513.70	498,513.70	3,537.543
27 H	709.83	693.93	1	2,021.68	2,021.68	14.346
29 D	718.28	685.48	1	8,609.02	8,609.02	61.091
30 G	713.53	690.23	1	4,341.96	4,341.96	30.811
3 A B			1	29,287.47	29,287.47	207.829
5 A E			1	4,280.21	4,280.21	30.373
6 D H			1	178.84	178.84	1.269
9 A C			1	724.57	724.57	5.142
12 C E			1	761.18	761.18	5.401
17 A F			1	174,514.90	174,514.90	1,238.389
19 C H			1	90.15	90.15	0.640
21 C D			1	1.23	1.23	0.009
22 C G			1	0.00	0.00	0.000
25 D E			1	1,061.80	1,061.80	7.535
26 A H			1	1,303.69	1,303.69	9.251
28 A D			1	4,346.15	4,346.15	30.841
31 A G			1	2,059.70	2,059.70	14.616
誤　差			10	1,409.21	140.92	

F値5％有意水準＝ 4.96
F値1％有意水準＝10.00

(3) 対話型調整プロセス

式(5.7.90)～(5.7.92)は非線形計画でその特別な形式から2次計画問題と言われるものである．ここでは流域市町村の合意形成プロセスを眺めるために階層システムとして認識し，その調整プロセスを分析する．このためには目的関数を分離可能な形式にする必要がある．この方法としては，すでに述べた実行可能分解と非実行可能分解が考えられる．後者を行うためには鞍点の存在が前提となる．しかしその保証はなく，その存在はケースバイケースである．ここで提示したモデルのヘッシアンを調べたところ鞍点がないことがわかった．結果，実行可能分解を選択することにした．この方法による調整メカニズムをモデル化すれば図5.7.21のようになる．

5 静的最適化

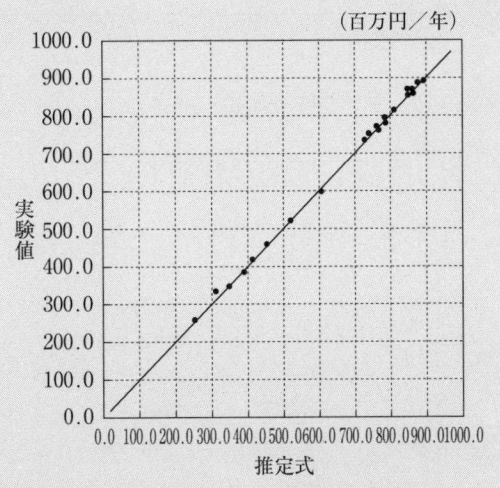

図5.7.20　年平均被害額推定式の検証

　この調整プロセスは次のようになる．まず河川管理者はこの流域の総事業費の予算制約を提示し，地元の市町村の独自性（あるいは自分さえよければ良いというようなエゴ）を前提として，できるだけ地元がお互い納得がいくような形で，治水効果を最大にしようと考えているものとする．こうして，次のような調整メカニズムが働く．すなわち，河川管理者は，調整変数である地区1と3の遊水池としての改修レベルを各市町村に提示する．

　各市町村は現状より好ましい最適な整備レベル x_i と地区1，3のシャドウ・プライス μ_i を河川管理者に伝達する．そして，河川管理者は，流域の総被害額を小さくするように，地区1，3の改修レベル σ_1，σ_3 を次式により更新し，$\sigma_i^{(k)} = \sigma_i^{(k+1)}$ になるまでこの手順を繰り返す．

$$\sigma_i^{(k+1)} = \sigma_i^{(k)} - \Delta \frac{\partial L}{\partial \sigma_i}\bigg|_{\sigma_i^{(k)}} \quad (i=1.3) \tag{5.7.93}$$

ただし，

$$\frac{\partial L}{\partial \sigma_i} = -\mu_1 + \beta_{12}x_2 + \beta_{13}x_3 + \beta_{14}x_4 + \beta_{15}x_5 + \beta_{17}x_7 + \beta_{18}x_8 \tag{5.7.94}$$

$$\frac{\partial L}{\partial \sigma_2} = -\mu_3 + \beta_{35}x_5 \tag{5.7.95}$$

　なお，各市町村に関する第1レベルの部分最適化問題については，Boxのコンプレックス法を[48]用いて最適解を見つけることにする．

調整レベル

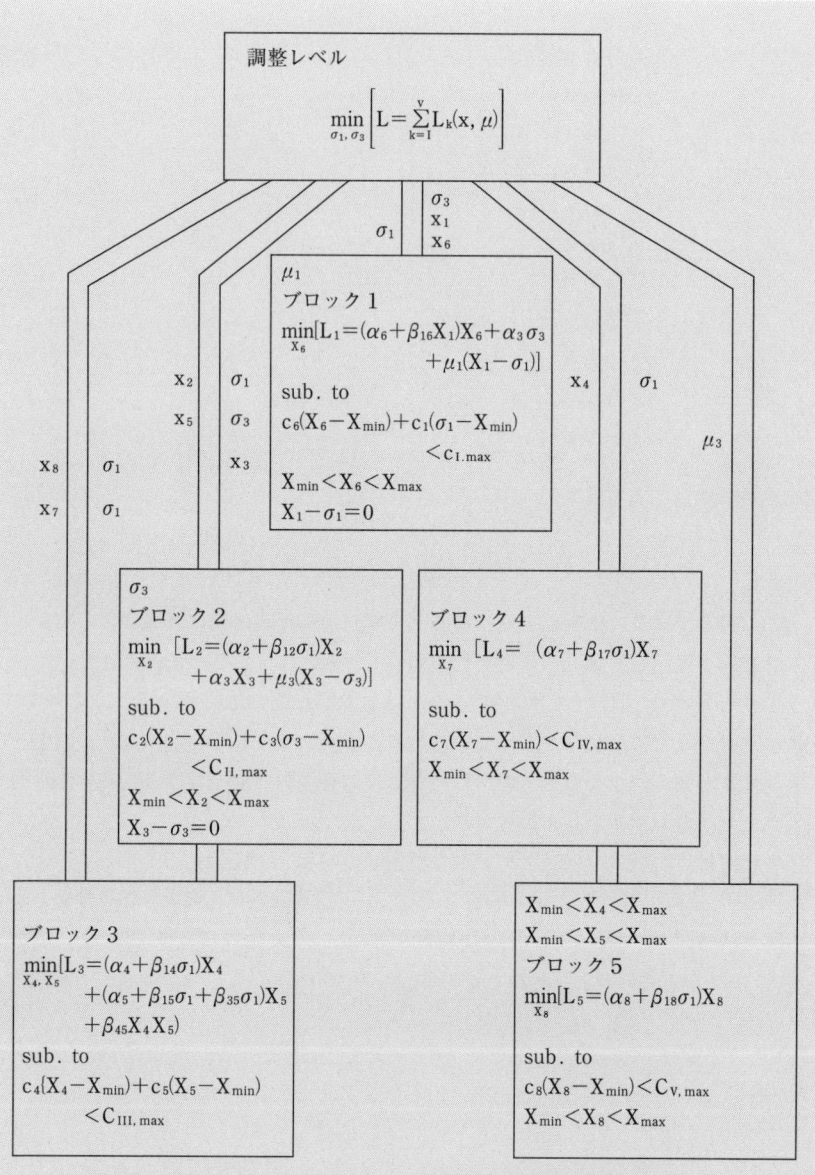

$$\min_{\sigma_1, \sigma_3}\left[L=\sum_{k=1}^{V}L_k(x,\mu)\right]$$

ブロック1

$$\min_{X_6}[L_1=(\alpha_6+\beta_{16}X_1)X_6+\alpha_3\sigma_3+\mu_1(X_1-\sigma_1)]$$

sub. to
$$c_6(X_6-X_{min})+c_1(\sigma_1-X_{min})<c_{I,max}$$
$$X_{min}<X_6<X_{max}$$
$$X_1-\sigma_1=0$$

ブロック2

$$\min_{X_2}[L_2=(\alpha_2+\beta_{12}\sigma_1)X_2+\alpha_3X_3+\mu_3(X_3-\sigma_3)]$$

sub. to
$$c_2(X_2-X_{min})+c_3(\sigma_3-X_{min})<C_{II,max}$$
$$X_{min}<X_2<X_{max}$$
$$X_3-\sigma_3=0$$

ブロック4

$$\min_{X_7}[L_4=(\alpha_7+\beta_{17}\sigma_1)X_7]$$

sub. to
$$c_7(X_7-X_{min})<C_{IV,max}$$
$$X_{min}<X_7<X_{max}$$

ブロック3

$$\min_{X_4,X_5}[L_3=(\alpha_4+\beta_{14}\sigma_1)X_4+(\alpha_5+\beta_{15}\sigma_1+\beta_{35}\sigma_1)X_5+\beta_{45}X_4X_5)$$

sub. to
$$c_4(X_4-X_{min})+c_5(X_5-X_{min})<C_{III,max}$$

ブロック5

$$X_{min}<X_4<X_{max}$$
$$X_{min}<X_5<X_{max}$$

$$\min_{X_8}[L_5=(\alpha_8+\beta_{18}\sigma_1)X_8]$$

sub. to
$$c_8(X_8-X_{min})<C_{V,max}$$
$$X_{min}<X_8<X_{max}$$

図5.7.21　2レベル・システムとしての河川改修規模決定モデル

(4) モデルの適用結果とその考察

まず表5.7.20に各市町村の事業費制約を示しておく．以下この制約のもとで結果の考察を行う．図5.7.22は，流域上流端での計画基準点における暫定的な

表5.7.20 事業費制約

ブロック	地区	事業費制約（10億円）
I	A, F	4.41
II	B, C	1.12
III	D, E	1.63
IV	G	1.56
V	H	1.16

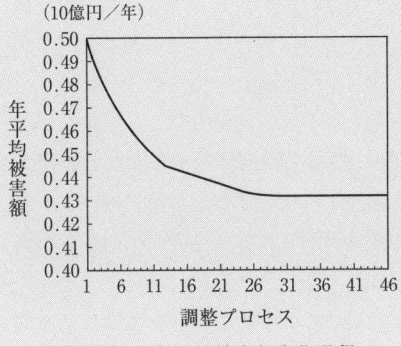

図5.7.22 年平均被害額変化過程

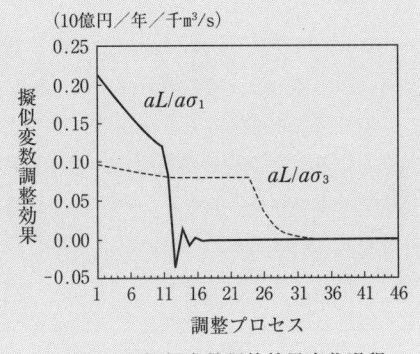

図5.7.23 擬似変数調整効果変化過程

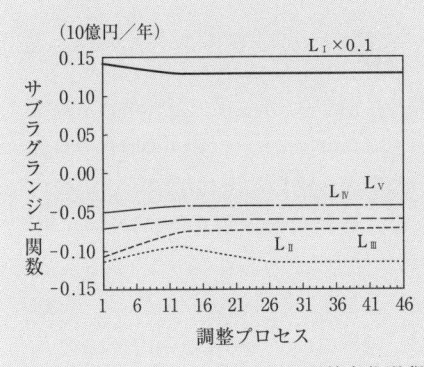

図5.7.24 サブ・ラグランジュ関数変化過程

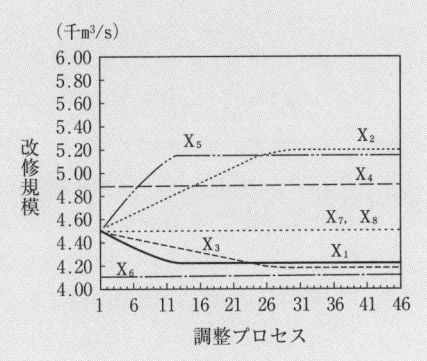

図5.7.25 改修規模の変化過程

計画高水流量 $4,500m^3/s$ 相当の改修代替案に対し，調整プロセスにより想定される総被害額がどのように低減するかを示したものである．同様に図5.7.23は，調整変数 σ_1（地区1の改修レベル），σ_3（地区3の改修レベル）の収束過程みるため $\partial L/\partial \sigma_1$，$\partial L/\partial \sigma_3$ の変化を示したものである．この図によれば，30回程度の繰返しで収束し最適解が得られている．図5.7.24は，各市町村のサブ・ラグラン

427

ジュ関数の変化を示している．この図は，最初の12回程度までは，都市Ⅰ（大洲市の一部）のサブ・ラグランジュ関数が低減しており，この地区の資産価値が大きく，全体に与える影響が支配的であることを示している．都市Ⅰが収束した後市町村Ⅱの値が低減していき収束に向かう．実際，図5.7.25の各地区の毎の改修レベルの変化をみると，都市Ⅰに属する地区1，6は，当初ともに4,500m³/s規模であったものが，約12回の繰返しにより，それぞれ4,220m³/s，5,140m³/sに収束している．すなわち，地区1は下流の流量を減少せしめるように小さな値に調整され，資産価値の高い地区6は，殆ど上限に近い計画高水流量相当の改修となる．図5.7.26は，地区1，3の改修レベルを河川管理者の指示通りとする制約に関するシャドウプライス（μ）である．指示された値を無視して各市町村単位での最適化を図り改修レベルを大きくすると，いずれも流域全体としては負の効果となることが理解されよう．さらに図5.7.27は各市町村の事業費制約に関するシャドウプライスを示したもので，特に都市Ⅰでは，まだまだ投資増による効果が大きいことが読み取れる．市町村毎の投資計画案自体を見直す際の貴重な基礎情報となる．

以上のように，こうした階層的最適化を適用することにより，まるで演劇を観ているように，問題の本質的理解を深めることが可能となる．

(5) 公平性指標による段階的改修規模の評価

(4)での改修規模決定モデルを用いて最終の計画高水流量に至る段階的治水規模に関する改修規模の最適化を図った．ここではこれと全地区一定規模改修の場合との治水効果の比較を年平均被害額で行った結果を図5.7.28に示す．

この結果，投資規模が小さい間は最適改修の効果は相対的に小さいが，4,500m³/s以上になると約40%程度の被害軽減効果がみられる．また表5.7.21は，得られた地区別最適改修規模であるが，3,500〜4,000m³/sでは主として地区Aで遊水効果を持たせ，4,500m³/sでは，地区A，Cで遊水効果を持たせることが妥当であるという解となっている．また，5,000m³/s以上では地区A，C，Dとも改修規模が大きく，すべて締切るほうが良いとする結果となっている．

以下，この結果を前提として公平性の観点から治水規模を評価しよう．このときの公平性の指標については，地区iでの生活者1人当たりの年平均被害額d_iが，公平性を考慮して定められたある基準d_aをはずれたときのペナルティ$E_i(d)$を考え，これをd_aの近傍でテーラー展開すると次式を得る．

$$E_i(d_i)=E_i(d_a)+\frac{E_i'(d_a)}{1!}(d_i-d_a)+\frac{E_i''(d_a)}{2!}(d_i-d_a)^2+\varepsilon \quad (5.7.96)$$

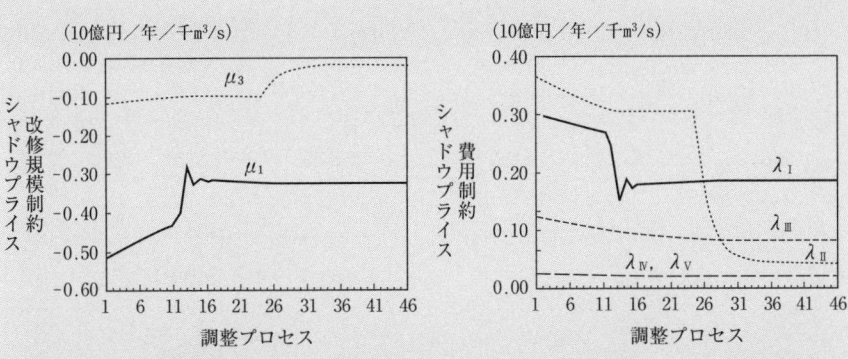

図 5.7.26 改修規模制約シャドウプライス変化過図

図 5.7.27 費用制約シャドウプライス変化過程

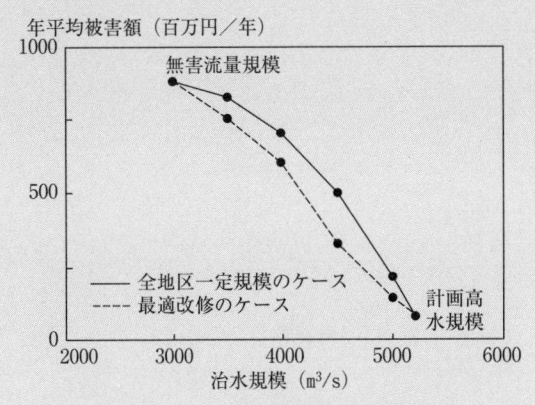

図 5.7.28 治水規模別の最適改修効果

表 5.7.21 治水規模別の各地区最適改修規模

治水規模 (m³/s)	A	B	C	D	E	F	G	H
3,000	3,000	3,000	3,000	3,000	3,000	3,000	3,000	3,000
3,500	3,080	3,840	3,800	3,630	3,270	4,920	3,140	3,520
4,000	4,180	4,910	5,030	4,690	3,160	4,380	3,110	3,270
4,500	4,220	5,200	4,180	4,890	4,110	5,140	4,500	4,500
5,000	5,200	5,200	4,980	5,000	4,310	5,200	4,710	5,060
5,200	5,200	5,200	5,200	5,200	5,200	5,200	5,200	5,200

ここに, $E_i(d_i) \equiv E'(d_a) \equiv 0$ かつ $\varepsilon \approx 0$ とおけるから,

$$E_i(d_i) \approx \frac{E''(d_a)}{2!}(d_i-d_a)^2 \quad (5.7.97)$$

となる. いま $E_i''(d_a)/2! \approx const.$ と仮定し, d_a を流域平均の生活者 1 人当たり年平均被害額と考え, 各地区内の生活者は均一に被害を受けるものとすると流域全体のペナルティの和は各地区 1 人当たりの年平均被害額の分散に比例することになり, 結局統計学の教えるところによる次式の分散を公平性指標と考えることができる.

$$V_d = \sum_{i=1}^{m} n_i(d_i-d_a)^2 / \sum_{i=1}^{m} n_i \quad (5.7.98)$$

ここに, m; 地区数, n_i; 地区 i の人口である. 図 5.7.29 は公平性指標 V_d の投資額すなわち治水規模に対する変化を示したものである. この結果, 4,500m³/s 規

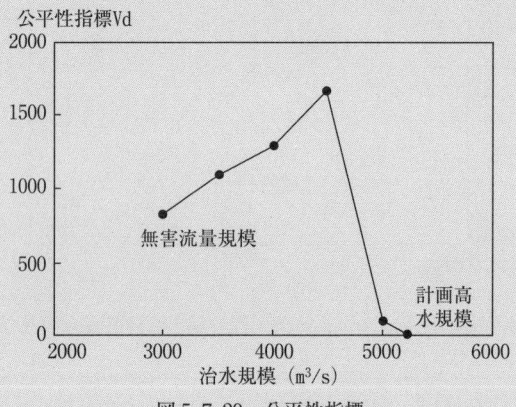

図 5.7.29 公平性指標

表 5.7.22 治水規模別の各地区 1 人当たり年平均被害額（百万円 / 人）

治水規模 (m³/s)	A	B	C	D	E	F	G	H	平均
3,000	69.00	103.59	42.42	12.10	0.00	117.60	15.83	0.00	59.57
3,500	72.31	0.00	0.00	0.00	0.00	0.00	0.00	0.00	51.62
4,000	38.14	0.00	0.00	0.00	124.46	0.00	103.18	197.28	41.08
4,500	15.80	0.00	277.32	0.00	0.00	58.97	39.92	10.45	22.33
5,000	8.70	31.60	7.23	0.00	37.51	7.42	8.50	0.00	9.52
5,200	6.39	23.22	5.31	0.00	0.00	5.45	1.66	0.00	5.26

模で公平性は最も劣っており，無害流量から $4,000\mathrm{m}^3/\mathrm{s}$ まで公平性は若干劣っていくがその傾向は顕著ではなく，$5,000\mathrm{m}^3/\mathrm{s}$ 以上では公平性は極めて高くなる．したがって，公平性という観点に立てば，暫定規模として $4,000\mathrm{m}^3/\mathrm{s}$ までとしておくか，あるいは一挙に計画高水まで改修したほうが良いということになる．また，$4,000\mathrm{m}^3/\mathrm{s}$ 改修としたときは表 5.7.22 より，下流の E，G，H の地区の被害が相対的に大きくなるので，築堤以外の対策として避難体制の強化や，人家の盛土等の導入が不可欠であろう．

参考文献

1) 吉川和広：土木計画と OR，丸善，1969
2) Dantzig, G. B.: Linear Programming and Extensions, Princeton University Press, 1963
3) Haimes, Y. Yacov: Hierarchical Analyses of Water Resources Systems, McGraw-Hill, 1977
4) 清水康生：震災リスク軽減を目的とした大都市域における水循環システムの再構成に関する研究，京都大学博士学位論文，2002
5) 西村和司・清水康生・萩原良巳：下水処理水の利用による震災被害の軽減と水辺創成，地域学研究，第 32 巻，第 1 号，pp. 101-113, 2002.
6) 西村和司・清水康生・萩原良巳：大都市域での下水処理水利用による水辺創成と地震被害の軽減に関する研究，環境システム研究，Vol. 29, pp. 369-376, 土木学会，2001
7) 森正幸・萩原良巳・小棚木修・今田俊彦：地震による水道被害と生活被害軽減のための情報システムについて，日本リスク研究学会第 10 回研究発表会論文集，pp. 106-111, 1997
8) 深尾毅：システムの数理，数理科学シリーズ 9，筑摩書房，1975.
9) 浜田隆資・秋山仁：グラフ論要説，槇書店，1982.
10) 伊理正夫・古林隆：ネットワーク理論，日科技連，1976.
11) Robin, J. Wilson・John, J. Watkins（大石泰彦訳）：グラフ理論へのアプローチ，日本評論社，1997.
12) Oystein Ore・Robin, J. Wilson（大石泰彦訳）：やさしくくわしいグラフ理論入門，日本評論社，1993.
13) 萩原良巳・萩原清子・高橋邦夫：都市環境と水辺計画，勁草書房，1998.
14) 椹木義一・河村和彦編：参加型システムズ・アプローチ —— 手法と応用 ——，日刊工業新聞社，1981.
15) Greenberg, H.: 『Integer Programming』, Academic Press, 1971
16) 萩原良巳・中川芳一・渡辺晴彦：ダム建設計画に関する一考察，第 2 回土木計画学研究発表会講演論文集，pp. 51-57, 土木学会，1980
17) 萩原良巳・小泉明・辻本善博：水需給構造ならびにその変化過程の分析，第 14 回衛生工学研究討論会講演論文集，pp. 139-144, 土木学会，1978
18) Fushimi, T. and T. Yamaguchi: Mathematical Methodrology for Finding Balanced Attainments of Multiple Gaols, Journal of the Operations Research Society of Japan, Vol. 19, No. 2, 1975
19) Nijkammp, P.: Theory and Application of Environmental Economics, North-Holland,

Amsterdam, 1977
20) 清水清孝：システム最適化理論，コロナ社，1976
21) Kurasige, T., Hagihara, Y., Nakagawa, Y. and M. Hirai: Model Analysis for Project Scaling of River Improvement, 6th Congress the Asian and Pacific Regional Division of IAHR, 1988
22) 萩原良巳・中川芳一・蔵重俊夫：下流への影響を考慮した河道改修規模決定モデル分析，土木学会第28回水理講演会論文集，pp. 369-374，1984
23) 吉川和広編著；木俣昇・春名攻・田坂隆一郎・萩原良巳・岡田憲夫・山本幸司・小林潔司・渡辺晴彦：土木計画学演習，森北，1985
24) Lasdon, L., S.: Optimization Theory for Large Systems, MacMillan, 1970
25) Mesarovic, M. D. et al: Theory of Hierarchical Multilevel Systems, Academic Press, 1970
26) Hagihara, Y. and K. Hagihara: Project Grant Allocation Process Applied in Sewerage Planning, Jour. Water Resources Research, Vol. 17, 3. pp. 449-454, AGU, 1981
27) 萩原良巳・萩原清子：下水道整備計画に関するシステム論的研究3 ―― とくに国の調整機能の計量化と各都市のフィードバック情報について ――，土木学会第11回衛生工学研究討論会講演論文集，pp. 124-129，1975
28) Hagihara, K.: The Role of Intergovernment Grants for Environmental Problems, Environment and Planning C: Government and Policy, Vol. 3, pp. 439-450, Pion, 1985
29) 萩原清子・萩原良巳：沿岸海域への汚濁インパクトを考慮した地域水配分計画，地域学研究，第7巻，pp. 61-75，1977
30) 萩原良巳・上田育世・中川芳一・辻本善博・萩原清子：下水道整備計画に関するシステム論的研究8 ―― とくに水環境を考慮した地域負荷配分について ――，土木学会第13回衛生工学研究討論会講演論文集，pp. 208-212，1977
31) 萩原良巳・上田育世・中川芳一：下水道整備計画に関するシステム論的研究5 ―― とくに海の扱いについて ――，土木学会第12回衛生工学研究討論会講演論文集，pp. 131-136，1976
32) 萩原良巳・中川芳一・蔵重俊夫：準線形化の河川計画への適用に関する研究，NSC研究年報 Vol. 12 No. 1, ㈱日水コン，1984
33) 亀田寛之・萩原良巳・清水康生：京都市上京区における災害弱地域と高齢者の生活行動に関する研究，環境システム研究論文集 Vol. 28, pp. 141-150，土木学会，2000
34) 畑山満則・寺尾京子・萩原良巳・金行方也：京都市市街地における災害弱地域と高齢者コミュニティに関する分析，環境システム研究論文集 Vol. 31, pp. 387-394，土木学会，2003
35) 萩原良巳・畑山満則・岡田祐介：京都の水辺の歴史的変遷と都市防災に関する研究，京都大学防災研究所年報第47号B，pp. 1-14，2004
36) 萩原良巳・蔵重俊夫・平井真砂郎：治水計画における計画降雨群決定モデル，第31回水理講演会論文集，pp. 197-202，土木学会，1987
37) 萩原良巳・中川芳一・蔵重俊夫：治水計画における計画降雨の決定に関する一考察，第29回水理講演会論文集，pp. 317-322，土木学会，1985
38) Kurasige, T., Hagihara, Y., Nakagawa, Y.: Design Rainfall Model under Imperfect Information, Pro. of International Symposium on Water Resources Systems Application, pp. 177-186, 1990
39) Bellman, R.: Dynamic Programming, Princeton University Press, 1957
40) 辻本善博・萩原良巳・中川芳一：確率分布をもった型紙による渇水期貯水池操作，第23回水理講演会論文集，pp. 263-268，土木学会，1979
41) 国沢清典：エントロピーモデル，ORライブラリー14，日科技連，1975
42) Darroch, J. N. and D. Rachiff: Generalized Iterative Scaling for Log-Linear Models, Annuals

of Math. Stat., Vol. 43, pp. 1472-1480, 1972
43) Kurashige, T., Hagihara, Y., Nakagawa, Y. and M. Hirai; Model Analysis for Project Scaling of River Improvement, 6th Congress the Asian and Pacific Regional Division of the International Association for Hydraulic Research, 1988
44) 萩原良巳・内藤正明：水環境のシステム解析，環境情報科学，9-1, pp. 7-19, 1980
45) 末石冨太郎：都市環境の蘇生，中公新書，1975
46) Gass, S. I.; Linear Programming, McGraw-hill, New York, 1969
47) 奥野忠一・芳賀敏郎：実験計画法，培風館，1969
48) Box, M. J.; A New Method of Constrained Optimaization and A Comparison with Other Method, Computer Journal, Vol. 8, No1, 1965
49) 佐竹一郎：行列と行列式，裳華房，1958
50) 町田東一・駒崎友和・松浦武信：マトリクスの固有値と対角化，東海大学出版会，1990

6 動的システムと最適化

6.1 社会システムの持続可能性とは何か

　ここでは，社会システムを簡単な数学モデルで記述し，その変化過程を考察して，いわゆる持続可能性とは何かを考えることにする．このため，著者が学生時代から愛読書の1つに数えている1969年に出版され，いまは絶版となっている，オスカー・ランゲの著書[1]を社会システムとして紐解くことにしよう．内容は非常に単純なモデルから出発し，1）社会システムのはたらきを社会作用素の変換とその構造（ノードの変換機能とリンクの関連構造）で記述し，2）時間軸を導入して変化過程をモデル化し，最後に3）社会システムの安定性とその変化過程のエルゴード性でもって持続可能な社会システムを論じよう．これも古くて新しい内容を持っている．

6.1.1　社会システムの構造とはたらき

(1) 社会システムの構造

　結びつけられた社会（作用素，active social element）の集合を社会システムとよび，このシステムの中には孤立した社会はないとしよう．そして，社会のあいだの結合ネットを社会システムの構造（social structure）ということにしよう．
　社会システムが有限個の社会を含むものと仮定し，その数をNで表す．そして，各々の社会とそれぞれの入力ベクトルおよび出力ベクトルを，$E_1, \cdots, E_N$, $x^{(1)}, \cdots, x^{(N)}$, $y^{(1)}, \cdots, y^{(N)}$とする．もし社会E_rが社会E_sに結合されて

いるならば，ベクトル方程式

$$x^{(s)} = s_{rs} y^{(r)} \tag{6.1.1}$$

が成立する．ここで，s_{rs} は結合行列である．ただし，社会 E_r が社会 E_s に結びつけられていないときは $s_{rs}=0$ で，この場合 0-行列と定義する．したがって社会 E_r が社会 E_s に結合がないとき $0 = s_{rs} y^{(r)}$ となる．

このように結合行列 s_{rs} を一般化することにより，すべての社会の組 E_r と E_s に対して，E_r と E_s の結合の有無に関らず，ベクトル方程式(6.1.1)を書くことができる．こうして次の $N(N-1)$ 個のベクトル方程式を得る．

$$x^{(s)} = s_{rs} y^{(r)} \quad (r, s = 1, \cdots, N; r \neq s) \tag{6.1.2}$$

行列 s_{rs} は $r=s$ に対しては常に 0-行列だから，$r \neq s$ と仮定しておく．

一般化された結合行列は次式のようになる．

$$S = \begin{bmatrix} 0 & s_{12} & \cdots & s_{1N} \\ s_{21} & 0 & \cdots & s_{2N} \\ \cdots & \cdots & \cdots & \cdots \\ s_{N1} & s_{N2} & \cdots & 0 \end{bmatrix} \tag{6.1.3}$$

この行列をシステムの構造行列 (structure matrix) とよぶ．すべての部分行列 s_{rs} は 0-1 行列であるから，行列 S は 0-1 行列である．そして結合の数は少なくとも $N-1$ 個ある．社会をどう見るかによって，たとえば，この構造行列によりコミュニティにおける人間関係，コミュニティ間の関係，都市・地域のつながり，社会システムと生態システムのつながり，それに物理システムも入れて流域特性のつながり，地球における国と国との関係などが記述できる．

システムのほかのどの社会へも結びついていない社会，またはシステムのほかのどの社会もそれへ結びついていない社会を「システムの縁の社会 (boundary social element)」とよぶ．これ以外のシステムの社会を「システムの内部社会」とよぶ．また，縁の社会の集合を「システムの表面 (surface)」とよび，内部社会の集合を「システムの内部」という．

システムの縁の社会には「出力の縁の社会」と「入力の縁の社会」がある．前者の場合，その出力ベクトルの成分はシステムのどのような社会の入力ベクトル

の成分にもならない.つまり,一方的にシステムの影響を受けるがシステムに対してなんら影響のない社会である.後者においては,入力ベクトルの成分はシステムのどの社会の出力ベクトルの成分でもない.つまり,なんら社会から影響を受けず一方的に影響を与える社会である.縁をもたないシステムを「閉じたシステム」,縁をもつシステムを「開いたシステム」とよぶ.フィードバックは,行列の対角線より下にある部分行列 s_{rs} によって表される.これは結びつきの鎖の中で与えられた社会より前にある社会への関係で,部分行列 s_{rs} は $s<r$ によって特徴づけられる.そして,閉じたシステムは少なくとも1つのフィードバックをもつ.もしシステムの構造行列のある行が2つ以上の0でない部分行列を含むならば,それは出力の枝分かれを意味する.同様に,もしシステムの行列のある列が2つ以上の0でない部分行列を含むなら,これは入力の枝分かれを表す.こうしてシステムの構造行列から,システムの社会の結合ネットがもつ性質を読み取ることができる.

(2) 社会と生態の高次のシステム

いま,社会システムと生態システムより構成される2つのシステム U_1 とシステム U_2 を考える.これらはそれぞれ N_1 個の人間社会 $E_1,\cdots,E_{N_1}$ と N_2 個の生態社会 $E_{N_1+1},\cdots,E_{N_1+N_2}$ を含むものとする.もしシステム U_1 のどの社会も U_2 のどの社会へも結合されていず,また U_2 のどの社会もシステム U_1 のどの社会へも結合されていないならば,これらの2つのシステムは「独立」である.そうでなく,もし U_1 の少なくとも1つの社会が U_2 の少なくとも1つの社会へ結びついているか,または U_2 の少なくとも1つの社会が U_1 の少なくとも1つの社会へも結びついているならば,2つのシステムは「新しい社会・生態システム」をつくる.これを U' と表すことにする.このように,2つまたはそれ以上のシステムから,その社会の結合によって作られるシステムを2階 (2nd order) のシステムとよぶ.こうして,システム U' の構造行列 S' は式 (6.1.4) のようになる.

このように新しいシステムを造るということは,【事例5.1】で示した水辺創生計画における図5.5.2と同様,1.1.2で述べた吉川の考え,「都市を多くのノードとリンクで表現すると,これらのノードとリンクの結びつきによって,都市の構造,都市のパターンが形成されるが,これをコントロール・パラメータと考える.これらのコントロール・パラメータが,都市における人・物・金・情報・文化の

流れを決めることになる」を前者は「新しい社会・生態システム」, 後者は「新しい水循環システム」を創造する研究となる.

$$S' = \begin{bmatrix} 0 & S_{12} & \cdots & S_{1N_1} & S_{1,N_1+1} & S_{1,N_1+2} & \cdots & S_{1,N_1+N_2} \\ S_{21} & 0 & \cdots & S_{2N_1} & S_{2,N_1+1} & S_{2,N_1+2} & \cdots & S_{2,N_1+N_2} \\ \cdots & \cdots & \cdots & \cdots & \cdots & \cdots & \cdots & \cdots \\ S_{N_1 1} & S_{N_1 2} & \cdots & 0 & S_{N_1,N_1+1} & S_{N_1,N_1+2} & \cdots & S_{N_1,N_1+N_2} \\ S_{N_1+1,1} & S_{N_1+1,2} & \cdots & S_{N_1+1,N_1} & 0 & S_{N_1+1,N_1+2} & \cdots & S_{N_1+1,N_1+N_2} \\ S_{N_1+2,1} & S_{N_1+2,2} & \cdots & S_{N_1+2,N_1} & S_{N_1+2,N_1+1} & 0 & \cdots & S_{N_1+2,N_1+N_2} \\ \cdots & \cdots & \cdots & \cdots & \cdots & \cdots & \cdots & \cdots \\ S_{N_1+N_2,1} & S_{N_1+N_2,2} & \cdots & S_{N_1+N_2,N_1} & S_{N_1+N_2,N_1+1} & S_{N_1+N_2,N_1+2} & \cdots & 0 \end{bmatrix} \quad (6.1.4)$$

式 (6.1.4) に見られるように, 行列 S' は4つの部分行列の組合せとみなすことができる. これらの4つの部分行列を S_{11}, S_{12}, S_{21}, S_{22} とし, 行列 S' を次のように表す.

$$S' = \begin{bmatrix} S_{11} & S_{12} \\ S_{21} & S_{22} \end{bmatrix} \quad (6.1.5)$$

部分行列 S_{11}, S_{22} はそれぞれシステム U_1 と U_2 の構造行列である. 部分行列 S_{12} は人間社会システム U_1 の生態社会システム U_2 への結びつきを表す. 部分行列 S_{21} は生態社会システム U_2 の人間社会システム U_1 への結びつき, すなわち, 2つのシステムの社会のフィードバックを表す.

U_1 と U_2 が独立でなければ S_{12} と S_{21} は同時に 0- 行列であることはありえない. S_{21} が 0- 行列であるならば, システム U_1 の社会はシステム U_2 の社会に結びついているが, システム U_2 の社会はシステム U_1 の社会へ結びついていない. $S_{21} \neq 0$, $S_{12} = 0$ のときはこの反対である.

2階のシステムは, もっと多くのシステムの組合せによってもつくられる. 一般に, もし k_r 個の $(r-1)$ 階のシステムが r 階のシステムをつくっているならば q 階のシステムは, $k_2, k_3, \cdots, k_q$ 個のシステムからなる2階のシステムとして表すことができる.

(3) **システムのはたらき**

N 個の社会を含むシステムでは, これらの社会の入力と出力は $N(N-1)$ 個の

ベクトル方程式(6.1.1)を満たす．これらの方程式はシステムの社会の結合を表している．システムのおのおのの社会は，一定のはたらきをもっていて，それらを変換 T_r で表せば，これらの変換は N 個できる．

$$y^{(r)} = T_r = (x^{(r)}) \quad (r = 1, \cdots, N) \tag{6.1.6}$$

ベクトル方程式(6.1.1)に変換(6.1.6)をおきかえれば次式となる．

$$x^{(s)} = s_{rs} T_r(x^{(r)}) \quad (r, s = 1, \cdots, N ; r \neq s) \tag{6.1.7}$$

これは $N(N-1)$ 個の変換の組である．$R_{rs} = s_{rs} T_r$ とかけば，次のようになる．

$$x^{(s)} = R_{rs}(x^{(r)}) \quad (r, s = 1, \cdots, N ; r \neq s) \tag{6.1.8}$$

一方ベクトル方程式(6.1.1)に変換(6.1.6)を行えば，$T_s(x^{(s)}) = T_s s_{rs}(y^{(r)})$ となるから

$$y^{(s)} = T_s s_{rs}(y^{(r)}) \quad (r, s = 1, \cdots, N ; r \neq s) \tag{6.1.9}$$

となり，再び $N(N-1)$ 個の変換が得られる．これを $P_{rs} = T_s s_{rs}$ とかけば，これらの変換は次のようにかける．

$$y^{(s)} = P_{rs}(y^{(r)}) \quad (r, s = 1, \cdots, N ; r \neq s) \tag{6.1.10}$$

変換の組(6.1.8)は，システムの社会の入力ベクトルのもとの値にそのベクトルの新しい値を対応させる．同様に変換の組(6.1.10)は，システムの社会の出力ベクトルのもとの値にそのベクトルの新しい値を対応させる．この変換の組(6.1.8)と(6.1.10)を「システムのはたらき」と呼ぶことにする．これらは「システムの運動の内的法則」を表す．

社会の入力と出力の状態ベクトルを

$$X = (x^{(1)}, \cdots, x^{(N)}), \quad Y = (y^{(1)}, \cdots, y^{(N)}) \tag{6.1.11}$$

とかけば，これらの組み合わされたベクトルは次の準対角型（quasi diagonal）の行列（対角線上に部分行列またはベクトルがあり，それ以外のすべての作用素は0）と同値である．

$$X = \begin{bmatrix} x^{(1)} & 0 & \cdots & 0 \\ 0 & x^{(2)} & \cdots & 0 \\ \cdots & \cdots & \cdots & \cdots \\ 0 & 0 & \cdots & x^{(N)} \end{bmatrix} \quad (6.1.12) \qquad Y = \begin{bmatrix} y^{(1)} & 0 & \cdots & 0 \\ 0 & y^{(2)} & \cdots & 0 \\ \cdots & \cdots & \cdots & \cdots \\ 0 & 0 & \cdots & y^{(N)} \end{bmatrix} \quad (6.1.13)$$

m_r と n_r をそれぞれ社会 $E_r(r=1,\cdots,N)$ の入力および出力の数とすれば,行列 X は N 個の行と $\sum_{r=1}^{N} m_r$ 個の列をもち,行列 Y は N 個の行と $\sum_{r=1}^{N} n_r$ 個の列をもつ.X と Y は,必要に応じて,組み合わされたベクトルと考えてもよいし,準対角型の行列 (6.1.12) (6.1.13) として考えてもよい.

変換の組 (6.1.8) と (6.1.10) は,次の行列方程式と同値である.

$$\begin{bmatrix} 0 & x^{(2)} & \cdots & x^{(N)} \\ x^{(1)} & 0 & \cdots & x^{(N)} \\ \cdots & \cdots & \cdots & \cdots \\ x^{(1)} & x^{(2)} & \cdots & 0 \end{bmatrix} = \begin{bmatrix} 0 & R_{12}(x^{(1)}) & \cdots & R_{1N}(x^{(1)}) \\ R_{21}(x^{(2)}) & 0 & \cdots & R_{2N}(x^{(2)}) \\ \cdots & \cdots & \cdots & \cdots \\ R_{N1}(x^{(N)}) & R_{N2}(x^{(N)}) & \cdots & 0 \end{bmatrix} \quad (6.1.14)$$

$$\begin{bmatrix} 0 & y^{(2)} & \cdots & y^{(N)} \\ y^{(1)} & 0 & \cdots & y^{(N)} \\ \cdots & \cdots & \cdots & \cdots \\ y^{(1)} & y^{(2)} & \cdots & 0 \end{bmatrix} = \begin{bmatrix} 0 & P_{12}(y^{(1)}) & \cdots & P_{1N}(y^{(1)}) \\ P_{21}(y^{(2)}) & 0 & \cdots & P_{2N}(y^{(2)}) \\ \cdots & \cdots & \cdots & \cdots \\ P_{N1}(y^{(N)}) & P_{N2}(y^{(N)}) & \cdots & 0 \end{bmatrix} \quad (6.1.15)$$

これらの方程式により,入力ベクトル $x^{(1)},\cdots,x^{(N)}$ のはじめの状態は,変換後のこれらのベクトルの状態を一意的に決定する.同様に,出力ベクトル $y^{(1)},\cdots,y^{(N)}$ のはじめの状態から,変換後のこれらのベクトルの状態が一意的に決定される.状態ベクトルを用いて (6.1.14) (6.1.15) を書き直せば次式を得る.

$$X' = R(X) \quad (6.1.16) \qquad Y' = P(Y) \quad (6.1.17)$$

ここで R と P は変換のオペレータで,X と Y はシステムのすべての社会の入力および出力のはじめの状態,X' と Y' は変換がなされた後の入力および出力の新しい状態を表す.なお,変換は式 (6.1.16) か式 (6.1.17) のどちらかを考えればよい.なぜなら,式 (6.1.2) から次の行列方程式が得られるからである.

6 動的システムと最適化

$$\begin{bmatrix} 0 & x^{(2)} & \cdots & x^{(N)} \\ x^{(1)} & 0 & \cdots & x^{(N)} \\ \cdots & \cdots & \cdots & \cdots \\ x^{(1)} & x^{(2)} & \cdots & 0 \end{bmatrix} = \begin{bmatrix} 0 & s_{12}(y^{(1)}) & \cdots & s_{1N}(y^{(1)}) \\ s_{21}(y^{(2)}) & 0 & \cdots & s_{2N}(y^{(2)}) \\ \cdots & \cdots & \cdots & \cdots \\ s_{N1}(y^{(N)}) & s_{N2}(y^{(N)}) & \cdots & 0 \end{bmatrix} \quad (6.1.18)$$

この式の右辺は YS とかける．ここで Y は準対角型の行列(6.1.13)で，S はシステムの構造行列

$$S = \begin{bmatrix} 0 & s_{12} & \cdots & s_{1N} \\ s_{21} & 0 & \cdots & s_{2N} \\ \cdots & \cdots & \cdots & \cdots \\ s_{N1} & s_{N2} & \cdots & 0 \end{bmatrix} \quad (6.1.19)$$

である．こうして次式を得る．

$$X = YS \quad (6.1.20)$$

このように，変換(6.1.16)と(6.1.17)とは互いに一方から他方が導かれる関係にある．

オペレータ R および P は，変換の組(6.1.8)と(6.1.10)の中に現れるオペレータの形に表される．

$$R = \begin{bmatrix} 0 & R_{12} & \cdots & R_{1N} \\ R_{21} & 0 & \cdots & R_{2N} \\ \cdots & \cdots & \cdots & \cdots \\ R_{N1} & R_{N2} & \cdots & 0 \end{bmatrix} \quad (6.1.21) \qquad P = \begin{bmatrix} 0 & P_{12} & \cdots & P_{1N} \\ P_{21} & 0 & \cdots & P_{2N} \\ \cdots & \cdots & \cdots & \cdots \\ P_{N1} & P_{N2} & \cdots & 0 \end{bmatrix} \quad (6.1.22)$$

また T によって次の対角行列を表すことにする．

$$T = \begin{bmatrix} T_1 & 0 & \cdots & 0 \\ 0 & T_2 & \cdots & 0 \\ \cdots & \cdots & \cdots & \cdots \\ 0 & 0 & \cdots & T_N \end{bmatrix} \quad (6.1.23)$$

この行列の0でない要素は，システムのおのおのの要素に対応する変換のオペレータをなす．この対角行列を「システムの社会のはたらきの行列」とよぶ．
前述の $R_{rs} = s_{rs} T_r$ と $P_{rs} = T_s s_{rs}$ を用いて，オペレータ R と P を $R = TS$, $P = ST$ とかけば，結局，変換(6.1.14)または(6.1.15)は次のように表される．

441

$$X' = TS(X) \quad (6.1.24) \qquad Y' = ST(Y) \quad (6.1.25)$$

これらの式から明らかなように，社会システムのはたらきは，社会のはたらきの行列 T および社会システムの構造行列 S に関係している．つまり，社会システムのはたらきを決定するには，行列 T によって数学的に表現されるシステムの社会のはたらきを知るだけでは足りない．その上に，社会の結合ネットを表すシステムの構造行列 S を知る必要がある．

行列 S によって表現される構造は，システムに全体としての特性を与える．同じはたらきをもつ同じ社会でも異なる仕方で結びつくときは，異なるはたらきをもつ異なるシステムをつくる．数学的に表現すれば，『社会のはたらきの行列 T を不変とするとき，システムの構造行列 S が変化するならば，システムのはたらきも変化する．』構造の違いがシステムのはたらきのちがいをひきおこす．

より次元の高いシステムは，新しい性質，すなわち，それを構成している1階のシステムのはたらきだけからは決定されない独自のはたらきをもっている．より次元の高いシステムのはたらきは，その上，その構造に，いいかえれば，1階のいろいろなシステムの社会が互いにいかに結びつけられているかに関係している．この構造は行列 S_{12} と S_{21} で表現されている．

このようにして，社会システムの法則性が，おのおのの社会の作用の法則性だけからは導かれないという全体の問題が説明される．社会システムのはたらきは，個々の社会のはたらきと，社会システムの構造，すなわち社会の結びつきのネットとの両方の合わさった結果である．こうして，これからの計画学で重要なのは，「社会の作用（ノードの機能）」と「社会構造（リンクの機能）」の両者をコントロール・ベクトル（変数もしくは）パラメータとして取扱うことである．

6.1.2 システムの変化過程

ここでは，社会の作用が時間に関係している場合を考える．社会のおのおのの入力の状態の変化からそのおのおのの出力の状態の変化までの間には，ある時間（反応時間）が経過する．時間にともなって作用が行われるのは1回限りのこともあれば，漸次的（段階的や連続的）な場合もある．

社会の作用方式を数学的に表現している変換(1.1.6)において作用が時間に関係していることを考慮する必要がある．このため入力と出力の状態ベクトルに時

6 動的システムと最適化

間をかきくわえるこれらは次式のように表現される．

$$x_t^{(r)} = (x_{1,t}^{(r)}, \cdots, x_{m,t}^{(r)}) \quad (6.1.26) \qquad y_{t+\theta^{(r)}}^{(r)} = (y_{1,t+\theta_1^{(r)}}^{(r)}, \cdots, y_{n_r,t+\theta_{n_r}^{(r)}}^{(r)}) \quad (6.1.27)$$

ここに，式 (6.1.26) は時刻 t における社会 E_r の入力の状態ベクトルである．式 (6.1.27) は，作用が1回限りで，その反応時間が $\theta_1^{(r)}, \cdots, \theta_{n_r}^{(r)}$ である場合の出力の状態ベクトルである．特別の場合，反応時間のあるもの，またはすべてが同じであってもよい．

変換 (6.1.6) は，ここでは次の形をとる．

$$y_{t+\theta^{(r)}}^{(r)} = T_r(x_t^{(r)}) \quad (r=1, \cdots, N) \tag{6.1.28}$$

また，社会システムの「運動法則」を表す変換 (6.1.8) は次のようになる．

$$x_{t+\theta^{(s)}}^{(s)} = R_{rs}(x_t^{(r)}) \quad (r, s=1 \cdots, N ; r \neq s) \tag{6.1.29}$$

これら変換の組は，社会の入力の組み合わせベクトルの変換の形にかくことができる．

$$X_{t+\theta} = R(X_t) = TS(X_t) \tag{6.1.30}$$

同様に変換 (6.1.10) は次のようになる．

$$y_{t+\theta^{(s)}}^{(s)} = P_{rs}(y_t^{(r)}) \quad (r, s=1, \cdots, N ; r \neq s) \tag{6.1.31}$$

これを社会の出力の状態を表す組み合わせベクトルの変換の形にかけば次式となる．

$$Y_{t+\theta} = P(Y_t) = ST(Y_t) \tag{6.1.32}$$

こんどは，システムの「運動法則」の数学的表現はベクトル差分方程式の形になる．つまり，入力（または出力）の時間変化を決定する法則である．システムのはたらきは，時間にともなう「システムの変化」という特徴を持っている．

時間にともなうシステムの変化過程は上の差分方程式を解くことによって得られる．この解は次のような繰り返しの方法によって得られる．初めの時刻を $t=0$ とし，方程式 (6.1.30) の左辺を次々にその右辺のベクトルの代わりに置き換えて，次式を得る．

$$X_{k\theta}=R^k(X_0) \quad (k は整数) \tag{6.1.33}$$

ここに R^k はオペレーション R の k 回の繰り返しを表す.

なお,この代入に際して次の仮定をおいている.すなわち,時間につれての作用が完全にしつくされる,いいかえれば,作用に十分な時間は反応時間 $\theta_i^{(r)}$ の中の最大のものに等しい.この仮定より次式を得る.

$$\theta = \max \theta_i^{(r)} \tag{6.1.34}$$

同様に方程式 (6.1.32) に次々に代入を行って次式を得る.

$$Y_{k\theta}=P^k(Y_0) \quad (k は整数) \tag{6.1.35}$$

$$\theta = \max \theta_i^{(s)} \tag{6.1.36}$$

こうして,初めの時刻 $t=0$ における社会のすべての入力またはすべての出力の状態が与えられたとき,〔最も長い反応時間の何倍かにあたる時刻 $k\theta$ におけるこれらの入力または出力の状態〕を決定することができる.いいかえれば,「初めの時刻におけるシステムの状態が,最も長い反応時間の何倍かである時間がたったのちの各時刻のシステムの状態」を決定する.

差分方程式 (6.1.30) または (6.1.32) を,「社会システムの運動の時間的法則」とよぶ.この方程式の解 (6.1.33) または (6.1.35) を「社会システムの変化法則」とよぶ.

次に時間につれて社会作用が漸次的に行われる場合を考える.時刻 t における入力ベクトルの状態変化は,それより後の入力ベクトルに漸次的な変化をひきおこす.おのおのの時刻 $t+\tau$ において出力ベクトルは一定の値をとるが,その値は,時刻 t における入力ベクトルの値のみならず,時間の長さ τ にも関係している.したがって次式を得る.

$$y_{t+\tau}^{(r)} = T_r(x_t^{(r)}, \tau)$$

ここで τ は反応時間 $\theta_i^{(r)}$ の中の最大のものより長くはない.最大の時間を越えれば出力ベクトルは変化をとめるからである.こうして次式を得る.

$$0 \leq \tau \leq \max \theta_i^{(r)}$$

時間をはかりはじめる出発点をずらすことにより，すなわち $t+\tau$ の代わりに $t-\tau$ をとれば，次式を得る．

$$y_t^{(r)} = T_r(x_{t-\tau}^{(r)}, \tau) \tag{6.1.37}$$

時刻 t における出力ベクトルの値は，時刻 $t-\tau$ における入力ベクトルの値と時間の長さ τ とに関係している．

しかし時間にともなう作用の漸次的な性質から，時刻 t における出力ベクトルの値は，1つの時刻 $t-\tau$ における入力ベクトルのみならず，区間 $[t, t-\theta]$ の中のすべての時刻における入力ベクトルの値に関係している．したがってこれらの関係式は次式となる．

$$y_t^{(r)} = \sum_{\tau=0}^{\theta} T_r(x_{t-\tau}^{(r)}, \tau) \quad (a) \qquad y_t^{(r)} = \int_0^{\theta} T_r(x_{t-\tau}^{(r)}, \tau) d\tau \quad (b) \tag{6.1.38}$$

ここで簡単のため θ は式 (6.1.34) で表している．なお上式 (a) は，時間にともなう作用の漸次的移行が段階的で，τ が作用のおのおのの時間的段階に対応する有限個の値をとる場合を表している．また (b) は，この移行が連続的な場合で τ は，時間の連続的な区間 $[0, \theta]$ の中のすべての値をとるので右辺が積分になっている．

式 (6.1.2) に式 (6.1.38) を入れれば，次の変換を得る．

$$x_t^{(r)} = s_{rs} \sum_{\tau=0}^{\theta} T_r(x_{t-\tau}^{(r)}, \tau) \quad (a)$$

$$x_t^{(r)} = s_{rs} \int_0^{\theta} T_r(x_{t-\tau}^{(r)}, \tau) d\tau \quad (b) \quad (r, s=1, \cdots, N ; r \neq s) \tag{6.1.39}$$

これから $R_{rs} = s_{rs} T_r$ を使えば，次が得られる．

$$x_t^{(r)} = \sum_{\tau=0}^{\theta} R_{rs} = (x_{t-\tau}^{(r)}, \tau) \quad (a)$$

$$x_t^{(r)} = R_{rs} \int_0^{\theta} (x_{t-\tau}^{(r)}, \tau) d\tau \quad (b) \quad (r, s=1, \cdots, N ; r \neq s) \tag{6.1.40}$$

これらの変換の組を，次のように社会の入力ベクトルの変換の形に表す．

$$X_t = \sum_{\tau=0}^{\theta} R(X_{t-\tau}, \tau) \quad (a) \qquad X_t = \int_0^{\theta} R(X_{t-\tau}, \tau) d\tau \quad (b) \tag{6.1.41}$$

ここに θ は $\theta_i^{(r)}$ の最大値である．また，X_t は成分 $x_{it}^{(r)}$ からなり，ベクトル $X_{t-\tau}$ は成分 $x_{i,t-\tau}^{(r)}$ からなる $(r=1, \cdots, N ; i=1, \cdots, m_r)$．式 (a) はベクトル差分方程式で，

445

(b) はベクトル積分方程式になっている.

同様にして出力ベクトル変換式が得られる.

$$Y_t = \sum_{\tau=0}^{\theta} P(Y_{t-\tau}, \tau) \quad \text{(a)} \qquad Y_t = \int_0^{\theta} P(Y_{t-\tau}, \tau) d\tau \quad \text{(b)} \tag{6.1.42}$$

式 (6.1.20) により，これらの方程式は式 (6.1.41) と同値である.

6.1.3 システムの平衡と安定性

ここでは，システムの「平衡状態」，つまりシステムの状態が時間にともなって変化しない場合を考える．平衡の状態においては，社会の入出力の状態は不変である．

平衡の場合には，システムの運動方程式 (6.1.41) はそれぞれ次のようになる.

$$X = \sum_{\tau=1}^{\theta} R(X, \tau) \quad \text{(a)} \qquad X = \int_0^{\theta} R(X, \tau) d\tau \quad \text{(b)} \tag{6.1.43}$$

もし，時間にともなう作用が 1 回限りならば，式 (6.1.30) からわかるように，この形は次のように簡単になる.

$$X = R(X) \quad \text{(c)} \tag{6.1.43}$$

出力に関する方程式も似た形となる．これらの方程式でただ Y についた添え字を取り除けばよい．(ただし，ここでは周期的平衡は考えていないことを断っておく．) なお以下の議論では，簡単化のため，時間にともなう作用が 1 回限りの場合に限って議論を進めることにしよう．

以上からわかることは，平衡の場合には，システムの運動法則は普通のベクトル方程式の形をしている．この方程式を「平衡方程式」とよぶ．この方程式の解をなすベクトルは，もし存在するなら，平衡状態におけるシステムの状態を規定する．

したがって，システムの平衡状態が可能となる条件は，方程式 (6.1.43) の解が存在することである．こういう解ベクトルが存在するためには，方程式 (6.1.43) の中に現れる変換 R は一定の性質をもっていなければならない．すなわち少なくとも 1 つのベクトル X に対して式 (6.1.43) の右辺が X に等しくなければならない．

式 (6.1.43a, b) において，変数は和あるいは積分をとる際に消去されるから，

6 動的システムと最適化

この右辺はベクトル X だけの関数である．この関数を $F(X)$ で表す．そうすれば，式 (6.1.43) は次のようにかける．

$$X = F(X) \tag{6.1.44}$$

この方程式の幾何学的な意味を考える．ベクトル X は $\sum_{r=1}^{N} m_r$ 個の成分を含む．したがって，方程式の右辺 $F(X)$ は，幾何学的には $\sum_{r=1}^{N} m_r$ 次元の超曲面をなす．一方，方程式の左辺 X は，幾何学的には，座標軸に対して 45°の傾きをもつ $\sum_{r=1}^{N} m_r$ 次元の超平面をなす．これらの交点または接点が方程式の解を示す．

以上のことからわかるように，すべてのシステムが平衡状態をもつとはかぎらない．平衡が可能なのは，ただ，〔社会システムのはたらきを表す変換 R または P が，平衡方程式の解の存在という条件を満たす，そういうシステム〕においてだけである．

いまシステムの平衡が可能であり，かつシステムの作用素の入力と出力との状態が次のようだとする．すなわち，それを表すベクトル X あるいはベクトル Y が平衡方程式の解をなしているとする．このときシステムは平衡状態を続ける．入力と出力とのこれ以外の状態の下では，システムは平衡状態ではなく，その状態は時間とともに変化する．しかし，この変化が平衡状態の方向に向かうということはありうる．この場合，このシステムは「安定している」という．安定したシステムは，たとえば初めは平衡状態になかったとしても，時の流れとともに平衡に近づく．

システムの安定性を数学的に表現すれば次のようになる．

$$\lim_{t \to \infty} X_t = \hat{X} \quad \text{(a)} \quad or \quad \lim_{t \to \infty} Y_t = \hat{Y} \quad \text{(b)} \tag{6.1.45}$$

ここに，$\hat{X}$ および $\hat{Y}$ は平衡方程式の解である．すでに述べたように，時間のベクトル関数 X_t および Y_t の動きは〔時間的区間 $[0, \theta]$ の中の初めのいくつかの時刻における，あるいはこの全区間における，これらの関数の値〕に関係しているから，条件 (6.1.45) は，これらの関数はいくつかの初めの値によって満たされるが，そのほかの初めの値によっては満たされないかもしれない．この条件が満たされるような，初めの値の集合を，「システムの安定な領域」という．

社会システムは，その状態の初めの値のある領域で安定であっても，初めの値のほかの領域では安定でないかもしれない．このため，社会の入力ないし出力の

状態の平衡状態からのずれを次式で表す.

$$\Delta X_t = X_t - \hat{X}_t \quad \text{(a)} \qquad \Delta Y_t = Y_t - \hat{Y}_t \quad \text{(b)} \tag{6.1.46}$$

社会システムの安定性は, このとき次のように表される.

$$\lim_{t \to \infty} \Delta X_t = 0 \quad \text{(a)} \qquad \lim_{t \to \infty} \Delta Y_t = 0 \quad \text{(b)} \tag{6.1.47}$$

ΔX_t を, 平衡状態からの, 大きくないずれとする. さらに変換 $R_{rs}(=s_{rs}T_r)$ がベクトル $x_t^{(r)}$ に関する1次の導関数をもつと仮定する ($r=1,\cdots,N$). このときシステムの運動法則により, 式 (6.1.30) および (6.1.41) は次式のようになる.

$$\Delta X_{t+\theta} = \left[\frac{\partial R}{\partial X_t}\right]_{X_t = \hat{X}} \Delta X_t \tag{6.1.48}$$

ここに, 式 (6.1.48) の右辺代1項は, その要素が平衡条件に対応する値をもつような関数行列 (ヤコビ行列) を表す. したがって, 次式を得る.

$$\left[\frac{\partial R}{\partial X_t}\right]_{X_t = \hat{X}} = \left[\frac{\partial R_{rs}}{\partial x_t^{(r)}}\right]_{x_t^{(r)} = \hat{x}^{(r)}} \tag{6.1.49}$$

ここで $\hat{x}^{(r)}$ とは, システムの平衡状態におけるベクトル $x_t^{(r)}$ の値である. これからわかるように, 行列 (6.1.49) の要素は不変量であるが, 行列 (6.1.49) のサフィックスは, 行列 (6.1.21) のサフィックスに比例しておきかえられている. (なお, 式の本質を損なうことなく記法上サフィックスは転置されている.)

方程式 (6.1.48) の解は, 時間のベクトル関数 ΔX_t を与える. これはシステムの平衡状態からのずれの時間的変化を表すものである.

この解の形は, よく知られているように次の関数として表される.

$$\Delta X_t = \sum_j K_j \lambda_j^t \tag{6.1.50}$$

ここで K_j は不変量から構成されるベクトルで, λ_j は差分方程式に対応する特性方程式の根である. (もし λ_j が重根であるならば, K_j のかわりに根の重複度数 λ_j より1だけ小さい次数をもつ多項式 ΔX_t が現れるが, 以下の議論に変更を与えない.)

時刻 $t=0$ においては

$$\Delta X_0 = \sum_j K_j \tag{6.1.51}$$

すなわち, 右辺は, はじめの時刻における, 平衡状態からの入力の状態のずれを

表す.

そして，システムは次のときに安定である.

$$\sum_{t\to\infty}\Delta X_t = \lim_{t\to\infty}\sum_j K_j\lambda_j^t = 0 \tag{6.1.52}$$

これは，すべての j に対して $|\lambda_j|<1$ であることを要求する．もし根が実数ならば，この条件の意味は明らかである．もし λ_j が複素数

$$\lambda_j = \alpha_j + \beta_j i = \rho_j(\cos\omega_j + i\sin\omega_j)$$

ならば，このとき

$$|\lambda_j| = \rho_j = \sqrt{\alpha_j^2 + \beta_j^2} \tag{6.1.53}$$

である．式(6.1.50)の右辺の和を構成する項は $K_j\rho_j^t(\cos\omega_j t + i\sin\omega_j t)$ となるから，システムの安定条件は $\rho_j<1$ である．

以上のことから，システムの安定条件を調べるためには，方程式(6.1.48)の特性方程式を調べ，その根の性質を確かめればよい．特性方程式は，式(6.1.48)の ΔX_t のかわりに $K\lambda^t$ をおきかえることによって得られる．

差分方程式(6.1.48)に対しては，次式が得られる．

$$K\lambda^{t+\theta} = \left[\frac{\partial R}{\partial X_t}\right]_{X_t=\hat{X}} K\lambda^t \Rightarrow \left\|\left[\frac{\partial R}{\partial X_t}\right]_{X_t=\hat{X}} \lambda^{-\theta} - I\right\| = 0 \tag{6.1.54}$$

となる．⇒は前の式が0でないベクトル K に対して満たされるとき次の行列式が0となる場合に限られることを意味するものとする．ここに I は単位行列で，式(6.1.54)は差分方程式(6.1.48)の特性方程式にほかならない．

特性方程式から，安定条件 $|\lambda_j|<1$ が満たされるためには，システムが少なくとも1つのフィードバックをもたねばならないことがわかる．以下これを説明する．

定義により，システムのどんな社会も自分自身に結びついていないから，変換(6.1.29)は $s\neq r$ に対してのみ定義されている．したがって，これらの変換のパラメータの行列 R では対角線上の要素は0である（式(6.1.21)参照）．また行列(6.1.49)の対角線上に現れる導関数 $\partial R_{rr}/\partial x^{(r)}$ も0である．これはあらゆるシステムについていえる．しかももしシステムがフィードバックを含まないならば，（サフィックスを転置しているので）対角線より下にある行列のすべての要素も

0である.

　特性方程式(6.1.54)にλ^Nをかければ,この方程式の左辺は,対角線上の要素がすべて$-\lambda$である行列式になる.もしシステムがフィードバックをもたないならば,この行列式の対角線上の上は0ばかりとなり,行列式の値は$(-\lambda)^N$で,特性方程式と解は次のようになる.

$$(-\lambda)^N=0 \quad \Rightarrow \quad \lambda=0$$

この場合,式(6.1.50)は次式となる.

$$\Delta X_0 = \sum_j K_j 0^0$$

すなわちK_jは不定で,初期のずれも不定となる.したがってまた,平衡状態からのずれの時間による変化を表す関数(6.1.50)も不定である.

　このように,システムがフィードバックをもたない場合には,平衡状態以外のシステムの状態は不定である.ひとたび平衡状態をやぶられたシステムは,任意の状態をとりうる.このようなシステムを「中性のシステム」とよぶ.このシステムは,いわば「死んで」いる,平衡をやぶられて任意の状態にただよっている.以上の議論はシステムの社会の入力の状態の話であるが,同じことが出力の状態に対してもいえる.

　したがって,少なくとも1つのフィードバックの存在は,システムの安定のための必要条件である.しかしこれは十分条件ではない.システムが安定であるためには,フィードバックは次の条件を満たさなくてはならない.すなわち,特性方程式のすべての根の絶対値が1より小さい,つまりすべてのλ_jに対して$|\lambda_j|<1$でなければならない.この条件を満たすようなフィードバックを「補償作用を持つフィードバック」とよぶ.

　以上の特徴を理解するために例を示そう.なお,時間にともなう作用の仕方は1回かぎり,かつ$\theta=1$と仮定する.そして,システムの中のフィードバックが正であっても負であってもよく,対称であるとはかぎらない一般的な場合について説明する.

　このときのベクトル差分方程式(6.1.48)は次の形であった.

$$\Delta X_{t+\theta} = \left[\frac{\partial R}{\partial X_t}\right]_{X_t=\hat{X}} \Delta X_t$$

組合せベクトル ΔX_t と $\Delta X_{t+\theta}$ は式 (6.1.12) により，準対角行列と考えることができる．
このベクトル差分方程式の両辺に左からそれぞれの転置行列をかけると，

$${}^t\Delta X_{t+1} \Delta X_{t+1} = {}^t\left\{\left[\frac{\partial R}{\partial X_t}\right]_{X_t=\hat{X}} \Delta X_t\right\} \left[\frac{\partial R}{\partial X_t}\right]_{X_t=\hat{X}} \Delta X_t$$

すなわち，次式を得る．

$${}^t\Delta X_{t+1} \Delta X_{t+1} = {}^t\Delta X_t {}^t\left[\frac{\partial R}{\partial X_t}\right]\left[\frac{\partial R}{\partial X_t}\right]_{X_t=\hat{X}} \Delta X_t \qquad (6.1.55)$$

$\Delta X_t = K\lambda^t$ とかけば，${}^t\Delta X_t = {}^tK\lambda^t$ だから，

$${}^tKK\lambda^{2(t+1)} = {}^tK\left[\frac{\partial R}{\partial X_t}\right]\left[\frac{\partial R}{\partial X_t}\right]_{X_t=\hat{X}} K\lambda^{2t}$$

これから，次の特性方程式を得る．

$$\left|{}^t\left[\frac{\partial R}{\partial X_t}\right]\left[\frac{\partial R}{\partial X_t}\right]_{X_t=\hat{X}} \lambda^{-2} - I\right| = 0 \qquad (6.1.56)$$

この積

$$\left[\frac{\partial R}{\partial X_t}\right]\left[\frac{\partial R}{\partial X_t}\right]_{X_t=\hat{X}} \qquad (6.1.57)$$

は代数学で Gauss の変換として知られているもので，これは対称行列である．そこで特性方程式の行列も対称行列である．$\lambda^2 = \nu + 1/\nu - 1$ とおいて，ν を特性方程式の未知数としてあつかえば，根 $\nu_1, \cdots, \nu_N$ はすべて実根である．もし特性方程式の行列

$$\left[\frac{\partial R}{\partial X_t}\right]\left[\frac{\partial R}{\partial X_t}\right]_{X_t=\hat{X}} \lambda^{-2} - I \qquad (6.1.58)$$

が負の定符号をとるならば，これらの根は負である．このときすべての j に対して $\lambda_j^2 < 1, |\lambda_j| < 1$ が成立する．もし $\lambda_j < 1$ ならば λ_j は虚数で関数 ΔX_t は，このとき，減少する振動である．

安定条件 (6.1.57) は，正のみならず負でもよく，しかも必ずしも対称でないフィードバックをもつ任意のシステムに関するものである．これは1回かぎりの反応のシステムにおけるフィードバックの構造の補償的な特徴に対する一般的な条件である．時間につれて漸次的作用をする場合には，システムの安定条件は

もっと複雑になる．

以上の考察の最終的な結果を述べれば次のようになる．安定なシステムは，少なくとも1つのフィードバックをもたねばならず，かつ安定なシステムのフィードバックは補償作用をもたなければならない．フィードバックが補償作用をもつ最も一般的な条件は，負の定符号の行列(6.1.58)である．ほかのすべての条件は，この一般的条件の特殊な場合と見ることができる．

安定なシステムの中に存在する補償作用をもつフィードバックを，システムの調整装置(regulator)あるいは安定装置(stabilizer)とよぶ．安定なシステムが平衡状態に向かう過程そのものをシステムの自動調整(automatic regulation)とよぶ．

システムが安定であることの数学的表現は，すでにみたように，特性方程式のすべての根に対して$|\lambda_j|<1$であることである．もし条件(6.1.56)が満たされないならば$|\lambda_j|=1$か$|\lambda_j|>1$である．もし，すべての根が$|\lambda_j|=1$ならば式(6.1.50)からわかるように次式を得る．

$$\Delta X_t = \sum_j K_j \quad (\lambda_j が実数のとき)$$

または

$$\Delta X_t = \sum_j K_j(\cos\omega_j t + i\sin\omega_j t) \quad (\lambda_j が複素数のとき)$$

である．このとき，システムは初めにあったままの状態を続けるか，あるいは，その状態のまわりを一定の振幅で振動する．こういうシステムを「準安定」であるという．

一方，もし$|\lambda_j|>1$であるような根がたとえ1つでも存在するならば，

$$\lim_{t\to\infty}\Delta X_t = \lim_{t\to\infty}\sum_j K_j \lambda_j^t = \infty \quad (または -\infty)$$

このようなシステムを「不安定」であるという．これは平衡状態から次第にはなれ，それからかぎりなく遠ざかる．システムの不安定性は一定の性質をもったフィードバックの存在に関係している（フィードバックがないときは，システムは中性である）．システムの不安定をもたらすフィードバックを累加フィードバック(cumulating feedback)，または簡単にシステムの累加装置(cumulator)とよぶ．平衡を破られた不安定なシステムの変化過程を累加的(cumulative)な過程とよぶ．

以上の議論から，システムの安定のための一定の領域ないしシステムの不安定あるいは準安定のための一定の領域がそれぞれ存在することがわかる．システムの安定条件を調べることは，したがってまた安定の領域を見出すことである．

6.1.4 エルゴード的過程（ergodic process）

安定な社会システムが十分な期間でもとの平衡状態に向かう過程は，エルゴード的過程の名で呼ばれるシステムの変化過程の種類の1つの特別なケースである．エルゴード的過程とは，「その時間にともなう推移が，システムの初期状態に関係しない変化過程」のことである．安定な社会システムでは，変化はシステムの初期状態に無関係な一定の状態，すなわち平衡状態に向かう．社会システムが安定であるとは，このことに他ならない．一般のエルゴード的過程の場合，システムの変化は，システムのはじめの状態に無関係な，一定の変化法則との一致の方向に向かう．

$\hat{X}_t$および$\hat{Y}_t$によって，システムの初期状態に無関係な，時間のベクトル関数を表す．これらの関数は，システムの入力の状態と出力の状態との，一定の変化法則を表している．これまでどおり，これらの関数はシステムの運動法則，すなわちベクトル差分方程式(6.1.30), (6.1.32)または式(6.1.41), (6.1.42)の解をなす時間のベクトル関数とする．これらの関数は，すでに見たように，いくつかの初期時刻におけるシステムの状態に関係した，時間にともなうシステムの実際の変化を表している．社会システムの変化がエルゴード的過程をなすのは，

$$\lim_{t \to \infty} X_t = \hat{X}_t \text{ かつ } \lim_{t \to \infty} Y_t = \hat{Y}_t \tag{6.1.59}$$

のときである．式(6.1.20)により，これらの2つの条件は同値である．

システムが安定とは，ここに与えたエルゴード的過程の定義の$\hat{X}_t = \hat{X} = const.$かつ$\hat{Y}_t = \hat{Y} = const.$であるような特別な場合である．

関数$\hat{X}_t$または$\hat{Y}_t$を，システムの変化の方向関数とよぶ．ここにΔX_tおよびΔY_tを〔時刻tにおける入力の状態もしくは出力の状態〕の〔システムの方向関数で定義された値〕からのずれとする．方向関数で定義された値をシステムの状態の基準（standard）とよび，基準からのあらゆるずれを乱れとよぶ．したがって乱れは次のように表される．

$$\Delta X_t = X_t - \hat{X}_t \text{ および } \Delta Y_t = Y_t = \hat{Y}_t \tag{6.1.60}$$

エルゴード的過程の定義 (6.1.59) は次のようにかける．

$$\lim_{t \to \infty} \Delta X_t = 0 \text{ および } \lim_{t \to \infty} \Delta Y_t = 0 \tag{6.1.61}$$

これらの式は，エルゴード的過程において，システムの変化の乱れが時間の流れとともに消滅することを意味している．

エルゴード的過程の定義のこの形は，〔社会システムの変化がエルゴード的過程であるために，社会のネットが満たされなければならない条件〕を見出すことを可能にする．乱れ ΔX_t ないし ΔY_t が，もし大きくないならば，〔基準，すなわち乱れがなりたつ時刻における方向関数の値〕に対応する関数行列の値に対してだけ，式 (6.1.48) を満足する．この時刻を $t=z$ とすれば，式 (6.1.48) の代わりに次式を得る．

$$\Delta X_{t+\theta} = \left[\frac{\partial R}{\partial X_t}\right]_{X_t = \hat{X}} \Delta X_t \tag{6.1.62}$$

これから〔基準，すなわち状態 $X_t = \hat{X}_z$ ないし $X_{t-\tau} = \hat{X}_{z-\tau}$〕に対応する，方程式の行列の値に対して式 (6.1.58) に似た特性方程式を得る．結局システムの変化がエルゴード的過程をなすための必要十分条件は以下の負の定符号の行列が特性方程式を定義することである．

$${}^t\left[\frac{\partial R}{\partial X_t}\right]\left[\frac{\partial R}{\partial X_t}\right]_{X_t = \hat{X}} - I \tag{6.1.63}$$

以上のことから，システムの安定のときと同様の結果が出る．少なくとも1つのフィードバックをもつシステムだけがエルゴード的に変化しうる；フィードバックを失ったシステムは中性である．したがってシステムの変化がエルゴード的過程をなすためには，フィードバックが一定の性質をもたなければならない．すなわちフィードバックが条件 (6.1.63) をみたすようなものでなければならない．このようなフィードバックを，システムの安定の場合と同様，**補償作用をもつフィードバック**とよぶ．補償作用をもつフィードバックは社会システムの変化における乱れを縮小し，時間の流れとともにその消滅にみちびく．

変化がエルゴード的過程をなすようなシステムの中に存在する補償作用をもつフィードバックをシステムのかじ (helm) とよび，その基準へのシステムの変化

の方向すなわち方向関数の指向自体，いいかえれば変化における乱れの消滅過程をシステムの変化の**自動制御**（automatic control）とよぶ．安定した社会システムの自動調整は，システムの変化の自動制御の特別なケースで，方向関数が定数の場合である．

差分方程式(6.1.62)の中にあらわれる関数行列の値は，時刻 $t=z$，すなわち乱れ ΔX_t をもつ時刻における方向関数の値に関係している．したがって，特性方程式における行列式もまた時刻 $t=z$ に関係している．結局，特性方程式の根もまた時刻 $t=z$ に関係する．すなわちパラメータ z の関数だから，これを $\lambda_j(z)$ と書こう．方程式(6.1.62)の解をなす，時間のベクトル関数は次のようになる．

$$\Delta X_t = \sum_j K_j(z)[\lambda_j(z)]^t \tag{6.1.64}$$

この関数は，すべての j について $|\lambda_j(z)|<1$ であるとき 0 に近づく．これは条件(6.1.63)がみたされているときなりたつ．$\lambda_j(z)$ が実数であるか複素数であるかにしたがって，関数(6.1.64)のおのおのの関数は単調になるかまたは振動する．

(1) エルゴード的領域

関数 X_t がシステムの方向関数 $\hat{X}_t$ に近づくシステムの初期状態（入力あるいは出力）の値の集合を，システムの変化の**エルゴード的領域**という．この領域に属さない乱れは消滅することなく，いつまでも，システムの変化の進行に影響を及ぼす．エルゴード的領域は一時的な乱れの領域として定義することもできる．

ここで，〔変化過程のエルゴード性をやぶらずに，どこまで大きな乱れが許されるか〕を確かめることが必要になる．差分方程式(6.1.62)は小さい乱れに対して導かれたものであることを思いおこそう．もし乱れ ΔX_t が大きいならば，式(6.1.62)を次のようにかきなおす必要がある．

$$\Delta X_{t+\theta} = \left[\frac{\partial R}{\partial X_t}\right]_{X_t=\hat{X}} \Delta X_t + \Phi(\Delta X_t) \tag{6.1.65}$$

この右辺にあらわれる関数 $\Phi(\Delta X_t)$ は，ベクトル ΔX_t の成分の絶対値を変数とするベクトル関数 V に書きなおすことができる（V を $(\Delta X_t)^2$ のように定義することもできる．この場合は微分方程式の解の'大域的'安定性研究におけるリャプノフの方法にあたる）．このように書きなおされた関数を次式に示す．

$$\Phi(\Delta X_t) = V(|\Delta X_t|), \quad \Phi(\Delta X_{t-\tau}) = V(|\Delta X_{t-\tau}|) \tag{6.1.66}$$

もしシステムの変化がエルゴード的過程をなすならば

$$\lim_{t \to \infty} V = 0 \tag{6.1.67}$$

となるような領域 (すなわち ΔX_t または $\Delta X_{t-\tau}$ の値の集合) は，社会システムの変化のエルゴード的領域である．なぜならこの全領域においては関数 $\Phi(\Delta X_t)$ ないし $\Phi(\Delta X_{t-\tau})$ は 0 に近づき，したがって式 (6.1.65) は〔その解がエルゴード過程をあらわすと仮定した方程式 (6.1.62)〕に近づく．

(2) **エルゴード的に変化するシステムと死んだ(中性)システム**

　システムの変化のエルゴード性の領域の問題とならんで，エルゴード性の時間的持続の問題がある．なぜなら式 (6.1.64) より，ΔX_t は，〔パラメータ z，すなわち，その乱れのある時刻〕に関係しているからである．とくに，特性方程式の根 $\lambda_j(z)$ はこのパラメータに関係している．これらの根は，ある z の値に対しては $\lambda_j(z) \geq 1$ であるかもしれない．方程式 (6.1.64) の中にあらわれる関数行列の要素が (簡単のため) 時間の連続関数であるならば，特性方程式の根はパラメータ z の連続関数である．そこで時間の区間 $[t_1, t_2]$ を決定して，この区間にふくまれる値 z，すなわち

$$t_1 \leq z \leq t_2 \tag{6.1.68}$$

に対しては $0 < |\lambda_j(z)| < 1$ であるようにすることができる．

　このように定義された時間の区間を，システムの変化の「エルゴード性保存時間」とよぶ．この区間が $-\infty < z < \infty$ のときシステムの変化過程は「つねにエルゴード的」であるといい，またこの区間が有界のときは，過程は「一時的にエルゴード的」であるという．過程が片側だけ，一時的にエルゴード的であるということもあるうる．すなわち区間が $-\infty < z \leq t_2$ または $t_1 \leq z < \infty$ のときである．

　一時的にエルゴード的なシステムは，2つの仕方で，そのエルゴード性を得たり，失ったりする．その1つの仕方は，$z < t_1$ または $z > t_2$ に対しておこる．すなわち，エルゴード性保存時間の前または後で，すべての $|\lambda_j(z)|$ が 0 であるとき，このシステムは中性のシステムからエルゴード的に変化するシステムへ，また逆に

6 動的システムと最適化

エルゴード的に変化するシステムから中性のシステムへ変わる．つまり，'死んだ'システムからエルゴード的に変化するシステムが生まれるか，またはそういうシステムから'死んだ'システムに変わる．

もう1つの仕方は，エルゴード性保存時間の前または後で，1つまたはもっと多くの特性方程式の根に対して $|\lambda_j(z)| \geq 1$ であるときにおこる．$|\lambda_j(z)| = 1$ の場合には，システムは準安定のシステムからエルゴード的に変化するシステムに変わるか，またはその逆である．エルゴード性保存時間の前または後で $|\lambda_j(z)| > 1$ である場合には，この時間の前または後で，おのおのの乱れは，システムの変化の方向関数とシステムの状態とのひらきを，次々に重なり合って大きくする．

システムの変化過程のエルゴード性が一時的に限られるのは，エルゴード性の条件 (6.1.63) の中の行列および転置行列が時間の関数であるということの結果である．これらの行列の要素は，社会 E_s の入力の状態を社会 E_r の入力の状態と結びつける変換 [R_{rs} の導関数である（式 (6.1.8) および (6.1.29) または (6.1.40) 参照）．この導関数は

$$\frac{\partial R_{rs}}{\partial x_t^{(r)}} \text{ または } \frac{\partial R_{rs}(\tau)}{\partial x_{t-\tau}^{(r)}} \quad (r=1,\cdots,N,\ r \neq s)$$

という形をしている．これらの導関数は一定の時刻，すなわち時刻 t または $t-\tau$ における入力の状態に関係している．式 (6.1.63) の中の行列および転置行列において，入力の状態は，時刻 t または $t-\tau = z-\tau$ における方向関数の値をもつ．

以上のように，いろいろな時刻 z においてこれらの導関数はいろいろな値をもち，したがって式 (6.1.63) の中の行列の要素はいろいろな値をとる．こうしてある時刻 z において式 (6.1.63) はエルゴードの条件をみたし，そのほかの時刻においてはそれを満たさないということがありうる．これから，ある時刻 z においては $|\lambda_j(z)| < 1$ であって，かつ他の時刻においては $|\lambda_j(z)| \geq 1$ ということがありうる．

特に，行列の対角線より上の導関数の値が，ある時間区間の外では 0 ということがおこりうる．そのときこの時間区間の外では，システムはフィードバックをもたず，中性のシステムとなる．ある時間区間外では〔式 (6.1.63) が正の定符号をとるような値〕を導関数がとるということもまたおこりうる．そのときシステムのフィードバックは補償作用をもたなくなり，あらゆる乱れは，〔システムの状態と方向関数との開きを次々に大きくしていく過程〕を生みだす．

(3) エルゴード過程における変化の乱れの消滅速度（システムの老化等）

次に注意に値するのは，変化の乱れがエルゴード的過程において消滅する速さ，いいかえれば，乱れのあとシステムが基準にもどる速さである．式 (6.1.64) から次式を得る．

$$\frac{d}{dt}\Delta X_t = \sum_j K_j(z)[\lambda_j(z)]' \log|\lambda_j(z)| \tag{6.1.69}$$

ここに $\log|\lambda_j(z)|$ は自然対数である．

これから興味ある一連の結果が導かれる．もしシステムの変化のエルゴード性保存時間の限界近くで，z が限界に近づくにつれて $|\lambda_j(z)|$ の値が単調に 1 に近づくならば，$\log|\lambda_j(z)|$ は単調に 0 に近づく．このとき式 (6.1.69) からわかるように，乱れの消滅の速さも 0 に近づく．システムの変化過程の乱れは，だんだん長つづきするようになり，システムの状態が基準へ，すなわちシステムの変化の方向関数によって決定される状態へ戻るのは，だんだんゆっくりとなる．こういうことがおこったとき，システムの変化のエルゴード性保存時間の上限に近づくことを，比喩的ないい方で，システムが'老化する'ということができる．またもしそういうことがおこって，エルゴード性保存期間の下限へ近づく場合には，システムはだんだん'未熟になる'．そして変化の自動制御はまだ'熟練して'いないということができる．

システムの変化のエルゴード性保存時間の限界に z が近づくとき，$\lambda_j(z)$ が単調に 0 に近づく場合でも，同じことがいえる．なぜならこのとき $\lambda_j(z)\log|\lambda_j(z)|$ も 0 に近づくから，上に述べた結果が得られる．このようにして，システムが中性のシステムへ単調に近づくときも，準安定のシステムへ近づくときも，いずれも，変化の自動制御はだんだん遅くなる．

システムの'成長'，すなわちシステムが自動制御に'熟練する'ことと，システムの'老化'とは，変化過程の乱れが消滅する速さのちがいだけからわかるものではない．システムの変化のエルゴード性の領域のちがいによってもわかる．この領域は，式 (6.1.65) がなりたつようなベクトル X_t の値の集合によって，すなわちベクトル関数 $V(|\Delta X_t|)$ の収束する領域によって与えられる．この関数は，$(x_1^{(r)} = \hat{x}_z^{(r)}$ より）変換 R_{rs} の導関数をふくむ $(r,s = 1, \cdots, N; r \neq s)$ から，原則としてパラメータ z に関係している．システムの変化のエルゴード性の領域は，従ってパラメータ z に，すなわち乱れがおこる時刻に関係している．

もしシステムの変化のエルゴード性が一時的に限られているならば，システムの変化のエルゴード性の領域がある一定の仕方で変化するということがおこりうる．すなわちその領域が，システムの変化のエルゴード性保存時間のはじめには非常に小さいのに，時間の流れにつれて拡大し，それからまた縮小して，システムの変化のエルゴード性保存時間のおわりには0にちかづくということがおこるかもしれない．こういう場合，システムの変化の乱れの増大に対する抵抗力は変化する．

'おさない'システムは小さい乱れに対してだけ抵抗力をもっているが，'成長'につれてシステムはだんだん大きな乱れに対する抵抗力をそなえ，最後に'老化しつつある'システムは，次第に大きな乱れに対する抵抗力を失い，だんだん小さな乱れに対してだけ抵抗出来るようになって行き，そしてついにはあらゆる乱れに対する一切の抵抗力を失う．

このように，乱れのあとシステムが基準にもどる速さと同様，システムが抵抗できる乱れの大きさ（その変化のエルゴード性の領域）も，システムの変化のエルゴード性保存時間の間に変化しうる．

頻繁に大きな乱れを生ずる環境の中で，多くの社会システムは，その変化のエルゴード性を失う．特に，'成長する'すなわち自動制御に'熟練する'間のなかった社会システムや，'老化'またはそのほかの原因で乱れに対する抵抗力が弱い社会システムがそれである．

これらの社会システムは自分の基準にもどることはなく，その変化はエルゴード過程であることをやめる．このような自然淘汰がおこって，その結果エルゴード的な変化過程——とそれに対応する社会システム——だけがのこる．それらは乱れに対する高度な抵抗力によって，他から区別されているものであって，つまり大きなエルゴード性の領域をもち，乱れに対してすみやかに打ち勝つことのできる過程である．これらの過程と社会システムとは，ある意味で環境に'適応'し，与えられた環境の条件の下でその自動制御に熟達する．

以上，長々と社会システム持続可能性とは何かを数学的モデルを通して考えてきた．結論は至って単純で，社会システムの持続可能性を保証するためには，閉じた（つまり循環型）システムにおいて大きなエルゴード性の領域をもち，乱れに対して速やかに打ち勝つことのできる社会と社会構造をどのように考えればいいかということになる．

6.2 準線形化による動的システムのパラメータの同定[2]

Bellmanらによって提案された準線形化は非線形汎関数方程式の数値解法の1つであり，ニュートン・ラプソン（Newton-Raphson）法の関数空間への一般化といえる．その有効性は未知のパラメータを含む非線形微分方程式のパラメータの決定において特に発揮される．すなわち，非線形微分方程式を線形化することにより，パラメータ決定問題を線形微分方程式の初期値決定問題の繰り返し過程に埋没させることになる．従って次のような利点を指摘することができる．

まず，非線形微分方程式の直接的な求解を必要としないので計算が単純化される．次いで，パラメータ以外の変数について，その初期条件が与えられない場合や信頼性にかける場合についても，その初期値をパラメータと同様に決定できる．さらに，繰り返し過程は2次の収束速度を持つことが示されて計算時間も比較的短く，初期仮定解の適切な設定により，試行錯誤的要素を必要としない点が挙げられる．しかしながら，収束性に関しては初期仮定解の設定や微分方程式の構造的特性に規定されて必ずしも良好とはいえない．また，実用的にはパラメータの概略の値は現象（たとえば，物理）的考察からある程度予見される場合が多く，その範囲での探索を行うことが適切な場合も多い．このため，ここでは，準線形化アルゴリズムに5.6.5で述べた非線形制約付き最適化手法を導入することにより収束性改善のための検討を行う．

6.2.1 一般化されたニュートン・ラプソン法[3][4]

いま，非線形微分方程式系

$$\dot{x}=f(x,t) \tag{6.2.1}$$

を考える．式(6.2.1)をそのまま求解せず，問題を次のような線形微分方程式系の繰り返し問題に埋没させる．これが一般化されたニュートン・ラプソン法と呼ばれるものである．

$$\dot{x}^{(n+1)}=f(x^{(n)},t)+J(x^{(n)})\cdot(x^{(n+1)}-x^{(n)}) \tag{6.2.2}$$

ここに，n は繰り返し回数，J はヤコビアン行列（$J=[\partial f/\partial x^{(n)}]$）である．

式 (6.2.2) を積分すると,

$$x^{(n+1)} = \int_0^t \{f(x^{(n)}, t) + J(x^{(n)}) \cdot (x^{(n+1)} - x^{(n)})\} dt \tag{6.2.3}$$

また,

$$x = \int_0^t f(x, t) dt \tag{6.2.4}$$

であるから,式 (6.2.3) と式 (6.2.4) から,

$$x - x^{(n+1)} = \int_0^t \{f(x, t) - f(x^{(n)}, t) - J(x^{(n)}) \cdot (x^{(n+1)} - x^{(n)})\} dt \tag{6.2.5}$$

一方,

$$f(x, t) - f(x^{(n)}, t) = J(x^{(n)}) \cdot (x - x^{(n)}) + O((x - x^{(n)})^2) \tag{6.2.6}$$

ただし, O は2次以上の微小項である. こうして, 式 (6.2.6) を式 (6.2.5) に代入すれば,

$$x - x^{(n+1)} = \int_0^t \{J(x^{(n)}) \cdot (x - x^{(n)}) + O((x - x^{(n)})^2)\} dt \tag{6.2.7}$$

ここで, t_f を t の上限としてノルムをとると,

$$\|x - x^{(n+1)}\| \leq K \cdot t_f \|x - x^{(n+1)}\| + L \cdot t_f \|x - x^{(n)}\|^2$$

を満たす定数 K, L が存在し,次式を得る.

$$\|x - x^{(n+1)}\| \leq \frac{L \cdot t_f}{1 - K \cdot t_f} \|x - x^{(n)}\| \tag{6.2.8}$$

式 (6.2.8) は t_f を十分小さくとると誤差は2乗の速さで減少し,収束が早いことを示している. そして, 一般化されたニュートン・ラプソン法において微分作用素 $[d/dt - J(x^{(n)})]$ が正定値かつ $f(x, t)$ が凸であれば単調収束が保証される. さらにこの場合, 式 (6.2.2) の近似解法は次のように表示できる.

$$\dot{x} = f(x, t) = \max_y [f(y, t) + J(y) \cdot (x - y)] \tag{6.2.9}$$

ここで興味深いことは,この式が,準線形化による近似解列の単調収束性が保証されたときのアルゴリズムが,後述の動的計画法 (dynamic programming, DP) における逐次近似法とまったく同等であることを示していることである[3].

6.2.2 準線形化によるパラメータの決定[2]

いま，p 個の未知パラメータ C を内在する m 次元ベクトル x に関する非線形微分方程式系を考える．すなわち，

$$\dot{x} = f(x, t, C) \tag{6.2.10}$$

ここに，$x = (x_1, \cdots, x_m)^T$，$C = (C_1, \cdots, C_p)^T$ である．
この式(6.2.10)に関する，準線形化によるパラメータ決定アルゴリズムは，基本的には線形常微分方程式の境界値問題と類似のアルゴリズムの繰り返しとなっている．さらに，(実際的な意味において)あらかじめパラメータのとる範囲が与件とされるならば，それを制約条件としてパラメータの発散を抑止できることが期待される．このことから，最適化手法として，従来からの最小2乗法のみを考えるのではなく，非線形最適化手法の適用を図ったアルゴリズムを考えよう．
「ステップ1」：一般化されたニュートン・ラプソン法による線形化
まず，未知パラメータ C を時間的に一定な変数として認識し，x を $x = (x_1, \cdots, x_m, C_1, \cdots, C_p)^T$ とする $(m+p)$ 次元ベクトルに置換える．こうして式(6.2.10)は一般化されたニュートン・ラプソン法により，次のように線形化される．

$$\begin{cases} \dot{x}^{(n+1)} = f(x^{(n)}) + J(x^{(n)}) \cdot (x^{(n+1)} - x^{(n)}) & \text{for} \quad 1 \leq i \leq m \\ \dot{x}^{(n+1)} = 0 & \text{for} \quad m+1 \leq i \leq m+p \end{cases} \tag{6.2.11}$$

ただし，i はベクトル x の要素を示す添字である．
「ステップ2」：初期近似解の設定
初期近似解の設定は準線形化の収束性を得るための非常に重要な操作要因となる．もし，初期仮定解が式(6.2.2)右辺の凸性と微分作用素の正定値性を満足するならば，確実にしかも単調に収束されることが保証される．しかし現実には，このような初期仮定解の領域を予見することは一般的に困難である．そこで，実際上実測データが入手可能な変数については実測値をそのまま初期仮定解として設定し，その他の変数については推測される値域において乱数発生させ，時間的に一定として設定することが一案として考えられる．
「ステップ3」：数値積分
線形化された式(6.2.11)を所与の初期近似解のもとで積分する．このとき，高

精度でしかも収束計算を必要としない計算時間の速いハミングの予測子・修正子法が広範に用いられている．また，積分は線形常微分方程式に関する重ね合わせの原理により行い，次式の形式の解を得る．

$$x^{(n+1)} = x_p^{(n+1)} + x_h^{(n+1)} \cdot C \tag{6.2.12}$$

ただし，x_p；式(6.2.11)の特解，x_h；一般解で，Cは未知の初期値である．

「ステップ4」：初期値の最適化

式(6.2.12)における初期値を所与の実測データに基づき最適化を行うことになるが，その評価基準は実測データの入手可能な変数に関する積分区間の累積2乗誤差を最小にするのが一般的である．これは次式で記述される．

$$\sum_i \left[\hat{x}_i(t) - (x_{h,i}(t) + \sum_j C_j \cdot x_{h,i,j}) \right] \Rightarrow \min \tag{6.2.13}$$

ここに，i；実測データが存在する（モデルの出力となることが望ましい）変数，t；時刻，$\hat{x}_i$；変数iの実測データ，x_{hi}；変数iの特解，C_j；最適化すべき初期値，$x_{h,i,j}$；変数iに関する一般解で，変数x_jの初期値を1，その他を0とおいて積分した解を示す．

こうして，式(6.2.13)を，通常の最小2乗法では，C_jについて偏微分し，これを0とおくことにより，解を得る．しかし，上述したように，ここでは解の発散を抑止し実際的な意味から，C_jに制約を課し非線形制約付最適化手法の援用が必要になってくる．非線形計画法についてはすでに説明したが，ここではアルゴリズム上必要な部分についてのみ記述すれば以下のようになる．

これらの手法は，モデル同定に要求される精度，許容される計算時間に応じ許容方向法に代表される傾斜探索法や，コンプレックス法に代表される試行探索法を用いることが適切である．

「ステップ5」：繰り返し

これまでの段階で得られた初期値を用いることにより式(6.2.11)に戻って新たな$(n+1)$回目の解が得られる．そこで解列の収束判定を行い，収束していない場合は得られた解を近似解として「ステップ2」に戻る．収束した場合には初期値のうち$(m+1)$番目以降のものをパラメータ同定結果として出力する．

以上述べたように，準線形化によるパラメータ決定方法は初期仮定解を設定すれば，後は全く自動的にパラメータが同定されるアルゴリズムとなっており，モ

デル同定の有力な支援システムとなる.

【適用例6.1】土地利用を考慮した洪水流出モデルのパラメータの同定（準線形化）[2]

治水計画における洪水流出モデルは主として次の場面で必要となる.

① 基本高水の設定場面；様々な計画降雨を洪水流出モデルによりハイドログラフに変換し，所与のカバー率のもとで基本高水が決定される.
② 治水計画代替案の分析・評価場面；氾濫解析との併用により治水効果が把握される.

このような治水計画において用いる洪水流出モデルは土地利用考慮することが必要である．すなわち，都市化（や過疎化による荒廃）に伴う変化の著しい流域では土地利用の変化に伴い，治水施設の規模を規定する基本高水の実質再現年が低下し，さらには流出ハイドログラフの集中化が見られる．これに対し，現行の流出モデルの多くは表面流出現象を物理的考察からモデル化した貯留関数法が広く用いられている．しかしながらこのモデルにおいては流域の土地利用特性が流出率等のパラメータに関連しているものと考えられているが明示的ではない．しかも，これらのパラメータは降雨・流量の実績資料に基づき試行錯誤的に決定していく方法がとられている．

ここでは，貯留関数の考え方をベースにして，流域の土地利用と洪水流出量の関係が明示的な流出モデルを示し，そのパラメータを準線形化アルゴリズムの適用により同定することにしよう．そして，土地利用形態から見た流域の保水能力（例えば，「緑のダム」等）を治水効果として評価しよう．

(1) 洪水流出モデルとその同定

流域において，洪水流出場が存在することが知られているが，この面積比はせいぜい10％といわれている．このことから，流域全体を有効降雨発生場と認識し，降雨は一旦地下浸透し，浸透流を経て再び地表に湧出すると考える．湧出した有効降雨は洪水流出場への入力となり，地表流により流域末端へ流出すると考える．モデルの概要を図6.2.1に示す.

ここで，有効降雨の発生プロセスを表すものは浸透流で，洪水流出プロセスについては地表流となることを考えれば，前者についてはダルシー則，後者につい

てはマニング則により水の運動を記述することができる．

以上のことを踏まえ，洪水流出を集中定数系で記述すると，有効降雨発生モデルはタンクモデルと等価となり次式を得る．

$$R_e = e(R - R_e), \quad e \propto k i_\beta l^{-1} \tag{6.2.14}$$

ここに，R_e；有効雨量 (mm/hr)，e；定数，R；実降雨量 (mm/hr)，k；透水係数，i_b；動水勾配，l；流下距離．一方，洪水流出モデルは貯留関数モデルとして次式を得る．

$$\dot{S} = \frac{A}{3.6} R_e - Q, \quad S = KQ^p \quad (p=0.6), \quad K \propto n^{0.6} i_s^{-0.3} A^{0.4} l^{0.6} \tag{6.2.15}$$

ここに，S；貯留量 (m³)，A；流域面積 (km²)，K；定数，n；粗度係数，i_s；地表勾配．

(2) モデル同定

まず，表6.1に特性を示した12流域を対象として，6.2.2で示した準線形化でパラメータ決定アルゴリズムを用いて，式 (6.2.14) (6.2.15) の未知パラメータ e, K の値を決定していく．このとき，モデルをニュートンラプソン展開した結果は以下の通りである．

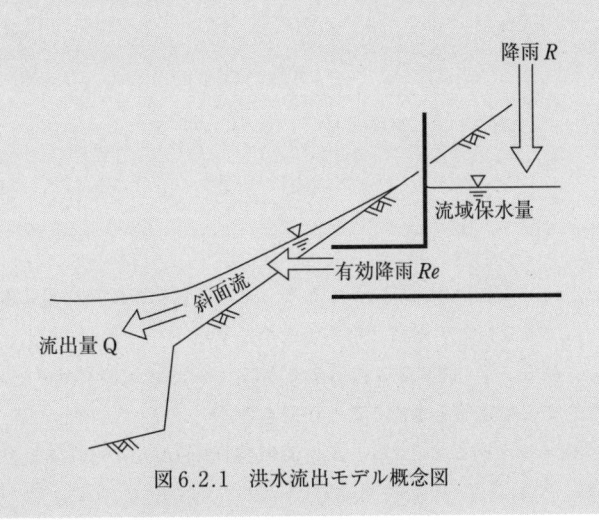

図6.2.1　洪水流出モデル概念図

表6.1 流域諸元

流域番号	流域面積(km²)	流域延長(km)	流域勾配	土地構成比（%）		
No.	A	L	I	市街地 (a_1)	田畑 (a_2)	山森 (a_3)
①	9.3	4.8	0.007	40	55	5
②	7.7	5.7	0.031	15	55	30
③	4.7	2.9	0.018	10	40	50
④	8.9	3.0	0.018	20	75	5
⑤	7.5	6.4	0.002	15	80	5
⑥	8.1	4.5	0.0003	20	75	5
⑦	2.6	1.3	0.0007	20	75	5
⑧	5.8	2.2	0.002	10	85	5
⑨	7.3	1.5	0.004	20	65	15
⑩	3.2	1.2	0.001	20	70	10
⑪	6.1	4.2	0.0006	30	65	5
⑫	4.4	2.9	0.001	15	25	60

$$\dot{x}_1^{(n+1)} = x_3^{(n)}(R - x_1^{(n)}) + (-x_3^{(n)}, 0, R - x_1^{(n)}, 0)\begin{pmatrix} x_1^{(n+1)} - x_1^{(n)} \\ x_2^{(n+1)} - x_2^{(n)} \\ x_3^{(n+1)} - x_3^{(n)} \\ x_4^{(n+1)} - x_4^{(n)} \end{pmatrix} \quad (6.2.16)$$

$$\dot{x}_2^{(n+1)} = (x_4^{(n)})^{-1} p^{-1} (x_2^{(n)})^{1-p} \left(\frac{A}{3.6} x_1^{(n)} - x_2^{(n)} \right)$$

$$+ \left[\frac{A}{3.6}(x_4^{(n)})^{-1} p^{-1} (x_2^{(n)})^{1-p}, (x_4^{(n)})^{-1} p^{-1} (x_2^{(n)})^{1-p} \left(\frac{A}{3.6} x_1^{(n)} - x_2^{(n)} \right) - (x_4^{(n)})^{-1} p^{-1} (x_2^{(n)})^{1-p}, \right.$$

$$\left. 0, -(x_4^{(n)})^{-1} p^{-1} (x_2^{(n)})^{1-p} \left(\frac{A}{3.6} x_1^{(n)} - x_2^{(n)} \right) \right] \begin{pmatrix} x_1^{(n+1)} - x_1^{(n)} \\ x_2^{(n+1)} - x_2^{(n)} \\ x_3^{(n+1)} - x_3^{(n)} \\ x_4^{(n+1)} - x_4^{(n)} \end{pmatrix} \quad (6.2.17)$$

$$\dot{x}_3 = \dot{x}_4 = 0 \quad (6.2.18)$$

ここに，$(x_1, x_2, x_3, x_4) = (R_e, Q, e, K)$ である．また評価基準は流出量に関する実測値とモデルによる推定値の累積2乗誤差最小とする．

こうして，図6.2.2，図6.2.3に示すように，各12流域のパラメータ e, K とハイドログラフの推定値を求めることができる．

次に，パラメータ図6.2.2の e, K と流域特性 (A, L, Ia_i) の関係式を重回帰分

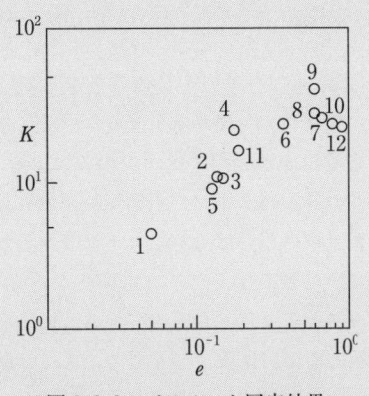

図6.2.2　パラメータ同定結果

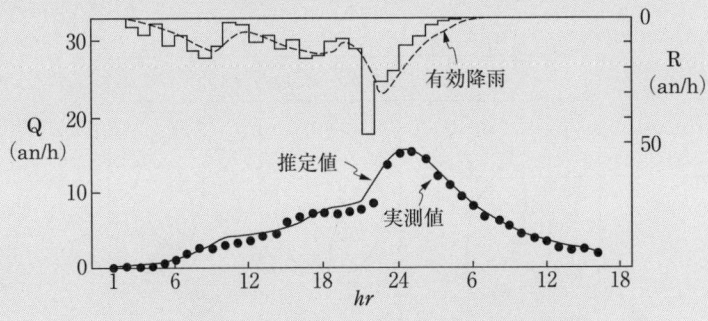

図6.2.3　ハイドログラフ推定結果（流域⑩）

析で求めた結果，以下の式を得た．

$$e = 0.04 A^{0.83} L^{-1.14} I^{-0.30}, \quad K = 16.2 A^{1.07} L^{-0.99} I^{-0.26} a_1^{-0.78} \qquad (6.2.19)$$

重相関係数は，それぞれ0.76，0.88と比較的大きく，以下では土地利用形態の変化による治水上の問題を考えよう．

(3) 都市開発による中小河川の治水上の問題（治水から見た都市開発のありかた）

丘陵林地の開発や低平農地の宅地化などいわゆる流域の都市化現象に伴う流出量の増大はよく知られた事実である．ここでは，(2)で作成したモデルを用い，流域の土地利用形態の変化に伴う流出量の変化をシミュレーションにより把握し，治水計画上の意義を考察する．分析対象として設定した土地利用形態の分布パ

ターンを図6.2.4に,シミュレーションに際して設定したモデル流域の諸元を図6.2.5に示す.流出モデルに含まれる2つのパラメータ e, K は式(6.2.16)～(6.2.18)より算定する.また入力としての降雨条件を1峰型降雨として,継続時間内において(a)前半部にピーク,(b)後半部にピーク,そして(c)2峰型降雨を考えることにしよう.図6.2.6に土地利用パターンの差による流出量の変化を示す.この結果,土地利用形態の分布パターンの差異が流出量に与える影響が大きいことが分かる.特にピーク流量の差異は,ハイエトグラフの形状にかかわらず,大きく異なることが分かる.また,図6.2.7は市街化が進行した場合の流出量を,市街地面積率をパラメータとして示したものである.治水面からの土地利用規制を行う上での有効な情報となるであろう.また,ここでは触れていないが,森林の流出抑制効果(緑のダム)の評価を行う道も見えている.

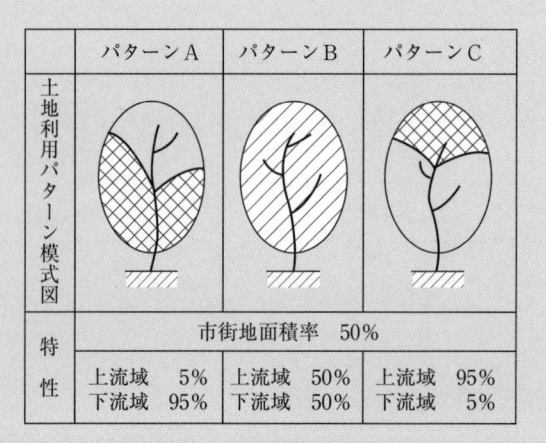

	パターンA	パターンB	パターンC
土地利用パターン模式図			
特性	市街地面積率 50%		
	上流域 5% 下流域 95%	上流域 50% 下流域 50%	上流域 95% 下流域 5%

図6.2.4 土地利用パターン

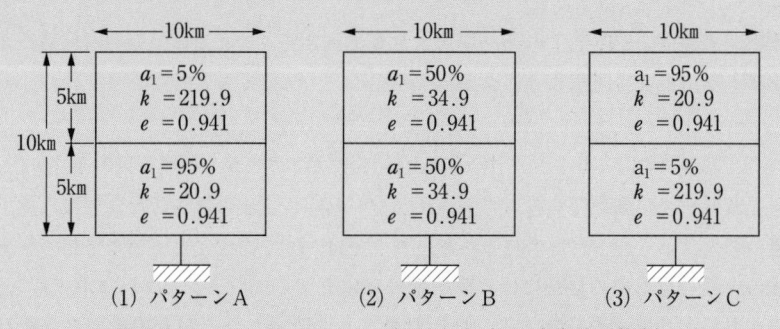

(1) パターンA: 上流域 $a_1=5\%$, $k=219.9$, $e=0.941$ / 下流域 $a_1=95\%$, $k=20.9$, $e=0.941$

(2) パターンB: 上流域 $a_1=50\%$, $k=34.9$, $e=0.941$ / 下流域 $a_1=50\%$, $k=34.9$, $e=0.941$

(3) パターンC: 上流域 $a_1=95\%$, $k=20.9$, $e=0.941$ / 下流域 $a_1=5\%$, $k=219.9$, $e=0.941$

図6.2.5 シミュレーションモデル流域(a_1;市街地面積率)

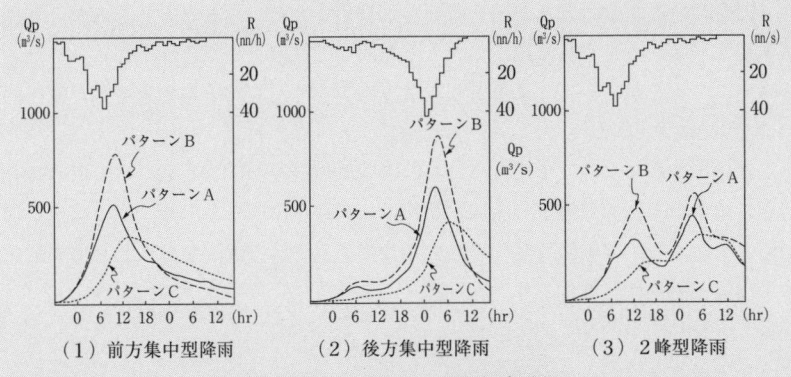

図6.2.6　ハイドログラフ推定結果

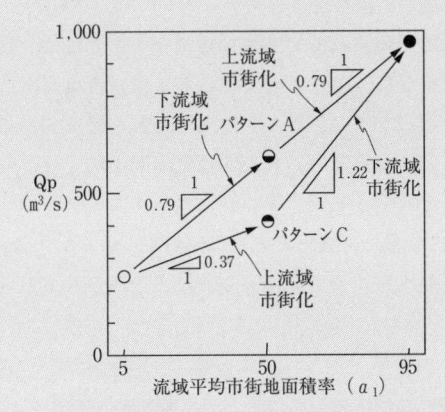

(1) 前方集中型降雨
(2) 後方集中型降雨
(3) 2峰型降雨

図6.2.7　上下流域別土地利用変化に伴う流出量の推移

【事例6.2】農業用水を考慮した流域水循環モデルのパラメータの同定（準線形化）[2]

都市域の渇水時に大きく問題となるのは農業用水の転用問題である．新規水資源の開発が困難な時代において，水の利用および供給形態をより高度化していくことが基本課題の1つであろう．そして，このようなシステムの構築にあたり，降雨量の変換としての自然流出量のみならず，各種用水に関する再利用可能な還元水量をも的確に見積もった上で河川水量を推定し，水資源マネジメントの情報とすることが重要であり，いわゆる流域（都市）水循環（圏）システムシステムのモデリング（同定とパラメータの推定）が必須となる．

ところで，わが国の流域水循環システムを考えるとき，水量的にも還元位置か

らも農業用水と下水処理水が最も重要な水利用システムである．ところが，特に農業用水システムを自然流出システムとあわせて精度上の整合性を保ち，それらのメカニズムを明らかにしようとした試みは少なく，またその成果も未だ統一的ではないと思われる．

以上のことから，ここでは日単位での降雨流出過程および農業用水の取水還元過程に関する定性的考察から流域水循環システムを構成した上で，その同定手法の確立を意図し，非線形最適化手法の1つである許容方向法を導入した準線形化の適用性と有効性を考えよう．

(1) 流域水循環システムモデル

1) モデルの概要

現在利水計算等で用いられている水循環モデルとしては，直列の2段ないしは3段のタンクモデルが広く適用されている．上段が直接流出，中段あるいは下段が地下流出という形式が多い．しかしながらこれらのモデルでは，地下浸透が地下の湿潤状態に規定されるという物理的事実が明示的ではない．そして上述したように，流域の上流に至るまで農業，特に水田による米作が行われている場合が多く，その影響は取水還元位置を考慮すれば無視できない．このようなことから，自然流出モデルと農水還元モデルにより水循環システムモデルを構成することにしよう．

まず自然流出モデルについては，その流出の非線形性が降雨の分離（直接流出成分と地下流出成分）過程にあると考えよう．降雨の分離モデルにより得られる各降雨成分が直接流出と地下流出に対して各々設定された1段のタンクモデルに入力され，両者の流出成分の和として流出予測を行うモデルとする．次に農水還元モデルは取水から還元までの間に，田面に導水され地下浸透を経て河川に還元される地下還元モデルと田面に導水されずにそのまま河川へ排水される直接還元モデルで構成する．このとき，地下還元モデルでは貯留効果を考えてタンクモデルの援用でモデル化を行うことにする．

2) 自然流出モデル（図6.2.8）

降雨・流出過程の非線形性は降雨が直接流出降雨成分と地下流出降雨成分に分離される過程にあるという考え方に立てば，分離された降雨はそれぞれ直接流出量と地下流出量へ線形変換されるという過程を置くことが可能であるので，図6.2.9に示すように，タンクモデルを基本とする単純なモデル化ができる．この図では，降雨の分離則により，降雨 r は直接流出降雨成分 r_1 と地下流出降雨成分

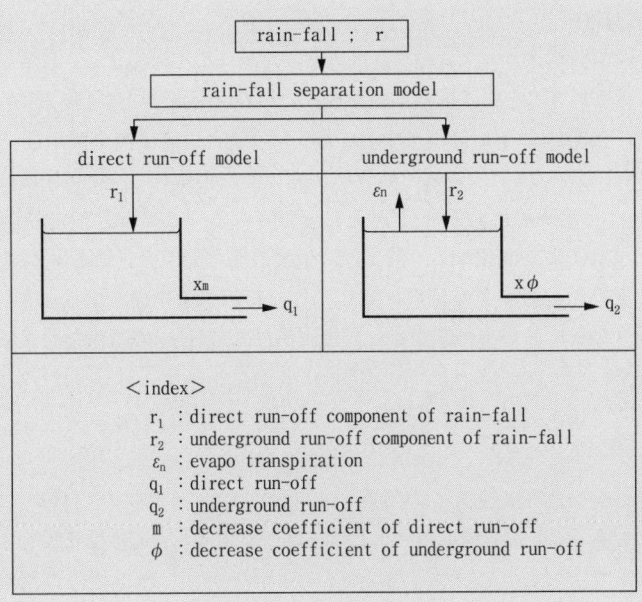

6 動的システムと最適化

```
                    rain-fall ; r
                          │
              rain-fall separation model
              ┌───────────┴───────────┐
              ▼                       ▼
    direct run-off model     underground run-off model
         r₁                    εₙ ↑   ↓ r₂
          ↓                        
         ┌──┐                    ┌──┐
         │  │ xm                 │  │ xφ
         └──┴──→ q₁              └──┴──→ q₂
```

<index>
- r_1 : direct run-off component of rain-fall
- r_2 : underground run-off component of rain-fall
- ε_n : evapo transpiration
- q_1 : direct run-off
- q_2 : underground run-off
- m : decrease coefficient of direct run-off
- ϕ : decrease coefficient of underground run-off

図 6.2.8　自然流出モデル

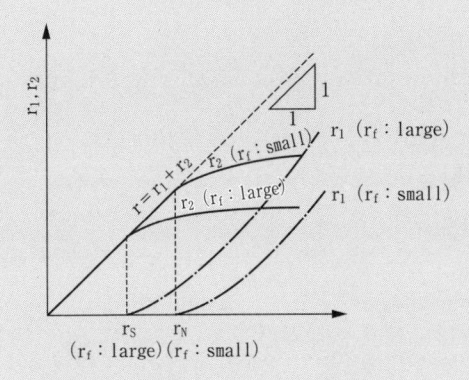

- r : total rain-fall
- r_1 : direct run off component of rain-fall
- r_2 : underground run off component of rain-fall
- r_3 : infiltration capacity
- r_f : accumulative rain-fall during the preceding 5days

図 6.2.9　降雨の分離則説明図

r_2 に分離され，その各々の成分は直接流出タンクと地下流出タンクよりそれぞれ直接流出量 q_1 と地下流出量 q_2 に変換される．

a 降雨の分離則

まず降雨の分離メカニズムの定性的考察から分離則を考えよう．図6.2.9は降雨の分離メカニズムを模式的に示したものである．土壌への地下浸透に対応するある一定の強度 r_s 以下の降雨はすべて地下に浸透し，地下流出降雨成分 r_2 に変換される．一方 r_s 以上の降雨の場合には直接流出が生起し，降雨 r は直接流出降雨成分 r_1 と地下流出降雨成分 r_2 とに分離される．このとき地下浸透能 r_s は土壌の保水量により変化する．例えば，土壌の保水能が大きいと r_s は小さくなり，その結果比較的小さな降雨に対しても直接流出降雨成分 r_1 が分離される．そこで図6.2.9において，降雨 r と直接流出降雨成分 r_1 の関係を次式で仮定する．

$$r_1 = g(r_s) r^\nu \tag{6.2.20}$$

ここに，$g(r_s)$；地下浸透能 r_s の関数，ν；正の定数．ところで，角屋[5]により提示された土壌の水分補給能曲線によれば，降雨終了後5日程度で土壌含水比は吸着含水比まで回復し，上限浸透能になることが分かる．そこで r_s は現時点より前の先行半旬降雨 r_f により決定されると考え，さらに高次の項を無視すると次式を得る．

$$g(r_s) = a_1 + a_2 r_f \tag{6.2.21}$$

ここに a_1，a_2 は正の定数である．さらに，式(6.2.20)において $\nu=2$ と仮定すれば，結局降雨の分離則として次式が得られる．

$$r_1 = (a_1 + a_2 r_f) r^2 \tag{6.2.22}$$

$$r_2 = r - r_1 = r - (a_1 + a_2 r_f) r^2 \tag{6.2.23}$$

ただし，r_1，r_2 は共に非負であるから，$0 \leq r \leq (a_1 + a_2 r_f)^{-1}$ であることに注意する必要がある．もし，$r > (a_1 + a_2 r_f)^{-1}$ のときは $r_1 = r$，$r_2 = 0$ とすればよい．

b 流出モデル

分離された降雨 r_1，r_2 は図6.2.8に示されるようにそれぞれ直接流出タンク，地下流出タンクで流出量に線形変換されるものとすれば，直接流出量 q_1 と地下流出量 q_2 は次式で与えられる．なお，蒸発散量 ε_n については地下流出タンクから差引くことにした．

$$\dot{q}_1 + m q_1 = m r_1 \tag{6.2.24}$$

$$\dot{q}_2 + \phi q_2 = \phi r_2 - \phi \varepsilon_n \tag{6.2.25}$$

ここに,m, ϕ は逓減係数である.また,蒸発散量は次式で表す.

$$\varepsilon_n = e_n E_p \tag{6.2.26}$$

E_n;ハーマン式による蒸発散能,e_n;補正係数.

c 総流出量

総流出量 q_n は直接流出量 q_1 と地下流出量 q_2 の和であるから次式となる.

$$q_n = q_1 + q_2 \tag{6.2.27}$$

こうして,式 (6.2.22)−(6.2.27) より,総流出量 q_n と地下流出量 q_2 に関する連立常微分方程式が次のように得られる.

$$\dot{q}_n + mq_2 = \dot{q}_2 + mq_2 + m(a_1 + a_2 r_f) r^2 \tag{6.2.28a}$$

$$\dot{q}_2 + \phi q_2 = \phi \{r - (a_1 + a_2 r_f) r^2\} - \phi e_n E_p \tag{6.2.28b}$$

3) 農水還元モデル

農水の還元についてはほとんど分かっていず,そのメカニズムの複雑さから,還元率による還元量推定といった,かなりあらい取り扱いの域をでていない.こうした点を考慮してここでは,日単位での還元量推定を試みるモデルを図 6.2.10 のように提示する.このモデルでは,取水された水はまず田面導水路と排水路を通じてそのまま河川へ戻される直接還元量と田面貯留を涵養する降雨と田面導水量が減水深として消費されると考える.そしてこの消費水量のうち地下浸透分は地下貯留の涵養を経て河川に還元されると考える.これを田面貯留タンクと地下貯留タンクモデルで表現(地下還元モデル)しよう.

a 直接還元モデル

ここでは,降雨量との関連により,取水量から田面に導水されることなく直接河川へ排水される水量(直接還元量)と田面に導水される水量(田面導水量)を推定する直接還元モデルを考えよう.この基本的な考えを表現したものが図 6.2.11 である.

この図は,取水量と直接還元量および田面導水量との関係を時系列的に模式化したものである.無降雨時には取水量は用水(需要)量の同量が田面に導水され,降雨時にはその降雨量に応じて田面導水量は減少し直接還元量が増加すると考え

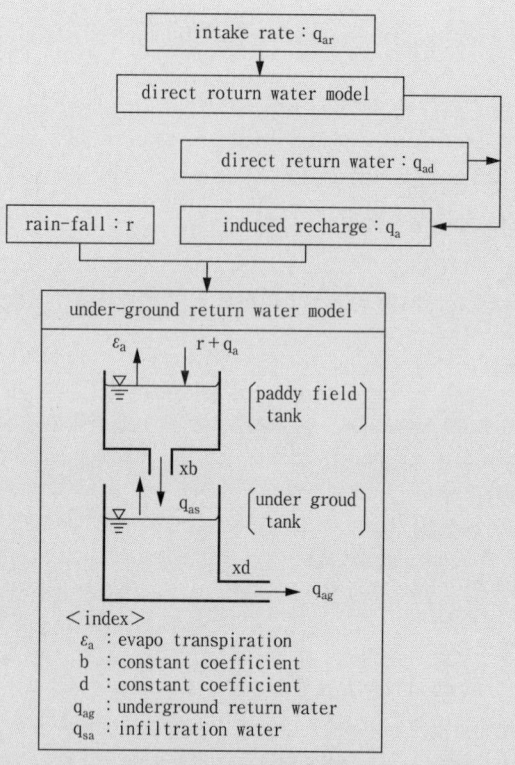

図6.2.10 農水還元モデル

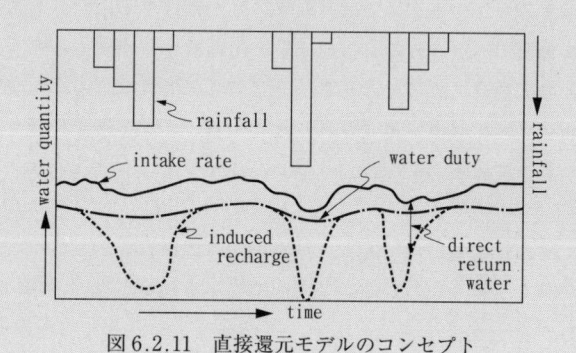

図6.2.11 直接還元モデルのコンセプト

ている．ここで，①降雨量は排水路に流入することなく（無視しうる），②用水量は取水量のα（定数）倍とし，③田面導水量は無降雨時で用水量と等しく，④降雨

時には降雨量の大きさに従って指数関数的に減少するものと考え，⑤水路損失は無視する等の仮定のもとで，田面導水量 q_a と直接還元量 q_{ad} は次式のように表現される．

$$q_a = \alpha e^{-\beta r} q_{ar} \tag{6.2.29}$$

$$q_{ad} = q_{ar} - q_a = (1 - \alpha e^{-\beta r}) q_{ar} \tag{6.2.30}$$

ここに，r；降雨量，q_{ar}；取水量，α, β；未知パラメータ．

b 地下還元モデル

図6.2.10のタンクモデルにより，降雨量と田面導水量が，田面貯留の涵養を経て減水深として消費され（田面貯留タンク），そのうち地下浸透分が地下水となり，やがて地下還元水へ変換される過程（地下貯留タンク）を表現すれば，次式のような関係式が成立する．

$$\dot{q}_{sa} + b q_{sa} = b (r + q_a - \varepsilon_a) \tag{6.2.31}$$

$$\dot{q}_{ag} + d q_{ag} = d q_{sa} \tag{6.2.32}$$

ここに，q_{sa}；地下浸透量，ε_a；蒸発散量，q_{ag}；地下還元量，b, d；地下浸透量と地下還元量の逓減係数．

c 総還元量

総還元量 q_{ra} は直接還元量と地下還元量の和で次式で与えられる．

$$q_{ra} = q_{ad} + q_{ag} \tag{6.2.33}$$

こうして，式 (6.2.29)-(6.2.33) より，取水量から総還元量を推定する次の連立微分方程式系が得られる．

$$\dot{q}_{ra} = \dot{q}_{ag} + (1 - \alpha e^{-\beta r}) \dot{q}_{ar} + \alpha \beta \dot{r} e^{-\beta r} q_{ar} \tag{6.2.34a}$$

$$\dot{q}_{ag} = d (q_{sa} - q_{ag}) \tag{6.2.34b}$$

$$\dot{q}_{sa} = \alpha b e^{-\beta r} q_{ar} + b (r - q_{sa}) - b \varepsilon_a \tag{6.2.34c}$$

(2) モデルの同定と結果の要約

対象流域は中部地域の，下流側は都市で上流側が水田地帯で中流に利水目的の貯水池がある，いわゆる広域農業地帯である．ここで，貯水池流入量の推定を目

的として，貯水池上流部の水循環システムの同定を行う．流域のモデル図を図6.2.12に示す．

モデル同定の手順を図6.2.13に示しておく．まず，非かんがい期においては，農水システムは無視できると考え，対象流域全体を農地も含めて自然流域とみなし，貯水池実測流入量と式(6.2.28)により計算される流入量推定値との誤差最小という評価基準のもとで自然流出モデルを同定する．一方，農水還元モデルの同定に際し，必要とされる還元量データは一般的に入手困難で，当該流域においても例外ではない．そこで，かんがい期において農地以外の自然流域からの流出量を非かんがい期において同定された自然流出モデルにより算定し，その値と貯水池実測流入量および取水量データを用いて水収支関係から還元量を求める．この

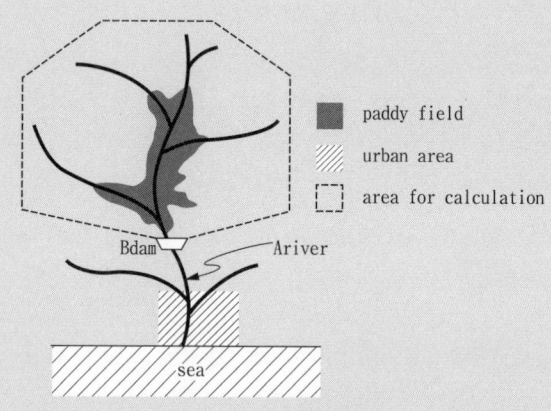

図6.2.12 流域の概要

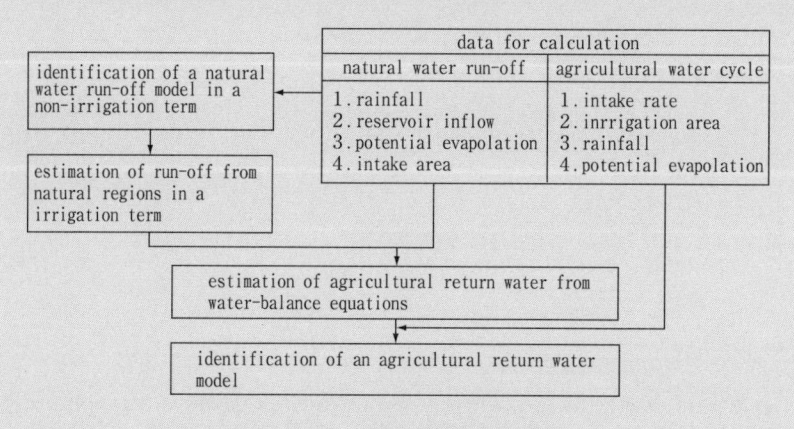

図6.2.13 流域水循環同定手順

ようにして得られた還元量データと式(6.2.34)から算出される還元量推定値との誤差最小基準のもとで農水還元モデルの同定を行う．

準線形化によるパラメータの決定は，自然流出モデルについては最小2乗法の援用によるアルゴリズムを用いる．一方，農水還元モデルについてはデータ精度から考えて収束性の不良が予想されること，さらには物理的に解釈不能な結果となる可能性があること等から，制約条件付非線形最適化手法のうち許容方向法を導入した準線形化の適用を行う．また，パラメータを決定するための期間は水文サイクルを考慮して1ヶ月程度とする．未知パラメータは自然流出モデルでは式(6.2.28)の(m, a_1, a_2, ϕ, e_n)で，農水還元モデルでは式(6.2.34)の$(\alpha, \beta, b, d, e_\alpha)$である．なお，$\beta$については用水量が通常10mm/日であることから，降雨強度が10mm/日の日の田面導水量が，無降雨時の1割となるようにした($\beta=0.23$)．

以上の準備のもとに，式(6.2.28)と式(6.2.34)を一般化されたニュートンラプソン法で「線形化」し，「初期近似解の設定」，「数値積分」，「パラメータの最適化」，「発散の判定」，「収束の判定」という一連の手順を踏む．以下に結果を示そう．

まず，自然流出モデルの結果を示す．図6.2.14は収束ケースについて，実測貯水池流入量と準線形化による推定貯水池流入量および推定貯水池地下水流入量とを対比した1例である．貯水池流入量に関し，実測とモデルの適合度は良好で，推定地下水流入量の挙動も降雨に関する応答および無降雨時に総流入量と一致す

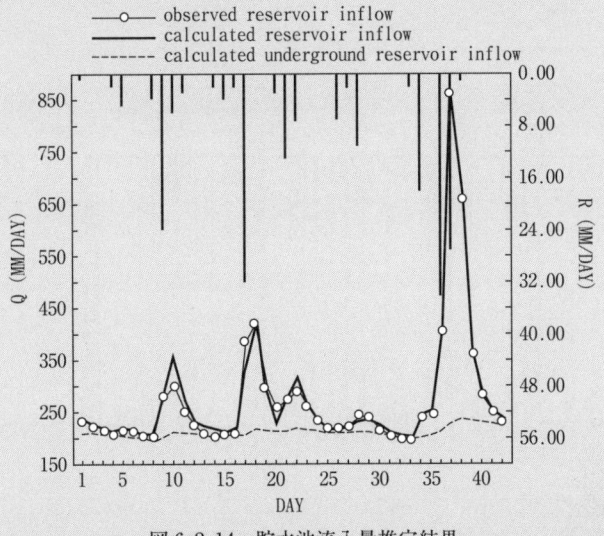

図6.2.14 貯水池流入量推定結果

る等,定性的に満足すべき結果であるといえよう.以上のことは,モデルの有効性のみならず,準線形化によるパラメータ探索が的確であることを示している.

なお,最適パラメータは $(m, a_1, a_2, \phi, e_n) = (1.0, 0.03, 0.7 \times 10^{-2}, 0.7 \times 10^{-4}, 1.0)$ である.

次に準線形化と許容方向法を組み合わせた農水還元モデルの結果を示す.ここでは,「収束ケース」は得られず,「振動ケース」のみ得られた.この原因の1つとして以下のようなことが考えられる.すなわち,目的関数の最適解近傍がフラットな場合,計算上最適解としてその付近の値を判定する可能性があることから,このような最適化手法による解の精度がパラメータの収束性に影響を及ぼしていることが考えられ,今後アルゴリズム上の検討が必要である.また還元量データ自体の取り扱いについても問題がある.最適パラメータについては「振動ケース」を参考にして,それらの平均をとることにより,次の値を得た.$(\alpha, \beta, b, d, e_\alpha) = (0.40, 0.23, 0.30, 0.20, 0.20)$.

なお,農水還元モデルについては,今回はデータとして取水量のみを用いた検討をおこなっており,必ずしも十分な精度で同定できたとは言い切れず,今後,さらに詳細な観測資料を用いた検討が必要である.

図6.2.15にシミュレーション結果の1例を示す.実測貯水池流入量およびかんがい期の農水システムを無視した自然流出モデルのみを用いた貯水池流入推定値を併示している.この場合とかんがい期に農水システムを考慮した場合を比較

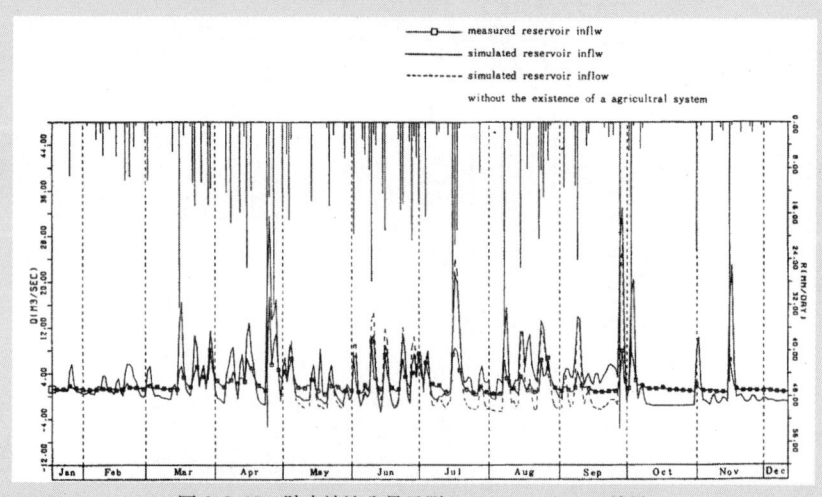

図6.2.15 貯水池流入量予測シミュレーション結果

6 動的システムと最適化

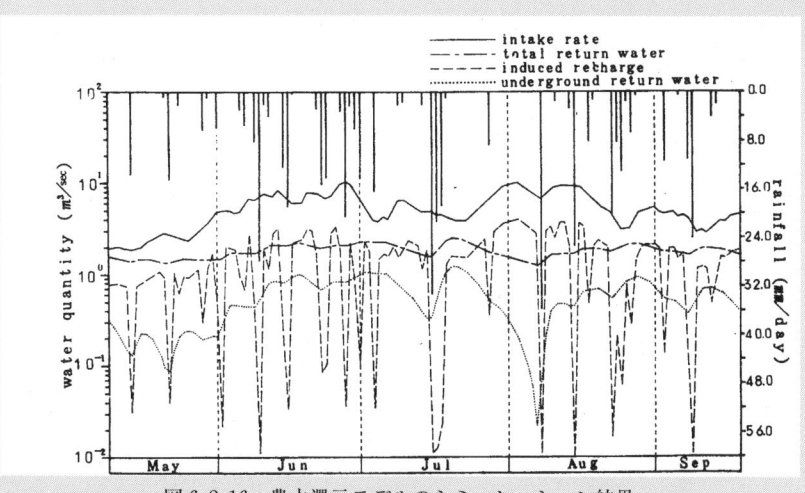

図6.2.16　農水還元モデルのシミュレーション結果

すると,高水部はカットされ,その分だけ低水流量が涵養されるといった現象がみられ,農水システムの河川流量に与えるインパクトが観察される.すなわち,農薬などによる水質問題を考えなければ,水量的に利水面に有利に機能している.このことは農水システムにおける水の貯留効果を考慮したモデルによってはじめて導かれることであり,今後用水システムと河川の詳細な流量観測資料をもとに,取水量と還元量の関係を実証的に調査し,モデルの妥当性の検討を行う必要がある.

次に,かんがい期における農水還元モデルのシミュレーション結果を図6.2.16に示す.ある時点の還元量はそれ以前の取水量あるいは降雨量が時々刻々と還元量へ変換される際の時間遅れ成分の複合であるといった点等,概ね現象との定性的合致をみている.ここには示さないが,量的な水循環だけでなく農薬汚染や貯水池の富栄養化問題を取り扱う量的質的水循環モデルの作成も可能であることを断っておく.

最後に,一言断っておくことがある.その前に,ここで示した事例研究は失敗であったか否かということである.このような事例研究で失敗する多くの場合はモデリングのプロセスが持つモデルの構造誤差と計測誤差であることは既に1で述べた.それと入力の信頼度を加えておく必要がある.この事例では自然流出については収束したが,農水還元では発散した.従って半分成功で半分失敗という評価がなされるかもしれない.しかし,本当に失敗だろうか? 結論から言えば,

「現象を確率的に取り扱うとか，あるいはファジー的に取り扱う」とかが考えられるだろう．しかしちょっと待ってよといわねばならない．農業用水はなぜしっかりデータを取らないのでしょうか？

著者の経験した四国で渇水が生じたときの現地調査で慣行水利権を持つ農水事業主体が渇水に悩む水道供給主体に裏で手当てしたという話を聞いたし，著者の住む京都の利用可能な地下水データが殆ど取れないのは京料理や酒造等にかかわる死活問題になるから計測させないという話もある．つまり，生活者に対する情報開示がないのである．また，行政も．調査結果があまりにひどい場合公表を避ける傾向にあり，場合によってはデータを取らない場合もあることも否めない．生活者にとれば何を信用していいのかわからない状況を改善するように社会モラルが制度設計（ルール創り）されることが基本であり，研究のための研究をやりたくない著者にとって，このような状況で現状の社会に妥協してここで述べたモデルを変えたくないということで，この研究は学会などで公表していないことを断っておこう．

6.3 動的計画法（dynamic programming, DP）

6.3.1 DP過程の構造[6]

(1) DP過程の特徴

対象とするプロセスシステムの特性は以下のようなものとする．

① システムは（いかなる段階（stage）においても）少数のパラメータの集合，すなわち状態変数（state variable）で特性づけられる．
② 各々の過程のそれぞれの段階において，いくつかの決定（decision）を選択できる．
③ 決定の結果は状態変数の変換となる
④ システムの過去の履歴は，将来の行動を決定するに当り重要ではない
⑤ 過程の目的は，状態変数により構成されるある関数を最大化することである．

無限多段階配分過程において，状態変数 x は資源の量で，z は現段階までに得た利得である．どの段階の決定も初めの活動に量 $y(0 \leq y \leq x)$ を配分することに

より成り立っている．この決定は x を $a_y+b(x-y)$ に変換し，z を $z+g(y)+h(x-y)$ に変換する．過程の目的は，z の最終値を最大化することである．

次にいくつかの用語を定義しておこう．

政策（policy）；許容できる決定の系列を与える意思決定のルールである．
最適政策（optimal policy）；最終状態変数に前もって指定された関数を最大化する政策
評価関数（criterion function）；最終状態変数に前もって指定された関数

(2) **最適性の原理**（the principle of optimality）

この原理はきわめて直感的なもので，以下のように表現される．

『最適政策とは，最初の状態や決定がどうであっても，それ以降の決定は，最初の決定の結果生じた状態に関して，最適政策となるように構成しなければならないという性質を有している．』

この原理からも明らかなように，動的計画法を制御システムに適用する場合，基本的には，フィードフォワード制御になる．

6.3.2 最適性原理による数学的定式化[6]

ここでは単純な2つの代表的な過程のモデリングを行う．

(1) **離散決定過程**（discrete deterministic process）

この過程では，成果は決定により一意的に決まり，システムの状態は，時間と無関係に，いかなる段階でもある領域 D に入るような M 次元ベクトル $p=(p_1, p_2, \cdots, p_M)$ によって記述される．変換の系列を $T=\{T_q\}$ とし，q は（有限であるか，可付番（enumerable）であるか，連続体からなるか，またはこの形の集合の組合せである）集合 S の上を動く．変換の集合は $p \in D$ であり，すべての $q \in S$ に対して $T_q(p) \in D$ となる．このことはすべての変換 T_q は D をそれ自身にうつす．

離散的という用語は，過程が有限もしくは可付番無限個（denumerably infinite number）の段階よりなることを意味する．

初めに考察する有限な過程に関する政策は，$(T_{q_i} \to T_i)$として，$P=(T_1, T_2, \cdots, T_N)$のように$N$個の変換を選択したものであるときには，次の状態の系列を得る．

$$p_i = T_i(p_{i-1}) \quad i=1, 2, \cdots, N \tag{6.3.1}$$

これらの変換は，最終状態p_Nに与えられた関数Rを最大化するように選ばれる．

最大値の存在が簡単に分かる多くの場合があり，このとき最適政策が存在する．最も簡単な場合は各段階のqに対して許容可能な選択が有限個の場合である．次に簡単なのは，Dが有限閉領域であると仮定した場合である．ただし，このとき$R(p)$は$p(p \in D)$について連続，$T_q(p)$はp(for all $p \in D$)とq(for all $q \in S$)（有限閉領域）について同時に連続である．

上記の2つは有限過程の最も重要な部分を担っている．そして，これらの極限の形が無限過程を説明する．

最適政策により決定された$R(p_N)$の最大値を与える式をよく見れば，この関数は初期ベクトルpと段階の数Nのみによって構成されている．こうして基本的な補助関数を以下のように定義する．

$$f_N(p) = \max_p R(p_N) \quad p \in D \quad N=1, 2, \cdots, \tag{6.3.2}$$

なお，この式は「最適政策を用いて，初期状態pから始め，最後のN段階めで得られる利得」を表している．

次に，最適性原理を用いて，系列$\{f_N(p)\}$の要素間の再帰関係（recurrence relation）を導出しよう．

初期決定の結果としてある変換T_qを選択すれば，これは新しい状態ベクトル$T_q(p)$を得たことと同じことであることを確認しておく．続く$(N-1)$段階から得られる最大利得（return；評価関数の値）は定義により$f_{N-1}(T_q(p))$である．これは，「もしトータルN段階の利得の最大化を望むならば，$(N-1)$段階の利得を最大にするようにqを選ばなければならない」ということを記述している．結果として，次式の基本的な再帰関係を得る．

$$f_N(p) = \max_{q \in S} f_{N-1}(T_q(p)) \quad \text{for } N \geq 2 \tag{6.3.3}$$

$$f_1(p) = \max_{q \in S} R(T_q(p)) \tag{6.3.4}$$

これらの式から以下のことが分かる．すなわち，$f_N(p)$ は一意的 (unique) であるが，最大化する q は必ずしも一意的ではない．このように最大利得は一意的に決定されるが，この最大利得をもたらす最適政策は多く存在する．

無限過程の場合，系列 $\{f_N(p)\}$ は，状態 p から始まる最適政策によってもたらされるトータル利得は，1つの関数 $f(p)$ に置き換えられる．そして，再帰関係は次式の関数方程式に置き換わる．

$$f(p) = \max_q f(T_q(p)) \tag{6.3.5}$$

(2) 離散確率過程 (a discrete stochastic process)

もう一度離散過程を考えよう．ただし，変換が決定論的 (deterministic) でなく確率的 (stochastic) に起こる場合である．

決定はただ1つの変換ではなく，変換の分布に帰着する．初期ベクトル p を，この p と選択 q に依存する結合分布関数 (associated distribution function) $dG_q(p, z)$ を有する，確率ベクトル z に変換する．

このとき2つの異なるタイプの過程が考えられる．

タイプ1；z は決定後知ることができ，次の決定前に作る必要がある
タイプ2；z の分布関数しか知らない

ここでは，前者のみを考える．後者は関数の関数，つまり汎関数 (functional) の議論が必要となるため割愛する．

ここで明らかにしておかなければならないことがある．それは return (やむなく利得と日本語で呼んでいる) を最大化するということが無意味であるということである．どちらかといえば，最終状態の関数のある平均価値という意味において，**政策の価値** (the value of policy) をはかる測度を最大化するというほうが良い．これは重要なことである．このような意味で，期待価値 (expected value) を return (どう訳せばいいのか？) とよぶ．

有限過程の場合から始めて，$f_N(p)$ を式 (6.3.2) のように定義する．もし z が，初めの変換 T_q より生じたものならば，最適政策を用いて得られる最後の $(N-1)$ 段階からの利得は $f_{N-1}(z)$ である．したがって，初め T_q を選択した結果の期待利得

は次式となる．

$$\int_{z \in D} f_{N-1}(x) dG_q(p, q) \tag{6.3.6}$$

この結果，系列 $\{f_N(p)\}$ に関する再帰関係式は次式となる．

$$f_N(p) = \max_{q \in S} \int_{z \in D} f_{N-1}(z) dG_q(p, z) \quad N \geq 2 \tag{6.3.7}$$

$$f_1(p) = \max_{q \in S} \int_{z \in D} R(z) dG_q(p, z) \tag{6.3.8}$$

無限過程の場合，次式の関数方程式が得られる．

$$f(p) = \max_{q \in S} \int_{z \in D} f(z) dG_q(p, z) \tag{6.3.9}$$

以上のほかに，連続決定的過程（continuous deterministic process）や連続確率過程（continuous stochastic process）の議論があるが，ここでは割愛する．

【適用例6.3】水資源配分問題のモデル化（DP）[4]

ここでは，水資源問題における簡単な資源配分モデルと在庫モデルの定式化を行なう．

(1) 水資源配分（water resources allocation）問題のモデル化

容量 Q の貯水池から N 都市へ水を供給している場合を考える．ここで x_i を水供給量，$g_i(x_i)$ を収益とする．ある制約のもとで，最大のトータル収益を得るために都市 i にどれだけの x_i を配分すればよいかということが問題となる．これを定式化しよう．

まず，N 決定：$x_1, x_2, \cdots, x_N$，N 利得関数：$g_1(x_1), g_2(x_2), \cdots, g_N(x_N)$ とする．$f_N(Q)$ を N 都市へ水資源 Q を配分することにより得られる最大収益とする．こうして最適化問題は以下のようになる．

$$\max_{x_i} \{g_1(x_1) + g_2(x_2) + \cdots + g_N(x_N)\} \quad x_i \geq 0 \quad i = 1, 2, \cdots, N$$
$$\sum_{i=1}^{N} x_i \leq Q$$

ここで，関数 $g_i(x_i) \quad i = 1, 2, \cdots, N$ が以下のような性質をもつと仮定する．

① 制約 $0 \leq x_i \leq Q$
② 連続でなくてもよい
③ すべての $g_i(x_i)$ はただ1つの変数の関数である

第1段階では，ただ1つの都市のみ考える．このときの最適化は次式のようになる．

$$f_1(Q) = \max_{\substack{0 \leq x_1 \leq q \\ 0 \leq q \leq Q}} \{g_1(x_1)\} \tag{6.3.10}$$

第2段階では，2つの都市を考える．2番目の都市に x_2，$0 \leq x_2 \leq q$ を配分すれば収益 $g_2(x_2)$ を得，残りの水資源 $q-x_2$ が都市1に配分される．最適性原理を用いれば，2つの都市への水資源の配分による最適収益は次式のようになる．

$$f_2(q) = \max_{\substack{0 \leq x_2 \leq q \\ 0 \leq q \leq Q}} \{g_2(x_2) + f_1(q-x_2)\} \tag{6.3.11}$$

このように再帰を繰り返し，$f_3, f_4, \cdots, f_N$ を記述し，q のすべての可能な値に対し連続的に解くことができる．

結局 N 段階の一般的な再帰方程式は次式となる．

$$f_N(q) = \max_{\substack{0 \leq x_N \leq q \\ 0 \leq q \leq Q}} \{g_N(x_N) + f_{N-1}(q-x_N)\} \tag{6.3.12}$$

ここで，以下の関係に着目してほしい．

$$\max_{\substack{x_1+x_2+\cdots+x_N \\ x_i \geq 0}} = \max_{0 \leq x_N \leq q} \left[\max_{\substack{x_1+x_2+\cdots+x_{N-1}=q-x_N \\ x_i \geq 0}} \right] \tag{6.3.13}$$

この関係式を用いれば直接的に式(6.3.12)を導出できる．

(2) **在庫問題**（an inventory problem）

ここでは最も単純な貯水池システムをモデル化する．ある地域にある水資源機構が水供給を行っている場合を考える．そして，機構の貯水池の最大容量が Q トンで，N 期間にすべての水需要に対して十分な量を供給しなければならないとする．そして，機構が水資源を調達し配送するのは各期間の始めと仮定する．このとき，ある期間で調達されれば，次の期間に配送されるものとする．

在庫コストは期間あたり a 円／トンで調達コストは b 円／トンとする．期間 i の始めに機構によって調達される水量 x_i は整数の増減量 Δ を有するものとする．そして，第1期の始めと最終期間の終わりの貯水量を共に0と仮定する．目

的はすべての計画期間においてすべての水需要を供給するためのトータル費用の最小化である．(以上の仮定は問題を分かりやすく単純化するために設定したもので，現実にはありえないことを断っておく．) 以下モデルの定式化を行う．

まず，必要な定義を以下 ($i=1, 2, \cdots, N$) に示す．

q_i (状態変数，state variable)；期間 i の貯水量レベル

x_i (決定変数，decision variable)；期間 i の始めの調達量

D_i；期間 i の始めの需要量

$g_i(x_i, q_i)$；期間 i における調達コストと在庫コスト

このとき，目的関数と制約条件は次のようになる．

$$\min_{x_i} \sum_{i=1}^{N} g_i(x_i, q_i) \tag{6.3.14}$$

$$x_i \geq 0, \quad q_i = q_{i-1} + x_i - D_i \quad (q_0 \equiv 0) \quad i=1, 2, \cdots, N \tag{6.3.15}$$

また，各期において最大貯水量は Q を超えることはないから

$$0 \leq q_{i-1} \leq Q \Rightarrow 0 \leq q_i + D_i - x_i \leq Q \Rightarrow q_i + D_i - Q \leq x_i \leq q_i + D_i$$

次に，新しい関数 $f_1(q_1)$；水資源在庫レベルが q_1 の第1期間における需要を満たすための最小コストと定義すれば，数学的には，第1段階の最適化問題は以下のようになる．

$$f_1(q_1) = \min_{x_1} g_1(x_1, q_1)$$

$$q_1 + D_1 - Q \leq x_1 \leq q_1 + D_1$$

同様にして次の関数 $f_n(q_n)$；第 n 期間における水資源在庫量が q_n で，前のすべての期間の需要を満たすための最小コストと定義すれば，次式を得る．

$$f_n(q_n) = \min_{x_n} \{g_n(x_n, q_n) + f_{n-1}(q_{n-1})\} \tag{6.3.16}$$

$$q_n + D_n - Q \leq x_n \leq q_n + D_n \quad i=1, 2, \cdots, N \tag{6.3.17}$$

第 $(n-1)$ 期の貯水量レベル q_{n-1} を式 (6.3.16) に代入すれば次式を得る．

$$f_n(q_n) = \min_{x_n} \{g_n(x_n, q_n) + f_{n-1}(q_n + D_n - x_n)\} \tag{6.3.18}$$

この再帰方程式を，すべての計画期間 $i=1, 2, \cdots, N$，すべての可能な貯水量レベル q_n について解くと，すべての期間の最適調達政策 x_n^* を状態方程式 $q_{n-1}=q_n+D_n-x_n$ を用いて決定することができる．

【適用例 6.4】 渇水被害最小化のための最適ダム操作（確率 DP）[7]

図 6.3.1 のような単純な 1 流域 1 貯水池を対象として，渇水年における渇水被害を最小とするような最適目標放流系列を求めてみよう．

1 年を四季に分けた場合，貯水池への流入量 s は過去のデータから表 6.3.1 に示すような確率分布 $p(s)$ に従うことがわかっている．一方渇水被害 $D(q)$ は，放流量（自然越流量をも含めて考える）q （変数）と表 1 に示す需要量 d によって

$$D(q)=\begin{cases}(d-q)^2 & (d>q) \\ 0 & (d \leq q)\end{cases} \tag{6.3.19}$$

で与えられる．

さてダム貯水容量が 40（100万 m³）で，水量は簡単のため 10（100万 m³）を単位に離散的に変化するとしよう．秋，冬，春，夏を 1 サイクルとして，この秋の初めの貯水量が 40（100万 m³）であったと想定して，1 年間の渇水被害が最小になるような最適目標放流系列を求めよう．

なお「目標放流量」q とは達成可能なときにはそのレベルが維持されるが，不可能なときには必要に応じて最小限のカットをすることも想定した「計画目標値」としての放流量のことである．

ここでは夏から順に前に戻っていく形の後ろ向きの関数方程式をつくってみよう．つまり，$t=0$ が夏の終わり，$t=1$ が夏の初め，$t=2, 3, 4$ がそれぞれは春，冬，秋の初めを表すとする．このとき関数方程式は次のようになる．

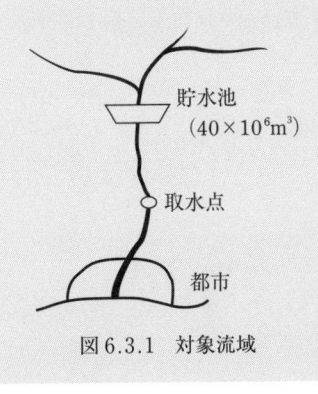

表 6.3.1　流入量の確率分布と需要量

流入量 (10^6m³)	季節		
	秋	冬	春
40	0	0	0
30	1/5	0	1/5
20	2/5	1/5	1/5
10	2/5	3/5	2/5
0	0	1/5	1/5
需要量（10^6m³）	20	20	30

図 6.3.1　対象流域

$$f_t(Q_t) = \min_{\substack{0 \leq q_t \leq d_t \\ 0 \leq q_t \leq Q_t + s_t}} \left[\sum_{s_t \in S} \{D(q_t) + f_{t-1}(Q_t + s_t - q_t)\} p \right] \tag{6.3.20}$$

$$f_0(Q_0) = 0 \tag{6.3.21}$$

ここに，S は次の集合である．$S = \{0, 10, 20, 30, 40\}$

ステップ1：夏の初めの貯水量は $Q_1 (= 0, 10, 20, 30, 40)$ は5通り考えられる．また式 (6.3.20) で $t=1$ とすれば次式を得る．

$$f_1(Q_1) = \min_{\substack{0 \leq q_t \leq 50 \\ 0 \leq q_t \leq Q_t + s_t}} \left[\sum_{s_t \in S} \{D(q_1) + f_0(Q_0)\} p(s_1) \right] = \min_{\substack{0 \leq q_t \leq 50 \\ 0 \leq q_t \leq Q_t + s_t}} \left[\sum_{s_t \in S} D(q_1) p(s_1) \right]$$
$$\tag{6.3.21}$$

いま Q_1 として $q_1 = 0, 10, 20, 30, 40$ の場合を計算する．$q_1 = 0$ のとき，式 (6.3.21) の〔・〕の中は

$$D(0)p(10) + D(0)p(20) + D(0)p(30) + D(0)p(40) = D(0) = 2500$$

となる．同様にして $q_1 = 10$ のとき $D(10) = 1600$ となる．$q_1 = 20$ のときは $s_1 = 10$ ならば $Q_1 + s_1 = s_1 < q_1$ なので $q_1 = s_1 = 10$ になるように 10 だけカットしなければならない．

$s_1 \geq 20$ のときは $q_1 = 20$ のレベルが維持できるから，〔・〕の中は 1040 と計算できる．同様にして $q_1 = 30$ のとき 740，等など計算し，結局，次の組合せの結果を得る．

$$f_1(0) = 680 : q_1 = 40, \ f_1(10) = 300 : q_1 = 50, \ f_1(20) = 100 : q_1 = 50,$$

$$f_1(30) = 20 : q_1 = 50, \ f_1(40) = 0 : q_1 = 50$$

ステップ2：春の初めの貯水量は Q_2 でステップ1と同様に次式を計算すればよい．

$$f_2(Q_2) = \min_{\substack{0 \leq q_2 \leq 30 \\ 0 \leq q_2 \leq Q_2 + s_2}} \left[\sum_{s_2 \in S} \{D(q_2) + f_1(Q_2 + s_2 - q_2)\} p(s_2) \right] \tag{6.3.22}$$

次の結果を得る．

$$f_2(0) = 984 : q_2 = 20, \ f_2(10) = 648 : q_2 = 20, \ f_2(20) = 380 : q_2 = 20,$$

$$f_2(30) = 380 : q_2 = 20, \ f_2(40) = 104 : q_2 = 30$$

ステップ3：冬の初めの貯水量は Q_3 である．式と結果を示す．

$$f_3(Q_3) = \min_{\substack{0 \leq q_2 \leq 20 \\ 0 \leq q_3 \leq Q_3+s_3}} \left[\sum_{s_3 \in S} \{D(q_3) + f_2(Q_3+s_3-q_3)\} p(s_3) \right] \tag{6.3.23}$$

$f_3(0) = 1061.6 : q_3 = 0,\ f_3(10) = 761.6 : q_3 = 10,\ f_3(20) = 498.4 : q_3 = 10,$

$f_3(30) = 319.2 : q_3 = 10,\ f_3(40) = 219.2 : q_3 = 20$

ステップ4：秋の初めの流量は Q_4 であり，式と結果を示す．

$$f_4(Q_4) = \min_{\substack{0 \leq q_4 \leq 20 \\ 0 \leq q_4 \leq Q_4+s_4}} \left[\sum_{s_4 \in S} \{D(q_4) + f_3(Q_4+s_4-q_4)\} p(s_4) \right] \tag{6.3.24}$$

$f_4(0) = 929 : q_4 = 10,\ f_4(10) = 667.8 : q_4 = 10,\ f_4(20) = 470.9 : q_4 = 10,$

$f_4(30) = 359.2 : q_4 = 20,\ f_4(40) = 259.2 : q_4 = 20$

以上の計算結果をもとに以下の考察ができる．例えば，秋の初めの貯水量が40であったとすれば最適目標放流量 $q_4=20$ である．ついで秋の実流入量が仮に20であったとすれば，冬の初めの貯水量 $Q_3=40+20-20=40$ となるので，このときの最適目標放流量 $q_3=20$ である．冬季の実流入量が10であることが判明すれば，春の初めの貯水量は $Q_2=40+10-20=30$ であり，このとき最適目標放流量 $q_1=40$ を得る．

さらに夏季の実流入量が30であることがわかれば，結果的にこの季の最後には貯水量 $Q_0=20+30-40=10$ となる．また各季の初めにおいて選択する最適目標放流量に対する期待被害は以下のようになる．

$f_4(40)=259.2,\ f_3(40)=219.2,\ f_2(30)=380,\ f_1(20)=100$

いままでは，貯水池流入量について確率分布だけがわかっていいるが各季の実流入量を確定できない場合を考えてきた．これに対して，過去のデータと長期天気予報などを駆使して流入量が秋，冬，春，夏の順にそれぞれ 20, 10, 10, 30 とあらかじめ確定できると考えてみよう．秋の初めの貯水量 $Q_4=40$ および半分の20場合の2ケースについて最適放流系列を求めてみよう．各水量は，先と同じく，離散的に変わるとしよう．

夏季の終わりを $t=0$ と考え，その時点より順にさかのぼることにしよう．$t=1$

は夏季の初めでを示し，以下同様とする．このとき，$Q_{t-1}=Q_t+s_t-q_t$ であるから，次式を得る．

$$f_t(Q_t)= \min_{\substack{0\leq q_t\leq d \\ 0\leq q_t\leq Q_t+s_t}} \{D(q_t)+f_{t-1}(Q_t+s_t-q_t)\} \quad f_0(Q_0)=0 \tag{6.3.25}$$

先ほどの計算手順と同じように計算すれば，やはり各ステップごとに5通りの結果を得る．

$f_1(0)=100$	$q_1=30$	$Q_0=0$	$f_2(0)=800$	$q_2=10$	$Q_1=0$
$f_1(10)=0$	$q_1=40$	$Q_0=0$	$f_2(10)=500$	$q_2=10, 20$	$Q_1=10, 0$
$f_1(20)=0$	$q_1=50$	$Q_0=0$	$f_2(20)=200$	$q_2=20$	$Q_1=10$
$f_1(30)=0$	$q_1=50$	$Q_0=10$	$f_2(30)=100$	$q_2=20, 30$	$Q_1=20, 10$
$f_1(40)=0$	$q_1=50$	$Q_0=20$	$f_2(40)=0$	$q_2=30$	$Q_1=20$
$f_3(0)=900$	$q_3=0, 10$	$Q_2=10, 0$	$f_4(0)=700$	$q_4=0, 10$	$Q_3=20, 10$
$f_3(10)=600$	$q_3=0, 10$	$Q_2=20, 10$	$f_4(10)=400$	$q_4=10$	$Q_3=20$
$f_3(20)=300$	$q_3=10$	$Q_2=20$	$f_4(20)=300$	$q_4=10, 20$	$Q_3=30, 20$
$f_3(30)=200$	$q_3=10, 20$	$Q_2=30, 20$	$f_4(30)=200$	$q_4=10, 20$	$Q_3=40, 30$
$f_3(40)=100$	$q_3=10, 20$	$Q_2=40, 30$	$f_4(40)=100$	$q_4=20$	$Q_3=40$

以上で関数方程式の値をすべて計算したことになる．さて初期貯水量すなわち秋の初めの貯水量が40とすると，上記の関数方程式の計算値を用いて最適放流量系列を求めると図6.3.2を得る．この図に示すように3通りの解が得られている．

また初期貯水量が容量の半分，すなわち20しかない場合の被害額は300で，このときの最適放流量系列は図6.3.3のようになる．

ここで需要追随方式で放流する場合を比較の対象とすると，各季の需要は20, 20, 30, 50であるから，貯水量が空にならないかぎり，$q_t=d_t$ とし，不足する場合にはその分だけカットした流量 q_t を放流すればよい．その結果図6.3.4を得る．

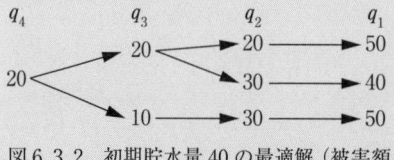

図6.3.2 初期貯水量40の最適解（被害額100）

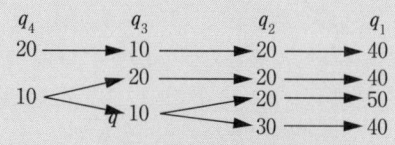

図6.3.3 初期貯水量20の最適解（被害額300）

$$Q_4 = 40 \xrightarrow{q_4\ 20} 20 \xrightarrow{q_3} 20 \xrightarrow{q_2\ 30} 30 \xrightarrow{q_1\ 40} 40 \quad 100$$

$$Q_4 = 20 \xrightarrow{20} 20 \xrightarrow{20} 20 \xrightarrow{20} 20 \xrightarrow{30} 30 \quad 500$$

図 6.3.4 需要追随方式の放流量系列

これらのことから，初期貯水量が 40 のときは需要追随型の放流量系列が最適政策の 1 つとなりうるが，初期貯水量が半分の 20 の場合にはこれは最適政策になりえず，約 70% の被害額の増加になることがわかる．また図 3 の最適政策を採用すれば 40% の被害額を減少することができる．

【事例 6.5】 確率分布の型紙による渇水期貯水池群操作モデリング（確率 DP，多変量解析）[8]

【適用例 6.4】では単一の貯水池問題を確率 DP で定式化しその解法を示したが，現実には複数の貯水池の統合操作を行わなければならない．統合操作の目的の 1 つは，河川流量の安定をはかり，利用可能水量の増大と利水システムの安全度の向上（渇水被害の減少）である．つまり，利水用貯水池群の統合操作の問題は，渇水被害を最小とする貯水池群放流水量の時間的空間的配分を決定する最適制御問題である．

ところで，これらの最適化手法を貯水池運用に有効に利用するためには，将来の（長期・中期的）貯水池流入量の的確な予測と設定が重要となる．しかしながら，降雨現象や流出現象の不確定性から，その決定論的な予測が困難な場合が多い．（開発途上国などでは，予測や設定に必要なデータそのものが欠損していたり，空間的にオーダーが違うものを使わざるを得ない場合が多い．）

このため，いくつかの代表的な渇水流況パターンを予測流入系列として設定する型紙方式や，各期の流入量を確率変数としてこの確率分布を各期ごとに独立に（過去のデータから）推定する方法が用いられてきた．前者では確率的変動の考慮が，後者では時系列的な考慮がなされていない．このようなことから，ここでは，過去の降水量時系列の時間パターンの類似性に着目し，多変量解析法を用いてこれらの系列を分類することにより，各グループごとに「確率分布をもった型紙」，すなわち貯水池流入量の確率分布系列を設定する方法を示すことにしよう．このため，まず，この型紙を利用する確率 DP モデルの定式化から始めよう．

(1) 確率 DP による貯水池最適操作モデルの定式化

事例研究の対象となった流域には3つの貯水池が存在し，これをモデル化したものが図 6.3.5 である．

このシステムを貯水池による流況の確率制御システムとして認識し，設定した渇水被害を表す評価関数を用いて，確率 DP で定式化しよう．

図 6.3.5 に示すように，貯水池1と貯水池2が並列に位置し，これらと貯水池3が直列の位置関係にある．また，同図に示した評価地点1，2のみで取水（需要量を確定時系列 $d_1(t)$, $d_2(t)$ とする）を行うものとする．入力変数は貯水池1流入量 $I_1(t)$, 貯水池2流入量 $I_2(t)$, そして残流域流入量 $q(t)$ で，これらは確率入力変数である．次に，状態変数は貯水量 $S_1(t)$, $S_2(t)$, $S_3(t)$ で，決定変数は貯水池目標放流量 $G_1(t)$, $G_2(t)$, $G_3(t)$ である．そして，出力変数は貯水池実放流量 $O_1(t)$, $O_2(t)$, $O_3(t)$ および評価地点流量 $Q_1(t)$, $Q_2(t)$ となる．

貯水池流入量，残流域流入量が確率変数であることを考慮して，第 t 期以降終端までの渇水被害の和の期待値 $f_t(S_1, S_2, S_3)$ を最小化するように第 t 期貯水池目標放流量を決定するとしよう．このとき，最適性の原理より次式を得る．

$$f_t(S_1, S_2, S_3) = \min_{G(t)} \sum \{R(Q(t)) + f_{t+1}(S_1', (S_2', (S_3'))\} P_t(I) \tag{6.3.26}$$

where $\quad G(t)=(G_1(t), G_2(t)), \quad Q(t)=(Q_1(t), Q_2(t)), \quad I=(I_1, I_2, I_3(=q))$

(6.3.27)

なお，$R(Q(t))$；第 t 期渇水被害関数値，$P_t(I)$；第 t 期における入力変数 I の確率

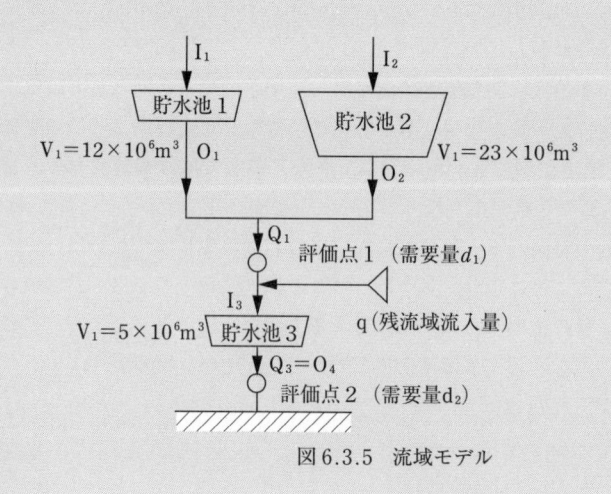

図 6.3.5 流域モデル

分布である．

渇水被害関数としては，心理的被害（心理的要因による風害や個人の負担）を考慮せず，実被害のみに着目した不足流量の2乗和を用いることにしよう．こうして次式を得る．

$$R(Q(t)) = \sum_{j=1}^{2}(d_j(t) - Q_j(t))^2 \tag{6.3.27}$$

ただし，式(6.3.27)は $d_j > Q_j$ なる j についての和である．次に第 t 期貯水量 $S_i(i=1,2,3)$ と第 $t+1$ 期貯水量 $S_i'(i=1,2,3)$ の関係は次式で与えられる．

$$S_i' = S_i + I_i - Q \quad (i=1,2,3) \tag{6.3.28}$$

また，実放流量 O_i は貯水量 S_i，流入量 I_i，貯水容量 V_i および目標放流量 G_i によって決まるものとしこの放流ルール $O_i = \phi(S_i, I_i, V_i, G_i)$ は次式のようになる．

$$O_i = \begin{cases} G_i & \text{if} \quad 0 \leq \theta_i \leq V_i \\ I_i & \text{if} \quad \theta_i < 0 \quad (i=1,2,3) \\ G_i + (\theta_i - V_i) & \text{if} \quad \theta_i > V_i \end{cases} \tag{6.3.29}$$

$$\text{where} \quad \theta_i = S_i + I_i - G_i \quad (i=1,2,3) \tag{6.3.30}$$

なお，θ_i は目標放流量を実際に放流するとしたときの仮想貯水量である．すなわち，この放流ルールは貯水池が空のときには，放流量＝流入量，そうでないときには放流量＝目標放流量，また満杯のときにはオーバーフローし無効放流が生じるとしている．これは線形決定ルールとよばれるものである．

以上が確率 DP によるシステムモデルの定式化である．このモデルによって各期における各貯水状態に応じて最適目標放流量を逐次決定することができる．ただし，この決定が行えるのは，最終期までの流入量の確率分布および残流域流入量と需要水量（このモデルではこれら2つの変数を決定論的にあつかっているが，もちろん確率変数としてあつかう場合もある）の情報を用いている．このことから，ここで定式化したモデルは流況予測を用いた「フィードフォワード制御による確率制御システム」のカテゴリーに入る．

このモデルを解くにあたって若干の注意を喚起しておこう．式(6.3.26)のような形の関数方程式を解くには，後進型 DP の方法が有効である．これによれば，各変数を離散化し，数値計算により最終期から出発して1期ごとに $f_t(S_1, S_2, S_3)$ を計算し，式(6.3.26)の右辺の値を最小にするように目標放流量を決定する．なお変数の離散化にあたっては注意が必要である．すなわち，単位水量を小さくす

れば解の精度は向上するが次元数が増加し，逆であれば実用的な解が得られない場合もある．

(2) 確率分布をもった型紙の設定

事例対象流域では，7月～9月に大きな渇水が生じやすい．このため，この渇水期における確率分布をもった型紙の作成を行おう．利水用貯水池の運用計算の単位期間としては，通常，目的にあわせて月，旬，半旬等が用いられることが多い．ここでは，旬を単位としよう．つまり，7月の上旬から9月下旬の9旬を対象として，貯水池流入量の確率分布の系列を作成する．なお，貯水池旬流入量は貯水池上流域の旬降水量より算定されるものと考え，貯水池流入量の確率分布の推定は，旬降水量の確率分布を推定し，これを変換することにより行うことにしよう．

1) 降水量の地域相関分析

流域には13ヶ所の雨量観測所があり，これらの観測所間の旬降水量の相関は，流域が小さい（約850km²）こともあり，きわめて高い（0.74以上）．モデルの定式化にあたって貯水池の流入量ベクトル $I(=(I_1, I_2, q))$ を考えていたが，これらの要素間の相関も高いことが予想される．このため，I_2, q を I_1 の回帰式で表すことにしよう．過去10年間のデータを用いて，7月～9月の月別回帰式をつくれば，次のようになった．ただしカッコの数値は相関係数である．

$$7 ; I_2 = 1.41 I_1 + 0.9 (0.93) \quad q = 1.40 I_1 + 0.9 (0.59)$$
$$8 ; I_2 = 1.80 I_1 - 0.8 (0.94) \quad q = 3.20 I_1 - 3.0 (0.85) \quad (6.3.31)$$
$$9 ; I_2 = 1.20 I_1 + 0.1 (0.96) \quad q = 1,10 I_1 + 1.0 (0.72)$$

こうして，式(6.3.31)の回帰式を用いれば，確率入力変数は貯水池1流入量 I_1 のみとなる．

2) 旬降水量時系列パターンの分析

ここでは貯水池1上流域の旬降水量系列の時間変化パターンの類似性に着目して分類しよう．このため，各年の旬降水量時系列をサンプル（59サンプル）とし，各旬の降水量を特性値（特性値数9）として主成分分析を行った．結果として，第1主成分と第2主成分の正負を用い，降水量時系列パターンを次の4群に分類した．

I群；7月上旬の降水量は非常に多いが，8，9月の降水量は9月上旬を除き少ない．

Ⅱ群：時間変化が小さく，7月中旬と9月上旬で降水量が少ないものを除けば平均的．

Ⅲ群：7月〜8月上旬にかけて降水量は少ないが，8月下旬と9月中・下旬が多い．

Ⅳ群：7月と9月上・中旬，特に9月中旬の降水量が多い．他は平均的．

3）旬降水量の確率分布の推定

上の群のサンプル数はそれぞれ16，13，16，14であった．これらのサンプル（旬降水量時系列）をもとに，各旬ごとに降水量の確率分布を推定する．パターンごとに各旬の降水量の頻度分布を描くと，分布形は対数正規分布が適合するようであった．そこで，以下では，旬降水量の確率分布を対数正規分布とみなし，各旬ごとに確率分布のパラメータを推定しよう．

なお，旬降水量を r とし，

$$\xi = a\log(r+b)/(r_0+b) \tag{6.3.32}$$

で定義される ξ が $N(0,1)$ 正規分布をするような分布を対数正規分布とよぶ．なお，a, b, r_0 は定数パラメータである．こうして，パターン別旬降水量分布定数が求まったことになる．つまり，4つのパターンと9つの旬に対応したパラメータの組 (a, r_0) が与えられたことになる（本事例ではすべてのパターンで $b=0$ となった）．

4）確率分布をもった型紙の設定

上で得たパターンごとの旬降水量確率分布系列を貯水池流入量の確率分布系列に変換しよう．

降水量を入力として流出量（貯水池流入量）を推定する長期流出モデルは，タンクモデルを始めとして種々のものがあるが，貯水池操作モデルの精度（目的が貯水池操作で，単位時間が旬ということ，3つの降雨系列に相関があるなど）を考えれば降雨─流出モデルの精度にこだわることは無意味であるので，変換には最も単純な流出率を使うことにしよう．この結果，貯水池旬流入量 I と貯水池上流域降水量 r の次の関係式を得る．

$$I = Afr \tag{6.3.33}$$

ここに，A：集水面積，f：流出率

式(6.3.33)を用いて，各パターンごとに分布パラメータ (a, r_0) をもつ旬降水量の確率分布を式(6.3.26)で示されている貯水池流入量の確率分布 $P_t(I)$ に変換で

きたことになる．こうして，式(6.3.26)の関数方程式を解く準備はすべて整った．

事例の計算結果をごく簡単に要約すれば，将来の貯水池流入量の確率分布系列（型紙）の設定により，操作ルールや渇水被害が大きく異なり，現象論的に将来流入量系列の予測精度を高める（どこまで高めれば納得できるのだろうか？）か，あるいは最も人間にとって都合の悪い分布形を探し（【事例5.8】参照），それで何を考えるのかの岐路に立つことになろう．

【事例6.6】不完全情報下における計画降雨の決定モデリング（DP）[9)10)]——

治水計画では，計画高水流量までを河道全区間にわたり防御することが計画目標とされている．そして，計画流量の決定については，通常，ある一定期間の総降雨量の確率評価から計画降雨を定めた後，流出解析により基本高水を求め，ダムによるカット分を指し引いた残りとして定められている．ところで，このような決定方法ではかつての長崎大水害や昨今の豊岡や新潟のように小流域でシャープな形状の洪水がそのまま流下し，しかもその現象が瞬時にして起こるため，水防や避難行動の実施が困難な中小河川について，地域特性に対応したより安全性を強調した計画が必要である．この1つの表現が，不確実性下における意思決定問題である．

ここでは，社会・経済的な流域条件を考慮して既に決定されてた治水安全度と，比較的信頼性のおける降雨の情報として安全度相当の総降雨量およびピーク降雨量を与件としてDPを用いた計画降雨決定問題を紹介しよう．

(1) モデルの概要

中小河川の改修では，一般には掘込河道を中心としても，安全度を大きくとるにつれ築堤河道にせざるを得ない場合が生じる．一方，より安全度を高める場合やダム適地がある場合には，当然治水ダム建設も有力な計画代替案になる．いずれにしても破堤氾濫が最大の問題であり，河道におけるピーク流量が治水上最も重要な決定変数と考えられる．治水上非常に不利な状況下にある中小河川について降雨の再現性を前提（中小河川の水害は，いつも史上はじめてで，計画段階で再現を前提として考えることは無意味）とせず，所与の安全度に対する河道のピーク流量が最大となる降雨を計画降雨として設定する必要がある．ここでは，治水計画として2つの代替案，すなわち（築堤河道方式）と（治水ダム＋築堤河道方式）の基本的治水方式を考え，各々について計画降雨決定モデルを考えよう．そして，治水ダムについては（中小河川の性格上）確実にピークカットが期待できる自然調節方

式を仮定する．

次に各々の代替案の具体的評価基準を以下のように考えることにしよう．

① 築堤河道方式；任意の評価地点での流出量の最大化とする．
② （①＋治水ダム）方式；自然調節方式のダムについては，ダム地点において流出量は確実にピークカットされる．このとき，下流の河道への放流量のピークは貯水量のピークと時間的・量的に対応しており，必ずしも流出量のピークとは対応しない．以上から，必要調節容量の最大化とする．

次に，以上の評価基準に対し，比較的信頼のおける降雨に関する情報として，治水安全度相当の総降雨量およびピーク降雨量に関する制約条件を設定しよう．さらに，流域の雨水貯留量，累積降雨量，（ダムを想定する場合）ダム貯留量を状態変数とし，各時刻の降雨量を決定変数としたDPにおける関数方程式を定式化し，これを解いて計画降雨を決定することになる．

(2) モデルの定式化

1) 築堤河道方式の場合

図6.3.6に示すように，流出量は，概ね時間的にも量的にも流域の雨水貯留量に対応することは水文学の教えるところである．従って流出量最大化基準を流域の雨水貯留量最大化基準で置き換えて考えれば，次の関数方程式を得る．

$$f_t(S_t, R_t) = \max_{r_t} \{G_t(r_t) + f_{t+1}(S_{t+1}, t+1, R_{t+1})\} \tag{6.3.34}$$

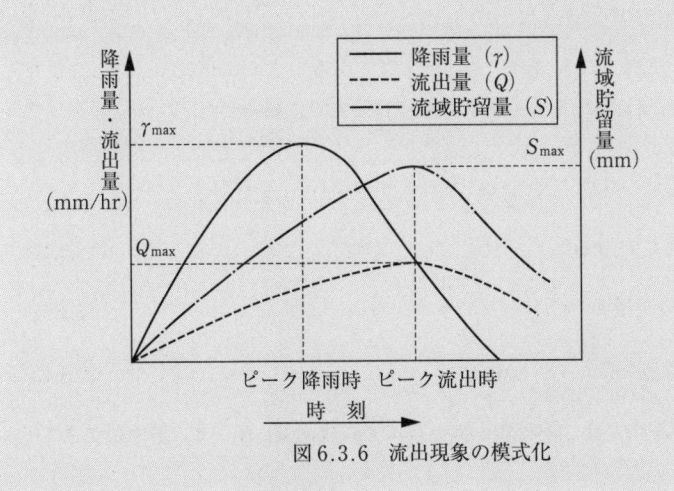

図6.3.6 流出現象の模式化

$$\text{subject to } 0 \leq \sum_{t=1}^{T} r_t \leq R_T^{\max}, \quad 0 \leq r_t \leq r^{\max} \tag{6.3.35}$$

ここに, f_t : t 期以降必要とされる流域貯留量の最大値, S_t : t 期での流域貯留量, R_t : t 期までの累積雨量, G_t : t 期～$t+1$ 期の流域貯留量の増分である. 式 (6.3.35) の最初の式は総降雨量の制約式で,次の式はピーク降雨量の制約式である. そして $R_T^{\max}$, $r^{\max}$ はともに治水安全度の指標で予め決定された値である.

2) 自然調節方式の治水ダム＋築堤河道方式の場合

自然調節方式のダムがある流域では,必要調節容量の最大化を目的としているから次の関数方程式を得る.

$$f_t(S_t^d, S_t, R_t) = \max_{r_t} \{G_t(r_t) + f_{t+1}(S_{t+1}^d, S_{t+1}, R_{t+1})\} \tag{6.3.36}$$

$$\text{subject to } 0 \leq \sum_{t=1}^{T} r_t \leq R_T^{\max}, \quad 0 \leq r_t \leq r^{\max} \tag{6.3.37}$$

ここに f_t : t 期以降に必要とされる最大調節量, S_t^d : t 期でのダム貯留量, G_t : t 期～$t+1$ 期の調節量の増分である.

以上2ケースに示した関数方程式を解くためには,①では流域貯留量,さらに②の自然調節方式ダムがある流域の場合,ダム貯留量に関する状態方程式が必要である.

まず,流域貯留量に関する状態方程式として,取り扱いの容易さおよび精度の良好さから最も実用的な貯留関数法を採用すると次式を得る.

$$\text{連続の式} : (S_t + S_{t+1})/2.0 = K q_t^p \tag{6.3.38}$$

$$\text{運動の式} : S_{t+1} - S_t = e r_t - q_t \tag{6.3.39}$$

ここに, q_t : 流出高, e : 流出率, K, p : 定数である. この式 (6.3.38)(6.3.39) より S_t および r_t から q_t および S_{t+1} を求めるには,すでに説明した,ニュートンラプソン法を使えばよい.

次にダム貯留量の状態方程式は以下のようになる.

$$\text{連続の式} : (Q_t + Q_{t+1})/2 - (O_t + O_{t+1})/2 = S_{t+1}^d - S_t^d \tag{6.3.40}$$

$$\text{貯水位・放流量式} : Q_t = g(H_t) \tag{6.3.41}$$

$$\text{貯水位容量曲線} : H_t = \phi(S_t^d) \tag{6.3.42}$$

ここに, Q_t : ダム流入量（自然流出量）, O_t : ダム放流量, H_t : ダム貯水位である.

また式 (6.3.42) の関数 ϕ は，穴あきダム方式かあるいはゲート一定開度方式化により一意的に定まる．また，自然調節方式の洪水調節計算も，貯留関数の場合と同様に非線形連立方程式となっているため，ニュートンラプソン法等の適用が必要となる．以上から最適（人間にとって最悪）降雨量曲線 $r_t = F(S_t^d, S_t, R_t)$ を求めることができる．実際に中小河川にこの方法の①を適用したところ，流出率を大きく見るか小さく見るかによって降雨波形が異なり，大きく見れば前方集中型の，小さく見れば後方集中型の降雨系列が流域にとって最悪になることが判明した．ダムを作らない治水政策で，どのような確率分布をもつ降雨系列が最も怖いかということが流出率との関係で分かるということは地域防災のあり方に多くの示唆を与えてくれるだろう．

6.4 最大原理

6.4.1 ポントリヤーギンの最大原理[11]

簡単な連続プロセスを図 6.4.1 に示す．プロセスの状態方程式は，次のように表せるものとする[12]．

$$\frac{dx_i}{dt} = f_i[x_1(t), \cdots, x_s(t); \theta_1(t), \cdots, \theta_r(t)], \quad t_0 < t < T, \quad x_i(t_0) = \alpha_i, \quad i = 1, \cdots, s$$

あるいは，ベクトル表示では次式となる．

$$\frac{dx_i}{dt} = f[x(t); \theta(t)], \quad x(t_0) = \alpha \tag{6.4.1}$$

ここに，$x(t)$；状態ベクトル（state vector，時刻 t におけるプロセスの状態を表す s 次元ベクトル），$\theta(t)$；制御変数（decision vector, control vector，時刻 t における制御を表す r 次元ベクトル）である．定常状態の連続プロセスの場合，t は空間的距離を表すと考えればよい．

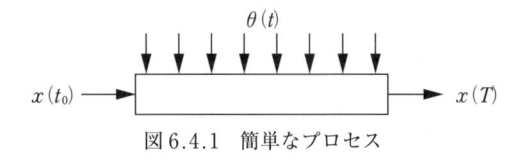

図 6.4.1 簡単なプロセス

この種のプロセスの最適問題の典型は,『制約条件,

$$\Psi_i[\theta_1(t), \cdots, \theta_r(t)] > 0, \quad i=1, \cdots, m \tag{6.4.2}$$

および,初期状態 $x(t_0)=\alpha$ のもとで終端状態の関数

$$S = \sum_{i=1}^{s} c_i x_i(T), \quad c_i = \text{定数} \tag{6.4.3}$$

に極値を与えるような,区分的連続な制御ベクトル $\theta(t)$ をもとめることである.最大(もしくは最小)にすべき関数 (6.4.3) を,プロセスの目的関数 (objective function),上記のように選ばれた制御ベクトルを最適制御ベクトル (optimal control vector),または単に最適制御と呼び,$\bar{\theta}(t)$ と表す.』

終端状態への到達時間が指定された問題には,次の2つの基本形が考えられる.1つは終端状態が指定されたもの(2点境界値問題)で,もう1つは指定されていないものである.ここでは,まず右端指定がない場合を考えよう.

問題を解くに当たり,まず次の s 次元補助ベクトル (adjoint vector) $z(t)$ とハミルトニアン (Hamiltonian) 関数 H を導入しよう.

$$H[z(t), x(t), \theta(t)] = \sum_{i=1}^{s} z_i f_i[x(t); \theta(t)] \tag{6.4.4}$$

$$\frac{dz_i}{dt} = -\frac{\partial H}{\partial x_i} = -\sum_{i=1}^{s} z_i \frac{\partial f_i}{\partial x_i}, \quad i=1, \cdots, s \tag{6.4.5}$$

$$z_i(t) = c_i, \quad i=1, \cdots, s \tag{6.4.6}$$

S に極値を与える最適制御ベクトル $\bar{\theta}(t)$ とは,区間 $t_0 < t < T$ のほとんどいたるところで,ハミルトニアン関数 H に極値を与えるような制御ベクトル $\theta(t)$ のことである.最適制御ベクトル $\bar{\theta}(t)$ が式 (6.4.2) で与えられる実行可能な制御量 $\theta(t)$ の内部にあるとき,S が $\theta(t)$ に関して極値をとるための必要条件は次式で与えられる.

$$\frac{\partial H}{\partial \theta} = 0 \tag{6.4.7}$$

しかし,$\theta(t)$ に制約があれば,式 (6.4.7) を $\theta(t)$ について解くか,または実行可能な $\theta(t)$ の集合の境界上から求めなければならない.

制御ベクトルが求まれば,式 (6.4.5) (6.4.6) および初期条件 $x(t_0)=\alpha$ から補助ベクトル $z(t)$ が一意に決定される.状態方程式 (6.4.1) は,ハミルトニアン関数 H を

用いて次式のように表すこともできる.

$$\frac{dx_i}{dt} = \frac{\partial H}{\partial z_i}, \quad i=1, \cdots, s \tag{6.4.8}$$

ポントリヤーギンの最大原理を定理の形で示せば次のようになる.

『定理；式(6.4.2)の制約条件を満たす,区分的に連続なベクトル関数を $\theta(t)$, $t_0 < t < T$ とする.式(6.4.3)で表されるスカラー関数 S が,初期条件 $x(t_0) = \alpha$ であるプロセス(6.4.1)において最大(または最小)となるための必要条件は,式(6.4.5)(6.4.6)を満たす非0の連続ベクトル関数 $z(t)$ が存在し,かつベクトル $\theta(t)$ を区間 $t_0 < t < T$ のすべての t において $H[z(t), x(t), \theta(t)]$ に最大値(または最小値)を与えるように選ぶことである.このとき,H の最大値(もしくは最小値)はすべての t について一定である.』

ボルチャンスキーの言葉を借りれば,最大原理はポントリヤーギンによって最初に仮説として述べられた.これが最適過程理論の誕生の基本的な刺激となり,また出発点となったため,この定理とそれに近いものはポントリヤーギンの最大原理という名で世界中に広まった.参考文献11)は英語版でロシア語での出版は1961年のことであった.日本語版が1967年に出版され,それを著者が手にしたのは1968年のことであった.ところで,この本は基本的なところは比較的簡単で理解しやすかったが,その証明を理解することは大学院修士1年の学力では手に終えないものであった.それらの証明には,ルベーグ積分の概念,右辺が可測関数である微分方程式とか,線形汎関数(関数の関数)空間における球の弱コンパクト性の定理などが使われていたためである.ところが,よりわかりやすいボルチャンスキーの本[13]が1968年に日本語で出版されていた.この本では最適制御理論の存在定理の証明に球の弱コンパクト性が使われていなかった.やっと,工学系の学生であった著者にも理解できるようになった.しかしながら,当時,これでも人に説明すると殆どの人がなかなか理解してくれないので,今度はファンの英語の本[11]を見つけた.これは解りやすいし例題も多かったし,人に説明するのに良く使えた.こういうことで,本書でも厳密性には欠けるが解りやすいということで参考文献11)を用いて以下を説明しよう.

6.4.2 アルゴリズムの導出

最適制御ベクトルを $\bar{\theta}(t)$, それに対応する最適状態ベクトルを $\bar{x}(t)$ とすれば次式を得る.

$$\frac{d\bar{x}(t)}{dt} = f(\bar{x}\,;\,\bar{\theta}) \tag{6.4.9}$$

関数 $f[x(t)\,;\,\theta(t)]$ は, その独立変数について連続であり, かつ連続的な1次導関数を有すると仮定する. また, 関数 $f[x(t)\,;\,\theta(t)]$ とその導関数および $\theta(t)$ は有界であると仮定する.

プロセスの全時点にわたって, 制御量がその最適値から微小なふれが生じ, 次式で表される近接関数を考えよう.

$$\theta(t,\varepsilon) = \bar{\theta}(t) + \varepsilon\varphi(t) + 0(\varepsilon^2) \tag{6.4.10}$$

これに対応して, 状態ベクトルにも最適状態から微小なふれが生じ, 次のような移行が生じるとしよう.

$$x(t,\varepsilon) = \bar{x}(t) + \varepsilon y(t) + 0(\varepsilon^2) \tag{6.4.11}$$

ここに, $\varphi(t)$, $y(t)$ は t に関する有界ベクトル関数で, それぞれ $\theta(t)$, $x(t)$ と同次元である. また ε は微小な実数, $0(\varepsilon^2)$ は ε^2 次およびそれより高次の項を表すものとする. こうして, 式 (6.4.1) (6.4.9) から次の変分方程式[14]を得る.

$$\varepsilon\frac{dy_i}{dt} = [f_i(x\,;\,\theta) - f_i(\bar{x}\,;\,\bar{\theta})] + 0(\varepsilon^2) \tag{6.4.12}$$

上式右辺の第1項を $\bar{x}(t), \bar{\theta}(t)$ の周りでテイラー展開して次式を得る.

$$[f_i(x\,;\,\theta) - f_i(\bar{x}\,;\,\bar{\theta})] = \sum_{j=1}^{s} = \varepsilon y_i \frac{\partial f_i(\bar{x}\,;\,\bar{\theta})}{\partial \bar{x}_j}$$
$$+ \sum_{j=1}^{r} \varepsilon\varphi_j \frac{\partial f_i(\bar{x}\,;\,\bar{\theta})}{\partial \bar{\theta}_j} + 0(\varepsilon^2) \tag{6.4.13}$$

従って, 式 (6.4.12) (6.4.13) から次の関係を得る.

$$\varepsilon\frac{dy_i}{dt} = \sum_{j=1}^{s} = \varepsilon y_j \frac{\partial f_i(\bar{x}\,;\,\bar{\theta})}{\partial \bar{x}_j} + \sum_{j=1}^{r} \varepsilon\varphi_j \frac{\partial f_i(\bar{x}\,;\,\bar{\theta})}{\partial \bar{\theta}_j} + 0(\varepsilon^2) \tag{6.4.14}$$

ここで,

$$\frac{d}{dt}\sum_{i=1}^{s}\varepsilon y_i z_i = \sum_{i=1}^{s}\varepsilon z_i \frac{dy_i}{dt} + \sum_{i=1}^{s}\varepsilon y_i \frac{dz_i}{dt} \tag{6.4.15}$$

であるから，式(6.4.5)(6.4.14)を代入して次式を得る．

$$\frac{d}{dt}\sum_{i=1}^{s}\varepsilon y_i z_i = \sum_{i=1}^{s} z_i \left[\sum_{j=1}^{s} = \varepsilon y_i \frac{\partial f_i(\overline{x}\,;\,\overline{\theta})}{\partial \overline{x}_j} + \sum_{j=1}^{r}\varepsilon\varphi_j \frac{\partial f_i(\overline{x}\,;\,\overline{\theta})}{\partial \overline{\theta}_j}\right]$$
$$+ \sum_{i=1}^{s}\varepsilon y_i\left(-\frac{\partial H}{\partial x_i}\right) + 0(\varepsilon^2) \tag{6.4.16}$$

式(6.4.5)を $\overline{x}(t)$, $\overline{\theta}(t)$ の周りでテイラー展開したものを上式に代入すれば次式を得る．

$$\frac{d}{dt}\sum_{i=1}^{s}\varepsilon y_i z_i = \sum_{i=1}^{s} z_i\left[\sum_{j=1}^{s}\varepsilon y_i \frac{\partial f_i(\overline{x}\,;\,\overline{\theta})}{\partial \overline{x}_j} + \sum_{j=1}^{r}\varepsilon\varphi_j \frac{\partial f_i(\overline{x}\,;\,\overline{\theta})}{\partial \overline{\theta}_j}\right]$$
$$-\sum_{i=1}^{s}\varepsilon y_i \sum_{j=1}^{s}\frac{\partial f_i(\overline{x}\,;\,\overline{\theta})}{\partial x_i} z_j + 0(\varepsilon^2) \tag{6.4.17}$$

$$=\sum_{i=1}^{s}\sum_{j=1}^{r} z_i \frac{\partial f_i(\overline{x}\,;\,\overline{\theta})}{\partial \overline{\theta}_j}\varepsilon\varphi_j + 0(\varepsilon^2) \tag{6.4.18}$$

式(6.4.18)の1次の項を $t=0 \sim T$ まで積分し次式を得る．

$$\sum_{i=1}^{s}\varepsilon[y_i(T)z_i(T) - y_i(0)z_i(0)] = \int_0^T \sum_{i=1}^{s}\sum_{j=1}^{r} z_i \frac{\partial f_i}{\partial \overline{\theta}_j}\varepsilon\varphi_j dt \tag{6.4.19}$$

ここで，$x(t)$ の初期値は指定されているから

$$y_i(0)=0, \quad i=1,\cdots,s \tag{6.4.20}$$

でなければならない．式(6.4.6)(6.4.20)を式(6.4.19)に代入しハミルトニアン関数の定義を用いれば次の関係式が導かれる．

$$\sum_{i=1}^{s}\varepsilon c_i y_i(T) = \int_0^T \sum_{j=1}^{r}\frac{\partial H}{\partial \overline{\theta}_j}\varepsilon\varphi_j dt \tag{6.4.21}$$

式(6.4.21)の左辺は目的関数 S の変分であるから S が最大値を有するためには，最適軌道に沿っての自由な（制約条件を受けない）ふれ（変分）に対しては 0，制約条件の境界上のふれに対しては負でなければならない．つまり次式が成立する．

$$\sum_{i=1}^{s}\varepsilon c_i y_i(T) = \leq 0 \tag{6.4.22}$$

こうして，式(6.4.22)から任意の $\varepsilon\varphi$ に対し，S が最大であるための必要条件は次のようなものであることがわかる．すなわち，$\overline{\theta}_j(t)$ が実行可能な $\theta(t)$ の内部に

あるとき，

$\theta_j(t)=\bar{\theta}_j(t)$ において，

$$\frac{\partial H}{\partial \theta_j}=0, \quad j=1,\cdots,r, \quad 0<t<T \tag{6.4.23}$$

また，$\bar{\theta}_j(t)$ が境界上にあるときには，$\theta_j(t)=\bar{\theta}_j(t)$ において，

$$H=\max, \quad j=1,\cdots,r, \quad 0<t<T \tag{6.4.24}$$

となることである．

ここに示した式(6.4.23)(6.4.24)の導出過程は，定理を必ずしも厳密に証明したものではないが，これによって定理の具体的なイメージをある程度語ることができたのではなかろうか．

次に定理の後半の H の最大値が一定になることを証明しよう．最適状態での制御量 $\bar{\theta}$ は

$$\bar{\theta}=\bar{\theta}[t,\bar{x}(t),\bar{z}(t)] \tag{6.4.25}$$

であるから，式(6.4.24)で与えられる $\bar{H}$ は次式のように表現できる．

$$\bar{H}=\bar{H}[\bar{z}(t),\bar{x}(t),t] \tag{6.4.26}$$

これを t で微分すれば次式を得る．

$$\frac{dH[\bar{z}(t),\bar{x}(t),t]}{dt}=\frac{d\bar{H}[\bar{z}(t),\bar{x}(t),t]}{\partial t}+\sum_{i=1}^{s}\frac{\partial \bar{x}_i(t)}{\partial t}\frac{d\bar{H}[\bar{z}(t),\bar{x}(t),t]}{\partial x}$$
$$+\sum_{i=1}^{s}\frac{\partial \bar{z}_i(t)}{\partial t}\frac{d\bar{H}[\bar{z}(t),\bar{x}(t),t]}{\partial \bar{z}_i}$$

上式に式(6.4.5)(6.4.8)を代入すると次式を得る．

$$\frac{dH[\bar{z}(t),\bar{x}(t),t]}{dt}=\frac{d\bar{H}[\bar{z}(t),\bar{x}(t),t]}{\partial t}-\sum_{i=1}^{s}\frac{\partial \bar{x}_i(t)}{\partial t}\frac{\partial \bar{z}_i(t)}{\partial t}+\sum_{i=1}^{s}\frac{\partial \bar{z}_i(t)}{\partial t}\frac{\partial \bar{x}_i}{\partial t}$$
$$=\frac{d\bar{H}[\bar{z}(t),\bar{x}(t),t]}{\partial t} \tag{6.4.27}$$

もし $\bar{H}$ が t を陽に含まないならば，上の微分値は0である．従って，定理で述べたように，H の最大値は，式(6.4.1)で記述される簡単な連続プロセスについては，あらゆる点において一定であるという結論が得られた．これが最も簡単な最大原

理である.

6.4.3 アルゴリズムの拡張

6.4.1で述べたことを,実際に出会ういろいろな種類の最適問題に拡張することは可能である.しかし,ここでは,6.4.1の最適問題を標準形として,これから派生するいろいろなタイプのうち,後述する適用例や事例と関連する問題に限定して2つの場合のみ述べることにしよう.

(1) 終端状態指定のプロセス(2点境界値問題)

$x_i(T)$ のいくつか,例えば $x_a(T)$, $x_b(T)$ が指定されていて,目的関数が

$$\sum_{\substack{i=1\\i\neq a,b}}^{s} c_i x_i(T)$$

であるような最適問題においては式(6.4.1)〜(6.4.8)の基本アルゴリズムのうち,式(6.4.6)を次のように変更しなければならない.

$$z_i(T)=c_i, \quad i=1,\cdots,s, \quad i\neq a,b \tag{6.4.28}$$

何故なら,式(6.4.19)から式(6.4.21)を導くとき,$y_a(T)=y_b(T)=0$ であるから,$i=a,b$ については $z_i(T)=c_i$ になる必要がないからである.

(2) 目的関数が積分形式である場合

プロセスの状態が式(6.4.1)で表され,目的関数が $\int_0^T \Psi[x(t);\theta(t)]dt$ であるような場合である.この種の問題も次のような変数を導入することにより標準形に変換できる.

$$x_{s+1}(t)=\int_0^T \Psi[x(t);\theta(t)]dt \quad t_0\leq t\leq T \tag{6.4.29}$$

$$x_{s+1}(t_0)=0 \tag{6.4.30}$$

これはまた,次の微分方程式を満足する.

$$\frac{dx_{s+1}}{dt}=\Psi[x(t);\theta(t)], \quad t_0\leq t\leq T \tag{6.4.31}$$

標準化された状態方程式は式(6.4.1),(6.4.31)である.

【適用例 6.7】 アメニティに着目した高齢社会地域構造の変化過程（最大原理）[15]

高齢社会に着目し、地域構造の変化過程を制御する方法に最大原理を適用してみよう。まず、地域を水利用から見て下流の都市地域（$s=1$）と上流水源地である農村地域（$s=2$）と考えよう。そして、アメニティ要素を利便性（$k=1$）と快適性（$k=2$）の2つだけを考えることにする。こうして、$a_k^s(t)$ 地域アメニティ要素とする。

(1) 高齢社会モデル（状態方程式）

問題を簡単にするため、ライフステージとして非高齢世帯 $x_1^s(t)$ と高齢世帯 $x_2^s(t)$ の2つ（の状態変数）だけ考え、非高齢世帯は自身で再生産しながら高齢世帯に移行し、高齢世帯のみ死を迎えるとする。また、現実的な視点から、アメニティ要素の増加量 $\theta_k^s(t)$（制御変数）の総量に上限があると考えよう。こうして、以下のような高齢社会モデルを得る。

$$\left. \begin{aligned} dx_1^1/dt &= \{\gamma_{11}^1(1-\beta_{11}^1) + \gamma_{12}^1(1-\beta_{12}^1) + \gamma_{13}^1\}\alpha_{11}x_1^1 + (\gamma_{11}^2\beta_{11}^2 + \gamma_{12}^2\beta_{12}^2)\alpha_{11}x_1^2 - \alpha_{12}x_1^1 \\ dx_2^1/dt &= \{\gamma_{21}^1(1-\beta_{21}^1) + \gamma_{22}^1(1-\beta_{22}^1) + \gamma_{23}^1\}\alpha_{12}x_1^1 + (\gamma_{21}^2\beta_{21}^1 + \gamma_{22}^2\beta_{22}^1)\alpha_{12}x_1^2 - \alpha_{22}x_2^1 \\ dx_1^2/dt &= \{\gamma_{11}^2(1-\beta_{11}^2) + \gamma_{12}^2(1-\beta_{12}^2) + \gamma_{13}^2\}\alpha_{11}x_1^2 + (\gamma_{11}^1\beta_{11}^1 + \gamma_{12}^1\beta_{12}^1)\alpha_{11}x_1^1 - \alpha_{12}x_1^2 \\ dx_2^2/dt &= \{\gamma_{21}^2(1-\beta_{21}^2) + \gamma_{22}^2(1-\beta_{22}^2) + \gamma_{23}^2\}\alpha_{12}x_1^2 + (\gamma_{21}^1\beta_{21}^1 + \gamma_{22}^1\beta_{22}^1)\alpha_{12}x_1^1 - \alpha_{22}x_2^2 \end{aligned} \right\}$$

(6.4.32)

$$da_k^s(t)/dt = \theta_k^s(t) - \varphi(t)a_k^s(t) \quad (s=1,2, \ k=1,2) \tag{6.4.33}$$

$$\gamma_{i1}^s(t) + \gamma_{i2}^s(t) + \gamma_{i3}^s = 1 \quad (s=1,2, \ i=1,2) \tag{6.4.34}$$

ここに、パラメータの意味は次のようである。

$\alpha_{ii'}(t)$；世帯属性変化パラメータ（属性 i の世帯から属性 i' の世帯への変化率）。
$\beta_{ik}^s(t)$；地域 s で属性 i に変化した世帯のうちアメニティ要素 k の高い地域を選択する世帯の移住の有無を示す。移住係数。
$\gamma_{ij}^s(t)$；ライフステージが変化した世帯をアメニティ選好の違いにより、利便性の高い地域を選択する世帯（$j=1$）、快適性を選択する世帯（$j=2$）、移住を行わない世帯（$j=3$）の割合を示す。

移住がおこるメカニズムをモデル的に考えよう。地域 s で属性 i に変化した世帯のうちアメニティ要素 k の高い地域を選択する世帯の移住の有無を、移住係数 $\beta_{ik}^s(t)$（移住あり；$\beta_{ik}^s(t)=1$、移住なし；$\beta_{ik}^s(t)=0$）で表し、$\gamma_{ij}^s(t)$ の割合で、アメニティ

要素 k の地域間の相対的な差が閾値 h_{ik}（世帯属性 i のアメニティ要素 k に関する固執度）を超える場合に移住を行うと考える．こうして，移住係数は次式のように表現できる．

都市から農村への移住係数；

$$\left.\begin{array}{l}\beta^1_{ik}(t)=1\\ \beta^1_{ik}(t)=0\end{array}\right| \text{if} \left.\begin{array}{l}a^2_k(t)-a^1_k(t)>h_{ik}\\ a^2_k(t)-a^1_k(t)\leq h_{ik}\end{array}\right| \tag{6.4.35}$$

農村から都市への移住係数；

$$\left.\begin{array}{l}\beta^2_{ik}(t)=1\\ \beta^2_{ik}(t)=0\end{array}\right| \text{if} \left.\begin{array}{l}a^1_k(t)-a^2_k(t)>h_{ik}\\ a^1_k(t)-a^2_k(t)\leq h_{ik}\end{array}\right| \tag{6.4.36}$$

ここで重要なことは，閾値 $\beta^s_{ik}(t)$ とは何かということである．例えば式(6.4.36)において，農村に居住する $(s=2)$ 高齢世帯 $(i=2)$ は利便性 $(k=1)$ に対して，h_{21} という閾値を持っているとする．そうすれば，この閾値は農村居住の高齢世帯の都市移住を阻害する要因である．この阻害要因としては，農村コミュニティを捨てがたいとか，都市生活の不安感とかが考えられよう．このような意味で，この閾値は現在居住している場所の慣性力を現すものとここでは考えておこう．実際には，所得や地価，もっと重要な公共交通手段の衰退，行政サービスや医療サービス等の低下による生活やコミュニティの生活基盤の破壊によってこの慣性力が低下する．快適性に関しても同様である．モデルを構成することによって，いろいろなことがシステム的に考えることができることがわかってくる．

(2) 評価関数と制約条件

評価関数の定式化において，1つのシナリオとして，非高齢世帯の満足度は利便性の増加により，高齢世帯のそれは快適性の増加によるとしよう．そして，政策期間を通して，地域全体の満足度の最大化を考える．さらに，非高齢世帯，高齢世帯に対する政策の重み（トレードオフ）を政策パラメータ $\omega_i (i=1,2)$ で表し，評価モデルと制約条件を定式化すれば以下のようになる．

評価モデル；

$$F=\omega_1 \int_0^T \{Q^1_1(t)x^1_1(t)+Q^2_1(t)x^2_1(t)\}dt+\omega_2\int_0^T\{Q^1_2(t)x^1_2(x)+Q^2_2(t)x^2_2(t)\}dt \to \max \tag{6.4.37}$$

制約条件；

$$\omega_1+\omega_2=1,\quad \sum_{s=1}^2\sum_{k=1}^2 \theta^s_k(t)\leq c(t),\quad \theta^s_k(t)\geq 0 \tag{6.4.38}$$

(3) 分析結果とその考察

上述の最適制御モデルの分析を最大原理を用いて行う前提条件を述べておこう. 問題の本質を見えやすくするために以下の仮定をおく. すなわち, アメニティ要素 k による属性 i の世帯に関する閾値 h_{jk} は次式を満たす.

$$h_{11} \leq h_{21},\ h_{22} \leq h_{12} \tag{6.4.39}$$

つまり, 非高齢世帯は利便性を, 高齢世帯は快適性をより選考するとしよう. そして簡単のためにすべてのパラメータを時間によらず一定とおくことにしよう.

次に地域構造の分類を以下に数学的に提示しておこう.

(i) 衰退型；地域 s の各世帯数の初期値によらず, $t \to \infty$ で地域 s の各世帯数が 0 に限りなく近づく地域構造.

$$(x_1^s(t), x_2^s(t)) \to (0, 0) \quad (t \to \infty)$$

(ii) 社会的安定型；地域 s の各世帯の初期値によらず, $t \to \infty$ で地域 s の各世帯数が 0 以外のある数 (均衡点) に限りなく近づく地域構造

$$(x_1^s(t), x_2^s(t)) \to (^*x_1^s, 0\ or\ ^*x_2^s) \quad (t \to \infty)$$

(iii) 高齢型；地域 s の各世帯の初期値によらず, $t \to \infty$ で地域 s の高齢世帯数が非高齢世帯数より多くなり続ける 0 以外のある数 (均衡点) に限りなく近づく地域構造

$$(x_1^s(t), x_2^s(t)) \to (^*x_1^s, ^*x_2^s;\ ^*x_1^s \leq ^*x_2^s) \quad (t \to \infty)$$

これらを用いて以下の概念を定義する.

流動的安定関係；都市と農村の間で移住が行われているが, 都市と農村の地域構造が共に社会的安定型である地域構造構造関係
流動的非安定関係；流動的安定関係でない場合
固定的安定関係；都市と農村の間で移住が行われておらず, それぞれの構造が社会的安定型である場合

以上の準備のもとに, まず初期状態において, 都市と農村が流動的安定関係にある場合を想定する. そして, 都市と農村の総世帯数, 非高齢世帯数と高齢世帯数の大小関係により初期条件を分類 (9 分類) し, 政策パラメータ (11 シナリオ)

表6.4.1 社会的安定領域

$x_1 > x_2$	政策パラメータ W_2 初期条件	0.0~0.6	0.7	0.8~1.0
	$x^1 > x^2$	(安定, 衰退) α	(安定, 安定) β	(安定, 安定) β
	$x^1 = x^2$	(安定, 衰退) α	(安定, 安定) β	(衰退, 安定) δ
	$x^1 < x^2$	(衰退, 安定) γ	(衰退, 安定) δ	(衰退, 安定) δ

注) α, β；都市の利便性, 快適性が増加　γ, δ；農村の利便性, 快適性が増加

について最大原理を用いて分析を行った結果 (99ケース) の一部を表6.4.1に示す．

こうして，ある地域構造を変化させようとしたとき，そのために行う環境政策について，その地域の初期状態によって高齢世帯と非高齢世帯に関する政策パラメータの与え方，またその目的を満たす最適な時間軸上のアメニティの配分方法が得られた．例えば，都市と農村の世帯数が等しく，非高齢世帯が高齢世帯より多い場合，両地域ともに社会的安定型地域構造に持っていくためには，高齢世帯に関する政策パラメータを0.7に設定すればよいことがわかる．結果として，この地域には利便性より快適性に重点を置いた環境政策をを要請することになる．

6.4.4　生態モデルの安定性と最適制御[16)17)]

(1) ロトカ-ヴォルテラの数学モデル

生態学における決定論的数学モデルのはしりが，ロトカ-ヴォルテラ (Lotka-Volterra) の2種間捕食モデルである．x, yをそれぞれ，餌，捕食者の個体数とする．

① 捕食者がいなければ餌は自由に増殖し $dx/dt = ax$ と書ける．ただし，aは増殖率である．食われる餌の数は捕食者の数に比例するものと考えられるから，その比例定数を c とすれば，a を $a - cy$ と置き換えればよい．

$$\frac{dx}{dt} = (a - cy)x \tag{6.4.40}$$

② 餌がないと捕食者は減少し，$dy/dt = -by$ と書ける．餌に比例して捕食者は増えると考え，その比例定数を b とすれば，$-b$ を $-b+dx$ と書き換える．

$$\frac{dy}{dt} = (-b+dx)y \tag{6.4.41}$$

式 (6.4.40) (6.4.41) は簡単な連立微分方程式であるが，a, b, c, d が定数であっても解の様子を見通すことは容易ではない．これについては多くの研究が行われているが，ここでは幾何学的な考察を行うことにする．式 (6.4.40) を式 (6.4.41) で割って積分すれば，次の閉曲線群を得る．

$$b\ln x - dx + a\ln y - cy = const. \tag{6.4.42}$$

この閉曲線群に含まれる1つの曲線は，定数のある1つの値に対応している．起点，すなわち x, y の初期値をどこに選ぶかによって定数が決まる．

パラメータがすべて同じ起点の異なる3本の曲線を図 6.4.2 に示す．個体数はその起点を含む循環路を反時計回りに無期限に回転し，曲線群の中央にある平衡点には収束しない．この平衡点は $dx/dt = dy/dt = 0$ となる点，つまり $x = b/d, y = a/c$ である．曲線がきわめて小さいときには楕円形に近づく．この楕円の式から，この過程の興味深い性質が推測されるので，それを導いておこう．

まず，座標原点を平衡点 $(b/d, a/c)$ に移行し，新しい座標系での x, y を X, Y と表す．つまり，$X = x - b/d$, $Y = y - a/c$ とすると式 (6.4.40) (6.4.41) は次式となる．

$$\frac{dX}{dt} = -\frac{cb}{d}X - cXY, \quad \frac{dY}{dt} = \frac{ad}{c}Y + dXY \tag{6.4.43}$$

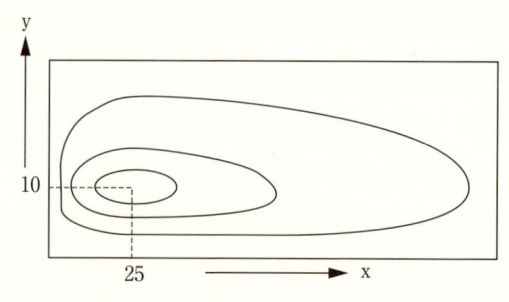

図 6.4.2 平衡点とトラジェクトリー

6 動的システムと最適化

平衡点の近傍では，XY は無視しうるほど小さいので

$$\frac{dX}{dY} = -\frac{Y}{X}\frac{c^2 b}{d^2 a}$$

を得る．これを積分すると，次の楕円の式を得る．ただし C は定数である．

$$d^2 a X^2 + c^2 b Y^2 = C \tag{6.4.44}$$

次に X, Y を時間 t の関数としてあつかう．式(6.4.43)の XY の項を無視すると，

$$\frac{dt}{dx} = -\frac{d}{cb}\frac{1}{Y}$$

式(6.4.44)の Y を代入し，積分すれば，

$$X = \frac{b}{a}\alpha\cos(\sqrt{ab}\,t + \beta)$$

ここに，$\sqrt{C} = \sqrt{a}\,b\alpha$ で，積分定数 β は $[0, 2\pi]$ の範囲にある．これをもとの座標系に戻すと

$$x = \frac{b}{d} + \frac{b}{d}\alpha\cos(\sqrt{ab}\,t + \beta), \quad y = \frac{a}{c} + \frac{a}{c}\sqrt{\frac{b}{a}}\alpha\sin(\sqrt{ab}\,t + \beta)$$

これらの式から，平衡点近傍の小さい曲線がもつ，次の4つの性質がわかる．

① x と y は，周期 $T = 2\pi/\sqrt{ab}$ で曲線に沿って変化する．この周期は2種とも同じでパラメータ a, b にのみ依存する．
② 2種の個体数の位相はつねに1/4周期ずれている．y の個体数の増加が最大になるときに，x は最大値から減少しはじめる．1/4周期後には，x の個体数の減少率は最大となり，y は最大値に達し減少しはじめる．積分定数 β は，どの時刻を $t=0$ にするかだけで決まる．x が最大の時を $t=0$ とすると，$\beta = 0$ となる．
③ 振動振幅は，x では $\alpha b/d = (1/d)\sqrt{C/b}$，$y$ では $(\alpha a/c)\sqrt{b/a} = (1/c)\sqrt{C/a}$ となる．従って，これらは各パラメータと式(8.3.5)で導入された積分定数 C に依存する．すなわち，振動振幅は周期と異なり，個体数の初期値に依存する．
④ 1周期で x と y との平均値は，次のように平衡値と一致する．

$$\frac{1}{T}\int_{t_0}^{t_0+T} x\,dt = \frac{b}{d}, \quad \frac{1}{T}\int_{t_0}^{t_0+T} y\,dt = \frac{a}{c}$$

(2) 捕食モデルの批判と修正

ところで，式(6.4.40)(6.4.41)の両式には以下のような生態学からの批判が多い．

① xが無限大になるとdy/dtも無限大になる．しかし，飽食効果のため捕まえる餌には頭打ちが起こるからxが無限大になってもdy/dtは有限大にとどまる．

② yが0になるとdx/dtは指数的に増える．しかし，密度効果のため頭打ちが起こり，xの変化はロジスティックになる．

③ 捕食者の死亡率bが餌の数によらないのはおかしい．餌がなければ($x=0$)，速やかに死に絶えることになる．つまりxが限りなく0に近づけば，dy/dtは0よりはるかに小さくなるはずである．

④ yを一定に保つようにすると$1/x$, dx/dtがyに比例する．しかし，餌の変動dx/dtがyに比例すると考えるべきであろう．

以上のことから，次のようなモデルを考える．

$$\frac{dx}{dt} = \lambda_1 x\left(1 - \frac{x}{X}\right) - \frac{axy}{1+ahx} \tag{6.4.45}$$

$$\frac{dy}{dt} = \lambda_2 y\left(1 - \frac{y}{Kx}\right) \tag{6.4.46}$$

ここに，λ_1, λ_2；自己増殖率，X；密度効果における飽和レベル，a；捕食率(両者の接触確率に関係)，h；相次ぐ捕食の時間間隔に関するパラメータ(*delay time*)，K；食物としてのエネルギー効率，である．

次に上の両式の性質を調べよう．$dx/dt=dy/dt=0$を与える平衡点は，

① $x=0$, $y=0$ (二重縮退)，② $x=X$, $y=0$ (単純鞍点部)，

③ $x=x_F$, $y=Kx_F=y_F$

の3種類である．ここにx_Fは式(6.4.45)で左辺を0とおいた

$$ahx^2\left(1 + \frac{aKX}{\lambda_1} - ahX\right)x - X = 0$$

の正根である．

ここで興味があるのは，平衡点の近傍の性質である．そこで，式(6.4.45)

(6.4.46) の変数変換を以下のように行う．

$$\frac{aK}{\sqrt{\lambda_1\lambda_2}}x \to x, \quad \frac{aK}{\sqrt{\lambda_1\lambda_2}}X \to X, \quad \frac{aK}{\sqrt{\lambda_1\lambda_2}}y \to y$$

$$\sqrt{\lambda_1\lambda_2}\,t = \tau, \quad \sqrt{\frac{\lambda_1}{\lambda_2}} = R, \quad \frac{\sqrt{\lambda_1\lambda_2}}{K} = H$$

こうすると x, X, y は無次元になり，パラメータは R, X, H の3つになり，原方程式は

$$\frac{dx}{d\tau} = Rx\left(1 - \frac{x}{X}\right) - \frac{xy}{1+Hx} \tag{6.4.47}$$

$$\frac{dy}{d\tau} = \frac{y}{R}\left(1 - \frac{y}{X}\right) \tag{6.4.48}$$

となり，$a=1$, $K=1$, $\lambda_1 = R$, $\lambda_2 = 1/R$ とおいたことになる．そして平衡点 $x_F = y_F = F$ は

$$Hx^2 + \left(1 + \frac{1-HR}{R}X\right)x - X = 0 \tag{6.4.49}$$

の正根となる．式 (6.4.49) を見ると，

$$HR = \frac{\lambda_1 h}{K} = 1$$

を境にして F の性質が変わることがわかる．たとえば，$x \to \infty$ のような特別な場合，

$$HR < 1 \to F = \frac{R}{1-HR}, \quad HR = 1 \to F = \sqrt{\frac{X}{H}}, \quad HR < 1 \to F = \left(1 - \frac{1}{HR}\right)X$$

であり，$HR=1$ の近くで解の様子が急激に変化することが予想される．

さて，平衡点の近くで解を摂動させ，解が安定か不安定かを見てみよう．δx, δy を微小量として，$x = F + \delta x$, $y = F + \delta y$ とし，式 (6.4.47)(6.4.48) を $x = F$, $y = F$ のまわりでテイラー展開すると次式を得る．

$$\frac{d}{dt}\Delta = A\Delta$$

ここに，記号の意味を以下に示す．

$$\Delta = \begin{pmatrix} \delta x \\ \delta y \end{pmatrix}, \quad A = \begin{pmatrix} a_{11} & a_{12} \\ a_{21} & a_{22} \end{pmatrix}, \quad a_{11} = \left(\frac{\partial \dot{x}}{\partial x}\right)_F = R - \frac{2R}{X}F - \frac{F}{(1+HF)^2}$$

$$a_{12}=\left(\frac{\partial \dot{x}}{\partial y}\right)F=-\frac{F}{1+HF}, \quad a_{21}=\left(\frac{\partial \dot{y}}{\partial x}\right)F=\frac{1}{R}, \quad a_{22}=\left(\frac{\partial \dot{y}}{\partial y}\right)F=-\frac{1}{R}$$

A の固有方程式は

$$r^2+pr+q=0$$

$$p=-(a_{11}+a_{22})=\frac{1}{R}-R\left(1-\frac{2F}{X}\right)+\frac{F}{(1+HF)^2},$$

$$q=\begin{vmatrix} a_{11} & a_{12} \\ a_{21} & a_{22} \end{vmatrix}=F\left(\frac{1}{X}+\frac{1}{R(1+HF)^2}\right)$$

であるから，固有方程式の判別式 $D=p^2-4q$ の符号によって性質がわかる．すなわち，振動解が存在するのは $D<0$，平衡点が不安定になるのは $p<0$ の領域である．

(3) 捕食モデルの拡張と最適制御モデル

ここでは，(2)の捕食モデルを図 6.4.3 に示す 3 種関係に拡張する．これらの式は以下のようになる．

$$\frac{dx_1}{dt}=\lambda_1 x_1\left(1-\frac{x_1+\alpha x_2}{X_1}\right)-\frac{a_1 x_1 y}{1+a_1 h_1 x_1} \tag{6.4.50}$$

$$\frac{dx_2}{dt}=\lambda_2 x_2\left(1-\frac{x_2+\beta x_1}{X_2}\right)-\frac{a_2 x_2 y}{1+a_2 h_2 x_2} \tag{6.4.51}$$

$$\frac{dy}{dt}=\lambda_3 y\left(1-\frac{y}{K_1 x_1+K_2 y_2}\right) \tag{6.4.52}$$

ここで，y は x_1, x_2 を共に餌とする一方，x_1, x_2 間には食うか食われるかという関係はないが，相互作用があって，α, β はその度合いを示している．正のときは退けあい，負のときは助け合うことになる．現実には $\alpha\beta=1$ である．

現在の地球環境問題の根本原因が富める北と貧しい南の存在であるとするなら

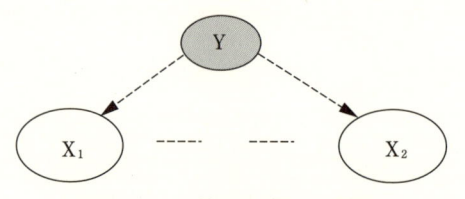

図 6.4.3　3 種関係（餌が 2 種類）

ば，われわれは知ってか知らずに次のようなことを行っているのかもしれない．すなわち，食う方 y は2種の餌 x_1, x_2 の関係をうまく（外交や援助で）制御して，y をなるべく沢山（あるいは持続的に）育てるにはどうしたらよいか考えている．直観的には x_1, x_2 が小さいうちは互いに協調させ，増えたら牽制させて，$\dot{x}_1$, $\dot{x}_2$ が負にならないように制御するという方法が考えられる．この問題をポントリヤーギンの最大原理（Pontryagin's Maximum Principle）で解いてみよう．

【適用例 6.8】数理生態モデルと最適制御（最大原理）

$\alpha_0 \leq \alpha(t) \leq 1/\alpha_0$ という制約の下で，$t=T$ において $y = \max y$ になるように $\alpha(t)$ を制御する問題を考える．ただし $\beta = 1/\alpha$ とする．

このとき式 (6.4.50)〜(6.4.52) の右辺をそれぞれ f_1, f_2, f_3 とすると，z_1, z_2, z_3 を補助変数，ハミルトニアンを

$$H = z_1 f_1 + z_2 f_2 + z_3 f_3$$

とすれば，

$$\frac{dx_i}{dt} = f_i, \quad \frac{dz}{dt} = -\frac{\partial H}{\partial x_i} \quad (x_i(0) = x_i^0, \ t=T; \ z_1 = z_2 = 0, \ z_3 = 1)$$

を満たす $\alpha(t)$ を求めればよい．式 (6.4.50)〜(6.4.51) より

$$H(\alpha) = A + B\alpha + C/\alpha$$

の形をもつことがわかるから次式を得る．

$$\frac{\partial H}{\partial \alpha} = B - \frac{C}{\alpha^2} = 0$$

これより

$$\alpha = \pm \sqrt{\frac{B}{C}}$$

で極値をもつから，bang-bang 制御となる．

なお，解を求めるアルゴリズムは以下のようになる．

① $\alpha_i(t)$ を仮定
② $\dot{x} = f_i$ を $t = 0 \sim T$ について解く．$\dot{z}_i = -\partial H/\partial x_i$ を $t = T \sim 0$ について逆向き

に解く．

③　②の x_i, z_i に対する $\partial H/\partial x_i$ を各 t について求める．

$$\alpha_i(t) \to \alpha_i(t) + w(\partial H/\partial \alpha)$$

によって，$\alpha_i(t)$ を修正する．w は加速係数である．

④　$\alpha_i(t)$ が収束していなければ，②にもどる．

6.4.5　水資源と環境[18)19)]

事例5.11で述べた環境容量を内部化した水資源計画問題を論じ，このことを明示化した最適制御問題のモデリングを事例・適用例を通して考えよう．

まず，基本的な認識を確認しておこう．1の序説でも述べたように，水資源問題の根源には，ソシオシステムの活動とエコ・ジオシステムのアンバランスによる洪水や渇水そして水環境の悪化という現象が生じるということである．この現象は一言で言えば，エコ・ジオシステムの中で地域ソシオシステムが適正な姿で形成されていないということである．

この問題を解決するために，日本では，広域利水・広域水道・流域下水道とよばれる水利形態の拡大を行ってきた．この結果，エコ・ジオシステムの不均一性に起因する水環境問題，上下流問題が大きな問題となってきた．また日本の歴史過程により，まず農業水利が全国的に張りめぐらされ，明治以降，水力発電が強化され，そして第2次世界大戦敗戦後，都市用水・工業用水のための水利システムが整備されてきた．このため，水利用目的間の競合が必然的に大きくなってきた．これらのことから，地域水資源問題を4つの問題に集約し，11のサブシステムからなる計画方法論を構成しよう．ここで4つの問題とは以下のことである．

　　　1）広域化　2）水環境　3）上下流　4）目的間の競合

これを図示すれば，図6.4.4のようになる．

当然のことながら，このシステムの基本入力はジオシステムで生成される降雨であり，エコ・ソシオシステムの活動である．そして，状態量は水の運動量で，制御変数は水利施設である．出力は，地域土地利用でひいてはソシオシステムの活動の適正化（場合によっては規制）である．

以上のことから，この図は「地域から見た水資源利用の見直し」「水資源利用から見た地域の創造（再構成）」という循環的な計画方法論を提案している．前者の

6 動的システムと最適化

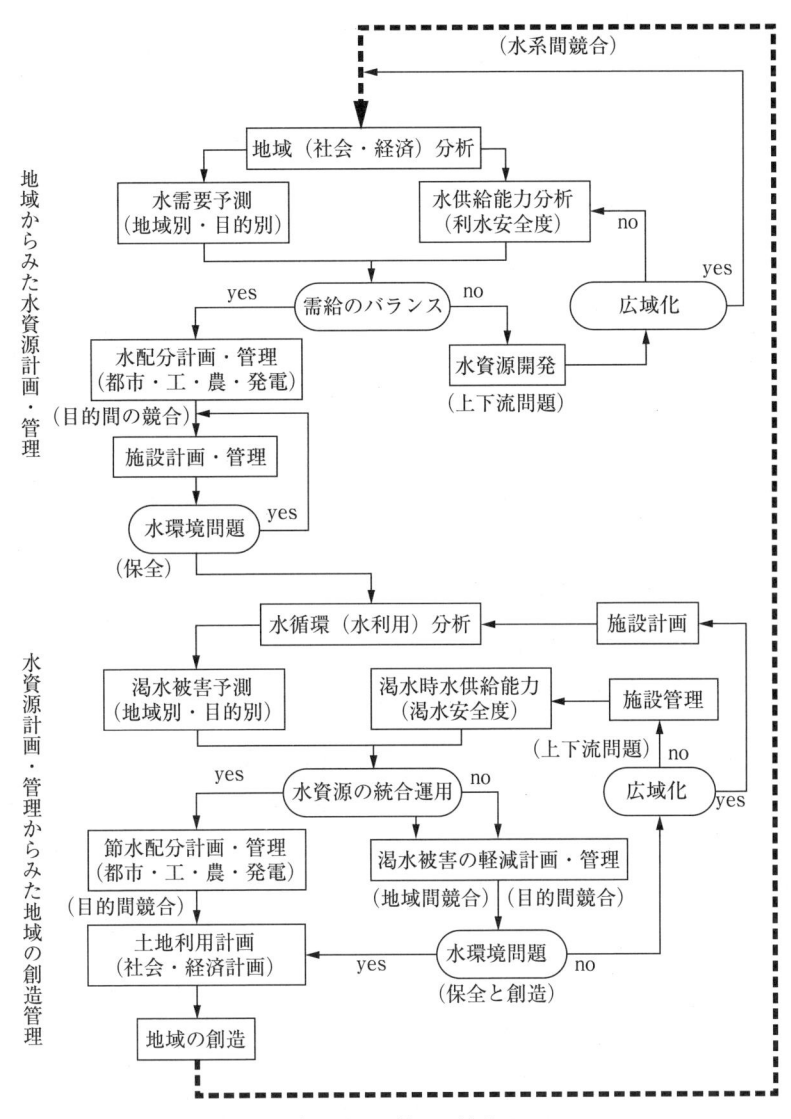

図6.4.4 地域水資源計画・管理の循環プロセスシステム

基本的な発想は水を環境要素と考え，後者では水（量と質）を希少資源と考え，ソシオシステムの制約もしくは境界条件と考えている．つまり，前者は「人間は住みたいように住み，水資源は与えられるもの」と考え，後者は「水は流れたいよ

うに流れるから，人間は，これに従って生きる」というようなたとえができるかもしれない．

　前者の総合的な分析モデルとしてシステムダイナミクスモデルを開発した[20]が，全体としての大まかな傾向をつかめる（異常渇水，大震災，水需要の落ち込み，さらには環境保護運動は考えていなかったが水資源の開発効率を導入しただけで1970年を始点として2000年を終点とした30年シミュレーションで2000年時点で水資源の開発ができなくなることを予測した）が上記の4つの問題を，このモデルに内包することは困難であった．このため，政策論的だけでなくこれも含めた計画論方法論として図6.4.4を作成した．序論で示したシステムズアナリシスは目的的に上記4つの問題に内包化されていることになる．

　この図からもわかるように，上の部分ではソシオ活動を最大化しているのに対し，下の部分では環境容量というコンセプトのもとにソシオ活動に制約をかけている．今様の言葉を使えば持続可能なソシオを水資源から考えていることになる．この章の最初6.1に記述した言葉を使えば，「エルゴード領域」を（ハードとソフトを組み合わせて）どのように広げるかを都市も含めた地域計画の主要課題となることを示している．つまり，ここにも双対性が表れていることが理解されよう．

　少し表現を変えれば，この図の上側は，古典的な（水需要＞水供給）で，需要があるから供給するという計画・管理プロセス（かつての日本や現在の中国等）を示し，下側は平常時では（水需要＜水供給）で，異常渇水や大震災時（含水環境汚染）を想定したリスクマネジメント[21]や水資源の社会リスクであるコンフリクトマネジメント[22]を行い，新しい地域創造を目的とした計画・管理システムである[23]．

　ところで，計画は時間軸において瞬時に行なわれることはありえず，当然，各サブシステム間にはタイムラグが生じる．このため，この図のシステムは時間軸の周りを螺旋状に動く．そして，この動きが安定になってきたとき，この地域の水資源利用が安定してきたと考えることができよう．しかしながら，現実にはこの図のサブシステムの多くは独立に計画され，お互いの関連や整合性をとるためのコーディネーションシステムが必要になる．これを理論的側面から（環境容量概念と共に）示唆しているのが静的システムの【事例5.9】～【事例5.12】である．以下では最大原理を用いて図6.4.4の下方の水環境問題から見た水資源問題の【事例】や【適用例】を示そう．

6 動的システムと最適化

【事例6.9】地域を結ぶ河川水量負荷状態方程式のモデル化[24)~32)]

1980年以前の日本では，下水道のような水環境汚染防止施設の整備を十分に行うことなしに莫大な量の利水を行ってきた．この結果，1970年前半の三重県四日市の現地調査の時には，コンビナートの排水で海は七色に汚れ，目も化学物質でパチパチさせた経験がある．現在の開発途上国や経済発展の著しい諸国でも同様な現象が見受けられる．特に中国では水環境の汚染は激しい．北京の未処理下水道水を下流の天津の農業用水として利用し，天津の農民は自分の口に入る野菜などにはこの水を利用していない．多くの中国人は，農薬や汚染物質を避けるために何時間も野菜を水につけてから料理をしていると聞く．また，長江流域では放置されたごみの山が長江の大洪水の度に掃除され東シナ海に放出され，大量のゴミの漂着だけではなく，海域水質汚染に注目しなければならない．図6.6.4の上側の旧来通りの計画管理システムが行われている．東アジア諸国間で，この問題を真剣に議論する必要があろう．

ここでは，以下の【事例6.10】～【事例6.12】に共通な地域を結ぶ河川水量負荷状態方程式を示すことにしよう．

図6.4.5にモデルの概念図を示す．

本川上の任意の環境基準地点 j に流下する負荷量は，その地点より上流に存在する各地域の自然的流達負荷量（含むノンポイントソース）と上流に存在する下水処理場より放流される負荷量の総和である．ここでは計画の安全側から自浄作用は無視しよう．また，地点 j での流量は，上流に存在する地域の自然流出量とその地域の支川の固有流量，そして処理場の放流量の総和として表される．ここ

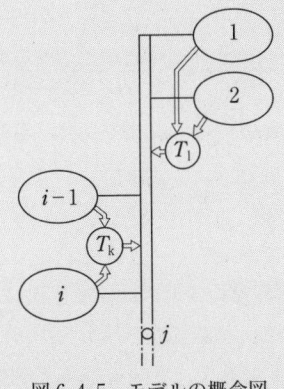

図6.4.5　モデルの概念図

で1つの地域 i に注目すると，この地域より流出する負荷量は市街地とそれ以外からの自然的流出負荷量よりなり次式で表すことができる．

$$l_i(t)=(1-u_i^n(t))(1-u_i^q(t))\rho_i(t)w_i(t)+g_i(t) \tag{6.4.53}$$

また，地域 i からの流出流量は，対応する支川の固有流量を q_i^n として次式を得る．

$$q_i(t)=\lambda_i((1-u_i^q(t))w_i(t))+q_i^n \tag{6.4.54}$$

ただし，$l_i(t)$；自然的流達負荷量，$(1-u_i^n(t))$；流達率，$\rho_i(t)$；負荷強度（水利用後の地域 i の平均水質），$w_i(t)$；水資源配分量，$u_i^q(t)$；下水道整備レベル，$g_i(t)$；市街地外からの自然的流達負荷量，$q_i(t)$；流出流量，$\lambda_i(t)$；流出率とする．

次に，処理場 k よりの放流負荷量 $l_p^k(t)$ と放流水量 $q_p^k(t)$ は，放流水質を $e_k(t)$ (ppm) とすれば，次式を得る．

$$l_p^k(t)=e_k(t)\sum_{i\in F_k}w_i(t)u_i^q(t), \quad q_p^k(t)=\sum_{i\in F_k}w_i(t)u_i^q(t) \tag{6.4.55}$$

なお，F_k は処理場 k に取り入れられる地域 i の集合とする．こうして，地点 j における負荷量，水量の式は次式となる．

$$x_j(t)=\sum_{i\in G_j}l_i(t)+\sum_{k\in K_j}l_p^k(t), \quad y_j(t)=\sum_{i\in G_j}q_i(t)+\sum_{k\in K_j}q_p^k(t) \tag{6.4.56}$$

ただし，G_j, K_j は地点 j よりも上流に位置する地域 i，処理場 k の集合を表すものとする．

本川上に J 個の基準点があるとすれば，負荷量と水量の年次変化を記述する $2J$ 個の状態方程式が次式のように得られる．

$$\frac{dx_j}{dt}=\sum_{i\in G_j}\left[\beta_i(t)(1-u_i^q(t))\frac{dw_i(t)}{dt}+w_i(t)\left\{\frac{d\beta_i(t)}{dt}(1-u_i^q(t))-\beta_i(t)\frac{du_i^q(t)}{dt}\right\}+\frac{dg_i(t)}{dt}\right]$$
$$+\sum_{k\in K_j}e_k(t)\sum_{i\in F_k}\left\{u_i^q(t)\frac{dw_i(t)}{dt}+w_i(t)\frac{du_i^q(t)}{dt}\right\}+\sum_{k\in k_j}\frac{de_k(t)}{dt}\sum_{i\in F_k}w_i(t)u_i^q(t) \tag{6.4.57}$$

$$\frac{dy_j}{dt}=\sum_{i\in G_j}\left[\lambda_i(t)(1-u_i^q(t))\frac{dw_i(t)}{dt}+w_i(t)\left\{\frac{d\lambda_i(t)}{dt}(1-u_i^q(t))-\lambda_i(t)\frac{du_i^q(t)}{dt}\right\}\right]$$
$$+\sum_{k\in K_j}\sum_{i\in F_k}\left\{u_i^q(t)\frac{dw_i(t)}{dt}+w_i(t)\frac{du_i^q(t)}{dt}\right\} \tag{6.4.58}$$

ただし，$\beta_i=(1-u_i^n(t))\rho_i(t)$ である．

式 (6.4.57)(6.4.58) の状態方程式は年次計画を念頭において作成したものである．両式から明らかなように，状態変数をベクトルとして考え複数の環境汚染指標を同時に取り扱うことも可能で，7つの制御可能な変数の候補も $d\rho_i(t)/dt$,

$du_i^q(t)/dt$, $dw_i(t)/dt$, $de_k(t)/dt$, $g_i(t)$, $u_i^η(t)$, $λ_i(t)$ がある.また,状態変数ならびに制御可能変数は区分的連続で微分可能であるとする.

$dρ_i(t)/dt$;地域 i の水利用後の平均水質は地域水利用構成に依存し,$dρ_i(t)/dt≦0$ とすることは地域水消費者が,年々水をきれいに使うということを意味している.例えば,下水道に流入しない工場が排水処理をきちっとするとか,農地に投入する化学肥料を減少させるとかの努力をするということになる.

$du_i^q(t)/dt$;年々の下水道整備努力を示し,例えば他の6つの変数をパラメータとし,これを制御変数とすれば「いつ,どこに,どのレベルの下水道整備を行えばよいか」という計画問題を構成することができる.これは図6.4.4の上のほうの水環境問題を主として下水道で対応するということである.

$dw_i(t)/dt$;これ以外の変数をパラメータとすれば,「いつ,どこに,どの程度の水資源の配分を行えばよいか」という計画問題を構成することができる.これは図6.4.4の下のほうの水環境問題を問題にしていることになる.このとき,上の下水道計画と合わせてモデルを構成することも可能である.さらに言えば,【事例5.1】のように水循環システムの再構成を伴うように計画問題を構成することも可能である.

$e_k(t)$;処理水質である.一般の生物処理ではBODで20ppm,高度処理で5ppmという値が設定されている.この変数は離散的である.

次に $g_i(t)$,$u_i^η(t)$,$λ_i(t)$ は変数としても取り扱うことができるが,いわゆる水文学ではパラメータとして取り扱われる場合が多い.なお,$g_i(t)$ に関しては,主成分分析と判別分析ならびに重回帰分析を組み合わせて流達負荷量の構造分析も行っている[33].

【事例6.10】河川状態方程式による下水道面整備計画過程(最大原理)[24]

ここでは,式(6.4.57)の状態方程式を用いて下水道整備計画過程を制御システムモデルとして記述しよう.このためには,制約条件と目的関数を明らかにしなければならない.改めて流域下水道システムの模式図を図6.4.6に示す.

(1) 状態方程式

この場合,制御変数 $du_i^q(t)/dt$ と $dw_i(t)/dt$ を除いて,他の5つの変数をパラメータと考える.まず自然的負荷削減量と下水道による人為的負荷削減量を次のように定義する.

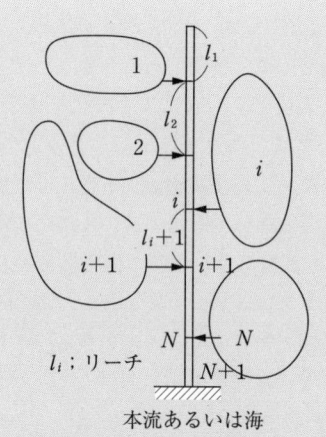

図6.4.6 流域下水道システム

$$c_i^n(t) = u_i^n(t)\rho_i(t)\{w_i(t) - w_i(T)\int_0^t u_i^q(t)\}$$

$$c_i^q(t) = \rho_i(t)w_i(T)\int_0^t u_i^q(t)dt$$

自然的削減量は下水道未整備区域から発生する負荷量が自然の浄化力により減少する割合を示し，$(1-u_i^n(t))$ が流達率とよばれている．この論文を発表した1973年当時はあまり重要視されなかったが，例えばインド亜大陸クルカタ市などでは河川や池あるいは運河にホテイアオイを繁殖させ，高価な大規模下水道施設の代替計画案として実施されている．今後の水環境計画を考える上で，アジア諸国にとって重要な制御変数になるだろう．下水道整備による人為的削減量は計画目標年次 T の計画発生汚水量あるいは水需要量 $w_i(T)$ に対する t 年次の面整備（下水道への取り入れ汚水量）の割合を示すものとする．そして状態方程式(6.4.57)は次式のように書き直すことができる．

$$\frac{dx_i}{dt} = \sum_{i \in G_i}\left[(1-u_i^n(t))\rho_i(t)\left\{\frac{dw_i(t)}{dt} - w_i(t)u_i^q(t)\right\} + k_i(t)w_i(T)\rho_i(t)u_i^q(t)\right]$$
$$i = 1, \cdots, N \tag{6.4.59}$$

ただし，$(1-k_i(t))$；プラントの除去率で，$0 < k_i(t) < 1$ で，計画対象地域はすべて下水道整備を行うと仮定している．もしそうでなければ式(6.4.59)に式(6.5.58)のように下水道整備対象外地域からの自然的流達負荷量を書き加える必要がある．

(2) 制約条件

下水道整備計画の制約条件として次のようなものがある．

$$0 \leq u_i^q(t) \leq \alpha_i(t), \quad 0 \leq \int_0^t u_i^q(t)dt \leq \alpha_i(t), \quad 0 \leq w_i(T)\int_0^t u_i^q(t)dt \leq W_i(t) \quad (6.4.60)$$

ここに，$\alpha_i(t)$；地域 i の下水道整備レベルの t 年次の上限，$W_i^*(t)$；市街化想定区域の計画発生汚水量（≈ 水資源供給量 ≈ 水需要量）で，$W_i^*(t) \leq W_i(t)$ で，

$$\alpha_i(t) = W_i^*(t)/W_i(T) \quad (6.4.61)$$

とする．なお，T は計画目標年次を示す．式 (6.4.60) の最初の2式は市街化区域のみ整備を行うことを要請し，最後の式は t 年次までの整備努力が t 年次の発生汚水量を超えない，つまり水需要追随型の計画であることを表している．ところで，最後の式が式 (6.4.61) を用いて

$$\alpha_i(t)W_i^*(t)/W_i(T) \geq \alpha_i(t) \geq \int_0^t u_i^q(t)dt$$

と描けるので，結局式 (6.4.58) の第2式のみ制約条件として考慮すればよい．

(3) 目的関数

ここで考えている下水道整備は面整備（本来，幹線や処理場規模の計画は面整備の条件を受けて考えるべきと考えていたが，日本では逆に行われてきた．結果は水環境問題の解決が後手後手になってしまった．）で，このための年次投資は次式の整備効果 dc_i^q/dt で要請される．式 (6.4.57) の整備効果を抽出すれば次式であった．

$$c_i^q(t) = \rho_i(t)w_i(T)\int_0^t u_i^q(t)dt$$

これを微分すれば次式を得る．

$$\frac{dc_i^q(t)}{dt} = w_i(T)\left\{\frac{d\rho_i(t)}{dt}\int_0^t u_i^q(t)dt + \rho_i(t)u_i^q(t)\right\}$$

この式の第1項は水質規制による効果を示しているが，ここでは計画の安全側に立ち，これを考えないでおこう．こうして整備による下水道への取り入れ負荷量を考え次式を得る．

$$\frac{dc_i^q(t)}{dt} = \rho_i(t)u_i^q(t)w_i(T) \quad (6.4.62)$$

次に，この面整備投資を評価しよう．この面整備投資は普通には発生負荷量密

度の影響を受けるから，この密度を $\eta=\int_0^t u_i^q(t)dt$ の関数で記述すれば，投資単価が，例えば次式のように得られる．

$$C_i(t,\eta)=\begin{cases} 0 & ; \ \eta=0 \\ c_i^1 & ; \ 0<\eta\leq \eta_i^*(t) \\ c_i^2 & ; \ \eta_i^*(t)<\eta\leq \alpha_i(t) \end{cases}$$

ここに $\eta_i^*(t)$ は t 年次の市街化区域のうち，特に負荷密度の大きい区域であることを示すパラメータである．こうして，t 年次に地域 i に要請される面整備投資は次式のように表現できる．

$$h_i(t)=C_i(t,\eta)\rho_i(t)u_i^q(t)w_i(T)\exp\{(R-r)t\} \tag{6.4.63}$$

ただし，R；社会的割引率，r；金利率，である．もし，各地域の市街化区域がほぼ一様であれば $C_i(t,\eta)=c_i$（定数）とすればよい．以上で年次的な面整備投資が記述できた．次に費用最小化整備効果最大化という費用効果の目的関数を考える．このとき発生汚水量を大量に出す地域の面整備を優先する政策をとれば，目的関数は次式のようになる．

$$J=\int_0^T \left[\sum_{i=1}^N \left[\frac{dc_i^n(t)+(1-k_i(t))dc_i^q}{dt}\cdot\frac{w_i(t)}{h_i(t)}\right]\right]dt \to \max \tag{6.4.64}$$

以上で状態方程式，制約条件，目的関数がそろったことになる．次に状態変数の初期値 $x(0)=x^0$ は河川調査から得られ，計画目標年の状態 $x(T)=x^f$ が，河川水質環境基準等により設定される．こうして，「河川環境基準を目標年次に達成するために，いつ，どこに，どのレベルの下水道整備を行えばよいか」という問題が下水道整備レベルを制御変数とする制御プロセスにおける「2点境界値問題」として定式化できたことになる．

(4) 最大原理によるアルゴリズム

(3)の2点境界値問題にポントリヤーギンの最大原理を適用する．まず終端の指定がなく評価が終端のみで行われる場合を述べよう．このとき，制約条件(6.4.60)の第2式を満足する区分的に連続なベクトル関数を $u^a(t)$，$0\leq t\leq T$ とする．そして，

$$S=cx(T) \tag{6.4.65}$$

で表されるスカラー関数 S が初期値 $x(0)=x^0$ であるシステム (6.4.59) において最大（または最小）となるための必要条件は

$$\frac{dz}{dt}=-\frac{\partial H}{\partial x}=z\frac{\partial f}{\partial x}, \quad z(T)=c \tag{6.4.66}$$

を満足する非ゼロの連続ベクトル関数 $z(t)$ が存在し,かつベクトル $u^a(t)$, $0\leq t\leq T$ なるすべての t において,ハミルトニアン関数

$$H(z(t),x(t),u^a(t))=z\cdot f(x(t),u^a(t))$$
$$=\sum_{i=1}^N z_i \sum_{i\in G_i}\left[(1-u_i^n)\rho_i(t)\left\{\frac{dw_i(t)}{dt}-w_i(t)u_i^a(t)\right\}+k_i(t)w_i(T)\rho_i(t)u_i^a(t)\right] \tag{6.4.67}$$

に最大値(または最小値)をあたえるように選ぶことである.

次に,終端ベクトル,すなわち $x(T)$ のいくつかが指定され,目的関数 (6.4.64) を考えたときの最大原理における注意を述べておこう.

まず,すでに述べたように水質環境基準等でいくつかの終端が指定され,例えば,これを $x_a(T)$, $x_b(T)$ とし,目的関数が $\sum_{i=1,i\neq a,b}c_i x_i(T)$ であるような最適制御問題においては,式(6.4.66)の第2式を次のように変形しなければならない[34].

$$z_i(T)=c_i, \quad i=1,\cdots,N, \quad i\neq a,b \tag{6.4.68}$$

また,目的関数が(6.4.64)のように積分形式で記述されるとき,新たな状態変数 x_{N+1} を導入することにより,式(6.4.65)(6.4.59)の問題の基本形式に変換できる.すなわち,

$$x_{N+1}(t)=\int_0^T\left[\sum_{i=1}^N\left\{\frac{dc_i^n(t)+(1-k_i(t))dc_i^q}{dt}\cdot\frac{w_i(t)}{h_i(t)}\right\}\right]dt, \quad 0\leq t\leq T \tag{6.4.69}$$

とすれば,次の状態方程式を得る.

$$\frac{dx_{N+1}}{dt}=\sum_{i=1}^N\left\{\frac{dc_i^n(t)+(1-k_i(t))dc_i^q}{dt}\cdot\frac{w_i(t)}{h_i(t)}\right\}, \quad x_{N+1}(0)=0 \tag{6.4.70}$$

以上のことから,式(6.4.59)の状態ベクトルの終端がすべて水質環境基準により指定され,式(6.4.67)の状態方程式から,式(6.4.65)に対応する目的関数は次式のようになる.

$$S=cx(T)=1\cdot x_{N+1}(T) \tag{6.4.71}$$

また,式(6.4.59)の右辺,すなわち式(6.4.67)の f は x の関数になっていない.従って,式(6.4.66)の第1式より,$dz_i/dt=0$, $(i=1,\cdots,N)$ となる.また,すべての i について x_i の終端を指定したから式(6.4.68)より $z_i(T)$ は c_i である必要はなく任意となる.こうして,式(6.4.70)に対応する補助変数 z_{N+1} のみが式(6.4.71)

(6.4.68) より1となる．従って，ハミルトン関数は式(6.4.67) に式(6.4.70) を加えたものとなる．

以上のことを整理して，モデルの最大原理によるアルゴリズムを述べれば以下のようになる．

制約条件

$$0 \leq \int_0^t u_i^q(t) dt \leq \alpha_i(t), \quad i=1,\cdots,N$$

を満足する区分的に連続なベクトル関数 $u^a(t)$, $0 \leq t \leq T$ とする．目的関数が

$$S = x_{N+1}(t) = \int_0^T \left[\sum_{i=1}^N \left\{ \frac{dc_i^n(t) + (1-k_i(t))dc_i^a}{dt} \cdot \frac{w_i(t)}{h_i(t)} \right\} \right] dt, \quad 0 \leq t \leq T$$

で表されるスカラー関数 S が初期条件 $x(0)=x^0$ であるシステム

$$\frac{dx_i}{dt} = \sum_{i \in G_j} \left[(1-u_i^n(t))\rho_i(t) \left\{ \frac{dw_i(t)}{dt} - w_i(t)u_i^q(t) \right\} + k_i(t)w_i(T)\rho_i(t)u_i^q(t) \right] i=1,\cdots,N$$

において最大となるための必要条件は N 次元補助ベクトル z が任意定数で，z_{N+1} が任意の時点で1であり，かつベクトル関数 $u^a(t)$ を $0 \leq t \leq T$ のすべての t において，

$$H = \sum_{i=1}^N z_i \sum_{i \in G_j} \left[(1-u_i^n(t))\rho_i(t) \left\{ \frac{dw_i(t)}{dt} - w_i(t)u_i^q(t) \right\} + k_i(t)w_i(T)\rho_i(t)u_i^q(t) \right]$$
$$+ \sum_{i=1}^N \left\{ \frac{dc_i^n(t) + (1-k_i(t))dc_i^a}{dt} \cdot \frac{w_i(t)}{h_i(t)} \right\} \tag{6.4.72}$$

に最大値を与えるように選ぶことである．ただし，2点境界値問題では状態方程式が多くなればなるほど解を求めることが困難になることを断っておく．

(5) 加古川流域流域下水道計画

図6.4.7に加古川流域下水道システムの模式図を示す．実際に解く前に行った仮定や調査を簡単に説明しておこう．まず，現況河川水質調査と発生負荷量調査をもとに，自然的負荷削減を $u_i^n(t) \equiv k_i^1$ と仮定し，さらに各地域の負荷強度を $\rho_i(t) \equiv k_i^2$ と仮定した．河川の自浄係数を現況水質調査より求めたが計画の安全側に立ち0とおいた，このため状態方程式ではこれに関する項を無視している．支川の浄化係数は流達率に含まれると仮定した．流達率は支川の最下流で水質測定を行い負荷量を求め，これを発生負荷量で除して求めたためである．水質環境基準は，その基準点より上流のすべての地域の責任を持って守るとした．

計算に必要なデータを示せば以下のようになる．

① システムの定義；状態ベクトルの次元，計画対象地域数，河川長（図 6.4.7）
② 自然状態；自浄係数 $(\lambda = 8 \times 10^{-6}/m \approx 0)$，自然的負荷削減率 k_i^1（表 6.4.2），初期状態ベクトル $x^0 = (5.6\ 14.2\ 65.8\ 112.2\ 120.0\ 0.0)$
③ 社会政策；発生負荷強度 k_i^2（表 6.4.2），計画発生負荷量 $w_i(t) = A_i(t)$（表 6.4.2），市街化成長プロセス $\alpha_i(t)$（図 6.4.8），計画期間 20 年，除去率 $(1 - k_i(t)) = 0.90, 0.95$，終端条件（水質ベクトル + 目的関数値）$x^f = (4.9\ 14.7\ 27.0\ 36.0\ 40.0\ free)$，社会的割引率 $R (=0.8)$，金利 $(=0.7)$，面整備単価 $c_i\ (= 5.380\ 万円/g/sec,\ for\ \forall i)$

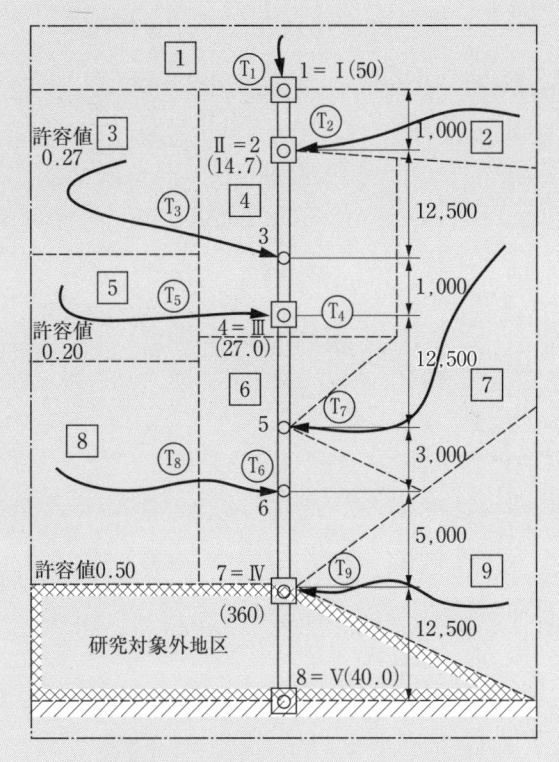

図 6.4.7 加古川流域下水道システム

表 6.4.2 入力データの一部

i	k_i^1	k_i^2	$Ai(t)$
1	0.895	351.1	$0.020\,t + 0.402$
2	0.879	251.5	$0.022\,t + 0.797$
3	0.714	292.9	$0.007\,t + 0.279$
4	0.605	233.1	$0.021\,t + 0.890$
5	0.469	330.3	$0.005\,t + 0.005$
6	0.710	206.5	$0.073\,t + 0.935$
7	0.598	534.1	$0.012\,t + 0.090$
8	0.907	102.9	$0.108\,t + 1.286$
9	0.859	235.2	$0.140\,t + 1.007$

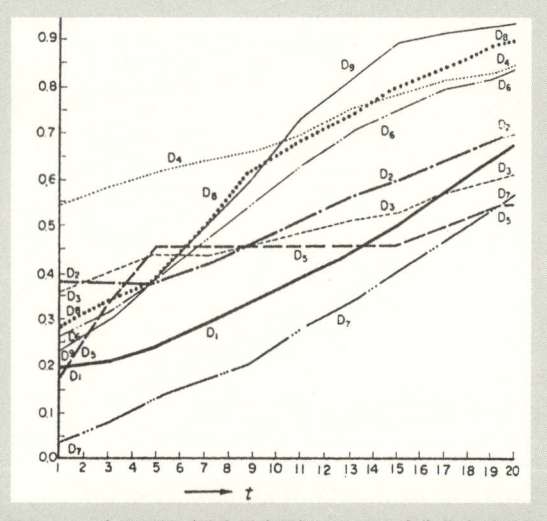

図 6.4.8 水需要量（発生汚水量）からみた市街化成長過程

　これらのデータ作成のための調査は大きく社会調査と河川水質調査に分かれる．社会調査は兵庫県統計書や県や市町村の開発計画を調査し，確認のための現地調査を行った．そして，河川水質調査は過去の流況データを調査し，四季の水質と水量を実測した．

　実際の事例研究では，ある意味では，気の遠くなるようなデータ収集と整理が必要となり．本事例は，どのようにして調査をするかを考えるきっかけを与えてくれた．こうして，本書の第2章のように（社会調査のみに絞ってあるが）「問題

6 動的システムと最適化

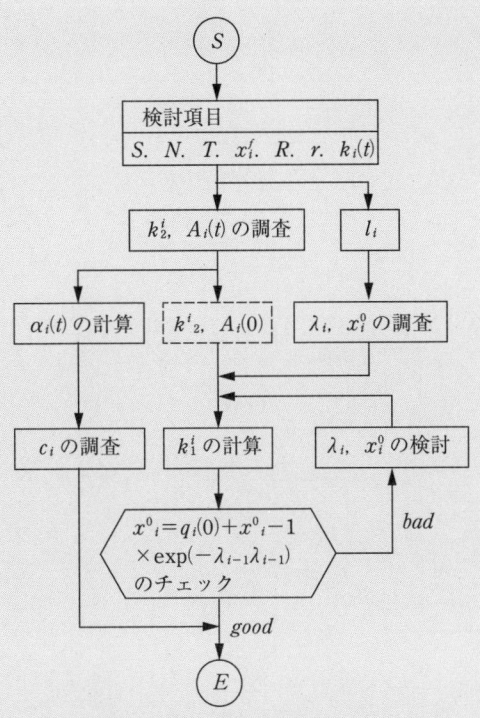

```
         (S)
          │
    ┌─────▼─────┐
    │  検討項目  │
    │ S, N, T, xᵢᶠ, R, r, kᵢ(t) │
    └─────┬─────┘
      ┌───┴────┐
   ┌──▼──┐  ┌──▼──┐
   │k₂ⁱ, Aᵢ(t)の調査│ │ lᵢ │
   └──┬──┘  └──┬──┘
   ┌──▼──┐┌─────┐┌──▼──┐
   │αᵢ(t)の計算││k₂ⁱ, Aᵢ(0)││λᵢ, xᵢ⁰の調査│
   └──┬──┘└─────┘└──┬──┘
   ┌──▼──┐┌──▼──┐┌──▼──┐
   │cᵢの調査││k₁ⁱの計算││λᵢ, xᵢ⁰の検討│
   └──┬──┘└──┬──┘└──▲──┘
         │            │
    ┌────▼────┐  bad │
    │x⁰ᵢ=qᵢ(0)+x⁰ᵢ₋₁│─────┘
    │×exp(−λᵢ₋₁λᵢ₋₁)│
    │のチェック  │
    └────┬────┘
       good
         │
        (E)
```

図6.4.9 入力データ作成プロセス

の明確化と社会調査」を書くことができた.

はじめに計画モデルを自分で作り自分で調査し解を見出す方法もあるが,実際の調査を行い,さてどうしたものかと,モデルを考える方法もある.できるだけ沢山の手法を駆使できる力を持っていれば後者ができるようになる.職人性が重要である.

以下では,最大原理を用いて解いた結果,すなわち計画情報とその考察を行おう.上述の入力データならびにアルゴリズムによる演算の結果,図6.4.11に下水処理場で生物処理を行う場合の解ベクトルの最適軌道 (optimal trajectory) を示す.そして,そのときの最適制御量の累積グラフを図6.4.12に示す.図6.4.11によれば,$x_1(t)$,$x_2(t)$,$x_4(t)$ は初年次から $x_3(t)$ は9年次から水質環境基準 x^f を大幅に上回る(なお,ここでは x_i の i は環境基準点番号を表す).そして,このとき図6.4.12より地域1,8では一切整備を行っていない.これは処理効率を0.9と設定したため,両地域の自然的負荷削減率が0.895,0.907で水質環境

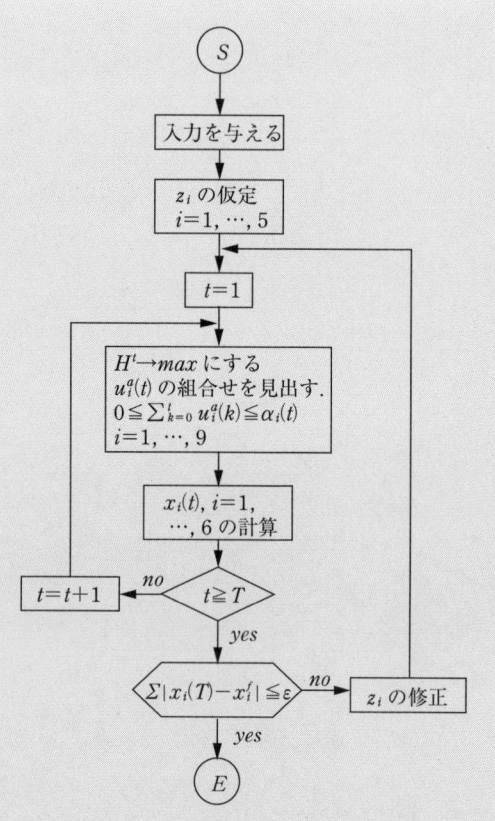

図 6.4.10 事例のためのアルゴリズム

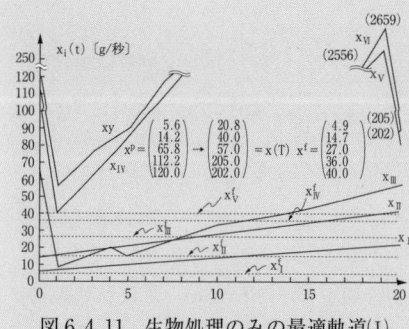

図 6.4.11 生物処理のみの最適軌道(I)

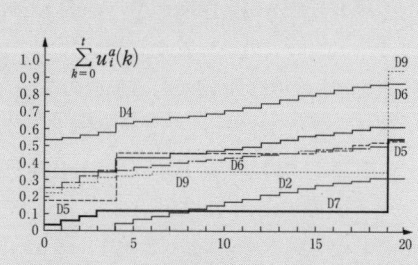

図 6.4.12 生物処理のみの最適制御(I)

6 動的システムと最適化

から見て（当然アメニティから見れば別だが）下水処理を行う効果がないためである．また，発生汚水量をすべて下水道に取り入れるとしているため，すべての環境基準点で $x_1(T) \sim x_5(T)$ は基準 x^f を満たさず，$\sum_i |x_i^f - x_i(T)|$ も十分小さくない．つまり，図 6.4.4 の上側のような地域開発計画を上位計画として徹底的な水需要追随型では生物処理を前提とした下水道がいくら頑張っても環境は良くならないということを示している．

次に，この地域の水資源が有限で将来希少資源になると考え水需要量（発生汚水量）を下方修正した場合の結果を図 6.4.13，図 6.4.14 に示す．このときの抑制された式も図中に示す．この場合でも $x_4(t)$ は環境基準値を大幅に上回る．このため，地域 1，2，3 の水需要を抑制しながら，地域 4，6，8，9 の河川への汚濁インパクトが大きいので，この地域に関係する処理場を 9 年次から高度処理に切り替えた結果，図 6.4.15，図 6.4.16 を得る．この解軌道の結果を見るかぎり $x(T)$ は x^f に近づいている．

以上のようにして解軌道を求めることができたが，ここで 2，3 の注意を述べ

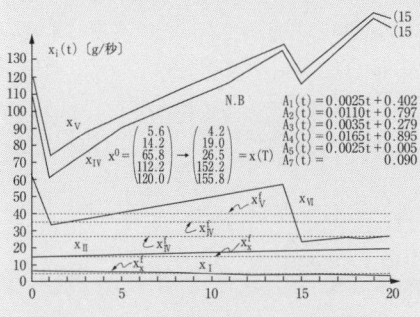

図 6.4.13　生物処理のみの最適軌道(Ⅱ)

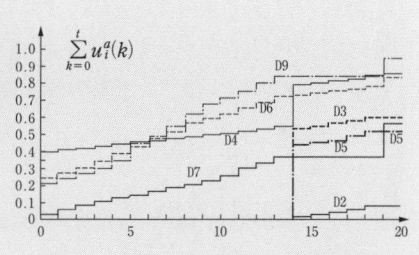

図 6.4.14　生物処理のみの最適制御(Ⅱ)

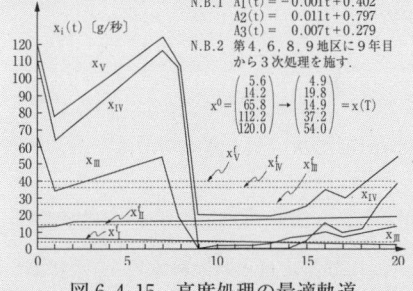

図 6.4.15　高度処理の最適軌道

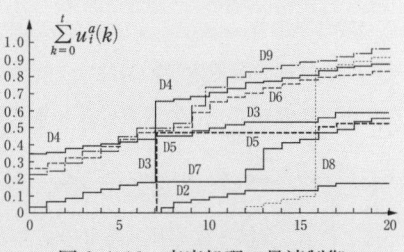

図 6.4.16　高度処理の最適制御

ておこう．一番大きな問題は補助変数が5つあり，この初期値をうまく設定して，ベクトル $x(T)$ をベクトル x^f にあてるということを行っていたわけであるが大変な試行錯誤を必要とした．従って，この種の問題に対して，$\sum_i|x_i^f-x_i(T)|\to 0$ にもっていくための z_i のシステマティックな修正法を考案することが肝要となる．これを避けるためには時間スパンを分割する方法も補助変数の数が多い場合考えなければならない[13]．

この事例研究は，本来旧建設省の委託業務として行ったが，当時担当官が「自分のわからないものは間違っている」という理由で報告書から抹殺された．幸か不幸か，結果として陽の目を見ることができた著者の最初の全文審査付論文である．

【事例 6.11】 河川状態方程式による地域水資源配分計画過程（最大原理）[28]

ここで用いる状態方程式は【事例 6.9】で表現した式 (6.4.57)(6.4.58) である．先の【事例 6.10】でもわかるように，この状態方程式は水質環境保全という切り口で下水道計画と水資源配分計画が結ばれており，【事例 6.10】は，図 6.4.4 の上側の「地域計画が下水道計画より上位にある」場合の計画であった．今度は水質環境保全のために水資源をどのように配分すればよいかを考えよう．つまり環境保全のために水資源から見た地域計画のフレームを与える．これは図 6.4.4 の下側の考え方である．まず，状態方程式を再掲しておこう．

$$\frac{dx_j}{dt} = \sum_{i \in G_j} \left[\beta_i(t)(1-u_1^q(t))\frac{dw_i(t)}{dt} + w_i(t)\left\{ \frac{d\beta_i(t)}{dt}(1-u_1^q(t)) - \beta_i(t)\frac{du_1^q(t)}{dt} \right\} + \frac{dg_i(t)}{dt} \right]$$
$$+ \sum_{k \in K_j} e_k(t) \sum_{i \in F_k} \left\{ u_1^q(t)\frac{dw_i(t)}{dt} + w_i(t)\frac{du_1^q(t)}{dt} \right\} + \sum_{k \in k_j} \frac{de_k(t)}{dt} \sum_{i \in F_k} w_i(t)u_1^q(t) \quad (6.4.57)$$

$$\frac{dy_j}{dt} = \sum_{i \in G_j} \left[\lambda_i(t)(1-u_1^q(t))\frac{dw_i(t)}{dt} + w_i(t)\left\{ \frac{d\lambda_i(t)}{dt}(1-u_1^q(t)) - \lambda_i(t)\frac{du_1^q(t)}{dt} \right\} \right]$$
$$+ \sum_{k \in K_j} \sum_{i \in F_k} \left\{ u_1^q(t)\frac{dw_i(t)}{dt} + w_i(t)\frac{du_1^q(t)}{dt} \right\} \quad (6.4.58)$$

(1) 状態方程式の制約条件

河川において，状態変数に関わる制約条件として次の式を考える．

$$y_j(t) \geq \alpha_j(t), \quad x_j(t)/y_j(t) \leq \beta_j(t) \quad (6.4.73)$$

ここに α, β はそれぞれ，河川の正常流量（河川維持流量＋水利権水量），水質環境基準である．式 (6.4.72) の第1式は（発電や）下水のバイパス流量が多くなれ

ば満たすことが困難になるし，第2式は汚れきった河川のような場合，無意味となる．前者は，多くの場合，河川管理者と下水道計画主体との話し合いが行われ，後者の場合は水質環境保全の解空間を空にしてしまう．このため，計画の自由度を高めるため，これらの制約をまず考えないでおこう．

(2) 制御変数，制約条件，目的関数

制御変数を次式で表そう．

$$\theta_i(t) = dw_i(t)/dt \tag{6.4.74}$$

状態方程式 (6.4.57)(6.4.58) 両式には制御変数の積分形が入っている．このため次の新たな状態変数を導入する．

$$v_i(t) = w_i(t), \quad dv_i(t)/dt = \theta_i(t) \tag{6.4.75}$$

こうして，状態変数の初期値は次式のようになる．

$$x_j(0) = L_j(0), \quad y_j(0) = Q_j(0), \quad v_i(0) = w_i(0)$$

これらは河川水質調査と水利用実態調査[35)36)37)38)] より求められる．

次に，制約条件としては種々考えられるが，ここでは解空間を広くするため次の3つを考えるにとどめておこう．

$$\left. \begin{array}{l} \sum_i \theta_i(t) \leq \xi(t), \quad 0 \leq \theta_i(t) \leq \mu_i(t) \\ \eta_i^1(t) \leq \int_0^t \theta_i(t) dt \leq \eta_i^2(t) \end{array} \right\} \tag{6.4.76}$$

ここに，$\xi(t)$；流域内における年次 t における新規水資源開発量，$\mu_i(t)$；各地域の水利施設容量の増分量，$\eta_i^1(t)$，$\eta_i^2(t)$；地域 i の水需要予測値の上下限値[39)] である．$\xi(t)$，$\mu_i(t)$ は，当然のことながら，建設費等の関数になっているが，モデルの単純化のために陽に記述しないことにする．また，$\eta_i(t)$ は社会・経済活動の予測を含む，例えばシステムダイナミクスモデル等で求める[40)41)] ことが望ましいが，ここでは陽に記述しないことにしよう．

目的関数も種々考えられるが，海域への汚濁インパクトを最小にするとともに開発による急激な人口が見込まれている地域は下水処理水の再利用等を前提としたほうがよいから，次のような目的関数を提案しよう．

$$E = \int_0^T \left\{ \beta_1 \left(\frac{1}{x_j(t)} \right) + \beta_2 \left(\sum_{i=1}^N \frac{\theta_i(t)}{\Delta P_i(t)} \right) \right\} dt \to \max \tag{6.4.77}$$

ここに, β_1, β_2；重みパラメータ, $\Delta P_i(t)$；地域 i の人口増加量でこれらは何らかの方法で予測され決定されている[42]とする．この式から明らかなように $\beta_1 \gg \beta_2$ のとき，海域の汚濁インパクトのみを最小とすることになり，すべての θ_i は 0 に近づく．

以上のことから，地域水資源配分モデルが，式(6.4.57)(6.4.58)そして(6.4.74)の状態方程式，式(6.4.73)の制御変数，式(6.4.75)の状態変数の初期値，式(6.4.76)の制約条件，式(6.4.77)の目的関数でもって，制御プロセスとして定式化できたことになる．

(3) 最大原理による解法

(2)の結果，状態ベクトルと制御ベクトルは次のようになる．

$$x(t) = {}^t(x_1 \cdots x_J y_1 \cdots y_J v_1 \cdots v_N v_{N+1}), \quad \theta(t) = {}^t(\theta_1 \cdots \theta_N)$$

ここに, $x_1 \cdots x_J$；負荷量, $y_1 \cdots y_J$；流量, $v_1 \cdots v_N$；各地域への水資源配分量, v_{N+1}；式(6.4.77)の積分上限を t としたもの．こうして状態方程式は以下のように書き換えられる．

$$\frac{dx_j}{dt} = f_j(x(t), \theta(t)) = \sum_i a^I_{ji}(t) v_i + \sum_i b^I_{ji}(t) \theta_i(t) + \sum_{i \in G_j} \frac{dg_i(t)}{dt} \quad (j=1,\cdots,M) \quad (6.4.78)$$

$$\frac{dy_j}{dt} = f_{M+j}(x(t), \theta(t)) = \sum_i a^O_{ji}(t) v_i + \sum_i b^O_{ji}(t) \theta_i(t) + \sum_{i \in G_j} \frac{dq^u_i(t)}{dt} \quad (j=1,\cdots,M) \quad (6.4.79)$$

$$\frac{dv_i}{dt} = f_{2M+i}(x(t), \theta(t)) = \theta_i(t) \quad (i=1,\cdots,N) \quad (6.4.80)$$

$$\frac{dv_{N+1}}{dt} = f_{2M+N+1}(x(t), \theta(t)) = \beta_1 \left(\frac{1}{x_j(t)}\right) + \beta_2 \left(\sum_{i=1}^N \frac{\theta_i(t)}{\Delta P_i(t)}\right) \quad (6.4.81)$$

ただし, G_j, K_j の定義により環境基準点 j よりも上流に位置する地域 i，処理場 k が存在する場合に対してのみ，$a^I_{ji}(t)$, $b^I_{ji}(t)$, $a^O_{ji}(t)$, $b^O_{ji}(t)$ は非ゼロの値をとる．

目的関数は次式で与えられる．

$$S = \sum_{j=1}^M c_j x_j(T) + \sum_{j=1}^M c_{M+j} y_j(T) + \sum_{i=1}^{N+1} c_{2M+i} v_i(T) = 1 \cdot v_{N+1} \to \max \quad (6.4.82)$$

従って，最大原理より次式が成立する．

$$c_j = 0 \quad (j=1,\cdots,2M+N), \quad c_{2M+N+1} = 1 \quad (6.4.83)$$

また，ハミルトニアン関数は

$$H(z(t), x(t), \theta(t)) = \sum_{j=1}^{2M+N+1} z_i f_i(x(t), \theta(t))$$

であるから，随伴方程式と補助変数は次式のように記述できる．

$$\frac{dz_j}{dt} = -\frac{\partial H}{\partial x_j} = -\sum_{s=1}^{2M+N+1} z_s \frac{\partial f_s}{\partial x_j}, \quad z_j(T)=0 \ (j=1,\cdots,2M+N+1),$$
$$z_{2M+N+1}(T)=1 \tag{6.4.84}$$

ここで $x(T)$ を自由端とすれば，随伴方程式系は次のようになる．

$$\frac{dz_j}{dt} = \left\{ -\sum_{j=1}^{M} z_j \cdot 0 + \sum_{j=1}^{M} z_{M+i} \cdot 0 + \sum_{i=1}^{N} z_{2M+i} \cdot 0 + z_{2M+N+1} \cdot 0 \right\} = 0 \quad (j=1,\cdots,M-1) \tag{6.4.85}$$

$$\frac{dz_M}{dt} = z_{2M+N+1} \cdot \frac{\beta_1}{(x_M(t))^2} \tag{6.4.86}$$

$$\frac{dz_{M+j}}{dt} = 0 \quad (j=1,\cdots,M) \tag{6.4.87}$$

$$\frac{dz_{2M+i}}{dt} = -\left\{ \sum_{j=1}^{M} z_j a_{ji}^L(t) + \sum_{j=1}^{N} z_{M+j} a_{ji}^Q(t) \right\} \quad (i=1,\cdots,N) \tag{6.4.88}$$

$$\frac{dz_{2M+N+1}}{dt} = 0 \tag{6.4.89}$$

これらの随伴方程式系と式 (6.4.84) より，次の方程式系を得る．

$$\left.\begin{array}{l} z_j(t)=0, \ j=1,\cdots,M-1 \\ z_{M+1}(t)=0, \ j=1,\cdots,M \\ z_{2M+N+1}(t)=1 \\ \dfrac{dz_j(t)}{dt} = \dfrac{\beta_1}{(x_M(t))^2}, \ z_j(T)=0 \\ \dfrac{dz_{2M+i}(t)}{dt} = -z_M(t) a_{ji}^L(t), \ z_{2M+i}(T)=0, \ i=1,\cdots,N \end{array}\right\} \tag{6.4.90}$$

従って，ハミルトニアン関数は次式となる．

$$H = z_M f_m + \sum_{i=1}^{N} z_{2M+i} f_{2M+i} + z_{2M+N+1} f_{2M+N+1}$$
$$= \sum_{i=1}^{N} h_i(t) \theta_i(t) + z_M(t) \sum_{i=1}^{N} a_{ji}^L(t) v_i(t) + z_M(t) \sum_{i \in G_j} \left(\frac{dg_i(t)}{dt} + \frac{\beta_1}{x_M(t)} \right) \tag{6.4.91}$$

$$h_i(t) = z_M(t) b_{ji}^L(t) + z_{2M+i}(t) + \beta_2 \sum_{i=1}^{N} \frac{1}{\Delta P_i} \tag{6.4.92}$$

式 (6.4.91) を最大化するためのアルゴリズムを図 6.4.17 に示す．なお，このモデルの場合の補助ベクトルは，$z(t)=(0\cdots 0 z_M 0\cdots 0 z_{2M+1}\cdots z_{2M+N} 1)$ で $N+1$ の未知初期条件の補助変数がある．以下では補助ベクトルの幾何学的意味を考えよう．

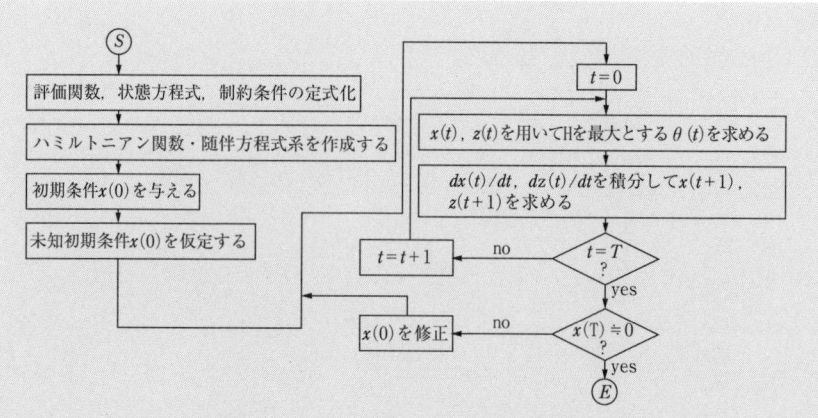

図 6.4.17 最大原理によるモデルの解法

(4) 補助ベクトルの幾何学的意味

一般に，ここで提示した本モデルのような制御プロセスにおいては，初期状態 $x(0)$ に許容制御を t 時間作用させると，時刻 t において状態は $2M+N+1$ 次元空間内に1つの集合を形成する．その集合の表面は時刻 t をパラメータとして

$$G(x) = t \tag{6.4.93}$$

と書け，これを最大等時面とよぶ．ここで $G(x)$ は，許容制御により，x という状態に至るに必要な最小時間である．

次に $t=T$ とすると，$G(x)=T$ が決まるが，この面の中で，x_{2M+N+1} の値，すなわち目的関数積分値が最大の点 P が求める最適軌道の終端であり，そのときの x_{2M+N+1} の値 E が最大積分値である．

今，終端 P が決まったとして，式 (6.4.93) を考えると，そのとき $T-t$ 時間の間に，終端 P に到達可能な集合も決まるはずである．その表面を次式とする．

$$G'(x) = T-t \tag{6.4.94}$$

一般に，この2つの面は1点 M で接し，この M の時間的変化が最適軌道である．以上の説明を図示すれば図 6.4.18 を得る．

次に式 (6.4.93) の曲面の M における法線ベクトル

$$\left(\frac{\partial G}{\partial x_1}, \cdots, \frac{\partial G}{\partial x_{2M+N+1}} \right)$$

を考える．式 (6.4.93) より次式を得る．

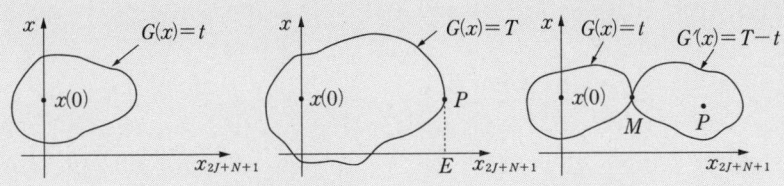

図 6.4.18 最大等時面とトラジェクトリ（状態の集合）

$$\frac{\partial G}{\partial x_1}dx_1+\cdots+\frac{\partial G}{\partial x_{2M+N+1}}dx_{2M+N+1}=dt$$

$dx_j/dt=f_j(j=1,\cdots,2M+N+1)$ を用いると次式が成立する．

$$\frac{\partial G}{\partial x_1}f_1+\cdots+\frac{\partial G}{\partial x_{2M+N+1}}f_{2M+N+1}=1 \tag{6.4.95}$$

また，$\partial G/\partial x_j$ の M における時間的変化をみると次式となる．

$$\frac{d}{dt}\left(\frac{\partial G}{\partial x_j}\right)=\frac{\partial^2 G}{\partial x_j \partial x_1}f_1+\cdots+\frac{\partial^2 G}{\partial x_j \partial x_{2M+N+1}}f_{2M+N+1} \tag{6.4.96}$$

一方式(6.4.95)を x_j で偏微分すると次式を得る．

$$\frac{\partial^2 G}{\partial x_1 \partial x_j}f_1+\cdots+\frac{\partial^2 G}{\partial x_j \partial x_{2M+N+1}}f_{2M+N+1}=-\frac{\partial G}{\partial x_1}\frac{\partial f_1}{\partial x_j}-\cdots-\frac{\partial G}{\partial x_{2M+N+1}}\frac{\partial f_{2M+N+1}}{\partial x_j} \tag{6.4.97}$$

式(6.4.96)と(6.4.97)を比較すれば次式が成立する．

$$\frac{d}{dt}\left(\frac{\partial G}{\partial x_j}\right)=-\sum_{i=1}^{2M+N+1}\frac{\partial G}{\partial x_i}\frac{\partial f_i}{\partial x_j} \tag{6.4.98}$$

ところで，最大原理における随伴方程式系は次式であった．

$$\frac{dz_j}{dt}=-\sum_{i=1}^{2M+N+1}z_i\frac{\partial f_i}{\partial x_j} \tag{6.4.99}$$

式(6.4.98)(6.4.99)より z_j と $\partial G/\partial x_j$ とはまったく同じ微分方程式に支配されていることがわかる．また，式(6.4.82)において，S をパラメータとした超平面と直交するベクトルが式(6.4.84)の $t=T$ における補助ベクトルと一致し，さらに $t=T$ における法線ベクトルの定数倍になっている．このことから(6.4.98)(6.4.99)両式の終端 $t=T$ における境界条件は定数倍の関係にあるといえる．つまり，曲面(6.4.93)の M における法線ベクトルは補助ベクトル $z(t)$ の定数倍である．

さて，ここで提示したモデルにおいては，曲面(6.4.93)は，そこに至るのに最低 t 年間は許容な水資源配分をすることが必要な状態の集合であり，曲面(6.4.94)は

最適水資源配分の終端に至るのに最低 $T-t$ 年間は許容な水資源配分をすることが必要な状態の集合である．この2つの集合の共通点 M が t 年次における最適水資源配分を行ったときの状態である．

従って，M における法線ベクトルの意味は $\partial G/\partial x_1$ を例にとると，次のようになる．最適水資源配分途上の t 年次において，x_1 以外のすべての状態量を固定したとき，水質環境基準点での負荷量を1単位増加させるのに最低必要な年数である．同様にして他の成分も意味づけられる．そして，それぞれの成分の $\partial G/\partial x_{2J+N+1}$ に対する比のベクトル，すなわち，

$$\left(\frac{\partial G}{\partial x_1}\bigg/\frac{\partial G}{\partial x_{2M+N+1}}, \cdots, \frac{\partial G}{\partial x_{2M+N}}\bigg/\frac{\partial G}{\partial x_{2M+N+1}}, 1\right)$$

が補助ベクトル $z(t)$ である．

(5) 加古川流域の事例における工夫

図6.4.19 に河川と下水幹線を明示的に示した流域システム図を示す．この図では $N=15$ であるから計16個の補助変数の初期値を仮定して，T でこのすべての値が0となることが必要である．しかし，このような問題は原理的に解けても現実に解くことは不可能である．

ところで，実際的には，$1-u_i^\eta(t), \rho_i(t), u_i^q(t), g_i(t), q_i^H(t), e_k(t)$ を定数もしくは区分的に連続な定数として設定しても問題はない．このとき目的関数に関わる状態方程式以外の方程式は θ だけの関係となり，解法は1つの未知初期条件の補助変数に対して T 回の線形計画モデルになる[42]．例えば下水道整備レベル $u_i^q(t)$

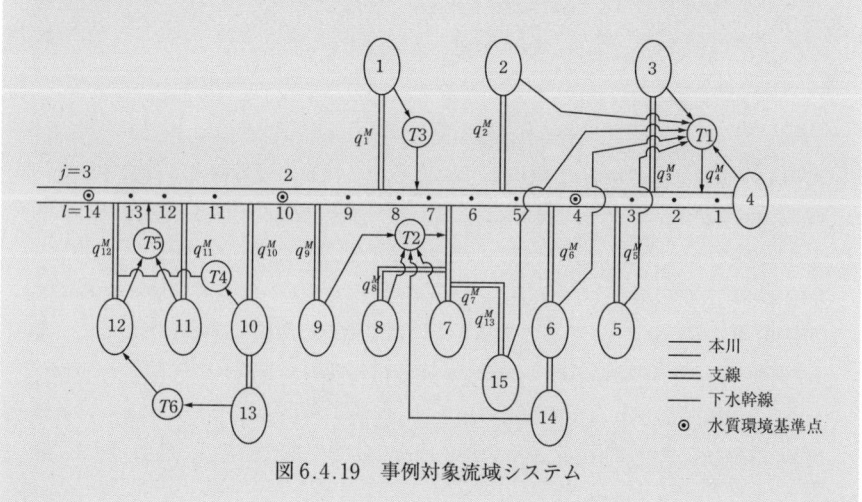

図6.4.19 事例対象流域システム

は，基準バリマックス法による軸の回転を含む主成分分析を行い，これをもとにした地域分類を使って設定した[33]．次の事例で多目標問題を扱うのでここでの演算結果の説明を，紙面の都合上割愛することにしよう．

【事例6.12】 河川状態方程式による多目標地域水資源配分計画過程（最大原理）[43)44)45)]

【事例6.9】【事例6.11】を受けて，5.5.5で述べた多目標計画法を内包した最適制御プロセスモデルを考えよう．今までとは異なる特徴は目的関数が多目標になっていることである．そのほかに関しては殆ど同じであるので，状態方程式，制御変数，制約条件を以下に再掲しておこう．

$$\frac{dx_j}{dt} = \sum_{i \in G_j}\left[\beta_i(t)(1-u_i^q(t))\frac{dw_i(t)}{dt} + w_i(t)\left\{\frac{d\beta_i(t)}{dt}(1-u_i^q(t)) - \beta_i(t)\frac{du_i^q(t)}{dt}\right\} + \frac{dg_i(t)}{dt}\right]$$
$$+ \sum_{k \in K_j} e_k(t) \sum_{i \in F_k}\left\{u_i^q(t)\frac{dw_i(t)}{dt} + w_i(t)\frac{du_i^q(t)}{dt}\right\} + \sum_{k \in k_j}\frac{de_k(t)}{dt}\sum_{i \in F_k} w_i(t)u_i^q(t) \quad (6.4.57)$$

$$\frac{dy_j}{dt} = \sum_{i \in G_j}\left[\lambda_i(t)(1-u_i^q(t))\frac{dw_i(t)}{dt} + w_i(t)\left\{\frac{d\lambda_i(t)}{dt}(1-u_i^q(t)) - \lambda_i(t)\frac{du_i^q(t)}{dt}\right\}\right]$$
$$+ \sum_{k \in K_j}\sum_{i \in F_k}\left\{u_i^q(t)\frac{dw_i(t)}{dt} + w_i(t)\frac{du_i^q(t)}{dt}\right\} \quad (6.4.58)$$

$$\theta_i(t) = dw_i(t)/dt \quad (6.4.73)$$

$$\left.\begin{array}{l}\sum_i \theta_i(t) \leq \xi(t), \quad 0 \leq \theta_i(t) \leq \mu_i(t) \\ \eta_i^1(t) \leq \int_0^t \theta_i(t)dt \leq \eta_i^2(t)\end{array}\right\} \quad (6.4.76)$$

ただし，$i=1,\cdots,N$，$j=1,\cdots,M$

(1) 目的関数

達成目標としては，利水の目的である地域の社会・経済活動の増大と河川水質環境の保全の2つを考えよう．そして水資源配分量の増大による社会・経済活動の増大を表す指標（用水配分効果）として生活用水に関しては給水人口の増分を，工業用水に関しては工業出荷額の増分を考え，これらの用水配分効果の最大化を目指す．これらを次式に示す．

$$J_1 = \sum_i \beta_i^1 \theta_i / \omega_i^1 \to \max, \quad J_2 = \sum_i \beta_i^2 \theta_i / \omega_i^2 \to \max \quad (6.4.100)$$

ここに，β_i^1，β_i^2；用水構成比率，ω_i^1，ω_i^2；生活用水，工業用水原単位

次に河川水質環境の保全を表す指標としては各水質環境基準点の流下負荷量を用いその最小化を目指せば次式を得る．

$$J_{2+j} = x_j(t) \to \min, \quad j=1, \cdots, M \tag{6.4.101}$$

ここで，河川水質環境基準を制約条件として用いれば，河川水質が著しく汚染されているような流域では解空間がない．すなわち例えば下水道のような水質環境汚染防止施設の整備を十分に行うまで社会・経済活動を停止せざるを得ない．かつての日本や現在の中国やアジア諸国はこのようなことに耐えられない．一方，これを制約条件とすれば，水質の悪化が殆どない流域では環境基準値ぎりぎりまで悪化をすすめる水配分が予想される．このため，水質環境基準を考えずに，各基準点での流下負荷量の最小化を目指すという目標を採用した．

式(6.4.100)と(6.4.101)は明らかに相矛盾する目標である．なぜなら，ある水利用構造と河川環境保全施設整備状況のもとで水配分量を増加させると，用水配分効果は増加するが，同時に発生負荷量も増加し（下水処理効率が100％でないから）河川の水質は悪化する．このように，上述の2つの目標はトレード・オフ関係にある．

互いにトレード・オフの関係にある複数の目標の最適化問題，すなわち多目的最適化問題の解法には種々のものがある．ここでは，各目標に事前に目標値を与えておき，それからの乖離を最小化する L 字型効用関数を導入する（5.5.5参照）．この効用関数は G 空間中の各点の効用を定めるものである．

さて，J_l を目標 l，J_l^s を目標 l の許容（最低要求）水準，J_l^p を目標 l の満足水準とし，互いにトレード・オフの関係にある社会・経済効果の増大と河川水質環境保全の2つの目標の不達成度を示す関数（不効用関数）は次式で定義される．

$$V(x(t), \theta(t)) = \max\left\{ \frac{|J_1^s - J_1|}{|J_1^s - J_1^p|}, \frac{|J_2^s - J_2|}{|J_2^s - J_2^p|}, \frac{|J_{2+1}^s - J_{2+1}|}{|J_{2+1}^s - J_{2+1}^p|}, \cdots, \frac{|J_{2+m}^s - J_{2+m}|}{|J_{2+m}^s - J_{2+m}^p|} \right\} \tag{6.4.102}$$

こうして，制御プロセスの多目的関数が次式のように得られる．

$$S = \int_0^T V(x(t), \theta(t)) dt \to \min \tag{6.4.103}$$

(2) 最大原理によるアルゴリズム

ここでは【事例6.11】と異なる部分のみ記述する．

① 状態方程式；式(6.4.78)(6.4.79)(6.4.80)で目的関数を変更したから式

(6.4.81) に変えて次式が得られる.

$$\frac{dv_{N+1}}{dt} = f_{2M+N+1}(x(t), \theta(t)) = V(x(t), \theta(t)) \tag{6.4.104}$$

② 目的関数；式(6.4.82)より目的関数の係数は, $c_{2M+N+1}=1$ を除いて他は0である．この事例では終端固定という条件をはずして随伴方程式系を求める．

③ ハミルトニアン関数；結果は次式となる．

$$H = \sum_{j=1}^{M} z_j f_j + \sum_{j=1}^{M} z_{M+j} f_{M+j} + \sum_{i=1}^{N} z_{2M+i} f_{2M+i} + z_{2M+N+1} f_{2M+N+1}$$
$$= \sum_{i=1}^{N} h_i(t)\theta_i(t) + V(x(t), \theta(t)) + k(t) \tag{6.4.105}$$

ただし,

$$h_i(t) = \sum_{j=1}^{M} z_{M+j}(t) b_{ji}^I(t) + z_{2M+i}(t) \tag{6.4.106}$$

$$k(t) = \sum_{j=1}^{M} z_{M+j}(t) \left\{ \sum_{i=1}^{N} \alpha_{ji}^I(t) v_i(t) + \frac{dx_0(t)}{dt}\delta_{0j} + \sum_{i \in G_j} \frac{dg_i(t)}{dt}\delta_{ij} \right\} \tag{6.4.107}$$

なお，x_0：上流（ダム群等）からの自然的流出負荷量，δ_{ij}；地域iと基準点jの負荷量到達率

こうして，図6.4.17に従って解を求めることができる．

(3) 適用例

事例対象地域は上流域にダム貯水池を有する図6.4.20のような流域である．まずここでは入力データを整理しておこう．

1) 入力データの作成

まず，水資源開発代替案が3通り考えられており，その開発量パターンを図6.4.21に示しておこう．標準開発型をケース1，早期開発型をケース2，後期開発型をケース3というシナリオになっている．

このようなシナリオは【事例5.2】で示したような混合整数計画法と動的計画法を組み合わせることにより求めることができる．ここでは最適解を標準開発型シナリオとし，水需要予測の見込みちがい（に対応したダム建設順序変更）による開発シナリオを2通り考えていることになる．これら，各ケースの適正水資源配分過程を求めることにより，水資源開発パターンによる配分過程の相違の分析ができる．

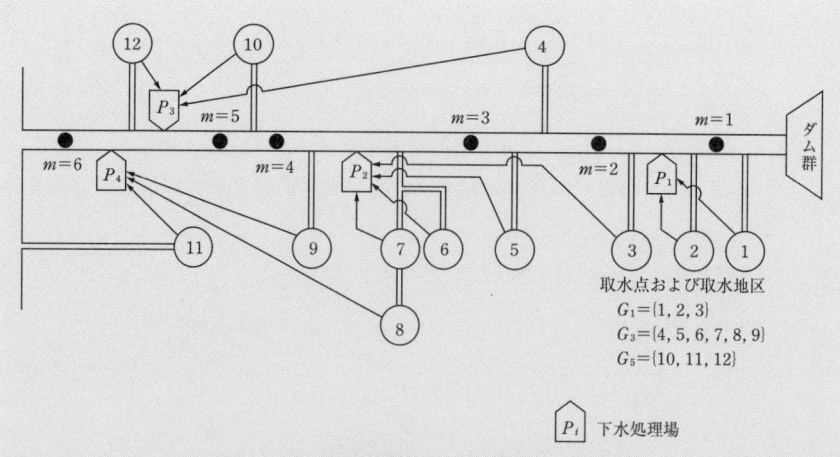

取水点および取水地区
$G_1 = \{1, 2, 3\}$
$G_3 = \{4, 5, 6, 7, 8, 9\}$
$G_5 = \{10, 11, 12\}$

$\boxed{P_i}$ 下水処理場

図 6.4.20　水資源配分のための流域システム

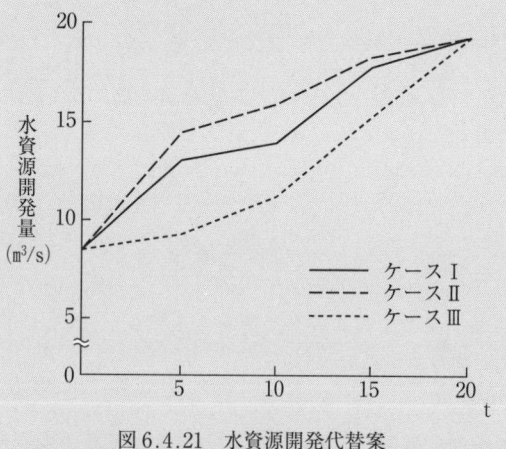

図 6.4.21　水資源開発代替案

　状態方程式に関する入力データを表 6.4.3～6.4.6 に示す．これらの入力データは定数もしくは区分的に連続な定数としている．なお，負荷量到達率 $\delta_{j,m}$ は表 6.4.6 に示す地点間距離 $d_{j,m}$ を用いて $\delta_{j,m} = k^{d_{j,m}}$ として求めた．ここに k は流下距離 1km 当たりの浄化率で，実測より 0.925 とした．

　目的関数に関する入力データを表 6.4.7 に，制約条件に関するものを表 6.4.8 に示す．各地域の都市用水需要量の上限は，図 6.4.22 の主成分分析，判別分析，重回帰分析（2．多変量解析参照）を組み合わせた水需要予測プロセス[35]の結果

表6.4.3 入力データ1
(下水道整備率 $u_i^q(t)$, 処理場放流水質 $e^k(t)$)

		t i	～5	～10	～15	～20
$u_i^q(t)$	パターンI	7, 8, 9, 10	0.10	0.80	0.95	1.00
	パターンII	1, 2, 3, 5, 6	0.10	0.50	0.90	1.00
	パターンIII	4, 10, 12	0.10	0.20	0.50	1.00
$e^k(t)$	$k=1$～4	(ppm)	20	10	5	5

表6.4.4 入力データ2
(灌漑地域と農業取水量)

m	$B_m(m^3/s)$	G_m
1	0.62	1, 2, 3
3	2.34	4, 5, 6, 7, 8, 9
5	0.47	10 11 12

表6.4.5 入力データ3

地区 i	流出率 λ_i	流出率 $1-u_i^n$	固有流量 $q_i^u(m^3/s)$	自然流達負荷量 $g_i(g/s)$	負荷強度 $\omega_i(t)$ (ppm)				
					$t=0$	$t=5$	$t=10$	$t=15$	$t=20$
1	0.8	0.6	0.06	0.09	104	97	106	109	118
2	0.8	0.7	0.01	0.02	99	88	95	106	104
3	0.8	0.4	0.14	0.21	102	94	102	105	113
4	0.8	0.4	0.12	0.18	125	129	142	147	160
5	0.8	0.4	0.09	0.14	125	117	126	121	130
6	0.8	0.6	0.57	0.86	108	106	116	122	132
7	0.8	0.7	0.31	0.47	125	133	143	138	148
8	0.8	0.4	—	—	89	68	72	67	72
9	0.8	0.8	0.01	0.02	117	73	78	73	78
10	0.8	0.6	0.67	1.01	101	92	99	101	108
11	0.8	0.7	0.0	0.01	123	98	98	80	80
12	0.8	0.8	0.29	0.44	124	110	114	105	109

から重回帰分析の95%信頼区間が求められ,この上限を用いている.
 最後に,状態変数の初期値,すなわち各基準点流量,流下負荷量,および各地域への水資源配分量は,現況の水収支・負荷収支調査を行い表6.4.9に示す値と

表6.4.6 入力データ4
(流入点,放流点～基準地点間距離)
(Km)

	$m=1$	$m=2$	$m=3$	$m=4$	$m=5$	$m=6$
$i=1$	0.5	8.5	14.0	21.5	27.5	37.0
2	—	5.0	10.5	18.0	24.0	33.5
3	—	2.0	7.5	15.0	21.0	30.5
4	—	—	4.5	12.0	18.0	27.5
5	—	—	3.5	11.0	17.0	26.5
6	—	—	—	5.5	11.5	21.0
7	—	—	—	5.5	11.5	21.0
8	—	—	—	5.5	11.5	21.0
9	—	—	—	4.0	10.0	19.5
10	—	—	—	—	3.0	12.5
11	—	—	—	—	—	—
12	—	—	—	—	—	3.5
$k=1$	—	3.0	8.5	16.0	22.0	31.5
2	—	—	—	5.0	11.0	20.5
3	—	—	—	—	—	5.5
4	—	—	—	—	—	2.0

表6.4.7 入力データ5

地区 i	都市用水構成比率		原 単 位									
	生活用水 β_i^1	工業用水 β_i^2	生活用水 $w_i^1(t)$(ℓ/日・人)					工業用水 $w_i^2(t)$(m³/日・億円)				
			$t=0$	$t=5$	$t=10$	$t=15$	$t=20$	$t=0$	$t=5$	$t=10$	$t=15$	$t=20$
1	0.55	0.45	210	272	314	345	365	101	83	63	51	40
2	0.46	0.54	210	272	314	345	365	101	83	63	51	36
3	0.52	0.48	245	300	341	372	395	101	83	63	51	42
4	0.79	0.21	410	475	528	565	580	110	95	95	85	50
5	0.58	0.42	410	475	528	565	580	110	88	80	66	66
6	0.64	0.36	410	475	528	565	580	110	90	80	71	34
7	0.62	0.38	325	385	426	456	475	101	94	87	82	53
8	0.26	0.74	325	385	426	456	475	76	52	45	31	31
9	0.30	0.70	410	475	528	565	580	101	94	87	82	41
10	0.49	0.51	410	475	528	565	580	82	60	50	40	39
11	0.02	0.98	410	475	528	565	580	76	52	50	45	41
12	0.28	0.72	410	475	528	565	580	88	67	50	45	42

表 6.4.8　入力データ 6
(都市用水需要量上限 $X_i^{\max}(t)$)
(m^3/s)

i \ t	0	5	10	15	20
1	0.38	0.44	0.50	0.69	0.89
2	0.74	1.01	1.26	1.80	2.42
3	0.41	0.59	0.75	1.10	1.46
4	0.06	0.12	0.17	0.26	0.36
5	0.42	0.93	1.46	2.25	3.23
6	0.09	0.62	1.14	1.86	2.64
7	0.63	1.08	1.53	2.28	3.18
8	0.39	0.68	0.98	1.46	2.04
9	6.50	7.80	9.11	12.47	14.78
10	2.13	2.66	3.18	4.41	5.82
11	2.24	3.00	3.81	5.42	9.89
12	1.23	1.76	2.28	3.27	4.32

した．

　各達成目標の許容水準，満足水準は以下のように求めた．すなわち，用水配分効果に関する目標を表す地域全体での給水人口の増分 J_1 および工業出荷額の増分 J_2 の満足水準 J_1^s, J_2^s は，各地域の上限水需要が新規配分される場合とし，許容水準 J_1^p, J_2^p は新規水資源配分が 0 である場合とした．また，河川水質の保全効果に関する目標を表す最下流環境基準点での流下負荷量 J_3 の満足水準 J_3^s を 0 とし，許容水準 J_3^p は現況値 $x_6(0)$ とした．

2）適用結果とその考察

　図 6.4.21 に示した水資源開発パターンの各ケースについて適用（あえて最適という言葉は使わない）し，水資源配分過程を算定した．この結果を表 6.4.10 に示し，以下考察を加えよう．各ケースとも基準点 6 への影響の小さい上流部の地域ならびに流域外へ流出する地域 11 への配分が大きく，特に上流部の地域では制約限度まで配分されることが多い．また，水資源開発パターンに依存して，ケース 2 はケース 1 よりも期間内の中後期の配分量がやや小さいものの，両ケースは類似した配分形態をとるのに対し，ケース 3 は後半の配分量が大きい．

　流域全体での配分量の年次変化を図 6.4.23 に示すが，ケース 1 では 1〜5 年次，ケース 2 では 1〜10 年次において地域全体の配分量は増加しているが，その増加量（新規水資源配分量）は経年的に減少しており，各年次の配分量は開発量

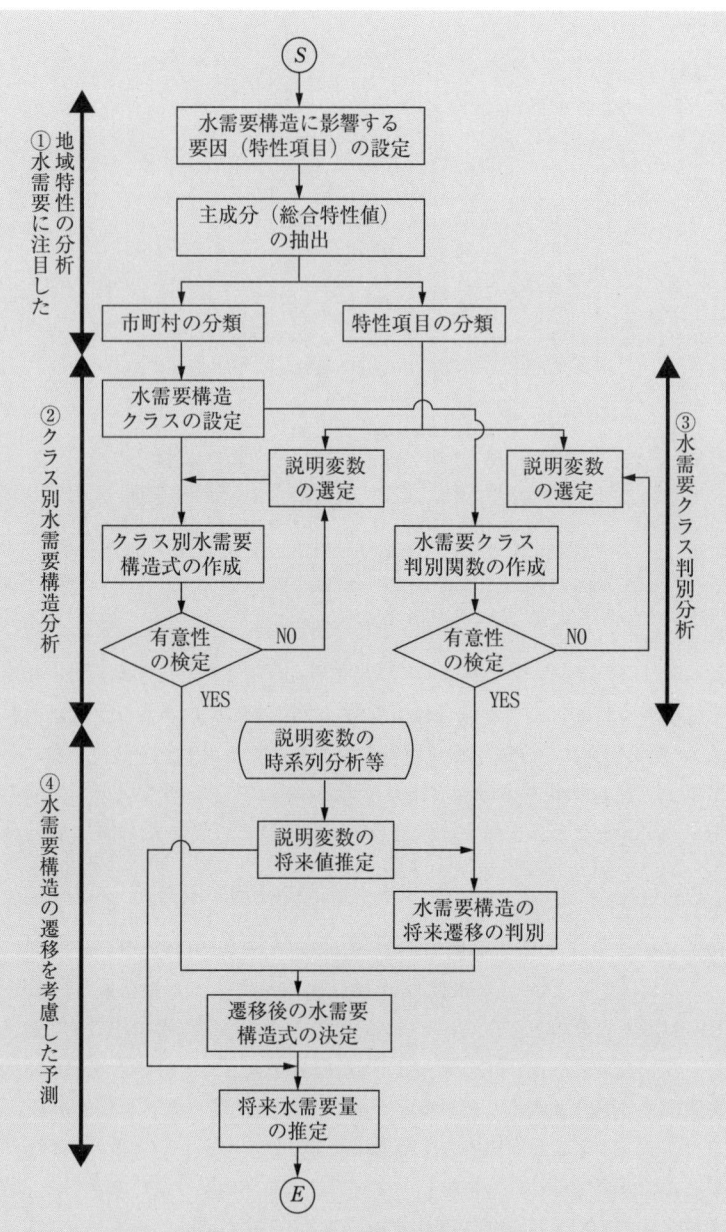

```
                    ┌───┐
                    │ S │
                    └─┬─┘
                      ▼
           ┌──────────────────┐
           │ 水需要構造に影響する │
           │ 要因（特性項目）の設定 │
           └────────┬─────────┘
                    ▼
           ┌──────────────────┐
           │ 主成分（総合特性値） │
           │      の抽出       │
           └────────┬─────────┘
              ┌─────┴─────┐
              ▼           ▼
        ┌─────────┐  ┌─────────┐
        │市町村の分類│  │特性項目の分類│
        └────┬────┘  └────┬────┘
             ▼            │
        ┌─────────┐       │
        │ 水需要構造 │◄──────┤
        │ クラスの設定│       │
        └────┬────┘       │
             │     ┌─────────┐  ┌─────────┐
             │     │ 説明変数 │  │ 説明変数 │
             │     │  の選定 │  │  の選定 │
             │     └────┬────┘  └────┬────┘
             ▼          │            ▼
        ┌─────────┐     │       ┌─────────┐
        │クラス別水需要│◄────┘       │水需要クラス│
        │ 構造式の作成│             │判別関数の作成│
        └────┬────┘             └────┬────┘
             ▼                       ▼
          ◇有意性◇ ──NO──          ◇有意性◇ ──NO──
          ◇の検定◇                  ◇の検定◇
             │YES                      │YES
             │                         ▼
             │                   ┌─────────┐
             │                   │ 説明変数の │
             │                   │ 時系列分析等│
             │                   └────┬────┘
             │                        ▼
             │                   ┌─────────┐
             │                   │ 説明変数の │
             │                   │ 将来値推定 │
             │                   └────┬────┘
             │                        ▼
             │                   ┌─────────┐
             │                   │ 水需要構造の│
             │                   │将来遷移の判別│
             │                   └────┬────┘
             ▼                        │
        ┌─────────┐                   │
        │遷移後の水需要│◄──────────────┘
        │ 構造式の決定│
        └────┬────┘
             ▼
        ┌─────────┐
        │ 将来水需要量 │
        │   の推定   │
        └────┬────┘
             ▼
           ┌───┐
           │ E │
           └───┘
```

①地域特性の分析・水需要に注目した

②クラス別水需要構造分析

③水需要クラス判別分析

④水需要構造の遷移を考慮した予測

図 6.4.22　広域水需要予測プロセス

6 動的システムと最適化

表6.4.9 状態変数の初期値

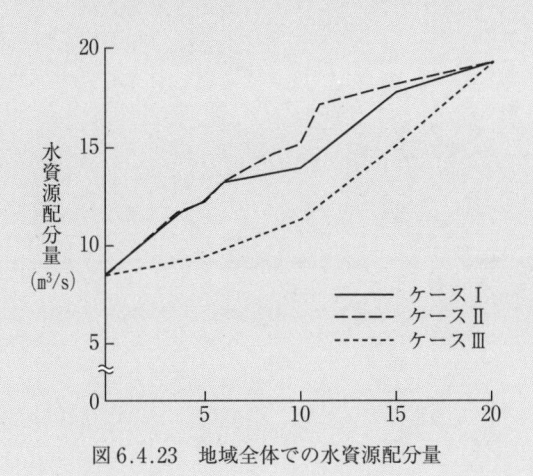

地区 i	水資源配分量 $X_i(0)$ (m³/s)	地点 m	流量 $Q_m(0)$ (m³/s)	負荷量 $L_m(0)$ (g/s)
1	0.169	1	8.60	10.5
2	0.337	2	7.90	38.5
3	0.211	3	8.30	36.5
4	0.036	4	5.70	300.0
5	0.237	5	7.40	250.0
6	0.053	6	4.50	160.0
7	0.210			
8	0.202			
9	3.734			
10	1.228			
11	1.287			
12	0.706			

図6.4.23 地域全体での水資源配分量

より小さくなっている．これは河川水質環境の保全に関する目標が新規配分量の抑制をもたらしたためである．水資源開発量をすべて配分してしまうと用水配分効果に関する目標の達成度は増大するが，これらの年次における下水道整備率が低く，かつ処理場の放流水質も高いことから河川への流出負荷量が増加し，河川水質環境の保全に関する目標が許容水準に近づき達成度が低くなることを示している．これに対してケース3はすべての年次において地域全体での配分量は開発

表6.4.10 新規水資源配分量

地区	ケース	新規水資源配分量 $\theta_i(t)$ (m³/s)																				$\Sigma \theta_i(t)$
		1	2	3	4	5	6	7	8	9	10	11	12	13	14	15	16	17	18	19	20	
1	I	0.206*	0.015*	0.015*	0.015*	0.015*	0.015*	0.015*	0.015*	0.015*	0.015*	0.045*	0.030*	0.045*	0.030*	0.045*	0.003	0.001				0.525
	II	0.208*	0.015*	0.015*	0.015*	0.015*	0.015*	0.015*	0.000*	0.015*	0.015*	0.045*	0.030*	0.045*	0.030*	0.045*						0.521
	III	0.101	0.102	0.034*	0.015*	0.015*	0.015*	0.015*	0.000*	0.015*	0.015*	0.045*	0.030*	0.045*	0.030*	0.045*	0.045*	0.030*	0.045*	0.030*	0.045*	0.717
2	I	0.313	0.190*	0.060*	0.045*	0.060*	0.045*	0.060*	0.045*	0.060*	0.045*	0.105*	0.105*	0.105*	0.105*	0.105*	0.120*	0.120*	0.124	0.117	0.116	2.060
	II	0.326	0.177*	0.060*	0.060*	0.060*	0.045*	0.060*	0.045*	0.060*	0.045*	0.105*	0.105*	0.111	0.114*	0.105*	0.074	0.072	0.075	0.069	0.068	1.821
	III			0.031	0.055	0.057	0.165	0.203	0.221	0.145*	0.045	0.105*	0.105*	0.120*	0.105*	0.105*	0.120*	0.120*	0.135*	0.120*	0.120*	2.077
3	I		0.269*	0.030*	0.045*	0.030*	0.030*	0.025	0.038	0.007	0.021	0.120*	0.060*	0.075*	0.060*	0.075*						0.885
	II		0.269*	0.030*	0.045*	0.030*	0.030*	0.030*	0.045*	0.030*	0.030*	0.075*	0.019		0.011	0.005						0.649
	III							0.005	0.151	0.329	0.139*	0.075*	0.060*	0.075*	0.075*	0.075*	0.060*	0.075*	0.075*			1.244
4	I		0.022	0.032*	0.015*	0.015*																0.084
	II		0.032	0.022*	0.015*	0.015*																0.084
	III																					
5	I			0.394	0.194*	0.105*	0.105*															0.798
	II			0.404	0.184*	0.105*	0.105*	0.105*	0.105*	0.105*	0.105*											1.218
	III																					
6	I			0.116	0.122																	0.238
	II			0.121	0.121																	0.242
	III																0.186	0.197	0.180	0.187	0.163	0.913
7	I						0.364					0.136										0.500
	II						0.363	0.194	0.116	0.072	0.039	0.392										1.176
	III																					
8	I							0.138	0.109	0.110	0.111	0.376	0.124*	0.090*	0.105*	0.090*	0.120*	0.105*	0.120*	0.120*		1.838
	II							0.080	0.092	0.006		0.686*	0.105*	0.090*	0.105*	0.090*	0.118	0.120	0.107*	0.120*	0.120*	1.839
	III			0.128	0.122	0.120	0.163*	0.060*	0.060*	0.060*	0.060*	0.090*	0.105*	0.090*	0.105*	0.090*	0.120*	0.105*	0.120*	0.120*	0.120*	1.838
9	I																					
	II																					
	III																					
10	I												0.418	0.358	0.420	0.376						1.572
	II											0.649										0.649
	III												0.305	0.361	0.423	0.379						1.468
11	I	0.391	0.340	0.274	0.231	0.191	0.387						0.046	0.094	0.062	0.091	0.033	0.035	0.047	0.039	0.040	2.301
	II	0.400	0.339	0.270	0.230	0.190	0.386	0.228*	0.150*	0.165*	0.134		0.017	0.030	0.017	0.031		0.010	0.003	0.004		2.604
	III	0.091	0.090				0.032	0.098	0.095	0.100	0.105	0.213	0.097	0.091	0.059	0.088	0.264	0.268	0.285	0.278	0.278	2.541
12	I																					
	II																					
	III																					
合計	I	0.910*	0.836	0.805	0.660	0.539	0.947	0.238*	0.192*	0.192*	0.192*	0.782*	0.782*	0.782*	0.782*	0.782*	0.276*	0.276*	0.276*	0.276*	0.276*	10.800
	II	0.932	0.832	0.805	0.655	0.536	0.944	0.711	0.554	0.452	0.368	1.951*	0.276*	0.276*	0.276*	0.276*	0.192*	0.192*	0.192*	0.192*	0.192*	10.800
	III	0.192*	0.192*	0.192*	0.192*	0.376	0.376	0.376*	0.376*	0.376*	0.376*	0.782*	0.782	0.782	0.810*	0.810*	0.810*	0.810*	0.810*	0.810*	0.810*	10.800

注) ＊印は制約限度一杯の値であることを示す．

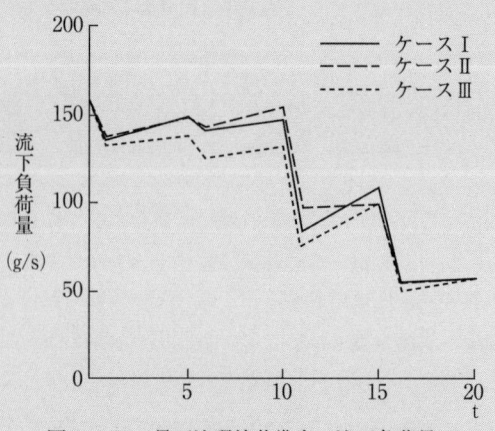

図6.4.24 最下流環境基準点の流下負荷量

量と等しい．これは，下水道整備率の低い1〜10年次においてもケース3の開発量の増加は小さく，開発量をすべて配分しても水環境保全の許容水準を満たすためである．

このように，水資源の配分に当たって，用水配分効果による目標とトレード・オフの関係にある河川水質環境保全という目標を加えることにより，下水道のような河川水質環境保全施設の整備が不十分な間は水資源の開発と配分を差し控えるべきであるという結果が得られた．つまり，水資源開発施設と河川環境保全施設の整備がバラバラであってはいけないのである．現在でも強い縦割り社会構造を持つ日本において，ここで得た知見をもとにしても，今後5.7で述べた階層システム論的発想で時間軸の入った適応計画方法論の骨格となるシステム・モデルの開発の重要性を強調しておこう．

最後に，河川水質の評価とした最下流環境基準点での流下負荷量を図6.4.24に示す．流下負荷量は，当然のことながら下水道整備率の増加する1，6，11，16年次で大きく減少し，これら以外の年次では下水道整備率が一定であるため水資源配分量の増加にともない増加している．また，前述したことから，水資源後期開発型のケース3は他の2つのケースよりも流下負荷量は小さい．しかし，最終年次にはケース差はなくなる．このことは，モデルを改良し，計画期間（この場合20年）における流下負荷量の積分値（例えば，20年間の海域への汚濁インパクト量）も計画評価要因に加えるべきと主張しているようである．

参考文献

1) オスカー・ランゲ：『システムの一般理論』，合同出版，1969
2) 萩原良巳・中川芳一・蔵重俊夫：準線形化の河川計画への適用に関する研究，NSC研究年報 Vol. 12, No. 1 特定研究(7)，㈱日水コン，1984
3) Bellman, R. E. and R. E. Kalaba: Quasilinearlization and Nonlinear Boundary-Value Problems, American Elsevier Publishing Co. 1965
4) Haimes, Y. Yacov: Hierarchical Analyses of Water Resources Systems, McGraw-Hill, 1977
5) 角屋睦：山地小流域河川の低水解析(1)，京都大学防災研究年報，第9号，pp. 593-599，1966
6) Bellman, R.: Dynamic Programming, Princeton University Press, 1957
7) 吉川和広編著；木俣昇・春名攻・田坂隆一郎・萩原良巳・岡田憲夫・山本幸司・小林潔司・渡辺晴彦：土木計画学演習，森北，1985
8) 辻本善博・萩原良巳・中川芳一：確率分布をもった型紙による渇水期貯水池操作，第23回水理講演会論文集，pp. 263-268，土木学会，1979
9) Kurashige, T., Hagihara, Y.: Design Rainfall Model under Imperfect Information, Proc. of International Symposium on Water Resources System Application, pp. 177-186, 1990.

10) 萩原良巳・中川芳一・蔵重俊夫：治水計画における計画降雨の決定に関する一考察，第29回水理講演会論文集，pp. 317-322，土木学会，1985
11) Fang, L. T : The Continuous Maximum Principle, John Willey & Sons, 1966
12) Pontryagin, L. S., V. G. Boltyanskii, R. V. Gamkrelidze, and E. F. Mishchenko: The Mathematical Theory of Optimal Control Process, Interscience, 1962
13) ボルチャンスキー：最適制御の数学的方法，総合図書，1968
14) ゲリファント・フォーミン：変分法，総合図書，1970
15) 神崎幸康・萩原良巳・渡辺仁志：アメニティに着目した地域構造変化過程のモデル分析，環境システム研究論文集 Vol. 28, pp. 391-398, 土木学会，2000
16) Pielou, C.: An Introduction to Mathematical Ecology, Willey-Interscience, 1969
17) 島津康雄・岸保勘三郎・高野健三：自然の数理，筑摩書房，1978
18) 萩原良巳：水資源と環境，京都大学防災研究所水資源研究センター研究報告，第15号，pp. 51-71, 1995
19) Watanabe, H. and Hagihara, Y.: Planning and Management of Water Resources Systems, Jour. of Hydroscience and Hydraulic Engineering, No. S1-3, pp. 219-223, 1993
20) 萩原良巳・小泉明・辻本善博：水需給構造ならびにその変化過程の分析，土木学会第14回衛生工学研究討論会講演論文集，pp. 139-144, 1978
21) 堤武・萩原良巳編著（酒井彰・萩原清子・張昇平・浅田一洋・平井真砂郎共著）：『都市環境と雨水計画─リスクマネジメントによる』，勁草書房，2000
22) 萩原良巳・坂本麻衣子：『コンフリクトマネジメント─水資源の社会リスク』，勁草書房，2006
23) 萩原良巳：水道システムの実管理，水資源計画管理システムの情報処理システムとシステム理論，『水文水資源ハンドブック』，pp. 309-311, 319-327, 水文・水資源学会，朝倉書店，1997
24) 堤武・萩原良巳・中村正久：下水道整備計画に関するシステム論的研究1──とくに河川汚濁と面整備について──，土木学会第9回衛生工学研究討論会講演論文集，pp. 48-55, 1973
25) 萩原良巳・中川芳一：下水道整備計画に関するシステム論的研究6──とくに水環境からみた支流域水配分について──，土木学会第12回衛生工学研究討論会講演論文集，pp. 137-142, 1976
26) 萩原良巳・中川芳一・辻本善博：下水道整備計画に関するシステム論的研究7──とくに下水道整備率をパラメータとしたときの支流域水配分について──，土木学会第13回衛生工学研究討論会講演論文集，pp. 213-218, 1977
27) 萩原良巳・中川芳一・上田育世・辻本善博：水質保全を考慮した地域負荷配分，土木学会第5回環境問題シンポジウム講演論文集，pp. 32-37, 1977
28) 萩原良巳・萩原清子：河川水量負荷状態方程式と地域水配分，地域学研究，第8巻，pp. 39-51, 1978
29) 萩原良巳・内藤正明：水環境のシステム解析，環境情報科学，9-1, pp. 7-19, 1980
30) Hagihara, Y., Hagihara, K., Nakagawa, Y. and H. Watanabe: A Multiobjective Optimal Water Resources Allocation Process, IFAC 8th Triennial World Congress, PPCS-81-86, 1981
31) Watanabe, H., Nakagawa, Y. and Y. Hagihara: A Study of Multi-Objective Aspects of Dynamic Water Resources Allocation, Papers of Regional Science Association Vol. 46, pp. 15-30, 1981
32) 萩原良巳・中川芳一・森野彰夫・渡辺晴彦・蔵重俊夫：水環境計画における数理計画法の適用性に関する一考察，土木学会第5回土木計画学研究発表会講演論文集，pp. 246-256, 1983
33) 萩原良巳・中川芳一：地域における水環境計画のための流達負荷量の構造分析に関する研究，土木学会第4回環境問題シンポジウム講演論文集，pp. 87-92, 1976

34) Fang, L. T. and Wang, c. s.: The Discrete Maximum Principle, John Wiely & Sons, 1964
35) 萩原良巳・小泉明：水需要予測序説，水道協会雑誌，No. 529, pp. 2-23, 1978
36) 萩原良巳・小泉明・西沢常彦・今田俊彦：アンケート調査をもとにした水需要構造ならびに節水意識分析，土木学会第15回衛生工学研究討論会講演論文集，pp. 188-193, 1979
37) 萩原良巳・小泉明・今田俊彦：節水意識と水需要要因の関連分析，土木学会第16回衛生工学研究討論会講演論文集，pp. 1-6, 1980
38) 萩原良巳・小泉明・西沢常彦：アンケート調査をもとにした水使用影響要因関連分析，土木学会第17回衛生工学研究討論会講演論文集，pp. 1-6, 1981
39) 萩原良巳・小泉明・中川芳一：水需要構造分析法に関する一考察，水道協会雑誌，No. 511, pp. 37-51, 1977
40) 萩原良巳・小泉明・辻本善博：水需給構造ならびにその変化過程の分析，土木学会第14回衛生工学研究討論会講演論文集，pp. 139-144, 1978
41) 萩原良巳・渡辺晴彦・西沢常彦：多階層システムモデルによる都市圏水需要変化過程の分析，土木学会第4回土木計画学研究発表会講演論文集，pp. 87-92, 1982
42) 萩原良巳：水環境計画に関するシステム論的研究，京都大学博士学位論文，1976
43) 萩原良巳・中川芳一・辻本善博：多目標水資源配分過程に関する研究，土木学会第1回土木計画学研究発表会講演論文集，pp. 141-146, 1979
44) Hagihara, Y., Hagihara, K., Nakagawa, Y. and H. Watanabe: A Multiobjective Optimal Water Resources Allocation Process, 8th Triennial World Congress, International Federation of Automatic Control, PPCS-81-86, 1981
45) Watanabe, H., Nakagawa, Y. and Y. Hagihara.: A Study of Multi-Objective Aspects of Dynamic Water Resources Allocation, Papers of Regional Science Association Vol. 46, pp. 15-30, 1981
46) Hagihara, K. and Y. Hagihara: Pricing Policies for Conservation of Water Resources and Environment, Environment and Planning C, Government and Policy, Vol. 4, pp. 19-29, 1986

費用便益分析と多基準分析

21世紀は環境の世紀と言われている．いわゆる持続可能な開発（すなわち，将来見込まれる経済的・社会的便益の可能性を損なうことなく，現在享受できる経済的・社会的便益を最適化するよう経済発展の形態を維持する）のために経済と環境の調和をはかり，限られた資源，なかでも環境資源の適正な利用をはかることが要請されている．

適正な利用をどのように定義するかは難しいところであるが，1990年代に入って資源配分の効率性の観点からさまざまな政策の投資効果を評価する動きが日本においても出てきた．現在では，費用便益分析が公共政策決定手法のひとつとして位置づけられおり，環境資源もすでに多くの公共事業で評価の対象となっている．

公共投資政策を行うか否か，あるいは，行うとすればどのような形で行うかを決めることは，社会的な意思決定といえるだろう．（個人的なものであれ社会的なものであれ）意思決定は，選択できる選択肢（代替案）を確定し，その結果を予想し，その結果の評価によって最適な選択肢（代替案）を決定することである[1]．人々はさまざまな状況下でこのような意思決定を行っている．

個人的意思決定問題，さらには，この個人の選好をどのように社会的意思決定に反映させていくかは極めて大きな問題であり，意思決定論の研究領域として膨大な量の研究成果が公表されている[2,3,4,5,6,7]．また，個人的および社会的意思決定が実際には，ひとつの視点からだけでなく，いくつかの視点から行われている，あるいは，行われるべきであることに注目して，多目的，多属性，多基準などの用語を用いての意思決定が検討されている[7,8,9,10,11,12]．そして，社会的意思決定を

行う場合に代表となる意思決定者を想定し,その意思決定者が他のステイクホルダー (stakeholder) の意思を取り込むことで社会的意思決定につなげるという考え方や,複数のステイクホルダー間にコンフリクトが存在する場合を明示的に扱い,議論や交渉によって社会的な合意に達するように働くファシリテーター (facilitator) の存在を想定したもの,さらには,ゲーム理論の枠組みを用いての合意形成など,さまざまな提案が行われている[6)13)].

費用便益分析を適用する際には便益(経済的価値)の測定は大きな問題として挙げられている.特に,環境の保全や創造による便益の測定は難しい問題であり,すでに,環境の経済的価値を評価する手法については厖大な研究や実証例が示されている.しかしながら,環境の評価そのものに関してもまだ十分信頼のもてるものとなっていない状況下で,そのことをどれだけ念頭において費用便益分析を行うかということである.

また,費用便益分析 (Cost-Benefit Analysis) の可能性と限界[14)]をその理論的根拠などから十分に見極めた上で意思決定につなげる必要があろう.さらに,その限界を考えたときに,費用便益分析以外の意思決定手法を検討することも必要であろう.本章では,多基準分析手法について,複数の意思決定の主体(ステイクホルダー)をどのように取り込んでいるか,また,多様な複数目的(あるいは基準)などをどのように扱っているかという観点から適用可能性を検討することとする.

7.1では,費用便益分析について,まずその理論的基礎である経済学の基礎的概念から厚生経済学に基づいた厚生の測度の説明を行い,7.2では環境の価値とその経済的評価,7.3では費用便益分析の限界について論じ,7.4では,多目的あるいは多基準を考慮に入れた分析手法である多基準分析を紹介する.多基準分析 (Multi-Criteria Analysis) の範疇に入る手法はいくつかあるが,その中から,多目的最適化モデル,多属性効用理論,線形加法モデル,AHP,アウトランキング手法 (ELECTRE やコンコーダンス分析) の簡単な紹介と意思決定支援のための手法としての可能性について述べることとする.

7.1 費用便益分析

7.1.1 費用便益分析の概観

費用便益分析（CBA）とは，ある政策が社会にもたらす純社会便益（Net Social Benefit：NSB）を測ることであると定義される．純社会便益とは，政策によって発生する社会的便益（social benefit：B）と社会的費用（social cost：C）との差であり，その政策の価値を表す．

$$\text{純社会便益}：NSB = B - C \tag{7.1.1}$$

費用便益分析の目的は，政策の実施についての社会的な意思決定を支援し，社会に賦存する資源の効率的な配分を促進することである．費用便益分析は，経済学の分野で消費者余剰の概念が確立された頃から実際の政策に適用され始め，現在に至るまで政策の効率性評価の中心的役割を担っている．

アメリカでは，1936年に the Flood Control Act において CBA の概念が初めて採り入れられ，1950年の the Federal Interagency River Basin Committee の報告書を契機として，水資源開発の標準的なガイドラインの中で適用が指示された．1960年代には，国防総省のシステム分析の一部として策定された PPBS (the planning, programming and budgeting system) において体系的に導入された．個別事業ではなく，政策全般に対して CBA の適用を指示したのは1981年のレーガン政権の大統領令12291であり，主要な規制に対して規制インパクト分析（regulatory impact analysis：RIA）を求めた．1994年のクリントン政権の大統領令12866では，規制の費用と便益を評価することが明示的に指示されている．議会においては，1995年に採択された the Unfunded Mandates Reform Act が，1億ドル以上の費用をもたらす規制に対して CBA を行うことを定めた．さらに，FY2000 Treasury and General Government Appropriations Act では，行政管理予算局（the Office of Management and Budget：OMB）が規制の費用と便益に関する情報およびそれを測るためのガイドラインを出すことが定められ，連邦政府の政策形成の評価ツールとして不可欠な手法となっている．

一方，日本では，政策の投資効果を資源配分の効率性の観点から評価する動き

が表立って出てきたのは，1990年代に入ってからである．戦後復興期から高度経済成長期にかけては，あらゆる社会基盤が充足していなかったため，投資効果を比較検討することなく積極的な公共投資が行われてきた．1990年代に入りバブル経済が崩壊し，経済・財政状況が厳しくなる中で，公共投資の無駄遣い，固定的な分野別配分，環境問題への関心の高まりなどから，国民の公共投資に対する批判が高まってきた．社会基盤整備への公共投資の効率性と有効性が強く意識されるようになったのである．このような流れの中で，1997年，行政改革会議最終報告において政策に関する評価機能の充実の必要性が提言され，橋本内閣総理大臣（当時）から，建設・運輸等公共事業関係省庁に対し，既存事業の再評価，事業採択段階における費用対効果分析（費用便益分析）の活用が指示される．1999年には，公共事業関係省庁（旧建設省，旧運輸省，農林水産省）がそれぞれ策定した事業評価実施要領において費用対効果分析が新規事業採択評価の一部として位置づけられることとなり，事業分野ごとに具体的なやり方を示したマニュアルが策定された．2001年には，中央省庁等改革の一環として政策評価制度が導入された．その中で，費用便益分析は，総務省が策定した「政策評価に関する標準的ガイドライン」の3つの評価方式（事業評価，実績評価，総合評価）のうち，事業評価の手法のひとつとして位置づけられている．

7.1.2 費用便益分析の厚生経済学的基礎

(1) 消費者の厚生

政策を評価する手法として，費用便益分析の概念を初めて提唱したのは，フランスの土木技師であったジュール・デュピュイ（Arsene Jules Juvenal Dupuit：1804-66）である．デュピュイは，当時，古典派経済学者によって事業の経済性の無視を批判されていた政府の土木公団のエンジニア・エコノミストでもあったことから，公共事業の効用を厳密に確定することを最大の課題としていた．彼は橋の建設を事例として，限界効用概念に基づき，のちに消費者余剰と名付けられる考え方を示し，それと費用とを組み合わせて公共事業の社会的厚生を数値的に表現しようとした[15)16)]．

デュピュイの余剰は，消費者がある財を買う際に実際に支払った金額と，支払おうと思っていた金額との差で表される．図7.1.1は，価格と消費量の関係を表した「消費曲線」を表す（消費曲線は，経済学における需要曲線とは異なり，数量が縦

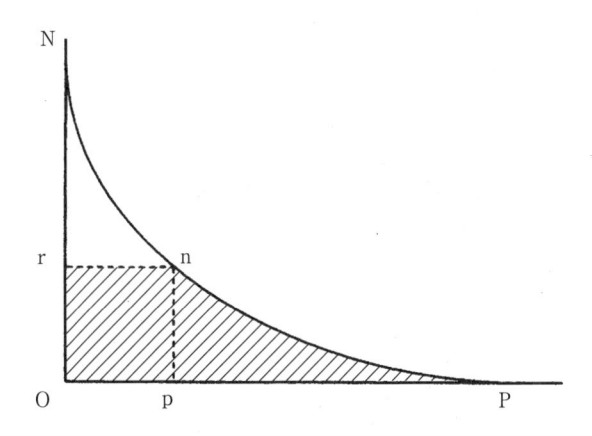

図7.1.1　デュピュイの消費曲線と余剰（参考文献16）より作成）

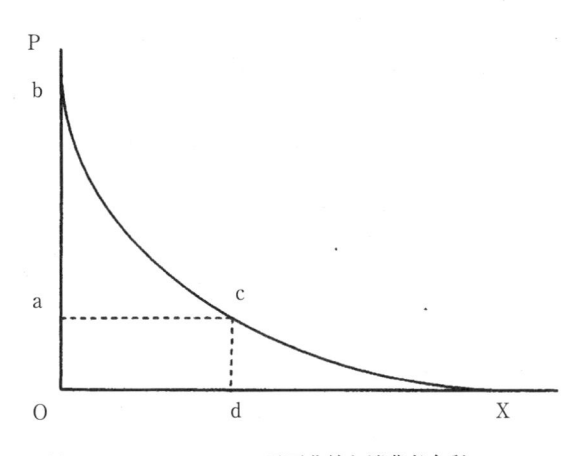

図7.1.2　マーシャルの需要曲線と消費者余剰

軸に，価格が横軸にとられている）．np量に関する効用は，実際に支払うOpを最低限としてそれよりも大きい．こうして，np量に対する消費者の「絶対的効用」はOrnPで表される．np量に対する支払いをしたあとに，消費者に残された効用である「相対的効用」は，そこから生産費Ornpを引くことで求められ，pnPとなる．この「相対的効用」はまさに，のちに消費者余剰の概念を示している．

1) 消費者余剰

デュピュイの「相対的効用」による余剰の概念を英語圏に紹介し，新古典派経済学の理論体系の中に位置づけたのが Marshall, A.[17] である．

図7.1.2は，消費者の効用最大化行動から導かれるマーシャルの需要曲線を表している．消費者は，所与の所得と価格体系のもとで，自らの選好に基づいて効用を最大にするように財を選択すると仮定される．選好が選択に反映されるための条件として，完全性，推移性，反映性が仮定される．さらに，選好に基づく選択を効用関数として表現するために，連続性の仮定がおかれる．効用最大化問題は以下の通りである．

$$Max\ U = U(x)$$

$$s.t.\quad \sum p_i x_i = I \tag{7.1.2}$$

x は x_i 財の数量を表すベクトル $x=(x_1, \cdots, x_i, \cdots, x_n)$ を，I は所得を表す．これを解くと，x_i 財の需要を価格と所得で説明するマーシャルの需要関数が得られる．

$$x_i = x_i(p, I)\quad p=(p_1, \cdots, p_i, \cdots, p_n) \tag{7.1.3}$$

図7.1.2は x_1 財に関する需要関数を，価格と数量の平面に表したものである．デュピュイの余剰の概念を適用すれば，消費者余剰，すなわち，財の Od 量を購入する消費者の純便益，は abc で表される．しかし，効用最大化行動に基づく需要曲線で消費者余剰を定義する場合，消費者余剰が即ち真の効用の貨幣測度となるとは限らない．それは，ある状態が変化して効用が変化したときの消費者余剰の変化は，状態の変化の順序に依存する性質（経路依存性）を持つことによる．すなわち，状態の変化によって複数の財の価格が変化したり，価格と所得が同時に変化したりする場合，変化の順序によって消費者余剰の値は異なってくるためである．

消費者余剰の値が一意に定まるためには，経路独立性の条件を満たすことが必要とされる．複数の財の価格が変化する場合には，価格が変化した財の需要に対する所得弾力性が等しければ，経路独立性が満たされる．また，財の価格と所得が同時に変化する場合には，所得弾力性がゼロである場合に経路独立性が満たされる．前者の条件は，所得が変化した場合，価格が変化した財の消費量はすべて同じ割合で変化しなければならないことを示す．後者の条件は，所得が変化しても財の消費量は全く変化しないことを示す．このような消費行動をもたらす選好

は，現実的ではない場合が多い．

さらに，消費者余剰の値が一意に定まる場合でも，消費者余剰が真に効用を表す測度であるためには，貨幣に対する限界効用（Marginal Utility of Money：MUM）が価格や所得の変化に対して一定であるという条件が満たされなければならない．状態によって貨幣に対する限界効用が異なれば，もはや貨幣という共通の測度によって状態間の比較をすることができないからである．MUMが一定であるという条件もまた，実証的には満たされることが難しい．

マーシャルが明らかにした経路独立性および貨幣の限界効用一定の条件は，現実の消費行動ではほとんど満たされないと考えられたため，効用の貨幣測度として消費者余剰を用いることの妥当性に疑問が投げかけられた．

2）補償変分と等価変分

続いて消費者余剰の測度に関する理論を展開したのが，Hicks, J. R.[18)19)]である．2財 (x_1, x_2) のうち，x_1 財の価格 p^0 が p^1 に低下したときの消費者の効用最大化問題を考える．ここで，x_2 財が x_1 財以外の財を表す価格 1 $(p^2=1)$ の複合財であると仮定すると，x_2 財は numeraire（価値尺度財～数字≒貨幣）であり，その数量は貨幣単位で表される．すなわち，予算制約線の x_2 財の切片は所得 I を表す．

$$\max \ U = U(x_1, x_2)$$

$$\text{s.t.} \quad p_1 x_1 + x_2 = I \tag{7.1.4}$$

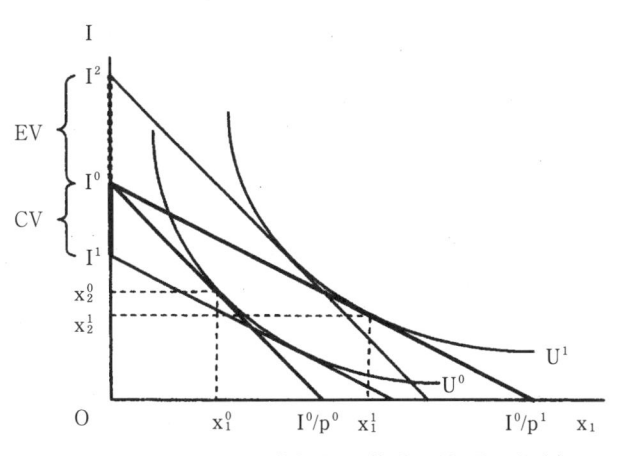

図7.1.3　補償変分と等価変分（価格が低下する場合）

図7.1.3に示されるように、p^0 が p^1 に低下すると、消費可能な財の組み合わせは $x^0=(x_1^0, x_2^0)$ から $x^1=(x_1^1, x_2^1)$ となり、消費者の効用は U^0 から U^1 に増加する。ヒックスは、この効用の変化を補償変分および等価変分と呼ばれる所得の変化で表した。

補償変分 (compensated variation : CV) とは、価格が低下したとき、消費者を価格変化前の効用水準にとどめておくとしたら、その人から取り去らなければならない金額である。(価格が上昇した場合には、消費者を価格変化前の効用水準にとどめておくとしたら、その人に与えなければならない金額である。) 図7.1.3によれば、補償変分は、価格低下後の予算制約線 $I^0 - I^0/p^1$ を、価格低下前の効用水準 U^0 を達成するように平行移動したときの所得変化 $I^0 I^1$ で表される。

等価変分 (equivalent variation : EV) は、価格が低下したとき、価格低下がなかったとしても、消費者が価格低下後の効用水準を達成するとしたら、その人に与えなればならない金額である。(価格が上昇したときには、価格上昇がなかったとしても、消費者が価格上昇後の効用水準を達成するとしたら、その人から取り去らなければならない金額である。) 図7.1.3では、等価変分は価格低下前の予算制約線 $I^0 - I^0/p^0$ を、価格低下後の効用水準 U^1 を達成するように平行移動したときの所得変化 $I^0 I^1$ で表される。

同じ効用の変化を表す貨幣測度であるにもかかわらず、消費者余剰、補償変分および等価変分は一般に異なる値を示す。マーシャルの消費者余剰は、$x_1 = x_1(p, I)$ について、p^0 から p^1 までを積分したものであり、価格低下前の状態 0 と低下後の状態 1 では効用水準が異なっている。これに対し、補償変分および等価変分では、それぞれ価格低下前、価格低下後に効用水準が固定されている。効用水準が固定された場合の需要を表すのが、ヒックスの需要関数である。効用水準が変化しない場合、支出を最小にすることによって効用を最大にすることができる (双対性)。

$$\text{Min } E = \sum p_i x_i$$
$$\text{s.t.} \quad U(x) = \bar{U} \tag{7.1.5}$$

これを解くと、財の需要を価格と効用で説明するヒックスの需要関数 $x_i^H = x_i^H(p, U)$ が得られる。

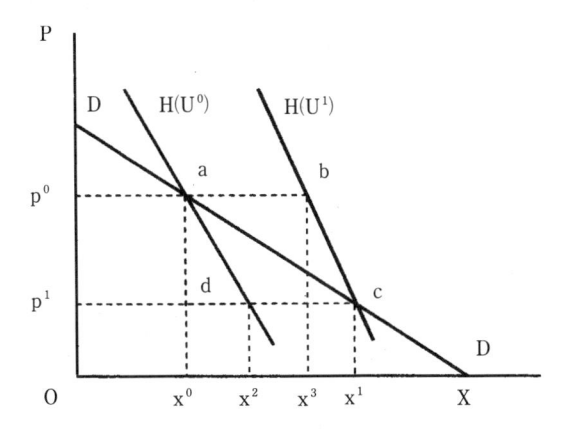

図7.1.4 マーシャルの消費者余剰・補償変分 (CV)・等価変分 (EV)

　図7.1.4は，価格低下による効用の変化を示す3つの余剰の関係を，需要曲線によって図示したものである．p^0 から p^1 への価格低下に対し，U^0 から U^1 への効用変化を伴う a 点 (x^0, p^0) と c 点 (x^1, p^1) を結ぶのがマーシャルの需要曲線 D である．一方，効用水準を U^0 に保ったままの a 点 (x^0, p^0) と d 点 (x^2, p^1)，もしくは U^1 に保ったままの b 点 (x^3, p^0) と c 点 (x^1, p^1) を結ぶのがヒックスの補償需要曲線 $H(U^0)$ および $H(U^1)$ である．補償需要曲線上の変化は，効用の変化に対して所得が補償されるため，価格変化による需要の変化分（価格効果）のみを表している．従って，X が正常財である場合，所得効果は正なので，マーシャルの需要曲線の方が価格に対して弾力的であり，3つの需要曲線の間には図7.1.4のような関係が成立する．補償変分は $x = x(p, U^0)$ について，等価変分は $x = x(p, U^1)$ について，それぞれ p^0 から p^1 までを積分したものである．図7.1.4では，$p^0 adp^1$ が補償変分を，$p^0 acp^1$ が消費者余剰を，$p^0 bcp^1$ が等価変分を表す．

　補償需要による貨幣測度は価格効果のみを測ることができるため，マーシャルの消費者余剰の場合に問題となった所得効果による経路依存性の影響を受けない．従って，厚生の変化を測る上で，理論的に適正な測度であるということができる．3つの貨幣測度が一致する場合，すなわち，消費者余剰を用いても補償変分または等価変分と同じ値を得ることができるのは，x 財の需要の所得弾力性が0である場合である．そのような条件を満たす効用関数は，x 財以外の特定の財にすべての所得効果が表れる準線形効用関数であり，その場合，理論的に3つの

測度は一致する．

次に問題となるのは，補償変分と等価変分とでは，どちらが効用の変化を測るのに適しているのかという問題である．支出最小化問題を解くことによって得られる支出関数を用いると，補償変分と等価変分は次のように表すことができる．

$$CV = e(p^1, U^1) - e(p^1, U^0)$$

$$EV = e(p^0, U^1) - e(p^0, U^0) \tag{7.1.6}$$

補償変分は，効用の変化を変化後のある価格体系 p^1 で評価する．ここで，効用が U^0 から U^1 に変化することは変わらないが，変化後の価格体系が p^2 であったとすると，同じ効用の変化に対して異なる貨幣換算額が導かれる．従って，同じ効用をもたらす政策代替案が複数あるとき，補償変分ではそれらの政策間に一貫した順序付けができないという問題がある．逆に，初期の価格体系が複数あっても，最終的な変化後の価格体系がひとつであれば一貫した順序付けを行うことができる．これは，U^1 をもたらす価格体系 p^1 の状態に至るまでに代替財や補完財の価格変化の経路が複数ある場合，それぞれの経路をもたらす政策代替案を適切に順序付けることができることを表す．

一方，等価変分は補償変分とは反対に，価格変化前の価格体系 p^0 を基準として測るため，同じ効用をもたらすが価格体系が異なる複数の代替案を順序づけることができる．しかし，ひとつの価格体系に至るまでの価格変化の経路が複数ある場合，それぞれの政策代替案を適切に順序付けることはできないことになる．

従って，補償変分と等価変分のどちらが適しているかは政策のタイプによって異なる．例えば，価格変化が複合的におこるが，政策代替案がひとつしかなく変化後の価格体系が一意に定まる場合には，補償変分が適していると判断することができる．

ところで，補償需要関数による補償変分と等価変分は，理論的には効用の変化を正確に表すことのできる測度である．しかし，ある政策によって市場価格が変化した場合，補償需要関数は実際の市場で観察することができない．一方，マーシャルの需要曲線は，変化前および変化後の需要と価格を観察することによって推定することができる．こうして，解決策として，補償変分および等価変分と消費者余剰との差，すなわち所得効果がそれほど大きくなければ，消費者余剰を理

7 費用便益分析と多基準分析

論的に正確な補償変分および等価変分の近似として用いることが考えられる.

Willig[20] は，補償変分および等価変分と消費者余剰との差を推定し，多くの場合，その差は無視し得る程度の大きさであることを明らかにした．従って，実際には，効用変化の測度として消費者余剰を用いても構わないことになる．ただし，所得への影響が大きいと考えられるような価格変化をもたらす政策については，消費者余剰で近似することによるバイアスが大きくなる可能性があることに注意が必要である．

(2) 生産者の厚生

生産者の厚生の測度は，生産者余剰である．生産者余剰は，企業の短期供給曲線と価格で囲まれた部分を表す．

図 7.1.5 は，企業の短期供給曲線を表す．市場価格が平均可変費用（average variable cost：AVC）を上回れば，企業は固定費用がカバーされるため生産を行うことができる．市場価格が AVC に満たない場合には操業を停止する．さらに，市場価格が平均総費用（Average Total Cost：ATC）を上回れば，すべての費用を支払った上で利潤が発生する．供給曲線は，限界費用曲線（Marginal Cost：MC）の AVC を上回る部分となる．市場価格が p^0 のとき，生産者余剰は p^0abp^1 となる．

生産者余剰は市場価格と限界費用との差であるが，これは短期的には企業が固

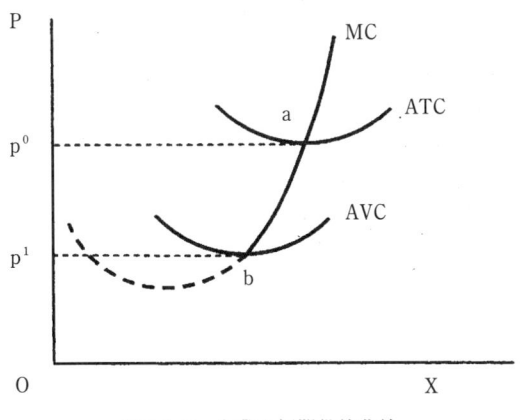

図 7.1.5　企業の短期供給曲線

定生産要素を所有していることによって発生する．固定生産要素は，「固定」の名が示すとおり，短期的には供給量が限られているため，所有していると限界費用よりも高い対価を受け取ることができる．限界費用を超過する受け取り分をレントという．短期的には，その固定生産要素を所有している企業にレントが帰属するため，余剰となって表れる．長期的には，固定生産要素は可変生産要素となり，当該企業にとってのレントはなくなる．生産者余剰 $p^0 ab p^1$ は，短期であることによって，対価の受取が生産量に応じて発生する費用を超えるために〔生産者に〕発生する準レントを測ったものである．〔長期には，短期において固定生産要素であったものも可変生産要素となり，生産要素の所有者がレントを得ることになる．〕

　生産者余剰が生産者の厚生を表す測度として適切であるためには，生産要素が完全価格弾力的であるという仮定が満たされなければならない．可変投入物の価格弾力性が無限大であるという仮定が成り立たない場合，生産者余剰は生産者の厚生を表さない．投入量の増加によって生産要素の価格が上昇するとき，企業の限界費用曲線は上方にシフトするため，もとの限界費用曲線は供給曲線を表さないからである．こうして，生産者余剰を限界費用曲線によって測るためには，生産要素市場で価格が完全弾力的であることが前提条件となる．例えば，その財の生産のために労働の投入量を変化させても，労働市場における価格（賃金）が変化しないという条件が必要である．

(3) **厚生基準と社会的選択**

　費用便益分析は，ある政策によって社会全体として発生する消費者余剰と生産者余剰の和とその政策による費用とを比較することにより，ある政策の採択を決定することになる．以下では，その決定基準の理論的根拠を示す．

1）**パレート効率性**（Pareto efficiency）

　CBA は資源配分の効率性を測るための評価手法である．最適な資源配分を表す基準をパレート効率性という．パレート効率的な状態とは，少なくとも他の 1 人の状態を悪くすることなくしては，誰の状態も改善することができないような資源配分の状態と定義される．パレート効率性が達成されるためには，経済活動の生産，交換，分配のそれぞれの局面において効率性の条件が満たされていることが必要である．

i 生産の効率性

生産の効率性とは，他の財の生産量を減少させずにある財の生産量を増やすことができないような資源配分の状態を表す．図7.1.6はある経済における生産可能性を表す．PP と XY 軸で囲まれた部分は，所与の資源と技術のもとで生産可能な X 財と Y 財の組み合わせを示す．状態aから状態bに移るためには，すなわち X 財の生産量をbc増加させるためには，Y 財の生産量をab減少させなければならない．状態bから状態aに移るためには，逆に X 財の生産量を減少させなければならない．こうして，生産可能性フロンティア PP 上の点はパレート効率的な資源配分を表す．状態aから状態bに移るとき，X 財の生産量の増加は，Y 財の生産に投入されるはずであった生産要素を投入することによって達成されると考えられる．すなわち，Y 財が X 財に転換されたとみなし，その割合を X に対する Y の限界転形率（marginal rate of transformation：MRT_{xy}）という．ある状態の限界転形率は，生産可能性フロンティアの接線の傾きで表される．

ii 交換の効率性

交換の効率性とは，効率的に生産された財の組み合わせが効率的に配分されることを意味する．すなわち，交換によって，他の人の状態を悪化させることなく，ある人の状態を良くすることができない状態である．

2人の個人A，Bと2財 X，Y の経済を考える．A，Bはそれぞれ X，Y の消費量の組み合わせに対する選好を表す効用関数を持っている．効用関数は，同じ効

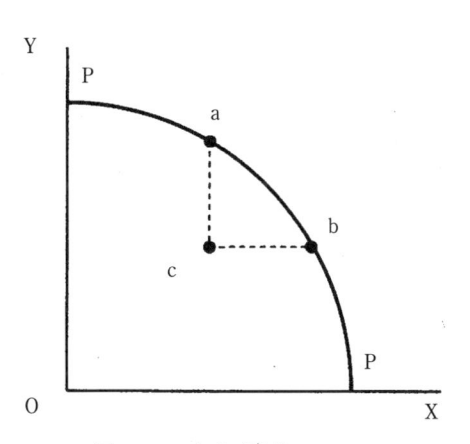

図7.1.6　生産可能性フロンティア

用水準を維持するためには X と Y の限界代替率（Marginal Rate of Return：MRS）が逓減するという性質を持つとする．すなわち，MRS_{XY} は，同じ効用水準を保ったまま X の消費を1単位増加させるためにあきらめてもいいと思う Y の消費量を表し，かつあきらめる Y の消費量は X の消費水準が高いほど小さくなっていく．

A の MRS_{XY} と B の MRS_{XY} が異なるとき，A と B の間で交換を行うことにより，A か B のどちらか，または A と B の両方の状態が良くなる．A の MRS_{XY} と B の MRS_{XY} が等しくなったときには，それ以上交換をしても必ずどちらかの状態が悪くなってしまう．したがって，MRS_{XY} が等しくなる資源配分の状態が，交換の効率性が達成された状態である．

ⅲ 配分の効率性

配分の効率性は，生産の効率性と交換の効率性の両方が満たされており，かつ限界転形率 MRT と限界代替率 MRS が等しい資源配分の状態のときに達成される．

生産可能性フロンティア上のそれぞれの点が表す産出量の組み合わせに対して，それを効率的に交換する方法は限界代替率の数だけ存在する．その中で，限界転形率と等しい限界代替率を持つような A と B の効用の組み合わせは一意に定まる．生産可能性フロンティア上のすべての産出の組み合わせに対して，そのような効用の組み合わせを対応させたのが，効用可能性フロンティアである（図

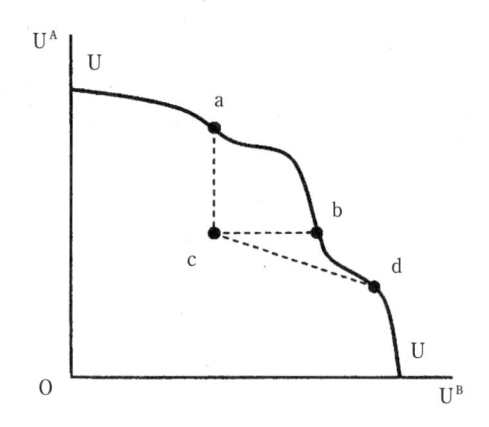

図 7.1.7 効用可能性フロンティア

7.1.7).

効用可能性フロンティア UU 上では，Bの効用水準はAの効用水準を下げなければ上げることができない．こうして，効用可能性フロンティア上の点はパレート効率的な資源配分を表す．効用可能性フロンティアの内部の点 c はパレート効率的ではなく，ab 上の点に移動することによって厚生の状態を改善することができる．この状態の変化をパレート改善という．

2）潜在的パレート効率性（potential Pareto efficiency）

実際の CBA においては，潜在的パレート効率性が評価の基準となる．ある政策が厚生を増加させるときには，現実には他の人の厚生が犠牲となる場合が多い．パレート効率性の基準を厳密に適用すると，大きな社会的便益が見込まれる政策であっても採択されない可能性が大きい．そのため，より現実的な基準として提唱されたのが，カルドア－ヒックス基準（Kaldor-Hicks criterion）である．

カルドア－ヒックス基準（仮説的補償原理）：「ある政策によって厚生が改善される人が，その政策によって厚生が悪化する人を完全に補償することができ，補償をしてなお改善された状態であるとき，その政策を採択せよ．」カルドア－ヒックス基準の概念は，CBA においては純便益が正となること，すなわち潜在的パレート効率性基準を表す．

潜在的パレート効率性基準：「純便益が正となる政策を採択せよ．」ある政策によって損失を被る人がいたとしても，その政策によって便益を受ける人が損失を被る人を補償してもなお正の便益が残るならば，その政策は潜在的パレート効率性基準を満たすことになる．図 7.1.7 における点 c から点 d への変化は，Bの効用は増加しているがAの効用は減少しているのでパレート改善ではない．しかし，Bの効用の増加は，Aが被った効用の減少を補償してもまだ余りあるため，社会全体で享受できる効用は点 c の状態よりも増加している．このような変化を潜在的パレート改善という．

ここで注意すべきことは，仮説的補償原理の名が示す通り，政策の採択の可否を判断するにあたって実際に補償が行われる必要はないということである．仮に補償をした場合の状態が，政策を実施しない場合よりも厚生が改善された状態であると見込まれるならば，実際に補償をしなくても政策を採択する判断の根拠となる．

潜在的パレート効率性基準は，厚生が悪化する人を一人も許さないパレート効率性基準よりも緩い基準である．政策の採択基準として，パレート効率性基準ではなく潜在的パレート効率性基準を用いる理由として，5つの考え方がある．

① 1人でも厚生が悪化するならば政策が採択されないという条件が緩められることにより，厚生が悪化する人はいるものの，大きな社会的便益を発生させる政策が排除されない．
② 常に純便益が正の政策を採択し続けていれば社会全体の富が最大化されるため，再分配される富が増加し，最終的には再分配によって厚生の状態が悪化した人も状態が良くなると考えられる．
③ 多くの政策が実施されれば，それぞれの政策によって厚生が改善する人と悪化する人は異なるため，トータルでは個人にとっての厚生の改善と悪化は平均化される．
④ 仮説的に補償が可能かどうかという点のみに注目するため，政策決定過程において，政治的に声の大きいステイクホルダーにとっての厚生のみが重視されてしまうことを防ぐことができる．
⑤ 個々の政策を効率性基準で採択していれば，公平性のための再分配政策は，個々の政策ごとに配慮する必要はなく一括して行えばよいことになり，行政コストが節約される．

7.1.3 費用便益分析（CBA）のプロセス

CBAを実施する際の基本的な流れと留意点を以下に簡単に示す．

(1) 代替案の特定

費用便益分析の対象となる政策，および比較対象とする代替案を特定する．代替案の比較は政策を実施した場合（With）と実施しない場合（Without）との比較であり，実施の前（Before）と後（After）の比較ではない．

また，政策による費用と便益の及ぶ主体を特定する．政策の影響が，空間的，時間的にどこまで及ぶとみなすかによって，誰の便益と費用を算入するのかは異なってくる．道路建設の例であれば，受益者である道路利用者は整備対象地域の住民のみか，外部からの旅行者や通過交通等も便益を得るかを特定する．また，

7 費用便益分析と多基準分析

道路建設が環境に与える影響が現世代の地域住民だけではなく，将来世代にも及ぶ可能性があると考えられる場合には，将来世代の便益を考慮するか否かを決定する．

(2) 政策のインパクトおよび測定指標の選定

政策がもたらす物理的なインパクト，およびそれを測る指標を特定する．また，政策のインパクトは，多くの場合，複数年にわたって発生するため，政策の効果が持続する期間のインパクトを予測する必要がある．

(3) インパクトの貨幣換算

定量化されたインパクトを貨幣換算する．貨幣換算とは，インパクトを市場における需要，供給，または均衡価格の変化として把握し，その余剰変化を算出することである．市場価格は，インパクトを貨幣換算する際に有用な情報を提供する．しかしながら，市場が不完全競争（例：独占）の場合，市場への政府の介入（例：関税，補助金）がある場合，市場がない場合，には注意が必要である．市場が無いまたは市場が完全ではない場合，観察可能なデータで余剰を把握することができない．このような場合，代替財や資産の市場を代理市場としてシャドウ・プライスを求める方法や，アンケートによって直接的に支払い意思額を求める方法が開発されている．詳しくは，後述する．

(4) 費用と便益の割引

期間にわたる費用と便益を年ごとに足し上げる際には，将来の費用と便益を割り引いて現時点の価値に修正する．これを現在価値（Present Value：PV）という．割引率は「将来利用できる一定量の資源は，現在利用できる同量の資源よりも価値が低い」という考え方を反映している．この基本的考え方は，前述のデュピュイが発想したもので，パリのセーヌ川の架橋において，今日建設するより明日建設される橋は人々にとって価値が低いということであった．現在価値の計算式は，以下の通りである．ただし，B は便益，C は費用，t は年，n は政策の期間，s は社会的割引率を表す．

$$PV(B) = \sum_{t=0}^{n} \frac{B_t}{(1+s)^t}, \quad PV(C) = \sum_{t=0}^{n} \frac{C_t}{(1+s)^t} \quad (7.1.7)$$

CBAによる政策の順位は割引率によって変化することもあり，割引率の選択は重要な意味を持つ．一般に，低い割引率を採用すると，便益が発生する時期に関わらず総便益の高い政策が選ばれ，高い割引率を採用すると，早い時期に便益が発生する政策が選択される．

　社会的割引率の値は，概念としては資本の機会費用，および時間選好によって決まることになる．時間選好の考え方によれば限界的時間選好率が，資本の機会費用の考え方によれば民間投資収益率が適切な割引率である．完全市場が成立している場合には，市場利子率と限界的時間選好率，および民間投資収益率は一致するため，市場利子率を用いればよい．しかし現実には課税等により市場に歪みがあり，3つの値は一致しない．どの値を割引率として採用するかについては議論が分かれる．理論的に合意を得た社会的割引率の決定方法はない状態である．このため，作為的に便益を過大評価し意図的に公共事業プロジェクトの実施の有効性を大きくすることができる等の社会問題が生じることになる．

　実際には，政策的に定められた値を用いるのが一般的である．現在，アメリカの予算管理局では7％，カナダの連邦債評議事務局では10％，日本では4％といった値が定められている．

(5) 費用と便益の比較

　費用便益分析の主たる目的は，資源を効率的に使用する政策の採択を支援することである．その採択基準としては，純現在価値法（Net Present Value：NPV），費用便益比率法（Benefit Cost Ratio：B/C），内部収益率法（Internal Rate of Return：IRR）がある．

　純現在価値法；政策の便益の現在価値と費用の現在価値との差であり，以下の式により求められる．

$$NPV = PV(B) - PV(C) \tag{7.1.8}$$

　政策のNPVが正であれば採択，負であれば非採択の判断（カルドア・ヒックス基準）がなされる．

　費用便益比率法；政策の便益の現在価値と費用の現在価値との比率，

$$B/C = PV(B)/PV(C) \tag{7.1.9}$$

を判断基準とする．すなわち，B/Cが1より大きければ，その政策は採択と判断される．B/Cによる政策の順位付けは，NPVによる順位付けと異なることがある．例えば，便益が10で費用が1の政策Aと，便益が100で費用が90の政策Bを考えた場合，NPVでは政策Bが採択と判断される．一方，B/Cによれば政策Aが採択と判断される．NPVでは，費用がかかったとしても社会的により大きな便益が得られるのであれば採択するのに対して，B/Cは社会的な便益の最大化ではなく，より費用効率的な政策を採択する基準となる．従って，社会的余剰を最大にするという政策本来の機能を評価するためにはNPVが適切である．政策の費用が固定されている場合には，B/Cによる評価の順序付けはNPVによるものと等しくなる．

経済内部収益率 (IRR)；NPV＝0 となるような割引率である．IRRが民間投資収益率等の資本の機会費用より高い場合には，当該政策は資本を他の用途に利用した場合よりも効率的であることを示し，採択と判断される．IRRによる政策の順位付けもまた，政策実施期間にわたる便益と費用の発生パターンによってはNPVと異なる場合があり，必ずしも社会的余剰の最大化を表す指標ではない．むしろ資本投資の効率性を測るのに適した指標であり，融資の評価に適用されることが多い．

(6) **感度分析**

感度分析は，インパクトの予測やインパクトの貨幣換算の過程における不確実性に対処するために行う．インパクトの予測値やシャドウ・プライスとして不確実な値しか得られない場合，それらの期待値に幅を持たせてシミュレーションを行い，評価結果の頑健性を検討する．

【適用例7.1】地域環境計画への費用便益分析の適用

ここでは地域環境計画モデルを考察する．この地域にはI個の再開発による環境質向上計画代替案があるとする．そして各計画iは，一連のインパクトz_{ji} ($j=1,\cdots,J$) を有している．ここでz_{ji}は環境変数，すなわちある種の「水と緑」に

あてられる地域の規模として定義されるならば次式が仮定できる.

$$\sum_{j=1}^{J} z_{ji} = z_i \quad for \quad \forall i \tag{7.1.10}$$

ここに, z_i は計画 i に関連する地域の既知の規模である. 次に環境計画は, 当然, 当該地域の環境的便益に影響を及ぼすから, これを無形の便益としよう. このとき貨幣的便益 (例えば環境が良くなることによる地価や家賃の値上がり等) と無形の便益 (生態系の回復) に対してトレード・オフ (相対的重要度) w_1, w_2 を導入することにより, 次のような決定基準が定式化できる.

$$\max w = \int_0^T \sum_{i=0}^{I} [w_1\{B_i^1(t) - I_i(t)\} + w_2 B_i^2(t)] \delta_i e^{-\rho t} dt$$
$$s.t. \quad \sum_{i=1}^{I} \delta_i = 1, \quad \delta_i = 0, 1 \tag{7.1.11}$$

ここに, $B_i^1(t)$；時点 t における計画 i の貨幣的社会的期待純便益, $B_i^2(t)$；地域の変化によって生じる生態学的質に関して定義された環境的純便益, $I_i(t)$；当該地域をその初期状態から計画 i の新しい状態へ変換するための t における全投資費用, T；プロジェクト存続期間, ρ；社会的割引率, である.

$B_i^1(t)$ と $B_i^2(t)$ は環境変化変数 $z_{ji}(j=1,\cdots,J)$ の関数である. 式 (7.1.11) のもとで $B_i^1(t)$ と $B_i^2(t)$ を $(J-1)$ 個の z_{ji} の関数として書くことができる.

環境計画は, 一般に不可逆な動的過程である. また, 変換過程の範囲は主として, 投資額 $I_i(t)$ に依存している. これらの投資について一定の限界資本産出比率を仮定すれば環境開発に関する次の微分方程式を得る.

$$\frac{dz_{ji}}{dt} = k_{ji} I_i \tag{7.1.12}$$

ここに, k_{ji}；プロジェクトの限界効率係数. また, 不可逆性の制約は次式のように表せる.

$$I_i \geq 0 \tag{7.1.13}$$

こうして次のような費用便益分析モデルを得る.

$$\max w = \int_0^T \sum_{i=0}^{I} [w_1\{B_i^1(t) - I_i(t)\} + w_2 B_i^2(t)] \delta_i e^{-\rho t} dt$$
$$s.t. \quad \sum_{i=1}^{I} \delta_i = 1, \quad \delta_i = 0, 1, \quad \frac{dz_{ji}}{dt} = k_{ji} I_i \delta_i,$$
$$\sum_{j=1}^{J} z_{ji} = z_i \delta_i, \quad I_i \delta_i \geq 0, \quad (z_{ji})_{t=0} = z_{ji0} \tag{7.1.14}$$

ここに, z_{j0}; 初期状態. モデル (7.1.13) は本質的に 0-1 最適制御モデルである. 変数 z_{ji} は状態変数を表し, I_i, δ_i は制御変数を表している.

次に, ある計画代替案, つまり $\delta_i=1$ に対してポントリヤーギンの最大原理を用いて, 最適環境計画の理論的考察を行おう.

ある任意の計画 δ_1 について式 (7.1.14) を書き直せば次式を得る.

$$\max w = \int_0^T \sum_{i=0}^{I} [w_1\{B_i^1(t) - I_i(t)\} + w_2 B_i^2(t)] e^{-\rho t} dt$$

$$s.t. \quad \frac{dz_j}{dt} = k_j I, \quad (z_j)_{t=0} = z_{j0}, \quad I \geq 0 \tag{7.1.15}$$

なお, 上式では添え字 i は省略され, 加法条件 (7.1.10) は関係する関数に代入されると仮定している. まず, 式 (7.1.15) に関するハミルトニアンは次式となる.

$$H = e^{-\rho t}[w_1\{B^1(t) - I(t)\} + w_2 B^2(t)] + \sum_{j=1}^{J} \lambda_j k_j I(t) \tag{7.1.16}$$

ここに, $\lambda_j (j=1,\cdots,J)$; 時間 t における連続的環境変換に関するシャドウ・プライスである. ハミルトニアンは時間 t における各投資単位が以下の 2 重の効果を有していることを示している.

① 割り引かれた将来の便益における増加,
② 環境変換に関するシャドウ・ヴァリューの発生

明らかに, 各時期において, 制御変数 I は H を最大にするように決定されなければならない. こうして次式を定義する.

$$\alpha = -w_1 e^{-\rho t} + \sum_{j=1}^{J} \lambda_j k_j \tag{7.1.17}$$

すると, ハミルトニアンは次のように書き換えることができる.

$$H = e^{-\rho t}[w_1\{B^1(t) - I(t)\} + w_2 B^2(t)] + \alpha I \tag{7.1.18}$$

式 (7.1.18) は制御変数 I を線形の形で含んでいるので, バンバン現象が生じるかもしれない (線形計画の端点解に相当). 変数 I に関する式 (7.1.18) の線形性は, I に関する H の最大点が内点でないことを意味し, I に関する H の 1 階導関数は最適解をもたらさないことがわかる.

式 (7.1.18) は α が正値ならば $I \to \infty$ で H が最大値 ∞ をとることになる. これは現実的ではない. 従って, 最適投資政策には次式が必要である.

$$\alpha \leq 0 \tag{7.1.19}$$

$\alpha=0$ ならば I の正値は単に H を減少させないにすぎないことを示し，$\alpha<0$ ならば I はゼロに設定されねばならない．こうして，次の条件が導かれる．

$$\alpha I = 0, \quad I \geq 0, \quad \alpha \leq 0 \tag{7.1.20}$$

最大原理によれば，λ_j は次の最適条件を満足しなければならない．

$$\frac{d\lambda_j}{dt} = -\frac{\partial H}{\partial z_j} = -e^{-\rho t}\left\{w_1\frac{\partial B^1(t)}{\partial z_j} + w_2\frac{\partial B^2(t)}{\partial z_j}\right\} \tag{7.1.21}$$

これらの条件は，各環境計画についてシャドウ・プライスの変化が，当該投資によって引き起こされた環境の質変換の割り引かれた（貨幣的および無形の）純便益によって正確に補償されなければならないということを示している．

関係式 (7.1.17) は式 (7.1.21) を用いて次のように書ける．

$$\frac{d\alpha}{dt} = w_1\rho e^{-\rho t} + \sum_{j=1}^{J}\frac{d\lambda_j}{dt}k_j = w_1\rho e^{-\rho t} - \sum_{j=1}^{J}k_j e^{-\rho t}\left\{w_1\frac{\partial B^1(t)}{\partial z_j} + w_2\frac{\partial B^2(t)}{\partial z_j}\right\}$$

$$= e^{-\rho t}\left[w_1\rho - \sum_{j=1}^{J}k_j\left\{w_1\frac{\partial B^1(t)}{\partial z_j} + w_2\frac{\partial B^2(t)}{\partial z_j}\right\}\right] \tag{7.1.22}$$

いま $\alpha=0$，すなわち投資を伴う時間において $d\alpha/dt=0$ であるから次式を得る．

$$w_1\rho = \sum_{j=1}^{J}k_j\left\{w_1\frac{\partial B^1(t)}{\partial z_j} + w_2\frac{\partial B^2(t)}{\partial z_j}\right\} \tag{7.1.23}$$

この条件は，重み付けられた社会的割引率が，関連する環境変換の集計された限界純利益に等しいことを示している．これに反して $\alpha<0$，すなわち投資を伴わない時間では当然のことながら環境変化はない．

以上のような分析を各計画代替案 i について個別に行い，重み付けられた全純便益を比較すれば，最適環境計画がどれであるかを特定することが可能となる．

7.2 環境の価値とその経済的評価

一般に，便益の評価は支払い意思額（willingness to pay：WTP）で測る．しかしながら，市場が不完全な場合（独占の場合，情報の非対称性，外部性，公共財が存在する場合，市場がない場合）には注意が必要である．また，政策のインパクトの波及効果の考慮など実際に便益を評価する際には適切な扱いが必要である．以下では，このうち，インパクトとして重要でありながら市場がない環境の価値の評価法について簡単に述べる．

7.2.1 環境の価値[21]

環境の価値は利用価値と非利用価値からなると考えられている．利用価値は取水やレクリェーションなど実際に利用することに伴う価値である．一方，非利用価値としては，存在価値（環境が保全されて存在しているということへの満足）や遺贈価値（子孫へ環境を残そうということへの意志）があるとされている．

最初に非利用価値を考慮しようとした考え方の出発点は以下のようなものである．つまり，ある人は実際にはその場所に行かなくても，他の人が利用できるような場所が存在し，また，将来世代が利用できるということを知ることで満足するであろう．Krutilla[22]は非利用価値として，存在価値（環境資源が存在するということに対する支払意思額），遺贈価値（将来世代に自然資源を賦与することから得られる満足に対する支払意思額）を挙げた．しかし，この非利用価値については，現在でも意見が分かれており，この価値そのものを評価することへの疑問も出されている．用語自体も統一されておらず，利用価値と並んで，存在価値，固有の価値，という表されかたをすることもある．また，経済学者の多くは非利用価値の存在を認め，小さくない値であるとは思ってはいるが言葉の使い方や定義などに疑問を呈示している．特に，非利用価値を持つにいたる動機やその測定に対して批判的である．

非利用価値についての主としてその測定法に関する問題はあるものの，非利用価値そのものの存在はおおよそ認められているようである．したがって，環境の総経済的価値は，以下のように表される．

$$\text{総経済的価値} = \text{利用価値} + \text{非利用価値} \tag{7.2.1}$$

ところで，総経済的価値はいつどのような場合においても評価されるべきものとは考えられない．非利用価値を含む総経済的価値の評価が必要とされる状況は次のような場合とみなされよう．

① 不可逆性があるとき，
② 不確実性があるとき，
③ 唯一性が認められるとき，たとえば，絶滅の危機にある種，独特の景観など，

である．

7.2.2 環境の経済的評価手法

　人々の厚生は，財やサービス（私的財，公共財）の消費ばかりでなく，環境（資源）からの財やサービス（通常これらは非市場財である）の量や質にも依存している．これら財・サービスの変化が人々の厚生にどのような影響を与えるかがその経済的価値を測る基礎となっている．このような厚生変化を測るものとして，消費者余剰，補償変分（CV），補償偏差（CS），等価変分（EV），等価偏差（ES）がある．
　これらを実際にどのように計測するかということから，環境の経済的評価手法は，(1)環境財と関係のある市場（代理市場）データを用いるもの，と(2)人々への直接質問によって評価を行うもの，とに大きく分けられる

(1) 環境財と関係のある市場（代理市場）データを用いるもの
　　　（顕示選好法：RP（revealed preference）データ）
1) 費用節約アプローチ（cost saving approach）
　都市用水供給の場合には，水源の水質（原水）は生産要素の一つであり，水質の変化によって生産費用は変化する．水質が都市用水の生産において他の生産要素と完全代替財である場合には，原水水質の改善は生産要素投入費用の削減につながる．この費用節約額が水源の環境汚染を防ぐことによる水質改善効果の評価となる．

2) 回避費用アプローチ（averting expenditure approach）
　水源での環境汚染による原水水質の悪化によって水道水に異臭を感じる人が多くなっている．そのため，多くの人々が湯冷ましやミネラルウォーターを利用している．このような行動は異臭味を回避する行動とみなされる．この回避行動と水質が完全代替であれば，観察可能な回避行動から回避支出額を求め水道水質の経済的評価を行うことができる．

3) 旅行費用アプローチ（travel cost approach）
　人々が湖や河川を訪れるという場合を想定する．水質の改善は人々がそこでレクリエーション活動をしなければ何の価値もない（ここでは利用価値のみ考えている）．もしそうであれば，水質とそこへの訪問回数で測られるレクリエーション

活動は弱い補完関係にある．湖や河川の環境汚染による水質の悪化があった場合に水質改善による便益は，水質の改善前と後のその場所への訪問の需要曲線（変数に水質を含む）の間の面積（消費者余剰の差）から求めることができる．

4）ヘドニック・アプローチ（hedonic approach）

この手法は居住資産価値と環境条件の差に相関が認められる，例えば，きれいな空気という環境質は地価あるいは住宅価格に資本化される（キャピタリゼーション仮説）という点を根拠としている．すなわち，人々は環境のよい（例えば，きれいな空気，土壌汚染がない，浸水の心配がない，など）住居を求めるであろうということから，改善前後の資産データを利用して浸水や環境汚染リスクを測ろうというものである．

地価や住宅価格を被説明変数とし，これを説明する環境質（大気や土壌の質，浸水の可能性，など）を変数とする市場価格関数を推定した上で，そのパラメータから環境質の評価をしようとするものである．

すでに，騒音，大気，水質，廃棄物，緑などのアメニティなどの環境質や社会資本（交通サービス，上・下水道サービス，河川の防災空間，公園などの空間）機能などにヘドニック・アプローチが適用され価値が計測されている．

この手法の適用条件を少し詳しく説明しよう．まず，上述のキャピタリゼーション仮説が成立する条件は，

① 消費者の同質性（すべての消費者が同じ効用関数と所得を持つ）
② 地域の開放性（地域間の移住は自由で移動コストは０）

である．

また，社会資本整備の便益の測定が可能となるのは，つぎのいずれか１つの条件が成立する場合である．

③ 社会資本整備プロジェクトが小さく，環境質や社会資本水準の変化が小さい
④ 影響を受ける地域の面積が小さい
⑤ 土地と他の財の間に代替性がない．

これらの条件が成立しない場合には，評価値は過大評価になったり，過少評価になったりする．しかし，以上の適用条件はきついので，可能ならば３）の旅行

費用アプローチなどによる消費者余剰で行う方がよいとされている．

5) 離散的選択モデル法（discrete choice model method）

離散的選択モデルはランダム効用理論に基づいている．基本的には3）の旅行費用アプローチの発展型であり，以下に述べるCVMあるいはコンジョイント分析とも結合可能である．つまり，データとしては，RPデータとともに次のSPデータを用いることも可能である．ランダム効用理論は，完全合理性の仮定に基づいてはいるが，ランダム項の解釈によって，人々の気まぐれを反映するものとなっている．

(2) 人々への直接質問によって評価を行うもの
　　（表明選好法：SP（stated preference）データ）

1) 仮想的市場法（CVM：contingent valuation method）

仮想的順位法（CRM：contingent ranking method），仮想的行動法（contingent activity method）なども含む．

この手法では，非市場財，すなわち，実際の市場で取引されない財やサービスの貨幣評価を個人に質問する．例えば，環境汚染を低減することに対して個人がどれだけ支払うかが表明されるような市場（仮想的市場）をつくる．そして，ある特定の場所での水泳や釣りができるようになるような環境汚染の低減案に対する評価を個人に尋ねる．例えば，以下のような質問をする．

環境汚染が低減され，水泳が可能となるような水質に改善されると想定する．この環境汚染低減策に対してどれだけ支払う意思があるか（CV or CS）．

環境汚染低減策が行われないと想定する．このとき，水質の改善後と同じくらいの満足を得るためには最低限どれだけの補償が必要か（EV or ES）．

2) コンジョイント分析（conjoint analysis）

これは，様々な属性別に人々の選好を評価する手法の総称である．1）の仮想的順位付け法とほぼ同じアプローチであるが，より明確に多属性を扱う．

なお，SPデータによる方法に関しては，バイアスの存在などさまざまな問題点が指摘されており，その解決のため様々な提案が行われている．したがって，その使用にあたっては十分な注意が必要である．また，RPデータが利用可能な場合にはできるだけRPデータを用いる方法の適用を考えるのが望ましい．

7.3 公平性とアローの不可能性定理による費用便益分析の限界

7.3.1 カルドア―ヒックス基準に対する批判

(1) 公平性

　支払い意思額を表す需要曲線は，予算制約のある効用最大化問題の解であることから，富の初期配分に依存して決まる．また，富の初期配分によって，社会の構成員の貨幣の限界効用も異なるものと考えられる．その場合，低所得者と高所得者とでは，支払い意思額として示す同じ1万円が同じ価値を表さないことになる．

　このとき，受益者から損失を被るものに対して，実際に補償を行うパレート効率性基準が適用されるならば，社会全体の厚生が増加するため問題はない．しかし，CBAで用いられる潜在的パレート効率性基準では，個人の富の配分と貨幣の限界効用が異なる場合，貨幣単位では仮説的に補償すると正の価値があっても，損失を被る人の効用の減少分は受益者の効用の増加分よりも大きいかもしれない．すなわち，潜在的パレート効率性基準では，個人の効用間の比較をしないと，社会全体の厚生が増加するかどうかを判断できない．したがって，政策のインパクトが異なる所得階層にもたらされる場合，潜在的パレート効率性基準に基づくCBAの評価の妥当性は小さくなる．

　富の初期配分は，パレート効率性そのものの妥当性にも問題を提起する．政策の結果達成されるパレート効率的な資源配分の状態は，初期の富の配分によって変わる．もともと所得に差のある状態を出発点とした場合，誰の状態も悪化しないことを求めるパレート効率性基準では，必然的に，改善後の状態も依然として高所得者への配分が大きい状態に決まる．このような富の初期配分の影響を問題にする場合，パレート効率性基準は厚生を評価する基準として不完全であり，効用，初期配分，消費を含む社会的厚生関数を用いるべきであるという主張もある．このような社会的厚生関数の表現は，配分の望ましさに対する価値判断を内包する．価値判断は社会の構成員の合意によって形成されるが，アローの不可能性定理によれば，民主主義的手続きによって一意の価値判断（社会的厚生関数）を決めるのは不可能である可能性が高い．

(2) アローの不可能性定理(Arrow impossibility theorem)

費用・便益分析の基礎である経済学では，個人の選好は推移律を満たすものとみなされている．すなわち，推移律を満たす選好とは，YよりXが，ZよりYが好まれるならば，ZよりXが好まれる，という関係が成り立つことである．社会を構成するメンバーの個人的な選好が推移律を満たしていれば，集計された選好は推移律を満たす社会的なランク付けを行えるかというと，それは不可能であることが「アローの不可能性定理」によって知られている．

「アローの不可能性定理」は，2人以上が3つ以上の政策から選択をしなければならないとき，表7.1の条件を満たさなければならないならば，推移律を満たす社会的順序は保証されないことを証明した．

これは非常に重要なので，より詳しく見ていくことにしよう[23]．民主的でかつ整合的な社会決定を行うためには，どのような条件が必要であるかを，一般的な形で最初に議論をしたのはArrow[24]であった．これが基本となって社会選択理論(Social Choice Theory)が発展してきた．

1) 投票のパラドックス

いま，3人の主体$N=\{1, 2, 3\}$がいて，選択対象の集合$\Omega=\{x, y, z\}$の中から選択を行うとする．主体1は，これらの選択対象を好ましい順にx, y, zとしているとしよう．次に記号を導入しよう．

xP_1y；主体1はxのほうをyより好ましいと思っている
yP_1z；主体1はyのほうをzより好ましいと思っている

等などとする．そして，上記のような場合，当然

xP_1z；主体1はxのほうをzより好ましいと思っている

ことになる．主体1の選好関係P_1のこのような性質を推移律とよぶ．従って主

表7.1　Arrowの不可能性定理における選好の条件

非限定領域の公理：個人は，推移律を満たすならばどのような選好も持ちうる．
パレート選択の公理：ある選択肢が2番目よりも全員一致で選好されるならば，2番目の選択肢が採択されることはない．
独　立　性　公　理：2つの選択肢の順序付けは，他の選択肢に影響されることはない．
非　独　裁　の　公　理：ある一人が他の人の選好に対して独裁的な力を持つことはない．

体1の選択対象に対する評価は xP_1yP_1z と書くことができる．次に主体2と主体3の選好関係をそれぞれ yP_2xP_2z, zP_3xP_3y であるとしよう．

いま，単純多数決のルールで，3人のうち2人が好ましいとするならば，全体としての多数派の意見が採択される社会を考えよう．まず，x と y を比べると主体1と3の2人が x のほうを好ましいと思っているから，これを xPy と書く．同様なことを繰り返すと，社会の評価は $xPyPz$ で，各主体の選択対象に対する評価は単純多数決ルールによって社会的な評価に集計されるが，いつもうまくいくとは限らない．

今度は，xP_1yP_1z, yP_2zP_2x, zP_3xP_3y であるとしよう．x と y を比べると，1と3の2人が x のほうを y より好ましいと思っているから社会の評価は xPy となり，同様にして yPz, zPx を得る．この場合，x, y, z のどれも自分より評価の高い選択対象があり，x, y, z を社会的評価の高い順序に並べることはできない．つまり，単純多数決ルールは各主体の評価の集計に失敗しているということになる．これを投票のパラドックス（voting paradox）とよんでいる．

2）アローの一般不可能性定理

上では単純多数決ルールにおけるパラドックスをみたが，いくつかの民主的ルールと合理性の条件を満たす選択ルールはみんなこのようなパラドックスをもつ．これが Arrow の一般不可能定理である．

Ω を選択対象の集合とし，主体の集合を $N=\{1,\cdots,n\}$ とする．以下，いくつかの記法を導入する．まず，各主体 i の選択対象の評価を表す2項関係を P_i, I_i, R_i で表す．

P_i：$x, y \in \Omega$ について，x のほうが y より好ましければ xP_iy と書き，逆の場合 yP_ix と書く

I_i：x と y が無差別ならば xI_iy と書く

R_i：x のほうが y よりも好ましいかまたは無差別である（xP_iy または xI_iy）とき，xR_iy と書く．これは～yP_iy（～は否定を表す）のことである．

そして任意の $x, y \in \Omega$ について，この3つの評価のうち，何れか1つの評価が必ずあるものとする．この性質を連結律という．

以上の2項関係は推移率を満たす．つまり $x, y, z \in \Omega$ について

$$(xP_iy, yP_iz) \Rightarrow xP_iz, \quad (xI_iy, yI_iz) \Rightarrow xI_iz,$$
$$(xP_iy, yI_iz) \Rightarrow xP_iz, \quad (xI_iy, yP_iz) \Rightarrow xP_iz$$

が成り立つ．まとめて書けば次式となる．

$$(xR_iy, yR_iz) \Rightarrow xR_iz$$

なを $(xP_iy, yP_iz) \Rightarrow xP_iz$ だけが成立する場合，2項関係 R_i は擬推移律を満たすという．

この2項関係 R_i により，各主体 i は Ω 内の選択対象を評価の高い順に効用関数のように一列に並べることができる．ここで，社会全体としての評価を表す2項関係 P, I, R も R_i の場合と全く同様に，連結律，推移律を満たすものと仮定しよう．

各主体の評価が $R_1, \cdots, R_n$ であるとき，これを集計して社会的な評価 R を下すようなルールは，関数 $R = f(R_1, \cdots, R_n)$ で表すことができる．例えば1）で述べた単純多数決ルールは，このような関数の1つである．この関数 f のことを社会的厚生関数 (social welfare function) とよぶ．関数といっても，これは集計のメカニズムのルールを表していることに注意されたい．

このような関数の具体例はいくつも考えることができよう．例えば $R_1 = f(R_1, \cdots, R_n)$ は他の主体の評価を無視して主体1の評価だけで定まるとすれば，このルールは確かに社会的厚生関数を与えるが，主体1は独裁者である．

個人の評価とは無関係に，文化（伝統とか慣習等）によって社会的評価 $\bar{R}$ が固定されているような社会では，一定の値 $\bar{R}$ をとる関数 $\bar{R} = f(R_1, \cdots, R_n)$ を考えることができる．これも，やはり，社会的厚生関数であろう．

Arrow がその存在を問題にしたのは，このような関数ではなく，厚生という言葉にふさわしいある種の民主的で合理的と考えられる条件を満足する関数であり，Sen[5] によって，以下のように与えられている．

条件 U『非限定領域の公理；各主体の評価関数 R_i は論理的に可能なあらゆる形をとる．』

この条件 U は，例えば $x, y, z \in \Omega$ の場合，$xP_iyP_ix, xP_iyI_iz, xI_iyP_ix$ 等，可能なすべての形をとり，各主体の評価が変わっても，それに対応することができること示している．

いま，Ω上の2項関係 R_i の全体を V と書けば，条件 U から関数 f の定義域は V の n 個の直積 $V\times\cdots\times V$ で，値域は V となる．

条件P『パレート選択の公理；$x,y\in\Omega$ に対して，すべての主体 $i\in N$ にとって $xP_iy\Rightarrow xPy$ である．』

この条件は，全員が x のほうを y よりも高く評価しているなら，社会もまた x のほうを高く評価することを示す．もし，社会の評価が xRy ならば，これはその社会の構成員の誰の意見も反映していないことになり，きわめて非民主的な決定であることになる．

条件D『非独裁の公理；f の定義域に属する任意の $R_1,\cdots,R_n$ について，もし xP_iy ならば常に xPy となるような個人 i は存在しない．』

条件PとDは，民主的な決定のためのきわめてゆるやかな要請である．最後に独立性の条件を述べよう．それは，x と y に関する社会の評価は x と y に関する各主体の評価だけに依存していて，他の選好対象には無関係でそれと独立しているという条件である．従って，この条件はまたペア比較ともよばれている．例えば，$N=\{1,2\}$ として，xP_1yP_1z, zP_2xP_2y のとき，xPy であれば，各主体の z の評価が変化して，zP_1xP_1y, xP_2yI_2z のようになっても，x と y の順位は変わらず xPy である．

いま，θ を Ω の部分集合とする．社会の評価 R のもとで θ 内から最適な選択対象を選べば，それは，$Ch(\theta,R)=\{x\in\theta|xRy, \forall y\in\theta\}$ で与えられる．この集合は，θ 内の選択対象を評価順序 R に従って並べたとき順位が最高であるようなものの集合を表し，θ における選択集合とよぶ．

条件I『独立性公理；$R=f(R_1,\cdots,R_n)$, $R'=f(R'_1,\cdots,R'_n)$ とする．$\theta\subset\Omega$ とし，任意の $x,y\in\theta$ に対して

$$yR_ix\Leftrightarrow xR'_iy \quad \forall i\in N$$

であるとする．このとき，$Ch(\theta,R)=Ch(\theta,R')$ である．』

この条件は，$\theta(\subset\Omega)$ 内の選択対象から最適なものを選ぶ場合には，その解は θ の外にある選択対象に関する各主体の評価に依存しない．すなわち，θ 内の選択対象に関する情報のみが必要で Ω 全体に関する情報は不必要であることを意味

する.

以上の準備のもとに，次の一般不可能定理が得られる.

『定理；$|\Omega| \geq 3$, $n \geq 2$ のとき，4つの条件 U, P, D, I を満たす社会的厚生関数は存在しない』

〔証明〕この定理を，簡単のため，選択対象が x, y, z の3つで，$n=2$ の場合について証明しよう．いま，2つの選択ペア (a, b) に対して，aP_ib, bP_ja $j \neq i$ ならば，aPb であるとき，主体 i は (a, b) に対して弱決定的(weakly decisive；WD) であるとよび，i は $WD(a, b)$ であると書く．まず，適当なペア (a, b) に対して，弱決定的な主体が存在することを示す.

条件 U により，xP_1yP_1z, zP_2xP_2y のような評価を考える．条件 P より xPy である．ここで，zPy ならば zP_2y, yP_1z ゆえ，主体2がペア (x, y) に対して弱決定的となる．なぜなら，条件 I より，上で与えた評価における x の位置は (z, y) に対する決定には無関係だからである．また，yRz ならば xPy から，xPz となって，xP_1z, zP_2x であるから，条件 I より主体1がペア (x, z) に対して弱決定的である．以上で，あるペア (a, b) に対して弱決定的な主体が存在することがわかったから，いま一般性を失うことなく，主体1が $WD(x, y)$ であると仮定する．そして，xP_1yP_1z, yP_2x, yP_2z という評価を考えてみる．すると，xP_1y, yP_2x で主体1は $WD(x, y)$ であるから xPy である．また，yP_1z, yP_2z ゆえ，条件 P から yPz, 従って xPz である.

ここで，主体2の x と z の評価は自由にとることができるから，条件 I に注意すれば，任意の R_1, R_2 において xP_1z ならば xPz であることになる.

弱決定的に対して，2つの選択対象のペア (a, b) について，aP_ib ならば，aPb であるとき主体 i は (a, b) に対して決定的(decisive；D) であるといい，i は $D(a, b)$ と書く．決定的ならば当然弱決定的である.

従って，上に示したことは次式となる.

$$\text{主体1が } WD(x, y) \Rightarrow D(x, z) \tag{7.2.2}$$

また，zP_1xP_1y, zP_2x, yP_2x という評価を考えると同じ論法により

$$\text{主体1が } WD(x, y) \Rightarrow D(z, y) \tag{7.2.3}$$

となる.式(7.2.2)から,主体1は決定的ならば当然弱決定的で$WD(x,z)$であるから,式(7.2.3)を導く議論でyとzを交換すると次式を得る.

$$\text{主体1が } WD(x,z) \Rightarrow D(y,z) \tag{7.2.4}$$

従って,主体1は$WD(y,z)$である.こうして式(7.2.2)を導く議論で$x \to y$,$y \to z$,$z \to x$と置き換えると次式を得る.

$$\text{主体1が } WD(y,z) \Rightarrow D(y,x) \tag{7.2.5}$$

つまり,主体1について次式を得る.

$$WD(x,y) \Rightarrow D(x,z) \Rightarrow WD(x,z) \Rightarrow D(y,z) \Rightarrow WD(y,z) \Rightarrow D(y,x)$$

$D(y,x)$より$WD(y,x)$であるから,いままでのxとyとの役割を交換すれば,式(7.2.3)より,$D(z,x)$,また$D(x,y)$である.結局,$D(x,y)$,$D(y,x)$,$D(x,z)$,$D(z,x)$,$D(y,z)$,$D(z,y)$が導かれたことになる.従って主体1は,x,y,zのすべての2つの選択対象に対して決定的,つまり独裁者になっている.これは条件Dに反している.従って条件U,P,D,Iを満たす社会的厚生関数は存在しない.(証明終)』

一般不可能定理の直接的な意味は,各個人の所得の分配状態の様々なあり方に関する各個人の評価(あるいは効用関数または各個人の考える社会的厚生関数)を何らかの方法で集計して,社会的な評価を導くに当たり,その集計方法として,民主的でかつ合理的なものすなわち社会的厚生関数の名にふさわしいものは存在しないということである.そして,これはArrowのパラドックスとよばれる.ここで民主的かつ合理的といったのはArrowの4条件を指している.そして,このことは各個人の効用関数をもとにして,社会的な単一の目的関数を構成することの困難性を述べたものともいえるし,現実に使われている具体的な集計のルールである市場や投票の不完全さを指摘したものとも考えられる.いずれにしても,個人の評価をもとにして,上述の4条件を守って得られる集計は失敗に終わる.従って,このArrowのパラドックスを回避しようとすれば,この4条件のいずれかをゆるめて検討を行うか,または別の観点から問題への接近を行うしかないことになる.

以上の議論から，再び費用・便益分析の限界に明示的に戻れば以下のような議論となる．すなわち，個人の選好がこれらの4条件を満たしている場合，集計された選好による選択肢のランク付けは循環的になってしまう可能性があることがわかった．CBAにおける純便益による意思決定ルールも，個人の選好をベースとして政策のランク付けを行うという点で，不可能性定理が記述する状況と同様である．従って，純便益による意思決定ルールが推移律を満たす社会的順序付けを保証するためには，さらに条件が必要である．

需要曲線の背後にある個人の効用関数の領域条件は，正かつ限界効用が逓減することであるが，これだけでは不十分である．さらに，個人の効用関数は，個人の需要関数が所得の合計によって市場需要関数に集計されうることが必要とされる．そのためには，2つの条件が成立していなければならない．すなわち，すべての個人の財に対する需要は所得の増加に対して線形的に増加し，その増加率は個人間で等しいこと，また，個人はすべて等しい価格集合に直面していることである．後者は，市場で取引されている財については妥当であるが，前者は厳しい仮定である．この意味で，需要曲線で表される支払い意思額は，政策の相対的な効率性を測る基準として完全ではない．

CBAで政策の効率性を評価すること，すなわち支払い意思額によって把握した純便益を効率性基準として用いるということは，個人の選好が，集計需要関数が存在できるような条件を満たしていることを暗に仮定していることに留意する必要がある．

7.3.2 CBAに対する他の批判

CBAに対する多くの批判は，上述のようにCBAが効率性に偏った判断を示すものであり，公平性への配慮が足りないというものである．しかしながら，他の点についてもCBAの限界が示されている．例えば，ある政策によるインパクトが環境に及ぶ場合，環境の質のように市場が成立しない財の貨幣的評価に関しては，7.2.2で示したように様々な評価法が提案されている．しかしながら，今現在，多くの人々が納得する評価法は示されていないといえよう．また，インパクトをすべて貨幣で評価するということや，貨幣で評価できない多様なものの評価をCBAでは扱うのが難しいということ．さらに，蓄積性を有するものや間接的インパクトの扱い，不確実性の扱い，などに関して適切な扱いがなされているか，

また，このようなインパクトがある場合に割引率を用いることが適切か否かという点に疑問が投げかけられている．

7.4 多基準分析

近年，社会の多様化を背景として，貨幣換算が容易でない非市場財の存在を分析評価に組み入れることが要請されるようになってきた．また，さまざまなステイクホルダーによる基準や評価を考慮することの必要性が高まってきた．つまり，複数の目的，多様な（重要度の違いや階層構造を有する）目的（基準），効率性ならびに公平性の観点，をどのように取り込むかという問題意識が芽生えてきた．そこで，複数の目的（基準）をそのままの尺度で評価し，それを何らかの方法で統合しようという多基準分析（MCA : multi-criteria analysis）が注目されつつある．近年では，最終的に統合するかどうかは別として，評価項目のうち貨幣評価を含む定量的評価が困難な項目については定性的評価で行う多基準分析がイギリス，オランダ，フランス，ベルギーといったヨーロッパの国々で適用されてきており，その中では，費用便益分析は評価項目の一部として扱われている．

しかし，多基準分析と呼ばれている分析の範疇には様々な手法が含まれており，その分析手順，理論的根拠，内在する問題点等も一様ではない．そこで本節では，「多基準分析」手法を「多基準分析とは，複数の基準で代替案を評価し，意思決定を支援しようとする分析手法」であると定義したうえで，まず，多種多様な多基準分析手法を概観し，意思決定支援手法としての可能性を探ることとする．なお，5．静的最適化と重なる部分があるが，多基準分析の枠組みで再構成されているため最低限の記述を行うこととする．

7.4.1 多基準分析手法

(1) 多目的最適化モデル

1）効用最大化モデル（uutility maximization model）

効用（あるいは厚生）モデルは，関連する目的関数（あるいは決定基準）のすべての組がウェイト付けによって先験的に効用関数に統合されうるという仮定に基づいている．

$$\max \phi(w_1, \cdots, w_J) \quad \text{s.t.} \quad g_k(x_1, \cdots, x_I) \leq \bar{g}_k, \quad \forall k \tag{7.4.1}$$

ただし，$x_i (i=1, \cdots, I)$ は決定変数．$w_j (j=1, \cdots, J)$ は目的関数．$g_k (k=1, \cdots, K)$ は決定変数に関する制約条件．ϕ は決定基準集合を効用関数に写像するスカラー値効用（あるいは厚生）関数のマスター・コントロールである．この写像は，ウェイト付けに基づいている．このモデルはいくつかの決定基準間のトレード・オフ（限界代替率）を先験的に特定化することが必要である．

写像の特定化の一つは，各目的関数の線形ウェイト和によるものであり，次のように表される．

$$\max \phi = \sum_{j=1}^{J} \lambda_j w_j \quad \text{s.t.} \quad g_k(x_1, \cdots, x_I) \leq \bar{g}_k, \quad \forall k \tag{7.4.2}$$

ただし，λ は以下の条件を満たすウェイト集合である．

$$\sum_{j=1}^{J} \lambda_j = 1, \quad \lambda_j \geq 0 \tag{7.4.3}$$

目的関数間のトレード・オフ λ_j の決定はかなり困難ではあるが，意思決定者とのやりとりによってトレード・オフを把握することは可能である．

2) ゴール・プログラミング・モデル（goal programming models）

ゴール・プログラミングの定式化は以下のとおりである．

$$\begin{aligned}
&\min \chi = \sum_{j=1}^{J} (w_j^+ + w_j^-) \\
&\text{s.t.} \, g_k(x_1, \cdots, x_I) \leq \bar{g}_k \, \forall k, \, w_j - w_j^+ + w_j^- = w_j^* \, \forall k
\end{aligned} \tag{7.4.4}$$

ただし，w_j^* は各目的関数の望ましい水準を，そして，w_j^+ と w_j^- は，w_j^* に関して w_j の過大達成値と過小達成値を表している．

3) 階層最適化モデル（hierarchical optimization models）

階層最適化モデルは，異なった目的関数のすべての集合は相対的優先度の低下とともに順位付けられるという仮定に基づいている．（意思決定者によって特定化される）決定基準の階層的順位付けの後，低位の目的関数は高位の目的関数の後でのみ考察されるという最適化手順が実行される．明らかに，この手順においては，$w_1, w_2, \cdots, w_J$ と表される両立しない目的関数についての相対的優先度に関する情報が必要である．

階層最適化手順は以下のような継続的段階で表される．

$$\begin{cases} I \begin{cases} \max w_1(x_1,\cdots,x_I) \\ s.t. \\ g_k(x_1,\cdots,x_I) \leq \bar{g}_k, \quad \forall k ; \end{cases} \\ II \begin{cases} \max w_2(x_1,\cdots,x_I) \\ s.t. \\ g_k(x_1,\cdots,x_I) \leq \bar{g}_k, \quad \forall k \\ w_1(x_1,\cdots,x_I) \geq \beta_1 w_1^0 ; \end{cases} \\ III \begin{cases} \max w_j(x_1,\cdots,x_I) \\ s.t. \\ g_k(x_1,\cdots,x_I) \leq \bar{g}_k, \quad \forall k \\ w_1(x_1,\cdots,x_I) \geq \beta_1 w_1^0 \\ w_2(x_1,\cdots,x_I) \geq \beta_2 w_2^0 ; \end{cases} \end{cases} \quad (7.4.5)$$

等など．ただし，w_0^1 と w_0^2 はステップⅠ，Ⅱで達成される w_1 と w_2 の最適値である．また，β_1 と $\beta_2(\beta_1,\beta_2<1)$ は w_1 と w_2 の値のある一定の許容領域を限定している．すなわち，この許容値は意思決定者によって許容される w_0^1 と w_0^2 の最大限の減少幅を表している．

以上の他にも多目的最適化モデルとしては，ペナルティー・モデル，ミニ・マックス・モデル，パレート最適モデルなどがある．

(2) 多属性効用理論（multipleattribute utility theory；MAUT）
1) 期待効用理論と効用関数

人間の価値観を定量化することを目的とした効用理論の歴史は，1783年に聖ペテルスブルグの逆説を記述的に説明しようとしたD. ベルヌーイにさかのぼる[25]．人々の行動原理として，ベルヌーイは「人々は期待金額を最大化して行動しているのではなく，期待効用を最大化している」と説明し，お金に対する効用関数として対数関数を提案した．ただし，1) この効用関数をどのようにして測定するのか．2) なぜ期待効用が人々の合理的な行動の規範となるのか，についてはふれなかった．ベルヌーイのモデルは，人々の行動原理に関する一種の記述的モデル（descriptive model）と考えることができる．

Von Neumann and Morgenstern[26] はいくつかの公理（5つ）を設定し，期待効

用最大化が人々の合理的行動の規範となることを証明して,初めて規範的モデル (normative model) を与えた.

さて,ここで,意思決定者 (DM) が選択することができる代替案の集合を $A=\{a, b, \cdots\}$ とする.DM が代替案 $a \in A$ を選択したときに,結果 x_i が得られる確率を p_i,代替案 $b \in A$ を選択したときに結果 x_i が得られる確率を q_i とし,起こりうるすべての結果の集合を

$$X=\{x_1, x_2 \cdots\}$$

とする.このとき,

$$p_i \geq 0, \quad q_i \geq 0, \cdots \forall i$$

$$\sum_i p_i = \sum_i q_i = \cdots = 1 \tag{7.4.6}$$

を満たす.また,X 上の効用関数を $u: X \to R$ とするとき,代替案 $a, b, \cdots$ を採用したときの期待効用は,おのおの

$$E_a = \sum_i p_i u(x_i), \quad E_b = \sum_i q_i u(x_i), \cdots \tag{7.4.7}$$

で与えられる.このように,結果が1つの属性によって規定されるとき,$u(x)$ を単属性効用関数という.

2) 単属性効用関数の同定

「DM が,くじ l_a の好ましさと,確実な結果 $\bar{x}$ の好ましさが無差別であると考えるとき,$\bar{x}$ をくじ l_a の確実同値額という」$p=0.5$ のとき,このくじを 50-50 くじとよび,$\langle x^*, x^0 \rangle$ と表す.50-50 くじをいくつか用いることによって,単属性効用関数を用意に同定することができる.

3) 多属性効用関数 (multiple attribute utility theory;MAUT)

結果 $x \in X$ が n 個の属性 $X_1, X_2, \cdots, X_n$ によって特長づけられているものとする.現実には多目的評価における複数の評価項目がこれに相当する.

n 属性効用関数を直接求めるには,複数の属性を同時に考慮してくじに関する選好判断をしなければならず,実際にはほとんど不可能である.そこで,DM の選好に関して複数の属性間に種々の独立性や依存性を仮定して,直接測定すべき効用関数の属性の次元を減少させる分解表現を求めることが重要な課題となる.

種々の独立性の中で，最もよく実際に適用されてきたのはKeeney and Raiffa[7]の効用独立性とその特別な場合としての加法独立性[27]である．

4）効用独立性・加法独立性と分解表現[7),27)]

『定義1；選好独立性（preferential independence）；X_I が X_J に選好独立であるとは，$x_I \in X_I$ の変化による選好順序が，条件のレベル $x_J \in X_J$ に依存しないことを意味する．その性質を $X_I(PI)X_J$ と表す．これより，$X_I(PI)X_J$ ならば，任意の $x_I^1, x_I^2 \in X_I$ と，ある $x_J^1 \in X_J$ に対して

$$(x_I^1, x_J^1) \succeq (x_I^2, x_J^1) \Rightarrow (x_I^1, x_J) \succeq (x_I^2, x_J), \quad \forall x_J \in X_J$$

を満たす．』

『定義2；効用独立性（utility independence）；r 属性空間 X_I が $(n-r)$ 属性空間 X_J に効用独立であるとは，X_J のレベルをある値 $x_J \in X_J$ に固定して，X_I 上に任意に与えられた2つのくじを考えるとき，その選好順序が固定した条件レベル $x_J \in X_J$ に依存しないことを意味する．この性質を $X_I(UI)X_J$ と表す．』

『定義3；加法独立性（additive independence）；属性 $X_1, X_2, \cdots, X_n$ が加法独立であるとは，X 上に任意に与えられた2つのくじを考えるとき，その選好順序が X 上の結合確率分布に依存せず，各 $X_1, X_2, \cdots, X_n$ 上の周辺確率分布にのみ依存することを意味する．』

一般に，評価項目（属性）が複数個あって，総合的な評価を行うときに，各評価項目の重み付き和によって評価することが多い．これは，各評価項目間に暗に相互効用独立性はもちろんのこと，さらに厳しい加法独立性を仮定していることを意味する．このような仮定をおくということは，各評価項目間の相互作用をいっさい認めないことを意味し，現実の選好状況を反映しない場合が多い．

2つの属性 X_1，X_2 が加法独立のとき，次の2つの50-50くじの間で，

$$\langle (x_1^0, x_2^0), (x_1^*, x_2^*) \rangle \sim \langle (x_1^0, x_2^*), (x_1^*, x_2^0) \rangle$$

という無差別関係が成立することになるが，以下の場合には加法独立性が成立しない[28]．

例1「X_1：経済消費レベル，X_2：環境汚染レベル，とすると，左辺の50-50くじは，経済消費レベルも環境汚染レベルも共に最悪の状況と両者が共に最良の

状況とがおのおの0.5の確率でえられるくじを表し，右辺は，どちらか一方が最良で他方が最悪の状況がおのおの0.5の確率で得られるくじを表している．X_1，X_2が加法独立のとき，これらの2つのくじが同程度に好ましいことを意味するが，現実に大方の人々は，右辺のくじをより好ましいと思うのではなかろうか．」

例2 「ある災害に対する公共的リスクを評価するものとして，X_1：A氏が受ける被害の度合い，X_2：B氏が受ける被害の度合い，とすると，左辺の50-50くじは，A氏とB氏が共に多大の被害を受ける状況と両者が共になんら被害を受けない状況とがおのおの0.5の確率で起こるくじを表し，右辺は，A氏かB氏のどちらか一方が多大の被害を受けたほうがなんら被害を受けない状況とがおのおの0.5の確率で起こるくじを表している．このとき，公共的リスクの公平性（equity）という立場から，左辺のくじのほうが好ましいことは明らかであり，二つの属性X_1とX_2の間の加法独立性は成立していない．」

SMART (Simple Multi-Attribute Rating Technique) は和の形を作るひとつの方法を提示している．エドワーズ[29)30)]は心理学の意思決定研究からSMARTを開発し，SMARTS (SMART using Swings)，さらにSMARTER (SMART Exploiting Ranks) に発展していく．

5) 合理的意思決定のパラドックス

MAUTの主たる問題は，効用関数を導くために満たさなければならない強い仮定である．基本的に，CBAにおける社会的厚生理論と同じ公理を拠り所としている．それゆえ，CBAに向けられる批判の多くがMAUTにも向けられる．

合理的意思決定モデルと考えられている期待効用モデルと現実の意思決定の乖離をパラドックスという．以下にパラドックスの例を示す．

i 選好の非独立性

期待効用モデルの中で最も重要な役割を果たしている公理が独立性公理である．この公理により，代替案（例えば，確率分布で表される）の効用は，得られる可能性のある結果の効用の期待値で表すことができる．

独立性公理が成立しない現象は，確実性効果（certainty effect）や共通帰結効果（common consequence effect）と呼ばれている．Allaisのパラドックスは確実性効果の例である．たとえば，つぎのような2つの確率分布の間の選好を考える．

P：確実に1億円を得る．

Q：確率0.98で3億円を得，確率0.02でなにも得られない．

この場合，確実に1億円を得られる確率分布 p の方が多くの人にとって魅力的となる．

ii 確率の非加法性

リスク下における独立性公理が成立しない種々の現象は，不確実性下の意思決定問題として定式化しなおすことにより，不確実性下の独立性公理が成り立たない現象とみなすことができる．不確実性下とリスク下での意思決定の違いは，リスク下では事象の生起する確率が与えられているのに対して，不確実性下では明確に与えられていない．このあいまい性に起因した選好判断による独立性の不成立が起こる，エルズバーグパラドックス．

iii 選好の非推移性

a．非推移的無差別

推移性には，無差別関係〜の推移性と，強選好関係＞の推移性がある．

人間の識別能力の限界からくる非推移的な無差別関係の例[25]

コーヒーの例：砂糖 x 粒入りのコーヒー 〜 砂糖 $x+1$ 粒いりのコーヒー

　　　　　　　砂糖 $x+1$ 粒いりのコーヒー 〜 砂糖 $x+2$ 粒いりのコーヒー

……

　　　　　　　砂糖 $x+n-1$ 粒いりのコーヒー 〜 砂糖 $x+n$ 粒いりのコーヒー

〜が推移的であれば，

　　　　　　　砂糖 x 粒入りのコーヒー 〜 砂糖 $x+n$ 粒いりのコーヒー

が成立することになるが，n が非常に大きい場合には不合理．

b．選好サイクル

一般に n 個の代替案 $a_1,\cdots,a_n$ に対して，$a_i > a_{i+1}(i=1,\cdots,n+1)$ であるのにもかかわらず，$a_n > a_1$ となるとき，選好サイクルが存在するといわれる．

c．選好反転現象

たとえば，ギャンブルどうしの選好比較はギャンブルの確率により主に決定される一方，値付けは得られる利得額や失うであろう損失額により主に影響される．

iv　フレーム効果

人々は利得に対するのとは異なった仕方で損失に反応し，質問の仕方がその答えに影響を及ぼす．

6）環境影響評価への応用

2属性効用関数の同定；結果 $x \in X$ が，たがいに競合した2つの属性 Y と Z によって特徴づけられているものとする．このとき，x は順序対 $(x=(y,z)$, $y \in Y$, $z \in Z)$ で表すことができる．起こりうるすべての結果の集合 X は，直積集合 $X=Y \times Z$ で表される（2属性空間）．

多属性効用関数を同定する場合，一度にこれを求めることは困難であるので，各属性間に種々の独立性を仮定して，直接に測定する効用関数の属性数を減らす分解表現を求める必要がある．

属性間に効用独立性（加法独立性）が成立する場合には，一方の項目（例えば，騒音 (z) のレベル）を固定し，評価対象の項目（大気汚染濃度 y）について，確実同値額 $y_{0.5}$，$y_{0.25}$，$y_{0.75}$ を質問する．これにより，大気汚染濃度に対する単属性効用関数 $u_1(y)$ が求められる．騒音についても同様にして，単属性効用関数を求めることができる．

多属性効用関数を同定するには，各属性の重み係数を求めて，それを各単属性効用関数に乗じて加えればよい．例えば，大気の重み係数は，大気が最良で騒音が最悪な状態を考え，つぎに，両項目とも最良にある確率が p で両項目とも最悪にある確率が $(1-p)$ である状態を考え，両者が無差別である確率値 p を質問する．この値 p が大気汚染の重み係数となる．これは，2属性空間の隅の効用値について質問することを意味する．騒音の重み係数についても，同様に求めることができる．

7）グループ効用関数

これまでの議論では，ひとりのDMあるいは同じ選好構造をもった1グループの選好に関する情報をもとにして，その多属性効用関数をもとめるための分析を試みた．しかし，現実の意思決定問題においては，DMが複雑で，しかもその間に利害の対立が見られるような場合を扱わなければならないことが多い．このためには，集団意思決定の理論が必要である．多属性効用理論を集団意思決定の理論に延長するとすれば，各DMの多属性効用関数を集約することによってグループ効用関数を構成することが考えられる．この考え方のもとで，異なったDMの

効用レベルの間に効用独立性を仮定してグループ効用関数の分解表現が考えられよう．

(3) **価値関数**（multiple attribute value theory：MAVT）と満足関数

価値関数といえば，かつては序数的価値関数として，序数的効用を指す言葉として用いられてきた．しかし，Dyer and Sarlin[31]によって基数的価値関数の存在が示されたので以下ではこれを価値関数とよぶ．また Keeney and Raiffa[7]によってその作成方法が示されたのでこれらを説明する．

いま，結果 $x \in X$ が n 個の属性 $X_1, \cdots, X_n$ によって特徴付けられているものとし，

$$X^* = \{x_1 x_2 | x_1, x_2 \in X, x_1 \geq x_2\}$$

を $X \times X$ の部分集合とする．そして，$\geq^*$ を X^* 上の2項関係とする．ここで，$\geq^*$ は X^* 上の選好強さを表し，

$$x_1 x_2 \geq^* x_3 x_4 (x_1, x_2, x_3, x_4 \in X, x_1 \geq x_2, x_3 \geq x_4)$$

は，「x_2 に対する x_1 の選好強さは，x_4 に対する x_3 の選好強さよりも大きいか等しい」ことを意味する．そして，$X, X^*, \geq^*$ が正選好構造をとると仮定すれば，任意の $x_1, x_2, x_3, x_4 \in X$ に対し

$$x_1 x_2 \geq^* x_3 x_4 \Rightarrow v(x_1) - v(x_2) = v(x_3) - v(x_4)$$

を満たす X 上の実数値関数 v が存在する．さらに，

$$x_1 x_2 \geq^* x_2 x_3 \Rightarrow x_1 \geq x_2$$

と定義することにより，

$$x_1 \geq x_2 \Leftrightarrow v(x_1) \geq v(x_2)$$

を得るので，v は X 上の選好関係をも表している．さらに，正選好差構造を満たす v は正線形変換の範囲で一意である．この v のことを，基数的価値関数（以下価値関数）と呼び，次式のように表す．

$$v_i = v_i(x_i) \tag{7.4.8}$$

Keeney and Raiffa.[7] によれば，価値関数は以下の手順で作成される（図7.8参照）．

① 評価基準の値 x の変域 ($x^0 < x < x^*$) を設定し，$v(x^*)=1$，$v(x^0)=0$ のように正規化する．

② この x の変域内の点 x^m で，x^0 であるときに x^m になることと，x^m であるときに x^* になることが無差別となる点（価値中点）を意思決定者に尋ね，この x^m に対応する価値 $v(x)$ の値を 0.5 とする．

③ 同様にして x^0 と x^m の価値中点 $x^{0.25}$ を求め $v(x^{0.25})=0.25$ とし，x^m と x^* の価値中点 $x^{0.75}$ を求め $v(x^{0.75})=0.75$ とする．順次同様に価値中点を求めていく．適当なところでこれらの価値中点を滑らかな曲線で結べば価値関数が得られる．

しかしステイクホルダーごとに異なる価値関数を構築する場合にこの手法を適用すると，以下のような問題点が生じる．

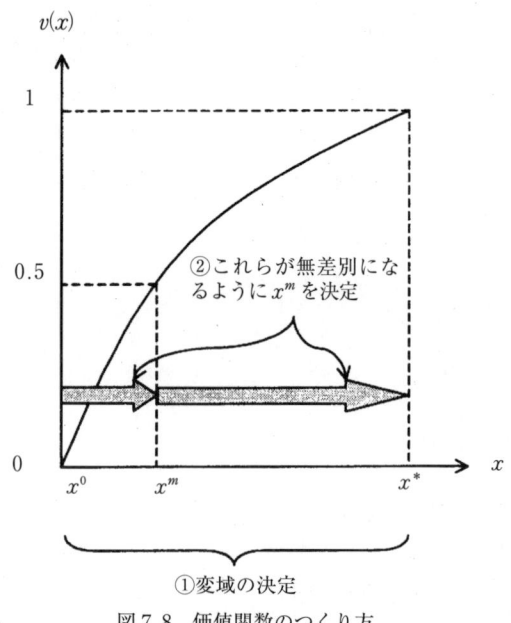

図7.8 価値関数のつくり方

① ステイクホルダー間で整合性のとれた価値関数の決定ができない.
② 価値中点を尋ねるための質問が分かりにくい.

まず①の問題点に関して，Keeney et al. の手法では，評価基準ごとに独立に変域が決定されるため，それによって得られる各ステイクホルダーの価値関数は整合性がとれていると言えるのかどうか不明である．次に②に関して，回答者は価値中点を求めるのにかなりの想像力を要する．なぜなら，たった1つの価値中点を出すためにさえ，回答者は自分が x^0 であるときと，x^m であるときという2つの状態を想像しなくてはならないからだ．更にこれら2つの状態は，自分が現在どのような状態に置かれているか，ということとは全く関係がない.

このため，佐藤・萩原[32)33)34)] は価値関数の「選好強さの差に基づいて構築する」という点は参考にしつつも，整合性の問題やアンケートの設計までも考慮に入れた「満足関数」というものを新たに定義し，これによってステイクホルダーの確実性下における選好強さを表現する．即ち，満足関数も価値関数と同様，評価基準の値 x_i を何らかの関数によってある価値量（「満足量」）s_i に変換するものである.

$$s_i = s_i(x_i) \tag{7.4.9}$$

この満足関数の構築手法は以下の通りである．まず，各ステイクホルダーをその評価基準の値により複数のグループに分割する．次に，改善を必要とする度合いをグループごとに求め，最後に各ステイクホルダーの満足関数を，整合性を取った上で構築するという流れをとる．次の事例でその詳細について説明する.

【事例7.2】吉野川第十堰問題のコンフリクトと合意形成を考慮した代替案の評価モデル[34)]

(1) 河川開発を取り巻くコンフリクト

従来河川開発計画は，基本高水流量や利水安全度といった確率論に基づくプロセスによって策定され，治水・利水のみならず生態系や親水に対する住民意識についてはケース・バイ・ケースでの対応にとどまってきた．しかし長良川河口堰問題，吉野川可動堰問題，川辺川ダム建設問題のように，影響圏が広範で様々な

ステイクホルダーが存在する場合には，住民間で鋭いコンフリクトが生じ意思決定に多大な困難が伴っている．これは，治水，利水，生態系，親水はそれぞれ扱う対象が異なるためそのままでは統一的に評価できないこと，また住民の意識を計画に結び付けていく方法論が確立されていないことが原因として挙げられる．

こうしたコンフリクトの問題に対し，住民意識の評価を行って意思決定に結び付けることを目的としたアプローチとしては，CVM (Contingent Valuation Method) や旅行費用法など，全ての価値を貨幣などの統一尺度に変換し総合的に評価する方法が挙げられる．これは治水・利水の効用や審美性・倫理性を含む環境の価値など，全ての価値を統一的に表せるため意思決定に結び付けやすいというメリットがあるが，スコープ無反応性やインセンティブの問題など，アンケートにおいてバイアスを生じる問題が指摘されており，政策決定の手段としては未だ研究段階にある．また，代替案を総合的に判断するよりは，代替案の持つ多様な側面を公正に評価する方がステイクホルダーに社会的な視点を持たせ，よりよい意思決定につなげることができると考えられる．

以上のことから，複数の河川開発代替案がステイクホルダーに与える影響をその意識の面から評価する方法を提案する．具体的には，河川開発に伴うステイクホルダーへの影響を多元的に評価しつつもその大きさの相互比較が可能となるような方法論を構築することを目的とする．これにより，各ステイクホルダーは他のステイクホルダーへの影響を自身のそれとの比較の上で評価することが可能となり，合意形成に必要となる「歩み寄り」，そして「フレーム・オヴ・レファレンス（当事者の抱える判断・意味付けの枠組み）の組替え[35]」をより促進できると考えられる．またこの方法を吉野川可動堰問題に適用し，その有効性を見る．

(2) 満足関数のモデル化

1) ステイクホルダー内の「グループ」の導入

同一のステイクホルダーではあっても，その便益や被害を受ける程度は人によって様々である．そこでまず，ステイクホルダーを単一の評価基準値を持つ集団として考えるのではなく，いくつかのグループに分けて捉える．また，満足関数 $s(x)$ は評価基準の値 x に対して単調増加であると仮定する．いまステイクホルダー i が有する評価基準を x_i と表す．またこのステイクホルダーを g_i 個のグループに分割し，それぞれのグループの現在の状態（評価基準の値）を次のように表す（図7.9参照）．

7 費用便益分析と多基準分析

```
┌──── ステイクホルダー i ────┐  ┌──── ステイクホルダー j ────┐
┌─────┬─────┬─────┐        ┌─────┬─────┬─────┐
│グループ1│グループ2│グループ$g_i$│        │グループ1│グループ2│グループ$g_j$│
│ 現在 │ 現在 │ 現在 │  ...   │ 現在 │ 現在 │ 現在 │
│$x_i^1$│$x_i^2$│$x_i^{g_i}$│        │$x_j^1$│$x_j^2$│$x_j^{g_j}$│
└─────┴─────┴─────┘        └─────┴─────┴─────┘
```

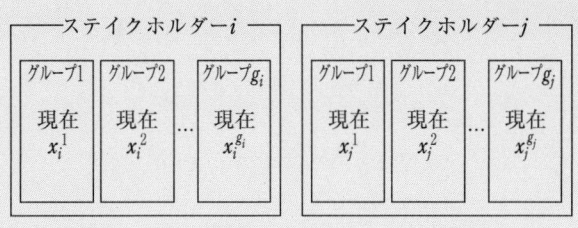

図7.9　ステイクホルダーとグループの関係

2) 必要度の定義

次に，改善を必要とする度合いを「必要度」として定義し，これをグループごとに求める．いまこの必要度が，それぞれのグループの現在の状態 x_i^p ($p=1,\cdots,g_i$) がどの程度であるのか，将来的にはどの程度の改善が必要と考えているのか，そしてそれを必要と考える人はどの程度なのか，ということによって構成されるものとする．これは，大きな改善を必要と考える人の割合が高ければ高いほど，そのグループにとっての必要度は高いと考えられるからである．

そこでまず，対象となる人々に「あなたの現在の状態を考えた場合，自身の評価基準に関してどこまでの改善が必要だと考えますか？」という質問を行う．これは，鋭いコンフリクトが生じている河川開発計画においては，「どこまで欲しいか」という「欲望」ではなく，「どれだけあれば我慢できるのか」という「必要性」の視点を意思決定に反映させていくことが重要だと考えられるからである．また「我慢」の視点から質問を行えば，評価基準の改善に伴う他の要素への負の影響がなかったとしても，回答者は「無限の改善を望む」のではなく改善の必要性に関して限界を示すものと考えられる．

次にグループごとに，現在の状態 x_i^p（各グループに固有の数値）を原点に取り，横軸を将来的に望む x_i，縦軸をその x_i までの改善が必要と考える人の比率 r_i^p (x_i の関数）で表したグラフを描く（図7.10参照，以後これを「必要グラフ」と呼ぶ）．またこの比率 r_i^p は，現状に対して不満があり改善を必要と考える人々と，現状で満足している人々で合計が1となるように，次式を満たすものとする．

$$\int_{x_i^p}^{x_i^p} r_i^p dx_i = 1 - (現状で満足している割合)$$

ただし $r_i^p \geq 0$ 　　　　　　　　　　　　　　(7.4.10)

そして，あるグループの現在の状態が x_i^p であるときの必要度 $N_i(x_i^p)$ を，以下の式で定義する．

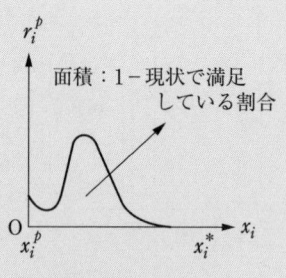

図 7.10 必要グラフ

$$N_i(x_i^p) = \frac{1}{x_i^* - x_i^0} \int_{x_i^p}^{x_i^*} (x_i - x_i^p) r_i^p dx_i$$

ただし $x_i^0 \leq x_i^p \leq x_i^*$ (7.4.11)

つまり必要度とは，現在の状態と必要とする将来値の差に，その将来値を必要とする人数の比率を掛け合わせ，最良値と最悪値の差で基準化したものであると定義する．この式 (7.4.10)，式 (7.4.11) を用いることにより，ステイクホルダーの評価基準 x_i の単位に関わらず，必要グラフの形状から「改善を必要とする度合い」を算出することができる．すなわちステイクホルダー間の必要度の比較が可能となる．そしてこの必要度を，各グループに対して求める．あるステイクホルダー内に3つのグループがあるとしたときに，それぞれのグループ毎の必要グラフと必要度の関係を図示したものが，図 7.11 である．

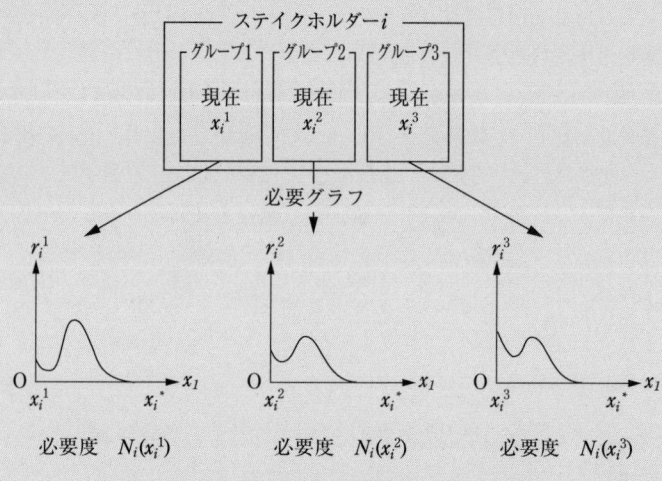

図 7.11 グループごとの必要グラフと必要度

3）必要度から満足関数を構築する

最後にグループごとの必要度を用いてそのステイクホルダーの満足関数を求める．満足関数は確実性下での選好強さを表すものであるため，Keeney et al. の価値関数と同様，選好強さの差に基づいて構築されなければならない．そこで，「x^0 から x^m になることと x^m から x^* になることが無差別となる」ということを，「x^0 から x^m になったときに必要性の満たされた度合いと，x^m から x^* になったときに必要性の満たされた度合いが等しくなる」と解釈することで，必要度と満足関数の関係を求める．

いま，「必要性の満たされた度合い」を「必要度の減少量」とするならば，x_i 上に任意の3点 x_i^l, x_i^m, x_i^n（ただし $x_i^l < x_i^m < x_i^n$ とする）を取ったとき，「必要度の減少量が等しければ，その満足関数の値の差も同じ」であるので，

$$s_i(x_i^n) - s_i(x_i^m) = s_i(x_i^m) - s_i(x_i^l)$$
$$\Leftrightarrow N_i(x_i^m) - N_i(x_i^n) = N_i(x_i^l) - N_i(x_i^m) \tag{7.4.12}$$

が成り立つ．即ち，満足関数の値の差が同じとなるような状態変化の例をいくつか取ってくれば，それらの間では必要度の差も同じとなる．これは図7.12において常に

$$s_i(x_i^m) : \{1 - s_i(x_i^m)\} = \{N_i(x_i^0) - N_i(x_i^m)\} : \{N_i(x_i^m) - N_i(x_i^*)\} \tag{7.4.13}$$

が成り立つことを意味する．従って，価値関数と必要度の関係は，

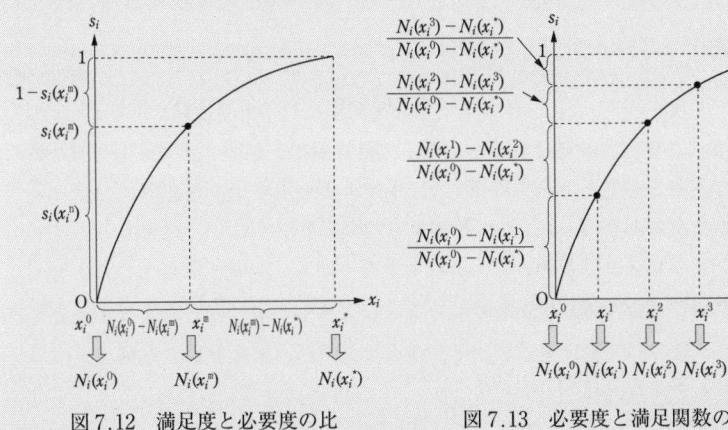

図7.12　満足度と必要度の比　　　図7.13　必要度と満足関数の関係

$$s_i(x_i^p) = \frac{N_i(x_i^0) - N_i(x_i^p)}{N_i(x_i^0) - N_i(x_i^*)} \tag{7.4.14}$$

として表される（図 7.13 参照）．以上のことは，必要度と満足が一意の関係にあること，更に言えば，改善に対する必要性（必要度）が大きければそのグループにとっての満足は低いということを意味している．

4）ステイクホルダー間の整合性

ここでは簡単のために，ステイクホルダーが 2 種であるときを例として，以上で構築した満足関数が，異なるステイクホルダー間で整合性が取れていると言えるのかについて考察する．

前にも述べたように，Keeney et al. の手法では，必ず構築された価値関数間での整合性の問題が生じる．そこでここでは，各ステイクホルダーが有する別次元の軸をどのように突き合わせるのかという問いに対して，それぞれが持つ必要度で整合性を図るものとする．つまりステイクホルダー間の整合性を，「ステイクホルダー i の評価基準の値 x_i とステイクホルダー j の評価基準の値 x_j に対する満足が同じであれば，その点における必要度も同じである」と考えるならば，

$$s_i(x_i) = s_j(x_j) \Leftrightarrow N_i(x_i) = N_j(x_j) \tag{7.4.15}$$

が成り立たなければならないから，式 (7.4.14) より，

$$\frac{N_i(x_i^0) - N_i(x_i)}{N_i(x_i^0) - N_i(x_i^*)} = \frac{N_j(x_j^0) - N_j(x_j)}{N_j(x_j^0) - N_j(x_j^*)}$$

$$\Leftrightarrow N_i(x_i) = N_j(x_j) \tag{7.4.16}$$

となり，これは即ち

$$N_i(x_i^0) = N_j(x_j^0) \quad \text{かつ} \quad N_i(x_i^*) = N_j(x_j^*) \tag{7.4.17}$$

を表す．言い換えると，x_i と x_j の最良値と最悪値における必要度が等しければ，前述の意味での整合性は取れたことになる．最良値のときの必要度が 0（即ち最良値以上の改善を必要と考える人はいない）であるときには，最悪値における必要度が等しくなるように x_i と x_j の最悪値を設定すればよい．

この整合性の意味は以下のように解釈できる．即ち，開発と環境といった別次元の要求を同じ土俵で議論するために，改善に対する必要性の強さを表す「必要度」を導入し，これが異なるステイクホルダー間で同じであればその満足も同じであると考えることを意味している．

またこの際，各グループの必要度の算出に関してはアンケート調査を前提としているため，その微小な変化により結論が大きく変化することがないかを調べるために，感度解析が必要となる．しかし現段階では，必要度は決定論的に導かれるものとして事例を行う．

(3) 吉野川可動堰問題への適用
1) ステイクホルダーの設定

ここでは，河川開発に関連するステイクホルダー間でコンフリクトが生じている問題の例として四国吉野川の可動堰問題を取り上げ，(2)で提案した満足関数モデルの適用を行う．

旧吉野川流域への分流と塩水遡上防止を目的とした固定堰である「第十堰」は，およそ240年前に建築された．現在，治水上・利水上の様々な観点から第十堰の問題が指摘され，それを解決する方法として，その可動堰化が挙げられている．しかし環境保護の視点などからこの可動堰化には反対も多く，2000年1月に行われた徳島市住民投票では，投票者の9割以上の人々が反対の意思を表明した．この可動堰建設の是非を巡り，推進派と反対派がそれぞれ議論を行っているが，両者が協同して解決に向けた議論を交わすことはなく，未だ平行線を辿ったままである．

従って吉野川可動堰問題に関わるステイクホルダーとしては，計画に伴って何らかの利害を被る住民と生態系に着目すると

① 治水に関して…第十堰のせき上げにより洪水時に被害を受け易い人々
② 利水に関して…第十堰の流失時に利水被害を受ける旧吉野川流域の人々
③ 生態系に関して…可動堰建設によって生息環境に何らかの影響の出る生物（の代弁者）
④ 親水に関して…第十堰をアメニティ空間として利用している人々，又はその歴史的・文化的価値によって何らかの便益を受けている人々

の4種が考えられる．しかし第十堰の流失の危険性の有無に関しては様々な意見があり，堰中の構造などのさらなる調査が必要となる．従ってここでは，それを除く治水に関するステイクホルダー，生態系に関するステイクホルダー，親水に関するステイクホルダーの3種を対象とし，代替案の多元的評価を行うことにする．なお代替案としては，可動堰建設と現状維持の2つを評価の対象とする．

2）治水に関するステイクホルダーの満足関数

治水に関するステイクホルダーの満足関数を構築するためには，(2)で述べたように，その被害の被りやすさによっていくつかのグループに分割する必要がある．従って洪水被害の程度を，「河川流域に住む1人の住民」という視点から，「いつ洪水がやってくるか」「洪水によりどの程度の深さまで浸水するか」の二つにより定義する．いま，洪水の伝播の時間経過と洪水による最大浸水深の組み合わせにより治水レベルを図7.14のように10点満点で評価する．そして，「洪水伝播時間」と「最大浸水深」のどちらか一方でも1点であればその住民は洪水に対して危険であるとの認識から，この治水レベルが6点以下の住民を治水に関するステイクホルダーと定義する．またその治水レベル (2, 3, 4, 5, 6点) によって，5つのグループに分ける．

以上のようにグループを設定すれば，次はそのグループごとの必要グラフから必要度を算出することが必要である．そのため本研究では，以下のような仮定を置くことで治水に関するステイクホルダーの必要グラフを求めた．

① どのグループの誰もが，治水レベルは6点以上であることが必要だと考えており，またその最大値は10点である．
② より低い治水レベルのグループほど，より大きな改善を必要と考える人の割合が高い．
③ 必要グラフにおける変化は全て線形で近似される．

この仮定に従い，それぞれのグループごとの必要グラフを設定し，評価基準の最悪値として治水レベルが2点の人を取ったときの必要度を式(7.16)に従って計算したものが，図7.15である．

さらに式(7.19)を用いれば，治水に関するステイクホルダーの満足関数が得られる．満足関数の曲線として，限界効用逓減より

$$f(x) = a + b \cdot \exp(cx) \tag{7.4.18}$$

治水レベル ＝
浸水伝播時間	
～30分	1点
30分～1時間	2点
1～2時間	3点
2～3時間	4点
3時間	5点

＋

最大洪水深	
～0.5m	5点
05～2.0m	3点
2.0m～	1点

＝ 10点満点

図7.14 治水レベルの定義

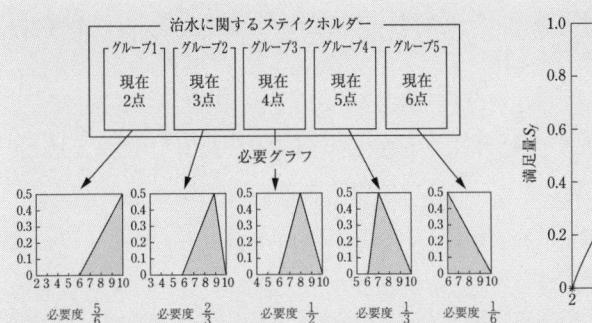

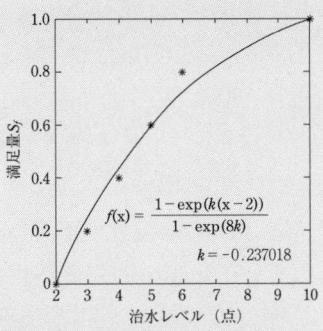

図7.15 治水に関するステイクホルダーの必要度

図7.16 治水に関するステイクホルダーの満足関数

を仮定すれば，最小二乗法により図7.16の満足関数が得られる．

3）生態系に関するステイクホルダーの満足関数

ここでは可動堰建設により最も直接的で大きな影響を受けると考えられる「魚類」に着目し，これを生態系に関するステイクホルダーと考える．そして環境の変化が魚類にもたらす影響を，その代弁者が定量的に表現するための手法として，魚類の生息環境の評価指標である森下ら[36)]のHIM (habitat index morishita) を用いる．HIMとは，「川が上下に連なっているか」「河床に大小の石があるか」など魚が生息するための条件を10項目選び，それぞれ5点満点で評価することで，合計最低10点，最高50点の評価値をつけるものである．つまりこの手法は，ある河川環境を目で見て，それが魚類全体にとってどの程度適切であるかどうかを評価するものである．しかしもちろん，魚種によって「上下の連なり」を特に重視するものから，「河床の石」を重視するものまで様々であり，その重視の度合いを同様に魚種ごとに各項目につき5点満点で算出したものは，「要求度」と呼ばれている．従ってこの指標は，河川環境の変化を魚類の視点から定量的に表現できるということと，生息環境に対する魚種ごとの満足度合いが表現できるという点で，本研究の目的に合致した指標であると言える．

ここで対象地における現状のHIMを各項目 $i(i=1,\cdots,10)$ について h_i^s, ある魚種 j の各項目 i についての要求度を h_{ij}^d とし，各魚種 j にとっての「HIM不足分」h_j^l を以下の式で定義する．

$$h_j^l = -\sum_{i=1}^{10} \lambda_{ij}$$

$$\lambda_{ij} = \begin{cases} h_{ij}^d - h_i^s, & \text{if } h_{ij}^d \geq h_i^s \\ 0, & \text{if } h_{ij}^d < h_i^s \end{cases} \quad (7.4.19)$$

つまり，この「HIM 不足分」が負の方向に大きければ大きいほど，その魚種が現状の生息環境に対して不満を持っていることを意味する．ここでは，この不足分が-10，-8，-6，-4，-2, 0のいずれであるかにより，魚類を6グループに分けた．その上で，生態系に関するステイクホルダーの必要グラフに関して以下のような仮定を置いた．

① どのグループにおいても不足分0を望む割合が最も高い．
② 必要グラフは線形で近似される．
③ どのグループも全く同じ必要グラフの形状を有するものとする．

この必要グラフの形状は，現在第十堰周辺に生息している魚類について，HIM不足分とその魚種の数の関係から導いた．

ところで必要グラフに基づいてグループごとの必要度を求めるためには，ステイクホルダー間の整合性を保てるような最悪値の設定が必要となる．治水に関するステイクホルダーの最悪値における必要度が5/6であり，生態系に関するステイクホルダーもこれに合わせるためには，式(7.4.17)より「HIM 不足分」が-17.8であればよい．従ってこれを生態系に関するステイクホルダーの最悪値として設定すれば，必要度は式(7.4.11)より図7.17に示すようになる．

また満足関数の曲線として治水に関するステイクホルダーと同様式(7.4.18)を想定すると，最小二乗法により生態系に関するステイクホルダーの満足関数は図7.18のように得られる．

4）親水に関するステイクホルダーの満足関数

環境の価値は大きく分けて，利用価値と非利用価値からなると考えられる[21]．

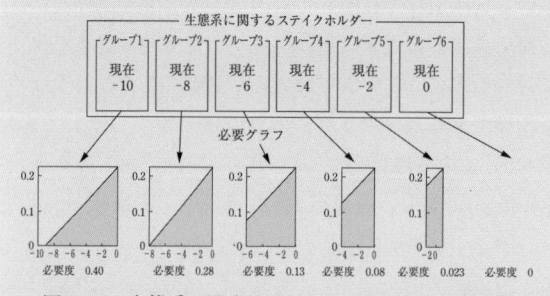

図7.17 生態系に関するステイクホルダーの必要度

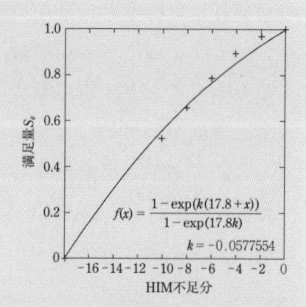

図7.18 生態系に関するステイクホルダーの満足関数

$$f(x) = \frac{1-\exp(k(17.8+x))}{1-\exp(17.8k)}$$
$$k = -0.0577554$$

親水という観点からは，前者はリクリエーションなどによる現在あるいは将来の直接的利用を意味し，後者は環境の存在そのものに対する満足や，子孫へ環境を残そうという意志を意味する．後者の存在についてはおおよそ認められており，その評価は重要であるが，利用価値計測によって環境価値の相当部分が計測できると仮定し，ここでは利用観察調査を基にした利用価値の評価によって親水に関するステイクホルダーの満足関数を構築することにする．

そのためにはまず，対象河川における親水レベルの大小を評価できる基準が必要となる．ここでは，萩原ら[21]がまとめた人間の五感と対応させた「水辺デザインの目標」を基にして，HIMと同様各目標を5点満点で評価する方法をとった．水辺デザインの目標は表7.2にまとめる20項目であり，従って各代替案は100点満点で評価される．

ところで第十堰では，四季を通じた利用観察調査により，およそ20～30種の利用行為が観察されている[37]．また第十堰は越流の有無（季節や天候によって変わる）や採取可能な生物資源（季節によって変わる），景観を際立たせるファクター

表7.2　親水に関する各グループに必要な項目と代替案の評価

水辺デザインの基本目標	水辺デザインの目標	各利用に必要な項目				各代替案の評価 ○:5点，△:3点，×:1点	
		憩い	水に触れる	生物	景観資源	現状維持	可動堰建設
水辺の安全性	流水が清浄であること（衛生的）		○	○		○	△
	安全な空間であること	○	○	○		×	△
	見通しが良いこと	○	○	○		○	△
	危険箇所が認知できること	○	○	○		△	△
アクセシビリティ	見通しが良いこと	○	○	○	○	○	△
	歩きやすいこと	○	○	○	○	○	△
	近づきやすいこと	○	○	○	○	○	△
景観性	見通しが良いこと				○	○	△
	障害物・遮蔽物が無いこと				○	○	△
	変化に富んだ空間であること				○	○	×
	調和のある空間であること				○	△	×
	流水が清浄であること（透明な水）		○		○	○	△
	手入れをされた空間であること	○	○		○	○	○
多様性	多様な空間から構成されていること	○			○	○	×
	多様な生物生息の場であること			○		○	×
	多様な遊びができること	○	○			○	×
	コミュニティの場であること	○				○	○
	愛護活動等の場であること	○				○	×
	文化・創作活動の場であること	○				○	△
	観察・採集・教育の場であること	○	○	○	○	○	○

の有無(花や夕陽など)によって卓越する利用行為が大きく変化することも調査の知見として得られている．従ってここでは，利用行為を「憩いを目的とした行為」「水に触れることを目的とした行為」「生物に関連した行為」「景観資源を利用した行為」の4つに分類し，親水に関するステイクホルダーをこの4つの行為に従い4グループに分けた(それぞれ順にグループ1, …, 4と呼ぶ)．

また各種の行為に必要な水辺の要素を表7.2の水辺デザイン目標より抽出し，各グループはその要素のみ考慮するとした．各グループがある代替案によって受ける親水の程度を「親水レベル」と呼べば，これは

$$\text{親水レベル} = \frac{\sum_j (a_{ij} \times p_j)}{5 \sum_j a_{ij}} \quad (7.4.20)$$

ここで，i：グループ($i=1, 2, 3, 4$)，j：水辺デザインの目標($j=1, 2, \cdots, 20$)，a_{ij}：グループiが水辺デザインの目標jを考慮するときは1，考慮しないときは0，p_j：対象とする代替案の水辺デザインの目標jの得点(1, 3, 5点)のように評価される．

なお分母の$5\sum_j a_{ij}$は，考慮する要素の個数が異なるグループを統一的に評価するために，その最大値で割ることで基準化を行う項である．

また，親水に関するステイクホルダーの必要グラフに関して以下のような仮定を置いた．

① どのグループの誰もが，多少なりとも何らかの改善を望んでいる
② どのグループでも最大値を望む人の数が最も多く，現状を望む人の数が最も少ない
③ 必要グラフは線形で近似される

これらに従い，グループごとの必要グラフを設定したものが，図7.19である．なお生態系に関するステイクホルダーと同様，最悪値における必要度を5/6に合わせるためには，式(7.4.17)より「親水レベル」が-0.6であればよく，これを親水に関するステイクホルダーの最悪値として設定している．

また満足関数の曲線も同様に式(7.4.18)を想定すると，最小二乗法により，親水に関するステイクホルダーの満足関数が図7.20のように得られる．

5) 代替案の多元的評価

現地調査や既存資料により可動堰建設後の各ステイクホルダー・各グループへ

7 費用便益分析と多基準分析

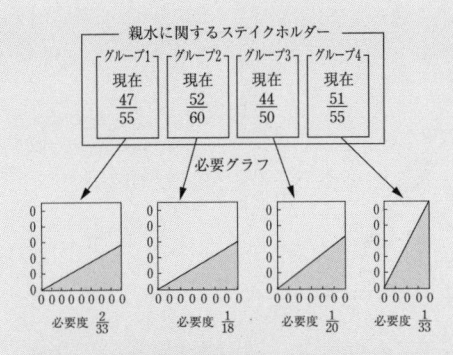

図7.19 親水に関するステイクホルダーの必要度

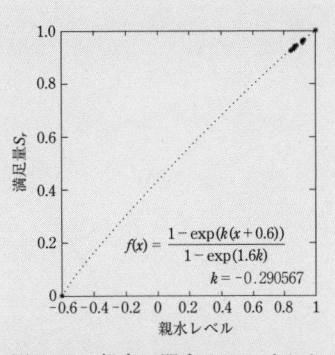

図7.20 親水に関するステイクホルダーの満足関数

$$f(x) = \frac{1 - \exp(k(x + 0.6))}{1 - \exp(1.6k)}$$
$$k = -0.290567$$

治水に関するステイクホルダー
グループ1：現状の治水レベル2点の人々
グループ2：現状の治水レベル3点の人々
グループ3：現状の治水レベル4点の人々
グループ4：現状の治水レベル5点の人々
グループ5：現状の治水レベル6点の人々

生態系に関するステイクホルダー
グループ1：ナマズ
グループ2：ウナギ、ギギ
グループ3：カマツカ、トウヨシノボリ、ナリタナゴ
グループ4：アユ、オイカワ、ヌマチチブ、ウキゴリ、モツゴ、カワムツB型、シマドジョウ、タイリクバラタナゴ、カワヨシノボリ、アユカケ
グループ5：ウグイ、ドジョウ、ハス、チチブ
グループ6：ギンブナ、コイ、ゲンゴロウブナ、ニゴイ、ブルーギル、ブラックバス、カムルチー

親水に関するステイクホルダー
グループ1：憩いを目的とした行為
グループ2：水に触れることを目的とした行為
グループ3：生物に関連した行為
グループ4：景観資源を利用した行為

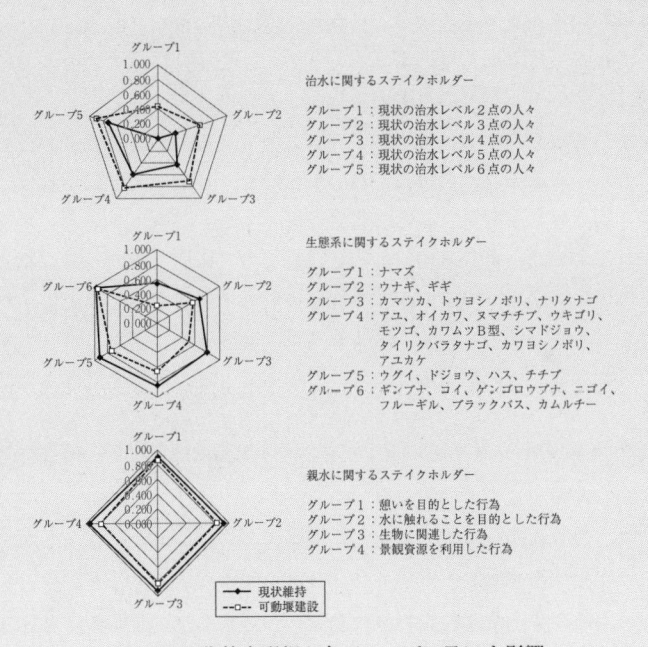

現状維持
可動堰建設

図7.21 代替案選択が各グループに及ぼす影響

の影響を設定し，各々の満足関数値によって現状維持と可動堰建設の代替案選択が各グループに及ぼす影響をファクタープロファイル形式で図にしたものが，図7.21である．またそのグループを構成する人数（魚類の場合には種数）によってグループの重み付けを行い，各ステイクホルダーへの影響を同様に図示したもの

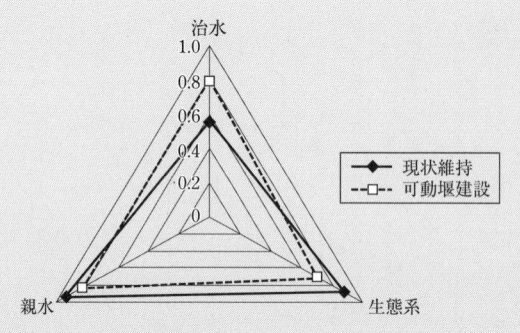

図7.22 代替案選択が各ステイクホルダーに及ぼす影響

が，図 7.22 である．

このような図を作成することで，各代替案がどのようなグループ，どのようなステイクホルダーにどの程度の影響を与えるのかを明確に示すことができ，より影響を受けやすいグループへの配慮を促すことができる．

この図から考察されるのは以下のようなことである．まず現状においては治水の得点が低く生態系や親水の得点が高いのに対し，可動堰を建設すれば，治水の得点が大きく上昇し生態系と親水の得点が減少するというトレード・オフの関係が確認される．また，可動堰建設の影響は全てのグループに同一ではなく，生態系で言えば例えばグループ1やグループ3に対して影響が強く，逆にグループ6にはほとんど影響がない．親水のグループは，他のステイクホルダーのグループと比して可動堰建設の影響は少ないが，その中でも最も影響を受けるのは景観資源を利用している人である．このように，河川開発と環境保全の価値を公正に評価し，代替案が個別のステイクホルダーに与える影響を捉えることのできる点が，ここで提案したモデルと手法の特徴である．

ここでは，影響範囲が広範となる河川開発においてはコンフリクトが生じやすく，また住民意識を評価して計画に結び付ける体系的手法が存在しないことを背景として，ステイクホルダーの視点に基づいた代替案の多元的評価を行う方法論の提案を行った．河川開発に伴うコンフリクトにおいては，ステイクホルダーがそれぞれの主張を展開するだけという状況に陥りがちであるが，代替案の持つ多様な側面を公正に評価することで，新たな代替案を内生的に設計することで合意形成を進めることができると考えられる．

7 費用便益分析と多基準分析

(4) AHP (analytical hierarchy process)

シンプルな AHP は3つのステップからなる階層構造を有している．最上位には意思決定問題における主目的（目標と呼ばれる）が示される．ついで，第2と第3は基準（評価項目）と代替案から成る．もちろん，もっと複雑な階層構造の構築も可能である．AHP は，この階層構造における評価項目の重要度から代替案を評価する．すなわち，基準間と代替案間におけるそれぞれの一対比較をもとにウェイトとスコアを引き出す手法であり，サーティによって 1980 年に考案された．

AHP は，人間の直感を，数量的に転換する手法として広く適用され，種々の発展的手法も開発されてきているが，一対比較の際に用いられる 1-9 のスケールに関する問題点（AとBとが 1：3 の関係，BとCが 1：5 の関係にあるとき，AとCが 1：15 になるということが，不可能である，等）や新たな代替案の導入によってもともとの代替案のいくつかの順位を変えてしまうという'順位の逆転現象'があり得る，ということから作為的に操作が入り込む余地があるため AHP の使用には注意を払うことの必要性も指摘されている．このため例を示さないことにする．

(5) アウトランキング手法―コンコーダンス分析

アウトランキング手法は，'アウトランキング（優越）'の概念によるものであり，1960 年代にフランスでロイ (Roy, B.) が中心となって開発され[38]，主にヨーロッパ大陸において適用され広められてきた手法である．アウトランキング手法[9]としては，ELECTRE，コンコーダンス分析[39]，PROMETHEE などがある．コンコーダンス分析は，エレクトル法をもとにネイカンプ (Nijkamp, P.) がオランダで開発した手法であり，定性的なデータのインプットによるアウトランキングの手順を提供している．

コンコーダンス分析は最初，フランスで発展した（フランスではコンコーダンス分析は通常エレクトル (Electre) 法 (elimination et choix traduisant la realite) と呼ばれている）．費用便益分析との共通の特徴は，代替計画案の関連決定基準の結果（複数）を統合する計画インパクト行列から出発することである．しかしながら，コンコーダンス分析のウェイト付け体系は費用便益分析の貨幣尺度とは非常に異なっている．ウェイト付け体系の導入は，各一対の計画案に対して別々にコンコーダンス尺度とディスコーダンス尺度を構築し，それに基づいて代替計画に関

611

する総体的(一対)選好を行うことを意味している．以下では，簡単にコンコーダンス分析の段階を示す．

1) インパクト行列

つぎのようなインパクト行列を構築する．

$$Z = \begin{bmatrix} z_{11} & \cdots & z_{1I} \\ \cdot & & \\ \cdot & & \\ \cdot & & \\ z_{J1} & & z_{JI} \end{bmatrix} \tag{7.4.21}$$

ただし，z_{ji} は計画 i に関する j 番目の決定基準の結果を表している．Z の要素は間隔または比率尺度の適切な単位で測定される．決定基準についての結果のいかなる変化も当該決定基準に関して負か正の効果を持つと仮定されるだけである．

2) 基準化

基準化の方法を2つ以下に示す．

ⅰ ベクトルの基準化

Z の各行ベクトルをそのノルムによって除す．基準化された計画インパクト r_{ij} は次のように決定できる．

$$r_{ji} = \frac{z_{ji}}{\sqrt{\sum_{i=1}^{I} z_{ji}^2}} \tag{7.4.22}$$

これは基準化された行列のすべての行ベクトルが同じ(Ⅰという)長さをもつことを意味する．

ⅱ 線形尺度変換

単純な変換は当該基準に関する最大の結果で各結果を除すことである(少なくともその基準が便益基準と定義される場合)．すなわち，

$$r_{ji} = \frac{z_{ji}}{z_j^{\max}} \tag{7.4.23}$$

ただし，$z_j^{\max}$ は次のように定義される．

$$z_j^{\max} = \max_i z_{ji} \tag{7.4.24}$$

費用基準の場合は次のような尺度変換が採用される．

$$r_{ji} = 1 - \frac{z_{ji}}{z_j^{\max}} \tag{7.4.25}$$

3）ウェイト付け体系

各基準 j に対して相対的ウェイト w_j は以下の加法条件が満足されるように決められる．

$$\sum_{j=1}^{J} w_j = 1 \tag{7.4.26}$$

しかしながら，このウェイトの決定は簡単ではない．

4）コンコーダンスおよびディスコーダンス集合

コンコーダンス集合は代替プロジェクトの一対比較に基づいて作られる．計画 i と $i'(i,i'=1,\cdots,I;i\neq i')$ の各一対に対して，決定基準の集合は2つの部分集合に分けられる．すなわち，コンコーダンス集合とディスコーダンス集合である．計画 i' に関する計画 i のコンコーダンス集合 $C_{ii'}$ は計画 i が i' より選好されるすべての基準 j から構成される．すなわち，

$$C_{ii'} = \{j | z_{ji} > z_{ji'}\} \tag{7.4.27}$$

ただし，記号 $>$ は（強い）選好関係を示している．コンコーダンス集合のもう一つの定義は次のようなものである．

$$C_{ii'} = \{j | r_{ji} > r_{ji'}\} \tag{7.4.28}$$

補集合はディスコーダンス集合と呼ばれる．これを

$$D_{ii'} = \{j | z_{ji} < z_{ji'}\} \tag{7.4.29}$$

と定義する．同様の定義は

$$D_{ii'} = \{j | r_{ji} \leq r_{ji'}\} \tag{7.4.30}$$

で示される．

5）コンコーダンス行列

計画 i がより多くの基準に関して計画 i' に優越すれば $C_{ii'}$ はより多くの要素を

含むことは明らかである．そこで，相対的優越性は次のコンコーダンス指標 $c_{ii'}$ によって示すことができる．

$$c_{ii'} = \sum_{j \in C_{ii'}} w_j, \quad i \neq i' \tag{7.4.31}$$

すなわち，計画 i' に関する計画 i のコンコーダンス指標は，計画 i' に関する計画 i のコンコーダンス集合に含まれる基準につけられたウェイトの合計に等しい．したがって，計画 $c_{ii'}$ の値が大きいことはコンコーダンス集合に含まれる基準に関して，計画 i が i' より選好されることを意味している．もし，$c_{ii'}=1$ ならば，計画 i は i' より完全に優越する．また，もし $c_{ii'}=0$ ならば，計画 i はいかなる基準に照らしても i' より劣る．

コンコーダンス指標 $c_{ii'}(i,i'=1,\cdots,I;i\neq i')$ は以下のように（非対称的な）コンコーダンス行列 C と表すことができる．

$$C = \begin{bmatrix} - & c_{12} & \cdot & \cdot & c_{1I} \\ c_{21} & - & & & \\ \cdot & & & & \cdot \\ \cdot & & & & \\ c_{I1} & \cdot & \cdot & \cdot & - \end{bmatrix} \tag{7.4.32}$$

6）ディスコーダンス行列

2つの計画 i と i' を比較すると，一般に計画 i のいくつかの結果は i' より優れているが他の結果では i が i' より劣るという結論が得られる．したがって，i の i' に対する相対的優越性に関する尺度に加えて，計画 i が i' より劣ることを示す指標を定義できる．すなわち，

$$d_{ii'} = \max_{j \in D_{ii'}} \left(\frac{|z_{ji} - z_{ji'}|}{d_j^{\max}} \right) \tag{7.4.33}$$

ただし，$d_j^{\max}$ は以下のように定義される．

$$d_j^{\max} = \max_{0 \leq i, i' \leq I} |z_{ji} - z_{ji'}| \tag{7.4.34}$$

なお，$0 \leq d_{ii'} \leq 1$ である．計画 i の i' との差が最大のとき $d_{ii'}=1$ となり，差が最

小のとき $d_{ii'}=0$ となる. ディスコーダンス指標 $d_{ii'}$ は以下のように（非対称的な）ディスコーダンス行列を構成する.

$$D=\begin{bmatrix} - & d_{12} & \cdot & \cdot & d_{1I} \\ d_{21} & - & & & \cdot \\ \cdot & & & & \cdot \\ \cdot & & & & \cdot \\ d_{I1} & \cdot & \cdot & \cdot & - \end{bmatrix} \tag{7.4.35}$$

行列 C と D は異なった情報を含む. すなわち, C は決定基準に関する相対的優越性に関するものであり, D はプロジェクトの結果の差に関するものである.

7) コンコーダンス優越指標

コンコーダンス指標 $c_{ii'}$ と $c_{i'i}$ の差は, ウェイトで測られた計画 i の計画 i' に対しての絶対的優越性の尺度と考えられる. これより, 計画 i の他のすべての計画に対する優越指標は次のように定義される.

$$c_i = \sum_{\substack{i'=1 \\ i \neq i'}}^{I} c_{ii'} - \sum_{\substack{i'=1 \\ i \neq i'}}^{I} c_{i'i} \tag{7.4.36}$$

正の c_i は計画 i の他のすべての計画に対しての優越性を反映しており, c_i が大きいほど強い優越性を有していることを示している. したがって, コンコーダンス情報に基づいて選択される最適な計画は, $\max_i c_i$ という条件を満足する.

8) ディスコーダンス優越指標

7) と同様に, ディスコーダンス優越指標を次にように定義できる.

$$d_i = \sum_{\substack{i'=1 \\ i \neq i'}}^{I} d_{ii'} - \sum_{\substack{i'=1 \\ i \neq i'}}^{I} d_{i'i} \tag{7.4.37}$$

ディスコーダンス優越性の下では, ある計画を選択するための最終的選択基準は, $\max_i d_i$ である.

9) 消去と選択

上記の手順によって, c_i の値が小さく, かつ, d_i の値が大きい計画はより望ましくない計画として消去される. 逆に, 最も望ましい計画の選択基準は, コンコーダンスならびにディスコーダンス優越指標の両者で最も大きい平均順位を有する計画を選ぶということである.

以上の手順の拡張としては，線形ウェイトではなく，非線形ウェイトを付けるものや，多数グループ問題への対応などが挙げられる．後者については，たとえば，利害集団の相対的人数をパラメータ μ_k で表すと基準に付けられる純ウェイトは次のように計算できる．

$$w_j = \sum_{k=1}^{K} \mu_k w_j^k \tag{7.4.38}$$

ただし，μ_k は次の条件を満たす．

$$\sum_{k=1}^{K} \mu_k = 1 \tag{7.4.39}$$

【適用例7.3】河川改修優先度決定問題[40]

四国の肱川の改修工事を計画するにあたって，河川の上流，中流，下流での改修効果が異なる場合を考えよう．この場合，どこから優先するかが計画として重要となる．コンコーダンスアナリシスの方法では，各代替案によって生じる各評価項目ごとのインパクト情報と各評価項目のウェイトを外生的情報とする．そして，各代替案がどの程度優れているかを表すコンコーダンス指標と，どの程度劣っているかを表すディスコーダンス指標という選好情報を用いて，代替案間の優劣を順序づける手法である．なお，ここでは現実問題を分かりやすくするため簡略し，適用例とした．

さて，対象河川での改修の効果を治水・利水・環境保全という観点から検討した結果の極めて単純化したものを表7.2に示す．表には流域生活者の社会調査の分析から決定したウェイトも示している．このようなデータをもとに上流，中流，下流の各改修区間に対する改修の優先度を決定してみることにしよう．

表7.2　河川改修の効果

代替案＼評価項目	被害軽減額 (A)	影響をうける取水施設 (B)	可能高水敷面積の増分 (C)
① 上流改修	150 億円	2 か所	50 ha
② 中流改修	230	4	120
③ 下流改修	350	22	20
評価項目のウエイト	0.6	0.2	0.2

7 費用便益分析と多基準分析

コンコーダンスアナリシスによる分析は，大きく分けて次の3つのステップを経て実施される．

ステップ1；コンコーダンス指標の算定

代替案 v に対する代替案 u の優位性を表すコンコーダンス指標 c_{uv} は，次のように計算される．まず，集合 $\bar{C}_{uv}$ を次式のように定義する．

$$\bar{C}_{uv}=\{j|p_{ju}\geq p_{jv}\} \tag{7.4.40}$$

ここに j は評価項目，p_{ju}, p_{jv} はそれぞれ代替案 u, v の効果内容を表す．例えば $u=1$, $v=2$ とすると上流改修が中流改修より有意なのは，影響を受ける取水施設が中流より少ないということだけだから次式となる．

$$\bar{C}_{12}=\{j|p_{j1}\geq p_{j2}\}=\{B\}$$

次に，コンコーダンス指標 c_{uv} は $\bar{C}_{uv}$ に含まれる評価項目のウェイト $w_j (j\in \bar{C}_{uv})$ の総和として求められる．従って次の数値を得る．

$$c_{uv}=\sum_{j\in \bar{C}_{uv}} w_j \Rightarrow c_{12}=\sum_{j\in \bar{C}_{12}} w_j=0.2 \tag{7.4.41}$$

この手順を各代替案のすべてに対して計算すれば表7.3のコンコーダンス行列を得る．

表7.3 コンコーダンス行列

代替案	①	②	③	計
①	−	0.2	0.4	0.6
②	0.8	−	0.4	1.2
③	0.6	0.6	−	1.2
計	1.4	0.8	0.8	−

ステップ2；ディスコーダンス指標の算定

代替案 v に対する代替案 u が劣っている程度を表すディスコーダンス指標 d_{uv} は，次のように計算される．まず集合 $\bar{D}_{uv}$ を次式のように定義する．

$$\bar{D}_{uv}=\{j|p_{ju}<p_{jv}\} \tag{7.4.42}$$

ここで，上と同様に $u=1$, $v=2$ とすれば，次式が求められる．

$$\bar{D}_{12}=\{j|p_{j1}<p_{j2}\}=\{A, C\}$$

また，ディスコーダンス指標は次式で算定される．

$$d_{uv} = \max_{j \in D_{uv}} \{|p_{ju} - p_{jv}|/d_j^{\max}\} \tag{7.4.43}$$

ここで M を代替案の総数とすれば $d_j^{\max}$ は次式で求めることができる．

$$d_j^{\max} = \max_{1 \leq u,v \leq M} \{|p_{ju} - p_{jv}|\} \tag{7.4.44}$$

$u=1, v=2$ の場合は

$$d_A^{\max} = \max_{1 \leq u,v \leq 3} \{|p_{Au} - p_{Av}|\} = p_{A3} - p_{A1} = 200$$

$$d_C^{\max} = \max_{1 \leq u,v \leq 3} \{|p_{Cu} - p_{Cv}|\} = p_{C2} - p_{C3} = 100$$

であるから，

$$d_{12} = \max\{80/200, 70/100\} = 0.7$$

となる．この手順を，c_{uv} の場合と同様にすべての代替案の対に対して計算すれば，ディスコーダンス行列が表7.4のように求められる．

表7.4 テイスコンコーダンス行列

代替案	①	②	③	計
①	-	0.7	1.0	1.7
②	0.1	-	0.6	0.7
③	1.0	1.0	-	2.0
計	1.1	1.7	1.6	-

表7.5 選考順位

代替案	c_u と順位		d_u と順位	
	c_u	順位	d_u	順位
①	-0.8	3	0.6	3
②	0.4	1	-1.0	1
③	0.4	1	0.4	2
計	0	-	0	-

ステップ3：選好順序の決定

ステップ1，ステップ2で求めた c_{uv}, d_{uv} にもとづき，選好順位を決定するための指標 c_u, d_u を計算する．ここでは，$c_u > c_v$ ならば代替案 u を選好し，$d_u < d_v$ ならば代替案 v を選好することとする．c_u, d_u の値は次式を用いて計算する．

$$c_u = \sum_u c_{uv} - \sum_v c_{vu} \qquad d_u = \sum_u d_{uv} - \sum_v d_{vu} \tag{7.4.45}$$

以上のような方法で選好順序を求めたものを表7.5に取りまとめて示した．この結果から，河川改修を中流，下流，上流の順で計画することが好ましいことがわかる．

(6) 線形加法モデル

基準が相互に独立であると証明されるか論理的に想定され，また不確実性が明確に組み入れられていなければ，単純な線形加法モデルが適用できる．モデルは以下のように表される．

$$S_j = \sum_{j=1}^{n} w_j s_{ij} \tag{7.4.46}$$

ただし，S_j は代替案 i の総スコア，s_{ij} は代替案 i の基準 j における選好スコア，w_j は各基準のウェイトである．

線形加法モデルは直感的でわかりやすく，多基準分析の中心となっている．しかし一方で，その使いやすさのために誤用される可能性もある．誤用を避けるためには，基準の相互独立性が確保された上で，スコアとウェイトのインプットが信頼のおけるものでなくてはならない．

加法モデルについては，相互効用独立性と加法独立性を仮定しているため，現実の選好状況を反映しない場合が多く，記述的モデルとしては問題が多いことが指摘されている．次の事例はできるだけ単純化した線形加法モデルの考え方を用いて，震災リスク軽減のための都市診断方法論の一部を提示したものである．

【事例 7.4】 京都市市街地の袋小路と高齢者に着目した震災弱地域の診断[42)43)]

阪神・淡路大震災前後から，京都市市街地周辺を通る花折，西山，黄檗の3つの断層系は活動期に入っていると言われており，早急な対策の必要性が叫ばれている．京都市の試算によると花折断層系で地震が起こった場合，京都市内での，圧死・焼死など全てを含む死者は4800人～7700人にのぼると見られている．しかしながら，京都市市街地に多数存在している伝統的な木造家屋の町家・長屋の存在は，京都特有の文化や歴史から形成された文化財であり，減災目的のみによってこれらを整備縮小していくことは困難である．これは，人的な被害をハード的に軽減することが困難であることを示す．

また，日本では急速な高齢化が進行しており，高齢者への関心は益々高くなっている．2000年度の国勢調査によれば，京都市では市全体の人口に対する割合が高齢者（65歳以上）は17.2%，後期高齢者（75歳以上）は7.4%となっている．

これは他の政令指定都市と比較すると，両者とも北九州市に次いで日本で2番目に高い状況にある．人は高齢になると共に身体能力や肉体機能が低下する．これにより高齢者は，迅速な行動が困難となる．つまり，震災時における避難行動が困難になり，被災時における救助の必要性も高くなる．高齢社会への移行は免れることが出来ない現実であり，高齢者人口の増加に伴って震災時の人的被害は拡大する．

京都の防災に関する既往研究としては，京都の世界遺産登録社寺，国宝建造物所有社寺を対象とした防災に関する研究があるが，特定な文化財をハード面から守るための研究であり，不特定多数にある町家・長屋などの木造家屋には適応できない．ソフト面からの防災という視点では，市民自らが行う防災対策行動（自助）に関する認識調査ぐらいで，伝統的な古い木造家屋が存在する地域（高齢者が居住していることが多い）に見られる住人同士の強い繋がりから生まれる相互の助け合いによる防災行動についての研究はない．また，高齢者と防災に関する研究では老人福祉施設と住民組織の連携に関する研究があるが，ここでの老人福祉施設とは入居型のものをさしており，不特定多数存在する施設に通う高齢者を対象とした調査ではない．

研究対象地域としては，行政区画を境とするよりも，物理的に人の感情を切る道幅の広い道路の境目の方がふさわしいと考え，現在の日常生活において視覚的にも大きな境目と考えられる，北は北大路通，南は九条通，西は西大路通，東は居住地区がなくなる山までとした．そして，対象地域のハード面から見た診断を行う．ここでは特に，大震災直後の避難・救助に着目し，袋小路に焦点をあてた町丁目単位の震災弱地域指標を用いて脆弱性を明示的に示す．そして次に続くソフト面からみた事例[44]～[47]は紙面の都合上割愛する．

(1) 震災時におけるリスク要因

地震が発生した場合に危険と考えられる要素を以下に挙げる．

① 高齢者（65歳以上）；迅速な避難行動が難しく，多くの状況で他の世代の助けが必要である．また，避難生活でも孤独になりやすいために，孤独死の問題がある．
② 老朽木造家屋；地震による倒壊，火災，延焼などの危険性が高い．特に，長屋は生活している人も多く，人的被害も問題である．
③ 道幅の狭い道路；道幅の狭い道路は，避難路としては危険であり，また防火帯としても機能しない．狭いことにより緊急車両の通行も難しく，救助

や消火活動にも支障がある．そのために，延焼により被害地域を拡大させる可能性がある．

④ 袋小路；道幅の狭い道路の中でも，道幅が2m程度の行き止まりになっている路地がある．このような路地は，狭く，入り組んでいるものが多い．さらに，避難路が限定されるにも関わらず建築物の倒壊によって避難路が遮断されやすく，危険性が極めて高い．

⑤ オープンスペース；ここではオープンスペースとは，「震災が発生し避難の必要性が生じた時（火災，建築物の倒壊など）に避難できる安全な空間」と定義する．したがって，延焼などを防ぐ防火帯の役割を果たす広い道路もオープンスペースとして考える．このような空間が少ない地域では，安全な場所への迅速な避難や，避難場所まで距離があるために危険な場所での生活を強いられるなどの可能性があり危険性が高い．

⑥ 消火栓の範囲；火災が発生した場合には，延焼を防ぐためにも迅速な消火活動を必要とされる．しかし，道路事情などにより，消防車などの到着が難しい場合は消火栓の存在が重要視される．ただし，位置が固定のためにホースの長さに限界があり，範囲外の地域は延焼の可能性がきわめて高い．また，消火器などとは異なり誰でも扱えるわけではない，という問題もある．

(2) 震災に対する京都市市街地の問題

大地震は建物倒壊，道路閉塞，火災などの複合的な災害を引き起こし，人的，物質的な被害をもたらすことは，阪神・淡路大震災で証明された．本章では，大震災時の人的被害の軽減化に焦点をあて，考察をすすめるものとする．人的被害の対象として，迅速な行動が難しく，避難行動に際して移動が困難な場合や，被災時における救助の必要性など，他の世代の助けが必要な場合が多い高齢者を，人的被害を引き起こす原因として火災や建物倒壊の原因となる木造の長屋・共同住宅が多く面しており，そこには高齢者が多く生活している袋小路を取り上げる．ここで，袋小路は「公道・私道を問わず，行き止まりを含む道幅の狭い路地」と定義する．道幅の狭い路地の中でも，行き止まりになっているものは避難経路が限定されるため危険であり，建物の倒壊によって道が遮断されれば，避難経路としての機能を失うことだけでなく，火災発生の際は延焼も免れられず，人的被害が深刻となるからである．

1）京都市の高齢社会特性

2000年度の国勢調査のデータによると，京都市において人口のうち65歳以上の割合（以下，高齢化率と表現する）は17.2%である．そのうち，65歳から74歳までが9.9%，75歳以上は7.4%となっている（15歳未満は12.7%，15歳から64歳は69.2%）．京都市（対象地域を含む区のみ）における各区の高齢化率は，1990年12.7%，1995年14.7%，2000年17.2%であり，急速なペースで高齢化が進行していることがわかる．区別の高齢化率については，上京区・中京区・下京区といった市の中心部がすべて高齢化率20%を超えており，市平均の17%を大きく超えている．2000年の京都市旧市街地における高齢化率の分布を図7.23に示す．

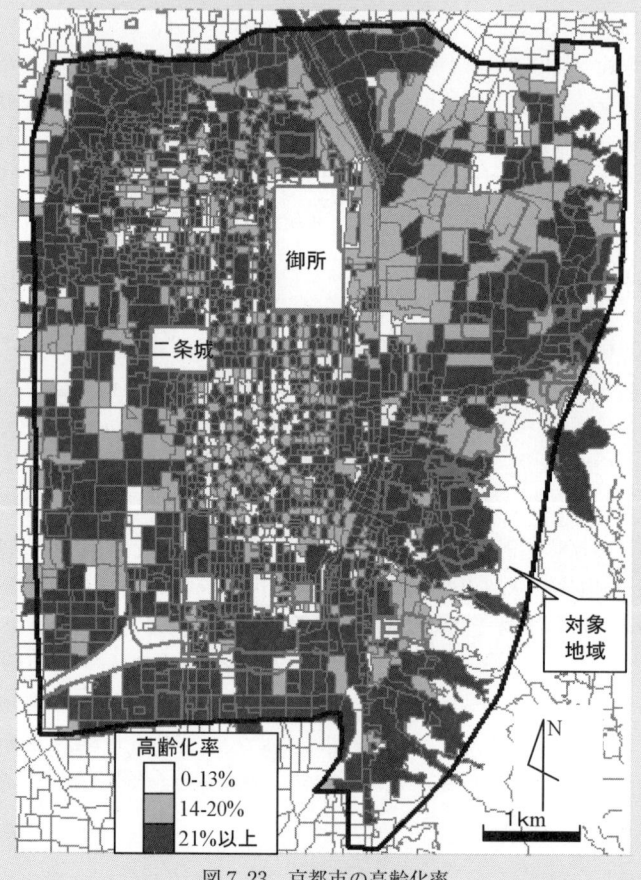

図7.23 京都市の高齢化率

2）震災弱地域の定義

　京都市市街地において，震災に弱いと考えられる震災弱地域の構成要素について考える．本章では，京都に多数存在し，文化財的な価値をも見出されている袋小路をもとに震災弱地域を考察する．震災弱地域の構成要素となる袋小路は道幅が狭く，避難路が限定されるためにそれだけでも危険である．しかし，袋小路の中にも様々な形態が見られるために，全てを同じ基準で考えることはできない．行き止まりが多く，角も多く入り組んでおり，距離が長いにも関わらず避難路が1カ所しかない袋小路は，単純な直線で，避難路が2カ所ある袋小路より明らかに危険性が高い．

　また，火災が発生した場合に，消火栓のホースが奥まで届かないために消火活動が困難な袋小路もある．緊急車両も道路が狭いために，違法駐車などがあった場合は袋小路の入り口に到着するまでに時間を要する．そして，袋小路で生活している人が多ければ，その袋小路の危険性ははるかに高くなる．結論として震災弱地域とは，危険度が高い袋小路が多く，袋小路で生活している住民の多い町丁目とする．

3）震災弱地域の計量化と分布

　京都市市街地における震災弱地域の分布を明らかにするための計量化指標を提案する．京都市市街地における袋小路は単純な形態のものが大半を占めるが，中には複雑な形態なものもあり多様性がある（図7.24）．

　そこでまず1つの袋小路に対する危険度を，袋小路の複雑さを表わす形態（以下に示す①〜③の項目）と，袋小路が置かれている状況（以下に示す④，⑤の項目），さらに，そこでどれだけの人が生活しているか（以下に示す⑥の項目）で定義するものとする．以下，これらの6項目について説明する．

① 入り口；入り口が1つの場合は，建物の倒壊によって遮断された場合に避難路が失われるため危険である．また，入り口が2つ以上の場合，避難路の選択肢が増え，避難の流れも分散しやすい．よって，入り口数が1の場合，評価値を1とし，それ以上ある場合は0とする．

② 行き止まり；袋小路そのものの危険性を考える上で重要である．行き止まり数そのものを評価値とする．

③ 角；角が多く存在するほど，その袋小路は複雑な形態となり，迅速な避難や救助を困難なものにする．角の数そのものを評価値とする．

④ 袋小路隣接道路幅；袋小路が隣接している道路の道幅が狭ければ，避難場所までの移動にも危険性があり，緊急車両の早期到着も期待できない．緊

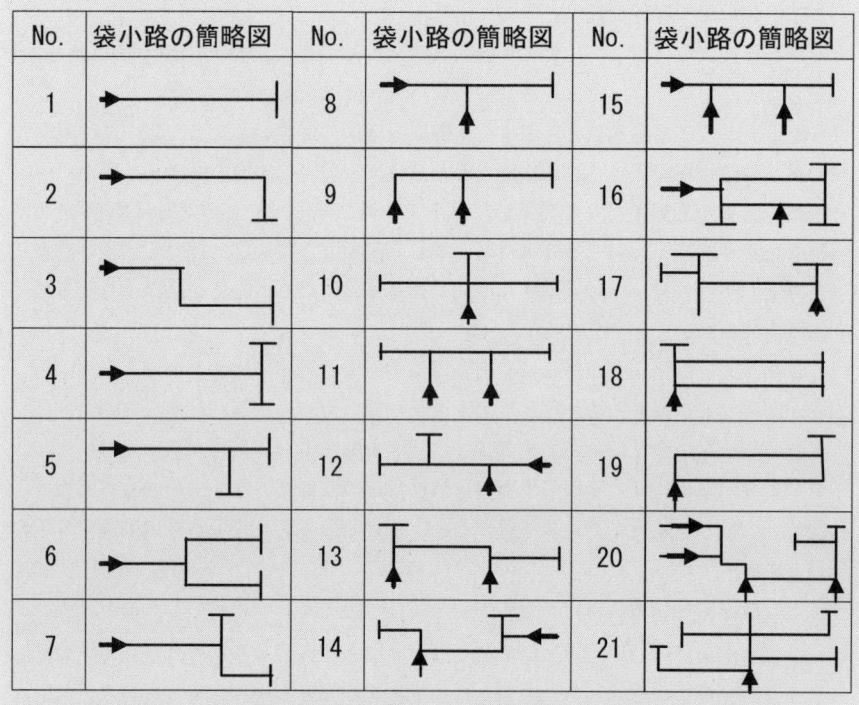

No.	袋小路の簡略図	No.	袋小路の簡略図	No.	袋小路の簡略図
1		8		15	
2		9		16	
3		10		17	
4		11		18	
5		12		19	
6		13		20	
7		14		21	

図7.24 袋小路の形態（位相同形のものは省略）

急車両の通行を考慮して，京都では不法駐車が多いため1本以上で6m以上の道路に隣接していれば評価値0，そうでなければ評価値1とする．

⑤ 消火栓の範囲；袋小路の奥まで消火栓のホースが届かなければ火災時の消火活動が困難となる．消火栓から60m以内を消火栓からのホースの到達範囲とし，1つ以上の消火栓の到達範囲に袋小路が含まれていれば評価値0，そうでなければ評価値1とする．

⑥ 袋小路隣接家屋；隣接する家屋により，そこに生活している人を考慮する．袋小路に玄関が接している家屋が多ければ，その袋小路を生活道路として生活している人が多いと考える．人的被害は最も深刻な問題であるため，袋小路のもつ危険度は，そこに生活する人の数に比例すると考える．

以上の6つの項目により袋小路の危険度を，式(7.4.47)のように定義した．この危険度は0を基準値とし，数値が高いほど震災に対して弱い事になる．これらを，(7.4.48)式のように町丁目ごとに袋小路の危険度の合計で算出することで町

丁目別の震災弱地域指標値を得る．

$$F_{ij}=(a_j+b_j+c_j+d_j+e_j)f_j \tag{7.4.47}$$

$$D_i=\sum_{j=1}^{N_i}F_{ij} \tag{7.4.48}$$

ここに，
　i：対象地域の町丁目の番号（$i=1, \cdots, 1719$）．
　D_i：町丁目 i における震災弱地域指標値．
　N_i：町丁目 i に含まれる袋小路の数．
　j：町丁目 i に含まれる袋小路の番号（$j=1, \cdots, N_j$）．
　F_{ij}：町丁目 i に含まれる袋小路 j における危険度．
　a_j：袋小路 j における入り口数に関する評価値．
　b_j：袋小路 j における行き止まりの数．
　c_j：袋小路 j における角の数．
　d_j：袋小路 j と消火栓位置の関係に関する評価値．
　e_j：袋小路 j に隣接している道路の幅に関する評価値．
　f_j：袋小路 j にのみに隣接している家屋数．

この指標をもとにした，京都市市街地における震災弱地域の分布を図 7.25 に示す．

(3) 震災弱地域と高齢者分布の相関

図 7.23（高齢化率）と図 7.25（震災弱地域）を重ねあわせた結果を図 7.26 に示す．この図から，袋小路に隣接する家屋が多い地域が高齢者の多く居住する地域であることが分かる．(1)の考察と合わせて考えると，上京地区（御所の西，二条城の北あたり）は特に震災リスクの高い地域と言える．同様に東山地区（対象領域の南東部分）も震災弱地域指標は高いが，上京区などの中心部とは違い，寺社が多く居住地が少ないため人口密度が低いこと，つまり，被害対象となる人口が少ないことがわかっている．

(4) 高齢者の生活活動調査
1) 生活活動
　生活活動を，「人々が日常の生活を営む上で行われるあらゆる動き」[48]とする．生活とは，「社会に順応して行動したり考えたりすること」[49]であり，活動とは，

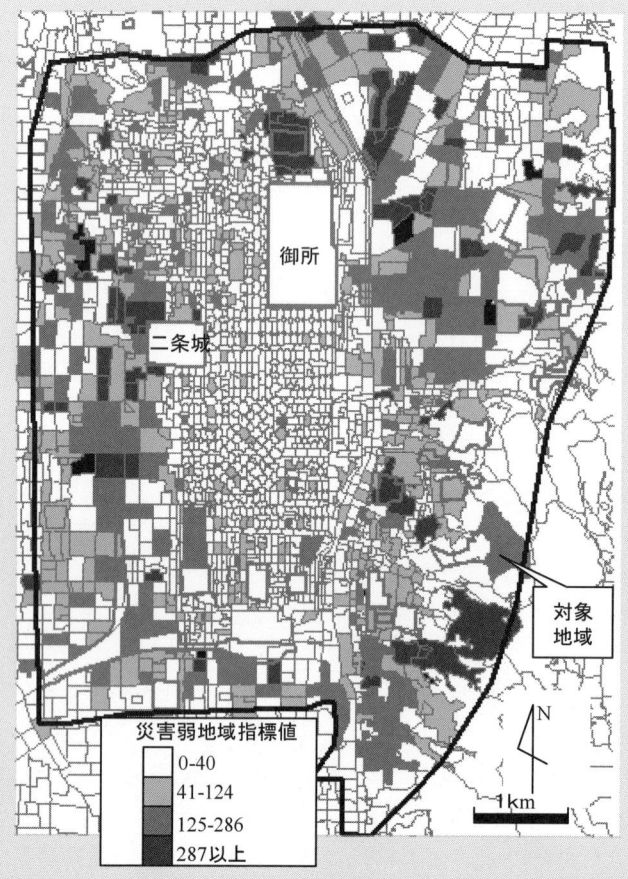

図 7.25 震災弱地域の分布

「その場その場でのふさわしい動きを行うこと」[49]，という意味を持つ．ここでは，高齢者の自宅外での行動の把握を目的とし，何時，何処に出かけているかに重点を置く．

　生活活動の空間と時間の分析に関しては時間地理学の概念[48]を用いる．ここではヘーゲルストランドらによって考え出された時間地理学の概念を説明する．1枚の平面上の地図上に時間軸として縦方向の空間を想定することにより，人間の活動を地図上に広がる1本の直線による3次元の立体グラフで表現する（図7.27）．この直線を活動パス（activity path）と呼び，日単位，週単位により様々な活動パスが考えられる．この活動パスは，物理的・生物学的・社会的存在とし

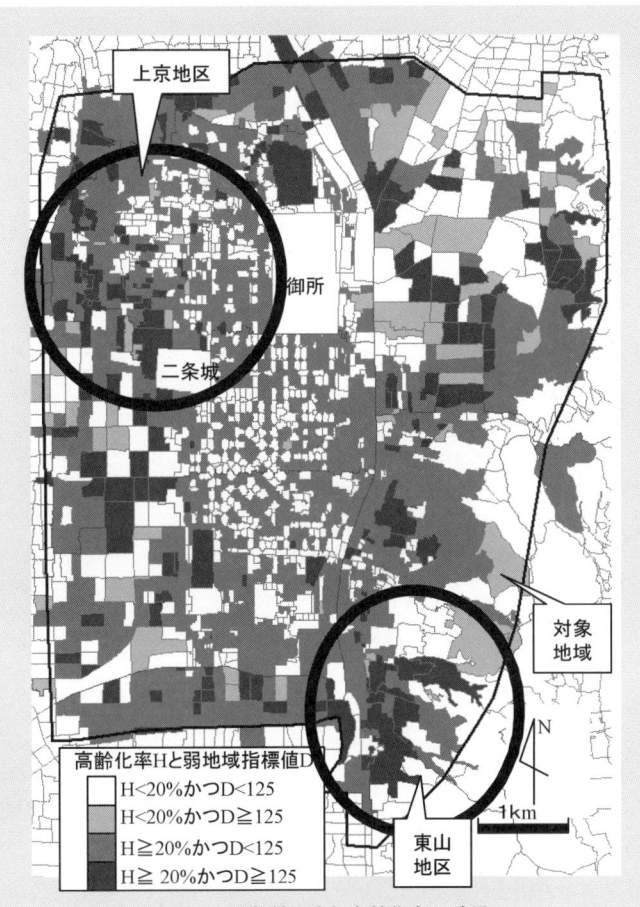

図 7.26 震災弱地域と高齢化率の重畳

て次の3つの制約 (constraints) を受ける.

① 能力 (capability) の制約；人間の生物としての性質や，利用できる道具や技術などによる活動の限界を指す．前者としては睡眠，後者としては移動に関わる能力の制約である．移動に関わる能力の制約はプリズムの概念により説明される．これにより，人間の行動による選択肢の幅が表現される．

② 結合 (coupling) の制約；他人との接触や道具や物との結びつきを必要とされる活動の制限を指す．その結果生じる複数の活動パスの束を作っている状態をカップリング，活動パスの束をバンドルと呼ぶ．

③ 権威 (authority) の制約；社会的な規則や習慣により，活動の自由が制限

図 7.27　家族の活動パス

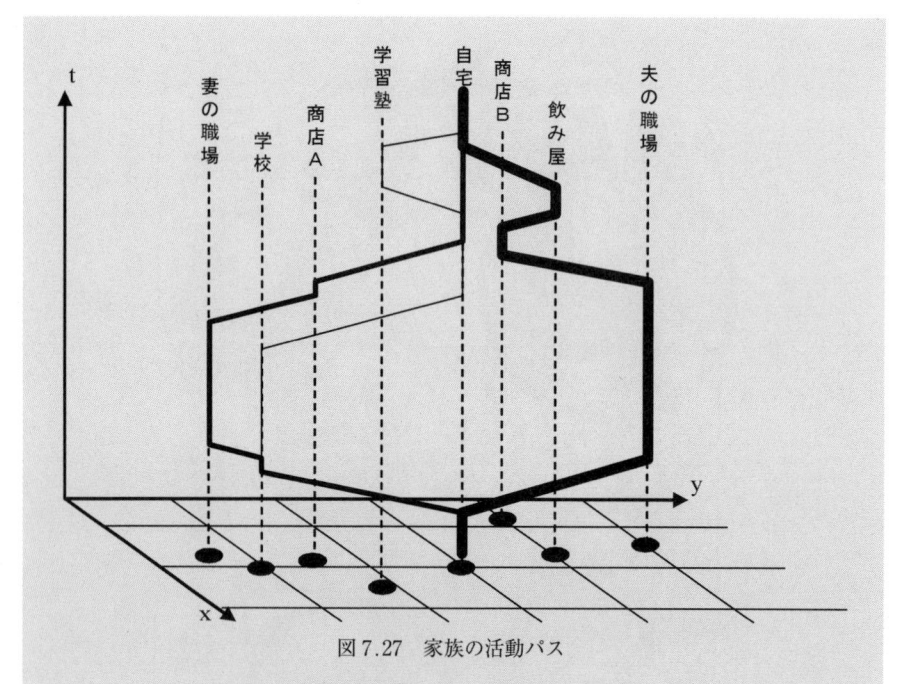

されることを指す．とくに明示的な規則や暗黙の習慣により個人や集団をコントロールしている空間をドメインと呼ぶ．

これらの制約は，日常の生活活動の分析や，震災時の避難行動にも重要な制約として関わってくる．

2）アンケート票の作成

以上の生活活動と時間地理学の概念を基に，アンケート票を作成する．この目的は以下のようである．

① 都心部で生活している高齢者が，快適性（自然や公園の豊かさ，雰囲気）・利便性（交通，買い物，通院が便利）・人間性（友人，知人との付き合い）のどれを優先しているかを把握する．
② 他の世代との交流の有無により，自宅で震災が起こった際の迅速な救助の可能性を把握する．
③ 高齢者の生活活動を把握し，震災弱地域のデータベースと照らし合わせる．
④ 震災が発生した場合の高齢者の避難先を把握し，高齢者が集中しやすい施設や場所，日常生活における利用頻度を把握する．

また，高齢者のアンケート調査はプライバシーの問題が絡み，行政組織を通じた一般的な標本数の確保が不可能である．このため，萩原が個人的に元民生委員の80才の老婦人にインタビューを行い，アンケート票を回答しやすいように修正し，上京区の民生委員と上京区の老人クラブ連合会会長を紹介していただいた．民生委員から紹介していただいた高齢者に20通（お願いした方による直接聞き取り），萩原の母校である高校のOBに166通（郵送），上京区の老人クラブ連合会に200通（郵送），計366通のアンケートをお願いした．

アンケート項目は主に以下の項目からなる．家族構成，居住年数，生活空間への意識，他の世代との交流，生活活動，震災時の避難場所，地域への今後の希望

3）調査結果とその考察

結果として207通の回収を得ることができた．回収率が5割以上あり，高齢者自身も身近な問題として捉えていると考えられる．ただし，郵送でのお願いであること，また対象が高齢者ということもあり，回答が困難だったものと考えられる．そのためここでは，その中の高齢者の有効回答である92サンプルのみを分析し，考察する．

家族構成は「高齢者夫婦のみ」（46人）と「高齢者の独居」（8人）で半数を超えており上京区における高齢者問題を再認識させられた．また，「戦前より上京区で生活している高齢者」も約半数（46人）と京都独自の文化を受け継いできている人が多いと思われる．そのためか，8割以上の高齢者が「このまま上京区に住み続けたい」と回答している（83人）．理由としては「利便性」（64人），「人間性」（44人），「快適性」（32人）の順に挙げられていた（複数回答）．高齢者は生活範囲が狭いために，範囲内に多くの施設がある都会の方が住みやすいと考えられる．また，長年住んでいるために隣近所の付き合いが減少したことや，町並みが変化してきたことを過去と比較してしまい，「人間性」や「快適性」の関心が薄れてきているのでは，と考えられる．他の世代との交流については，約半数が「ある」と回答した（57人）．もっと若い世代との交流は必要であると考えられる．生活活動では，「病院」（40人多い時間帯9時～1時），「商店街」（27人多い時間帯13時から15時），「スーパー」（20人多い時間帯9時～1時，13時～17時），「趣味・習い事」（34人多い時間帯13時～15時）で自宅外にて活動している高齢者が多いことがわかった．

震災時の避難場所は，「学校施設」（52人）が最も多く，「御所」（29人），「公園」（25人）の順であった（複数回答）．「学校施設」は上京区内に数多く分布しており，身近な施設のために多くの人が挙げたのであろう（家から近いため42人）．

「御所」,「公園」が選ばれたのは,これらが高齢者にとって「学校施設」よりも近いという理由である.現に「御所」,「公園」選んだ中の9割もの高齢者が理由として「家から近いこと」(50人)としている.また,全体的に「場所をよく知っているため」(43人),「広いスペースがあるため」(39人)が挙げられている(複数回答).

地域への今後の希望としては,「現状維持でよい」という意見と「道路を広く」「車が危険」と正反対の意見が見られた.また,「若者との交流を」や「新しい住民もとけ込みやすい」のように高齢者自身も将来の街の住民構成に不安を抱いていることが見られた.

4）生活活動のパターン化

ここでは,アンケートの結果である生活活動をパターン化することによって,分析を行う.そこで,時間帯ごとに高齢者がどの町丁目にいるかを把握し,震災弱地域のデータベースと照らし合わせる.これにより位置データと時間データから震災弱地域を把握するとともに,防災・減災計画の提案を行う.パターン化の際には高齢者は全て徒歩で生活活動を行い,最も近い町丁目にある施設を利用すると仮定する.医療機関は継続的な通院が必要とされる病院,診療所,内科,整形外科,接骨,鍼灸のみとする.施設の位置が推定できないもの(趣味・習い事の場,仕事場,親類・知人の家,その他)は自宅に滞在していないが,外出していると考える.また,頻度については考えない.なお,ここでは有効回答である43サンプルを用いている.

まず,(2)で考察した震災に弱い町丁目（震災弱地域）に住んでいる高齢者が多いということが見られる.7時〜13時では,高齢者は朝から活発に活動し,9時〜11時に多くの高齢者が病院や商店街に出かける.そして,11時〜13時に家に帰り,昼食をとるのであろう.ここでは,9時〜11時に震災弱地域の南西部に高齢者が多く集中する.また,午後では,13時〜15時に多くの高齢者が活動をする.そして,近所の散歩や公共施設,商店街と様々な活動があり,震災に弱い町丁目での活動は少ない.また,在宅者も少ないためにどこかでコミュニティを形成している可能性は高いと考えられる.

反対に15時〜17時では,在宅者が急増してしまう.最後に17時〜21時以降では,在宅者が大半であり,活動も近所の散歩などである.

結論として,高齢者の生活活動の多くはコミュニティを形成していると考えられる.そのために,高齢者の在宅者の多い時間帯が危険なのではないかと考えられる.今回の調査では,7時〜9時,11時〜13時,15時〜21時以降の各時間帯

で在宅者が多いという結果を得た．また，震災に弱い町丁目に住んでいる高齢者も多い．特に，平日の昼間は通勤・通学している人が多いために救助の際にも問題がある．このような時間帯を考慮した防災・減災計画が必要と思われる．

5) アンケート調査と行動のモデル化

高齢者の生活行動についてシミュレーションを行うため以下のように考えた．まず，利用する施設に着目し，高齢者の行動を①公共施設・社会福祉施設，②病院，③商店街・スーパー，④コンビニ，⑤近所，⑥公園，⑦その他（趣味・習い事の場，仕事場，親類・知人の家），⑧在宅という8パターンに分類する．そして，各時間帯 $t(t=1\cdots8)$ における高齢者の行動 $k(k=1\cdots8)$ に対して与える確率 p_k^t を，行動を行う時間帯とその頻度により以下のように決定する．

時間帯 t に行動 k を行うと答えた人の割合を $\bar{p}_k^t$ とおく．また，その時間帯 t に行動 k を行う頻度を $r_l(l=1\cdots6)$ とし，頻度 r_l と答えた人の割合を q_l とおく．ただし，頻度は次の6パターン．（①毎日，②週に3回，③週に2回，④週に1回，⑤2週に1回，⑥月に一回）以上より，時間帯 t に行動 k を行う確率 p_k^t は式(7.34)で表される．

$$p_k^t = \bar{p}_k^t \cdot \sum_{l=1}^{6} q_l \cdot r_l \tag{7.4.49}$$

6) 高齢者の生活行動シミュレーションの方針

シミュレーションにおける主な仮定を以下に示す．

［1］原則として，移動は上京区内のみで行われ，外部との流入，流出はないものとする．
［2］［1］に関する例外として「⑦その他」の行動をする高齢者のみは上京区外へ出ているものとする．
［3］高齢者の行動範囲は徒歩で移動できる範囲とし，半径500m以内とする．
［4］［3］に関する例外として，半径500m以内に目的とする施設が無いときは最も近い施設に移動すると考える．
［5］高齢者は時間帯ごとの行動の後，一度居住地に戻るものとする．

上記の仮定に基づき，以下のような流れにしたがってシミュレーションを行うものとする．

(1) 町丁目ごとにその高齢者人口に対応した確率を与え，[0,1]区間の一様乱数を発生させ対象者の居住地を決定する．

(2) 時間帯 t に行動 k を行う確率 p_k^t に対して [0,1] 区間の一様乱数を発生させ対象者の行動を決定する．
(3) 居住地から半径 500m 以内の各町丁目について，(2)で決定した行動 k を行う施設の数に対応した確率を与え，[0,1] 区間の一様乱数を発生させ対象者の移動場所を決定する．ただし，$k=7$ (その他) のときは仮定 [2] に従う．さらに，半径 500m 以内に行動 k を行う施設が無いときは仮定 [4] に従う．

7) 分析結果とその考察

結果として得られた時間帯ごとの高齢者人口分布の一例として，13 時～15 時の時間帯の分布を図 7.28 に示す．また，高齢者がいつ，どこに，何のために行ったかに関する情報として 1 日の行動軌跡例を図 7.29 に示す．

時間帯ごとの高齢者人口分布に関する考察より以下のことが分かった．時間帯ごとの高齢者の人口分布を見比べてみると上京区の南西部地域の 9 時～11 時の時間帯と 13 時～15 時の時間帯において高齢者人口の減少が顕著であった．9 時～11 時の時間帯は，医療施設を訪れる高齢者が多く，医療施設に恵まれていない

図 7.28 13 時～15 時の時間帯の高齢者分布

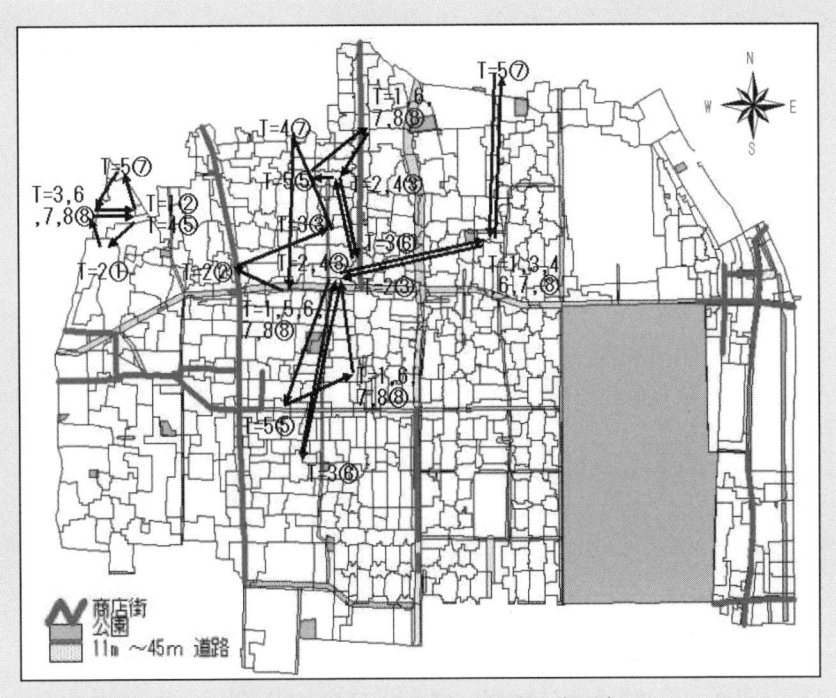

図7.29　高齢者の1日の行動軌跡例（5人）

町丁目の高齢者人口の減少が見られた．また，13時〜15時の時間帯は南西部全体に高齢者人口の減少が見られた．この時間帯は商店街や医療施設など高齢者が最も活発に活動する時間帯であり，上京区外に出ている人も多いためと考えられる．また15時〜17時の時間帯には商店街などの商業施設を訪れる高齢者が多いことが分かった．

次に，震災弱地域の分布と比較すると，上京区において特に震災に対して脆弱な地域は南西部であり，夜間に震災が起こった際には甚大な被害が生じると想定されるが，上記の時間帯においては，高齢者人口は比較的少ない事がわかる．一方，南西部は施設的にあまり恵まれていない地域であるため避難場所の不足といった問題が考えられる．

上京区における減災計画の策定に際しては，ソフト面の対策が重要となるが，上記のような時間帯分布とともに，高齢者の生活行動をも踏まえ，商店街，病院など高齢者が集中する施設に着目して，その避難行動や施設の耐震化，地域コミュニティの構築などの対策が必要となる（参考文献44）〜47）参照）．

> この事例で述べたかったことは，どちらかというと経済学者（あるいはそれらしき人が）が中心となって，特に代替案の評価という側面から多基準分析を体系化していることに対して，土木計画学の立場から環境や災害リスクの地域・都市診断として多基準分析を用いることにより，本事例のように新たな研究の展開が始まることを実証したかったためである．

(7) その他の手法の開発

上記の他にも様々なタイプの多基準分析手法がある．'Preference cones' は，Zionts and Wallenius (1976)，Koksalen 他 (1984 他) らによって開発された手法であり，ZAPROS は定性的判断による選好順序のインプットをもとにした多基準の選択問題を支援し，ロシアで開発された．不確実な選好のインプットを受け入れる手法としては，多属性効用理論の枠組みの中で米国において開発されたシステムである ARIADNE や，オランダで開発された HIPRE + 3 がある．これは AHP をベースにしている．1960 年代に概念づけられたファジー集合を基礎としたファジー MCA もそのひとつであるが，多くは学術的論文や実験的な適用に限定されている．

以上，種々の多基準分析分析手法を紹介してきたが，以下では一般的な意味での多基準意思決定分析の手順を示しておこう．

7.4.2 多基準意思決定分析の手順[50]

完全な多基準分析には通常，次のような8段階のステップがある．

①意思決定の文脈の確認　②代替案の確認　③目的と基準の確認
④スコアリング　⑤ウェイティング　⑥スコアの統合　⑦結果の吟味
⑧感度分析

ここで，①〜④はインパクト（あるいはパフォーマンス）行列を構成するプロセスであり，多基準分析による意思決定支援のベースとなる．⑤〜⑧については，ウェイティングの考え方，あるいはスコアの統合を行うか否か等によって手順は異なり，様々な手法が提案されることになるプロセスである．

(1) 『意思決定の文脈の確認』

　最初の段階は常に，意思決定の文脈の理解を確認することから始まる．つまり，何のために多基準分析を実施しようとしているのかを明確にし，分析の参加者を選び，ステイクホルダーを確認したうえで，分析のやり方をデザインする．

　分析を実施する目的はいくつか考えられる．複数の代替案から唯一最良のものがどれであるかを明らかにすること，総合的な順位付けをすること，各基準ごとの順位を知ることや，代替案の数を絞ることである．

　分析の参加者は，プロジェクト等の実施主体，ステイクホルダーの代表，専門家，その他分析の助けになる情報をもつ人々などを含む．ステイクホルダー (stakeholder) とは，元々は「企業と社会」論のなかで株主 (stockholder) との対比を意図して用いられてきた用語であるが，現在では一般に利害関係者のことを指し，対象となるプロジェクト等によって何らか（プラスまたはマイナス）の影響を受ける可能性のある人物という概念で用いられている．

　意思決定支援のために多基準分析を行う場合，ステイクホルダーをどのように捉えて分析に組込むかが重要である．なぜならば，多基準分析には誰の立場で評価するかによってスコアリングが大きく異なる基準が含まれるからである．例えば開発予定地周辺の環境保全に関する基準を考えてみよう．環境保護派と開発推進派では全く異なるスコアがはじき出されるであろう．また，予定地の近隣住民と離れた所に住む住民とでも違うであろう．ステイクホルダーの範囲をどこまでとすればいいのか，さらに，ステイクホルダーによって受ける影響の違い，濃淡をどのように捉えたらいいのか，そしてこのようなステイクホルダーの選好をどのように反映させればいいのかが大きな問題である．したがって，実施主体，専門家等の各参加者の役割を含め，分析のやり方を適切にデザインすることが求められる．

(2) 『代替案の確認』

　考慮すべき一連の代替案を確認しリストにする．しかし，最終的な確固としたものではなく，分析の進行に伴って修正や追加がなされ，より良い代替案が設定される可能性があることを念頭におかなければならない．

(3) 『目的と基準の確認』

　各代替案のインパクト（パフォーマンス）を評価するための基準を確認する．基準はブレーンストーミング等によって引き出すことができる．その際に見落とされている視点がないかを確認するためには，ステイクホルダーを直接巻き込むこと，ステイクホルダーからの様々な情報を調査分析すること，意思決定チームによってステイクホルダーの立場をロールプレイすること，等の方法によって様々な視点を包括することが必要である．

　そして，目的のための価値ツリー（value tree）を構成することによって，基準をグループ化し系統立てる．これは，引き出された一連の基準がその問題に適切かどうかをチェックするプロセスであり，ウェイティングの際にも役立つ．また，目的間のトレードオフの構造を全体的な観点から確認することを容易にする．

　このような基準の選択にあたっては，次の条件を確認する必要があることが指摘されている．

　第1に，「完全性（completeness）」．これは重要な基準を全て含んでいること，つまり，重要な視点を見逃してないか，代替案を比較するために必要な基準を全て含んでいるか，目的の重要な局面を基準として押さえているか，などである．

　第2に，「重複性（redundancy）」．無駄に繰り返されている基準がないことである．これは後述する相互選好独立性や二重計算にも関係する．重複を防ぐためには，意思決定全体の文脈において，まずは完全性をめざして見逃しのないよう基準を並べる．その上で並べた基準をグループ化し整理していく過程で，重複の可能性を確認しながら取捨あるいは一本化していく方が確実であると考える．このような手順を踏むことによって，先に進んだ段階から再びフィードバックする場合にも，基準選択の確認が容易になる．

　第3に，「操作性（operationality）」．各代替案をそれぞれの基準によって評価できることである．それぞれの基準は判断可能なように明確に定義されなければならない．必要な場合には，よりはっきりと定義できる副基準に分解することになる．

　第4に，「相互選好独立性（mutual independence of preferences）」．基準は相互に選好が独立でなければならない．つまり，ある基準における評価が他の基準における評価に影響を受けないことが必要であり，相互独立ではない基準については一つに結合させることなどが必要となる．

第5に,「二重計算 (double counting) がない」こと.二重計算は相互選好独立性と密接に関係する.

第6に,「サイズ (size)」について.基準の数が多すぎないことが必要である.通常は6〜20程度,あるいは人間の評価プロセスの比較能力からして基準と副基準で各々8項目が限界である,という指摘がある.

第7に,「長期的影響 (impact occurring over time)」について.費用便益分析など貨幣換算を基礎とした手法では割引率を用いる手法が確立されているが,多基準分析において時間選好問題はあまり積極的に扱われておらず,共通の手法はない.割引や,短期的・長期的といった時間区分で影響を扱うことになる.

(4) 『スコアリング(各基準に対する各代替案の
　　インパクト(パフォーマンス))の確認』

スコアリングは以下のプロセスで行われる.まず,代替案による影響をそれぞれの基準ごとの尺度で明らかにする.貨幣尺度,定量的尺度だけでなく,定性的表現で記すこともある.この段階(スコアリングをしない段階)でのインパクト(パフォーマンス)行列そのものを意思決定者に提供することが分析の目的である場合がある.

次に,基準により代替案にスコアをつける.代替案のスコアを決める方法は3つあり,いずれも0〜100のスケールに変換される.この際,方向感覚は共通していなければならない(スコアの高いものがより選好される).

1つ目のアプローチは,価値関数の考え方を使うもので,影響の評価を0〜100のスケールの価値スコアに変換する.ここで多くの場合価値関数は線形であると見なされるが,場合によっては非線形関数を用いることが望ましいこともある.

2つ目のアプローチは,直接にランキングすることであり,一般的な測定尺度が存在しない場合や測定に取り組む時間的あるいは予算的余裕がない場合につかわれる.この場合も0〜100の範囲の数が各代替案の価値に割り当てられる.

3つ目のアプローチは,意思決定者から,各代替案のインパクト(パフォーマンス)を判断する表現の言葉を一対比較によって引き出す方法で,AHPがこれにあたる.一対比較は各基準に関して代替案のインパクト(パフォーマンス)を確認する手段として一般に受け入れられているが,内的一貫性に対する懸念,順位の逆

転現象，言葉と得点とのリンクの根拠についてなど理論的には批判がある．

そして最後に，『基準ごとのスコアの一貫性の確認』がある．

(5) ウェイティング

ウェイティングは各基準におけるスコアを統合する際に必要であるが，恣意性を孕んでいるために多基準分析の批判の要因となっている．

多基準意思決定分析で用いられるウェイティングには様々な考え方があり，普遍的に受け入れられるウェイティングの方法はない．ここでは Pricing Out, Swing Weighting, 及び Rank order Centroid (ROC) weight を紹介する[41]．

Pricing Out は，属性の価値をある特定の属性（通常は貨幣）の価値に換算する手法である．ある属性における便益の増分に対して支払うであろう最高額か，あるいは便益の減分を受け入れるであろう最低額として理解することは容易であるが，ほとんど市場の無い属性についての算定は困難であり，無理に行おうとすれば，複数の基準をそのままの尺度で評価し統合するという多基準分析の利点を捨てなければならない手法であるといえる．

Swing Weighting は，意思決定者が仮想的代替案の個々の属性を相互に比較する一種の思考実験を必要とする．手順としては，まず各属性において最も選好されない最悪のレベルにあるケースをベンチマークとして設定する．次に，属性のうち一つだけを最も選好される最良のレベルにできるならばどれを選ぶかを尋ね，選ばれた属性に 100 のウェイトを与える．そして順次重要と考える属性を最悪から最良へと 'swing' させながらウェイトを引き出していくのである．

一般に，属性あるいは基準の重要性を直接的にウェイトづける方法や一対比較では，属性レベルのレンジに対してウェイトの反応が十分ではないというレンジ問題が存在する．これに対して，swing weights には属性がとる価値の幅（レンジ）に敏感であるという利点があることから，近年では多基準意思決定分析で一般的なウェイティング手法となっている．

しかし，仮想的に代替案をイメージすることによって個々の属性を比較し，その重要性を何らかの数値（割合）で表現することは容易でない場合もある．次に紹介する ROC weight は 'swings' の比較によって順位をつけるにとどまっており，より簡易な手法である．

Rank Order Centroid (ROC) weight は，エドワーズとバロンが開発したウェ

イティング手法である．全ての基準を，

$$w_1 \geq w_2 \geq \cdots \geq w_n$$

のかたちに単純にランク付けすると，n個の基準がある場合，i番目の基準のウェイトは，次の式で与えられる．

$$w_1 = (1/n) \sum_{j=1}^{n} (1/j) \tag{7.4.50}$$

エドワーズとバロンは広範囲にわたるシミュレーション研究の結果，75～87%の事例でswing weightを用いた場合 (SMARTS) とROC weightを用いた場合 (SMARTER) で最も高い総便益がある代替案が一致するだろうとしている．

いずれのウェイティング手法を選択するか，あるいはウェイトの割り当てについて意見の一致が得られない場合もある．その際には，2つ以上のウェイトの組合わせを並行して採用する．時にはウェイトに関する合意抜きで，代替案の選択に対して合意が可能なこともありうる．

(6) スコアの統合

このプロセスは採用する手法によって大きく異なる．ここで重要なことは結果の吟味で多くの場合感度分析によりなされる．

感度分析とは，分析の過程におけるさまざまなあいまいさや不一致が，最終的な結果に何らかの違いをもたらす範囲を調べるものである．

一般に，感度分析は分析結果の再確認的プロセスとして位置付けられているが，多基準意思決定分析においては，より積極的な役割が認められる．代替案を複数の基準で評価する場合，基準間のトレードオフが大きければ大きいほど，特にウェイトの選択には議論があるであろうし，スコアリングについてもステイクホルダー間で認識が異なってくる．スコアリングやウェイティングについて，あいまいさや不一致がある部分のインプットを変えてみることで，代替案の順位がどのようになり，その違いがどの程度であるかを確認することによって，合意形成への足がかりを得ることができる可能性がある．上位の代替案が限定されていて，それら代替案間の違いが小さいものであれば，合意形成にそれほどの困難はないであろう．一方，代替案の順位の逆転が大きい場合には，意思決定の文脈を再確認しながら新たな代替案の設定を含めたフィードバックが求められることになる

かもしれない．以下では改めて多基準分析手法の適用可能性を要約しておこう．

7.4.3 多基準分析手法の適用可能性

7.4.1で示した多基準分析手法を主として次の観点から比較検討する．すなわち，①さまざまな基準の独立性の仮定は重要か，②多様なデータを扱えるか，③透明性はあるか，④順位付け可能か，⑤制約がある場合に適用できるか，⑥リスクや不確実性を扱えるか，⑦ステークホルダーの参加が可能か，という点である．

いずれの手法も質的・量的データの扱いが可能である．また，感度分析により，不確実性やリスクを扱うことが可能である．

(1) 多目的最適化モデル

他の手法とは異なり，代替案の順序付けは考えていない．むしろ，最適化の解を求める過程で代替案が生みだされ，提案されることになる．多目的最適化モデルは制約を明確に扱う手法であるので，政策の実行に際して，さまざまな制約（限られた資源，閾値，など）がある場合にこの手法を適用することができる．いくつかの決定基準間のトレード・オフ（限界代替率）を先験的に特定化することが必要である．目的関数間のトレード・オフの決定はかなり困難ではあるが，意思決定者（ステイクホルダー）とのやりとりによってトレード・オフを把握することは可能である．

また，不確実性やリスクをファジー・データや確率要素で扱うことが可能である．

ステイクホルダーの参加は可能ではあるが，あまり明確には扱われない．しかし，グループ間や分析者とステイクホルダーの間での相互意思決定（interactive decision-making）の形も可能であり，相互の意見交換の仕方次第ともいえる．

(2) 多属性効用関数

経済学の理論に基づいて構築されている．多属性効用関数の問題は，効用関数を導くために満たされなければならない強い仮定である．基本的に，費用便益分析における厚生理論と同じ公理を拠り所としている．従って，費用便益分析に向けられる批判の多くが多属性効用関数にも向けられる．また，属性の独立性ははずせないものであり，相互依存性は許されないため，複雑に入り組んだ問題への

対応は難しい．確率表現を用いることでリスクの扱いが可能である．

厚生理論の仮定が成立し，効用関数を同定するためのデータが入手可能（確率と質的データ）な場合には，多属性効用関数の利用が可能である．多属性効用関数では効用関数の同定のためにステイクホルダーの参加が必須である．しかしながら，どのような，どの位の人数のステイクホルダーの参加を考えるかは大きな問題である（ただし，この点は，他の手法でのステイクホルダーの参加の場合にも同様である）．

(3) AHP

AHPは，基準間に相互依存関係がある場合にも適用可能である．複数の意思決定者（ステイクホルダー）の選好を考慮することが他の手法と比較して容易である．

ウェイトの決定に関して，透明性あり．ステイクホルダーの参加が必須である．さまざまな対立関係にあるステイクホルダーがいる場合には，AHPが適している．感度分析によってリスクの扱いが可能である．ただし，上述したように理論的な面で問題もあることから，適用に際しては注意が必要である．

(4) コンコーダンス分析

基準間の独立性が必要である．ステイクホルダーの参加は可能ではあるが，あまり明確には扱われない．しかし，グループ間や分析者とステイクホルダーの間での相互意思決定の形も可能となっている．閾値を用いてリスクの扱いが可能である．

7.4.4 合成多基準評価法の事例を通した考察

ここでは，安定性（多基準評価）と安全性（多基準評価）による2次元評価による淀川水循環圏（川が見えるレベル）の震災リスク評価と北摂4市を対象とした水辺創生による（町が見えるレベル）震災リスク軽減評価法を提示する．

641

【事例 7.5】 安定性と安全性による淀川水循環圏の震災リスク診断（【事例 5.1】参照）

　大都市域における上下水道の整備率は高く，都市生活者は蛇口をひねるだけで容易に水が利用できる．更に，汚水による伝染病等の脅威にさらされることもなくなり，都市生活者は健康で快適に過ごせる生活空間を手に入れた．しかしながら，このように集中・複雑化した上下水道ネットワークを持つ大都市域は地震に対して脆弱であり，快適な生活空間を得た反面，震災リスクが増大してきた．

　1987年に発生した宮城県沖地震は都市型地震災害として知られており，ライフライン施設の被害が多く報告されている．日本では，本地震をきっかけにライフライン地震工学が着目され，様々な研究がはじめられた．

　1995年の阪神・淡路大震災では，兵庫県の約130万戸で断水し，消火用水の確保困難から多くの家屋が延焼した．そして，下水道では約1万件の破壊，閉塞により下水が流出し，土壌汚染や水環境汚染が引き起こされ地下水の利用が制限された．

　このように広範囲にわたり，水道・下水道施設において深刻な被害が発生した理由には，

① 構造的破壊と機能的損傷が異なるというネットワークの特性を考慮した整備が十分に行われていなかったこと．
② 水道，下水道，河川が個別のネットワークとして認識されており，ネットワーク全体が認識できていなかったこと．

が考えられる．このため，ネットワークの地震災害に対しては構造的強化というハード面だけではなく，トータルネットワークの整備とマネジメントというソフト面の計画を考える必要がある．

　ここでは，河川，水道，都市活動，下水道の4つのレイヤーから構成される階層ネットワークを人工系水循環ネットワークとしてモデル化し，大都市域の水循環に存在する地震被害を明らかにする．そして，ネットワークの特性（安定性）と管の構造特性（安全性）を表現する2つの震災リスク評価指標を作成する．そして，この2つの評価指標を組み合わせて震度7以上の6つの大震災が想定されている淀川水循環圏の直接的・間接的な震災リスクの診断を行う．

7 費用便益分析と多基準分析

(1) 大都市域水循環ネットワークの震災リスクの分類と間接被害

1) 大都市域水循環ネットワークの概念

大都市域の人工系水循環を構成する要素である河川，水道，都市活動，下水道を4つのレイヤーで表して階層構造を用いてモデル化したものが大都市域水循環ネットワークである．階層構造により水循環を表すことで，複雑に関係する事業体を大都市域水循環ネットワークの中で位置づけることができ，レイヤー間の関連を明らかにすることができる（図5.5.2参照）．

2) 震災リスクの分類と間接被害

大都市域の水循環ネットワークが有するリスクは，大きく分けて①震災リスク，②環境汚染リスク，③生態（人間も含む）リスク，④渇水リスク，⑤浸水リスク，の5種類が考えられる[51]．

震災リスクはカタストロフ・リスクと呼ばれ，生起頻度は稀少であるが，被害規模が巨大になる危険性を有するリスクである．また，中瀬らの研究[52]により震災リスクが環境汚染リスク，生態リスクを伴う複合災害であり危険性の高いリスクであることが明らかになっている．これらのことから，ここでは都市活動に対する影響がもっとも大きいと考えられる震災リスクとそれに付随して発生する一部の環境リスクについて評価する方法を提案する．

水循環ネットワークの震災リスクには河川・水道・都市活動・下水道レイヤー単独で発生するリスクと，レイヤー間で発生するリスクに分類できる．

河川レイヤーで発生するリスクには，河川への土砂流入による水質の悪化，水質悪化による生態系破壊がある．水道レイヤーで発生するリスクでは，取水口破損による浄水場への送水停止，水道管（給水管，送水管）の損傷，浄水施設（ポンプ場，管渠，処理場）の被災による上水の浄化不能があり，都市活動レイヤーに関わるリスクでは，生活用水の不足による生活水準の低下や消火用水の不足による消火活動の阻害がある．

そして，下水道レイヤーでは，下水管の損傷による下水の送水停止や排除機能障害，液状化した土砂流入による幹線の閉塞，下水処理場の被災による下水の処理不能がある．

また，レイヤー間で発生するリスクとしては河川構造物の破壊による取水の不能，上流の水環境汚染による河川下流の取水不能，下水漏洩による都市での消化器系伝染病の流行などがあり，それらをまとめたものを表7.25に示す[53]．

分類した震災リスクには，地震を受けた地域で発生する直接被害と，震災を受けていないにも関わらず被害が発生する間接被害がある．ここでは主たる間接被

表7.25 システム間の関係

	河川	水道	都市活動	下水道
河川	・河川構造物の破損 ・利水, 治水機能の低下	・河川構造物の破損による取水の停止	・河川構造物の破損による都市の治水機能の低下	・雨水排除の支障による浸水
水道	・取水施設破損による河川の利水, 治水機能の低下	・水道施設の破損 ・浄化機能の停止, 低下	・水供給の停止 ・火災の延焼 ・都市活動の低下	・水利用に伴う汚水流入と, 処理機能低下時の汚水の漏洩
都市活動	・有害物質の流出による水環境汚染	・有害物質の流出による取水の停止	・都市構造物の破損 ・火災の発生 ・有害物質の流出	・有害物質の汚水, 雨水への流入
下水道	・汚水の流出による水環境汚染 ・雨水排除機能の低下による治水機能低下	・流出汚水の水道水への混入の可能性	・汚水流出による公衆衛生の悪化 ・汚水管の閉塞がおよぼす水利用の停止	・下水道施設の破損 ・処理機能の停止, 低下

害として，上流側で汚水や環境汚染物質が流出することより発生する下流側の施設の取水停止や，広範囲に構成されるネットワークの途中が破壊する事によるネットワーク末端の機能停止を取り上げることとする．

(2) 震災リスク評価指標の作成

大都市域の水循環ネットワークには様々な震災リスクが存在する．ここではこれらのリスクを評価する安定性と安全性の評価指標を提案する．

1) 安定性と安全性による評価指標

水循環ネットワークの震災リスクの評価指標として提案する安定性の評価指標は，グラフ理論を用いてノードやリンクの接続関係等を基に作成したものである．

そして，安全性の評価指標は信頼性解析のアナロジーを用いて近似化したシステムを構成するユニットの被害率を基に作成したものである．これは，地震工学的現象合理性ではきわめて複雑なネットワークの計算が事実上不可能なことから，システム合理性により考えたものである．

2) 安定性による震災リスクの評価法

何らかの外力がネットワークに加わった場合にでもネットワークの機能を保つことが安定である．水道ネットワークの機能とは水供給で，下水道ネットワークの機能とは下水排除・処理である．水道ネットワークの安定とは，都市生活者に

表7.26 水供給の基準値

期間名	期間	水量
混乱期	地震発生後 3日間	生命の維持に必要な飲料水 $3l$
応急対策期	地震発生後 4〜7日間	許容限度
復旧期	地震発生後 8日以降	一日平均水使用量

対して水供給が基準値以上のレベルで連続して行われる状態をいう．

水供給の基準値は，震災発生後の時間経過とともに変化する．表7.26に地震発生後の期間毎の基準を示す．そして，下水道ネットワークの安定とは周辺環境に基準値以上の影響を与えず下水処理が行われる状態をいう．安定性を評価するにはネットワークの接続関係や，距離，輸送量を考える必要がある．水循環ネットワークの安定性の評価指標はにより提案されており，すでに，【事例5.1】において，グラフ理論を用いて点連結度，辺連結度，平均連結度等が定式化されている[53]．

3）安全性による震災リスクの評価法[54]

何らかの外力がネットワークに加わった場合にでもネットワークを構成するユニットが破壊することなく平常時のネットワークの機能と同様であれば，そのネットワークは安全である．

安全性の評価指標は到達可能性と損傷度の2つから成り，想定被害個所数を用いて定式化する．到達可能性とは震災時においても水（ここでの水とは，河川の表流水・上水・汚水，下水処理水の総称である）が起点から終点へと流れる可能性を評価する指標であり，損傷度とは水が流れる起点から終点への経路上に存在する破壊の程度を評価する指標である．

(a) 想定被害箇所数の算定方法[55]

被害率とは過去に発生した地震が引き起こした地下埋設管被害を基に算出された1kmあたりの平均破壊個所数である．この被害率は地震動に対する標準被害率に，地盤の特性による地震動の伝搬の違いや，管種・管径の違いによる耐震性の違いを表す補正係数を乗じることにより求めることができる．

被害率を算定する式として，

$$R_{fm} = R_f \cdot C_g \cdot C_p \cdot C_d \tag{7.4.51}$$

が提案されている[56].

ただし,

R_f:標準被害率(個所/km)　　　$R_f = 1.7 \times A^{6.1} \times 10^{-16}$　A:地表最大加速度(gal)
R_{fm}:想定被害個所数(個所/km)　C_g:地盤・液状化係数　C_p:管種係数
C_d:管径係数

この想定被害個所数を用いて安全性の評価指標である到達可能性と損傷度を定式化する.

(b) 到達可能性の考え方とその定式化

到達可能性とは,リンクが破壊することなくネットワークとして機能する可能性を判断する指標である.想定被害個所数が1より低い値のときには,この数値を管路が破壊する可能性と考える.そして,信頼度[57]のアナロジーの考え方を用いて到達可能性を定式化することにより,経路の冗長性や複雑さを考慮した指標にする.計算の手順としては,初めに,並列接続された管路に対して次式の計算を行いネットワークの並列部分を1つのリンクとして扱い,直列接続だけで構成されたネットワークにする.

$$R_p = 1 - \prod(1 - R_{fm}^i) \tag{7.4.52}$$

ただし,R_{fm}^i:管路iの想定被害個所数,R_p:ネットワークの並列部分の想定被害個所数

次に,ネットワークに残った直列接続の管路の到達可能性を,次式を用いて求める.

$$R_s = \prod R_{fm}^i \tag{7.4.53}$$

ただし,R_s:直列ネットワークの想定被害個所数

なお,並列計算・直列計算では計算が行えないブリッジに対しては,加法定理を用いて計算を行う.

(c) 損傷度の考え方とその定式化

損傷度とは,リンクが損傷することを想定して,その損傷がどの程度の規模であるかを判断する指標である.想定被害個所数が1以上であれば管路の機能が停止すると考える.そして,その損傷個所数に管路の能力による重みをつけて累積することで損傷度を次のように定式化する.

$$D_s = \sum_{i=1}^{n} w^i R_{fm}^i \quad (7.4.54) \qquad w^i = \frac{q^i}{\sum q^i} \quad (7.4.55)$$

ただし，D_s：終点sの損傷度，w^i：管路iの重み，q^i：並列関係にある管路iの管路の太さ

(d) 到達可能性と損傷度の求め方

(b), (c)で定式化した到達可能性と損傷度の2つの指標は管路の想定被害個所数を用いて定式化しており，この数値が1以上か，1以下かの判断により水循環ネッ

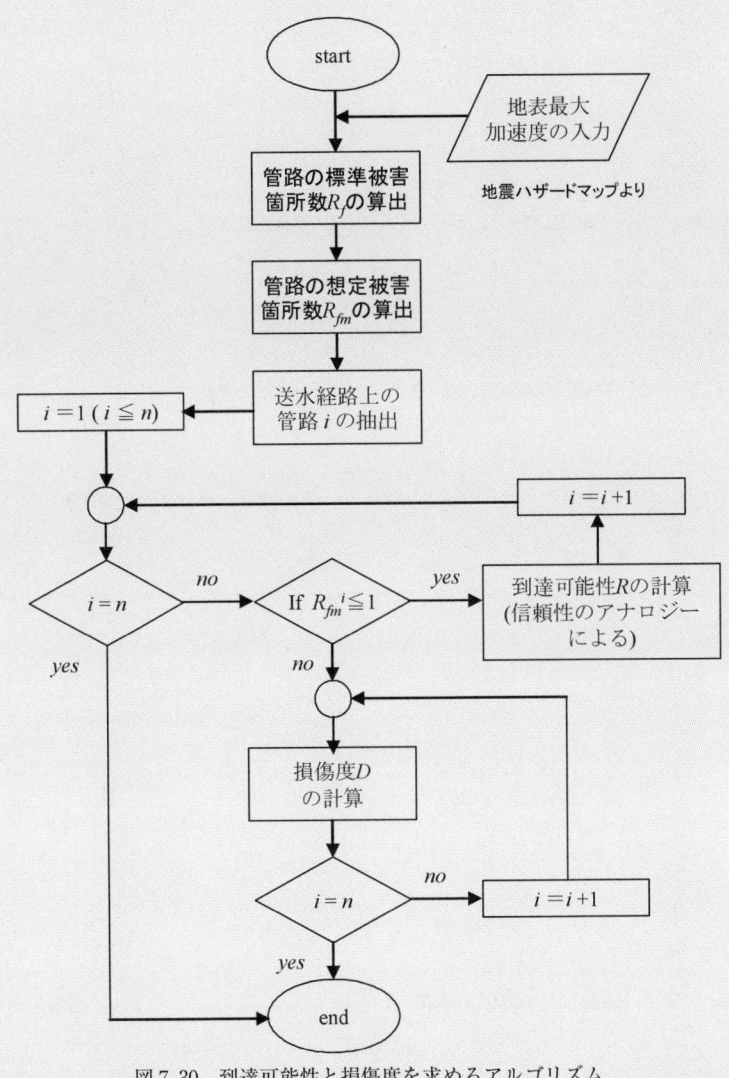

図7.30 到達可能性と損傷度を求めるアルゴリズム

トワークに適用する指標を使いわける．図7.30に水循環ネットワークの安全性を求めるアルゴリズムを示す．

4）水道・下水道ネットワークの合成安全評価の方法

水道ネットワークと下水道ネットワークの安全性を，到達可能性と損傷度の指標により評価すると，組み合わせは4通りになる．この組み合わせにより水道・下水道ネットワークの安全性の評価が可能となる．評価の解釈を図7.31に示す．同図から，下水の流出による水環境汚染の発生により下流の水供給に影響をもたらす間接被害が発生する可能性についても評価できることがわかる．

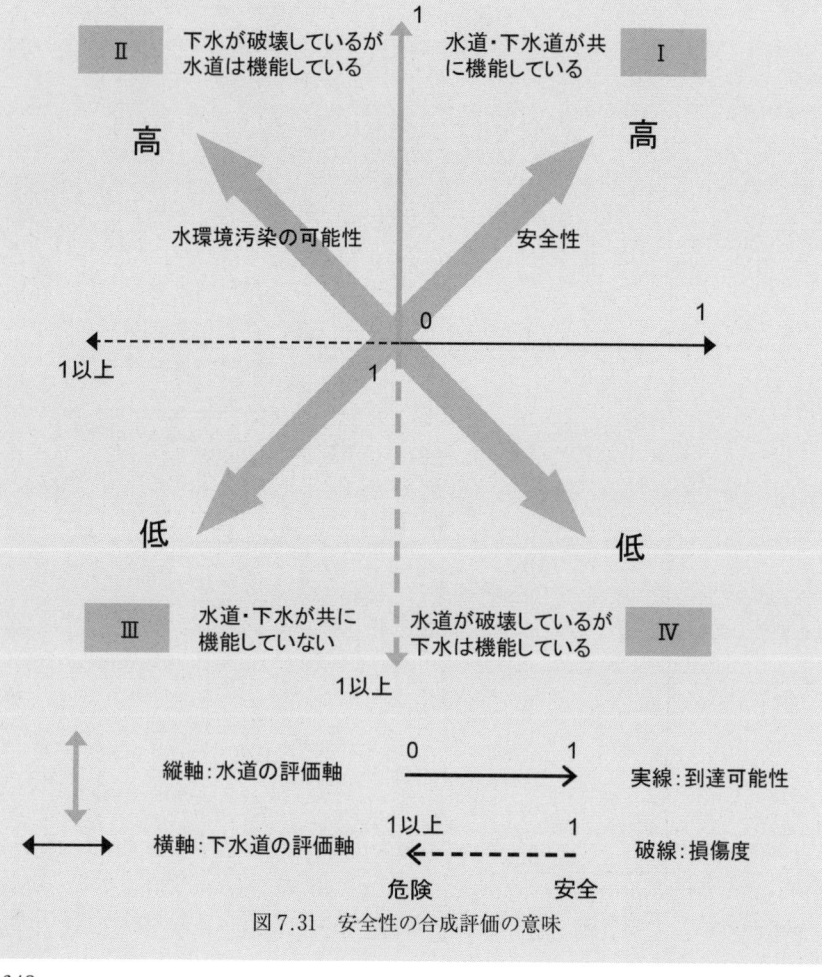

図7.31 安全性の合成評価の意味

5) 安定性と安全性による評価

安定性と安全性の評価指標の値と，震度7以上の面積割合を組み合わせることにより，地域の震災リスクを評価することができる．結果の組み合わせによる震災リスクの評価を表7.27に示す．なお，⑦，⑧は，震度7の分布域が少ないが安全性が低い状態を示している．これはネットワークの経路の中間が破壊することにより間接被害が発生していることを表している．

(3) 評価指標の適用

対象地域を淀川水循環圏として，(2)でモデル化した評価指標を適用して震災リスクを評価する．そして，ここでは特に同地域に潜む間接被害を明らかにする．図7.32に，想定されている6つの活断層系地震とそのとき震度7以上が発生すると計算された地域[56]を示す．

1) 安定性の指標の適用結果

淀川水循環圏に含まれる103区町村の水道ネットワークに安定性の指標を適用する．ここでは評価目的に沿って，13の安定性の指標のうち平均連結度，点連結

表7.27 安定性と安全性による評価

番号	震度7以上の分布域	安定性	安全性	評価	
①	広い	高	高	震災リスクに強い地域	○
②	広い	低	高	ネットワークの整備をおこなうことで，震災リスクに対してより強くなる地域	△
③	広い	高	低	管路の耐震化が必要な地域	×
④	広い	低	低	ネットワークの整備が必要な地域	×
⑤	狭い	高	高	地震の影響をうけない地域	◎
⑥	狭い	低	高	ネットワークの整備が望ましい地域	△
⑦	狭い	高	低	間接被害による震災リスクを受ける地域 貯留施設等の整備が必要な地域	×
⑧	狭い	低	低	間接被害による震災リスクを受ける地域 ネットワークの特性を考慮した整備が必要な地域	×

なお，表中の記号は以下のことを意味する．
◎：平常時と同様に震災リスクが低い地域．
○：震災リスクが低く，最悪ではないという意味で相対的に安全な地域．
△：しっかりした震災対策を行うことが望ましい地域．
×：震災対策を早急に行う必要性のある地域．

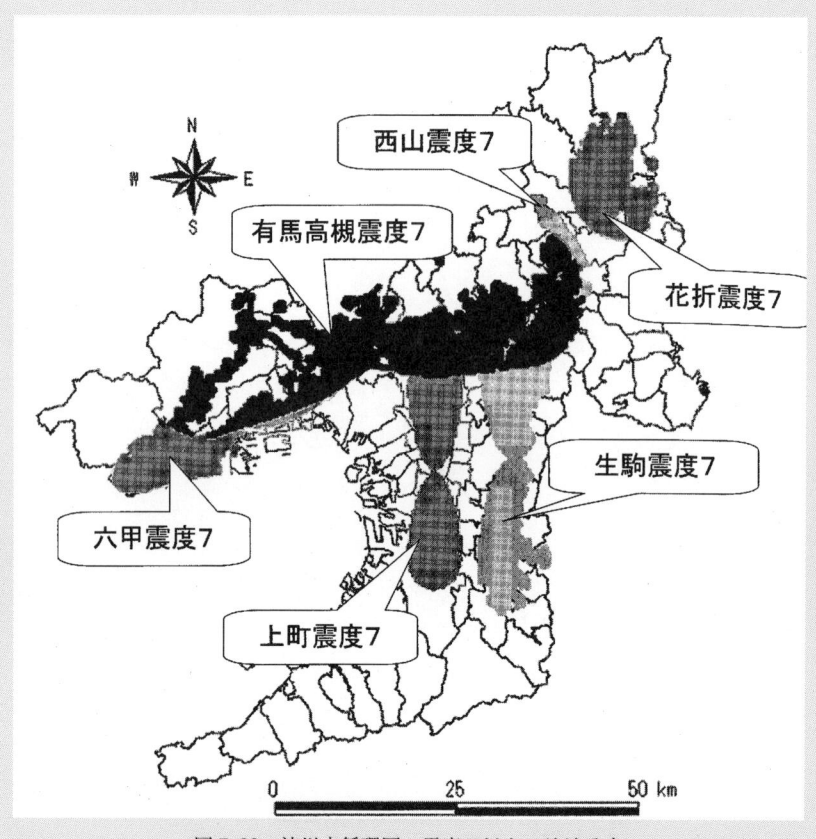

図 7.32 淀川水循環圏の震度 7 以上の地域分布

度,冗長な道の数を選択した.グラフのノードに接続するリンクの個数を,ノード数で除した比率を「平均連結度」とし,グラフにおける最小の関節集合の個数を「点連結度」とする.そして,グラフ内の隣接しないノードの複数の経路の数を「冗長な道の数」とする.

こうして 103 区町村の評価を行ったが,紙面の都合とわかりやすくするために,ここでは,それらの評価を府県及び市で集計することにし表 7.28 に示す.なお,安定性は各々の指標の値を 5 段階表示し,それらを加算したものである.

2)安全性の指標の適用結果

淀川水循環圏に含まれる 103 区町村に安全性の指標を適用する.生駒断層系地震を対象とした水道ネットワークの評価結果を図 7.33,下水道ネットワークの評

表7.28 淀川水環境圏の安定性の評価結果

	京都市	京都府	大阪市	大阪府	兵庫県神戸市
リンク数	114	40	160	574	174
ノード数	55	22	83	235	87
平均連結度	2.07	1.82	1.93	2.44	2.00
点連結度	1	1	1〜2	1〜3	1〜2
冗長な道の数	1〜14	1	1〜8	1〜4860	1〜560
安定性	7.3	3.0	5.9	10.3	9.9

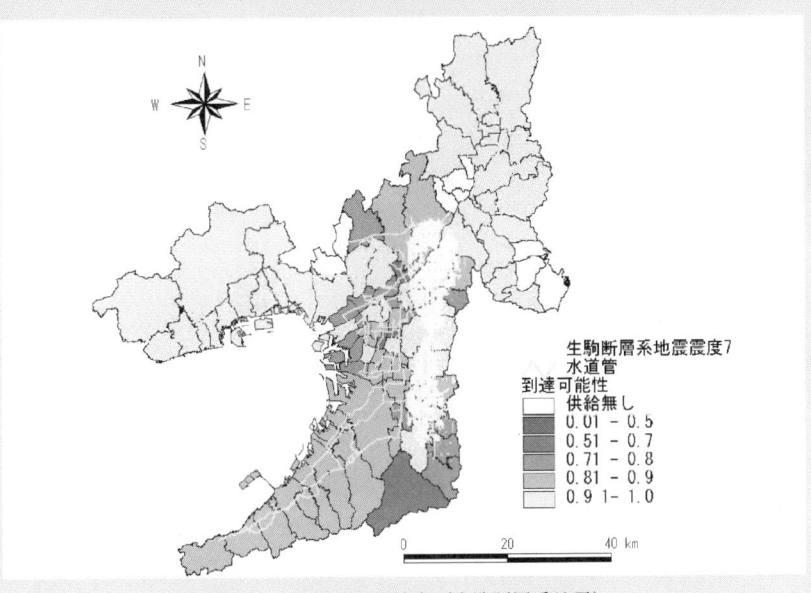

図7.33 水道の地震被害（生駒断層系地震）

価結果を図7.34に示す．

図7.33では，大阪府南部で安全性が低い値となる．これは南北に敷設されている大阪府の水道ネットワークの中心が破壊によりネットワークの末端への送水ができなくなる間接被害が発生しているためである．

3）安全性の指標の合成評価

大阪府の北摂地域を対象として想定される6つの大震災における水道ネット

ワークと下水道ネットワークの安全性の評価を行う．この地域は地理的状況が神戸市と似ており，阪神・淡路大震災と同様に大きな被害が集中発生すると考えられる[58]．

安全性の指標の適用結果を図7.35に示す．同図の左側は図7.31のⅡにあた

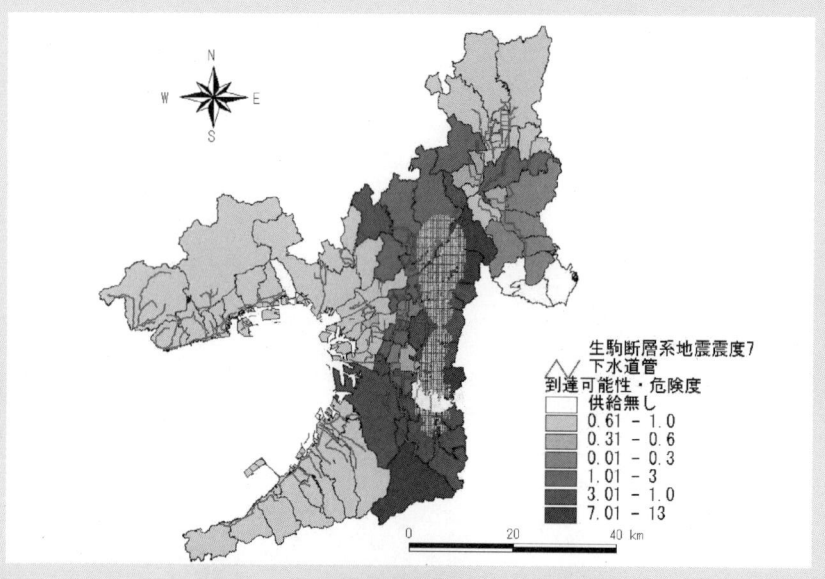

図7.34 下水道の地震被害（生駒断層系地震）

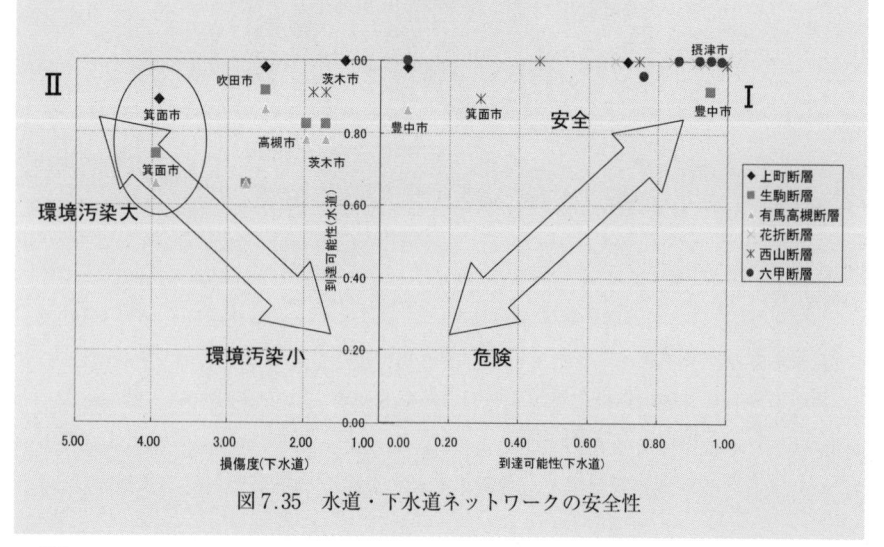

図7.35 水道・下水道ネットワークの安全性

り，環境汚染の発生の可能性を示す．そして，右側は図の 7.31 の I にあたり右上に位置するほど安全である事を示す．

この図から，上町断層系地震が発生した時の箕面市では，水道ネットワークの利用はできるが下水道ネットワークが利用できず，下水漏洩による環境汚染の可能性が高い．中瀬らの研究では，下水処理場，し尿処理場及びノンポイントソース等から流出する有機物の危険性が示唆されており，同地域では下水道ネットワークの震災リスクの軽減を特に考える必要がある．

上流の水環境汚染により下流で取水が不可能になる間接被害が発生する事が想定される自治体は，大阪府，大阪市，兵庫県・神戸市である．花折断層系地震や西山断層系地震が京都府や京都市の下水道ネットワークに被害を与えた場合，ネットワーク近接した河川や地下に汚水が流出する事が想定される．このため，下流にある取水口を有する浄水場では取水停止になり水供給を行えなくなる．

4）安定性と安全性の指標の適用結果といくつかの地域診断[44]

想定される 6 つの大地震に対し，安定性指標の値を府県及び市でまとめて相対的に表した値と，震度 7 以上が想定される面積の占める割合，ならびに安全性指標の値をまとめて図 7.36 に示す．横軸は安定性の評価結果の値を示し，縦軸は震度 7 以上の面積が占める割合を示す．そして，安全性の評価結果をプロットした丸の大きさで示しており，これが大きいほど危険であることを表している．以下，図 7.36 を用いて，いくつか重要と思われる地域診断を行う．

まず，花折断層系地震が発生する場合，京都市では，震度 7 が占める割合が市

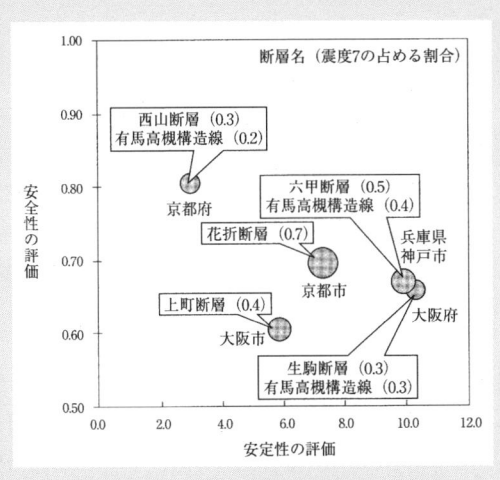

図 7.36 安定性と震度 7 の占める割合

域の7割強となり，大阪府や，兵庫県・神戸市と比べて安定性も安全性の評価も低い（表7.27の④の状態）．そのため，京都市は阪神・淡路大震災と同様の大きな被害が発生することが予想される．従って，このため，明治以降，市電や車の交通のために失われた水辺の再生・創造というような水循環ネットワークを冗長化してサイクルを生み出すといった計画を考える必要がある．そして，京都市の下流に位置する地域では水環境汚染により重大な間接被害を受けることになる（表7.27の⑦，⑧の状態）．また，京都府は安定性が低いものの震度7の占める面積の割合が少なく，安全性が高いことから震災リスクは小さい．

つぎに，生駒断層系地震が発生した場合，大阪市では，震度7の占める面積がほとんど無いにも関わらず安全性が低い表7.27の⑦の状態であり，間接被害が発生している．このような状況では新たな水供給源からのネットワークを整備することや貯留による水の確保などが重要となる．

さらに，上町断層系地震が発生した場合は，大阪市の40%近くが震度7以上になり，上述した花折断層系地震の発生した京都市と同様，大災害を受けることになる．しかも大阪市は淀川水循環圏の最下流にあり地下水位も高いことから，大阪湾の環境汚染や地下水汚染をもたらす最悪のシナリオが想定される．そして，大阪府南部地域は広範囲に構成されるネットワークの途中で破壊する事による間接被害が発生し，給水停止になる．

本事例では，震災リスクの1つの評価指標として到達可能性と損傷度の2つからなる安全性の評価指標を作成した．そして，この指標とすでに提案している安定性の評価指標を用いた震災リスクの評価法を構築した．ついで，この評価法を淀川水循環圏に適用した．この結果，水道ネットワークの供給経路が破壊することにより発生する水供給の停止と，下水道ネットワークが引き起こす汚水流出による取水停止という2種類の間接被害が，「どの大地震が起こったとき，どこに生じるか」を明らかにした．

なお，当然のことながら，震災は水循環システムだけでなく，エネルギーシステムや交通システムなどの都市インフラストラクチュアにも生じ相互作用がある．このため，他のインフラストラクチュアとの関連をも考慮した地域の総合的な震災リスク評価法を開発する必要がある．

【事例7.6】震災リスク軽減のための水辺創生計画─────────────

高度経済成長期以降，経済効率性を重視した都市施設整備や土地利用は，水辺やため池そして雑木林等の緑地の多くの身近な自然を住宅地や商工業用地，道路

へと変化させてきた.この結果,現在の都市域の多くでは,生活者[59]が日常的に自然と触れあうことが困難となってきた.さらに,阪神・淡路大震災等の経験から,高密につくられてきた都市域が震災に対していかに脆弱であるかがわかる.都市域の「ゆとり」としての公園・緑地や水辺といった自然的空間は災害時の被害を軽減し,復旧・復興に向けた諸活動を行う上で不可欠である.今日,地震のような再現期間の長い災害のためだけの施設整備は財政的にも困難な状況であることから,都市域では環境創生を通した災害リスク軽減のための計画方法論が必要であると思われる.

以上の認識のもと,都市域の自然的空間を4階層システム(近隣レベル;2haを標準,地区レベル;4ha,市レベル;10ha,広域レベル;30ha)[60]としてモデル化し,利用者心理[61]と遊び[62]に着目して,空間とその質の配置に関する評価を行ってきた.

上記をふまえ,本事例では,特に震災時に被災者自らが身を守るために行う避難行動と自然的空間の偏在ならびに交通ネットワークなどによる地域コミュニティの分断に着目した地域の事前安全性を評価する.このため,地域分断の分析と,避難行動に関するシミュレーション・モデルの構築とその分析を行う.この結果を受けて,地域内で最も危険な道路や鉄道などによる孤立地区を明確にし,これらの地区の震災リスク軽減のためにどこに自然的空間を創生する必要があるかを実証的に明らかにする.そして,都市化のために失われてきた水辺を,都市域に多量に存在するがその殆どが使われていない下水処理水の再利用によって再生するという1つの代替案を提示し,その減災効果を論じ,新たな地域災害リスク軽減のための計画方法論構築の第1歩とする.

(1) 対象地域の概要と分断

対象地域は大阪市と京都市の間に位置する吹田市・茨木市・高槻市・摂津市である.この地域は1960年代から千里ニュータウンの開発や万国博覧会の開催にともなって,多くの自然が失われ,震災リスクが増加してきた[58].

現在,ここには名神高速道路や中国縦貫自動車道,新幹線,JR東海道本線等の日本の主要幹線交通や,阪急京都線等の大阪市と京都市を結ぶ交通施設が多く存在する.北摂地域は山と淀川に挟まれており,また,有馬高槻・上町・生駒という3つの活断層系地震によって震度7が想定されている[63].このような地形や土地利用から,この地域は阪神・淡路大震災で大きな被害が生じた神戸市と類似していることがわかる.

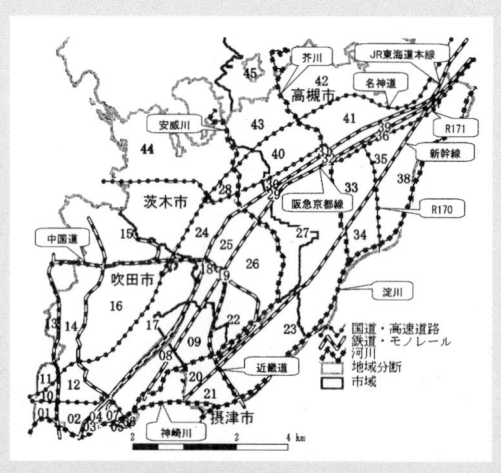

図 7.37　地域の分断と地区番号

　また，対象地域にある交通施設の多くが高架や盛土でつくられており，これらの倒壊や崩壊による地域の分断は非常に危険な孤立する地区を形成する可能性がある．これは各市のヒアリングにおける防災担当者が懸念していたことでもある．したがって，本事例では図 7.37 に示すように，対象地域を国道・高速道路，鉄道・モノレール，河川によって分断された地区を単位として分析を行う．

(2) 一次避難行動に関する分析
　1) 分析の考え方
　震災時の避難行動に着目したとき，地域の安全性を高めるためには，避難の必要性を低くすることと，安全に避難が出来るようにすることが重要になる．避難の必要性は「建物の倒壊およびその危険性（指標 A）」と「火災の発生及びその延焼の危険性（指標 B）」の 2 つの要因が大きく影響していると考えられる．しかし，これらを厳密に把握することは，一戸毎の建物の構造や震災時の天候等により非常に困難である．このため，前者の近似として，耐震に関する建築基準法の改正を考慮し，1980 年以前の建物延べ床面積を用いてその危険性を捉える．また，後者の近似として，阪神・淡路大震災において火災の発生原因の約半数が不明であったため，延焼に着目し，建物の多さ（市街地率＝建物面積／町丁目面積），木造建物率，水辺の有無によってその危険性を判断する．これを図 7.38 に示す．なお，ここでは，各地区の絶対的危険度を評価するのではなく，対象地域におけ

図7.38 火災延焼の危険性評価

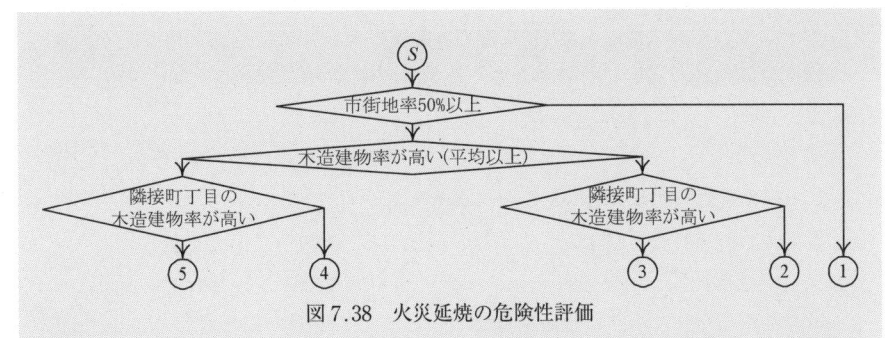

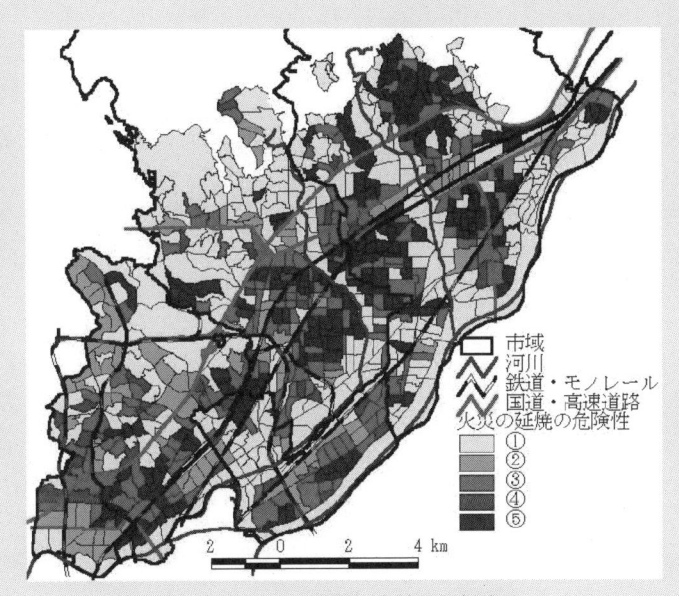

図7.39 火災の延焼の危険性評価結果

る相対的に最も危険な地区を明確にすることに重点をおいている．

　震災時の一時避難行動において，被災者はより居住地に近く，安全性の高いより大きな空間へ避難すると考えられ，人のつながりも震災時の助け合い等において重要である．このため，地域の分断と町丁目のつながりに着目して，一次避難行動に関するシミュレーション・モデルを作成し，これを運用することにより，新たな避難空間の創生が必要な地区を明らかにする．

　2）避難の必要性に関する分析結果とその考察

　火災の延焼に関して，図7.38をもとに分析した結果を図7.39に示す．これよ

り，早くから都市化が進んだ JR 東海道本線及び阪急京都線沿線の町丁目が火災の延焼の危険性が高いことがわかる．なお，図中の①〜⑤は図 7.38 に対応している．

(3) 一次避難行動シミュレーションの考え方

震災時の避難行動に関するシミュレーションとしては，実際の道路ネットワークを用いたもの[64)65)]や仮想ネットワーク[66)]を用いた分析が行われている．これらは非常に限られた小さな地区を対象としており，災害事前における広域的な計画方法論にはなじまない．そこで，震災時における広域的な地域の安全性を避難行動から評価するシミュレーション・モデルを提案する．すなわち，このシミュレーション・モデルは少なくとも以下の要件を満たしていなくてはならない．すなわち，

a）町丁目毎の避難先と避難経路（どの町丁目を通過するか）が分析できる，

b）避難住民が避難空間に何回入れなかったかが計算でき，彼らのあせりやいらだちを間接的に表現できる，

ことである．このような目的を果たす，町丁目の隣接関係に着目したシミュレーション・モデルのフローチャートを図 7.40 に示す．そして，モデルで重要な役割を果たす step 数の説明を行い，次いで，フローの基本的な考え方を説明する．

このモデルで用いる基本となる step 数とは，ある町丁目に着目した時，その町丁目が含まれる双対グラフ[67)]の面から避難空間のある町丁目が含まれる面までの数である．この考え方を図 7.41 に示す．また，この図は 1 つの地区内の町丁目のつながりをも表している．例えば，Ⅲの町丁目に避難空間があり，Ⅰの町丁目に着目すれば step 数は 2 となる．

モデルの基本的な流れは，後述の仮定の下で，以下のようになる．

ⅰ）各町丁目の step 数を決定する；まず，町丁目 i から最も少ない step 数の避難空間を選択する．これが複数ある時，より大きな（上の階層の）空間を選択する．（step i の決定）

ⅱ）step 数が小さい町丁目から空間へ移動する；避難するためには，最悪 1 人あたり $2m^2$ 以上の空間が必要である．そして，町丁目の住民全員が避難できれば，その時の最小の step 数がその町丁目の step 数となる．なお，避難空間に入れない人がいるとき，その空間から最も近い空間を選択すると考え，新たに step 数を計算する．

ⅲ）終了；シミュレーションの終了は，全ての人が避難したか，あるいは全て

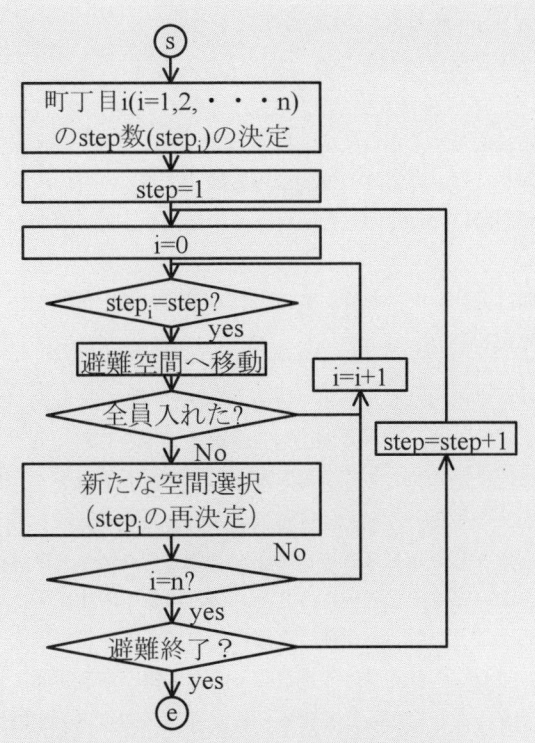

図7.40 シミュレーション・モデルのフローチャート

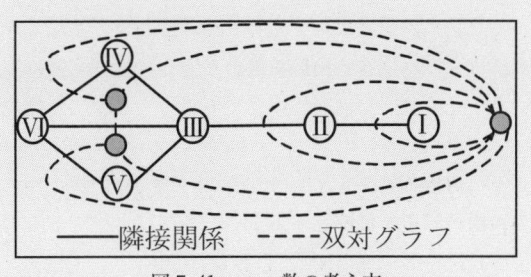

図7.41 step 数の考え方

の避難空間が満杯になったときとする．

ここで，モデルの仮定を具体的に示せば，以下のようになる．

① 避難空間選択は分断された地区内でのみ行われる．

② 最も近い (step 数の小さい) 避難空間を選択する．
③ ②を満たす避難空間が複数ある時，より大きな (階層が上の) 空間を選択する．
④ 避難空間に避難するためには，最悪，1人あたり $2m^2$ 以上必要である．
⑤ 避難空間から近い町丁目の住民から避難できる．
⑥ ある避難空間に入れなかったとき，その空間から近い空間を新たに選択する．
⑦ 避難空間に入れなかった時，次に入れる空間の選択情報を持っている．
⑧ 標高は考慮しない．

仮定①はこれまで述べたことより，地域の分断を想定して設定した．仮定②と③は，住民はより近くの，より大きな空間へ避難するとした．ここでは事前評価の計画方法論の作成が目的であるから，避難の「予測」ではなく「予定」という概念を用いることとする．仮定④は避難可能人数の設定を意味しており，この値は防災公園の基準として用いられているものである[68]．なお，自然的空間の面積は水面の面積を除いて算定している．また，樹木の量を考慮せずに面積の算定を行っているため，ここで用いた面積は実際に避難できる面積より広く見積もっていることを断っておく．仮定⑤は，避難してきた人は，避難空間に到着した順番に入ることができることを意味している．仮定⑥は，ある避難空間に入れなかったとき，その空間から最も近い空間を選択し，そこへ避難することを表している．仮定⑦は，様々な町丁目から空間へ避難するため，周辺の状況を判断できると考えて設定した．もし，この仮定をはずすと，ここで行う分析結果以上に空間に入るために移動し続けなければならない可能性が大きい．仮定⑧は，地区内での避難を想定していることより，高低差は小さいものとなるため，標高は考慮しないこととする．

以上の仮定の下に避難行動シミュレーション・モデルは，震災リスク評価にとって重要な以下の指標の算定を可能とする．

これまであげた指標を表7.29にまとめておく．

4) シミュレーション結果とその考察

まず，step 数を図7.41に示す．これより，吹田市南部の⑪⑬の地区，阪急京都線および JR 東海道本線沿線の⑧⑫⑱㉙㉝㉟㊴㊶の地区，高槻市の北部の㊷の地区で避難できない人がいる．また，⑰㉖㉗の地区でも step 数が10を越え，一次避難のために非常に遠くまで行かなければならない人がいることがわかる．上記の鉄道沿線は，早くから都市化が進行した地区であるとともに，細長く分断され

7 費用便益分析と多基準分析

表7.29 町丁目別の震災リスクの計量化に関する指標

指標		内容	①	②	③	④	⑤
A	建物倒壊	1980年以前建物延床面積	0以上2000 (m^2/ha)未満	2000以上4000 (m^2/ha)未満	4000以上6000 (m^2/ha)未満	6000以上8000 (m^2/ha)未満	8000 (m^2/ha)以上
B	延焼	木造建物延床面積と水辺	市街地率50%未満or水辺有	市街地率が50%以上，木造建物が少なく，隣接町丁目も少ない	市街地率が50%以上，木造建物が少なく，隣接町丁目は多い	市街地率が50%以上，木造建物が多く，隣接町丁目は少ない	市街地率が50%以上，木造建物が多く，隣接町丁目も多い
C	step数	step数	step数が0	step数が1	step数が2	step数が3以上	避難できない人がいる
D	ルート数	step数を考慮したルート数	step数が0もしくは1	step数が2以上，ルート数が4以上	step数が2以上，ルート数が3	step数が2以上，ルート数が2	step数が2以上，ルート数が1
E	ゴール数	step数を考慮したゴール数	step数が0もしくは1	step数が2以上，ゴール数が4以上	step数が2以上，ゴール数が3	step数が2以上，ゴール数が2	step数が2以上，ゴール数が1
F	通過空間数	通過する空間の数	通過する空間数が0	通過する空間数が1	通過する空間数が2	通過する空間数が3	通過する空間数が4以上

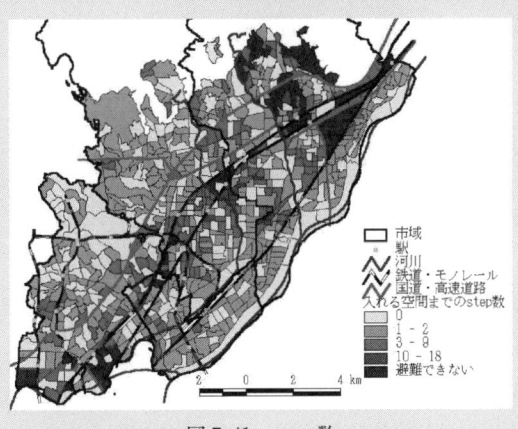

図7.41 step数

た地区が多い．これらのため，避難空間が人口に対して不足し，一次避難のために遠くまで行かなければならない人がいるようになったと考えられる．指標DとEについては紙面の都合上割愛するが，step数と同様の地区において，避難のためのルートや空間が限定されていることが明らかになった．

次に，避難空間に入れない回数（指標F）を図7.42に示す．通過する回数が多い町丁目は，ルート数およびゴール数が少ない町丁目と同様に，一次避難行動か

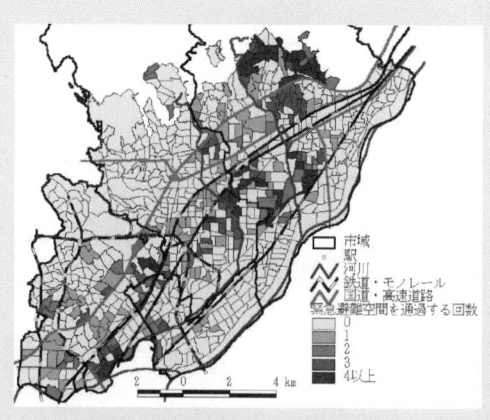

図7.42 避難空間を通過する回数

表7.30 一次避難行動の危険性に関する指標毎の地区別評価

指標	地区番号	備考
step数	⑧⑰⑱㉕㉖㉗㉙㉝㊴㊶㊷	「避難できない」もしくは「step数が10以上」の町丁目がある地区
ルート数	⑧⑮⑰㉒㉓㉙㉟㊱㊳㊴㊶㊷㊹	step数が2以上でルート数が1の町丁目が複数ある地区
ゴール数	⑧⑫⑮⑰㉓㉘㉟㊳㊴㊶㊹	step数が2以上でゴール数が1の町丁目が複数ある地区
空間を通過する回数	⑧⑰㉖㉗㉝㊶㊷	空間を通過する回数が4以上の町丁目が複数ある地区

らみて当然危険だと考えられる．そして，この図で高い値を示した町丁目の人は，避難行動の間に何度も空間を通過しなければならず，非常に不安にかられると考えられる．精神的な不安感や苦痛を考慮すると，一次避難行動からみて非常に危険性の高い町丁目であると考えられる．

以上の結果をまとめると表7.30になる．この表に示された地区は，地域の分断と町丁目の繋がり，および人口を考慮したとき，一次避難行動からみて好ましくない避難空間の配置になっている地区である．特に⑧⑰㊶の3地区は全ての指標からみて危険性の高い地区であることがわかる．

5）新たな空間の創生が必要な地区の決定

表7.29で示した指標で最悪の評価値(5)の数を図7.43に示す．つまり，この図

図 7.43 最悪の指標値に着目した危険度

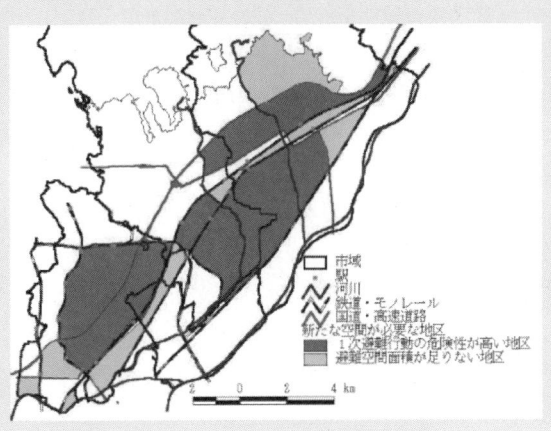

図 7.44 新たな空間が必要な地区

で高い値を示した町丁目は避難の必要性および避難行動の安全性から見て非常に危険であることがわかる．さらに，図 7.44 に示すように，人口に対して避難空間の面積が足りない地区が多い．このような地区においては，避難のために利用できる自然的空間の創生の必要性が高いと言える．

特に，吹田市南部の⑧⑰の地区は上町断層系地震で震度 7 が想定されている．以上より，これらの地区は北摂地域の中で最も新たな避難空間の創生が必要な地区であるといえる．

(4) 水辺創生ルートの決定と減災効果

 吹田市南部は日常的に水辺に触れあう事が困難な地区であり[69]，震災時の消火用水確保が困難であることを示し，火災延焼の危険性が高い地区でもあるといえる．このような極めて震災リスクの高い地域に，下水処理水を利用した，水辺創生を提案することとする．震災時にも利用できるよう，電力等のエネルギーを使わず，さらに，水と緑のネットワークの形成を意図して，水辺創生ルートは次の条件を満たすこととした．

 i) 震災時に危険性の高い地区 (⑧⑰) を通る．ii) 自然流下させる．iii) 河川を越えない．iv) 今ある水路とつなぐ．v) 学校や公園を通る．vi) 失われた水路を再生する．なお，この水辺は子供が遊ぶ好ましい水路の条件と震災時の通行可能性を考慮し，水辺の幅6m，水路幅2m，水深20cm，流速 $0.2 \sim 0.5$ m/s とした[21]．また，この2つの地区を分断するように広大な吹田操車場がある．このため，JRが利那的な経済的合理性を捨て，この一部を水辺公園として生活者が利用できると想定した．

 以上のような設定のもとに，水辺の減災効果を step 数の変化として図7.45に示す．これより，避難できない人が⑧と⑫でいなくなり，その他の地区でも step 数が非常に減少することが示された．もちろん，水辺が創生されることによって火災延焼の危険性は軽減することになる．さらに，生活者が日常的に水辺と触れあう機会が増加すると期待される．

 本事例では，都市域の震災リスク軽減のために，阪神・淡路大震災における神戸市と自然的・社会的によく似た地域特性を有する北摂地域を対象にして，質の異なる4階層の避難空間の偏在や，震災時における住民の避難経路を遮断する交

図7.45 水辺創生による step 数の前後の変化

通ネットワーク等の現状を前提条件として，地域の事前の震災リスクを評価するための避難行動シミュレーション・モデルを構築した．計画論的な意味で受容できる8つの仮定を設定し，震災リスクを評価する重要な指標を導出した．そして，最も危険な地区を同定し，それらのリスクを軽減するための1つの代替案として，日常的にはアメニティ空間で震災時には減災空間となる下水処理水を再利用した水辺創生を提案し，これによる減災効果を算定することを可能にした．

従来から，著者の1人は幾人かの研究者と「水辺の環境評価」を行ってきたが，本事例で，われわれは，計画方法論的に「水辺の減災評価」の第1歩となる道を開くことが可能となったと考えている．

参考文献

1) 繁枡算男；意思決定の認知統計学，朝倉書店，1995
2) 佐伯胖；「きめ方」の論理　社会的決定理論への招待，東京大学出版会，1980
3) 佐伯胖；認知科学の方法，東京大学出版会，1986
4) 市川伸一編；認知心理学4：思考，東京大学出版会，1996
5) Sen, A. K.; *Collective Choice and Social Welfare*, Holden-Day, 1970
6) Keeney, R. L.; *Value-Focused Thinking: A Path to Creative Decisionmaking*, Harvard University Press, 1992
7) Keeney, R. L. and Raiffa, H.; *Decisions with Multiple Objectives*, Cambridge University Press, 1993. First published in 1976 by John Wiley & Sons.
8) ネイカンプ，P.，ヴァン・デルフト，P. リートヴェルト：多基準分析と地域的意思決定，金沢哲雄・藤岡明房訳，勁草書房，1989
9) Vincke, P.; *Multicriteria Decision-aid*, Wiley, Chichester, 1992
10) Yoon, K. P and Hwang, C-L; *Multiple Attribute Decision Making: An Introduction*, Sage Publications, 1995
11) Clemen, R. T.; *Making Hard Decisions*, Duxbury Press, Pacific Grove, 1996
12) Olson, D. L.; *DecisionAids for Selection Problems*, Springer-Verlag, 1996
13) 岡田憲夫・キース・W・ハイプル・ニル・M・フレイザー・福島雅夫；コンフリクトの数理：メタゲーム理論とその拡張，現代数学社，1988
14) Hanley, N. and Spash, C. L.; *Cost-Benefit Analysis and the Environment*, Edward Elgar,
15) Dupuit, J.; De la mesure de l'utilite des travaux publics, *Annales des Ponts et Chaussees.*, 1844
16) 栗田啓子；「解題」『デュピュイ　公共事業と経済学』近代経済学古典選集〔第2期〕p. 247，日本経済評論社，2001
17) Marshall, A.; *Principles of Economics*, 8th ed., Macmillan, 1920
18) Hicks, J. R.; The rehabilitation of consumers' surplus, *Review of Economic Studies 8*, pp. 108-116 1940
19) Hicks, J. R.; The generalized theory of consumer's surplus, *Review of Economic Studies* 13, pp. 68-73 1945

20) Willig, R. D.: Consumer's surplus without apology, *American Economic Review*, 66, no. 4, pp. 589-597, 1976
21) 萩原良巳・萩原清子・高橋邦夫：都市環境と水辺計画—システムズ・アナリシスによる，勁草書房，1998
22) Krutilla, J.: Conservation Reconsidered, *American Economic Review*. Vol. 57. pp. 777-786, 1967
23) 鈴木光男・中村健二郎：社会システム—ゲーム論的アプローチ，勁草書房，1981
24) Arrow, K. J.: *Social Choice and Individual Values*, John Wiley, 1951
25) Luce, R. D. and Raiffa, H.: Games and Decisions, Wiley. 1957
26) Von Neuman, J. and O. Morgenstern: *Theory of Games and Economic Beheviour*, second edition, Princeton University Press, 1947
27) Fishburn, P. C.: Independence in utility theory with whole product sets. *Operations Research*, 13 (1), pp. 28-45, 1965
28) 田村坦之・中村豊・藤田眞一：効用分析の数理と応用，コロナ社，1997
29) Edwards, W.: Social utilities. *The Engineering Economist* Summer Symposium Series 6, pp. 119-129, 1971
30) Edwards, W; How to use multiattribute utility measurement for social decisionmaking, *IEEE Transactions on Systems, Man, and Cybernetics* SMC-7: 5, pp. 326-340, 1977
31) Dyer, J. S and Sarlin, R. K Measurable Multiattribute Value Functions, *Operations Research*, Vol. 27-4, pp. 810-822, 1979
32) 佐藤祐一・萩原良巳：河川開発と環境保全のコンフリクト存在下における意思決定システムに関する研究，地域学研究，第34巻第3号，pp. 107-121, 2004
33) 佐藤祐一・萩原良巳；住民意識に基づく河川開発代替案の多元的評価モデルに関する研究，環境システム論文集, pp. 117-126, 2004
34) 佐藤祐一・萩原良巳：水資源開発におけるステイクホルダー間のコンフリクトと合意形成を考慮した代替案の評価モデルに関する研究，水文・水資源学会誌, Vol. 17, No. 6, pp. 635-647, 2004
35) 合意形成研究会：カオス時代の合意学，創文社，1997.
36) 森下郁子, 森下雅子, 森下依理子：川のHの条件，山海堂，2000
37) 村上修一, 浅野智子, アロン・イスガー, 佐藤祐一, 永橋為介, 安場浩一郎：歴史的頭首工の親水空間としての可能性—吉野川第十堰の利用観察調査をとおして, 2004年度日本建築学会四国支部研究発表会, 2004
38) Roy, B.: Classement et choix en présence de points de vue multiples (La méthode ELECTRE), *Revue Française d'Informatique et de Recherche Opérationnelle* 8, pp. 57-75, 1968
39) Nijkamp, P.: *Theory and Application of Environmental Economics*, North-Holland；藤岡明房・萩原清子・金沢哲雄（1985)「環境経済学の理論と応用」，勁草書房，1977
40) 吉川和広編著；木俣昇・春名攻・田坂隆一郎・萩原良巳・岡田憲夫・山本幸司・小林潔司・渡辺晴彦：土木計画学演習，森北出版，1985
41) Clemen, R. T.: *Making Hard Decisions*, Duxbury Press, 1996
42) 亀田寛之・萩原良巳・清水康生 (2000)：京都市上京区における災害弱地域と高齢者の生活行動に関する研究, 環境システム研究論文集, vol. 28, pp. 141-150.
43) 神崎幸康・萩原良巳 (2002)：震災リスク軽減のための高齢者の生活行動シミュレーション，平成14年度年次学術講演会講演概要，土木学会関西支部, pp. Ⅳ-80-1.—Ⅳ-80-2.
44) 亀田弘行監修, 萩原良巳・岡田憲夫・多々納祐一編著：総合防災学への道，京都大学学術出

版会, 2006
45) 畑山満則・萩原良巳：京都市市街地におけるコミュニティ構造と地域防災力に関する考察, 地域学研究, 第35巻, 第3号, pp. 667-679, 2005
46) 畑山満則・萩原良巳：京都市における高齢者の災害リスク軽減のための施設を核とするコミュニティ形成, 地域学研究, 第34巻第1号, pp. 467-479, 2004
47) 畑山満則・寺尾京子・萩原良巳・金行方也：京都市市街地における災害弱地域と高齢者コミュニティに関する分析, 環境システム研究論文集, Vol. 31, pp. 387-394, 2003
48) 荒井良夫・岡本耕平・神谷浩夫・川口太郎：都市の空間と時間, 古今書院, 1996
49) 金田一京介・柴田武・山田明雄・山田忠雄：新明解国語辞典, 第4版, 三省堂, 1996
50) 萩原清子編著：環境の評価と意思決定, 東京都立大学出版会, 2004
51) 堤武・萩原良巳編著：都市環境と雨水計画―リスクマネジメントによる, 勁草書房, 2000
52) 中瀬有祐・清水康生・萩原良巳・酒井彰：震災時を想定した大都市域水循環システムの総合的診断, 環境システム研究論文集, Vol. 29, pp. 339-345, 2001
53) 清水康生・萩原良巳・西村和司：グラフ理論による大都市域水循環システムの構造安定性の評価指標, 環境システム研究論文集, Vol. 30, pp. 265-27, 2002
54) 西村和司・萩原良巳・清水康生・阪本浩一：安全性による大都市域水循環システムの震災リスク評価, 環境システム研究論文集, Vol. 31, pp. 83-89, 2003
55) 損害保険料算定協会：地震保険調査報告28　地震被害想定資料, 損害保険料算定協会, 1998
56) 清水康生・萩原良巳・阪本浩一・小川安雄・藤田裕介：水道システムの診断のための震災ハザードの推定, 土木学会関西支部年次学術講演概要, IV-80, 2001
57) 三根久・河合一：信頼性・保全性の基礎数理, 日科技連, 1984
58) 神谷大介・萩原良巳：都市域における環境創生による震災リスク軽減のための計画代替案の作成に関する研究, 環境システム研究論文集, Vol. 30, pp. 119-123, 2002
59) 萩原清子編著：新・生活者から見た経済学, 文眞堂, 2001
60) 神谷大介・吉澤源太郎・萩原良巳・吉川和広：都市域における自然的空間の整備計画に関する研究, 環境システム研究論文集, Vol. 28, pp. 367-373, 2000.
61) 神谷大介・萩原良巳：都市域の自然空間利用における心理的要因と整備内容に関する研究, 土木計画学研究・論文集, Vol. 18, No. 2, pp. 79-85, 2001.
62) 神谷大介.坂元美智子・萩原良巳・吉川和広：都市域における水・土・緑の空間配置に関する研究, 環境システム研究論文集, Vol. 29, pp. 207-214, 2001.
63) 大阪府総務部消防防災安全課：大阪府地域防災計画　関係資料, 1998.
64) 金子淳子, 梶秀樹：大震時による道路閉塞を考慮したリアルタイム避難誘導のための避難開始時刻決定に関する研究, 地域安全学会論文集 No. 4, pp. 25-30, 2002.
65) 熊谷良雄, 雨谷和広：町丁目を単位とした避難所要時間の算定モデルの開発～東京区部の避難危険度測定のために～, 地域安全学会講演集, pp. 172-175, 1999.
66) 安東大介, 片谷教孝：避難者の心理的要因の確率分布を考慮した災害時避難モデル, 地域安全学会講演集, pp. 176-179, 1999.
67) ウィルソン, R. J.：グラフ理論入門, 近代科学社, 1985
68) 都市緑化技術開発機構, 公園緑地防災技術共同研究会編：防災公園技術ハンドブック, 公害対策技術同友会, 2000.
69) 神谷大介・萩原良巳・畑山満則：都市域における水辺創成による震災リスクの軽減に関する研究, 地域学研究　第34巻第1号, pp. 71-82, 2004

コンフリクト分析とマネジメント

ゲーム理論は以下の3要素から構成される.

① n人のプレイヤー（player）；意思決定者
② 戦略（strategy）；行動の計画
③ 効用・利得（utility, payoff）；戦略選択の結果（事象）に対する評価

また，プレイヤーは他のプレイヤーが合理的に振る舞うという仮定のもと，自らもまた合理的な戦略選択を行うことによって，相互依存状況の中で効用・利得を最大化する.

そして，ゲームを特徴づけるこの他の要素としては，

④ 情報完備（complete information）・不完備（incomplete information）
⑤ 協力（cooperative）・非協力（noncooperative）
⑥ 純粋戦略（pure strategy）・混合戦略（mixed strategy）
⑦ 戦略形（strategic form）・展開形（extensive form）

がある.

情報完備とは，プレイヤーの人数，戦略，効用・利得を各プレイヤーが完全に知っていることである．情報不完備であるとは，これらの情報がプレイヤーの間で共有されていないゲームのことをいう．協力ゲームではプレイヤーは協力を前提として提携の効果を分析することが目的とされる．一方，非協力ゲームは，最初に定義したNash[1]によれば，「(1)プレイヤーの間でコミュニケーションが可能でなく，さらに(2)拘束力のある合意が可能でない」ゲームとされる．すなわち，

非協力ゲームでは協力を前提とせず，プレイヤーは単独で意思決定を行う．さらに，純粋戦略とはプレイヤーが戦略を常に確率1で選択する場合のゲームをいい，混合戦略は戦略選択に対してプレイヤーが常に確率1とはならない確率分布を持っている場合のゲームをいう．そして，戦略形ではプレイヤーが戦略選択を同時に行い，展開形ではプレイヤーが順番に戦略を選択する手番を考慮する．

ゲーム理論は主に経済学の分野で発展してきた．一方で，ゲーム理論における大前提である「合理的に振る舞う人間」に対し，本当に人間は合理的に振る舞うのか，あるいは振る舞えるのか，という疑問が投げかけられ，限定合理性（bounded rationality）という概念が近年注目されてきた．限定合理性についての研究は盛んになされているが，限定合理性の概念について決定的な定義があるわけではない．人間が有する合理性は限定的であるとして，様々なアプローチで限定合理性は捉えられ，研究がなされている．

Sen[2]による人間の合理的な振る舞いに対する批判も著名である．Senは次の3つの条件を提示し，これら3つの条件を同時に満たす社会的決定関数は存在しないことを証明した．すなわち，

① 「定義域の非限定性」：集団的選択ルールの定義域には，論理的に可能な個人的順序のある集合が含まれる．すなわち，個人は論理を逸脱しない限り，どのような選好順序を持っても良いとされる．
② 「弱いパレート原理」：すべての個人がある選択肢xと少なくとも同じくらいに選好し，かつ少なくとも1人の個人がxより厳密に選好するような選択肢yが存在しない場合をパレート最適と呼ぶが，これに対し，弱いパレート原理は，すべての個人が厳密に選択肢xを他の選択肢yよりも選好するとき，社会はyよりもxの方を選好すると評価するものである．
③ 「最小限のリベラリズム」：社会的選択においては，少なくとも2人の個人がそれぞれ選択肢の1つのペアに対して完全な決定力を持つことができる．つまり，自分の選好がそのまま社会的選択となるような何らかのことがらに対する選択肢のペアを，少なくとも2人の個人が持つことを保証するというものである．こうして，利益の観点から正当化されるような狭隘な合理性概念に対して異議を唱え，選好の動機づけにまで配慮し，自己の利益に逆らう選択をする合理性にまで目を向けるべきであると主張した．

さらに，限定合理的なアプローチのひとつとして，進化ゲームの理論がMaynard Smith and Price[3]によって開発され，昨今盛んに研究が進められている．進化ゲームの理論は元来，生物学の分野において発展してきた．したがって，進化ゲームの理論における限定的な合理性は，適応的な種は外生的な環境に依存して徐々に選択されていくというダーウィンの適者生存の概念にもとづいている．1990年代に入ると進化ゲームの理論は経済学や社会学の分野においても支持を得始め，社会システムにおける適用についても発展がなされてきている．

8.1 社会システムの標準形ゲームによる表現[4]

システムとは要素の集合で，その要素間あるいは要素の属性の間に相互依存関係が存在するものである．社会システムの要素として人間を考えたとき，その属性として「行動」と「意思決定」という2つの基本的な属性を考えることができる．もちろん，これらの2つの属性をもった要素としては，個々の人間ばかりでなく，人間の組織体も考えられる．以下では行動と意思決定という2つの属性をもった主体を，単に人間とか主体とか，あるいは比喩的にステイクホルダー(stakeholder)やプレイヤー(player)と呼ぶことにする．

社会システムとして重要なことは，この基本的要素である人間あるいは主体が複数個存在するということである．人間とは，人と人の間ということであって，人が2人以上いてはじめて定義できる言葉である．自分と他の人との間の関係が意識されて，はじめて人は人間になることができるのである．

ここでは，複数の主体が欲求充足の最適化への傾向によって動機付けられて行動することによって，複数主体間に利得がいかに配分されるかという問題を主たる考察の対象とし，その分析の方法としてゲーム理論 (game theory) を用いることにしよう．

問題とする社会システムの要素として登場する主体に，適当な番号をつけ，その社会システムが n 人の主体からなるとき，その主体の集合を次式のように表す．

$$N=\{1, \cdots, n\}$$

ここで注意すべきことは N のとり方により，そのシステムの構造が大きく変わってくることである．次に主体 i のとり得る行動の集合を A_i と表すことにしよう．すると，この社会システムを構成する，各主体のもつ行動の集合の組は次式のように表すことができる．

$$A=\{A_1, \cdots, A_n\}$$

各主体がそれぞれ自己のもつ行動の集合から，何らかの理由にもとづいて，ある1つの行動を選択することによって，この社会システムがシステムとして作動し，ある1つの状態に達する．つまり主体 i が A_i の中から a_i という行動を選択したとすれば，社会システムとしては，次式のような行動の組によって，ある状態に達する．

$$a=\{a_1, \cdots, a_n\}$$

社会システムの状態は，各主体のとる行動の組 a によって示すことができ，その状態に対して，各主体はある評価をもつ．主体 i の評価を x_i とすれば，それは次式のように表すことができる．

$$x_i=f_i(a_1, \cdots, a_n)$$

なお，f_i は主体 i のもつシステムのある状態に対する評価関数である．こうして，各主体のもつ評価関数の組は次式で表される．

$$F=(f_1, \cdots, f_n)$$

これにより，社会システムに対する各主体の評価の仕方が表現できる．また，システムの状態に対する各主体の評価の組を次式で示す．

$$x=(x_1, \cdots, x_n)$$

これにより，社会システムのある状態に対する主体全体の評価の相互関係が表されることになる．

こうして，ある種の社会システムは，主体の集合 $N=\{1,\cdots,n\}$ と，各主体のもつ行動の集合 $A=\{A_1,\cdots,A_n\}$ と，評価の組 $F=\{f_1,\cdots,f_n\}$ と，利得ベクトルの空間 $X=\{x=(x_1,\cdots,x_n)\}$ との組

[N, A, F, X]

として表現することができる．このような社会システムの表現形式を標準型ゲーム（normal form game）という．

ゲームという名は，上述のような表現法が，さまざまなゲームの形式的な表現法によく似ていることからきたものである．このとき，主体をしばしばプレイヤーとよび，プレイヤーのとる行動を戦略（strategy）とよぶ．この言葉は，ギリシャ語の strategia からきた言葉で将軍のとる大局的な方策のことで，戦術（tactics）とは区別される．

いま 2 人からなるシステムを考える．$N=\{1,2\}$，$A_1=\{1,\cdots,m\}$，$A_2=\{1,\cdots,n\}$ としたとき，プレイヤー 1 が i という行動を，プレイヤー 2 が j という行動をしたときの状態 (i,j) において，プレイヤー 1 が x_{ij}，プレイヤー 2 が y_{ij} という利得を得るとしよう．このとき 2 人の間の行動とその結果得られると期待される利得との関係は表 8.1 のようにまとめて表現することができる．

このような表を利得行列（payoff matrix）という．そして，特に（常に）次式が成立するとき，

$$x_{ij}+y_{ij}=一定$$

表 8.1 利得行列

		プレイヤー 2 の行動		
		1	j	n
プレイヤー 1 の行動	1	(x_{11}, y_{11})	………	(x_{1m}, y_{1m})
	i	………	(x_{ij}, y_{ij})	………
	m	(x_{m1}, y_{m1})	………	(x_{mn}, y_{mn})

定和2人ゲームまたはゼロ和2人ゲームといい，その数学的構造については詳細に議論されている．以下では少し変わった視点から2人ゲームの事例を示すことにしよう．

【事例8.1】自然の脅威を極大とした治水規模決定問題（2人ゲーム理論）[5]

ここでは，自然を，人間社会に対して決して優しくない，むしろ古事記で記述されるような「荒ぶる神またまつろはぬ人等（ども）……」と表現される人に害を与える暴悪の神，荒ぶる神と考えよう．私たちの最新の科学技術を用いても最近の局地豪雨を代表とする自然の猛威をある特定の時空間スケールにおいて確率統計学的に記述し予測することには困難な場合が多い．このようなとき，自然現象をできるだけ科学的に記述する研究も必要ではあるが，一方では人間社会が自然に対して謙虚になる発想も人間の知恵ではないだろうか．つまり，きつい条件のもとにおける自然科学的合理性ではなく社会科学的知恵にもとづく限定合理的な発想で治水規模決定問題を考えることが重要となろう．これを自然を相手としたゲーム理論を用いてモデル化し，吉野川に適用した事例を示すことにしよう．

(1) 自然の脅威を最大としたとき社会の被害が最小となる
　　　ミニマックス（minmax）戦略のモデル化[6)7)]

洪水による年平均期待被害額が，洪水のピーク流量のみの関数として一義的に定まり，事業費が計画高水流量の関数として記述することができるとしよう．当然のことながら，計画高水流量を大きくすれば年平均期待被害額は減ずるが事業費は大きくなる．これらの2つの費用を合わせると次式を得る．

$$E\{C(q)\} = G(q) + r\int_q^\infty D(y)f(y)dy \quad (8.1.1)$$

ここに，$E\{C(q)\}$；流量規模 q の計画に対する年平均事業費，r；年平均洪水生起回数，$D(y)$；高水流量が y である場合の想定被害額，$f(y)$；高水流量 y の生起確率密度関数である．

いま，被害額の分布形および期待値，標準偏差をそれぞれ $h(D)$, m_D, および σ_D とする．洪水 j のピーク流量 q_j はピーク流量の実測値，または洪水調節後のピーク流量の計算値を用いる．一般にピーク流量の分布形として，グンベル分布，対数正規分布等が適合するといわれているが，1つの理論分布を画一的にあてはめ

8 コンフリクト分析とマネジメント

ることが困難な場合も多い．従って，$f(q)$ および $D(q)$ より定まる被害額の分布形 $h(D)$ に単一の理論分布を想定することも無理が多い．このため，情報が不完全と考え，被害額の m_D，および σ_D は過去のデータから既知とおくが，被害額の分布形 $h(D)$ は未知であるとにしよう．

被害額 D を発生させる高水のピーク流量 q は，想定被害額と高水流量との関係 $D(y)$ より一意的に求まり，図8.2のように，$q=Q(D)$ で表される．この関数を $D-Q$ 曲線とよび，一価関数である．

この図よりより明らかなように次式を得る．

$$h(D)dD = f(q)dq \quad (8.1.2) \Rightarrow h(D) = f(q)dq/dD \quad (8.1.3)$$

次に，式(8.1.1)を次式のように書き換える．

$$E\{C(q)\} = G\{Q(m_D+k\sigma_D)\}r\int_{m_D+k\sigma_D}^{\infty} D(y)f(y)dy \tag{8.1.4}$$

そして，式(8.1.2)より上式の右辺第2項の積分は被害額 D の積分となり，次式のように変形される．

$$I = \int_{m_D+k\sigma_D}^{\infty} D(y)f(y)dy = \int_{m_D+k\sigma_D}^{\infty} Dh(D)dD = \sum_{i=0}^{\infty}\left\{\int_{m_D+(k+i)}^{m_D+(k+i+1)\sigma_D} Dh(D)dD\right\}$$

いま，$m_D+(k+i)\sigma_D < m_D+(k+i+1)\sigma_D$ で，この間の積分に対して

$$m_D+(k+i)\sigma_D \leq D \leq m_D+(k+i+1)\sigma_D$$

であるから次式が成立する．

$$\int_{m_D+(k+i)}^{m_D+(k+i+1)} Dh(D)dD \leq \{m_D+(k+i+1)\sigma_D\}\int_{m_D+(k+i)}^{m_D+(k+i+1)} h(D)dD$$

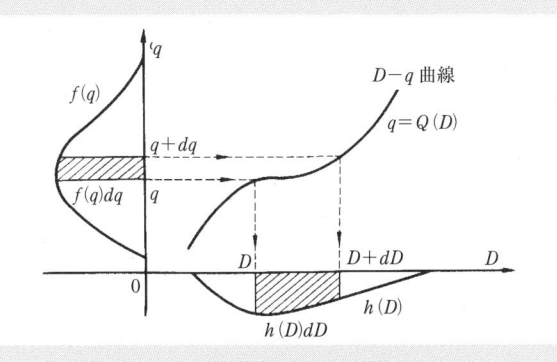

図8.2 $D-Q$ 曲線と D と q の確率密度分布

したがって，次式が成立する．

$$I \leq \sum_{i=0}^{\infty} \{m_D + (k+i+1)\sigma_D\} \int_{m_D+(k+i)\sigma_D}^{m_D+(k+i+1)\sigma_D} h(D)dD$$

$$= (m_D + k\sigma_D)\int_{m_D+k\sigma_D}^{\infty} h(D)dD + \sum_{i=0}^{\infty}(i+1)\sigma_D\int_{m_D+(k+i)\sigma_D}^{m_D+(k+i+1)\sigma_D} h(D)dD$$

ところが，上式の第2項を変形すると次のようになる．

$$\sum_{i=0}^{\infty}(i+1)\sigma_D \int_{m_D+(k+i)\sigma_D}^{m_D+(k+i+1)\sigma_D} h(D)dD$$

$$= \sum_{i=0}^{\infty}(i+1)\sigma_D \left\{\int_{m_D+(k+i)\sigma_D}^{\infty} h(D)dD - \int_{m_D+(k+i+1)}^{\infty} h(D)dD\right\}$$

$$= \sigma_D \sum_{i=0}^{\infty} \int_{m_D+(k+i)\sigma_D}^{\infty} h(D)dD + i\sigma_D \int_{m_D+(k+i)\sigma_D}^{\infty} h(D)dD$$

$$- \sum_{i'=1}^{\infty} i'\sigma_D \int_{m_D+(k+i')\sigma_D}^{\infty} h(D)dD$$

$$= \sigma_D \sum_{i=0}^{\infty} \int_{m_D+(k+i)\sigma_D}^{\infty} h(D)dD \qquad (ここに \ i' = i+1)$$

結局，次式を得る．

$$I \leq (m_D + k\sigma_D)\int_{m_D+k\sigma_D}^{\infty} h(D)dD + \sigma_D\sum_{i=0}^{\infty}\int_{m_D+(k+i)\sigma_D}^{\infty} h(D)dD \qquad (8.1.5)$$

ところで

$$\int_{m_D+(k+i)\sigma_D}^{\infty} h(D)dD = P\{D \geq m_D + (k+i)\sigma_D\}$$

であり，この式の右辺の確率にチェビシェフの不等式を適用すれば次式を得る．

$$\int_{m_D+(k+i)\sigma_D}^{\infty} h(D)dD = P\{D - m_D \geq (k+i)\sigma_D\} \leq P\{|D - m_D| \geq (k+i)\sigma_D\} \leq \frac{1}{(k+i)^2}$$

これを式(8.1.5)に代入すれば次式を得る．

$$I \leq \frac{1}{k^2}(m_D + k\sigma_D) + \sigma_D\sum_{i=0}^{\infty}\frac{1}{(k+i)^2}$$

この結果，式(8.1.4)の総期待費用について次式が成立する．

$$E\{C(q)\} \leq G\{Q(m_D + k\sigma_D)\} + r\left\{\frac{1}{k^2}(m_D + k\sigma_D) + \sigma_D\sum_{i=0}^{\infty}\frac{1}{(k+i)^2}\right\} \qquad (8.1.6)$$

こうして，人間社会にとって最も恐ろしい $h(D)$ を想定し，それをなんとか最小にしたいというミニマックス戦略を採用すれば次式を得る．

$$\min_{q}\max_{h} E\{C(q)\} = \min_{k}\max_{h} E\{C(q)\}$$

$$= \min_k \left[G\{Q(m_D + k\sigma_D)\} + r\left\{\frac{1}{k^2}(m_D + k\sigma_D) + \sigma_D \sum_{i=0}^{\infty} \frac{1}{(k+i)^2}\right\}\right] \tag{8.1.7}$$

式 (8.1.7) は k に関して下に凸であるから，これを k に関して微分して 0 とおき，これを満たす k^* を用いて $m_D + k^* \sigma_D$ に対応する計画高水流量 q^* を $q^* = Q(D^*) = Q(m_D + k^* \sigma_D)$ より求めればよい．

なお，式 (8.1.7) の右辺の無限級数をそのまま微分することは不可能であるから，次のような近似を行おう．すなわち，オイラー・マクローリン公式を $\sum_{i=0}^{\infty} 1/(k+1)^2$ に適用すると次式を得る．

$$\sum_{i=0}^{\infty} 1/(k+1)^2 = 1/k^2 + 1/2k^2 + 1/6k^3 + \cdots$$

式 (8.1.7) に上式の右辺 3 項までの近似を採用すれば具体的な算定が可能となる．また今までの式の導出が洪水の直接被害のみを対象にしてきたため，ここで間接被害をも考慮するため換算係数 $K(K \geq -1)$ を導入すれば次式を得る．

$$\min_k \max_r E\{C(q)\} = \min_k \left[G\{Q(m_D + k\sigma_D)\} + Kr\left\{\frac{m_D}{k^2} + \sigma_D \left(\frac{2}{k} + \frac{1}{2k^2} + \frac{1}{6k^3}\right)\right\}\right] \tag{8.1.8}$$

次に実用性を考慮して複数個の基準点を対象としたモデルの拡張を行うことにしよう．実際，洪水防御計画の策定にあたって，同一水系内に複数の基準点がある場合が多い．このとき，当然のことながら，基準点間での計画規模の整合性を取る必要が生じる．

ここでのモデルの基本的な考え方は，前述した単一基準点でのものと同様であるが，各基準点の高水流量間の制約条件を導入することになるので，モデルは第 5 章で述べた，いわゆる制約条件付き非線形計画モデルとして表現することになる．

いま，対象水系の本川に n 個の基準点があるとする．各基準点での計画流量流量規模を $q^1, \cdots, q^n$ とすると，水系全体での年平均総費用期待値 $E\{C(q^1, \cdots, q^n)\}$ は式 (8.1.1) に K^i を導入し，多変量の場合に拡張すれば次式のようになる．

$$E\{C(q^1, \cdots, q^n)\}$$
$$= G(q^1, \cdots, q^n) + K^i r \int_{q^1}^{\infty} \cdots \int_{q^n}^{\infty} D(y^1, \cdots, y^n) f(y^1, \cdots, y^n) dy^1 \cdots dy^n \tag{8.1.9}$$

次に基準点間の計画規模の整合性を考えよう．ここでは，整合性を各基準点の高水流量間の制約として表現する．各基準点間の高水流量は独立でありえないか

ら，ある基準点での高水流量を最近接上流基準点での高水流量で表すことを考え，それを用いて各基準点の高水流量間の制約条件を，アルゴリズムの簡略化の便宜も考え，次式の1次式とする．

$$\alpha_{i-1}^2 q_{i-1} + \beta_{i-1}^2 \leq q^i \leq \alpha_{i-1}^1 q^{i-1} + \beta_{i-1}^1 \quad (i=1, \cdots, n) \tag{8.1.10}$$

ここに，α_i^1，β_i^1 には河道での洪水伝播，残流域流入および合流等の諸特性が集約されていると考えよう．これらは洪水追跡計算あるいは実測データの統計処理等により推定可能である．

次に，超過洪水による年平均被害額は基準点ごとに独立に算定される，すなわち基準点ごとに氾濫域が存在し独立と仮定しよう．そして，各氾濫域の想定被害額は対応する基準点の高水流量 q^i のみの関数とする．以上の仮定のもとで式 (8.1.9) は次式のように書くことができる．

$$E\{C(q^1, \cdots, q^n)\} = G(q^1, \cdots, q^n) + r\sum_{i=1}^{n} K^i \int_{q^i}^{\infty} D^i(y) f^i(y) dy \tag{8.1.11}$$

ここに，$D^i(y)$；基準点 i での高水流量が y の場合の想定被害額，$f^i(y)$；基準点 i での高水流量 y の生起確率密度関数，K^i；換算係数，である．

基準点 i での洪水のピーク流量が q の場合の想定被害額 $D^i(q^i)$ は q^i のみの関数としたから，洪水 j の基準点 i でのピーク流量 q_j^i に対応して氾濫区域 i における被害額 D_j^i は一義的に定まり，その分布形および期待値，偏差を $h^i(D^i)$，m_i^D，$\sigma_i^D (i=1, \cdots, n)$ で表すことにしよう．

こうして，式 (8.1.11) を評価式として，想定被害額の期待値 m_D^i と偏差 σ_D^i を既知とし，その分布形 $h^i(D^i)$ が未知という不完全情報下において，各基準点間の計画規模の整合性を考慮した（最適）計画高水流量の組み合わせ $(q^{1*}, \cdots, q^{n*})$ を決定するモデルは式 (8.1.10) を満たす各基準点の高水流量の変動内で

$$\min_{(q^1, \cdots, q^n)} \max_{(h^1, \cdots, h^n)} E\{C(q^1, \cdots, q^n)\}$$

を与える高水流量の組み合わせを求める問題として定式化できたことになる．このモデルのアルゴリズムは先述したものと同じであるので省略する．

(2) 吉野川流域への実際的適用[8]

吉野川流域には，下流から岩津と池田の2箇所に基準点がある．洪水防御計画は，普通河道改修計画と（主としてダムによる）洪水調節計画により構成される．ここでは洪水調節がない（ダムなし）場合と洪水調節（最大6つの洪水調節機能

8 コンフリクト分析とマネジメント

をもつダムあり）の6代替案，計7代替案を考えることにした．従って，(1)で述べた年事業費 $G(q^1, \cdots, q^n)$ は河道改修事業費と洪水調節事業費により構成される．また，洪水調節後のピーク流量 q'_j は洪水調節効果 δq を調節前のピーク流量 q_j から差し引いたものと考え，δq を q_j の線形関数と仮定している．

まず，これらの7代替案について，基準点が独立であるとした場合の演算を行なう．ただし，以下のような前提をおいている．

① 7代替案について洪水調節年事業費と2基準点の調節効果を算定する．

② 2基準点における D-Q 曲線（想定被害額），G-Q 曲線（河道改修事業費）を作成する．なお，想定被害額の期待値 m_D，偏差 σ_D の算定は，過去（1954〜1976年）の年最大ピーク流量と洪水調節後のピーク流量計算値（23個）を用いて，各基準点ごとに行なうことにした．

③ 間接被害（洪水による破壊・浸水による都市・地域の情報・衛生・交通・環境・経済活動等の間接被害）を正確に推定することは殆ど不可能なため（現在の浸水ハザードマップを見ても，それだけでは直接（空間）的な人的被害や建物等の資産の被害はある程度推定できるが，人間活動による動的な間接（時空間）的被害は読みきれない），これをパラメータ（換算係数）K で記述している．そして，このパラメータの動きで計画が大幅に変わりうる値を求めて，計画の試行（思考）領域を狭める．

〔結果1〕まず代替案1（洪水調節なし，$1 \leq K \leq 3$）を計算した結果，岩津地点と池田地点の最適高水流量は，それぞれ，$23,100 \leq q^{1*} \leq 38,500$，$14,600 \leq q^{2*} \leq 16,800$（m³/sec）で，総費用期待値も岩津では池田の25〜60倍になった．岩津の下流には徳島市が控えているため当然の結果である．問題は洪水調節ダムのない河川改修だけの計画では，上記のような計画高水量を目標とした治水計画は現実性を持ち得ないと判断される．このときのパラメータ K の動きによる計画高水流量 q^* の変曲点を探そう．結論を言えば以下のようになる．すなわち，$K-q^*$ 曲線を作成し，これを眺めてみれば，特に岩津地点では $1 \leq K \leq 2$ の区間では q^* の値は殆ど一定で 2 を越えると急激かつ単調に増加する．このことは，間接被害を直接被害と同じ程度と見積もったとき，洪水調節ダムなしの場合，岩津地点での計画高水流量を 23,000m³/sec 強と考えておけばよいことを示している．次に池田地点では $1.4 \leq K \leq 1.6$ で計画高水流量の緩やかな変曲点が見られた．以上の結果から，以下では $K=1.4$ と固定した

〔結果2〕以上の結果から，ここでは $K=1.4$ と固定した場合の各ケースの算定

結果を図8.3に示す．この図から，岩津地点では，総費用期待値最小化という基準では，ダムによる洪水調節を考えることが望ましい．特に，代替案7の総費用期待値は代替案1の約1/4となっている．そして，このときの岩津の最適計画高水流量 q^* は 18,000m³/sec である．一方，池田地点では，岩津地点とは逆に，総費用期待値の最小化という基準の下では，ダムによる洪水調節を考えないほうがよいという結果である．以上の結果は $K=1.4$ 以外の場合も同様であったことを断っておこう．

〔結果3〕以上では，地形上，吉野川ではこの岩津・池田両基準点を独立に取り扱ってもよい（氾濫域が重複しない）ので，その結果を示した．次に両基準点を同時に考えよう．

まず，基準点の流量規模の整合性に関する制約式(8.1.10)は，両基準点間の流量相関より次のようになる．

$$0.757q^1 - 2630 \leq q^2 \leq 0.757q^1 + 2757$$

ここに，q^1，q^2 はそれぞれ岩津，池田の高水流量規模である．図8.4に $K^1 = K^2 = 1.4$ の場合の各代替案の最適計画高水流量結果を示す．

これから，吉野川水系一貫という立場と総費用期待値最小化という基準の下では代替案7が望ましいという結論を得る．このとき，最適計画高水流量は岩津では 18,000m³/sec で池田では 11,000m³/sec となっている．洪水調節ダムなしの

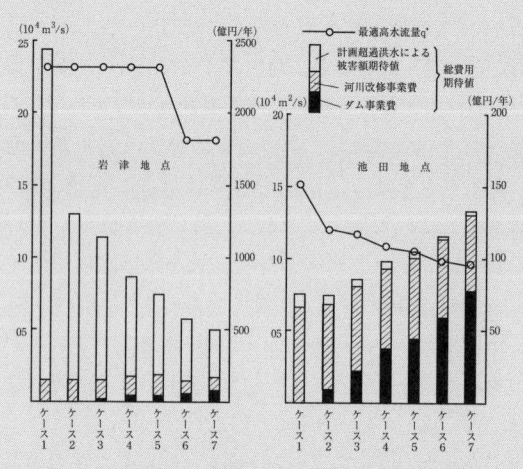

図8.3 各代替案の最適高水流量と総費用期待値(1)

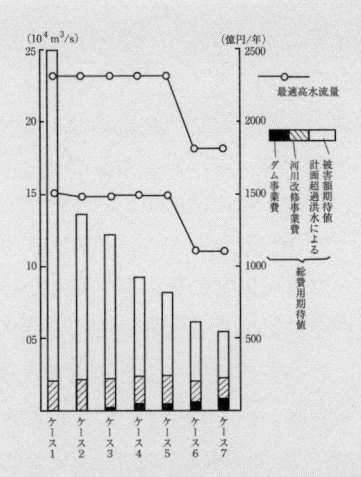

図8.4　各代替案の最適計画高水流量と総費用期待値(2)

代替案1と比較すれば，総費用期待値で約80％減，最適計画高水流量では岩津で約5,000m³/sec減，池田で約4,000m³/sec減となっている．$K^1=K^2=1.4$の場合以外でも同様の結果を得たことを断っておこう．

なお，1978年に以上の計画代替案を作成したが，洪水調節ダムの殆どが完成した約30年後の2005年には，岩津地点で16,000m³/secの高水流量が観測されたことを断っておこう．

8.2　社会システムの特性関数形協力ゲームによる表現[4]

8.2.1　特性関数形2人協力ゲーム

いまつぎのような標準形のゲームが与えられているとする．すなわち，プレイヤーの集合 $N=\{1,2\}$，行動の集合は $A_1=\{\alpha_1,\alpha_2\}$，$A_2=\{\beta_1,\beta_2\}$ で，そのときの利得行列は表8.2であるとする．

各プレイヤーは利得を最大化したいと考え，かつ2人は相互に相談することなくまったく自由に行動するものとする．両者にとって最大値は8であるけれども，それを2人が共に実現することは不可能である．なぜならば，自分が8を得るためには，相手が0になるような行動を相手に強制しなければならないからで

表8.2 囚人のジレンマの利得行列

A_1 \ A_2	黙秘 β_1	証言 β_2
黙秘 α_1	5, 5	0, 8
証言 α_2	8, 0	2, 2

ある．これは各プレイヤーが自由に行動を選択するというルールに反する．

　プレイヤーの自由な選択を前提にして，このような状況のもとではどのような結果に到達するであろうか．プレイヤー1は，自分がもし α_1 という行動をとれば，プレイヤー2はとうぜん β_2 という行動をとると考えられるから，その結果 $(0,8)$ という利得配分となる．また，もし自分が α_2 という行動をとるとすれば，プレイヤー2は β_2 という行動をとるから，その結果は $(2,2)$ となる．この2つの場合を考えて，結局 α_2 という行動をとることになる．同様な考えからプレイヤーは β_2 という行動をとると考えられる．結果として両プレイヤーは相手と相談せず単独行動をとれば，そのとき得られる結果は $(2,2)$ である．これを囚人のジレンマ (prisoner's dilemma) という．

　ここでいま2人の間に「お互いに十分に相談して，両者が共に納得した上で，お互いの行動を選択する」という合意が成立したとする．そしてさらに「利得の和」が定義されると仮定し，「2人は利得 x_1, x_2 の和を最大にするように行動し，それを2人で話し合いによって分ける」という行動基準をとったとする．

　このような意味で2人の間に提携関係が成立したとすると，$\max(x_1+x_2)=10$ であるから，2人は共同行為として (α_1, β_1) という行動をとって，10という和の最大値を実現することになる．この10という値が実現したのは両者の提携関係による結果と考え，この関係の成立を，$\{1,2\}$ と書いて，集合 $\{1,2\}$ を提携 (coalition) とよぶことにする．そして10という値はこの提携によって得られるのであるから，提携値 (coalition value) とよび，$v(\{1,2\})=10$ と書くことにしよう．次に両プレイヤーがそれぞれ単独行動をしたときに $(2,2)$ という利得を得られたということは，それぞれのみからなる提携と考え，$v(\{1\})=v(\{2\})=2$ である．またプレイヤーのいない空集合 ϕ も1つの提携と考えて，$v(\phi)=0$ とする．このように考えると，協力の結果10を2人のプレイヤーが話し合いによって分ける場合，$v(\phi)=0,\ v(\{1\})=v(\{2\})=2,\ v(\{1,2\})=10$ という提携値をもとにして行われる

8 コンフリクト分析とマネジメント

と考えることができる．この話し合いは，それ自体1つの新しいゲームである．

一般にプレイヤーの集合 $N=\{1,\cdots n\}$ からなるシステムがあるとき，その部分集合 S の提携値 $v(S)$ というのは，N の部分集合 S に属するプレイヤーが何らかの意味での提携関係を結んで共同行為をとったときに到達可能と考えられる状態に対して，S という1つのグループがもつ評価である．N の部分集合 S に対して，このような提携値 $v(S)$ を定義する関数 v をこのシステムの特性関数 (characteristic function) という．

特性関数は当面の社会システムにおける各プレイヤーのもつ行動やその評価関数，それにシステムを規定するルールによって定義されるが，その基本的考え方はいま S を1つの提携とすると，S と $N-S$ との間の2人ゲームを考え，この2人ゲームにおいて，提携 S として最悪の場合でも獲得可能な値を $v(S)$ とするということである．

このような特性関数を定義した場合には，次の性質が導かれる．すなわち，任意の互いに素な N の部分集合 S, T に対して，次式が成立する．

$$v(S)+v(T) \leq v(S \cup T) \tag{8.2.1}$$

この性質を特性関数の優加法性 (superadditivity) という．

特定関数を定義することによって，そのシステムの要素 N のさまざまな部分集合 S のもつ利得獲得能力のようなものを表現し，それに基づいて，システムとしてのプレイヤー間の利得の分配，すなわち利得ベクトル $x=(x_1,\cdots,x_n)$ を考察することができる．このように特性関数 $v(S)$ を中心として，プレイヤーの集合 N と特性関数 $v(S)$ と利得ベクトルの空間 X の組

$$[N, v, X]$$

によって表現されたシステムを特性関数形ゲーム (characteristic function game) という．これは標準形ゲーム $[N, A, F, X]$ における A と F との要素を v という形に統合したものである．

なお，先の例において，$v(\{1,2\})=10$ というように，提携値を1つのスカラー量で記述したのはこの提携値10を2人の間で自由に分け合うことができるということを意味している．つまり，(α_1, β_1) という共同行為によって $(5, 5)$ という結果が実現したとき，それを $(6, 4)$ と分けたとすれば，それはプレイヤー2からプ

レイヤー1に1だけ利得を移転させたと考えることができる．このようなプレイヤー間で移動する利得を手付 (side payment) とよぶ．利得の自由な移動を前提とするゲームを「手付を前提とするゲーム (games with side payment)」という．

8.2.2 特性関数によるシステムの同定[4]

(1) 本質的と非本質的

N の任意の部分集合 S について次式が成立するとしよう．

$$v(S) = \sum_{i \in S} v(\{i\}) \qquad (8.2.2)$$

このときどんな提携を考えてみても，その提携として得られる値は，そのメンバーが単独で行動したときに得られるものの和でしかないことを意味する．これに対して次式を考えよう．

$$v(N) > \sum_{i \in N} v(\{i\}) \qquad (8.2.3)$$

この式は，全体としてのシステムが，単に個々人が単独で行動した場合に得られるものの和以上であることを意味している．特性関数が式(8.8.2)のような性質をもつゲーム (N, v, X) を非本質的ゲーム (inessential game) とよび，非本質的でないゲーム (N, v, X) を本質的ゲーム (essential game) とよぶ．

(2) 定和ゲーム

特性関数形ゲーム (N, v, X) において，任意の $S \subset N$ について

$$v(S) + v(N-S) = v(N)$$

が成立するとき，このゲームを特性関数形の定和ゲーム (constant sum game) とよぶ．なお，標準形ゲームの場合には，プレイヤーの受け取る利得を $x = (x_1, \cdots, x_n)$ としたとき，常に $\sum_{i \in N} x_i =$ 一定が成り立つとき定和ということに注意しなければならない．

(3) 戦略上同等と正規化

ゲーム (N, v, X) が与えられたとき，特性関数を次式のように変換する．

$$v'(S) = v(S) - \sum_{i \in S} v(\{i\}) \tag{8.2.4}$$

このように変換すると N の任意の i について，$v'(\{i\})=0$ となる．特性関数をこのように変換することをゼロ正規化 (0-normalization) という．

一般に 2 つのゲーム (N, v, X) と (N, v', X) とにおいて，N のすべての部分集合 S について，

$$v'(S) = cv(S) + \sum_{i \in S} a_i \tag{8.2.5}$$

が成立するような実数 $c>0$ と $\{a_i\}$ が存在するときに，この特性関数 v と v' は戦略的同等であるという．従って，式 (8.2.4) を満たす特性関数 v と v' は戦略的同等である．

ゼロ正規化のほかにしばしば行われる正規化に [0, 1] 正規化がある．いまゲーム (N, v, X) において，次式のような変換を行おう．

$$v'(S) = \frac{v(S) - \sum_{i \in S} v(\{i\})}{v(N) - \sum_{i \in N} v(\{i\})} \tag{8.2.6}$$

明らかに v と v' は戦略的同等であり，かつ次式が成り立つ．

$$\begin{cases} v'(\{i\}) = 0 & \forall i \in N \\ v'(N) = 1 \end{cases}$$

このような正規化を [0, 1] 正規化という．これはシステム全体として純増分にしめる提携 S としての純増分の割合を示すものである．明らかに，戦略上同等な 2 つの特性関数を [0, 1] 正規化すれば，それは同じ関数となる．

8.2.3 部分と全体の関係の安定性[4)]

(1) 配分

いかなるシステムを考える場合，その重要な問題の 1 つに全体システムと部分システムとの関係の安定性という問題がある．社会システムの場合には，全体システムと部分システムの関係としての安定性というより，より一般的に，n 人からなるシステムが，その部分集合である提携 S との力関係とか利害関係がどのようになっているかという視座からシステムの安定性を考えなければならない．

いまシステムが特性関数形ゲーム (N, v, X) として表現されたとする．そのとき

いかなる利得ベクトルが安定となるかを,各提携のもつ力に即して考えてみよう.システムの主体の集合を $N=\{1,\cdots,n\}$,各主体の受ける利得ベクトルを $x=(x_1,\cdots,x_n)$ とする.

まず各主体の受け取る利得の和は,n 人からなるシステムが実行可能な値でなければならないから次式が成り立つ.

$$\sum_{i\in N} x_i \leq v(N) \tag{8.2.7}$$

この条件を満たす利得ベクトルの集合を実行可能領域とよぶ.

次に主体 i は自分が単独で行動した場合に得られる値 $v(\{i\})$ 以上でなければその利得配分に納得しないから次式が成立する.

$$x_i \geq v(\{i\}) \quad \forall i \in N \tag{8.2.8}$$

この条件を**個人的合理性**(individual rationality)の条件という.そして式(8.2.8)を満たす利得ベクトルの集合を許容領域とよぶ.

n 人からなるシステムが十分に合理的であるならば,実行可能な値 $v(N)$ はすべて配分されるから次式が成立する.

$$\sum_{i\in N} x_i = v(N) \tag{8.2.9}$$

この条件を満たす利得ベクトルはそのシステムの有効(efficient)領域にあるという.これはまたパレート最適(Pareto optimum)ともよばれる領域である.この条件を**全体的合理性**(total rationality)とよぶことにする.

個人的合理性と全体的合理性を満たす利得ベクトルを**配分**(imputation)とよぶ.N からなるシステムにおける利得配分がその構成員に受け入れられるためには,利得ベクトルが配分であることが何よりも必要な条件である.

(2) **コア**

利得ベクトル x が示されたとき,N のある部分集合 S がどのような反応を示すか考えよう.$v(S)$ は S のメンバーだけで獲得可能な値であるから,次の2つの場合が考えられる.

$$\sum_{i\in S} x_i < v(S) \quad (8.2.10) \qquad \sum_{i\in S} x_i \geq v(S) \quad (8.2.11)$$

前者の場合，Sのメンバーはこの配分に反対して異なる提携を形成してより多くの利得が得られるように行動するであろう．逆に後者の場合，部分集合Sのメンバーは特にxという案に反対する理由がない．こうして，利得ベクトルが式(8.2.11)の条件を満たしているとき，xはSに関して集団的合理性(group rationality)または提携合理性(coalitional rationality)の条件を満たすという．

こうして，xがすべての提携について集団合理性を満たしていれば，このxは安定と考えられる．そして，特性関数をそれと戦略上同等な特性関数に変換しても変わらない．このような安定性の概念をコア(core)とよぶ．こうして以下の定義を得る．

【コアの定義】ゲーム(N, v, X)において，次の２つの条件を満たす利得ベクトル$x=(x_1, \cdots, x_n)$の全体をコアとよび，$C(v)$と書く．

 i) $\sum_{i \in N} x_i \leq v(N)$ 　(8.2.7)　　ii) $\sum_{i \in S} x_i \geq v(S)$ 　(8.2.11)

この２つの条件から，明らかに，Nについては全体的合理性の条件が成り立ち，各$i \in N$については個人的合理性が成り立っている．コアとは配分の集合の部分集合であって，コアの概念は配分を定義するための基礎となった個人的合理性と全体的合理性の条件を，その中間にあるすべての部分集合についての提携合理性の条件にまで拡張したものである．これは厳しい条件であって，安定な利得ベクトルの集合であるコアが必ずしも常に存在するとは限らない．また存在するとしてもただ１つの利得ベクトルからなるとは限らない．

(3) **配分の支配関係**

一般的な配分の間の支配関係を考えよう．ゲーム(N, v, X)において，２つの配分xとyとについて，ある提携を考えたとき次式が成り立つとしよう．

 i) $x_i > y_i \quad \forall i \in S$ 　　ii) $\sum_{i \in S} x_i \leq v(S)$

このとき，xはSに関してyを支配するといい，$x \mathrm{dom}_S y$と書く．条件ii)を満たすSをxに対して有効(effective)であるという．その意味は配分xが提携Sのみの力によって実行可能であるということである．

687

2つの配分 x と y とについて,少なくとも1つの提携 S に関して x が y を支配するとき単に x は y を支配するといい,$x\mathrm{dom} y$ と書く.一組の配分間の支配関係は常にある提携に関して定義されるものであり,例えば,提携 S にとって $x\mathrm{dom}_S y$ であるが,S と互いに素な別の提携 T にとって $y\mathrm{dom}_T x$ であることもあり得る.

いま,配分 x が別の配分によって支配されるならば,配分 x はこの支配関係のもとでは安定なものとはいえない.従って,もし,いかなる配分によっても支配されないような配分が存在すれば,それは安定なものといえよう.このような配分はコアに属する配分であることを次の定理が保証してくれる.

【定理】ゲーム (N, v, X) において,$x \in C(v)$ であるための必要十分条件は x がいかなる配分にも支配されないことである.

〔証明〕$x \in C(v)$ として,x がある配分 y に支配されるとする.すると,ある $S \subset N$ があって,$y\mathrm{dom}_S x$.従って,すべての $i \in S$ について $y_i > x_i$,また $x \in C(v)$ であるから,次式が成立する.

$$\sum_{i \in S} y_i > \sum_{i \in S} x_i \geq v(S)$$

これは S が y に対して有効でないことを示し,$y\mathrm{dom}_S x$ に反する.従って,x はいかなる配分にも支配されない.

逆に,y をいかなる配分によっても支配されない配分とし,$y \notin C(v)$ とする.$\sum_{i \in N} y_i = v(N)$ であるから,適当な $S \subset N(S \neq N)$ があって,$v(S) > \sum_{i \in S} y_i$ である.$\varepsilon = v(S) - \sum_{i \in S} y_i > 0$.

いま,$\alpha = v(N) - v(S) - \sum_{i \in N-S} v(\{i\})$ とおくと,特性関数の優加法性から $\alpha \geq 0$,利得ベクトル $z = (z_1, \cdots, z_n)$ を次のように作る.

$$z_i = \begin{cases} y_i + \dfrac{\varepsilon}{|S|} & \forall i \in S \\ v(\{i\}) + \dfrac{\alpha}{(n-|S|)} & \forall i \notin S \end{cases}$$

すると,z は配分であり,y を S に関して支配することが容易にわかる.これは仮定に反する.従って,$y \in C(v)$ である.(証明終)

この定理から,コアはいかなる配分にも支配されない配分の全体であることが

わかる．

(4) 3人ゲームのコアの存在条件

$N=\{1,2,3\}$ つまり，3人ゲームのコアについて考えよう．非本質ゲームについては明らかであるので，本質ゲームを考え，$[0,1]$正規化しておく．それを$(N,\hat{v},X)$としよう．

$$\hat{v}(\{1\})=\hat{v}(\{2\})=\hat{v}(\{3\})=0, \quad \hat{v}(\{1,2,3\})=1$$

であるから，コアは次の不等式系の解で与えられる．

$$x_1\geq 0, \quad x_2\geq 0, \quad x_3\geq 0 \quad (8.2.12) \qquad x_1+x_2+x_3=1 \quad (8.2.13)$$

$$x_1+x_3\geq \hat{v}(\{1,3\}) \quad x_2+x_3\geq \hat{v}(\{2,3\}) \quad x_1+x_2\geq \hat{v}(\{1,2\}) \quad (8.2.14)$$

これを図によって解いてみよう．図8.5のような高さ1の正三角形を考え，その正三角形の点から各辺に下した垂線の長さで各主体の利得を表すものとする．この正三角形内の点は式(8.2.12)(8.2.13)を満たす利得ベクトル$x=(x_1,x_2,x_3)$，つまり配分と対応している．さて，式(8.2.14)は次式のように書ける．

$$x_1\leq 1-\hat{v}(\{2,3\}) \quad x_2\leq 1-\hat{v}(\{1,3\}) \quad x_3\leq 1-\hat{v}(\{1,2\}) \qquad (8.2.15)$$

従って，コアは図8.6の斜線部分のようになる．式(8.2.15)の領域を定める3直線の位置関係によってコアの形状は異なるが，図8.7のように，3直線が1点で交わるとき，

$$3-\hat{v}(\{1,2\})-\hat{v}(\{2,3\})-\hat{v}(\{1,3\})=1$$
$$\Rightarrow \hat{v}(\{1,2\})+\hat{v}(\{2,3\})+\hat{v}(\{1,3\})=2$$

の場合には，コアはただ1点である．

そして，図からわかるように，これを境にして，パラメータ$\hat{v}(i,j)$の値が増加するとコアは存在しなくなる．従って，コアが存在するための必要十分条件は次式となる．

$$\hat{v}(\{1,2\})+\hat{v}(\{2,3\})+\hat{v}(\{1,3\})\leq 2$$

図 8.5　利得ベクトル

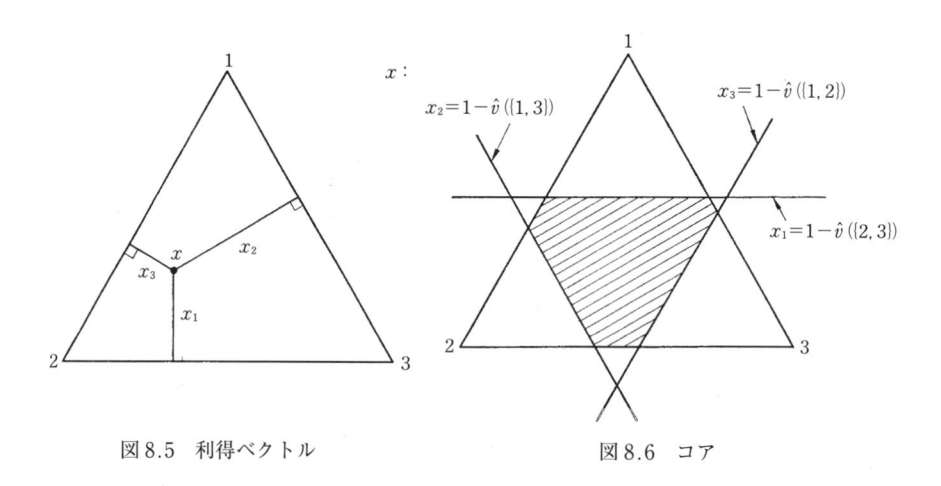

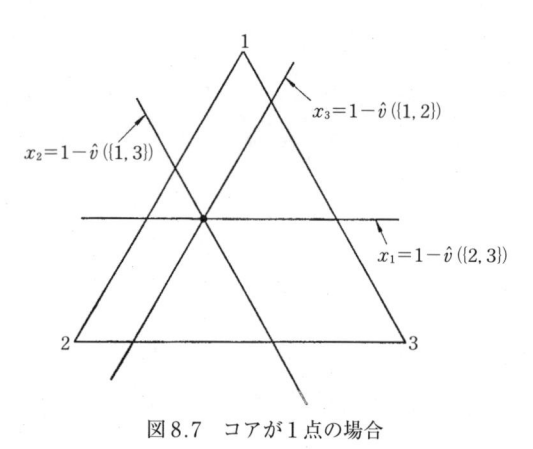

図 8.6　コア

図 8.7　コアが 1 点の場合

この条件を正規化する前のゲーム (N, v, X) で考えると次式となる.

$$v(\{1,2\})+v(\{2,3\})+v(\{1,3\}) \leq 2v(\{1,2,3\}) \tag{8.2.16}$$

なお，ゲームが非本質的な場合は式 (8.2.16) は等号のみとなる．こうして次の定理を得る．

【定理】3 人ゲーム (N, v, X) がコアをもつための必要十分条件は式 (8.2.16) が成立することである．

〔証明〕利得ベクトル x がコアに属していれば式 (8.2.16) が成り立つことはあ

きらかである．x がコアに属するための条件を考えよう．いま3人ゲーム (N, v, X) はゼロ正規化されているとする．x がコアに属するためには，次の線形計画問題を解き，

$$\min[x_1 + x_2 + x_3]$$

st. $x_1 \geq 0, \ x_2 \geq 0, \ x_3 \geq 0$ \hfill (8.2.12)

$x_1 + x_3 \geq \hat{v}(\{1, 3\}) \quad x_2 + x_3 \geq \hat{v}(\{2, 3\}) \quad x_1 + x_2 \geq \hat{v}(\{1, 2\})$ \hfill (8.2.14)

その解 $x^* = (x_1^*, x_2^*, x_3^*)$ が $x_1^* + x_2^* + x_3^* \leq v(\{1, 2, 3\})$ を満たしていれば十分である．

この双対問題を考えると，次式のようになる．

$$\max[v(\{1, 2\})y_1 + v(\{1, 3\})y_2 + v(\{2, 3\})y_3]$$

st. $y_1 + y_2 \leq 1, \ y_1 + y_3 \leq 1, \ y_2 + y_3 \leq 1 \quad y_1, y_2, y_3 \geq 0$

優加法性より，$v(S) \geq 0 \, (\forall S \subset N)$ であるから，線形計画問題は解くことができ，その解を $y^* = (y_1^*, y_2^*, y_3^*)$ とすると $y_1^* + y_2^* = 1, \ y_1^* + y_3^* = 1, \ y_2^* + y_3^* = 1$ であるから $y_1^* = y_2^* = y_3^* = 1/2$ である．こうして，双対問題が解けたから，もとの主問題も解をもち，それを $x^* = (x_1^*, x_2^*, x_3^*)$ とすると双対定理から $x_1^* + x_2^* + x_3^* = 1/2[v(\{1, 2\}) + v(\{1, 3\}) + v(\{2, 3\})]$ である．こうして求める条件式を以下のように得る．

$$1/2[v(\{1, 2\}) + v(\{1, 3\}) + v(\{2, 3\})] \leq v(\{1, 2, 3\}) \quad \text{（証明終）}$$

ここで得られた $(y_1^*, y_2^*, y_3^*) = (1/2, 1/2, 1/2)$ を部分集合の族 $B = [\{1, 2\}, \{1, 3\}, \{2, 3\}]$ に対する重み（weight）という．それは非負で，各プレイヤーを含む B 内の提携について和をとると1になっている．このような条件を満たす重み y^* が存在する部分集合の族 B を**平衡集合族**（balanced collection）という．

この3人ゲームのコアの存在条件の証明からもわかるように，コアは1次不等式の解として与えられ，n 次元ベクトル空間の有界閉凸集合である．また3人以上のコアの存在条件やそれを求める方法も，上記の3人ゲームの場合を拡張した方法で求めることができる．この場合のゲームは**平衡ゲーム**（balanced game）とよばれ，次のような定理が導出される．

【定理】ゲーム(N, v, X)がコアをもつための必要十分条件はゲームが平衡ゲームである.

【適用例8.2】大気汚染リスクを考慮した広域ゴミ処理施設の費用配分モデル分析[9]

協力ゲームを用いた公共施設の費用配分モデルの研究は岡田を中心として精力的に行われてきた[10][11][12]．ここでは，環境汚染を明示的に取り扱う社会の厄介者扱いをされている（一般）ゴミ処理問題を考える．ゴミ処理の広域化傾向の中で，その処理場の位置の選定は大きな社会問題である．このため，ゴミの広域処理を前提として，大気汚染リスクを考慮した都市間の費用配分問題をどのように行えばよいかをモデル論的に考えてみよう．

(1) モデルの定式化

プレイヤーは隣接するn個の都市とし，ゴミの処理過程のうち，収集から中間処理（焼却）に限定して提携のコスト関数と大気汚染のリスク関数を中心としたモデル化を行うことにする．提携Sのコスト関数は，固定C_F，輸送C_T，処理C_Dの各費用（円／日）の和で，次式で表される．

$$C(S) = C_F(S) + C_T(S) + C_D(S) \tag{8.2.15}$$

また，リスクとしては日々の運転で生じる大気汚染リスクを考える．ここでのリスクは「焼却施設で一般廃棄物を処理することによりもたらされる，人に負の効用を与えるものの総称」であるとする．

① 固定費用C_F；焼却施設の建設費で，提携Sのゴミの量$Q(S)$に依存する．

$$C_F(S) = F(Q(S)) \tag{8.2.16}$$

② 輸送費用C_T；各家庭から排出されるゴミを焼却施設まで運ぶ費用で，以下の仮定のもとで算出する．ⅰ）焼却施設が都市の境界に立地する場合，境界に接する都市は，直接ゴミを焼却施設まで収集単価α_Tで運ぶ．ⅱ）焼却施設がない都市では，各都市のゴミは収集単価α_Tで各都市の中心まで運ばれ，さらにそこから都市間輸送単価β_Tにより焼却施設に運ばれる．ⅲ）各都市内の収集単価α_Tは，都市の面積に関わらず一定とする．以上の仮定から各都市iの輸送費用$C_T(i)$は次式となる．

$$C_T(i) = \alpha_T Q(i) + \beta_T Q(i) d_{ip} \qquad (8.2.17)$$

ここに，α_T；収集単価（円／トン），$Q(i)$；都市 i のゴミ発生量（トン／日），β_T；都市間輸送単価（円／トン・km），d_{ip}；都市 i から施設 p までの距離（km），である．

第1項は，焼却施設立地の有無に関わらず各都市に必要となる費用で，各都市内で各家庭から排出されるゴミを収集するための費用である．第2項は，焼却施設がない都市が，施設のある都市までゴミを運搬するためにかかる費用である．つまり，施設のある都市では第2項はゼロである．

③ 処理費用；ゴミを焼却処理するための費用．規模の経済性を想定して次式を得る．

$$C_p(S) = \alpha_D Q(S) \beta_D \qquad (8.2.18)$$

ここに α_D；処理単価（円／トン），$Q(S)$；部分提携 S のゴミの量（トン／日），β_D；規模の乗数

④ リスク関数；汚染物質が大気中に拡散するモデルを考える．簡単のため卓越した風向きを考えず，最も危険側である無風状態を考えよう．また，対象地域内で閉じたモデルを想定し，モデルの系外からの環境汚染による影響は考えないことにする．

拡散方程式から導かれるガウシアンパフモデルの1つとして，点煙源からの物質拡散に関する無風状態の長期平均拡散モデルが導出される[13]．これから直交座標系における物質濃度 C の値は次式となる．

$$C(R, z) = \frac{q}{(2\pi)^{3/2} \gamma} \left\{ \frac{1}{R^2 + \frac{\alpha^2}{\gamma^2}(H_e - z)^2} + \frac{1}{R^2 + \frac{\alpha^2}{\gamma^2}(H_e + z)^2} \right\} \qquad (8.2.19)$$

ここで，$C(R, z)$；(R, z) における拡散物質の濃度，R；$\sqrt{x^2 + y^2}$，q；煙の発生強度，α, γ；ターナーの安定性分類から得られる近似値，H_e；有効煙突高度（$H_e = H + \Delta H$，H；実煙突高さ（m），ΔH；慣性力と浮力による上昇分（m）），である．

このとき煙は原点で発生し，無風状態を想定しているから，全方向に等しく拡散すると考えている．また，地上での値を考えるので $z = 0$ とする．こうして式(8.2.19)は次式のように簡便な表現で表すことができる．

$$C(R) = A\left(\frac{2}{R^2+B}\right), \quad A = q/(2\pi)^{3/2}\gamma, \quad B = (\alpha H_e/\gamma)^2 \tag{8.2.20}$$

以上のことから,都市 i のリスク関数は次式で表現できることになる.

$$Risk(i) = Q(S)\int_{Z_i} C(R)dZ \tag{8.2.21}$$

ここに,$C(R)$;汚染拡散物質の濃度,Z_i;都市 i の面積,である.

⑤ 費用配分モデル;各都市が共同で焼却施設を建設するときに生じるコンフリクトを調整するために,費用を分離費用と非分離費用の2つに分けて考える.Shapley値や仁の適用も考えられるが,簡便性とわかり易さを考慮して,ここではコアの概念を用いよう.

分離費用とは,プレイヤーが N 人いて,各プレイヤーに最低限割り振る費用,すなわち最低限負担する費用である.プロジェクトの総費用を $C(N)$,そこから任意のプレイヤーが抜けたときの総費用を $C(N-\{i\})$ とすれば,このプレイヤーの分離費用 SC_i は次式で与えられる.

$$SC_i = C(N) - C(N-\{i\}) \tag{8.2.22}$$

また,各自に分離費用を割り振った後に残る総事業費の剰余額を非分離費用 (NSC) という.これは次式のように定義される.

$$NSC = C(N) - \sum_{i \in N} SC_i \tag{8.2.23}$$

NSC は式 (8.2.21) から算出される各都市が負うリスクの逆数で配分されるものと考える.そして,最終負担額がコアを満たすときに提携が成立するものとする.以上のモデルの準備のもとで,どのような条件のもとで提携が可能なのかを探ることが分析の中心課題となる.このプロセスを図8.8に示しておこう.

(2) 適用結果の概要

北摂3市(高槻,茨木,吹田)をイメージした直線的な地域をモデル化した上で,①〜③の費用関係のモデルを吹田市,大阪市,旧厚生省の公表しているデータを用いて回帰分析で同定し,④に関しても過去の実績データを用いてモデルの同定を行い,図8.9のリスクのイメージをもとにこの面積の逆数を用いて各都市にリスク配分した.

次に図8.10に示すような施設配置のパターンを7通り考え,それらの提携成

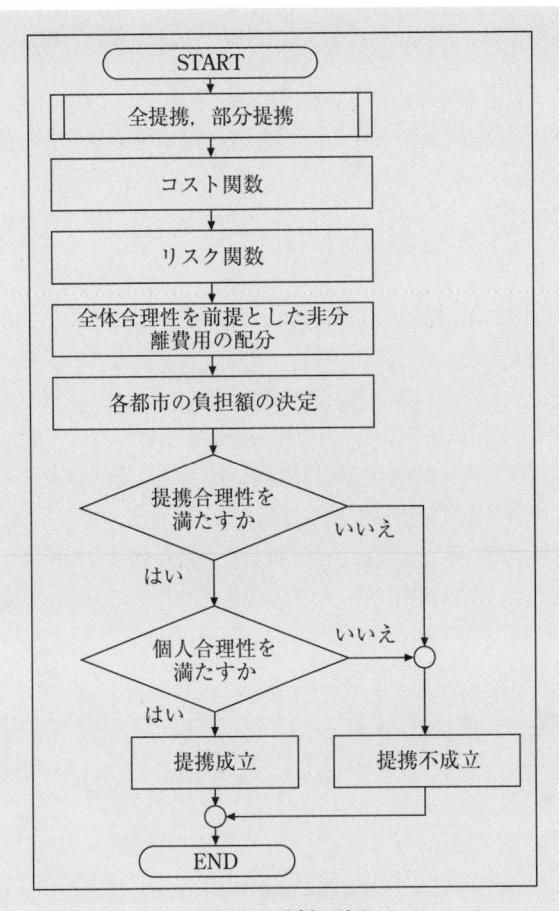

図 8.8　分析の流れ

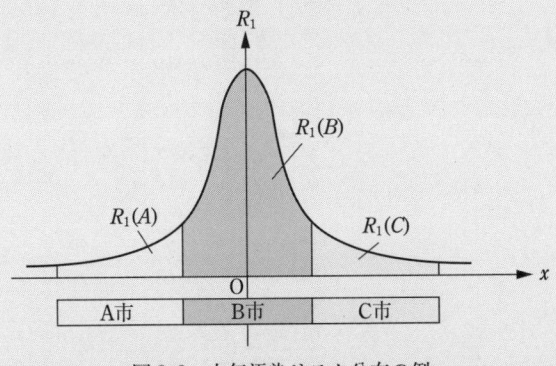

図 8.9　大気汚染リスク分布の例

立の条件を求めるモデル分析を行う．この方法は次の2段階で行うことにした．

① 物理的・経済的に意味のない施設配置を排除するために，式(8.2.17)の都市間輸送単価 β_T をパラメータとし，各パターンの成立する限界の値（β_T 限界）を分析
② 提携を組んだときの各プレイヤーの負担額を単独で行ったときの負担額と比較して個人的合理性を満たしているかを分析する．

そして，表8.3に示した全提携が成立した10パターンと成立しない2パターンについて説明する．パターン1においては β_T が小さく人口が多い場合に限り成立する．パターン2，3において全提携が成立しない理由は，NSC 配分比が都市 C にとって相対的に高くなり，負担額が増加するため個人合理性を満たさないためである．パターン4では，β_T に関わらず，多くの場合成立する．なお，同じ条件でコアを満たす部分提携があることを断っておく．また，式(8.2.21)を用いて，部分提携が成立している場合の提携した都市と単独の都市間におけるリスクのスピルオーバーの議論を行い，このスピルオーバーに関する議論が現実には

図8.10 施設配置のパターン

表8.3 全提携が成立するパターン

パターン	NSC 配分比	β_t (円/t・km)	人口 (万人)	最終負担額(万円) A市	B市	C市	単独時費用 (万円)	差額 (万円) A市	B市	C市
1	1:24.7:73.7	100	40	1510	1664	1939	1941	431	277	2
			50	1856	2033	2347	2351	495	318	4
2	1:17.4:85.0									
3	1:1:24.7									
4	17.4:1:17.4	100	20	976	818	976	1059	83	241	83
			30	1384	1170	1384	1515	131	345	131
			40	1776	1519	1776	1941	165	422	165
			50	2160	1866	2160	2351	191	485	191
		500	20	1016	818	1016	1059	43	241	43
			30	1444	1170	1444	1515	71	345	71
			40	1856	1519	1856	1941	85	422	85
			50	2260	1866	2260	2351	91	485	91

まったく行われていないことを指摘するとともに施設配置計画に組み込むよう提案している．

【事例 8.3】長崎大水害（1982）によるダム再編成にともなう費用配分[14]

　1982年7月に九州地方に豪雨があり，中でも長崎市を中心とする人的被害が大きく「長崎大水害」とよばれる．長崎市近傍で時間雨量187mmで，長崎市では日降雨量527mmを記録し，土石流，がけ崩れ，河川の氾濫等により，極めて短時間の間に死者・行方不明者299名をだした．このため，長崎市近辺の7つのダム群を再編成することになった．このとき，ダム容量の再配分とその配分に関わる費用負担をどうするかということが最大の問題になった．

(1) 費用配分の方法論

1) 現行の費用配分の考え方

　現行の費用配分方法は分離費用身替妥当支出法である．これは事業参加者が支払ってもよいと考える費用に基づいて費用配分を行うものである．具体的には，共同事業に各参加者が参加することによって増加する分離費用（separable cost）に，残余共同費（共同事業費と各参加者の分離費用の合計の差）を残余便益（各参加者の支払い意思額と分離費用の差）の比率で配分したものを加えたものを負担額とするものである．以下これを定式化しよう．

　まず，妥当投資額を $b(i)$，身替建設費を $c(i)$ とすれば，支払限度額（willingness to pay）は $\min\{b(i), c(i)\}$ である．また，分離費用は $c'(i) = c(N) - c(N-i)$ として表せる．なお，i は各事業者，N は全事業者の集合である．各参加者の残余便益（remaining benefit）$r(i)$ は次式となる．

$$r(i) = \min\{b(i), c(i) - c'(i)\} \tag{8.2.24}$$

一方，残余共同費（remaining cost）は，$c(N) - \sum_{j}^{N} c'(j)$ であるから，配分費用 $v(i)$ は次式となる．

$$v(i) = c'(i) + [r(i) / \sum_{j=1}^{N} r(j)][c(N) - \sum_{i=1}^{N} c'(i)] \tag{8.2.25}$$

以上の手順を図示すれば図8.11となる（なお，専用施設費を省略しても結果に影響を与えないため，式中では省略する）．

　上に示した分離費用身替妥当支出法の配分原理を図8.12を用いて説明しよう．始めに配分の条件を定式化しよう．ただし，ここでは簡単のためプレイヤーは2

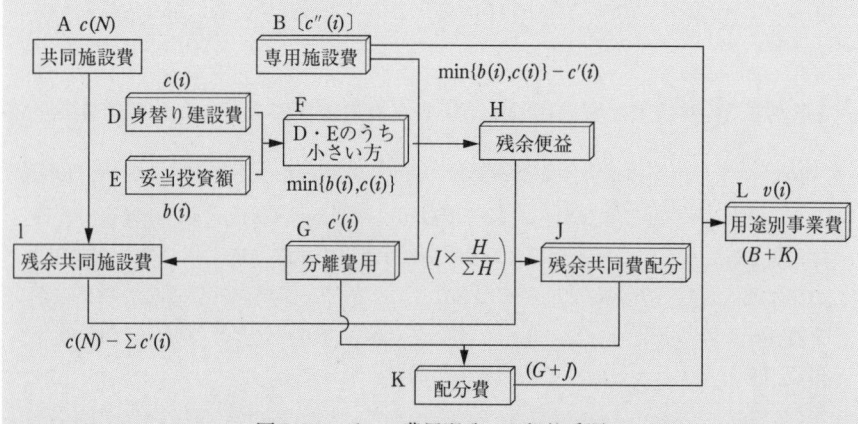

図8.11 ダムの費用配分の一般的手順

人とする．まず，個々の参加者の合理性として，独自で行った事業の費用よりも共同事業への参加費は少なくなければならないから

$$v(i) \leq c(i) \quad (i=1,2) \tag{8.2.26}$$

が成り立つ．また，分離費用は最低支払う必要があるため

$$v(i) \geq c'(i) \quad (i=1,2) \tag{8.2.27}$$

となる．そして，当然

$$\sum v(i) = c(N) \tag{8.2.28}$$

が成立する．

これらの共通集合はコアで，図8.12の太線である．コア上の1点を決めることが費用配分を意味する．分離費用身替妥当支出法は，残余共同費を残余便益費で配分しているため，図8.12の移動された原点$(c'(1), c'(2))$から$v(1)+v(2)=c(N)$上にある点に結んだ座標の$v(1)$, $v(2)$軸の値の比が$r(1):r(2)$であるように配分していることになる．これは，それぞれの残余便益に比例して費用を配分するという基準によっている．

2）ダム再編成の費用配分方法

ダム再編成における費用配分の原則を考えるために2つの視点を導入しよう．1つは，ダムを通して水資源の利用（利水），制御（治水）それに保全（環境保全あるいは環境破壊）とは何かをとらえる視点である．もう1つはダム再編成が成立

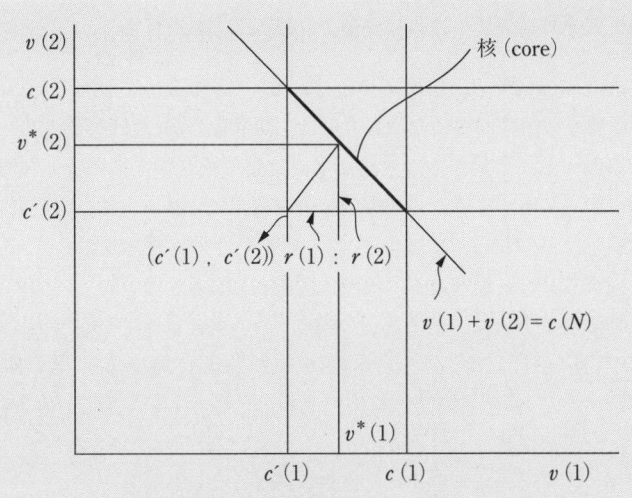

8 コンフリクト分析とマネジメント

図 8.12 分離費用身替支出法の考え方

する要因は何かをとらえる視点である.

　前者は，ダムとそれぞれの目的に応じて河川水の存在形態を変えることであるから，再編成においては参加者が望む水の機能を補償しなければならない．それは，水の特性のうち水量・水質・水位（位置エネルギー）の変化を補償の対象とすることを意味する.

　後者については，1 ）で示した各種の合理性の条件（式 (8.2.26)（8.2.27)）のように，参加者が個々に効用を認め，共同の事業として費用支払いに同意しなければ，再編成は成立しない．また，現行のダムに既にダム利用者が支払ってきた費用をも評価しなければならない．このように，ダム再編成の場合は，現行のダムの利用による効用と費用と，再編成による効用と費用の変化を評価する必要がある．具体的には，現行のダムへの投資のうち，減価償却されていない部分を費用配分時に控除すること等である.

　以上のように，ダムの再編成においては，共同事業の中に，再編成により生じる補償費が新たに加わることになる．この補償費の項目をあげると図 8.13 となる.

　以上の補償費をどのように配分していくかが，ダム再編成に関する費用配分の主要な課題である．補償費の扱い方として，以下の 3 つの方法が考えられよう.

① 補償費を残余共同費の中に含め，残余便益比率で配分する
② 補償費をある参加主体の分離費用に含め，残余便益比率で配分する

③ 補償費を被補償者の妥当投資額より控除して配分する

これらの3つの配分方法を図示すれば図8.14を得る．この図の左側に示すように，補償費を残余共同費に含める方法は，補償費分 (p) だけ式(8.2.28)の制約条件が平行移動することになり，各参加者に対して同じ率で補償費分が増加する．一方，図の中央に示すように，補償費を分離費用に含める方法は分離費用の増加（今の場合は $c'(2)$ の増加）と式(8.2.28)の制約条件の平行移動により，一方の参加者のみ補償費分の増加となる．最後に図の右側に示すように，補償費を妥当投資額より控除する方法は，残余便益の減少（今の場合は $r(1)$ の減少）により，分離費用の座標 ($c'(1), c'(2)$) から式(8.2.28)の制約上に向かう直線の傾き ($r(2)/r'(1)$) が変わって，残余共同費の負担が変わるというものである．なお，このときの減少した残余便益は $r'(1) = \min\{b(1)-p, c(1)\} - c'(1)$ で表される．

以上の3つの方法の特性を述べれば以下のようになる．

① 一般的な費用配分における補償費と同じ扱いをすることになり，ダム事業の参加主体間で補償者，被補償者の関係が明らかでない場合に適用可能である．
② 逆に補償者，被補償者の関係が明確で，ある参加主体が参加したことによる補償費の増分をその主体の分離費用としてみなす場合である．

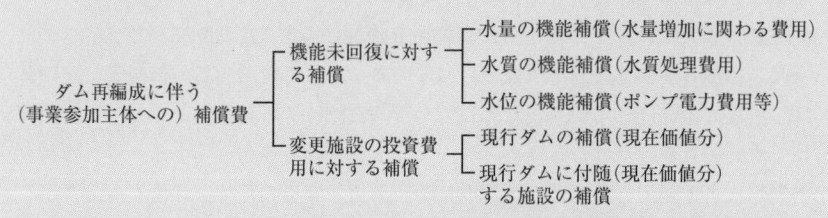

図8.13 ダム再編成にともなう補償費の内容

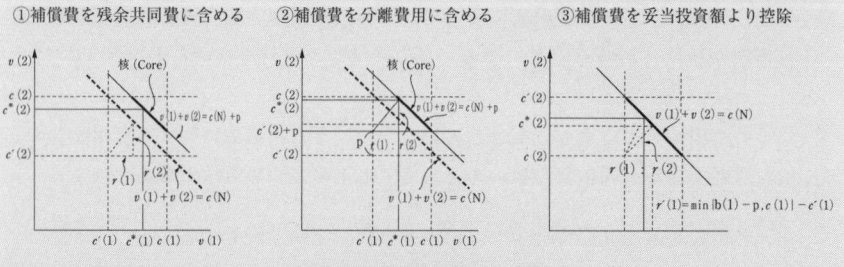

図8.14 補償費の配分方法

③ 補償費は共同費の中に含まれてこず，被補償者の妥当投資額を算定するときに使われる．これは費用として表に表れない．

これらの3つの方法は，ダム再編成の参加主体間の関連と補償費の内容を見て，使い分ける必要がある．

(2) 長崎水害緊急ダム事業の事例分析
1）緊急ダム再編成の条件

ここでとりあげる事例分析のダム再編成の条件は図8.15に示すダム群に関して表8.4に示すダム容量の配分を行うという条件である．これらをみてわかるように，需要地に対する水道の系統は大きく2分され，C, D, E, Fが水道専用ダムで，Bのみが水道と治水の多目的ダムとなっている．また，A, Gは新設の多目的ダムとなる．ダムの再編成後は，主に水道専用ダムを治水ダムに振替え，その分の利水容量を新設ダムで補充するというものである．ダム再編成前後の利水可能量の変化は表8.4に示したとおりである．ダム再編成に参加する主体は水道事業と治水事業の2者で，この2者間の費用配分を考えることになる．

2）費用配分の手順

費用配分にあたっては，個々のダムに関しての配分を積み上げる方法を選択できないのでダム群を一括して取り扱う．これは，あるダムの機能が他のダムに移るといった，ダム間の対応が明確でないためである．費用配分の方法は(1)の1）で示した分離費用身替妥当支出法を用い，新たに加わる補償費を配分するという

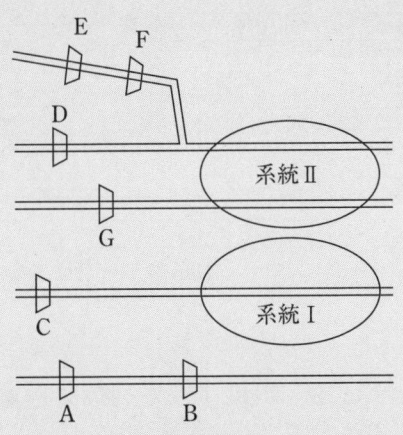

図8.15 ダム再編成の対象となるダム群

表8.4 ダム再編による変化

系統	ダム	現況		ダム再編成後	
		目的	利水可能量	目的	利水可能量
I	A	水道・治水	48,000	水道・治水	45,000
	C	水道	32,000	治水	0
	B	—	—	水道・治水	35,000
	計		80,000		80,000
II	D	水道	8,000	治水	0
	E	水道	7,000	水道	8,000
	F	水道	15,000	水道・治水	10,000
	G	—	—	水道・治水	12,000
	計		30,000		30,000

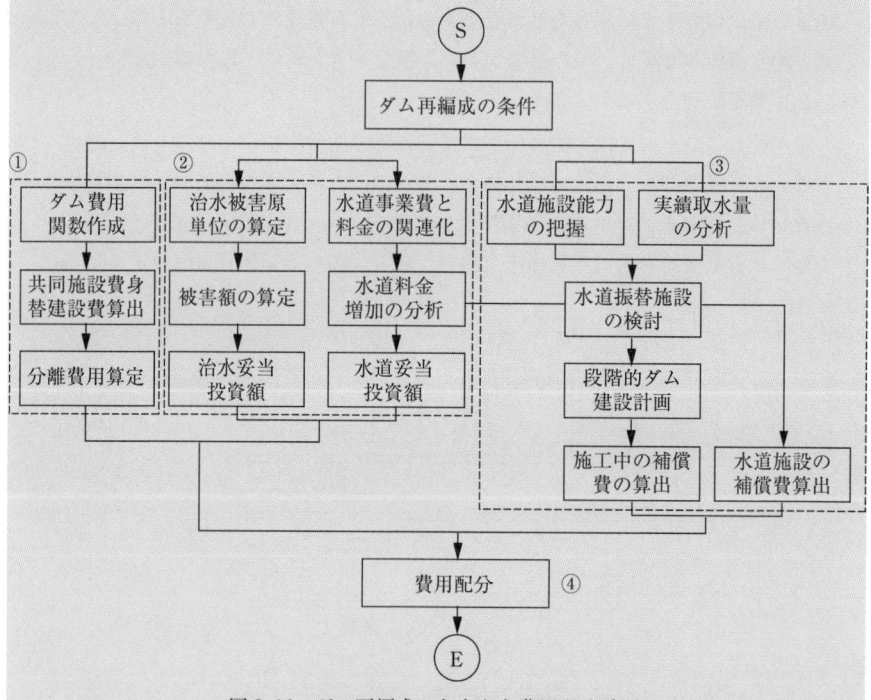

図8.16 ダム再編成にともなう費用配分手順

方法を採用する．

図8.16にダム再編に伴う費用配分手順を示している．この分析内容を大別すれば，①ダム事業費・分離費用算定プロセス，②治水・水道妥当投資額算定プロセス，③ダム再編成に伴う補償の算定プロセス，④費用配分プロセスに分類される．

3) 費用配分

i ダム事業費・分離費用の算定

始めにダムの費用関数を作成し，共同施設費，身替建設費を算定する．事業参加者が2者だけであるので分離費用は，共同施設費から身替建設費を差し引いたものとなる．これらの結果を表8.5に示している．

ii 水道・治水の妥当投資額の算定

治水の妥当投資額は洪水の被害額を算定し，ダム計画における被害軽減額をもって妥当投資額とする．水道の妥当投資額を身替建設費とすれば，治水ダムに振り替えられるダムは0と評価されることになる．このため全ダム合計した妥当投資額について水道料金への影響を分析し，料金の市民の容認限度以内であるかを調査・判定し水道の妥当投資額とする．この結果を表8.5の第4欄に示している．

表8.5 ダム事業費

(百万円)

	共同施設費	用途	専用費	身替建設費	妥当投資額	分離費用
B	12,000	治水	0	7,700	12,200	4,300
		水道	0	7,700	7,700	4,300
G	11,000	治水	−	5,100	16,400	4,600
		水道	−	6,400	6,400	5,900
C	1,900	治水	−	(妥当投資額より大)	35,000	1,900
		水道	−	0	0	0
F	9,300	治水	−	5,800	17,300	5,100
		水道	−	4,200	0	3,500
D	6,600	治水	−	(妥当投資額より大)	11,000	6,600
		水道	−	0	0	0
5ダム全体	40,800	治水	0	64,600		22,500
		水道	0	18,300		13,700

iii ダム再編成に伴う補償費の算定

補償費 P は図 8.13 に示したものを算定する．まず，算定方法を次式で示す．

$$P = (CR_n + r - r')\frac{1}{R_n'} \tag{8.2.29}$$

ただし，C；ダムおよび変更される水道施設の建設費，i；利子率，n；施設の耐用年数，r；新規施設の維持管理の年平均等価額，r'；既設施設の維持管理の年平均等価額，$1/R_n'$；既存施設の残存耐用年数間に応ずる福利年金現価率，R_n；施設の耐用年数間の賦金率で次式で表される．

$$R_n = \frac{i}{1-(1+i)^{-n}} = \frac{i(1+i)^n}{(1+i)^n - 1}$$

式 (8.2.29) の第 1 項は変更施設の投資に対する残存耐用年数分の補償額を示している．第 2 項，第 3 項は再編成による機能未回復に対する補償と考えられ，新規施設と既存施設の維持管理費の増分の残存耐用年数分として算定される．ここでは，変更される施設の建設費と維持管理費を，費用関数を用いて，算出した結果を表 8.6 に示す．

iv 費用配分

表 8.5，表 8.6 の結果を用いて費用配分を行う．(1)の 2) で示したように 3 つの補償費の配分方法のうち，この事例では真ん中の②が適切と考えられる．理由は，長崎水害緊急ダム再編成であるから，治水の要請で再編が行われ，補償者と被補償者が明確に区別できるためである．この方法で費用配分を行った結果を表 8.7 に示す．また，この配分方法を図 8.17 に示す．

図 8.17 においてコア（核）は太線部分で示される．分離費用の座標 (35500, 13700) からコアに向かって残余便益比 (13.6/86.4) の傾きをもつ直線を伸ばしてコアにぶつかる点が配分費用である．この結果，治水の配分費用は 39,472（百万円），水道の配分費用は 14,328（百万円）となる．そして，水道はこの費用から補償費分が控除されるから，実質分担費用は 1,328 (14,328 − 13,000)（百万円）で，長崎市の負担は軽微ですむことになる．実際，長崎市は人命を除いて約 3000

表 8.6 補償費内訳

	建設費関連分				維持管理費	工事中の補償費	合計
	ダムの資産	水道施設の資産	水道施設の先行投資	小計			
費用	5,000	3,200	2,100	10,300	2,600	100	13,000

表 8.7 　費用配分結果

(百万円)

	区分	治水	水道	計
a	身替り建設費			
b	妥当　資額			
c	a，b 何れか小	64,600	18,300	
d	専用費	0	0	
e	c − d	64,600	18,300	
f	分離費用	35,500	13,700	49,200
g	残余便益	29,100	4,600	33,700
h	同上 %	86.4	13.6	100.0
i	残余共同費配分	3,972	628	4,600
j	負担額 (f + i)	39,472	14,328	53,900
k	負担率	73.4	26.6	100.0

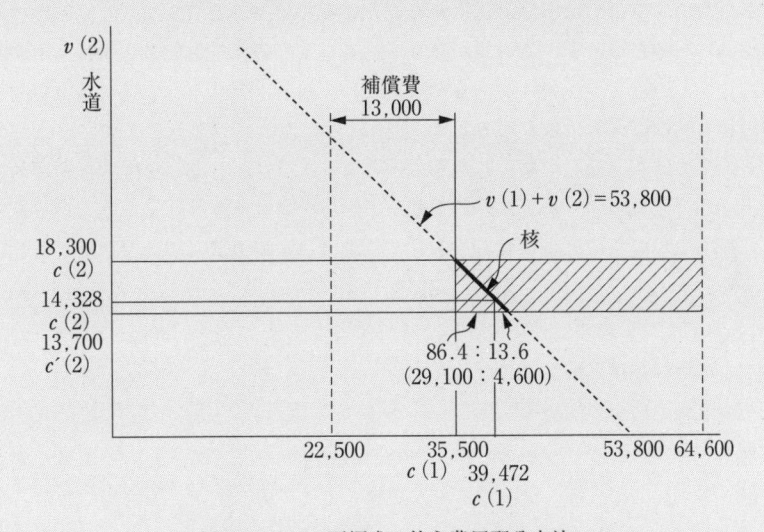

図 8.17　ダム再編成に伴う費用配分方法

億円近い被害を受けていたから，少しでも負担が軽いほうがよいという状況であった．

　以上は，大水害がトリガーになった水利施設の再編成の事例であったが，最近ではあちこちで水利施設の再編成が大きな話題となってきている．特に神奈川県

の相模川水系では農工水の余剰水の適正化が問題になっている．やはり，コアの概念を用いて，農水・工水の水道への水利権転用による水資源システムの再編成の事例を行ってきた[15]が，分析方法が類似しているため，ここでは割愛することにしよう．

【事例8.4】広域水利用システムにおける市町村提携[16]

2006年にほぼ終了した平成の市町村大合併は，行政改革という錦の御旗のもとで中央政府が飴（一時的な交付金と補助金の大判振る舞い）と鞭（期限付き）で行われた．環境と防災の視点等から，しっかり地域の構成要素の提携とは何かを考えて行われたとは思われない．そして，2007年現在，政府は参議院選挙のために，大幅な交付金や補助金を削減しておきながら，思いつきで「思いやり予算を法制化」しようとしている．このようなでたらめな政府与党の税の使い方のベクトルに，何故納税者は怒らないのか理解に苦しむ．もっと，真面目に地域構成要素の提携を議論すべきであろう．

このため，ここでは市町村提携が可能となる背景として，まずもともと歴史的地理的に一体となっている素地があり，そのうえで提携を形成するメリットが認められるという2つの条件があると考えよう．前者は自然な広域提携は歴史的な市町村の結びつき方に依存すると考え，市町村のの結びつきをグラフ[17]としてとらえ，その解釈を通して修正したものから部分グラフとしての提携案を網羅的に抽出する方法を示す．後者については，市町村をプレイヤーとした協力ゲームとして提携の形成をモデル化する．そして新潟県清津川流域への適用を示すことにしよう．

(1) 市町村提携案抽出プロセス

1）提携の概念と個数

まず，提携という言葉を市町村が何らかの形で結びつくことという簡単な定義を用いる．従って，その構成市町村が提携の属性である．ゲーム理論における協力n人ゲームの記述に従えば，プレイヤーの集合$N=\{1,\cdots,n\}$に対し，その部分集合$S \subset N$を提携とよぶ．考えうる提携は${}_nC_1+\cdots+{}_nC_n=2^n-1$とおり存在し，任意のプレイヤーの参加する提携は${}_{n-1}C_0+\cdots+{}_{n-1}C_{n-1}=2^{n-1}$とおり存在し，その数は$n=10$で500を超える数となる．

しかし，1つの提携を構成する市町村が地理的に連結していることを条件とすれば，提携の和はかなり絞り込まれる．いま，市町村を点，地理的隣接を枝とし

8 コンフリクト分析とマネジメント

たグラフが与えられたとする．市町村 i から k 個以内のパスで到達できる市町村の集合を T_{ik} とし，その大きさを $|T_{ik}|$ と表そう．T_{ik} は，グラフの隣接行列 A に対し，ブール代数演算による行列 A^k の i 行で得られ，最大の k を $\hat{k}$ とすると $A^{\hat{k}+1}=A^{\hat{k}}$ となる最初の $\hat{k}$ である．これから市町村 i の可能な提携数は，$1+_{|T_{i1}|}C_1+\cdots+_{|T_{ik}|}C_{n-1}$ となる．ふつう，T_{ik} は $T_{ik}\subset T_{i,k+1}$ で $T_{i\hat{k}}=N-\{i\}$ となるため，$|T_{ik}|<n-1$ が成り立つ．このため市町村 i の提携数は 2^{n-1} よりかなり少なくなることが想像できる．一般に，任意のグラフが与えられたとき，その部分グラフとしての提携の総数は，点の和 n と枝の数に依存する．

2）提携案の抽出

例えば，図 8.18 に示すような 5 つの市町村の隣接関係が与えられれば，そこで可能な提携は図 8.19 に示したハッセ（Hasse）図の形で整理することができる．この場合 26 とおりの提携が可能であり，隣接関係の制限がない場合の $31(=2^5-1)$ より 5 減っている．さらに図 8.18 の①と③を切断すれば 22 とおりとなる．また，②が無いとすると，図 8.19 の△が減り 12 とおりまで減少する．以下では，この 2 つの手順，枝の除去と点の削除によりグラフを修正し，対応するハッセ図を作成し，提携代替案の抽出方法について述べる．

まず，対象とする市町村の設定により，グラフの点集合 V を設定する．次に市町村の行政区界の関係を地図の調査から読み取り，グラフの枝集合 R を得る．グラフ (V, R) の隣接行列を求め，これをもとに点集合・枝集合を減らしていく．

i　結びつかない市町村の設定（枝集合の修正；開放除去）

対象市町村の隣接関係は，単に行政界を共有していることしか示さない．しかし，地形的には山地部に境界があったり，河川を境界としたりする．このことは，例えば水利用の広域化を施設（とりわけ導送水路）の建設を前提とした場合，それぞれトンネルや橋梁を必要とすることになり，技術的・費用的に不利になる場

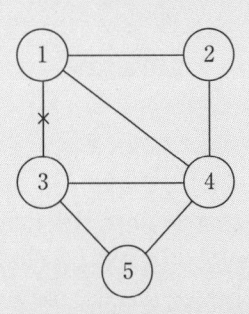

図 8.18　市町村ネットワーク例　　図 8.19　ハッセ図

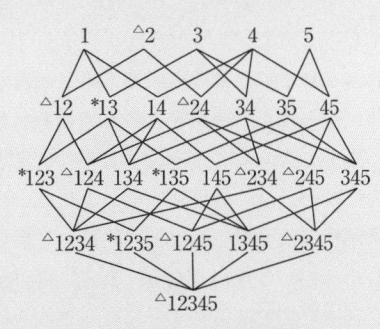

合が考えられる．このような場合は隣接していないとみなし，グラフの枝を切断する．

また，隣接関係の存在は提携として2市町村のまとまりを仮定することになるが，市町村によっては，互いに他と結びつくことを志向し，それらだけの提携は将来的にも可能性がないこともある．このような場合も，グラフの枝を除去する．このような情報は，市町村へのヒアリングやアンケートなどによる現地調査により収集することになる．

枝の除去は隣接行列の該当要素の削除となる．こうして開放除去（open-circuit）を行ったグラフを得る．

ⅱ　一体となる市町村の設定（点集合の修正；短絡削除）

これまでは，各市町村をグラフにおける1つの点としてとらえていた．これに対し，市町村の中には，すでに何らかのグループを形成し，その形態を保存して水利用広域化を行いたい場合もある．先行している現行制度で，水道事業が企業団を形成していたり，交通やゴミ処理・下水処理・ガス供給・医療福祉などの事業に関し共同で運営している場合である．このような状況は，市町村の一体性を表すもので，広域利水もその制度に即した形で取り込まれることが，事業経営の面からも有利であると考えられよう．従って，このような市町村を分離した提携は実現性に乏しく，予め一体とみなしておくことが必要である．

市町村を一体とみなすことは，グラフでは点をまとめて1つにすることで，隣接行列の行（列）を減らすことになる．点の縮約を行うことは，グラフの上では，枝を短絡除去（short circuit）することになる．

先行している現行制度による市町村の一体化のほかに，対象とする市町村の一部に焦点を当て，それらの間での提携が対照とする地域でのプロトタイプとなるような代表市町村に限定することも，点集合の修正となる．

上記の検討の結果，最終的に残った提携案に対して，当初イメージしていた提携が含まれているかどうかのチェックを行い，もし，漏れている案があれば，それがこれまでのどの段階で捨象されたかを明らかにし，それを復活させるように，枝・点の修正条件を変更することも忘れてはならない．

以上のようなことを念頭においた提携案の抽出プロセスを図8.20に示す．このプロセスは，網羅性のチェックを中心に数回繰り返すことが望ましい．プロセスが提携代替案の抽出と同時に，対象地域の市町村の一体性を明らかにすることも狙っているためである．公式には市町村へそして私的には生活者へのヒアリング調査を必要に応じ十分に行うとともに，その情報が提携案の抽出に対し新たな

視点を掘り起こすこともあるので,プロセスの各段階で十分活用すべきである.

(2) 市町村提携評価プロセス
1) 提携における市町村の機能

図 8.20 のプロセスを繰り返して得られた提携案の集合を $A=\{S\subset N|N\in i\}$ とする.任意の市町村 i が参加できる提携の集合を $A(i)=\{S\subset N|i\in S\}$ と書く.提携 $S\in A$ により,$i\in S$ となる市町村は $v(S)$ という影響を受けるものとし,$v(S)$ が少ないほど良いと仮定する.市町村 i としては,$\min_S v(S)$ となる提携 S が最良である.ある提携がその構成市町村すべてにとって最良で,これ以外の市町村は別の提携においてすべて最良であるとするような提携があれば,提携案の選択は一意

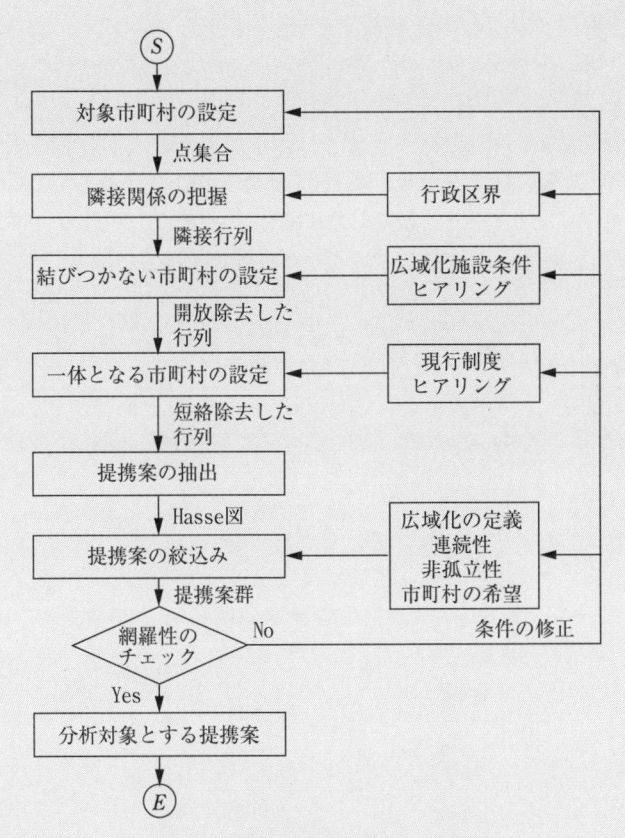

図 8.20 提携代替案の抽出プロセス

に決まる．しかしながら，このような状況が生じることはほとんどない．つまり，市町村にとって好ましい提携が一致するとは限らない．このため，各市町村が，このような提携の形成において，$v(S)$ の変化にどのような役割を果たしているかを分析し，一致しない場合にどの市町村の意向が重視されているかについて考察する必要がある．ここでいう市町村の役割とは，市町村が提携に参加することによる $v(S)$ の変化と，任意の2つの市町村の間で互いに他と組んだときの $v(S)$ の変化から，それぞれ，参加の意義や市町村間の提携相手としての好ましさを把える．

i 提携へ市町村が参加することの意義

まず，提携の間の望ましさの差による関連構造を次のように求める．$S \in A$ に対し付番を行い $S^k (k=1, \cdots, |A|)$ とする．$\forall S^k, \forall S^{k'}$ に対し，次の行列 $B=(b_{kk'})$ を定義する．

$$b_{kk'} = \begin{cases} 1 & S^k = S^{k'} - \{i\} \ \ or \ \ S^k = S^{k'} + \{i\} \ \ and \ \ v(S^k) < v(S^{k'}) \\ 0 & otherise \end{cases} \quad (8.2.30)$$

この行列要素 $b_{kk'}$ は，提携 S^k と $S^{k'}$ がハッセ図で隣接し，S^k が $S^{k'}$ より好ましい場合に1となる．行列 B から，提携間関連構造が図8.21のように得られる．

一方，$b_{kk'}=1$ となるときに関与した市町村について S^k が $S^{k'}$ より好ましくなるのが，i の加除のいずれによるのかを次の行列 $C=(C_{kk'})$ で示す．

$$C_{kk'} = \begin{cases} +i & S^k = S^{k'} + \{i\} \ \ and \ \ v(S^k) < v(S^{k'}) \\ -i & S^k = S^{k'} - \{i\} \ \ and \ \ v(S^k) < v(S^{k'}) \\ 0 & otherwise \end{cases} \quad (8.2.31)$$

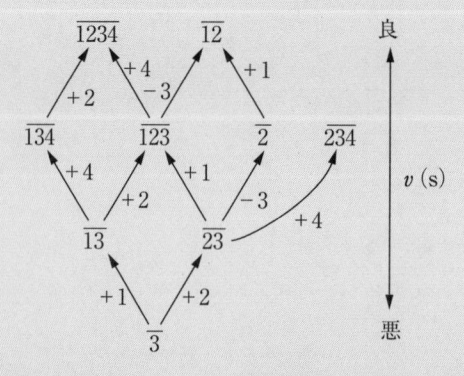

図8.21 好ましさによる提携間関連と市町村の機能

この行列 C 上で $+i$ が多いということは市町村 i の提携参加が提携の影響を改善し，逆に $-i$ が多ければ改悪するということになる．結果は図 8.21 に併記したようになる．市町村①②④は改善型，市町村③は改悪型の参加の意義をもつ．

ⅱ　市町村間の提携相手としての好ましさ

市町村 i が市町村 j を提携相手として好むことを，i が j と提携したときに j と提携しないときより影響が改善されることであると定義する．これをもとに，市町村 i の j に対する好ましさを次の行列 $P=(p_{ij})$ で示す．

$$p_{ij}=\begin{cases} 1 & T=S-\{j\}\in A(i) \text{ and } v(S)\leq v(T) & \text{for } \forall S\in A(i) \\ -1 & T=S-\{j\}\in A(i) \text{ and } v(S)\geq v(T) & \text{for } \forall S\in A(i) \\ 0 & T=S-\{j\}\in A(i) \text{ and } v(S)\leq v(T) \text{ or } v(S)\geq v(T) & \text{for otherwise} \end{cases}$$

(8.2.32)

ここに，T は S 以外の提携で，otherwise は $A(i)\cap A(j)$ あるいは $T=S-\{j\}\notin A(i)$ あるいは $\forall S\in A(i)$ の場合を指す．

この行列より，市町村間の提携相手としての好ましさが市町村関連構造（図8.22）として求めることができる．

また，この行列 P の作成過程において $T=S-\{j\}\notin A(i)$ であっても，他の $T\in A(i)$ の動向により，$v(S)$ と $v(T)$ の大小関係を把握することができる．このため，提携案抽出のプロセスで捨象された代替案の中で，よりよい v をもつ提携案を発見することも可能となる．これについては実際的な適用例で紹介する．

以上のことから，各市町村の提携における役割が定性的ではあるが明らかにすることができた．提携に対し改善型で参加し，他の市町村から提携相手として好まれる市町村は，提携においてイニシアティブをとることができるということが言える．

2）提携による影響の配分

1）においては，提携 S による市町村への影響 $v(S)$ をその大小関係のみに着目して分析した．つまり，順序尺度として $v(S)$ を評価してきた．ここでは，$v(S)$

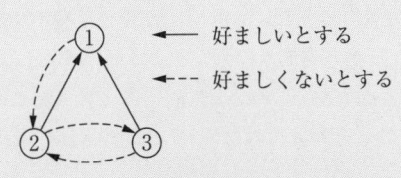

図8.22　市町村の提携相手としての好ましさ

を間隔尺度，すなわち，$i \in S$ である市町村に配分することができ，それが加算可能であるものと考えよう．すると，任意の提携 S を選定したとき，それを各市町村に納得させるためにはどのような $v(S)$ を配分するかという問題になる．

市町村 i に配分される量を x_i とする．提携 S において $\sum_{i \in S} x_i = v(S)$ が成り立つように x_i を決める必要がある．このとき市町村 i は，S 以外の提携 $T \in A(i)$ における $v(T)$ を参考にその場合より x_i が増えないことを要求する．すなわち，$\sum_{i \in T \in A(i), T \neq S} x_i \leq v(T)$ という条件を課す．このため，x_i を規定する条件の全体は次のような制御領域となる．

$$D(S) = \{(x_i) | \sum_{i \in S} x_i = v(S), \sum_{u \in T} x_i \leq v(T), T \in A, T \neq S\} \tag{8.2.33}$$

これは市町村 i をプレイヤー，$v(S)$ を特性関数形のペイオフとした協力 n 人ゲームの解の 1 つであるコアの概念に相当する．コアは必ずしも存在するとは限らない．特に，提携 S に対し，次の線形計画問題の解 z^* が $z^* < v(S)$ であれば，提携 S を選択しても各市町村が納得せず，コアが存在しない．

$$z^* = \max \sum_{i \in S} x_i \quad \text{subject to} \quad \sum_{u \in T} x_i \leq v(T), T \in A, T \neq S \tag{8.2.34}$$

従って，z^* を構成する x_i^* であれば，$T \in A$ のいずれでもよいということになる．この場合 $x_i \leq x_i^* (i \in N)$ の条件で，他に評価値を求め $T \in A$ の選択を行う方法とることになる．

しかし，v 以外の評価をみたときにやはり S がよいという判断がなされた場合には $v(S) - z^*$ の不満を各市町村に配分することになる．この配分の 1 つの方法として協力 n 人ゲームの解の 1 つである仁 (nucleorus)[1] がある．仁は，最大不満の最小化を目指すもので，次の線形計画問題 (ε-制約法) で解くことに帰着する．

$$\min \varepsilon \quad \text{subject to} \quad \sum_{i \in S} x_i = v(S), \sum_{i \in T} x_i - v(T) \leq \varepsilon, T \in A, T \neq S \tag{8.2.35}$$

さて，広域水道の場合，v として水価をとりあげ，式 (8.2.35) の問題を考えてみる．ここで水価は $S \subseteq A$ となる提携について，広域水道施設の概略的な代替案作成を通して求めた建設費用とそれにもとづく維持管理費用を水量で基準化したものである．このため，y_i を市町村 i の享受する水価とすれば，その必要水量を w_i としたとき式 (8.2.35) の x_i は，$x_i = w_i y_i / \sum w_i$ となり，式をこのように修正して解けば，水価 $v(S)$ となるときの各市町村 $i \in S$ の負担水価を求めることができる．

(3) 新潟県清津川流域への適用

この地域は23市町村で構成され，一部に広域水道事業が発足している．地域内にダム開発計画があり，その利用形態として広域水道がとりあげられ，この市町村提携案を考えることにする．

1) 市町村提携案の抽出

地域内の市町村は，地理的に図8.23のような隣接グラフを形成している．各市町村の隣接関係は，①既存の水道の給水区域が連続し平地続きとなる，②河川をはさむ，③山地をはさむの3種に識別した．このうち②③の関係は施設計画上経済的技術的に不利なものとなる．

さて，この隣接グラフに対し点集合の修正を次のように行った．すなわち，①既存の水道企業団が形成されているところは一体とみなし，②水道以外の公共事業に関する広域化を同じくする市町村を一体とみなして該当する市町村をグルーピングした．図8.24は水道企業団グループを，図8.25は，ゴミ処理・し尿処理・伝染病・消防・老人ホームや郡・保険所の管轄といった7種の広域事業による結びつきを示したものである．このデータをもとに，23市町村を12のグループにまとめて，図8.23の山地をはさむ隣接を略して得られたグラフを図8.26に示す．なお，このとき，現地調査で各市町村の生活者にどこと一緒になるのが好ましいかあるいは好ましくないかを入念にインタヴュー調査を行っている．

提携案の抽出は図8.26のグラフで行うことは可能であるが，その数が膨大になることが予想され，グラフをさらに簡略化する必要がある．このため，先の図8.20の提携案抽出プロセスを繰り返すことにしよう．結局，この繰り返しを4回行った．その概要を表8.8に示す．

プロセスの繰り返しは，次第に，現在水不足に悩んでいる図8.23のC, E, F,

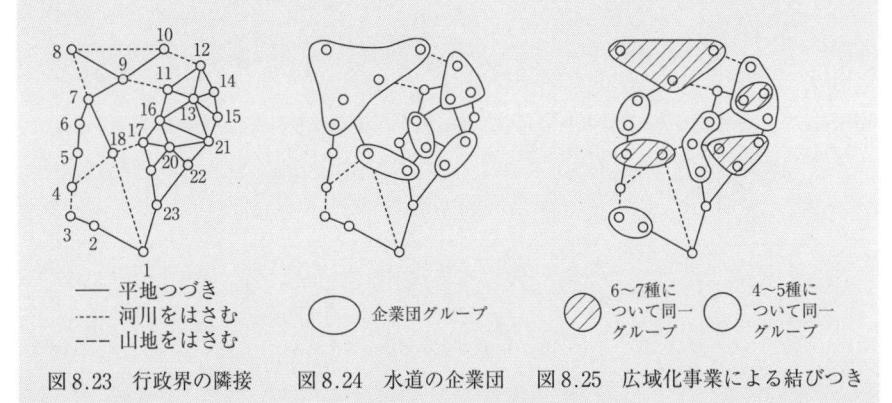

図8.23 行政界の隣接　　図8.24 水道の企業団　　図8.25 広域化事業による結びつき

―― 平地つづき
…… 河川をはさむ
--- 山地をはさむ

〇 企業団グループ

⧗ 6〜7種について同一グループ
〇 4〜5種について同一グループ

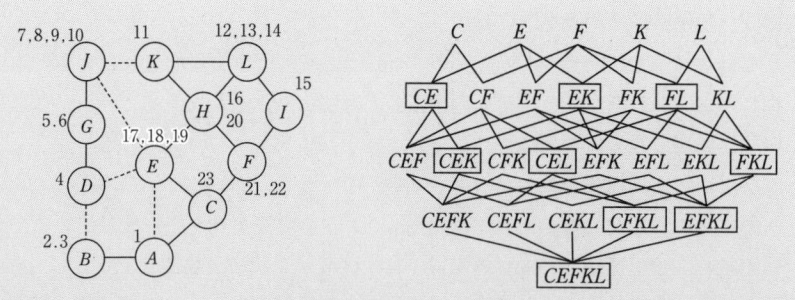

図8.26 簡略化した市町村関連グラフ　図8.27　3回目のハッセ図（□最終的な抽出案）

表8.8　市町村提携案設定の経緯

繰返し回数	1	2	3	4
中核となる市町村関連グラフ	（図）	（図）	（図）	（図）
提携案の抽出	河川沿の中核となる地区をとり出し，図の隣接関係をもとに可能な提携案を抽出した．→46案	$C \cdot F$を加えて，中核となる8地区の関係から可能な提携案を抽出した．→171案	$C \cdot F \cdot L \cdot K$に限定し，可能な提携案を抽出した．→26案	$C \cdot K$について，それぞれ$A \cdot D$と結びつきうるものとして，可能な提携案を抽出した．→15案
評価	水価・自己水比率・1人当給水量による評価を行う．→比較的よいとしたもの12案	ブロック化案が多すぎるため行われず．	施設計画を意図して，評価し，これでの検討結果（1回目）とあわせてみる．→9案	
中核でない単位の所属	水価・自己水比率・1人当給水量による評価を行う．		IはLに組み込む．HはEかKにくみ込む．GはDに，BはAに．	
問題点	$C \cdot F$を中核とする必要あり．	河川に水管橋をかける案は基本的に好ましくない．$C \cdot F \cdot L$に重点をおくべき．	$A \cdot D \cdot J$の取り扱いとして，これらの間の提携はなしとする．	

K, Lといった地区の提携のあり方に焦点があてられるようになる．そして，これらの地区の提携をベースに他地区の提携を考え，最終的には15の案に絞り込まれた．3回めの繰り返しで得られた提携案は図8.27の9案である．原理的には26案あるが，Kを単独にしないことなどから9案に絞り込まれている．

以上の提携案抽出のプロセスの適用は，案の抽出を主目的とはするが，同時に，対象地域の市町村の結びつきをより深く理解することに役立っていることが，C，E，F，K，Lに焦点をあてたこと等に示されている．

2）市町村提携案の評価

提携案の抽出をうけその評価を行った事例について述べよう．まず広域水道としての提携は必要給水量をまかなうことのできる取水・浄水施設を建設し，末端の給水も含めた事業運営を行うものと仮定して，概略的な施設建設代替案を作成する．この代替案による建設費用と末端給水を行うための整備運営費用をもとに，各提携 S における水価 $v(S)$ を算定する．図8.28の隣接関係にある市町村に対し，表8.9の12案の水価が求められた．これをもとに，提携案を評価した結果を述べる．

i 各市町村が提携に参加することの意義

12個の提携案の水価をもとに，各案の間の選好関係行列 B を求め，それにもとづく関連図を作成すると図8.29を得た．図では下にいくほど水価が下がっていく．行列 B に対し，各要素に関連する市町村の役割を示した行列 C を作成し，図8.29における各矢線上に表した．この結果，市町村③と⑤は改善型の機能を，残る①②④は改悪型の機能を有していることがわかる．

ii 市町村間の提携相手としての好ましさ

各市町村にとって他の市町村が提携相手として好ましいかどうかは，先に述べ

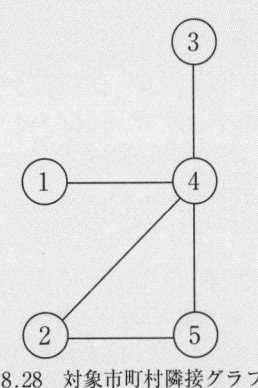

図8.28 対象市町村隣接グラフ

表 8.9 提携代替案と水価

提携案 No.	参加市町村					水価 〔円／m³〕
	①	②	③	④	⑤	
1			●			182
2	●			●	●	251
3	●			●	●	260
4	●					266
5	●					271
6		●				274
7	●	●		●	●	276
8		●		●	●	278
9		●		●	●	286
10	●	●		●	●	288
11		●				310
12	●			●		318
必要水量 〔m³／日〕	9,810	53,310	20,430	6,930	21,200	111,680

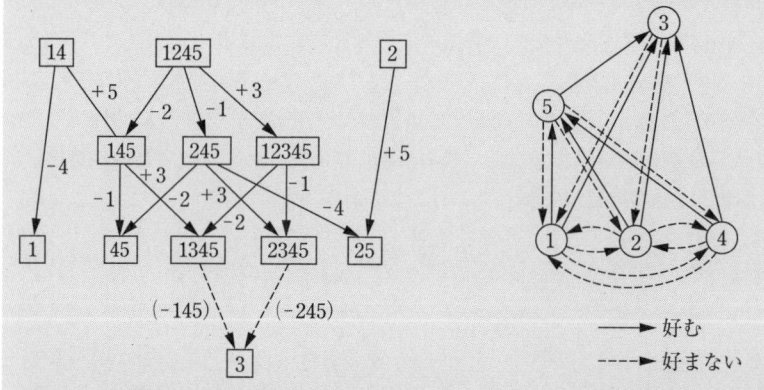

図 8.29 提携間の選好構造と市町村の役割　　図 8.30 市町村の提携相手としての好ましさ

──▶ 好む
----▶ 好まない

た行列 P を求めて考える．市町村間の関連図に直すと図 8.30 のようになる．この図から，まず市町村③⑤は他から好まれ，①②④は互いに他を好まないことがわかる．従って，③⑤が提携の形成に中心的な役割を果たすことがわかる．

しかしながら，③⑤だけでは提携が形成できないため，④を組み込まざるを得ない．③にとって，④⑤は無差別であるから，表 8.9 においてとりあげていなかった③④⑤による提携は実現性が高く水価も改良されることが予想される．このた

8 コンフリクト分析とマネジメント

め提携案として付加する必要がある．

ⅲ　水価の決定

これまでの分析により，市町村③⑤は，提携の形成において他より優位にあることがわかった．このため，安価な水価であることを前提として，他との提携を考えると思われる．いま，5市町村が1まとまりとなるこれまでの分析により，市町村③⑤は，提携の形成において他より優位にあることがわかった．このため，安価な水価であることを前提として，他との提携を考えると思われる．いま，5市町村が1まとまりとなる提携 N（表 8.9 の第 7 案）の形成を対象に，各市町村はどのような水価を前提とするかを考えよう．まず，提携 N への参加の可能性について式 (8.2.34) の線形計画を解く．ここで水価を y_i とすると，$x_i = w_i y_i / \sum_{i \in s} w_i$（$w_i$ は i の必要水量）である．表 8.10 に定式化したものを示す．これを解くと，次の解が得られた．

$$z^* = 265 \;;\; x_1^* = 266,\; x_2^* = 300,\; x_3^* = 182,\; x_4^* = 371,\; x_5^* = 224 (円/m^3)$$

この z^* の値は $v(N) = 276 (円/m^3)$ よりも安い．従って，全体提携 N は，他の提携に比べ好ましくないということになり，形成されない．線形計画の解を規定する制約条件（活性化条件）は表 8.10 に「＊」で示したが，市町村①③は単独の場合の条件を前提としているのに対し，残る市町村は $\overline{45}$，$\overline{25}$，$\overline{245}$ の 3 つの提携での条件をもとにすることがわかる．このため提携として可能なのは，①③を単独とし，②④⑤がまとまる案であるといえよう．

表 8.10　全体提携 N に関する線形計画問題

		b		x_1	x_2	x_3	x_4	x_5
1	●	18.200	≥	0.000	0.000	1.000	0.000	0.000
2		25.100	≥	0.168	0.000	0.350	0.119	0.363
3	●	26.000	≥	0.000	0.000	0.000	0.246	0.754
4	●	26.600	≥	1.000	0.000	0.000	0.000	0.000
5		27.100	≥	0.259	0.000	0.000	0.183	0.558
6		27.400	≥	0.000	0.523	0.201	0.068	0.208
7	●	27.800	≥	0.000	0.715	0.000	0.000	0.285
8	●	28.600	≥	0.000	0.654	0.000	0.086	0.260
9		28.800	≥	0.108	0.584	0.000	0.076	0.232
10		31.000	≥	0.000	1.000	0.000	0.000	0.000
11		31.800	≥	0.586	0.000	0.000	0.414	0.000
		Z =		0.088	-0.477	-0.183	-0.062	-0.190

●活性化条件

一方,全体提携 N を実現するという条件のもとでは,各市町村は水価の上昇に関する不満 $v(N)-z^*=11$ (円/m^3) を訴える.先に示したゲームの解である仁は,各 x_i^* にこの11円を加えた値となる.このため,N の実現においては,不満の分11円を補助金などの形で負担する必要が生じることになる.

　以上のような考察から,何でも広域的に一体化すればよいという論理は崩されることになる.真面目に,社会的公正とは何かを議論しなければならないのである.

8.3 コンフリクト分析（序数型非協力ゲーム理論）[19]

　コンフリクト分析の方法を理解するうえで重要なものとしてゲーム理論の1分野であるメタゲーム理論[20]がある.これは複雑なコンフリクトの状況を把握するために最初に提案された方法の1つであるが,実用性という観点からやや使いにくいといわれている[19].ここでは,実際の問題により適応させることを目的とした序数型（選好）非協力ゲーム理論 (ordinal noncooperative game theory) による分析方法[21]を述べることにする.

　ゲーム理論では,分析の際に各プレイヤーの戦略選択の結果に対する評価である効用・利得を設定しなければならない.しかしながら,実際に効用・利得を計量することは非常に困難を伴う作業である.そこで考え出された方法が,プレイヤーの戦略の評価を,プレイヤーの戦略選択の結果を相対的に比較することで表現するというものである.すなわち,序数型非協力ゲーム理論である GMCR (graph modeling for conflict resolution)[21]においては,事象に対する絶対的な評価,すなわち効用や利得の計測を,簡略化という意味で行う必要がなく,プレイヤーが事象を好ましいと思う順に並べた選好順序のみで分析を行うことができる.基数尺度から序数尺度への変換は非常に多くの情報を失うことになるが,一方で操作性は飛躍的に向上する.つまり,GMCR は現実の問題に適用する際の利便性を重視して体系づけられた実際的な理論であるといえる.

　GMCR においては,N 人のプレイヤーがコンフリクトに参加し,それぞれが行動の選択肢 (option) を有する.選択肢に関する各プレイヤーの実行の有無の組み合わせを戦略 (strategy) と呼ぶ.そして,すべてのプレイヤーの戦略の組み合わせを事象 (outcome) と呼ぶ.事象を各プレイヤーが好ましいと思う順に並べた順

序を選好順序(preference order)と呼ぶ．こうしてGMCRで取り扱うゲームは，

① n人のプレイヤー
② 各行動の選択肢
③ 選好順序；事象に対する選好の順序
④ 情報完備
⑤ 非協力
⑥ 純粋戦略
⑦ 展開形

の7点で特徴づけられる．

　GMCRにおいて，選好順序の設定は分析者の手に委ねられることになる．人間が自分以外の人間の選好を知ろうとする場合，ほとんどが実際に取られた行動から推測するという方法を取るだろう．したがって，GMCRはすでに行動の結果が出ているような，過去の歴史分析というアプローチにおいて非常に有効なツールであるといえる．しかし，このような用い方をしていただけでは，将来のマネジメントを行うことはできない．

　しかしながら，将来のコンフリクト構造が変わらないという前提がおける場合には，モデル化のための設定と分析のアルゴリズム(algorithm，分析(計算)手順)が簡便であるというGMCRの特徴に着目する．この場合，まず，将来のコンフリクトの背景を考慮し考え得るすべての選好順序の組み合わせを分析する．そして，将来に実現することが望ましい均衡解を得るために，選好順序が満たすべき条件を求めることになる．

　また，GMCRの弱点のひとつとして，複数の均衡解が得られた場合，それらの社会的な関連についてGMCRは何も教えてくれないということがある．つまり，それら均衡解のうち，実現されることが社会的に望まれる，あるいは望まれないといった選別は，GMCRの分析体系には組み込まれていない．このため，社会的公正基準等を導入し，分析者自身が行わなければならない．

　以上のような特徴を有するGMCRのモデル化と安定性の定義，さらに解を求めるための具体的なアルゴリズムを簡単な例を用いて説明する．

　まず，以下の議論のために次の集合の定義を再度示す．

U：すべての事象の集合
N：すべてのプレイヤーの集合
H：Nの部分集合

R_i はプレイヤー i ($i \in$ N) の事象 k ($k \in$ U) から事象 q ($q \in$ U) への移行を表す可達行列 (reachable matrix) で，行列の要素 $R_i(k, q)$ を次の式 (8.3.1)，(8.3.2) で示すように 0，1 で表す．なお，$k \neq q$ であり，また，この移行はプレイヤー i が単独で，かつ1ステップで行うもののみを考慮している．

$$R_i(k, q) = \begin{cases} 1 : \text{プレイヤー } i \text{ が1ステップで動ける場合} \\ 0 : \text{それ以外の場合} \end{cases} \tag{8.3.1}$$

$$R_i(k, k) = 0 \tag{8.3.2}$$

プレイヤー i にとって事象 k から1ステップで移行可能な事象の集合を $S_i(k)$ と表し，これを可達集合 (reachable set) と呼び，次式のように定義する．

$$S_i(k) = \{q : R_i(k, q) = 1\} \tag{8.3.3}$$

可達行列 R_i を用いて単独改善 (unilateral improvement, UI) を定義する．プレイヤー i が事象 k から単独で戦略を変更することによって到達できる事象のうち，初期事象 k よりもプレイヤー i にとって好ましい事象を単独改善と呼ぶ．次式 (8.3.4) で表される $R_i^+(k, q)$ を用いてプレイヤー i の可達行列 R_i を R_i^+ として再定義する．

$$R_i^+(k, q) = \begin{cases} 1 : R_i(k, q) = 1 \text{ かつ } P_i(q) > P_i(k) \\ 0 : \text{それ以外の場合} \end{cases} \tag{8.3.4}$$

なお，$P_i(k)$ はプレイヤー i の事象 k に対する選好や利得を表す．

同様に，プレイヤー i の可達リスト $S_i(k)$ を R_i^+ を用いて次のように再定義する．

$$S_i^+(k) = \{q : R_i^+(k, q) = 1\} \tag{8.3.5}$$

この $S_i^+(k)$ を用いれば，UI は次式で表される事象 k_1 として定義できる．

$$k_1 \in S_i^+(k) \tag{8.3.6}$$

8 コンフリクト分析とマネジメント

さて，以上で導入した集合を用いて，GMCR における安定性の定義を示そう．
GMCR では種々の安定性が定義されているが，ここでは最も基礎的かつ本質的であると考えられるナッシュ安定性 (Nash stability) と連続型安定 (sequential stability) の定義について説明する．

以下では，$k \in U$, $i \in N$ とし，また，プレイヤーは自らの利得を最大化するよう戦略を選択し，他のプレイヤーも同じように振る舞うと考えているとする．

- 【ナッシュ安定】：事象 k がプレイヤー i にとってナッシュ安定であるとは，$S_i^+(k) = \emptyset$ のときであり，かつそのときに限る．すなわち，プレイヤー i が事象 k よりも好ましいどの事象にも移行できないとき，事象 k はプレイヤー i にとってナッシュ安定であるという．

- 【連続型安定】：プレイヤー i に対して事象 k が連続型安定であるとは，プレイヤー i の事象 k からの単独改善が，他のプレイヤーの 1 ステップもしくはそれ以上の連続的なステップの単独改善によって，事象 k よりもプレイヤー i にとって好ましくない状況へ押し込まれてしまい，プレイヤー i が事象 k からの移行を思いとどまらざるをえない場合をいう．すなわち，プレイヤー i にとって事象 k が連続型安定であるとは，プレイヤー i のすべての単独改善 $k_1 \in S_i^+(k)$ に対して，$P_i(k_x) \leq P_i(k)$ であるような他のプレイヤーの単独改善 $k_x \in S_{N-i}^+(k_1)$ が少なくとも 1 つ存在することである．

すべてのプレイヤーに対していずれかの安定性を保持する事象がコンフリクトの均衡解となる．すなわち，GMCR では，各プレイヤーの各事象に対する安定性を調べ，すべてのプレイヤーに対して安定な事象を探すことが均衡解を求めるために必要な作業となる．

以上の準備のもと，GMCR の適用の簡単な例として 8.2.1 でも述べた「囚人のジレンマ (prisoner's dilemma)」をとりあげる．

囚人のジレンマは，最も著名なゲームの例であり，2 人の囚人が互いに協力行動を取ればお互いに最も良い利得を得ることができるが，ナッシュ均衡解として

得られるのは非協力解のみであるというゲームである.

ある事件で共犯と疑われる2人の囚人（実際に彼らは共犯である）が別々の留置所に入れられており，検事が個別に取調べを行う．囚人たちには自分の行動に対し2つの選択肢がある．ひとつは「黙秘」することであり，もうひとつは「証言」することである．一方の囚人が黙秘を続け，他方の囚人は証言した場合，彼らは共犯であることが明らかになるが，証言した方の囚人は減刑され，黙秘を続けた囚人は不利になるとする．この場合の囚人たちのゲームを戦略型では表8.11のようにモデル化できる．

表8.11では，たとえば囚人Aが黙秘を選択し，囚人Bが証言を選択した場合，囚人Aは利得0を，囚人Bは利得8を得ることを意味している．ここでは利得の具体的な値には意味はなく，利得の推移関係のみが意味を持つ．ゲーム理論においては，(証言，証言)がナッシュ均衡として得られる．

次に，これをGMCRでモデル化し，均衡解を導出してみよう．

まず，プレイヤーとプレイヤーの有する選択肢として，表8.12のように設定する．この表において，Yは選択肢が実行されることを意味し，Nは実行されないことを意味する．プレイヤーごとのN，Yの組み合わせを，そのプレイヤーの戦略と呼び，すべてのプレイヤーの戦略の組み合わせを事象と呼ぶ．表8.12では

表8.11 囚人ジレンマの利得行列

囚人A \ 囚人B	黙秘	証言
黙秘	5,5	0,8
証言	8,0	2,2

表8.12 プレイヤーと選択肢と実像

プレイヤー＆選択肢	事象			
囚人A				
証言する	N	N	Y	Y
囚人B				
証言する	N	Y	N	Y
ラベル	1	2	3	4

各列が事象と対応する．各事象のラベルを表の最下行に示す．以後は，このラベルを事象の呼称として用いることとする．また，選択肢「証言する」に対するYは文字通り証言することを意味し，一方Nは黙秘することを意味することとする．

表8.11を参考にして，各プレイヤーの選好順序を設定する．表8.11における事象に対する選好の推移関係に着目すれば，囚人Aの選好順序は $\{3,1,4,2\}$，囚人Bの選好順序は $\{2,1,4,3\}$ と設定できる．

以上の設定のもと，GMCRにより均衡解が決定されるプロセスを表8.13を用いて説明する．

表8.13において各プレイヤーの選好順序の下に記してある数字は，式(8.3.4)で定義される単独改善となる事象を表している．たとえば，囚人Aの選好順序における事象1は1つの単独改善，事象3を有している．すなわち，囚人Aは自らの戦略選択を事象1においては「証言しない（黙秘する）」としているが，自らの戦略を「証言する」と変更することで，事象1よりも自らにとって好ましい事象3に移行し，単独で状況を改善することができる．単独改善が複数ある場合は，上から順にプレイヤーにとって好ましい事象を並べる．

安定性の行に記してある n はナッシュ安定性を，s は連続型安定を，u は不安定を表しており，囚人Aと囚人B双方に対してナッシュ安定性か，連続型安定性を有している事象が均衡解となる．表8.13においては囚人A，Bの選好順序の上方に書かれている E が均衡解を表している．

たとえば事象1に着目してみよう．囚人Aは事象1「黙秘する」から事象3「証言する」へと移行することで，状況を単独で改善することができる．しかし，事象3へ移行すると，囚人Bは事象3からの単独改善である事象4を有しているので，事象は4へと移行することになる．囚人Aは事象4からの単独改善を持たず，また，事象4は事象1よりも囚人Aにとって好ましくない．こうして囚人A

表8.13 安定性分析

囚人A					囚人B				
		E	E				E	E	
安定性	n	s	n	u	安定性	n	s	n	u
選好順序	3	1	4	2	選好順序	2	1	4	3
単独改善		3		4	単独改善		2		4

は事象 1 から事象 3 へ移行することで，結果的に状況が今よりも悪化してしまいかねない．それならば囚人 A は事象 1 から事象 3 への単独改善を有してはいるが，事象 3 へ移行するよりも，今いる事象 1 に留まることを望むであろう．したがって事象 1 は囚人 A にとって安定となる．このような安定性は安定性の定義において述べた連続型安定に他ならない．

次に，事象 3 に着目してみよう．囚人 A にとって事象 3 は単独改善を有さないのでナッシュ安定となる．一方囚人 B にとっては，事象 3 「黙秘する」から事象 4 「証言する」へと移行することで，状況を単独で改善することができる．囚人 A は事象 4 からの単独改善を持たないので，他の事象へ移行しようがない．したがって，囚人 B はためらいなく事象 3 から事象 4 へ移行し，状況を改善するであろう．囚人 B は事象 3 から他の事象へ移行する動機を持っているため，事象 3 は囚人 B にとって不安定となる．

以上のように事象の安定性を逐一チェックすることにより，事象 1 と 4 は囚人 A と B の双方にとって安定であるので均衡解となることが分かる．

【事例 8.5】吉野川第十堰におけるコンフリクト分析[22)23)]

　長良川河口堰問題以降，日本において，水資源の開発をめぐる開発と環境の鋭い対立が見受けられるようになった．たとえば，吉野川可動堰建設，諫早湾干拓事業，二風谷ダム建設，川辺川ダム建設等におけるコンフリクトはメディアを通して報道され，記憶に新しい．なかでも，吉野川可動堰建設をめぐっては建設の可否を問う住民投票が 2000 年に徳島市において行われ，建設反対派の圧倒勝利で終わり，建設計画が白紙に戻されるという過去にはない公共事業計画として異例の展開を見た．

　利害の対立する意思決定主体間のコンフリクト問題をモデル化し分析する手法としてゲーム理論が広く用いられている．ゲーム理論において，コンフリクトは意思決定主体（プレイヤー），意思決定主体の有する戦略，戦略に対する利得・効用から構成される．モデル化においては，着目するコンフリクトの本質を損わぬよう，十分な注意を払いながら各構成要素を設定しなければならない．

　多くのステイクホルダーが計画に関与する場合，どのような枠組みでもって一個のプレイヤーとして捉えれば良いのかという問題が生じる．すなわち，コンフリクトにおけるステイクホルダーとプレイヤーは同じものではなく，たとえば多

数のステイクホルダーも同様な背景や選好を持っていれば一人のプレイヤーと認識することができる．これとは逆に，現実のコンフリクトにおいては，ステイクホルダーでありながらもプレイヤーとしてコンフリクトに関われないような主体も存在する．以上のような点で，コンフリクトにおいてステイクホルダーは必ずしもプレイヤーと同様ではないといえる．

水資源開発をはじめ公共事業計画において，生活者参加が重要な位置を占めてきており，ステイクホルダーである地域住民をプレイヤーとして認識することが必要になると考えられる．流域住民をプレイヤーとして認識する場合，流域全体で一人のプレイヤーとすればよいのか，行政区画で括ればよいのか，上流・下流といった括りで分類すればよいのか，市町村のキャラクターで分類すればよいのか等の問題が生じる．さらに，たとえ流域住民の括りを決定してプレイヤーを設定できたとしても，プレイヤーの選好をどのように設定すればよいのかという問題も生じる．何らかの人・団体・組織の意見を代表意見とするか，あるいはアンケート等の社会調査を行うなどが考えられるが，前者においては選好が一般性を持たない場合が多く，後者においては，多くのステイクホルダーが関与する水資源コンフリクトでは大変な時間と費用を要することになりかねない．

また，一般に，コンフリクトモデルにおける構成要素の決定は分析者の判断に委ねられ，特に利得・効用の設定に労が割かれることが多いが，モデル化の際に最も優先されるであろうプレイヤーの設定も，ステイクホルダーの背景を踏まえ，その設定の根拠が明らかとなるような分析を経て行うことがコンフリクトマネジメントを論じる上では肝要であると考える．なぜなら，コンフリクトが膠着した場合に本質的なマネジメント策を講じるには，プレイヤーの背景に及んだ考察が必要となる場合が多いと考えられるからである．

以上の認識のもと，本研究では，コンフリクト問題におけるステイクホルダーの背景を考慮したプレイヤー設定のためのプロセスを提案する．提案するプロセスのコンセプト自体は水資源コンフリクトに限らず，どのようなコンフリクト問題にも適用可能である．対象とするコンフリクトの特性により，インプットとするデータや，そのデータを分析するための手法を選び，プレイヤー設定のプロセスを構成すればよい．本研究では吉野川第十堰問題を事例としてプレイヤー設定のプロセスを示すため，水資源開発コンフリクトにおけるステイクホルダーの背景を分析するためのインプットデータとして，社会的背景を考慮するための社会・経済データと，水害に対する背景を考慮するための浸水ハザードマップを用いる．さらに，設定されたプレイヤーと，データ分析から特徴づけられるプレイ

ヤーの選好を用いてコンフリクト分析を行い，吉野川第十堰問題におけるコンフリクトの構造を明らかにする．そして，提案するプロセスの有用性と，吉野川第十堰問題の今後のコンフリクトマネジメントの方向性と可能性について考察する．

(1) 吉野川第十堰問題の背景

吉野川は河川勾配も急で古くから大雨のたびに氾濫しては人々の生活を脅かしてきた．分流と塩水遡上防止を目的におよそ240年前に吉野川第十堰は建設された．この堰は，現在，治水上・利水上の様々な観点から問題点が指摘されており，その解決策として，1991年旧建設省により可動化が計画された．しかしながら，環境保護や歴史的遺産である現存の第十堰を保全しようとする住民団体の反対にあう．その後，2000年1月に行われた徳島市の住民投票では可動堰化反対票が総投票数の9割以上を占める結果となった．こうして1度は白紙化された計画であるが，その後も可動堰化を推進する国や，可動化の支持・不支持に関わらず新たに現れた様々な民間の団体など多くの組織を巻き込み，ますます混沌とした様相を呈した．

2003年になると徳島知事はこの事態の収拾のために上・中・下流市町村の首長に対して意見聴取を行った．意見は賛否両論渦巻くものとなり，中には徳島市における住民投票の結果ばかりが取り上げられることに対する批判的な意見も少なくはなかった．

(2) 流域市町村の地域分析

1) 流域市町村の社会・経済的特性の数値化

流域市町村の意見は歴史的な経緯や，産業構造，経済規模など様々なことがらを背景としていると考えられる．ここでは，それらのうち，水資源開発に対する意見の主要な背景のひとつであると考えられる社会・経済的な特性に着目し，徳島県内の25流域市町村の社会経済的な統計データを用いて主成分分析を行うことで地域分析を行う．これより市町村の相対的な関係を把握し，これをもってプレイヤー設定のための1プロセスとする．

主成分分析の対象となるデータとしては社会構成，産業構成，インフラ，福祉施設などを代表する項目として，人口総数に対する15歳未満の人口，人口総数に対する65歳以上の人口，総面積，財政力指数，第1次産業就業者数，第2次産業就業者数，第3次産業就業者数，し尿処理人口，道路実延長，一般病院数，一般

診療所数,老人ホーム数の15項目のデータを用いた.

これらデータを用いて主成分分析を行うと量的に徳島市が突出しているため,相対的に市町村の特徴を分析することができない.そこで,人口の比率や,総面積に占める割合というように,項目の一部について基準化を行うことで市町村を同等として主成分分析を行った.

分析の結果,3つの主成分軸が抽出された.それぞれの軸に対する各項目の負荷量より,3つの軸を次のように解釈した.

- 第1主成分(寄与率;43.3%)―「都会度」;正で絶対値が大きいほど都会化が進んでいることを表す.
- 第2主成分(寄与率;18.2%)―「福祉の充実度」;負で絶対値が大きいほど福祉が整備されていることを表す.
- 第3主成分(寄与率;11.9%)―「過疎度」;負で絶対値が大きいほど過疎化傾向にあることを表す.

2) 流域市町村の浸水被害リスク分析

ここでは,各市町村の浸水被害リスクを分析する.本研究における浸水被害リスクとは,浸水深と浸水面積によって表される浸水規模で評価されるものとする.

浸水被害リスクの推定にあたっては,まず国土交通省発行の浸水想定区域図を用いて,各市町村の浸水別(表8.14に示される4段階)の浸水面積をGISにより算出した.次に,次式で表される浸水被害リスク関数を作成した.

$$G_i = \frac{N_i}{A_i} \{w_1 A_{i1} + w_2 A_{i2} + w_3 A_{i3} + w_4 A_{i4}\}, \quad (i=1,\cdots,25) \qquad (8.3.7)$$

A_iは市町村iの全面積,A_{is}は市町村iの段階別の浸水面積($s=1,2,3,4$),N_iは市町村iの全世帯数を表す.また,w_sは各浸水深に対応する被害率のウェイトである.ウェイトの算出にあたっては,旧建設省発行の建設省河川砂防技術基準(案)同解説における浸水深と被害率の関係を参考にし,近似曲線を用いて4段階の浸水深別の被害率のウェイトとして表8.14のように定めた.浸水深が増すごとに被害は大きくなるので,表-1においても浸水深の増加にともなって被害率のウェイトの値は大きくなっている.

浸水被害リスク関数(8.3.7)は市町村iにおいて家屋が均等に分布していると仮定し,浸水により被害を受ける世帯数を浸水被害リスクとして評価するものである.

GISで算出した各市町村の浸水深別の浸水面積を式(8.3.7)の浸水被害リスク関

表8.14 浸水深と被害率のウェイト

浸水深	被害率のウェイト
50cm未満	0.083
50〜99cm	0.126
100〜199cm	0.177
200〜299cm	0.5963

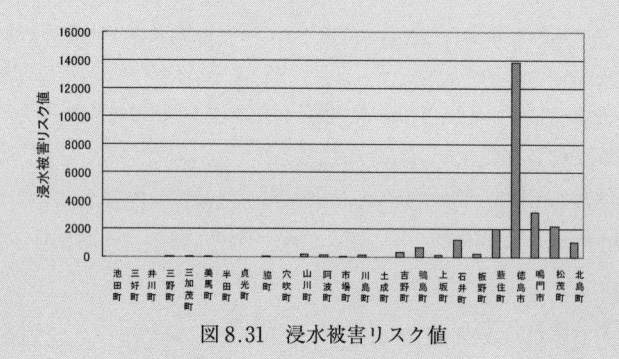

図8.31 浸水被害リスク値

数に適用し，得られた浸水被害リスク値を図8.31に示す．グラフより浸水被害リスク値としては徳島市が突出していることが分かる．

3）流域市町村の分類

ここでは，地域分析と浸水被害リスク分析の結果から，25の市町村をそれぞれ特色をもったグループとして分類する．このために，地域関数軸と浸水被害リスク軸を想定し，2次元上で25市町村のグループ分けを行うことを考える．地域分析においては多変量データを扱った主成分分析を行っており，その分析結果は第1主成分軸，第2主成分軸，第3主成分軸と多次元にわたっていた．そこでまずはこれらの軸を総合した地域関数を次式のように定義する．

$$F(z) = \sum_{\alpha} C_\alpha z_\alpha \tag{8.3.8}$$

C_αは第α主成分の寄与率，z_αは第α主成分の数値そのものを表している．1）で示した3つの主成分を式(8.3.8)のように総合化する[5]ことで，地域関数値は「都市の発展ポテンシャル」を表すと解釈することができる．すなわち，式(8.3.8)の値が大きいほど都市化が進みながらも福祉の充実はそれほど整っておらず，しかしながら人口は増加傾向にあるという点で都市の成熟度としては発展途上にあ

り，これは都市の発展ポテンシャルを表しているものと解釈する．このように式(8.3.8)を用いることで，単一の主成分を流域市町村の社会・経済的特性を表す指標として用いるよりも，より多くの解釈を含んだ評価軸を構成することができる．

浸水被害リスクに関しては，量的データとして突出している徳島市と他の市町村を対等に分析するために，2)で得られた浸水被害リスク値を各市町村の全世帯数で割り基準化した値を用いることとする．以上より，図8.32に示すように2次元上に各市町村をプロットすることができ，各点間の距離が定義できる．

流域市町村の特性は通常，河川に対する位置関係と少なからず関係がある．すなわち，上流・下流，左岸・右岸などである．このような地理的特性が反映されたクラスター分割として第6階層の4つのクラスターに着目した．

これら4つのクラスターは，社会・経済的特性，浸水被害リスク特性，地理的特性を考慮して抽出されたものである．

各クラスターの構成市町村は次のとおりである．

グループA：藍住町，北島町，松茂町
グループB：石井町，吉野町
グループC：徳島市，鳴門市，鴨島町，阿波町，上坂町，板野町，三好町，山川町，美馬町，川島町，土成町，三野町，三加茂町，市場町
グループD：井川町，穴吹町，脇町，池田町，半田町，貞光町

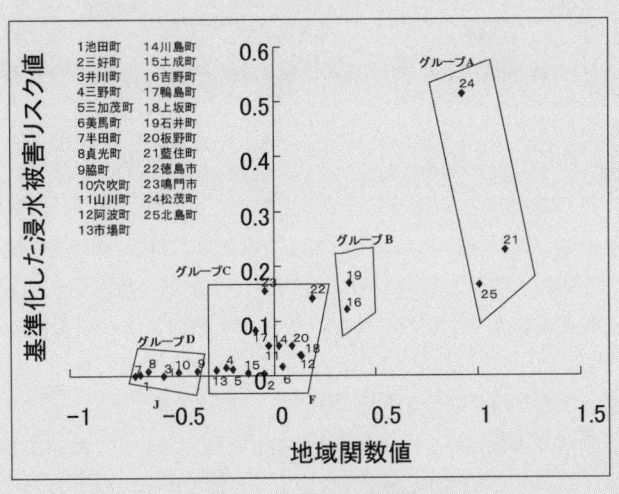

図8.32　市町村の分類

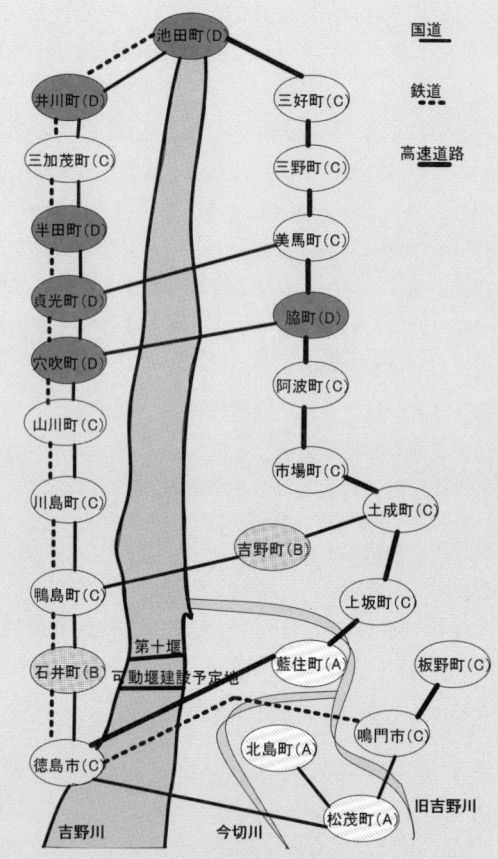

図 8.33 クラスター抽出結果と地理的ネットワーク

さらにこの結果を地理的ネットワークとして図示したものを図 8.33 に示す．

グループ A は地理的特異性を有している旧吉野川流域の 3 つの市町村から構成され，図 8.32 から，基準化した浸水被害リスク値（以後，単に浸水被害リスク値と呼ぶ）が他の市町村と比べ突出しており，また都市の発展ポテンシャルが高い市町村であるといえる．実際，グループ A の市町村は本州からのアクセスが良く，道路交通網が発達し，人口の増加率が高い．このことはまた，地域関数値の解釈を裏づけるものでもある．

グループ B は浸水被害リスク値が他の市町村と比べ相対的に高い．また，産業活動の活発な徳島市や鴨島町と隣接しているため都市の発展ポテンシャルも相対

的に高い．さらに，地理的には第十堰に近い上流に位置する．

　グループ C は浸水被害リスク値，地域関数値とも相対的に中庸である．地理的には上流〜下流に分布する．

　グループ D は浸水被害リスク値が低く，都市の発展ポテンシャルも低い地域である．地理的には主に上流に分布する市町村から構成される．都市の発展ポテンシャルが低い理由は，本州からのアクセスが不便なことがまず考えられる．さらに，池田町，脇町，貞光町はうだつの町並みとして有名で，観光客が来訪するため町並み保存が行われているが，戦略的ではない町並みの保存は都市の発展ポテンシャルの向上には必ずしもつながらず，この点が都市の発展ポテンシャルの低い理由のひとつとして考えられる．

　以上のグループを背景が似通ったプレイヤーとして認識し，次はこれを用いてコンフリクト分析を行う．

(3) 地域分析によるプレイヤー抽出を踏まえたコンフリクト分析

　ここでは GMCR（Graph Model for Conflict Resolution）を用いてコンフリクト分析を行う．GMCR で分析を行うにあたって，まず(2)抽出された 4 人のプレイヤー A 〜 D のオプションと選好を設定する．

　プレイヤー A は浸水被害リスク値が大きいので，早急な治水対策が必要である．そこで，治水機能が疑問視されている第十堰よりも可動堰建設をまず望むとする．ただし，可動化にこだわるわけでなく，議論が長期化するようならば可動化に妥協し，第十堰改修の推進を支持することで早急な治水対策を要望するプレイヤーであると想定する．

　プレイヤー B は浸水被害リスク値が相対的に大きい市町村で構成されるため，治水対策を望んでいるとする．もし第十堰改修が社会的選択として取られれば，第十堰だけでは治水機能が十分でないことや，第十堰による堰上げ対策として，河川の拡幅を合わせて行うことが必要となる可能性が高い．この場合，第十堰に近接した上流域の市町村であるプレイヤー B は，河川の拡幅にともなって周辺住民の他地域への移転を行わなければならなくなる可能性が出てくる．住民の移転は一般に大きな負担をともなうので，これを避けるため，プレイヤー B は可動堰建設を強く望むプレイヤーであると想定する．

　プレイヤー C は明確な意見を打ち出していないプレイヤーであると想定する．

　プレイヤー D は浸水被害リスク値が低く，構成市町村のうちには伝統的な町並みを保存するところも多いため，景観や環境面を重視して第十堰の改修を支持

するプレイヤーであると想定する．

　以上より，コンフリクトの設定は表 8.15 のようにまとめられる．表において 0 はオプションを実行しないことを意味し，1 はオプションを実行することを意味する．各列は事象に対応し，最下行のラベルを事象の呼称として用いることとする．なお，現実には起り得ないと考えられる事象は予め排除してある．

　プレイヤー A の早期解決という選好の特徴については，プレイヤー B，C，D に関して GMCR を用いて分析を行ったあとで，得られた均衡解を吟味する際に選好を反映することとする．

　プレイヤー B の重視するオプションは以下のように設定する．ただし，> は選好関係を示し，左の項を右の項よりも好むことを意味する．

　「プレイヤー B が可動化に賛成する」>「プレイヤー C が可動化推進派を支持する」>「プレイヤー C が可動化反対派を支持する」>「プレイヤー A が議論の長期化を避け可動化について妥協する」>「プレイヤー A が可動化に賛成する」>「プレイヤー D が現堰の改修に賛成する」．

　これより，左側から最も好ましい順に事象を並べるとして，プレイヤー B のプリファレンスオーダーを {14, 20, 18, 24, 16, 22, 2, 8, 6, 12, 4, 10, 26, 32, 30, 36, 28, 34, 13, 19, 17, 23, 15, 21, 1, 7, 5, 11, 3, 9, 25, 31, 29, 35, 27, 33} と設定する．

　プレイヤー C は明確な選好を打ち出していないと想定しため，すべての事象に対して同選好であるとする．

表 8.15　プレイヤーとオプションと事象

プレイヤー&オプション	事象																																				
プレイヤー A																																					
・可動化に賛成	1	1	0	0	1	1	1	1	0	0	1	1	1	1	0	0	1	1	1	1	0	0	1	1	1	1	0	0	1	1	1	1	0	0	1	1
・議論の長期化を避け，可動化について妥協	0	0	1	1	1	1	0	0	1	1	1	1	0	0	1	1	1	1	0	0	1	1	1	1	0	0	1	1	1	1	0	0	1	1	1	1
プレイヤー B																																					
・可動化に賛成	0	1	0	1	0	1	0	1	0	1	0	1	0	1	0	1	0	1	0	1	0	1	0	1	0	1	0	1	0	1	0	1	0	1	0	1
プレイヤー C																																					
・可動化推進派を支持	0	0	0	0	0	0	0	0	0	0	0	0	1	1	1	1	1	1	1	1	1	1	1	1	0	0	0	0	0	0	0	0	0	0	0	0
・可動化反対派を支持	0	0	0	0	0	0	0	0	0	0	0	0	0	0	0	0	0	0	0	0	0	0	0	0	1	1	1	1	1	1	1	1	1	1	1	1
プレイヤー D																																					
・現堰の改修に賛成	0	0	0	0	0	0	1	1	1	1	1	1	0	0	0	0	0	0	1	1	1	1	1	1	0	0	0	0	0	0	1	1	1	1	1	1
ラベル	1	2	3	4	5	6	7	8	9	10	11	12	13	14	15	16	17	18	19	20	21	22	23	24	25	26	27	28	29	30	31	32	33	34	35	36

8 コンフリクト分析とマネジメント

プレイヤーDの重視するオプションを以下のように設定する.

「プレイヤーDが現堰の改修に賛成する」＞「プレイヤーAが議論の長期化を避け可動化について妥協する」＞「プレイヤーAが可動化に賛成する」＞「プレイヤーCが可動化反対派を支持する」＞「プレイヤーCが可動化推進派を支持する」＞「プレイヤーBが可動化に賛成する」.

これより，プレイヤーDのプリファレンスオーダーを {33, 34, 9, 10, 21, 22, 35, 36, 11, 12, 23, 24, 31, 32, 7, 8, 19, 20, 27, 28, 3, 4, 15, 16, 29, 30, 5, 6, 17, 18, 25, 26, 1, 2, 13, 14} と設定する.

GMCRによる分析の結果，事象8, 10, 12, 20, 22, 24, 32, 34, 36を均衡解として得た.このうち，事象12が現状を表す事象である.均衡解の推移関係を図8.34に示す.この図において横軸はプレイヤーBの選好を表しており，右に位置する均衡解ほどプレイヤーBにとって望ましいことを意味する.縦軸はプレイヤーDの選好を表しており，横軸と同様に均衡解の位置が選好の強さを表す.すなわち，図においては相対的な位置関係のみが意味を持つ.

もし多数の市町村で構成されるプレイヤーCが可動堰化を支持すれば，プレイヤーAも早期解決のために追従することが予想され，可動堰建設の流れは加速すると考えられる.逆に現堰の改修を支持すれば,その逆の流れになるであろう.図8.34においては，多数の市町村で構成されるプレイヤーCが可動堰反対派を

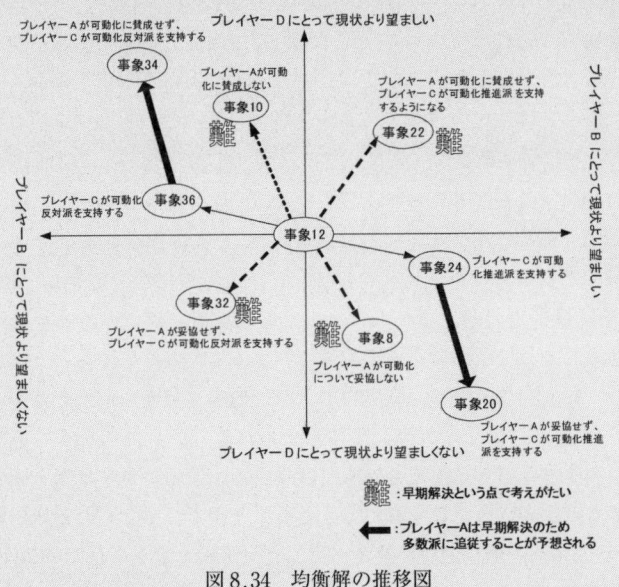

図8.34 均衡解の推移図

支持して事象が36へ移った場合，プレイヤーAは議論の長期化を嫌い，可動堰化という選好を捨てて事象34へと推移することを示している．事象24から事象20への推移も同様の論理で説明できる．すなわち，今後プレイヤーCが可動堰推進派，反対派のどちらを支持するかによって局面が動くといえる．

早期解決を目指すプレイヤーAがコンフリクトの情勢を考慮せずに単独で自らの選好を変化させることは考えがたいので，図8.34において事象12から事象8,10への推移は排除している．

また，事象22と32については，早期解決を望むプレイヤーAが多数派のプレイヤーCの選好とは異なる選好を支持することで議論の長期化を招くとは考えがたいので，事象12からの推移は排除した．

以上より，最終的に事象20, 34に到達する可能性が高いと考えられる．これはすなわち，可動化か現堰改修かを争点とした多数派対少数派のコンフリクトに収束していく可能性が高いということを意味する．言い換えれば，今後プレイヤーCの動向次第でプレイヤー達の意見が2極化し，対立が深刻になる可能性があると結論づけられる．このような状態にコンフリクトが推移した場合，コンフリクトマネジメントは益々困難となるように推察される．しかし，ここで地域分析によるプレイヤーの背景に立ち返れば，以下で説明するようなコンフリクトマネジメントの方向性が見えてくる．

現堰改修を進める場合（事象34），可動化を支持するプレイヤーBに対する配慮が必要となる．これはすなわち，第十堰だけでは十分でない治水対策を他の方法で補う場合に，プレイヤーBが負うことになるであろう負担を軽減すればよいのである．たとえば住民の移転を誘致する場合には，その手間や費用を他の市町村も負担し，特に現堰改修を主張したプレイヤーDが最も多くの負担をする，といったことが対策として考えられる．

逆に可動化を進める場合（事象22），現堰改修を支持するプレイヤーDに対する配慮が必要となる．可動堰建設に付随して下流域の景況は活発化する一方で，プレイヤーDは都市の発展ポテンシャルも低いため，都市の活動が低調になる可能性がある．そこで，たとえば上流域で観光産業を盛り立てることを狙いに交通網をより一層充実させたり，観光の町としての環境整備を進めたりすることなどがプレイヤーDに対する配慮として考えられる．コンフリクトの争点とは直接関係がないような対策に見えるかもしれないが，逆にコンフリクトの争点に関する直接的な解決が膠着した場合には，このようにプレイヤーの背景を踏まえることで，プレイヤーの間接的な要望を考慮した対策案を講じられる可能性もある．

以上のように，コンフリクトマネジメントにおいては，必ずしもすべてのプレイヤーにとって現状よりも望ましい状態を実現できるとは限らない．この場合は妥協を強いられるプレイヤーに対する配慮が必要となる．コンフリクトを激化させないような着地点を可能性として考察することも，コンフリクトをマネジメントするためのひとつの方法であると考えられる．

(5) 市町村首長の意見を踏まえたコンフリクトマネジメント

吉野川可動堰建設問題については各流域市町村首長が見解を述べている．自治体（の首長，議会）が住民の意向を反映できていれば良いが，昨今の日本における水資源コンフリクトは行政と住民の認識のずれが原因となって発生する場合も多い．ここでは，流域市町村首長の意見に着目して，コンフリクトマネジメントを考察する．

まず，各流域市町村首長の見解は次の4つに大別できる．

意見 i ：現堰の改修よりも可動化をよしとする．さらに早期解決のためであっても妥協はしない．

意見 ii ：現堰の改修よりも可動化をよしとする．早期解決のためならば妥協する．

意見 iii ：可動化よりも現堰の改修をよしとする．

意見 iv ：明確な選好を有していない．

各意見を有する市町村をグループとしてまとめると，各グループは次の市町村より構成される．

グループ I ：松茂町，石井町，美馬町，三野町，市場町，半田町（意見 i ）

グループ II ：吉野町，鴨島町（意見 ii ）

グループ III ：藍住町，徳島市，山川町，川島町（意見 iii ）

グループ IV ：北島町，鳴門市，板野町，上坂町，阿波町，三好町，土成町，三加茂町，脇町，井川町，穴吹町，池田町，貞光町（意見 iv ）

首長の意見分布と地理的ネットワークを図8.35に示す．図8.33と図8.35を比較すれば，各流域市町村の意見は(3)で示した地域分析の結果とはほとんど関連がないといえる．

(4)で用いたオプションや選好に関する設定を，プレイヤーA→プレイヤーII，プレイヤーB→プレイヤーI，プレイヤーC→プレイヤーIV，プレイヤーD→

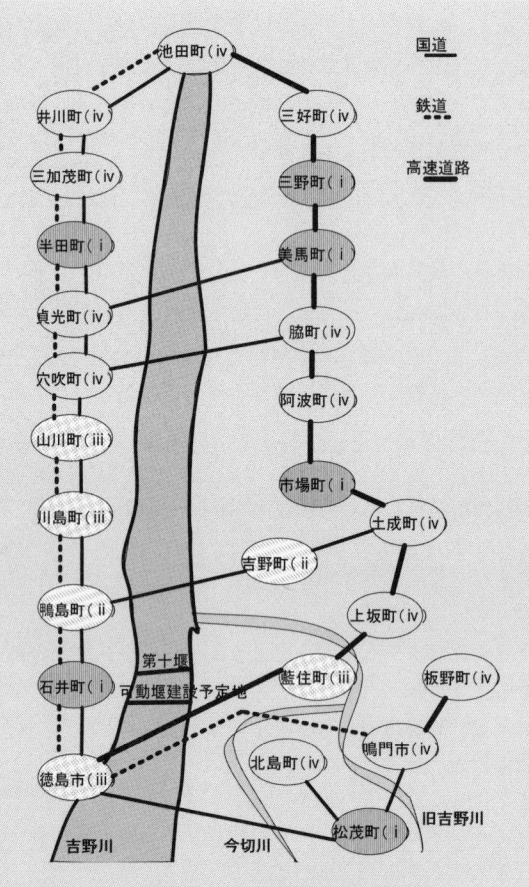

図 8.35　首長の意見分布と地理的ネットワーク

プレイヤーIIIとすれば，それぞれのグループとそれぞれのプレイヤーの特徴の類似性から，(4)の分析結果をここでも用いることができる．したがって，GMCRにより得られる均衡解とその推移関係は図 8.34 と同様であり，プレイヤーIVの動向次第でプレイヤーの意見が2極化し，今後対立が深刻になる可能性があると結論づけられる．

　たとえば流域の 25 市町村が図 8.35 に示される意見を携えて議論のテーブルに着き一堂に会したとしても，最終的に行き着く先は意見が2極化したあげく多数決によって意思決定がなされるか，もしくは強い発言力を持つ徳島市が構成するプレイヤーIIIの意見が尊重され，事象 34 へ結果的に行き着くことが推察される．

8 コンフリクト分析とマネジメント

> コンフリクトに対する当事者の単なる印象程度の選好を考慮しただけでは本質的かつ建設的なコンフリクトマネジメントを行えないことが多い．逆に多くの事情を考慮したからといって，コンフリクトの本質的な争点が明確になるとは限らない．しかしながら，コンフリクトマネジメントを行う上で重要と考えられる情報を体系的に整理し，それを用いてコンフリクト分析を行うことで本質的なコンフリクトマネジメントの可能性が広がるものであると考えることができよう．

8.4 進化ゲームの理論[3]

進化ゲームの理論は Maynard Smith and Price によって開発され，生物学の分野で発展してきた．モデル化においては，ダーウィンの最適者生存の概念，すなわち，適応的な種は外生的な環境に依存して徐々に選択されていくという概念を前提とし，優位な遺伝子が継承されていくようなプロセスを分析する体系を提供する．進化ゲームの理論において前提とされるこのような合理性は，通常のゲーム理論における効用最大化という合理性とは異なり，個々のプレイヤーにとって外生的な環境に依存して，すなわちここでは他のプレイヤーの戦略選択の状況や利得行列に依存して，徐々に適応的な種が選択されていくという点で限定的なものである．

レプリケーターダイナミクス（replicator dynamics）は連続時間における種の選択プロセスを微分方程式系としてモデル化するものである．なお，レプリケーターとは，一般的に複製物を意味し，生物学的には遺伝子の継承を意味する語である．すなわち，レプリケーターダイナミクスは進化ゲームの理論における前提を基礎に，進化のプロセスをダイナミックに定式化するものである．レプリケーターダイナミクスにおける安定性は，進化ゲームの理論における集合に対する進化的安定性基準と関連づけて議論され，その枠組みで位置づけられている．

8.3 で示した GMCR は時間軸上において静的な分析であった．一方，レプリケーターダイナミクスはモデル化において時間軸を考慮しているため，動的なコンフリクト分析，すなわち，プレイヤーの戦略選択のプロセスを詳細に分析することが可能である．また，GMCR における合理性は自己の利得を最大化するためにプレイヤーは行動するというものであったが，レプリケーターダイナミクスにおける合理性は，プレイヤーは平均利得よりも高い利得を上げる戦略を平均から

の差分に応じて選択する確率が高くなるという程度の限定的なものとなる．

また，レプリケーターダイナミクスは優位な遺伝子が継承されていくようなプロセスを分析するためのモデルである．言い換えれば，ある集団内部での諸戦略の選択についての分布の変化をモデル化し，これを分析する体系を提供する．レプリケーターダイナミクスの導出の際に重要となる仮定は次の2つである．

① 利得とは，ゲームをプレーすることで得られるプレイヤーの適応度の増加（減少）効果を表すものである．また，この適応度とは，単位時間あたりに増加する集団内の個体数で測られる．
② 集団から個体がランダムに選択され対戦する．これが何度もくり返される．

このような仮定のもと，以下ではレプリケーターダイナミクスの定式化を示す．まず，単一集団におけるレプリケーターダイナミクスの導出を説明する．

$K=\{1,\cdots,k\}$ を純粋戦略の集合，$i \in K$ をその要素である純粋戦略，Δ を混合戦略集合，u を利得関数として表すこととする．また，$p_i(t) \geq 0$ をその時点で純粋戦略 $i \in K$ をとる集団を構成する個体の数とし，$p(t)=\sum_{i \in K} p_i(t) > 0$ を総個体数とする．これに対する集団状態を，ベクトル $x(t)=(x_1(t),\cdots,x_k(t))$ で定義する．ここで，各成分 $x_i(t)$ は t 時点における純粋戦略 i をとる集団の割合，つまり，$x_i(t)=p_i(t)/p(t)$ である．このようにして，$x(t) \in \Delta$ であり，形式的に各戦略に割り当てる確率分布を戦略とする混合戦略と同一となる．

また，集団が状態 $x(t) \in \Delta$ にあるとき，任意の純粋戦略 $i \in K$ と対戦したときに得られる期待利得を $u(e^i, x)$ と書くこととする．ただし，e^i とは，純粋戦略 $i \in K$ に確率1を割り当てた混合戦略を意味する．

このとき，集団の平均利得は，次式となる．

$$u(x,x) = \sum_{i=1}^{k} x_i u(e^i, x) \tag{8.4.1}$$

ここで仮定より，利得とはゲームをプレーすることで得られるプレイヤーの適応度の増加（減少）効果を表すものであり，より具体的には $u(e^i, x)$ は単位時間，単位個体数あたり増加する個体数を表すものであるとする．これより，純粋戦略 $i \in K$ をとる個体数の時間変化は次のように記述できる．

$$\frac{dp_i}{dt} = u(e^i, x(t))p_i \tag{8.4.2}$$

集団の個体数と集団の割合の関係式,

$$p(t)x_i(t) = p_i(t) \tag{8.4.3}$$

を微分して,式(8.4.2)を代入し,また集団平均利得の概念から式(8.4.4)を用いると,式(8.4.5)が導かれる.

$$\frac{dp}{dt} = u(x,x)p \tag{8.4.4}$$

$$p\frac{dx_i}{dt} = \frac{dp_i}{dt} - \frac{dp}{dt}x_i = u(e^i,x)p_i - u(x,x)px_i \tag{8.4.5}$$

式(8.4.5)の両辺を p で割って,$x_i = p_i/p$ を用いると,次式を得る.

$$\frac{dx_i}{dt} = [u(e^i,x) - u(x,x)]x_i \tag{8.4.6}$$

つまり,純粋戦略 $i \in K$ をとる集団の割合の変化率 $\frac{dx_i}{dt}/x_i$ は,その戦略のその時点での利得(適応度)と,その集団におけるその時点での平均利得(適応度)の差に等しい.したがって,平均より良い戦略をとる部分集団は増加し,平均より悪い戦略を取る部分集団は減少することとなる.この式(8.4.6)をレプリケーターダイナミクスと呼ぶ.式(8.4.1)から利得 $u(x,y)$ は x に対して線形であることを利用すると,利得は式(8.4.6)より次式のように簡潔に書ける.

$$\frac{dx_i}{dt} = u(e^i - x, x)x_i \tag{8.4.7}$$

次に,単一集団ゲームから複数集団へとレプリケーターダイナミクスを拡張する.以下では,$I = \{1, \cdots, n\}$ をプレイヤーの集合,S_i はプレイヤー $i \in I$ の純粋戦略集合であり,Δ_i はその混合戦略集合,Θ は混合戦略集合 Δ_i によって張られる混合戦略空間,そして $u_i(x)$ は $x \in \Theta$ がプレーされるときのプレイヤー i の利得を表すこととする.

まず,集団状態は混合戦略空間 Θ の点 $x = (x_i, \cdots, x_n)$ で表されるとする.ここで,各成分 x_i は対応する混合戦略集合 Δ_i の点であり,それはプレイヤー(集団) i の個体の分布状況を表すものである.したがって,ベクトル x_i は,時点 t でのプレイヤー集団 $i \in I$ の状態であり,また,$x_{ih} \in [0,1]$ は集団 i におけるその時点で純粋戦略 $h \in S_i$ を選択する個体の割合と考えることができる.

このような設定のもとで，複数集団におけるレプリケーターダイナミクスは式 (8.4.6) と同様な形式で次式のように定式化される．なお，以下では $-i$ はプレイヤー i 以外のプレイヤーを表すこととする．ただし，e_i^h とは，プレイヤー i の純粋戦略 $h \in S_i$ に確率 1 を割り当てた混合戦略を意味する．

$$\frac{dx_{ih}}{dt} = [u_i(e_i^h, x_{-i}) - u_i(x)]x_{ih}, \quad x_{ih} \in [0,1] \tag{8.4.8}$$

この式 (8.4.8) は標準 n 集団レプリケーターダイナミクス (replicator dynamics) と呼ばれる．

式 (8.4.6)，(8.4.8) において純粋戦略 i をとる集団の割合の変化率 $\frac{dx_i}{dt}/x_i$，$\frac{dx_{ih}}{dt}/x_{ih}$ は，その戦略のその時点での利得（適応度）と，その集団におけるその時点での平均利得（適応度）の差 $u(e^i, x) - u(x, x)$，$u_i(e_i^h, x_{-i}) - u_i(x)$ に等しいとして表される．これらは前述の2つの仮定から導出される．

仮定②の「集団から個体がランダムに選択され対戦する」という仮定をおくことで，集団の平均利得を確率の概念を用いて定義することが可能となる．すなわち，集団の平均利得の仮定は，ランダムな個体選択とその繰り返しを前提とすることに他ならない．

以上は，生物学的な集団内部での諸戦略の生き残りに関するモデル化であった．このモデルを社会システムに適用することを考えてみよう．式 (8.4.6)，(8.4.8) を生物学的な集団のモデルとして特徴づけているものは，モデル化の初めに置いた2つの仮定に他ならない．そこで，まず前提①と②を次のように置きなおすことで，式 (8.4.6)，(8.4.8) を社会システムに適用可能なモデルとする．

①′ 利得とは，個人の効用や満足度が単位時間あたりに増加する変化の割合であるとする．

②′ 集団同士は対話をくり返し，相互理解を深める．

ここで，条件②′ は条件②と同様にランダムな個体選択とそのくり返しが前提とされるが，人間集団においてこの前提は，人と人が接することによって対話をくり返し，これによって集団はそれぞれの利得行列と戦略選択状況を知り，相互理解を深めることを意味すると解釈できる．

さらに，2つの前提①と②から導かれた式の結果を前提とすれば，個人の戦略選択の変化過程のモデルとして用いることが可能となる．すなわち，①と②から

導かれたレプリケーターダイナミクスの導出の結果とは，戦略選択確率の変化率は平均利得を超える超過利得に等しい，というものである．したがって，式 (8.4.6), (8.4.8) を個人に適用する場合の前提は，

- ①″ 利得とは，個人の効用や満足度が単位時間あたりに増加する変化の割合であるとする．
- ②″ 個人同士は対話をくり返し，相互理解を深める．
- ③″ 戦略選択確率の変化率は平均利得を超える超過利得に等しい．

となる．①″ と②″ は，それぞれ①と②，また①′ と②′ に対応するものであり，仮定の前提となる背景は同様である．③″ は①と②から導かれたレプリケーターダイナミクスの導出の結果となる．以上3つの仮定より，戦略に割り当てられる確率 x_i を，通常のゲーム理論においてプレイヤーが戦略に割り当てる確率のように，混合戦略的に解釈することができる．こうして，「対話による相互理解」を前提とした社会システムにおけるプレイヤー（個人や集団）の戦略選択確率の変化過程が式 (8.4.6), (8.4.8) のようにモデル化されたことになる．

8.5 コンフリクトマネジメント[19]

まず，コンフリクトに第3者機関が介入するまでのプロセスを図8.36に示す．この図に示すように，まずプレイヤーが彼ら自身でコンフリクトを解決できるか，あるいはコンフリクト状況を変化させられるかを考える．いずれかが Yes であれば，第3者機関の介入は着目するコンフリクトにおいて必要とされない．もし，プレイヤー自身でコンフリクトを改善することもできず，またコンフリクト状況が膠着してしまい変化が見られないようならば，新たな主体の自発的なコンフリクトへの参加，もしくは現在コンフリクトに関与しているプレイヤーからの要請による新たな主体の参加を考える．このとき，その新たな参加主体がコンフリクトに対して自らの選好を有しているならば，その主体は通常の紛争における意思決定者（プレイヤー）と考えられる．一方，もし主体が選好を持っていないならば，その主体は第3者機関である．

図8.36に示すように，コンフリクトの設定（3つの構成要素，意思決定主体（プレイヤー），代替案，代替案の評価の組）が変わるたびに，コンフリクト分析を行い，

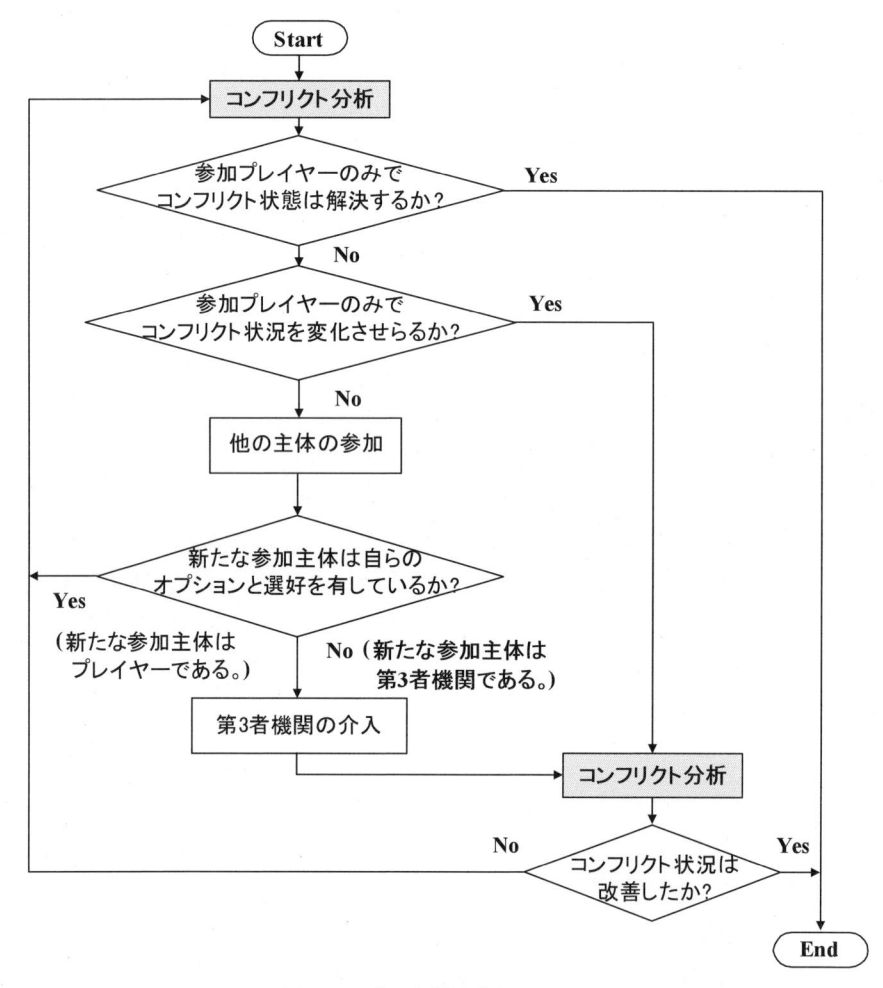

図 8.36 第 3 者機関介入のプロセス

コンフリクトの構造を認知することが重要である．

　第 3 者機関が介入した場合，コンフリクトマネジメント構造の変化をもたらすものは，プレイヤーの変化，行動の選択肢の変化，選好・価値観の変化である．これらに対する変化の有無の組み合わせを考えると，8 通りのコンフリクトマネジメントの方法があるといえる．これにさらに時間軸の変化を考慮すれば，16 通りのコンフリクトマネジメントの方法が考えられる．ここでは，これらのうち現実的に可能であると考えられる 3 つの方法に着目し，仲裁者（Arbitrator），調整

者 (Coordinator), 寄贈者 (Donor) という役割に着目して3つの第3者機関を考案する.

これら第3者機関の役割に階層関係はなく, 直面するコンフリクトによって, コンフリクトの背景を踏まえて適切であると考えられる第3者機関の役割を選択する場合もあれば, すべての役割について分析し, 結果を比較して役割を選択する場合もある.

すなわち第3者機関の役割は同等であり, いずれかを率先して用いるべきであるという意図はこれら役割のうちには存在しない. また, マネジメントを行う際には, 3つの役割のうちのひとつに限定するばかりではなく, 役割を段階的に組み合わせたマネジメントのアプローチも可能である.

ここで提案する第3者機関の介入によるコンフリクトマネジメントのコンセプトにおいて重要なことは, 最も適した第3者機関の役割を明らかにするということではなく, 第3者機関が介入した際のマネジメント・プロセスを明確にし, コンフリクトマネジメントの可能性を分析することにある. したがって, 第3者機関の役割は選択の透明性が保持されている限り, 時間軸を含めた次元で柔軟に取り扱われて良いと考えられ, また, 人間が構成する社会システムの要素をマネジメントするには, このような柔軟性が必要であると考える.

次に, 着目する3つの第3者機関の役割を以下に定義する. このためまず, 次の集合を定義する.

U : すべての事象 (状態) の集合
N : すべてのプレイヤーの集合
H : N の部分集合
$S_i(k)$: プレイヤー i にとって事象 k から移行可能な事象の集合
$P_i(U)$: プレイヤー i ($i \neq TP$) が事象を好ましいと思う順に並べた選好順序 (Preference Order)

TPは第3者機関を表すものとし, ダッシュを付した集合は第3者機関のコンフリクト介入後の集合を表すものとする. また, 第3者機関の介入の効果を明確にするために, 集合 U'_{-TP} を定義する.

これは第3者機関介入後の事象の集合から第3者機関の戦略を除いたものである. さらに, 時間軸を考慮する場合は集合 $P^t_i(U)$ として表記する.

a）**仲裁者**：仲裁者は行動の選択肢を有していないが，事象を排除し，またプレイヤーの行動を制御する権限を有す．これを数学的に定義すれば次のように表せる．ただし，式中の記号 |•| は•集合の要素の個数を表す．

$$U' = U \tag{8.5.1}$$

$$\exists k, \ |S'_i(k)| < |S_i(k)| \tag{8.5.2}$$

仲裁者はコンフリクトの構造を変化させることはないが，プレイヤーの行動を規制し，コンフリクトの状態を制御するというマネジメントを行う第3者機関である．

b）**調整者**：調整者はコンフリクトに対して何らかの対策を講じ，介入と同時に陽にプレイヤーの選好順序に変化をもたらす．

$$U' \neq U \tag{8.5.3}$$

$$\exists i, \ P^t_i(U'_{-TP}) \neq P^t_i(U) \tag{8.5.4}$$

調整者は，コンフリクトに対して何らかの選択肢を提供し，直ちにコンフリクトの構造を変化させるというマネジメントを行う第3者機関である．調整者はあたかもプレイヤーのように選択肢を携えコンフリクトに参加するが，自らはコンフリクトのいかなる状態に対しても選好を持たない．これは，マネジメントをする第3者機関は中立であるべきであるという思想にもとづいてなされる仮定である．この点において，調整者は従来のプレイヤーの枠組みを越えたコンフリクトへの参加者として位置づけられる．調整者の役割は，コンフリクトの改善状態を実現するために必要となる他のプレイヤーの選好の変化を生じさせるに足る選択肢を提供することである．調整者はプレイヤーらがお互いに抱く不信感により到達できなかったコンフリクトの改善状態を実現するために，選択肢を提供することによってプレイヤーらの選好を変化させ，プレイヤー間に信頼を醸成する助けをする．

c）**寄贈者**：寄贈者はコンフリクトに対して何らかの対策を講じるが，介入時点においてプレイヤーの選好順序列に直接影響を与えることはない．陰に影響を与え，長期的にコンフリクトの構造を変化させる．

$$U' = U \tag{8.5.5}$$

$$\forall i,\ P^t_i(U') = P^t_i(U) \tag{8.5.6}$$

$$\exists i,\ P^{t+T}_i(U') \neq P^{t+T}_i(U) \tag{8.5.7}$$

寄贈者はプレイヤーの選好を長期的なスパンで変化させ，コンフリクトの構造を変化させるというマネジメントを行う第3者機関である．寄贈者の操作変数としては，治水・利水に対する忘却率や，プレイヤーの相互影響力などが考えられる[24]．寄贈者は，プレイヤーの価値観を変化させるという意味においてコンフリクトの本質的な改善を模索する第3者機関あるといえる．

8.6 コンフリクトにおける合意形成と均衡解の安定性

社会システムを理解する上で，数学モデルを用いて分析を行う研究は数多く存在する．たとえば意思決定主体間の競合問題のモデル化に関しては，微分方程式，ゲーム理論などが広く用いられている．数学モデルを基礎に議論を進める場合，数学的安定性によって社会的安定性をどこまで語れるものなのか，という疑問が湧いてくる．一般に数学的安定性とは言っても種々の安定性が存在する．社会システムを数学モデルにおける安定性によって論じようとするならば，どのような社会システムを想定しているのか，いかなる社会システムの安定を念頭においてモデル化を行うのか，また着目する安定性の示す数学的概念はどのようなものなのか，対象とする社会システムの安定と数学的安定状態の'ずれ'が存在するとすればどのような点か，など認識しておくべきことがらは多い．本論文では，ゲーム理論，非協力ゲーム理論を基礎とする安定性分析手法のひとつ Graph Theory for Conflict Resolution (GMCR)，進化ゲームの理論，非線形微分方程式系における安定性の関連についてまとめ，インド・バングラデシュのガンジス河水利用コンフリクトを事例に，数学的安定性の社会システムにおける現実的意味と，これをもとにした将来的な合意形成の可能性について考察する．

8.6.1 着目する数学的安定性の概要

以下では，$I = \{1, \cdots, n\}$ をプレイヤーの集合，P_i はプレイヤー $i \in I$ の純粋戦略

集合であり，Δ_i はその混合戦略集合，Θ は混合戦略集合 Δ_i によって張られる混合戦略空間，そして $u_i(x)$ は $x \in \Theta$ がプレーされるときのプレイヤー i の利得を表すこととする．

(1) **ゲーム理論における安定性**[25]

ゲーム理論における一般的な均衡状態として，ナッシュ均衡があげられる．混合戦略 $x \in \Theta$ がナッシュ均衡であるとは，他のプレイヤーの戦略に対して最適であり，かつそれが自分自身に対しても最適である戦略によって構成される．すなわち，プレイヤー i の戦略 x_i が，プレイヤー i 以外のプレイヤーの混合戦略 y_{-i} に対して得る利得を $u_i(y_i, x_{-i})$ と表し，プレイヤー i の混合戦略最適反応 $\tilde{\beta}_i(y)$ を

$$\tilde{\beta}_i(y) = \{x_i \in \Delta_i : u_i(y_{-i}, x_i) \geq u_i(y_{-i}, z_i) \forall z_i \in \Delta_i\} \tag{8.6.1}$$

と表せば，ナッシュ均衡は

$$x \in \tilde{\beta}_i(x) \tag{8.6.2}$$

を満たす戦略 x と表すことができる．言い換えれば，$x \in \Theta$ が混合戦略最適反応 $\tilde{\beta}_i(y)$ の不動点（fixed point）であるときナッシュ均衡であるという．なお，混合戦略最適反応 $\tilde{\beta}_i : \Theta \to \Delta_i$ とは，各混合戦略 $y \in \Theta$ を，y に対する純粋最適反応によって張られる Δ_i の面に写すものである．なお，プレイヤー i にとって最適反応である戦略とは，式(8.6.1)が示すように，固定された他のプレイヤーの戦略に対して，プレイヤー i にとってより高い利得をあげる戦略が他に存在しないような戦略を意味する．

また，ナッシュ均衡のうちで，それが x に対する唯一の最適反応である場合，すなわち，

$$\{x\} = \tilde{\beta}_i(x) \tag{8.6.3}$$

ならば，特に強ナッシュ均衡であるという．ただし，$|\cdot|$ は集合の要素を表し，式(8.6.3)においては，その要素が1つしかないことを意味している．

(2) GMCRにおける安定性

すでに，8.3でのべたが，他の安定性との関連で再掲しよう．GMCRにおける選好は事象の集合 S($s \in S$) における選好関係 $\{\succ_i, \sim_i\}$ によって構成される．ここで，$s_1 \succ_i s_2$ はプレイヤー i が事象 s_1 を s_2 より好むことを意味し，$s_1 \sim_i s_2$ はプレイヤー i が事象 s_1 と s_2 に関して無差別であることを意味する．これらを用いれば，事象の集合 S は次の3つの部分集合によって構成されることになる．

$\Phi_i^+(s) = \{s_m : s_m \succ_i s\}$；プレイヤー i が事象 s よりも好ましいと思う事象すべて．

$\Phi_i^-(s) = \{s_m : s \succ_i s_m\}$；プレイヤー i が事象 s よりも好ましくないと思う事象すべて．

$\Phi_i^=(s) = \{s_m : s_m \sim_i s\}$；プレイヤー i にとって事象 s と無差別な事象すべて．

次に，$R_i(s)$ はある事象 s からプレイヤー i が移行可能な事象の集合であるとすると，プレイヤー i の事象 s からの可達リスト $R_i(s)$ はプレイヤー i が一度の戦略変更で到達できるすべての事象より構成されるといえる．上述した集合 S の部分集合を用いれば，$R_i(s)$ も次の3つの部分集合によって構成される．

$R_i^+(s) = R_i(s) \cap \Phi_i^+(s)$；プレイヤー i にとって事象 s から自らの戦略を一方的に他のプレイヤーとは関係なく単独で変更することによって到達する事象のうち，プレイヤー i にとって事象 s よりも好ましい事象のすべて．（以後，単独改善と呼ぶ）

$R_i^-(s) = R_i(s) \cap \Phi_i^-(s)$；プレイヤー i にとって事象 s から自らの戦略を一方的に他のプレイヤーとは関係なく単独で変更することによって到達する事象のうち，プレイヤー i にとって事象 s よりも好ましくない事象のすべて．

$R_i^=(s) = R_i(s) \cap \Phi_i^=(s)$；プレイヤー i にとって事象 s から自らの戦略を一方的に他のプレイヤーとは関係なく単独で変更することによって到達する事象のうち，プレイヤー i にとって事象 s と無差別な事象のすべて．

以上を用いて，GMCRにおける解概念の定義を説明する．ここでは，GMCRにおける種々の解概念のうち，基本的かつ本質的であるナッシュ安定性，sequential stability について説明する．すべてのプレイヤーに対していずれかの安定性を保持する事象が均衡解となる．

ナッシュ安定性：事象 s がプレイヤー i にとって Nash 安定であるとは，$R_i^+(s)=\emptyset$ のときであり，かつそのときに限る．すなわち，プレイヤー i が事象 s よりも好ましいどの事象にも移行できないとき，事象 s はプレイヤー i にとって Nash 安定であるという．

Sequential Stability：プレイヤー $i \in I$ に対して事象 s が sequentially stable であるとは，プレイヤー i の事象 s からのすべての単独改善 $s_1 \in R_i^+(s)$ に対して，他のプレイヤーの1ステップもしくはそれ以上の連続的なステップの単独改善 $s_x \in R_{I-i}^+(s_1)$ が少なくとも1つ存在し，$s \geq_i s_x$ の関係があるときであり，かつそのときに限る．すなわち，事象 s よりもプレイヤー i にとって好ましくない状況へ押し込まれてしまい，プレイヤー i が事象 s からの移行を思いとどまらざるを得ない場合をいう．

(3) 進化ゲームの理論における安定性[3]

進化ゲームの理論における安定状態として，進化的安定について説明する．なお，以下の議論は複数集団（n 人プレイヤー）を前提とするものである．

混合戦略 $x \in \Theta$ が進化的に安定であるとは，あらゆる戦略 $y \neq x$ に対して，ある $\varepsilon_y \in (0,1)$ が存在し，$w = \varepsilon y + (1-\varepsilon)x$ とするとき，すべての $\varepsilon \in (0, \varepsilon_y)$ に対して，ある $i \in I$ で，

$$u_i(w_{-i}, x_i) > u_i(w_{-i}, y_i) \tag{8.6.4}$$

である場合をいう．

式 (8.6.1) と式 (8.6.4) を比較すれば分かるように，進化的安定戦略は $\tilde{\beta}_i(w_{-i})$ によって構成され，かつ等号がないという点で，ナッシュ均衡集合は進化的安定集合を包含するといえる．

(4) 微分方程式系における安定性[3]

レプリケーターダイナミクス[3] は連続時間における種の選択プロセスを微分方程式系としてモデル化するものである．すなわち，レプリケーターダイナミクスは進化ゲームの理論における前提を基礎に，進化のプロセスをダイナミックに定式化するものである．レプリケーターダイナミクスは非線形常微分方程式系で記

述されるため，この安定性としてリヤプノフ安定性と漸近安定性（ともに局所的な安定性）に着目する．

状態 C がリヤプノフ安定であるとは，x のどんな近傍 B も x のある近傍 B^o を含み，すべての $x^o \in B^o \cap C$ と $t \geq 0$ に対し，$\xi(t, x^o) \in B$ が成り立つことをいう．

状態 C が漸近安定であるとは，それがリヤプノフ安定であり，かつある近傍 B^* があって，次の式 (8.6.5) がすべての $x^o \in B^* \cap C$ に対し成立することをいう．

$$\lim_{t \to \infty} \xi(t, x^o) = x \tag{8.6.5}$$

明らかに，状態 x が安定であるためには，x は定常状態でなければならない．もし，そうでなければ，解 ξ は摂動がなくても x から離れていってしまうからである．

(5) 数学的安定性の関連

ゲーム理論，GMCR，進化ゲームの理論，微分方程式系における安定性の関連を次の図 8.3.7 にまとめる．なお，以下の議論は n 人プレーヤー（集団）を前提とするものである．

GMCR における均衡解は均衡であるのだから定常であり，したがって GMCR の解集合は図 8.3.7 における定常状態の集合に包含される．ナッシュ均衡以外の GMCR における安定性では最適反応を前提としないという点で他の均衡概念とは大きく異なる．すなわち，各事象においてプレイヤー i が現在いる事象から移行するかどうかに着目し，他の事象へ移行する妥当なインセンティブがないとき，

図 8.3.7 安定性の関連図

当然プレイヤーiは現在いる事象に留まることになるため，その事象をプレイヤーiに対して安定であるとする．たとえばsequential stabilityでは，着目している事象kよりもプレイヤーiにとって好ましい事象があったとしても，他のプレイヤーからの制裁によって，事象kよりも好ましくない事象に移行させられてしまうとき，プレイヤーiが事象kから移行する理由がないとし，事象kをプレイヤーiに対して安定であるとする．GMCR以外の理論においては，最適反応ではないという理由から，このような事象kは均衡解としてはまず排除される．したがって，必然的にGMCRにおいては多数の均衡解を得ることとなる．

【事例8.6】インド・バングラデシュのガンジス河におけるファラッカ堰運用に関するコンフリクトの安定性（GMCR，進化ゲーム）[26)27)]――

ここでは，インド・バングラデシュのガンジス河におけるファラッカ堰運用に関するコンフリクトを事例にコンフリクト問題のモデル化，均衡状態の導出とその関連，およびコンフリクトマネジメントによる将来的な合意形成の可能性について考察する．

インド・バングラデシュのファラッカ堰運用に関するコンフリクトをGMCRを用いてモデル化し，その上でさらにThird Party介入によるコンフリクトマネジメントの可能性について論じる．ここではインド・バングラデシュのコンフリクトを表8.16のように設定した．

表8.16において，バングラデシのオプションAgreeは「ファラッカ堰の利用に合意する」を意味し，インドのオプションUseは「ファラッカ堰を利用する」を意味し，Changeは「ファラッカ堰の利用方針を変更する」を意味する．また，Yはオプションが実行されることを意味し，Nは実行されないことを意味する．プレイヤーごとのN，Yの組み合わせを，そのプレイヤーの戦略と呼び，すべてのプレイヤーの戦略の組み合わせを事象と呼ぶ．では各列が事象と対応する．各事象のラベルを表8.16の最下行に示す．この表から事象3が現状を表す事象である．また，インドが運用ルールを見直しながらファラッカ堰を利用しないという状態は現実には起こりがたいと仮定し，このような事象をあらかじめ排除してある．

次に表8.16に示される6個の事象をプレイヤーの選好する順に並べ，プリファレンスオーダーを得る．以下の設定の前提条件は，現状から想定される選好と矛

表8.16 プレイヤーとオプションと事象

プレイヤー&オプション	事象					
Bangladesh						
Agree	N	Y	N	Y	N	Y
India						
Use	N	N	Y	Y	Y	Y
Change	N	N	N	N	Y	Y
Label	1	2	3	4	5	6

盾しないこと，また，分析を行った際に現状を意味する事象3が均衡解として得られることである．

　最も好ましいものを一番左側に置くとし，バングラデシュのプリファレンスオーダーは現状を踏まえ，|6, 1, 2, 5, 3, 4| と想定した．すなわち，バングラデシュがファラッカ堰利用に合意し，かつインドが利用ルールを見直すことを望むが，それ以外の場合は自国に不利となる状況を嫌うものとした．

　次にインドのプリファレンスオーダーを設定する．インドはファラッカ堰を利用することを最も重視しており，その次にバングラデシュが同意することを重視し，Change に関しては，インドはファラッカ堰の利用方針を見直さない方を好ましいと思っているとした．以上を反映したプリファレンスオーダーは |4, 6, 3, 5, 2, 1| となる．

　以上の設定のもと，GMCR により事象3と6が均衡解として得られる．事象3は現状を表し，事象6はコンフリクトの改善状況を表す事象であるといえる．

　次に，伝統的な戦略形のゲーム理論の枠組みでインド・バングラデシュのコンフリクトをモデル化する．ここでは，プレイヤーのプリファレンスオーダーの選好順位を利得として用い，利得行列を設定することとする[28]．すなわち，バングラデシュを行プレイヤー，インドを列プレイヤーとしたとき，行列の要素は各プレイヤーの戦略の組合せ，つまり事象を意味することとなる．そこで，プリファレンスオーダーにおける好ましさの順位を対応する事象の要素に書き入れたものを利得行列として用いるのである．利得行列と事象の対応関係を表8.17に示す．

　このとき，バングラデシュの利得行列 A，インドの利得行列 B はそれぞれ式(8.6.6)(8.6.7)のように設定できる．

$$A = \begin{pmatrix} 5 & 2 & 3 \\ 4 & 1 & 6 \end{pmatrix} \quad (8.6.6) \qquad B = \begin{pmatrix} 1 & 4 & 3 \\ 2 & 6 & 5 \end{pmatrix} \quad (8.6.7)$$

表 8.17　利得行列の設定

Bangladesh \ India		y_1 Not Use Not Reconsider	y_2 Use Not Reconsider	y_3 Use Reconsider
x_1	Not Agree	1	3	5
x_2	Agree	2	4	6

　こうして，インドとバングラデシュの混合戦略空間は図 8.3.8 のように描ける．この図において影のついた領域がバングラデシュの最適反応戦略集合，太線がインドの最適反応戦略集合である．これらの結合領域が両者にとってのナッシュ均衡状態となるので，ここでは $(x_1, x_2, y_1, y_2, y_3)=(1,0,0,1,0)$ が解となる．これは GMCR モデルにおける事象 3 を意味する．この点は唯一のナッシュ均衡解であるから，強ナッシュ均衡であり，すなわち図 8.3.7 より，進化的安定であり，また漸近安定であるといえる．

　式 (8.6.6)(8.6.7) を利得行列としてレプリケーターダイナミクスを適用すれば，x_1-y_1-y_2 に関する相空間は図 8.3.9 のようになる．現状は $(x_1, y_1, y_2)=(1,0,1)$ であり，またこの点は進化的に安定であるから，この点を初期値とすれば現状は変化しようもない．ここで，図 8.3.9 でのベクトルは緩やかに放物線を描いていることから，初期状態でバングラデシュに多少なりとも合意の気持ちがあった場合，いったんはバングラデシュの合意を選択する確率は高くなるが，インドの対応からバングラデシュはネガティブな学習を行うことになり，結局は合意を形成する気がなくなってしまうということが分かる．いずれにせよ，初期状態がどのようであっても，$(x_1, y_1, y_2)=(1,0,1)$ に収束することとなる．

　一方で，GMCR ではコンフリクトの改善状態である事象 6 が均衡解として得られる．この理由は 2.5 で述べたように，GMCR における安定性では最適反応を前提としないという点にある．そして，sequential stability に見られるような，プレイヤーのメタ的な最適反応を考慮としていることで得られる解なのである．実際，GMCR において均衡解である事象 6 は，バングラデシュにとってはナッシュ安定，インドにとっては sequentially stable として構成される．現状の事象 3 から事象 6 へ推移するためには，Third Party の介入による間接的な信頼の形成が必要であるが，Third Party の介入によるコンフリクトマネジメントを考える前

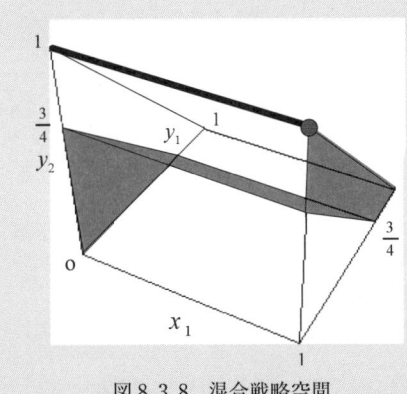

8 コンフリクト分析とマネジメント

図 8.3.8　混合戦略空間 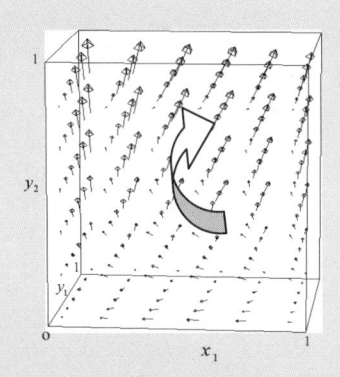　　　　図 8.3.9　相空間

提として，プレイヤーがメタ的な最適反応を振舞えることがさらに必要とされるといえる．そして，マネジメントの結果，事象6に到達したとしても事象6は均衡状態としての頑健性を持ち合わせていない．つまり，プリファレンスオーダーを本質的に変化させない限り，Third Party が継続して介入しなければ，コンフリクトの改善状態は容易に崩れてしまうのである．

参考文献

1) Nash, J. F.: Non-cooperative games, Annuals of Mathematics, 54, pp. 86-295, 1951
2) Sen, A.: Choice, Welfare and Measurement, Basil Blackwell, 1982
3) Maynard Smith, J. and Price, G. R.: The Logic of Animal Conflicts, Nature 246, pp. 15-18, 1973
4) 鈴木光男・中村健二郎：社会システム—ゲーム論的アプローチ，共立出版，1976
5) 吉川和広編著；木俣昇・春名攻・田坂隆一郎・萩原良巳・岡田憲夫・山本幸司・小林潔司・渡辺晴彦：土木計画学演習，森北出版，1985
6) 萩原良巳・小泉明・中川芳一：水道計画のための給水人口決定に関する一考察，水道協会雑誌，第509号，pp. 2-12, 1977
7) 萩原良巳・小泉明：水需要予測序説，水道協会雑誌，第529号，pp. 2-23, 1978
8) 萩原良巳・中川芳一・辻本義博・西澤常彦：治水計画規模の決定法に関する研究，NSC 研究年報，Vol. 5, No. 1, システム論的研究(5), pp. 1-25, 1977
9) 阪本浩一・吉川和広・萩原良巳：大気汚染リスクを考慮した広域的ごみ処理施設の費用配分に関するモデル分析，環境システム論文集，Vol. 27, pp17-23, 1999
10) 岡田憲夫・錦織敦：ゲーム理論を用いた環境負荷配分モデルに関する研究，土木計画学研究論文集，No. 3, pp. 65-72, 1986
11) 岡田憲夫：公共プロジェクトの費用配分法に関する研究；その系譜と展望，土木学会論文集，Ⅳ-15, pp. 19-27, 1991

12) 岡田憲夫：社会システムのルール設計としてみたゲーム理論―多目的ダム事業を中心として―，土木計画学研究講演集，No. 19 (2)，pp. 1-16，1996
13) 松梨順三郎：環境流体汚染．森北出版，1993
14) 萩原良巳・渡辺晴彦・今田俊彦・蔵重俊夫：ダムの再編成に伴う費用配分に関する一考察，NSC 研究年報，Vol. 12，No. 5，pp. 57-66，1984
15) 小棚木修・森正幸・萩原良巳・今田俊彦：農水，工水の水利権転用を考慮した水道システムの再編成に関する一考察，土木計画学研究・講演集，No. 21 (2)，pp. 653-656，1998
16) 萩原良巳・渡辺晴彦：広域的水利用における市町村提携に関する一考察，土木計画学研究・論文集，pp. 219-226，1984
17) 高橋磐郎・藤重悟：離散数学，岩波講座情報科学―17，1981
18) Howard, N.: Paradoxes of Rationality, Mass, MIT Press, 1971
19) 萩原良巳・坂本麻衣子：コンフリクトマネジメント―水資源の社会リスク，勁草書房，2006
20) Fraser, N. M. and K. W. Hipel: Conflict Analysis-Model and Resolution, North-Holland, 1984
21) Fang, L., Hipel, K. W., and Kilgour, D. M.: Interactive Decision Making; The Graph Model for Conflict Resolution, Wiley, 1993
22) 坂本麻衣子・萩原良巳：水資源開発コンフリクトにおけるプレイヤーの設定に関する研究，環境システム研究論文集，Vol. 33，pp. 415-422，2005
23) 萩原良巳・畑山満則・坂本麻衣子・奥村純平：吉野川第十堰問題におけるプレイヤー抽出とリスク配分に関する研究，京都大学防災研究所年報第 48 号 B，pp. 851-875，2005
24) 坂本麻衣子・萩原良巳：長良川河口堰問題を対象とした開発と環境のコンフリクトに関する分析，水文，水資源学会誌，Vol. 18，No. 1，pp. 44-54，2005
25) 岡田章：ゲーム理論，有斐閣，1996.
26) 坂本麻衣子・萩原良巳・Keith W. Hipel；インド・バングラデシュのガンジス河水利用コンフリクトにおける Third Party の役割に関する研究，環境システム研究論文集，Vol. 32，pp. 29-36，2004.
27) Sakamoto, M. and Y. Hagihara: A Study on Social Conflict Management in a Water Resources Development. ― A Case of the Conflict between India and Bangladesh over Regulation of the Ganges River ―，水文・水資源学会誌，Vol. 18，No. 1，pp. 11-21，2005
28) 坂本麻衣子・萩原良巳；水資源の開発と環境の社会的コンフリクトにおける均衡状態到達プロセスに関する研究，環境システム研究論文集，Vol. 30，pp. 207-214，2002.

あとがき

研究事始

著者が京都大学工学部土木工学科3回生（1966年）の夏の約2ヶ月の実習で，チリ津波により甚大な被害を被った三陸の大船渡の防波堤建設現場にいたとき，恒例の挨拶めぐりで巡回されていた，当時京都大学助教授の吉川和広先生と，最初の巡回場所の宮古でとことん飲ましてもらい，先生の財布を空っぽにし，後の巡回で先生に金銭的に御苦労をおかけしたことが土木計画学を志すきっかけとなった．4回生4月の研究室配属前に，水が好きで流体力学をやりたく，岩佐教授室にいたところ，吉川助教授が半講座（定員半分）で学生が集まらないといって教授室に入ってこられ，両先生から土木は何をやっても同じだと説得されそのまま土木計画学研究室に連れて行かれたのである．

4回生の卒業論文のテーマとして「空港のランディングエリアにおける航空機の動態に関する基礎的研究」を選択し，ヒンティンの「待ち合わせ理論入門」を木俣助手（現金沢大学教授）と修士の先輩と読み出し，連続でない流れの微分方程式に出会い，そのきれいさにびっくりし，これを使って卒論を書きたいと思っていたら，何のことはない数学モデルでは条件がきつすぎて目的の現象分析ができないことに気がつき，モンテカルロシュミレーションでやることになった．このため，4回生の夏の殆どは大阪の伊丹空港で，炎天下の中，ストップウォッチをもち，一度も乗ったことのない飛行機の動態を観測し，管制圏内を出入りする航空機をレーダーで眺め，いちいち記録をとり，分析のためのデータ収集をやっていた．当時はジャンボジェット機がまだ日本に無く，ジェット機とプロペラ機が混在し，強まる航空需要に対し航空機事故を起こさないために管制圏に進入しランディングエリア内を通過して管制圏外に出て行くまでの航空機の動態を分析し，ランディングエリア内諸施設の待ちが生じないデザインレベルを求めることが卒業論文の目的であった．

そして，この夏休み（？）期間中に，研究室の集中ゼミが行われ，著者の発表に対して，森杉助手（東北大学名誉教授）や博士課程の春名先輩（立命館大学教授）か

ら，あほう・ばか・まぬけというような罵詈雑言をともなう理路整然としたコメントをされ，馬鹿になりきれば「ばかの壁」が無いことを思い知らされることになった．こうして，わずかに経験した現場や炎天下で採ったデータが生き生きとしてきたのである．そして，これらをもとにシミュレーションモデルを数学モデルと対峙させながら構築することになった．

それでも，水が無ければ命がないし潤いもないと水の研究に恋焦がれ，修士過程に入って，直ちに教授になりたての吉川先生に直訴をした．そのときの先生の言葉は今も忘れない．「そうか，ぼくは水に関して指導できないから，何人かの先生を紹介するから門をたたいて勉強しろ」ということになった．この結果，計画系は，吉川和広・佐々木先生，水系は石原（藤次郎）・岩佐・高棹・矢野・石原（安雄）・村本先生，土系は赤井・柴田・松尾（稔）先生，衛生系は合田・末石・高松先生，数理系は三根先生の講義を受けることにした．そして，自分で修士論文のテーマとして，急激に増加する水需要に対し，淀川流域を対象として「いつ，どこに，どの程度の規模のダムを，いつまでに建設し，どのように都市・地域に配分すればよいか」を考えるようになった．沢山の先生と触れる機会があったが，「計画系の学生が，何しに，ぼくの講義を受講してるのか？」という質問が一番多かった．そして，著者の答えはいつも「今の土木計画学が人類生存の根本の水問題を取り扱っていないからです」ということであった．こうして，京都大学の土木計画学系で最初の都市・地域問題の枠組みで水資源計画の研究をはじめることになった．

このとき，修士論文ではモンテカルロシミュレーションを使うつもりであったが，京都の丸善で，オスカーランゲの「システムの一般理論」，ポントリヤーギンの「微分方程式」，ボルチャンスキーの「最適制御の数学的方法」と出会っていた．大学院の講義はすべて印象的で魅力のあるものであったが，とりわけ定年間近の石原藤次郎先生の講義は朝1番（8：10～10：00）で，受講者が著者一人の場合が殆どで，進々堂という喫茶店で，コーヒーをすすりながら，河川工学の歴史から現在の河川工学の問題点という学問的な話から，土木工学とは何か，河川にまつわる文化等などなんでもござれの漫談風講義で，著者の幼稚な質問に対しても丁寧に教えていただいた．試験前に，他にも履修している学生がいるから，先生に講義ノートを貸して下さいというと，教授室に連れて行かれて．机から新しいデータを張り重ねたでこぼこの分厚いノート数冊取り出され，「君なあ，この青焼きコピーは不可能だよ」と言われた．

修士1回生の最後の3ヶ月で，本格的にシミュレーションモデルを創り，6ヶ月かけてモデルの入力データの収集と分析を行おうとしていたとき，大学紛争が京都大学でも激しくなりつつあった．何人かの先生に助手になれといわれてその気になって，吉川教授の運輸省へ行ったらという言葉もお断りした．時計台の前で座り込み，ある教授が見に来て，こんなことをやっていたら君の将来はだめになるよという言葉も無視した．著者の修士論文，（題目：水資源計画システムに関する基礎的研究）の結果は悲惨であった．せっかくのシステムモデルに実証的なデータをきっちり集め分析せず，とにかく近似近似でデータを作成（捏造）し，とにかくモデルを動かした．もちろん，どこにも発表できるものではなかった．こうして，研究者の道をあきらめて，結婚して1970年4月に社会人となった．
　以上の個人的な体験を長々と書いたのは，土木計画学が殆ど交通計画学であった時代に水の土木計画学を志し，土木計画学をハードの上にソフトを載せた社会計画方法論としてシステム論的に構築する重要性を，自然科学系の講義を受講することにより，より強く認識していたからである．つまり「専門馬鹿」より「馬鹿専門」を選択したものの学生時代は挫折したということになる．
　石原藤次郎先生の紹介で，社会人になって勤めた会社は上下水道の設計会社であった．最初の日にそろばんと計算尺が支給され，3日後に会社を辞めようと思った．学部4回生の時はテープの切り貼りで泣き，修士の時は，やっと大型計算機が導入され，今度は計算機センターへ行く途中つまずいて，カードがバラバラになって泣いた．それでも，そろばんや計算尺よりはマシだった．しかし，生活費を稼ぐため，3日で辞めるわけにはいかなかった．半年間仕事が無かった．
　入社1年目の秋に群馬県企画部から初めて仕事が回ってきた．「群馬県前橋・高崎地区の水需要予測」という仕事であった．東京圏が利根川の水資源をどんどん奪っていく，群馬県には関越自動車道や新幹線の計画があるにもかかわらず，どうしていいか理論武装をしたい」ということであった．修士論文の一部として考えていたことであったので，しっかりと計量経済学の勉強をし，適用しようとしたが，群馬県には十分な統計データが無かった．仕方が無いから，予測値の不確実性の処理のため，自然を相手としたゲーム理論で構成しながら，現地で社会調査を始めた．上司の四戸宏課長（技術系の部下は私一人）は好きに仕事をさせてくださった．結果は，県の企画部長を始め，親切に社会の何たるかを教えていただいた課長他係長らから，前橋の料亭で接待を受け，妻と二人伊香保温泉に招待

されることになった．

そして，2年目，水需要予測を終えて，さあ，水資源計画ができると猛烈に勉強していた矢先，突然パキスタンから帰国した上司に変わった．その上司から，「実務は，ぼくがやるから君は，ぼくのいう研究をやりなさい」ということになった．何のことはない，水道ネットワークの最適化の研究だった．動的計画法を用いて機械語のコンピュータでモデル的に解くだけだった（後に知ったが土木学会論文集に掲載されていた．もちろん私の名前は謝辞にも無かった）．またやる気をなくし，吉川先生に「辞める」と訴えた．先生は，ある大学の助手を探してくださったが，石原藤次郎先生に叱られ，会社に居ることになってしまった．石原先生と同期の海淵養之助専務，それに田邊弘社長が密談し，「あいつには好きなことをさせろ」ということになり，海淵専務が私の上司になりシステム開発部を創設して下さった．ただし，最初のメンバーは私一人であった．

後に，堤武先輩が社長を辞めるまで面倒を見てくださった．堤社長になってから事業部になり利益も上げるようにしなければ約25名の研究チームを5人以下に人を減らせという命令に従うことになった．これも悪くはなかった．利益を出す時は新規研究をやめ研究仲間（会社では部下）に論文をまとめるように指示した．結局24年間お世話になった．そして，現在に至る結果は，私が直接・間接的に関与した博士論文が（時間はかかったが）15以上出てきた．この間多くの先生方にお世話になった．個人的に一番お世話になったのは吉川名誉教授と奥様（仲人第1号）で，仕事の上でお世話になったのは岩佐名誉教授で，学生時代に人生における「義」を体で教えて頂いた高棹名誉教授であった．また，会社を辞す2年前から約100通の求職年賀状（それまでは10通未満）を出し，故佐々木綱名誉教授の紹介で流通科学大学商学部教授になることができた．そして，京都大学100年の改組で，特に同期の嘉門教授と2年後輩の岡田教授の尽力で母校に戻ることになった．但し，大幅に年収は減った．それから，現在まで「研究と学生教育三昧」の日々が続いている．

謝辞

私が感謝しても感謝仕切れない，先生ならびに先輩を挙げれば切りがないない．それでも，特に挙げれば，いたずらの限りを尽くした幼稚園時代の黒岩先生（御名を忘れたが，女性），暴れまくった小学校時代の松谷春代先生，好きなことを思

う存分やらせていただいた中・高時代の故元校長のAllard神父，故元校長の村田源次神父，故ブラザーペペン，岩田勲先生ならびに斐子奥様，森住弘先生，脇坂てる先生，ハンドボールで国体やインターハイに連れていただいた小西博喜先生，いつも悩んでいた京都大学学生時代と卒業後の故石原藤次郎名誉教授，吉川和広名誉教授，岩佐義朗名誉教授，高棹琢馬名誉教授，大石泰彦（東大）名誉教授，故佐々木綱名誉教授，末石冨太郎（阪大）名誉教授，内藤正明名誉教授，劉樹坤中国水利水電科学研究院教授（元京大客員教授），池淵周一名誉教授，森杉寿芳（東北大）名誉教授，藤田昌久名誉教授，木俣昇金沢大学教授，春名攻立命館大教授，太田秀樹東工大教授，青山俊樹氏，会社時代の上司四戸宏氏，故海淵養之助博士，故田邊弘博士，故北村誠一氏，堤武氏に感謝いたします．

私が感謝している会社時代と大学時代の研究仲間を本書の章ごとに現れる順に挙げれば，第2章：西沢常彦氏，森野真理博士（吉備国際大学講師），森正幸氏，秋山智広氏，亀田寛之氏．第3章：小泉明博士（首都大学東京都市環境学部教授），今田俊彦博士，森野彰夫氏，神谷大介博士（琉球大学助教），福島陽介氏．第4章：畑山満則博士（京都大学准教授），高橋邦夫博士，酒井彰博士（流通科学大学教授），山村尊房氏，清水丞博士，萩原清子博士（佛教大学教授・東京都立大学名誉教授，元京大客員教授），張昇平博士（名城大学教授）．第5章：渡辺晴彦博士（元京大非常勤講師），清水康生博士（元京大助手），中川芳一博士，蔵重俊夫博士．第6章：辻本善広医師，渡辺仁志氏，神崎幸康氏．第7章：佐藤祐一博士，吉澤源太郎氏，西村和司氏，中瀬有祐氏，坂元美智子氏．第8章：坂本麻衣子博士（東北大助教），阪本浩一氏，である．

私が，研究者として何とかやれている精神構造を支えていただいた，一緒に定年を迎えることになっている同期の嘉門雅史先生，家村浩和先生，大西有三先生に感謝いたします．また，水資源環境センターのロマンを，専門性を互いに尊敬（尊重ではない）しながら，語れる小尻利治先生，堀智晴先生に感謝いたします．また，いろんな意味で，研究面で刺激を与え続けてくださった，同門の岡田憲夫先生，小林潔司先生，多々納裕一先生，文世一先生に感謝いたします．

最後に，私の仕事の約半分を書いた800ページ近くの本書の原稿を見て「このような本を出したかった」と言っていただき，本書の出版に尽力してくださった，京都大学学術出版会の鈴木哲也氏，そして高垣重和氏に感謝いたします．

あとがきの終りに

　本書を，いつも研究や日常生活に厳しい吉川和広先生，いつも温かく見つめていてくださっている旻子御奥様，そして35年にわたる協働研究者であり続けながら我慢と忍耐の限りを尽くしてくださっている萩原清子先生に捧げます．

　　2008年1月5日

著者

索　引

[あ行]

ISM 法　43
アウトランキング手法　611
遊び形態　144
アメニティ　6
RMSEA　218
RP（顕示的）データ　260
アローの不可能性定理　580
安定性と安全性　642
安定性分析　723
鞍点基準　340
意識　55
意思決定プロセス　386
遺贈価値　575
一次避難行動　656
一様最小分散不偏推定量　113
一致性　188
一般階層構造　376
イメージモデル　81
因子軸　102
因子得点　199
因子負荷量　122, 195
因子分析　193
飲料水ヒ素汚染　83
ウィシャート分布　196
ウォード法　141
AHP　611
エコシステム　25
エコシティ　9
エコポリス　9
AGFI　217
SP（表明選好）データ　261
エフィシィエント・スコア　193
F 値　114
エルゴード的過程　453
エルゴード的に変化するシステム　456
エルゴード的領域　455
エレクトル法　611
エントロピー最大化問題　371
オイラー・マクローリン公式　677
汚染者負担原則（PPP）　5, 16, 354

[か行]

外生変数　213
階層最適化モデル　588

階層システム最適化　375
階層社会の分布形　97
階層的水循環システム　291
外的基準　147
χ^2 検定　216
回避費用アプローチ　576
ガウシアンパフモデル　693
ガウス－マルコフの定理　112
カオス的世界観　13
格差社会システム　91
拡散モデル近似の順序　398
確率降雨強度曲線　370
確率 DP　487
確率の非加法性　593
確率分布をもった型紙　491
河川状態方程式　521
河川水量負荷状態方程式　519
河川満足度　164
仮想的市場法　578
課題計画　10
価値関数（MAVT）　595
価値尺度財　559
課徴金　355
渇水被害　122
渇水被害関数　127
渇水リスク　28
活動パス　626
可変法　141
加法独立性　591
カルドアーヒックス基準　567
川の魅力　165
環境汚染リスク　28
環境税　17
環境の価値　575
環境容量　397
間接効果　219
感度分析　289
管理　357
擬似変数　375
規準バリマックス法　199
寄贈者　744
帰属価格　286
期待効用理論　589
基底定理　285
級間分散　155

761

キューン－タッカー条件　333
キューン－タッカーの束縛資格条件　339
共生意識　60
共通因子　195
共通度　195
共分散構造モデル　211
協力ゲーム　669
許容方向法　350
空間の階層　202
「空」の哲学　26
クラスター分析　135
グラフ　294
クラメールの関連係数　82
クラーメル・ラオの下限　186
クラーメル・ラオの不等式　188
グループ効用関数　594
群平均法　141
計画降雨群決定モデル　366
経験　55
経済人種　249
KJ法　43
下水道面整備計画過程　521
決定への参加　32
ゲーム理論　669
　——における安定性　746
限界効用　556
限界社会効用　354
健康リスク　28
限定合理性　670
コア　687
広域ゴミ処理施設　692
広域水需要予測プロセス　546
洪水氾濫解析　371
厚生経済学　556
構造方程式モデル　211
公平性　579
効用最大化行動　558
効用最大化モデル　587
効用独立性　591
「効用」と「公正」　38
合理的意思決定のパラドックス　592
高齢社会地域構造の変化過程　506
高齢者の生活行動　631
誤差分布　108
個人的合理性　686
古典的等号制約問題　278
固有値　120
ゴール・プログラミング・モデル　588
混合整数計画法　279, 310

混合戦略　670
コンコーダンス行列　613
コンコーダンス分析　611
コンジョイント分析　578
コンフリクト分析　718
コンフリクトマネジメント　39, 741
コンプレックス法　352

[さ行]
災害弱地域　52
災害と環境の双対性　2
再帰方程式　282
サイクル　299
在庫問題　485
最小二乗法　107
最小分散不偏推定量　112
最短距離法　139
最長距離法　139
最適化手法　277
最適実行可能解　283
最適性の原理　481
最尤推定量　185
最尤法　183
サーストン・モデル　249
3C（concern, care, commitment）　26
サンプリング　77
残余共同費　697
残余便益　697
　——比率　699
GFI　217
GMCR　718
　——における安定性　747
ジオシステム　25
自己組織化原理　14
辞書式順序　312
システムズ・アナリシス　12
システムのはたらき　438
システムの平衡と安定性　446
システムの変化過程　442
システムの老化　458
自然流出モデル　470
市町村提携　706
実行可能解　283
実行可能基底解　284
実行可能法　406
シナリオ分析　178
Gベクトル　323
社会システムの構造　435
社会的決定関数　670

社会的厚生関数　582
社会的費用　555
社会的便益　555
社会と生態の高次のシステム　437
シャドウプライス　286
重回帰分析　106
重共線性　108
囚人のジレンマ　682, 721
重心法　140
重相関係数　114
集団的合理性　687
自由度調整済み決定変数　114
主成分分析　118
循環型社会　19
純粋戦略　670
準線形化　460
準線形効用関数　561
小数法　310
冗長なパス　298
消費者の厚生　556
消費者余剰　557
情報完備　669
情報処理システム　123
情報の非対称性　386
情報への参加　32
情報量基準　217
序数型非協力ゲーム理論　718
シルヴェスターの定理　280
仁　712
進化ゲーム　671, 737
　——の理論における安定性　748
進化的安定　748
震災リスク　28
　——診断　642
浸水被害リスク関数　727
浸水リスク　27
死んだ（中性）システム　456
人道的責任　357
シンプレックス基準　286
シンプレックス法　283
信頼区間　75
　95％——　116
心理的印象　209
心理的被害　126
水害危険度　165
水池整備計画　315
推定量　109
水利権転用　706
数学的安定性の関連　749

数量化理論　147
　——第Ⅰ類　149
　——第Ⅱ類　154
　——第Ⅲ類　170
生活安定感　232
生活者参加　40
　——型河川改修代替案　163
正規方程式　107
整数計画法　278
生態リスク　28
正定値　279
生物保全意識　57
生物保全認識構造　220
制約条件つき最適化問題　119
節水行動　173, 181
絶対的効用　557
漸近安定性　749
漸近有効性　189
線形加法モデル　619
線形計画法　278, 283
線形判別関数　128
選好　36
　——の非推移性　593
　——の非独立性　592
選好独立性　591
全体的合理性　686
戦略　673
戦略上同等　684
総合効果　219
相互的位置関係　147
相互予想方法　407
相対精度　75
相対的効用　557
双対関数　347
双対グラフ　658
双対性　286
双対定理　287
双対問題　286
測定方程式　213
ソシオシステム　25
存在価値　575
存在定理　287

[た行]
大気汚染リスク　692
大数の法則　93
代替案　37
対話型調整プロセス　424
対話型分権制度設計　381

763

多エシェロン階層　377
多階層河川改修計画　418
多基準分析（MCA）　39, 587
多項ロジットモデル　255
多次元情報経路問題　366
多重指標多重原因モデル（MIMIC）　215
多重指標モデル　215
対数尤度関数　185
多ストレータ階層　377
多属性効用関数　590
多属性効用理論（MAUT）　589
多変量解析法　101
ダミー変数　148
ダム再編成　697
多目的最適化モデル　587
多目的補助金配分制度設計　389
多目標計画法　323
多目標地域水資源配分計画過程　539
多様性と統合性　37
多レイヤー階層　377
単属性効用関数　590
単独改善（UI）　720
地域　24
地域関数　728
地域水資源計画・管理の循環プロセスシステム　517
地域水資源配分　395
地域水資源配分計画過程　532
チェビシェフの不等式　676
地球サミット　8
治水計画規模決定　326
治水計画の評価システム　74
仲裁者　744
中心極限定理　96
調査票設計プロセス　66
調整者　744
重複分解　404
重複分解の一般式　407
直接効果　218
ツヴェルスキー・モデル　247
提携　682
　　──合理性　687
　　──値　682
ディスコーダンス行列　614
堤防の漏水　156
停留条件　279
定和ゲーム　684
適応的計画方法論　32
デポジット・リファンド制度　19

展開形　719
点連結度　298
統合変数　405
動的計画法　279, 480
投票のパラドックス　580
特殊因子　195
特性関数　683
　　──形ゲーム　683
　　──2人協力ゲーム　681
独立性公理　583
都市水循環のリスク　27
凸性　330
トレードオフ　39

[な行]
内生変数　213
内素なパス　298
ナッシュ安定性　721, 748
2項離散選択モデル　252
二次計画法　278
2点境界値問題　505
ニュートン-ラプソン法　282
2レベル・システム　384
ネステッドロジットモデル　256
ネットワーク　294
　　──構造安定性　296
農水還元モデル　473
ノード　294

[は行]
排出基準　355
排出権取引制度　18
配分　686
ハミルトニアン関数　500
パレート効率性　564
　　潜在的──　567
パレート最適　39, 686
　　──均衡　355
パレート選択の公理　583
汎関数　483
判別得点　132
判別分析　128
PRTR制度　21
非協力ゲーム　669
ピグー税　15
非限定領域の公理　582
非実行可能あるいは相互均衡方法　405
非集計モデル　258
非正定値　279

非制約問題　278
非線形計画法　278, 330
ヒ素不安感　232
ヒックスの需要関数　560
非定値　279
非独裁の公理　583
非負定値　279
微分方程式系における安定性　748
非分離費用　694
PPBS　555
非本質的ゲーム　684
HIM　605
標準型ゲーム　673
費用節約アプローチ　576
費用対効果分析　556
費用便益分析　555
標本　91
非利用価値　575
ファルカスの補助定理　337
フィッシャー情報量　185
フィッシャー情報行列　186
不確定性　11
不完全情報下における計画降雨　496
袋小路の形態パターン　50
不幸せ関数　175
物理的印象　209
負定値　279
不偏推定量　109
ブール演算　54
フレッチャー–パウエル法　198
分解原理　378
分散・共分散行列　102
分散分析　422
分離計画法　278
分離定理　344
分離費用　694
　　——身替妥当支出法　697
平均離心数　298
平衡ゲーム　691
平衡集合族　691
ヘジアンマトリクス　280
ヘドニック・アプローチ　577
偏回帰係数　106
平均可変費用　563
変分方程式　502
辺連結度　298
補助金　18
母集団　91
補償需要関数　562

補償変分（CV）　560
補助金配分モデル　382
補助ベクトル　500
　　——の幾何学的意味　536
ボロノイ領域　203
本質的ゲーム　684
マーシャルの消費者余剰　560
マックスミニ線形計画法　324
マハラノビスの（汎）距離　101
満足関数　597
水資源配分問題　484
水需要構造分析　150
水循環ネットワーク　293
水の満足度　161
水運びストレス　232
水辺創生計画　291
水辺の減災評価　665
水辺利用行動選択モデル　259
ミニマックス戦略　676
メジアン法　140
メンタルマップ　193
モード法　143

[や行]
有意水準　115
優加法性　683
有効推定量　188
尤度関数　185
尤度比検定　192

[ら行]
ラグランジュ関数　281
ラグランジュ乗数　290
ラグランジュの未定乗数　119
離散確率過程　483
離散計画法　278
離散決定過程　481
離散選択モデル　243
離散的選択モデル法　578
利得行列　673
リヤプノフ安定性　749
流出負荷量　117
利用価値　575
旅行費用アプローチ　576
リンク　294
ルース・モデル　245
レプリケーターダイナミクス　737
連結行列　296
レンジ　149

連続型安定　721
レンマの論理　25
ロゴスの論理　25
ロジットモデル　244
ロトカ-ヴォルテラの数学モデル　509

萩原良巳（はぎはらよしみ）
京都大学防災研究所（水資源環境研究センター）教授

　1946年，京都市に生まれる．1968年，京都大学工学部土木工学科卒業．1970年，京都大学大学院工学研究科土木工学専攻修士課程修了．同年，㈱日水コン入社（水資源・環境システム計画の研究に従事），システム開発部長，中央研究所主席研究員を経て，1994年，流通科学大学商学部教授（地域環境計画学担当）．この間，1977年京都大学工学博士（題目；水環境計画に関するシステム論的研究），東京都立大学土木工学科非常勤講師，同大学院ならびに岐阜大学大学院非常勤講師（主として環境システム解析担当）．1997年，京都大学防災研究所（総合防災研究部門，自然・社会環境防災研究分野）教授（土木計画学特論，環境システムモデリングを担当）．2005年，同研究所水資源環境研究センター（Socio and Eco Environment Risk Management 研究領域）（社会環境防災計画学を担当）に配置換え，現在に至る．主たる著書は，「土木計画学演習」（共著；森北出版，1985），「21世紀の都市と計画パラダイム」（共著；丸善，1995），「水文水資源ハンドブック」（共著；朝倉書店，1997）「都市環境と水辺計画―システムズアナリシスによる」（共著；勁草房，1988），「都市環境と雨水計画―リスクマネジメントによる」（共編著；勁草書房，2000），「防災学ハンドブック」（共著；朝倉書店，2001）「防災学事典」（共著；築地書館，2002），「総合防災学への道」（共編著；京都大学出版会，2006），「コンフリクトマネジメント―水資源の社会リスク」（共著；勁草書房，2006：日本地域学会著作賞，2007）など．年次学会などの口頭発表を除く論文数約250篇．

環境と防災の土木計画学　　　　　©Yoshimi HAGIHARA, 2008

2008年3月10日　初版第一刷発行

著　者　　萩　原　良　巳
発行人　　加　藤　重　樹
発行所　　**京都大学学術出版会**
　　　　　京都市左京区吉田河原町15-9
　　　　　京　大　会　館　内　（〒606-8305）
　　　　　電話（075）761-6182
　　　　　FAX（075）761-6190
　　　　　URL http://www.kyoto-up.or.jp
　　　　　振替01000-8-64677

ISBN 978-4-87698-742-9　　　印刷・製本　㈱クイックス東京
Printed in Japan　　　　　　　　定価はカバーに表示してあります